Le pilotage des hydravions

AF860921

Ce livre est dédié au pères fondateurs de l'aviation sur l'eau

Henri Fabre
1882 - 1984

Glen Curtiss
1878 - 1930

United States Library of Congress's
Prints and Photographs division - Public Domain

Cesare Baj

Le pilotage des hydravions

Techniques de base et avancées pour hydravions à flotteurs et à coque utilisées dans le monde

Édition française supervisée par Pascal Parpaite

Traduction de Vincent Fabri

Dessins par Lidia Bianchi

Couverture de Riccardo Saviani

Ont collaboré à l'édition de ce livre
Philippe Gélinas, Paul Granger, Derry Grégoire, Gilles Jean,
Gilles Lapierre, Martin Picard, Alain Priem, Rodolphe Vanbellingen

L'édition en langue française est parue avec le soutien
de la Belgian Seaplane Association asbl

Texte: Cesare Baj, avec ajouts de Pascal Parpaite et citations tirées des oeuvres de Dale De Remer
Texte et images du chapitre sur l'entretien: Pascal Parpaite
Édition française supervisée par Pascal Parpaite
Traduction de l'italien: Vincent Fabri
Revision du texte original: André Plouhinec
Dessins: Lidia Bianchi
Couverture: Riccardo Saviani
Mise en page et graphique: Tomaso Baj

Printed in Italy - Imprimé en Italie
Imprimeur: NEW PRESS, Lomazzo (Como) - Italie

Photographies: les photographes, les agences ou institutions qui ont donné des photographies, sont indiqués à chaque fois près de celles-ci. Quand le nom n'est pas indiqué, il s'agit d'une photographie de l'auteur ou alors, dans quelques cas, de vielles photographies dont l'auteur est aujourd'hui inconnu.

Avertissement!

Ce livre décrit les techniques de vol des hydravions et amphibies qui sont acceptées universellement dans le monde par la communauté des pilotes, mais aussi les techniques spéciales suggérées par les pilotes expérimentés ou applicables dans des situations particulières ou d'urgence, ainsi que des techniques importantes venant de documentations ou de point de vue historique.

Quelques techniques décrites peuvent être illégales dans certains pays ou peuvent avoir des conséquences non désirées si elles sont appliquées différemment, ou dans des situations différentes à celles décrites ou si elles requièrent un haut niveau de compétences.

Les auteurs conseillent aux lecteurs de ne pas expérimenter des manœuvres, des techniques nouvelles ou complexes sans être accompagnés d'un instructeur expérimenté, en suivant la législation du pays ou l'on opère et les recommandations du manuel de vol de l'appareil utilisé. Il est aussi important de se référer aux procédures utilisées par les pilotes d'hydravions de la région.

ISBN 978-88-942495-8-3
Baj Books di Tomaso Baj
Via Raimondi 8
22041 Colverde (Como) - Italie
www.bajbooks.it

© **Copyright 2020** : Cesare Baj, 22012 Cernobbio (Como), Italy - cesarebaj@gmail.com

Tous droits réservés. Toute reproduction, adaptation, ou traduction est interdite, sauf autorisation, par les Lois internationales sur la propriété intellectuelle.

Table de matières

Cesare Baj

Né en 1950, il est écrivain scientifique et consultant pour les éditeurs. Il a commencé à voler en 1970 à l'Aero Club Como (Italie), où l'activité hydravion existe depuis 1913. Il a volé plus de 4.000 heures sur toutes sortes d'hydravions et a organisé de nombreux voyage en Europe et dans le bassin Méditerranéen. Il a visité des hydrobases dans le monde entier et s'emploie à ouvrir ou maintenir ouvert des plans d'eau en Italie et en Europe. Il a écrit plusieurs livres d'aviation au sujet technique et historique et un livre d'aventures en hydravion. Sa dernière production est un kit introductif à l'aviation pour ceux qui sont intéressés par ce sujet mais ils ne sont pas ou pas encore pilotes. Il offre des consultations pour l'ouverture d'activités d'hydravion en Europe et en Asie. C'est un très ancien membre de la Seaplane Pilots Association et son *Field Director* pour l'Italie.

Pascal Parpaite

Né en 1960, il est entré dans le monde de l'aéronautique en 1974 à l'aéro club de Verdun (France), pour ensuite devenir mécanicien avions en 1980. Il a exercé à la DGAC (Direction Générale de l'Aviation Civile) d'abord à Biscarrosse, puis il a terminé sa carrière professionnelle à Bordeaux Mérignac à la Direction de la Sécurité de l'Aviation Civile Sud-Ouest. Il a découvert l'hydraviation à son arrivée à Biscarrosse en 1982 grâce au musée de l'hydraviation qui venait d'être créé tout récemment. Son premier amerrissage eut lieu sur ce site historique en 1984 à l'occasion d'une expérimentation d'un hydravion dont il était chargé du suivit technique. Son activité dans ce domaine va de la restauration pour le musée de plusieurs moteurs et du Thurston Teal de la collection à la collaboration à cet ouvrage. Il est l'un des créateurs avec Cesare Baj du rassemblement hydravion de Biscarrosse. Il est également membre de la Seaplane Pilots Association. Il a écrit plusieurs livres sur l'histoire de l'aviation à Biscarrosse et sur la maintenance des hydravions.

Au sujet de ce livre

Ce livre est la synthèse des connaissances récoltées dans la vaste et diffuse communauté mondiale de l'hydraviation.
La version originale en italien a été écrite par Cesare Baj et publiée en 1992. Dale De Remer et Cesare Baj se sont associés pour construire l'édition anglaise.
L'édition en français est maintenant parue apès des années de travail grâce à l'effort de plusieures personnes: Vincent Fabri, qui a traduit le texte, Pascal Parpaite, qui a supervisé l'édition de l'oeuvre en langue française, en ajoutant des nouvelles parties, les amis de la Belgian Seaplane Association et plusieurs pilotes et opérateurs du Québec qui ont furni textes et photos.
Ce livre espère transmettre les connaissances au sujet du vol sur l'eau aux pratiquants de cette activité ainsi qu'à tous ceux qui n'ont jamais vu ou volé à bord de ces machines, ou qui n'ont jamais vu une hydrobase. Pour ces raisons, les premiers chapitres traitent de l'environnement naturel, de terminologie et techniques marines appliquées aux hydravions et des infrastructures des hydrobases. Ce sera une bonne révision pour ceux qui pratiquent cette activité.
Ce livre est organisé dans l'ordre typique d'un vol: après le départ d'une rampe, d'un quai ou d'une plage, il est traité des déplacements à basse et haute vitesse. Il s'ensuit le décollage, un court chapitre sur la croisière, puis l'amerrissage et les manoeuvres d'arrivée. Vous allez trouver également à la suite, les chapitres concernant les types particuliers d'hydravions – amphibies, multimoteurs – et le chapitre sur le centrage. Suivra le chapitre qui sera peut-être le plus intéressant pour les pilotes d'hydravions, sur les techniques avancées et les opérations spéciales.
Le chapitre suivant traitera de la mécanique du vol appliquée aux hydravions.
Enfin les chapitres finales traitent de différents sujets d'intérêts pour ceux qui volent sur l'eau: comment organiser une expédition, comment choisir un hydravion, le vol hydro dans le monde, apprendre à piloter les hydravions, le pilotage d'hydravions d'époque.
Pascal Parpaite a apporté une importante contribution et son éxperiance dans le chapitre sur la mise en oeuvre et la maintenance des hydravions.
Ce n'est pas un livre historique, mais quelques faits ou images historiques sont présentées pour préserver l'héritage entre les générations.
Dans l'espoir qu'il y a pour tout le monde, dans ce livre, matière à découvrir en ce qui concerne le monde de l'hydraviation.

Avant-propos

de Patrick Baudry

Spationaute, cosmonaute, astronaute, pilote, ambassadeur de bonne volonté de l'Unesco, auteur et conférencier.

Patrick Pierre Roger Baudry, né le 6 mars 1946, à Douala, au Cameroun, est un ancien pilote de chasse de l'Armée de l'air française (grade de lieutenant-colonel) et pilote d'essais qui devint le deuxième spationaute français.

Avant de devenir astronaute, Patrick Baudry était avant tout un pilote émérite, qui a totalisé plus de 13.000 heures de vol sur plus de 300 appareils différents. Cette vocation de pilote lui est venue aux premières heures de son enfance, et l'a guidé tout au long de sa carrière.

Dans toutes ses aventures, les enfants ont toujours occupé une place majeure, parce qu'ils sont l'avenir de notre monde. Patrick Baudry saisit toujours, aujourd'hui encore, chaque occasion d'échanger avec eux pour leur donner l'envie et la volonté d'aller au bout de leurs rêves. Il considère comme un devoir de permettre à d'autres, à leur tour, de trouver les leurs et de les vivre pleinement.

Hydravion: synonyme de découvertes, d'aventures, d'épreuves heureuses ou malheureuses, ce mot évoque la ténacité de l'homme à aller plus loin et plus vite, à se surpasser. C'est le Français Alphonse Penaud qui le premier, a défini ce que sera plus tard l'hydravion amphibie moderne, et ce dès 1876. Succéderont les travaux de nombreux précurseurs, comme ceux du professeur Langley aux Etats Unis, ou Wilhelm Kress en Autriche. Ceux-ci furent séduits par la surface unie des lacs. Ils y voyaient une piste idéale pour les essais de leurs futures machines volantes. Ils croyaient que leur essor serait facilité par le glissement à la surface des eaux et que la reprise de contact serait très douce. Ils pensaient en outre qu'en cas d'accident, les chocs seraient sérieusement amortis, mais également, qu'ils pourraient s'affranchir de l'aménagement de champs d'aviation qui n'existaient pas plus que les aéroplanes. C'est pour toutes ces raisons que les frères Voisin et Louis Blériot essayèrent également en 1905 sur la Seine, de décoller avec des planeurs tractés par des canots automobiles. La principale difficulté rencontrée à cette époque résidait dans la nécessité d'acquérir une vitesse voisine de 60 km/h sur l'eau pour pouvoir décoller.

Il faudra attendre l'évolution des moteurs à combustion interne associée à celle des canots automobiles, pour permettre à Henri Fabre en 1910 la réalisation du premier vol autonome d'un hydravion. Le coup d'envoi était alors donné. Glenn Curtiss s'élèvera de l'eau un peu plus tard la même année, et beaucoup de constructeurs d'aéroplanes se mirent à produire des aérohydroplanes en adaptant des flotteurs à leur appareil terrestre. Cependant ce n'est qu'en 1912 que François Denhaut réalisa le premier amphibie à coque centrale qui répond à la définition du brevet d'Alphonse Penaud. C'est à ce moment que débutèrent les premiers concours et compétitions d'hydravions comme la célèbre coupe Schneider.

En un peu moins d'un siècle, nos aïeuls sont passés du stade de précurseurs à celui d'industriels. Qui d'autre pourra, comme Henri Fabre, connaître au cours de sa vie une évolution aussi rapide, converser avec Clément Ader et tous les pionniers de l'aviation, vivre en direct les premiers pas sur la lune et voler à mach 2 en Concorde ?

La fin des années vingt marquera les heures de gloires de l'hydravion. Découvertes et raids se succéderont, et le transport aérien moderne naîtra véritablement, avec par exemple le Dornier Do X qui permit de doubler, au moment de sa sortie, la charge utile des appareils. Des machines aux masses de plus en plus imposantes virent le jour.

De cette époque, on se souvient de l'entêtement rétrograde de l'administration française imposant l'utilisation d'hydravions pour tout survol maritime, alors que ce furent surtout des contraintes purement techniques qui poussèrent à l'utilisation de ces machines, comme la difficulté d'obtenir des trains d'atterrissage et des pistes capables de supporter des charges totales de plus de 30 T. L'hydravion de transport disparut après la deuxième guerre mondiale, lorsque les solutions technologiques à ces problèmes existèrent. Les hydravions de cette époque n'en ont pas moins été essentiels à l'évolution de notre aviation moderne. Pour tous les amoureux de machines volantes, les derniers gros hydravions tels que le Boeing 314 ou le Laté 631 sont parmi les plus beaux oiseaux que l'homme ait construits à ce jour. Ces appareils capables de voler plus de trente heures pour traverser l'Atlantique ou le Pacifique m'ont toujours fasciné, et les Boeing 747, Antonov 224 ou Airbus 380 sont leurs respectueux successeurs.

De nos jours, l'hydravion de transport n'existe plus, mais l'hydravion est toujours présent, que ce soit pour le travail aérien ou la lutte contre les incendies, ou encore pour les loisirs et le tourisme dans des pays et dans des sites ou il offre un véritable enchantement de vol et de liberté. Je pense notamment au Canada qui est un paradis pour l'hydraviation. Car l'hydraviation est proche de la nature, et elle présente une des activités aéronautiques les plus écologiques qui se pratique loin des clôtures, tarmac et aires bétonnées des aéroports. Une simple plage peut lui suffire, et l'un des soucis essentiels des pilotes d'hydravion est le respect des sites utilisés, en s'intégrant dans l'activité normale d'un plan d'eau. Le passage d'un hydravion sur un lac ou une rivière ne laisse aucune trace, si ce n'est celle du souvenir d'images inoubliables.

Un bel hydravion amphibie, Catalina d'une époque révolue mais non oubliée, m'emmena récemment sur les traces de Jean Mermoz et de ses compagnons. De Toulouse à Santiago du Chili, de déserts en forêts, d'océans en cordillères, chaque minute aux commendes de la « Princesse des étoiles » fut un pur bonheur. Etapes courtes ou longues, au ras des flots ou à la peine dans les cols, atterrissages ou amerrissages, le magnifique Catalina fit preuve d'une forte personnalité, mais ne nous déçut jamais. La personnalité est d'ailleurs le propre de tous les beaux avions, et particulièrement des hydravions.

Ce livre en est un excellent reflet, et je souhaite à tous les lecteurs de beaux vols et de doux amerrissages!

Bien spatialement.

Henri Fabre

L'auteur avec Marc Fabre, petit-neveu de Henri Fabre, à Marseille, en occasion des célébrations du centenaire du premier vol d'un hydravion dans l'histoire de l'humanité, le 28 février 2010.
L'hydravion de Henri Fabre (ci-dessous) vola pour la première fois sur le plan d'eau de Martigues, étang de Berre, le 28 mars 1910. C'est la date de naissance officielle de l'hydraviation.

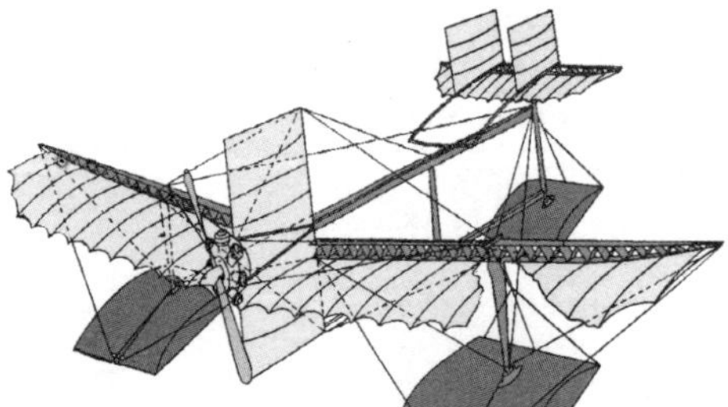

Avant-propos

de Cesare Baj

Hydravion, seaplane, idrovolante: quelle que soit la langue, le mot suffit pour évoquer un monde d'aventure, un glorieux passé et quelques étapes fondamentales de l'histoire du vol humain.
On pense aux voyages autour du monde, aux expéditions polaires des années vingt et trente, aux croisières transatlantiques, à la coupe Schneider, au record de vitesse d'Agello, à la naissance des premiers services intercontinentaux de l'Imperial Airways, de la Pan American, avec les "Clippers", et enfin au mythique service transatlantique de l'Aéropostale.

Hydravion est synonyme d'extrême variété de lieux d'opération, parmi lesquels certains sont inaccessibles aux autres moyens aériens : océans sans fins, forêt tropicale humide, centre historique des métropoles les plus belles et les plus riches du monde : lacs, fleuves, canaux, bassins artificiels, mais aussi la banquise arctique, les glaciers ou, en cas de nécessité, un simple pré couvert de rosée d'où l'on peut même redécoller sans dommages.

Pour ce qui est des utilisations, l'hydravion est capable des travaux aériens les plus difficiles et les plus pénibles. On pense aux transports effectués en Alaska ou dans le "Grand Nord" canadien, où à l'uniformité du paysage s'ajoute le manque presque complet d'infrastructure, d'assistance et d'aides radio. On pense encore aux énormes distances parcourues par les services de recherche et de secours en mer, par exemple au large du Japon, avec les Shin-Meiwa. On pense enfin aux missions anti-incendie, capables de mettre à l'épreuve l'habileté et la résistance psychique et physique des pilotes les plus performants.

L'hydravion est aussi le moyen le plus divertissant de faire du tourisme aérien : l'autonomie, la charge, la simplicité d'emploi et les coûts sont similaires à ceux de l'avion mais, sur l'eau, la versatilité est celle de l'hélicoptère. C'est l'engin rêvé pour les vacances, surtout si on aime le contact avec la nature.

Pascal Parpaite

Gros ou petit, Catalina ou ULM, l'hydravion nous permet de vivre des expériences de pilotage très enrichissantes. Photo prise pendant un rassemblement d'hydravions à Biscarrosse.

Une autre grande prérogative de l'hydravion est de favoriser un contact humain dont sont privés ceux qui utilisent des appareils qui se déplacent d'un aéroport à un autre. Voilà qui est agréable et intéressant pour le pilote, mais aussi et surtout pour ceux qui découvrent ce moyen de transport particulier. L'hydravion, en d'autres termes, apporte l'aviation dans des lieux où elle est inconnue et fait goûter la joie du vol à des personnes qui, de leur propre initiative, n'iraient jamais sur un aéroport et qui, souvent, n'ont jamais vu un avion de près : il remplit ainsi une importante fonction de diffusion de la culture aéronautique.

L'hydravion est aussi la machine volante la plus sûre, grâce à la protection offerte par ses flotteurs ou, dans le cas des appareils à coque, par la grande robustesse de sa structure. C'est un moyen optimal pour apprendre à voler. Qui apprend à voler sur hydravion reçoit une formation plus complète que celui qui apprend sur avion, ne serait-ce que parce que chez le pilote hydro se fondent les connaissances et les traditions de deux grands univers : celui de l'aviation et celui de la marine.

«China Clipper et hydravion», dit l'inscription sur ce timbre. De nos jours les gros hydravions apparaissent anciens comme le voilier China Clipper à l'époque de ce timbre. Mais l'hydraviation est de plus en plus présente pour une activité de travail aérien ou de loisir. Dessous, quand on opère sur l'eau, l'hydravion peut être plus souple et utile que l'hélicoptère.

Mais peut-être ce qu'il y a de plus sublime dans l'hydravion est-il cette liberté qui vient du fait qu'on se déplace généralement hors du monde artificiel des aéroports, des espaces contrôlés et de la bureaucratie aéronautique. Le vol hydro se déroule très souvent dans la solitude et le silence radio, depuis le moment où l'on monte dans l'appareil jusqu'à celui où on le quitte au terme du vol. C'est en somme une activité qui permet de retourner aux racines les plus pures du vol, où sont en jeu les seuls facteurs essentiels: le pilote, la machine, les éléments naturels.

Avant-propos

de Gilles Lapierre

Gilles Lapierre, président sortant d'Aviateurs.Québec, a obtenu son brevet de pilote en 1998, à la fin d'une carrière en informatique qui culmina en Europe en 1999 et 2000, où il put profiter de son Cessna 172 pour survoler le Royaume Uni, la France et quelques autres pays. Revenu d'Europe en 2001, il compléta ses qualifications de vol aux instruments et d'hydravion aux États-Unis, puis fut nommé président en 2003 de l'***Association des pilotes de brousse du Québec***, alors qu'il prenait sa retraite professionnelle. À titre de président jusqu'en 2014, puis de président sortant, il a contribué à l'essor de l'association qui est devenue une référence incontournable en aviation générale au Québec.

L'association a été fondée en 1979 par un groupe de pilotes privés amateurs de sports reliés à la nature. Elle est devenue la plus grande association de pilotes francophones des Amériques et offre à ses 1500 membres des programmes de formation et l'organisation d'événements. En 2017, rebaptisée ***Aviateurs.Québec***, pour mieux représenter la variété de ses membres aviateurs, l'association a pris le virage numérique et modernisé ses communications avec la communauté. Reconnue pour ses implications en sécurité aérienne et la qualité de ses programmes de formation des pilotes de toutes les régions du Québec, Aviateurs.Québec continue de promouvoir l'accessibilité, la popularité et la sécurité de l'aviation récréative privée.

Le Québec, avec plus de 50% de son territoire inaccessible par route, et ses milliers de lacs est un paradis sans pareil pour les adeptes de l'hydravion. S'étendant du 49ème parallèle jusqu'au 62ème parallèle, la vaste majorité du Nord-du-Québec n'est accessible qu'en avion. Ce territoire compte environ 40.000 habitants. Juste pour donner une idée des dimensions, au nord du 55ème parallèle se trouve la région administrative du Nunavik. Sa capitale, Kuujjuaq, dont le nom signifie «la grande rivière», situé dans la Baie d'Ungava, se trouve à 1304 km de la ville de Québec.

L'hydravion a joué un rôle crucial dans le développement du Nord-du-Québec. Les pilotes de brousse ont commencé à sillonner cette région au début des années 20. Le premier avion de brousse a été le Curtiss HS 2L.

Véritables aventuriers, ces pilotes, reconnus comme les meilleurs pilotes du Québec, devaient se débrouiller seuls car ils se retrouvaient souvent à plusieurs centaines de kilomètres de l'âme la plus proche. Ces pilotes devraient aussi être mécaniciens, météorologues, navigateurs et infirmiers. Difficile d'imaginer aujourd'hui un vol sans GPS et sans carte.

Le Curtiss HS-2L, un hydravion très utilisé dans le grand nord dans les années 20.

US Navy - Public Domain

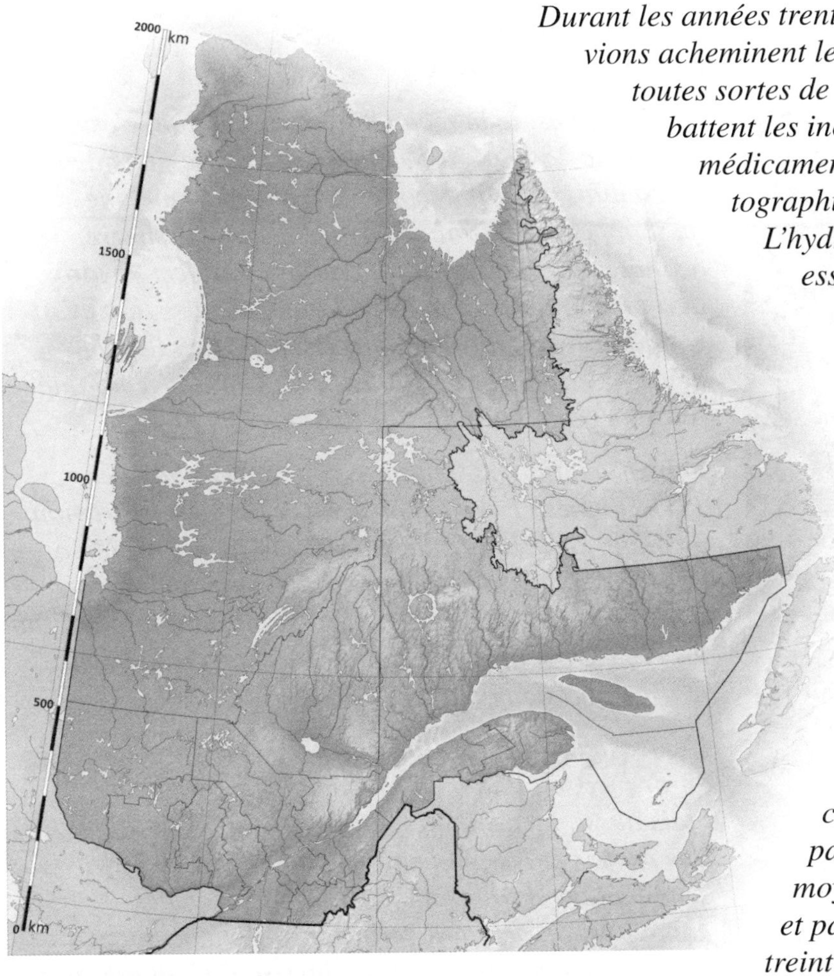

L'échelle montre clairement l'immensité du Nord-du-Québec, où l'hydravion est le plus précieux et dans la plus grande partie du territoire le seul moyen de transport utilisable. Ce paradis naturel est un merveilleux gymnase pour tous les pilotes qui veulent aiguiser leur propres capacités et découvrir le plaisir de l'aventure.

Durant les années trente, les pilotes d'hydravions acheminent le courrier, transportent toutes sortes de marchandises, combattent les incendies, livrent des médicaments et effectuent la cartographie de ce vaste territoire. L'hydravion a joué un rôle essentiel dans l'exploration et la mise en valeur des abondantes ressources naturelles du Québec.

Aujourd'hui encore le vol dans ces régions éloignées et inhospitalières demeure un défi. On ne s'y aventure pas sans préparation. Le Nord est caractérisé par des conditions climatiques qui peuvent changer très rapidement, par la quasi absence de moyens de communication et par un nombre très restreint d'endroits où se ravitaillé. Et les secours, si nécessaires, pourront prendre plusieurs heures voir, plusieurs jours à arriver.
La prise de décision devient alors cruciale.

Il nous fait plaisir, en tant qu'Aviateurs.Québec, la plus grande association francophone de pilotes dans les Amériques, de contribuer à ce livre dédié au vol en hydravion en vous donnant un aperçu du vol de brousse au Québec. Évidemment, plusieurs pilotes volent un hydravion en région urbaine pour le plaisir. Mais c'est le vol de brousse qui offre aux pilotes aventure et défis.
Bonne lecture.

Avant-propos

de Yves (Bill) Kerhervé

Ancien pilote de l'Aéronautique Navale, pilote d'Etendard, il fait l'Ecole du Personnel Naviguant d'Essais et Reception en 1977. Il est pilote d'essais pour l'Etat jusqu'en 1981, date à laquelle il rejoint Dassault Aviation. Il participe à la mise au points de tous les avions Dassault et en particulier du Rafale. Il effectue les premiers appontages du Rafale Marine sur les porte-avions *Foch* et *Charles de Gaulle*. Il effectue le premier vol du Falcon 7X. Il prend sa retraite en 2007 et se consacre à l'aviation de loisir, en particulier au vol en montagne et à l'hydravion. Instructeur Hydravion depuis 2016, il est le président de l'Association Française d'Hydraviation.

La France est le berceau de l'Hydraviation, c'est en effet le 28 mars 1910 que Henri Fabre, ingénieur marseillais, faisait décoller son étrange machine, qu'il appela «le Canard» depuis l'étang de Berre, à Châteauneuf les Martigues . Le vol de cet «hydro aéroplane» fut le premier vol autopropulsé, il y avait eu auparavant plusieurs projets et surtout le vol de Gabriel Voisin, en 1905 sur un Canard remorqué par une vedette rapide sur la Seine.

L' hydraviation connut un essor considérable, en 1911 Donnet l'Evêque construit le premier hydravion à coque, en 1912 l'Italie entreprend la construction d'un hydravion torpilleur, le projet sera abandonné, mais l'hydraviation italienne connaitra un très brillant développement, pour les militaires mais aussi dans le transport de passager.

L'entre deux guerres fut l'âge d'or des hydravions, en France, en Italie, en Allemagne, en Angleterre, mais aussi, bien sur, de l'autre coté de l'Atlantique. Les projets et les réalisations pullulent. Les hydravions semblent avoir un grand avenir, pas de pistes couteuses, on peut utiliser les installations portuaires existantes, les « pistes » possibles sont nombreuses, baies, rades lacs !

Après la seconde guerre mondiale, l'hydraviation connut encore un vif succès, principalement dans le transport à longue distance, souvent luxueux comme avec le Boeing 314 Clipper, *les Shorts* Sunderland *anglais ou les Latécoère 631 français. La course au gigantisme s'arrêta avec l'abandon du fameux* Spruce Goose *de Howard Hughes, en 1947.*

De nos jours les seuls hydravions encore utilisés de façon professionnelle sont les bombardiers d'eau, comme les canadairs ou les russes Beriev.

Aujourd'hui, on assiste à une renaissance de l'Hydraviation mais sous la forme d'une activité de loisir, tant dans les avions certifiés que dans

les ULM. Et ceci, dans de nombreux pays européens, la France, la Suisse, la Belgique, l'Espagne et d'autres encore, mais un pays mérite une mention toute particulière, l'Italie qui n'a pratiquement jamais cessé de faire voler des hydravions. Depuis 1913, à Côme, des hydravions volent, et il y existe une activité continue depuis 1930.
Côme et son Aéroclub est donc un haut lieu de cette activité qui n'a jamais cessé. L'aéroclub est aussi une école de formation où de nombreux pilotes se sont initiés à cette activité merveilleuse !

De cette expérience exceptionnelle, en particulier dans la formation, a été tiré un livre, dont vous avez enfin la version française si longtemps attendue.
Il était grand temps que soit enfin traduite en Français la "Bible du pilote d'hydravion".

Avant-propos

de Pascal Parpaite

Hydraviation: un mot qui évoque espace, aventures et exploits, mais avant tout, qu'elle ait été et soit un métier ou un loisir, l'hydraviation fut, reste et restera pour beaucoup d'hommes une expérience incomparable dans une carrière ou une vie, tant sur un plan technique qu'en terme de relations humaines. Nombreux sont ceux d'entre nous qui, après avoir touché la surface de l'eau avec une machine volante, souhaitent renouveler l'expérience aussi souvent que possible ou reviennent à l'hydraviation à chaque nouvelle occasion, en dépit d'un obstacle majeur: l'hydraviation est plus onéreuse que l'aviation «conventionnelle». Mais le mariage de l'eau et de l'air n'a pas de prix.

Il est indiscutable que les exploits des pionniers de l'hydraviation resteront gravés dans notre mémoire collective à tout jamais. Mais qu'en aurait il été sans le concours et le support de tous ceux qui œuvraient dans leur ateliers ou derrière leur planche à dessin pour concevoir et préparer ces merveilleuses machines?

Tout le monde se rappelle Henri Guillaumet, mais qui se souvient du nom de son mécanicien? Obscur mais authentique héros que je revois toujours avec émotion dans ce film qui le montre, en plein vol, à l'extérieur de l'appareil, allongé sur le capot moteur ouvert du Laté 521 «Lt de Vaisseau Paris», les mains plongées dans le «bouilleur», pendant une traversée de l'Atlantique vers Biscarrosse?

Tout le monde se souvient de Roald Amundsen et de sa disparition tragique, mais là encore, qui à en mémoire les noms des équipiers? Ils ont pourtant remis un des deux hydravions "Wal" en état de vol avec des éléments du deuxième appareil, sur la banquise du pôle nord, pendant que d'autres ouvraient une piste dans la glace, à mais nues.

Nous avons probablement oublié d'autres héros qui ont accompli des miracles de mécanique, en pleine brousse ou dans d'autres conditions qui étaient tout, sauf «normales». Pour les exploits passés, pour leur quotidien moins intense mais tout aussi important en terme de fiabilité et de ponctualité, il est essentiel de préserver leur souvenir. Puisse que leurs noms sont déjà oubliés.

L'hydraviation contemporaine, d'une certaine façon, est une forme d'archéologie du pilotage et des techniques employées dont les règles sont assez proche de celles que les pionniers appliquaient voici... plus de 100 ans. La raison en est simple: on utilise principalement l'hydravion dans des zones non préparées et loin de toutes infrastructures aéronautiques, situation identiques à celle qu'ont vécu nos aïeux des débuts de l'aviation.

Cet ouvrage collectif permet par conséquent de préserver une partie de ce patrimoine international bâti sur le courage et l'abnégation d'aviateurs: qu'ils soient Pilotes, Mécaniciens, Ingénieurs, Techniciens ou Ouvriers.

Qu'ils soient ici remerciés pour m'avoir donné un métier et une passion.

Avant-propos

de Rodolphe Vanbellingen

Né en 1988, Rodolphe Vanbellingen a commencé à voler dès l'âge de 15 ans. Il est aujourd'hui pilote de ligne et instructeur. Il partage également une passion pour l'aviation générale où il officie en tant qu'instructeur et examinateur pour la formation de futurs pilotes ainsi que pour la qualification hydravion. Il est également co-fondateur de la première hydrobase de Belgique.

Cette traduction française du livre de Cesare Baj, augmentée d'un important chapitre sur la maintenance des hydravions, arrive à point nommé car l'intérêt et même la passion pour ce type d'appareil est en nette augmentation dans les pays francophones, qu'il s'agisse de la France, de la Belgique, de la Suisse ou du Québec.

L'hydravion a toujours fasciné car il permet de relier des endroits inaccessibles autrement et il lui reste cette atmosphère particulière d'aventure issue de l'époque héroïque de la découverte de terres inconnues.

Cependant, son heure de gloire, en Belgique, date de la Belle Epoque.

C'est ainsi, par exemple, qu'en 1912 un important meeting international réunissait une quinzaine de pilotes venant de Belgique, de France et d'Allemagne. C'était sur l'Escaut, à Temse.

A la fin des années soixante du siècle dernier, quelques passionnés ont brièvement relancé le vol en hydravion au départ de la Meuse, près de Huy.

Aujourd'hui, nous sommes fiers d'avoir franchi une nouvelle étape pour le renouveau du vol en hydravion en Belgique.

Nous avons pu procéder depuis 2017 à l'ouverture d'une base permanente d'hydravions sur les lacs de l'Eau d'Heure sur laquelle de nombreux pilotes s'initient aux joies de ces vols particuliers.

Nous sommes aussi spécialement heureux des contacts internationaux qui se nouent entre associations de passionnés pour essayer d'harmoniser des règles encore trop souvent nationales.

C'est dans ce contexte dynamique que paraît cet ouvrage dont j'espère que vous apprécierez la lecture.

Remerciements

De Cesare Baj

Je doit remercier en premier tous les instructeurs qui m'ont enseigné comment voler en hydravion et les auteurs des livres qui m'ont permis de comparer mon expérience isolée en Europe à la riche tradition du vol en hydravion du continent nord Américain: Daniel J. Brimm, Dick Causely, Marin Faure, Jay J. Frey, Alan Hoffsommer, Franklin T. Kurt, Gordon Newstrom, Pierre Rivest et Dale De Remer.

Un merci particulier pour Marzio Botta, l'imprimeur de l'édition originale Italienne. Un merci aussi pour Lidia Bianchi qui a réalisé les dessins, Riccardo Saviani, mécanicien de l'aéro-club de Côme, également artiste, qui a réalisé la couverture de ce livre, ainsi qu'à tous mes amis, Paolo Lucini, Massimo Molteni, Vittorio Perotti, et Giorgio Porta, pour leurs conseilles et leur aide.

Beaucoups d'institutions, sociètés, et personnes ont donné des informations et des photographies: l'équipe du Musée de l'Hydraviation de Biscarrosse (France), Pascal Parpaite, Bob Richarson (Seaplane Pilot Assotiation), J.J. Frey (Edo Corp), Haigh Agopian e Hans Vosteen (Lake Aircraft et Aerofab Co), Cessna Aircraft Company, Sharon Condotta (De Havilland Canada), Gregg Munro (Kenmore Air Harbor), Evelyn Karcher (Claudius Dornier Seastar), Giorgio Apostolo, Arsenio Riseri, Carlo Lucchini, Aristide Cappelleti, Gigi Fara, Geoffrey Jones, Francesco Petruzzelli, Eugenio Rossi, Stefano Scossa, Paolo Gavazzi, Anne E. Marshall, Jerry Marshall, Charlie Hammonds, Billy M. Henderson, Verdean G. Heiner (Christen), Helen Claggett (Aqua floats), Joseph et Jean La Placa, Thomas Anzalone, Jeoffrey P. Jones, F. W. Bayne, Einar Andersen et Olav Hånde.

Je voudrais aussi remercier tous les compagnons d'aventure, quelques uns d'entre eux sont cités dans ce livre: Franco Panzeri, Mario Pozzi, Gerolamo Gavazzi, Emanuele Bedetti, Giorgio Aletti, Ugo Bianchi, Alberto Collini, Felice Chippa, Eugenio Rossi, Ivo Noseda, Furio Crabuzza, Fabio Croserio, Bruno Confalonieri, Carlo Bruno, Roberto Ruberto, Sabina Livio, Massimo Cappelletti, Lanfranco Galli, Guido Natali, Giorgio Faravelli, Dario Mainardi, Leonora Bianchi, Rino Caldiroli, Michelangelo et Rocco Regine, Mario Pittorelli, Antonio Carati, Enzo Schettino, Silvia Antonini, Franco Cereda, Renato Carnabuci et les deja mentionnés Giorgio Porta et Paolo Lucini.

Finalement je remercie par avance tous ceux qui contribueront à enrichir une prochaine édition de ce livre par leurs suggestions, critiques, écrits, photos ou documents.

De Pascal Parpaite:

Aux remerciements précédents, j'ajouterais seulement un merci à mes deux instructeurs Michel Gobillard et Paul Granger, qui ont assuré les moments essentiels de ma formation au pilotage. Je remercie aussi Daniel Lajoux, mécanicien de mon premier aéro-club, qui ma transmis sa passion de notre métier. Je remercie aussi Marie-Paule Vié Klaze et Bernard Duchateau qui n'ont initié à l'hydraviation et à la culture qui s'y rattache. Je n'oublie pas de remercier mes amis qui m'ont toujours soutenus dans mes projets comme Eric Dassé, Daniel Lecardeur, Marcel Ciaravola et Alain Bolet.

Définitions, symboles et unités de mesure

- centre de gravité
- centre de flottaison
- centre de pression aérodynamique
- centre de pression hydrodynamique
- centre de résistance latéral
- métacentre
- vent
- courant
- vecteur, montrant la direction et l'intensité d'une force,avec son point d'application
- vecteur, montrant la direction et l'intensité d'une force avec son point d'application non défini
- déplacement à flot
- déplacement en vol
- mouvement à la pagaie
- axie de rotation
- direction du regard
- aire de décollage ou d'amérrissage

HYDRAVIONS ET AMPHIBIES

hydravion aéronef capable d'opérer sur l'eau
amphibie aéronef capable d'opérer sur terre et sur l'eau
hydravion à flotteurs: hydravion utilisant un ou plus couramment deux flotteurs
amphibie à flotteurs hydravion à flotteur équipés d'un système atterrisseur à roues rétractables
hydravion à coque
amphibie à coque hydravion ou amphibie qui utilise le fuselage comme dispositif de flottaison

MANCHE, VOLANT

Par simplicité, le terme «manche» est utilisé tout au long du livre pour s'appliquer à tous les schémas qui conventionnellement jouent sur le contrôle des ailerons et la gouverne de profondeur.

POSITION DES COMMANDES DE VOL

La position des gouvernes aérodynamique est montrée seulement si elle est spécifiquement indiquée dans un texte illustré d'un schéma.

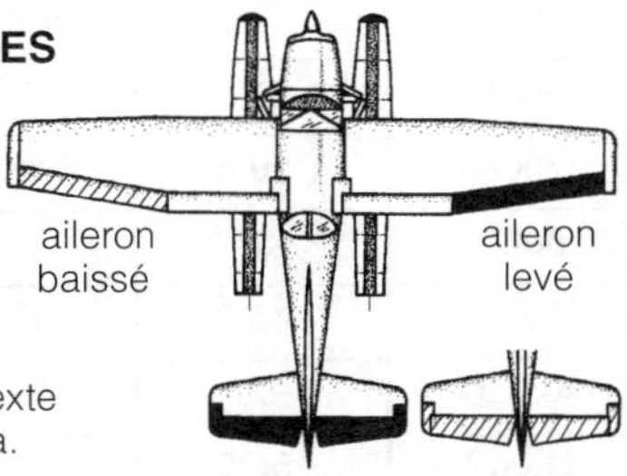

SYMBOLES ET UNITÉS DE MESURE

+	plus	in	pouce
-	moins	KTS	noeuds
×	multiplié	MPH	mille/heure
: ou /	divisé par	km/h	kilomètre par heure
=	egale	m/s	mètre par seconde
<	inférieur à	ft/min.	pied par minute
>	suppérieur à	g	gramme
°	degré(s)	kg	kilogramme
√	racine carrée	lb	livre
.	décimale	kg cm	kilo/centimètre
∅	diamètre	kg m	kilo/mètre
m	meter	lb in	livre/pouce
km	kilomètre	°C	degré(s) centigrade
cm	centimètre	°F	degré(s) Farenheit
NM	mile nautique	in_{Hg}	pouce de mercure
SM	mile terrestre	mb	millibar(s)
yd	yard	sec.	seconde(s)
ft	pied	min.	minute(s)

SIGNIFICATION DES TERMES
vent de face, vent arrière, coté sous le vent, coté au vent

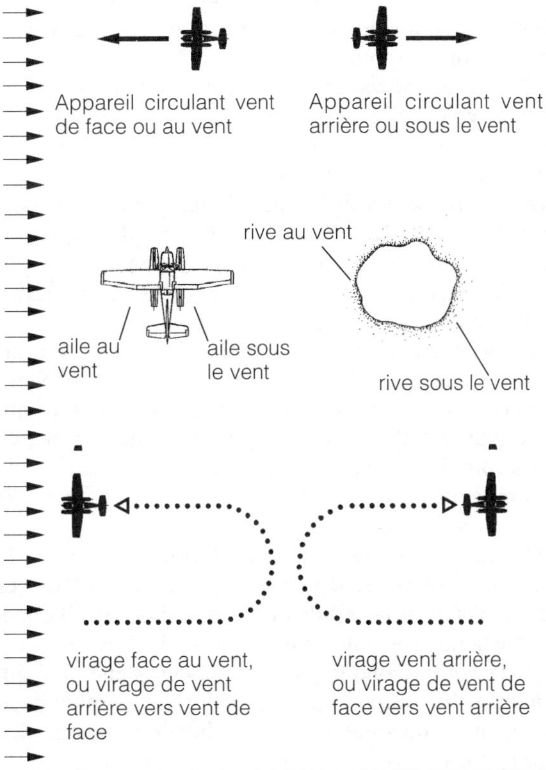

CHAPITRE 1

Les éléments naturels

L'air

Cet élément est bien connu du pilote. Nous nous limiterons donc à rappeler quelques définitions et à présenter quelques cas de micrométéo importants pour le pilote qui opère sur l'eau.

Atmosphère standard. C'est l'atmosphère moyenne sur la terre, celle qui est prise en compte par les bureaux d'études et les constructeurs pour définir les performances des appareils.

Température. La différence de température des diverses masses d'air est le grand moteur de la circulation atmosphérique et des principaux phénomènes qui s'y déroulent. Elle est mesurée en degrés centigrades (°C) ou Fahrenheit (°F).

Température du point de rosée. Température à laquelle la vapeur d'eau contenue dans l'atmosphère se condense et se transforme en eau liquide, formant les gouttelettes qui constituent les nuages, la brume et le brouillard. La connaissance de la valeur de la température du point de rosée permet au pilote de prévoir l'arrivée de ces phénomènes.

Altitude de l'isotherme zéro. Altitude à laquelle la température est de 0°C et à laquelle peut se former de la glace sur la cellule de l'appareil ou sur l'hélice. Cette donnée est importante pour les hydravions pour qui le vol en conditions givrantes est généralement interdit. En outre l'eau peut geler sur l'empennage pendant le décollage, et empêcher le braquage des gouvernes.

Pression. Se mesure en hectopascals (hPa), millimètres de mercure (mmHg) ou bien en pouces de mercure (inHg).

Densité. S'exprime souvent en fraction de la densité standard au niveau de la mer, qui est égale à 1. En aviation le concept d'altitude densité est très important, c'est à dire l'altitude en atmosphère standard à laquelle la densité est égale à la densité considérée.

ATMOSPHÈRE STANDARD			
altitude (m)	**température °C**	**pression hPa**	**densité kg/m^3**
0	15	1013.2	1.225
1000	8.5	898.7	1.112
2000	2	794.9	1.006
3000	-4.5	701.1	0.909
4000	-11	616.4	0.819
5000	-17.5	540.2	0.736
6000	-24	471.8	0.660
7000	-30.5	410.6	0.589
8000	-37	356	0.525
9000	-43.5	307.4	0.466
10.000	-50	264.3	0.413
11.000	-56.5	226.3	0.364
12.000	-56.5	193.3	0.311

Si par exemple dans une certaine situation réelle la densité de l'air est celle qui règne en atmosphère standard à 3200 pieds, on dit que l'altitude densité est de 3200 pieds, même si en réalité on se trouve à 1000 ou 5000 pieds d'altitude effective. L'information est essentielle car toutes les données sur les performances des appareils se réfèrent à l'altitude densité.

Humidité. L'air humide se comporte comme de l'air moins dense et donc dégrade les performances du moteur et la portance. Le degré d'humidité se définit en grammes de vapeur d'eau par mètre cube d'air (humidité absolue) ou en pourcentage de l'humidité maximum possible en conditions de température et pression courantes (humidité relative).

En général les manuels de vol ne tiennent pas compte de l'humidité pour la définition des performances de l'appareil. C'est dommage, car les hydravions opèrent souvent, et en particulier durant le décollage, en conditions d'humidité élevée.

Le vent

Le vent est un facteur déterminant dans le déroulement des opérations sur la surface de l'eau, soit parce qu'il est à l'origine des vagues soit parce qu'il détermine les possibilités de mouvement de l'appareil sur la surface. S'il est fort, il peut renverser très facilement les appareils à flotteurs, qui ont un centre de gravité très haut. En outre s'il est variable et s'il provient de directions déterminées, il rend difficiles les manœuvres à flot et l'accostage.

Il y a des vents réguliers, qui peuvent être permanents, comme les alizés, ou périodiques, comme les moussons ou les brises. Il y a ensuite des vents dépendants des variations occasionnelles de pression; ils sont imprévisibles, sinon à brève échéance.

Les brises

Les brises ont une évolution et une intensité bien prévisibles et doivent donc êtres connues du pilote qui opère sur l'eau. Toutes les brises dépendent de l'ensoleillement et ne se manifestent pas ou peu si le ciel est couvert, ou à la saison froide. Elles sont particulièrement marquées au printemps et à l'automne. Le vent sur une vaste zone peut cacher la présence des brises, qui toutefois agissent et modifient le vent général en augmentant ou diminuant son intensité. Les brises intéressent une couche d'air de quelques centaines de mètres d'épaisseur. Elles sont donc sans conséquences pour l'avion en vol, mais peuvent avoir une importante influence sur l'appareil lors des manœuvres à flot, au décollage et à l'amerrissage.

Brise de mer et brise de terre. La brise de mer est due au plus grand réchauffement de la terre par rapport à la mer aux heures diurnes, avec pour conséquences des mouvements ascendants et appels d'air plus froid et plus dense venant de la mer. La brise de terre par contre est due au fait que de nuit la terre se refroidit plus rapidement que la mer et avec elle l'air qui la

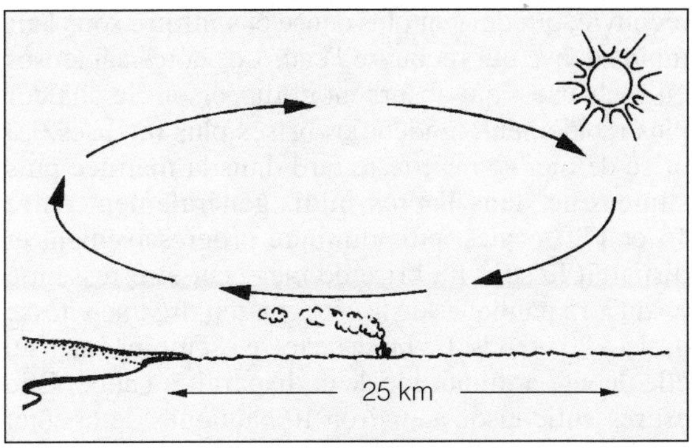

Brise de mer, pendant le jour, et brise de terre, pendant la nuit.

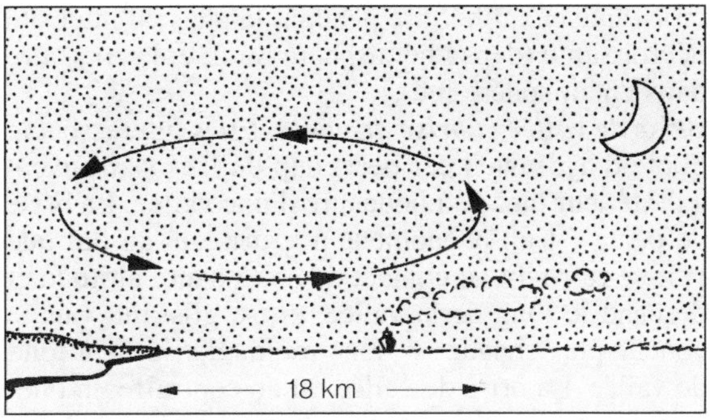

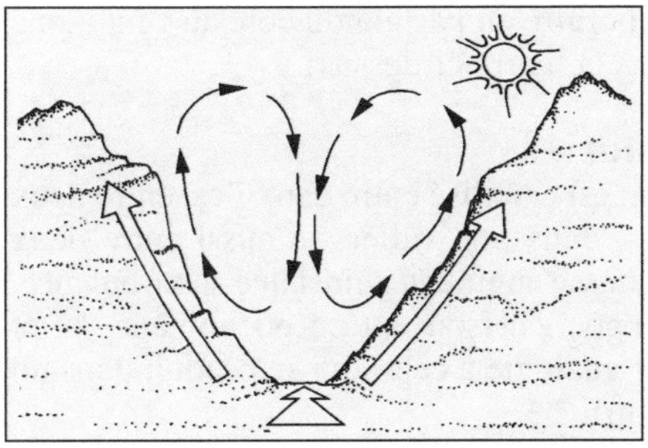

Brise de vallée, durant le jour (à gauche) et durant la nuit. Sur ces schémas, en regardant vers l'amont de la vallée, on voit le sens du souffle.

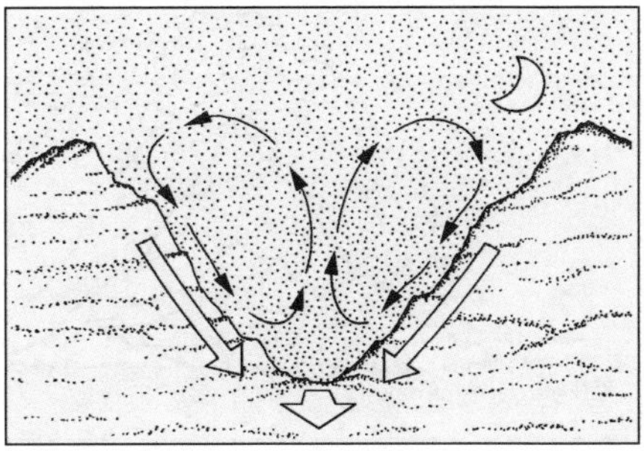

recouvre, qui devient plus dense et s'infiltre sous l'air moins dense qui recouvre l'eau. Les côtes sableuses ou rocheuses, qui absorbent et dispersent la chaleur plus rapidement, rendent les brises plus intenses. La brise de mer se manifeste tard dans la matinée puis s'intensifie dans l'après midi, généralement entre 15 et 17h locales, puis diminue progressivement et disparaît le soir. La brise de mer peut être ressentie jusqu'à 15 nautiques de la côte et atteindre une vitesse de 15 à 20 nœuds. La brise de terre est moins intense, elle débute à minuit locale et disparaît à l'aube. Elle est ressentie jusqu'à environ 10 nautiques de la côte. La direction des brises de terre et de mer est presque perpendiculaire à la côte, mais présente une rotation dans le sens horaire pendant la phase d'intensité croissante et antihoraire pendant la phase d'intensité décroissante (dans l'hémisphère nord; et le contraire dans l'hémisphère sud).

Brise de vallée et brise de pente. Elles intéressent le pilote d'hydravion car beaucoup de lacs se trouvent à l'intérieur ou à l'embouchure d'une vallée. La brise de pente est un phénomène nocturne dû au fait que l'air se refroidit au contact du sol à haute altitude et descend le long de la vallée, en se glissant sous la couche plus chaude — donc moins dense — à fond de vallée. La brise de vallée est au contraire un phénomène diurne, dû au réchauffement de l'air près du sol, qui devient moins dense et tend à monter le long de la vallée.

Stau et fœhn

Il s'agit de deux vents qui intéressent les zones à l'abri d'une chaîne montagneuse et par conséquent les pilotes qui opèrent sur les lacs près des montagnes où dans les vallées. Une masse d'air en mouvement, quand elle rencontre les montagnes, est déviée vers le haut. Si elle est humide on a une pluie intense et persistante, une importante baisse de température et une réduction de la visibilité. C'est le stau, qui se produit sur le versant au vent. Si le vent est suffisamment intense il peut, après avoir perdu toute son humidité, passer au-dessus de la chaîne et se déverser le long du versant sous le vent, en se réchauffant. C'est le fœhn

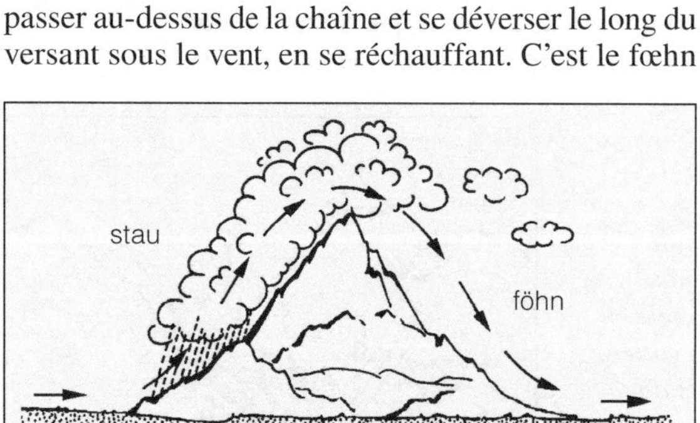

typique des Alpes, connu en d'autres endroits sous des noms divers. Il s'agit d'un vent chaud et sec, qui peut atteindre une vitesse importante (voire supérieure à 60 nœuds). En présence de fœhn la visibilité est généralement illimitée, mais la surface de l'eau est très agitée, jusqu'à rendre impossible les opérations avec des appareils légers ou de taille moyenne.

Rotation du vent

Souvent il arrive qu'au cours de la journée le vent tourne dans le sens horaire, de façon progressive ou saccadée. Ceci vaut pour l'hémisphère nord; pour le sud il tourne dans le sens antihoraire. Par exemple le matin le vent peut souffler de sud-est, puis passer au sud-ouest et plus tard à l'ouest. Fréquemment il n'y a qu'une seule variation importante.

Le vent autour d'une île montagneuse

Le vent, quand il rencontre une île qui présente du relief, se divise en deux flux qui lèchent les deux versants, pour ensuite se réunir sur le coté opposé. Le pilote qui cherche une zone tranquille de la surface, pour amerrir ou se livrer à d'autres opérations, doit exclure le coté exposé au vent, près duquel la mer présente probablement les vagues les plus hautes, mais aussi le coté opposé, c'est-à-dire celui sous le vent; où les flux d'air se rejoignent et où le vent n'est pas de moindre intensité que sur le coté au vent. La zone la plus tranquille, par conséquent avec les vagues les plus faibles, se trouve presque toujours dans un endroit intermédiaire entre la partie au vent et celle sous le vent.

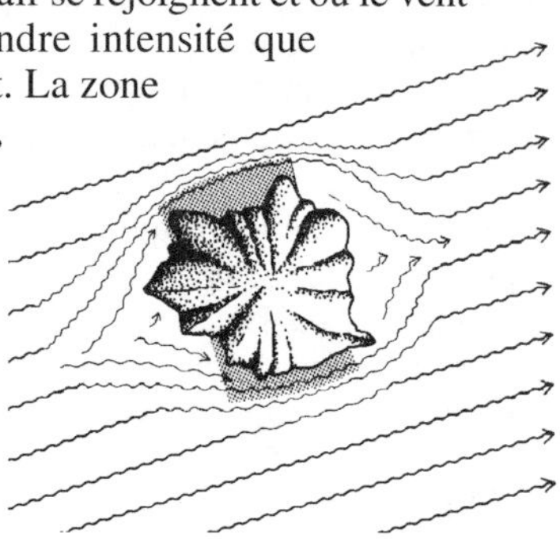

Chaque île, à moins d'être minuscule, présente une circulation qui lui est propre et le flux du vent se superpose à cette circulation. Sans trop entrer dans les détails, il suffit de savoir que le point intermédiaire avec le vent le moins intense est celui qui se trouve dans le sens horaire en partant du coté au vent (zone indiquée dans la figure ci-dessus).

L'effet Venturi

Quand le vent est canalisé entre deux îles, entre deux promontoires, dans une vallée ou aussi entre deux édifices, sa vitesse augmente, ainsi que sa turbulence. Les pilotes appellent souvent ce phénomène "effet Venturi", par analogie à celui qui se produit dans un tube de Venturi.

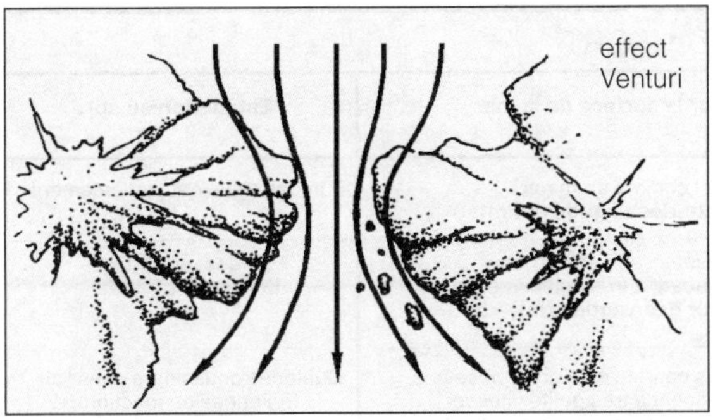

Vent rejoignant la côte

Un vent provenant de quelque direction que ce soit et qui rencontre une côte tend à dévier et à circuler parallèlement à cette dernière. Le pilote doit tenir compte de ceci pour les accostages : près de la rive il trouvera une composante de vent parallèle à la rive complètement absente au large.

Vent rejoignant la surface.

Un vent d'intensité importante, tel que celui qui s'écoule dans une vallée débouchant sur un plan d'eau, ou qui est dû à une rafale ou une descendance, s'ouvre en forme d'éventail quand il rencontre la surface. Il forme en outre sur les surfaces des taches généralement plus sombres et des striures caractéristiques parallèles à sa direction. Le pilote hydro sait interpréter tous ces indices et déterminer avec précision le vent qui règne sur la surface.

Variations de la vitesse du vent près de la surface

Dans la couche d'air près de la surface le vent subit un important ralentissement, similaire à celui qui se produit près de la surface de l'aile d'un avion. La vitesse peut être par exemple de 30 nœuds à 20 m, de 25 nœuds à 15 m, de 18 nœuds à 10 m, de 12 nœuds à 3 m, de 10 nœuds à 1 m et enfin de 5 nœuds à 30 cm de l'eau. Dans ces conditions on peut s'attendre à de la turbulence en courte finale ou peu après l'envol.

Mesure et évaluation de la vitesse du vent

La vitesse du vent se mesure en kilomètres heure, mètres ou pieds par seconde ou en nœuds. Les conversions peuvent êtres effectuées avec une simple règle.

Dans les bases, le pilote trouve à sa disposition des moyens qui lui fournissent la mesure précise de la direction et de la vitesse du vent, de la masse d'air entourant l'instrument. Celui qui opère en zone sans infrastructure peut se servir d'anémomètres "à main" de types divers, légers et portables. En réalité l'aspect de la surface dit tout au pilote hydro, qui par conséquent n'a pas besoin d'instrument, sinon pour avoir une idée préliminaire des conditions générales. Il est possible de déduire la vitesse du vent des indices présents dans le milieu environnant. L'échelle de Beaufort, reportée dans le tableau page suivante, sert à cela. Elle fut conçue par l'amiral anglais Francis Beaufort (1774-1857) pour permettre une évaluation de la vitesse maximale du vent, même à celui qui est privé d'instruments. Les degrés de l'échelle où sont possibles les opérations sur l'eau avec un petit hydravion sont les premiers. L'évaluation en vol de la direction et de l'intensité du vent, avant l'amerrissage, est d'une grande importance et est décrite au chapitre relatif à cette manœuvre.

Turbulence

Jusqu'à environ 10 nœuds le flux d'air qui constitue le vent est généralement laminaire. A vitesse plus élevée le flux devient turbulent et présente des variations continues, qui, passé un certain point, sont appelées rafales. Celles-ci sont ainsi définies : renforcements de vitesse supérieurs à 10 nœuds par rapport à la vitesse moyenne du vent et qui durent moins de 20 secondes. Les rafales sont visibles sur la surface où elles forment des taches plus sombres.

Direction du vent

La direction du vent s'exprime par un nombre à trois chiffres correspondant à la direction d'où vient le

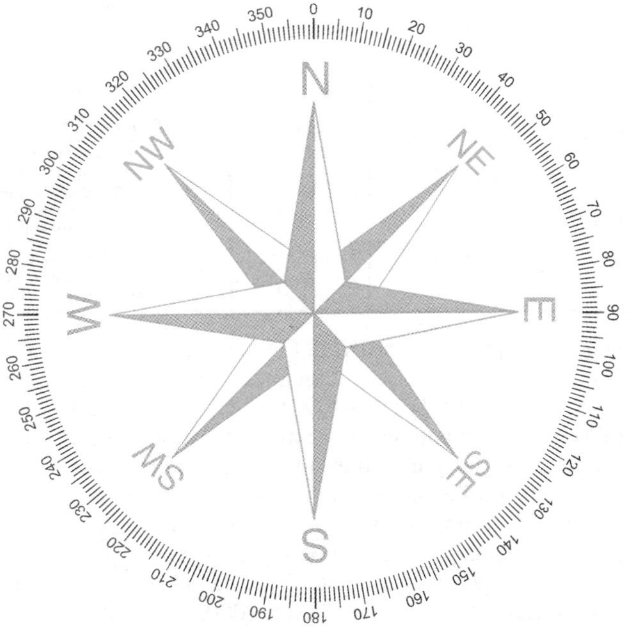

ÉCHELLE BEAUFORT				
Échelle Beaufort	**État de la mer**	**Vitesse moyenne du vent KTS /** km/h	**Estimation sur la surface de la mer**	**Estimation au sol**
0	Calme	**<1** / <1	La mer est comme un miroir **Probable hauteur des vagues (ft /** m)**:** 0	Fumées s'élèvent verticalement
1	Très légère brise	**1-3** / 1-5	Petites risées sans écume. **Voiliers:** se déplacent à très petite vitesse. **Probable hauteur des vagues (m):** <0,10	Fumées perturbées Éoliennes à l'arrêt.
2	Légère brise	**4-6** / 6-11	Petites vaguelettes courtes plus prononcées; **Voiliers:** se déplacent à très petite vitesse. **Probable hauteur des vagues (ft /** m)**:** 0,10-0,50	Quelques poussières dans l'air. Éoliennes en fonction.
3	Petite brise	**7-10** / 12-19	Les crêtes des vagues commencent à casser. **Voiliers:** commencent à s'incliner; vitesse modérée. **Probable hauteur des vagues (m):** 0,50-1	Poussières et brindilles agitées. Les drapeaux s'agitent au vent. Les branches fines des arbres flottent au vent
4	Jolie brise	**11-16** / 20-28	Les vagues commencent à s'allonger avec des fréquentes taches blanches. **Voiliers:** avancent vite, inclinés de 15° ou moins **Probable hauteur des vagues (m):** 1-1,7	Poussières et papiers volent. Les branches bougent. Les drapeaux flottent au vent
5	Bonne brise	**17-21** / 29-38	Vagues à crêtes blanches se forment; embruns **Voiliers:** réduisent la voilure. **Probable hauteur des vagues (m):** 1,7-2,5	Les petits arbres feuillus commencent à se balancer. Le drapeaux sont tendus
6	Vent frais	**22-27** / 39-49	De grosses vagues commencent à se former; présence de moutons blancs sur toute la surface. **Voiliers:** réduisent davantage la voilure. **Probable hauteur des vagues (m):** 2,5-3,5	Les grosses branches bougent. Sifflement des fils métalliques. Difficulté pour utiliser un parapluie.
7	Grand frais	**28-33** / 50-61	Les vagues cassent en paquets d'eau et d'écume en bandes le long de la direction du vent. **Voiliers:** rentrent ou restent au port **Probable hauteur des vagues (m):** 3,5-5	Les gros arbres bougent. Risque de tomber en marchant.
8	Coup de vent	**34-40** / 62-74	Lames de hauteur moyenne et plus allongées; du bord de leur crêtes se détachent de tourbillons d'embruns; l'écume est soufflée en très nettes traînées dans le lit du vent. **Probable hauteur des vagues (m):** 5-7	Les petites branches se cassent. Dégâts sur les constructions. Marcher est très difficile.
9	Fort coup de vent	**41-47** / 75-88	Grosses lames; épaisses traînées d'écume. La mer commence à rouler; visibilité réduite par les embruns. **Probable hauteur des vagues (m):** 7-10	Les branches moyennes se cassent. Les tuiles s'envolent des toits.
10	Tempête	**48-55** / 89-102	Très haute lames à longues crêtes en panache; l'écume s'agglomère en larges bancs; dans son ensemble la surface des eaux semble blanche; le déferlement en rouleaux devient intense et brutale. La visibilité est réduite. **Probable hauteur des vagues (m):** 10-13	Arbres déracinés. Dégâts considérables sur les maisons.
11	Violente tempête	**56-63** / 103-117	Lames exceptionnellement hautes; la mer est recouverte de bancs d'écume; partout le bord des crêtes des lames donnent de la mousse. Visibilité fortement réduite. **Probable hauteur des vagues (m):** > 13-16	Dégâts généralisés.
12	Ouragan	>**63** / >117	L'aire est plaine d'écume et d'embruns, la mer est entièrement blanche; visibilité très réduite. **Probable hauteur des vagues (m):** >16	Dégâts graves généralisés.

vent, par rapport au nord vrai. On peut aussi utiliser la terminologie classique indiquant les directions par les termes nord (360), est (090), sud (180) et ouest (270) et leurs combinaisons, par exemple sud ouest (225), mais seulement pour indiquer exactement ces directions, ou lorsqu'une grande précision n'est pas demandée. L'indication d'une coordonnée polaire, par rapport à la proue de l'appareil, est souvent utile. Les cas les plus évidents sont le vent de face (000 ou 360), arrière (180) ou sur le travers (090, s'il vient de droite, 270, s'il vient de la gauche). Mais quelquefois il peut-être utile d'indiquer également avec précision les directions intermédiaires de provenance du vent. Le pilote hydro doit aussi considérer la direction du vent par rapport à celle des vagues. On parlera donc de vent perpendiculaire aux vagues, de vent parallèle aux vagues, ou oblique.

Un vent supérieur à 5 nœuds génère sur la surface des bandes parallèles à sa direction et des fronts de vagues perpendiculaires à sa direction.

Composantes du vent

N'importe quel vent agissant sur l'appareil peut être décomposé en deux composantes : longitudinale et transversale. La première peut être avant ou arrière. La seconde de droite ou de gauche. Une telle décomposition est commode car la connaissance de la composante longitudinale permet d'obtenir la vitesse de l'appareil par rapport à la surface. C'est utile en navigation, mais encore plus pour évaluer la vitesse d'envol ou de contact de l'appareil. Vitesse égale à la vitesse de l'air, additionnée à la vitesse de la composante longitudinale. La connaissance de la composante transversale permet par contre d'évaluer immédiatement les risques relatifs à la présence de vent de travers, en plus de la dérive en vol. La composante transversale maximale dépend des caractéristiques de l'appareil et des capacités du pilote. La composante transversale maximale démontrée (*Maximum demonstrated crosswind component*) mentionnée dans le manuel de vol de beaucoup d'appareils ne définit pas une vraie limite opérationnelle, mais respecte la volonté du constructeur de limiter sa propre responsabilité civile. Toutefois une telle valeur ne doit pas du tout être prise à la légère et on doit considérer qu'opérer avec une composante transversale supérieure à celle indiquée peut comporter des risques.

Diverses règles de calcul aéronautiques permettent d'effectuer la décomposition du vent en ses deux composantes. Le tableau de cette page fournit le pourcentage des deux composantes basé sur l'angle entre la direction du vent et la proue, de 10 en 10 degrés.

COEFFICIENT DE CALCUL DES COMPOSANTES DU VENT

direction du vent par rapport au cap	coefficient de vent de face ou arrière	coefficient de vent traversier
0°	1↓	0
10°	0.985↓	0.174
20°	0.940↓	0.342
30°	0.866↓	0.5
40°	0.766↓	0.643
50°	0.643↓	0.766
60°	0.5↓	0.866
70°	0.342↓	0.940
80°	0.174↓	0.985
90°	0	1
100°	0.174↑	0.985
110°	0.342↑	0.940
120°	0.5↑	0.866
130°	0.643↑	0.766
140°	0.766↑	0.643
150°	0.866↑	0.5
160°	0.940↑	0.342
170°	0.985↑	0.174
180°	1↑	0

Vitesse du vent = 1.
(↓) composante longitudinale - vent de face
(↑) composante longitudinale - vent arrière
La composante latérale vient du coté d'où vient le vent

Un type d'anémomètre à main. Cet instrument est aussi utile pour s'habituer à évaluer la vitesse du vent.

Mark Rankin - US Navy - Public Domain via Wikimedia Commons

Effet du vent sur le corps humain

La sensation de chaud et froid qu'on éprouve est, en général, la quantité de chaleur qui est acquise ou dispersée par la surface du corps humain. Elle dépende de beaucoup de facteurs, dont la température de l'air. La présence de vent est toutefois un important facteur dont on doit tenir compte. En fait, s'il y a du vent, l'air à une certaine température a un effet sur le corps comme s'il était à une température inférieure. Les températures équivalentes, quand il y a du vent, à celle de l'air calme sont données dans le tableau de la page suivante.

TEMPÉRATURES RELATIVES DUES AU VENT																
air calme	8 km/h 5 MPH		17 km/h 10 MPH		25 km/h 15 MPH		33 km/h 20 MPH		42 km/h 25 MPH		50 km/h 30 MPH		58 km/h 35 MPH		67 km/h 40 MPH	
5°C 40°F	2	35	-1	30	-3	25	-6	20	-9	15	-12	10	-12	10	-12	10
2°C 35°F	-1	30	-6	20	-5	15	-12	10	-12	10	-15	5	-15	5	-18	0
-1°C 30°F	-3	25	-9	15	-12	10	-15	-5	-18	0	-18	0	-21	-5	-21	-5
-3°C 25°F	-6	20	-12	10	-18	0	-18	0	-21	-5	-23	-10	-23	-10	-26	-15
-6°C 20°F	-9	15	-15	5	-21	-5	-23	-10	-26	-15	-29	-20	-29	-20	-29	-20
-9°C 15°F	-12	10	-18	0	-23	-10	-26	-15	-29	-20	-32	-25	-34	-30	-34	-30
-12°C 10°F	-15	5	-23	-10	-25	-20	-32	-25	-34	-30	-34	-30	-38	-35	-38	-35
-15°C 5°F	-18	0	-26	-15	-32	-25	-34	-30	-38	-35	-40	-40	-40	-40	-43	-45
-18°C 0°F	-21	-5	-29	-20	-34	-30	-38	-35	-43	-45	-46	-50	-46	-50	-48	-55
-21°C -5°F	-23	-10	-32	-25	-40	-40	-43	-45	-46	-50	-48	-55	-51	-60	-51	-60
-23°C -10°F	-26	-15	-38	-35	-43	-45	-46	-50	-51	-60	-54	-65	-54	-65	-56	-70
-26°C -15°F	-29	-20	-40	-40	-46	-50	-51	-60	54	-65	-56	-70	-56	-75	-59	-75
-29°C -20°F	-32	-20	-40	-40	-46	-50	-51	-60	54	-65	-56	-70	-56	-75	-59	-75
-32°C -25°F	-34	-30	-46	-50	-54	-65	-59	-75	-62	-60	-65	-85	-68	-90	-71	-95
-34°C -30°F	-38	-35	-51	-60	-56	-70	-62	-80	-68	-90	-71	-95	-73	-100	-73	-100
-37°C -35°F	-40	-40	-54	-65	-62	-80	-65	-85	-71	-95	-73	-100	-76	-105	-79	-110
-40°C -40°F	-43	-45	-56	-70	-65	-85	-71	-95	-76	-105	-79	-110	-82	-115	-82	-115

danger faible — danger moderé — danger élevé — °C ← 2 35 → °F

VISIBILITÉ DE SURFACE	
0	<50 yd
1	<200 yd
2	<400 yd
3	<0.5 NM
4	<1 NM
5	<2 NM
6	<5 NM
7	<10 NM
8	<30 NM
9	>30 NM

Visibilité en mer

La visibilité près de la surface de la mer peut subir d'importantes variations. Elle est définie en termes marins grâce à une échelle de 0 à 9.

La valeur 0 indique une condition de brouillard extrêmement dense, avec des objets invisibles à 50 yards, tandis que la valeur 9 indique une condition de visibilité excellente, avec des objets visibles à plus de 30 milles nautiques.

La visibilité correspondant aux valeurs de l'échelle est reportée dans le tableau ci-contre

Effets optiques

L'atmosphère recouvrant la surface et surtout la couche proche de l'eau sont le siège de nombreux phénomènes optiques, dont le plus fameux est le mirage (ci dessous). Le sujet est extrêmement fascinant mais sort du but de ce livre. On évite seulement de trop se fier à sa propre vue lorsqu'on se trouve à proximité de la surface ou quand on survole la mer à basse altitude, car ce que l'on voit peut être bien différent de la réalité.

En plus du "miroir", l'illusion la plus fréquente que peut rencontrer le pilote hydro est celle du "faux horizon" (les deux effets sont décrites au chapitre sur l'amerrissage).

Craig Clements - Wikimedia Commons - GNU FDL

L'eau

L'eau est un fluide incompressible. Pure, elle est 815 fois plus dense que l'air standard au niveau de la mer.

L'eau de mer. L'eau de mer a une densité légèrement supérieure (1,02-1,03) fois à celle de l'eau pure, ce qui fait flotter davantage les objets qui y sont immergés selon le principe d'Archimède. L'appareil posé sur une surface salée a donc un tirant d'eau plus faible que dans l'eau douce, même si la différence est faible. Dans l'eau de mer les safrans sont légèrement plus efficaces que dans l'eau douce et les performances de décollage légèrement supérieures, le tirant d'eau étant plus faible la traînée hydrodynamique est inférieure.

Corrosion. Un aspect important de l'eau est l'action chimique et physique qui, avec les composants présents, s'exerce sur les corps avec lesquels elle entre en contact. Une telle action, dans le cas de l'aluminium, est la corrosion, tandis que pour les métaux ferreux c'est la rouille. Quand deux métaux différents sont voisins l'eau non pure ferme le circuit électrique et provoque la corrosion du métal le plus faible électriquement. Les parties de l'hydravion immergé dans l'eau sont sujettes à la corrosion de la part de l'eau même et des acides produits par les micros organismes omniprésents. La corrosion est une action naturelle qui tend à faire retourner tous les métaux à leur état d'origine, comme on peut les trouver dans les minerais d'où ils sont extrait.

Forces d'impact

Il est important pour le pilote hydro de tenir compte des importantes forces qui sont générées par l'impact d'un objet sur la surface de l'eau à vitesse élevée. Elles sont bien connues par ceux qui pratiquent le ski nautique, et varient avec le carré de la vitesse. Cela signifie que si la vitesse double les forces quadruplent, si la vitesse triple les forces deviennent 9 fois plus importantes et ainsi de suite.

Vagues

Les lignes ci-dessous traitent des vagues, un phénomène d'une grande complexité, seulement pour les aspects qui peuvent intéresser les pilotes. Ceux-ci doivent apprendre à observer la surface dans tous ses aspects, à des moments et de points de vue différents.

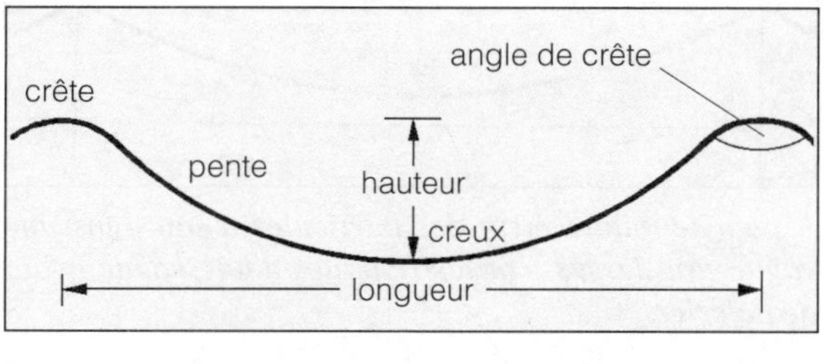

En particulier le pilote doit apprendre à évaluer la hauteur et la longueur des vagues, à identifier les éléments qui en signalent la présence même quand elles ne sont pas directement visibles et à connaître les effets sur les corps fixes ou flottants avec lesquels elles interfèrent.

Caractéristiques d'une vague.

La nomenclature fondamentale relative à une vague est exposée sur la figure en bas de page.

Longueur. Distance entre deux crêtes successives ou, en général entre deux points homologues successifs de la vague.

Vitesse de propagation. Distance parcourue par un point de la vague dans l'unité de temps. Cette vitesse ne doit pas être confondue avec la vitesse des particules d'eau à l'intérieur de la vague.

Période. Intervalle de temps qui s'écoule entre le passage de deux points homologues.

Voici quelques relations entre longueur, période et vitesse de propagation (la période est en secondes, les facteurs numériques sont arrondis pour faciliter les calculs).

longueur m = $1{,}5 \times (\text{période})^2$

longueur ft = $5 \times (\text{période})^2$

vitesse de propagation m/s = $1{,}5 \times$ période

vitesse de propagation KTS = $3 \times$ période

période = $0{,}8 \times \sqrt{\text{longueur}}$ (m)

période = $0{,}45 \times \sqrt{\text{longueur}}$ (ft)

période = $0{,}65 \times$ vitesse de propagation m/s

période = $0{,}35 \times$ vitesse de propagation KTS

Hauteur. Distance verticale entre la crête (ou *sommet*) et le creux de la vague. On appelle cambrure le rapport entre la hauteur et la longueur de la vague. Les parties descendantes de la crête s'appellent les pentes, celle du côté de la propagation est la pente antérieure, l'autre est la pente postérieure. La hauteur d'une vague ne dépend pas de la longueur, de la période ou de la vitesse, mais de beaucoup de facteurs et principalement de l'intensité du vent agissant sur la surface et de l'ampleur du bassin, comme exposé ci-dessous.

Le fetch. Ce terme indique l'étendue d'eau sur laquelle agit le vent, générant les vagues. Il existe un relation entre la vitesse du vent et la hauteur maximum des vagues. Cette relation est valable pour des vents qui ont un minimum d'intensité, d'au moins une dizaine de nœuds. En outre pour que la vague atteigne sa hauteur maximale, il faut que le vent ait agi sur la surface pendant un temps suffisant et que le fetch ait au moins une valeur déterminée, appelée fetch minimum.

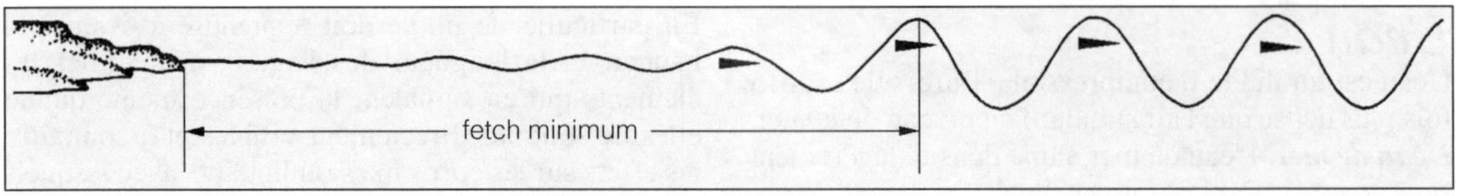

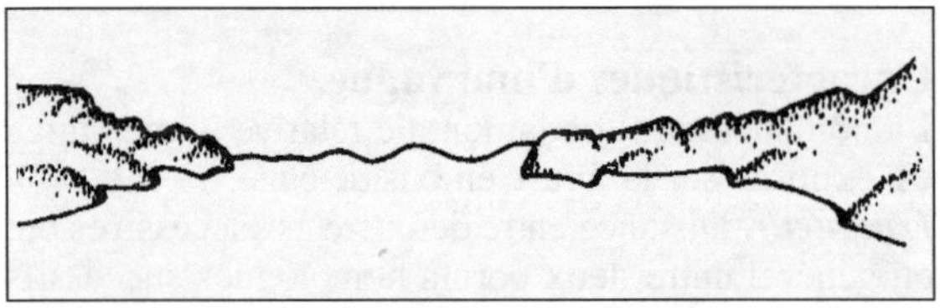

Si la surface est plus courte que le fetch minimum, les vagues n'atteignent pas la hauteur maximale prévue avec le vent agissant. Cela explique pourquoi dans les petits bassins les vagues peuvent êtres basses par vent fort. Si le bassin est très grand, les vagues atteignent la hauteur maximale dans l'étendue égale au fetch minimum et ensuite continuent à se propager en conservant la même hauteur dans le reste du bassin, en s'adoucissant et en devenant plus régulières. Avec un vent soufflant de la terre la zone d'eau près de la rive est la plus tranquille et la hauteur des vagues va augmenter au fur et à mesure que l'on va vers le large.

FETCH			
Vitesse du vent (KTS)	**Fetch minimum (miles)**	**Durée du vent (heures)**	**Hauteur des vagues m** - *ft*
10	10	2,5	0,25 - *0,40*
20	75	10	1,5 - *2,5*
30	270	24	4 - *6,5*
40	700	40	8,5 - *13*

Mouvement des particules d'eau dans la vague. La propagation des vagues sur la surface ne comporte pas un déplacement sensible des particules d'eau dans le sens horizontal, comme on peut facilement le vérifier en observant un objet flottant, qui en fait se limite à monter et à descendre, au passage de la vague, sans changer sa position, à moins qu'il ne soit poussé par le vent. En réalité le mouvement des particules d'eau est plus complexe et advient le long d'orbites circulaires de diamètre maximum en surface et décroissant avec la profondeur, pour s'annuler à une profondeur égale à la moitié de la longueur de la vague.

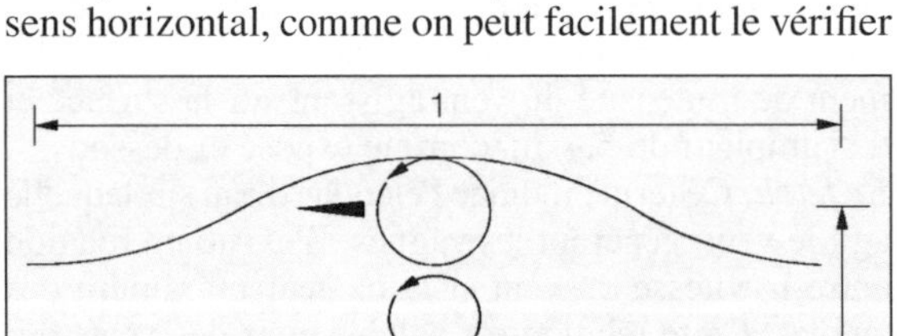

Types de vagues

Vagues vives et vagues mortes. Les vagues dues à un vent agissant sur la surface, sont appelées *vagues de vent* ou *vagues vives* ou *vagues de mer vive*. Leur ensemble est quelquefois appelé *système primaire de vagues* ou simplement *vagues primaires*. Elles ont une hauteur et une longueur constantes sur des étendues importantes. Les fronts de vagues sont en général perpendiculaires à la direction du vent en action. Quand le vent cesse ou quand les vagues se déplacent loin de la zone d'origine, jusqu'à ne plus avoir aucune relation avec l'éventuel vent qui les a créées, elles sont appelées *vagues mortes* (ou *longues*) ou *vagues de mer morte* (ou *longue*) ou bien *vagues de calme* ou *vieilles vagues*. Leur ensemble est aussi appelé *système secondaire de vagues* ou *vagues secondaires*. Les vagues mortes sont plus régulières que les vives, acquièrent une plus grande longueur, perdent leurs crêtes, prenant une surface lisse et une forme ondulée, et s'atténuent peu à peu, sur de longues distances.

Vagues croisées. Les vagues de mer morte peuvent rencontrer d'autres vagues, de mer morte ou vive ou réfléchies par la rive, et donner lieu à des vagues croisées (ou *mer croisée*). Un système secondaire de vagues peut se superposer à un système primaire mais être caché par celui-ci, surtout si les vagues secondaires sont très longues.

Déferlantes. Quand la hauteur d'une vague atteint une valeur d'à peu près 1/7 de sa longueur l'angle de la crête diminue vers environ 120° et la vague

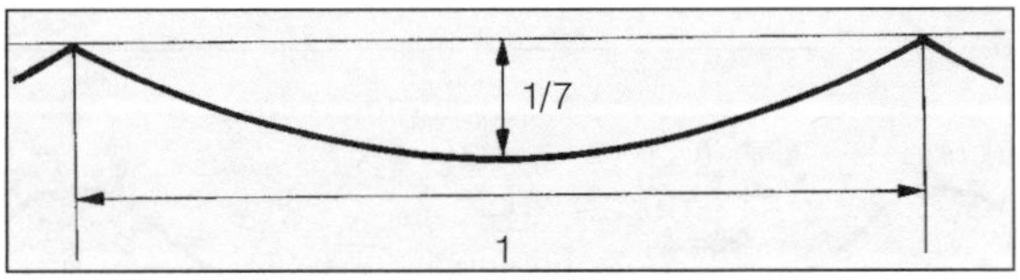

A gauche, mouvement des particules d'eau dans une vague. Au-dessus, caractéristiques d'une vague avant de déferler.

déferle, d'où le nom de déferlante. Cela se produit normalement près de la rive (*déferlantes de plage*), comme décrit au prochain paragraphe, mais aussi au large en cas de vent plutôt fort, dans ce cas appelées *déferlantes de haute mer.* Le phénomène est favorisé par le courant ou le vent de sens opposé à celui de la propagation des vagues. Les traînées d'écume qui se forment sur la crête des déferlantes sont aussi appelées *moutons* ou, sur les lac d'Italie septentrionale, *ochette* (oisons).

Tsunami ou raz de marée. Les vagues ne sont pas toujours provoquées par le vent, mais quelquefois par les tremblements de terre, éboulements ou éruptions sous marines. Dans les cas les plus graves, sont générées des vagues d'énormes dimensions, désignées par le mot japonais *tsunami*, capables de mettre en miettes tout ce qui se trouve sur leur passage. Les tsunami prennent leur aspect le plus typique et les caractéristiques les plus dangereuses près des côtes. Au large ce ne sont que de longues ondulations sur la surface de l'océan qui peuvent passer quasi inaperçues. Pour cette raison, quand un raz de marée est annoncé, les bateaux quittent les ports et se dirigent vers des zones de grande profondeur.

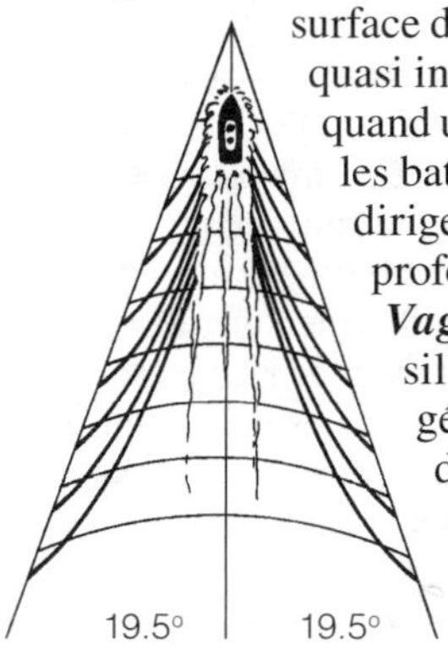

Vagues d'embarcations. Le sillage des embarcations est généralement compris entre deux angles de 19,5° d'amplitude, placés de chaque côté de la route et ayant leur sommet en avant de la proue, à une distance égale à la longueur de la coque. Le sillage est composé d'une série de vagues divergentes, d'une série de vagues transversales, comprises entre les divergentes, et de vagues qui déferlent et s'écoulent le long des flancs de l'embarcation. Les vagues qui intéressent le pilote sont celles des deux premières séries, c'est-à-dire les vagues divergentes et les vagues transversales.

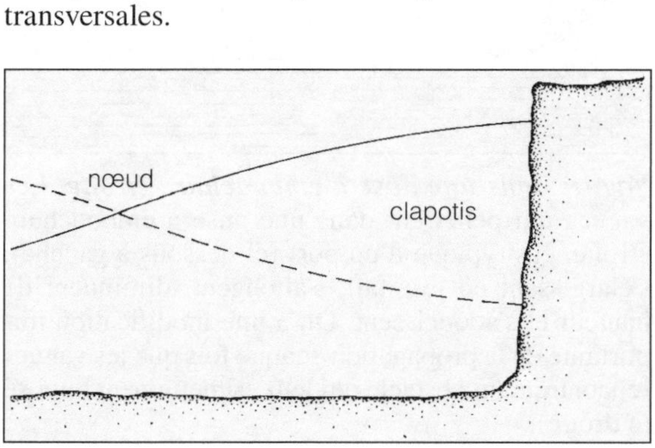

Les vagues sur la rive

Le comportement des vagues près de la rive est extrêmement important pour la navigation, car de lui dépend la possibilité d'accoster, de se maintenir près de la rive pour les opérations de chargement et déchargement et d'appareiller de cette même rive.

Sur une rive verticale. Les vagues qui rencontrent une paroi verticale sont réfléchies et interfèrent avec celles qui arrivent. Dans certains cas elles donnent lieu à des vagues d'une hauteur double de celle des vagues d'origine, qui déferlent sur la paroi, jaillissant puissamment jusqu'à 6 fois la hauteur de la vague qui

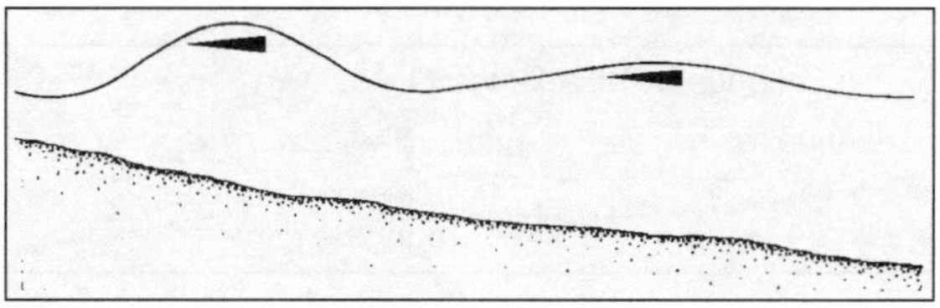

les produit. Si par contre le fond est plutôt profond, au moins 2 ou 2,5 fois la hauteur de la vague, près de la paroi se crée une vague stationnaire qui ne déferle pas et qui provoque un simple mouvement oscillatoire dans le sens vertical que l'on appelle *clapotis.*

Sur une rive en pente. Quand les vagues atteignent une rive en pente et, en particulier, quand elles re-

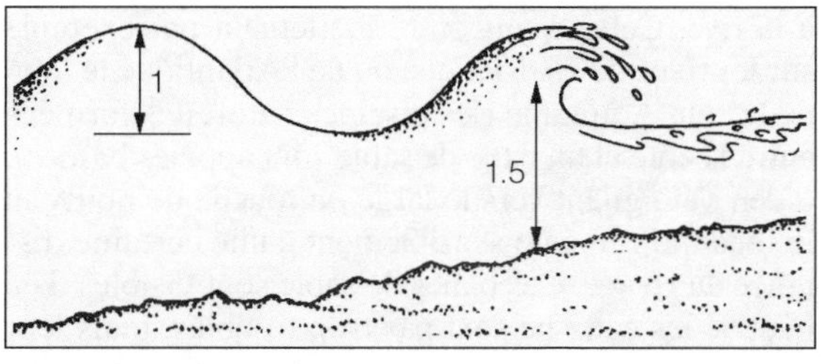

joignent un fond dont la profondeur est égale à la moitié de leur longueur elles "sentent le fond", comme un avion "sent" le sol. En d'autres termes, elles ralentissent par frottement avec le fond et se déforment. Les parties de la vague les plus proches de la rive ralentissent plus que celles qui sont les plus éloignées, ainsi la vague se comprime, devient plus haute et plus courte, avec des pentes qui deviennent plus raides. Quand l'angle de la crête atteint environ

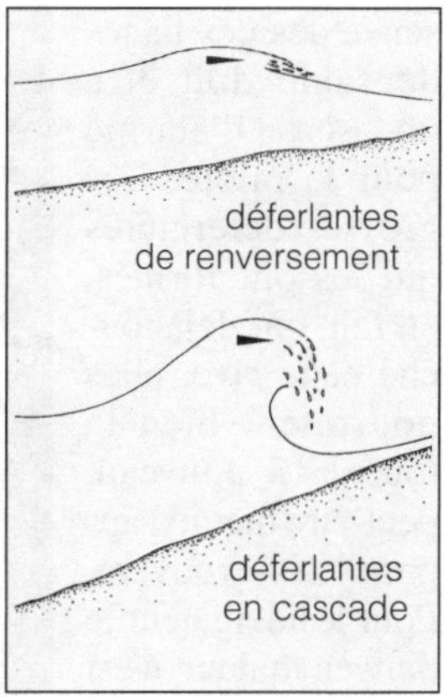

120°, chose qui advient près de la rive quand le fond est à une profondeur d'environ 1,5 fois la hauteur de la vague, cette même vague déferle.
La forme des déferlantes dépend du profil du fond. Sur des fonds à faible pente un regonflement se forme déjà au large, surmonté d'une étroite bande d'écume qui se déverse le long de la pente antérieure, ce sont les déferlantes *de renversement.* Sur des fonds plus raides la vague s'élève à l'improviste et se cambre, pour finir en cascade donnant lieu aux spectaculaires *rouleaux* ou *surf*, ce sont les déferlantes *en cascade.*
Ligne de déferlantes. La bande de la mer où se présentent les déferlantes est appelée ligne de déferlantes.

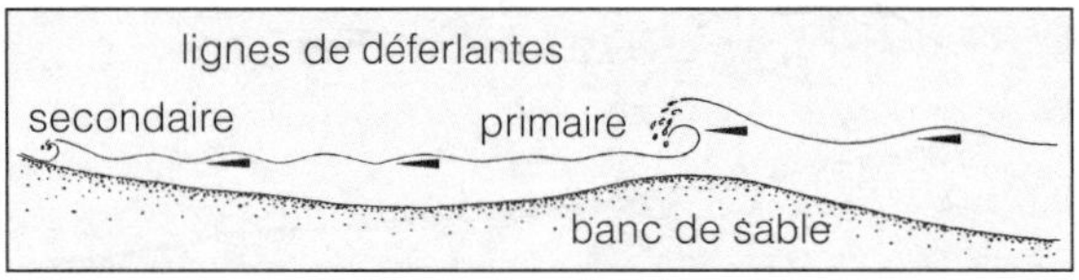

Après que la vague se soit rompue, des vagues plus basses et plus courtes se forment, se propagent vers la rive et déferlent à leur tour quand elles rencontrent un fond de profondeur appropriée. On a ainsi une seconde ligne de déferlantes, plus proche de la rive. En correspondance avec la première ligne, à cause du mouvement turbulent et de la diminution de la vitesse de propagation, le sable en suspension tend à s'accumuler et donne lieu à un banc disposé parallèlement à la rive. Cela se rencontre facilement par exemple sur les rives de l'Adriatique ou de l'Atlantique le long de la côte Aquitaine (les piscines naturelles formées entre la côte et un banc de sable sont appelés baïnes), où en s'éloignant vers le large on touche de nouveau le fond qui remonte sensiblement à une certaine distance du rivage. Ces bancs de sable sont visibles d'en haut, si les eaux ne sont pas trop troubles, mais leur présence est aussi révélée par la forme du système de vagues et génère de forts courants selon les marées. La présence des ces bancs de sable doit être une sorte d'alarme pour le pilote. Les grosses déferlantes qui les ont formés, en fait, ont déjà touché cette rive, elles pourraient bien la toucher à nouveau, peut-être quand l'appareil s'y trouvera. Pour le navigateur le danger majeur n'est

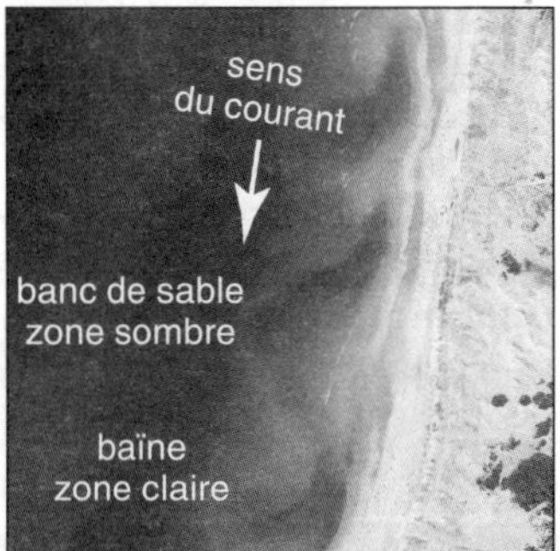

pas représenté par la seconde ligne de déferlantes, la plus proche de la rive, mais par la première. L'observateur attentif peut toutefois remarquer qu'il y a des points dans la première ligne de déferlantes où ces dernières sont de dimensions relativement petites par rapport aux zones environnantes. Cela se vérifie en face de chaque canal que l'eau qui reflue de la rive vers le large creuse dans le banc de sable. Ce sont les points les plus propices pour passer de la rive au large ou vice-versa, manœuvre qui toutefois présente de notables risques en présence de ces vagues.
Trains de vagues obliques. Les vagues qui atteignent la rive obliquement tendent à se disperser parallèlement à cette même rive. Cela est dû au fait que les parties qui s'approchent en premier de la rive ralentissent par rapport à celles qui sont encore plus distantes.

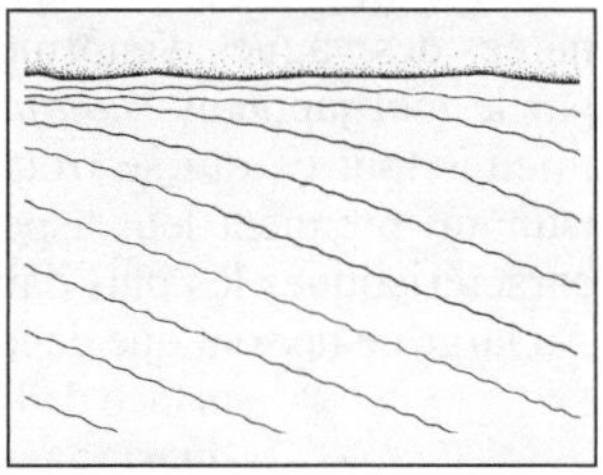

Contre courant.
Après avoir atteint la plage l'eau reflue donnant lieu à un contre courant, qui peut être très intense et qui s'enfile sous la nouvelle vague qui arrive. Dans la mince couche près de la zone battue par les vagues on rencontre donc un fort bouillonnement dû à la rencontre de la vague qui avance vers la rive en surface, et au contre courant, qui s'écoule sur le fond. Ces courants qui se déplacent en sens inverse peuvent facilement renverser une embarcation soumise à leur action.
Vagues dans une baie en entonnoir. Les vagues qui pénètrent dans une baie en entonnoir, c'est-à-dire qui se rétrécit, deviennent plus hautes, pouvant même atteindre une hauteur double de celle qu'elles ont au large.

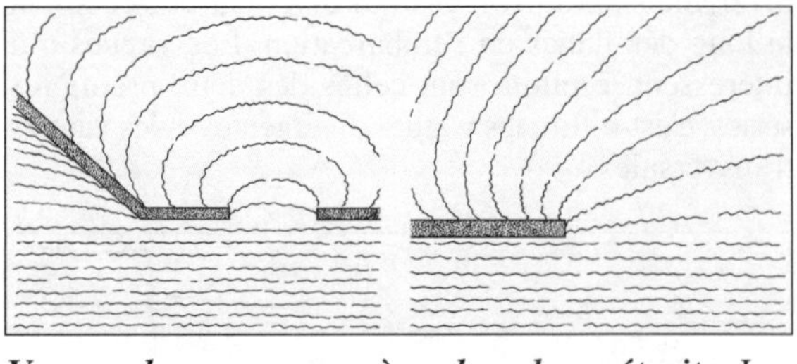

Vagues dans une anse à embouchure étroite. Les vagues qui pénètrent dans une anse à embouchure étroite, cas typique d'un port (ci-dessous à gauche), s'élargissent en éventail, s'allongent, diminuent de hauteur et s'adoucissent. On a une modification importante de la propagation chaque fois que les vagues rencontrent un obstacle qui leur est nettement opposé (à droite).

Énergie des vagues. Dans le mouvement des vagues réside une grande énergie. Quand on pense que des échelles en fer scellées le long des parois d'un phare ont été arrachées et réduites en tas de ferraille noué par les vagues !

Calema. Sur les côtes précédées d'une importante marche océanique, comme celle du golf de Guinée, se forment d'imposantes vagues parallèles à la côte qui rendent extrêmement risqué l'accostage, jusqu'à rendre nécessaire l'emploi de bateaux spéciaux, manœuvrés par les experts locaux, pour transborder passagers et marchandises entre la côte et les navires. En Guinée ces vagues sont appelées Calema.

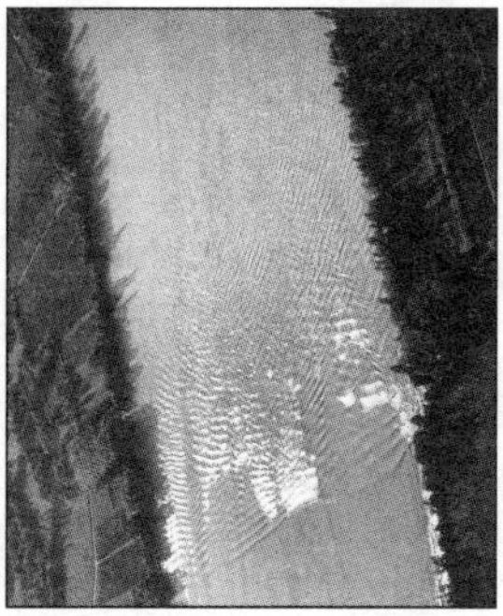

Photo Le Collen

Mascaret sur la Gironde, aux environs de Bordeaux.

Mascaret. Une autre vague typique est celle provoquée par la marée qui pénètre dans l'estuaire d'un fleuve, appelée *vague de marée, mascaret* ou *barre*. La rencontre des deux masses d'eau se déplaçant en sens opposés donne lieu à une vague bien définie ayant l'aspect d'une cascade très turbulente qui remonte le fleuve. Le mascaret ne se rencontre pas sur les fleuves qui se jettent en Méditerranée, où les marées sont de faible intensité, mais surtout sur les fleuves qui se jettent dans les océans. En Europe on a des mascarets modestes sur la Seine et la Gironde en France (photo), et sur la Severn, en Angleterre. Grandiose est par contre le mascaret sur l'Amazone, qui remonte sur 450 nautiques à la vitesse de 20 nœuds, avec un grondement qui s'entend à une distance de 20 nautiques; lorsque les indigènes l'entendent, il assurent leur embarcations aux branches des arbres. Le mascaret peut atteindre une hauteur de 5 m sur l'Amazone, mais plus communément 2 m, et une hauteur de 8 m sur le Yang-Tse-Kiang, en Chine. Sur les fleuves sujets à un mascaret important les activités sur les rives et la navigation sont programmées en fonction de lui, qui heureusement est bien prévisible.

ÉCHELLE DOUGLAS ÉTAT DE LA MER		
force		**hauteur des vagues (m)**
0	calme	0
1	ridée	0 - 0,1
2	belle	0,1 - 0,5
3	peu agitée	0,5 - 1,25
4	agitée	1,25 - 2,5
5	forte	2,5 - 4
6	très forte	4 - 6
7	grosse	6 - 8
8	très grosse	9 - 14
9	énorme	>14

Vagues autour d'une île. Les vagues longues qui atteignent une île ou un obstacle se divisent et les contournent, pour se réunir sur le côté opposé. Si on cherche un endroit abrité on ne le trouvera donc pas derrière l'obstacle, mais en un point intermédiaire situé entre celui où le flux se divise et celui où le flux se réunit, comme déjà expliqué pour le vent.

Classification de l'état de la mer. Le degré d'agitation de la mer est exprimé par une valeur de "l'échelle Douglas" ou "de mer vive". Avec les aéronefs légers on peut opérer, avec les précautions voulues et avec des vagues de longueur non critique, jusqu'à une mer de force 2.

Classification des vagues en fonction des dimensions de la coque

La classification des vagues ci-dessous exposée est celle qui intéresse le plus le pilote hydro, car elle se réfère de façon relative à la longueur des flotteurs ou de la coque. En d'autres termes ce qui est défini comme "longueur" de la vague dépend rigoureusement du nombre de crêtes qui se trouvent sous les flotteurs ou la coque de l'appareil considéré. On peut facilement comprendre qu'une vague courte pour un Canadair ou pour un Shin Meiwa peut être longue pour un petit hydravion d'aviation générale. Une telle classification est importante car elle sert à définir le comportement de l'appareil.

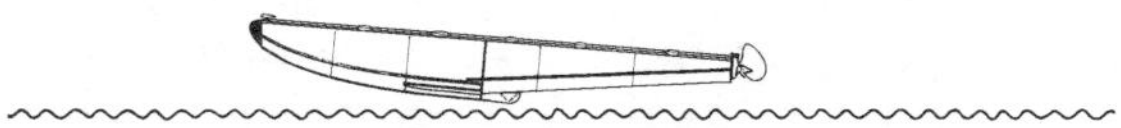

Vaguelettes. On parle de "vaguelettes" quand sous la coque se trouvent 10-15 crêtes ou plus. Pour un petit appareil les vaguelettes typiques sont celles qui se forment sur une surface plate sous l'action d'une légère brise. Les vaguelettes sont toujours des vagues de vent et se présentent transversalement à la direction d'où vient le vent. C'est la condition idéale pour opérer, car la résistance hydrodynamique durant l'hydroplanage est moindre grâce au phénomène de cavitation, c'est à dire au fait que sous les flotteurs se trouve un mélange d'eau et d'air.

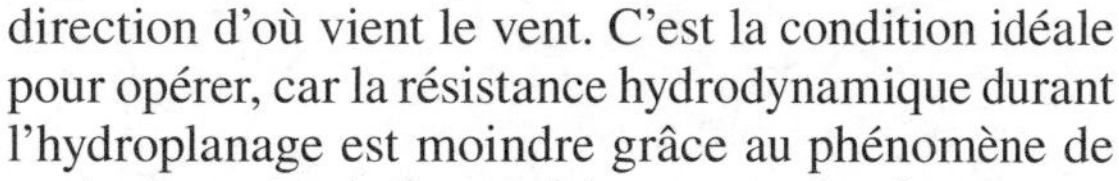

Vague courte. On parle de vague courte quand sous les flotteurs on trouve de quatre à sept crêtes. Il est toujours question de vagues de mer vive. Dans un bassin de dimensions d'un lac préalpin se forment des vagues qui peuvent atteindre une hauteur importante, même de 1 m, et qui sont les vagues courtes typiques pour un hydravion de petites dimensions.

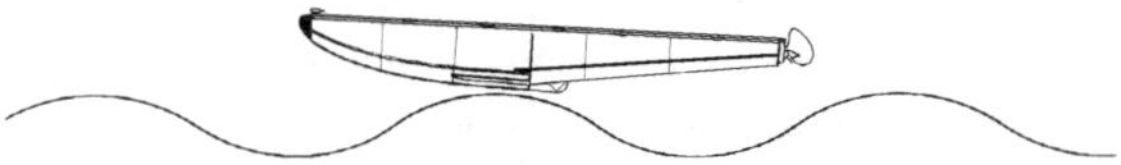

Vague moyenne. C'est la vague qui a une longueur comparable à celle des flotteurs ou de la coque. Il s'agit de la vague la plus dangereuse surtout pour les appareils à coque, elle se rencontre fréquemment en mer, mais aussi sur les lacs. C'est, pour les hydravions de petites dimensions, la vague caractéristique produite par les embarcations sportives moyennes et les bateaux.

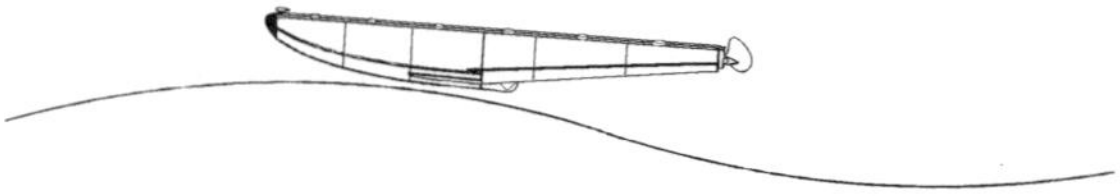

Vague longue. C'est une vague égale à plusieurs fois la longueur des flotteurs.

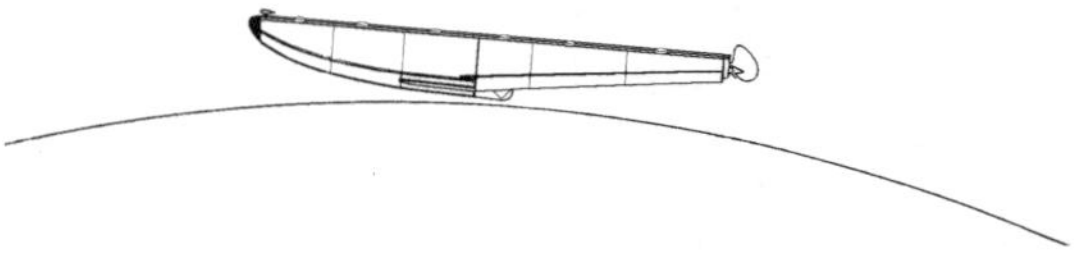

Très longue vague. C'est une vague dont la longueur est égale à plus de 3 fois la longueur du flotteur. Ce type de vague est plus facile à gérer pour un pilote que les vagues moyennes.

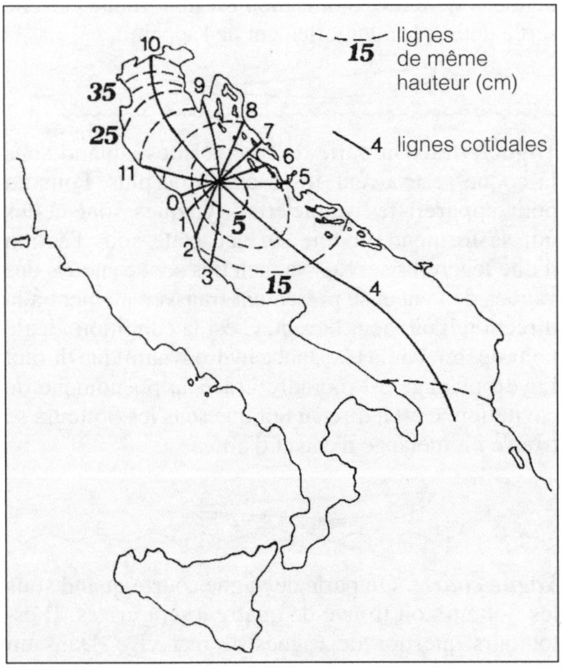

Marées et seiches

Marées

Le phénomène des marées, dû à l'attraction exercée par le soleil et la lune sur les masses d'eau, est extrêmement complexe et intéressant, mais son étude sort du but de ce livre. Il est seulement important de noter que c'est un phénomène prévisible dans une zone donnée grâce aux annuaires de marées qui donnent l'heure de la pleine mer et de la basse mer ainsi que son amplitude. En général on a approximativement deux cycles par jour, mais souvent un des deux cycles est presque imperceptible. Quand cela se vérifie les marées sont dites *diurnes*, tandis que lorsque les deux cycles sont présents, elles sont *semi-diurnes.*

Dans les mers fermées la variation du niveau de l'eau n'est pas très importante (en Méditerranée elle est au maximum de 50 cm), tandis que dans les océans la marée peut atteindre une amplitude de plusieurs mètres.

L'amplitude exacte de la marée dans un bassin dépend en plus de l'attraction du soleil et de la lune, de beaucoup de facteurs, qui ne sont pas décrits ici. Généralement la marée tourne dans le bassin autour de points où elle est nulle, les points amphidromiques, de la même façon que l'eau qui tourne dans un baquet que l'on remue. Le mouvement est de sens antihoraire dans l'hémisphère boréal et de sens horaire dans l'hémisphère austral. Les lignes qui unissent les points où la marée se présente à la même heure sont les lignes cotidales. Elles sont repérées par un nombre qui indique les heures écoulées depuis le passage de la lune sur un méridien de référence.

La marée, quand elle pénètre dans des baies et des canaux, augmente sensiblement de hauteur. On connaît le cas de la baie de Fundy, sur la côte atlantique du Canada, où la marée, de 5 m au large, atteint 15 m au fond de la baie. Un autre cas célèbre est la marée qui intéresse l'île du Mont Saint Michel, à la limite de la Normandie et de la Bretagne, qui se trouve reliée à la côte à marée basse.

Les marées influencent fortement la navigation dans la mesure où elles déterminent les variations du niveau des eaux dont on doit tenir compte pour les manœuvres d'accostage et d'appareillage et où elles donnent naissance à des courants qui peuvent êtres intenses, comme nous l'avons vu pour le cas remarquable du mascaret. Publications spécialisées, capitaineries et experts locaux peuvent fournir d'utiles prévisions sur les marées dans une zone déterminée.

Seiches

Des variations de la pression atmosphérique en des points divers d'un bassin et l'action du vent peuvent provoquer une variation du niveau des eaux sur une partie du bassin. Ensuite la surface tend à reprendre son état originel, mais après une série d'oscillations amorties. Il se produit, sur une grande échelle, ce que l'on constate quand on soulève et abaisse un côté d'un bac plein d'eau. Les seiches se rencontrent dans les lacs et les mers fermées ou presque, comme l'Adriatique, et sont d'autant plus prononcées que le bassin est de dimensions importantes.

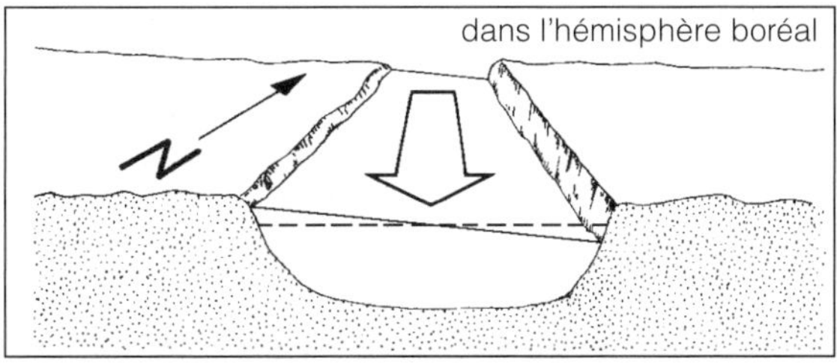

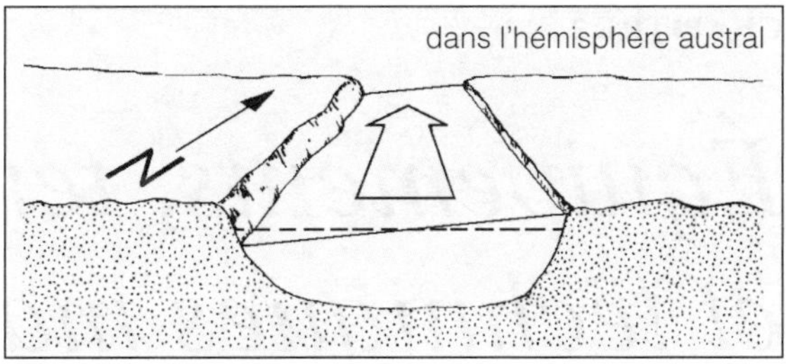

Courants

Les courants peuvent êtres des phénomènes présents sur de vastes échelles ou bien des phénomènes locaux dus à la présence de vent (*courants de dérive*) ou aux marées (*courants de marée*). Les courants de marée sont les plus intenses, surtout dans les détroits, les estuaires des fleuves et entre les îles. Ils peuvent atteindre la vitesse de 10 nœuds.

Quand un courant porte dans la même direction que le vent la vague augmente de longueur et donc de vitesse, mais diminue de hauteur devenant donc moins cambrée. Quand au contraire le vent est contraire au

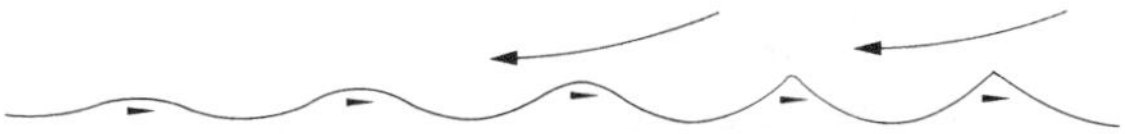

courant la longueur de la vague diminue, ainsi que sa vitesse, mais sa hauteur et sa cambrure augmentent.

Déviation du courant. La force de Coriolis, sur laquelle nous ne nous étendrons pas ici, fait que si un courant fluide s'écoule dans l'hémisphère boréal il subit une déviation vers la droite (vers la gauche dans l'hémisphère austral). Dans les baies et les canaux disposés dans le sens nord-sud et parcourus par un courant, le niveau des eaux est supérieur sur le côté oriental, quand le courant porte vers le nord, et sur le côté occidental quand il porte au sud. Le même effet se produit également avec des orientations diverses des canaux, mais les variations de niveau sur les rives d'un bassin deviennent moins évidentes, jusqu'à s'annuler quand l'orientation des canaux est dans le sens est-ouest.

Niveau des eaux intérieures

Le niveau des mers change de façon très variée. Le niveau des eaux intérieures peut lui, varier très soudainement et de façon très significative, comme la hauteur des marées dans le monde.
Des vagues d'eau et de boue de 60 pieds de haut ou plus ont été enregistrées en mouvement le long des rivières avant que des avertissements puissent être donnés.

Dale De Remer

Les rivières en Amérique ont de grandes variations de niveaux. Notez les six marques différentes sur l'arbre. Ici sur la Black River à Tuscaloola, Alabama (USA).
La barge poussée sur la rivière à la droite de la photo est un trafic typique rencontré par un hydravion.

CHAPITRE 2

Équipements, terminologie et techniques marines

Le pilote hydro est aussi un marin qui doit savoir utiliser le matériel nautique, être à l'aise pour agir dans un port, connaître les règles de la navigation maritime, soit pour s'y conformer, soit pour prévoir le comportement des bateaux. Enfin savoir comment est faite une embarcation et connaître les termes marins les plus communs.

Infrastructures

Le port. Un port est constitué essentiellement de structures qui assurent la protection du mouvement des vagues. Ce sont les digues foraines, les brise-lames et les *môles* externes. Ces structures comprennent généralement une ligne de blocs jetés pêle-mêle à l'extérieur et une jetée en béton armé à l'intérieur. Les *bassins* sont les plans d'eau internes des ports, quelquefois séparés de la mer par des écluses. A l'intérieur du port les *quais* ou *pontons* permettent l'accostage, l'amarrage et les opérations de chargement et déchargement. Les autres structures d'un port sont la capitainerie, les entrepôts et les terminaux des lignes de transport qui relient le port même à l'intérieur des terres.

Bouées. Il existe beaucoup de types de bouées, dont quelques unes servent seulement au balisage. Les bouées sont colorées pour être vues, ont des voyants et sont lumineuse de nuit. Une petite bouée, qui signale la présence d'un objet sur le fond ou immergé et qui éventuellement permet sa récupération, est une *bouée de corps-mort.* Elle est reliée à l'ancre par un orin. Le *corps mort* est un objet non flottant de masse importante auquel est reliée une bouée, par l'intermédiaire d'un câble ou d'une chaîne.

Zones protégées. Probablement le plus familier aux pilotes d'hydravions est la base située dans une baie ou sur une rivière, dans une zone protégée, sans infrastructure spéciale.

L'embarcation

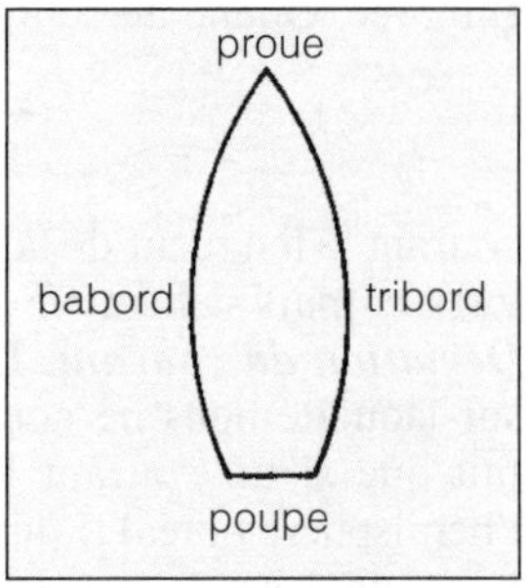

La *proue* est la partie avant d'une embarcation, la *poupe* est la partie arrière. Dans le cas des flotteurs ou de la coque d'un hydravion la poupe est aussi appelée *éperon* ou plus communément, queue. La partie droite de l'embarcation, en regardant vers la proue de l'intérieur est dite *tribord*, celle gauche est dite *bâbord*.

La coque. La coque est constituée de la *quille*, élément longitudinal qui se trouve dans le plan de symétrie de l'embarcation et qui généralement court le long de toute la coque, et d'autres éventuels éléments longitudinaux placés symétriquement par rapport à la quille, les *quilles d'angles*. Les éléments placés trans-

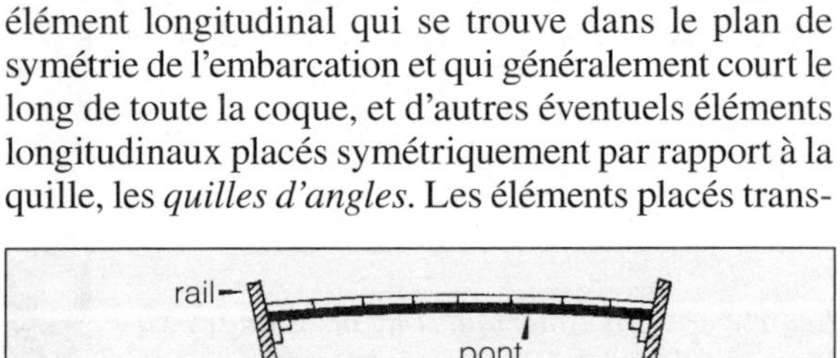

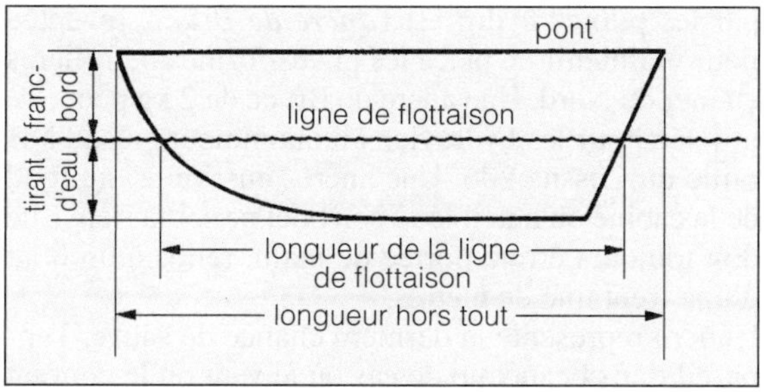

versalement à la quille sont les *membrures*. Les *cloisons* sont les éléments diviseurs pleins. Les éléments transversaux qui constituent la partie des couples placée sur le fond et qui se croisent avec la quille sont les *varangues*. Ce qui constitue les flancs est le *bordé*. Le point où la quille s'incurve franchement vers le haut est le *bouchain* et l'élément longitudinal qui court le long de celui-ci est la *vaigre du bouchain*. Parfois, et c'est le cas pour les hydravions, les couples forment une véritable arrête (*bouchain vif*). Le *pont* est la partie supérieure qui ferme la coque. Il est soutenu par des *barrots*, éléments transversaux reliés aux parois grâce aux *dormants* et aux *sous-dormants*. Le revêtement de la coque est fixé aux couples. En ce qui concerne les hydravions, des éléments longitudinaux peuvent être fixés à l'extérieur de la coque ou des flotteurs pour rigidifier l'ensemble, tels les listons qui délimitent la partie supérieure des flotteurs, ou avec fonction hydrodynamique comme les profilés situés le long de la coque, ou des ballonnets pour limiter les dérapages sur la surface lors de l'hydroplanage.
Le *safran* est placé à l'extrémité postérieure de la coque.
Le *plancher* est le fond de la cabine, la *cale* est la partie la plus basse de la coque où opèrent des pompes qui drainent l'eau vers l'extérieur.
Les ouvertures sur les parties verticales s'appellent des *hublots*. On appelle *écoutilles* les ouvertures placées horizontalement, généralement pour accéder à l'intérieur.
A l'intérieur de la coque ou, pour les hydravions, des ailes, peuvent être disposés des caissons remplis d'air ou de matériau flottant qui assurent la flottaison même avec la coque inondée.
Voyons maintenant les principales définitions relatives à la coque à flot. La partie immergée est appelée *œuvre vive*, celle qui est émergée l'*œuvre morte*. La *ligne de flottaison* est celle le long de laquelle la coque touche la surface de l'eau. La *longueur à flot* est la longueur maximale le long de la ligne de flottaison. La *longueur* et la *largeur hors tout* sont les dimensions maximales de la coque. Le *tirant d'eau* est la distance verticale entre la ligne de flottaison et la partie la plus basse de la coque. Le *franc bord* est la distance verticale entre la ligne de flottaison et le bord du pont supérieur.
Le *déplacement* est la somme des poids du navire, de l'accastillage et de la cargaison. Il porte ce nom car il correspond selon le principe d'Archimède au poids de l'eau déplacée. Une coque se meut en déplacement quand sa flottaison est assurée par la poussée hydrostatique. Tandis qu'elle hydroplane quand elle est soutenue par les forces hydrodynamiques générées dans la zone de contact avec l'eau, généralement à vive allure. Les coques qui hydroplanent (comme dans le cas des hydravions) sont dotées d'un ou plusieurs redans, qui permettent à la partie postérieure de rester hors de l'eau durant l'hydroplanage.
Le centre de gravité, le centre de poussée, le centre de résistance latérale, le centre de pression hydrodynamique et le métacentre qui sont des points importants de la coque, sont illustrés au chapitre sur la mécanique du vol hydro.

Accessoires

Les *bouts* (décrits plus loin) se fixent sur les *bittes*, sur les *taquets*, normaux ou coinceurs, ou sur les *cabillots*. Un bout qui agit toujours le long d'une certaine ligne peut être assuré avec un taquet coinceur. Les bouts peuvent passer sur des *poulies*, ou autour de *treuils* qui peuvent être équipés d'une manivelle ou manœuvrés par un moteur électrique. Les *manilles* et les *mousquetons* servent à fixer ou à faire passer un câble. Pour dévisser un manillon on peut utiliser un démanilleur. Les câbles peuvent aussi passer dans des *passe-câbles* fixes. Quand une partie d'un bout touche souvent un passe-câble il est opportun de le protéger du frottement avec un *protège câble*. Le guide en forme de goutte sur lequel un câble forme un œil est la *cosse*. Un câble peut être mis en tension au moyen d'un *ridoir*.

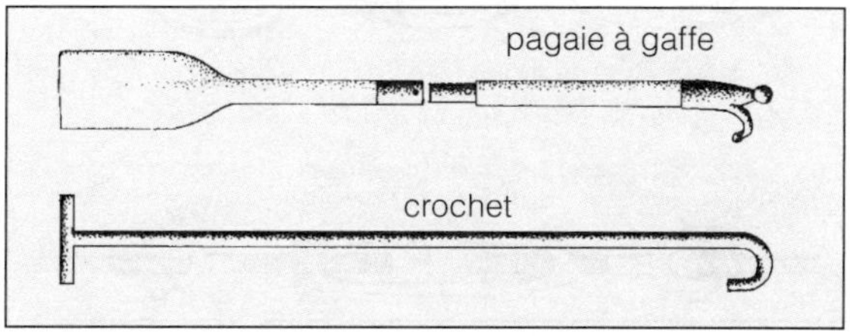

La rame. La rame est engagée dans un *tolet*, qui fait fonction de pivot. La *pagaie*, plus utilisée sur les hydravions, agit sans pivot, tenue à deux mains. La *gaffe* et le *crochet d'accostage* servent à rapprocher des objets inaccessibles ou pour les tenir à distance. A l'extérieur de la coque, en présence d'obstacles, de quais ou d'une autre embarcation, on place des défenses, pour atténuer les chocs.

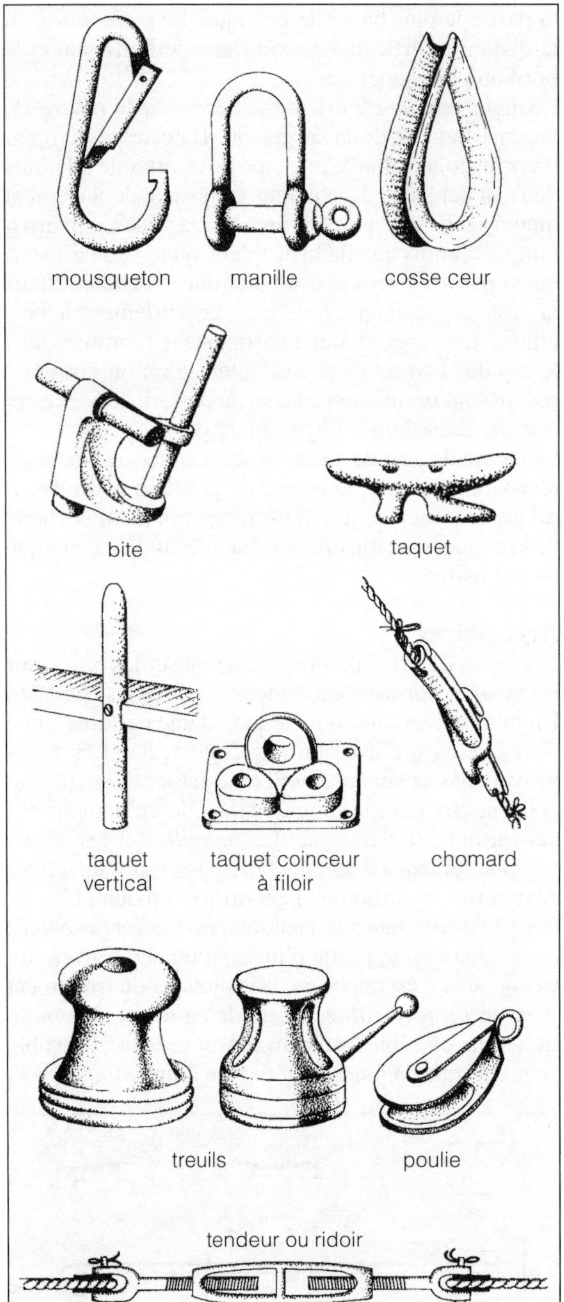

L'ancre

L'ancre peut être simplement un poids fixé à un bout. Les ancres les plus répandues sont le *grappin*, à pointes fixes ou pliantes et l'*ancre à jas*. L'*ancre soc de charrue* et l'*ancre Danforth*, pour fonds meubles, sont aussi très utilisées. L'*ancre champignon* est très utilisée pour des mouillages permanents, car elle permet de pénétrer le fond. Une des ancres préférées par les pilotes hydro est l'*ancre de Bruce*, inventée pour maintenir en place les plates-formes pétrolières en mer du Nord. Une ancre de Bruce de 2 kg peut être utilisée pour les hydravions monomoteurs jusqu'à la taille du Cessna 206. Une ancre "ensevelie" au fond de la cabine ou non fixée à son bout ne sert à rien. Elle doit toujours être à portée de main, reliée à un bout d'une trentaine de mètres.

L'ancre représente la dernière chance de sauver l'appareil dans beaucoup de cas où le vent ou le courant ont le dessus. Pour cette raison il est conseillé de faire souvent des essais.

L'ancre, si elle ne tient pas, laboure le fond. Quand on n'arrive pas à la remonter on dit qu'elle est enraguée. Le flotteur de l'ancre est appelé bouée de corps-mort.

Ancre flottante

L'ancre flottante, décrite au chapitre sur les techniques avancées, est un frein hydrodynamique servant à ralentir ou arrêter le déplacement d'un bateau à la dérive sur la surface.

Équipement de sécurité

L'équipement de sécurité est constitué par les *bouées de sauvetage* en couronne ou en fer à cheval, éventuellement équipées d'une petite bouée lumineuse, et par les *gilets de sauvetage*, gonflables ou constitués de matériaux flottants (ces derniers de doivent pas être utilisés à bord des hydravions). Les plus indiqués sont ceux gonflables avec une cartouche de gaz carbonique ou à la bouche à l'aide de tubes; leur poussée est d'au moins 15 kg et ils sont équipés d'un dispositif lumineux.

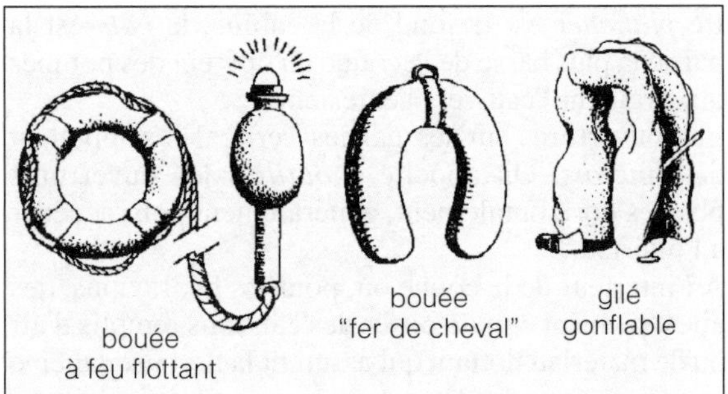

Bouts

Les *bouts*, ou cordes pour les terriens, servent pour l'amarrage à quai ou à terre, le remorquage et à beaucoup d'autres choses. Quand le bout est très fin il est appelé *ligne*. Par exemple : la ligne de la sonde utilisée pour mesurer la profondeur, ou la ligne du loch employé pour mesurer la vitesse d'un bateau par rapport à la surface.

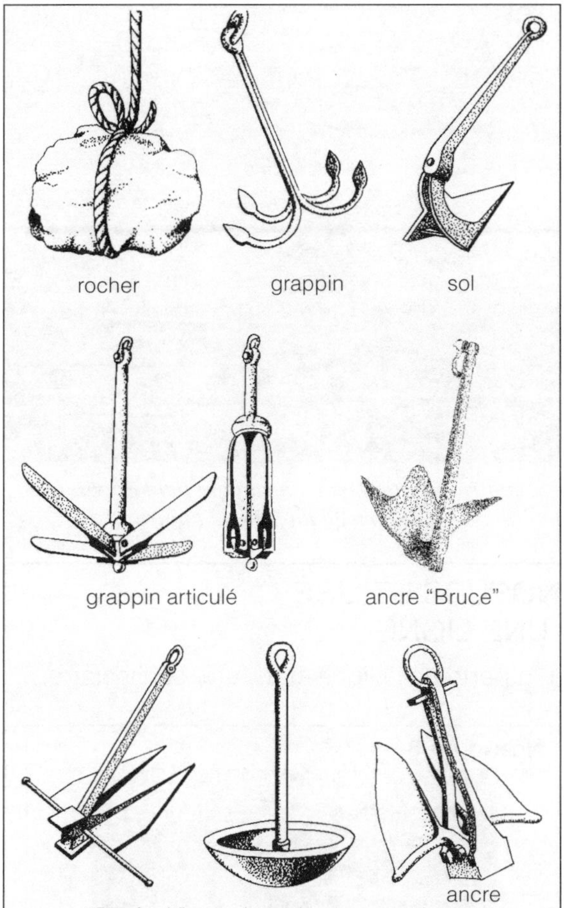

Les bouts peuvent être toronnés ou tressés. Le *bout toronné* est constitué de trois (mais aussi de quatre ou plus) brins, chacun desquels est composé d'un certain nombre de *torons*, formés à leur tour par les *fibres*, toujours retorses.
Les *bouts tressés* sont constitués d'une âme qui est l'élément résistant, revêtue d'une ou deux gaines de fils entrelacés. La gaine protège le bout et le rend plus glissant et maniable.
Les deux types de bouts ont des utilisations différentes, le premier étant plus résistant et sûr quand il est noué, et plus facile à lancer, le second plus mou est plus coulant dans l'accastillage. Le bout toronné est utilisé pour les travaux lourds, comme le remorquage ou le mouillage, tandis que le bout tressé est préférable pour effectuer des nœuds gansés.
A bord des hydravions on n'utilise souvent que des bouts tressés, qui sont plus agréables à employer et qui peuvent subir des charges de rupture plus que suffisantes pour les opérations normales.
Les bouts peuvent être en fibre naturelle ou synthétique. Le bout en fibre synthétique est généralement plus résistant, imperméable et ne se détériore pas. Il peut même être rangé mouillé.
Le matériau le plus utilisé est le polyamide, plus communément appelé Nylon. Il fut utilisé pour la première fois durant la seconde guerre mondiale pour le remorquage des planeurs de transport. Ses caractéristiques sont sa grande résistance et son élasticité; cette dernière caractéristique peut être un avantage, pour amortir les à-coups possibles, mais est un inconvénient quand on a besoin d'un bout de longueur constante. En outre, en cas de rupture, un bout de Nylon très tendu peut provoquer beaucoup de dégâts, en se comportant comme un fouet. Le Nylon ne flotte pas.
Les autres matériaux utilisés sont le polyester, appelé aussi Dacron, qui ne flotte pas non plus, le polypropylène, moins élastique mais flottant, et le polyéthylène, de faible coût mais peu résistant et glissant, donc peu utilisé. Un ou plusieurs petits bouts en polyéthylène peuvent toutefois être utiles dans les manœuvres où on doit les faire filer autour d'un objet ou dans un anneau.

Nœuds

La connaissance des nœuds est essentielle pour le pilote hydro. Un nœud mal fait ou bien fait peut parfois causer la perte ou la préservation de l'hydravion. Ci-dessous sont présentés les principaux nœuds que toute personne qui a affaire avec les hydravions doit connaître.
L'unique façon d'apprendre à faire des nœuds et d'en faire des dizaines, même des centaines de fois. Au début on les fait lentement, en regardant, puis plus rapidement, et même sans regarder.
Un peu de terminologie : le *brin mort* est le brin que l'on tient dans la main, tandis que le *brin courant* est celui sur lequel on exerce la traction. Un *double* est tout simplement un bout utilisé en double de façon à

Hydravion à la bouée dans le port de Trieste. C'est une situation dans laquelle un noeud qui ne tient pas peut procurer des gros degâts.

former une boucle. Un *nœud gansé* est fait de façon qu'il se défasse si on exerce une traction sur un brin disposé de façon opportune.

Quels nœuds doit on connaître et utiliser. Avant tout voyons ceux à ne pas utiliser : le nœud plat peu fiable. Et ceux à ne pas utiliser dans certain cas; le nœud de cabestan, s'il est fait autour d'un pieu qui peut tourner, il se défait quand le bout est mis en tension. On peut remédier à cet inconvénient en faisant deux demi clefs sur le brin principal avec le brin mort.

Le nœud dit "airport knot", qui est une ganse sur le bout en tension gansé, ne tient pas s'il est fait autour d'un objet trop grand.

Connaître la dizaine de nœuds fondamentaux est important. Le pilote hydro, toutefois, ne peut ignorer les suivants : nœud de chaise, nœud de taquet, "airport knot" et les nœuds gansés autour d'un anneau, d'un piquet ou d'un taquet.

Une autre situation où un nœud qui tient est vitale: hydravions à la bouée l'un près de l'autre.

NŒUDS SIMPLES ET NOEUDS UTILISÉS POUR LESTER UNE LIGNE

Il sont utilisés à l'extremité de la ligne pour éviter la perte de la ligne et assurer son lestage.

Nœud simple

Il tient bien, mais il est difficile à dénouer, surtout si la ligne est mouillée. Il peut abîmer les fibres.

Nœud en 8

Facile à denouer. Il n'abîme pas les fibres.

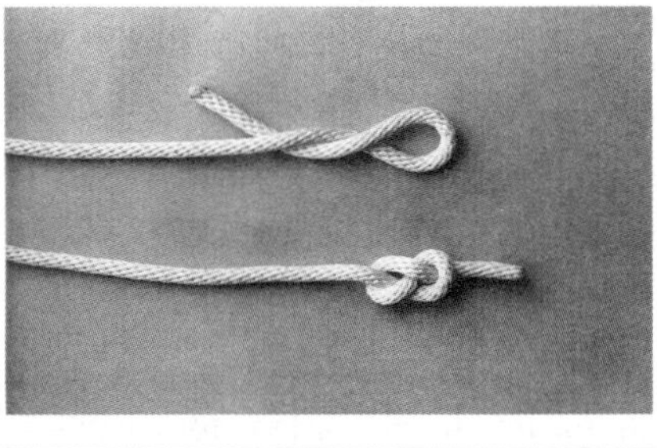

Série de nœuds simples

Utilisation typique pour grimper la ligne.
S'utilise pour les opérations de sauvetage.

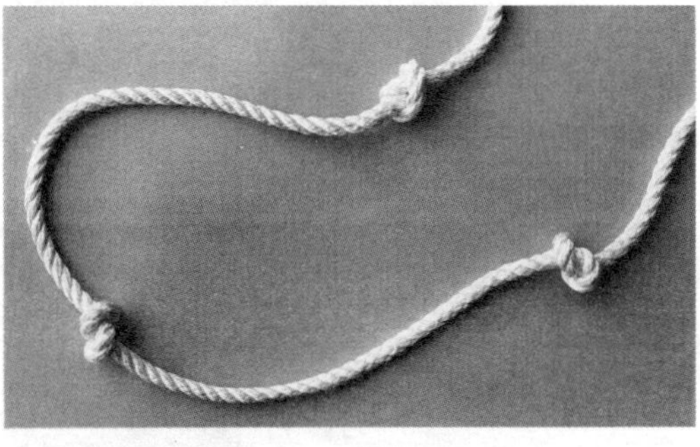

Nœuds à blocage

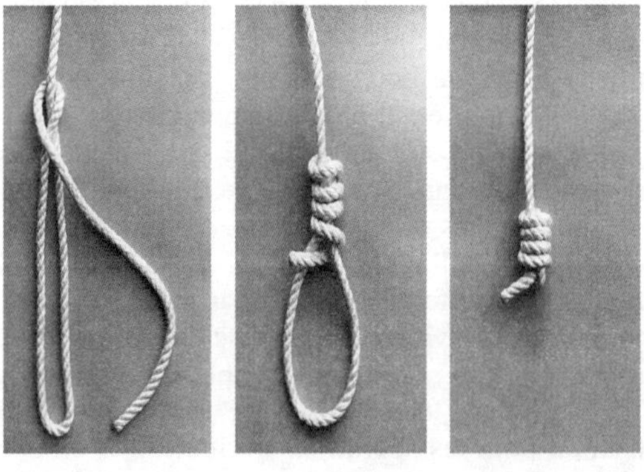

NŒUDS DE LIAISON

Ils sont utilisés pou relier deux lignes. Il tiennent mieux si les deux lignes sont de même diamètre (à l'exception du nœud d'écoute et du nœud du pêcheur, reliant ligne de différent diamètre).

Nœuds d'écoute

S'utilise pour relier deux lignes de diamètre différent. Il est plus sur si le gros diamètre est assuré par une boucle.

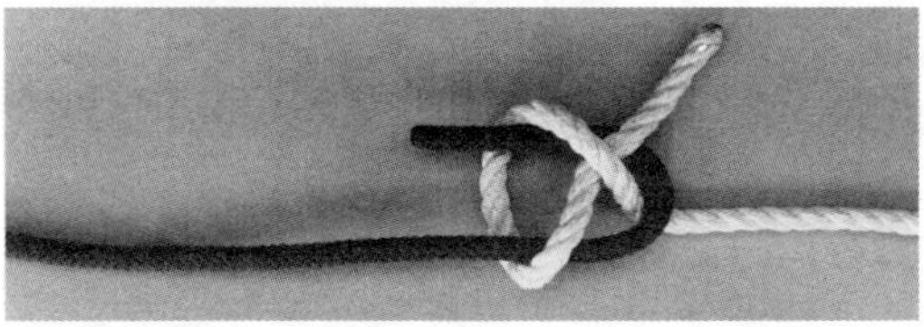

Nœud de pécheur

Il est très simple. Il consiste en deux nœuds une ligne sur l'autre, mais pour les gros diamètres peut s'avérer difficile à dénouer après avoir subit une forte tension. Bon aussi pour relier deux lignes de taille différente.

Nœud plat

Très populaire, mais ne tient pas bien. Il se tient mal et finit par se dénouer. Il est préférable de l'éviter.

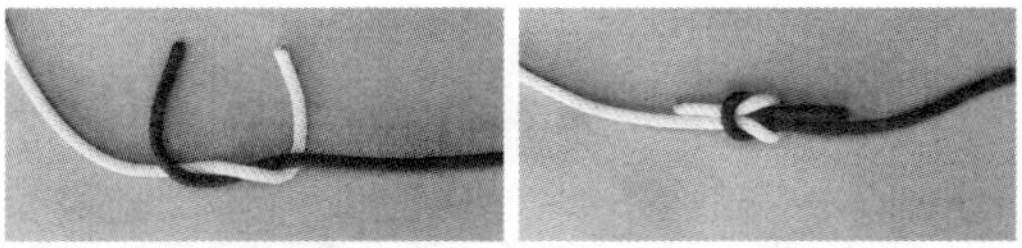

Nœud plat à démontage rapide

NŒUD COULANT

Il tiennent seulement si la tension est maintenue.

Nœud coulant simple

Nœud glissant

NŒUDS DE RACCOURCISSEMENT

Pour réduire la longueur d'une ligne sans la couper.

Nœud de jambe de chien

Il tient bien si la tension est maintenue.

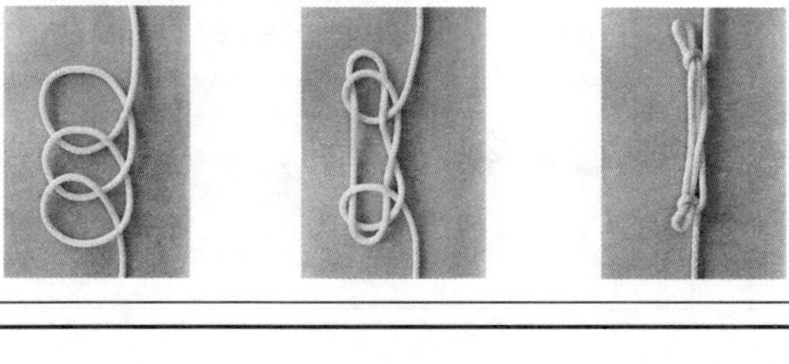

Nœud de bec d'oiseau

Il peut s'utiliser pour éliminer une partie d'une ligne endommagée.

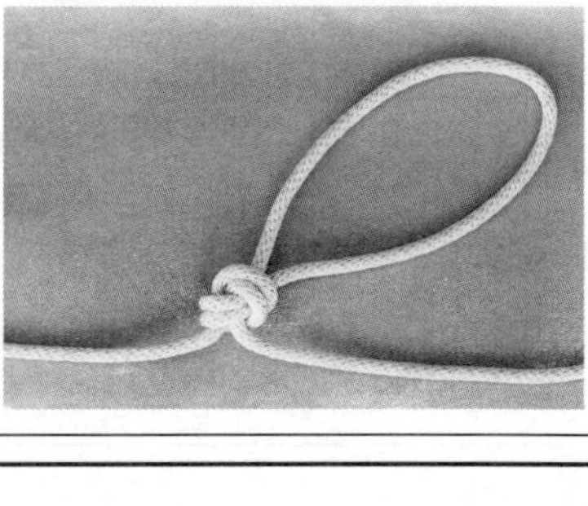

NŒUD DE CHAISE

Le nœud de chaise est très important, ayant la combinaison de plusieurs éléments: une bonne tenue dans toutes les conditions d'utilisation, avec ou sans charge, facile à dénouer après une tension. Il n'abîme pas les fibres.

Nœud de chaise sur un anneau

Nœud de chaise avec une ligne en tension

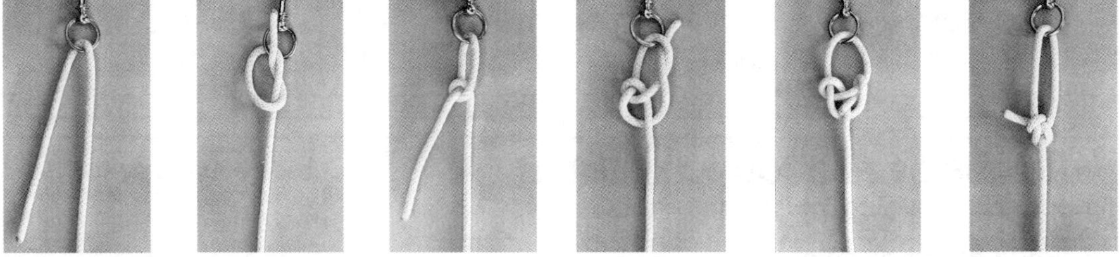

Nœud de chaise à dénouage rapide

Connection de deux lignes par nœuds de chaise

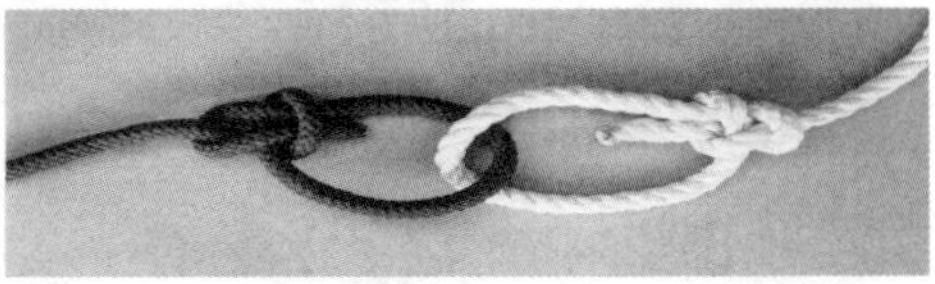

AMARRAGES

Il sont utilisés pour amarrer une ligne à un objet.

Demi-clef à capeler

Pour assurer une ligne autour d'un poteau.
Il tient bien, mais il roulera si le poteau est libre en rotation.

Demi-clef sur un anneau

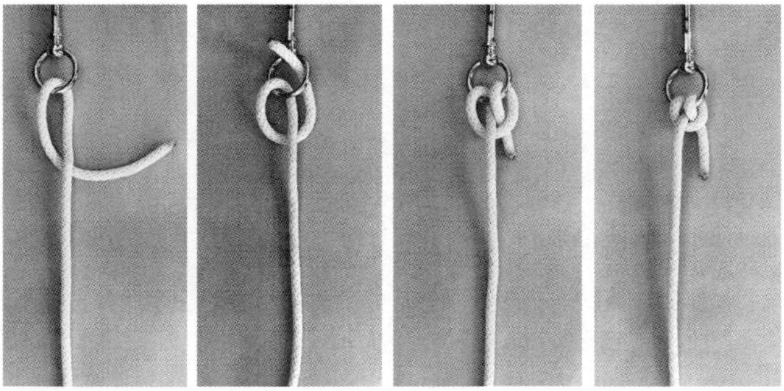

Demi-clef à dénouage rapide

Demi-clef sur barre

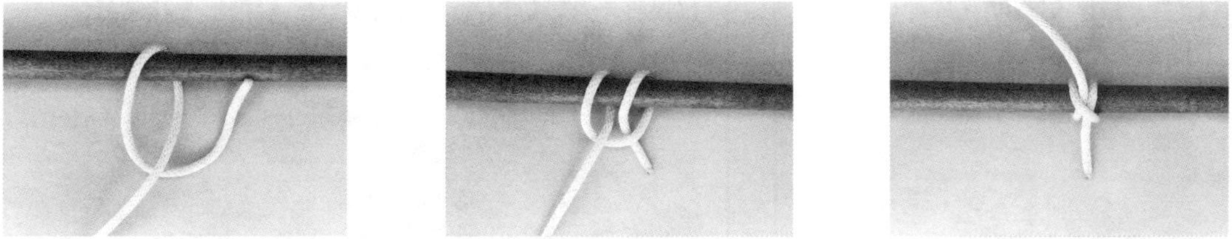

Nœud d'ancre

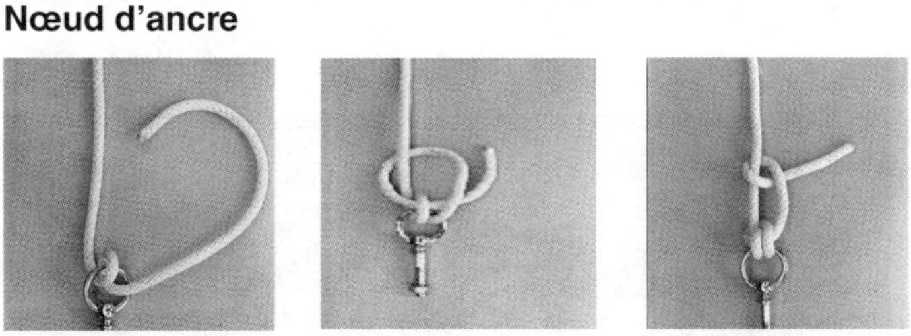

Ancrage sur une barre

NŒUD EN 8

Noeud en 8 sur anneau

NŒUD DE TAQUET

Nœud de taquet à dénouage rapide

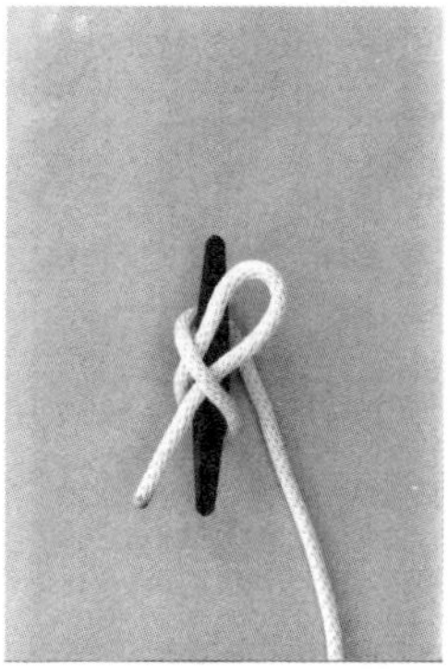

NŒUD DE CAMIONNEUR

S'utilise pour lever une charge.

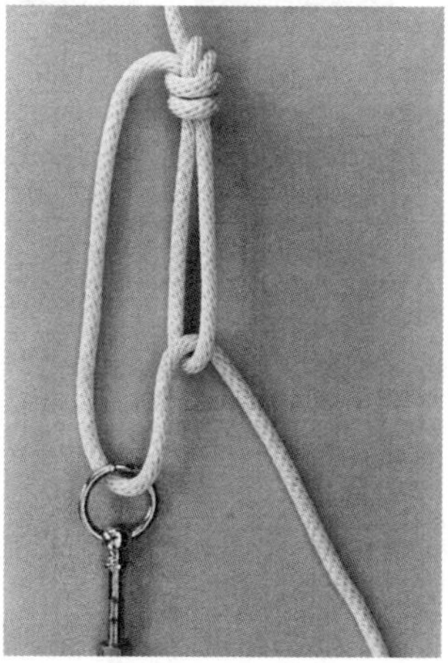

UNE FAÇON DE LOVER UNE LIGNE

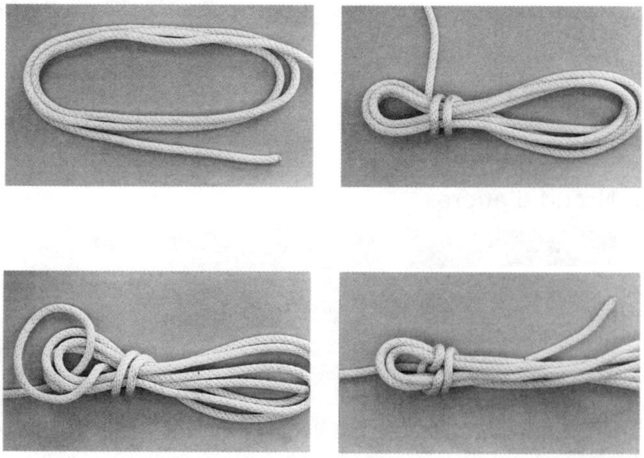

NŒUD GLISSANT

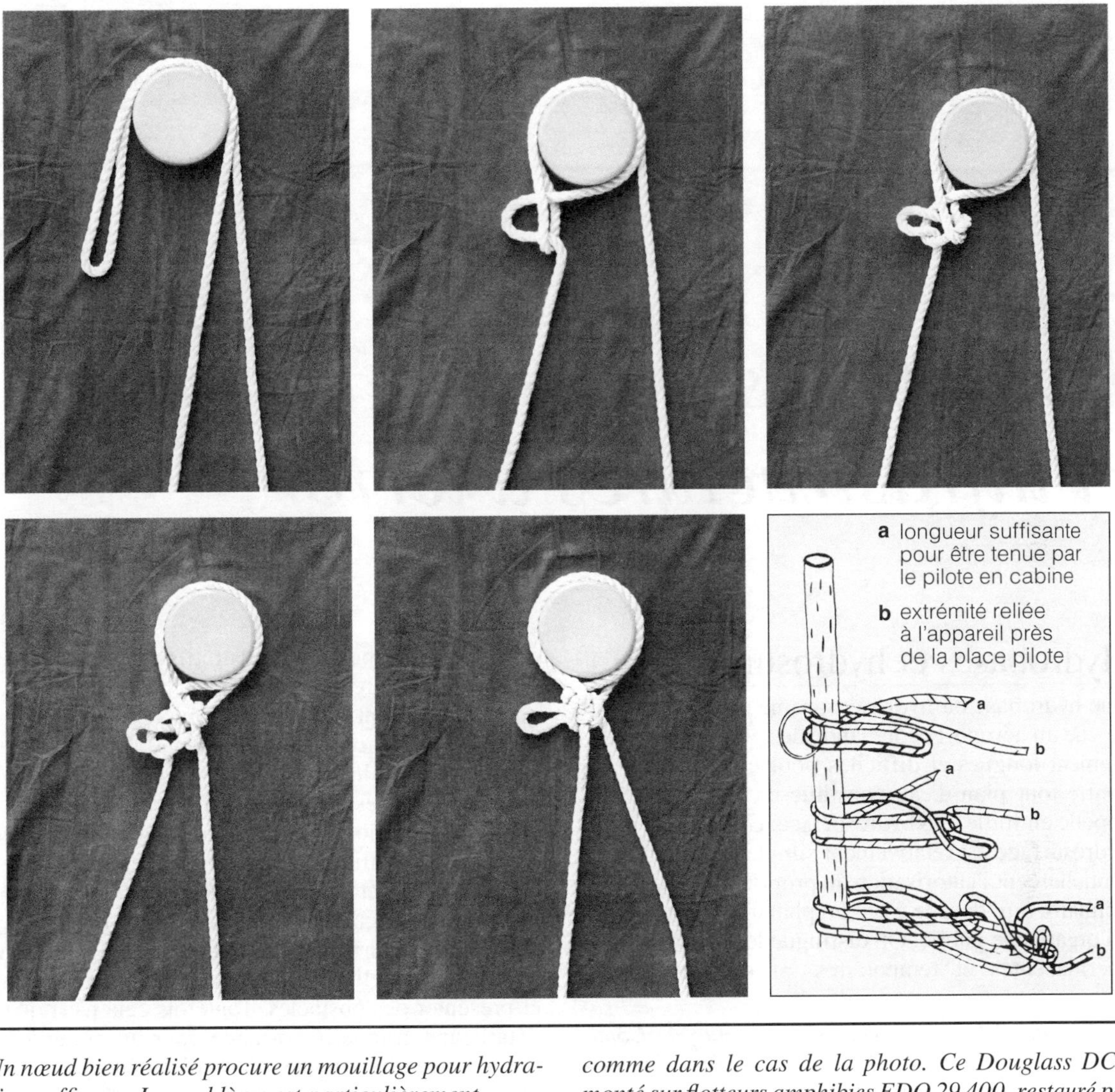

Un nœud bien réalisé procure un mouillage pour hydravions efficace. Le problème est particulièrement important dans le cas d'un appareil de taille importante comme dans le cas de la photo. Ce Douglass DC3, monté sur flotteurs amphibies EDO 29.400, restauré par Folsom's Air Service, Maine (USA).

Bob Richardson

CHAPITRE 3

Hydrobases et infrastructures à terre

Hydrobases et hydrosurfaces

Une hydrobase ou hydroaérodrome est à tous points de vue un aéroport et demande des procédures extrêmement longues et difficiles pour être ouverte. Par contre tout plan d'eau constitue en fait ce que l'on appelle en Italie une hydrosurface. L'ouverture d'une hydrosurface est relativement simple et demande essentiellement l'autorisation du propriétaire ou du gestionnaire qui, dans le cas d'un plan d'eau, est souvent un organisme public. On distingue les hydrosurfaces "permanentes" et "temporaires", mais une description complète des aspects administratifs et légaux, variant d'un pays à l'autre, nous éloigne du but de ce livre. On notera seulement que, pour un pilote avec un minimum d'expérience, hydroaérodromes, hydrosurfaces permanentes et hydrosurfaces occasionnelles sont la même chose, c'est-à-dire un plan d'eau sur lequel on peut poser les flotteurs ou la coque et d'où l'on peut décoller. En réalité il peut y avoir une différence; il s'agit de la trajectoire d'approche, qui sur les hydroaérodrome a des caractéristiques définies répondant à des critères déterminés de sécurité, tandis que sur les hydrosurfaces elle peut avoir une pente quelconque et présenter des obstacles. Toutefois cela n'est qu'un détail sans grande importance pour un pilote habitué à descendre sur des plans d'eau inconnus. Les vrais problèmes du pilote hydro sont autres. Ce sont

Le hangar et le terre-plein de l'aéro-club de Côme, (Italie) en 1913, pendant la course du circuit des lacs, avec l'hydravion de Roland Garros, et à notre époque.

Archivio Aero Club Como

Archivio Aero Club Como

par exemple le type de rive, l'état de la surface, les conditions typiques de température et d'humidité, qui peuvent éventuellement rendre impossible le décollage, et la présence d'embarcations, leur route et leur vitesse de déplacement près de la zone d'évolution sur l'eau, et surtout les vagues qui en résultent.
Comme toujours, il appartient au pilote de ne pas faire un pas plus long que sa jambe et, dans le doute, de s'abstenir de mettre l'appareil en péril.

Restrictions à l'emploi des plans d'eau

En certains pays, comme la France, les plans d'eau différents d'un hydroaérodrome peuvent être utilisé seulement par des pilotes qualifiés et après avoir fait une demande à l'autorité aéronautique et territoriale compétentes pour l'endroit. S'informer avant de avoir des ennuis.

Aires de décollage et d'amerrissage

Forme. La forme idéale de l'aire de décollage et d'amerrissage est un grand cercle, carré, rectangle ou toute autre figure où la plus petite dimension est suffisante pour amerrir et décoller. Au Canada, le pays au monde ayant le plus d'hydroaérodromes, sauf cas rares, les zones d'opérations sur l'eau n'ont pas de formes définies et sont indiquées en termes génériques comme "seaplane areas" ou "alighting areas", c'est-à-dire des "aires où opèrent des hydravions" ou "aires d'amerrissage". La bande précise de décollage ou d'amerrissage est choisie par le pilote à chaque fois, selon les conditions du moment, au voisinage de la base à rejoindre. Le même critère est adopté dans les hydroaérodromes français, comme celui de Marignane Berre, où est prévue simplement une aire plutôt étendue, pour les opérations sur l'eau.
S'il y a des restrictions physiques, comme sur un fleuve, dans un port ou une baie étroite, l'aire pour les opérations sur l'eau peut être, par nécessité, de forme allongée. Dans ce cas, il doit y avoir des aires de manœuvre à chaque extrémité qui permettent à l'appareil un grand rayon de virage sur l'eau, ainsi que des chenaux permettant de circuler entre l'aire de manœuvre et la rive.
Dimensions. Si la longueur de l'aire des opérations à flot est définie, pour l'axe favorable au décollage et à l'amerrissage des appareils petits et moyens, elle est généralement de 800 à 2000 m. Dans le cas d'aires très étroites la largeur devrait être d'au moins 60 m, mais 100 m constitue la dimension sous laquelle il est préférable de ne pas descendre; 300 m de largeur est une bonne mesure.

Profondeur. La profondeur sous toute l'aire, y compris près de la rive, doit être telle que les appareils ne risquent pas de toucher même avec le niveau des eaux au minimum du bassin. Les hauts fonds doivent êtres adéquatement balisés par de petites bouées. Le fait que sur une certaine aire des obstacles immergés soient balisés ne signifie pas toutefois qu'il n'en existe pas d'autres non balisés, que le pilote doit découvrir lors d'une reconnaissance avant le décollage ou l'amerrissage. Près de la rive devrait être signalée – ou créée – une zone assez profonde pour permettre le remorquage d'un appareil éventuellement retourné sans qu'il touche le fond, pour effectuer le renflouage.
Délimitations. Certaines normes internationales suggèrent que l'aire pour les opérations à flot d'un hydroaérodrome soit délimitée par des bouées. En réalité, les hydroaérodromes dans le monde qui possèdent une telle délimitation se comptent sur les doigts de la main. L'un d'eux est celui de Côme. La délimitation n'a de sens que si des opérations nocturnes sont prévues (dans ce cas, les bouées doivent être illuminées) et par le fait que les bouées ont une fonction psychologique vis à vis des utilisateurs d'embarcations. Il y a par contre plusieurs inconvénients. Le principal est que chaque bouée constitue un obstacle capable d'endommager l'appareil; ce qui en effet survient avec une certaine régularité sur les hydroaérodromes qui en sont dotés. Le second est que l'aire habituellement délimitée est celle des décollages et des amerrissages avec les vents dominants et non pas celle qui serait utilisable avec des vents différents. Cela donne l'impression erronée que le pilote amerrit "en dehors de la piste" quand il se pose, de façon tout à fait correcte, face au vent dans une direction différente de la "piste". La présence des bouées rend enfin impossibles les opérations nocturnes sur cette surface, à moins que ces mêmes bouées ne soient pourvues d'un système d'éclairage ou que sur la rive ne soient disposés deux phares d'alignement ou plus. L'idéal serait d'opérer sans bouées sur une aire réservée, connue des utilisateurs d'embarcations.

Zones principales constituant un hydroaérodrome.

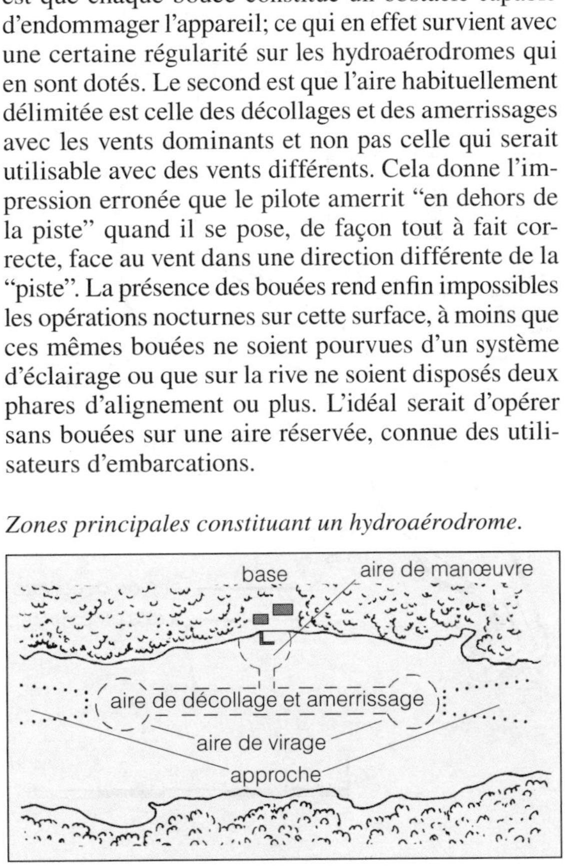

La réglementation française sur les hydroaérodromes dans son chapitre “Balisage”, déconseille vivement celui-ci à moins qu’il ne soit réellement indispensable. Il sera alors dans ce cas, conforme au balisage réglementaire préconisé par le service des phares et balises. Par contre il est vivement conseillé de donner une bonne information aux autres usagés du plan d’eau, soit par panneaux sur les berges et dans les ports, ou par des amers sur les rives, ou tout autres moyens jugés efficaces. La multiplication de bouées constitue une augmentation des obstacles sur l’eau, et donc le risque de collision. De plus l’évolution des conditions d’amerrissage, de vent, de houle, d’autre trafic, etc rend plus qu’incertain la validité d’un balisage permanent. Celui-ci demandera également un entretien très important et coûteux pour garantir une peu probable fiabilité.

Trajectoires d’approche. La trajectoire d’approche libre d’obstacles devrait être rectiligne et s’étendre jusqu’à 3.000 m au moins de la zone de contact et

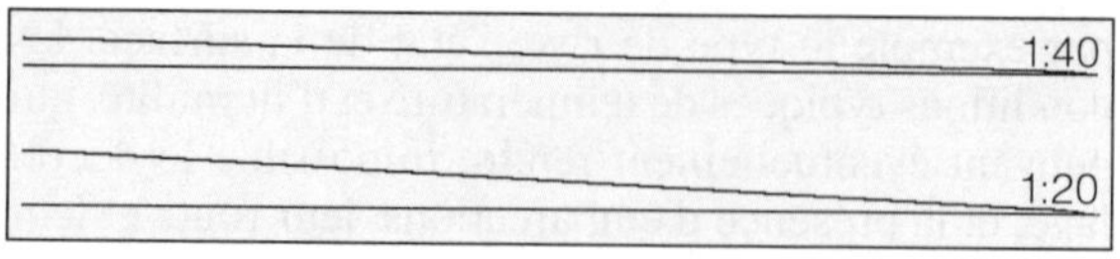

Inclination de deux trajectoires d’approche.

avoir une pente de 2,5%. Sur les hydroaérodromes plus petits, des pentes plus importantes sont acceptables. Une pente de 5 % devrait être considérée comme la limite.

Aires secondaires. Un des grands avantages du vol hydro par rapport au vol au dessus de la terre est la possibilité que l’on a, sauf cas très particuliers, d’opérer avec le vent exactement de face. Cela contrebalance un des deux défauts des appareils à flotteurs qui est l’importante instabilité latérale sur l’eau due au centre de gravité élevé. En outre, avec un hydravion, on peut presque toujours choisir non seulement la direction mais aussi, dans certaines limites, le site même de décollage ou d’amerrissage. Cela contrebalance un autre inconvénient que rencontrent les appareils qui volent sur l’eau et qui ne concerne pas les avions terrestres : le fait que la surface peut ne pas être lisse, mais d’une texture extrêmement irrégulière à cause de vagues. Si, dans une zone il y a beaucoup de vagues et les opérations sont impossibles, il est très souvent possible d’en trouver une autre à peu de distance où les vagues sont moins prononcées ou absentes.

Près des hydroaérodromes on doit donc repérer quelques aires secondaires pour le décollage et l’amerrissage à utiliser quand l’aire “normale” ou “principale” devient pour quelque motif que ce soit dangereuse ou impraticable. A titre d’exemple sont reportées, avec leurs noms informels, quelques aires utilisées par les pilotes qui opèrent sur l’hydroaérodrome de Côme quand le vent ou les vagues, naturelles ou dues à des embarcations, rendent l’aire principale impraticable. Qui connaît la morphologie tourmentée – mais très agréable – de la zone, les routes et le type des embarcations qui la fréquentent et la variété des vents locaux, comprend certainement la grande différence qu’il peut y avoir entre l’une et l’autre des bandes de décollage et d’amerrissage indiquées. Il y a des conditions où les manœuvres que

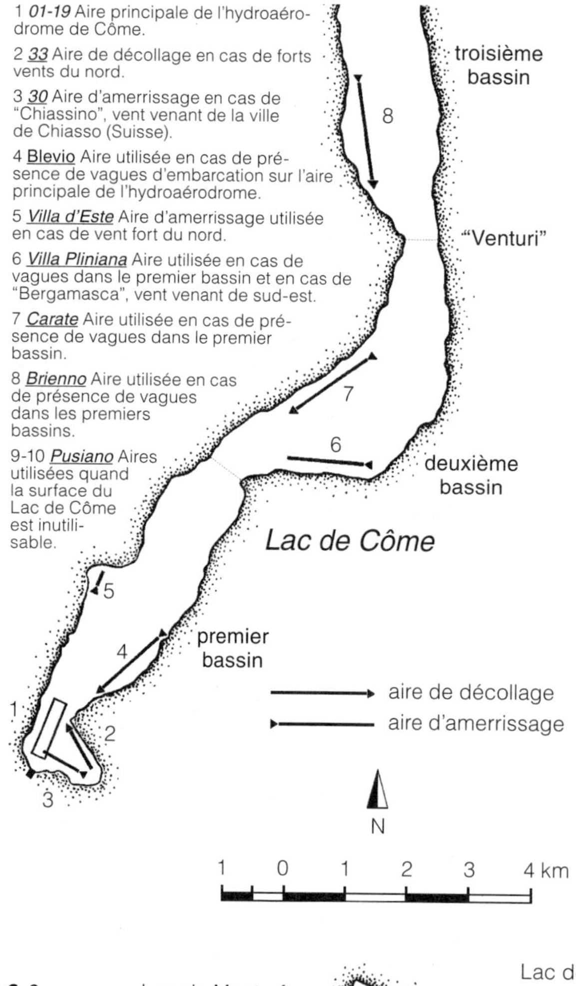

Quelques zones alternatives de l’hydroaérodrome de Côme avec leurs noms. Elles sont utilisées pour l’entraînement ou l’utilisation du site quand la zone principale est rendue inutilisable par les vagues ou le vent.

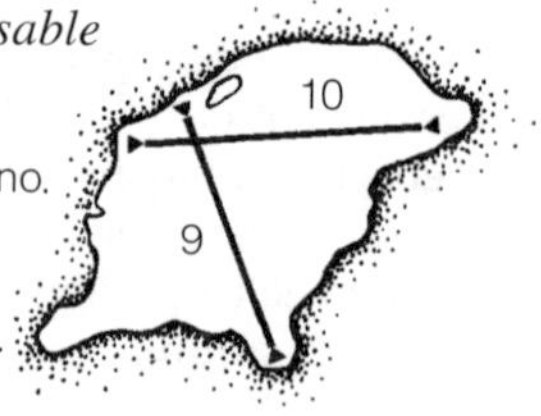

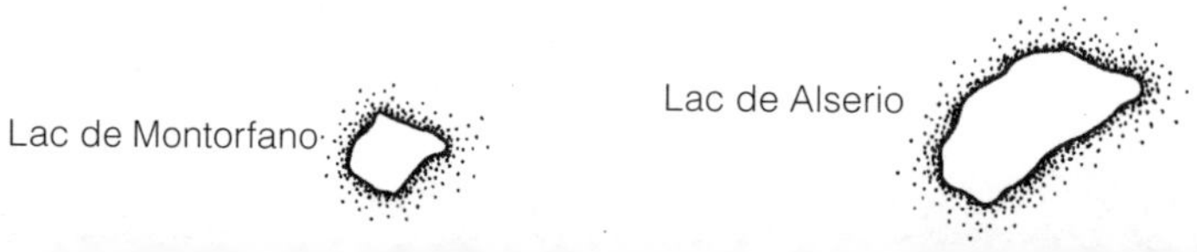

l'on peut accomplir avec le maximum de sécurité sur une des bandes indiquées pourraient sûrement causer la perte de l'appareil sur une autre bande, située à peu de distance.
Pour le vol sur l'eau, étant donné la grande variété de paramètres, il est difficile d'établir des procédures qui peuvent êtres valables pour tous les pilotes et pour toutes les conditions ambiantes. Le jugement final quant à l'emploi de l'une ou l'autre des bandes possibles de décollage ou d'amerrissage près d'une hydrobase est donc laissé au pilote, qui est d'ailleurs l'unique responsable de l'intégrité de l'appareil et de la sécurité des passagers.

Vue aérienne de l'hydrobase de Kenmore Air Harbor, située au nord du lac Washington (USA). Il faut noter le grand nombre d'hydravions entreposés sur une surface de parking relativement restreinte.

Structures pour le séjour à flot des appareils

Quais ou pontons fixes. Si le niveau de la surface ne subit que de petites variations, ces structures sont des quais bas ou des pontons fixes en bois ou métallique.
Pontons flottants. Si le niveau est très variable, on trouve des pontons flottants, reliés à la terre ferme par des passerelles. L'idéal est que les pontons puissent être approchés par trois côtés, surtout si dans la zone les vents sont variables. Les pontons sont constitués d'un ou plusieurs éléments flottants (bidons, caissons métalliques ou en plastique, etc.) et d'un revêtement, généralement en bois, qui permet d'opérer avec le minimum de risques de glisser et de se blesser. Quelques systèmes modernes sont constitués d'éléments modulaires en plastique avec lesquels on peut composer un ponton flottant de n'importe quelle dimension et forme. Les pontons sont fixés au fond au moyen de corps morts ou directement à la rive quand ils sont de

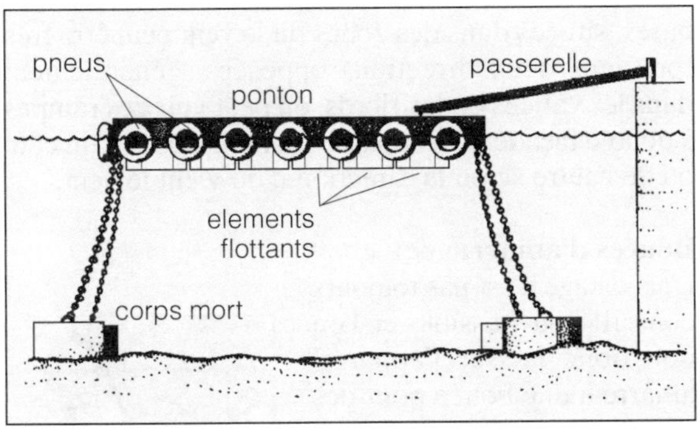

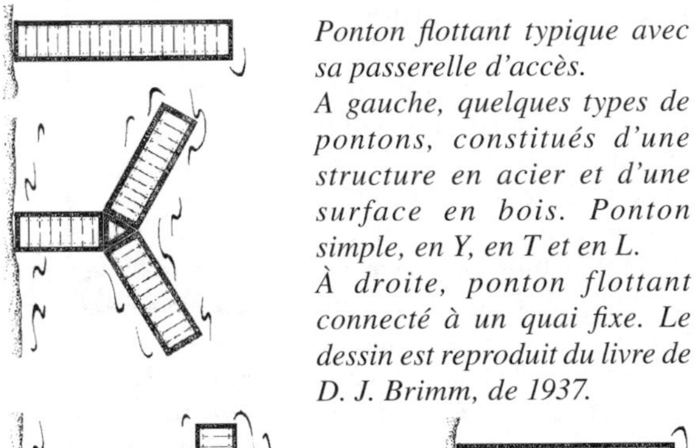

Ponton flottant typique avec sa passerelle d'accès.
A gauche, quelques types de pontons, constitués d'une structure en acier et d'une surface en bois. Ponton simple, en Y, en T et en L.
À droite, ponton flottant connecté à un quai fixe. Le dessin est reproduit du livre de D. J. Brimm, de 1937.

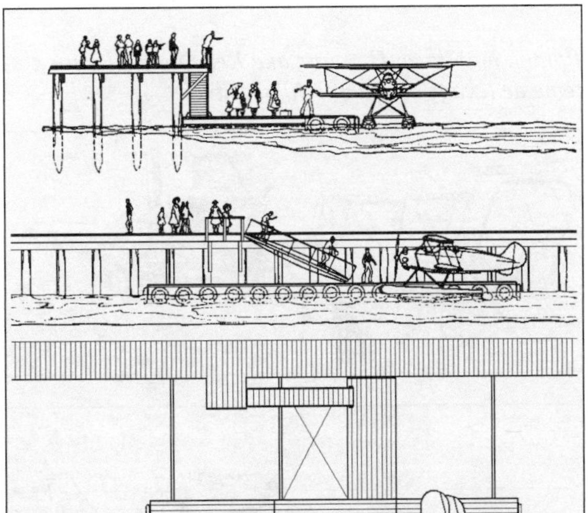

Ponton flottant de l'hydrobase de Victoria, Colombie Britannique (Canada). Les rails verticaux montre la grande variation de niveau des eaux due aux marées à cet endroit.

petites dimensions. Quand le niveau des eaux varie sensiblement on doit régler la liaison du ponton aux chaînes ou aux rives en position plus haute ou plus basse. Dans quelques cas sont adoptés des systèmes à rails qui permettent au ponton de se repositionner au nouveau niveau. Le passage de la rive au ponton, si celui-ci n'est pas relié directement à elle, s'effectue sur des passerelles fixées ou appuyées sur le ponton. Toutes les surfaces de contact entre les structures et les hydravions doivent êtres revêtues de vieux pneus ou d'autres matériaux qui atténuent les chocs.
Le problème des pontons, à part l'entretien, est la charge. Ils flottent jusqu'à ce que la charge soit égale

Ponton mobile en U pour Lake Renegade. Il a un système de levage conçu par John Sholl.

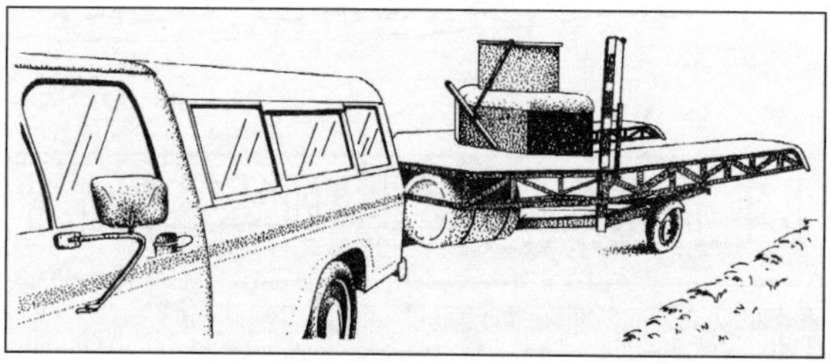

à la poussée hydrostatique, qui agit vers le haut. Si la charge augmente ils coulent. Un ponton grouillant de monde peut donc commencer à couler quand monte une seule personne de plus ou quand le pilote descend de l'appareil.

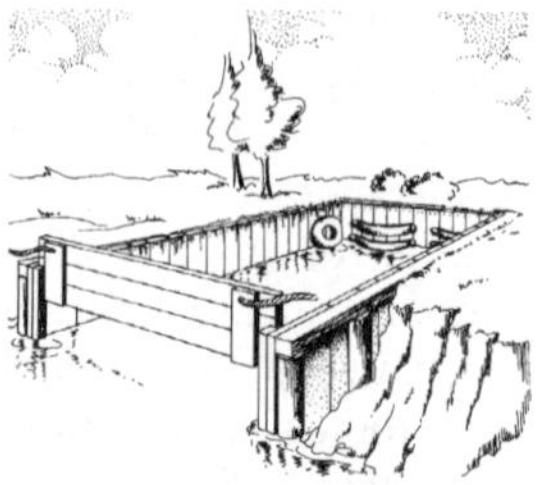

Bassin individuel avec porte brise lame.

Pontons avec des logements spéciaux. Des pontons flottants spéciaux ou même des embarcations dotées de propulseurs peuvent présenter un logement spécial pour accueillir la partie antérieure d'un appareil, généralement à coque, qui peut être ainsi assisté facilement. Le ponton mobile illustré est doté d'un système pour soulever l'appareil hors de l'eau.
Bassin individuel. Une solution parfois adoptée par les privés est le bassin individuel, avec des quais en bois et une barrière de fermeture, toujours en bois.
Slip. Une autre solution, qui permet de tirer l'appareil partiellement (ou même presque complètement) au sec, est la rampe en bois, qui peut être flottante en cas de forte variation du niveau des eaux. Sur certaines bases, situées dans des zones où le vent peut être très fort dans deux directions opposées, généralement dans les vallées ou les fjords, on peut voir des rampes à double façade. Les appareils sont disposés d'un côté ou de l'autre selon la direction d'où vient le vent.

Bouées d'amarrage

L'accostage n'est pas toujours conseillé ou possible et l'on doit donc laisser l'appareil amarré à une bouée pour des temps plus ou moins longs. Les bouées pour hydravion doivent être basses, bien visibles et sans parties saillantes. Le corps mort doit être dimensionné selon le vent maximal de la zone et en tenant compte du fait que le vent a plus de prise sur un hydravion que sur une barque. S'il y a des variations importantes de hauteur d'eau, la longueur des chaînes des bouées et la distance entre les bouées doivent être opportunément calculées en évaluant les diverses positions que l'appareil peut prendre sur le plan d'eau. En cas de fond

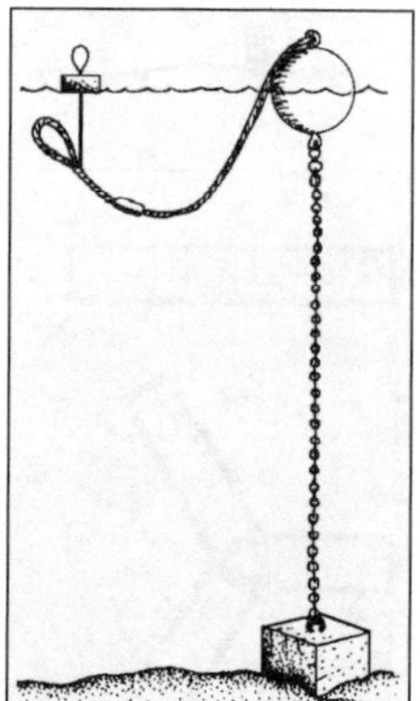

Bouée d'amarrage. A droite, bouée de profondeur (1) et bouée e surface (2), système utilisé lorsque le niveau de la surface varie notablement.

Les deux photos et le dessin montrent l'installation du Midtown Skyport, le port aérien de NewYork, dans les années trente. Cet équipement consistait en une rampe flottante qui pouvait être émergée par un système de vérins hydrauliques. Elle était en plus pourvue d'un plateau tournant pour remettre les appareils face à l'eau avant le départ.

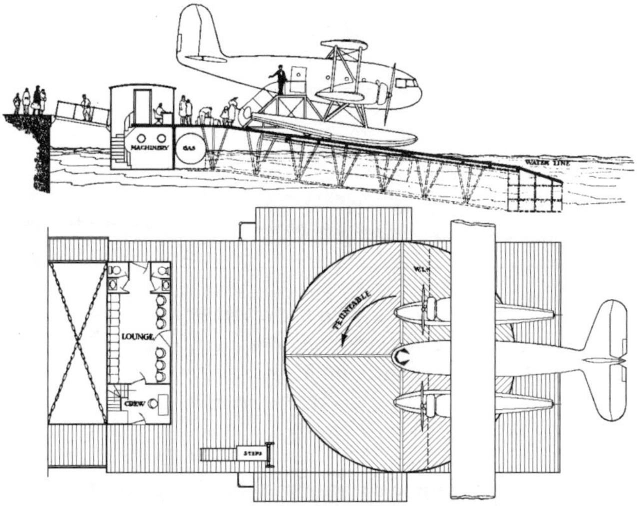

SPA

SPA

particulièrement profond, on dispose une grosse bouée de profondeur à quelques mètres sous la surface, en tenant compte de l'amplitude du mouvement du niveau des eaux, à laquelle on fixe le câble de la bouée de surface. Cela permet une longueur importante – et donc un poids important – de la chaîne sans avoir en surface une bouée trop volumineuse. Ce système évite en outre un déplacement excessif de l'appareil sur la surface lors de la variation du niveau des eaux. Les bouées d'amarrage devront se trouver si possible à l'abri des vents et du courant, pas trop proches les unes des autres et situées loin des chenaux de circulation, mais doivent toujours être bien visibles de la terre.

Si l'on veut avoir la possibilité de pouvoir récupérer le corps-mort, après une utilisation temporaire, il est important de prévoir lors de sa fabrication, un anneau sur le coté et d'y mouiller une deuxième ligne pour en assurer le relevage. Il sera plus efficace à masse égale d'avoir un corps-mort avec une grande surface pour favoriser l'effet de ventouse de celui-ci. Tous les types de matériaux peuvent être utilisés pour réaliser des corps-morts, du bloc de béton à un assemblage de poutrelles métallique par exemple.

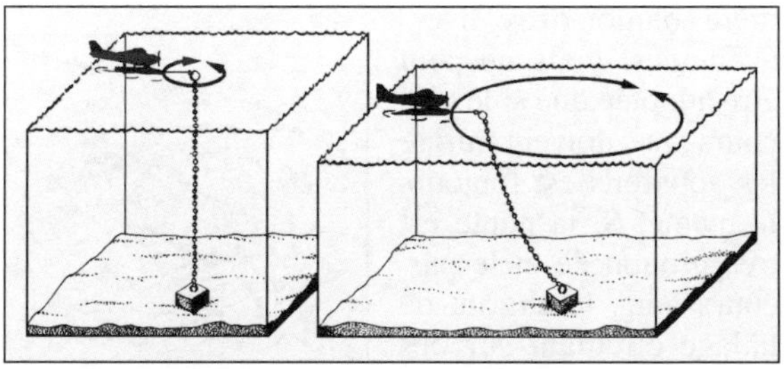

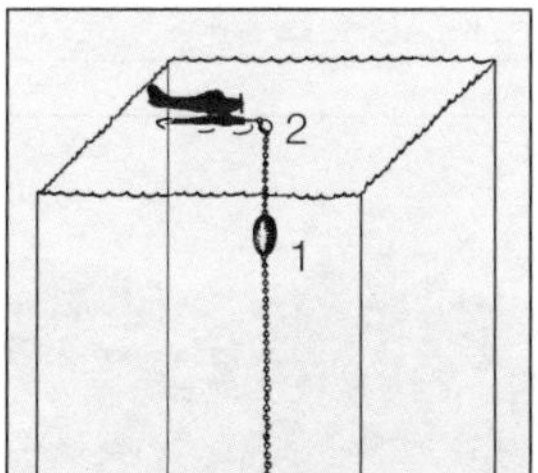

La longueur de la chaîne et le niveau de l'eau affectent le rayon de rotation de l'appareil sur la surface. On parle alors de cercles d'évitage.

Structures pour le halage des appareils

Rampes. Ce sont des plans inclinés qui permettent le halage des hydravions, généralement posés sur des chariots de halage adéquats, ou l'entrée et la sortie de l'eau des amphibies. Elles peuvent être en bois, ciment ou autre matériau résistant. Le bois est le matériau idéal, même s'il demande un certain entretien, tandis que le ciment est le plus durable. Une combinaison

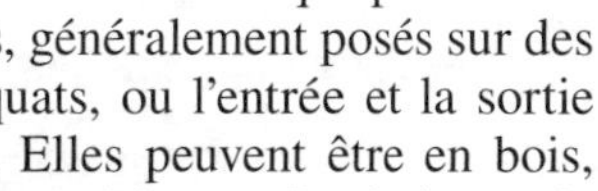

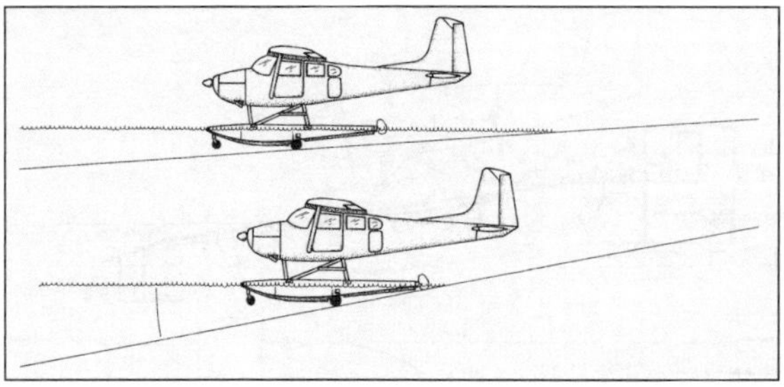

La queue d'un amphibie à train tricycle peut frotter sur la rampe si la pente dépasse une certaine valeur.
À droite, bateau spécial pour le transport et la mise à l'eau des Macchi M39 et M52, pendant la coupe Schneider de 1927 à Venise (Italie).

optimale est une rampe en ciment dotée de logements pour une série de traverses en bois disposées transversalement. Les traverses en bois devraient reposer sur la base de façon à être, chacune, légèrement inclinée, comme illustré sur la figure, pour réduire le frottement sur les quilles. La pente idéale est de 1/8, mais il existe beaucoup d'hydrobases avec des rampes ayant une pente plus prononcée. Si on utilise toujours un certain type d'appareil ou de chariot la rampe peut être remplacée par deux ou trois bandes de matériau dur.
La queue des amphibies à train tricycle frotte sur la rampe si celle-ci a une pente supérieure à une certaine valeur. Considérons la ligne qui joint le point de contact de la roue avec la rampe et la partie inférieure de la queue quand l'appareil flotte. Si la rampe est plus inclinée que la pente de cette ligne, la queue ou les queues touchent. Si la rampe est moins inclinée, les queues ne touchent pas, (la figure illustre le cas d'un appareil à flotteurs, mais ce qui vient d'être dit vaut évidemment aussi pour les appareils à coque).
Les chariots sont halés grâce à un treuil ou par tout moyen motorisé tel qu'un tracteur ou une voiture. Ils peuvent avoir des roues avec des pneus (certains opérateurs préfèrent les pneus pleins) ou bien des roues métalliques roulant sur des rails. Cette dernière solution offre divers avantages, mais ne peut être adoptée que si le parcours que doivent suivre les appareils est toujours le même. Si la pente est très prononcée et le parcours long, le chariot de halage circulant sur des rails peut avoir l'aspect illustré sur la figure.

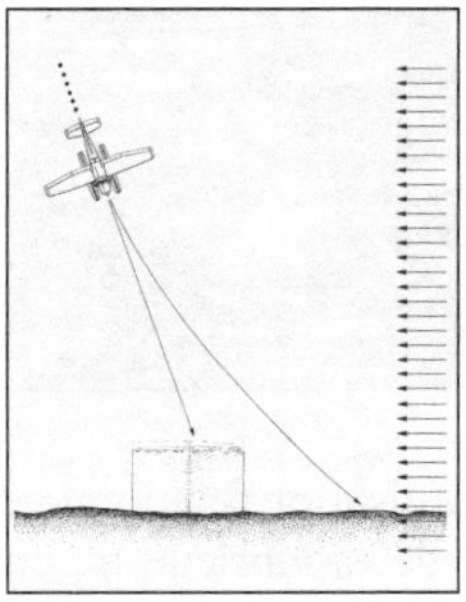

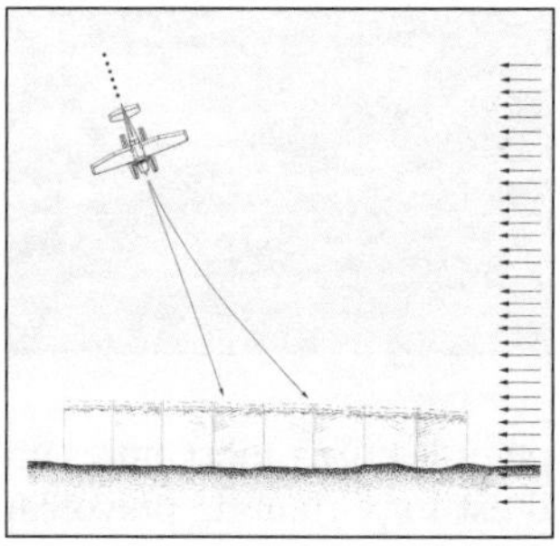

Une rampe large est plus facile à utiliser en cas de vent traversier.
Dessous, élévateur de la base de Kenmore Air Harbor.
À droite, hangar et rampe de la base de Turin (Italie) sur le Po en 1926, un type d'installations utilisée aux endroits où il y a de grandes variations de niveau d'eau.
Dans la page ci-contre, rampe équipée d'un treuil, ou plateaux articulés pour sortir l'appareil de l'eau.

Les rampes destinées aux amphibies doivent s'étendre le plus possible sur la rive. Sur une rampe étendue, en effet, l'amphibie peut arriver en sécurité même en présence de fort vent latéral et selon n'importe quelle trajectoire. La trajectoire d'approche d'une rampe étroite est par contre plus pointue et l'arrivée au ponton n'est pas garantie en présence de vent latéral.
Monte-charge. En l'absence de rampes il peut y avoir des monte-charge actionnés électriquement, sur lesquels souvent l'appareil est mis et enlevé grâce à un chariot élévateur.
Grue. La grue est un moyen peu encombrant pour mettre à l'eau et en extraire des appareils, même de grandes dimensions. La technique est détaillée au chapitre 5 (Opérations à terre: le levage).

Structures à terre

Signalisation visuelle

Pour signaler la présence d'une base d'hydravions, on peut tracer sur le terrain, le toit d'un hangar ou en un autre point visible d'en haut, un des symboles reportés sur cette page, selon que le fond est clair ou sombre. Le symbole qui convient le mieux doit être reproduit dans les mêmes proportions, dans une taille qui permette de le reconnaître, donc entre 3 et 10 m.

Manche à air et "T"

La manche à air est utile, mais doit être considérée par le pilote hydro comme un moyen secondaire pour connaître la nature du vent, le moyen primaire étant l'observation de la surface. Une petite manche à air placée près du ponton ou de la rive est par contre très utile pour connaître les micro-conditions dans la zone très importante où se fait l'accostage.

Dale De Remer

Une grande grue utilisée au début des années vingt à Antibes. Elle était utilisée pour la mise à l'eau et la sortie des appareils de la compagnie Aéronavale Française qui assurait une liaison aérienne entre le continent et la Corse. Dessous, petite grue pour hydravion léger.

Le "T" est habituellement absent quand le pilote peut choisir le sens d'amerrissage le plus favorable. Si l'aire d'amerrissage se trouve près d'un aéroport il peut être utile d'en survoler le "T" pour connaître le sens du trafic sur l'aéroport.

Aires de parking et de manœuvre

Ce sont les espaces prévus pour garer les amphibies et les hydravions, sur leur chariot ou directement par terre. Dans ce dernier cas il vaut mieux que les flotteurs reposent sur deux traverses en bois. L'aire doit être pourvue d'anneaux ou de corps morts pour fixer les cordes d'amarrage. Il y a aussi en principe une aire protégée pour le réchauffage et les essais moteur.

Structures pour abriter les appareils.

Ce sont des structures fermées, c'est à dire des hangars. Parfois les appareils sont abrités sous un simple toit au grand air. Ils ne sont alors que protégé de la grêle, mais pas du vent et des salissures d'oiseaux par exemple.

Infrastructures opérationnelles pour les appareils et la base

Avitaillement. En ce qui concerne le carburant, beaucoup d'hydrobases ont des citernes d'essence enterrées et des pompes de distribution de type courant. Dans les bases plus petites, l'essence est conservée dans des bidons et transvasée avec des pompes à main dans des jerrycans.

Maintenance. L'autre infrastructure fondamentale est l'atelier, généralement capable d'effectuer, en plus de l'entretien courant, des travaux de chaudronnerie, menuiserie, entoilage, soudure, peinture et ceux qui concernent les installations électriques et l'entretien de la structure de l'hydrobase.

Une attention particulière doit être consacrée à tout ce qui est en contact avec l'eau (pontons, quais, bouées, etc.), ainsi qu'aux embarcations de servitude et aux moyens pour déplacer les appareils. Souvent on doit procéder à un dragage périodique des fonds près des rampes et des pontons. Tout cela demande la présence de personnel spécialisé en travaux portuaires et équipements nautiques. Un ou plusieurs plongeurs doivent toujours êtres joignables que ce soit pour les opérations normales d'entretien ou pour faire face à un événement sortant de l'ordinaire.

Aristide Cappelletti

Nettoyage des fonds près du ponton de l'hydrobase de Côme.

Protection anti-incendie et premiers secours. D'autres structures importantes sont celles de la lutte anti-incendie, similaires à celles qui existent dans les ports ou les aéroports, et celles qui sont destinées aux premiers secours. A ce propos, il est conseillé d'avoir toujours un expert désigné pour les premiers secours parmi le personnel de l'hydrobase.

Autres structures. Une base est presque toujours pourvue d'une station radio et de moyens de communication avec les services importants pour l'aviation. Les mieux équipées ont, en plus du téléphone, une connexion internet. Une salle pour la planification des vols, dans laquelle sont mises à disposition toutes les sources d'informations, complète les infrastructures essentielles.

Il y a ensuite des infrastructures non indispensables, mais très importantes pour améliorer la qualité de vie des usagers et du personnel de la base: une boutique d'articles pour pilotes, une petite bibliothèque et vidéothèque spécialisée en aviation, un bar-restaurant, des espaces verts et quelques équipements sportifs.

Tout le monde voudrait opérer sur une base dotée de ces infrastructures. On ne peut, toutefois, ne pas être fasciné par ces bases dans a brousse qui sont à mi chemin entre un musée aéronautique et un chantier naval, dans lesquelles on respire un air de vrai "ascétisme hydro".

Archivio Apostolo

Archivio Apostolo

Trois bases flottantes spéciales. Le navire allemand Westfalen *utilisé par la Lufthansa remorquant une bâche où venaient s'échouer les hydravions Dornier* Wal *pendant leur traversée de l'Atlantique sud.*

Le porte hydravions Salisbury Sound *levant un PBM* Mariner, *durant la guerre de Corée.*

Le sous-marin anglais M-2, équipé d'une catapulte, d'une grue et d'un hangar pour un petit hydravion Parnall Peto, *ici au décollage.*

Bases flottantes
Il fut un temps, surtout en zones urbaines, où il y avait des bases entièrement placées sur une structure flottante. Rampes, grue, aires de stationnement et de manœuvre, hangar, atelier et bureaux étaient disposés, parfois sur différents niveaux, sur une grande barge ou un petit navire réformé et modifié. Une telle solution permet, si nécessaire, le déplacement complet de la base dans une autre localité.

Moyens et équipements pour l'assistance aux aéronefs

Embarcations de servitude et de secours
Dans les hydrobases, il doit toujours y avoir à l'eau et prêt à partir un canot approprié, équipé pour le secours et la lutte anti-incendie. L'embarcation idéale est métallique, avec un fond plat et de hauts bords arrondis. A bord, doit toujours se trouver une pompe anti-incendie à moteur, avec une prise d'eau flottante, des extincteurs, bouées de sauvetage, cordages et autres équipements nautiques et éventuellement un poste de radio avec les fréquences aéronautiques.
Si l'on pense avoir besoin du canot de servitude après l'amerrissage, par exemple en cas de vent fort au point de rendre indispensable le remorquage, il vaut mieux en demander l'intervention anticipée, via la radio, car le canot n'est pas toujours opérationnel en peu de temps.

Équipement pour l'assistance des appareils en panne loin de la base
Près de chaque hydrobase doit être disponible tout l'équipement nécessaire pour assister ou récupérer un appareil accidenté ou en panne sur l'eau ou près d'une rive plus ou moins lointaine. Certaines récupérations, par exemple celle d'un appareil coulé, posent des problèmes extrêmement ardus et demandent l'intervention d'un personnel spécialisé. Dans beaucoup de cas il est toutefois suffisant de disposer de quelques équipements simples pour résoudre une situation pas trop grave.

ÉQUIPEMENT POUR L'ASSISTANCE OU LA RÉCUPÉRATION D'UN APPAREIL EN DÉTRESSE

Jeu de batteries transportables. Les maintenir toujours chargées et avec des câbles de connexion de longueur suffisante.

Un winch transportable. Avec différents systèmes d'amarrage au sol.

Pièces de bois. Madriers, planches de différentes sections et longueurs.

Plaques de roulement perforées PSP (Perfored Steel Plate) Pour confectionner un slip de fortune.

Barre de levage Pour être utilisé comme écarteur lors du levage des appareils.

Pièces de bois et de métal Tout ce qui peut servir à la confection d'un échafaudage autour de l'appareil.

Accastillage Chaînes, cordes, bouées, flotteurs.

Vessies gonflables De tailles variées, gonflable avec un compresseur ou des bouteilles d'air comprimé.

Vêtements. Vêtements, de pluie, bottes caoutchouc, gants, etc.

Équipement de plongée Tuba, scaphandre.

Outillage Piquets pour sol dur et sol meuble, Masse, levier, tronçonneuse, piquets, piques, cisailles.

Matériaux de protection Défense tampon, bandes ou rouleaux de caoutchouc, bloc de bois et de polystyrène.

Bidons Métallique et plastiques de différentes tailles, seaux de différentes tailles.

Extincteurs

Un traitement complet du thème de la récupération et de l'assistance à un appareil en panne loin de la base sort du but de ce livre. Ici est donnée une liste du matériel utile, qui doit se trouver à la base, prêt à être transporté où il est nécessaire.
Voir aussi, sur ce sujet, le chapitre sur la maintenance des hydravions.

Bateau de secours à l'hydrobase de Côme.

Des flotteurs attendent la fin de l'hiver pour être réinstallés, près de l'hydrobase de Twinchell, Turner, Maine (USA). À droite, le hangar de la base de Côme durant une inondation. Il était possible dans ce cas de circuler à flot depuis le hangar.

Problèmes relatifs à la surface et aux infrastructures

Détritus sur la rive

Parfois le vent apporte sur le rivage de grandes quantités de matériaux qui empêchent l'hydrobase d'être pleinement opérationnelle. Pour les enlever on utilise une pelle mécanique.

Détritus sur la surface

Les détritus flottants, surtout sous forme de branches et troncs d'arbres, peuvent gravement endommager un appareil en hydroplanage. La surface d'une hydrobase doit être constamment contrôlée et, en cas de présence de détritus, nettoyée au moyen de "bateaux éboueurs". Les objets les plus gros peuvent aussi être traînés sur la rive par un canot.

Inondation du hangar

Les variations du niveau de la mer ne sont pas très importantes en Méditerranée, tandis qu'en d'autres endroits elles peuvent atteindre plusieurs mètres. Elles sont toutefois bien prévisibles et ce qui se trouve sur la rive a été construit en conséquence. Le niveau des bassins fermés peut par contre subir des variations anormales, parfois rapidement. Il peut donc arriver qu'un hangar ou une autre infrastructure située sur la rive soit inondé. Dans ce cas on doit être prêt à mettre en lieu sûr tout le matériel. Les hydravions, placés sur leur chariot ou par terre, peuvent êtres maintenus *à leur place* en remplissant d'eau les compartiments des flotteurs, de façon à les empêcher de flotter. Il faut toutefois être certain que l'eau n'arrivera jamais à la hauteur fuselage, dans le cas contraire on doit laisser les appareils flotter en les assurant avec des amarres. Si possible, les hydravions devraient être transférés ailleurs. Les réservoirs d'essence sont généralement hermétiques. Toutefois, avant utilisation, on doit vérifier l'éventuelle présence d'eau, avec les moyens de prélèvement appropriés.
Les inondations amènent souvent des problèmes d'hygiène, étant donné que l'eau haute recouvre le système normal de canalisations des eaux usées et peut éventuellement apporter sur le rivage des déchets

Jack Brown

L'hydrobase de Sant'Anna, sur le lac Majeur (Italie), durant les années vingt, utilisée par un Savoia Marchetti. Dessous, l'hydrobase de Jack Brown, à Winter Haven, Floride (USA). Derrière le Piper J3, on aperçois un Cessna 206 amphibie et un Twin Bee.

Une accumulation inhabituelle de déchets après une période prolongée de mauvais temps, à Côme. Le tracteur utilisé à Côme pour maintenir la rampe et le terre-plein propre.

Lake Aircraft

Aristide Cappelletti

organiques et des carcasses d'animaux. Il est donc conseillé de pénétrer dans l'eau correctement protégé avec des bottes en caoutchouc et d'utiliser des gants de chirurgien.

Neige

Une épaisse couche de neige peut charger une structure ancienne au point de la faire s'écrouler, avec éventuellement des dégâts sur ce qui se trouve à l'intérieur. Le risque est maximal, non pas quand il neige, mais quand, par la suite, la pluie ou une fonte partielle rend la neige "mouillée" et donc plus pesante. Si cela ce produit, il peut être opportun de sortir rapidement les appareils du hangar, même s'ils sont exposés aux intempéries, jusqu'à ce qu'il n'y ait plus de neige ou que l'on se soit assuré que la structure peut supporter la charge.
La base Latécoère de Biscarrosse a subi ce type de dégradation en 1956. Le hangar surchargé par une épaisse couche de neige s'est effondré, détruisant les deux LATÉ 631 qu'il abritait. Cet événement causa prématurément l'arrêt de l'activité déjà moribonde de ce site.

Vent

Le vent peut arracher une partie du revêtement du hangar ou emporter du matériel déposé à l'extérieur. Pour éviter le premier problème on doit effectuer de fréquentes inspections de la structure et les réparations nécessaires. Le second problème s'évite en ne laissant pas de matériel en désordre dans la zone de la base.

Bases improvisées et occasionnelles

Le pilote hydro est habitué à opérer sans aucune assistance en brousse, zones dans lesquelles parfois aucun hydravion n'a trempé ses flotteurs. Il est habitué, comme il est dit plusieurs fois dans ce livre, à compter sur ses propres moyens. Lorsqu'on se pose souvent sur une certaine surface, il suffit cependant de peu pour rendre les choses plus sûres et plus tranquilles.

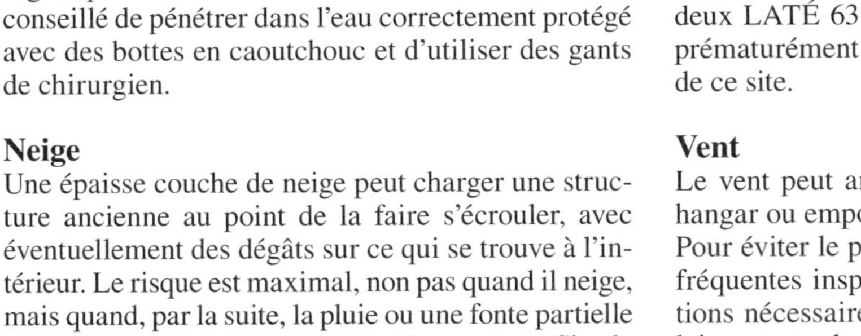

Le bateau de nettoyage utilisé sur le lac de Côme pour maintenir la surface propre.

Une petite manche à air, une caisse avec quelques équipements fondamentaux à laisser près de quelque habitation sur la rive, le nettoyage d'un bout de plage pour enlever les objets affleurants et un arrangement avec un batelier, un pêcheur ou un club nautique peuvent transformer un plan d'eau, sinon en une hydrobase, mais en quelque chose qui lui ressemble et où l'on peut se poser en toute tranquillité.

Rampe improvisée. Une rampe peut être constituée de n'importe quel matériau dur et lisse. Il est toujours opportun que l'endroit où touche le fond des flotteurs ou de la coque soit en bois. Plutôt que deux planches sur lesquelles appuient les quilles en entier, il vaut mieux disposer une ou deux séries de planches, traverses ou rondins, espacés de 20-50 cm, sur lesquels les quilles glissent avec un frottement moindre. Ces traverses peuvent être simplement posées et sommairement fixées sur le fond de la zone balayée par le ressac, ou bien être clouées ou liées à des poutres placées perpendiculairement à la rive. La structure ainsi conçue est entièrement en bois et donc flottante, et doit être lestée du côté du large, de façon qu'elle s'enfonce dans l'eau pour former une rampe. Si l'on opère avec un amphibie sur une rive molle il suffit d'en recouvrir un tronçon avec un grillage métallique, de préférence à mailles étroites, afin de pouvoir monter et descendre facilement avec le train sorti. Le grillage peut être laissé sur place ou disposé uniquement pour la durée du séjour de l'appareil.

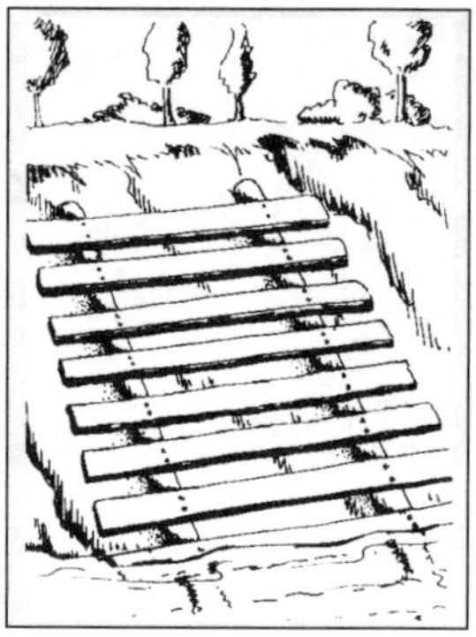

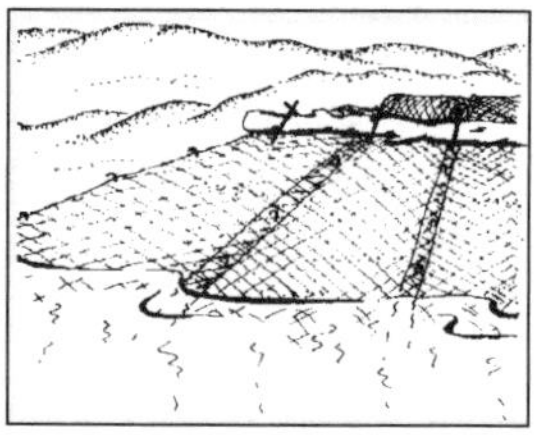

Quai improvisé. Un tronçon de rive caillouteuse ou rocheuse peu accueillante peut être transformé en quai en disposant un tronc d'arbre le long d'elle-même ou en saillie vers le large. Si l'on opère sur un fleuve avec un courant important, le tronc doit être disposé de sorte qu'il puisse être accosté de côté ou de front avec l'hydravion avançant à contre-courant. Une autre solution qui peut être adoptée est constituée par un certain nombre de sacs de jute, de faibles dimensions pour pouvoir être déplacés, remplis de terre ou de sable.

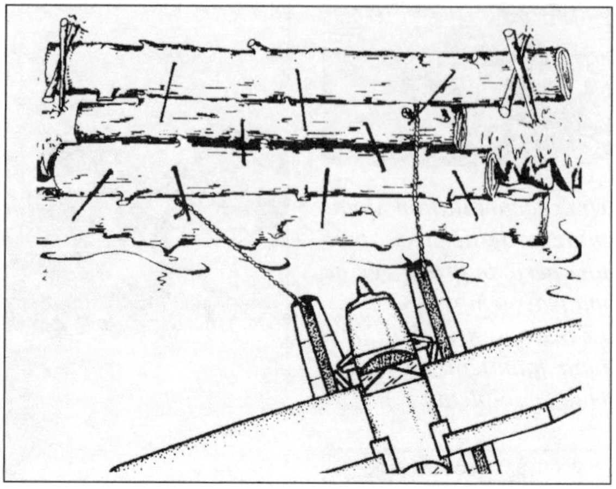

Impact du vol hydro sur l'environnement

Une étude sur 5 ans de l'impact des hydravions sur l'environnement, conduite par l'*US Corps of Engineers,* à donné les conclusions suivantes :

- effets sur les eaux	aucun
- effets sur l'air	aucun
- effets sur le sol	aucun
- effets sur la faune terrestre	aucun
- effets sur la faune aquatiqueauc	aucun
- effets sur l'homme	bruit similaire à celui généré par un bateau à moteur

Contrairement aux bateaux à moteur, les hydravions n'ont pas d'hélice immergée, ne rejettent pas d'huile, d'essence ou de déchets dans l'eau, ne brûlent pas d'huile mélangée à l'essence, n'ont pas de traitements de surface toxiques et, surtout, opèrent sur l'eau pour un temps extrêmement limité durant leur vie opérationnelle.

Une scène idyllique sur ce timbre-poste de Terre-Neuve, montrant clairement le très faible impact des hydravions sur l'environnement. L'hydraviation est une des activités humaines les plus respectueuses de l'environnement.

Le bruit représente donc l'unique impact des hydravions sur l'environnement. Il est toutefois très faible, et le problème se limite aux seules phases de décollage d'un petit nombre de machines. Néanmoins, le pilote ne doit pas le sous-évaluer dans les zones où il opère fréquemment. Susciter des critiques ou une aversion généralisée par les riverains pourrait hypothéquer, à court ou moyen terme, la survie d'une hydrobase ou la possibilité d'opérer sur une certaine surface. On doit tenir compte de cela même lorsqu'on a pleinement le droit d'opérer. Le problème est plus délicat que pour les avions terrestres. Les aéroports se trouvent "normalement" en zone périphérique ou peu urbanisée, tandis qu'avec les hydravions on opère sur des rives habitées, souvent au centre des villes ou de zones touristiques ou résidentielles. La limitation du bruit demande des procédures intuitives.

Voici ce que l'on peut faire.

- Si possible, utiliser un appareil pas trop bruyant.
- Si on utilise un appareil bruyant on peut apporter quelques modifications pour limiter le bruit: hélice à trois ou quatre pales, au lieu de deux, et des silencieux externes.
- Il est préférable de décoller vers le large en évitant de voler par le travers ou au dessus des zones les plus urbanisées. Sur le travers, en fait, le bruit se propage plus facilement.
- On doit réduire la puissance dès que possible, même peu après l'envol. Dans certains cas, si la situation le permet, on peut également décoller sans utiliser la puissance maximale.
- On doit éviter de survoler à basse altitude des zones urbanisées.
- On doit planifier l'approche de façon à l'exécuter à puissance réduite ou décroissante.
- On doit éviter d'effectuer des variations importantes de puissance, qui attirent particulièrement l'attention.
- Après un amerrissage vers le large, on doit éviter de remettre l'appareil sur le redan pour regagner le rivage.
- On doit éviter de s'entraîner au décollage et à l'amerrissage dans les zones urbanisées: dans ce cas il vaut mieux suivre des trajectoires légèrement modifiées.
- En cas de plaintes il ne faut pas avoir une attitude arrogante, même si l'on est dans son plein droit, et l'on s'efforcera de limiter un peu les opérations qui dérangent.

Image du vol hydro. Heureusement le problème du bruit est presque toujours contrebalancé et rendu latent par l'attitude positive des gens vis à vis de l'hydravion, machine curieuse, qui évoque un fascinant et glorieux passé. L'image positive de l'hydravion est aussi due à son emploi fréquent dans le secteur de la protection civile, pour la lutte contre les incendies et pour résoudre des situations d'urgence. L'hydravion, enfin, a fait goûter la joie du vol à beaucoup de personnes qui, de leur initiative, ne seraient jamais allées dans un aéroport. Une des activités caractéristiques qui se pratiquent avec ces appareils est, pour utiliser le terme original, le *barnstorming*, une activité répandue aux États

Sfiorata la tragedia, sabato, nel primo bacino

Pilota di un motoscafo salvato da idrovolante

La prontezza di riflessi di alcuni piloti dell'Aero club ha evitato che una brutta avventura si trasformasse in qualcosa di peggio, forse addirittura in tragedia.

Verso le 16,30 di sabato un motoscafo da corsa fuoribordo stava effettuando alcune prove lungo un circuito chiuso nel primo bacino del lago. Improvvisamente, forse a causa di un'onda o di una virata troppo stretta, il motoscafo si ribaltava.

Le possibilità di un soccorso immediato si sono subito rivelate nulle, dato che nel primo bacino non vi erano natanti in navigazione.

Fortunatamente l'operatore radio dell'idroscalo si è accorto dell'accaduto e ha immediatamente inviato un messaggio di soccorso a un idrovolante che in quel momento era in fase di decollo. A bordo si trovava l'istruttore dell'Aero club Como, comandante Edoardo Albonico, con un allievo pilota. L'idrovolante ha potuto portarsi nel punto dell'incidente in pochi secondi e gettare un salvagente allo sfortunato pilota, che si trovava già nell'impossibilità di nuotare a causa di un principio di assideramento.

In seguito, non senza difficoltà a causa del vento e delle onde, il pilota del motoscafo è stato issato su uno dei galleggianti dell'idrovolante e portato a riva, dove ha ricevuto le prime cure — e vestiti asciutti — nella sala soci dell'Aero club.

Il presidente neoeletto del sodalizio comasco, ing. Franco Panzeri, commentando l'accaduto ha aggiunto che questo episodio dimostra come gli idrovolanti, per la grande rapidità d'impiego e il continuo contatto radio con la stazione a terra, possano rappresentare degli ottimi mezzi di ricognizione e salvataggio in caso di emergenza sul lago.

Article publié dans un journal local de Côme «La Provincia». Il décrit le sauvetage d'un pilote d'un bateau de course par un hydravion de l'Aero Club Como, après que le bateau ait chaviré et coulé. Cet événement s'est produit en janvier dans une eau glacée. Si l'hydravion n'était pas arrivé rapidement, le pilote du bateau aurait probablement décédé dans cet accident.

Unis dans les années vingt et pratiquée, pour survivre, par beaucoup de pilotes, dont Lindbergh. Aujourd'hui, ce n'est possible qu'avec les hydravions et cela consiste simplement à aller flâner sur les lacs et les côtes et à faire voler ceux qui se présentent.

L'hydroaérodrome de Côme est un vrai sanctuaire faunistique, fréquenté par une multitude d'oiseaux, qui démontrent une particulière familiarité avec les hydravions. L'Aero Club Como a aussi produit un guide sur l'observation des oiseaux présentes.

Quelques exemples d'hydrobases et d'hydrosurfaces

Ci-dessous sont mentionnés quelques exemples d'hydrobases et d'hydrosurfaces. L'hydrobase internationale de Côme est la seule opérationnelle en Italie et est dotée d'un système complet de bouées qui délimitent la bande de décollage et d'amerrissage principale, définie en fonction des vents dominants. Ce système complet de signalisation sert à tenir les embarcations éloignées de l'aire où opèrent les hydravions.

Victoria est un exemple d'hydrobase située dans un port important et dans une zone à forte densité de population. C'est à ce fait que l'on doit les procédures relativement compliquées, qui tiennent compte aussi bien de l'intense trafic

Dans le centre de la ville de Côme il y a un grand aéroport, mais personne ne s'en aperçoit, car c'est un hydroaérodrome.
C'est ce qui fait de l'hydravion le moyen de transport le plus "écologique", car il n'utilise pas de terrain, mais simplement de l'eau qui se trouve dans la nature, en modifiant en rien ni le territoire ni les eaux.

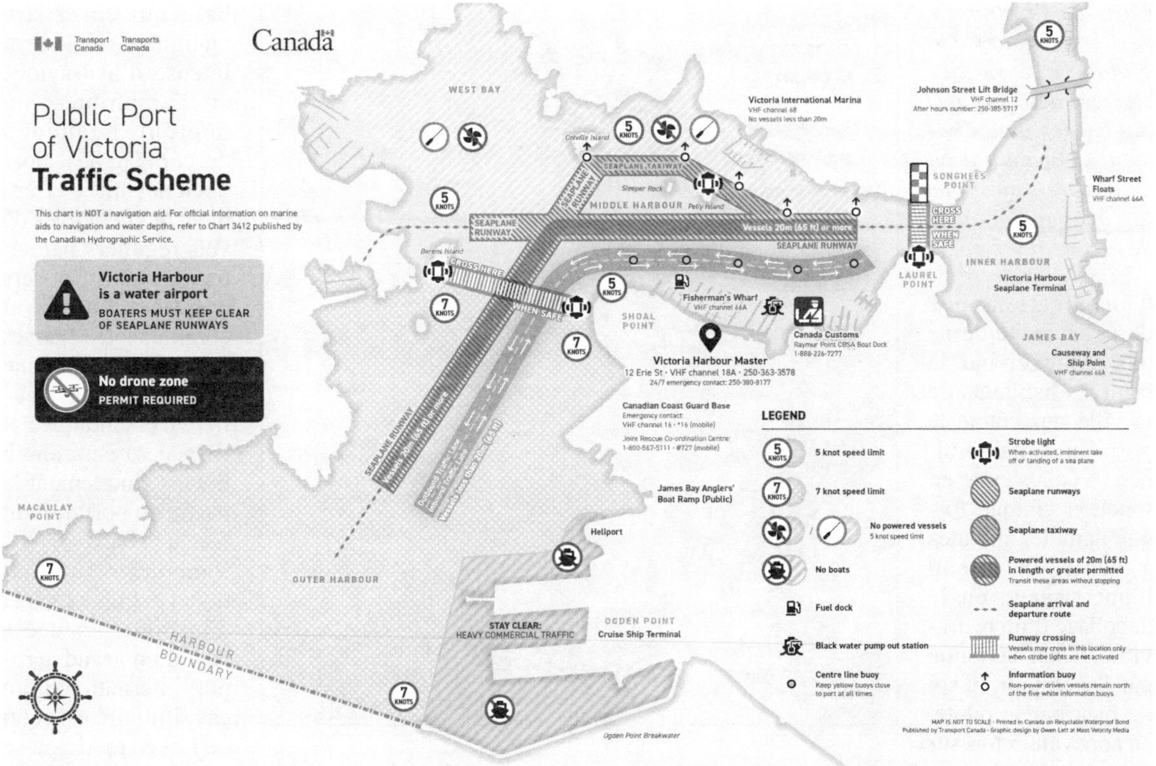

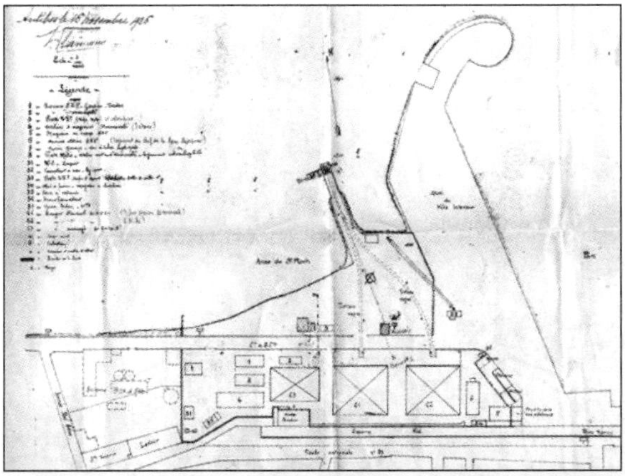

Carte du trafic dans le port de Victoria (British Columbia). Elle montre comme le trafic des hydravions peut cohabiter et même se superposer à un intense trafic de bateaux et navires de toute taille.
En bas, l'hydroaérodrome artificiel du Perry Flying Center, Patterson, Louisiana (USA). A gauche, carte du 1926 de la base d'hydravions d'Antibes. En bas à gauche, l'hydrobase de Marseille Marignane.

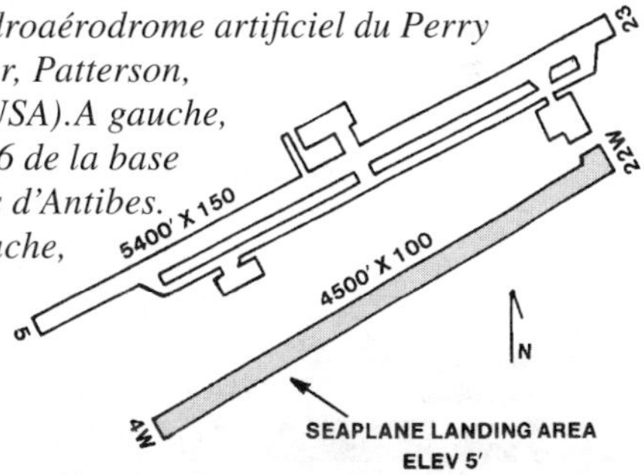

Association Française d'Hydraviation

Perry Flying Center - Patterson (LA)

Carte de l'hydrobase de Côme (Italie). On y observe la surface réservée délimitée par des bouées où les bateaux n'ont pas le droit de pénétrer, ainsi que le circuit d'approche de la zone réservée.

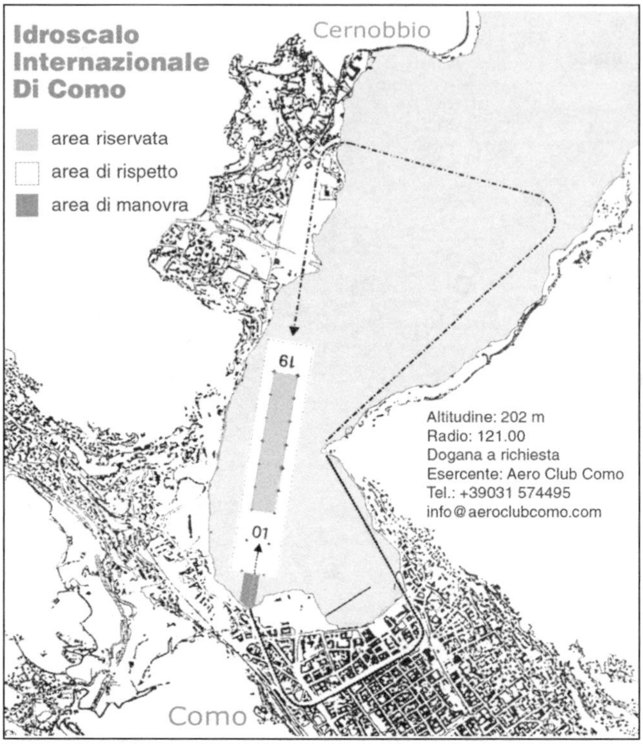

d'embarcations que de la nécessité de ne pas déranger par le bruit les habitants de la ville qui côtoie le port. Un signal lumineux à éclats entre en fonction chaque fois que dans les minutes à venir on attend l'amerrissage ou le décollage d'un hydravion. Il est actionné par l'opérateur au sol ou bien par le pilote, en appuyant 5 fois sur l'alternat du micro en 5 secondes, sur une fréquence appropriée. Le signal reste actif 90 secondes.

Prince Rupert est par contre un exemple d'hydrobase qui enregistre un trafic extrêmement intense d'hydravions et d'amphibies, où opèrent beaucoup de compagnies, dont quelques-unes effectuent des centaines de vols réguliers par semaine à partir et vers des installations et communautés éparses de la région. Aucune procédure particulière n'est indiquée et l'aire des opérations à flot est simplement la partie du port qui fait face à la base.

Vancouver International est un exemple d'hydrobase située à côté d'un grand aéroport international (un cas similaire est celui de Lake Hood, qui se trouve à côté de l'aéroport intercontinental d'Anchorage, en Alaska). Quelques indications sont fournies en fonction du fait qu'elle est située dans la zone de

Vue aérienne et plan de l'hydroaérodrome de l'Eau d'Heure (EBEH), sur le Lac de la Plate Taille, en Belgique.

En bas, procédure d'approche, à partir du survol de reconnaissance.

Le panneau ci-contre est placé à proximité des centres d'activités des autres usagers du plan d'eau.

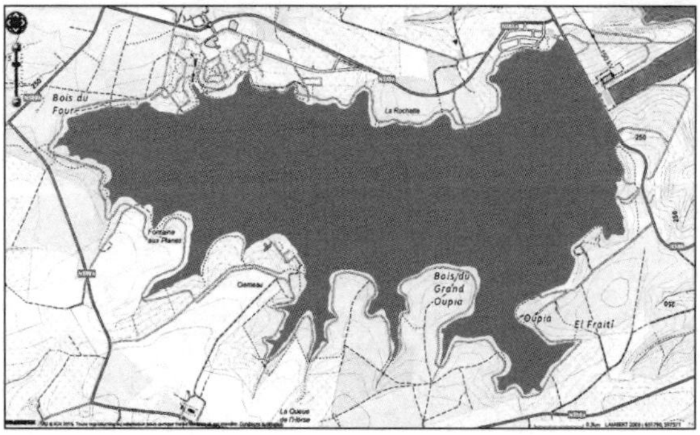

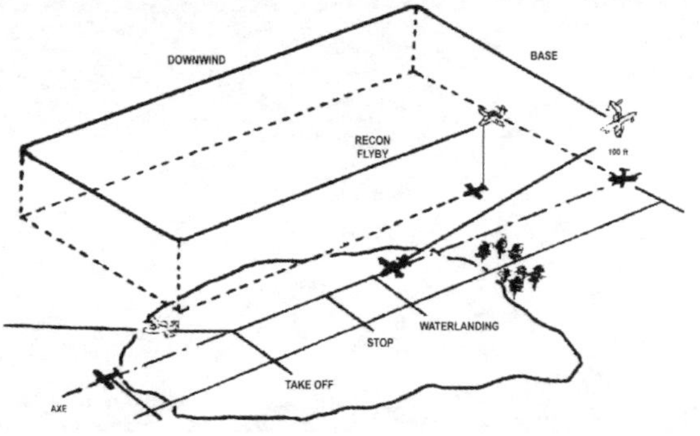

contrôle de Vancouver. Pour les pilotes d'amphibies qui ne désirent pas atterrir sur la piste, s'offre une intéressante possibilité, qui n'est pas mentionnée dans la documentation et que l'auteur de ces lignes a eu l'occasion d'expérimenter avec un Cessna 208 amphibie. Après l'amerrissage on peut monter le long d'une rampe en bois, construite en tenant compte de la marée de plus de 4 m qui intéresse la zone. En haut de la rampe on se trouve à l'extérieur de l'aéroport, délimité par un haut grillage de protection. Une route normale de circulation sépare la rampe de la zone aéroportuaire. Sur la rampe on doit rejoindre avec la roulette du train avant un carré d'environ 60 cm de côté peint en blanc. Il s'agit d'un interrupteur qui actionne un feu, bloque le trafic routier et ouvre un portail dans la clôture, ainsi l'appareil peut pénétrer à l'intérieur de la zone aéroportuaire. Le portail se referme ensuite automatiquement. La même procédure est utilisée pour sortir et redescendre dans le fleuve. Vancouver possède une autre hydrobase, en plein centre du port et de la ville, avec des procédures plus complexes.

L'hydrobase de Kamloops est située sur un fleuve avec un courant de 5 nœuds, près d'un aéroport important. Pour y opérer, il faut suivre les mêmes procédures que pour le trafic terrestre qui utilise l'aéroport.

Il est également intéressant de mentionner le cas des hydrobases où l'aire de décollage et d'amerrissage est complètement artificielle, réalisée en creusant un bassin qui ensuite est rempli d'eau. Ainsi fut réalisée l'hydrobase de Milan, encore utilisée aujourd'hui, à de rares occasions il est vrai, dans sa fonction d'origine, et c'est ainsi que se présentent quelques hydrobases dans des zones où les lacs et les fleuves sont absents, comme dans le cas de Patterson, en Louisiane, au États-Unis, illustré à la page 3-16.

La photo à la même page montre la base de Marignane. On notera la digue, qui protège la zone des bouées, et la rampe qui permet l'accès au terre-plein de l'aéroport international.

L'hydroaérodrome de Biscarrosse. A droite, quelques images d'hydravions stationnés sur la rive.

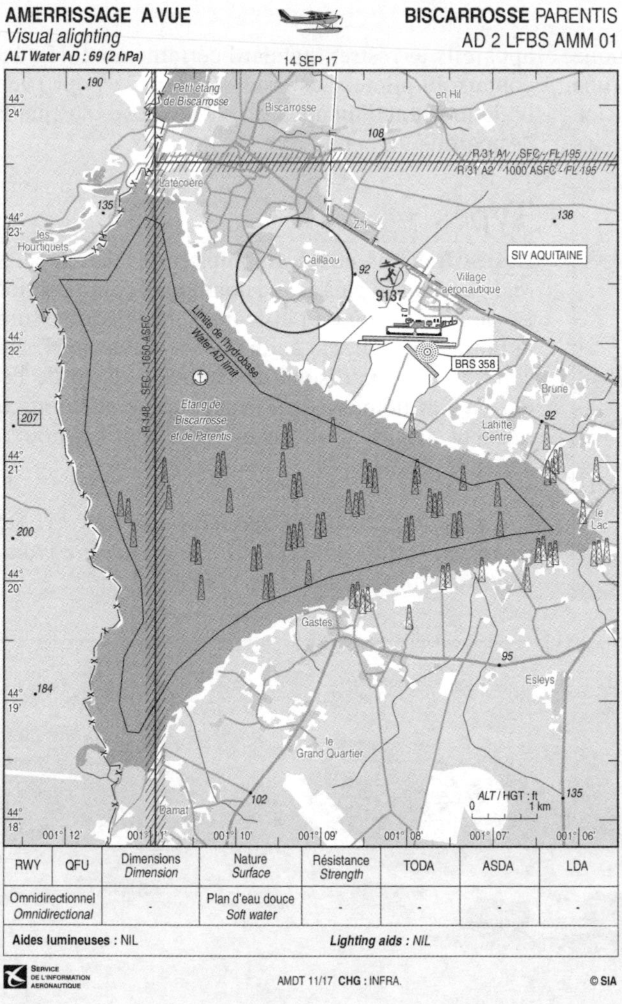

CHAPITRE 4

Hydravions et amphibies

Dans ce chapitre est donnée une vue panoramique générale des aéronefs qui volent sur l'eau, ainsi qu'une brève description de leurs éléments typiques. Rien n'est décrit de ce que l'on trouve également sur les appareils terrestres standard certainement déjà bien connus du pilote. Les critères de choix pour l'achat ou la location d'un appareil sont exposés au chapitre "Appareils", à la fin de ce volume.

Edo Corporation

Types

Les hydravions et les amphibies sont les appareils réalisés dans le plus grand nombre de configurations. La nécessité d'un ou plusieurs éléments qui assurent la flottaison, celle de garantir la stabilité sur l'eau et celle de tenir le disque de l'hélice éloigné de l'eau ont en fait donné lieu à beaucoup de solutions qui seraient absurdes ou en tout cas inutiles pour un appareil terrestre.

L'hydravion EDO XOSE au décollage. Le SIAI S.55, projeté par Alessandro Marchetti. À l'arrière plan, le château d'Angera, sur le lac Majeur (Italie).

Archivio Apostolo

Quelques hydravions fameux sur timbres poste: Le Noorduyn Norseman et le De Havilland Beaver, utilisés aux îles Falkland, et deux hydravions à coque, le Short Empire S30 et le Canadair CL215.

Au point de vue construction on distingue les appareils à *coque centrale* (ou simplement *à coque*), avec des *ballonnets* placés sous les ailes ou des *nageoires* le long de la coque, et les appareils équipés de flotteurs. Ces derniers sont souvent des conversions d'appareils existant déjà en version terrestre. En général ces hydravions ont deux flotteurs, mais dans le passé de nombreux types d'appareils ont été construits avec un seul flotteur et deux ballonnets sous les ailes. Au commencement du vol hydro, étaient également répandus des systèmes avec deux flotteurs principaux et un à l'arrière ou à l'avant. Une autre formule possible est l'appareil à double coque, comme le glorieux SIAI S.55. Les appareils qui volent sur l'eau peuvent être des hydravions ou des amphibies. Ces derniers sont dotés d'un train escamotable, qui permet d'opérer sur pistes. La roulette ou les roulettes peuvent être à l'avant ou à l'arrière.

Dans l'histoire de la construction aéronautique hydro beaucoup de voies étranges et futuristes ont étés explorées : le mono-flotteur rétractable, l'emploi d'ailettes hydrodynamiques similaires à celles des hydroptères, ainsi que le patin rétractable. Une solution restée sans suite, mais vraiment curieuse, fut tentée par Saunders Roe en 1954. Sur un avion à aile haute, un Auster *Autocar*, furent fixés des skis très semblables à ceux

Un Grumman J2F Duck, *mono-flotteur. A droite, test d'hydroski EDO, installé sur un Martin PBM 5.*

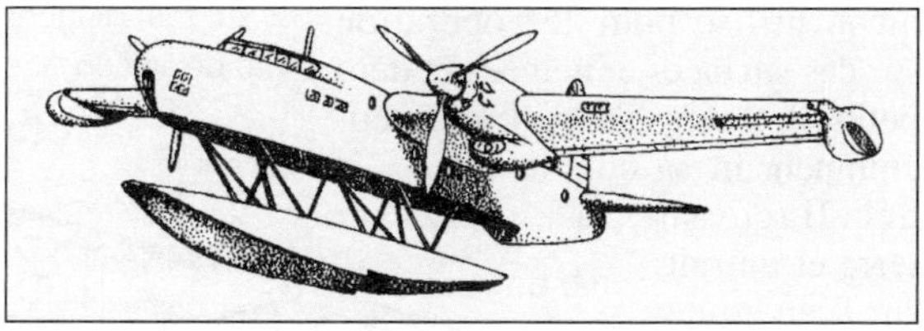

Un Blackburn B20, de 1940, équipé d'un flotteur et de ballonnets rétractables. Le flotteur principal et montré sorti et les ballonnets relevés. Un Auster Autocar, *monté sur ski qui n'a pas eu un grand succès à ses tests en 1954. Les deux appareils sont de construction Anglaise.*

Un Lake Buccaneer *équipé par la société Bell d'un système à coussin d'air pour se substituer à la coque. Le même système équipant un De Havilland* Buffalo.

Boeing Canada - De Havilland Division

EDO

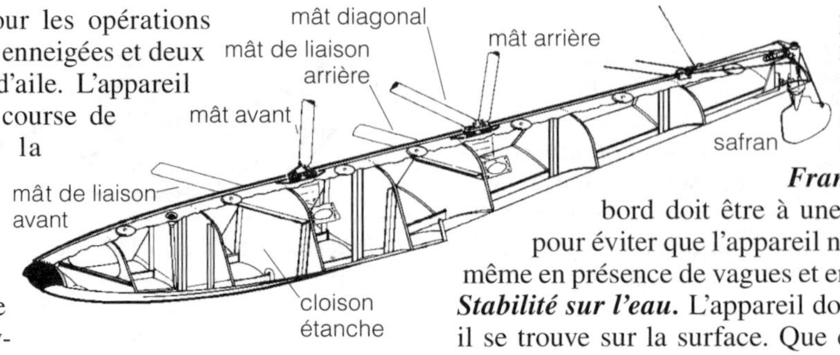

qu'on utilise pour les opérations sur des surfaces enneigées et deux petits flotteurs d'aile. L'appareil commençait sa course de décollage sur la terre et entrait sur l'eau à une vitesse qui permettait aux skis d'assurer une sustentation hydrodynamique suffisante pour hydroplaner. Lors de l'arrivée, à l'inverse, l'appareil terminait sa course sur la terre. Les flotteurs d'aile servaient à éviter que l'appareil ne coule complètement s'il avait été contraint d'interrompre l'hydroplanage. Sur terre l'appareil manœuvrait normalement grâce à son train classique à roulette de queue rétractable. Une autre solution curieuse fut le coussin gonflable du De Havilland DHC 5 *Buffalo*, actionné par deux turbines supplémentaires placées à l'emplanture de l'aile et qui permettait à l'appareil d'utiliser n'importe quel type de surface plus ou moins lisse, comme l'eau ou la glace. Un dispositif similaire a aussi été expérimenté par Bell sur le Lake LA 4-200.

Caractéristiques de construction

Tout appareil doit posséder un certain nombre de caractéristiques importantes, comme un poids minimal, des dimensions minimales, une résistance structurale maximale, une traînée aérodynamique minimale en fonction de la tâche qu'il est appelé à accomplir. Lors de la définition du projet (ou de la transformation d'un appareil terrestre en hydravion) on doit tenir compte aussi d'autres facteurs liés au fait que l'appareil est aussi un bateau. Les principaux sont exposés ci-dessous.

Réserve de poussée hydrostatique. L'appareil doit avoir une certaine réserve de poussée hydrostatique qui lui permette de flotter sans problèmes à pleine charge, même avec une partie des flotteurs ou de la coque noyés.

Compartiments. La coque ou les flotteurs doivent êtres divisés en compartiments étanches, pour limiter les dégâts lors d'une éventuelle avarie. Chaque compartiment doit permettre l'accès pour inspection et posséder un système pour évacuer l'eau.

Franc-bord. Le franc-bord doit être à une hauteur suffisante pour éviter que l'appareil n'embarque de l'eau, même en présence de vagues et en oscillant sur elles.

Stabilité sur l'eau. L'appareil doit être stable quand il se trouve sur la surface. Que ce soit au repos ou en mouvement, il ne doit pas avoir une tendance excessive au renversement ou à enfourner les flotteurs ou le nez dans l'eau même en présence de vent ou de vagues.

Manœuvrabilité. L'appareil doit être bien manœuvrable, que ce soit en vol ou sur l'eau, même avec du vent de travers.

Embruns. La disposition des moteurs et la forme du fond doivent permettre d'éviter le plus possible que les embruns n'aillent finir dans le disque de l'hélice et ne l'endommagent, en particulier pendant la course de décollage, quand le régime de rotation est à son maximum.

Résistance structurale. La résistance structurale doit être particulièrement élevée, pour supporter les importantes sollicitations qui se produisent lors de l'impact avec les vagues.

En général toute amélioration des caractéristiques marines de l'appareil comporte une dégradation des caractéristiques aéronautiques. Par exemple une meilleure résistance structurale ou une compartimentation plus sûre impliquent une augmentation sensible de poids.

Les formes de coque qui limitent les projections d'embruns ont une plus grande traînée aérodynamique. Les surfaces qui améliorent la stabilité en vol de l'appareil, pour donner un autre exemple, dégradent beaucoup sa manœuvrabilité sur l'eau en présence de vent. Chaque appareil qui vole sur l'eau est le résultat d'un compromis entre de nombreuses exigences contradictoires entre elles.

Couleur

Cette caractéristique esthétique n'est pas du tout insignifiante car d'elle pourrait dépendre la localisation

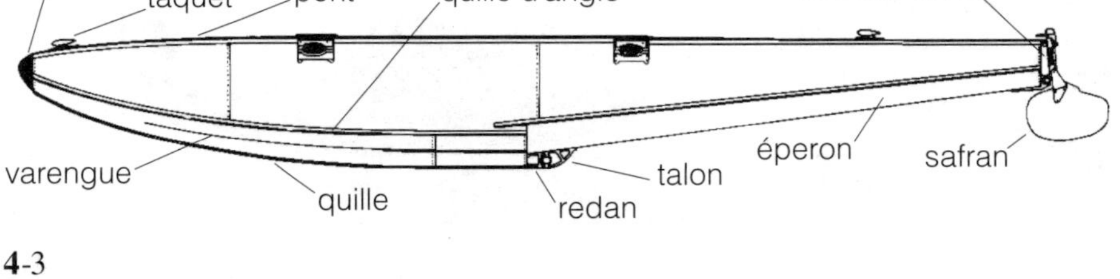

*Un flotteur simple vu de coté.
Il s'agit d'un EDO 3430, modèle utilisé sur Cessna 185 et 206, ainsi que sur Helio 295.*

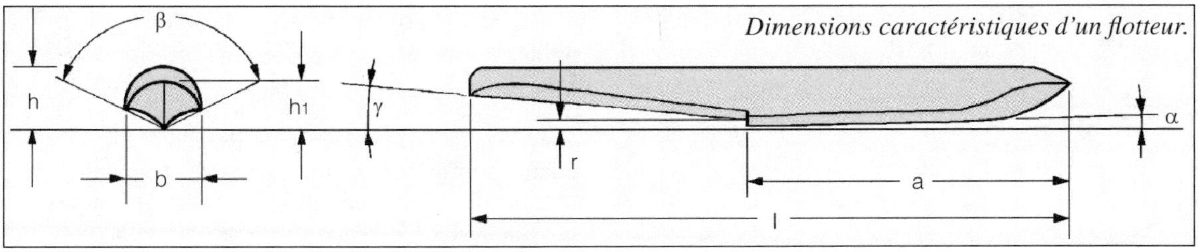

Dimensions caractéristiques d'un flotteur.

VALEURS TYPIQUES

a/l	b/l	h/l	r/b	h_1/h	α	β	γ
0,51 - 0,54	0,12 - 0,15	0,09 - 0,12	0,05 - 0,06	0,9 - 0,7	1 - 2°	120 - 150°	6 - 8°

de l'appareil en panne sur l'eau. L'appareil, pour être bien visible, devrait être de couleur rouge, orange, jaune ou blanche. Les couleurs peu visibles sont le bleu, le gris, le vert et la couleur aluminium.

La coque et les flotteurs

La forme de la coque et des flotteurs est étudiée de façon à garantir la flottaison et le maximum de stabilité, tout en recherchant la traînée hydrodynamique et aérodynamique minimale et le moindre poids.

Matériaux. Le bois aujourd'hui est abandonné, malgré ses excellentes caractéristiques, pour des raisons de coût de fabrication et d'entretien. La coque et les flotteurs peuvent êtres construits en bois, en aluminium, en composites. Plusieurs tentatives ont étés faites avec la fibre de verre, mais souvent le résultat n'a pas été très heureux. Quelques appareils amphibies sont réalisés en matériaux composites comme le Dornier Seastar.

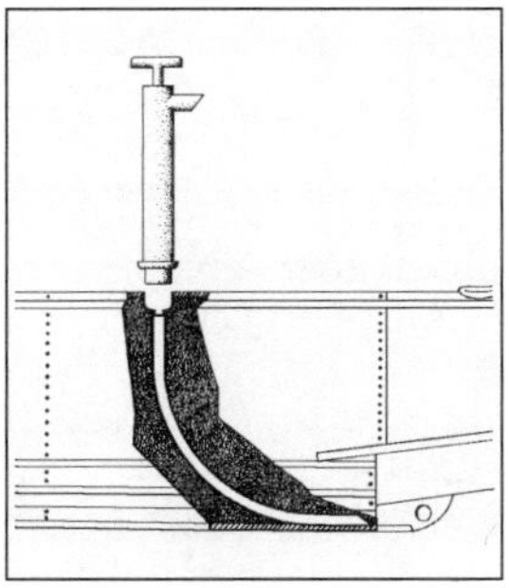

L'eau est extraite des compartiments étanches lors de la visite prèvol avec une pompe à main par un tube fixé sous le pont.

Le matériau de loin le plus utilisé pour la construction des flotteurs et des coques est aujourd'hui, comme depuis plusieurs décennies, l'aluminium. Il se présente sous forme d'alliage avec d'autres métaux qui en améliorent les qualités mécaniques et, surtout quand il est en feuilles, il est revêtu d'une très fine couche d'aluminium pur; cette dernière est bien plus résistante à la corrosion que l'alliage.

Compartiments. Les flotteurs sont divisés en compartiments étanches. En fonction des normes des USA, chaque flotteur doit en avoir au moins quatre et l'appareil doit continuer à flotter, même avec deux d'entre eux noyés, quels qu'ils soient. Les flotteurs modernes de presque toutes les marques ont généralement plus de compartiments que le minimum prévu.

Drainage. Divers systèmes permettent le drainage de l'eau des fonds de cale. Pour les flotteurs on utilise une pompe à main qui aspire l'eau par une ouverture supérieure reliée au fond par un tuyau de plastique. Les appareils à coque sont équipés de pompes de cale électriques et de simples bouchons filetés au fond, que l'on ouvre quand l'appareil se trouve hors de l'eau.

Le redan. Le décrochement dessiné dans le sens latéral de la coque provoque un décollement des filets d'eau lors du déplacement de l'appareil, contrairement à ce qui se passe pour un corps fuselé ou rond.

La forme la plus courante est un décrochement perpendiculaire au plan de symétrie de la coque. Comme à haute vitesse la traînée du redan est élevée, on n'a pas intérêt à lui donner une taille trop importante, mais il faut que l'air puisse pénétrer facilement sous la coque derrière le redan pour qu'il ne soit pas en dépression. Cela aurait tendance à aspirer l'eau sous la partie arrière de la coque. Il est donc essentiel d'assurer une bonne ventilation du redan. Sur les petits flotteurs la hauteur sera dans les valeurs maximum, sur les flotteurs ou les coques plus importantes on facilitera l'aération du redan par une forme en plan en V, par des trous de ventilation sur les bordées à l'avant, par des

Le redan d'un flotteur, d'un flotteur amphibie et d'un avion à coque.

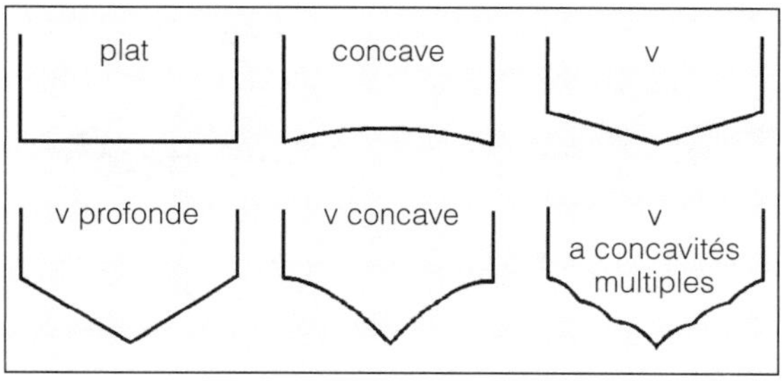

Section de la coque près du redan dans l'histoire du vol sur l'eau. Dessus, ventilation du redan.

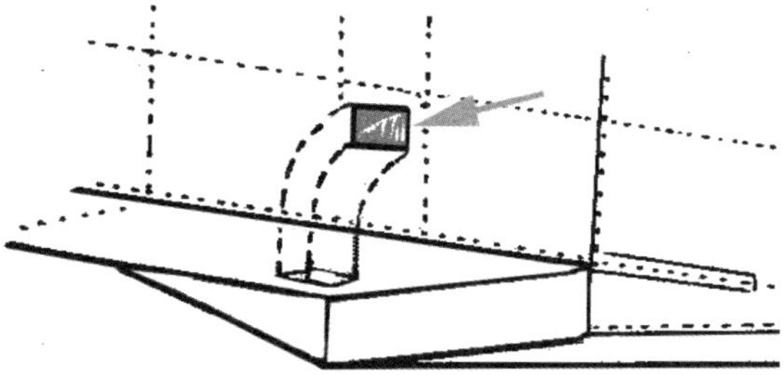

conduites d'air forcé qui prélèvent de l'air sur le coté ou à l'avant de la coque et qui le refoule juste derrière celui-ci. Pour les coques de grande longueur il sera préférable d'ajouter un deuxième redan.

L'éperon. La partie située derrière le redan, appelée éperon, mais plus communément "queue", est inclinée vers le haut d'environ 8°, de façon à ne pas toucher l'eau durant les phases d'envol, où l'incidence est très élevée. Sur certains modèles l'éperon présente une concavité vers l'eau, pour éviter le phénomène d'occlusion du redan, décrit au chapitre sur la mécanique du vol.

Le fond. Dans l'histoire de la construction des hydravions, bien des voies ont été explorées en ce qui concerne la forme des fonds des flotteurs ou de la coque, comme on peut le voir sur les coupes. Après le fond plat des expériences initiales on est passé à des fonds en "V" plus ou moins prononcé, et aux fonds complexes à concavités multiples. Le fond plat garantit le décollage le plus rapide, mais a un très mauvais comportement sur les vagues. Les fonds en "V" ont un bon comportement sur les vagues, tandis que la forme concave contribue à réduire la quantité d'embruns qui peuvent atteindre le disque de l'hélice. Aujourd'hui toutes les coques sont en "V", éventuellement concave, et ont un *angle de quille* (ou simplement "V") plus ou moins prononcé et variable le long de la coque. Près du redan il est d'environ 120-150° et tend à décroître vers la proue.

De la forme du "V" dépend la quantité d'embruns qui atteignent l'hélice, le comportement de l'appareil en hydroplanage, c'est-à-dire à grande vitesse, les sollicitations dues aux vagues et la stabilité longitudinale sur l'eau.

Lèvres. Elles peuvent être de formes très diverses et ont pour but d'empêcher les embruns d'atteindre l'hé-

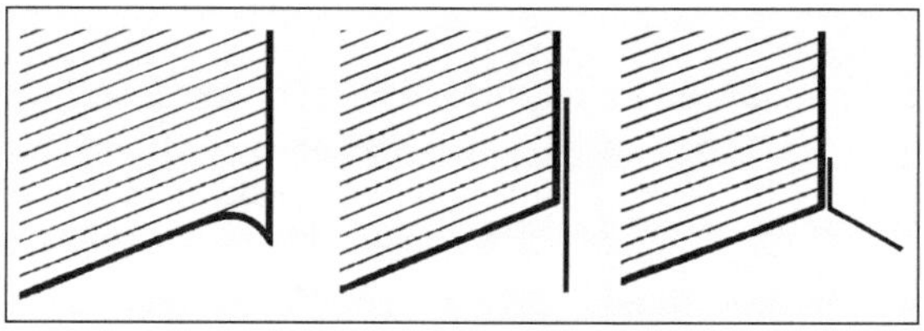

lice. Il en existe de très sophistiquées, comme celles du Shin Meiwa.

Safrans (gouvernails marins). En queue de la coque ou de chaque flotteur est fixé un safran qui doit être employé uniquement pour les manœuvres à flot à basse vitesse. Pendant toutes les autres phases du vol les safrans doivent être relevés, ce qui se fait en actionnant une poignée. Les safrans ont un débattement d'une quarantaine de degrés de chaque côté et sont reliés à des câbles par l'intermédiaire de ressorts.

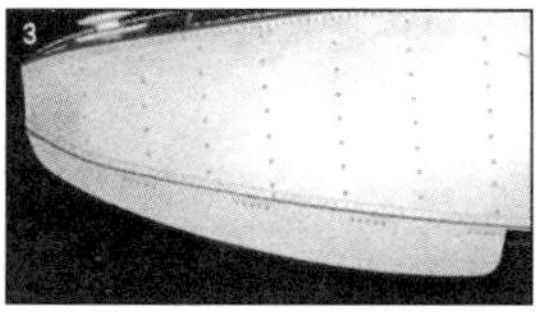

Edo Corporation

Un modèle de lèvre montée sur une quille d'angle.

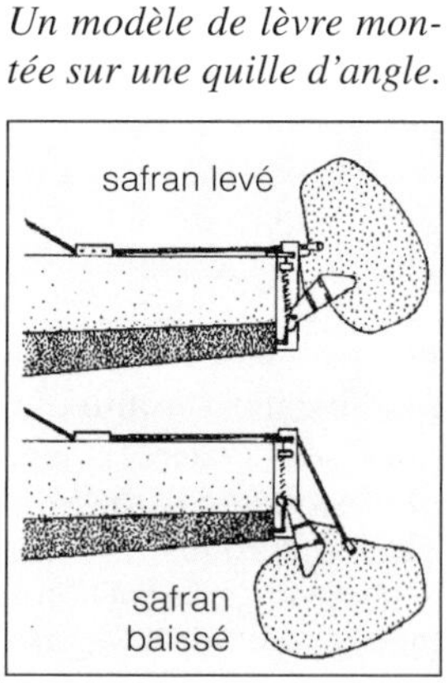

Cessna 172 équipé de flotteurs Edo 2130 ou Aqua 2400.

Paolo Gavazzi

Aqua Floats

Marchepied sur flotteur amphibie d'un Cessna 208 Caravan. *A droite, Piper PA 18 d'Hydravion Aventure, Québec, et Republic* Seabee *sur skis.*

Hydravion Aventure Inc. / Benjamin Ballande

Cela empêche le braquage complet en présence d'un flux d'eau excessif qui endommagerait les safrans, et permet le fonctionnement de la gouverne de direction même en cas de blocage, quelle qu'en soit la raison, des safrans. En position relevée les safrans constituent deux gouvernes de direction additionnelles, dotées d'une certaine efficacité.

Échelles et marches. Pour accéder du sol à la partie supérieure des flotteurs, dans le cas des amphibies, et en général des flotteurs à la cabine, des marches ou carrément une petite échelle sont nécessaires. Les marches peuvent être des plaques en aluminium ou des niches creusées dans les flotteurs.

Volume des flotteurs. Les numéros d'identification des flotteurs expriment le déplacement en livres d'eau douce de chaque flotteur. Par exemple chacun des flotteurs EDO 2130 a un déplacement

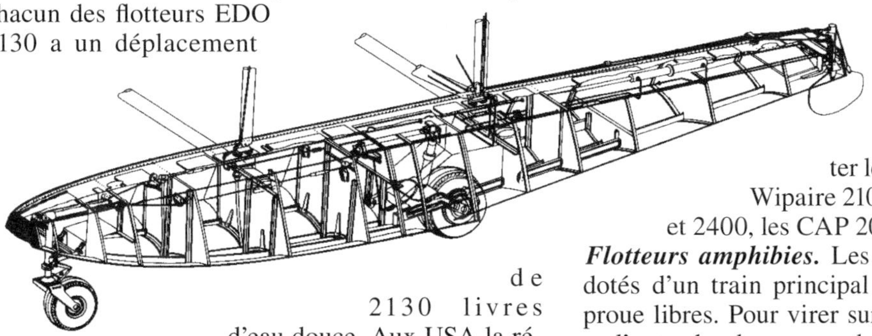

de 2130 livres d'eau douce. Aux USA la réglementation spécifie que la flottabilité totale doit être égale au moins à 180% du poids maximal de l'appareil. En d'autres termes l'appareil doit avoir une *réserve de flottabilité* d'au moins 80%. En pratique ce pourcentage est supérieur, quelquefois de beaucoup, et l'on parle alors *d'excès de flottabilité*, qui est la valeur excédant les 80 %. Quelques fabricants distinguent les flotteurs par un numéro qui indique le poids maximal au décollage de l'appareil sur lequel les flotteurs peuvent être montés. Par exemple, les flotteurs amphibies Wipaire 3730 peuvent être montés sur un appareil dont le poids maximal au décollage n'excède pas 3730 livres. Quelques flotteurs ont des désignations qui n'ont rien à voir avec leur déplacement.

Modèles de flotteurs. Les fabricants de flotteurs ne sont pas nombreux au monde, mais pour les appareils les plus répandus on trouve en général de quoi faire son choix. Sur le Cessna 172, par exemple, on peut monter les EDO 2000 et 2130, les Wipaire 2100 et 2350, les Aqua 2200 et 2400, les CAP 2000 et les PK B2300.

Flotteurs amphibies. Les flotteurs amphibies sont dotés d'un train principal et de deux roulettes de proue libres. Pour virer sur la terre, on freine l'une ou l'autre des deux roues du train principal. Les deux jambes du train principal sortent et rentrent grâce à un

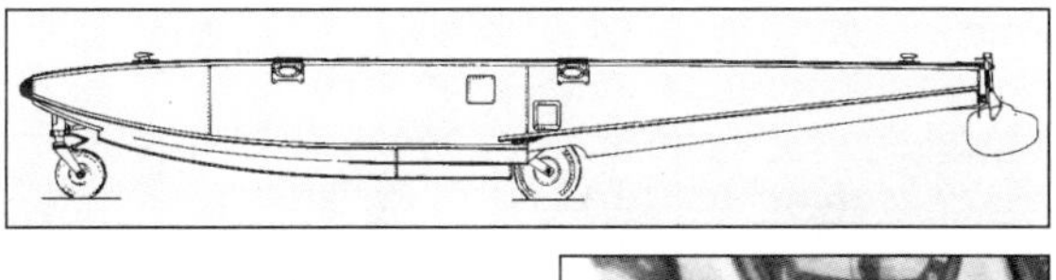

Flotteur amphibie EDO 3500, vu latéralement. A droite, tableau de la Wipaire de commande de train. Les quatre voyants indiquent la position du train. Bleu: trains rentrés; vert: trains sortis; rouge: train en transit avec pompe en fonctionnement.

Edo Corporation

ATTRACTION
Vs.
Scaring of Passengers
What is your choice?
DO not forget that while the bottom of the float is important to enable the seaplane to get off, the top of the float is just as important to enable you to use the Seaplane commercially. If you want to do business with Seaplanes, you must provide for convenience of passengers.
THE novel shape of Edo floats is correct on top as well as on bottom. The flat deck and the square stern will enable your passengers to get in conveniently without assistance. The shape of the bottom will allow you to get off with full load in any weather and from water either smooth or rough, either salt or fresh.
EDO AIRCRAFT CORPORATION
College Point, L. I.

Un pont plat est bien plus commode pour les passagers, comme l'annonce cette publicité des années trente (EDO corp.).

système hydraulique mis en pression par une pompe électrique ou par une pompe à main de secours. Les jambes du train avant sont actionnées par des câbles ou des biellettes métalliques reliés au train principal. Un type de commande de train est représenté sur la figure. La position du train est indiquée non seulement par des voyants lumineux, mais aussi visuellement, grâce à des indicateurs mécaniques ou des miroirs opportunément placés sur l'appareil.

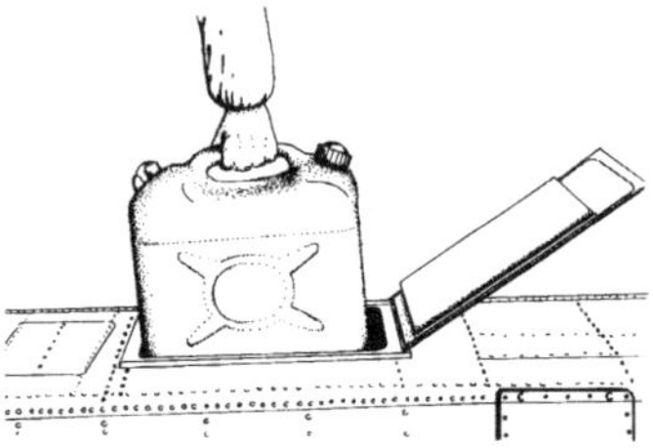

Caissons de rangement. Les flotteurs de grandes dimensions sont quelquefois équipés de logements pour le matériel ou pour un bidon de carburant. On doit éviter de placer du poids directement sur le fond des flotteurs, car il provoquerait le détachement des rivets durant les opérations à grande vitesse sur des surfaces agitées.
Logement pour la pagaie. Sur le côté interne de beaucoup de flotteurs se trouve le logement de la pagaie, qui ainsi n'occupe pas de place en cabine.
Ballonnets. Pour rendre stables les appareils à coque sur l'eau lors des rotations autour de l'axe longitudinal des *ballonnets*, placés vers l'extrémité de l'aile, sont souvent adoptés. Quelquefois des réservoirs auxiliaires de carburant sont logés à l'intérieur. Dans les modèles plus sophistiqués, comme le Consolidated PBY *Catalina* ou le SIAI-Nardi *Riviera* (voir les photos au chapitre sur les amphibies), les ballonnets sont escamotables. Ils se replient vers l'extrémité de l'aile, de façon à réduire la traînée de l'appareil en vol.

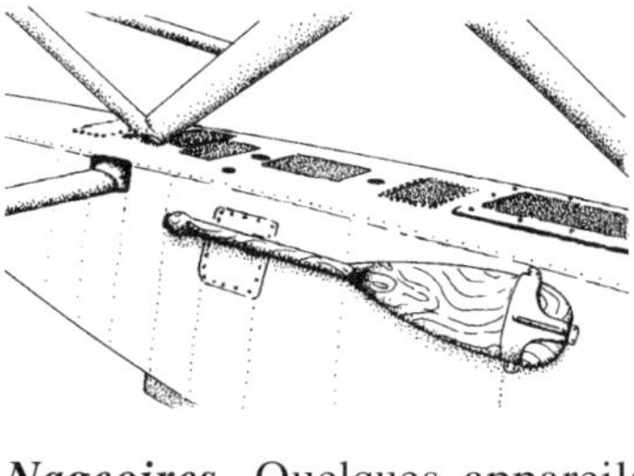

Nageoires. Quelques appareils à coque, comme les Dornier ou le glorieux Boeing 314, au lieu des ballonnets ont deux nageoires latérales qui constituent un élargissement de la coque. En plus de leur fonction fondamentale de rendre stable l'appareil sur l'eau, elles contribuent à générer de la portance hydrodynamique pendant l'hydroplanage et offrent des logements pour les réservoirs principaux.
Les nageoires présentent quelques avantages, comme une grande solidité, utile pour opérer sur des surfaces agitées, mais ne garantissent pas le même degré de stabilité que les ballonnets.

Ballonnet d'aile de Canadair CL215. Dessous, pour le Dornier Sea Star*, suivant la tradition de la marque, la stabilisation latérale est assurée par des nageoires. Pour quelques appareils ces flotteurs auxiliaires son utilisés soit comme réservoir ou comme caisson de train principale.*

Claudius Dornier Seastar

La cabine

Il y a peu à dire sur la cabine des appareils qui volent sur l'eau. Elle a essentiellement deux exigences qui font la différence avec les appareils terrestres. La première est de permettre au pilote et ou au personnel l'accès à la partie antérieure de l'appareil durant les opérations telles que l'accostage, l'ancrage ou le remorquage. Ce qui fait que les portières sont placées à l'avant de la cabine. Elles comprennent souvent toutes

ÉQUIPEMENT DE BORD DE BASE

Gilet individuel de sauvetage

Autant que de personne à bord et facilement accessible. Ils sont quelques fois réalisés en matériaux flottants, ceux-ci prennent énormément de place et peuvent rendre difficile l'évacuation de l'appareil, notamment quand celui-ci est retourné. Le type gonflable est préférable. Ils peuvent être gonflés soit par une cartouche de CO^2 percutable ou par un embout buccal.

L'équipement des gilets peut être complété par un sifflet, un miroir, une lampe à déclenchement automatique au contact de l'eau, un sachet de fluorescéine.

Certains sont pourvus de poches pour y stocker d'autres éléments de survie.

Pagaie

Une pagaie en bois solide, éventuellement avec une gaffe au bout du manche. Il est préférable d'en avoir une sur chaque bord intérieur des flotteurs.

Lignes d'amarrage

Avoir à bord au moins deux lignes de 8mm de diamètre et de 25 à 30m de longueur et quelques unes plus courtes.

En utilisation, il faut toujours avoir une ligne prête à l'emploi. De la corde en polyéthylène peut être utilisée même si elle n'a pas une bonne tenue aux hydrocarbures, qu'elle soit glissante, peu élastique et flottante. Son faible coût permet de l'abandonner sur place si cela est nécessaire.

Une remorque en V doit toujours se trouver à bord, comme décrit dans le § accessoires.

Ancre

Selon la région d'utilisation, Le type pliant ou parapluie peut être utilisé. Pour des fonds meubles le type Danforth est plus adapté. Quelques pilotes préfèrent les ancres modernes comme le type Bruce. Si la ligne d'ancre est connectée par l'intermédiaire d'une chaîne, la longueur de corde pourra être plus courte pour la même efficacité.

Il est recommandé que l'ancre pèse au moins 1kg par tranche de 200kg d'appareil. Pour un appareil léger biplace ou quadriplace une ancre de 5kg conviendra, pour un appareil de 4 à 6 places il faudra une ancre d'au moins 10kg.

15kg seront nécessaire pour un appareil de la catégorie d'un Cessna 208 Caravan ou DHC3 Otter.

Il y a des ancres en aluminium plus légers, mais ils auront la même taille. Les ancres plus modernes comme l'ancre type Bruce ne nécessite pas le même rapport de poids.

La ligne d'ancre doit être capable de résister à une traction de 80% du poids de l'appareil.

Pompe de drainage

Une pompe à main ou motorisée doit équiper l'appareil.

Purgeur

Un récipient de purge des réservoirs carburant doit être à bord.

Jauge manuelle.

Un tube transparent ou réglette pour vérifier le niveau dans les réservoirs doit être à bord.

Couteau

Similaire à ceux utilisés en nautisme.

les verrières avant, comme sur le Lake. Sur quelques appareils, comme le Republic *Seabee*, le tableau de bord occupe uniquement la moitié de la cabine et les commandes de la place droite sont amovibles ou pliantes, pour permettre un passage aisé par la porte avant. Sur d'autres appareils, comme le Boeing 314 ou le petit Grumman G44 *Widgeon*, un passage interne conduit à une ou plusieurs portes avant.

La seconde exigence des appareils qui volent sur l'eau est que tout ce qui se trouve dans les parties basses de la cabine, y compris les sièges, soit fait ou revêtu de matériaux imperméables pouvant être facilement séchés et nettoyés. Avec les hydravions il arrive souvent d'opérer sur des rives non préparées et de devoir descendre dans l'eau durant l'accostage ou l'appareillage, quelquefois sans même avoir les vêtements ni le temps de se nettoyer.

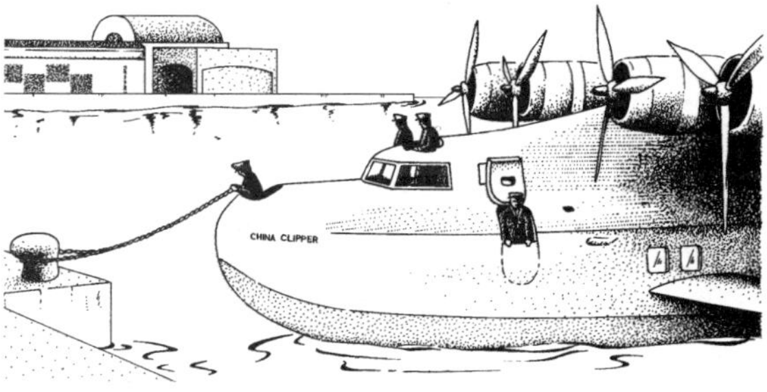

San Diego Air & Space Museum

Les quatre sortie de la section avant du Martin 130. Ce dessin est issue d'une photo prise en 1935 à la fin de la première traversée du Pacifique par la Pan American Airways. À gauche, la sortie latérale ouverte.

Accessoires

Fil de laine. Sert à évaluer l'intensité du vent arrière pour déterminer le moment où l'on doit naviguer à la voile.

Cordelettes d'ailes. Les appareils à flotteurs, surtout s'il sont d'une certaine taille, sont généralement dotés de deux courtes cordelettes fixées aux points d'ancrage ou a des attaches appropriées. En vol les cordelettes demeurent collées à l'intrados de l'aile, tandis que lorsque l'appareil est à l'arrêt elles pendent et peuvent être saisies facilement, rendant possibles les manœuvres.

Câble de liaison. Un autre accessoire utile, surtout sur les appareils avec une porte d'un seul côté, est le câble d'acier tendu entre les deux taquets avant. Il permet le passage d'un flotteur à l'autre. En outre,

Une cordelette d'aile sur un Cessna C208 Caravan *au sol et en vol.*

pendant les manœuvres à flot, il éloigne de l'hélice les tiges d'éventuelles plantes aquatiques.

Câble de remorque en "V". C'est un accessoire d'une grande utilité pour les appareils à flotteurs. Il est constitué de deux câbles dotés à une extrémité de deux anneaux qui forcent légèrement sur les taquets,

reliés entre eux à l'autre extrémité par un anneau métallique, auquel peuvent être reliés d'autres câbles utilisés pour le remorquage ou l'ancrage. Le "V" doit faire un angle d'environ 80-90°. Cela s'obtient quand chaque câble constituant un côté du "V" a une longueur de 0,7-0,8 fois la distance entre les taquets.

Câble pour l'hélice. Un câble particulier à fixer à l'hélice peut être utilisé pour amarrer l'appareil à une bouée ou à l'ancre. Ce type d'amarrage détermine un angle d'assiette inférieur à celui du câble en "V". Ainsi les ailes génèrent moins de portance quand elles sont exposées au vent.

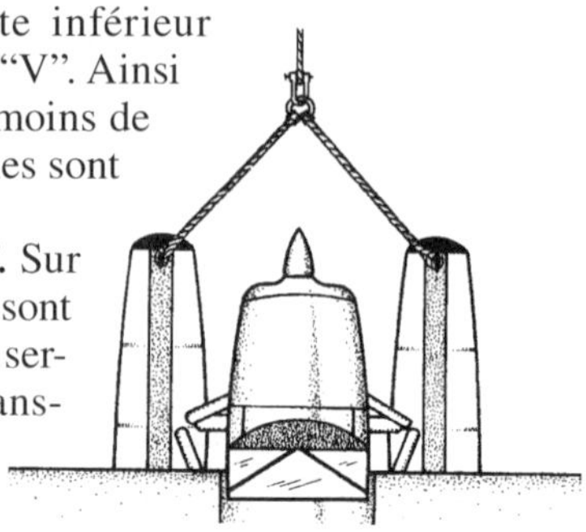

Câble de remorque en V.

Étrier pour canoë. Sur quelques appareils sont montés des étriers servant à fixer et transporter en vol un canoë. (voir emport de charges extérieures).

Siège pour flotteur. Pas vraiment indispensable, le siège pliant est un accessoire utile qui se fixe dans un logement approprié du flotteur après l'arrêt de l'appareil sur l'eau. Il est particulièrement apprécié par les pêcheurs.

Chariot de halage (ber). Sur quelques types de flotteurs et de coques, des chariots spéciaux peuvent êtres fixés, quand l'appareil est encore dans l'eau, pour faciliter le halage. Quelques modèles sont aussi dotés d'une barre de remorquage, d'une seule pièce ou en "V", attelable à un tracteur.

Système pour le largage de matériaux. Sur quelques appareils, peuvent être montés des systèmes pour le largage de matériaux depuis l'intérieur de la cabine ou d'attaches alaires spéciales. Le largage d'eau sur les incendies est effectué grâce à

Train de halage et amarrage au sol en V d'un De Havilland DHC3 Otter.

des réservoirs spéciaux, généralement à remplissage rapide lorsque l'appareil hydroplane, montés à l'intérieur même de l'appareil, sur ou entre les flotteurs ou bien à l'intérieur même des flotteurs.

Matériel de bord

A bord d'un hydravion, en plus du matériel prévu aussi pour les appareils terrestres (extincteur, blocage des commandes, etc.) doit toujours être présent le matériel listé sur la page ci-contre. Si on se dirige sur des plans d'eau lointains, si on doit opérer sur des rives

CONVERSION D'UN CESSNA 172 EN HYDRAVION

- Installation des flotteurs avec les safrans et leurs systèmes de commande.
- Installation de renfort en différents points de la structure.
- Pose d'un renfort en V sur le bandeau du tableau de bord.
- Remplacement des câbles de commandes par des câbles en acier inoxydable.
- Limitation du braquage des volets à 30°.
- Installation d'un système d'intercommunication ailerons direction (augmentation de la stabilité longitudinale).
- Modification du système de drainage du circuit carburant.
- Remplacement de l'hélice par une à diamètre plus grand et pas plus petit (compensation de la traînée des flotteurs).
- Remplacement des capots moteur par des capots assurant un meilleur refroidissement.
- Remplacement du tube pitot par un dégivré.
- Pose des anneaux de levage sur la cabine.
- Pose de poignées et de marche-pieds pour faciliter l'avitaillement.
- Pose des plaques indicatrice spécifiques à l'utilisation sur flotteurs de l'appareil.
- Installation d'une gouverne de profondeur modifiée (Cessna 172P).

non préparées, traverser des zones inhospitalières ou maritimes, il est opportun d'avoir en plus avec soi les équipements décrits au chapitre "L'organisation d'une expédition".

Conversion d'un avion en hydravion

Sauf exceptions, comme le De Havilland DHC 2 *Beaver*, qui sortait d'usine déjà prédisposé, il faut pas mal de travail pour transformer un avion en hydravion. On doit fixer une série de renforts en beaucoup de points du fuselage, quelquefois remplacer les gouvernes de profondeur et de direction, mettre en place des crochets de levage, remplacer l'hélice, ajouter des surfaces verticales à l'empennage et modifier diverses parties existantes. Dans quelques cas on réalise également une interconnexion entre la commande de direction et les ailerons, pour augmenter la stabilité latérale, comme illustré au chapitre sur la mécanique de vol. Sur quelques modèles est installé aussi un système de rappel qui tend à ramener la gouverne de direction en position centrale. Celle-ci pourrait en effet rester bloquée à fond de course suite à des phénomènes aérodynamiques provoqués par la faible stabilité directionnelle due à la présence des flotteurs. A titre d'exemple sont citées les modifications à apporter au *Cessna 172 N* pour le transformer en hydravion. Sur un petit appareil comme le 172, elles sont réalisables par un atelier spécialisé, mais non sans difficultés. Sur des appareils tels que le Cessna 206 ou 208, la chose est si complexe qu'elle peut devenir impossible. Dans ce cas, on doit trouver un appareil sur lequel toutes les modifications ont déjà été faites en usine, lors de la construction. Une fois transformé en hydravion, l'appareil peut être retransformé en avion terrestre en quelques heures de travail comme le font de nombreux opérateurs en Amérique du Nord qui alternent fréquemment roues, flotteurs et skis selon les nécessités opérationnelles ou la saison. Pour faciliter ces opérations, les hydravions sont dotés, à la différence de leurs homologues terrestres, de quatre anneaux de levage dans la partie supérieure du fuselage.

Un Cessna C172 durant sa conversion d'avion en hydravion. Dessous, Junkers 34 pendant la substitution des flotteurs avec skis, au Canada, dans les années '30.

Earl Gerow

CHAPITRE 5

Opérations à terre

C'est lors des opérations à terre que l'on relève la première grande différence entre les appareils terrestres et les hydravions et entre les problèmes que doivent affronter les pilotes des deux types d'appareil. Le pilote terrestre opère sur des aéroports fermés au public, plats, équipés et sur lesquels il dispose de l'assistance de personnel spécialisé. Par contre, le pilote hydro opère sur des hydrobases généralement situées dans des zones peuplées, servant à plusieurs usages, accessibles à tous et entourées d'étendues en pente, ou encore en zones inhospitalières, sur le rivage des lacs, de fleuves ou de la mer, sans aucune assistance. Ce qui est une opération banale sur un aéroport peut devenir difficile et dangereux pour les personnes et l'appareil dans les endroits caractéristiques où l'on met en œuvre des hydravions. En outre, lors des manœuvres à terre, on rencontre beaucoup d'occasions d'endommager l'appareil. C'est pour cela que la prudence maximale est nécessaire.

Ce qui est énoncé ci-dessous pour les hydravions vaut dans beaucoup de cas aussi pour les amphibies, qui sont par ailleurs capables de descendre dans l'eau, monter sur une rampe et se déplacer à terre sans assistance.

Halage sur la rampe

Avec le chariot de halage. Les hydravions se manœuvrent généralement à terre posés sur un chariot de halage. Celui-ci est constitué d'un plancher complet en bois ou de deux planchers, un pour chaque flotteur, montés sur un châssis métallique doté de roues. Une

Une demie voiture équipée procure un bon système de mise à l'eau des hydravions. Cette solution géniale a été adoptée par beaucoup d'opérateurs canadiens et des États Unis. Dessous, un ber à plateau plus classique utilisé à Côme attelé à un tracteur.

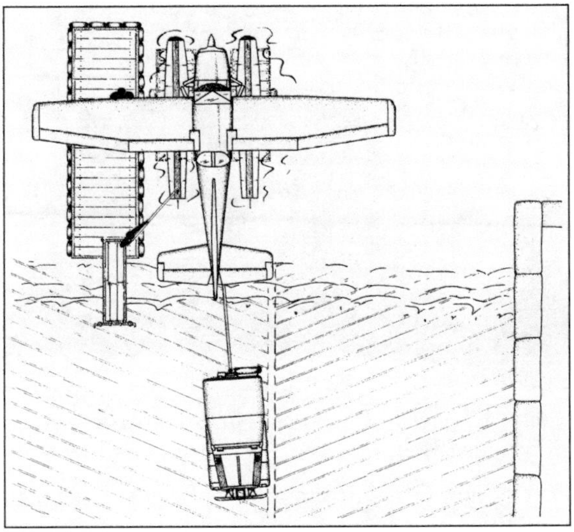

Sortie d'un hydravion de l'eau, vue de dessus et de coté. Le câble assure la queue des flotteurs à la barre de traction pour éviter les oscillations ou chavire sur une rampe très inclinée.

1

2

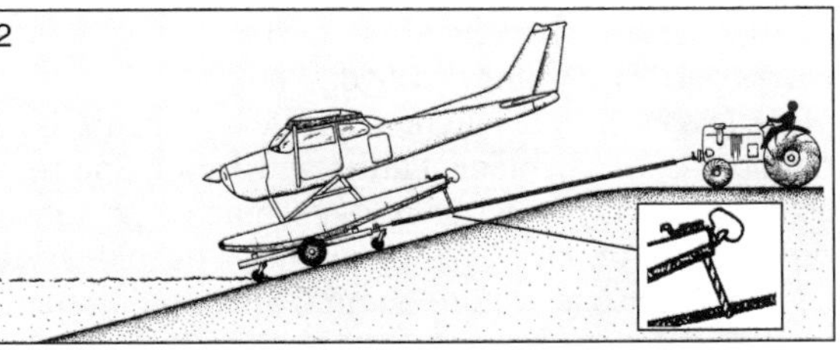

solution plus compliquée, aujourd'hui abandonnée, consiste en un petit chariot indépendant pour chaque flotteur. Parfois, à la place des planchers en bois, on utilise des berceaux qui ont la forme exacte des flotteurs, constitués de formes en bois, éventuellement revêtues de caoutchouc, ou de sangles. Ces solutions ont été universellement abandonnées, car elles endommagent les flotteurs (et en particulier les bords latéraux rivetés de ceux en aluminium) si l'hydravion n'est pas correctement en place. Ils ont aussi inconvénient de n'être utilisable que pour le type d'appareil pour lequel ils ont été construit. Les chariots sont manœuvrés avec des voitures ou des tracteurs, auxquels ils sont reliés par un câble d'acier ou mieux par une barre métallique éventuellement équipée d'amortisseurs.

Le chariot est descendu le long de la rampe jusqu'à ce que l'appareil flotte. Si la rampe se trouve près d'un ponton ou d'un quai, on met l'appareil à l'eau et on l'amarre. On a ensuite tout le temps pour préparer le départ. S'il n'y a pas d'infrastructure autre que la rampe, ou bien si l'on est pressé, on doit se préparer au départ et démarrer le moteur quand l'appareil est encore sur le chariot, de façon à être en navigation et parfaitement manœuvrable dès la mise à l'eau. Le chariot peut aussi être laissé en place, de façon qu'à l'arrivée l'appareil puisse accoster au moteur (ou sans moteur, grâce à son élan) pour pouvoir être tiré hors de l'eau. Si on a un doute sur le comportement de l'appareil, une fois mis à l'eau, on doit le relier à une aussière, de façon qu'il reste récupérable.

Si l'on dispose d'un ponton, il est commode de l'accoster et de sortir l'appareil de l'eau dans un deuxième temps. Cela se fait selon la technique illustrée qui demande deux personnes, en plus de l'opérateur du moyen de remorquage : l'une tient l'appareil par l'aile ou le hauban, à la bonne distance du ponton, pendant que l'autre l'oriente dans la bonne direction, à l'aide d'un crochet ou d'une gaffe. Avec les petits hydravions et par vent calme, une seule personne suffit : celle qui tient le hauban. L'opération est alors plus laborieuse et demande de l'expérience. Quand l'appareil se trouve en position correcte, l'opérateur du moyen de remorquage est avisé, pour qu'il se mette en route. Un sifflet peut être utile pour que celui qui œuvre sur le ponton puisse communiquer avec celui qui est au volant du moyen de remorquage. Voici un code utile : un coup de sifflet bref : *tire*; un coup de sifflet long : *stop*; plusieurs coups de sifflet brefs : *donne du mou*.

Lors de la mise à l'eau ou de la sortie de l'eau de l'appareil sur une rampe très inclinée, il y a un risque que l'appareil glisse en avant et tombe du chariot. Le risque est augmenté si l'appareil se trouve sur le chariot en position très avancée, si la manœuvre est effectuée par à-coups ou si le ou les planchers du chariot sont mouillés. Pour éviter partiellement ce risque, le plancher du chariot est équipé d'une traverse qui limite les possibilités d'oscillation en avant de l'appareil. En cas de doute on peut aussi établir une aussière entre les taquets antérieurs de l'appareil et le chariot ou la barre de remorquage.

Avec le chariot de halage approprié. Quelques modèles de flotteurs ont des attaches pour fixer un petit chariot pour les mouvements à terre, comme expliqué au chapitre "Hydravions et amphibies". Ce chariot est mis en place ou enlevé quand l'appareil est à flot.

Avec système de levage hydraulique. Les hydrobases bien équipées utilisent souvent un tracteur ou une simple unité motorisée basse. Il s'agit d'un assemblage

Déplacement d'un hydravion avec un manitou, à l'hydrobase de Kenmore Air Harbor.

Pascal Parpaite

Treuil de l'ancienne hydrobase de Biscarrosse Hourtiquets.

étroit de roues basses capable de s'introduire entre les flotteurs et sous les mâts de liaison. Quand on lève par les mâts de liaison, l'hydravion se soulève. Son levage peut être actionné par un système hydraulique ou par un treuil, mais elle ce limite à un levage de quelques centimètre pour dégager l'hydravion à flotteurs du sol pour le transport. Une modification de ce système est le chariot élévateur munis de barres garnies de bois pour aller sous les mâts de liaison. L'avantage du chariot élévateur est aussi la possibilité de placer précisément les hydravions sur des structures surélevées, dans des hangars, ou sur les parkings où la place est limitée.

Le chariot élévateur est souvent utilisé en association avec le monte-charge. Dans ce cas, la rampe et le chariot de mise à l'eau sont inutiles, de même qu'un moyen pour tracter le chariot, mais en cas de panne du monte-charge ou du chariot élévateur, l'activité est complètement bloquée.

On utilise cette méthode de levage pour les mêmes raisons que le levage à la grue. Cette technique sera préférée, lorsqu'il sera nécessaire de déplacer l'hydravion loin du plan d'eau, ou de le déplacer d'un lieu de parking à un autre. Mais les précautions à prendre seront légèrement différentes.

Deux méthodes sont utilisées: le levage par les quilles ou le levage par les mâts de liaison.

Si on lève par les quilles, la longueur des pattes du chariot doit être suffisante pour donner une bonne répartition des charges. Si les quilles sont conçues pour supporter le poids de l'appareil, cela n'est pas le cas pour le reste du flotteur. Donc, l'assise sur la quille, au niveau et en avant du redan, doit être sûre. Si on lève par les mâts de liaison, chaque patte doit avoir une surface suffisante pour répartir la charge. Elles doivent être placées le plus près possible des attaches flotteurs. De cette façon les mâts de liaison ne seront pas soumis à des efforts indésirables qui pourraient les déformer. Les pattes de levage seront impérativement protégées par du bois, pour ne pas détériorer les éléments de l'appareil.

Dans tous les cas de manœuvre; on ne doit jamais tirer ou pousser sur les haubans, les safrans, ou sur toutes autres parties fragiles de l'hydravion.

Avec le treuil. Si le parcours à terre des appareils est toujours le même, on peut utiliser un treuil. Son câble est toutefois un danger pour les éventuelles personnes proches. En outre, en cas de panne, il est plus facile de remplacer une voiture ou un tracteur qu'un treuil.

Gregg Munro - Kenmore Air Harbor

DHC2 Beaver *posés sur des plaques de bois, sur le terre-plein de Kenmore Air Harbor.*

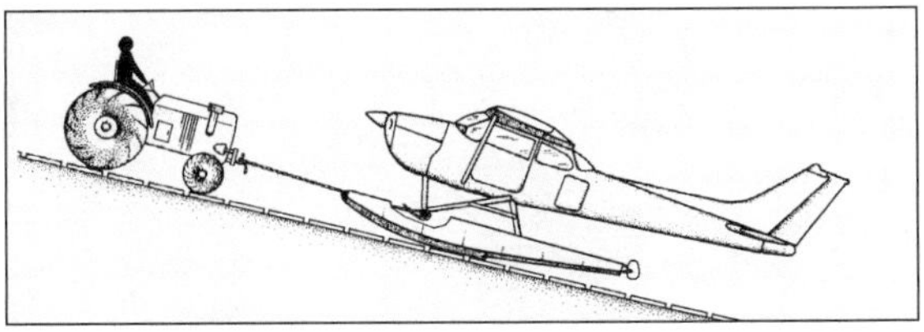

Remorquage d'un hydravion sans train sur une rampe en bois mouillé.

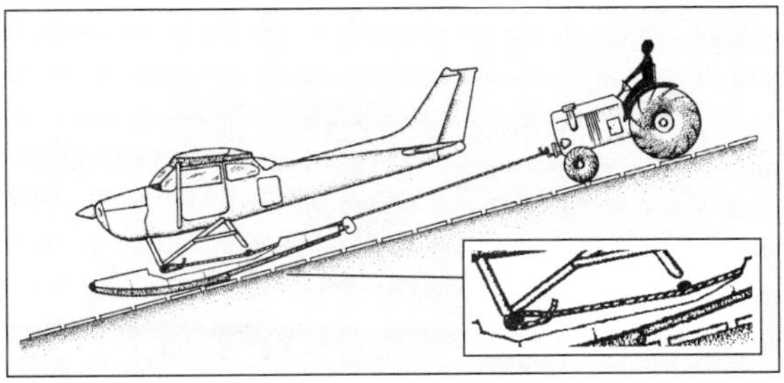

Halage sans chariot. Sur une rampe en bois bien mouillée ou graissée, l'appareil peut même être traîné sans chariot. Les câbles doivent être assurés à la traverse antérieure, près de l'attache. L'appareil peut aussi être traîné en arrière, mais dans ce cas également les câbles doivent être fixés à la traverse antérieure, en les faisant passer sous la traverse postérieure. Cela tend à maintenir les queues des flotteurs légèrement soulevées durant le halage. Il est bon de faire osciller l'appareil d'avant en arrière durant toute la manœuvre.

Déplacement d'un hydravion sur rail.

Halage sans rampe

Il existe des moyens autres qu'une rampe pour mettre les appareils à l'eau, comme on l'explique au chapitre sur les hydrobases. L'un d'eux consiste en une plate-forme actionnée électriquement, qui transporte l'appareil depuis le terre-plein jusqu'à l'eau et vice versa. Elle se déplace sur des rails le long d'un plan incliné, comme nous l'avons vu au chapitre sur les hydrobases. Cela peut être aussi un monte-charge qui se déplace verticalement grâce à une crémaillère. Une autre solution est la grue, mobile ou fixe, qui est utilisable pour tous les hydravions dotés d'attaches de levage. Dans de rares cas où les attaches sont inexistantes, tel le *Piper PA 18*, la chose devient laborieuse. On doit démonter certains panneaux ou parties du revêtement et relier les câbles aux attaches des ailes ou à d'autres parties importantes de la structure. La grue est toutefois l'unique solution possible lorsqu'on opère hors des hydrobases et que l'on ne peut pas laisser l'appareil à l'eau alors que l'amarrage est impossible.

Une autre méthode, décrite plus loin dans ce chapitre, pour mettre à l'eau ou sortir un hydravion est l'hélicoptère. Il s'agit d'une opération exceptionnelle, qui s'effectue en cas d'absolue nécessité (voir plus loin).

Nous allons trouver ici, les quelques précautions à prendre lors du levage d'un hydravion, avec une grue.

Le levage à la grue d'un appareil est une opération normale, en ce qui concerne les appareils non amphibies sur une hydrobase, quand on ne dispose pas de ber adapté, ou quand une sortie sur rampe n'est pas possible. Il s'effectue en vue des opérations d'entretien, lors de la transformation hydro: terrestre, ou pour du stockage en fin de saison. Cette opération peut aussi être efficace pour une sortie de l'eau sur terrain non préparé.

On devra en premier lieu se procurer du matériel adapté: câbles, chaînes et manilles capables de supporter au moins une tonne. Il est également indispensable de réaliser des écarteurs, qui maintiendront les brins de levage à la verticale des anneaux. Ces écarteurs éviteront ainsi de plier les anneaux et de risquer leurs ruptures. Ils seront toujours de formes adaptées à l'appareil à lever. Par exemple: une croix

Sortie de l'eau d'un Cessna L-19 avec une grue. L'appareil a été placé sur les remparts du port d'Antibes, en occasion d'une manifestation de promotion de l'aviation.

Archivio Apostolo

sera utilisée pour les Cessna (4 points de levage sur le toit), une barre pour les Piper (levage par l'emplanture des longerons). Pour les appareils à coque comme les Lake, on soulèvera le plus souvent par les points d'attaches du moteur sur le bâti. Dans tous les cas, il est indispensable de consulter la documentation du constructeur (manuel d'entretien).

Les précautions à prendre dans le cas d'un levage avec une grue sont les suivantes: régler la longueur des brins de levage entre les anneaux et l'écarteur, de façon à lever l'hydravion à l'horizontale. Pour la première opération il sera peut être utile d'effectuer plusieurs essais. Afin de limiter la rotation de l'appareil, il est nécessaire de l'assurer avec des cordes, fixées aux anneaux d'amarrage, et de les maintenir avec une légère tension pendant toute la durée de la manœuvre. Le risque de heurter la queue ou une aile avec la flèche de la grue et d'endommager gravement l'hydravion sera évité.

Lors du début de cette manœuvre, et avant de soulever l'appareil, il faut s'assurer que les brins de levage ne forcent pas sur des éléments fragiles de celui-ci (capot, antenne, carénage, etc). Pour déposer l'hydravion sur le sol, il est préférable d'installer au préalable des pièces de bois pour l'isoler de l'humidité.

L'appareil devra bien entendu être équipé d'anneaux de levage. Ils font en principe partie, soit des modifications apportées à l'avion lors de sa transformation, soit d'options fournies par le constructeur.

Opérations sur le terre-plein

L'appareil sur le chariot. Sur le terre-plein, surtout s'il est en pente, le chariot doit être bloqué avec des cales appropriées. A ce propos, on note qu'il vaut mieux laisser le chariot en descente bien appuyé sur les cales plutôt qu'en position neutre; cette dernière position nécessite des cales de chaque côté et n'offre

Le Short classe C, Canopus, près à la mise à l'eau sur son train spéciale. Une méthode utilisée pour amarrer à partir d'un point élevé.

En bas, le Latécoère 300 "Croix du Sud" à Biscarrosse, sur son ber à rail.

Musée Historique de l'Hydraviation Biscarrosse

pas la certitude que les cales resteront en place si le chariot vient à bouger. Cela vaut également pour les amphibies.

L'amphibie. A terre, un amphibie se déplace sur son train d'atterrissage. Si cela est impossible, quelle qu'en soit la raison, l'appareil peut être déplacé en posant les roues du train principal (ou éventuellement toutes les roues) sur des chariots adaptés dont sont dotés les ateliers.

Stationnement. L'appareil doit être garé dans un endroit protégé, éloigné du passage des autres appareils et des personnes, ainsi que hors du souffle des appa-

Mode de calage d'un amphibie sur un sol plat et sur un sol en pente

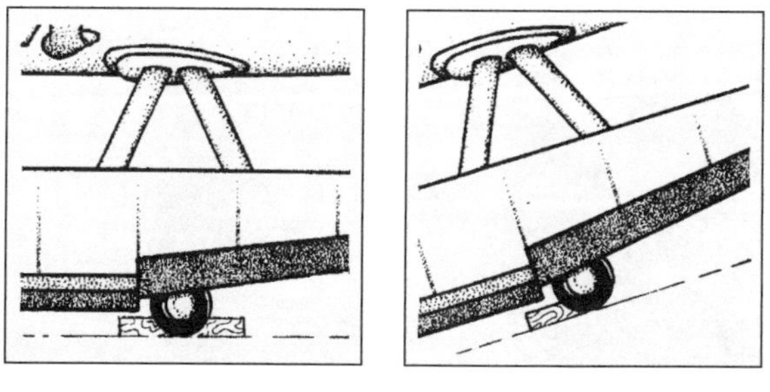

Amphibies fermement amarrés au sol: DHC 3 Otter *et GAF* Nomad.
En bas, amarrage complet pour un hydravion.

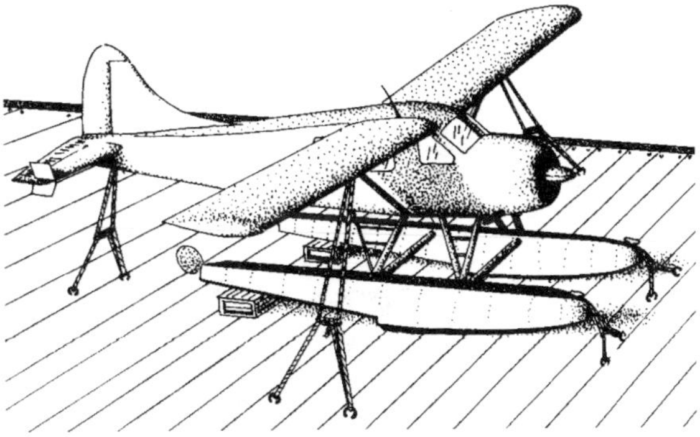

reils qui font leurs essais moteur. On a déjà vu des appareils tomber de leur chariot, soufflés par l'hélice d'un autre appareil. Tout appareil garé dans une zone accessible, devrait être entouré par une chaînette ou une banderole.

Amarrage à terre. Si l'appareil doit rester stationné dehors pour la nuit ou de plus longues périodes, il est bon de l'amarrer correctement. Cela consiste à fixer des cordes aux points prévus de l'appareil (généralement les haubans et la queue) et à les relier au sol à des piquets ou des poids disposés judicieusement. Sur les hydravions, il est bon de fixer également des cordages aux taquets des flotteurs. L'amarrage complet de l'appareil se fait en 5 points et avec une cale en bois sous la queue de chaque flotteur. Si l'amarrage doit être serré, on passe la corde dans l'anneau d'attache et on la fixe au sol en deux points espacés d'une certaine distance, en serrant ensuite l'ensemble. Robert Murray suggère un système d'amarrage (représenté ci-contre légèrement modifié) qui ne demande pas de nœuds grâce à des plaques à trois trous. Une liaison en néoprène fait fonction d'amortisseur.

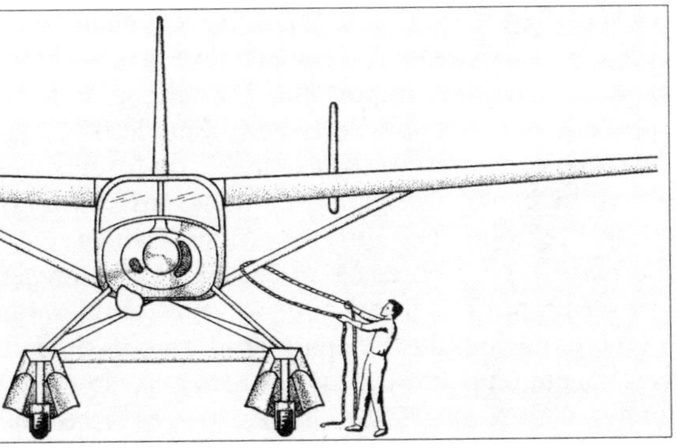

1

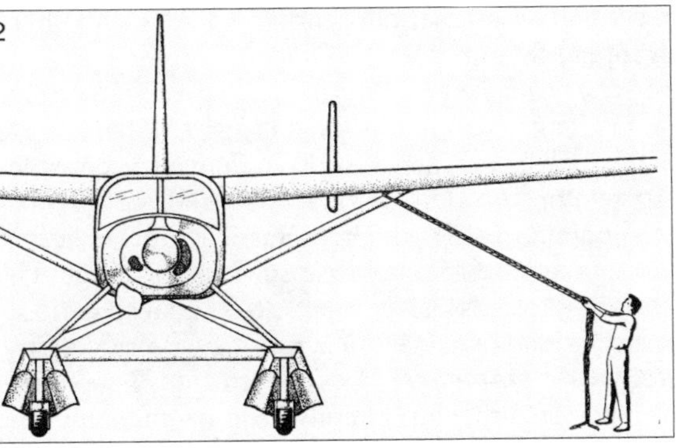

2

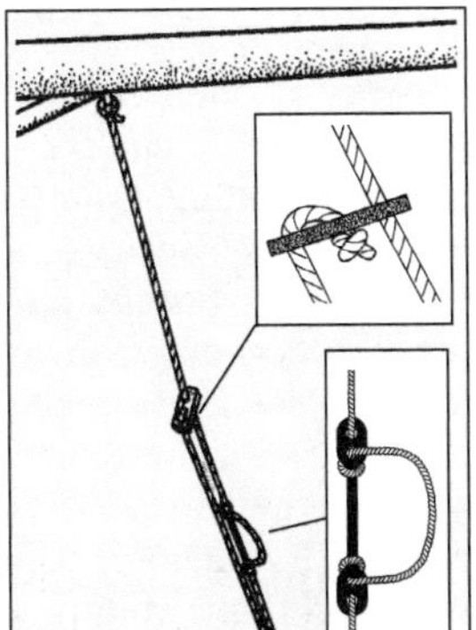

Quand on a à faire à un appareil très haut, on peut fixer la corde d'amarrage à la cordelette d'aile s'il y en a une. Si celle-ci est inexistante et si l'on ne dispose pas d'une échelle, on peut utiliser la méthode illustrée sur la figure. La solution de rechange, pas très élégante, et un peu dangereuse, est de se hisser jusqu'au point d'attache en se faisant faire la courte échelle par d'autres personnes. Pratique acceptable si l'on dispose d'un assistant ou si on est entre amis, beaucoup moins si on transporte des passagers payants.

Réalisation d'un lest. Si des points d'amarrage au sol ne sont pas disponibles, sur la base où vous allez opérer régulièrement, un lestage de l'appareil devra être réalisé, afin de protéger vôtre hydravion. Une solution simple et facile à mettre en œuvre sera utilisée de préférence. Cette solution peut par exemple prendre la forme de pneus remplis de béton que l'on va empiler. Toutefois il sera judicieux d'utiliser des pneus de moto: plus facile à manipuler. Ils seront munis d'un tube en leur centre et éventuellement de poignées. Ainsi ils pourront être manipulés facilement, empilés les uns sur les autres sur un support équipé d'un anneau d'amarrage. L'hydravion quant à lui sera posé, soit sur des cales en bois, ou sur des tapis caoutchoutés industriel (tapis trans*bordeur* déclassé par exemple).

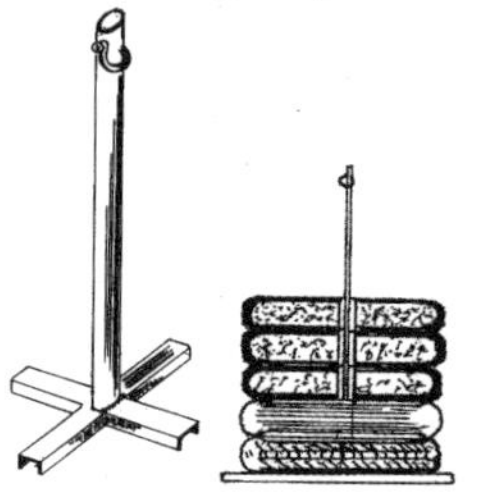

Position de l'hélice. L'hélice des appareils arrêtés, à terre ou à flot, sera orientée de façon qu'elle ne risque pas d'endommager l'aile d'un appareil qui viendrait à être déplacé au voisinage. Les hélices bipales, par exemple, sont placées horizontalement. Certains préfèrent une position oblique qui empêche les oiseaux de s'y poser.

Pascal Parpaite

Précautions dans les opérations à terre. Les possibilités d'endommager un appareil lors des mouvements à terre sont innombrables. Celui qui a pratiqué de nombreuses années une hydrobase se souvient de chaque type d'accident : hydravion/voiture, tracteur/voiture, hydravion/hydravion ou hydravion/barque sur le toit d'une voiture, en plus des chocs classiques d'éléments d'hydravion contre murs, piquets, câbles tendus et arbres. Il faut aussi faire attention à la façon dont on se déplace dans un hangar dans l'obscurité pour ne pas se faire heurter par l'aile d'un appareil en mouvement. Si on utilise un treuil dans une zone ouverte au public, tout ce qui peut se mouvoir finira tôt ou tard par s'emmêler dans le câble. Lorsque les opérations sont en cours on doit tenir les badauds éloignés, car le câble en question peut devenir une arme meurtrière. Les parties proéminentes des appareils en zone de passage, câbles d'amarrage, objets laissés par terre doivent être signalés par un ruban de signalisation rouge et blanc.

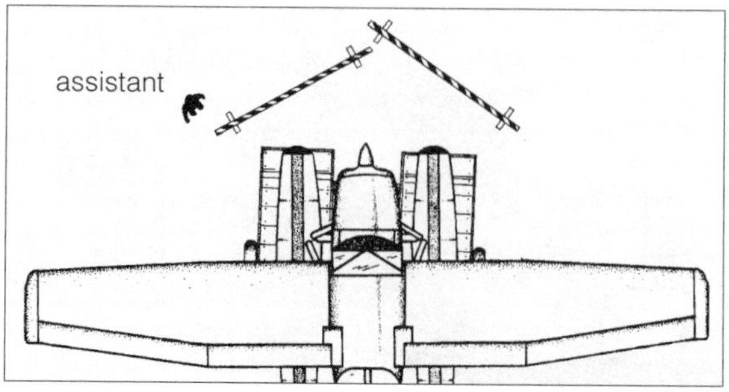

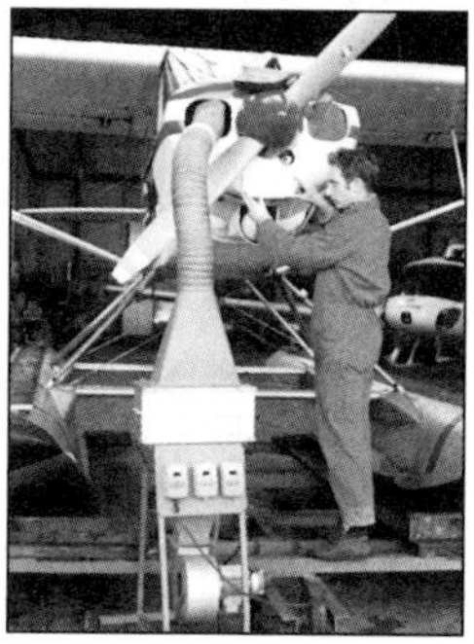

Durant les opérations de réchauffage, l'appareil doit être bien fixé sur son ber, protégé et surveillé par un assistant. A droite, pré-chauffeur en service sur un Piper PA18, modèle Confalonieri.

Réchauffage moteur tournant des appareils à terre. Le réchauffage des appareils à terre mérite une courte explication : il doit être effectué avec l'absolue certitude que personne ne s'approchera de l'hélice. A cet effet il est utile de disposer une ou plusieurs barrières devant l'appareil et il est indispensable qu'une personne surveille l'opération. On doit être également certain que l'appareil repose parfaitement sur son chariot et qu'il ne glisse pas en avant ou oscille quand le régime moteur est élevé et que l'hélice exerce une traction importante. La mise en route des appareils qui n'ont pas le moteur dans le nez, mais dans une partie en retrait et invisible du fuselage, est particulièrement critique car il est plus difficile d'être sûr que personne ne se trouve près de l'hélice.

Préchauffage. Lors des journées très froides on peut utiliser un pré-chauffeur pour élever la température du moteur avant la mise en route. Il est constitué généralement d'un ventilateur qui dirige sur le moteur un flux d'air réchauffé par des résistances électriques ou par un petit brûleur. En absence de pré-chauffeur, il est bon de brasser plusieurs fois l'hélice à la main avant la mise en route.

Visite prévol. La visite prévol peut être effectuée dans de meilleures conditions lorsque l'appareil est à terre, car les diverses parties sont facilement accessibles. Au ponton, on doit tourner l'appareil, ce qui n'est pas toujours facile. Il arrive aussi de devoir la faire avec un appareil immobilisé sur l'eau, au large. Une description complète du sujet se trouve au chapitre sur les techniques avancées, à la rubrique "Vérifications".

Règles de manœuvre. Les "Règles de manœuvre", décrites au prochain chapitre sur les manœuvres à flot de l'appareil, établissent les priorités entre les navires à propulsion mécanique qui se déplacent sur l'eau. Il n'existe pas de règles précises qui établissent la priorité pour les manœuvres sur le terre-plein, sur la rampe ou pour les manœuvres non autonomes près des pontons. Pour cela on peut suivre les règles intuitives de comportement suivantes :

- l'appareil en mouvement a la priorité sur celui qui est arrêté;
- si les deux appareils sont en mouvement, celui qui par ses caractéristiques intrinsèques ou à cause de la situation spécifique où il se trouve est le moins manœuvrant, a la priorité;
- en cas de doute, le pilote le plus expérimenté doit laisser la priorité au moins expérimenté.

L'appareil arrêté au ponton doit donc laisser la priorité à celui qui s'en approche, l'appareil qui veut descendre sur la rampe doit laisser la priorité à l'appareil à flot qui désire remonter, celui qui déplace un appareil hélice arrêtée, à la main, avec un tracteur, ou par tout autre moyen, doit laisser la priorité à un amphibie qui manœuvre sur le terre-plein ou à un appareil qui s'approche du ponton ou de la rampe, un véhicule terrestre doit laisser la priorité à un aéronef.

Archivio Piaggio - Genova

Il n'est pas toujours facile de transporté un appareil sans le démonter. Ce Piaggio P136 a été tracté dans les rues de Gène (Italie), dans les années soixante.

Transport des appareils

Le transport des hydravions peut se faire de diverses façons. La meilleure est le "vol de convoyage" (*ferry flight*), qui demande parfois l'installation de réservoirs supplémentaires, de pompes auxiliaires à main ou électriques, d'équipements spéciaux pour la radionavigation, d'une radio à ondes courtes (HF) et d'un équipement adéquat de survie. Une description détaillée de tout cela sort du but de ce livre. Il suffit de considérer que les méthodes de transport qui n'impliquent pas le démontage de l'appareil sont préférables. Outre le vol, on peut prendre en considération aussi le transport sur une barge, le remorquage sur l'eau, un transport routier exceptionnel ou le transport par hélicoptère. Dans ce dernier cas, toutes les surfaces portantes peuvent être rendues inefficaces par l'application de baguettes de bois, à fixer par des cordelettes ou du ruban adhésif.

Le câble de l'hélicoptère peut être fixé aux anneaux de levage. Si l'appareil n'est pas doté d'anneaux, on peut le soulever grâce à des sangles. On doit alors s'assurer qu'il ne peut pas glisser dans son sanglage, comme cela est arrivé dans le cas illustré, où deux cordes entre l'hélicoptère et les anneaux des ballonnets auraient suffi à l'éviter. L'appareil a toutefois pu être mis à l'eau sans dommage, même si initialement l'aile basse est entrée complètement dans l'eau.

Parfois on ne peut faire autrement que de démonter l'appareil et le transporter en camion

Fotoagenzia Bernasconi

Cette photo montre ce qui peut arriver si l'appareil à transporter est mal arrimé (le Lake a été enfin mis sur l'eau sans problèmes).

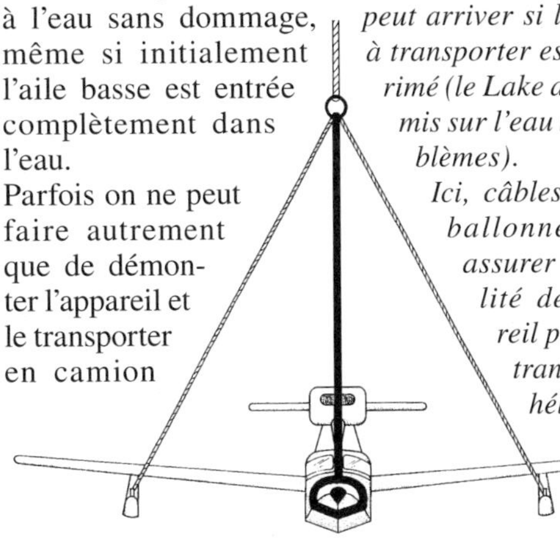

Ici, câbles liés aux ballonnets pour assurer la stabilité de l'appareil pendant le transport par hélicoptère.

Lake Turbo Renegade *en vol au-dessus du Groenland, piloté par Antonio Carati et Tommy Frist.*
En bas, Cessna 206 préparé pour un ferry flight transatlantique, avec son réservoir supplémentaire.

Eugenio Rossi

Transport par hélicoptère d'un Cessna 172.

ou dans un container, avec toutes les parties fixées sur un châssis spécialement construit ou appuyé sur des cales en bois, en caoutchouc ou en polystyrène expansé.
Un problème très particulier est le transport jusqu'à une hydrobase d'un appareil terrestre. En plus des méthodes déjà décrites on peut utiliser une petite barge similaire à celle de la photo, prise à Kenmore Air Harbor, près de Seattle, aux États-Unis. La méthode est utilisable quand l'appareil peut atterrir près d'une rive et être ensuite chargé avec la grue ou poussé sur la barge.
Transport d'éléments détachés. Si lors de la livraison d'un ensemble neuf, le fabricant fournit le matériel dans un emballage adapté, ce sera plus difficile pour du matériel d'occasion. Le point important sera déjà, de réunir un maximum de documents concernant le matériel. S'il est récent, cela ne posera pas beaucoup de problèmes, s'il s'agit de matériel ancien, ce pourra être un parcours du combattant qui commence. Le but étant d'avoir un maximum d'éléments techniques pour pouvoir réaliser un inventaire des pièces constituant l'assemblage. Cet inventaire pourra intervenir lors des tractations pour définir le prix du montage. Neufs, les flotteurs vous seront livrés avec la mâture adaptée à l'avion sur lequel ils seront montés, ainsi que toute la boulonnerie nécessaire et la documentation (notice de montage, catalogue des pièces, manuel d'entretien, etc). Ceci vous permettra, dès la réception, de vérifier si rien ne manque et l'état des éléments.

Caisse de transport de flotteurs.

Danilo Pecora

D'occasion, là, on trouve tout l'intérêt de cette documentation. Vous pouvez acheter un set flotteur complet sur un avion, et quand il vous arrive, vous avez la désagréable surprise qu'il manque des pièces. D'où l'importance d'un emballage bien fait.
Pour le transport, la règle à suivre sera de faire le moins de colis possible. Si les flotteurs sont équipés de caissons à bagages, on les utilise pour y mettre les documents et toutes les petites pièces qui auront été préemballées dans des sachets ou des boites. On réalisera des caisses d'emballage pour les flotteurs pour les protéger et faciliter leur manutention. Pensez que les opérateurs successifs dans la chaîne du transport, n'ont aucune conscience de la fragilité de votre bien. Dans les caisses, en arrière du redan, vous pourrez y placer des caisses plus petites, qui contiendront tous les petits éléments, tel que la mâture et les safrans.
Stockage. Si l'hydravion doit être stocké pour une certaine période – courte durée: de 10 jours à 6 mois ; de longue durée: plus de 6 mois – plusieurs opérations devront être effectuées, sur l'appareil lui même et sur le moteur. Les conditions de stockage seront bien évidemment meilleures si l'hydravion est à l'abri dans un hangar. Mais le stockage à l'intérieur n'est pas toujours possible. Des procédures peuvent se trouver dans la documentation de l'avion et du moteur.
Il sera important pour l'appareil, d'assurer une bonne ventilation, pour éviter la condensation qui provoquerait des moisissures, et aussi de la corrosion. Pour ce faire, on ouvrira toutes les portes de visite où les eaux de pluie, ou de condensation, pourront s'écouler. On veillera à ce que tous les trous de drainage soient bien débouchés. Le pare-brise, les fenêtres seront bâchées. Les antennes pitot et prises statiques ainsi que toutes les ouvertures seront bouchées. Les portes de visite des flotteurs seront également ouvertes, sauf si l'hydravion est à l'extérieur. Dans ce cas une inspection régulière sera indispensable. Une purge des caissons devra être faite à chacune de ces occasions. L'appareil sera amarré face au vent dominant du lieu. Si l'hydravion est immobilisé plus de 10 jours on débranchera

la batterie, on fera également le plein des réservoirs. Pour y limiter le risque de condensation. On vérifiera que les contacts magnéto soit bien coupés, la manette des gaz est sur “réduit”, la manette de richesse est sur “étouffoir”. Pour les amphibies on fera tourner les roues tous les 15 jours, pour éviter les déformations des pneus. Il est évidant que le stockage à l’abri dans un hangar bien aéré donnera les meilleures garanties.
Pour le moteur il y a trois cas.
Le stockage à court terme: moins de 3 mois. Brasser l’hélice de six tours toutes les semaines, effectuer un vol d’une demi-heure ou un point fixe tous les mois.
Le stockage à moyen terme: 3 à 6 mois. Pulvériser de l’huile dans les cylindres, immobiliser le vilebrequin dans une position où aucun piston ne se trouve au point mort haut. Placer des bougies silicagel à la place des bougies supérieures. Obturer tous les orifices. Placer bien en vue une étiquette.
Pour la remise en service, replacer les bougies après avoir brassé le moteur, puis effectuer un point fixe de contrôle.
Le stockage de longue durée: Plus de 6 moi. Vidanger l’huile et la remplacer par de l’huile de stockage. Effectuer un vol d’une demi-heure ou un point fixe. Vidanger, puis pulvériser de l’huile de stockage chaude dans chaque cylindre tout en brassant le moteur. Puis positionner le vilebrequin de façon que les pistons ne soient pas au point mort haut. Pulvériser de l’huile de stockage dans le moteur par l’orifice de remplissage. Obturer tous les orifices après avoir introduit des sachets silicagel, installer des bougies silicagel à

Barge utilisée par Kenmore Air Harbor pour transporter des avions terrestres de l’aéroport voisin, avec accès au plan d’eau, jusqu’à l’hydrobase.

la place des bougies supérieures. Tous les six mois, ou plus souvent si l’appareil est en atmosphère saline, effectuer un examen endoscopique dans chaque cylindre, pour s’assurer qu’il n’y a pas de traces de corrosion, contrôler l’état des bougies silicagel.
Placer une étiquette. Pour la remise en service, déposer l’ensemble des éléments de stockage, brasser le moteur pour évacuer les excédents d’huile, puis s’assurer que l’on n’a pas de blocage hydraulique.
Avant tout vol de l’hydravion, s’assurer que toutes les consignes de navigabilité sont bien appliquées. Une visite périodique sera également nécessaire avant la remise en service à la suite d’un stockage de longue durée.

Un transport routier d’un hydravion très bien organisé fût celui du Caproni CA100 après sa restauration.

Kenmore Air Harbor

Gerolamo Gavazzi

CHAPITRE 6

Manœuvre à flot

Dans ce chapitre est présenté tout ce qui concerne le mouvement non autonome des appareils à flot et les techniques pour quitter la rive. Les opérations s'effectuant à l'arrivée et sur les rives non préparées sont si particulières qu'elles nécessitent d'être traitées en détail (voir le chapitre sur l'accostage et sur les techniques avancées).

L'hydravion au ponton

L'hydravion est solidement amarré face au vent et à contre-courant, si vent et courants sont significatifs, avec le côté d'un flotteur collé au ponton ou au quai. Ces structures doivent êtres dûment revêtues avec des pneus ou autres défenses. Il est aussi possible d'amarrer par "les pointes", ce qui permet la présence simultanée de deux appareils sur un petit ponton. Cette méthode est surtout adoptée quand le ponton n'est pas protégé par des défenses ou quand il présente des saillies pouvant interférer avec l'aile ou l'empennage, des pieux par exemple. L'amarrage "de côté" est plus commode pour les opérations de chargement et déchargement de l'appareil. Quelques appareils (comme le Piper *PA 18*) n'ont qu'une portière, il est donc préférable que celle-ci se trouve du côté du ponton. Dans le cas contraire, pour passer de l'autre côté, il faut faire des contorsions peu évidentes sur les traverses et entre les montants des flotteurs.

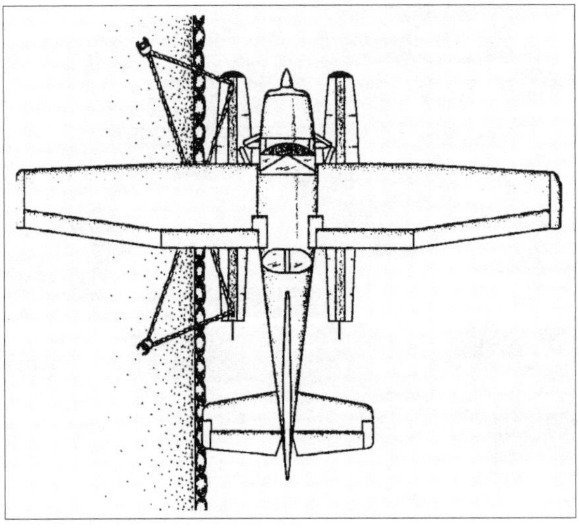

Amarrage à un ponton de face pour ce Lake Renegade et de côté pour le Piper PA18 à Turin sur le Po (Italie). Un léger courant coule de droite à gauche.

Tomaso Baj

Luigi Fara

Quelques Lakes appontés sur un ponton bas, à Milan (Italie). Si le ponton est trop haut ou avec des obstacles une solution est l'amarrage à un canot "d'écartement", comme l'on a fait dans le port de Losinj, en Croatie.

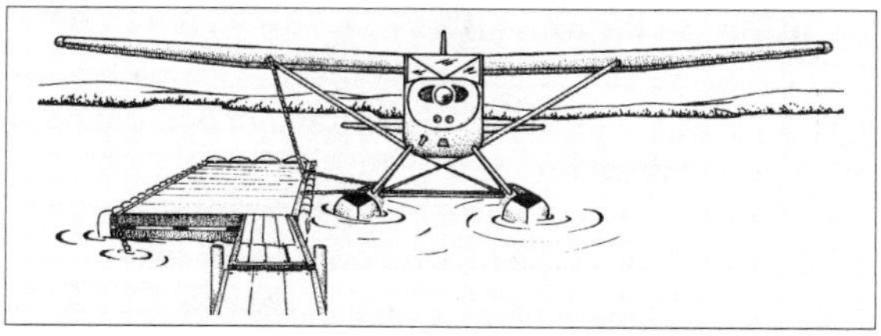

Une alternative valable est le câble d'acier tendu et fixé entre les taquets de proue des flotteurs, sur lequel on peut marcher en se tenant à l'hélice. Avec ce type d'appareil, l'amarrage par les pointes est préférable à celui de côté, si ce dernier doit se faire du côté sans portière.

L'hydravion est généralement amarré avec deux petites aussières aux taquets les plus proches du ponton et éventuellement avec deux autres qui empêchent les mouvements en avant et en arrière, comme illustré sur la figure (page précédente). Les aussières peuvent se terminer par un nœud coulant qui force sur le taquet, de façon à ne pas pouvoir se défaire, ou être simplement nouées sur les taquets. Quand on laisse l'appareil pour quelques heures il est également bon de fixer en sécurité une aussière au hauban de l'aile. Si la surface est agitée, il est bon d'installer une ou deux aussières qui tiennent l'appareil éloigné du ponton, comme illustré sur la figure. On peut aussi jeter l'ancre ou adopter diverses solutions, selon la situation et la longueur des aussières, pour tenir l'appareil à distance

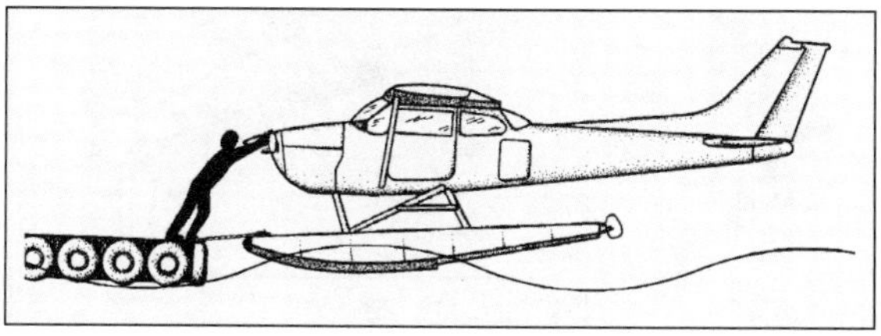

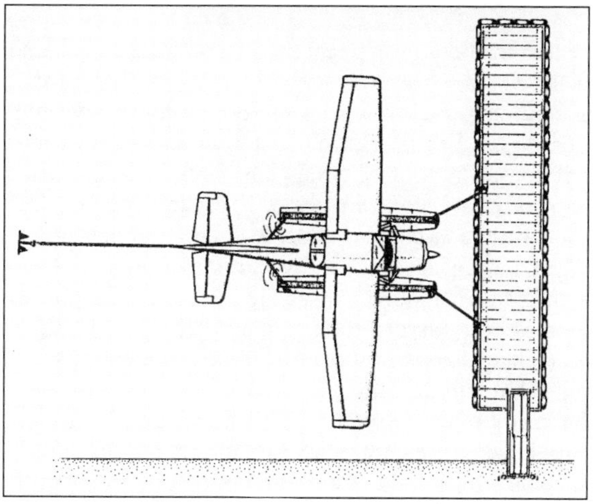

Méthode pour maintenir un appareil éloigné d'un ponton. Le bout peut être attaché à des éléments du ponton ou de la jetée. Une ancre peut être utilisée en complément attaché au milieu des flotteurs ou à tribord sur ce dessin.

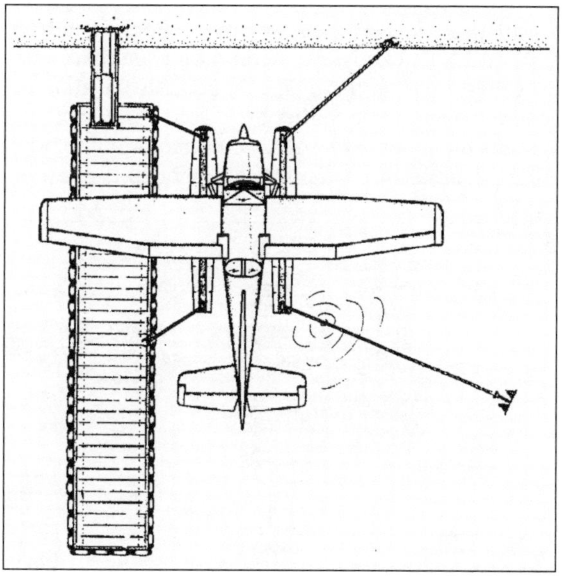

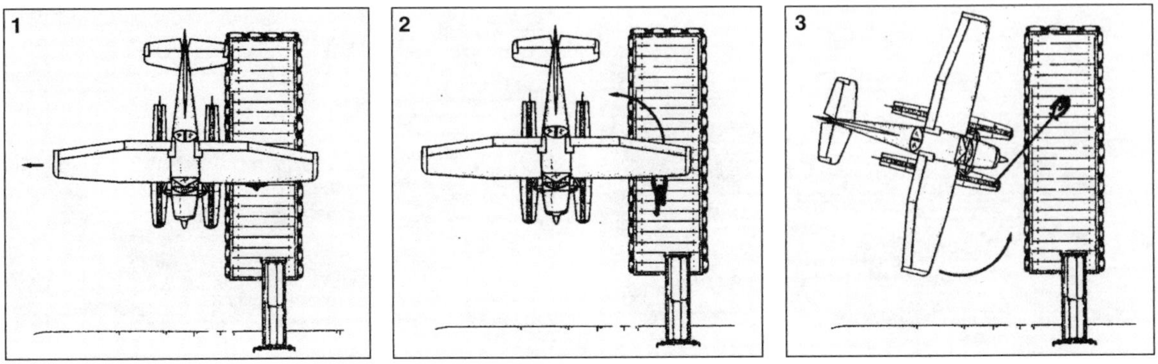

de la rive et des autres embarcations. Même avec une surface calme, l'arrivée de trains de vagues, provenant généralement d'embarcations, est toujours possible. Ces vagues peuvent faire heurter violemment l'appareil contre le ponton. Si les aussières d'éloignement ne sont pas encore en place, il est bon de pousser l'appareil au large pour éviter le choc, pour autant que le permettent les petites aussières d'amarrage. Cela peut se faire facilement avec l'appareil amarré par les pointes en poussant sur le cône d'hélice ou l'hélice, ou bien, si l'appareil est amarré de côté, en agissant sur le hauban de l'aile.

La sécurité au ponton. C'est un aspect très important. La sécurité commencera toujours par les choses les plus simples, du matériel en bon état, bien rangé, accessible. Des personnes ont été tuées, par des hélices en rotation, en voulant assister un pilote lors des manœuvres d'approche de rampe ou de prise de ponton. Soit, en descendant précipitamment de l'appareil ou en accourant sur le ponton, à leur propre initiative. Il sera donc primordial, de toujours informer le public du danger potentiel, aussi bien à l'entrée de chaque installation, qu'à bord des appareils. Pour visualiser le disque de l'hélice il est recommandé de matérialiser celui-ci par un marquage de couleur voyante, en général rouge, et de veiller à ce qu'il reste toujours bien visible. Pour les surfaces de circulation de bord on appliquera un revêtement antidérapant, que l'on maintiendra en état. Le port de vêtements amples sera à éviter, celui de chaussures souples à semelles antidérapantes sera recommandé.

Rotation de l'appareil

Pour éviter un éloignement imprévu de l'appareil durant sa rotation, une gaffe d'environ 2 m doit toujours être à portée de main sur le ponton. S'il y a quelqu'un à bord, il doit toujours être prêt à lancer une aussière au personnel sur le ponton. Le pilote devrait toujours avoir à portée de main un couteau, pour le cas où il serait nécessaire de couper rapidement une aussière. Lors de tous les mouvements près du ponton, les

Une série de petits pontons individuels à l'hydrobase de Twitchell, Maine (USA).
Séquence de rotation par la queue d'un hydravion au ponton, méthode normale utilisée sans vent.

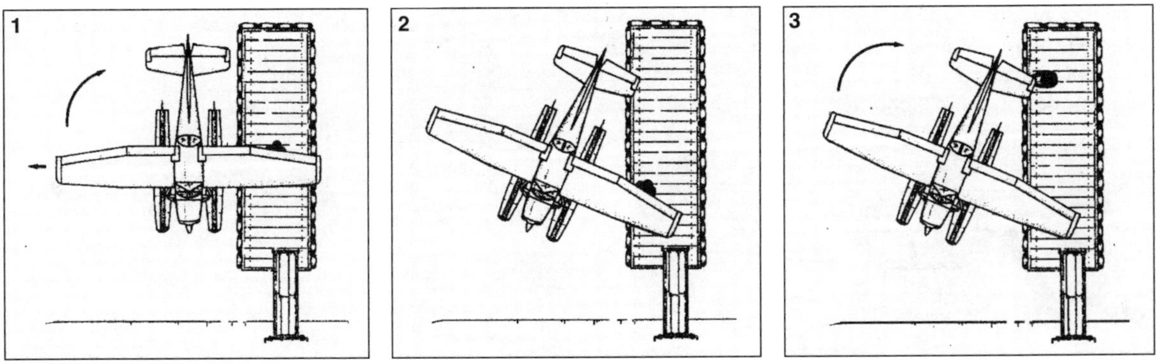

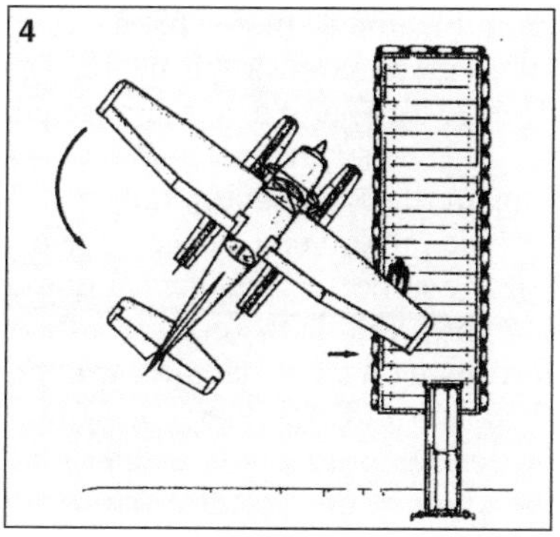

Séquence de rotation par l'avant d'un hydravion au ponton C'est une manœuvre facile sans vent. Il faut éviter les dommages possibles sur les safrans.

flotteurs ne doivent jamais venir en contact avec des parties proéminentes ou avec un angle du ponton.

Rotation "par la queue". Voyons maintenant comment faire pivoter un hydravion près du ponton. La procédure classique généralement utilisée pour tourner les gros hydravions en présence de vent, est celle dite "par la queue" :

- on repousse le nez de l'appareil loin du ponton;
- on prend l'appareil par l'empennage et on le tourne;
- après que l'appareil a pivoté, on attrape l'aile et on approche l'appareil du ponton.

Cette procédure comporte un risque pour les gouvernails marins, qui peuvent frotter contre le ponton et s'endommager. Elle implique le maniement de l'empennage, et les événements ne permettent pas toujours d'effectuer la manœuvre avec la délicatesse requise. Toutefois avec cette méthode et dans le cas où l'appareil doit seulement partir, il suffit de le tourner de 90° (c'est-à-dire à angle droit avec le ponton, au lieu de 180°).

Rotation par l'avant. Si le vent est calme et si l'hydravion est petit, la rotation par l'avant est possible :

- on éloigne l'appareil du ponton d'environ 1 m, les mains sur le bord d'attaque de l'aile;
- on pousse alors fortement l'aile en veillant à ce que les pointes des flotteurs ne heurtent pas le ponton;
- après que l'appareil a tourné de 180° on s'occupe de l'autre aile, puis on approche l'appareil du ponton.

Départ du ponton

Les principaux cas de départ d'un ponton ou d'un quai équipé, y compris avec vent et courant, sont examinés ci-dessous. Quelques départs sont faciles, tandis que d'autres sont très difficiles et demandent une grande expérience de la part du pilote. Avant d'effectuer un départ, on doit donc toujours se demander s'il n'est pas possible de repositionner l'appareil à la main pour rendre l'appareillage plus simple et plus sûr.

Départ parallèle

Suivant l'action des gouvernails marins, l'hydravion à flot tourne autour d'un axe de rotation passant par le centre de résistance latérale, comme décrit au chapitre sur la mécanique du vol. Cela comporte un déplacement des queues des flotteurs d'un côté et des pointes de l'autre. On ne doit donc effectuer aucun virage

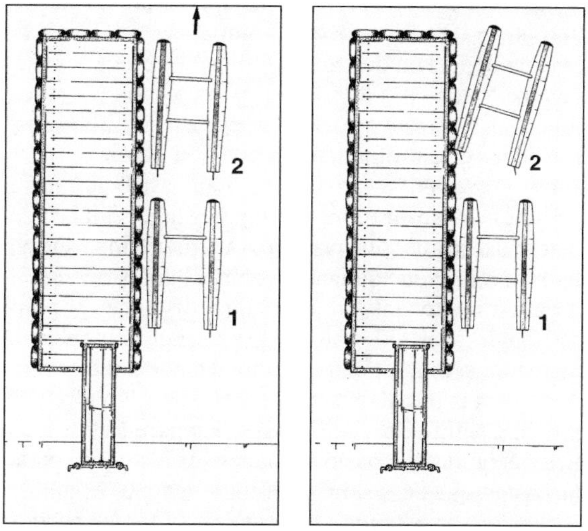

– sinon minime – quand l'hydravion évolue à faible distance du ponton et parallèlement à lui, pour éviter que les queues ne le heurtent. On doit donc avancer parallèlement au ponton, jusqu'à ce qu'on l'ait complètement dépassé. Si l'on doit virer immédiatement, on

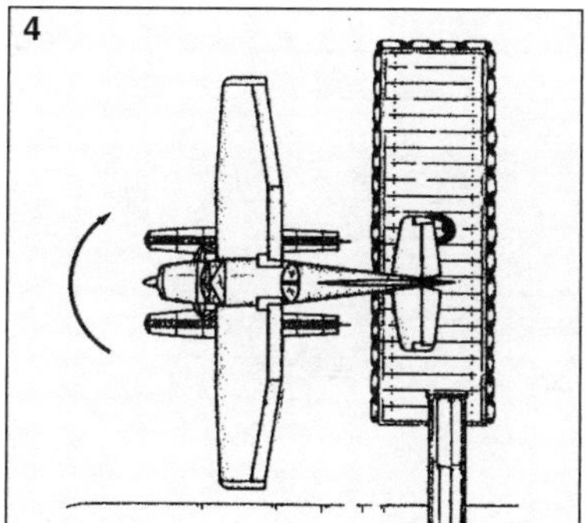

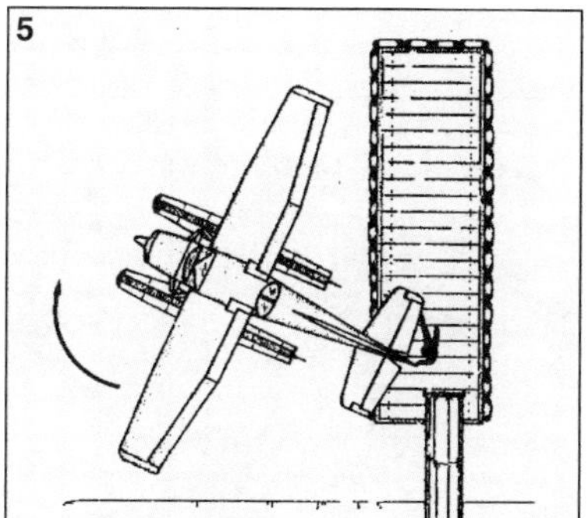

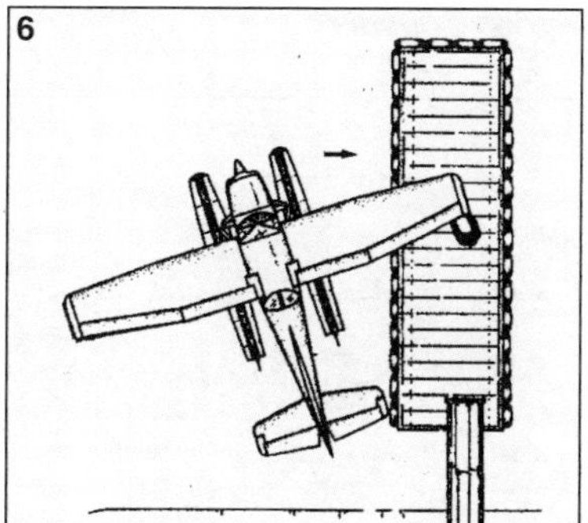

Départ d'un ponton avec ou sans assistant.

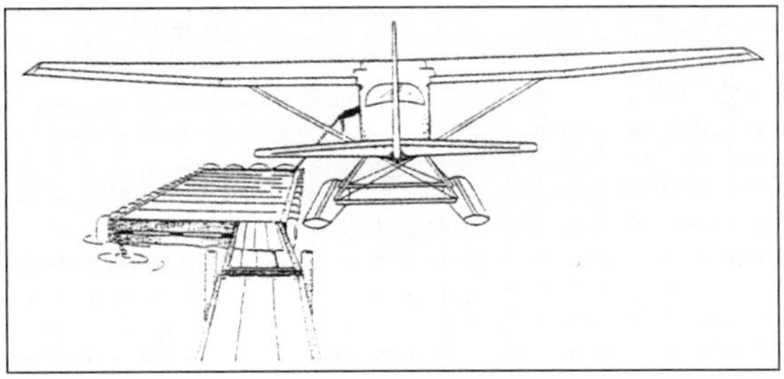

se fait pousser à une certaine distance avant de mettre en route et de commencer à se mouvoir.
Lors du départ on doit aussi veiller à ce que l'empennage ne touche pas le ponton ou les personnes et les objets qui s'y trouvent. Si la marge est minime il est bon de tenir la profondeur en position neutre.
Avec assistance. Si on dispose d'un assistant à terre qui suit la mise en route et l'appareillage, celui-ci se charge de larguer les aussières, tourner l'appareil en disposant la proue dans la direction la plus favorable et en le maintenant à une certaine distance du ponton (environ 30-60 cm). Le pilote doit demander à l'assistant si tout est en place en levant le pouce avant la mise en route, l'assistant est tenu de répondre par le même signe. Cela signifie que l'appareil n'est plus amarré, qu'il n'y a pas d'obstacles sur le ponton ou la surface et que l'assistant et éventuellement les autres personnes sur le ponton sont prêts à éviter les parties de l'appareil qui seront bientôt en mouvement. L'assistant ne doit pas laisser l'appareil à lui-même, s'il n'a pas la possibilité de le récupérer avant la mise en route du moteur.
Sans assistance. L'appareillage du ponton sans assistance demande un peu de pratique et, en présence de vent ou de vagues, peut comporter quelques risques. Il est important de tout préparer de façon qu'il suffise de monter à bord et d'appuyer sur le démarreur pour partir. Il est donc nécessaire d'effectuer une bonne partie des check-lists et des procédures de mise en route avant la manœuvre, et de les terminer rapidement une fois monté à bord. Cela rend probables quelques oublis, à moins d'avoir adopté une méthode standardisée pour effectuer les vérifications. Quand il n'y a pas d'assistance, on doit toujours pouvoir redescendre sur le ponton si le moteur ne démarre pas. Une gaffe (ou un crochet ajouté à l'extrémité de la pagaie du bord) peut être utile pour raccrocher le ponton qui s'éloigne.
Sur un ponton où l'on opère souvent, on peut fixer une petite aussière dont on tient l'extrémité en main, sans

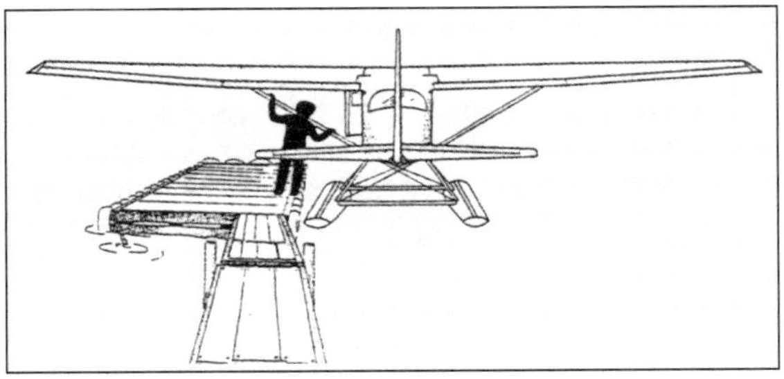

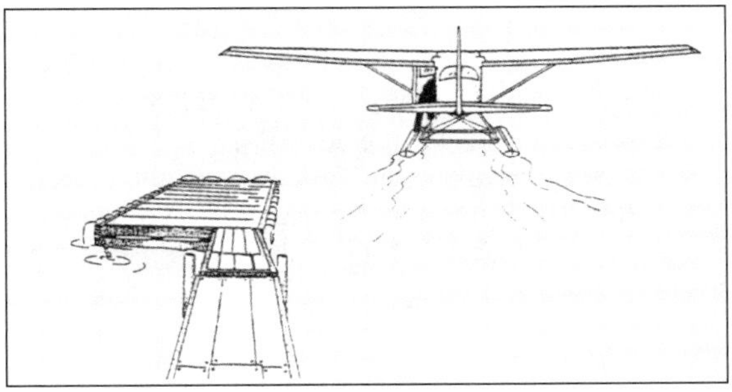

Départ d'un ponton avec l'assistance du copilote ou d'un passager expérimenté. Aussitôt le moteur en marche, le copilote saute sur le flotteur et rentre dans l'appareil. La séquence montre la méthode pour s'éloigner d'une jetée avec vent et quand il est impossible de tourner l'appareil.

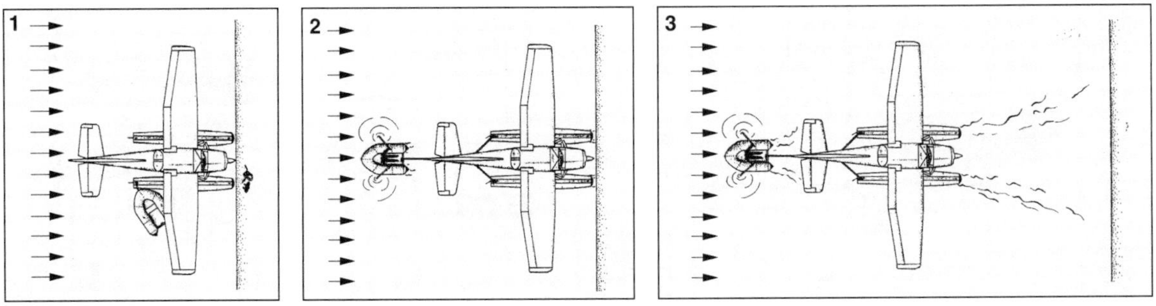

Saut sur le flotteur pour partir à 90°. Durant cette manœuvre, après avoir vérifié que rien ne risque de heurter la queue de l'appareil, tout doit être prêt au moment de démarrer le moteur.

la tendre. Elle est lâchée dès que le moteur démarre. Si le moteur ne part pas on l'utilise pour se rapprocher du ponton. Sur un ponton que l'on quitte définitivement, on peut fixer un bout en double ou avec un nœud gansé. Dans les deux cas, ce bout est récupérable après la mise en route, en tirant une extrémité. Dans ce cas le bout est simplement tenu en main; il peut être ainsi abandonné s'il s'emmêle ou si le nœud ne se défait pas. Il est conseillé d'utiliser pour cela un bout en polyéthylène, un matériau médiocre, mais qui glisse bien.

Départ à 90°

Le ponton peut être abandonné en faisant pivoter l'appareil de 90° par un assistant. Dans beaucoup de cas, cela peut être l'unique procédure possible, par exemple quand l'appareil est amarré en ligne avec d'autres appareils ou des barques. S'il n'y a pas d'assistance, on doit tout préparer pour la mise en route, tourner l'appareil et sauter sur le flotteur pour rejoindre la cabine. Dans ce cas, il faut être sûr que le poids du pilote ne fera pas toucher la queue de l'appareil sur le ponton. Ce départ est un peu risqué en cas de vent de travers ou contraire et comporte parfois un bain de pieds au moment où l'on se trouve sur l'extrémité postérieure des flotteurs.

Départ à 90° en arrière

Si l'appareil est placé les pointes contre le côté sous le vent d'un ponton, on défait les aussières et on laisse l'appareil s'éloigner, poussé par le vent. On met alors en route lorsqu'on se trouve à une distance de sécurité. En absence de vent, on peut utiliser la pagaie ou n'importe quel autre objet plat pour ramer. En cas d'urgence, on peut aussi essayer avec les mains. Si tout cela ne permet pas de quitter le ponton, on doit se faire traîner au large par une embarcation, ou utiliser les techniques décrites plus loin dans ce chapitre.

Départ dans le courant

Quand il y a un courant notable, l'appareil se trouve généralement parallèle à celui-ci, amarré de côté à un ponton. Dans ce cas, le départ se fait contre le courant et implique qu'un assistant tienne l'appareil jusqu'au moment où il est en mouvement. S'il n'y a pas d'assistance, on peut fixer à terre un bout que l'on tiendra en main. Ce bout est ensuite abandonné quand l'appareil quitte le ponton. Le bout peut être fixé à terre en double; après le départ, le pilote laisse filer un brin et tient fermement l'autre, en se laissant déhaler le long du point de fixation du bout. Pour cette opération, il est conseillé d'utiliser un bout glissant en polyéthylène, éventuellement à abandonner.

Départ avec vent

Départ parallèle. Le départ parallèle, c'est-à-dire d'un appareil amarré de côté à un ponton, est une manœuvre facile avec du vent de face. Elle est également facile avec un vent différent, pourvu qu'il soit modéré.

Départ à 90°. Le départ à 90° avec du vent est par contre toujours problématique. Si le vent vient du côté opposé au ponton on risque de heurter ce même ponton avec les gouvernails marins, tandis que s'il est sur le travers l'appareil tourne et se déplace, risquant de finir contre la rive, des obstacles ou d'autres appareils. Le cas de vent provenant du côté du ponton ou du quai est le moins critique. Dans ce cas, il est préférable de placer l'appareil les pointes vers le ponton et de faire un départ en arrière, laissant l'appareil aller au large avant de démarrer le moteur.

Le cas du vent qui souffle vers le ponton ou le quai, avec l'appareil amarré par les pointes et l'im-

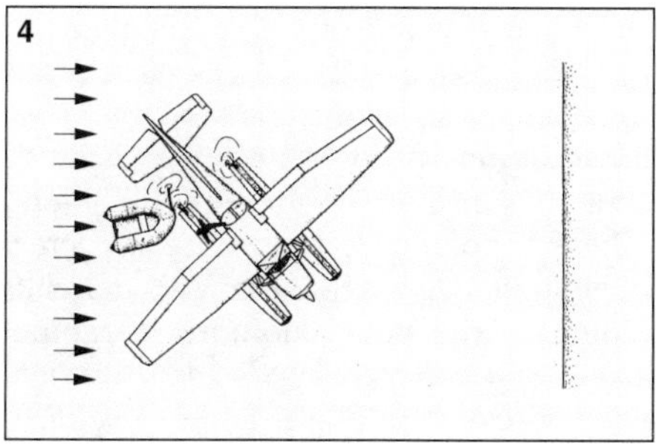

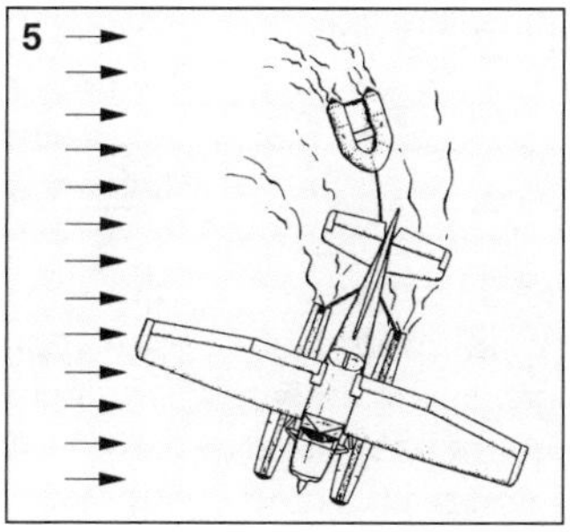

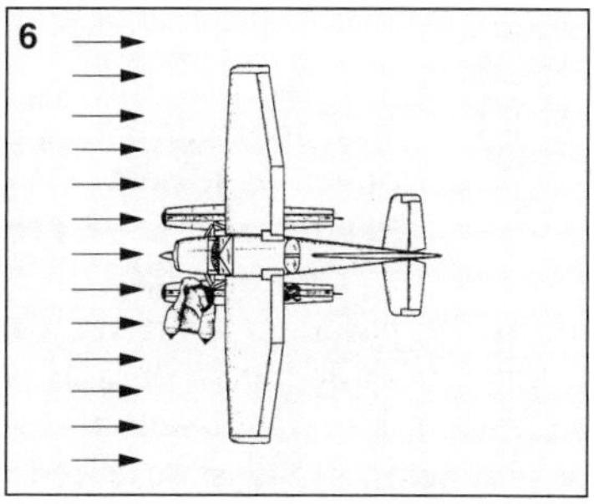

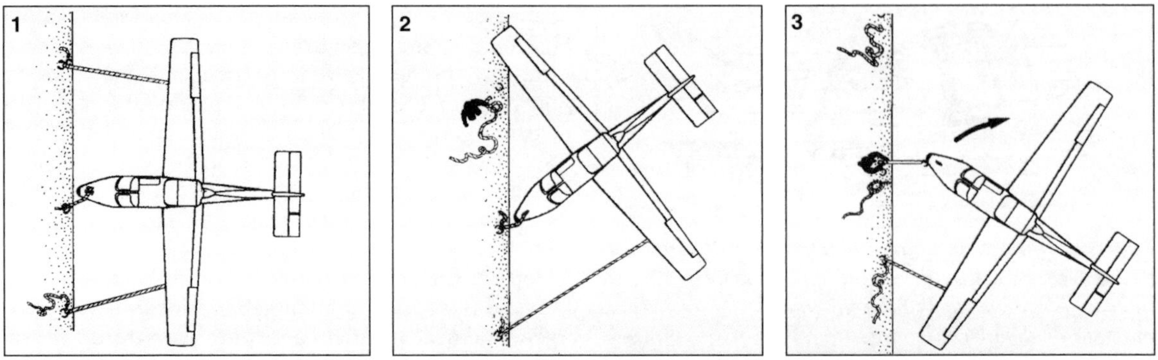

Départ avec vent d'un hydravion à coque.

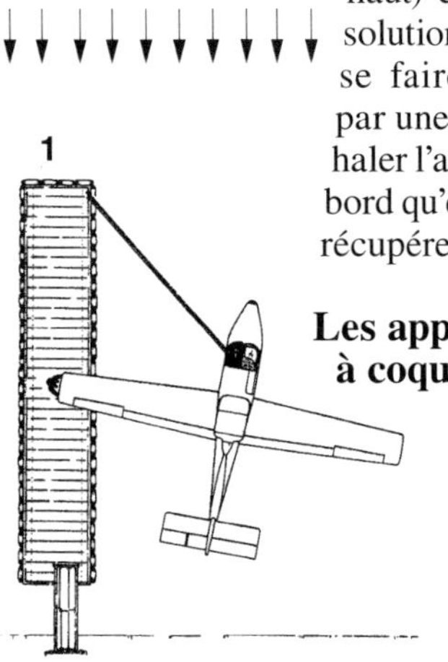

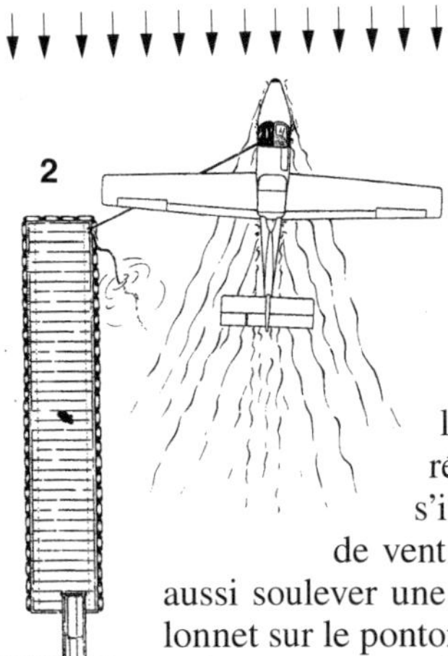

possibilité de le tourner (par exemple quand le quai est haut) est le plus difficile. La solution la plus simple est de se faire remorquer au large par une embarcation ou de déhaler l'appareil avec le canot du bord qu'ensuite on dégonflera et récupérera.

Les appareils à coque centrale au ponton

Les appareils à coque centrale sont souvent à aile médiane avec des ballonnets aux extrémités qui rendent plus difficiles les manœuvres près des pontons. L'amarrage se fait avec deux aussières fixées aux ballonnets qui empêchent les ailes de heurter le ponton, et éventuellement avec une troisième aussière qui bloque le nez de l'appareil au point désiré. Si l'escale est brève et s'il n'y a pas de problème de vent ou de vagues, on peut aussi soulever une aile et appuyer le ballonnet sur le ponton.

Départ avec assistance. Pour repartir, l'assistant à terre approche une aile du ponton et tourne l'appareil en le faisant pivoter autour de l'extrémité de l'aile, de façon à le placer parallèlement au ponton. S'il y a du vent, il est toujours préférable de maintenir une aussière entre le ponton et la cabine

Hydravion Aventure Inc. / Benjamin Ballande

Un Piper PA 18 au ponton de la compagnie Hydravion Aventure. A l'autre ponton, un De Havilland Beaver. Dessous, Un méthode à utiliser – avec précaution, en marchand sur le longeron de l'aile – pour rejoindre la cabine d'un Lake.

afin d'éviter que l'appareil ne tourne au-delà de la position parallèle pour pouvoir remettre le nez au ponton si nécessaire. Cette aussière ne doit pas être fixée à l'appareil, mais seulement tenue à la main, de façon à pouvoir être abandonnée au cas où il serait nécessaire de démarrer rapidement le moteur.

Départ sans assistance. S'il n'y a pas d'assistance, les choses sont un peu plus complexes. Le pilote, après avoir libéré l'appareil de toutes ses aussières, doit appuyer le ballonnet sur le ponton. Puis marcher sur le longeron de l'aile pour rejoindre la cabine. Le chargement à bord doit être disposé de sorte que, lorsque le pilote a rejoint sa place, l'aile se soulève

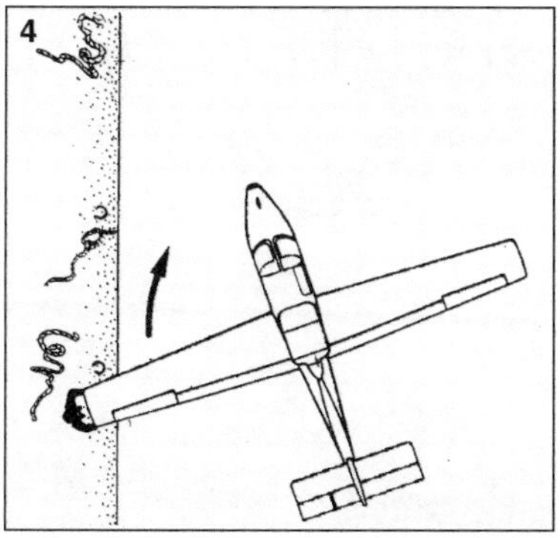

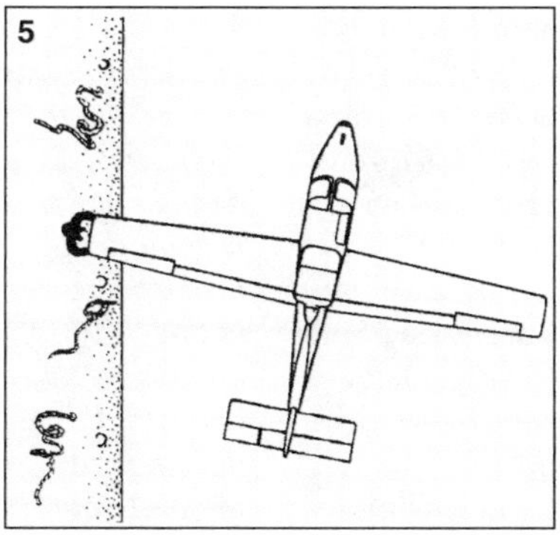

Départ d'une jetée d'un hydravion à coque avec assistant. Si la jetée est basse, s'il n'y a pas de vent la manœuvre peut s'effectuer sans assistant en posant le ballonnet sur la jetée.

du ponton, permettant la mise en route et l'appareillage. Il peut être parfois utile qu'un passager se penche au-dehors de la cabine du côté de l'aile opposée à celle qui est appuyée au ponton, pour que l'appareil se soulève franchement quand le pilote rejoint la cabine. On fait ensuite rentrer le passager quand l'appareil se trouve au large. Une petite aussière à récupérer après mise en route du moteur (ou à abandonner) peut être maintenue entre la cabine et le ponton par mesure de prudence.

L'hydravion sur une rampe

Les hydravions sont souvent parqués sur de petites rampes de bois, surtout dans les petites hydrobases, situées sur des bassins où le niveau de l'eau ne subit pas de variations. On monte l'appareil sur la rampe par les pointes au moment de l'accostage, en donnant toute la puissance ou presque pendant quelques instants. Il est ensuite assuré au moyen de deux aussières sur les taquets avant et, s'il y a du vent, amarré comme il convient.

A gauche, deux hydravions historiques sur la rampe à Côme: un Savoia Marchetti S-16 en 1927 et un Macchi MB308 en 1955.
Dessous, un bimoteur Piper Aztec échoué sur une rampe. Notez la ligne fixée au taquet arrière utilisée pour tourner l'appareil après l'avoir repoussé à l'eau et le repositionner ensuite sur la rampe.
Dessous, le Lake de Belgian Seaplane Association montant sur la rampe de l'hydrobase de l'Eau d'Heure.

Départ de la rampe. Pour partir, l'appareil est poussé à l'eau jusqu'à ce qu'il flotte et ramené sur la rampe par les queues. On doit avant tout mouiller ou graisser la rampe pour favoriser le glissement des quilles et fixer une aussière à un taquet arrière, de façon à pouvoir tirer les queues sur la rampe une fois que l'appareil est à l'eau. On tire ensuite les queues au sec et l'on procède au chargement de l'appareil. Le pilote monte en dernier et démarre le moteur. Quelques "coups de manette des gaz" suffisent pour faire glisser l'appareil à l'eau. Si la rampe est raide, il peut être utile de mettre de la puissance quand les pointes des flotteurs touchent l'eau, en maintenant le manche en avant, ce qui fait enfoncer un peu les flotteurs et réduire le frottement des queues sur la rampe.

L'hydravion à une bouée

L'amarrage à une bouée demande une embarcation pour faire la navette, à moins que l'on ne souhaite nager entre l'hydravion et la rive. En principe, la bouée présente quelques avantages. Avant tout, l'appareil se place toujours face au vent, c'est-à-dire de la façon la plus sûre. En outre, l'appareil à la bouée est loin des obstacles, difficilement accessible aux curieux, et reste éloigné des vagues déferlantes comme il en arrive facilement près de la rive. Toutefois, en cas d'augmentation notable de l'intensité du vent ou de la hauteur des vagues, l'appareil à la bouée peut ne pas être facilement récupérable voire même, en cas limites, perdu, tandis que s'il se trouve au ponton il peut être tiré au sec.

Amarrage à une bouée. Les aussières sont fixées aux taquets avant, à la base de la traverse antérieure ou encore à l'hélice. On peut utiliser deux aussières indépendantes, ou une seule que l'on fixe au câble en "V" à l'avant de l'appareil. Les gouvernails aquatiques de l'appareil doivent êtres relevés, de façon que l'appareil

Le Lake Renegade à la bouée à Venise (Italie).

Un méthode sûre pour quitter une bouée: éloigner l'appareil de la bouée sans risquer de la heurter après la mise en route du moteur tout en restant assuré par un bout. Le pilote libère la ligne...

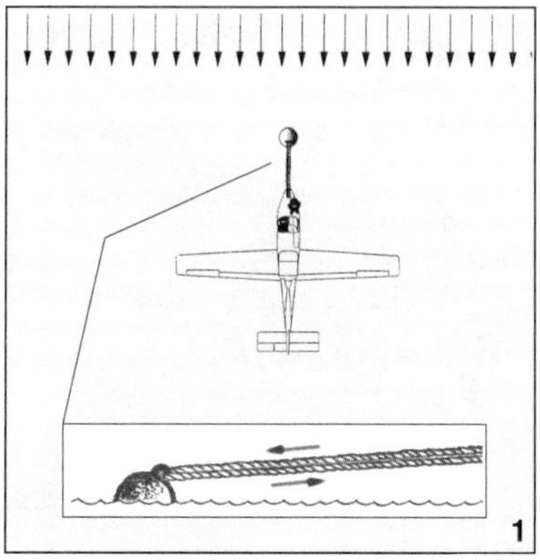

... et entre dans la cabine tout en maintenant les deux extrémités de la ligne dans une main.

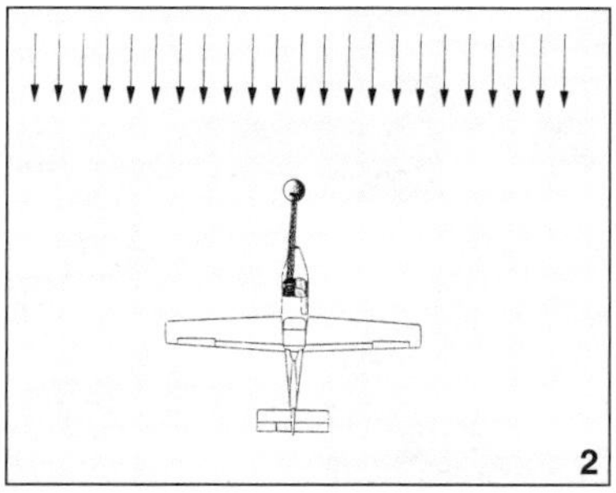

Puis il laisse dériver l'appareil au vent, en maintenant les deux bouts de ligne.

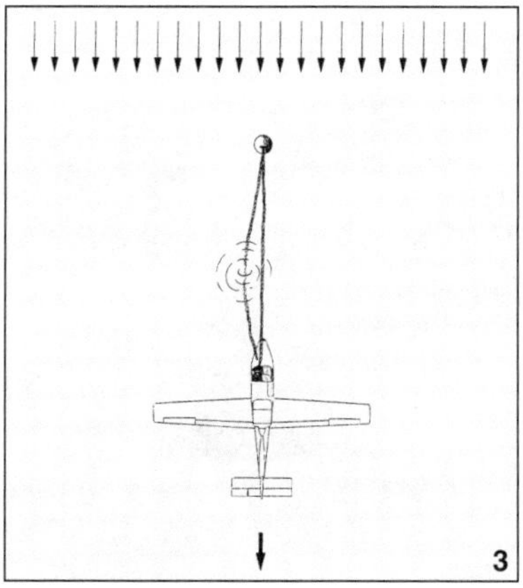

Quand il est assez éloigné, il démarre le moteur. Enfin, après avoir dégagé la bouée, il peut récupérer sa ligne.

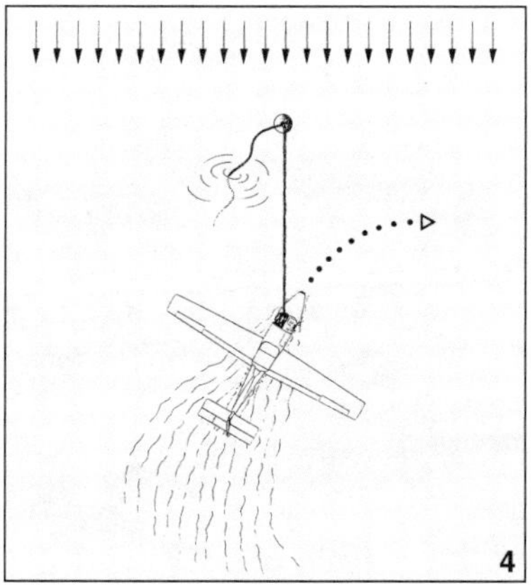

puisse tourner facilement si le vent change de direction. Il peut être intéressant de compléter l'amarrage par des guideropes.

Départ de la bouée. Lors du départ de la bouée, on doit s'assurer que toutes les aussières sont dénouées et rangées à poste. Il est en outre conseillé de ne démarrer le moteur que lorsqu'on est sûr de ne pas faire passer la bouée (même si elle est basse) entre les flotteurs ou, si on utilise un appareil à aile médiane ou basse, de ne pas faire passer la bouée sous l'aile. En outre, on doit veiller à ce que les éventuelles barques d'assistance se soient éloignées ou qu'elles ne se trouvent pas devant l'appareil. Si l'on a le moindre doutes sur le démarrage du moteur on doit laisser l'appareil s'éloigner de la bouée en maintenant une aussière passée en double dans l'anneau et ne laisser filer un des deux brins que lorsque le moteur tourne. On doit quand même être prêt à abandonner l'aussière si celle-ci ne devait pas filer correctement dans l'anneau. Il est risqué d'abandonner la bouée, qui se trouve généralement près de la rive, sans être relié à elle avec une aussière en double ou avec un nœud gansé. Si le moteur ne partait pas, on finirait probablement contre la rive ou un obstacle. L'aussière doit être tenue en main par le pilote ou par un équipier en cabine ou sur le flotteur. Dans les appareils à flotteurs, l'aussière peut être tenue depuis une position plutôt arrière. Cela permet à l'appareil, poussé par un vent même léger, d'avoir la proue loin de la bouée ce qui évite que l'aussière ne touche l'hélice si elle est sur le nez, et que l'appareil ne se dirige pas vers la bouée.
Devant effectuer beaucoup d'opérations et de vérifications lors du départ, on doit veiller à ne pas se rediriger ou rapprocher à nouveau de la bouée.

Hydravions géants à la bouée. Une des rares photo de trois Boeing 314 Clippers, de la Pan American, à La Horta (Acores), au début des années quarante.
Ces appareils effectuaient une escale aux Açores lors des traversées vers l'Europe.
Dessous, un Short Sunderland sur la Tamise, avec en arrière plan la tour de Londres.

Après le départ

Après le départ on doit continuer à regarder hors de l'appareil pour déceler d'éventuels obstacles.
Les principaux réglages des appareils de radio et radionavigation doivent être faits avant le départ ou bien lorsque l'on s'est libéré des obstacles.
Il est également conseillé de ne pas trop se laisser distraire par les passagers.
Si l'on opère sur une base, on doit s'éloigner rapidement de la zone des rampes et des pontons de façon à ne pas gêner les accostages ou les départs des autres appareils.

CHAPITRE 7

Navigation jaugée et autres manœuvres à flot

Dans ce chapitre nous parlerons de la navigation à basse vitesse et des autres manœuvres que l'on effectue sur la surface. D'autres informations sur les opérations qui se déroulent sur l'eau sont données aux chapitres sur la navigation à grande vitesse, sur l'accostage, sur les techniques avancées et sur la mécanique du vol.

Il arrive que l'on doive parcourir de longs trajets sur la surface, parfois sans repères, ou avec une route précise à suivre pour éviter des obstacles. Dans ces cas on doit naviguer comme le ferait une embarcation en pleine mer. La chose est à considérer comme exceptionnelle, étant donné qu'en général les opérations à flot adviennent près de la rive. Le sujet de la navigation sur la surface est donc traité au chapitre sur les opérations spéciales.

Un Piper PA 18 au ralenti en circulation jaugée par vent calme, le manche est maintenu en butée arrière (voir la position de la gouverne de profondeur).

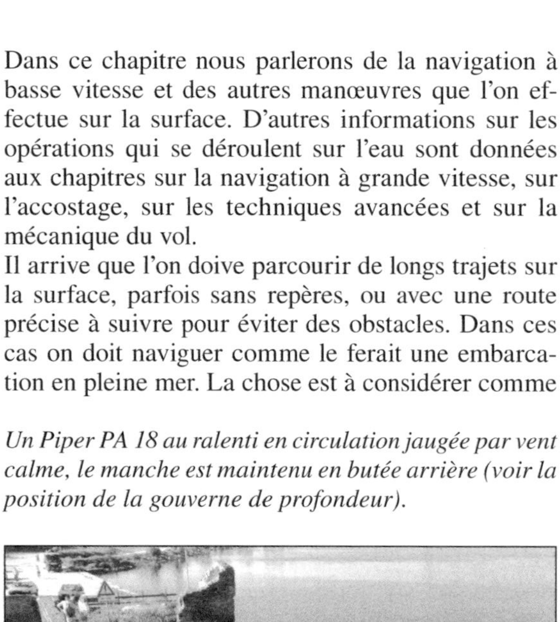

Luigi Fara

Types de déplacements à flot

On dit d'un hydravion qui se déplace sur l'eau qu'il est en navigation jaugée. Il existe trois types de navigation : "à basse vitesse", "à basse vitesse avec de la puissance" et "à grande vitesse", chacun différent de l'autre. Dans les deux types de navigation à basse vitesse l'appareil avance en "déplaçant l'eau", c'est-à-dire en flottant comme lorsqu'il est au ponton, grâce à la poussée hydrostatique. Tandis qu'à grande vitesse l'appareil se déplace en hydroplanant, c'est-à-dire sur le redan. Toute la partie des flotteurs derrière le redan est hors de l'eau grâce à la poussée hydrodynamique tandis qu'une petite fraction de la partie avant est immergée. La transition entre la navigation à basse vitesse et celle à grande vitesse ainsi que les caractéristiques de cette dernière sont si particulières quelles sont décrites dans un chapitre à part, le prochain.

Navigation jaugée à basse vitesse

Dés que le moteur tourne, l'appareil, s'il n'est pas équipé d'hélice avec reverse, se déplace sur l'eau. Cela peut présenter quelques risques. Pour les éviter il est bon avant la mise en route du moteur, d'avoir défini exactement quels seront les mouvements de l'appareil et d'être certain qu'il n'y ait pas d'obstacles ou d'embarcations dont la route pourrait interférer avec celle de l'appareil.

Safrans. Pour naviguer à basse vitesse les safrans doivent être abaissés. Dès qu'on commence à se déplacer il est opportun d'effectuer quelques virages légers à droite et à gauche pour se rendre compte immédiatement de la manœuvrabilité de l'appareil dans les conditions du moment.

Un Macchi en circulation jaugée devant la ville de Lugano (Suisse), dans les années vingt. Dessous, timbre canadien représentant un Curtiss HS-2L

Les safrans ne sont efficaces qu'à basse vitesse. Si la vitesse augmente la pression de l'eau les fait se soulever, malgré le ressort qui tend à les maintenir vers le bas. Le ressort permet au safran de se soulever s'il rencontre un obstacle.

Quelques appareils, tel que le Lake LA-4, dans certaines configurations de charge, flottent à basse

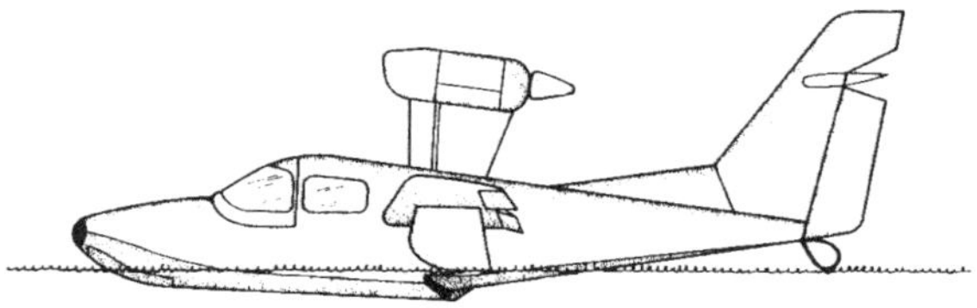

vitesse avec une assiette très piquée, au point que le safran n'est pas immergé. La manœuvrabilité à flot est donc compromise. Dans ces cas là, le chargement doit être déplacé rapidement à l'intérieur de la cabine, au moins jusqu'à ce que l'appareil se trouve au large ou prêt au décollage.

Dans certains cas, par exemple en présence d'un fort vent traversier, on doit exercer une importante pression sur le palonnier, au point que la pédale et ce qui y est relié peut s'endommager, comme cela s'est produit dans le cas illustré. Il est donc opportun d'apprendre à reconnaître la position à fond de course des pédales et s'abstenir d'appliquer une pression excessive quand la pédale est déjà à fond de course.

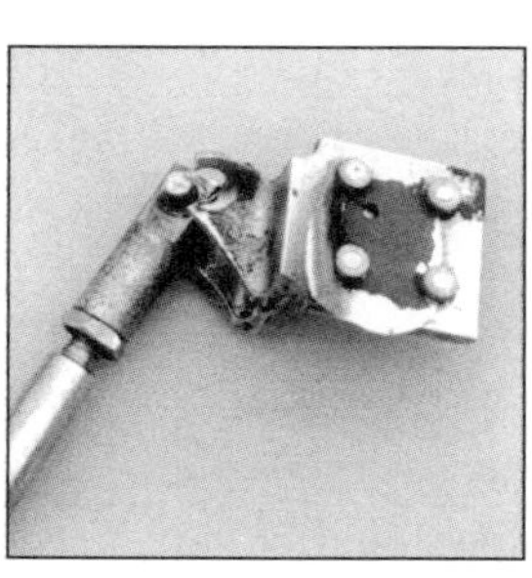

Manche. Durant la navigation à flot on maintient le manche en butée arrière. De cette façon le souffle de l'hélice qui agit sur la gouverne de profondeur maintient le nez de l'appareil et la pointe des flotteurs légèrement soulevés. Cela peut ne pas être faisable si le manche en butée arrière ne provoque pas de changement d'assiette ou en cas de fort vent sur l'arrière, comme cela est expliqué plus loin.

Régime moteur. Le régime moteur, lorsqu'on navigue à basse vitesse, doit être très faible. Pour, beaucoup d'appareils il doit être d'environ 800 à 1000 tours/minute. Parfois il est nécessaire d'adopter une vitesse extrêmement faible, par exemple lorsqu'on doit rentrer dans un port par une embouchure étroite sans possibilité de voir les embarcations qui en sortent, ou bien quand on doit suivre un certain trajet et que d'autres embarcations l'encombrent momentanément. Dans ces cas on peut mettre la manette des gaz au minimum, couper une magnéto et tirer le réchauffage carburateur. Pour éviter d'encrasser le moteur il sera préférable de passer alternativement de la magnéto gauche à la droite et inversement. Certains opérateurs règlent le ralenti au minimum, pour permettre de naviguer à une vitesse le plus faible possible. Après ces opérations, qu'il est bon de ne pas trop prolonger, il est opportun de décrasser les chambres de combustion en maintenant un régime moteur plus élevé pendant quelques secondes, naturellement avec les deux magnétos et sans le réchauffage carburateur.

Vitesse de déplacement. Une vitesse trop basse rend l'appareil peu manœuvrant, l'empennage étant peu soufflé et les safrans peu efficaces. Une vitesse trop élevée fait aboutir beaucoup d'embruns dans l'hélice, ce qui l'abîme et présente un danger s'il y a du vent et des vagues. On doit donc trouver, pour chaque condition, le régime moteur approprié qui permet un bon équilibre entre ces deux exigences. Sur des surfaces très agitées cet équilibre est impossible et les embruns finissent sur l'hélice, le régime moteur doit donc être maintenu au minimum nécessaire pour contrôler l'appareil. C'est une situation difficile, dans laquelle on doit adopter des techniques spéciales, telles que le déplacement “à la voile”, décrites plus loin.

Afin d'améliorer la visibilité pendant les déplacements à flot sur un Lake il est préférable de maintenir la porte légèrement ouverte. Le point d'observation sur les appareils à coque légers étant très bas.

Lorsqu'on voit des embruns sur le pare-brise d'un appareil équipé d'une hélice à l'avant on peut être sûr que de l'eau passe à travers le disque de l'hélice et il donc opportun de réduire le régime moteur.

Etat de la surface. Sur une surface avec des vagues très courtes et basses l'appareil répond très bien aux commandes, tandis qu'il est plus mou et plus inerte sur une surface parfaitement plate, à cause de la plus grande résistance exercée par l'eau sur les flotteurs.

Visibilité. Avec certains appareils, lorsqu'on se déplace à basse vitesse la visibilité est compromise par le nez levé. Cela oblige à suivre un parcours légèrement en zigzag, qui permet d'observer périodiquement sur les côtés la zone vers laquelle on se dirige.

Cette série de schémas illustre la position des commandes quand le vent provient des huit principales directions par rapport à l'hydravion. En général quand le vent provient de l'avant, le manche est maintenu en arrière et incliné du coté d'où vient le vent. Si le vent vient de l'arrière le manche sera maintenu dans un secteur avant. Si le vent est dans l'axe longitudinal de l'appareil, le manche reste centré. Le manche est toujours maintenu vers l'arrière, sauf en cas de notable vent arrière. Les pilotes d'avions (en particulier à trains classique) ne trouveront pas de différence. Les anciens disaient «montez vers le vent et descendez avec le vent».

surface levée   surface baissée

Vérifications et réglages. Lorsqu'on navigue à basse vitesse il arrive que l'on doive régler les équipements radio puis, avant le décollage, faire les vérifications nécessaires. Cela peut distraire le pilote de l'observation attentive de ce qui se trouve à l'extérieur de l'appareil. Il est bon de faire tous les réglages et vérifications possibles avant l'appareillage, l'appareil amarré ou sur la rive.

Circuler à flot entraine beaucoup de difficultés, beaucoup d'imprévus et des changements fréquents. Ces conditions requièrent de la part du pilote une attention maximum, alors qu'il y a beaucoup d'activité en cabine qui peuvent distraire le pilote. La plus récente d'entre elles est la disponibilité des systèmes comme le GPS. Ces équipements demandent de l'attention pour leur programmation avant leurs misent en service pour donner les informations de navigation. Une fois programmés, ces équipements peuvent en permanence générer une information, avoir un voyant qui clignote et attire l'attention du pilote pour une réaction. De ce fait, ces équipements provoquent une perte d'attention du pilote par rapport aux taches en cours.

La circulation à flot requière toute l'attention du pilote à l'extérieur de l'appareil. La circulation jaugée n'est pas le bon moment pour s'occuper des systèmes de navigation. Habituellement, les systèmes GPS demandent peu d'énergie. En tous cas bien moins que celle nécessaire au fonctionnement des autres systèmes de navigation quand ils sont en fonction. Si l'appareil en est équipé, le pilote doit faire attention de les programmer avant de partir. Sinon, il faut attendre d'être en vol et en sécurité. Utiliser l'aide des passagers pour observer les obstacles les rassurent par le biais de leur participation (cette fonction ne peut toutefois être laissée entièrement à leur charge, à moins que cette personne ne soit pilote d'hydravion elle même). Une paire d'yeux supplémentaire peut toujours aider, pour lire la check-list, etc. Cela aide,

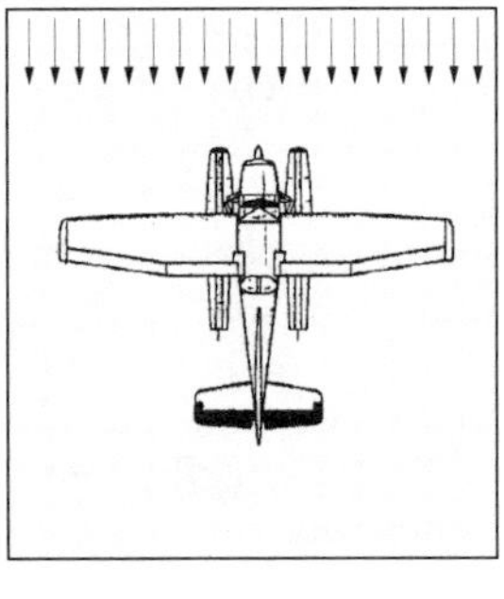

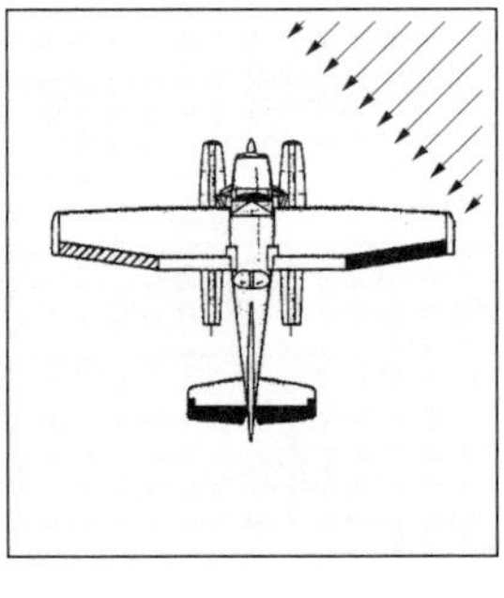

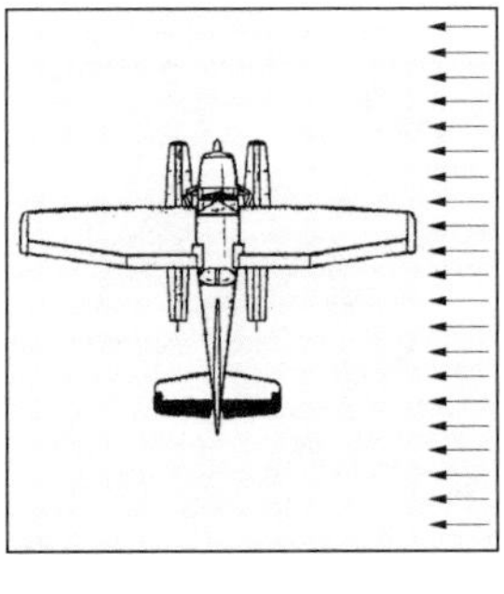

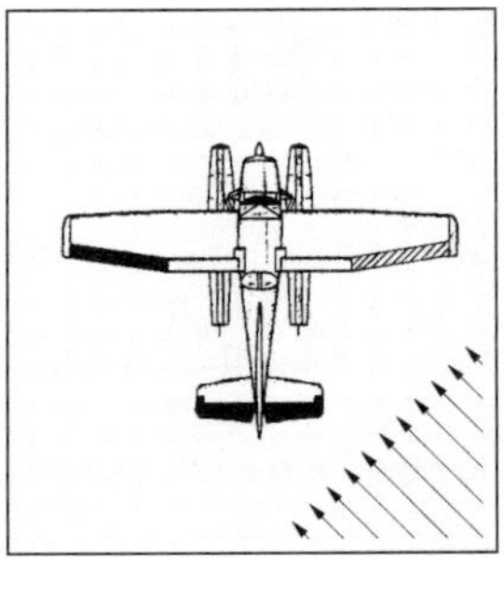

mais nous devons aussi nous habituer à nous débrouiller seul, et c'est une part de l'entraînement. Les passagers et l'équipage doivent être préparés pour assurer le calme en cabine. Habituellement le cockpit doit être calme est le rester durant l'approche depuis une certaine altitude jusqu'à la surface, et de la surface jusqu'à une certaine altitude déterminée au départ. Si le pilote estime qu'une partie de la circulation à flot ou la prise de ponton présente une difficulté, il est nécessaire de demander le calme en cabine, l'aide éventuel de l'équipage ou des passagers en plus de signaler les éléments qui concernent les opérations qui engagent la sécurité directe de l'appareil.

Virages. La règle, toujours bonne, est de virer sur l'eau à vitesse modérée.

L'aileron baissé génère plus de traînée que celui qui est levé. Pousser le manche du côté opposé au virage aide donc à virer plus rapidement. Donc dans les virages à gauche, par exemple, on pousse sur la pédale de gauche et on met le manche à droite (sans oublier de le maintenir en arrière).

Navigation à basse vitesse avec du vent

C'est une situation qui peut mettre à l'épreuve toutes les capacités du pilote hydro, surtout quand on évolue près d'obstacles ou de la rive.

Vent de face

Lorsqu'on se déplace face au vent la situation est des plus favorables. Le vent réduit la vitesse sur l'eau et rend les gouvernes beaucoup plus efficaces. Face au vent on réussit à tenir le nez et les flotteurs bien levés, pour éviter les embruns dans l'hélice et corriger rapidement toute variation d'assiette non désirée.

Vent sur l'arrière

Naviguer avec du vent arrière est toujours critique. La vitesse sur l'eau est plus élevée et la possibilité de contrôler l'appareil est réduite, d'autant plus que le vent agissant sur la gouverne de direction a un effet

Un brin de laine attaché au mât d'aile permet d'évaluer la vitesse du vent et sa direction relative par rapport à l'appareil. Cela est particulièrement important en cas vent arrière, comme c'est le cas sur cette photo. L'observation des cordelettes de manutention sur les appareils de taille plus importante est aussi valable.

opposé à celui de l'eau sur les safrans. Si le vent vient exactement de l'arrière et qu'il est faible, il n'y a pas de problèmes particuliers. Mais s'il y a une importante composante latérale ou si le vent est fort ou en rafales, la situation n'a rien de réjouissant, vu les possibilités réduites de contrôle.

Vitesse. La vitesse doit être maintenue à une valeur très basse. Si l'appareil devait tourner vers la direction d'où vient le vent avec une vitesse importante il y aurait un sérieux risque de capotage. La basse vitesse comporte toutefois une manœuvrabilité réduite. Si on ne réussit pas à naviguer avec le vent arrière à basse vitesse, il vaut mieux mettre l'appareil face au vent et choisir une autre stratégie pour s'approcher de la rive.

Évaluation de l'intensité du vent arrière. Une méthode pour évaluer l'intensité du vent arrière consiste à fixer un brin de laine de couleur long de 60-80 cm près de l'extrémité de l'aile, de façon qu'il puisse pendre librement et constituer une petite manche à air. Tant que le brin de laine est incliné vers l'arrière ou qu'il pend verticalement il n'y a pas de risques particuliers. Si par contre il est incliné vers l'avant cela signifie que le vent arrière est supérieur au vent

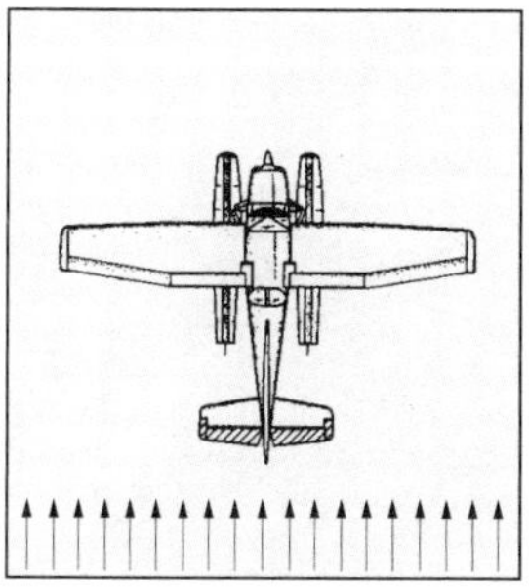

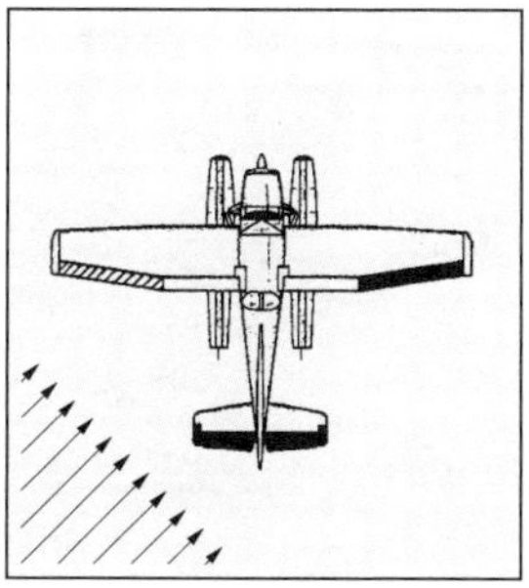

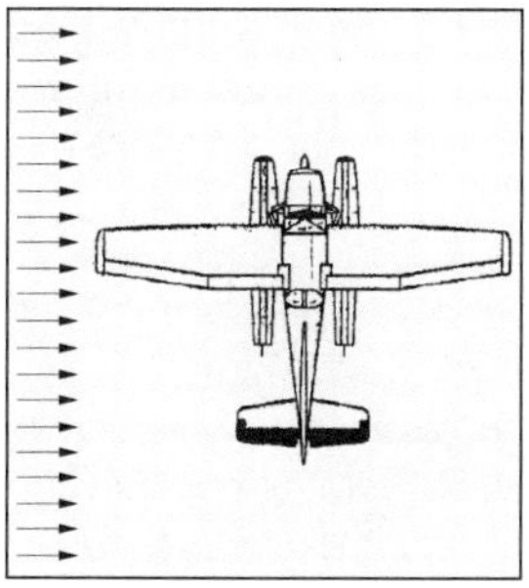

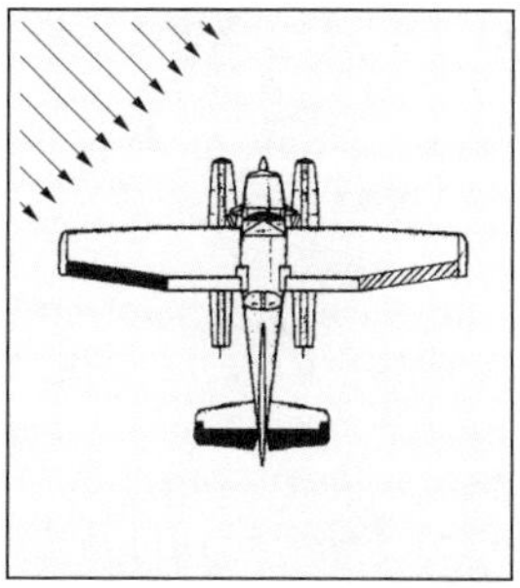

relatif et qu'à partir d'une certaine intensité, on pourrait risquer le capotage. Sur les appareils à haubans, la cordelette d'aile peut remplir la même fonction que le brin de laine.
Manche. En cas de fort vent arrière on navigue avec le manche ou le volant en butée avant. La chose peut être contre nature pour qui n'est pas habitué à opérer avec du vent, mais efficace. Avec un vent arrière supérieur à la somme du souffle de l'hélice et du vent relatif, cela contribue à maintenir le nez de l'appareil levé. Comment sait-on que l'on doit tenir le manche en avant ? Si l'appareil est équipé d'un brin de laine ou d'une cordelette d'aile on peut juger d'après leur position de l'intensité du vent arrière. On peut aussi simplement essayer de mettre le manche en avant avec précaution, si le nez se lève, même de peu, cela veut dire qu'il faut maintenir le manche en avant, si au contraire le nez se baisse on doit remettre le manche en arrière. Naviguant avec le manche en arrière on doit être prêt à le mettre rapidement en avant si on constate une rafale sur l'arrière et un abaissement du nez.
Corrections de cap. Lorsqu'on se déplace avec le vent exactement sur l'arrière il est nécessaire de corriger rapidement chaque légère variation de cap, car chaque déviation expose au vent fuselage et dérive et tend à faire tourner rapidement l'appareil le nez au vent. Si cela se produit on doit accompagner le mouvement en levant les safrans et en réduisant la puissance au minimum. Le but est de faire tourner l'appareil de la façon la moins risquée possible, c'est à dire sans perdre de temps et avec la vitesse minimale, comme cela est décrit plus loin.

Vent de travers

Si possible, il est bon d'éviter de naviguer avec des composantes de vent traversier, surtout avec les appareils à flotteurs. Éventuellement, il est préférable d'effectuer des tronçons avec le vent exactement de face, des tronçons avec le vent exactement arrière et d'avancer et de se laisser dériver "à la voile" avec seulement une petite composante de travers. Si une importante composante de vent traversier ne peut être évitée, comme cela peut se produire par exemple sur un fleuve ou un bassin avec des obstacles latéraux, on doit empêcher l'aile au vent de se soulever en mettant le manche à fond au vent, si le vent vient des quadrants avant, ou à fond sous le vent s'il vient des quadrants arrière.

La situation décrite est dangereuse avec un appareil à flotteurs, et peut faire renverser l'appareil dans l'eau, surtout quand les vagues le font osciller, à cause de l'importante surface du fuselage et de l'aile exposée au vent. Le risque n'existe pas avec les appareils à coque dotés de ballonnets, beaucoup plus stables sur l'eau, surtout ceux à ailes médianes, comme le Lake. Les appareils à coque à ailes hautes et nageoires, tels que le Boeing 314, peuvent aussi avoir quelques problèmes, en cas de vent fort.

Virages avec vent

Virages non désirés. Un vent ou une rafale de force suffisante peut faire tourner rapidement l'appareil vers la direction d'où provient le vent. Cela peut comporter des risques en présence d'obstacles. Donc, si on doit transiter près d'un obstacle en présence de vent fort ou en rafales, on doit passer du côté au vent. Si on se trouve du côté au vent, une éventuelle rafale produit un virage non désiré loin de l'obstacle, tandis que le même virage non désiré déporte l'appareil qui se trouve sous le vent vers l'obstacle.
Virages au vent. Pour effectuer un virage sur l'eau du vent arrière vers le vent de face il suffit de lever les safrans avec le moteur au minimum ou, si l'on se déplace avec le vent exactement dans le dos, d'appuyer

Conditions à risques durant les déplacements à flot par vent fort. Embruns dans le disque de l'hélice.
En bas, un virage vent de face avec une vitesse trop forte provoque un enfoncement du flotteur sous le vent. Cette situation peut provoquer un capotage latéral.

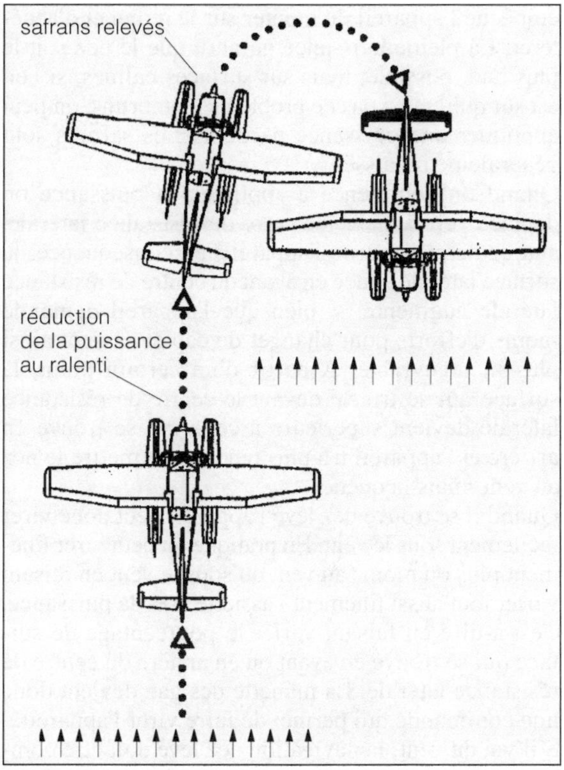

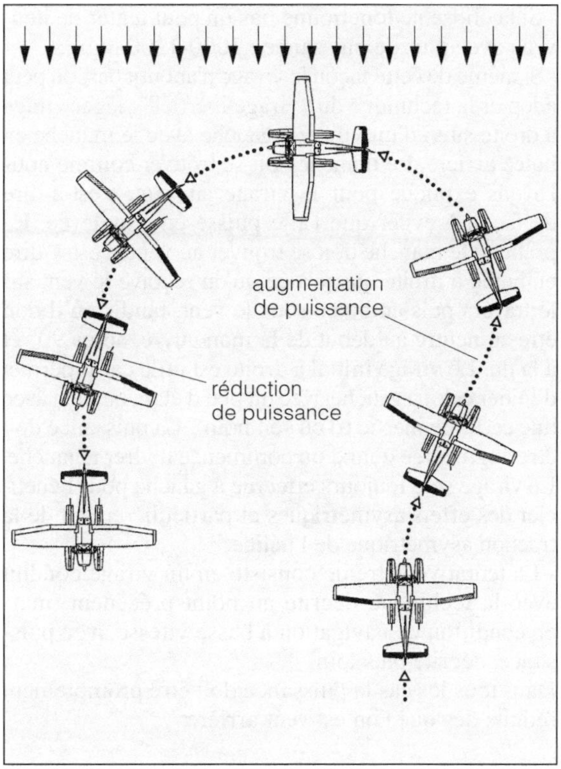

Virage au vent. Virage vent arrière et à inertie.

légèrement sur une pédale puis de lever les safrans. L'appareil, tel une girouette, se mettra face au vent. Le rayon de virage qui en résulte est particulièrement réduit. Ce virage vers le vent est dangereux uniquement s'il est effectué avec de la vitesse. Il doit être effectué seulement avec le moteur au minimum et à une vitesse extrêmement basse ou nulle, de façon que l'appareil tourne simplement sur lui-même. On obtient ainsi le rayon minimal de virage. La manœuvre, si possible,

Pour procéder par vent de travers il est plus prudent de passer au vent d'un obstacle. En cas de fortes rafales de vent, l'appareil n'ira pas vers l'obstacle.

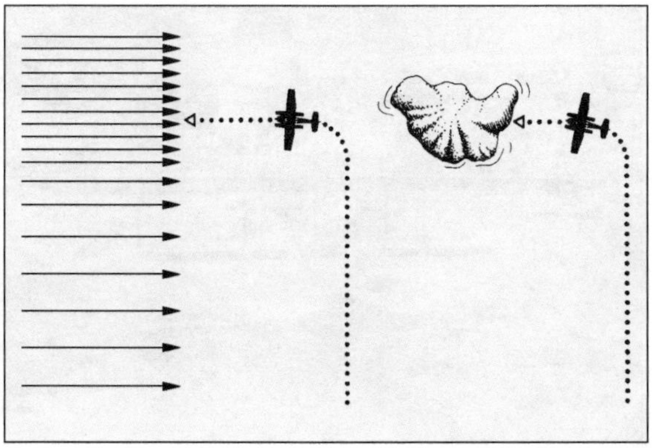

ne doit pas être effectuée en présence de vagues hautes perpendiculaires au vent, car elles pourraient faire osciller l'appareil et exposer périodiquement son flanc et l'aile au vent, avec le risque, passé une certaine limite, de renversement sur le côté.

Les ailerons doivent être employés de façon à maintenir l'aile au vent baissée, c'est-à-dire de façon qu'elle ne se soulève pas. En pratique le manche doit être poussé vers l'aile sous le vent jusqu'à ce qu'on ait le vent par le travers, puis vers l'aile au vent. Quand on a le vent sur l'arrière, de face et sur le travers le manche doit se trouver au neutre.

Virage sous le vent. Le virage du vent de face vers le vent arrière est beaucoup plus problématique. Avec du vent très fort le virage peut être impossible à cause de l'action du vent sur la dérive; il est alors déconseillé. Dans la position où le vent est de travers, l'aile au vent est soulevée et le flotteur sous le vent est enfoncé dans l'eau, une condition qui peut facilement provoquer le capotage, surtout si les vagues font osciller l'appareil. Quand on pense que le virage est possible, on peut tenter de l'effectuer, dans l'ordre, et avec les méthodes ci-dessous décrites.

- Avant tout on essaye la technique normale : virage à gauche avec le manche à droite.

- Si la chose ne fonctionne pas on peut tenter de nouveau avec plus de puissance : 1000-1200 tours.
- Si même de cette façon le virage n'aboutit pas, on peut adopter la technique du "virage inertiel" : léger virage à droite suivi d'un virage à gauche avec le manche en butée arrière. Le manche doit se trouver comme nous l'avons expliqué pour le virage au vent, c'est-à-dire de façon à éviter que l'aile puisse être soulevée. En pratique le manche doit se trouver au vent, c'est-à-dire en butée à droite, jusqu'à ce qu'on reçoive le vent sur le travers puis en butée sous le vent, tandis qu'il doit être au neutre au début de la manœuvre, après 90° et à la fin. Le virage initial à droite est utile car il permet d'initier celui à gauche avec un peu d'élan, ou bien avec une certaine inertie (d'où son nom). La puissance doit être augmentée quand on commence à virer à gauche. Le virage sera toujours effectué à gauche pour bénéficier des effets asymétriques et particulièrement de la traction asymétrique de l'hélice.
- La tentative extrême consiste en un virage conduit avec la technique décrite au point précédent, mais en condition de navigation à basse vitesse avec puissance, décrite plus loin.

Dans tous les cas la puissance doit être promptement réduite dès que l'on est vent arrière.

Navigation à basse vitesse "avec puissance"

La navigation à basse vitesse "avec puissance" ou "nez levé" consiste à mettre de la puissance de façon à faire lever et maintenir le plus haut possible le nez de l'appareil, avec les queues des flotteurs enfoncées dans l'eau. La vitesse est plus élevée qu'en navigation normale à basse vitesse, mais pas de beaucoup. La manœuvrabilité de l'appareil, qui en navigation normale avec du vent est réduite, est par contre très supérieure à cause du déplacement notable en arrière du centre de résistance latérale autour duquel tourne l'appareil, comme expliqué au chapitre sur la mécanique du vol.

Michelangelo Regine

En navigation à basse vitesse nez levé, pendant quelques secondes, l'appareil se trouve en transition entre la navigation à basse vitesse (jaugée) et celle à haute vitesse (hydroplanage). Il est parfois utile de maintenir l'appareil dans cette situation plus longtemps, sans le faire monter sur le redan.

Pour amener l'appareil en condition de navigation nez levé il est nécessaire d'appliquer toute la puissance, en maintenant le manche en butée arrière, ce qui empêche l'appareil de monter sur le redan et d'accélérer. La pleine puissance garantit que le nez soit le plus haut possible, mais sur surfaces calmes, si l'on est sûr qu'il n'y a pas de problème d'embruns, on peut appliquer une puissance partielle. Les safrans sont généralement baissés.

Quand on commence à appliquer la puissance on déplace vers arrière le centre de résistance latérale, autour duquel tourne l'appareil; en conséquence, la surface latérale située en avant du centre de résistance latérale augmente, si bien que l'appareil demande moins d'efforts pour changer de cap et devient ainsi plus manœuvrable. A partir d'un certain point, la surface qui se trouve devant le centre de résistance latérale devient supérieure à celle qui se trouve en arrière et l'appareil n'a plus tendance à mettre le nez au vent, mais la queue.

Quand il se trouve nez levé l'appareil peut donc virer facilement sous le vent. En pratique on peut virer finement plus ou moins au vent ou sous le vent en faisant varier tout aussi finement l'assiette avec la puissance, c'est-à-dire en faisant varier le pourcentage de surface qui se trouve en avant ou en arrière du centre de résistance latérale. La manette des gaz devient donc une commande qui permet de faire virer l'appareil.

S'il y a du vent, la navigation nez levé doit être commencée avec le vent de face, puis on vire pour un autre cap quand le nez est levé au maximum.

Naviguer à basse vitesse avec puissance provoque la surchauffe du moteur et, en présence de vagues, comporte de sérieux risques d'endommagement de l'hélice par les embruns, en outre cela réduit la visibilité. C'est donc une situation que l'on maintiendra le moins longtemps possible, pour résoudre les situations particulières énoncées.

La circulation nez levé avec puissance est utilisée pour s'échouer sur une rampe en bois. Ici un Caudron G3, participant à la première coupe Schneider de 1913 à Monaco. En arrière plan la ville de Monte-Carlo.

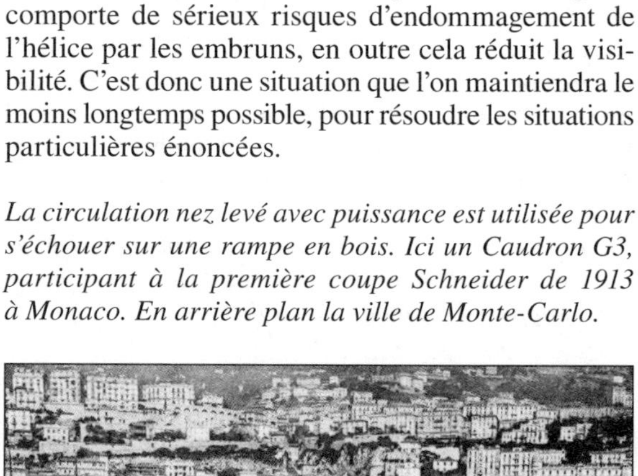
Archivio Apostolo

A droite, un Piaggio P136 près de l'Île de Procida, dans le golfe de Naples, et un Cessna 172 dans la petite baie de Portofino.
Dessous, le Dornier Wal *de Wolfgang von Gronau circulant dans le port de New York, à l'occasion de son tour du monde en 1930. Son appareil était du même modèle que celui utilisé par Amundsen pour son raid dans l'océan arctique en 1925.*

Archivio Apostolo

Accostage d'une rampe en bois. La vague générée par les flotteurs baigne la rampe, la lubrifie, et facilite de beaucoup la montée.
Surface agitée. Dans certains cas la navigation normale sur une surface agitée envoie beaucoup d'embruns dans le disque de l'hélice. L'assiette avec le nez beaucoup plus haut que l'on obtient en naviguant avec de la puissance éloigne le disque de l'hélice de l'eau et fait aussi reculer la zone de contact eau / flotteurs, il en résulte que moins d'embruns arrivent sur l'hélice. Mais il n'en est pas toujours ainsi, car avec des vagues d'une certaine longueur et hauteur des embruns arrivent tout autant, sinon plus, ce qui est dangereux, étant donné le régime moteur élevé. Si on n'a pas une connaissance parfaite du comportement de l'appareil, l'unique possibilité est d'essayer et d'arrêter immédiatement si des embruns atteignant l'hélice.
Virage avec vent. En cas de vent de forte intensité il peut être difficile voire impossible de virer du vent de face vers le vent arrière. La chose devient possible si on manœuvre avec de la puissance. C'est le cas où la navigation nez levé est la plus utile et la plus utilisée, même si on doit toujours évaluer l'alternative de naviguer "à la voile", une manœuvre certainement plus sûre et moins dangereuse pour l'hélice.

Navigation avec du vent de travers. Il peut être impossible de naviguer à basse vitesse dans une direction où l'on a le vent de travers. Naviguer avec de la puissance peut être une solution.
Essais moteur à flot. S'il n'a pas été possible d'effectuer la chauffe et les essais moteur sur la rive on doit faire le tout à flot. Si la surface n'est pas agitée il ne devrait pas y avoir de problèmes d'embruns dans le disque de l'hélice. Les essais moteur à flot doivent être effectués face au vent.

Conditions de vent extrême

Il y a des conditions extrêmes où, à cause du vent, l'appareil n'est pas manœuvrable sur l'eau et court sérieusement le risque de se renverser. Dans ces cas là on peut adopter des solutions diverses selon que l'on se trouve près d'une hydrobase, qui peut fournir une assistance, ou que l'on est livré à soi-même. Les choix sont d'une importance fondamentale, car l'intégrité de l'appareil est en jeu (ainsi que la possibilité d'un bain forcé). Un principe fondamental sera toujours pris en compte : tant que l'appareil est face au vent les risques sont faibles, même avec un vent très fort; lorsqu'il y a une composante latérale ou du vent arrière les risques

Avec un vent fort il est prudent qu'un membre de l'équipage contrebalance l'appareil du côté au vent à la façon d'un dériveur. La même chose peut être faite par vent arrière fort. Toutefois par vent arrière fort, il faut maintenir le manche en butée avant.

augmentent notablement. Si on opère avec un amphibie on peut toujours opter pour un décollage immédiat face au vent suivi d'un atterrissage sur l'aéroport le plus proche. Si on opère avec un hydravion on peut, de la même façon, décoller face au vent et rejoindre un autre bassin ou une partie plus tranquille du même bassin. Si on opère en mer on peut redécoller pour une surface située du côté calme d'une île, pour une lagune ou un lac côtier. En cas extrêmes on peut effectuer un atterrissage d'urgence sur un pré ou un aéroport, sur lequel l'appareil s'endommagera beaucoup moins qu'en le faisant capoter dans l'eau suite à une manœuvre à flot avec un vent arrière ou sur le travers excessif (voir "Atterrissage", au chapitre sur les techniques avancées).

Contrepoids. Si on pense que l'abandon de la surface où l'on opère n'est pas indispensable on doit adopter les techniques qui permettent de rejoindre la rive avec le minimum de risques. Si la situation est presque limite, mais encore gérable avec le vent arrière, et si on a un passager à bord, on peut procéder ainsi : on fait descendre le passager sur un flotteur et on le fait aller à l'arrière, de façon qu'il fasse contrepoids. S'il y a aussi une composante transversale il est essentiel que le passager soit sur le flotteur au vent. En cas de rafales ou de vent particulièrement fort le passager sur le flotteur peut être amené à s'attacher au hauban et se pencher à l'extérieur, comme le fait l'équipier sur un voilier.

Si l'on dispose d'une embarcation d'assistance on peut se faire remorquer, comme cela est illustré à la rubrique "Interactions avec les embarcations", au chapitre sur les techniques avancées.

Avec du vent très fort, au point de déconseiller toute trajectoire qui ne soit pas face au vent, on peut aussi adopter les techniques de "manœuvres à la voile", décrites plus loin, qui permettent de se déplacer en arrière, plus ou moins obliquement par rapport au vent, mais avec des composantes transversales faibles.

Navigation "à la voile"

Cette technique raffinée de navigation, praticable surtout avec les appareils à flotteurs, consiste à aller dans la direction voulue en maintenant toujours le nez face au vent ou faisant avec lui un petit angle. Naviguer "à la voile" est une manœuvre plutôt lente et qui demande de nombreux ajustements et parfois d'être exécutée en plusieurs phases lorsqu'on est proche de la rive ou du ponton à rejoindre; c'est toutefois l'unique technique de navigation sûre avec du vent fort ou en rafales.

Les situations les plus complexes d'emploi combiné des techniques normales de navigation et de celles de manœuvres "à la voile" se rencontrent habituellement au cours de l'accostage et sont illustrées au chapitre qui traite de cette manœuvre. Les aspects plus théoriques de la navigation "à la voile" sont traités au chapitre sur la mécanique du vol hydro.

Navigation à la voile sans puissance

Marche arrière "à la voile". Si l'appareil est orienté nez au vent moteur arrêté ou tournant au minimum et si on ne touche pas aux commandes, l'appareil se déplace simplement en arrière poussé par le vent.

La navigation à la voile sans puissance, en arrière et en arrière vers la droite. Les safrans sont toujours relevés.

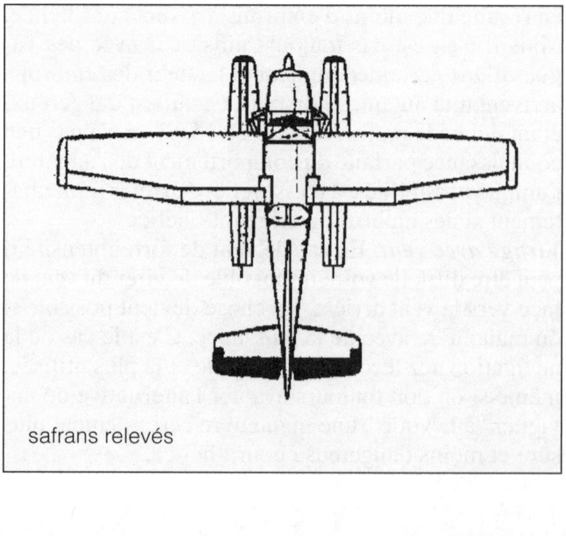

Dans ce cas on peut sortir les volets et ouvrir les portières, pour augmenter la surface exposée au vent et donc la vitesse.
En cas de vent fort, on doit veiller à ce que les queues des flotteurs ne s'enfilent dans les vagues et, pour avoir la queue de l'appareil un peu plus levée, on maintient le manche en butée avant.
Si on désire diminuer la vitesse on peut mouiller une ancre flottante, reliée aux taquets avants ou à la traverse antérieure. Les safrans doivent être relevés.
Effet de quille. Si on fait en sorte de diriger les queues des flotteurs dans une direction différente de celle du vent, l'appareil se déplacera dans une direction intermédiaire entre celle des queues et celle du vent. Cela se produit par effet de l'eau sur les quilles des flotteurs, comme expliqué plus en détail au chapitre sur la mécanique du vol. Il existe naturellement une limite, constituée par la possibilité de diriger les queues des flotteurs dans une direction différente de celle du vent. Le maximum que l'on peut faire est de mettre tout le pied d'un côté et le manche en butée de l'autre. En mettant tout le pied, par exemple à gauche, le vent agissant sur la gouverne de direction fait diriger la queue à droite; le résultat est que l'on recule vers la droite. Le manche à droite augmente la surface active de l'aile gauche par rapport à celle de droite et permet de maintenir l'appareil plus tourné. On peut aussi ouvrir les portes asymétriquement, en vérifiant empiriquement si cela augmente l'angle de rotation de l'appareil. Généralement, quand on recule "à la voile" vers la droite, on ouvre seulement la porte gauche.
Les safrans, lorsqu'on exploite l'effet de quille, doivent toujours être relevés, car ils agissent en sens opposé à celui de la gouverne de direction.
Quand la vitesse est significative, surtout s'il y a des vagues, on doit maintenir le manche en butée avant, pour tenir les queues des flotteurs un peu plus levées.

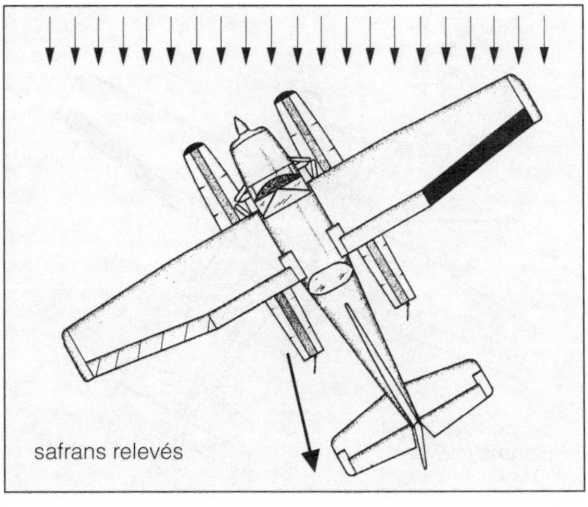

Le canard d'Henri Fabre en circulation à basse vitesse. Premier hydravion jamais construit, notez que de longues cordelettes d'aile de manutention fixées au niveau des mâts inférieurs.

En naviguant à la voile avec effet de quille on ne sort pas les volets, car ils réduisent légèrement l'angle de rotation de l'appareil et diminuent la visibilité sur l'arrière, c'est-à-dire vers la direction où l'on se dirige. En utilisant tous ces expédients on réussit à diriger les queues dans une direction à 25-30° de celle du vent. L'appareil est également sujet à un mouvement de dérive plus ou moins prononcé, selon sa vitesse, la surface exposée au vent et la forme et la surface de la partie immergée des flotteurs. En d'autres termes, l'appareil ne se dirige pas exactement dans la direction des queues, mais le long d'une route légèrement divergente, c'est-à-dire plus proche de la direction du vent. Dans certaines conditions cette dérive peut être plus prononcée que le mouvement dans la direction des quilles, ainsi l'appareil se déplace peu, mais du côté opposé à l'orientation des queues. Si par exemple celles-ci sont dirigées vers la droite, l'appareil se déplace vers l'arrière et légèrement vers la gauche. Le comportement d'un appareil déterminé doit être vérifié une fois pour toutes dans différentes conditions de vent. Si on n'a pas eu la possibilité d'effectuer des essais et que l'on se trouve dans des conditions où l'on doit se déplacer "à la voile", on peut simplement essayer de diriger la queue d'un côté puis de l'autre et déterminer, de façon complètement empirique mais efficace, le comportement de l'appareil.

Manœuvre de précision à la voile

Avec un assistant. Pour se déplacer "à la voile" en arrière et en effet de quille le pilote se porte généralement sur un flotteur, laissant au copilote ou à un passager en cabine la charge de maintenir le palonnier et le manche dans la direction opportune indiquée par le pilote. Dans les phases finales de l'accostage le pilote se porte sur l'extrémité postérieure du flotteur et, à l'aide de la pagaie, dirige l'appareil dans la direction désirée. Atteignant des eaux moins profondes, il

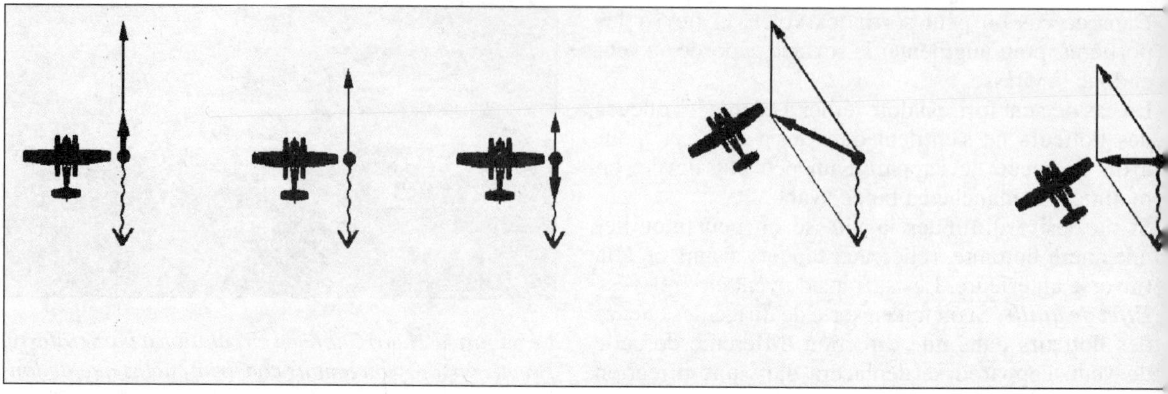

peut commencer à utiliser la pagaie plus efficacement comme une perche.

Manœuvre de précision "à la voile". Pour avoir la plus grande possibilité de rejoindre un point déterminé de la rive ou une bouée, on doit placer l'appareil exactement au vent de ce point et à la distance minimale possible, on arrête le moteur puis on descend sur un flotteur avec la pagaie, prêt à corriger chaque variation non désirée de route.

Navigation à la voile avec puissance

Si on met suffisamment de puissance on peut annuler le déplacement en arrière. Dans ce cas aucune force n'agit dans l'axe de la quille et on peut utiliser l'effet du vent sur la surface de l'appareil, qui dérive tout simplement sur le côté. Pour cela on parle aussi de "navigation à la voile latérale". Si donc on dirige le nez de l'appareil par exemple à gauche, en mettant du pied à gauche, on expose le côté droit du fuselage au vent. L'effet est un déplacement latéral vers la gauche. Les safrans, lorsqu'on se déplace latéralement à la voile, n'ont aucune fonction importante et il vaut mieux les laisser levés. En mettant plus ou moins de moteur on peut avancer plus ou moins rapidement et prendre ainsi une trajectoire plus ou moins orientée vers l'avant.

Navigation à la voile avec les appareils à coque

Les appareils à coque sont beaucoup plus stables sur l'eau et sont dotés d'un empennage plus efficace que les appareils à flotteurs. Ils permettent donc des virages ou des allures avec le vent arrière ou sur le travers qui seraient impossibles avec un appareil à flotteurs. Avec ces appareils, la nécessité de "naviguer à la voile" se rencontre donc rarement. La quille des appareils à coque n'est pas très prononcée et par conséquent l'effet de quille non plus. Ces appareils se déplacent donc "à la voile" seulement vers l'avant. Ceux qui ont toujours une partie du safran immergé, tel que le Lake, présentent un effet hydrodynamique de la surface immergée qui est exactement opposé à l'effet aérodynamique du vent sur la partie émergée. Si par exemple on se déplace en arrière et que l'on met du pied à droite, le vent tend à déplacer la queue à gauche, tandis que l'eau tend à la déplacer à droite. La possibilité de diriger la queue dans une direction différente de celle du vent se manifeste donc de façon différente selon les situations et en particulier selon que prévaut l'effet de l'eau ou de l'air sur la gouverne de direction. Le résultat doit être vérifié empiriquement à chaque fois.

Navigation dans le courant

L'appareil qui navigue dans le courant (d'un fleuve, de marée, etc.) a une vitesse par rapport au fond ou à la rive égale à sa vitesse par rapport au courant additionnée de celle du courant par rapport à la rive.

Navigation à la voile avec puissance (safrans relevés) à gauche. La dérive peut être acquise avec un vent de 12 à 20 KTS selon la taille de l'appareil.

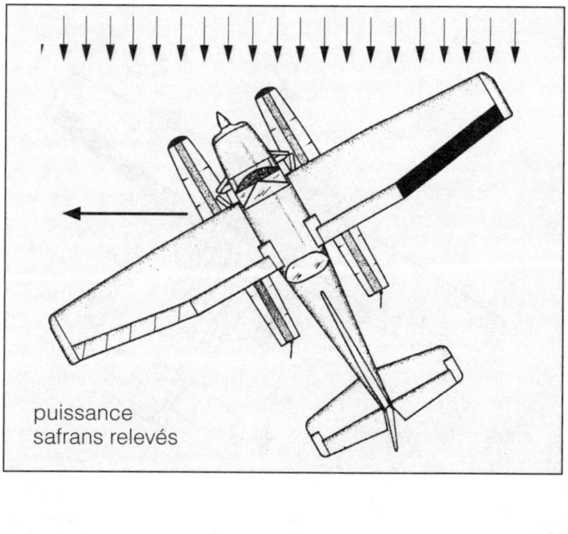

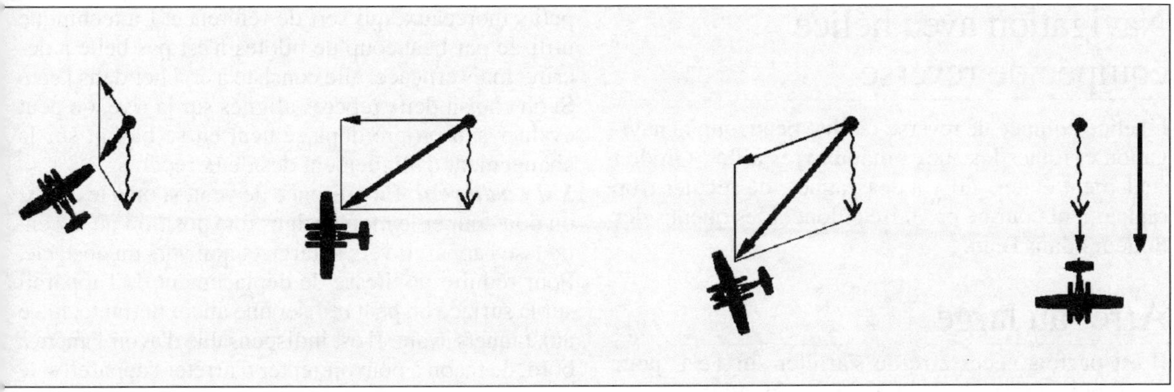

L'appareil immobile par rapport au courant. L'appareil immobile par rapport au courant est complètement ingouvernable et dérive simplement comme n'importe quel autre objet flottant. C'est une condition dans laquelle on ne doit jamais se trouver, sinon pour un très court moment voulu et parfaitement contrôlé par le pilote.
Avec le courant. Quand on avance dans le sens du courant, la vitesse par rapport au fond ou à la rive est importante. Il peut aussi arriver que l'on soit gagné par la sensation de vitesse par rapport à la rive et qu'on ne s'aperçoive pas que l'appareil a ralenti par rapport à l'eau, avec pour conséquence une réduction de la manœuvrabilité. On doit donc tester continuellement la manœuvrabilité par de légers à-coups de chaque côté. Dans le doute on doit augmenter la puissance. Si on pense être rapide par rapport à la rive ou à des obstacles, on doit résister à la tentation instinctive de réduire la puissance, ce qui réduirait la manœuvrabilité, mais on doit immédiatement tourner le nez contre le courant, et avancer dans ce sens de façon à s'éloigner des obstacles. Quand on avance avec le courant on doit veiller à ne pas finir sur un sec, vu la vitesse élevée par rapport au fond.
Contre le courant. L'appareil qui se déplace contre le courant a une vitesse réduite par rapport au fond ou à la rive. Si le courant a une vitesse égale ou supérieure à la vitesse minimale de navigation, la vitesse par rapport au fond est réglable finement, en mettant plus ou moins de puissance, même à des valeurs nulles ou négatives. En d'autres termes l'appareil peut se maintenir "sur place" ou même reculer par rapport au fond en restant toujours parfaitement contrôlable. La trajectoire peut être contrôlée au palonnier. Il est toujours conseillé de maintenir une trajectoire qui fait un petit angle avec le courant, à moins que l'on doive virer franchement de 180°. Tout type d'approche de la rive ou d'une embarcation ainsi que toute opération au voisinage d'obstacles doivent se faire avec l'appareil avançant contre le courant.

Quelques cas de navigation dans le courant. La vitesse résultante (flèche épais) est la somme résultante de la vitesse de l'hydravion (flèche fine) et la vitesse du courant (flèche ondulée). Le courant dans l'exemple est toujours constant et vient du haut. L'appareil est représenté avec le cap qu'il a durant son déplacement. Dans le dernier cas le vecteur de la vitesse résultante est dessiné sur un coté pour simplifier, mais est en fait supposé aussi de l'autre coté. Cette dernière situation procurera au pilote même expérimenté une grande nervosité due au vent et au courant arrière qui peuvent occasionner un capotage en tournant, à cause de la force centrifuge élevée. Le choix du cap et de la puissance rend possible les déplacements dans toutes les directions.

On doit prêter attention au flux de l'eau près de la rive, qui est souvent turbulent et donne lieu à des tourbillons de dimensions parfois notables. D'autres informations sont données au chapitre sur l'accostage et sur les techniques avancées.

Navigation avec les amphibies

La navigation à basse vitesse avec les amphibies est comparable à celle des hydravions, mais avec une possibilité en plus : celle de sortir le train pour augmenter la traînée hydrodynamique. Cela peut être utile pour réduire la vitesse ou pour maintenir la même vitesse avec plus de puissance, de façon à rendre plus efficaces les gouvernes pour contrôler l'appareil.
Pour certains appareils, tel que le Catalina par exemple, une navigation à flot prolongée se fait avec le train sorti et des ancres flottantes, parce qu'il y a nécessité de maintenir un ralenti moteur plus élevé pour obtenir un bon refroidissement et le fonctionnement correct des génératrices électrique.
Avec les amphibies on doit se rappeler de sortir le train avant le contact avec la rampe et de le rentrer avant le décollage. Le train sera aussi sorti en protection pour éviter de heurter des hauts fonds.

Navigation avec hélice équipée de reverse

L'hélice équipée de reverse facilite beaucoup la navigation et toutes les autres manœuvres à flot. On doit seulement éviter, s'il y a des vagues, de reculer trop rapidement pour ne pas faire enfoncer les queues des flotteurs dans l'eau.

Arrêt au large

Il est parfois nécessaire de s'arrêter sur l'eau pour un certain temps, généralement pour attendre que quelque chose se passe (qu'un ponton ou une rampe se libère, qu'un hélicoptère proche du point d'accostage décolle, que le vent faiblisse, etc.). Dans ces cas on peut arrêter le moteur et rester en attente au large. Si on agit de la sorte, on doit être absolument sûr que le moteur repartira, c'est-à-dire que la batterie a toute son efficacité. Il est indispensable d'avoir une ancre à bord. En cas de doute on doit continuer à tourner en rond à basse vitesse, où la consommation de carburant est faible. Si on appauvrit le mélange on évite que les bougies s'encrassent, mais attention à la surchauffe des cylindres.

Déplacement sur la surface

Lorsqu'on est arrêté sur l'eau on doit toujours tenir à vue d'œil la rive ou les obstacles; souvent on ne se rend pas compte de la vitesse à laquelle on se déplace sur l'eau, à cause du vent ou du courant, et on se retrouve près d'un obstacle plus vite que prévu. Cela se produit du fait que la surface n'offre pas de références fixes et l'appareil semble alors immobile, même lorsqu'on se déplace sensiblement. Pour évaluer les déplacements de l'appareil moteur arrêté sur la surface à cause du vent, on peut jeter un objet léger à l'eau, par exemple une feuille de papier déchirée en petits morceaux, qui sert de référence. La technique utilisée par beaucoup de pilotes n'est pas belle à décrire, mais efficace, elle consiste à cracher dans l'eau. Si on choisit deux repères alignés sur la rive, on peut évaluer son propre déplacement en se basant sur le changement d'alignement des deux repères.

S'il y a du vent. En présence de vent, si on a le choix, on doit couper le moteur dans une position où le vent pousse l'appareil vers le large et non vers un obstacle. Pour réduire la vitesse de déplacement de l'appareil sur la surface on peut utiliser une ancre flottante, fixée aux taquets avant. Il est indispensable d'avoir l'ancre à bord, de façon à pouvoir tenter d'arrêter l'appareil si le moteur ne repartait pas. Ne pas avoir d'ancre signifie renoncer à l'ultime possibilité de résoudre la situation. Quand il y a un peu de vent et que l'on abandonne l'appareil sur l'eau avec le moteur arrêté, généralement pour se baigner, il est opportun de rester à proximité.

Règles de manœuvre

L'appareil, quand il se trouve sur l'eau, est considéré comme les autres barques ou embarcations, c'est-à-dire qu'il est considéré comme un "navire".
Les manœuvres qu'il doit effectuer et les priorités qu'il doit laisser aux autres navires sont établies dans une convention internationale pour prévenir les abordages en mer (Réglementation internationale pour prévenir les abordages en mer: Convention de Londres de 1972).
Les principales règles sont illustrées sur la figure. On se rappellera qu'un hydravion, étant un navire à propulsion mécanique, doit laisser la priorité aux voiliers. La priorité doit être aussi laissée aux navires qui ont des difficultés de manœuvre. Donc, avec un vent important, un appareil à ailes basses, tel que le Lake, doit laisser la priorité à un appareil à flotteurs et ailes hautes, beaucoup plus instable latéralement sur l'eau. Pour les hydravions, en conditions normales, on devrait considérer que l'appareil

Le Dornier 24 transformé en amphibie et équipé avec trois turbopropulseurs. Il est piloté par Iren Dornier sur le premier bassin du Lac de Côme.

Règles de route: feux

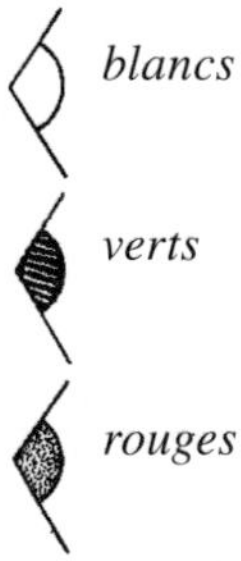

qui est sur le redan a la priorité sur celui qui navigue à basse vitesse. Celui sur le redan, qui se trouve dans une situation où la contrôlabilité est toujours plus précaire, résout rapidement sa situation, tandis que celui qui procède à basse vitesse peut mettre plusieurs minutes pour obtenir la situation désirée. Cela n'est toutefois pas valable si l'hydravion qui se déplace à basse vitesse a visiblement des difficultés pour manœuvrer.

Le problème de la priorité entre un appareil naviguant à flot et un autre en vol est beaucoup plus délicat que pour les appareils terrestres. Ces derniers, quand ils se trouvent au sol, sont toujours plus manœuvrant et plus en sécurité qu'un appareil en vol. Les règles de l'air établissent que l'appareil à l'atterrissage a la priorité sur celui qui est en attente pour le décollage.

Pour l'appareil qui se trouve sur l'eau la situation est différente. Le vent et les vagues peuvent rendre sa situation plus précaire que celle de l'appareil en vol. Pour cela, beaucoup d'opérateurs expérimentés suggèrent que l'appareil à flot doit avoir la priorité sur celui en vol, même s'il est en approche.

Heureusement le problème n'est pas très grave, étant donné que les hydravions ont à leur disposition de grands espaces.

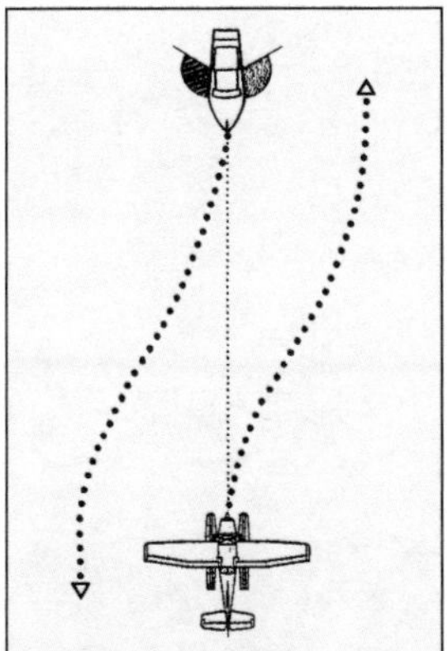

Quand on rencontre un autre navire, dégager par la droite.

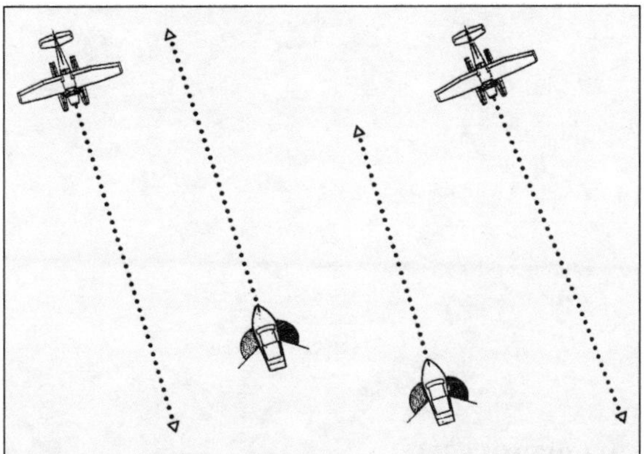

Routes parallèles: maintenir le cap sans laisser des doutes sur vos intentions.

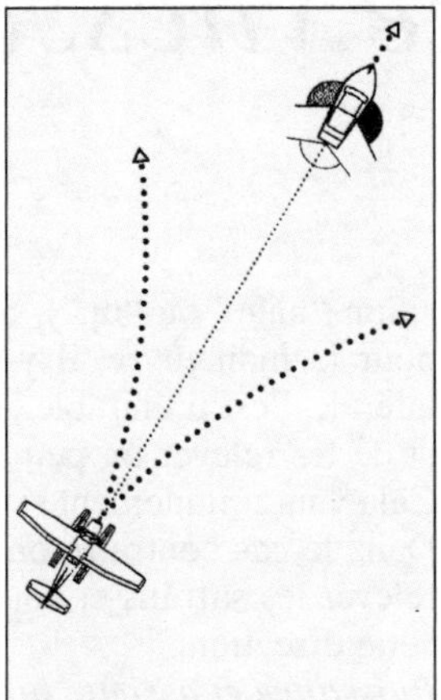

Le bateau qui rattrape un autre bateau doit agir tôt et de façon évidente de manière à s'écarter largement du navire qu'il rattrape. L'efficacité des manœuvres doit être attentivement contrôlée jusqu'à ce que l'autre navire soit définitivement paré et clair..

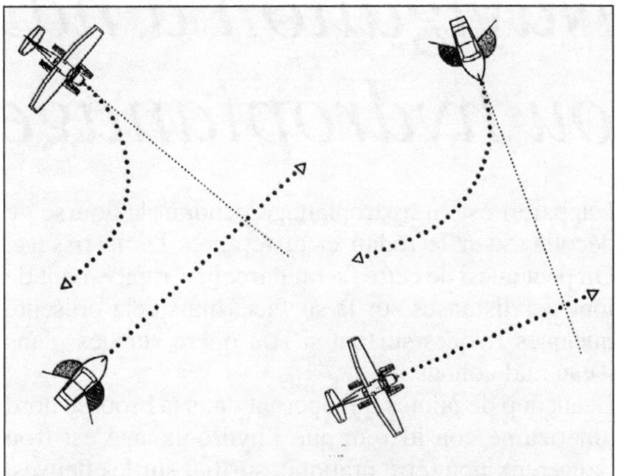

Quand on navigue sur une route qui croise la route d'un autre navire, celui-ci est prioritaire s'il vient de la droite. Aussi, la zone de danger du navire se trouve en avant depuis la proue jusqu'à un point situé sur un angle de 22,5°sur la droite. Tous les navires dans cette zone sont prioritaires. Se rappeler que les navires sans puissance sont toujours prioritaires par rapport aux navires motorisés.

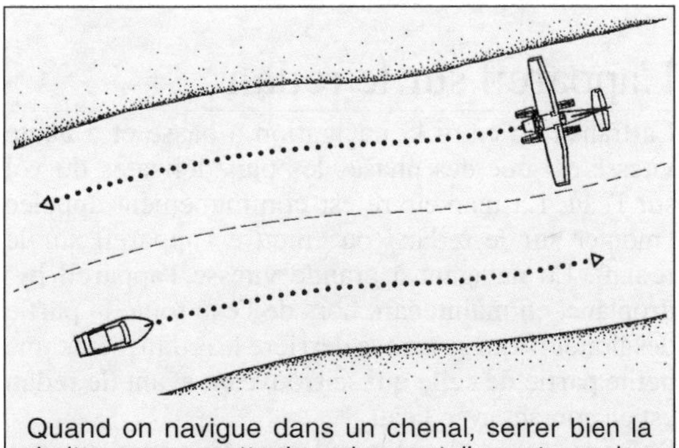

Quand on navigue dans un chenal, serrer bien la droite pour permettre le croisement d'un autre navire.

CHAPITRE 8

Navigation à haute vitesse ou hydroplanage

L'appareil est en hydroplanage pendant la course de décollage sur le redan et juste après l'amerrissage. On peut aussi de cette façon parcourir rapidement de longues distances sur la surface, mais cela présente quelques risques surtout si l'on opère sur des plans d'eau mal connus.

Beaucoup de pilotes qui opèrent dans la brousse nord américaine considèrent que l'hydroplanage est trop dangereux pour être pratiqué, surtout sur les fleuves, et mettent l'appareil sur le redan uniquement pour décoller. Toutefois, si on opère régulièrement sur une surface surveillée en ce qui concerne les matériaux flottants et en conditions non critiques de vent et de vagues, l'hydroplanage peut être considéré comme une manœuvre normale. Avant de faire des virages sur le redan, surtout en présence de vent, il est bon d'acquérir graduellement une certaine expérience.

L'appareil sur le redan

La transition entre la navigation à basse et à haute vitesse est une des phases les plus délicates du vol sur l'eau. La manœuvre est communément appelée "monter sur le redan" ou "mettre l'appareil sur le redan". En navigant à grande vitesse l'appareil hydroplane, en maintenant hors de l'eau toute la partie des flotteurs qui se trouve derrière le redan; seule une petite partie de celle qui se trouve en avant de redan est en contact avec l'eau.

Safrans. Avant d'appliquer la puissance pour mettre l'appareil sur le redan, on doit relever les safrans (position "haut" ou "up"). Si, dans la direction choisie pour la manœuvre, il y a une composante de vent latéral, il est préférable de laisser les safrans baissés et de les relever un peu après la mise en puissance. Cela vaut uniquement si cette composante est faible. Dans le cas contraire on doit s'aligner face au vent, relever les safrans et commencer la manœuvre dans cette direction.

Puissance et assiette initiale. Aligné dans la direction choisie, on tient le manche en butée arrière et on applique la pleine puissance. A ce point, malgré la tendance initiale du nez à s'abaisser qui suit la mise en puissance, la pression de l'eau sur la partie antérieure des flotteurs produit un important moment cabreur, accentué par la gouverne de profondeur en position à cabrer, qui fait soulever la pointe des flotteurs hors de l'eau.

En présence de vagues la puissance sera appliquée quand le nez monte, au passage de la coque sur la vague. Pour réduire le risque d'endommagement de l'hélice on peut appliquer la puissance partiellement (entre un demi et deux tiers) jusqu'à ce que le nez se soit bien élevé puis appliquer toute la puissance. En bref, l'appareil se trouve en condition de navigation jaugée "nez haut" ou "avec puissance", décrit au chapitre précédent. La partie postérieure des flotteurs est immergée et "laboure" la surface, comme disent les anglo-saxons, tandis que la partie antérieure la fend lourdement. L'assiette est très cabrée et la vitesse se stabilise rapidement à une valeur supérieure à celle de la navigation normale à basse vitesse, mais pas de

Montée sur le redan avec un Lake Renegade. *L'attitude initiale nez haut, devient de plus en plus basse au fur et à mesure de l'augmentation de la vitesse. Cette séquence à été photographiée dans une baie de l'île de Myconos, en mer Égée (Grèce).*

Guido Natali

beaucoup. On doit rester le moins longtemps possible en cet état tant pour éviter la surchauffe du moteur que pour que les embruns n'aillent pas frapper l'hélice, qui tourne à son régime maximal et pourrait être gravement endommagée; enfin pour ne pas persister dans une situation où la visibilité sur l'avant est réduite.

Si la manœuvre a été engagée dans une direction différente de l'axe de décollage définitif, pour avoir le vent de face dans les premières phases, c'est le moment d'orienter l'appareil vers la direction choisie pour la montée sur le redan.

Le manche au début de la manœuvre. On a dit qu'au cours de la manœuvre, jusqu'au moment où on augmente la puissance, le manche doit être maintenu en arrière. En général on enseigne d'appliquer la puissance avec le manche en butée arrière, comme pour circuler à basse vitesse avec puissance. Cela fait lever le nez bien haut et tient l'hélice éloignée des embruns.

En présence de bonnes conditions de surface, avec un appareil moderne doté de gouvernes efficaces, de lèvres (d'ailettes pare-embruns) et éventuellement d'une bonne réserve de poussée, on peut appliquer la puissance pour monter sur le redan sans tenir le manche complètement en arrière. De cette façon, la phase de montée sur le redan est légèrement plus rapide. Il n'est pas possible d'établir une règle générale pour savoir comment on doit tirer sur le manche car avec certains appareils il doit être maintenu en butée arrière, tandis qu'avec d'autres on peut trimer pour le décollage et appliquer toute la puissance sans toucher au manche. Le risque provient de la projection d'embruns: s'ils entrent dans le disque de l'hélice cela signifie que le manche doit être tenu plus en arrière.

Montée sur le redan. Dès que les pointes des flotteurs atteignent la position la plus haute possible on doit relâcher franchement la pression sur le manche. Sur certains appareils on doit pousser le manche en avant, tandis que sur d'autres l'opération doit être effectuée en deux temps: pendant quelques instants on met le manche au neutre, puis, légèrement mais fermement en avant.

Dans tous les cas, la partie postérieure des flotteurs commence à être ventilée et se soulève de l'eau, avec une diminution de la résistance et une augmentation graduelle mais décisive de la vitesse. Cela, par effet hydrodynamique, pousse hors de l'eau les flotteurs et donc tout l'appareil. L'appareil commence alors à monter sur le redan, c'est-à-dire à hydroplaner, comme décrit plus en détail au chapitre sur la mécanique du vol.

Si l'on ne se trouve pas en conditions limites, pour ce qui est de la charge et de l'altitude pression, l'appareil passe sur le redan quasiment tout seul. Au fur et à mesure que la vitesse augmente, les ailes génèrent plus de portance et contribuent au déjaugeage de l'appareil, ajoutant leur action à l'effet hydrodynamique des flotteurs.

Manche trop en avant pendant la montée sur le redan. Si lors de la montée sur le redan, on relâche la traction sur le manche trop tôt, ou si on le pousse trop en avant, la partie antérieure des flotteurs est appuyée sur l'eau qui génère une augmentation de la résistance. La vitesse diminue, l'hydroplanage ne débute pas et

Claudius Dornier Seastar

Différant types d'hydravions en hydroplanage: un Dornier Sea Star *et un Quest* Kodiak 100 *sur flotteurs amphibie Aerocet.*

les embruns atteignent l'hélice qui tourne au régime maximal et l'endommagent.

Manche trop en arrière pendant la montée sur le redan. Si le manche n'est pas poussé un peu en avant, la navigation à basse vitesse nez levé se prolonge indéfiniment, car la ventilation de la partie des flotteurs en arrière du redan n'est jamais initialisée. On doit donc trouver, pour chaque appareil, le bon moment et la façon adéquate pour mettre le manche en avant.

Assiette sur le redan. Dès que l'appareil est sur le redan le manche doit être placé légèrement vers l'arrière puis manœuvré pour maintenir l'appareil à la bonne assiette. Elle est alors de quelques degrés au-dessus de l'horizon. Pour un hydroplanage idéal, la quille fait un angle avec la surface d'environ 8°. N'ayant pas la possibilité de mesurer cet angle on doit maintenir la bonne assiette à vue. Avec l'expérience, la chose devient naturelle, et on réussit en outre à maintenir le bon angle sur la base des minimes sensations d'accélération et de décélération pendant l'hydroplanage. Quand on est proche de la bonne assiette, on provoque généralement quelques oscillations presque imperceptibles qui permettent de "sentir" quelle est l'assiette optimale. Pour s'entraîner à reconnaître cette assiette il est conseillé, après la montée sur le redan, de réduire la puissance à 65-70 %; de cette façon les réactions de l'appareil deviennent nettement plus "lentes" et il est plus facile d'acquérir la sensibilité nécessaire.

Assiette trop cabrée. Si, dans les phases initiales de l'hydroplanage, on maintient une assiette trop cabrée les queues des flotteurs touchent l'eau et freinent l'appareil.

Assiette trop piquée. Il est dangereux, aux vitesses plus élevées, de maintenir sur le redan une assiette piquée. Dans ce cas, l'appareil peut atteindre des vitesses importantes et ne pas décoller : tout simplement parce qu'on n'a pas l'angle d'incidence approprié au vol, tout en ayant la vitesse. Il est aussi possible que la vitesse d'envol ne soit jamais atteinte, parce que l'assiette trop piquée produit aussi une résistance importante. En outre, avec une assiette trop piquée, les ailes génèrent peu de portance et tout le poids de l'appareil appuie sur les flotteurs, avec de fortes sollicitations. Enfin, avec une assiette trop piquée, une vague, même petite, dans laquelle s'immergent les pointes des flotteurs, peut faire débuter le phénomène du marsouinage, décrit plus loin, ou faire capoter l'appareil.

Sur une surface agitée on hydroplane avec une assiette légèrement plus plate; de cette façon, les quilles des flotteurs fendent les vagues plus facilement

Navigation à flot sur le redan - hydoplanage. Si l'on n'a pas l'intention de décoller mais de se déplacer, on doit réduire la puissance seulement quand on est bien installé sur le redan à la bonne vitesse et pas avant. En général on monte sur le redan avec la puissance maximale, pour laisser l'appareil le moins longtemps possible dans les conditions critiques de navigation à basse vitesse le nez levé. Avec les appareils dotés de moteurs surpuissants, ou avec un appareil chargé au minimum, ou si l'on opère en zone critique pour le bruit, on peut monter sur le redan avec 80-85 % de la puissance, de façon à réduire le bruit et la sollicitation du moteur. On doit alors, à la demande, être prêt à mettre toute la puissance ou à la réduire complètement.

Il est typique chez les débutants de maintenir l'appareil dans une situation à mi-chemin entre la navigation à basse vitesse et celle à vitesse élevée ou de passer d'une situation à l'autre en un laps de temps trop long, avec d'inutiles sollicitations du moteur et un endommagement de l'hélice qui reçoit des embruns. L'unique méthode correcte pour opérer et circuler franchement à basse ou à haute vitesse est de passer d'une phase à l'autre le plus rapidement possible, sauf dans les cas particuliers où l'on doit pratiquer la navigation nez levé.

Vitesse d'hydroplanage. Toujours dans le cas où on ne veut pas décoller, mais simplement se déplacer sur le redan, on ne doit pas adopter une vitesse trop basse impliquant une visibilité réduite et une manœuvrabilité faible, et faisant courir à l'appareil le risque de descendre du redan au moindre changement d'assiette. On ne doit pas non plus adopter une vitesse trop élevée, à partir de laquelle l'appareil pourrait se mettre à marsouiner ou bien être endommagé par une vague. Une vitesse trop élevée pourrait en outre provoquer le capotage de l'appareil en cas d'embardée. L'hydroplanage le plus sûr est effectué à une vitesse à peine supérieure à celle de montée sur le redan.

Cessna Aircraft Company

Les effets asymétriques.

Avec les appareils à flotteurs. A partir du moment où l'on donne la pleine puissance pour mettre l'appareil sur le redan apparaît la panoplie complète des effets asymétriques: le souffle de l'hélice, la traction asymétrique du disque de l'hélice et, au moment où l'on grimpe sur le redan, la précession gyroscopique, comme exposé plus en détail au chapitre sur la mécanique du vol. De tels effets, pour les monomoteurs classiques à hélice tractive tournant dans le sens horaire, produisent une franche embardée à gauche. Pour cette raison, on doit être prêt à mettre du pied à droite, suffisamment pour maintenir l'appareil dans l'axe désiré. Quelquefois, le pied droit à fond n'est pas suffisant pour maintenir l'appareil sur la route qu'on s'est fixée. Cela signifie qu'il y a probablement aussi une composante de vent sur la gauche non remarquée précédemment. Dans ce cas on doit mettre les gaz dans une direction plus proche de celle du vent et, dans un deuxième temps, lorsque l'appareil circule le nez levé, reprendre la route voulue. Dans toutes les phases de navigation, excepté la phase avec le nez levé, une composante de vent sur la droite diminue la tendance à embarder à gauche. A l'inverse, une composante sur la gauche l'accentue, à l'exception des quelques instants où l'on se trouve en navigation nez levé.

Etant donné la tendance à embarder à gauche, la montée sur le redan doit être abordée avec suffisamment d'espace sur la gauche, surtout s'il y a aussi une composante de vent du même côté.

Avec les appareils à coque. Avec certains appareils à coque (comme le Lake), au moment où l'on met les gaz, on a un important roulis qui fait enfoncer une aile dans l'eau (la droite pour le Lake). On commence donc avec le volant en butée du côté opposé et on le ramène progressivement au neutre au fur et à mesure que la vitesse augmente.

Avec des appareils comme les Lake, s'il y a du vent de travers, il vaut mieux l'avoir sur la droite (pour réduire le roulis) que sur la gauche (qui l'augmenterait). Le contraire vaut pour les appareils à coque avec hélice tractive, comme le Thurston Teal.

Lorsqu'on est sur le redan on a un contrôle visuel des variations de vitesse. A une augmentation de vitesse correspond un léger abaissement du nez, et à une réduction de celle-ci correspond une légère élévation du nez, pour une même position du manche.

Le pilote peu expert doit éviter de circuler sur le redan sur les surfaces "miroir", c'est à dire parfaitement plates, sur lesquelles il pourrait atteindre par inadvertance une vitesse très élevée et perdre le contrôle visuel de l'assiette.

Hydroplanage avec vent. Avec le vent de face on se trouve dans la condition idéale. De même, il y a peu de problèmes avec le vent exactement arrière, à condition qu'il soit léger et qu'on n'aille pas trop vite. Quelques problèmes peuvent apparaître avec des composantes transversales notables. Dans ce cas, on doit mettre le manche dans la direction d'où provient le vent. L'aileron levé sur l'aile au vent et l'autre, baissé sur l'aile sous le vent, limitent le risque de soulèvement de l'aile. D'autres informations sont données plus avant, au paragraphe "Virages sur le redan".

Hydroplanage sur les vagues. En présence de vagues courtes, l'assiette doit être légèrement plus cabrée dans les phases initiales de montée sur le redan. Quand l'appareil est installé sur le redan et accélère, l'assiette doit par contre être légèrement plus piquée que la normale. De cette façon, les sollicitations de la structure sont moindres, la résistance et donc la longueur de la course de décollage sont moindres et il y a moins de risques qu'apparaissent des mouvements de tangage non désirés.

Cela vaut – et il est bon de le répéter – si les vagues sont courtes, autrement dit si sous les flotteurs il y a beaucoup de crêtes. Avec des vagues de longueur comparable à celles des flotteurs ou de la coque, c'est-à-dire moyennes, une assiette plus piquée que la normale ferait probablement s'engager les pointes des flotteurs ou la coque dans une vague, avec des effets dramatiques. Mais dans de telles conditions, la solution est de ne pas voler, car un mouvement de tangage incontrôlable est inévitable, même avec des assiettes plus cabrées.

Sur le redan avec les amphibies à flotteurs

La montée sur le redan avec un amphibie à flotteurs peut être difficile voire impossible si le train n'est pas entièrement rentré, vu la grande augmentation de la traînée qui en résulte. Cela peut survenir en cas de mauvais fonctionnement du verrouillage ou de l'hy-

Pascal Parpaite

Grumman HU16 Albatross *au décollage de l'hydrobase de Biscarrosse.*
Dessous, le souffle de l'hélice peut occasionner une nuisance pour les autres usagers.

draulique, surtout si l'on opère avec un appareil où les témoins fonctionnent seulement occasionnellement, comme cela arrive souvent. Si, pendant la course de décollage, on a l'impression que les flotteurs produisent trop de résistance, on peut vérifier que le breaker du train soit enfoncé et éventuellement actionner la pompe manuelle pour vérifier que le circuit est en pression.

Visibilité

A partir du moment où l'on met les gaz pour passer sur le redan, la visibilité sur l'avant se réduit énormément ou même complètement. La visibilité redevient bonne quand l'appareil est bien installé sur le redan grâce à une assiette modérément cabrée.
Il est donc essentiel d'inspecter attentivement la surface avant de mettre les gaz, sans se contenter d'un coup d'œil, mais en scrutant longuement l'étendue d'eau à parcourir ainsi que les zones voisines à gauche et à droite. Un tronc d'arbre flottant, une bouée, un écueil affleurant, le fanion d'un plongeur ou la tête d'un baigneur peuvent se trouver devant et être masqués pendant plusieurs secondes par les ondulations de la surface.
Soleil de face. Une condition critique est celle où l'on a le soleil de face. Dans ces conditions, pour voir la surface et la rive, on doit effectuer un parcours en zigzag sur la surface, en observant la zone vers laquelle on se dirige d'un endroit où l'on n'a pas le soleil de face et où l'on n'est pas perturbé par les reflets sur la verrière. Si c'est possible, il vaut mieux circuler dans une zone à l'ombre.

Souffle de l'hélice

On doit éviter que le souffle de l'hélice n'atteigne les personnes, les objets instables sur la rive, ou les petites embarcations. A ce sujet, cela vaut peut être la peine de rapporter un cas curieux survenu à l'auteur. En plein été nous étions descendus sur un petit lac de l'Italie septentrionale pour nous baigner et manger quelque chose près du lido. Là, nous avons rencontré une connaissance que nous avons emmenée faire un petit vol local. Le départ se faisait le long d'un ponton sur lequel beaucoup de personnes prenaient le soleil. Au retour de ce bref vol nous avons trouvé une très charmante, mais très énervée jeune fille de 17 ans. Lors de notre départ elle prenait le soleil avec son petit ami sur le ponton avec les vêtements un peu défaits. Le souffle de l'hélice a fait envoler la robe qui a fini dans le lac. La situation était extrêmement embarrassante. En plus de laisser la jeune fille sans un seul vêtement important, il y avait le problème du retour à la maison.
«C'est la première fois qu'on me laisse sortir seule avec mon nouveau copain. Comment je vais faire pour rentrer à la maison en petite culotte et dire qu'un hydravion a fait envoler ma robe ? Vous pensez qu'on va me croire ?»
L'un d'entre nous, bon plongeur sous-marin, s'est mis à explorer le fond en apnée à la recherche du précieux vêtement, mais en vain. Ce soir là donc, nous avons dû nous rendre dans la famille de la demoiselle avec photos et vidéos pour illustrer notre activité et garantir

SPA

Hydroplanage d'un Lake pré de la rive. Le très faible tirant d'eau d'un hydravion permet ce genre de manœuvre. Notez que les réglementations limitent les opérations au dessus de 5 KTS dans la bande des 300 m des berges.

Archivio Apostolo

Deux hydravions à coque allemands. Le premier géant Dornier DoX *en 1929 et le Rorbach* Rocco *en 1927.*

Archivio Apostolo

qu'au moment de la "catastrophe", la jeune fille était simplement et sagement en train de prendre le soleil. Un virage de 15° avant de mettre la puissance aurait évité toutes ces complications.

Tirant d'eau

Les hydravions légers n'ont pas besoin d'un fort tirant d'eau pour opérer. Notez que quand l'hydravion est en hydroplanage, la profondeur est plus faible que quand il opère à basse vitesse (jaugé). Ceci ne doit pas induire que le pilote peut aller près des berges à grande vitesse, même s'il connaît parfaitement les fonds (réglementation maritime: la vitesse est limitée à moins de 5 Kts dans la bande littorale de 300 m, sauf chenaux spécialisés).

Virages sur le redan

Avec les appareils à flotteurs

Dans un bon hydroplanage l'appareil est léger et bien manœuvrable : il est donc facile de le faire virer à droite ou à gauche, mais il y a quelques risques. En fait, si on vire trop serré ou à vitesse trop élevée, la force centrifuge tend à incliner vers le bas l'aile extérieure. Si celle-ci touche l'eau, l'appareil sera probablement perdu ou gravement endommagé. Le rayon de virage doit donc être très ample. En outre, les virages sur le redan doivent être effectués à une vitesse pas trop élevée, à peine supérieure à celle de montée sur le redan. La force centrifuge qui fait incliner l'appareil est proportionnelle au carré de la vitesse, comme il est dit au chapitre sur la mécanique du vol. Donc, si on est en hydroplanage à vitesse soutenue et que l'on compte virer, on doit réduire la vitesse puis, ensuite, commencer à virer.

En virage sur le redan, on met du manche dans le sens du virage, pour limiter la tendance de l'aile extérieure à s'abaisser. Si l'on hydroplane à vitesse modérée, il est nécessaire d'augmenter la puissance, pour contrebalancer l'augmentation de la traînée

En dessous à gauche, tirant d'eau à basse vitesse et à droite, tirant d'eau en hydroplanage.

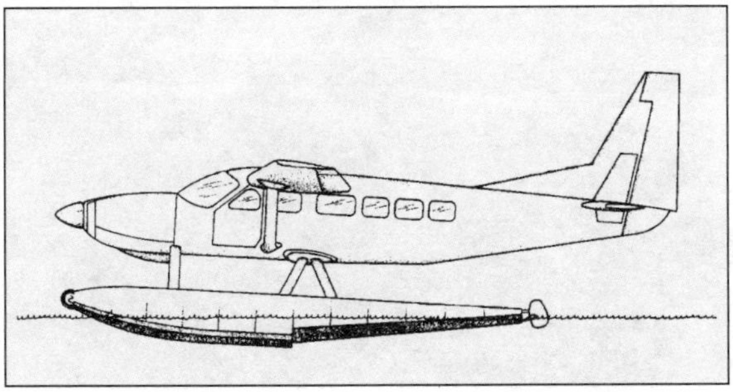

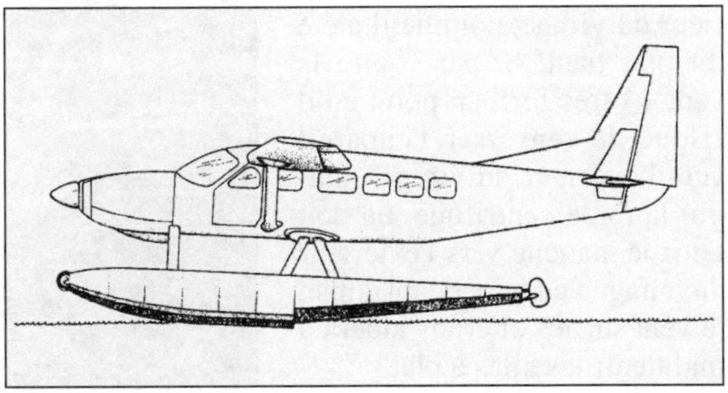

hydrodynamique et pour éviter de descendre du redan. Durant un virage sur le redan, on doit corriger immédiatement – et au besoin violemment – une inclinaison latérale involontaire vers l'extérieur du virage en mettant du pied à l'extérieur, c'est-à-dire du côté où s'incline l'appareil, et tout de suite après réduire complètement la puissance. Cela diminue le taux de virage et donc la force centrifuge. Cette correction doit être franche et immédiate. En fait, dès que l'appareil s'incline se crée une nette tendance en faveur d'une augmentation ultérieure de l'inclinaison : à la force centrifuge s'ajoute la composante horizontale de la portance, toujours plus grande au fur et à mesure que l'appareil s'incline. Pour éviter tout cela, il est bon de le répéter, on doit avoir une vitesse basse et un ample rayon de virage. La règle est d'effectuer des virages sur le redan avec moins d'une demi-bille à l'extérieur. Il est dangereux de réduire complètement la puissance et de descendre du redan en virage, étant donné que lors de la descente du redan l'appareil est très instable. Si l'on doit descendre du redan on assure d'abord une trajectoire rectiligne puis on réduit la puissance.

Avec les appareils à ailes hautes dotés de réservoirs incorporés sélectionnables il peut arriver, si l'on a peu d'essence et qu'on utilise le réservoir extérieur, que l'alimentation en carburant s'interrompe. La force centrifuge peut effectivement pousser toute l'essence loin du point de raccordement du conduit de carburant.

Virage sous le vent. En présence de vent, le virage du vent de face vers le vent arrière ne présente pas de difficultés ou risques particuliers, étant donné que la tendance du vent à soulever l'aile, quand le vent est de travers, est plus ou moins contrebalancée par la force centrifuge. Si le vent n'est pas trop fort on pousse le manche vers l'intérieur du virage, comme il a été dit plus haut. Si par contre le vent est très fort, au point qu'il risque de renverser l'appareil vers l'intérieur du virage, malgré la force centrifuge, on doit tenir le manche vers l'extérieur du virage; en procédant ainsi, le vent sur les ailerons aidera à maintenir les ailes à plat.

Carte postale montrant deux hydravions participant au concourt de Monte-Carlo en 1913.

Virage au vent. Par contre le virage du vent arrière vers le vent de face est critique car le vent et la force centrifuge s'ajoutent pour faire lever l'aile. La présence de vagues empire encore la situation, en donnant naissance à des oscillations latérales qui peuvent amener au renversement de l'appareil, quand le vent est sur le travers. Le manche sera toujours incliné du côté du virage.

Pour effectuer un virage au vent en conditions douteuses on doit descendre du redan, laisser l'appareil s'arrêter, puis, quand c'est fait, tourner au vent et remettre l'appareil sur le redan face au vent. D'autres informations sur ce thème sont données au chapitre sur la mécanique du vol.

Avec les appareils à coque

Le centre de gravité bas des appareils à coque permet des manœuvres brusques ou très accentuées sur la surface sans courir de risques. En virage sur le redan l'appareil à coque peut en outre être facilement incliné du côté du virage même à vitesse très basse, en

Virage sur le redan d'un appareil à coque. L'appareil est incliné vers le centre du virage; le ballonnet effleure doucement la surface. Dessous, deux appareils de la compagnie Hydravion Aventure, Québec.

Hydravion Aventure Inc. / Benjamin Ballande

Archivio Apostolo

Gerolamo Gavazzi

Deux hydravions à flotteurs italien des années trente en hydroplanage. Le Cant Z 506 et le Caproni CA100, sur la base de Côme, devant la Villa Olmo du 18ème siècle.

pratique jusqu'à faire affleurer le ballonnet intérieur au virage. Ce qui réduit le dérapage vers l'extérieur et permet des rayons de virage très inférieurs à ceux qui sont possibles avec des appareils à flotteurs. Si un virage très serré ou une embardée est nécessaire, par exemple pour éviter un obstacle, on peut même appuyer fermement un ballonnet sur l'eau. On doit pourtant faire attention à ne pas l'immerger violemment; car il est étudié pour se détacher sans endommager l'aile en cas de sollicitations excessives. Le cas d'un ballonnet qui se détache est grave, comme cela est décrit au chapitre des techniques avancées.

Le marsouinage

Une des situations à risques les plus typiques, pendant la course de décollage, est le marsouinage, qui s'amorce quand on a une assiette trop cabrée ou trop piquée pendant l'hydroplanage sur le redan. Le marsouinage est une situation d'instabilité hydrodynamique et consiste en une série d'oscillations (appelées couramment "sauts") où l'hydravion touche l'eau de façon répétée avec une assiette à chaque fois plus piquée. Une charge importante, une altitude densité élevée ou une composante de vent arrière, ainsi que tous les éléments qui font augmenter la vitesse sur la surface et le temps passé sur l'eau rendent le phénomène plus périlleux. Quelques aspects généraux du marsouinage sont décrits au chapitre sur la mécanique du vol.

Interventions du pilote. Si on demande aux pilotes qui connaissent bien le marsouinage, comment le contrer, ils répondent en général avec un soupir résigné. La signification de ce soupir est résumée par les mots de Holden C. Richardson, fameux pilote des années trente et pilote d'essai du Boeing 314: «On ne peut établir une règle précise sur ce que doit faire le pilote quand le marsouinage est commencé». Voyons ce que l'on peut faire et ne pas faire.

Avant tout on doit essayer de l'éviter, en maintenant l'assiette optimale durant l'hydroplanage et ne pas opérer sur des surfaces avec une houle de même longueur que la coque ou avec des vagues de sillage d'embarcations de taille moyenne. Quelquefois, il suffit de modifier le cap pour faire changer la longueur relative des vagues rencontrées.

Le marsouinage commence habituellement juste après la montée sur le redan ou bien un peu avant le décollage. S'il débute à faible vitesse, juste après la montée sur le redan, il n'y a pas de problèmes particuliers, il suffit pour l'interrompre d'une légère mais ferme pression en arrière sur le manche au moment où l'hydravion atteint le sommet de l'oscillation. Si cela ne suffit pas, on

Grumman Albatross *à la fin de la course de décollage sur l'hydroaérodrome de Côme.*

Aero Club Como

Séquence de marsouinage.

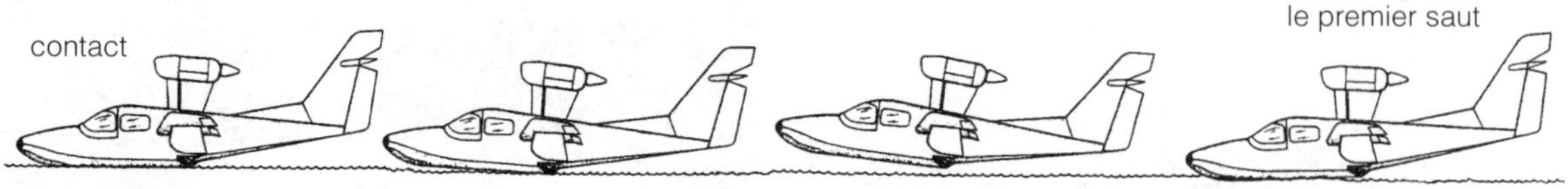

réduit la puissance pour descendre du redan, mais souvent le marsouinage cesse rapidement dès que l'appareil a légèrement ralenti. Quand au contraire cela commence à haute vitesse, un peu avant le décollage, la situation n'est pas réjouissante et l'on ne peut pas faire grand-chose. En général le premier saut est bref, le deuxième plus prononcé et le troisième ou le quatrième est destructif. Les interventions du pilote aggravent souvent d'une façon décisive la situation. En fait, les tentatives de correction, à cause du temps de réaction du pilote et de l'inertie des commandes peuvent êtres déphasées, amplifiant le phénomène. A ce point le marsouinage se transforme en une série d'oscillations induites par le pilote. Souvent, l'aggravation de la situation est provoquée par le pilote lors du contact avec la surface à la fin du premier saut. Pour beaucoup, il est instinctif à ce moment de tirer ou tenir le manche en butée arrière, surtout si on touche la surface avec une assiette plate ou piquée. L'appareil, après quelques instants, se retrouve donc en l'air avec la profondeur à cabrer, d'où une accentuation du saut. Avec des hydravions qui ont une nette tendance à cabrer quand on réduit la puissance, le pilote peut faire une erreur instinctive ultérieure : celle de réduire au mauvais moment où le léger cabré accentue le rebond.

Quand le marsouinage a débuté, on peut décider de couper le moteur, tirer le manche en butée arrière et s'en remettre à sa bonne étoile, laissant arriver ce qui doit arriver: rebonds variés sur l'eau avec des assiettes incontrôlables avant l'arrêt définitif. C'est en effet la procédure conseillée, surtout après le premier ou le deuxième saut. On peut toutefois être tenté de maintenir toute la puissance en espérant que l'augmentation de vitesse rendra l'appareil contrôlable, avant un éventuel plongeon dans l'eau le nez très bas, c'est à dire, en général, avant le troisième saut. Dans chaque cas, qu'on ait réduit la puissance ou qu'on l'ait conservée, il faut essayer de contrecarrer l'amplification des oscillations par des interventions très énergiques sur le manche. En particulier, tirer le manche en butée arrière au point le plus haut du saut, mais pas avant, et pousser tout en avant au moment du contact. Avec les appareils qui cabrent ou piquent sensiblement suivant les variations de puissance, on peut augmenter ou réduire la puissance selon la nécessité. Quelquefois ça marche, mais le risque d'amplifier les oscillations est très élevé pour le pilote débutant.

Le Dornier Merkur *sur le redan. C'est le même type d'hydravion utilisé par Walter Mittelholzer pour son voyage de la Suisse à l'Afrique du Sud.*

Comme pour chaque aspect du vol sur l'eau, l'expérience est ce qui permet d'éviter les pires erreurs. Pour y parvenir autrement qu'en comptant sur sa bonne étoile, il est utile d'expérimenter le comportement de l'hydravion et l'effet de ses propres interventions en situations de difficulté croissante. Dans le cas du marsouinage on peut essayer en tenant l'appareil très piqué ou très cabré. L'important est de faire des essais avec une vitesse plutôt faible, en laissant au sort le soin de réserver les expériences à grande vitesse. Maintenir une puissance réduite aide à contenir le développement du phénomène.

Séquence de l'occlusion du redan.

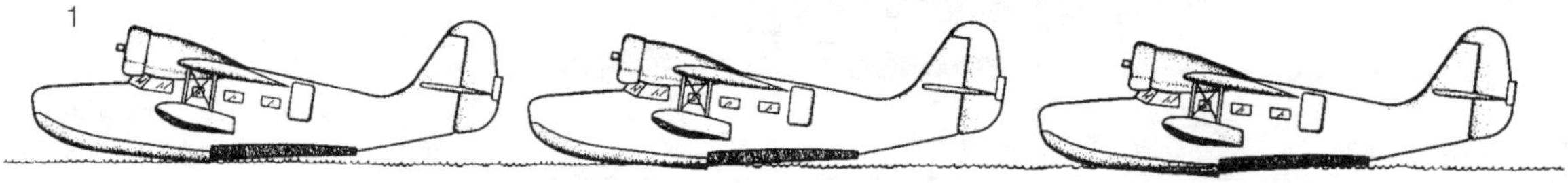

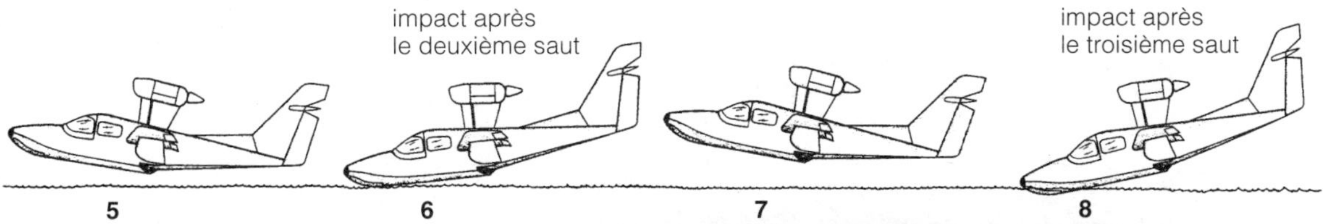

Occlusion du redan. Le phénomène, décrit au chapitre sur la mécanique du vol, ressemble par plus d'un aspect au marsouinage, surtout parce qu'il se manifeste initialement par un saut. Il comporte toutefois des variations d'assiette beaucoup plus limitées et demande peu d'interventions du pilote: un simple contrôle de l'assiette en attendant le nouveau contact.

L'arrêt rapide

Avec les appareils à flotteurs. Lors de l'hydroplanage il peut arriver que l'on doive s'arrêter rapidement, généralement pour éviter le choc avec un obstacle ou après l'amerrissage dans un bassin court.

La technique consiste à faire enfoncer progressivement la queue des flotteurs dans l'eau, après le contact avec la surface, en tirant le manche progressivement en arrière; on peut aussi sortir complètement les volets et godiller en faisant de légères embardées sur l'eau. Le pilote non expérimenté doit se limiter à tirer le manche en arrière, pour faire enfoncer l'arrière des flotteurs, quand la vitesse est sensiblement plus basse que celle de contact ou d'envol.

Peu après la descente du redan on vire à droite ou à gauche, toujours en tenant le manche en butée arrière. Avec les hydravions dotés de reverse, la distance d'arrêt peut être ensuite fortement raccourcie en donnant de la puissance avec le pas inversé, ce qui provoquera un petit cabré, utile, qui éloignera l'hélice des embruns et fera enfoncer l'arrière des flotteurs dans l'eau.

Dans tous les cas où l'on fait varier l'assiette à vitesse élevée, il faut veiller à ne pas provoquer le marsouinage. Ces variations s'effectueront donc avec une grande circonspection si la vitesse est proche de celle de contact ou d'envol, tandis qu'elles peuvent êtres menées d'une façon plus franche à des vitesses proches de celle de descente du redan, où l'éventuel marsouinage est inoffensif.

Piper PA18, lors d'un arrêt rapide (manche en butée arrière et mouvements de la gouverne de direction) juste avant le barrage du lac artificiel de Santa Giustina (Italie).

Avec les hydravions à coque. Avec les hydravions à coque, plus portés au marsouinage, on évitera les variations d'assiette à haute vitesse. Comme ils sont plus stables latéralement sur l'eau que les hydravions à flotteurs, l'embardée après que la vitesse ait diminué peut être plus marquée et provoquer ainsi l'arrêt dans un espace très réduit.

Avec les amphibies. Les amphibies, surtout ceux à coque, plus stables et plus résistants, présentent une possibilité supplémentaire par rapport aux hydravions: celle de pouvoir sortir le train pour freiner. La manœuvre, qui doit être considérée comme une manœuvre d'urgence, ne doit jamais être effectuée à vitesse élevée, mais à la vitesse la plus basse possible.

Avec les amphibies à flotteurs, plus instables, on doit connaître le cycle de sortie du train et être sûr qu'il n'y ait pas d'asymétrie significative. La sortie d'une roue avant l'autre pourrait provoquer une forte embardée et le capotage.

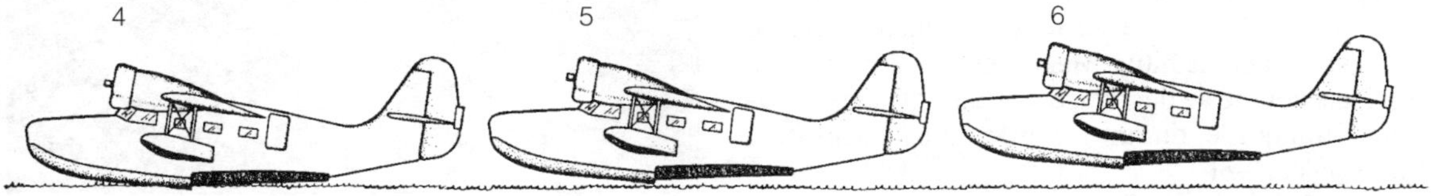

CHAPITRE 9

Le décollage

Le décollage d'un hydravion est très différent de celui d'un avion terrestre et beaucoup plus complexe. L'avantage de l'hydravion est d'avoir devant lui, dans la plupart des cas, une surface relativement longue pour le décollage et la montée, sinon illimitée. Avec un hydravion on ne va donc pas être confronté aux conséquences, presque toujours dramatiques, du pire qui puisse arriver à un avion: la panne moteur au décollage. Si un tel incident devait arriver, l'hydravion pourrait facilement descendre en vol plané vers la surface sans aucune conséquence pour l'appareil et les personnes à bord. Par contre, comme nous le verrons, le décollage d'un plan d'eau est lié à une série de facteurs qui n'existent pas pour les avions.
A ceux qui ne connaissent pas les hydravions, le décollage en présence de vagues même petites donne une étrange impression, à cause des fortes secousses que l'on subit: toutes les parties de l'appareil se déforment, vibrent, font du bruit; le tableau de bord et les instruments dansent devant les yeux et parfois quelque chose se détache (souvent les radios, qui glissent hors de leur logement). Si les vagues sont un peu fortes l'appareil saute de l'une à l'autre, et chaque contact avec la surface est comme un coup de massue. En cas extrêmes, on peut se cogner la tête ou être secoué en cabine comme dans un shaker, si l'on n'a pas serré correctement les ceintures. Les passagers assis aux places arrières de beaucoup d'hydravions à coque verront seulement ruisseler de l'eau sur les vitres jusqu'à la montée sur le redan, chose curieuse pour qui n'est pas habitué. Mais l'envol hydro peut être aussi une course de décollage sur une surface parfaitement tranquille, durant laquelle on a la sensation d'être déjà en vol.

Choix de la bande de décollage

Si le choix n'est pas imposé par quelque autre motif, on doit considérer les facteurs énoncés ci-dessous.

Forme et dimensions du bassin de décollage

L'idéal est un bassin illimité qui permette le décollage dans toutes les directions. Les problèmes majeurs se rencontrent sur les petits tronçons de fleuves, surtout avec un vent traversier.
Le choix de la bande de décollage la plus longue, dans un bassin donné, peut être fait durant une reconnaissance avant l'amerrissage (comme expliqué au chapitre sur l'amerrissage), en mesurant la distance sur une carte, ou en effectuant une inspection depuis l'hydravion à flot, ou avec une embarcation.

Beaucoup de projections d'eau peuvent masquer la vue des places arrière des hydravions à coque durant les phases de décollage.

L'évaluation à vue de la distance d'une rive éloignée faite depuis la rive opposée ou depuis la cabine de l'hydravion à flot est tout sauf facile. Elle est de plus faussée par une illusion d'optique qui fait paraître la rive plus lointaine que dans la réalité.

Obstacles submergés

Écueils, barrières artificielles ou pieux affleurants sont extrêmement dangereux et l'on doit être sûr qu'il n'y en ait pas. Une telle certitude peut provenir d'une bonne connaissance de la zone ou d'une reconnaissance effectuée à flot, indispensable si la surface n'est pas familière.

Direction et vitesse du vent

La règle – et il n'y a pas beaucoup d'exceptions – est de décoller avec le vent de face. Si l'on a un doute sur la direction du vent on peut utiliser l'hydravion comme girouette, en réduisant le moteur au minimum ou en l'arrêtant et en relevant les safrans. En quelques secondes la proue se placera exactement face au vent et donc dans la meilleure direction pour le décollage.
Le décollage vent de travers est critique pour les hydravions à flotteurs qui sont sujets au chavirage plus facilement que ceux à coque, à cause de leur centre de gravité élevé et de leur grande surface exposée au vent. Le décollage avec le vent arrière peut avoir des conséquences dramatiques, depuis de graves déformations structurales jusqu'à la perte de l'hydravion, en particulier quand il y a des vagues. Cela parce que la vitesse sur l'eau est égale à la vitesse propre additionnée de celle du vent (par exemple, si on décolle à 50 nœuds de vitesse propre avec 18 nœuds de vent de face, la vitesse sur l'eau sera de 50 - 18 = 32 nœuds, tandis qu'avec le même vent mais arrière, la vitesse sur l'eau sera de 50 + 18 = 68 nœuds, soit 36 nœuds de plus que dans le cas précédent). On peut admettre un léger vent arrière si la surface est lisse. On procédera avec une extrême précaution si on utilise un hydravion à coque; ceux-ci, avec le vent arrière, ont facilement tendance à marsouiner. Le doute majeur survient quand on part de la rive avec le vent provenant de la terre. Dans ce cas il faut s'armer de patience, aller au large à basse vitesse et décoller vers la rive, en sachant que 100 m en plus – ou mieux 200-300 – ne font pas de mal.
Quand on décide de décoller avec un léger vent arrière, sur une surface sans problèmes, on doit prendre en compte le risque de surchauffe du moteur, à cause de l'augmentation de la durée de la course au décollage. On devra particulièrement en tenir compte si la température ambiante est élevée.
Souvent, un bassin est entouré d'édifices ou d'arbres, sous le vent desquels on trouve une étroite bande où

Edo Corporation

Cessna C206 durant une course de décollage. Notez les volets de capot ouvert pour le refroidissement du moteur à basse vitesse et à haut régime.

le vent près de la surface est nettement moins fort que dans les zones environnantes. Cette zone peut être choisie pour le décollage, surtout quand on ne peut éviter d'avoir le vent de travers, même en présence de turbulences. Peu après l'envol on pénètre dans des couches où le vent est plus fort et l'on doit s'attendre à une importante dérive. Dans ce cas il est opportun de gagner un peu de vitesse juste après l'envol, avant de commencer la montée d'une façon décisive.

État de la surface

Une surface trop agitée crée des problèmes. Une règle dit de ne pas décoller si les vagues atteignent une hauteur égale au dixième (certains, avec un peu de témérité, disent un cinquième) de la longueur des flotteurs, à moins que le pilote n'ait une grande expérience. Il est aussi difficile de décoller d'une surface trop lisse, qui semble aspirer l'hydravion, le

Décoller derrière une sorte de barrière naturelle peut provoquer des problèmes. Souvent il y a un risque de turbulence. Une vitesse correcte de contrôle après le décollage doit être respectée.

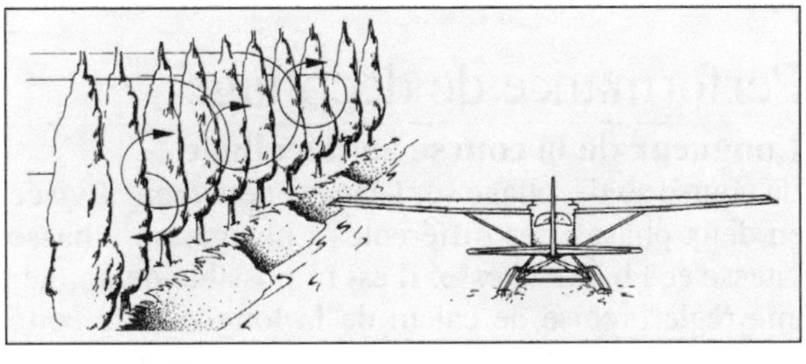

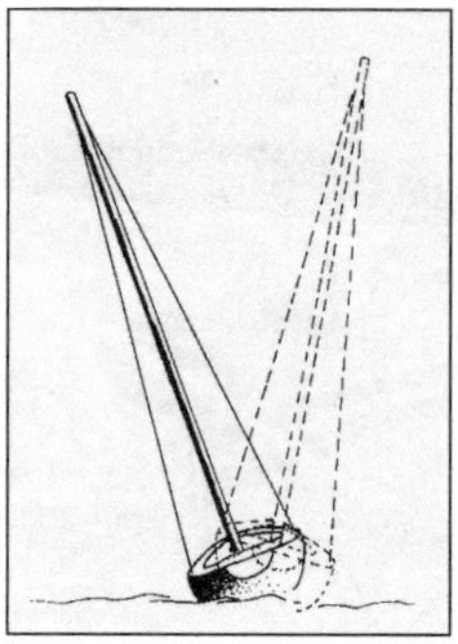

tenant “collé” à la surface. L’idéal est une étendue de vagues courtes et pas trop hautes, qui favorisent la cavitation sous les flotteurs et provoquent une diminution de la traînée. Quelquefois il est nécessaire de sillonner un peu la surface pour l’agiter au point où, quelques secondes plus tard, on sera prêt à monter sur le redan.
On doit examiner attentivement la surface pour être sûr qu’il n’y a pas – ou n’y aura pas – de vagues dangereuses. Beaucoup d’indications viennent des embarcations en navigation, dont les mouvements sont significatifs, et des oscillations des mâts des voiliers amarrés à une bouée. Les surfaces très agitées présentent souvent des zones, plutôt étroites, dans lesquelles les vagues s’annulent par interférence et où il est momentanément possible de décoller. On doit être prêt à profiter immédiatement d’une telle condition favorable, car sa durée est très limitée. Pour d’autres

considérations sur l’état de la surface, voir le chapitre sur l’amerrissage.

Courant
L’idéal est de décoller dans le même sens que le courant, pour réduire la vitesse relative par rapport à la surface et aux éventuels obstacles flottants, et face au vent. Si le vent est dans la direction du courant il est préférable de décoller face au vent, même contre le courant, en évaluant soigneusement les risques d’un impact avec des débris flottants. Pour de plus amples informations, voir le paragraphe “Opérations en bassins étroits”, au chapitre sur les techniques avancées.

Obstacles sur l’axe de décollage
La bande de décollage doit aussi être choisie en fonction de ce qu’on peut rencontrer après l’envol, sur l’axe de décollage. Cela vaut surtout quand on décolle de petits bassins, de fleuves ou vers la rive. En cas de doutes il vaut mieux alléger l’appareil ou adopter la méthode De Remer, décrite dans le chapitre sur les techniques avancées

Performance de décollage

Longueur de la course au décollage
La course au décollage sur l’eau est nettement divisée en deux phases très différentes : navigation à basse vitesse et à haute vitesse. Il est impossible de donner une règle précise de calcul de la longueur de cette course car il n’est pas possible de définir le moment où se fera la transition entre les deux types de navigation, c’est-à-dire quand on montera sur le redan. Cela dépend de beaucoup de facteurs et aussi de la technique de pilotage. Il est beaucoup plus facile de prévoir la longueur de la course à partir du moment où l’appareil est sur le redan, sur la base des seuls paramètres considérés normalement pour les avions terrestres. L’expérience est ce qui permet de faire les meilleures prévisions sur la longueur de la course au décollage. Voyons quels sont les facteurs à prendre en considération et quelques règles empiriques pour évaluer d’une façon approximative la longueur de la course au décollage. Les données de base sont celles que fournit le manuel de vol au niveau de la mer, en atmosphère standard et avec l’appareil à pleine charge.

Altitude densité
La course au décollage s’allonge progressivement avec l’augmentation de l’altitude-densité. Cela est dû à divers facteurs. L’un d’eux est la diminution de la puissance du moteur. Un autre est la moindre efficacité de l’hélice. Un autre encore est dû au fait que la vitesse vraie (TAS) de décollage est plus élevée, même si la vitesse indiquée (IAS) est la même. C’est pour cela qu’il faut plus de temps et plus d’espace pour l’atteindre. Par exemple la course au décollage sur un lac de montagne peut être trois fois plus longue que celle au niveau de la mer, tous les autres paramètres étant égaux par ailleurs. De la même façon un décollage de la mer à deux heures de l’après-midi par une journée estivale peut être beaucoup plus long qu’un décollage au même endroit en février. Une altitude-densité élevée peut même rendre impossible la transition entre la navigation à basse vitesse et celle à haute vitesse, empêchant le décollage.
Une règle empirique approximative indique que la course au décollage est majorée de 12 % par tranche de 1000 pieds d’altitude-densité. Par exemple à 4000 pieds elle est de 48 % plus longue. Si l’on n’a pas la possibilité de calculer l’altitude-densité on peut considérer séparément les deux facteurs et la règle devient la suivante : la course au décollage est majorée de 12 % :
- pour chaque tranche de 1000 pieds d’altitude pression (qu’on lit sur un altimètre calé à 1013,2 hpa); par exemple une course de 500 m au niveau de la mer devient, à 3000 pieds, de

$$500 + (500 \times 0{,}36) = 500 + 180 = 680 \text{ m};$$

- pour chaque 8,5 °C de température au-dessus de la température standard à l’altitude considérée; cette augmentation doit être appliquée à la valeur déjà corrigée pour l’altitude; par exemple, si à 3000 pieds il fait 17,5 °C au lieu des 9 °C standard la course au

NOMOGRAMME DE KOCH

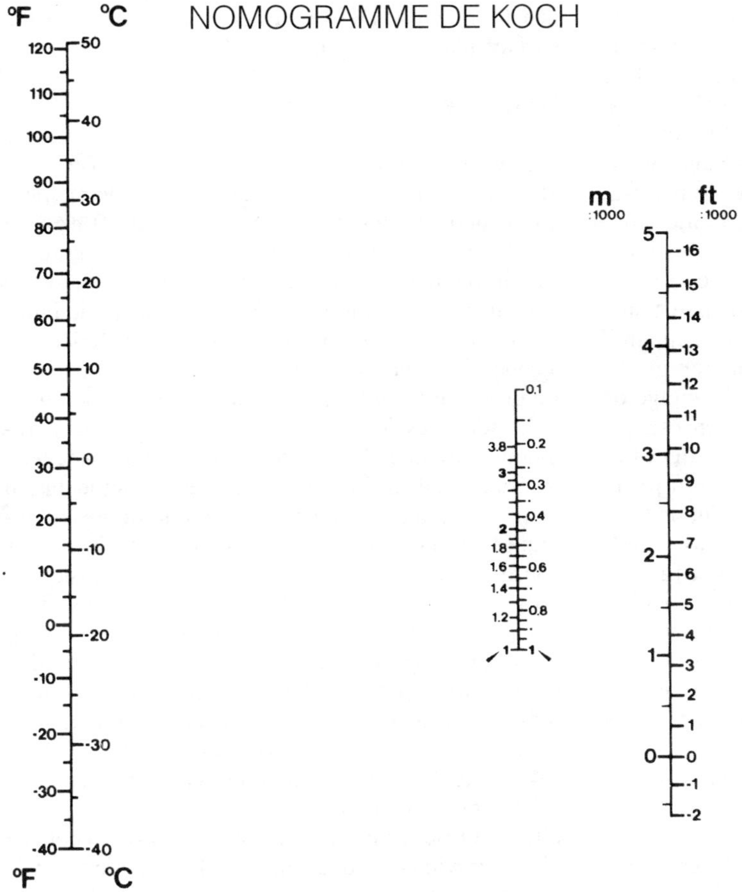

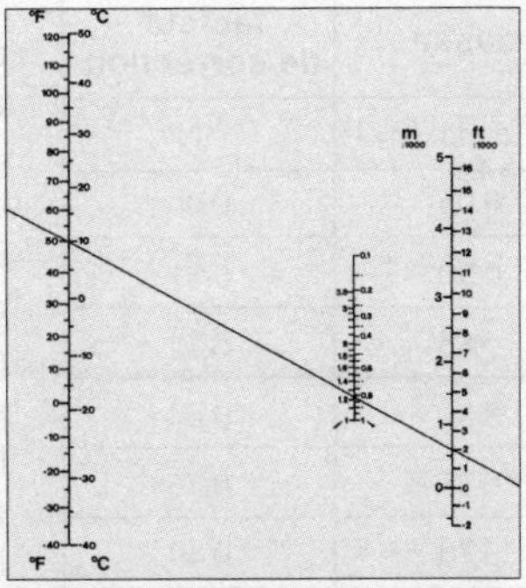

Exemple de fonctionnement
Supposez que vous vous trouvez à une altitude pression de 2000' et que la température extérieure est de 50°F.

Dessinez une ligne reliant ces deux valeurs.

La ligne intercepte l'échelle centrale où sont représentées les valeurs de distance de décollage et de taux de montée, considérant le 1 comme les valeurs au niveau de la mer en atmosphère standard.

Dans cet exemple la course de décollage est de 1,25 fois la distance nécessaire au niveau de la mer en atmosphère standard.

Le taux de monté est de 0,8 fois celui du niveau de la mer en atmosphère standard.

décollage, qui normalement serait de 680 m, pour continuer avec l'exemple précédent, est de

680 + (680 x 0,12) = 680 + 82 = 762 m

altitude-densité (ft)	facteur de correction
0	1
1000	1.12
2000	1.24
3000	1.36
4000	1.48
5000	1.60
6000	1.72
7000	1.84
8000	1.96
9000	2.08
10000	2.20
Concerne les appareils avec moteur atmosphérique (sans turbocompresseur)	

Un auxiliaire classique pour évaluer la longueur de la course de décollage avec les variations de la densité de l'air est le nomogramme de Koch. Les données sont fournies pour une valeur de 1 de la course au décollage et du taux de montée au niveau de la mer en conditions standard. Pour utiliser le diagramme on doit simplement tracer une ligne droite (ou placer une règle ou une carte ou le bord rectiligne d'une feuille de papier) de façon que la même ligne passe par les valeurs de l'altitude pression (celle indiquée par un altimètre réglé au QNE : 1013,2 hPa) et de la température sur les échelles externes respectivement à droite et à gauche. Les données sont lues à l'intersection de cette même ligne avec l'échelle centrale. Un exemple est illustré par la figure ci-dessus.

Charge

La course de décollage est aussi très fortement influencée par la charge. Celle-ci peut même rendre impossible la montée sur le redan et donc le décollage. Dans ce cas on doit alléger l'appareil en laissant à terre une partie de la charge ou en vidant une partie des réservoirs. Une petite règle approximative dit que quand la charge varie d'un certain pourcentage la course de décollage varie du double de ce pourcentage. Si par exemple la charge est de 15 % inférieure, la course de décollage est de 30 % inférieure. Les facteurs de correction plus précis sont reportés dans le tableau à la page suivante.

masse	facteur de correction
masse maxi = 1	1
0.95	0.90
0.90	0.81
0.85	0.72
0.80	0.64
0.75	0.56
0.70	0.49
0.65	0.42
0.60	0.36
0.55	0.30
0.50	0.25

La masse est exprimé comme fraction de la masse maxi, qui est égale à 1.

Vent. Le vent arrière allonge beaucoup la course de décollage et rend celui-ci risqué, soit parce qu'il implique une vitesse plus élevée par rapport à l'eau, augmentant les sollicitations dues aux vagues, soit parce qu'il fait rester l'appareil plus longtemps sur l'eau. L'avantage de l'hydravion est que l'on peut décoller presque toujours avec le vent de face. Si pour un quelconque motif il n'en est pas ainsi, on doit calculer la composante longitudinale du vent. Celle-ci peut être extraite du tableau mentionné au chapitre sur les éléments naturels.

Une évaluation approximative de l'effet du vent de face sur la course de décollage est donnée par la formule :

$$\textit{facteur de correction} = 0{,}90 - \frac{\textit{vitesse du vent}}{\textit{vitesse d'envol}}$$

Par exemple, pour un hydravion qui décolle en 500 m sans vent, avec une vitesse d'envol de 60 KTS et avec un vent de face de 15 KTS, le facteur de correction est de

0,9 - (15/60) =
= 0,9 - 0,25 = 0,65

La course de décollage est donc de
500 × 0,65 = 325 m

Dans le tableau la vitesse du vent est donnée comme une fraction de la vitesse d'envol.

Vitesse vent de face	facteur de correction
0	1
0.05	0.85
0.10	0.80
0.15	0.75
0.20	0.70
0.25	0.65
0.30	0.60
0.35	0.55
0.40	0.50
0.45	0.45
0.50	0.40
0.55	0.35
0.60	0.30

Vitesse de vent de face exprimée comme fraction de la vitesse de décollage = 1.

État de la surface

Les vagues très courtes et basses, appelées vaguelettes, rendent la course au décollage plus brève, car le phénomène de cavitation réduit la traînée des flotteurs. Des vagues plus consistantes ou une surface plate l'allongent.

Humidité

Logiquement, les hydravions opèrent dans un air relativement humide, lequel est moins dense. Cela affecte la distance de décollage de la même manière que l'augmentation de l'altitude pression. Il n'existe pas de règle empirique précise, mais si l'humidité est très élevée il est bon de prévoir une augmentation de la course d'au moins 10 %. Mais un travail de l'université du nord Dakota, signalé par Dale De Remer, a conçu le graphique montré ici.

Le pilote entre sur le graphique avec la température, l'altitude pression et l'humidité relative. Le graphique indique l'altitude pression, on lit sur l'échelle extérieure de droite ou de gauche. L'augmentation comparable d'altitude causée par l'humidité est indiquée par la projection des éléments sur les lignes courbes. Par exemple, à 2000' d'altitude pression, et 80% d'humidité relative, l'altitude pression est juste au-dessus de 4000'. Dans ces conditions (2000' d'altitude pression et 80°F, un changement d'humidité de 0 à 100%, provoque un changement de d'altitude pression jusqu'à 450' lequel provoquera un changement de performance au décollage de .45 x 12% = 5,4% (actuellement, un peu moins causé par le second effet donné juste après).

L'humidité diminue les performances de décollage des hydravions de deux façons. La première est la diminution de la densité de l'air causée par le déplacement des molécules d'oxygène et d'hydrogène plus lourdes par les molécules d'eau plus légères. Cette diminution de performance pour tous les avions, à pistons et à turbine, et semblable parce que la densité de l'air est un des facteurs de l'équation de la portance. Donc une diminution de la densité de l'air diminue la portance.

Le second effet est que, comme l'humidité augmente, les molécules d'oxygène sont déplacées par des molécules d'eau, ce qui diminue la pression relative de l'oxygène (le nombre de molécules d'oxygène pour un volume d'air donné). Donc il y a moins de molécules d'oxygène dans le cylindre et un moins bon mélange air essence pour les moteurs à pistons. Les moteurs à turbines ne sont presque pas affectés par rapport aux moteurs à pitons, en partie parce qu'ils absorbent plus d'air, mais une complète explication de ce phénomène sort du sujet de ce livre.

Technique de pilotage

C'est un facteur déterminant. Les données sur la course de décollage fournies par les manuels de vol sont basées sur une technique proche de la perfection.

Type d'appareil
Deux hydravions identiques à flotteurs, l'un en version amphibie l'autre pas, à poids égal, ont des courses de décollage différentes à cause des roues placées derrière le redan qui dégradent le comportement hydrodynamique jusqu'à la montée sur le redan, allongeant ainsi la course.

Conditions techniques de l'appareil
La vétusté, une hélice endommagée par les embruns, un bord d'attaque de l'aile cabossé rendent l'appareil moins efficace et donc induisent une course de décollage plus longue.

Position du centre de gravité
Un centre de gravité très en arrière réduit sensiblement la course de décollage, mais peut rendre difficile (à la limite impossible) la montée sur le redan aux appareils disposant de peu de puissance ainsi qu'aux appareils opérant à une altitude élevée. Dans ce cas, en l'absence de problèmes d'espace pour la course de décollage, qui sera plus longue, on peut redisposer le chargement de façon à avancer le centre de gravité.

ALTITUDE-DENSITÉ

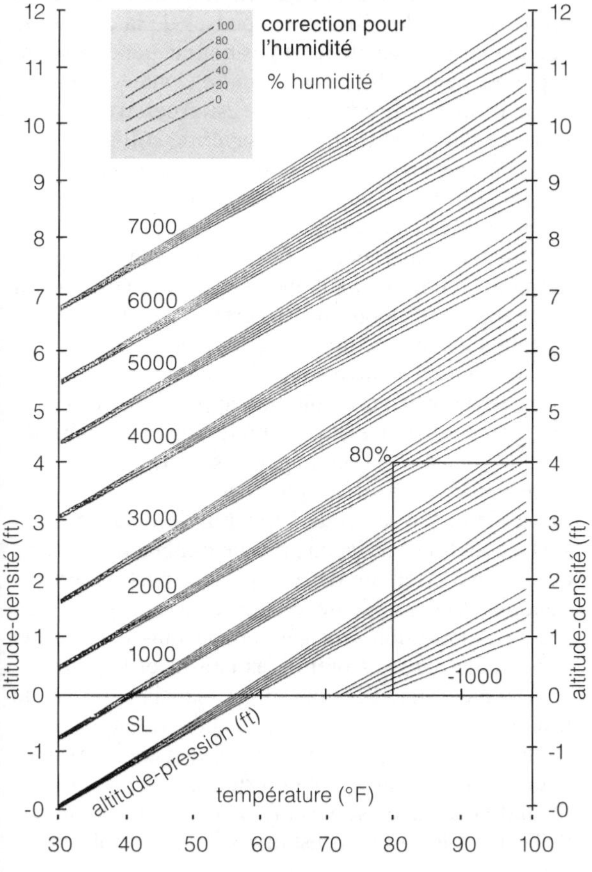

Musée historique del l'Hydraviation - Biscarrosse

Le Latécoère 521 'Lieutenant de vaisseau Paris" au décollage du lac de Biscarrosse (France) dans les années trente.

Durée de la course de décollage
La durée de la course de décollage dépend de tous les facteurs déjà examinés pour la longueur de cette même course. Elle devra être prise en considération lorsqu'on opère avec des appareils qui ont une limitation relative au temps pendant lequel la puissance maximum peut être appliquée. Avec ces appareils il pourrait donc arriver d'effectuer une course de décollage d'une durée supérieure à celle admise avec la puissance maximale, au risque d'endommager le moteur. Le problème ne survient généralement pas avec les appareils les plus petits, dotés de moteur à quatre cylindres, pour lesquels le flux d'air est tel qu'il assure un refroidissement adéquat du moteur pour un temps généralement très supérieur à celui d'une course normale de décollage. On peut avoir quelques problèmes avec les moteurs à six ou huit cylindres, pour lesquels le refroidissement est plus problématique, surtout si l'on opère avec une température ambiante élevée et en conditions limites de charge et donc avec une course de décollage d'une durée importante. Le problème était très important il y a quelques décennies, quand étaient en service des appareils de masse élevée. Quelques considérations théoriques ultérieures sur ce thème sont rapportées dans le chapitre sur la mécanique du vol.

Inspection de l'aire de décollage
Il faut être sûr que la surface sur laquelle on opère soit adaptée à l'hydroplanage, afin de permettre la manœuvre en sécurité. Les dangers sont les écueils affleurants et les objets flottants. Ces derniers, dans les eaux intérieures, sont fréquents à certaines saisons ou après une période de mauvais temps ou d'orages. Les inondations, saisonnières ou occasionnelles, remuent d'un seul coup une grande quantité de dé-

tritus accumulés sur les rives des fleuves dans les semaines ou les mois précédents. Le problème est particulièrement grave au décollage, à cause de la mauvaise visibilité due à la position basse du pilote. Le problème existe aussi à l'amerrissage, mais dans ce cas une reconnaissance soigneuse est possible en survolant la surface à basse altitude. En cas de doute, une inspection de toute la surface en navigation à basse vitesse est nécessaire.
Peu avant la mise des gaz on doit aussi regarder la surface à la recherche d'éventuels oiseaux. Ceux-ci se trouvent souvent en petits groupes posés sur l'eau; s'ils se trouvent près de l'appareil, ils s'envoleront probablement dès que le pilote aura mis plein gaz, créant un risque de collision. Dans ce cas on peut donner un coup de moteur et attendre l'éloignement des oiseaux avant de commencer le décollage.

Évaluation de la bande de décollage durant l'hydroplanage

S'il y a des vagues ou si l'on craint de rencontrer quelques trains de grosses vagues dus aux embarcations, on doit mettre l'appareil sur le redan puis réduire la puissance pour évoluer à une vitesse modérée à laquelle, avec des vagues même importantes, on ne risque pas de dégâts. La pleine puissance sera appliquée seulement quand on sera sûr que la surface devant soi permet un décollage sans danger. Il est souvent arrivé à l'auteur, opérant avec un Lake sur le lac de Côme en été, d'errer pendant de longues minutes sur la surface et de parcourir jusqu'à plusieures nautiques avant de trouver un bande adaptée.
En effet cette technique, utile pour les petits appareils à flotteurs, est impérative pour les appareils à coque qui ont une vitesse d'envol élevée, comme le Lake *Renegade*. Si l'on ne procède pas systématiquement de la façon décrite, tôt ou tard l'appareil sera endommagé sur les vagues.
Si, en hydroplanant, on se trouve à l'improviste face à un train de vagues moyennes, on doit être sûr de décoller avant de le rencontrer ou réduire immédiatement la puissance, pour interrompre le décollage. Dans tous les cas il convient de virer sur l'eau, pour éviter les vagues ou pour les passer en diagonale.

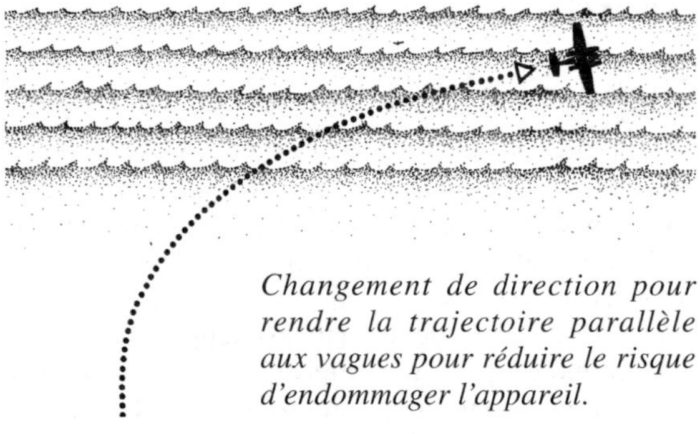

Changement de direction pour rendre la trajectoire parallèle aux vagues pour réduire le risque d'endommager l'appareil.

Le décollage de l'eau

Décoller de l'eau signifie mettre l'appareil sur le redan et naviguer à vitesse croissante jusqu'à atteindre la vitesse d'envol.
Les aspects les plus importants de la manœuvre ont déjà été décrits au chapitre sur la circulation à haute vitesse. Ci-dessous sont exposés les problèmes des phases de l'hydroplanage à grande vitesse juste avant le décollage.

Ultimes phases de la course de décollage

Les vitesses à peine inférieures à celle d'envol sont très délicates, l'appareil se trouvant dans les conditions les plus dangereuses pour ce qui concerne l'eau, mais pas encore gouvernable dans l'air. On doit donc chercher à atteindre la vitesse d'envol au plus vite, et en choisissant autant que possible un trajet sur la surface pas trop agité.
Cela vaut la peine de répéter encore l'importance de l'assiette. Celle-ci devra être maintenue à sa valeur optimale dans les différentes phases de la course de décollage. Si l'assiette n'est pas bonne, généralement l'appareil ne réussira pas à atteindre la vitesse d'envol, car la traînée hydrodynamique est excessive.
Dans ce cas il est inutile d'essayer de solliciter l'appareil à une vitesse trop faible, cela aura pour seul effet de faire toucher l'eau aux queues des flotteurs, et provoquera un ralentissement. Certains hydravions ont une telle puissance qu'ils peuvent arriver à décoller même en maintenant une assiette incorrecte et en particulier en "labourant" la surface avec les queues, surtout s'ils ont une faible charge à bord.
La manœuvre, outre qu'elle est peu élégante et manque de sérieux, maintient l'appareil sur l'eau sur une grande distance et pour un temps très supérieur, avec le risque d'endommager la structure et de provoquer une surchauffe du moteur.
Si l'assiette est correcte, l'appareil se détache de la surface tout seul de façon presque imperceptible, sans qu'il y ait à effectuer des manœuvres particulières.
Pendant la course de décollage sur des surfaces agitées, l'assiette doit être légèrement plus cabrée que la normale dans les premières phases et légèrement plus piquée quand l'appareil est bien installé sur le redan. Cela vaut, comme il a déjà été dit au chapitre sur la circulation à haute vitesse, seulement sur vagues courtes, même hautes, et non sur vagues moyennes.
Quand la surface est parfaitement lisse la résistance de l'eau sur les flotteurs est importante et semble tenir

l'appareil "collé" à la surface. Il est indiqué dans ce cas de provoquer de légères oscillations d'avant en arrière quand on est proche de la vitesse d'envol pour favoriser le décollage.

Pour les petits appareils, la vitesse d'envol est proche de celle de décrochage pour la configuration adoptée. Décoller à la plus basse vitesse possible évite les risques de sollicitations excessives de la part des vagues, mais fait mettre en l'air l'appareil dans une situation très délicate, pour laquelle une légère variation de quelques facteurs peut faire décrocher l'appareil et le faire retomber sur la surface.

Tenir l'appareil sur la surface et rechercher une vitesse supérieure à la vitesse minimale d'envol ferait par contre mettre l'appareil en vol dans une situation certainement plus sûre, mais présenterait des risques de sollicitations destructives de la part des vagues.

Si la surface ne présente pas de problèmes de vagues, on atteindra une vitesse de quelques nœuds supérieure à la vitesse minimale d'envol puis on effectuera une rotation finement dosée, pendant laquelle on évitera de trop varier l'assiette, ce qui augmenterait la traînée.

Emploi des volets

Les manuels indiquent habituellement de sortir 10 à 15 degrés de volets. Ils seront sortis un peu avant la mise en puissance, de façon à conserver une bonne visibilité même vers l'arrière jusqu'à la fin de la navigation jaugée.

Dans le monde des pilotes hydro, il y a deux écoles distinctes en ce qui concerne l'utilisation d'appareils prévus pour décoller indifféremment avec ou sans volets. La première soutient le décollage avec volets, en disant que ceux-ci "réduisent la vitesse d'envol et donc la course de décollage". La seconde soutient le décollage sans volets, en disant que ceux-ci "augmentent la traînée et donc la course de décollage".

La technique la plus efficace consiste à garder les volets rentrés jusqu'à quelques nœuds de la vitesse d'envol et à les sortir à ce point. Avec certains appareils on doit passer sur le redan avec les volets sortis; ils peuvent êtres rentrés aussitôt après et sortis définitivement un peu avant la vitesse d'envol.

L'opération comporte des risques pour le pilote peu expérimenté, qui doit partager son attention entre trop de choses dans une phase très délicate du vol. Elle est beaucoup plus facile avec une commande manuelle des volets (et non électrique), préférée de beaucoup par les pilotes experts.

La commande manuelle n'a pas besoin d'être regardée, mais peut être tout simplement "sentie" par le pilote, et surtout peut être actionnée à la vitesse désirée quelle que soit la situation, même si la batterie est à plat.

Le décollage "à l'arraché"

Parfois, surtout sur les surfaces très lisses, l'altitude densité et la charge importante, font que l'on accélère jusqu'à pratiquement atteindre la vitesse d'envol sans parvenir à aller au-delà. Cela se produit régulièrement avec certains types d'appareils, à cause de la forme du fond des flotteurs ou de la coque.

Si on tente la rotation de l'appareil en tirant légèrement le manche vers l'arrière on fait toucher l'eau aux queues des flotteurs ce qui ralentit; si on pousse le manche les pointes s'enfoncent ce qui ralentit également. L'appareil est donc presque en vol, mais ne semble pas vouloir quitter la surface.

Dans ce cas on peut tenter une manœuvre particulière. Elle consiste à "arracher" l'appareil hors de l'eau en tirant brusquement le manche un instant. Jusqu'ici il n'y a pas de problèmes. La difficulté survient dans les deux ou trois secondes suivantes. L'appareil est en fait proche du décrochage et se prépare à retourner dans l'eau rapidement. Ce que l'on espère en procédant ainsi, c'est que l'immédiate diminution de la résistance hydrodynamique fera gagner les quelques nœuds qui permettront à l'appareil de se sustenter et de rester en l'air ou, s'il doit retourner à l'eau, que l'augmentation de vitesse le fera décoller définitivement après un ou deux rebonds ultérieurs. Afin que tout cela advienne, on doit contrôler très finement l'assiette après l'arrachement initial. Si l'on maintient une assiette trop cabrée on perd de la vitesse, au lieu d'en gagner, et on retourne lourdement à l'eau. Par contre, si l'on pique trop on retouche l'eau avec une assiette à piquer dangereuse, et qui surtout, provoque une importante augmentation de la résistance et donc une réduction de la vitesse. Il est inutile de tenter la manœuvre à vitesse trop basse, même de quelques nœuds seulement, car l'appareil ne se détachera pas de la surface et l'enfoncement de la queue des flotteurs dans l'eau réduira ultérieurement la vitesse.

Impressionnant décollage d'un Maule M7 sur flotteurs Baumann.

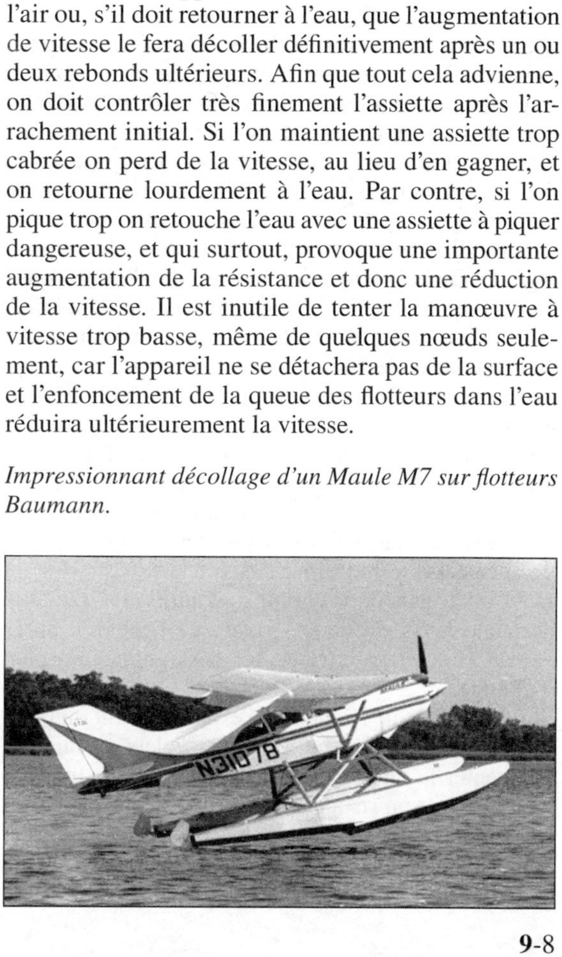

Archivio Apostolo

Archivio Apostolo

Le "coup de volets"

Le coup de volets consiste en une brusque augmentation de l'angle de braquage des volets un peu avant la vitesse d'envol. Habituellement on passe de 0° ou du réglage prévu pour le décollage (10-15°) à 25-30° de volets. Le coup de volets augmente le coefficient de portance de l'aile et fait décoller brusquement l'appareil de la surface, mais peut aussi le faire retourner brusquement sur celle-ci si l'on ne règle pas finement l'assiette de l'appareil tout de suite après l'envol, pour lui faire gagner quelques nœuds. En augmentant le coefficient de portance on augmente en fait aussi beaucoup la traînée.

La manœuvre est très facilitée avec une commande manuelle des volets; une commande électrique la rend impraticable ou moins efficace. Quand on donne un coup de volets on se trouve avec le manche dans une main et la commande des volets dans l'autre, qui tous deux agissent dans le même temps sur l'assiette de l'appareil ainsi que sur sa vitesse. Cette technique, déconseillée aux pilotes débutants, rappelle le pilotage de l'hélicoptère, avec la commande des volets agissant comme celle du pas collectif (sur le Piper PA 18 la commande des volets est à la même place que celle du pas collectif).

Le coup de volets peut raccourcir sensiblement la longueur de décollage, mais beaucoup dégrader le comportement de l'appareil après l'envol. Il est donc utile quand on part d'une surface agitée très longue, mais ne doit pas être utilisé quand on décolle vers la rive ou quand il y a des obstacles dans l'axe de décollage. La forte traînée des volets sortis réduit en fait – ou annule dans certaines conditions – le taux de montée; il peut donc arriver que l'appareil après l'envol "flotte" en effet de sol sans gagner un pied d'altitude.

Si l'on dispose de beaucoup d'espace devant on peut, avec calme, rentrer peu à peu les volets en laissant augmenter la vitesse. Si au contraire il y a des obstacles devant on risque de faire décrocher l'appareil soit parce qu'on rentre les volets trop brusquement soit parce qu'on commet l'erreur de tirer sur le manche en croyant faire monter l'appareil.

Types de décollage

Décollage normal

C'est la méthode qui est utilisée dans plus de 80% des cas de décollage d'hydravions à flotteurs. Elle s'effectue face au vent, avec le pilote qui contrôle l'assiette pour obtenir la meilleure accélération jusqu'à la vitesse de décollage, vitesse à laquelle l'hydravion décolle de l'eau. Le pilote ne donne que de légères sollicitations sur les commandes durant la montée, après le décollage. Les deux flotteurs décollent de l'eau en même temps. Pour la sécurité, le décollage et la montée initiale sont terminés à Vy et volets rentrés au passage des 15 m.

Décollage en eaux agitées (sans obstacle)

La méthode est la même que celle du décollage normal, sauf que le démarrage se fera avec une application progressive de la puissance, en attendant que le nez de l'appareil soit levé par la crête d'une vague pour appliquer la pleine puissance. Ceci permet de garder le nez haut dans les fortes vagues. Quand l'hydravion monte sur le redan, le nez est plus levé qu'à l'assiette normale d'hydroplanage.

La technique dite du coup de volets, avec quelques oscillations du manche, est utilisée pour sortir l'hydravion de l'eau à une vitesse aussi basse que possible. Une fois sortie de l'eau, le nez est abaissé pour assurer un bon effet de sol sur la surface pour que, quand le pilote rentre les volets progressivement en compensant avec la gouverne de profondeur, il puisse maintenir un palier juste au-dessus de l'eau, jusqu'à ce que les volets soient en position de décollage. La montée est achevée à Vy, volets rentrés au moment où l'appareil passe 50 ft au-dessus du sol.

Décollage de petit lac

Similaire au décollage normal, mais en utilisant les techniques qui permettent d'utiliser au mieux la longueur disponible du plan d'eau. La technique du coup de volets peut s'utiliser pour diminuer la distance d'accélération sur l'eau. Une fois sortie de l'eau, l'assiette est diminuée pour profiter de l'effet de sol

Impressionnant décollage du prototype du Dornier Do24 en mer Baltique formée. Cet appareil était très réputé pour ses qualités d'utilisation en mer très agité. Séquence de décollage d'un Piper PA18.

quand le pilote rentre les volets progressivement tout en maintenant la hauteur de l'appareil juste au-dessus de la surface avec la gouverne de profondeur jusqu'à ce que les volets soit à la position de décollage. La phase de montée est terminée au passage des 50 ft à Vy et volets rentrés.

Décollage de petits lacs (avec obstacle)

La méthode est similaire à celle des décollages de lacs courts ou moyens. La technique de décollage sur un flotteur peut s'utiliser si l'appareil est très chargé et si l'on opère sur un plan d'eau élevé.

Après le décollage, il y a deux écoles au sujet de la manière d'aborder la phase de montée initiale avec obstacle. La méthode classique (quelques fois appelée méthode FAA) qui consiste à passer sur l'obstacle avec une vitesse de sécurité (non pas Vx, comme beaucoup de pilotes et d'auteurs imprudents le croient pour deux raisons: Vx est la configuration de vitesse en lisse et sur de courtes distances. L'appareil s'élèvera s'il décolle avant d'avoir obtenu son meilleur taux de montée, jusqu'à ce que l'obstacle soit passé.

Les pilotes et particulièrement les instructeurs en vol (parce qu'ils ont beaucoup de répétitions de cas) doivent avoir à l'esprit que cette manœuvre est à haut risque (pour beaucoup d'appareils) parce que si l'on a une panne moteur à Vobs cl avec une assiette très cabrée près du sol...

Et bien, il suffit de dire que peu de pilotes sont suffisamment bons ou chanceux pour se sortir d'une telle situation sans plier quelque chose ou se blesser, même s'il n'y a pas d'obstacle devant.

L'autre méthode, utilisée par beaucoup de pilotes de brousse, semble plus sûre et plus facile à réaliser en vol. Le pilote ne regarde jamais à l'intérieur de la cabine, après avoir vérifié que les paramètres moteur sont correctes après la mise en puissance.

L'indicateur de vitesse n'est jamais consulté jusqu'à ce que l'obstacle soit passé. Après la mise en puissance, le pilote se concentre sur le maintien d'une bonne assiette. Après le décollage, l'appareil est levé et accélère en effet de sol, jusqu'à ce que le pilote juge qu'il doit monter pour passer l'obstacle.

L'analyse logique de cette manœuvre indique que si le lac est plus long qu'il n'est nécessaire pour l'appareil, il arrivera sur l'obstacle avec un excédant de vitesse (donc plus sûre). Si le lac est juste assez long pour l'appareil, il arrivera sur l'obstacle à Vobs cl. Si le lac est trop court... et bien, rien ne sera acquit à l'avance, quelque soit la technique qui sera utilisée.

Tomaso Baj

La méthode de différence de proportion est la seule qui permet de déterminer, avant le décollage si le lac est assez long pour l'appareil. Il est décrit, dans le chapitre 16 qui parle des techniques avancées, laquelle de ces techniques sera la plus appropriée. Une variation du "droit devant" décollage de lac court est une méthode que la FAA nome "performance maximum de décollage" (aire de décollage restreinte, dans la nouvelle désignation SES PTS). La course de décollage commence dans une direction opposée (vent arrière) où l'hydroplanage se termine, la puissance est réduite pour maintenir une vitesse d'hydroplanage minimum pour effectuer un virage de 180° sur le redan. La puissance est alors appliquée totalement pour décoller. Le reste du décollage sur le lac court se poursuit comme décrit précédemment pour l'une ou l'autre des techniques avec ou sans obstacle.

Ce sont de bonnes manœuvres d'entraînement pour que le pilote soit capable de manœuvrer à grande vi-

Décollage d'appareils représentés sur des timbres poste. Short Sunderland décollant du golfe persique en 1943 et un Junkers utilisé en Suède en 1927.

tesse sur l'eau, et apprendre à faire des virages sur le redan à vitesse minimum sans capoter.

Décollage par vent de travers

Il y a deux manières pour partir pour un décollage par vent de travers.

Avec la puissance face au vent (si les safrans sont relevés avant la mise en puissance, la charge de travail du pilote sera alors plus réduite pendant la phase de décollage) on tourne vers la direction de décollage quand le nez est haut, avant de monter sur le redan. Les ailerons sont braqués à fond vers le vent quand le virage n'est pas terminé et que l'hydravion n'est pas monté sur le redan et n'a pas accéléré.

Dans les bandes étroites il sera nécessaire de commencer le décollage avec le vent de travers, les safrans baissés et les ailerons braqués à font vers le vent. Les safrans sont relevés après avoir appliqué la pleine puissance. Il y a maintenant assez de souffle sur les gouvernes de l'avion pour empêcher celui-ci de revenir face au vent (effet girouette). Cette manœuvre est plus difficile par vent traversier venant de la droite, parce que, quand l'hydravion monte sur la vague avec le nez haut, le centre de poussée hydrodynamique recule, exposant plus de surface latérale en avant de celui-ci, avec une tendance à virer sur la gauche accentuée.

Sur quelques appareils, spécialement ceux équipés de ressorts de compensation de direction, ou ceux équipé d'un safran unique, la conjonction des forces virant à gauche peuvent être plus fortes que ce que peut contrer le safran. Dans ce cas, le pilote compense en commençant le décollage plus à droite. Ceci requière une bonne connaissance de l'appareil. Les ailerons sont braqués à fond quand l'hydravion monte sur le redan et accélère. Quand le flotteur sous le vent est sorti de l'eau, les ailerons sont ajustés pour maintenir ce flotteur juste au-dessus de l'eau pour accélérer jusqu'à la vitesse de décollage.

Les pilotes expérimentés utilisent des techniques spéciales qui aident l'appareil à sortir de l'eau au plus vite (ou pour les hydravions très chargés à acquérir une vitesse de vol) autrement il continuera à hydroplaner sans pouvoir décoller. Ces techniques sont plus faciles à expliquer dans l'avion que dans un livre.

Le moment le plus critique pour un décollage par vent traversier est probablement l'instant qui suit le décollage. L'appareil offre rapidement beaucoup de surface latérale à la force du vent traversier et dérive la vitesse du vent. Si le moteur ne répond pas correctement l'amerrissage se terminera probablement par un capotage ou par des dommages structuraux importants. Après le décollage, le pilote a au moins trois solutions pour éviter ce problème:

1 - prendre une trajectoire vent en face;
2 - prendre un cap qui corrige la dérive
3 - baisser l'aile au vent avec pied contraire (déconseillé, la condition étant dangereuse à basse altitude et basse vitesse).

Une fois les obstacles dégagés, la vitesse peut être maîtrisée comme pour tout autre décollage jusqu'à atteindre Vy avec les volets en position de décollage jusqu'au passage des 50 ft au-dessus du sol.

Quelques pilotes lèvent le flotteur au vent, et prétendent que l'aile levée "volera" avant, permettant au flotteur d'être levé précédemment. Cela est vrai, particulièrement si le vent vient de la droite, mais cela est une pratique très dangereuse parce qu'une rafale peut mettre l'extrémité de l'aile sous le vent dans l'eau et provoquer ainsi un capotage, et une dérive latérale extrême après le décollage.

Le décollage sur un flotteur

Beaucoup de pilotes utilisent la technique spectaculaire de soulever un flotteur dans la phase ultime de la course de décollage. Cela réduit la traînée hydrodynamique, crée une certaine portance sur le flotteur levé, accentuée par l'effet de sol, et permet une accélération plus rapide jusqu'à la vitesse de décollage. Des expériences, conduites par Dale De Remer, ont montré que la technique offre un avantage seulement sur une surface plate ou avec un appareil très chargé. L'avantage est pourtant contrebalancé par le risque de soumettre l'appareil à des sollicitations excessives ou asymétriques et au risque, bien plus grave, de toucher l'eau avec l'extrémité de l'aile basse si on ne contrôle pas bien l'inclinaison. La manœuvre ne doit jamais être effectuée en présence de vagues ou de vent en rafales. En outre on ne doit pas lever l'aile du côté d'une éventuelle composante latérale de vent, mais

La spectaculaire technique de décollage sur un flotteur est utilisée ici par ce Cessna 180 de la compagnie Hydravion Aventure, Québec.

l'autre. S'il n'y a pas de vent on lève généralement le flotteur droit, car la rotation dans le sens antihoraire de l'appareil est favorisée par le couple de l'hélice.
Généralement on pousse le manche du côté désiré avec une certaine anticipation, en étant prêt à remettre le manche au centre au premier indice d'inclinaison latérale. Une fois que le flotteur s'est détaché de la surface, on doit contrôler finement l'inclinaison latérale, en la maintenant entre 5 et 10° et en évitant d'effectuer un virage qui accentuerait l'inclinaison et qui pourrait amener l'aile au contact de l'eau. Des inclinaisons supérieures à celles indiquées impliquent un effort important au palonnier du coté opposé à l'inclinaison, avec une augmentation de la traînée pour maintenir la trajectoire rectiligne. On perd ainsi l'avantage de soulever un flotteur.

Décollage en eau miroitante

Typiquement, le décollage sur un flotteur est utilisé pour aider l'hydravion à se soustraire de l'eau (collante). Avant la mise en puissance, le pilote doit prévoir la bande de décollage qu'il va utiliser et qui donnera les meilleures références aussi loin que possible sur la surface, dans le cas d'une panne moteur au décollage.
La bande doit être le long de la côte, et si possible du côté du pilote.
L'autre élément de ce décollage qui est critique arrive après l'envol. Puisque l'eau miroitante ne donne aucune référence sur toute la surface, la possibilité de retoucher celle-ci est réelle. Le pilote doit être certain que l'appareil continue à monter au-dessus de l'eau jusqu'à l'altitude désirée, là où la perception de hauteur réapparaît. Une façon d'obtenir ce résultat est de noter l'assiette de l'appareil au moment du décollage, et de la maintenir durant toute la première phase de montée. C'est le seul type de décollage où l'appareil ne doit pas accélérer à Vy, les volets sont rentrés, dès que possible.

Un mot au sujet de la sécurité au décollage

Nous savons maintenant que les accidents au décollage ou dans la phase de monté qui sont enregistrés pour les hydravions sont presque le double de celui des avions terrestres. Beaucoup d'accidents d'hydravions se produisent pendant la phase de monté initiale (un peu moins pour les amphibies à cause des amerrissages trains sortis). Il en ressort que le pilote d'hydravion doit avoir une grande dextérité durant les phases de décollage pour les rendre sûre.
Après le décollage, les hydravions traînent plus qu'un avion terrestre, et il est important que le pilote comprenne la relation entre la hauteur au-dessus de l'eau, la vitesse de vol et la gestion de l'énergie qui en résulte. Si la vitesse de vol est basse, le pilote aimerait plutôt avoir une panne moteur à10 ft ou 40 ft au-dessus de l'eau? Manifestement ce sera 10 ft parce que l'hydravion peut retourner dans l'eau avant qu'une vitesse verticale importante puisse être développée.
Si cela est vrai, tous les pilotes d'hydravions devraient désirer d'atteindre Vy avant le passage des 50 ft. Ainsi, il y a assez de vitesse disponible pour que le pilote puisse garder le contrôle de l'appareil et utiliser cette vitesse pour stopper la vitesse verticale avant l'impact.

Décollage d'un Piper PA18 sur surface miroitante du lac de Santa Guistina (Italie).

Interruption des tentatives de décollage

«Les derniers milliers de décollages ont été réussis donc le prochain le sera aussi»; cette idée fausse est souvent développée. Après tout, si nous ne croyons pas au succès du prochain décollage, qui sera lui aussi réussi, nous serions fous de monter dans un avion, exact ? Cela n'est pas réellement juste. La réalité est que nous pensons avoir de meilleures conditions pour le prochain décollage. S'il est admis volontiers que malgré une petite chance d'échec, qu'on puisse le tenter, il faut le faire. Une bonne illustration de ces propos est donnée par la ténacité de Jean Mermoz qui dû effectuer 53 essais de décollage à l'occasion sa tentative de traversée retour de l'Atlantique sud en 1930, durant l'épopée de l'Aéropostale.

Nous nous entraînons dans ce but. Nous apprenons comment obtenir les vitesses de décollage les plus faibles possibles. Nous apprenons à évaluer la distance nécessaire pour s'arrêter et virer à 90°. Un Cessna 180 requière 600 ft à pleine charge, un Lake nécessitera une distance plus faible du fait de sa capacité à virer brusquement sur l'eau sans dommage, alors qu'un appareil à flotteurs ne le peut pas.

Quand interrompre un décollage utilement ? Quand l'appareil ne parvient pas à monter sur le redan; si le moteur à surchauffé pendant la navigation à flot; si la surface devient trop agité; si un vent arrière ou traversier excessif ou en rafale agite la surface. Ou encore en présence de projections d'embruns trop importants dans le disque de l'hélice; si des dégâts se produisent à l'avant de la coque; si des vagues dangereuses approchent; à l'apparence d'objets flottant ou semis immergés à la surface; s'il y a la possibilité de collision avec une autre embarcation ou juste le sentiment que quelque chose ne colle pas. Encore: anomalies dans le comportement de l'appareil ou la nécessité d'appliquer des efforts anormaux sur les commandes pour maintenir une attitude correcte à l'appareil; une sensation de poids sur la gauche ou sur la droite, en avant ou en arrière, qui laisse penser que l'hydravion a probablement embarqué de l'eau dans les flotteurs ou la coque ou que le chargement de l'appareil mal arrimé a pus se déplacer à l'insu du pilote; si l'hydravion refuse de décoller à la vitesse habituelle ou toutes autres indications de sérieuses surcharges.

En résumé, juste le sentiment que quelque chose ne colle pas sera une des nombreuses raisons d'interrompre un décollage et d'analyser le problème. Le seul sentiment qui laisse penser qu'on ne pourra pas réussir une manœuvre, est une raison suffisante pour ne pas la tenter. Néanmoins, beaucoup de décollages ont été poursuivis au-delà de ces limites, alors qu'une personne raisonnable aurait certainement stoppé ce processus. Pourquoi ? Il s'agit souvent d'une forme d'acharnement à suivre une idée préconçue.

On voit ce phénomène arriver quand un pilote oublie de sortir les volets et commence à décoller. Quand cela se produit, l'instructeur laisse se dérouler le décollage parce que l'on acquière beaucoup d'expérience à cette occasion. Le pilote apprend comment l'avion se comporte sans volet et l'expérience qui en ressort l'aide à prendre les bonnes décisions par la suite.

Donc nous devons apprendre comment exécuter correctement les manœuvres d'interruption de décollage avec une distance minimum, et de manière sûre.

Peut être, avant chaque et à chaque décollage, nous devrions avoir une petite discussion avec nous même. Avant tout décollage, un point de décision "GO - NO GO" doit être défini. Ainsi vous pourrez être en accord avec vous même (avec votre part de commandant de bord comme votre part de personnalité). Si à chaque fois que nous passons un point de décision, que nous identifions quelque chose de réel ou non que nous n'aimons pas, nous devons avorter ce décollage.

Avant chaque vol nous devons suivre le processus suivant: vérifier la météo, l'état de l'appareil, l'aptitude au vol du pilote, etc. pour pouvoir définir une possible cause d'annulation du vol. Si cela est fondé, nous ne devons pas partir. Le principe est acquis. La prise en compte de ce processus de décision sera la même n'est ce pas, excepté si nous regardons différemment, et quelquefois de manière moins bien défini, les éléments qui activent le processus. Comme pilote nous devons prêter attention à notre instinct, incluant les éléments les plus subtiles d'entre eux, parce qu'ils peuvent être les premiers, ou les seuls, avertissements pour savoir qu'une situation n'est pas bonne.

On pratiquera les manœuvres d'interruption de décollage, pour se maintenir les compétences. Prendre l'habitude, au début de chaque décollage d'évaluer ce qui peut engendrer le processus d'arrêt de celui-ci.

L'envol et la montée

Peu après l'envol, qui se produit à la limite de la possibilité de sustentation, l'appareil se trouve dans une situation critique. L'angle d'incidence est aux limites du décrochage et l'appareil se sustente en partie grâce à l'effet de sol, surtout avec un appareil à aile médiane ou basse. Pendant quelques instants il n'est pas possible de monter, car la diminution de l'effet de sol ferait redescendre de nouveau l'appareil. Il faut donc attendre l'augmentation progressive de la vitesse, nœud par nœud, pour assister au début de la montée.

Assiette. Habituellement, quelques secondes après

Aero Club Como

Décollage d'un Lake LA 270. Les caractéristiques STOL de ce type d'hydravion sont évidentes.

l'envol, on abaisse le nez d'un ou deux degrés pour favoriser l'augmentation de vitesse. Un abaissement du nez plus prononcé est dangereux. Typique chez les débutants, il amène facilement à un nouveau contact avec l'eau, moteur plein gaz et assiette plate, induisant un risque de capotage.

Le décollage en "ricochets". Si après le décollage avec l'assiette optimale on se retrouve en descente lente vers la surface, à cause d'une variation du vent ou de la diminution de l'effet de sol, comme cela se produit pour les cailloux plats lancés à faible hauteur parallèlement à la surface, il est conseillé d'accompagner la descente en laissant toucher de nouveau l'appareil, mais en maintenant rigoureusement l'assiette optimale pour le décollage. La légère descente fait augmenter la vitesse d'une valeur suffisante pour faire redécoller l'appareil définitivement après un petit rebond.

Quelquefois deux ou trois petits touchers de plus en plus légers sont nécessaires pour arriver au décollage définitif. Chaque nœud gagné pendant la descente est précieux en ce qu'il représente une assurance contre l'apparition du marsouinage. On ne doit donc avoir aucune crainte à retoucher la surface même plusieurs fois, pourvu que l'on maintienne rigoureusement le contrôle de l'assiette.

Chercher à éviter le contact en tirant le manche au dernier moment peut amener à perdre l'angle d'assiette optimale, ralentir, décrocher sur les vagues et mal rebondir. S'il est possible, de quelque façon que ce soit, de maîtriser le point exact de contact on doit le faire de façon à ne pas toucher les vagues à un point où elles pourraient faire changer l'assiette de l'appareil, ni sur la partie ascendante d'une vague importante.

L'envol dans une zone abritée. S'il y a un vent fort ou turbulent et que l'on décolle à l'abri d'un quelconque élément coupe vent, comme un môle ou un rideau d'arbres sur la rive, on doit chercher à gagner de la vitesse en se maintenant dans la couche d'air la plus calme, pour s'assurer un contrôle efficace de l'appareil quand on atteindra les couches d'air plus turbulentes. Il est inutile de préciser que la situation est légèrement critique, à cause du voisinage de la surface, et que l'on doit être prêt à intervenir immédiatement en cas de comportement non désiré de l'appareil. La manœuvre, en d'autres termes, demande de l'expérience.

La montée

Peut être est-il préférable de penser que la période après le décollage se décompose en deux à trois étapes. La montée initiale à Vx (vitesse du meilleur angle de montée), qui s'achève au passage des 50 ft ou de l'obstacle présent; le passage à Vy (vitesse du meilleur taux de montée) pour arriver à un altitude de sécurité.

Qu'est ce qu'une altitude de sécurité ? Parlant philosophie, c'est la hauteur au-dessus du sol à laquelle le pilote se sent en sécurité. Sa valeur dépend du pilote, du type de l'appareil sur lequel il vole et spécialement la physionomie du terrain survolé. De nuit, un avion avec une vitesse de décrochage élevée remonte l'altitude de sécurité. Sachant qu'il y a des crocodiles, des serpents dans les marais au-dessous, cela élèvera d'autant plus cette altitude. Une bonne visibilité, le vol face au vent au-dessus de surfaces plates, avec 60% de lacs, dans un Piper Super Cub abaisse l'altitude de sécurité. Souvent, les hydravions volent à l'altitude de sécurité ou au-dessous. Ils volent sous cette altitude parce qu'il est facile de déterminer visuellement l'angle de dérive et la trajectoire; pour voler sous la plus basse couche de nuages. Ou c'est une technique usuelle quand on enseigne les techniques de manœuvres ou de navigation avancée.

La première et la deuxième étape de la montée ont été développées précédemment. La troisième étape de la montée se trouve usuellement à des vitesses entre Vy et Vcc (*cruise climb* - montée en croisière). En fait, Vy est Vnc (*normal climb* - montée normale), définie comme vitesse de meilleur taux de montée à 75% de la puissance.

Cette vitesse est rarement donnée dans le manuel de vol, mais peut être déterminée avec quelques vols d'essais, par temps calme le matin. Vcc est la vitesse de montée qui donne le meilleur refroidissement moteur, la meilleure visibilité, le meilleur confort pour les passagers et plus de milles parcourues pendant la montée. Usuellement, c'est la vitesse qui ne sacrifie pas plus de 15% du taux de montée disponible à Vnc. Typiquement, Vcc se trouvera être à quelques nœuds au-dessus de Vy + (Vy – Vx).

La montée en sécurité

La bille. Il est essentiel de maintenir la bille de l'indicateur de dérapage au centre. L'instabilité directionnelle des hydravions, due à la présence des flotteurs, à l'inefficacité des ressorts de centrage des gouvernails parce qu'ils ont trois gouvernes à manœuvrer, l'augmentation des câbles de commandes et des poulies, créent des difficultés aux pilotes en court de transformation hydro. En quoi la bille semble demander une attention plus importante? Quand la bille n'est pas centrée, la traînée est plus importante que ce quelle devrait être, et un avion en dissymétrie décroche presque toujours d'une aile. Puisse que nous avons vu que beaucoup d'accidents au moment du décollage, se finissent avec l'appareil retourné dans l'eau, il est facile de supposer qu'un décrochage suivi d'un départ en vrille s'est produit durant le début de la phase de montée. La conclusion évidente est que la bille n'était pas centrée quand le décrochage s'est produit. Beaucoup de pilotes semblent surpris à l'idée qu'il n'est pas nécessaire de regarder la bille pour savoir que celle-ci est bien centrée. Ils ont seulement besoin de prêter attention à leurs sensations. Si leur corps ressent une force qui tend à pencher vers la gauche, comme la bille! Pour stopper cette sensation, le pilote corrige avec la gouverne de direction. La prochaine fois que vous irez voler, fermez les yeux et essayez le!

Pourquoi est ce important ? Parce que c'est une des nombreuses astuces qu'un pilote d'hydravion doit avoir connues pour lui permettre de maintenir son regard vers l'extérieur.

Les yeux à l'extérieure de l'appareil sont un élément majeur pour la sécurité en hydravion. Cela est vrai pour la navigation à flot (pas du tout pour programmer le GPS). Il est préférable d'avoir quelqu'un lisant la check list et sentir ses commandes plutôt que de la regarder. Combien de check peuvent être laissées avant le démarrage du moteur? C'est vrai pour le décollage, une fois le pilote familiarisé avec l'appareil, il n'est plus nécessaire pour lui de regarder à l'intérieur de l'avion une fois que les instruments moteur ont été vérifiés juste après la mise en puissance.

La vitesse: on peut laisser l'avion, par son comportement, dire au pilote à quelle vitesse il se trouve pour que les yeux regardent à l'extérieur durant la montée. Quelle est la commande dans l'avion qui contrôle la vitesse? La réponse est: la commande de profondeur. Sujet pour un pari si une personne ne le croit pas. Vous prendrez l'appareil de son choix, la commande de profondeur, dans vos mains; il pourra manœuvrer toutes les autres et on verra qui commande la vitesse! De même, la méthode de la FAA dit que l'on contrôle la vitesse par la commande de profondeur quand la puissance est limitée, comme par exemple en montée. Le contrôle de vitesse par la commande de profondeur est permanent. L'équation de portance dit très simplement que pour un avion en vol, en cas de variation de vitesse, l'angle d'attaque doit changer. L'équation de portance travaille tout le temps, et pas seulement quand la puissance est limitée.

Mais une fois la vitesse désirée obtenue, s'il n'y a pas de changement d'assiette il n'y aura pas de variation de vitesse. Donc pas besoin de regarder; le regard peut être dehors tout le temps.

Virage sous le vent après le décollage

L'éventuel virage sous le vent après le décollage mérite une attention particulière. L'appareil se trouve en fait en montée à basse vitesse. Une rafale particulièrement forte en queue peut le faire décrocher, avec des conséquences qui peuvent être dramatiques à faible hauteur. En outre, en virant sous le vent on acquiert en quelques instants, et de façon inattendue pour les pilotes inexpérimentés, une importante vitesse sol, qui peut s'avérer dangereuse en présence de relief ou d'obstacles. Avant de commencer un virage sous le vent, on doit donc être sûr d'avoir la marge de sécurité nécessaire, aussi bien en hauteur qu'en vitesse.

Montée de précaution sur l'eau

La probabilité d'une panne moteur au décollage est beaucoup plus élevée que dans les autres phases du vol. Un des moments les plus critiques semble être celui de la réduction de puissance. Si on décolle sur de grands bassins vers le large il n'y a pas de problèmes, mais sur des bassins courts ou étroits on peut retrouver les problèmes propres aux avions terrestres. Dans beaucoup de cas il est pourtant possible de limiter le risque en conservant pour un certain temps la possibilité d'amerrir si le moteur devait s'arrêter. Cela peut se faire en étudiant une trajectoire de montée qui permette de rester à proximité du bassin de décollage au moins jusqu'à ce que l'on ait atteint une hauteur de sécurité et que l'on ait réduit la puissance, comme illustré sur la figure. Une fois l'appareil stabilisé, en croisière ou en montée, mais à une certaine hauteur, on peut quitter le plan d'eau l'esprit plus serein. En général, on fait une montée en spirale à faible inclinaison et on quitte la zone après avoir atteint une hauteur d'au moins 2000 pieds au-dessus de la surface.

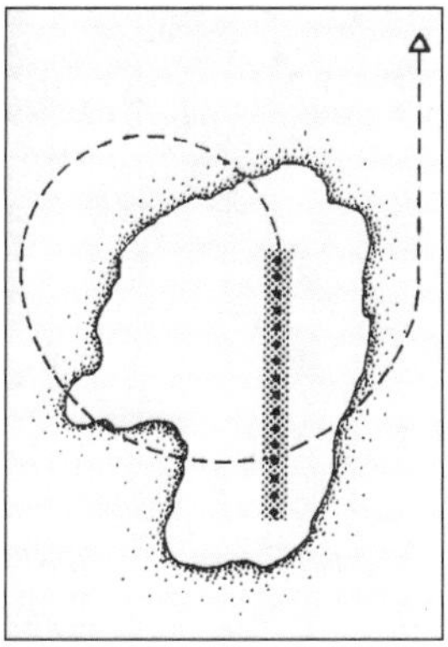

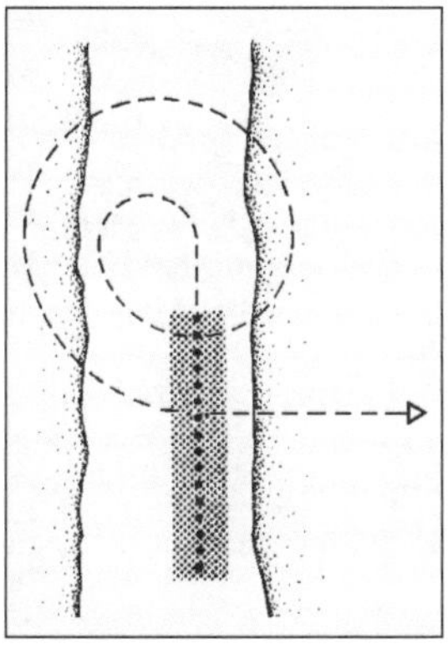

Visibilité au décollage

Souvent avec les hydravions on décolle sans voir la surface. La chose ne pose aucun problème au pilote expérimenté, mais implique l'absolue certitude qu'il n'y ait pas d'obstacles sur la bande de décollage. Cette certitude peut être obtenue par une inspection soigneuse à flot, avant le décollage, ou bien grâce à la présence d'un ou plusieurs assistants. La visibilité peut être très réduite ou nulle en cas de fortes précipitations, brouillard ou obscurité. En cas de miroir, c'est-à-dire quand la surface est extrêmement lisse, on peut voir d'éventuels obstacles, mais souvent on ne voit pas la surface, même si l'on flotte dessus. Dans tout ces cas, l'assiette durant la course de décollage ne peut être "vue" et est donc "sentie" sur la base des sensations d'accélération. La chose devient naturelle avec l'expérience. En cas de manque de visibilité, le risque vient après l'envol, quand l'appareil peut involontairement reprendre contact avec la surface, avec un risque de capotage. En conditions extrêmes, celles où la surface est plate et où les éléments du paysage ne s'en distinguent pas, le pilote peut rencontrer le phénomène de *whiteout*. Bien connu de ceux qui volent sur la neige, il consiste en la perte de la perception de sa propre position dans l'espace. Le phénomène est favorisé par la présence de brume ou de brouillard et face au soleil, c'est-à-dire tout ce qui estompe les éléments du paysage. En cas de visibilité réduite ou nulle ou en cas de *whiteout*, le pilote inexpérimenté risque de trop cabrer après l'envol, et donc de faire décrocher l'appareil à quelques mètres de la surface, ou bien de relâcher involontairement la pression sur le manche et de remettre l'appareil en contact avec une assiette à piquer. Dans tous les cas où la visibilité est réduite ou nulle on doit prêter le maximum d'attention à maintenir, tout de suite après l'envol, un taux de montée positif et les ailes horizontales. On doit, en d'autres termes, contrôler l'assiette de l'appareil avec les instruments jusqu'à ce que le paysage environnant ou la surface redevienne visible. Le vario et l'horizon artificiel (ou l'indicateur de virage) sont les instruments qui donnent les indications essentielles. Quand on décolle en conditions de faible visibilité on doit donc être sûr que l'horizon artificiel et l'indicateur de virage sont parfaitement opérationnels et que le dépressiomètre indique la valeur prévue.

Dornier via Musée de l'Hydraviation - Biscarrosse

Un type de décollage très particulier. Un Dornier Wal est catapulté du navire Westfalen. Cette opération était couramment utilisée dans les années trente pour accélérer les traversées du courrier postal de l'océan Atlantique.

Décollage d'un Maule M7 sur flotteurs Baumann.

CHAPITRE 10

Le vol et la navigation

Le vol

En vol tous les appareils, du *Cub* au *Jumbo*, ont des comportements similaires. Les paramètres changent, les procédures changent, il peut y avoir à bord des installations plus ou moins complexes à surveiller, mais les éléments fondamentaux – manche, palonnier et manettes – sont les mêmes. Il y a donc peu à dire sur les hydravions en vol. Ceux à flotteurs sont plus lents que leurs homologues terrestres, à cause de leur plus grande traînée aérodynamique, et sont moins stables autour des trois axes, comme exposé au chapitre sur la mécanique du vol.

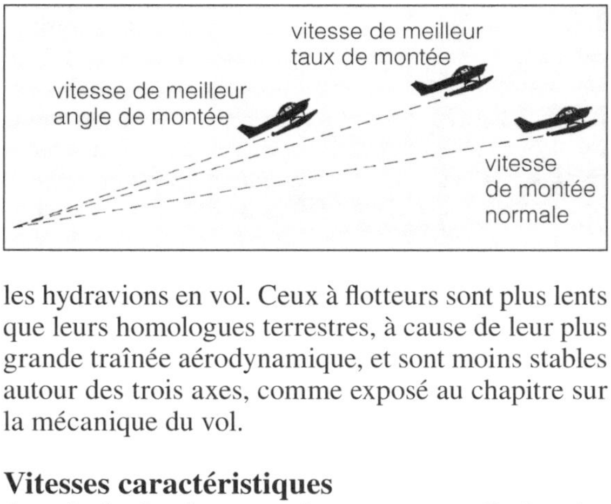

Hydravion Aventure Inc. / JM Urlacher

Belle formation de deux hydravions de la compagnie Hydravion Aventure, Québec.

Vitesses caractéristiques

Avec les hydravions on opère souvent aux limites des possibilités, par exemple à haute altitude, dans des bassins courts ou sur des vagues importantes. Pour utiliser à fond toutes les possibilités de sa machine, le pilote doit donc connaître toutes les vitesses caractéristiques de l'appareil employé, dans les conditions de charge et d'altitude densité relatives au vol à effectuer. Quelques vitesses sont indiquées dans les manuels de vol, d'autres peuvent aussi être déterminées empiriquement par le pilote grâce à des essais pratiques. La question est intéressante, mais nous éloigne du but de ce livre. Voici une simple liste des vitesses que le pilote doit connaître.

Le petit lac qui peut être vue sur la droite de cette photo procure une sécurité pour un vol dans de mauvaises conditions météo. C'est pour cette raison que les pilotes d'hydravions préfèrent souvent suivre les côtes, rivières et canaux, sauter d'un lac à un autre, et augmenter ainsi leur rayon d'action.

Vitesse de décrochage. Il faut connaître la vitesse de décrochage dans les différentes configurations et se rappeler qu'elle augmente avec l'augmentation de la charge et du facteur de charge, par exemple en virage et lors d'une ressource à cabrer.

Vitesse de montée rapide. Elle est aussi désignée par *Vy* ou vitesse qui permet le meilleur taux de montée. Elle s'utilise pour gagner le maximum d'altitude dans l'unité de temps. On l'obtient avec les volets et le train rentrés et à la puissance maximale. Elle diminue, en tant que vitesse indiquée, avec l'augmentation de l'altitude densité.

Vitesse de montée à pente max. Elle est aussi désignée par *Vx* et s'utilise pour monter selon la trajectoire la plus pentue. Généralement elle s'obtient en configuration lisse (volets et, s'il existe, train rentrés). Elle est plus basse que *Vy*.

Vitesse de montée initiale en configuration décollage. Dite aussi *Voc*, c'est celle qui assure la pente de montée la plus raide possible, pour passer au-dessus d'éventuels obstacles, avec l'appareil en configuration décollage. Elle est généralement plus basse que *Vx*.

Vitesse de montée normale. Dite aussi *Vnc*, elle est très proche de la *Vy*. C'est en fait la *Vy* avec l'affichage de la puissance de montée.

Vitesse de montée en route. Dite *Vcc*, elle est généralement supérieure à *Vy* et n'est pas optimale du point de vue des performances, mais garantit un refroidissement adéquat du moteur. Avec beaucoup d'appareils, surtout ceux équipés de moteur à six cylindres, c'est la vitesse obligatoire de montée sauf dans les premières phases suivant le décollage. Elle permet une assiette plus plate et assure donc une meilleure visibilité.

Vitesse d'autonomie horaire maximum. C'est celle à laquelle la traînée est minimale et par conséquent la puissance nécessaire pour maintenir l'appareil en vol minimum. Elle permet de voler le plus longtemps possible avec le carburant disponible. Pour les appareils à hélice elle correspond généralement à *Vx*. Elle est adoptée en attente.

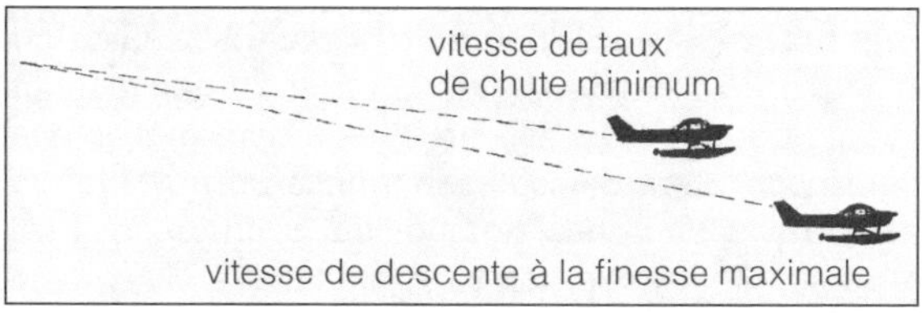

Musée Historique del l'Hydraviation - Biscarrosse

L'hexamoteur Latécoère Laté 631. Carte postale du musée historique de l'hydraviation de Biscarrosse.

Vitesse d'autonomie kilométrique maximum. C'est celle qui permet de parcourir la plus longue distance avec la quantité de carburant disponible. Généralement elle est supérieure à la vitesse d'autonomie horaire maximum et s'obtient avec 40-50% de la puissance. En présence de vent arrière elle est légèrement plus basse, tandis qu'avec du vent de face elle est plus élevée. C'est la vitesse adoptée lorsqu'on a un problème de quantité de carburant. La connaître est particulièrement important si l'on opère en hydravion, compte tenu de la grande distance qui peut séparer une escale d'une autre.

Vitesse de descente au taux de chute minimum. Permet de se maintenir en vol plané le plus longtemps possible.

Vitesse de descente à la finesse maximale. Permet de parcourir la plus grande distance possible en vol plané.

Vitesse d'approche pour l'amerrissage en miroir. C'est la vitesse à adopter (dans la configuration indiquée par le manuel de vol) pendant l'approche en conditions de miroir. Elle assure le contact avec l'assiette appropriée.

Pilatus - Switzerland

Pilatus Turbo Porter. *A droite, le Lac de Côme est dessous, mais pour l'amerrissage il faut trouver un trou ou un autre plan d'eau.*

La navigation

La navigation est identique avec n'importe quel aéronef et un hydravion se comporte comme tous les autres appareils quand il est en vol, mais le pilote qui vole sur l'eau peut être amené à affronter des situations particulières. Qui vole sur l'eau opère souvent en brousse et très fréquemment se dirige vers une destination où il y a simplement un plan d'eau, sans infrastructures, sans balises radio et sans assistance. Ce plan d'eau peut se trouver parmi beaucoup d'autres, dans une vaste zone aux caractéristiques uniformes. Les zones dans lesquelles opère 90% de la flotte mondiale des hydravions sont dans la taïga nord américaine, dans laquelle des milliers et des milliers de petits lacs interrompent un manteau de pins apparemment sans fin, ou les régions montagneuses de l'Alaska, grandes comme un petit continent. Dans ces zones le pilote se déplace sur un territoire avec une densité de population d'une fraction d'habitant par kilomètre carré, sans voies ferrées, avec très peu de routes et de villes, avec des conditions météo très variables.

Pour compliquer la situation, le compas magnétique est virtuellement inexploitable aux latitudes au dessus de 55-65° (selon le compas utilisé).

Le vol caractéristique en hydravion ou amphibie est un vol conduit rigoureusement à vue, souvent à basse altitude, pour pouvoir toujours tenir à vue d'œil les éléments du paysage utiles pour la navigation et pour éviter d'entrer dans les nuages. C'est, pour résumer, une navigation à vue et à l'estime de précision, similaire à ce qui se fait en compétition de vol de précision. Dans ces conditions les instruments de radionavigation ne sont pas très utiles. En outre, les hydravions sont sujets à des sollicitations importantes durant l'hydroplanage sur les vagues et opèrent dans

Mâcon
le journal
Lundi 29 septembre 2003
Charnay
Belle réussite de la randonnée cyclo
Lugny
Une amicale laïque active et généreuse
Cluny
«Terres levées», l'aventure créative de sept artistes
Fête de la bière
Une nouvelle version et un programme exceptionnel
Handball
La douche écossaise pour les supporters
IMPERIAL AIRWAYS, DES HYDRAVIONS SUR LA SAÔNE
Le succès était au rendez-vous mais pas la météo dommage !
Fin de semaine agitée sur la Saône qui n'en finit pas de voir les engins à moteur se promener sur son dos ! Après les bateaux, les hydravions et leurs vrombissements.
En direct

Les hydravions participent souvent à des manifestations historiques organisées sur des plans d'eau d'une ancienne hydrobase. Ici, Piper PA-18 à Mâcon, sur la Saône, et l'hydravion Short S-23 "Cavalier" de l'Imperial Aiways sur le même plan d'eau, dans les années trente. Ces événements ont un grande efficacité promotionnelle. Dans ce cas-la, malgré la météo incertaine, 25.000 personnes vinrent voir les hydravions et 200 eurent leur baptême de l'air. L'hydravion démontre dans ces occasions qu'il est un très puissant instrument de diffusion de la culture aéronautique.

iFly - Qébec

Vol de brousse au Québec. L'hydravion est opéré par iFly. A droite, les fleuves d'Europe.

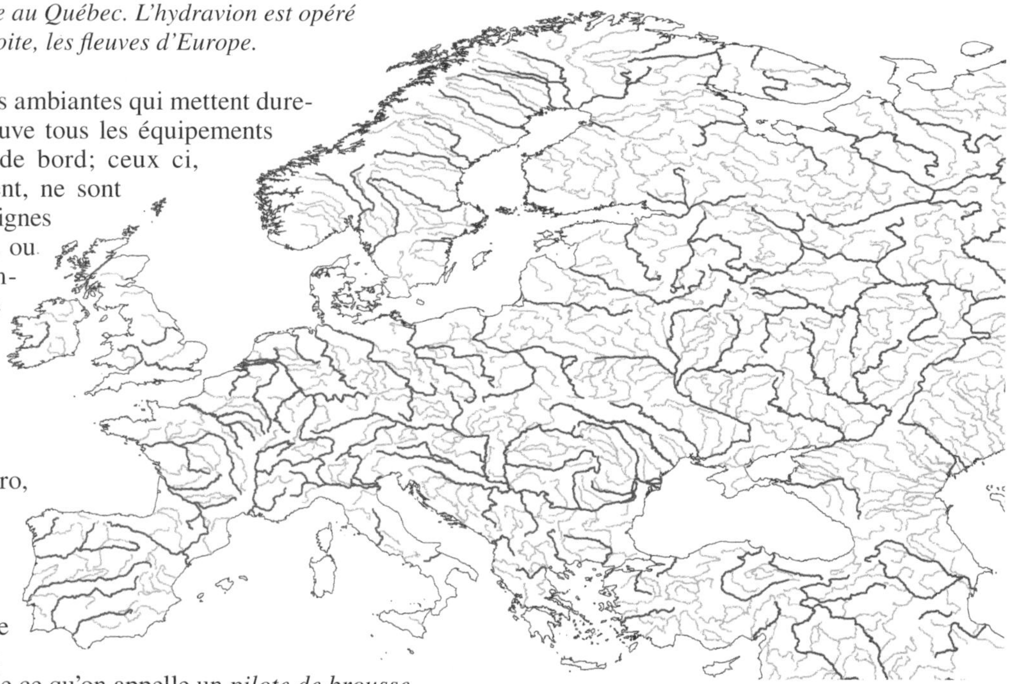

des conditions ambiantes qui mettent durement à l'épreuve tous les équipements et appareils de bord; ceux ci, par conséquent, ne sont pas toujours dignes de confiance, ou peuvent tomber en panne d'un moment à l'autre.

Le pilote de brousse

Le pilote hydro, pour des raisons de nécessité et aussi à cause d'une certaine mentalité, est le prototype de ce qu'on appelle un *pilote de brousse* au Québec et en Amérique du nord un *bush pilot*. C'est un pilote habitué à affronter seul les adversités d'un environnement hostile, à naviguer en se basant uniquement sur les moyens du bord, souvent très peu nombreux. On présume que celui qui navigue en hydravion sait planifier soigneusement un vol et sait le conduire indifféremment avec les moyens du vol à vue, de la navigation à l'estime ou de la radio-navigation. Un bon *pilote de brousse* doit en outre connaître toutes les subtilités d'emploi du compas et du directionnel, doit savoir effectuer des relèvements à vue de repères, doit être à même de faire un peu de navigation astronomique, pour tenir un cap en fonction de la position du soleil, doit savoir utiliser parfaitement l'ADF (en voie de disparition dans de nombreux pays) et effectuer toutes les cor-

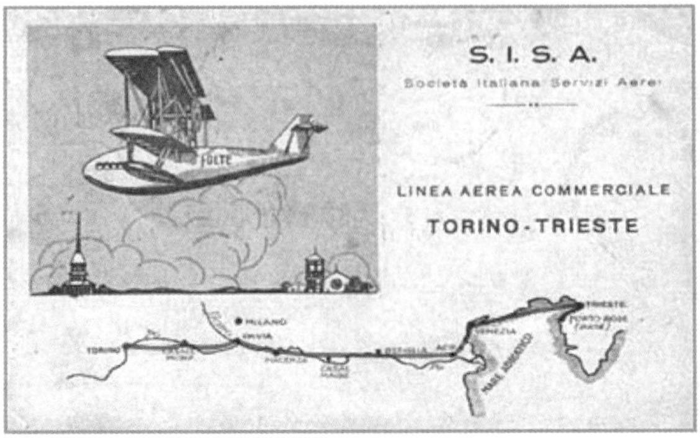

rections relatives au vent, soit lors de la planification soit pendant le déroulement du vol.

Planification du trajet. Le trajet doit être déterminé en tenant compte de quelques aspects particuliers, très importants au point de vue sécurité. Tout d'abord on considère toujours qu'il n'y a pas de moyens de radionavigation, ceux-ci en fait pourraient tomber en panne ou ne pas capter les signaux à basse altitude. On choisit ensuite une route qui suit le plus possible lacs, fleuves, canaux, de façon à pouvoir toujours effectuer un amerrissage en cas de besoin. Chaque plan

Ce Cant. 10 de la SISA, la première ligne aérienne italienne, reliait Trieste à Turin depuis 1926. Les vols se déroulaient sur l'Adriatique et suivaient la rivière Po en se déployant entièrement sur l'eau et donnant la possibilité de se poser sur un plan d'eau en cas de détresse. Dans ces années d'opérations, la compagnie assura une régularité de service de 98%. La carte postale montre un vol à basse altitude de l'appareil, avec la base des nuages et une visibilité réduite. Une condition de vol à vue que seulement un hydravion peut affronter en sécurité, s'il-y-a de l'eau dessous.

Beaucoup de plan d'eau peuvent être de bonnes alternatives. Cessna C185 qui vole près d'un petit lac en Norvège avec un plafond bas et une pluie givrante.
Le Po en Italie est un fleuve qui a beaucoup de courant, mais un petit bras peut offrir une aire plus protégée pour des opérations sûres. Une autre possibilité envisageable est un amerrissage derrière le banc de sable émergeant de la rive intérieure de la courbe du fleuve. L'eau y est certainement peu profonde mais l'endroit sera protégé du courant. La connaissance du terrain est indispensable avant ce genre d'opérations. La mer ne permet pas à ce petit Piper Cub de s'y poser comme on peut le déduire à partir de la présence de la barrière de vagues visible sur cette photo, mais le canal offre une bonne alternative, en faisant attention aux obstacles et aux fils électriques.

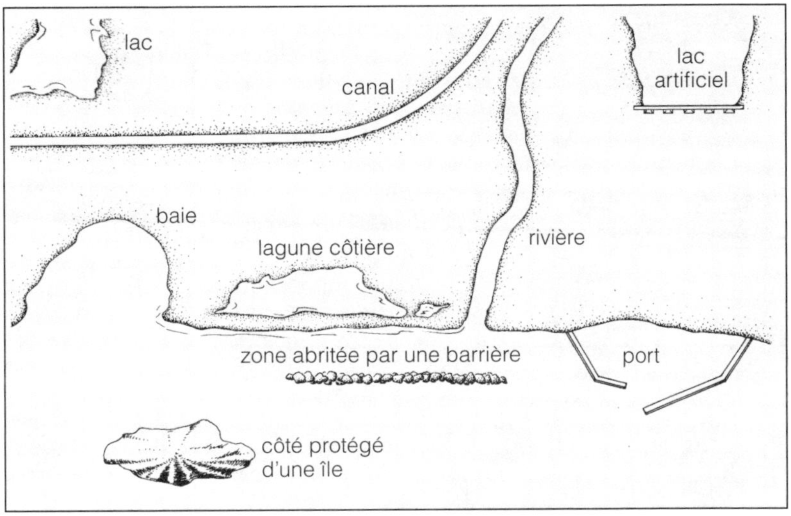

Aires alternatives que l'on peut choisir quand la surface de destination est inadaptée à l'amerrissage.

d'eau au voisinage du trajet doit être attentivement évalué en tant qu'escale de secours. Quand le point d'arrivée est sur une côte marine on doit absolument disposer d'un bassin abrité en dégagement, par exemple un lac côtier, l'embouchure d'un fleuve, un canal, un port, un lac de barrage ou le côté calme d'une île qui se trouve dans les parages. En fait on ne peut jamais être certain que la surface de la mer ou d'un grand lac soit adaptée à l'amerrissage au moment de l'arrivée.

Si on se perd. Quiconque qui a beaucoup bourlingué s'est probablement déjà perdu. Une expérience déconcertante, peut être sans conséquences si le pilote ne perd pas son calme. La meilleure stratégie, si possible, est la recherche d'un élément linéaire vers lequel se diriger; en le suivant on rejoint, tôt ou tard, un quelconque point identifiable.

Celui qui vole entre les montagnes a une recette infaillible pour retrouver son chemin ou au moins un point identifiable; elle se résume en un seul mot : *downstream*. On doit pour cela suivre le courant

Après la première traversée de l'Atlantique par John Reed sur son NC-4 en 1919 (en haut, à gauche), le transport transocéanique (dessus, le malchanceux Caproni CA 60), devint réalité dans les années trente avec les opérations de l'Aéropostale, de l'Imperial Airways et du Pan American Airways System.

WALTER MITTELHOLZER
DE ZURICH A CAPE TOWN

1926, un hydravion au-dessus de l'Afrique

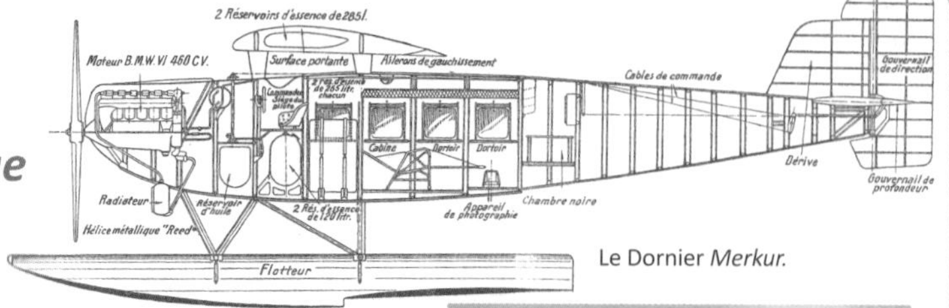

Le Dornier *Merkur*.

Il est décrit ici l'expédition de Zürich à Cape Town, réalisée par Walter Mittelholzer avec un monomoteur à flotteurs (non amphibie), induisant l'impossibilité d'utiliser toute infrastructure aéroportuaire qui de toutes façons n'existaient pas en Afrique dans le milieu des années vingt.L'équipage d'aventuriers, tous suisses, était composé de Walter Mittelholzer, narrateur et photographe (1), Arnold Heim, géologue (2), René Gouzy, géographe et journaliste (3), et Hans Hartmann, mécanicien et second pilote (4).

3 2 1 4

L'objectif était d'étudier et collecter des données géographiques, géologiques et zoologiques de l'Afrique centrale.

Le choix de l'appareil pour ce voyage s'est porté sur un Dornier *Merkur* de construction entièrement métallique avec un moteur BMW VI de 460 HP (donnant 650 HP sur une courte période).

La large cabine permettait à l'équipage d'y dormir, tandis que le cabinet de toilette servait aussi de chambre noire, essentiel pour un tel voyage.

Les 8020 NM (14.825 km) de ce voyage ont été couvert en 77 jours, du 7 décembre 1926 au 20 février 1927, avec une escale de trois semaines à Butiaba pour attendre l'arrivée d'essence depuis la côte.

Cette entreprise a démontré les capacités des hydravions à opérer en absence de toutes infrastructures aéronautiques. L'autre but de Mittelholzer était de démontrer que des routes pour un service commercial pouvaient être ouvertes même dans les régions les plus reculées du monde.

Mittelholzer était en fait le chef pilote de la compagnie aérienne "Ad Astra Aero" qui fusionnera plus tard avec la "Basler Luftverkehr AG" (Balair), pour devenir la "Swissair". Il continuera de travailler comme directeur technique à la Swissair jusqu'à sa mort lors d'un accident d'escalade en Autriche en 1937.

Des passagers débarquent d'un *Merkur* de la compagnie Ad Astra Aero en 1927.

Public Domain - www.pionnair-ge.com

Le parcours de Mittelholzer est exactement le même que suivent les cigognes deux fois par an. Ces oiseaux migrent de l'Europe du nord et centrale vers l'Afrique du sud et vice versa. Le suivi par satellite montre que les cigognes volent de 100 à plus de 300 km par jour. La vitesse sol dépend de la condition physique des oiseaux, de l'intensité du vent arrière et de la convection thermique.

Départ du Dornier *Merkur* de Zürich ; à droite survol des pyramides de Giza ; en-dessous survol du village de Malakal ; en-dessous à droite après l'amerrissage à Butiaba ; en bas, l'hydravion à Table Bay (Cape Town).

Les photos de cette page sont extraites du livre écrit par Mittelholzer Le raid aérien Suisse-Transafricain, *La Baconnière, Neuchâtel, 1927.*

Aero Club Como / Maurizio Cinti

Hydravion en vol sur Seattle.

de n'importe quel ruisselet, torrent ou fleuve qui se trouve sur sa route. De cette façon on arrive tôt ou tard à une rivière ou un fleuve important et donc à un quelconque point connu.
Un point caractéristique où l'on se perd est le carrefour. Quand on laisse une route pour une autre, une vallée pour une autre, un fleuve pour un autre il est facile de prendre l'embranchement erroné. Il est opportun dans tous ces cas de contrôler la direction de l'élément le long duquel on navigue, en la comparant avec celle que l'on mesure ou évalue à vue sur la carte.

Le vol en montagne

Les montagnes comportent beaucoup de repères facilement identifiables, quand le pilote sait reconnaître la relation entre ce qu'il voit à l'extérieur et ce qu'il voit sur sa carte, la navigation est facile comparée à une navigation au-dessus de zones plates sur des centaines de milles, sans caractéristique.

Entraînement

Il est conseillé aux néophytes de suivre en voyage VFR les pilotes plus experts, même en place arrière, et de s'inscrire aux compétitions de vol de précision, en cherchant à arracher aux habitués les trucs du métier.
La navigation à vue et à l'estime sans l'aide des moyens de radionavigation, surtout si les conditions météo sont marginales, est le mode de navigation aérienne le plus difficile. Chaque expérience de ce type réalisée avec un pilote chevronné (par exemple un *pilote de brousse*) et par la suite, celles acquises à petits pas, tout seul, est précieuse.

Le très beau Savoia Marchetti S56, restauré par R.W. Kaplan, survole l'hydrobase de Côme suivit d'un Piper PA 18. Dessous, le Caproni CA100 I-ABOU.

Gerolamo Gavazzi

CHAPITRE 11

L'amerrissage

L'amerrissage est peut être la manœuvre la plus caractéristique que l'on effectue en hydravion ou en amphibie. Elle est aussi la plus complexe, et peut engendrer les situations les plus désagréables. Un peu d'expérience du vol et des amerrissages en hydravion augmente beaucoup la possibilité de se sortir d'un amerrissage forcé avec un avion terrestre. Il faut aussi dire que beaucoup d'accidents d'avions terrestres, petits et grands, qui volaient à proximité de l'eau ne seraient pas arrivés ou n'auraient pas eu de conséquences graves si le pilote avait eu une expérience du vol hydro.

Choix de la bande d'amerrissage

Tant qu'on est en vol on est en sécurité. Après le contact il reste quelques secondes pour remettre les gaz; ensuite on ralentit et l'on doit affronter l'eau dans tous ses aspects, qui quelquefois sont tout sauf plaisants. Si les conditions sont critiques on ne doit donc pas se sentir obligé d'amerrir, mais rechercher toutes les solutions de rechange possibles. D'innombrables appareils ont étés perdus à cause d'un rien d'apathie des pilotes qui, au retour à la base après une journée de vol, n'avaient plus la force psychologique de trouver une solution de rechange face à la surface inhospitalière qui s'étendait devant leurs yeux. L'amerrissage, comme toute autre manœuvre, doit être décidé et non subi par le pilote. Il vaut mieux mener l'appareil sur un petit lac éloigné de la base, même si cela comporte un important déplacement logistique, que d'abîmer cet appareil à la suite d'un mauvais amerrissage effectué avec une résignation fataliste.

Les éléments à prendre en considération

Les éléments à prendre en considération dans le choix de la bande d'amerrissage sont listés ci dessous puis examinés en détail un par un. Ce sont :
- le vent
- le courant
- l'état de la surface
- la trajectoire de descente
- La trajectoire de l'éventuelle remise de gaz
- la navigation jaugée et le point d'accostage
- appareillage et décollage
- dimensions de la surface

Tous ces éléments doivent êtres attentivement pris en compte quand on doit amerrir pour la première fois sur une surface inconnue. Dans la zone où l'on opère souvent ou dans celle où l'on a déjà opéré par le passé beaucoup d'éléments sont probablement déjà parfaitement connus. On ne doit pas pour autant pécher par excès de confiance et l'on doit prendre en compte les imprévus ou nouveautés pouvant se présenter même sur le plan d'eau de la base quittée quelques minutes plus tôt. En particulier le vent, l'état de la surface et la présence possible d'objets flottants doivent toujours être pris en compte, même là où l'on pourrait descendre les yeux fermés.

Manœuvres durant la reconnaissance. Durant la reconnaissance aérienne l'attention doit être totale-

Survol de reconnaissance à basse altitude.

Pascal Parpaite

ment consacrée à l'extérieur. On doit donc bien veiller à ne pas mettre l'appareil dans des conditions de vol critiques. Plutôt que d'effectuer des virages serrés à la verticale des points auxquelles on s'intéresse, il est préférable de faire des passages en vol un peu lent, avec 10° de volets, éventuellement en inclinant l'appareil de quelques degrés, pour améliorer la visibilité vers le bas.

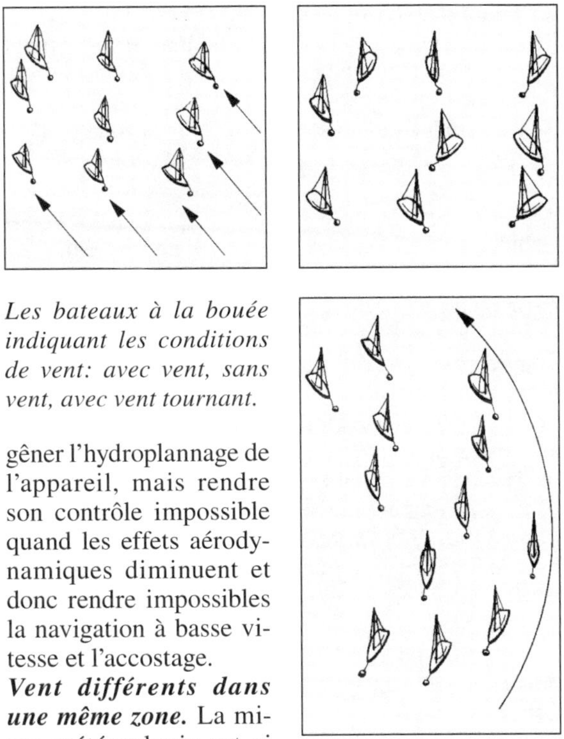

Les bateaux à la bouée indiquant les conditions de vent: avec vent, sans vent, avec vent tournant.

Évaluation des conditions générales

Le vent

Informations préliminaires. Au delà des informations émises par les service météorologiques officiels, aujourd'hui le pilote dispose d'innombrables moyens pour connaître les conditions météo dans un lieu donné, inclus les webcams et les réseaux de stations locales d'amateur.

Pour obtenir des informations générales sur une localité à terre ou avant le vol, on ne doit pas hésiter à questionner les experts locaux, par exemple les adeptes de la voile, les pêcheurs ou les experts d'un club nautique. Les reliefs peuvent donner lieu à des ascendances, descendances ou rabattants en des points déterminés, connus des gens du lieu.

Sens d'amerrissage avec vent. La règle est d'amerrir face au vent et, dans la plupart des cas, le pilote a la possibilité de choisir une bande d'amerrissage face au vent. On peut admettre un léger vent arrière ou sur le travers, mais seulement si la surface est lisse ou presque et en absence de rafales. Le vent arrière est particulièrement critique pour les appareils à coque, à cause de leur prédisposition au marsouinage. Dans les bassins étroits ou avec obstacles il peut arriver par contre de devoir amerrir avec le vent plus ou moins de travers, particulièrement dangereux pour les appareils à flotteurs, à cause de leur faible stabilité latérale sur l'eau. Si l'on n'applique pas une technique de correction de dérive, on touche avec une composante de vitesse latérale qui peut provoquer un chavirement. Un fort vent latéral peut aussi ne pas gêner l'hydroplannage de l'appareil, mais rendre son contrôle impossible quand les effets aérodynamiques diminuent et donc rendre impossibles la navigation à basse vitesse et l'accostage.

Vent différents dans une même zone. La micro-météorologie est si capricieuse qu'un certain vent à un endroit peut très bien ne pas exister ou avoir une direction ou une intensité différente à quelques centaines de mètres de distance. C'est ce qui arrive en particulier quand la zone est au confluent de vallées ou, en général, dans une zone de collines ou montagneuse, où aux vents dominants peuvent se superposer des vents de caractère local. Il n'est pas rare de voir des bateaux à la bouée à 300 m de distance orientés

Edo Corporation

Un Cessna C185, en approche à l'amerrissage, safrans relevés, trains rentrés, volets sortis.

différemment. L'important est d'effectuer une reconnaissance et d'être très minutieux dans le choix de la trajectoire d'approche et de la bande d'amerrissage. En cas de doute, il vaut mieux remettre les gaz.

Zones protégées. Dans l'ensemble de la zone où l'on compte amerrir il y a souvent des endroits particulièrement exposés au vent et d'autres relativement protégés, par exemple par une île, un promontoire ou une colline. On doit prévoir d'amerrir dans ces endroits, même s'ils sont éloignés du point désiré pour l'accostage et si cela contraint à quelques minutes de navigation jaugée supplémentaire.

Sous le vent d'une rive bordée d'une barrière (édifices, arbres, etc.) on trouve une bande dans laquelle le vent près de la surface est très faible. On peut essayer d'y amerrir, surtout quand on ne peut éviter un fort vent de travers, en sachant que dans les ultimes phases de l'approche on peut rencontrer de la turbulence.

Manche à air et indicateurs. Si l'on opère sur une hydrobase il y a une manche à air, mais le pilote n'a généralement pas besoin de la survoler, étant donné que les rives et la surface abondent en indicateurs de direction du vent. Les bons indicateurs sont les drapeaux, fréquents sur les rives ou sur les embarcations immobiles, la fumée des cheminées ou de feux allumés, les fontaines avec jets verticaux et les arbres avec de longues branches mobiles. Il vaut mieux les observer à la verticale, pour éviter les effets de perspective trompeurs. D'autres indicateurs classiques sont listés ci après.

Bateaux a la bouée. Peut être, la meilleure méthode pour reconnaître la direction du vent, elle consiste à regarder les bateaux amarrés aux bouées, qui se placent toujours proue au vent, sauf en présence de courant.

Voiliers en navigation. Les voiliers en navigation offrent des indications optimales quant au vent et un bon pilote hydro doit connaître toutes les allures caractéristiques : de celle du près serré à celle du vent arrière. Par exemple un voilier très incliné avec la voile voisine du plan longitudinal navigue au près, avec un vent qui vient de 30-40 degrés de la proue, du coté opposé à l'inclinaison, tandis qu'un voilier non incliné avec la voile à 90 degrés du plan longitudinal ou sous *spinnaker*, la grande voile d'avant en forme de ballon, navigue vent arrière.

Position des animaux dans les pâturages. Il fut un temps ou dans les écoles de pilotage on apprenait à observer le sens des vaches et des moutons dans les pâturages, qui broutent le museau sous le vent. Aujourd'hui il est plus difficile de voir ces animaux à l'air libre.

Position des oiseaux. Les oiseaux peuvent donner de bonnes indications, surtout ceux qui effectuent

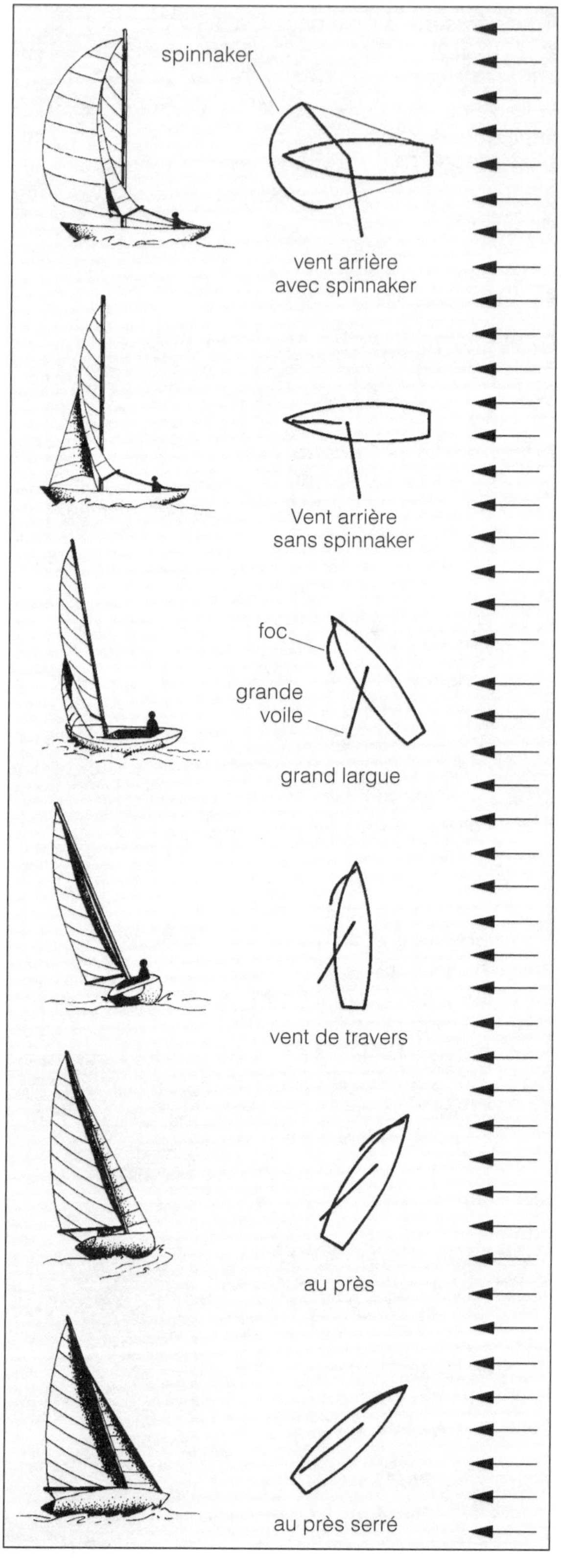

des vols planés tel que les mouettes, les buses ou les faucons, dont il est bon de connaître la technique de vol. Un oiseau qui reste en vol sur place avec les ailes déployées, ou se déplaçant très peu, par exemple, vole contre le vent. Les oiseaux marins posés sur l'eau se placent généralement le bec au vent et, enfin, comme les hydravions, décollent et amerrissent face au vent.
Aspect de la surface. La surface de l'eau est une source optimale d'informations sur le vent. Les vagues se forment perpendiculairement à la direction du vent. Toutefois, elles tendent à se déplacer ensuite dans la même direction, indépendamment de la direction du vent. Il est donc facile d'avoir une indication de la direction du vent par les vagues sur des petits bassins ou quand on reconnaît sans équivoque une vague provoquée par le vent ambiant. C'est plus difficile en mer et sur les grands lacs, où les vagues peuvent venir de loin ou êtres formées depuis longtemps.
L'impact sur l'eau de rabattants, de vent de montagne, et en général de rafales donne lieu à des taches plus sombres sur la surface. Celles ci sont bien visibles d'en haut, mais moins quand on vole à basse altitude, avant le contact. Il est donc opportun de les localiser à une certaine altitude et de les éviter. Une forte rafale juste avant le contact, avec l'appareil près du décrochage, peut avoir de sérieuses conséquences. Quand le vent est constant et de forte intensité, la présence de rayures parallèles à la direction du vent est fréquente. Ce sont des striures très étroites et lisses d'eau apparemment calme sur la surface plus agitée. Quand un vent local investit un bassin, il arrive de voir ces striures en rayons, sur une petite zone; ce sont des indices d'air très turbulent et il vaut mieux ne pas s'en approcher. Les longues striures qui serpentent sur une vaste zone sont plus tranquilles et conseillées, elles indiquent un vent plus général et constant. Celles ci laissent présumer un bel amerrissage. Les striures et les vagues caractéristiques dues au vent indiquent donc la direction du vent mais pas son sens. Un des

Typiques traces parallèles au vent, dans ce cas sur la surface du lac de Biscarrosse (France).

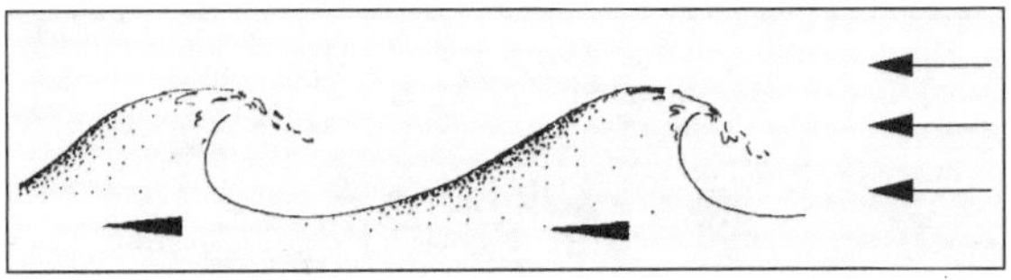

moyens pour lever le doute est d'observer de quel coté part l'écume qui se détache de la crête blanche des vagues. L'écume, et ce n'est pas intuitif, va contre le vent par rapport à la vague. Ceci se produit du fait que la vague, sous l'écume, se déplace plus rapidement dans le sens du vent. S'il y a des striures mais pas d'écume, pour connaître le sens du vent, on peut préparer un amerrissage dans la direction qui paraît la plus probable; on descend jusqu'à une hauteur de quelques mètres et, avant de toucher, on évalue si l'eau défile à basse ou grande vitesse. Si elle est basse, le sens est le bon, si elle est anormalement élevée, on doit remettre les gaz car la bonne direction est à l'opposé.
Toutefois la méthode la plus sûre est de faire un passage à quelques mètres de la surface, perpendiculairement aux striures et d'observer de quel coté dérive l'appareil sous l'effet du vent. Si le bassin est étroit on peut observer quelle est l'extrémité où la surface est la plus calme : le vent vient de ce côté.

Les sauts des bateaux donnent une bonne indication de l'état de la surface. Dans les images, un bateau en déplacement sur une surface calme et sur une surface agitée.

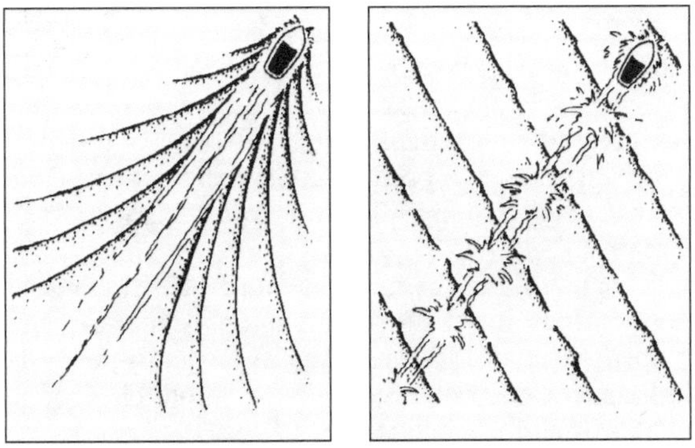

Évolutions d'autres appareils ou de bateaux. Voir un autre appareil amerrir dans une certaine direction peut être indicatif, mais seulement si l'on sait qu'il y a un pilote chevronné aux commandes. Si l'on a un doute, il vaut mieux ne pas se fier au jugement des autres. Un renseignement par radio de celui qui vient juste d'amerrir peut être toutefois utile. Celui qui amerrit, à son tour, surtout s'il rencontre des situations anormales, devra les décrire brièvement dans un message radio en l'air, même si apparemment il n'y a pas de trafic.

Musée Historique del l'Hydraviation - Biscarrosse

L'hydravion d'Henri Fabre, juste avant l'amerrissage.

Le courant

Autant que possible on doit amerrir dans le sens du courant et contre le vent. Si vent et courant sont dans le même sens on amerrit contre le vent et le courant, à condition que ce dernier ne soit pas très intense. L'important est toutefois d'être aligné avec le courant et de ne pas amerrir avec une composante de courant par le travers. Sur les fleuves les eaux sont plus profondes; le courant est plus fort sur le coté externe des anses. D'autres informations sont données au chapitre sur les opérations spéciales, au paragraphe "Opération en bassins étroits".

Etat de la surface

L'état de la surface est un facteur déterminant pour l'amerrissage, et la capacité d'en évaluer exactement les caractéristiques s'acquiert avec l'expérience. La surface peut en particulier être lisse ou "en miroir"; cette situation est si particulière et dangereuse qu'elle mérite d'être traitée à elle seule (*voir* "L'amerrissage en miroir").

Les manuels de vol de beaucoup d'hydravions et d'amphibies de petites dimensions déconseillent d'opérer avec des vagues supérieures au dixième de la longueur des flotteurs, mais un pilote chevronné peut affronter en sécurité des vagues plus hautes, en conditions particulières, reconnaissables en fonction de l'expérience. Par ailleurs, des vagues très basses peuvent par contre êtres dangereuses, si elles ont une certaine longueur.

Évaluation des vagues en altitude. D'en haut, il n'est pas facile de déterminer la hauteur et la longueur des vagues. Une règle empirique dit de multiplier par deux la hauteur des vagues estimée lors d'un survol de la surface à 500 pieds. Si par exemple à cette altitude on estime que les vagues sont d'environ 40 cm elles mesurent probablement 80 cm. On a par contre tendance à surestimer la hauteur des grandes vagues. Pour évaluer la hauteur des vagues, il peut être utile d'observer les mouvement de tangage et de roulis ainsi que les sauts sur les vagues des bateaux en navigation. Le comportement des bateaux à moteur en hydroplanage est particulièrement indicatif. D'une altitude relativement élevée, l'observation peut être difficile. Dans ce cas, une bonne indication est fournie par le sillage : s'il est irrégulier et de largeur variable ou en forme d'éclaboussures, on est sûr que le bateau saute sur les vagues. Les mouvements des mâts des voiliers amarrés aux bouées peuvent aussi donner de bonnes indications. Les techniques d'amerrissage sur les vagues sont décrites plus en avant dans ce chapitre.

Évaluations des conditions spécifiques

Dès que les paramètres de survol sont établis, lesquels devront être lents mais avec une vitesse minimum de sécurité, usuellement avec un peu de volets sortis pour stabiliser la vitesse et abaisser le nez pour améliorer la visibilité vers l'avant. Le pilote évalue les conditions générales listées précédemment. Alors les items spécifiques listés ci-dessous sont analysés, un à un. Il est tout à fait probable que le pilote ne pourra pas tout évaluer en un seul passage, si le site est inconnu et particulièrement complexe.

Les bons pilotes de brousse survolent encore et encore le site, pendant 15 minutes, avant de s'engager à amerrir. «Le site était étrange, avec l'ombre, la rivière rocailleuse, une approche difficile vers une unique plage de sable et la nécessité d'effectuer le décollage dans un endroit différant de celui où l'on a amerri. C'est complexe n'est ce pas?»

De Remer estime qu'il soit plus sûr de faire relever que, rarement un pilote d'hydravion consacre autant de temps, ou fait autant de survol, pour trouver l'accès et la zone utilisable. Aussi, il aimerait porter à l'esprit des pilotes que l'évaluation par survol, ne doit pas être effectuée en cerclant autour de la zone, mais plutôt par des passages droits. Ainsi quand l'attention se dégage de la surface, l'appareil, trimé correctement à vitesse moyenne (plus de temps pour pouvoir regarder), les ailes à plats, requière une attention minimum pour le pilotage. Les virages vers la berge, pour faire demi-tour au-dessus de l'aire à évaluer seront réalisées loin de cette zone. Le pilote est plus libre pour consacrer toute son attention à la sécurité des opérations spécifiques aux hydravions, lesquelles demandent plus d'attention dans les virages.

Choix du point d'accostage

Logiquement, c'est la première des conditions à définir, la première parce que la localisation de la bande d'amerrissage et de navigation à flot en dépend mais

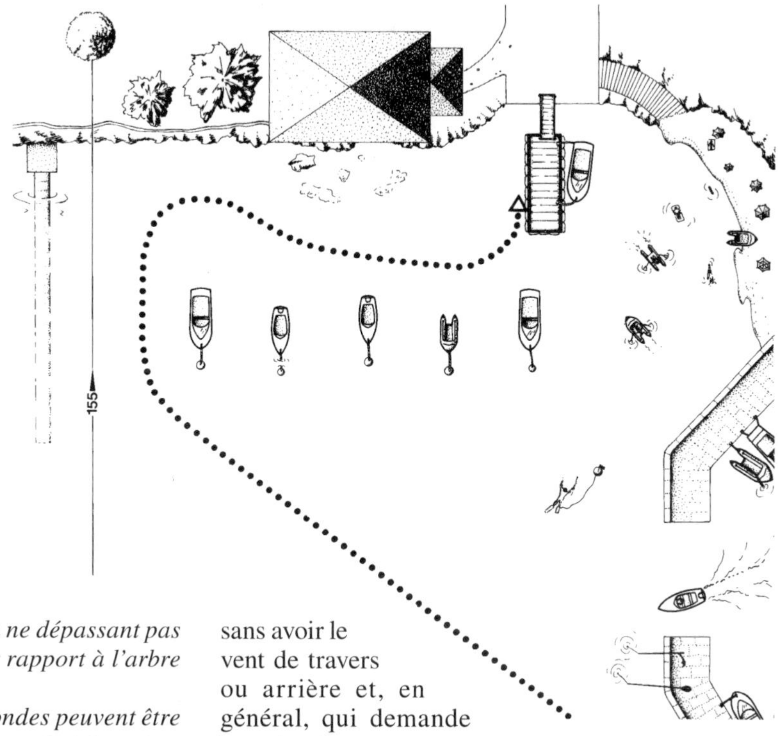

Exemple d'évaluation d'une aire d'amerrissage en vol où l'on a l'intention de rejoindre la rive. L'ensemble de la stratégie pour rejoindre le ponton peut être définie très calmement durant la reconnaissance, la situation étant destiné à devenir bien moins claire quand on sera sur la surface.
Le pilote doit prendre tout le temps nécessaire, doit effectuer autant de passage qu'il faut, pour s'assurer qu'aucun détail n'est été oublié.
La dernière chose à évaluer est le vent.
Les éléments à considérer sont: le petit bateau qui sort du port, le plongeur devant le port et la plage avec les nageurs.
A gauche il est important de visualiser le pipeline immergé. Il faut être sûr de ne pas le heurter en ne dépassant pas un gisement magnétique de 155° par rapport à l'arbre de gauche.
Près de la maison des eaux peu profondes peuvent être observées; elles peuvent être évitées en choisissant un cheminement près des bateaux à la bouée.

aussi parce que c'est habituellement la plus facile. Elle doit être déterminée par la façon dont les passagers pourront y accéder, où le ponton ou la plage sont plus facile d'accès, etc. D'autres facteurs qui peuvent être important, comme les abords de la destination, la disponibilité d'une assistance, la possibilité de laisser l'appareil dans un hangar ou sur place.
Le point choisi, on doit établir d'en haut à quel genre de rive on a affaire, si elle est légèrement en pente, plus ou moins raide ou s'il s'agit carrément d'une paroi verticale. En outre, il est nécessaire de définir la consistance de la rive, si elle est faite de boue, sable, gravier, galets, terre ou quelque matériau artificiel. Il vaut mieux prendre son temps et observer le tout avec calme ou bien, comme il l'a déjà été dit, faire un croquis ou prendre une photo, étant donné que de la surface, bien des aspects de la zone d'accostage seront moins évidents, tout en étant plus près.

Bande de navigation jaugée et point d'accostage

La reconnaissance en vol avant l'amerrissage sert également à définir le parcours exact à effectuer à flot, après le contact avec la surface. Si possible, on doit avant tout choisir la bande d'amerrissage qui permette de naviguer à flot et de rejoindre le point d'accostage sans avoir le vent de travers ou arrière et, en général, qui demande le moins de manœuvres possible sur la surface.
Si possible, le pilote d'hydravion professionnel choisi ce point pour qu'il n'ait pas à tourner à plus de 90° pour rejoindre la rive. Pour que la navigation à flot vers le point d'accostage s'effectue face au vent et au courant et qu'elle soit la plus courte possible.
Parcours sur la surface. Quand on définit d'en haut un parcours en zigzag, pour éviter des obstacles, on doit établir l'orientation de chaque tronçon et bien visualiser l'intégralité du parcours, grâce aussi à des relèvements à vue d'obstacles. Il est bon aussi de prévoir les routes de secours possibles à partir de points divers au cas où il ne serait pas possible de suivre le parcours prévu pour quelques motif que ce soit. Le sujet est présenté avec les détails relatifs aux techniques de navigation, dans le chapitre sur les techniques avancées, à la rubrique "Navigation à flot". Voir aussi sur ces pages les figures résumant la reconnaissance de la surface.
Relèvement photographique de l'aire d'amerrissage et de circulation. En présence de fonds ou d'obstacles dangereux, ou si l'on doit suivre sur la surface un parcours tortueux, une simple reconnaissance visuelle est généralement insuffisante. Une fois la surface rejointe, il est en fait facile d'oublier l'exacte disposition des obstacles et la route à suivre. Dans de tels cas il faut réaliser un croquis de la zone où l'on doit opérer à flot. Mais la solution plus facile est

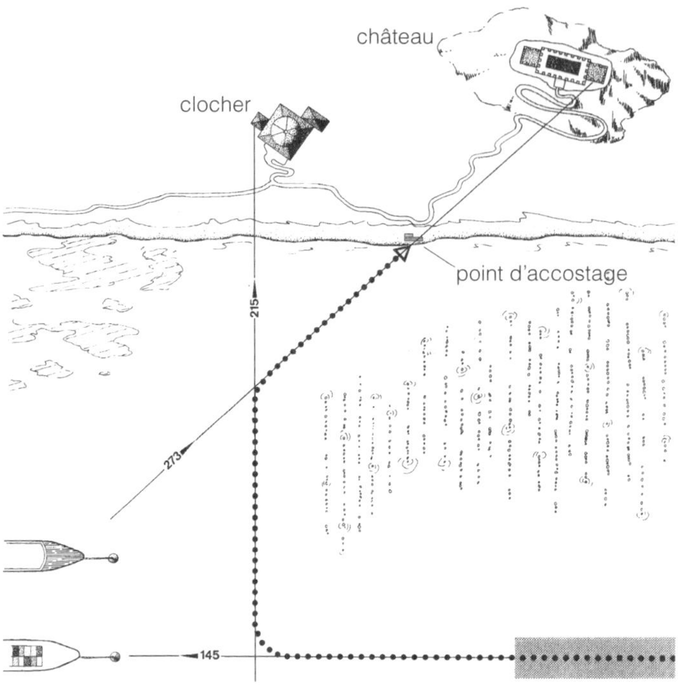

Exemple de décomposition de circulation à flot entre la zone d'amerrissage et le point d'accostage. Les problèmes rencontrés sont les piquets utilisés pour l'élevage des moules, bien visible en altitude mais peut être submergés et difficile à visualiser une fois à la surface.
La bande d'amerrissage est définie par l'axe longitudinal du bateau à la bouée, pour être plus précis, par le cap direct de 145° pour rejoindre l'avant de ce même bateau. Après l'amerrissage on va circuler à flot jusqu'au travers du clocher pour prendre ensuite un cap 215° en rapprochement vers celui-ci, le temps d'intercepter le gisement 273° du château en arrière du point d'accostage. Les caps à suivre durant la circulation à flot sont évalués durant la reconnaissance en vol avant l'amerrissage. A flot le même compas ou un compas à main seront utilisés.

de photographier cette zone avec son portable, d'une position la plus près possible de la verticale.
Ainsi, une fois posé sur la surface on possède une ou plusieurs cartes à jour et à grande échelle de la zone d'opérations.

Choix du point de l'amerrissage

Une fois que le parcours d'accostage a été identifié, il faut choisir le point exact où effectuer l'amerrissage et la course de décélération.

Position du soleil et observation de la surface. Quelquefois, les objets flottants ou affleurants sont visibles seulement s'il sont observés dans une certaine direction. Si le soleil brille, il est plus facile de les voir avec le soleil dans le dos (position de l'appareil sur la figure) que de face. La règle, quoi qu'il en soit, est de tourner plusieurs fois autour de la zone d'amerrissage choisie et de la scruter sous différents angles et à des altitudes variées.

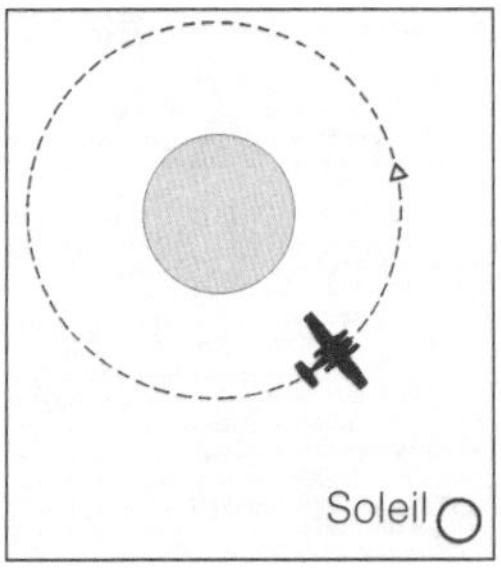

Objets flottants. On doit localiser chaque objet flottant : barques, bouées, baigneurs, bouées de signalisation des plongeurs, détritus (parmi lesquels les troncs d'arbres sont particulièrement dangereux), bancs d'algues ou plantes aquatiques, morceaux de glace à la dérive, filets de pêche (signalés par des flotteurs) et autres. Les

Photo prise pendant l'inspection d'un plan d'eau, dans ce cas la ville de Vienne. Il sera ainsi plus facile de circuler à flot en ayant connaissance des obstacles et des hauts fonds. Il est aussi possible d'évaluer la longueur des plans d'eau entre rives ou obstacles, comme les ponts.

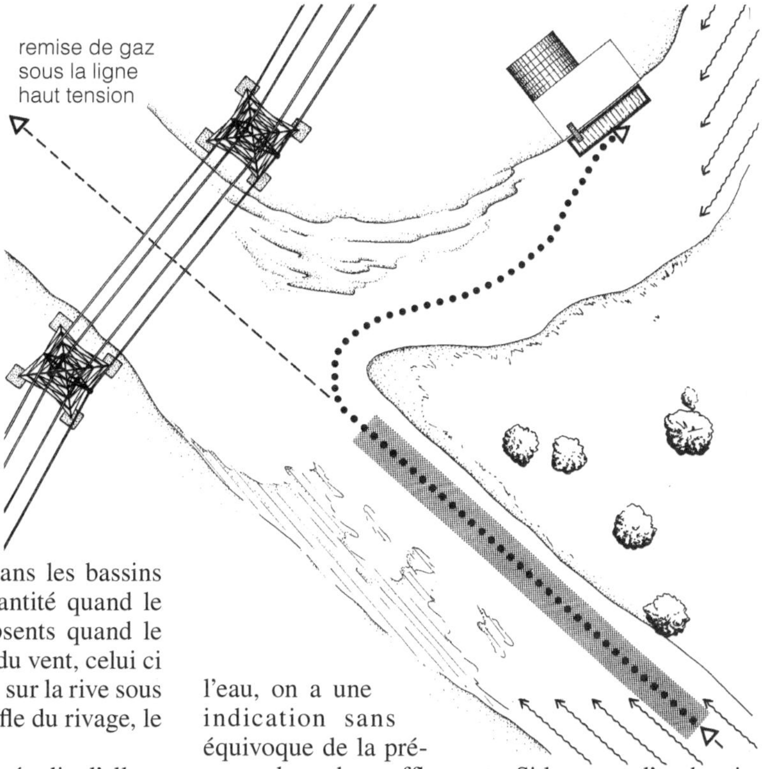

Un autre exemple d'évaluation de zone d'amerrissage. Une fois amerri le long de la rive droite de la rivière, pour éviter les hauts fonds visibles à gauche et dans le sens du courant. Le virage pour prendre l'affluent doit se faire très prés de la rive pour éviter le haut fond typique de la zone intérieure d'une courbe d'une rivière. L'approche du ponton face au courant ne pose pas de problème, mais sans assistance, le pilote doit sécuriser rapidement l'appareil avec un bout. En cas de redécollage, on doit passer sous la ligne à haute tension avant de commencer à prendre de l'altitude.

objets flottants sont difficilement visibles en eaux agitées. Ceux ci, dans les bassins fermés, sont présents en grande quantité quand le niveau est haut ou en hausse, et absents quand le niveau est bas ou à la baisse. S'il y a du vent, celui ci pousse le matériel flottant et l'amasse sur la rive sous le vent du bassin ou, en mer, s'il souffle du rivage, le pousse vers le large.

Obstacles affleurants. On doit ensuite étudier l'allure des fonds et relever la présence de hauts-fonds, rochers affleurants ou autres obstacles semi-submergés, comme les câbles tendus entre les berges des fleuves à peine sous la surface de l'eau, reliés à des appareils de mesure. Cela est possible seulement si l'eau est suffisamment limpide.

En eaux troubles mais agitées, la présence d'un obstacle affleurant sera signalée par quelque anomalie de l'allure du système de vagues présent sur la surface. Si l'on voit des oiseaux marcher ou se tenir debout sur l'eau, on a une indication sans équivoque de la présence de rochers affleurants. Si les eaux d'un bassin inconnu sont impénétrables on peut amerrir dans la partie centrale, où la probabilité de rencontrer des obstacles est minime.

Si les eaux sont troubles et si l'on craint la présence d'obstacles immergés ou que la profondeur soit insuffisante (par exemple si le plan d'eau est une lagune), il est conseillé de choisir une bande d'amerrissage correspondant au parcours que l'on a vu effectuer par une barque qui a un minimum de tirant d'eau. Le long d'un tel parcours on peut être raisonnablement sûr

Une anomalie dans un système de vagues indique la présence d'obstacles immergés.

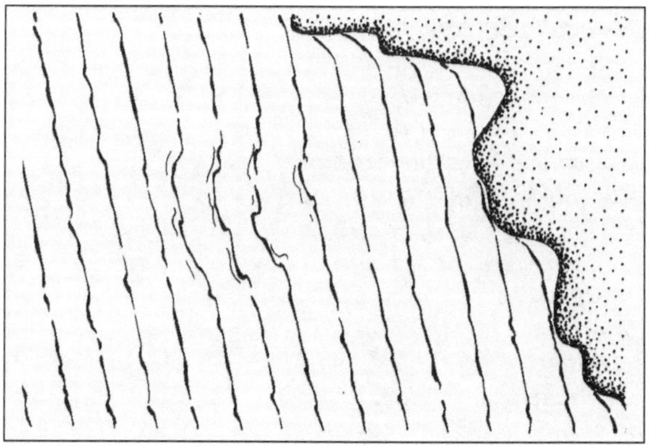

Observation du parcours d'un bateau, le long duquel on présume que le fond sera suffisamment profond.

Évaluation d'une aire d'amerrissage à basse altitude et vitesse faible. La porte du Piper PA18 est complètement ouverte pour améliorer la visibilité.
Sur ce timbre, un Short Class C à l'amerrissage sur le Zambèze en 1937.

qu'il n'y a pas d'obstacles. Souvent, dans des zones critiques pour la profondeur, mais avec beaucoup de trafic d'embarcations, un chenal balisé par deux rangées de bouées indique le parcours que les navigateurs doivent suivre. L'amerrissage se fait dans ce chenal.
Sur les fleuves où se déroule une navigation intense le chenal navigable est quelques fois indiqué par des panneaux sur la rive; ceux-ci sont présentés au chapitre sur les techniques avancées, au paragraphe "Opérations en bassins étroits".
Il est donc possible de survoler le fleuve à basse altitude pour observer les panneaux, en prêtant attention aux éventuels obstacles de façon à déterminer l'allure de la bande de circulation à flot optimale.
Une méthode, dont l'auteur a eu l'idée pour déterminer si la profondeur est suffisante, est exposée au chapitre sur les techniques avancées, à la rubrique "Opérations sur plans d'eau inconnus et sur rives non préparées".
Eau transparente. Une limpidité exceptionnelle de

Velieri Valentina - La Maddalena (OT - Italia)

l'eau associée à une faible profondeur fait que l'on voit le fond comme si l'eau n'existait pas; dans ces conditions, il est difficile de juger la profondeur et on peut être amené à évaluer comme suffisante une profondeur qui ne l'est pas.

Appareillage et décollage

Avant l'amerrissage doit être définie la stratégie pour quitter la rive, naviguer et décoller, qui permettra de quitter la zone sur laquelle on s'apprête à se poser. Cela peut sembler aisé mais en réalité ne l'est pas. Il est facile en fait de se poser sur une surface qu'il sera ensuite impossible de quitter. La charge, l'état de la surface, l'altitude densité et la longueur disponible sont tous des facteurs déjà décrits au chapitre sur le décollage, mais qui doivent être pris en considération avant l'amerrissage, pour éviter des surprises désagréables. Il est en fait arrivé plusieurs fois que le pilote, pour pouvoir repartir, ait dû abandonner, sur la rive ou à quelque barcasse complaisante, un passager, une partie du chargement, ou vider les réservoirs, ou parfois attendre une importante diminution de température.
Si le bassin est petit, la bande exacte du décollage doit être soigneusement définie avant l'amerrissage. En pratique, on doit définir le point de départ et identifier un objet près de la rive facilement reconnaissable de l'eau. Puis on doit définir le cap magnétique à suivre; ce qui peut se faire simplement en survolant l'axe

Canadair CL 215 juste avant le contact. Les appareils à coque touchent habituellement la surface avec une assiette plus faible que celle des hydravions à flotteurs.

Art Davis - AOPA

Définition des meilleurs axes de décollage pendant la reconnaissance en vol avant d'amerrir. L'axe A est le plus long. Le point de départ peut être facilement déterminé depuis la surface et doit être identifié par un repère au sol, une construction par exemple. Finalement la direction du décollage peut être déterminée exactement pendant le survol de la zone 085° par exemple.

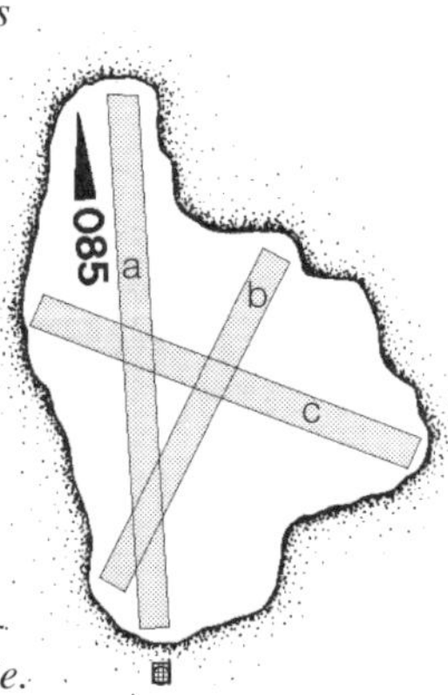

Lake 250 Renegade *en final sur l'Allier, à Vichy.*

déterminé, en maintenant la proue alignée dessus, et en lisant la valeur indiquée par le compas ou le directionnel, s'il est réglé. Cette procédure peut sembler trop lourde, mais il est bon de rappeler que d'en haut tout apparaît clairement et que l'on dispose d'un instrument – l'aéronef – pour mesurer angles et distances soigneusement et rapidement, tandis que de la surface la perspective est très différente, surtout en ce qui concerne la distance des objets. Par exemple, depuis la surface, on peut avoir du mal à réaliser que la distance disponible *a*, sur la figure, est bien plus longue que la distance *b* ou *c*. En outre, comme il l'a déjà été dit au chapitre sur le décollage, une illusion d'optique fait paraître la rive plus éloignée qu'en réalité, quand elle est observée de la surface ou de la rive opposée.

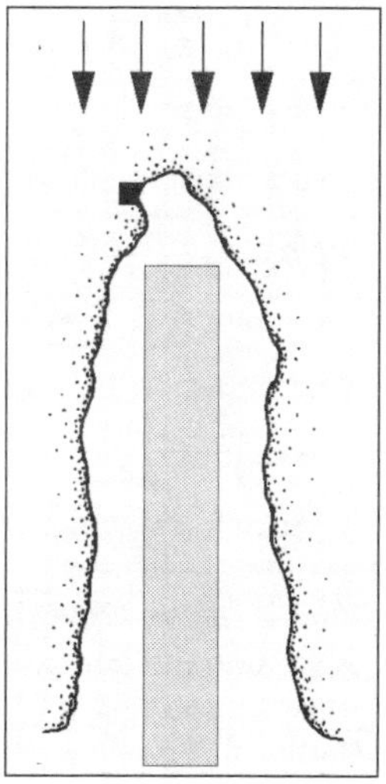

Une des situations les plus difficiles est celle ou on amerrit dans un fjord ou une baie étroite avec un fort vent et où l'on doit accoster à l'extrémité au vent, comme illustré sur la figure. Par la suite il ne sera certainement pas possible de décoller avec un fort vent arrière et on ne réussira probablement même pas à mettre l'appareil sur le redan. La manœuvre est d'ailleurs déconseillée. On sera donc contraint de naviguer à flot vent arrière, ce qui à la limite pourrait se révéler également impossible, et décoller vers la rive, avec des problèmes de survol d'obstacles.

La taille d'une aire d'amerrissage doit être évaluée avec précaution avant de s'y poser, comme a dût le faire ce cygne, probablement plus expert que la majorité des pilotes d'hydravion.

Dimensions de la surface

Quand on doit se poser sur un petit bassin, sur un court tronçon de fleuve, ou encore sur une surface limitée, le doute que les dimensions ne soient pas suffisantes pour en redécoller peut se présenter. Avant tout, le pilote doit connaître avec une bonne approxi-

LONGUEUR DE SURVOL À DIFFÉRENTES VITESSES KTS (vitesse au sol)							
	40 KTS	**50 KTS**	**60 KTS**	**70 KTS**	**80 KTS**	**90 KTS**	**100 KTS**
1 seconde	20.58 ***67.51***	25.72 ***84.39***	30.87 ***101.27***	36.01 ***118.15***	41.16 ***135.02***	46.30 ***151.90***	51.44 ***168.78***
5 secondes	103 ***338***	129 ***422***	154 ***506***	180 ***591***	206 ***675***	232 ***760***	257 ***844***
6 secondes	123 ***405***	154 ***506***	185 ***608***	216 ***709***	247 ***810***	278 ***911***	309 ***1013***
7 secondes	144 ***473***	180 ***591***	216 ***709***	252 ***827***	288 ***945***	324 ***1063***	360 ***1181***
8 secondes	165 ***540***	206 ***675***	247 ***810***	288 ***945***	329 ***1080***	370 ***1215***	412 ***1350***
9 secondes	185 ***608***	231 ***760***	278 ***911***	324 ***1063***	370 ***1215***	417 ***1367***	463 ***1519***
10 secondes	206 ***675***	257 ***844***	309 ***1013***	360 ***1181***	412 ***1350***	463 ***1519***	514 ***1688***
11 secondes	226 ***743***	283 ***928***	340 ***1114***	396 ***1300***	453 ***1483***	509 ***1671***	566 ***1857***
12 secondes	247 ***810***	309 ***1013***	370 ***1215***	432 ***1418***	494 ***1620***	556 ***1823***	617 ***2025***
13 secondes	268 ***878***	334 ***1097***	401 ***1316***	468 ***1536***	535 ***1755***	602 ***1975***	669 ***2194***
14 secondes	288 ***945***	360 ***1181***	432 ***1418***	504 ***1654***	576 ***1890***	648 ***2127***	720 ***2363***
15 secondes	309 ***1013***	386 ***1266***	463 ***1519***	540 ***1772***	617 ***2025***	695 ***2279***	772 ***2532***
16 secondes	329 ***1080***	412 ***1350***	494 ***1620***	576 ***1890***	658 ***2160***	741 ***2430***	823 ***2700***
17 secondes	350 ***1148***	437 ***1435***	525 ***1722***	612 ***2008***	700 ***2295***	787 ***2582***	875 ***2869***
18 secondes	370 ***1215***	463 ***1519***	556 ***1823***	648 ***2127***	741 ***2430***	833 ***2734***	926 ***3038***
19 secondes	391 ***1283***	489 ***1603***	568 ***1924***	684 ***2245***	782 ***2565***	880 ***2886***	977 ***3207***
20 secondes	412 ***1350***	514 ***1688***	617 ***2025***	720 ***2363***	823 ***2700***	926 ***3038***	1029 ***3376***
25 secondes	514 ***1688***	643 ***2110***	772 ***2532***	900 ***2954***	1029 ***3376***	1158 ***3798***	1286 ***4220***
30 secondes	617 ***2025***	772 ***2532***	926 ***3038***	1080 ***3544***	1235 ***4051***	1388 ***4557***	1543 ***5063***
35 secondes	720 ***2363***	900 ***2954***	1080 ***3544***	1260 ***4135***	1440 ***4726***	1628 ***5317***	1801 ***5907***
40 secondes	823 ***2700***	1029 ***3376***	1235 ***4051***	1440 ***4726***	1646 ***5401***	1852 ***6076***	2058 ***6751***
45 secondes	926 ***3038***	1157 ***3798***	1389 ***4557***	1620 ***5317***	1852 ***6076***	2084 ***6836***	2315 ***7595***
50 secondes	1029 ***3376***	1286 ***4220***	1554 ***5063***	1801 ***5907***	2058 ***6751***	2315 ***7595***	2572 ***8439***
55 secondes	1132 ***3713***	1415 ***4641***	1698 ***5570***	1981 ***6498***	2264 ***7426***	2547 ***8355***	2829 ***9283***
60 secondes	1235 ***4051***	1543 ***5063***	1852 ***6076***	2161 ***7089***	2469 ***8101***	2778 ***9114***	3087 ***10127***
90 secondes	1852 ***6076***	2315 ***7595***	2778 ***9114***	3241 ***10633***	3704 ***12152***	4167 ***13671***	4630 ***15190***
120 secondes	2469 ***8101***	3087 ***10127***	3704 ***12152***	4321 ***14178***	4939 ***16203***	5556 ***18228***	6173 ***20254***

La vitesse est au sol. mètres →129 **422**← pieds

mation la distance de décollage nécessaire dans les conditions présumées au moment de repartir, comme décrit au chapitre sur le décollage. Il est ensuite possible de déterminer la longueur du plan d'eau par un survol à basse altitude et à vitesse constante. En pratique on mesure le temps de survol du plan d'eau et, en fonction de la vitesse, on calcule la distance. La formule simple à appliquer est la suivante :

distance = temps de survol x *vitesse*

Si la vitesse est exprimée en m/s et le temps en

LONGUEUR DE SURVOL À DIFFERENTES VITESSES MPH (vitesse au sol)							
	40 MPH	**50 MPH**	**60 MPH**	**70 MPH**	**80 MPH**	**90 MPH**	**100 MPH**
1 seconde	17.88 ***58.65***	22.35 ***73.32***	26.82 ***87.98***	31.29 ***102.64***	35.76 ***117.31***	40.23 ***131.97***	44.69 ***146.64***
5 secondes	89 ***293***	112 ***367***	134 ***440***	156 ***513***	179 ***587***	201 ***660***	223 ***733***
6 secondes	107 ***352***	134 ***440***	161 ***528***	188 ***616***	215 ***704***	241 ***792***	268 ***880***
7 secondes	125 ***411***	156 ***513***	188 ***616***	219 ***719***	250 ***821***	282 ***924***	313 ***1026***
8 secondes	143 ***469***	179 ***587***	215 ***704***	250 ***821***	286 ***938***	322 ***1056***	358 ***1173***
9 secondes	161 ***528***	201 ***660***	241 ***792***	282 ***924***	322 ***1056***	362 ***1188***	402 ***1320***
10 secondes	179 ***587***	223 ***733***	268 ***880***	313 ***1026***	358 ***1173***	402 ***1320***	447 ***1466***
11 secondes	197 ***645***	246 ***806***	295 ***968***	344 ***1129***	393 ***1290***	442 ***1452***	492 ***1613***
12 secondes	215 ***704***	268 ***880***	322 ***1056***	375 ***1232***	429 ***1408***	483 ***1584***	536 ***1760***
13 secondes	232 ***763***	291 ***953***	349 ***1144***	407 ***1334***	465 ***1525***	523 ***1716***	581 ***1906***
14 secondes	250 ***821***	313 ***1026***	375 ***1232***	438 ***1437***	501 ***1642***	563 ***1848***	626 ***2053***
15 secondes	268 ***880***	335 ***1100***	402 ***1320***	469 ***1540***	536 ***1760***	603 ***1980***	670 ***2200***
16 secondes	286 ***938***	358 ***1173***	429 ***1408***	501 ***1642***	572 ***1877***	644 ***2112***	715 ***2346***
17 secondes	304 ***997***	380 ***1246***	456 ***1496***	532 ***1745***	608 ***1994***	685 ***2244***	760 ***2493***
18 secondes	322 ***1056***	402 ***1320***	483 ***1584***	563 ***1848***	644 ***2112***	724 ***2375***	804 ***2639***
19 secondes	344 ***1114***	425 ***1393***	510 ***1672***	594 ***1950***	679 ***2229***	764 ***2507***	849 ***3207***
20 secondes	358 ***1173***	447 ***1466***	536 ***1760***	626 ***2053***	715 ***2346***	805 ***2639***	894 ***2933***
25 secondes	447 ***1466***	559 ***1833***	670 ***2200***	782 ***2566***	894 ***2933***	1006 ***3299***	1286 ***3666***
30 secondes	536 ***1760***	670 ***2200***	804 ***2639***	939 ***3079***	1073 ***3519***	1207 ***3959***	1341 ***4399***
35 secondes	626 ***2053***	782 ***2566***	939 ***3079***	1095 ***3593***	1251 ***4106***	1408 ***4619***	1564 ***5132***
40 secondes	715 ***2346***	894 ***2933***	1073 ***3519***	1251 ***4106***	1430 ***4692***	1609 ***5279***	1788 ***5865***
45 secondes	804 ***2639***	1006 ***3299***	1207 ***3959***	1408 ***4619***	1609 ***5279***	1810 ***5939***	2011 ***6599***
50 secondes	894 ***2933***	1117 ***3666***	1341 ***4399***	1564 ***5132***	1788 ***5865***	2011 ***6599***	2235 ***7332***
55 secondes	983 ***3226***	1229 ***4032***	1475 ***4839***	1721 ***5645***	1967 ***6452***	2212 ***7258***	2458 ***8065***
60 secondes	1073 ***3519***	1341 ***4399***	1609 ***5279***	1877 ***6159***	2145 ***7038***	2414 ***7918***	2682 ***8798***
90 secondes	1609 ***2579***	2011 ***6599***	2413 ***7918***	2816 ***9238***	3218 ***10558***	3620 ***11877***	4022 ***13197***
120 secondes	2145 ***7038***	2682 ***8798***	3218 ***10558***	3754 ***12317***	4291 ***14077***	4827 ***15837***	5363 ***17596***
La vitesse est au sol.							mètres →134 **440**← pieds

secondes, la distance sera exprimée en mètres. Les tableaux de cette page illustrent presque tous les cas de vitesses caractéristiques des appareils les plus répandus, avec les vitesses exprimées en nœuds (KTS) et statute miles à l'heure (MPH).

La "Règle des survols", incluse dans ce livre, permet de calculer rapidement la longueur d'un trajet survolé à n'importe quelle vitesse.

S'il-y-a du vent, il faut mesurer dans les deux directions et faire la moyenne.

L'approche

La trajectoire d'approche

La trajectoire d'approche doit être soigneusement étudiée d'en haut, surtout pour relever la présence d'obstacles et pour définir les modalités d'une éventuelle remise de gaz. D'autres considérations sont exposées plus loin au paragraphe sur l'approche.

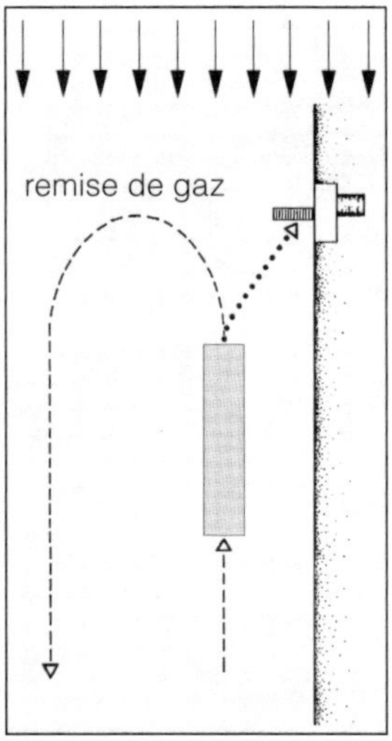

Approche parallèle. C'est la plus simple dans mesure où elle est effectuée entièrement au dessus de l'eau, habituellement en l'absence d'obstacles, et permet une remise de gaz facile en cas de besoin. Après l'amerrissage la rive peut être rejointe en virant de 90° ou, si le vent est important, en suivant une route oblique qui atténue la composante de vent traversier. Dans ce cas la bande d'amerrissage doit être bien choisie en fonction du point d'accostage.

Approche vers la rive. Effectuée entièrement au dessus de l'eau, elle ne présente habituellement pas de problèmes, si le point de contact est bien choisi. En fait il est bon de ne pas amerrir trop loin, pour éviter d'effectuer une navigation à flot trop longue, mais il faut surtout éviter d'amerrir trop près de la rive, car on pourrait se trouver encore en vol ou en hydroplanage près de la rive, sans la possibilité de remettre les gaz à cause de la présence d'obstacles.

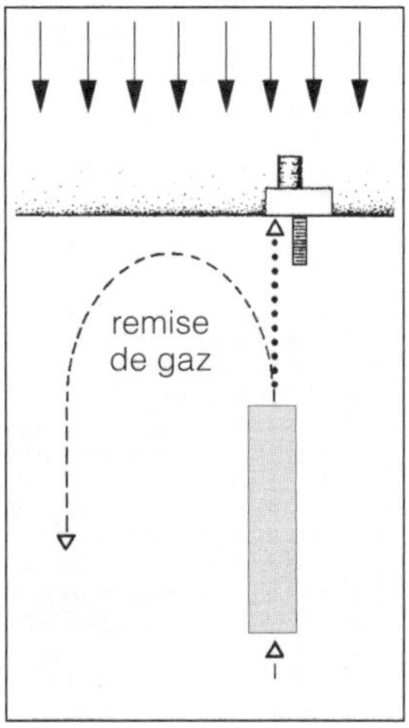

Dessus, amerrir face à une rive et trop près d'elle rend une remise de gaz difficile et dangereuse.
A droite, qui peut imaginer qu'à Casamicciola, près de Naples (Italie), le saint du village est fêté avec un feu d'artifice à 11 heure du matin? Pas l'auteur, qui se trouva lui même au milieu de petits nuages de fumée semblable à celle produite par les armes antiaériennes, quelques minutes avant son amerrissage.

Le pilote inexpérimenté qui se retrouve dans cette situation, c'est-à-dire qui amerrit trop "long" vers la rive, commet généralement de graves erreurs, qui peuvent avoir des conséquences désastreuses. La première est celle de vouloir poser l'appareil sur l'eau au plus tôt et à n'importe quel prix, donc à vitesse trop élevée, avec, en conséquence, rebond, remontée probable et décrochage à 10 ou 15 m de hauteur, pour finir à l'eau avec l'appareil complètement détruit. Le deuxième type d'erreur est de remettre les gaz au dernier moment, fortement cabré pour éviter les obstacles sur la rive, ou bien en virant très serré à quelques mètres de la surface, avec un risque de décrochage en montée et en virage. Il vaut donc mieux toucher à une distance de sécurité de la rive en prenant garde d'avoir toujours la possibilité de remettre les gaz sans problème. Si l'on s'aperçoit que l'on est trop long il est conseillé de remettre les gaz sans délai et de se représenter correctement à l'amerrissage. Il n'y a aucun problème après l'amerrissage pour rejoindre la rive, étant donné que s'il y a du vent on l'a toujours de face. On peut effectuer un hydroplanage puis poursuivre à

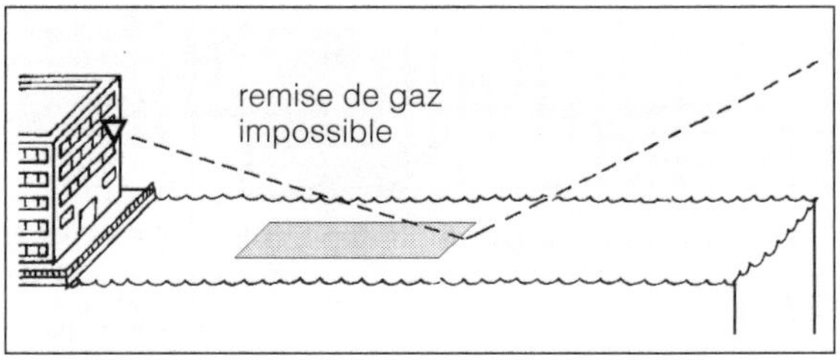

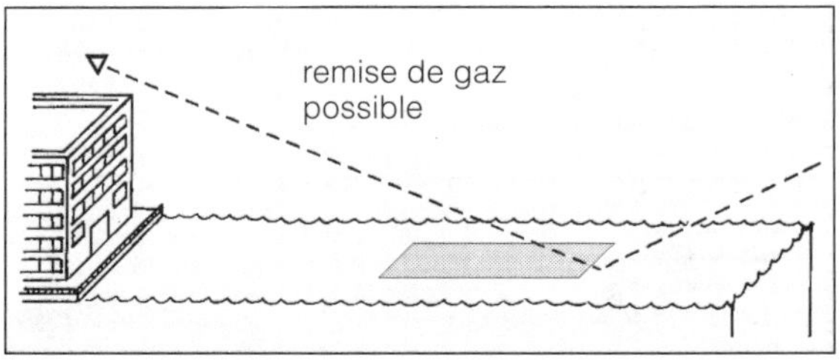

Un Boeing 314 de la Pan American Airways en courte finale à La Horta (Acores), au début des années quarante.

basse vitesse uniquement dans le dernier tronçon.

Approche vers le large. Quand l'amerrissage se fait de la rive vers le large toute l'approche de déroule au dessus de la terre. Les rives sur lesquelles on opère sont très souvent recouvertes d'arbres ou urbanisées et le problème est donc celui des obstacles, avec lesquels on doit maintenir une distance de sécurité. Les plus sournois sont les câbles des lignes électrique, qui sont invisibles et uniquement identifiables par la présence des pylônes. Les pylônes les plus trompeurs sont ceux qui sont camouflés entre les arbres sur les rives des fleuves ou celles d'une baie étroite. D'autres obstacles typiques sont les cheminées, les grues et les mâts porte-drapeaux.

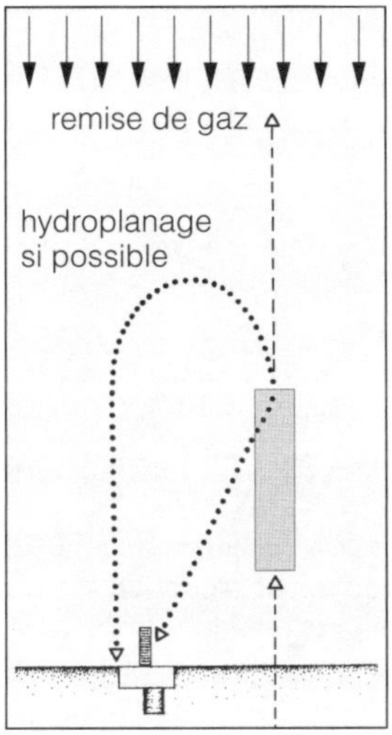

Des rives, en outre, tout peut surgir à l'improviste: des fusillades des chasseurs aux feux d'artifices, des vols d'oiseaux aux appareils à décollage vertical, comme les hélicoptères et les aérostats. Dans l'approche vers le large la rive est presque toujours cachée jusqu'à ce que l'on soit au dessus, c'est à dire trop tard. De la même façon, celui qui est sur la rive ne voit pas l'appareil jusqu'à ce qu'il débouche des édifices ou des arbres. Celui qui écrit ces lignes a vu un hélicoptère au décollage d'une rive éviter d'un poil un hydravion, dont l'approche était masquée par des édifices. Une reconnaissance de la rive du coté de l'eau est donc toujours conseillée avant de se reporter sur la terre pour l'amerrissage. Une règle à suivre rigoureusement est de ne jamais effectuer une trajectoire d'approche qui survole un appareil à décollage vertical, même s'il est apparemment garé. Dans l'approche vers le large, il est important de garder une altitude qui permette, en cas de panne moteur, de rejoindre l'eau ou une zone non urbanisée pour un atterrissage d'urgence. S'il y a beaucoup de vent et que l'on vient du large, on ne doit pas s'aventurer sur la terre pour effectuer le circuit normal, mais survoler la ligne du rivage, même si cela implique un amerrissage plus éloigné de la rive et donc une aggravation des problèmes de navigation à flot pour revenir au rivage. Il est aussi prudent de ne pas utiliser trop de volets,

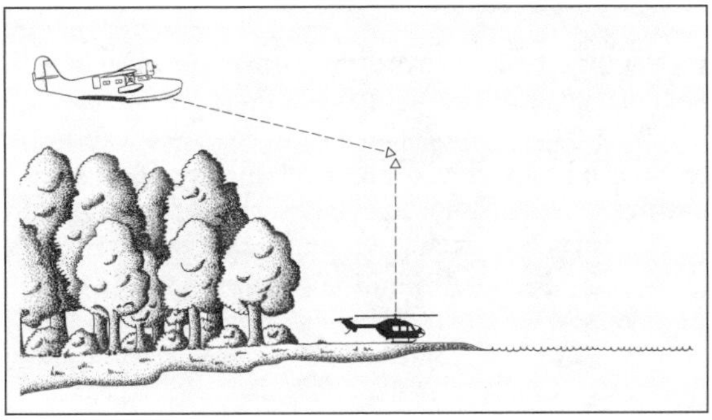

Le risque d'une approche par la rive est de croiser, sur son axe de descente, le décollage d'un hélicoptère ou d'un ballon. Personne ne peut voir l'autre, jusqu'au dernier moment. Une reconnaissance du site approfondie est la seule garantie pour éviter ce risque.

pour ne pas se retrouver avec une trajectoire trop pentue en cas de panne moteur, et de maintenir la vitesse prescrite, ou même une vitesse supérieure, au moins jusqu'à ce qu'on se trouve au dessus de l'eau. Enfin l'éventualité d'un givrage carburateur sera toujours prise en considération, avec les appareils concernés, ce qui requiert des interventions appropriées même à une température ambiante de 20 degrés ou plus.
Si l'on veut faire un amerrissage court vers le large, pour ne pas trop naviguer à flot, ou dans le cas de petit bassin, on doit passer la ligne du rivage en sécurité puis prévoir un amerrissage comme pour un bassin court, tel que décrit au chapitre des techniques avancées. Une autre technique pour réduire le temps de déplacement jaugé suite à un amerrissage vers le large consiste à effectuer un virage sur le redan de 180° après le contact et après avoir laissé la vitesse diminuer sensiblement. C'est très facile si on opère avec un hydravion à coque, qui peut virer sur le redan dans un espace particulièrement réduit.
La remise de gaz, lors de l'amerrissage vers le large, ne pose aucun problème et peut se faire en toute sérénité en l'absence d'obstacles.

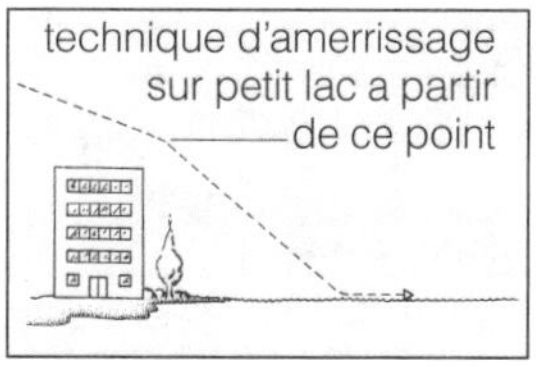

Si le vent est important on peut avoir quelques problèmes après l'amerrissage pour rejoindre la rive, car on doit virer sous le vent et se déplacer vent arrière. Si le vent est très fort il est préférable de laisser l'appareil nez au vent et de reculer "à la voile" ou de se faire remorquer en arrière vers le rivage, comme illustré au chapitre sur la navigation à basse vitesse.

Différentes sortes d'approches. L'approche plate est dangereux.

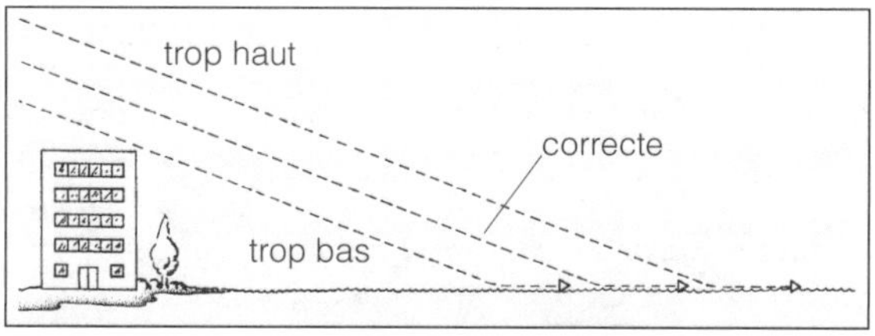

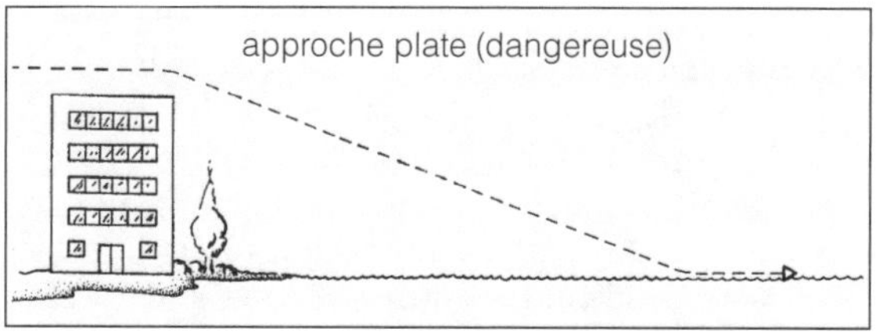

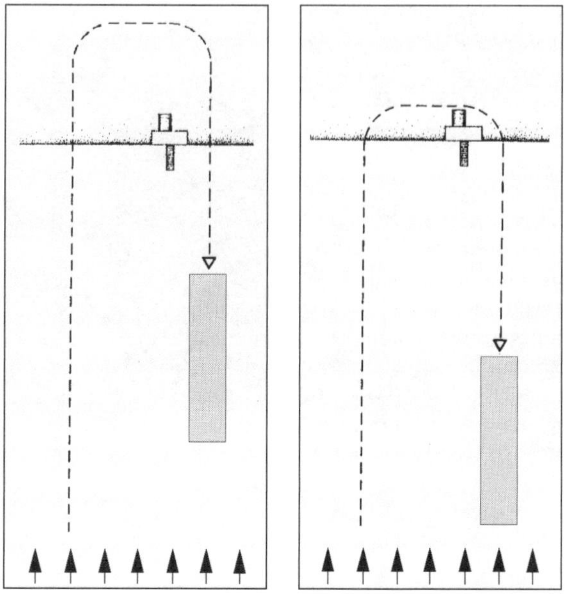

En cas de vent fort venant du large il est préférable de ne pas voler trop à l'intérieur des terres, mais d'adopter un circuit qui permet toujours à l'appareil de rejoindre la surface en planer en cas de panne moteur, même si cela veut dire que l'on va amerrir plus loin de la cote.

Vitesse d'approche

Normalement, l'approche s'effectue à 1,3 fois la vitesse de décrochage avec le réglage courant des volets, sauf indication contraire du manuel de vol. En cas de turbulence ou de vent en rafales la vitesse doit être un peu plus élevée, environ 1,4 fois celle de décrochage. Certains suggèrent d'adopter, en présence de vent, une vitesse égale à 1,3 fois celle de décrochage augmentée de la moitié de la composante de vent de face. Si par exemple la vitesse de décrochage est de 50 KTS, l'approche avec une composante de face de 18 KTS se fera à la vitesse de

$$(50 \times 1,3) + (18 : 2) = 65 + 9 = 74 \text{ KTS}$$

En cas d'amerrissage court on peut réduire la vitesse à 1,2 fois celle de décrochage, mais seulement en air calme ou en présence d'une légère brise constante et si on connaît bien l'appareil.

Volets

Normalement on amerrit avec les volets sortis environ de moitié. De cette façon la vitesse peut être sensiblement réduite, mais on maintient une bonne assiette cabrée. Si on doit amerrir sur des vagues importantes, il est souhaitable de toucher à une vitesse proche du minimum et avec une assiette plus piquée que la normale; dans ce cas on peut sortir complètement les volets.

S'il y a un vent fort ou en rafales, l'approche se fait sans ou avec très peu de volets (par exemple 10°), comme c'est généralement indiqué quel que soit le type d'appareil. Ce qui, en présence de vagues importantes, peut être en contradiction avec la nécessité exposée plus haut, qui impliquerait de toucher la surface avec les volets complètement sortis.
Le pilote chevronné, au terme d'une approche sans volets, peut évaluer s'il est opportun de sortir progressivement les volets après l'arrondi, de façon à arriver à toucher avec les volets complètement sortis. Au cours de la manœuvre, il est conseillé d'afficher une puissance assez importante et de la réduire avant le contact. Cette manœuvre est favorisée par le fait que, à la hauteur caractéristique du palier, la turbulence est généralement moins intense qu'à une altitude à peine plus élevée. En outre un éventuel décrochage, pendant le palier, n'aurait pas de grandes conséquences. Le pilote débutant, qu'on présume inapte à accomplir la manœuvre décrite avec la coordination requise, doit privilégier, entre ces deux exigences contradictoires, celle qui garantit l'approche la plus sûre, c'est à dire peu ou pas de volets avec une vitesse supérieure à la normale. Le risque d'un léger dommage aux flotteurs ou à la coque et préférable au risque de décrochage en approche.

Vérifications

Avec les amphibies on doit être certain que le train se trouve dans la position prévue (*voir* "Vérifications" au chapitre sur les techniques avancées). On doit ensuite vérifier que les safrans sont relevés, de façon qu'ils ne soient pas frappés par l'eau au moment du contact. Enfin on doit vérifier que les passagers ont les ceintures attachées et que la pagaie, un bout et l'ancre soient à portée de main pour parer à toute éventualité.

Circuits

Si l'on opère à plusieurs appareils en brousse, il est bon d'instituer un circuit précis d'approche, avec une remise de gaz adaptée, comme illustré au chapitre sur les techniques avancées, à la rubrique "Opérations sur plans d'eau inconnus et sur rives non préparées". Il est bon d'adopter à chaque amerrissage un circuit toujours plus ou moins similaire, de façon à en prendre l'habitude. Ceci doit permettre de bien observer la surface et d'effectuer avec calme toutes les vérifications.

Bruit

Si les rives près desquelles on amerrit sont peuplées, on doit faire en sorte d'effectuer l'intégralité de la descente à bas régime et sans variations excessives de puissance. En général on devrait éviter le survol à puissance élevée des zones peuplées en dessous de 2000 pieds.

Obstacles imprévus en approche

Si dans les phases finales de l'approche on se trouve face à un obstacle imprévu, cas typique d'une ligne électrique, on peut être tenté de tirer le manche violemment en arrière pour éviter l'obstacle. La manœuvre est instinctive, mais il peut être plus approprié de passer sous l'obstacle que par dessus. De cette façon, la pesanteur facilitera la manœuvre. Passer sous l'obstacle présente – il est inutile de le dire – d'autres risques, mais moindres que le risque de finir en vol contre l'obstacle en essayant de passer au dessus.

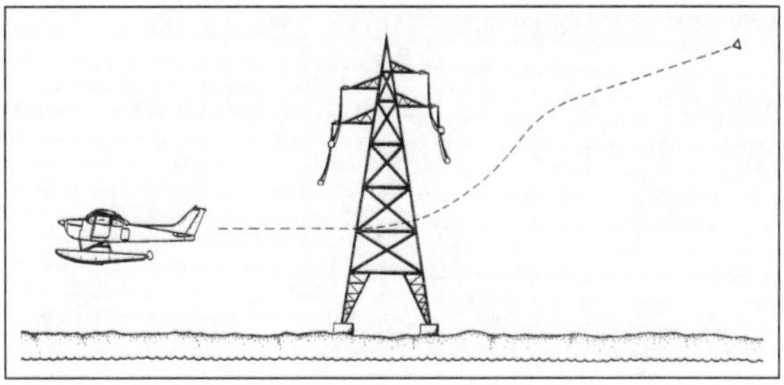

Quelque fois il est préférable de passer sous un obstacle plutôt que d'essayer de passer au dessus.
La meilleure chose cependant, est de ne pas se trouver dans la situation d'avoir à prendre cette décision.

L'approche de précision

Comme sur terre, on peut, sur l'eau, effectuer une approche qui se termine par un contact en un point déterminé. Ce point peut être quelque chose qui flotte ou une référence sur la rive. La manœuvre demande un peu de pratique. On conseille de la faire avec et sans utilisation du moteur, pour simuler la panne. Si l'on entend toucher en un certain point, ce serait une grave erreur, si l'on est long, de toucher l'eau au point prévu, mais à une vitesse supérieure à la vitesse requise.

Le cheval de bois

Le plus courant des accidents à l'amerrissage est le cheval de bois. Il est occasionné quand l'hydravion touche l'eau en un point du flotteur ou de la coque situé en avant du centre de gravité. De cette situation instable, commune aux avions à train classique, résulte d'une instabilité directionnelle. Le chavirement de l'hydravion est dû aux forces hydrodynamiques très importantes, accentuées par la force centrifuge. L'extrémité de l'aile et la pointe de la coque ou du flotteur s'enfonce dans l'eau, ce qui fait pivoter l'appareil le nez vers le bas. Cela cause habituellement un renversement de l'hydravion, particulièrement pour ceux équipés de flotteurs, quand l'équilibre est au stade ultime de sa stabilité. L'hydravion à coque

Une scène traite du film "Mother Lode", de 1982, avec Charlton Heston. Le De Havilland Beaver *touche avec une assiette trop piqué et capote.*

peut quant à lui, soit capoter ou simplement être stoppé brutalement, après une violente giration, avec beaucoup d'eau projetée dans toutes les directions. Le cheval de bois se produit durant un amerrissage en eaux miroitantes, avec un peu plus de volets que ce qui est préconisé par le constructeur dans le manuel de vol. Il se produit également lors d'un amerrissage où le pilote est distrait par le trafic de surface, trompé par un faux horizon ou toutes autres circonstances.

Visibilité de la surface

Dans certaines conditions (brume, forte pluie, etc.) l'horizon n'est pas bien visible et le pilote peut dans son esprit se créer de "faux horizons". Ces derniers sont en général plus bas que la réalité, ainsi le vol peut se terminer par un impact sur la surface le nez baissé. Si on pense se trouver dans une situation de ce genre on doit immédiatement contrôler l'appareil aux instruments. Pour l'inclinaison on peut se baser sur l'horizon artificiel ou l'indicateur de virage, tandis que pour l'assiette les meilleurs indications sont fournie par l'anémomètre (et non par l'horizon artificiel).

Quelques secondes avant le touché sur la Garonne à Moissac (France). C'est le dernier moment possible pour remettre les gaz. Il vaut mieux ne jamais se sentir obligé d'amerrir. En cas de doute, la remise de gaz est une décision responsable.

La remise de gaz

Il n'est pas d'amerrissage ou l'on ne doive pas être prêt à remettre les gaz. Si l'on est long, rapide, haut, s'il y a beaucoup de vagues, trop de vent, des obstacles ou des objets flottants, si la surface est en miroir, si l'on rebondit sur une vague, si enfin surgit le moindre doute sur n'importe quel aspect relatif aux phases ultérieures de l'approche, du contact et des mouvements sur la surface, la recette est toujours la même : remettre les gaz. Cela vaut particulièrement pour les pilotes qui n'ont pas une grande expérience. Les plus experts peuvent résoudre chaque situation énoncée d'une autre manière. Souvent la remise des gaz est par contre l'indice d'une grande expérience du pilote, qui évite une situation à risque, dans laquelle l'inexpérimenté se met le cœur léger.

La remise des gaz classique consiste à prendre une assiette de montée ou, initialement, de palier, en donnant la pleine puissance. On doit veiller à ne plus perdre un pied d'altitude et, lors du changement d'assiette, à ne pas réduire la vitesse. Il faut aussi contrôler finement l'assiette, qui n'est pas facile à prendre et à maintenir de façon précise pendant que l'on met la puissance. Cela peut présenter quelques risques avec les appareils qui ont le moteur en position très élevée; ceux ci, suite à l'application de la puissance, ont résolument tendance à piquer. En cas de remise de gaz avec ces appareils il est conseillé de prendre une assiette plate avant d'appliquer toute la puissance et de trimer grossièrement en arrière durant la manœuvre. Avec certains appareils le réglage du trim pour la descente tend à faire prendre à l'appareil une assiette dangereuse en cas de remise des gaz. Dans ce cas aussi il est bon d'être prêt à trimer grossièrement pendant qu'on effectue la manœuvre, pour faire ensuite un réglage plus fin. La remise de gaz est exécutée en laissant les volets comme ils se trouvent. Après avoir changé l'assiette et mis toute la puissance on règle les volets pour la montée, graduellement, lorsque la vitesse est adéquate et en augmentation.

Dans beaucoup de cas, par exemple à l'approche d'un train de vagues ou de rafales de vent, on peut décider d'amerrir quelques instants plus tard que prévu. Dans ce cas on doit remettre les gaz, mais la manœuvre complète et la répétition du circuit peuvent représenter une perte de temps excessive. Il peut alors être suffisant de prendre une assiette de palier et de mettre la puissance nécessaire pour se maintenir en palier à une vitesse de sécurité, en attendant un moment ou un point plus propice pour amerrir. Cela demande de l'expérience et ne peut toutefois être fait si la surface est en miroir, dans ce cas l'unique manœuvre sûre est la remise de gaz ou la mise en œuvre immédiate d'un amerrissage en miroir.

Altitude optimale pour l'amerrissage: le redan et la queue des flotteurs touchent l'eau en même temps.

Différents types d'amerrissage

L'amerrissage normal

L'amerrissage consiste à passer d'une situation de descente stabilisée au contact avec la surface, avec l'assiette appropriée et la bonne vitesse. Une assiette erronée ou une vitesse différente de celle prévue peuvent provoquer de graves incidents: dommages structuraux, endommagement des coques, capotage ou décrochage quand on est encore en vol.

Vitesse de contact. A première vue, on peut dire qu'il vaut mieux toucher la surface à la vitesse la plus basse possible, mais cela n'est pas valable dans tous les cas de figure. En fait, vitesse minimale signifie angle d'incidence maximum et donc assiette à cabrer au maximum. S'il n'y a pas de vagues il n'y a pas de problèmes, mais s'il y en a, le nez très haut au moment du contact peut initier le marsouinage, aux conséquences imprévisibles, et provoquer une importante sollicitation du fond des flotteurs, qui peuvent même, à la limite, se défoncer. On peut donc préférer une vitesse légèrement plus élevée, mais avec une assiette plus plate, qui permet de glisser sur la crête des vagues sans être rejeté en l'air. Vitesse minimale signifie aussi être proche du décrochage, avec un appareil presque incontrôlable. Il vaut donc mieux avoir quelques nœuds de plus, mais conserver la possibilité d'ajuster légèrement l'assiette au dernier moment. Parfois, un peu avant le contact, il est avantageux de mettre un peu de puissance pour souffler l'empennage, ce qui assure un meilleur contrôle. En cas de turbulence ou de vent en rafales on doit par contre maintenir une vitesse nettement supérieure à la vitesse minimale, aussi bien pour mieux contrôler l'appareil que pour éviter le risque de décrocher dans les phases ultimes de l'approche.

L'arrondi et le palier. La transition entre la descente et le contact doit se produire le long d'une trajectoire tangente à la surface, dans laquelle on peut distinguer deux phases : *l'arrondi et le palier.* Les assiettes sont similaires à celles de l'atterrissage avec un avion terrestre à train classique. A proximité de la surface on arrondit l'appareil en lui mettant le nez nettement au-dessus de l'horizon à une hauteur comprise entre quelques dizaines de centimètres et une paire de mètres au dessus de l'eau. Il s'agit là du début du palier, dans lequel on résorbe la vitesse et l'on perd graduellement le peu de hauteur qui reste encore, jusqu'à toucher la surface à une vitesse de quelques nœuds supérieure à celle de décrochage. Durant le palier, au fur à mesure que la vitesse diminue, il est nécessaire de soutenir progressivement le nez de l'appareil. Si l'on ne procède pas ainsi, le nez s'abaisse trop rapidement à cause de la diminution rapide de la vitesse et on touche trop tôt. L'assiette de contact optimale, qui est le résultat d'un bon arrondi, est celle où le redan et les extrémités postérieures des flotteurs touchent l'eau en même temps. Les assiettes plus plates rendent l'amerrissage plus doux, mais sont

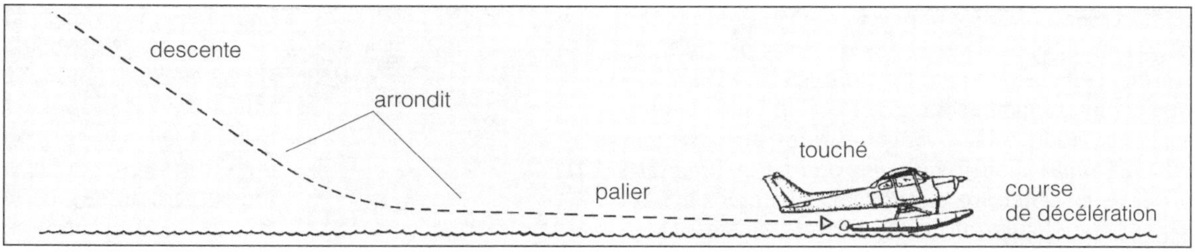

plus dangereuses, car un léger abaissement ultérieur du nez pourrait faire immerger la pointe avant des flotteurs dans l'eau.
Si, après l'arrondi, la vitesse est très basse, on est déjà prêt pour le contact avec l'appareil presque en décrochage et le palier n'existe pratiquement pas. Ceci arrive souvent quand la vitesse d'approche est trop basse. La situation est risquée car, si on fait l'arrondi ne serait-ce qu'un peu trop tôt, on risque de décrocher à quelques mètres de la surface.
Si au contraire après l'arrondi la vitesse est élevée, on doit simplement faire un palier plus long, pour résorber l'excès de vitesse. Cette situation présente elle aussi quelques risques. Un contact non désiré au début du palier, alors que la vitesse est encore soutenue, peut

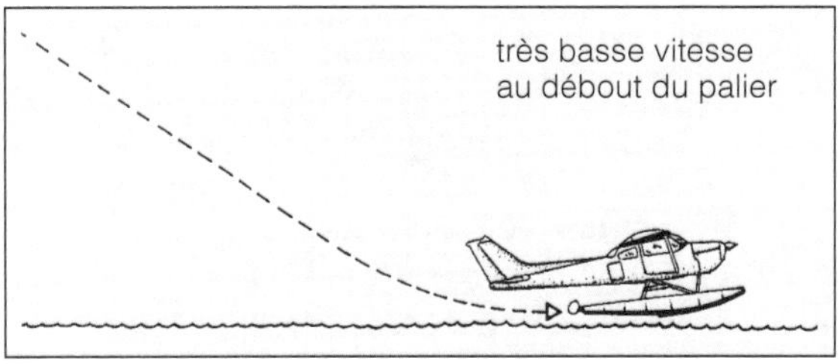

provoquer l'initiation du marsouinage ou le capotage. Pour éviter les ennuis, il est donc bon de s'en tenir à la vitesse de descente et au braquage de volets prévus, d'effectuer un arrondi à la bonne hauteur et de faire un palier normal qui ne sera ni trop bref ni trop long; pendant lequel on a le loisir de contrôler finement l'assiette, et enfin d'amener délicatement l'appareil au contact de l'eau à une vitesse supérieure de quelques nœuds à celle de décrochage.

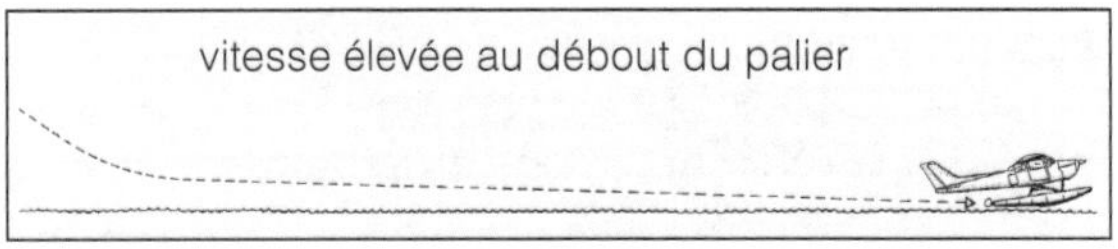

De ce qui vient d'être dit on comprend qu'un bon amerrissage est aussi le fruit d'une bonne approche. Celle ci doit être effectuée de la façon prévue et avec un taux de descente non excessif, disons de 500-600 pieds minute. Une descente effectuée avec des paramètres variables et dans laquelle, déjà bas, on doit encore "mettre au point" diverses choses, ou effectuée trop en avant vers la rive est le prémisse d'un mauvais amerrissage. En cas de doute, le pilote peu expérimenté doit remettre les gaz et se représenter de façon correcte.

Hauteur de l'appareil. La perception de la hauteur pendant l'approche est ce qui permet d'effectuer l'arrondi au moment approprié. Si l'on est en conditions de miroir, il n'existe pas de moyen d'estimer à vue la hauteur et on doit appliquer la procédure prévue (décrite plus loin). Quand la surface, par contre, est perceptible, on doit la garder à l'œil continuellement ou très fréquemment, en regardant de la façon indiquée plus loin dans ce paragraphe. En aucun cas on ne peut tenir compte de l'altimètre, sa sensibilité n'est aucunement suffisante pour fournir des indications utiles lors de l'amerrissage et son hystérésis fausse la lecture au cours des variations continues d'altitude. Si, près de la surface, on s'aperçoit que l'on jette instinctivement des œillades interrogatives vers l'altimètre pour connaître l'altitude, il est probablement temps de remettre les gaz et d'effectuer un amerrissage en miroir.

Les volets. La descente est généralement effectuée avec les volets sortis environ à moitié. Un braquage supérieur des volets provoque un taux de descente plus élevé et une trajectoire plus pentue; ce qui rend plus difficiles l'arrondi et le palier. Avec les volets braqués à fond l'appareil ralentit fortement dès qu'il se trouve en palier. Attention donc, si avec les volets complètement sortis on se met en palier trop haut, on se retrouve rapidement en décrochage à quelques mètres de hauteur (voir plus loin : "Erreurs et remèdes").

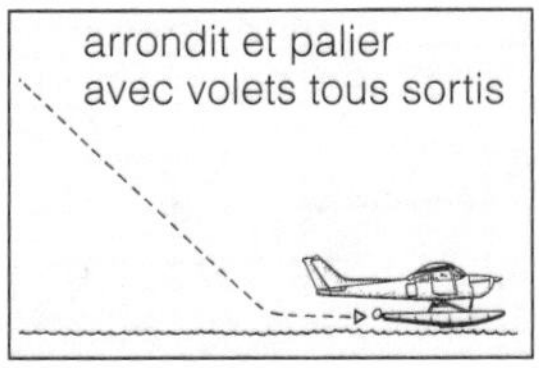

La puissance. Pour réduire le taux de descente, on utilise le moteur et dans ce cas l'amerrissage est dit "assisté". Les amerrissages avec moteur sont toujours plus doux et tranquilles que ceux qu'on effectue moteur tout réduit et mettent aux anges les passagers, parce qu'ils rendent le contact avec l'eau presque imperceptible, si la surface est plane. Un poil de gaz dans les phases ultimes de la descente a aussi l'avan-

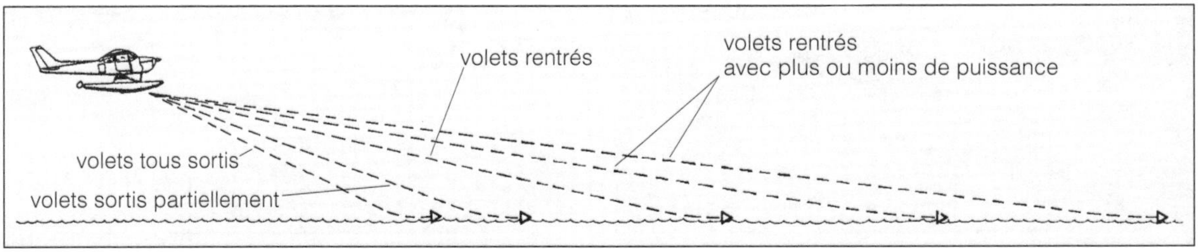

Belgian Association Seaplanes

tage d'améliorer nettement la visibilité à travers le disque de l'hélice, ce qui est toujours appréciable en vol sur l'eau, quand on scrute attentivement la surface pour en évaluer les caractéristiques et estimer la hauteur. En outre, un peu de puissance maintenue aussi pendant le palier, rend l'appareil plus contrôlable. Si les volets sont plus sortis que la normale ou complètement, on doit habituellement utiliser beaucoup de puissance, soit dans la dernière partie de la descente pour obtenir un taux de descente acceptable, soit lors du palier pour ne pas ralentir trop rapidement. Quand on arrive au contact avec de la puissance, on doit prêter une attention particulière à ne pas toucher avec une assiette trop plate, mais avec l'assiette cabrée dont on a déjà parlé. Durant toute la phase finale de l'approche et le début de la course de décélération, la main doit se trouver sur la manette des gaz. Si l'on effectue régulièrement des amerrissages assistés, il est bon, de temps en temps, de s'exercer à un amerrissage sans moteur, pour être toujours entraîné.

On doit toujours être prêt à mettre ou augmenter la puissance si, quel qu'en soit le motif, on se trouve près du décrochage à une hauteur trop élevée, si on a débuté le palier trop haut, si on gagne de la hauteur pendant le palier ou si on rebondit sur la surface.

Le Lake LA4-200 à l'amerrissage sur le Lac de l'Eau d'Heure, dans les Ardennes belges.

La bille. La bille doit être au milieu pendant l'approche avec n'importe quel type d'appareil. Le risque d'une bille dans le coin est de toucher l'eau avec une composante de vitesse latérale, qui pourrait provoquer une inclinaison non désirée de l'appareil, d'où un contact possible de l'aile avec la surface et un capotage. Le risque d'une telle situation est encore augmenté en cas d'amerrissage avec une assiette plate ou à piquer, comme c'est illustré au chapitre sur la mécanique du vol. Le truc des vélivoles de fixer un brin de laine sur le pare-brise avec un ruban adhésif est très efficace et peut être utilement adopté. Le brin sera placé en un point du pare-brise non incliné vers le flanc de l'appareil. Cet expédient fonctionne mieux sur les appareils qui n'ont pas le moteur et l'hélice dans le nez, comme ceux à coque centrale ou les bimoteurs, mais pour chaque cas on doit faire quelques essais, en comparant les indications du brin de laine avec celles de la bille, pour trouver la meilleure position.

Un peu de puissance augmente la visibilité au travers du disque de l'hélice (droite).

Regard. Dans les ultimes phases de l'approche, disons dans les 150 derniers pieds, on doit uniquement regarder dehors. Une grossière erreur consiste, par exemple, à regarder le trim ou les autres commandes quand on les actionne ou à regarder les instruments. Dans ces phases de vol, en fait, tous les paramètres doivent avoir été affichés précédemment et l'appareil doit être stabilisé, de façon à pouvoir effectuer l'arrondi avec tout le calme et l'attention nécessaires. Le pilote chevronné effectue quelquefois des variations de paramètres à très basse hauteur, mais il le fait sans quitter la surface des yeux.
Le regard ne doit pas être dirigé vers l'avant, où la visibilité est moindre, mais à 30-40° sur le coté. En

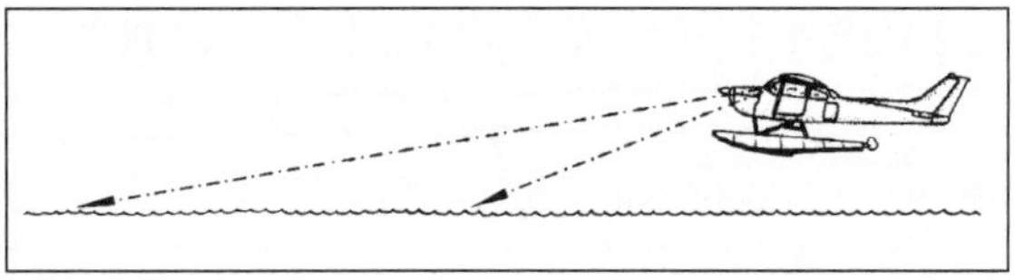

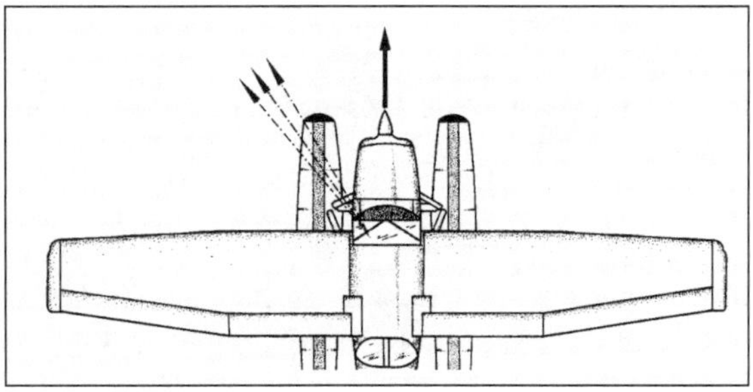

outre, quand on est près de la surface, on ne doit pas regarder verticalement, mais balayer d'avant en arrière la zone qui se trouve en avant de l'appareil, à partir d'une certaine distance.

Erreurs et remèdes.

Beaucoup a déjà été dit, mais cela vaut la peine de reconsidérer en détail les principales erreurs que l'on peut commettre durant l'arrondi et le palier, qui est peut être la phase la plus critique du vol hydro.
Arrondi tardif. Un arrondi tardif, donc trop bas, amène l'appareil très près de l'eau avec une assiette

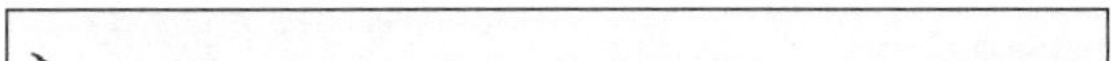

encore à piquer et une vitesse importante. C'est une situation extrêmement dangereuse, qui peut provoquer le capotage.
Amerrissage plat. Un arrondi trop mou, trop lent ou fait par à-coups, ou une trajectoire d'approche de la surface trop plate, qui n'amène pas rapidement l'avion à l'unique assiette de sécurité (nez levé) sont dangereux car le contact se fera avec une assiette plate. Dans ce cas, ainsi que dans celui où l'assiette est à piquer, il faut être prêt à tirer le manche complètement en arrière, surtout si l'on sent, tout de suite après le contact, un effet de freinage. Si le contrôle de l'assiette réussit, on doit éviter de faire rebondir l'appareil en l'air; il faut donc être prêt à contrôler rapidement l'appareil

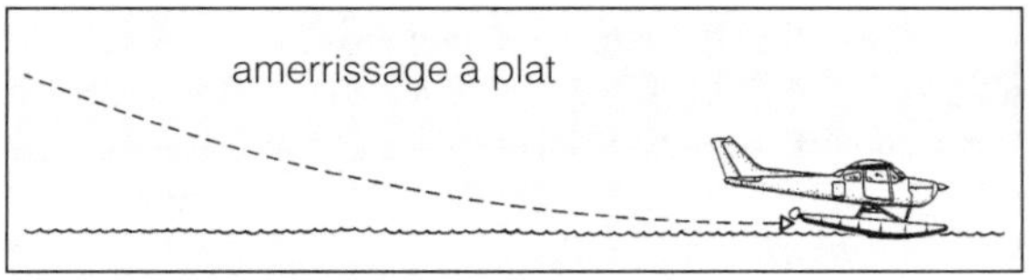

et à le maintenir en palier à la hauteur la plus basse possible en cas de rebond.
Gain d'altitude en décélération. Un arrondi trop brusque, surtout si la vitesse est plus élevée que nécessaire, amène à "un palier en montée", c'est-à-dire qu'il fait monter de quelques mètres pendant la décélération. Le résultat habituel est le décrochage à quelques mètres et un inévitable plongeon dans l'eau. Cela s'évite en contrôlant finement l'assiette à la fin de l'arrondi ou, quand on s'aperçoit que l'on est en train de décrocher, en mettant du moteur et en recommençant une nouvelle descente à partir de la position où

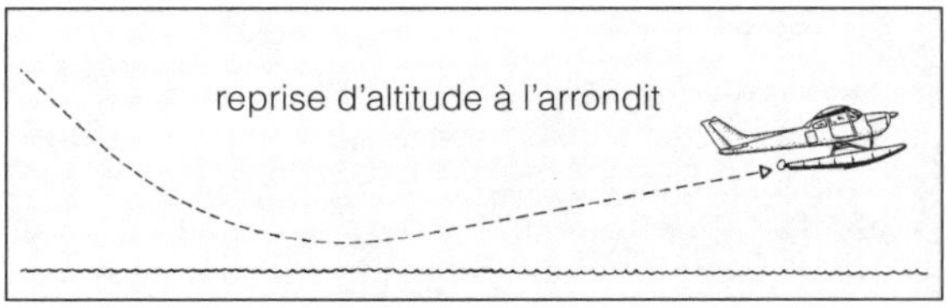

l'on se trouve. Dans le doute, il y a toujours la possibilité de remettre les gaz.
Arrondi et palier trop hauts. Si l'on arrondit trop haut, on se retrouve en palier à plusieurs mètres de l'eau. Quand on s'aperçoit que l'on est dans cette situation, on peut être tenté de faire piquer légèrement l'appareil pour se remettre en palier plus bas. C'est une manœuvre possible, mais qui demande une importante expérience et une maîtrise totale de l'appareil.
Elle est fortement déconseillée à ceux qui en sont à leurs premières armes, car ils risquent de s'engouffrer dans l'eau. L'unique remède sûr au palier trop haut,

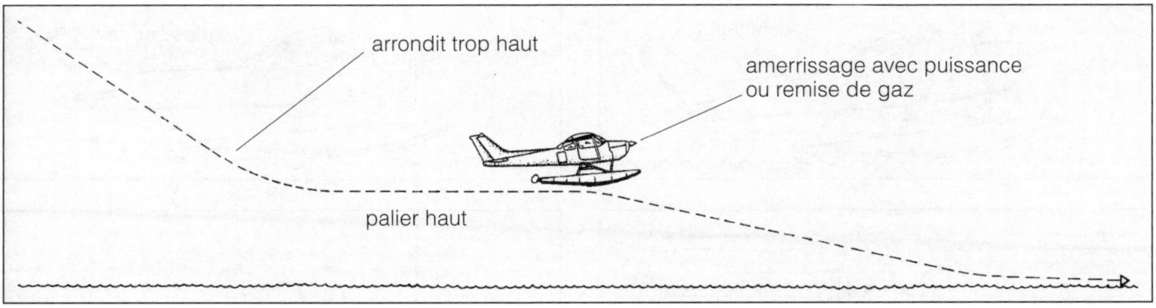

pour le débutant, est la remise de gaz et la reprise de la manœuvre. L'alternative, pour ceux qui n'en sont pas à leurs premières armes, est de mettre de la puissance, en se gardant bien d'abaisser le nez, chose très dangereuse près de la surface, ou de trop le lever, chose qui pourrait mener au décrochage. La puissance permet de réduire à volonté le taux de descente sans devoir lever le nez au delà de l'incidence de décrochage. Elle permet, en outre, un bon contrôle de l'assiette. En pratique, on doit transformer l'amerrissage normal en une sorte d'amerrissage "en miroir", dont la technique est expliquée plus loin.

Décrochage en palier. Une autre erreur typique des débutants, sans conséquences si le palier est correct, mais qui en a si le palier est haut, est d'amener l'appareil au décrochage en palier.

Il a été dit précédemment qu'au fur et à mesure que la vitesse diminue il faut soutenir le nez, c'est-à-dire augmenter l'angle d'incidence (pour avoir la même portance) et toucher à une vitesse supérieure de quelques nœuds à celle de décrochage. Si l'on décroche dans un palier correct on va au devant d'un léger "splash" sans conséquences, étant donné que l'appareil est trop près de l'eau pour s'enfoncer lourdement. Mais si le palier est haut le petit splash devient un lourd plongeon dans l'eau avec une assiette plus à piquer, avec le risque de dommages.

Il faut faire ici un petit ajout à la règle énoncée précédemment : au fur et à mesure que l'appareil décélère, on doit soutenir le nez progressivement, mais s'arrêter avant d'atteindre l'incidence de décrochage. A ce point, soit on a déjà touché (palier correct), soit on doit intervenir avec du moteur pour soutenir l'appareil sans lever le nez de plus d'un demi degré et réguler la descente exclusivement au moteur, comme exposé dans le cas du palier trop haut.

Contact à haute vitesse. Une grave erreur est celle de faire toucher l'appareil avec une assiette plus ou moins correcte, mais à vitesse trop élevée. C'est une chose très dangereuse, qui peut provoquer le marsouinage, faire rebondir l'appareil en l'air et décrocher à quelques mètres de hauteur ou encore s'abîmer sur les vagues, s'il y en a.

Rebond. Si l'appareil rebondit en l'air après le contact on doit avant tout corriger fermement toutes les variations d'assiette longitudinale. Une nette augmentation de puissance rend plus efficace l'action de l'empennage, mais peut causer des variations d'assiette non désirées. On rejoint ensuite la surface avec la technique exposée dans le cas du palier trop haut. Après le rebond, en cas de doute, on peut aussi remettre les gaz.

L'amerrissage sur les vagues

Même les pilotes les plus experts s'accordent à considérer que *"chaque amerrissage est différent des autres"*, et ceci vaut en particulier pour la combinaison des directions et vitesses du vent et la présence de vagues sur la surface.

Vitesse de contact. Le principe général est que le contact doit advenir à la vitesse la plus basse possible. Beaucoup de pilotes expérimentés, comme il l'a déjà été dit, adoptent au contraire souvent une assiette plus plate, qui assure une meilleure pénétration des vagues et permet de gérer la décélération en un temps et une distance plus importants, laissant aussi, dans les premières phases, une meilleure possibilité de remettre les gaz.

Quelques uns utilisent la technique qui consiste à mener les ultimes phases de l'approche à la vitesse la plus basse possible, donc avec une assiette très cabrée, et à abaisser le nez, pour prendre une assiette presque plate, au moment du contact. Le risque est celui d'entrer dans la zone de marsouinage à cause du nez trop bas ou, si l'on agit légèrement en retard, de faire enfoncer la zone du redan, en provoquant l'occlusion, suivie d'un rebond en l'air avec l'appareil en décrochage.

Sur des surfaces agitées avec un appareil à flotteurs on doit veiller à ce que le contact se produise sur les deux flotteurs en même temps.

Vaguelettes. C'est la condition idéale pour opérer, la traînée hydrodynamique y est minimale. L'amerrissage se fait avec le nez au vent et perpendiculairement aux vagues.

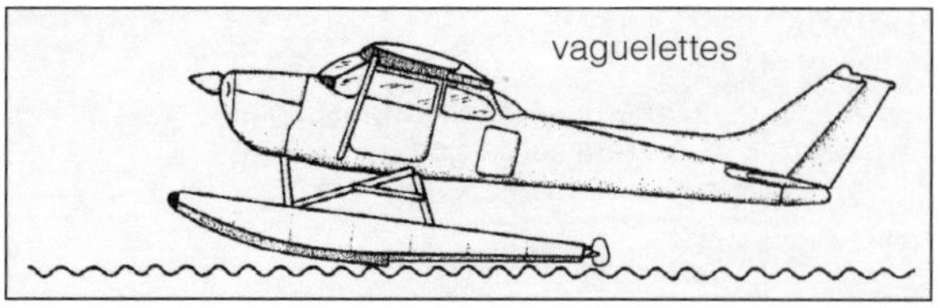

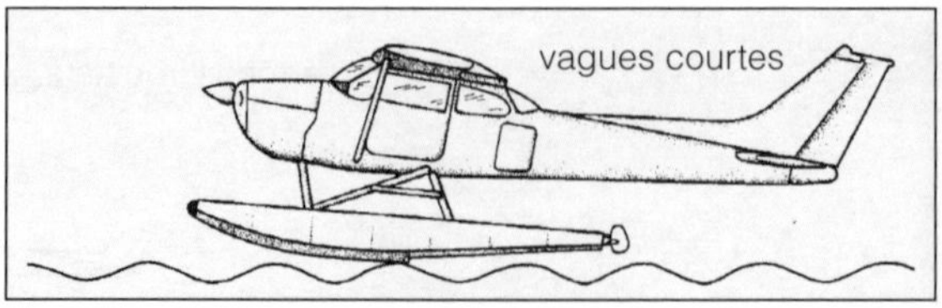

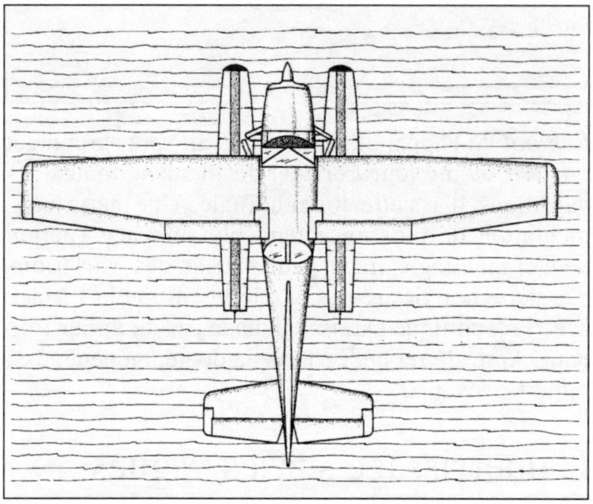

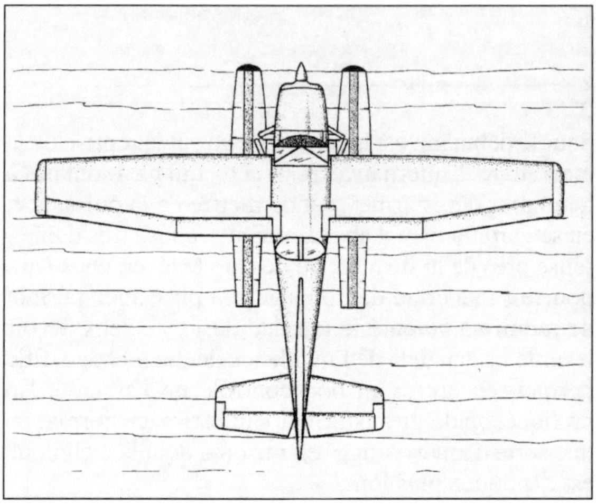

Vagues courtes. L'amerrissage sur des vagues courtes n'est pas pour les débutants, mais ne présente généralement pas de problèmes, surtout s'il est conduit rigoureusement face au vent et si le vent est important, ce qui réduit d'autant la vitesse par rapport à la surface. Par contre la vitesse par rapport aux vagues n'est pas réduite, étant donné que celles-ci se déplacent dans le sens du vent et donc dans la direction opposée à celle de l'appareil.

Vagues moyennes. Ce sont, pour les hydravions de petites dimensions, les vagues typiques que font les embarcations de plaisance de moyenne importance et les bateaux. Sur ce type de vague, de forts mouvements de tangage sont inévitables et le gros risque – sinon la certitude – est d'enfourner une vague avec les flotteurs ou la coque et d'endommager l'appareil ou de capoter. Les problèmes surgissent en général non pas après le premier contact, mais au deuxième ou au troisième. Ce sont les vagues les plus dangereuses. Elles se rencontrent fréquemment en mer, mais aussi sur les lacs. Les vagues moyennes sont particulièrement dangereuses pour les appareils à coque centrale, même si leur hauteur est seulement de 15 ou 20 cm, car elle peuvent facilement provoquer le marsouinage. Il ne faut jamais prendre ce type de vague avec du vent arrière, même léger. Si possible, on doit les prendre parallèlement en tenant compte du vent de travers qui en résulte et du roulis sur les vagues, qui expose l'aile et le fuselage au vent, avec risque de chavirement. Si le vent est vraiment fort on peut bénéficier d'une importante réduction de la vitesse par rapport à la surface et un amerrissage perpendiculaire aux vagues peut s'avérer possible. On finira probablement par faire quelques sauts et quelques plongeons avec l'appareil incontrôlable, mais à une vitesse réduite et donc avec des conséquences nulles ou faibles. Les vagues moyennes sont également dangereuses car elles peuvent ne pas êtres le fruit d'une situation générale prévisible, mais se présenter en "trains" de petite extension, par exemple de deux ou trois vagues, quand elles sont produites par une embarcation. Ces trains de vagues sont parti-

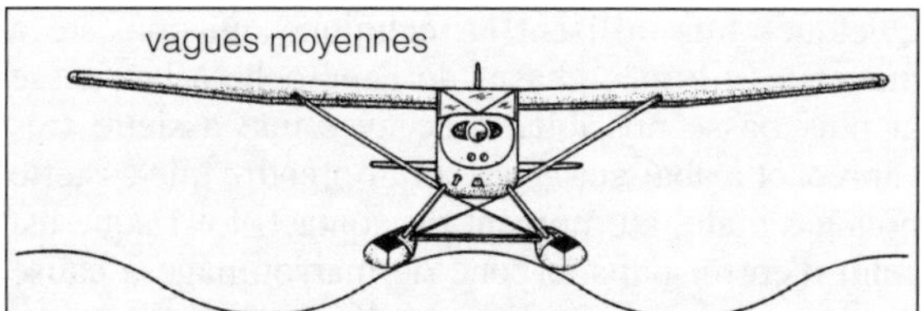

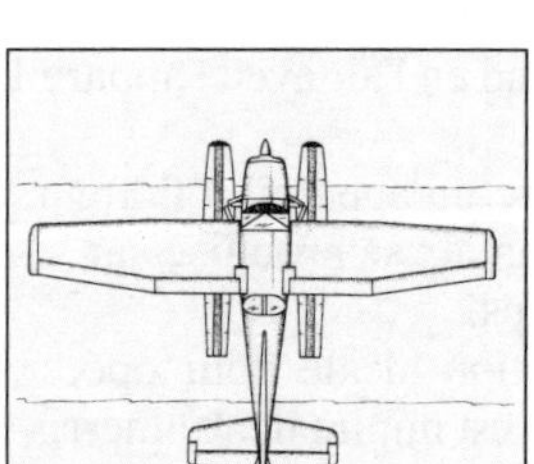

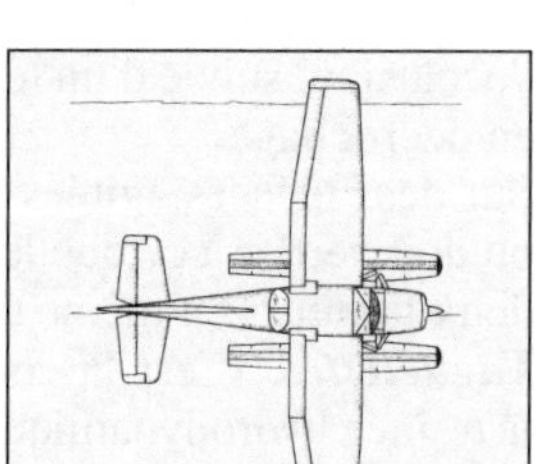

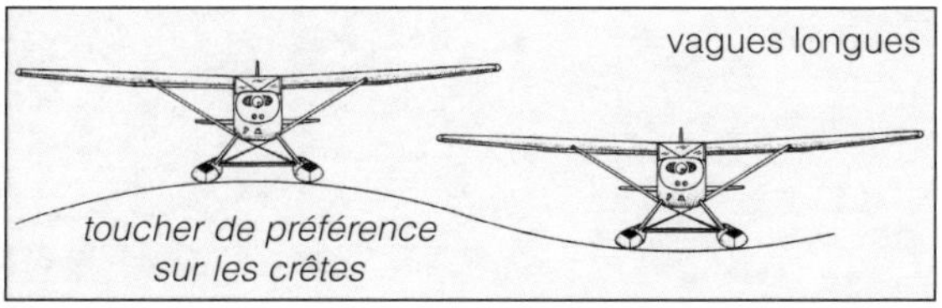

culièrement dangereux au décollage. A l'amerrissage la situation est moins critique car les trains de vagues isolés sont visibles d'en haut et donc évitables.

Vagues longues. Elles permettent de bons amerrissages, parce qu'elles ne déferlent pas, même si leur hauteur est importante. On doit amerrir de préférence sur la crête, mais aussi dans le creux; toujours parallèlement, même avec du vent de travers. S'il y a du vent perpendiculaire aux vagues, comme cela arrive normalement, celui-ci peut investir le flanc et l'aile de façon dangereuse quand les vagues, prises parallèlement, donnent lieu à des mouvements répétés de roulis à droite et à gauche. La situation n'est pas critique après le contact, quand l'appareil est bien contrôlable du point de vue aérodynamique, mais quand la vitesse diminue. Si l'on ne peut pas faire

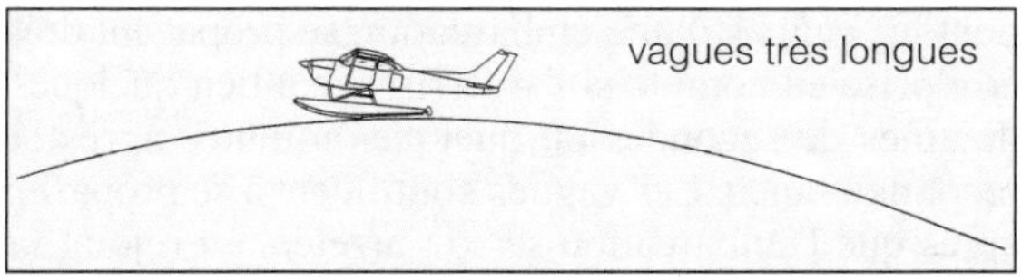

autrement que d'amerrir perpendiculairement aux vagues, par exemple en cas de vent très fort, on doit chercher à faire décélérer l'appareil au cours des deux ou trois premiers contacts avec les crêtes, mais sans que l'assiette ne change. Il est probablement préférable de laisser un peu de puissance pour avoir un meilleur contrôle de l'assiette. Sur l'océan, si le vent est fort, il y a toutes les six vagues normales une vague nettement plus haute. Le contact se fait sur la crête

Si on voit avant le touché une série de vagues, il est facile de raccourcir ou prolonger l'approche pour les éviter. En cas de doute, il est préférable de remettre le gaz et de se poser dans un autre endroit.

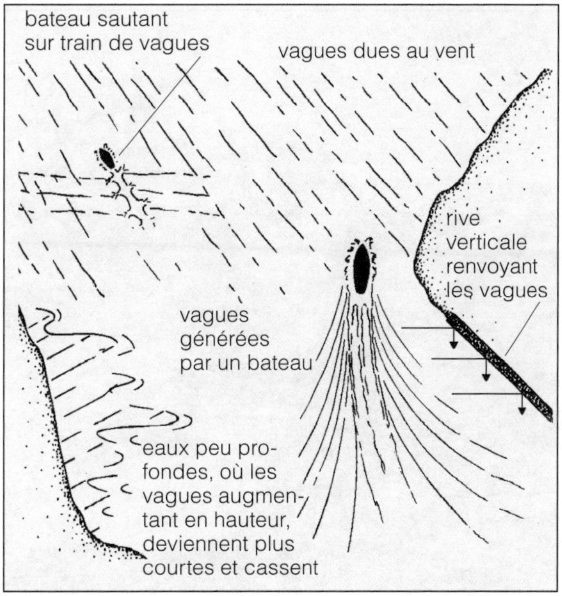

Exemple d'évaluation de la surface, où l'on trouve différentes sortes de vagues.

de la vague la plus haute et donc avec, devant soi, un certain nombre de vagues plus basses pour terminer la décélération.

Vagues très longues. Sur des vagues très longues on peut aussi amerrir perpendiculairement, mais sur la crête d'une vague et vers le côté descendant. Sur des vagues longues ou très longues, dont la vitesse de propagation commence à représenter une fraction non négligeable de la vitesse de l'appareil, il est préférable d'amerrir dans la direction de propagation des vagues. Cette direction devient en tout cas un paramètre à prendre en considération, avec la direction et la vitesse du vent, pour choisir la bande d'amerrissage.

L'amerrissage sur des vagues d'embarcations

Au chapitre sur les éléments naturels nous avons vu que, dans le sillage d'une embarcation, on peut distinguer deux types différents de vagues importants pour le pilote : les vagues divergentes et les vagues

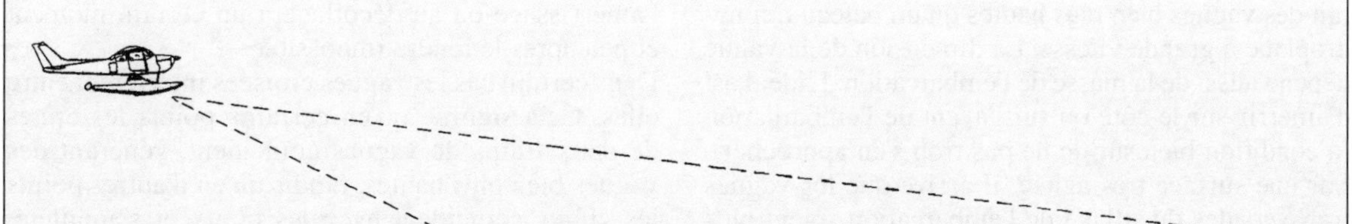

United States Navy

Impressionnant amerrissage sur une mer très agitée d'un Vought Corsair*; image des années trente.*

transversales. Une caractéristique peu favorable des vagues d'embarcations est qu'elles sont indépendantes du vent; si on les rencontre avec un vent calme on ne peut donc pas bénéficier de la réduction de vitesse par rapport à la surface qu'apporterait un vent de face.
La vague d'une embarcation de taille moyenne (canot à moteur, bateau) peut être de types très divers, mais elle est toujours dangereuse, car elle constitue pour les appareils les plus répandus, une "vague moyenne". Quelques manuels conseillent de n'opérer sous aucun prétexte en présence de ce type de vagues. Souvent elles se présentent en "trains" bien définis d'un certain nombre de vagues. D'en haut ceux-ci peuvent êtres facilement repérés s'ils sont isolés. Depuis la surface, les vagues d'embarcations sont difficilement identifiables, surtout si on opère avec un appareil à coque et si les trains de vagues sont noyés parmi les vagues dues au vent. Quelques considérations sur ce thème sont exposées aussi au chapitre sur le décollage. Il est important de considérer également l'allure de l'embarcation. Un bateau qui navigue à basse vitesse, en fendant l'eau, fait des vagues bien plus hautes qu'un bateau qui hydroplane à grande vitesse. La dimension de la vague dépend aussi de la masse de l'embarcation. L'idéal est d'amerrir sur le côté ou sur l'avant de l'embarcation (à condition bien sûr de ne pas trop s'en approcher). Sur une surface très agitée, il arrive que les vagues transversales du sillage de l'embarcation soient plus favorables que celles qui sont en dehors du sillage. Dans ce cas il peut convenir d'amerrir dans le sillage, à distance suffisante de l'embarcation. La façon dont les vagues d'une embarcation se propagent doit être prise en compte si l'amerrissage a lieu quelques dizaines de secondes ou quelques minutes après la reconnaissance. Les vagues continuent à se propager après que l'embarcation se soit arrêtée, ait rejoint la rive ou ait été perdue de vue. On doit donc observer le trafic pendant un certain temps avant l'amerrissage et ne pas se contenter de regarder le bassin quelques instants.

L'amerrissage sur des vagues croisées. Quand la configuration des vagues est unique et bien définie, il est presque toujours possible de trouver une bonne stratégie d'amerrissage. En cas extrêmes, la décision de ne pas amerrir est aussi facile à prendre. Souvent, par contre, la surface est parcourue de trains de vagues diverses, qui se croisent entre elles. A une vague de vent peuvent se superposer des vagues longues, provenant de loin, les vagues de plusieurs embarcations et celles qui sont réfléchies par les rives. C'est la pire situation, dans laquelle le bassin entier est une étendue chaotique de vagues de tous types. La situation est trompeuse, car elle peut pousser à l'amerrissage ou au décollage à un certain moment et peu après le rendre impossible.
Dans certain cas les vagues croisées interfèrent entre elles. Cela signifie qu'en certains points les crêtes de deux trains de vagues coïncident, générant des vagues bien plus hautes, tandis qu'en d'autres points les crêtes coïncident avec les creux et s'annulent. Dans une mer parcourue de vagues plus ou moins de

même longueur, des zones dans lesquelles les vagues s'annulent peuvent se créer, et être suffisamment amples pour permettre l'amerrissage (ou le décollage). L'occasion doit être saisie immédiatement, car elle est transitoire. Pour cela, mais aussi pour avoir une bonne vue de la surface, on doit voler à 3 ou 4 mètres de l'eau et être prêt à amerrir quand apparaît une zone plus calme.

Vagues dans le bassin et direction du vent. La hauteur des vagues, avec vent supérieur à 10 nœuds, dépend de l'ampleur du bassin, c'est à dire de la distance le long de laquelle le vent a agi sur la surface, appelée *fetch*, comme on l'a vu au chapitre sur les éléments naturels. Pour cette raison, dans les petits bassins, de la dimension de quelques nautiques, les vagues peuvent être des vaguelettes pour un petit hydravion même avec des vents de 30 nœuds. Toujours pour cette raison la partie au vent d'un bassin est plus calme que celle qui est sous le vent.

L'amerrissage en complet décrochage

L'amerrissage en complet décrochage consiste à amener l'appareil au décrochage le plus près possible de la surface. En pratique l'appareil doit décrocher avec la queue ou les queues qui affleurent l'eau. Le but est d'être sûr que l'appareil, une fois qu'il se trouve sur la surface, ne peut plus retourner en l'air. C'est une manœuvre conseillée par beaucoup de constructeurs sur les surfaces agitées, sur lesquelles l'appareil rebondirait probablement avec des assiettes non désirées et effectuerait des impacts successifs destructifs.

L'amerrissage en décrochage est en effet une manœuvre violente, effectuée avec l'appareil complètement incontrôlable et provoque un impact des flotteurs ou de la coque sur les vagues avec un angle tel qu'il sollicite très lourdement les structures.

Des pilotes expérimentés préfèrent un amerrissage contrôlé avec une assiette légèrement plus plate et donc avec les quilles qui fendent les vagues, même avec une vitesse supérieure de quelques nœuds.

Assiette d'un avion à coque au moment du contact en complet décrochage.

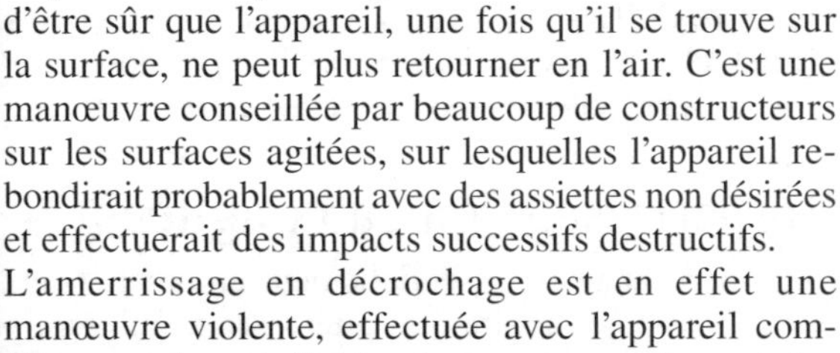

Pour éviter les imprévus, si l'on doute de l'opportunité d'effectuer un amerrissage en complet décrochage, il est bon d'évaluer sérieusement la possibilité de se diriger vers une autre zone, attendre que les conditions s'améliorent ou trouver une solution alternative à la descente sur une surface hostile.

Approche vent de travers

Comme il l'a déjà été dit, on doit tout faire pour amerrir face au vent et éviter l'amerrissage vent arrière. Dans certains cas on ne peut pas éviter d'amerrir avec une composante de vent de travers, par exemple dans les bassins très étroits. Si l'on ne prend pas les précautions voulues, l'appareil est sujet à un mouvement de

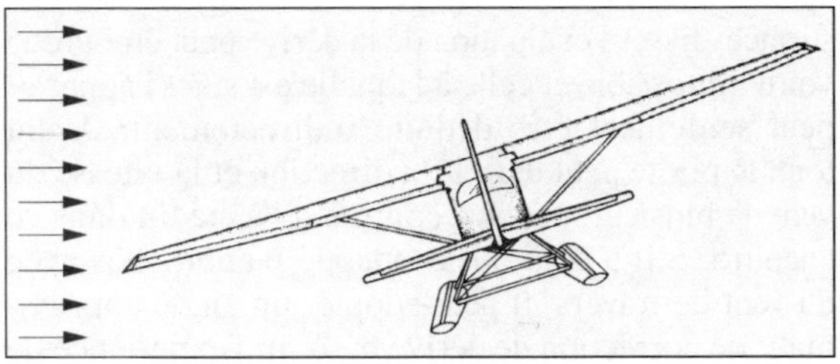

Correction de la dérive dans les dernières phases de l'approche en glissade ou en "crabbant" l'appareil.

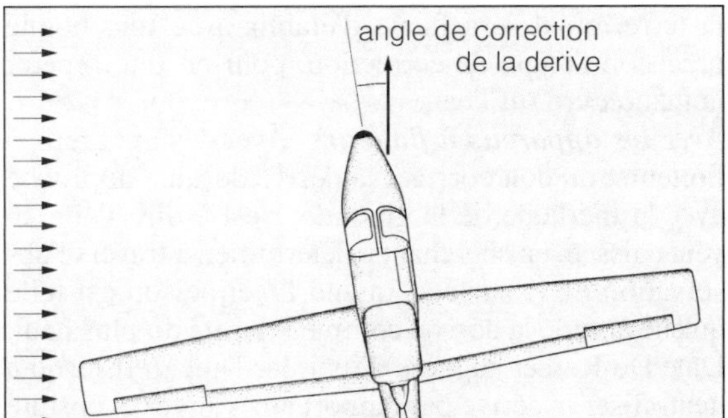

dérive et touche la surface avec une composante de vitesse latérale, qui peut provoquer son chavirement, surtout si l'on opère avec un appareil à flotteurs.

Évaluation de la dérive en vol. Si l'on opère sur une surface avec vagues ou avec quelques repères il n'est pas difficile d'évaluer la dérive de l'appareil dans les phases ultimes de l'approche, quand on se trouve à quelques dizaines de mètres ou moins de l'eau. On doit toutefois considérer que les vagues avancent, poussées par le vent, et lorsqu'il semble ne pas y

Wipaire, inc.

Amerrissage d'un De Havilland Twin Otter *monté sur flotteurs Wipaire.*

avoir de dérive par rapport aux vagues l'appareil est en réalité sujet à une dérive par rapport à la surface égale à la vitesse de propagation des vagues. Sur des surfaces lisses l'évaluation de la dérive peut être ardue voire impossible et celle à laquelle est sujet l'appareil peut seulement être déduite indirectement. Avant tout, le pilote peut définir la direction et la vitesse du vent de plusieurs façons, comme il l'a été dit dans ce chapitre. S'il a déjà fait beaucoup d'approches avec du vent de travers, il peut adopter un angle approximatif de correction de dérive basé sur l'expérience de situations analogues. En outre, si le vent souffle de façon similaire sur l'eau et sur une bande de terrain adjacente on peut essayer de simuler l'approche sur la terre, où il sera facile d'établir avec une bonne précision l'angle de correction, pour ensuite répéter la manœuvre sur l'eau.

Avec les appareils à flotteurs. Avec les appareils à flotteurs, on doit corriger la dérive durant l'approche avec la méthode de la glissade, c'est-à-dire l'aile au vent baissée, en cherchant à déterminer, à travers l'observation de la surface, quand l'inclinaison est telle qu'elle annule la dérive, comme il l'a été dit plus haut. Dale De Remer suggère d'incliner l'appareil jusqu'à neutraliser la dérive par rapport aux vagues et ensuite de doubler l'inclinaison de façon à annuler la dérive par rapport à la surface. Dans ce cas il pourrait arriver de générer une dérive dans la direction opposée. Dale De Remer fait toutefois remarquer qu'une dérive au vent est de beaucoup préférable à une dérive sous le vent; la première, en fait, génère au contact un moment renversant opposé à celui du vent, tandis qu'une dérive sous le vent génère un moment renversant qui s'ajoute à celui du vent.

Si la surface n'est pas agitée, on peut aussi toucher avec un seul flotteur puis, délicatement, poser l'autre, en contrôlant bien l'assiette longitudinale. Après le contact du flotteur sous le vent on doit être prêt à mettre le manche en butée au vent.

Si la surface est agitée et si l'amerrissage avec un fort vent de travers est inévitable la situation est critique, car les oscillations dues aux vagues exposent le flanc et l'aile au vent latéral et peuvent provoquer le chavirement. Une technique raffinée d'amerrissage en bassin étroit avec un fort vent de travers est décrite au chapitre sur les techniques avancées, à la rubrique “Opération en bassins étroits”.

Après le contact on ne doit pas virer au vent, ce qui favoriserait le risque de chavirement.

Avec les hydravions à coque. Avec ces hydravions, on ne peut pas arriver sur la surface si l'on n'a pas les ailes horizontales ou faiblement inclinées; dans le cas contraire on touche avec un ballonnet et l'appareil, pivotant autour de celui-ci, embarde et plonge le nez en premier dans l'eau. Avec ces appareils il faut donc effectuer une approche avec un angle de correction de dérive qui annule celle-ci complètement. En pratique on met le nez progressivement vers la direction d'où provient le vent jusqu'à ce qu'on s'aperçoive, en observant la surface, que l'appareil ne dérive plus. Juste avant le contact, on met le nez sous le vent, l'alignant avec la trajectoire.

Après le contact on doit toutefois être prêt à mettre le manche et incliner l'appareil dans la direction d'où vient le vent, de façon à neutraliser la tendance au renversement due au vent ou à quelque résidu de dérive non corrigé. Les hydravions à coque sont toutefois plus stables transversalement sur l'eau et donc présentent des problèmes moindres que ceux à flotteurs.

L'amerrissage en eaux agitées

Cet amerrissage est essentiellement un amerrissage normal modifié, comme un atterrissage sur terrain en mauvais état doit l'être. En appliquant tous les volets, on doit porter une attention particulière sur la puissance au moment de l'arrondi et du touché, pour avoir la vitesse la plus basse possible mais sans décrocher. Les pleins volets aident à maintenir une bonne assiette et permettent une vitesse de contact faible. Un peu de puissance peut être rajoutée pour permettre un effet de sol jusqu'à ce qu'une zone plus calme soit trouvée, alors une petite réduction de cette puissance pose l'appareil exactement au point calme qui est choisi par le pilote.

Une fois l'appareil dans l'eau il y a un changement significatif, le manche en arrière, le nez comme la coque coupe à travers les vagues plutôt que de rebondir dessus. Cette ondulation fatigue facilement la structure. Comme l'hydravion est lent, de plus en plus de pression est requise sur le manche pour garder le nez vers le haut. Quand le manche est complètement

en butée arrière l'hydravion avance en restant installé dans ce mode de déplacement.
Les hydravions à flotteurs touchent toujours des deux flotteurs à la fois, pour répartir les efforts. C'est une autre raison pour laquelle l'amerrissage en eaux agitées par vent de travers n'est pas compatible.
Il est nécessaire, maintenant, de revenir en arrière et de parler de l'approche vers une surface agitée. Si le vent est fort, des turbulences à raz de l'eau peuvent être envisagées. Pour garder l'hydravion contrôlable en eaux agitées, une bonne vitesse est nécessaire pour maintenir une efficacité suffisante des commandes, spécialement celle des ailerons. Toutefois, si l'air est agité, on approche avec pas plus de la moitié des volets et de la vitesse (Vy ou plus, parce que l'on augmente les possibilités de remise de gaz).
En finale, les volets sortent vers les pleins volets quand l'appareil commence à être en effet de sol. Il y a probablement moins de rouleaux durs et d'embruns que prévus, si c'est le cas, le pilote le verra en arrivant sur la surface.

Amerrissage sur lac court

La majorité des pilotes sont étonnés de voir comment un hydravion peut se poser court. Typiquement trois à quatre fois plus de surface est nécessaire pour décoller. La technique d'amerrissage court n'est pas bien différente que celle utilisée par les avions terrestres. Plein volets, une vitesse de 1,1 à 1,2 fois la vitesse de décrochage sera adoptée comme vitesse d'approche. Il faudra être prêt à utiliser la puissance pendant l'arrondi et le palier, lequel est fait à basse hauteur, spécialement si l'on a des conditions de centrage avant. Une fois sur l'eau, les volets sont rentrés et le

Hydravions très proches d'une surface miroitante: Lake LA4 et Donnet Denhaut de l'aéronavale française.
En haut, hydravions de la compagnie Hydravion Aventure, Québec.

Hydravion Aventure Inc. /

Lake Aircraft

manche est maintenu en arrière, dans cet ordre et rapidement. Si le pilote le souhaite, il pourra descendre les safrans pour donner une traînée supplémentaire. Ne pas utiliser cette technique normale d'amerrissage pour des lacs courts si l'on a soit des conditions miroitantes ou agitées.

L'amerrissage en miroir

Les conditions de miroir

La condition particulière du "miroir" a causé d'innombrables pertes de vies humaines sur les avions terrestres petits et grands qui se trouvaient pour un motif quelconque près de la surface de l'eau. Beaucoup de ces accidents ne seraient pas survenus si les pilotes avaient eu une expérience hydro et avaient su comment se comporter en volant à basse altitude sur l'eau. Le miroir est une situation dans laquelle il n'est en aucune façon possible de déterminer visuellement sa hauteur au dessus de l'eau. Cela survient

Musée Historique de l'Hydraviation - Biscarrosse

quand la surface est particulièrement lisse et qu'elle reflète, comme le mot l'indique, les montagnes, le ciel, les nuages et tout ce qui se trouve au dessus ou au voisinage du plan d'eau, y compris les bancs de brume ou le brouillard. Si la profondeur est faible et l'eau parfaitement limpide, le pilote voit le fond mais la surface reste toujours invisible. Le miroir est la situation la plus dangereuse pour qui vole sur l'eau car elle est difficile à identifier et n'est pas toujours bien reconnaissable. Dans un décollage ou un amerrissage sur les vagues, on peut détruire l'appareil, mais les personnes en subissent rarement les conséquences. Dans une situation de miroir non identifiée, on s'engouffre dans l'eau à vitesse relativement élevée et on risque beaucoup plus. Tout cela peut paraître exagéré au pilote terrestre ou au pilote hydro débutant, mais en général quelques expériences suffisent pour les faire changer d'avis.

L'oiseau marin étourdit (no clue loon). Dale De Remer raconte qu'un soir, il y a quelques années, il était assis sur un rocher au bord de la rivière Winnipeg, proche du crépuscule, quand un étourdit vola au-dessus de lui. L'oiseau tourna sur sa gauche, " en étape de base ", descendit, et tourna " en finale " vers lui. Toujours intéressé par l'observation de la technique d'amerrissage de collègues pilotes d'hydravions, Dale était vivement intéressé cette nuit là parce que la surface de la rivière était miroitante, et il n'y avait pas assez de lumière pour bien voir. Cet étourdit n'a même pas préparé ses ailes pour l'amerrissage, mais heurta plutôt l'eau avec une grande vitesse de descente. C'était vraiment un splash comme ce cheval de bois d'un aviateur distrait. Il a vu, les ailes, la tête, les pieds et la queue, le tout apparaissant à différent moments, quelques micro secondes, l'oiseau chutant avec des moments de roulis et de tangage. L'émotion passée, cet oiseau marin était choqué, probablement comme tout le monde le serait dans ces circonstances. Il se contrôla lui même et arrangea ses ailes et ses plumes. Le tout en place, il regarda autour de lui pour voir si personne ne regardait! Ce qui fit penser à Dale pour cet oiseau, au surnom d'étourdit (no clue loon). Depuis, quelques pilotes d'hydravion particulier reçoivent de la part de Dale ce surnom.

Identification de la condition de miroir. Il y a miroir et miroir, et là réside le premier risque; celui de ne pas l'identifier ou de le sous évaluer. La première règle, extrêmement importante, est donc la suivante : si durant l'approche survient le moindre doute que la surface soit en miroir on doit remettre les gaz ou commencer immédiatement un amerrissage en miroir. Il n'y a pas d'exceptions. Qui pense *« il y a un peu de miroir, mais je suis encore haut; peut être qu'un peu plus bas je verrai mieux la surface »* est sur la plus mauvaise voie. Prévoir un amerrissage en miroir par précaution et s'apercevoir au dernier moment qu'on distingue la surface est une preuve de prudence et de sérieux. Avoir quelques doutes, continuer l'approche et se rendre compte, désormais à basse altitude, qu'on ne voit pas la surface est un indice de grave légèreté, alors que l'impact pourrait survenir au même moment.

Taches sans miroir. Parfois, sur la surface en miroir, on voit des taches non miroitantes causées par quelque brise locale ou par une embarcation qui a agité la surface. Dans ce cas pas de doute: il faut effectuer une approche de précision sur une tache non miroitante. Si on est long on doit remettre les gaz immédiatement et réessayer sur la même tache ou sur une autre, mais ne pas continuer l'approche à vue sur une portion de surface en miroir.

Miroir au dernier moment. D'autres fois le miroir se rencontre seulement au dernier moment, c'est à dire à quelques dizaines de mètres de la surface. Si l'on n'est pas en mesure d'afficher immédiatement tous les paramètres prévus pour le miroir (décrits plus loin) on doit remettre les gaz et ensuite afficher les paramètres d'amerrissage en miroir dès le début de la nouvelle approche.

Le "miroir extrême". La pire condition, que nous pouvons appeler "miroir extrême" consiste en une situation de surface en miroir et d'atmosphère qui détermine le phénomène du *whiteout*. Elle se rencontre souvent sur les petits lacs, en hiver, quand il y a un peu de brume et le soleil de face, mais se rencontre aussi sous une pluie intense, en mer tôt le matin ou tard le soir et en plein été, s'il y a beaucoup de brume. C'est une condition dans laquelle à plusieurs centaines de pieds de la surface on n'a pas la moindre perception de l'endroit ou est cette même surface. On vole dans une ouate dans laquelle le contact peut survenir d'un moment à l'autre. On dit qu'un objet sur la surface aide à la distinguer, mais il n'en est pas toujours ainsi, surtout s'il n'y a qu'un objet. Celui qui écrit ces lignes se souvient d'avoir vu, à quelques centaines de pieds au dessus d'une surface apparemment bien distincte, un bateau entier suspendu en l'air juste devant l'appareil. Il est évident que le bateau n'était pas en altitude, mais que l'appareil était au ras de l'eau, ce qui prouve combien il est facile de perdre le contrôle de la situation. Dans ces cas extrêmes la surface n'est pas distinguable, même lorsqu'on flotte au dessus, et on a la sensation d'être suspendu dans le vide.

Expédients pour annuler l'effet miroir. Avant de décrire la technique d'amerrissage en miroir nous examinerons les expédients classiques pour essayer de rendre le miroir "moins miroitant". Disons tout de suite que nous décrivons ces expédients surtout pour les déconseiller. Le premier est de voler près

Condition de miroir sur le lac Alpin de Santa Giustina (Italie). La hauteur de l'appareil peut être déterminée par la position de son reflet par un autre pilote, en vol ou à flot.
Dessous, miroir extrême en volant sur un petit lac, sur lequel se reflète l'image du ciel et des nuages.

de la rive, parallèlement à elle, ou de survoler la rive transversalement à très basse altitude et d'amerrir tout de suite après. De cette façon on crée une situation – pour ainsi dire – schizophrénique: dans les moments où l'on regarde la rive on se rend plus ou moins compte de sa propre position; dans les moments où l'on regarde l'eau on perd toute orientation. Donc, si l'on utilise quelque élément du paysage pour déterminer la position de la surface, on ne doit jamais regarder vers l'eau, mais garder les yeux sur le plus grand nombre possible d'éléments qui matérialisent la surface.

Un autre expédient classique est le jet d'objets flottants par dessus bord. Aux pilotes du temps de la guerre, on enseignait à jeter leur carte aéronautique dans l'eau et ensuite à amerrir dessus. Dans ces cas on doit concentrer son attention sur l'objet et ne pas chercher à identifier la surface. Un autre expédient et le jet d'objets pesants, qui agitent la surface. C'est ainsi qu'il peut vous arriver d'assister à l'étrange scène d'un pilote chargeant des cailloux dans l'hydravion avant d'appareiller. Quelques pilotes qui volaient dans la brousse nord américaine, donc armés, avaient l'habitude de tirer dans l'eau quelques coups de fusil pour voir les impacts sur la surface, imitant les pilotes de la seconde guerre mondiale, qui disposaient d'armes bien plus efficaces, c'est-à-dire les mitrailleuses de bord. L'unique expédient vraiment efficace pour les appareils non armés est celui qui était adopté dans les grandes hydrobases d'autrefois, par exemple celle d'Orbetello: à un signal de l'appareil un canot à moteur allait faire quelques ronds sur la surface, pour remuer les eaux. Il est à noter que les eaux, après avoir été agitées, retournent rapidement à leur état original.

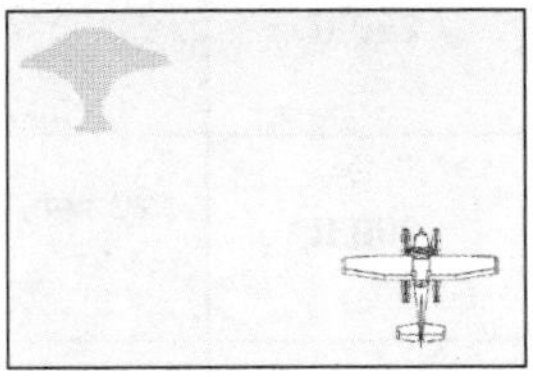

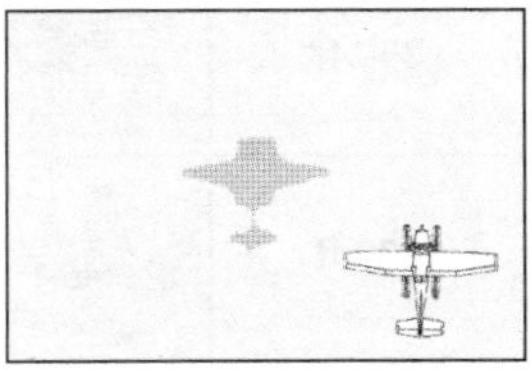

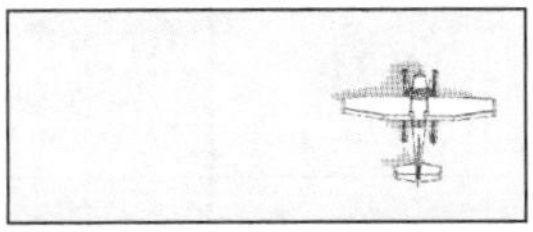

La hauteur de l'appareil approchant de la surface peut être déterminée depuis la position de son ombre par un autre pilote dans un autre hydravion. Si le pilote de l'appareil qui se pose choisit le bon axe d'amerrissage par rapport au soleil, la jonction de l'ombre avec l'appareil peut être observée par le même pilote dans sa vision périphérique, (excepté quand le soleil est près du zénith).

L'ombre de l'hydravion. Si le soleil est plutôt bas sur l'horizon on peut choisir un sens d'amerrissage tel que l'ombre se trouve devant et a coté, de la part du pilote, comme on le voit sur la figure. De cette façon on peut voir l'ombre de l'appareil qui se rapproche, indiquant que le contact est proche.

Le miroir avec deux appareils. Une aide peut aussi être fournie par le pilote d'un autre appareil en vol au dessus de la zone, et qui observe attentivement l'approche. D'en haut, en fait, il est facile de voir l'image réfléchie ou l'ombre de l'appareil qui amerrit se rapprocher progressivement de l'appareil lui même, de cette façon le pilote qui le survole peut aviser par radio (ou en battant des ailes) celui qui amerrit du contact imminent avec la surface. Aucun pilote en

TEMPS ET DISTANCE DU TOUCHÉ POUR UN AMERRISSAGE MIROIR 150 ft/min												
hauteur du début de procédure	**temps au touché**	**40 KTS**	**45 KTS**	**50 KTS**	**55 KTS**	**60 KTS**	**65 KTS**	**70 KTS**	**75 KTS**	**80 KTS**	**85 KTS**	**90 KTS**
100 ft	40 sec.	825	925	1030	1130	1335	1340	1440	1545	1645	1750	1850
		2700	***3040***	***3380***	***3710***	***4050***	***4390***	***4730***	***5060***	***5400***	***5740***	***6080***
		0.45	0.50	0.55	0.60	0.65	0.70	0.80	0.85	0.90	0.95	1
150 ft	60 sec. *1 m*	1235	1390	1545	1700	1850	2005	2160	2315	2470	2625	2780
		4050	***4560***	***5060***	***5570***	***6080***	***6580***	***7090***	***7600***	***8100***	***8610***	***9110***
		0.65	0.75	0.85	0.90	1	1.10	1.15	1.25	1.35	1.40	1.50
200 ft	80 sec. *1 m 20 s*	1645	1850	2060	2265	2470	2675	2880	3090	3290	3500	3700
		5400	***6080***	***6750***	***7430***	***8100***	***8780***	***9450***	***10120***	***10800***	***11480***	***12150***
		0.90	1	1.1	1.2	1.35	1.45	1.55	1.80	1.80	1.90	2
250 ft	100 sec. *1 m 40 s*	2060	2315	2570	2830	3090	3345	3600	3860	4115	4370	4630
		6750	***7600***	***8440***	***9280***	***10130***	***10970***	***11820***	***12660***	***13500***	***14350***	***15190***
		1.10	1.25	1.40	1.55	1.70	1.80	1.95	2.10	2.20	2.35	2.50
300 ft	120 sec. *2 m*	2470	2780	3090	3395	3705	4015	4320	4630	4940	5250	5555
		8100	***9110***	***10130***	***11140***	***12150***	***13170***	***14180***	***15190***	***16200***	***17220***	***18230***
		1.35	1.50	1.70	1.85	2	2.20	2.35	2.50	2.70	2.85	3
350 ft	140 sec. *2 m 20 s*	2880	3240	3600	3960	4320	4680	5040	5400	5760	6120	6482
		9450	***10630***	***11820***	***13000***	***14180***	***15360***	***16540***	***17720***	***18900***	***20090***	***21270***
		1.55	1.75	1.95	2.15	2.35	2.55	2.70	2.90	3.10	3.30	1.50
400 ft	160 sec. *2 m 40 s*	3290	3705	4115	4530	4940	5350	5760	6175	6585	6995	7410
		10800	***12152***	***13500***	***14850***	***16200***	***17550***	***18900***	***20250***	***21600***	***22950***	***24300***
		1.80	2	2.20	2.45	2.70	2.90	3.10	3.35	3.55	3.80	4
450 ft	180 sec. *3 m*	3705	4167	4630	5095	5555	6020	6480	6945	7408	7870	8335
		12150	***13671***	***15190***	***16710***	***18230***	***19750***	***21270***	***22790***	***24300***	***25820***	***27340***
		2	2.25	2.50	2.75	3	3.25	3.50	3.75	4	4.25	4.50
500 ft	200 sec. *3 m 20 s*	4115	4630	5145	5660	6175	6690	7200	7715	8230	8745	9260
		13500	***15190***	***16880***	***18570***	***20250***	***21940***	***23630***	***25320***	***27000***	***28690***	***30380***
		2.20	2.50	2.80	3.05	3.35	3.60	3.90	4.20	4.45	4.70	5

Les distances en mètres sont arrondies à 5 mètres; celles en pieds à 10 pieds,
celles en nautiques à 0.05 nautiques.
La hauteur du débout de la procédure miroir est donnée par rapport à la surface.

825 meters
2700 feet
0.45 nautical miles

Paul Granger

Le Cessna C172XP d'Europe Hydravion sur l'étang d'Urbino, Corse (France), en condition miroitante.

réalité n'effectuerait un amerrissage en miroir en se basant uniquement sur les indications d'une voix qui arriverait par radio, mais cette méthode peut quelquefois être adoptée quand on vole à plusieurs appareils, comme élément supplémentaire de sécurité. L'appareil une fois posé peut à son tour naviguer sur le redan de façon désordonnée, en zigzaguant et en enfonçant les queues des flotteurs, pour agiter un peu les eaux et permettre à l'appareil qui doit amerrir de distinguer

TEMPS ET DISTANCE DU TOUCHÉ POUR UN AMERRISSAGE MIROIR 200 ft/min												
hauteur du debut de procédure	**temps au touché**	**40 KTS**	**45 KTS**	**50 KTS**	**55 KTS**	**60 KTS**	**65 KTS**	**70 KTS**	**75 KTS**	**80 KTS**	**85 KTS**	**90 KTS**
100 ft	30 sec.	615	695	770	850	925	1005	1080	1155	1235	1310	1390
		2030	***2280***	***2530***	***2780***	***3040***	***3290***	***3540***	***3800***	***4050***	***4300***	***4560***
		0.35	0.40	0.40	0.45	0.50	0.55	0.60	0.60	0.70	0.70	0.75
150 ft	45 sec.	925	1040	1155	1275	1390	1505	1620	1735	1850	1965	2085
		3040	***3420***	***3800***	***4180***	***4560***	***4940***	***5320***	***5700***	***6080***	***6460***	***6840***
		0.50	0.55	0.60	0.70	0.75	0.80	0.85	0.95	1	1.05	1.15
200 ft	60 sec. 1^m	1235	1390	1545	1700	1850	2005	2160	2315	2470	2625	2780
		4050	***4560***	***5060***	***5570***	***6080***	***6580***	***7090***	***7600***	***8100***	***8610***	***9110***
		0.65	0.75	0.80	0.90	1	1.10	1.20	1.25	1.35	1.40	1.50
250 ft	75 sec. $1^m 15^s$	1545	1735	1930	2125	2315	2505	2700	2895	3085	3280	3475
		5060	***5700***	***6330***	***6960***	***7600***	***8228***	***8860***	***9490***	***10330***	***10760***	***11390***
		0.85	0.95	1.05	1.15	1.25	1.35	1.45	1.55	1.65	1.75	1.90
300 ft	90 sec. $1^m 30^s$	1855	2085	2315	2545	2780	3010	3240	3470	3705	3935	4165
		6080	***6840***	***7600***	***8350***	***9110***	***9875***	***10635***	***11390***	***12150***	***12910***	***13670***
		1	1.15	1.25	1.35	1.50	1.60	1.75	1.85	2	2.10	2.25
350 ft	105 sec. $1^m 45^s$	2160	2430	2700	2970	3240	3510	3780	4050	4320	4590	4860
		7090	***7970***	***8860***	***9750***	***10630***	***11520***	***12405***	***13290***	***14180***	***15060***	***15950***
		1.15	1.30	1.45	1.60	1.75	1.90	2.05	2.20	2.35	2.50	2.65
400 ft	120 sec. 2^m	2470	2780	3085	3395	3705	4010	4320	4630	4940	5250	5555
		8100	***9110***	***10230***	***11135***	***12150***	***13160***	***14180***	***15190***	***16200***	***17220***	***18230***
		1.35	1.50	1.65	1.85	2	2.15	2.35	2.50	2.65	2.85	3
450 ft	135 sec. $2^m 15^s$	2780	3125	3470	3820	4165	4515	4860	5210	5555	5905	6250
		9110	***10250***	***11390***	***12530***	***13670***	***14810***	***15950***	***17090***	***18230***	***19370***	***20510***
		1.50	1.70	1.85	2	2.25	2.45	2.60	2.80	3	3.20	3.40
500 ft	150 sec. $2^m 30^s$	3085	3470	3860	4245	4630	5015	5400	5785	6170	6560	6945
		10130	***11390***	***12660***	***13920***	***15190***	***16460***	***17720***	***18990***	***20250***	***21520***	***22785***
		1.65	1.90	2.10	2.30	2.50	2.70	2.90	3.10	3.35	3.55	3.75

Les distances en mètres sont arrondies à 5 mètres; celles en pieds à 10 pieds, celles en nautiques à 0.05 nautiques.
La hauteur du débout de la procédure miroir est donnée par rapport à la surface.

615 meters
2030 feet
0.35 nautical miles

la surface. Le même appareil sur l'eau peut aussi constituer l'élément qui permet l'amerrissage plus sûr du deuxième appareil. Une surface sur laquelle ont été créés quelques trains de vagues est toutefois plus sûre et préférable à une surface sur laquelle se trouve un seul objet.

Technique de l'amerrissage en miroir

L'amerrissage en miroir est à tout point de vue du vol aux instruments, conduit à une vitesse à peine supérieure (environ 1,2 fois) à celle du décrochage. En outre c'est un vol aux instruments qui se prolongera jusqu'au contact, contrairement à ce qui se fait normalement sur terre, de nuit ou dans les nuages, où la toute dernière phase de l'approche se fait à vue. La technique de l'amerrissage en miroir permet de se poser sur l'eau même de nuit, dans la brume ou encore par visibilité nulle. Elle fait partie du cours normal de pilotage et tous les élèves doivent la connaître et la pratiquer. Une différence entre un pilote terrestre et un pilote hydro est que ce dernier doit apprendre dès le début les techniques de vol aux instruments et les appliquer d'une façon inusuelle, même pour un pilote IFR. Celui qui est en train d'apprendre peut conduire la manœuvre seulement quand il a démontré qu'il sait l'effectuer parfaitement à une altitude de sécurité. Il est également utile, toujours à une altitude de sécurité, de simuler des erreurs comme l''arrivée à la vitesse de décrochage.

Hauteur pour débuter le miroir. L'amerrissage en miroir débute généralement entre 400 et 150 pieds de la surface et comporte une approche très longue. On doit en tenir compte pour les amerrissages vers la rive. Dans le doute il vaut mieux débuter le miroir 100 pieds plus haut et un demi nautique avant, surtout si l'on n'est pas très expérimenté. Une bonne hauteur pour débuter la manœuvre pour quelqu'un qui apprend est aux alentours de 300 pieds au dessus de la surface. Débutée à cette hauteur, elle demande pour être conduite à terme un temps de 2 minutes et une distance qui est par exemple de 1,5 nautique à 45 KTS et de 2,2 nautiques à 65 KTS. Les temps et les distances jusqu'au contact, en mètres et en pieds, sont donnés dans les tableaux. Ils prennent en compte des taux de descente de 150 et 200 pieds par minute, différentes hauteurs au dessus de la surface pour débuter la manœuvre d'amerrissage en miroir et différentes vitesses en nœuds.

L'idéal est de débuter l'amerrissage en miroir au-dessus de la terre, en passant le rivage, en un point dépourvu d'obstacles, à la vitesse la plus basse possible et d'avoir devant soi la plus grande étendue d'eau possible. Le but est de garder le plus longtemps possible les références visuelles qui permettent d'estimer sa hauteur. On veillera cependant à ce qu'au moment où l'on perd la dernière référence visuelle, l'appareil soit déjà parfaitement stabilisé en descente avec les paramètres pour le miroir.

Vitesse et taux de descente. L'amerrissage en miroir consiste à adopter et à maintenir pour toute la partie finale de l'approche l'assiette, le taux de descente et la vitesse adéquats pour le contact. En pratique l'assiette est régulée indirectement en adoptant une certaine vitesse, prescrite pour chaque appareil, et le taux de descente standard de l'amerrissage en miroir quel que soit l'appareil : 150 pieds minute. En fait 100 pieds minute sont mieux que 150, mais un taux de descente aussi faible, surtout s'il est maintenu avec un appareil très fin ou à aile médiane ou basse, peut rendre extrêmement longues les ultimes phases de vol avant le contact, moment où commence à se faire sentir l'effet de sol. Quelques-uns adoptent le taux de 200 pieds minute, surtout quand le bassin dans lequel on doit amerrir n'est pas très long. Comme on peut le déduire du taux de descente, l'amerrissage en miroir est toujours un amerrissage assisté et la puissance appliquée doit être celle qui permet le taux de descente prescrit. Il n'est pas possible d'indiquer d'une façon générale un régime moteur pour le miroir avec un certain appareil, car pour obtenir le taux désiré, le régime peut varier selon les conditions du moment. La puissance est maintenue jusqu'à ce que le contact se produise. Si l'appareil vole plus vite l'assiette est plus piquée et le contact est risqué. S'il vole plus lentement on risque le décrochage en approche à la moindre erreur du pilote. La vitesse optimale pour le miroir est définie pendant les essais en vol au cours d'un grand nombre d'essais en tenant compte de beaucoup de facteurs. Elle est en général voisine de 1,15-1,2 fois la vitesse de décrochage. Quelques nœuds de différence peuvent avoir une grande influence sur le comportement de l'appareil. Par exemple avec le Lake LA-4-200 *Buccaneer* une vitesse de contact pour amerrir en miroir de 58 MPH évite que l'appareil flotte en effet de sol quand il est proche de la surface, ce qui par contre survient à 60 MPH, donc à seulement 2 MPH de plus. Si le taux de descente est trop élevé le touché est dur et l'on risque aussi un important rebond avec un appareil incontrôlable, c'est à dire avec une assiette non désirée (un petit rebond est par contre acceptable). Si le taux de descente est trop faible l'approche se prolonge inutilement et, si l'on opère avec un appareil à aile médiane ou basse, un minimum d'effet de sol peut maintenir indéfiniment l'appareil à quelques décimètres de la surface.

Un plan d'eau étroit (ici la rivière Adda, Italie) avec des berges proches rend les amerrissage en miroir plus facile.

Dans l'approche pour l'amerrissage en miroir, les paramètres, comme cela se fait dans tous les cas, se régulent de la façon suivante :

- la vitesse se règle avec le manche;
- le taux de descente se règle avec la puissance.

Le pilote expérimenté sait effectuer rapidement et conjointement les deux ajustements. Le pilote débutant doit se préoccuper de bien stabiliser un paramètre à la fois, par des ajustements progressifs, jusqu'à ce que les deux soient corrects. Le pilote peu expérimenté qui s'approche de la surface avec des paramètres hors normes doit remettre les gaz et recommencer l'amerrissage en partant d'une altitude plus élevée, de façon à avoir le temps de stabiliser l'appareil dans la condition désirée.

Volets. Le braquage des volets doit être celui qui est prescrit par le manuel de vol.

Trim. Il y a des théories légèrement différentes sur le réglage du trim pendant l'amerrissage en miroir. Ici nous conseillerons ce qui paraît le plus intuitif, c'est à dire de trimer l'appareil pour la vitesse prescrite pour le miroir.
On doit par contre interdire expressément aux passagers de bouger en cabine voire même de déplacer seulement le buste, ce qui suffit à déséquilibrer les petits appareils et oblige à les retrimmer continuellement.
Regard. Lors d'un amerrissage en miroir en conditions normales, où l'horizon est visible, en général on affiche les paramètres corrects (volets, puissance pour le taux de descente désirée, assiette pour la vitesse désirée) et ensuite on regarde dehors. En particulier on doit visualiser l'assiette de l'appareil par rapport au paysage et la maintenir. Dans une situation parfaitement stabilisée il est facile de percevoir un changement, même minime, d'assiette et donc de la corriger, en replaçant le nez de l'appareil dans sa position d'origine. L'inclinaison peut être parfaitement contrôlée à vue, tandis que la sensibilité du pilote indique s'il faut mettre un peu de pied d'un côté ou de l'autre. De cette façon on peut aller jusqu'au contact en regardant toujours dehors. En cas de doute on peut jeter un rapide coup d'œil sur l'anémomètre, le vario et la bille
Peu avant le contact. Avec les appareils à aile médiane ou basse (mais aussi avec ceux à ailes hautes) l'effet de sol complique légèrement les derniers instants de l'approche en réduisant le taux de descente et en modifiant légèrement l'assiette, la rendant plus à piquer, mais qui fournit une indication de la proximité de la surface. Une erreur typique de débutant est celle de tirer progressivement le manche quand il pense qu'il est proche du contact. Cela peut être dangereux, surtout si la hauteur de contact n'a pas encore été atteinte. Si l'appareil se trouve à une hauteur plus élevée, il peut décrocher, avec des conséquences graves, au moins pour l'appareil. En pratique on ne doit quasiment rien faire quand on est proche du contact, même si l'on sent que quelque chose est en train de changer. Tout au plus doit on tirer légèrement sur le manche pour contrebalancer le moment piqueur dû à l'effet de sol.

Archivio Apostolo

Juste après le toucher, l'appareil Savoia Marchetti S55X, comme tous les hydravions, est dans une situation légèrement critique. Un contrôle précis de l'assiette est vital jusqu'au ralentissement de l'appareil.

Après le contact. Après le contact on réduit délicatement la puissance en évitant de tirer brusquement le manche en arrière, comme cela peut parfois être instinctif. La vitesse est, en fait, supérieure à la vitesse normale de contact et peut faire rebondir en l'air l'appareil de façon considérable. En cas de rebond important, la meilleure solution est de remettre les gaz et de rejoindre une altitude de sécurité, à partir de laquelle on recommencera un nouvel amerrissage en miroir. Un petit rebond ne pose par contre aucun problème, pourvu que l'on n'intervienne d'aucune façon. L'assiette en fait ne subit pas de variations importantes lors d'un petit rebond et donc, pour résoudre la situation, il suffit de laisser l'appareil se rapprocher de la surface avec l'assiette qu'il a.
Une autre erreur classique après le contact est de relâcher la pression sur le manche et de se déconcentrer.

Norvège, Noorduyn Norseman *LN-PAE opérant sur un plans d'eau miroitant. L'amerrissage est facilité s'il est conduit près de la rive ou des vagues des bateaux.*

foto.digitalarkivet.no - CC-BY-SA 4.0 International

L'appareil se trouve toujours dans une situation où l'assiette doit être finement contrôlée et ce n'est donc pas le moment de se laisser aller.

Amerrissage complètement aux instruments. Quand l'horizon n'est pas visible, de nuit ou dans la brume, on doit utiliser une technique uniquement aux instruments. A ce propos, il est bon de rappeler que pour contrôler l'assiette on doit utiliser l'anémomètre et non l'horizon artificiel. L'anémomètre indique en fait les variations d'assiette avec beaucoup plus de précision.

Amerrissage en miroir avec un faux horizon. Cette manœuvre requiert que le pilote identifie les conditions de mauvais horizon et utilise l'indicateur de vitesse pour vérifier que son assiette est correcte. La visualisation extérieure est utilisée en même temps que l'horizon artificiel, mais le pilote doit se rappeler constamment de ne pas se fier à ses sensations, mais doit plutôt s'apercevoir des changements d'assiette et regarder l'indicateur de vitesse, qui l'aidera à ignorer ses fausses sensations.

Amerrissage en miroir sur lac court avec obstacles. Le pilote, pour ajouter de la puissance, attend jusqu'à ce que l'appareil ait descendu d'une moitié de la hauteur des arbres. Une technique de décélération rapide peut être utilisée, une fois sur l'eau. Malheureusement, les petits lacs sont presque toujours les premiers à être en condition miroitante le soir quand la brise tombe et les derniers le matin à perdre cette condition.

Amerrissage en miroir sur lac très court. La règle est simple: à éviter. On peut bien utiliser la technique de miroir sur lac court, mais la possibilité de commettre des erreurs se multiplie, ainsi que la probabilité de se trouver dans une situation ingérable.

Panne de badin et de vario. L'unique risque véritable du miroir, outre de ne pas le reconnaître, est la panne de badin. Si cet instrument indique, par erreur, une vitesse plus élevée on risque un décrochage en approche.

Si on a un doute quelconque sur l'efficacité du badin ou du tube de Pitot, on peut faire un essai de miroir en altitude, en affichant les paramètres prescrits et en vérifiant que l'appareil a la bonne assiette, qu'il est manœuvrable et décroche à la vitesse prévue.

A ce point, l'unique problème pourrait être un insecte qui obture le tube de Pitot et fausse ou bloque la valeur indiquée par le badin, fait improbable, mais qui s'est déjà produit. Il faut donc se méfier d'une indication trop stable et vérifier que chaque variation minime d'assiette correspond à une variation de vitesse. Le vario lui aussi doit être sous surveillance, tant à terre qu'en vol, pour qu'on soit sûr de son efficacité.

Tous ces scrupules ne peuvent paraître excessifs qu'à celui qui ne réalise pas que la procédure du miroir amène l'appareil vers la surface à quelques nœuds de la vitesse de décrochage.

Panne de moteur sur surfaces miroitantes. La situation, très grave, est décrite au chapitre sur les techniques avancées, à la rubrique "Panne de moteur".

Entraînement

Il est dangereux d'effectuer de vrais amerrissages en miroir en présence de vent variable. Étant donné que la vitesse est faible, une rafale peut faire décrocher l'appareil. Les amerrissages en miroir pour entraînement doivent êtres effectués uniquement par vent calme ou par vent très faible, pourvu qu'il soit constant, et évidemment face au vent. Si l'on doit s'entraîner, on peut le faire en altitude, quelles que soient les conditions.

La pratique de la technique d'amerrissage sur eaux miroitantes est une part nécessaire de l'entraînement d'un pilote d'hydravion. Si quelqu'un n'est pas compétent et entraîné, il faut voler avec un instructeur et se construire une confiance dans cette technique. Le maintien de cette compétence est dans sa pratique. Si le soleil est bas dans le ciel, faite des amerrissages dans une direction où le soleil est juste derrière l'aile droite. Ainsi vous pourrez voir l'ombre de l'hydravion en approche de l'eau, comme on l'a dit précédemment. Ne la regardez pas, il faut juste l'avoir dans sa vision périphérique.

Si la technique miroir n'a pas été pratiquée depuis quelques temps, il est nécessaire de se ré-entraîner avant, en simulant des approches, pour retrouver ses sensations.

Après le contact

Peu après le contact, on dispose de quelques secondes pour remettre les gaz si quelque chose devait aller de travers, soit droit devant soi, soit après un virage de 180 degrés sur l'eau à grande vitesse, si la surface est calme. On doit donc être prêt à cette éventualité si surgit ou s'accentue le moindre doute sur la possibilité de quitter ensuite la surface. On doit aussi remettre les gaz immédiatement, si au moment du contact, on sent "que quelque chose ne va pas" sous les flotteurs. On pourrait en fait avoir amerri au milieu d'algues ou de détritus non repérés d'en haut ou touché un quelconque obstacle affleurant. Également après un rebond trop haut, au premier contact avec une vague, il peut être préférable de mettre toute la puissance et effectuer une nouvelle présentation.

Quand on est définitivement sur la surface, on se trouve en condition à flot à grande vitesse. Le sujet est traité dans un autre chapitre, auquel nous vous renvoyons. Nous rappelons seulement que si on

amerrit sur des vagues courtes, même hautes, il est opportun de ne pas adopter après le contact une assiette trop cabrée, mais plutôt une assiette légèrement plus piquée que la normale qui réduit les sollicitations de la structure et réduit le risque d'apparition du marsouinage.
Après le contact on prendra garde en outre à ce qui est listé ci dessous.
Puissance. Elle sera complètement réduite. Ensuite on peut en remettre pour maintenir l'appareil sur le redan, mais à une vitesse plus basse. L'important, après le contact, est de ralentir.
Manche. Au moment du contact on doit toujours être mentalement préparé à le tirer complètement en arrière en cas de contact trop piqué, prématuré ou à vitesse trop élevée. Peu après le contact, même dans un amerrissage parfait, le manche doit toujours être tiré un peu en arrière, pour neutraliser le petit moment piqueur. Quand la vitesse diminue, le moment devient cabreur et le manche sera mis progressivement en avant en évitant toutefois de faire enfoncer les pointes des flotteurs dans l'eau et, quand la vitesse est encore élevée, en maintenant une assiette saine avec le nez plus ou moins haut. Si à la diminution de vitesse on ne met pas le manche en avant l'appareil prend rapidement une assiette cabrée qui peut faire naître le marsouinage.
Les problèmes les plus sérieux peuvent se rencontrer avec les appareils à coque ou avec ceux qui ont une tendance au marsouinage et en présence de vagues. Cela est surtout valable aux vitesses élevées, pour lesquelles l'apparition du marsouinage aurait les conséquences les plus graves. Une fois atteint une vitesse intermédiaire entre celle de contact et celle de descente du redan – à laquelle par ailleurs le moment cabreur est très fort – on peut aussi laisser l'appareil cabrer librement, en faisant enfoncer les queues ou la queue dans l'eau, de façon à ralentir plus rapidement. En fait dans cette phase quelques oscillations, même fortes, n'ont plus de conséquences.
Pour descendre du redan on met le manche progressivement en arrière dans la phase finale de la course de décélération, avec le moteur au minimum. L'important est que le manche soit en butée arrière pendant la descente du redan. Si on est pressé de descendre on peut faire enfoncer les queues des flotteurs dans l'eau quand la vitesse est encore élevée; on provoque ainsi une forte augmentation de la résistance hydrodynamique, comme on l'a dit plus haut. Mais cela ne peut être fait – il est bon de le répéter – qu'à une vitesse d'hydroplanage pas trop élevée et jamais à une vitesse proche de celle de contact. Beaucoup de pilotes débutants font toujours toucher les queues à vitesse soutenue, avec quelques risques. On conseille donc d'exécuter cette manœuvre seulement en cas de nécessité et normalement, de s'efforcer de bien contrôler l'assiette durant la décélération en contrant au manche au fur à mesure les moments cabreurs ou piqueurs qui se présentent.
Palonnier. Si on amerrit avec la bille dans le coin ou avec une dérive due au vent latéral, on touche avec une composante de vitesse transversale, qui pourrait faire incliner l'appareil et faire toucher l'extrémité de l'aile dans l'eau, avec de graves conséquences, comme on l'a déjà dit. On doit donc être prêt à corriger avec le pied, voire énergiquement, une quelconque embardée après le contact. Une telle embardée peut survenir de façon soudaine et violente et donc demande une intervention très rapide et énergique de la part du pilote. Il est bon toutefois de ne pas amerrir avec des composantes latérales de vent et de tenir la bille au milieu.
Volets. En cas de vagues ou de vent en rafales, il peut être opportun de rentrer rapidement tous les volets peu après le contact pour ne pas risquer d'être renvoyé de nouveau en l'air. Cela vaut particulièrement pour beaucoup d'amphibies à coque centrale, qui sont plus stables sur l'eau avec les volets rentrés. La rentrée des volets ne peut toutefois être effectuée que si l'on est sûr que l'on ne doit pas remettre les gaz.
Safrans. Les safrans sont abaissés quand on descend du redan et que l'on passe en condition de navigation jaugée.
Ceintures. Elles doivent être détachées aussitôt après la descente du redan, celle du pilote ainsi que celles des passagers.

Martin Mars *sur les eaux calmes et miroitantes d'un lac canadien.*

Scott Darbey - CC-BY-2.0

CHAPITRE 12

L'accostage

L'accostage est une manœuvre qui demande beaucoup d'attention et toujours, en quelque sorte, risquée, beaucoup plus que l'appareillage.
Quand on quitte une rive, on n'a généralement pas à suivre un parcours précis et on a une certaine liberté d'action. Quand on doit s'en approcher, on doit par contre rejoindre un point déterminé et le parcours est donc imposé, au moins pour le dernier tronçon; quand il y a du vent ou du courant les choses peuvent ne pas êtres faciles.
Dans ce chapitre est traité le thème de l'accostage d'une rive équipée, que l'on présume près d'une hydrobase ou dans une zone portuaire, équipée de pontons, de quais ou d'une rampe et éventuellement d'un canot d'assistance, en plus de l'assistance de personnel spécialisé.
L'accostage sur une rive inconnue ou non équipée est très minutieux et est traité, avec les thèmes connexes, au chapitre sur les techniques avancées.
Considération générale. Dans tous les cas où vous devez accoster un ponton, monter sur un plan incliné, arriver à une bouée, faite-le avec vent de face. Si ça n'est pas possible, attendez-vous ennuis.
On doit être prêt à tout. Pour n'importe quel accostage on doit être prêt à affronter l'imprévu. L'appareil pourrait par exemple ne pas atteindre le ponton et être poussé vers des obstacles.
Le pilote doit être psychologiquement prêt à affronter ces situations et à prendre rapidement les mesures nécessaires. Voici les plus communes :
• Si le nez est dirigé vers le large, redémarrer le moteur, s'éloigner de la rive et recommencer la manœuvre.
• Utiliser la pagaie ou la faire utiliser par un passager éventuel.
• Jeter l'ancre.
• Lancer un bout à quelqu'un sur la rive ou le ponton.
• Fixer un bout sur l'appareil, se jeter à l'eau, rejoindre la rive à la nage et récupérer l'appareil.
Inutile de dire que pour être prêt à tout il faut avoir en main une ligne, l'ancre et la pagaie.

Accostage d'un ponton ou d'un quai

Poste de pilotage

Avant d'accoster, le pilote doit occuper le siège du côté où la rive sera accostée. De cette façon il sera prêt à descendre sur le flotteur puis sur la rive ou le ponton. C'est très important en présence de vent ou de courant, ou si sur la rive il y a des obstacles qui pourraient endommager l'appareil.

Accostage de coté

Un ponton équipé pour les hydravions, c'est-à-dire ayant des cotés revêtus de pneus, ou entièrement en bois, sur lequel il y a éventuellement un assistant, est commode à approcher de coté. Il est préférable de mener la dernière partie de l'approche du ponton sans effectuer de virages. De cette façon on peut avoir une idée précise de la contrôlabilité de l'appareil et de ce qui se passera quand on enlèvera les pieds du palonnier. Les virages à proximité du point d'accostage, effectués avec l'appareil qui progresse à vitesse décroissante et éventuellement moteur arrêté, demandent une bonne connaissance de l'appareil utilisé. Les gouvernails marins sont toujours moins efficaces et on ne bénéficie pas non plus du souffle de l'hélice sur l'empennage.
A une certaine distance du point d'accostage, qui dépend du type d'appareil utilisé, de la vitesse à laquelle on avance et de la présence de vent ou de courant, on coupe le moteur avec la commande de mélange, on coupe les magnétos (tous les autres équipements électriques doivent avoir déjà été coupés) et on dirige l'appareil de façon à accoster le ponton de côté.
Au lieu d'utiliser la commande de mélange, on peut arrêter le moteur en mettant les magnétos sur off. Cela permet un arrêt plus immédiat du moteur et laisse un peu d'essence dans les cylindres, ainsi un éventuel redémarrage est plus rapide. Cette méthode n'est toutefois pas indiquée avec certains moteurs, en particulier avec les Lycoming turbocompressés.

Arrivée au ponton sans assistance. Il est impératif d'avoir une ligne dans ses mains pour saisir le taquet une fois qu'on est sur le ponton.

Le pilote, le copilote et un assistant amortissent l'arrivée au ponton de face en cas d'une approche trop rapide.

Sans assistance. S'il n'y a pas d'assistance, on descend au dernier moment sur le flotteur puis on saute sur le ponton. On arrête ensuite l'appareil en l'accompagnant quelques pas et en faisant délicatement adhérer le côté du flotteur au ponton, après l'avoir attrapé par un hauban. Si la vitesse est presque nulle on peut aussi arrêter l'appareil en faisant dévier la pointe du flotteur contre le ponton et en le maintenant grâce au taquet de proue, avec les mains ou une gaffe.

Accostage de front

Quand le ponton est trop haut, en présence d'obstacles (pieux, balustrade, un autre appareil, etc.), qui risqueraient de toucher l'empennage ou l'aile, ou si l'appareil est à coque centrale avec ballonnets on doit approcher de front. Le moteur est coupé au bon moment, ce qui s'apprend avec l'expérience, de façon a arriver au toucher avec une vitesse presque nulle. Si on arrive trop vite on endommage l'appareil, tandis que si on coupe le moteur trop tôt on n'arrive pas jusqu'au ponton.
Si on est trop rapide. Au cas ou on serait trop rapide, on peut faire quelques zigzags dans les derniers mètres, pour réduire la vitesse. Si l'on risque un choc important, on doit descendre sur les flotteurs (ou sur la proue d'un appareil à coque) en se préparant à atténuer le choc avec les jambes. Sur un appareil à flotteurs il vaut mieux faire descendre une personne sur chaque flotteur. S'il ne peut descendre qu'une seule personne, la trajectoire doit être orientée de façon à ce que touche en premier le flotteur où se trouve cette personne. De cette façon l'autre flotteur touche après qu'on ait absorbé un peu de vitesse. Une autre possibilité, si l'on

est rapide, est celle qui consiste à se préparer, sur la pointe d'un flotteur, à sauter sur le ponton et à retenir l'appareil en poussant sur l'hélice ou la casserole. Ce même saut contribue à arrêter l'appareil, par réaction, c'est pour cela qu'il convient de l'effectuer avec force. L'éventuel assistant à terre doit se préparer à atténuer le choc en appuyant les mains sur le cône d'hélice ou les pieds sur la pointe d'un flotteur, si le pilote est déjà sur l'autre. Si l'on est rapide avec un amphibie, on peut sortir le train avant le toucher. A cet effet il est bon de s'assurer, avant de couper le moteur, que le système hydraulique est en pression.

Si l'on s'arrête avant. Si l'on s'arrête prématurément on peut descendre sur un flotteur et ramer avec la pagaie du bord ou bien, si l'on est vraiment loin, redémarrer le moteur en lui faisant faire quelques tours.

Sans assistance. Si l'on n'a pas d'assistance on doit, un peu avant d'atteindre le ponton, descendre sur un flotteur avec un bout ou une gaffe et sauter sur le ponton, prendre immédiatement le taquet de proue, comme lors d'une arrivée trop rapide. La gaffe ou le bout sont nécessaires lors de l'accostage de front, car l'appareil pourrait rebondir vers le large après le contact.

Si on doute de la possibilité de maintenir l'appareil au ponton, on doit fixer le bout avant de descendre, par exemple au marchepied ou à un hauban de l'aile. Ceux qui accostent fréquemment de front ont en permanence des bouts attachés aux taquets avant. Ceux-ci sont particulièrement utiles en cas d'accostage vent de travers, qui implique l'amarrage immédiat au ponton du flotteur au vent.

Accostage avec les appareils à ballonnets. Avec les appareils à coque dotés de flotteurs sous les ailes (ballonnets) on accoste frontalement. La séquence des opérations d'amarrage, nettement plus complexe qu'avec un appareil à flotteurs, est illustrée sur la

Arrivée au ponton sans assistance à vitesse presque nulle. En bas, apontage d'un appareil à coque .

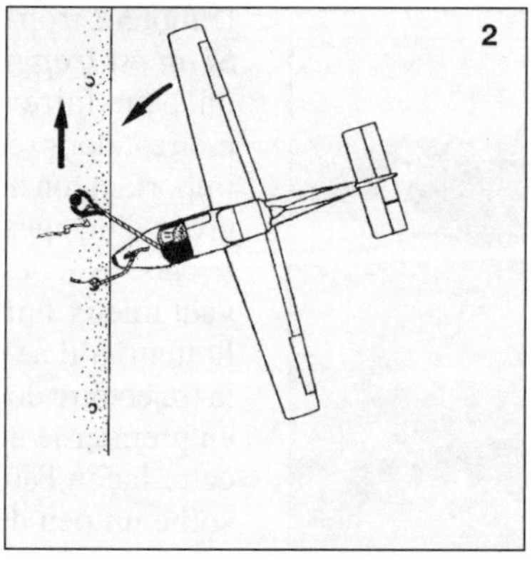

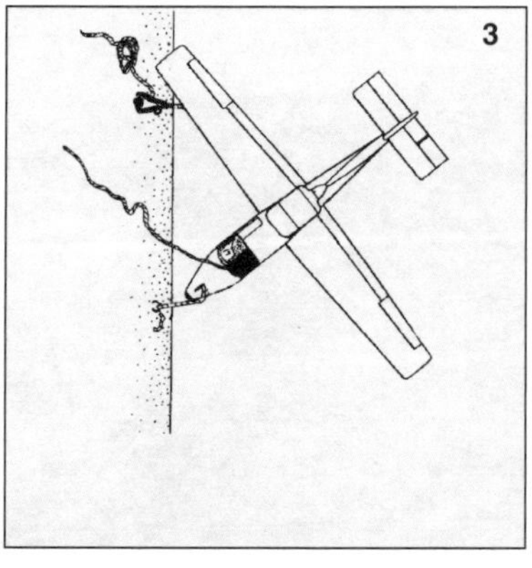

figure. L'abandon du ponton se fait suivant la technique exposée au chapitre sur les manœuvres à flot.

Accostage avec les appareils dotés de nageoires. Les appareils à coque dotés de nageoires sont généralement à ailes hautes. Avec ceux-ci, on peut accoster non seulement de front, mais aussi de côté, comme avec les appareils à flotteurs.

Appareils avec une seule porte. Un problème supplémentaire pour l'accostage se présente avec les appareils qui ne sont pas dotés d'une porte de chaque côté, comme les Cessna 206 et L19. Il peut arriver que le côté par lequel on approche le ponton soit celui sans porte de sortie (voir "Sortie de la cabine", au chapitre sur les techniques avancées).

Accostage au ponton avec du vent

Si possible on doit s'approcher du ponton avec le vent de face, que ce soit de front ou de côté. De cette manière l'appareil est contrôlable avec une grande précision, car les safrans et la gouverne de direction sont efficaces (cette dernière même à basse vitesse car elle est soufflée par le vent).

Les volets peuvent être sortis ou rentrés selon qu'on désire plus ou moins ralentir l'allure de l'appareil (le ponton atteint, ils doivent être rentrés sans délai). L'accostage avec le vent de face, en outre, dispose l'appareil de façon idéale pour l'amarrage.

Boeing 314 de la Pan Am, apponté parallèlement à une barge à Seattle (USA).

Vitesse au moment du contact. En présence de vent et de courant, surtout traversier, il peut ne pas convenir d'arriver près du ponton à vitesse presque nulle, comme on le fait normalement, et donc avec l'appareil complètement incontrôlable. Dans ces cas, il vaut mieux couper le moteur un peu plus tard et conserver un peu de vitesse – et donc de la manœuvrabilité – même si cela implique une léger choc ou une petite éraflure contre le flanc du ponton.

Essai de la manœuvre au large. S'il arrive que, près du ponton, d'une rive avec obstacles ou dans d'étroits chenaux de navigation on doive faire une manœuvre d'accostage dont on doute de la réussite, on peut essayer cette même manœuvre au large, de façon à être sûr de pouvoir la reproduire ensuite près de la rive. Si, par exemple, on approche avec du vent arrière, mais que dans la dernière dizaine de mètres on est contraint de changer de route et de passer entre deux embarcations amarrées à leurs bouées pour rejoindre le ponton de front, avec du vent de travers, il est opportun d'essayer le tout une centaine de mètres au large. S'il en résulte que l'appareil est peu manœuvrant avec le vent de travers, on abandonne la tentative d'accostage ou bien on change de site ou de stratégie.

L'essai au large est indicatif si la situation ne présente pas de variations excessives dans le temps ou sur de petites distances. Par exemple la présence de rafales de directions variables rend un essai peu significatif. Le voisinage d'éléments naturels ou artificiels qui ont une influence importante sur le vent ou le mouvement des vagues, comme les jetées brise-lames ou les môles élevés, rendent également peu significatif un essai au large.

Vent provenant de la rive. Si le vent provient de la direction où se trouve le ponton, il n'y a pas de problèmes. Dans ce cas on peut faire un amerrissage face au vent, une brève navigation à flot et un accostage

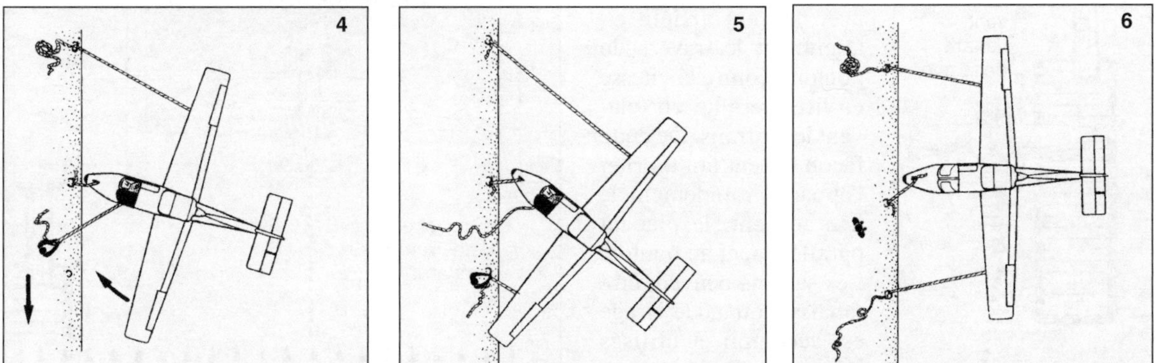

Hydravions de la compagnie colombienne SCADTA amarrés sur la rivière Magdalena dans les années trente. La compagnie effectuait vols journaliers entre Bogotá et Barranquilla.

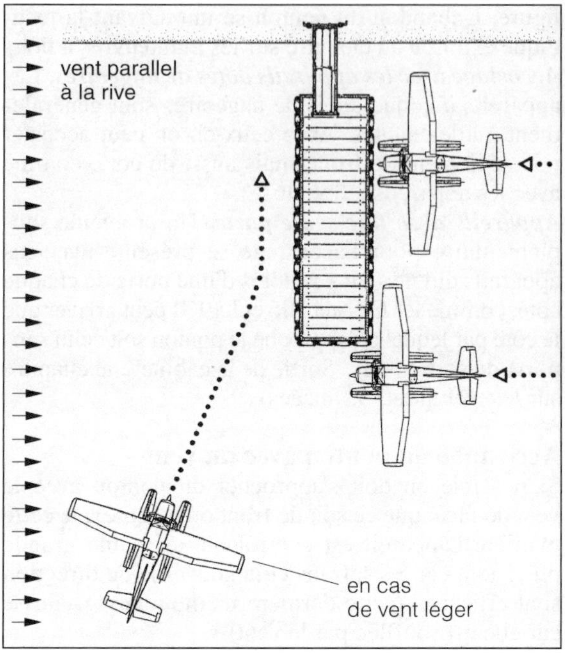

de côté ou de front, toujours avec le vent de face et un appareil très contrôlable.

Vent parallèle à la rive. L'idéal est toujours de rejoindre le ponton avec le vent de face. Si le vent est léger on peut aussi s'approcher de côté, avec le vent sur le travers, de préférence du côté au vent. Ainsi, dans n'importe quel cas, l'appareil est poussé vers le ponton. Toujours avec un vent léger, on peut aussi approcher le ponton en venant du côté au vent et en prenant garde de maintenir le vent exactement arrière. En atteignant le ponton, on doit réduire la vitesse au minimum, relever les safrans et laisser le vent tourner l'appareil de 90°. Si on vire simplement avec les safrans baissés comme en navigation normale, le rayon de virage est nettement supérieur, de même que la vitesse d'arrivée près du ponton.

Vent du large. C'est le cas où l'on rencontre le plus de problèmes. Dans ce cas on a probablement amerri vers le large et on est amené à devoir naviguer à flot, pour rejoindre le ponton, avec le vent arrière. Si le vent est très léger on peut l'ignorer.

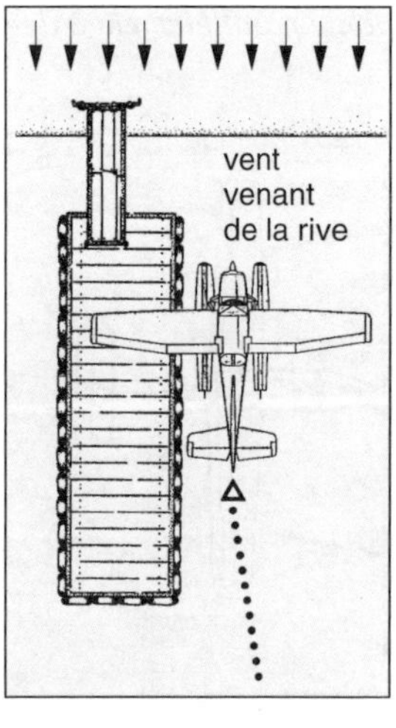

Avec un vent pas trop fort on peut naviguer à flot avec le vent arrière et, atteignant le travers du ponton, réduire la vitesse et virer vers lui en relevant les safrans. De cette façon le vent fait tourner l'appareil rapidement le nez au vent, le plaçant parallèlement au ponton. Les safrans peuvent être rabaissés quand le virage est accompli et utilisés pour contrôler la phase de contact avec le ponton. Si sur la rive il y a une rampe de mise à l'eau, en bois de préférence, on peut continuer à naviguer à flot avec le vent exactement arrière – condition critique, mais relativement stable – et approcher de front sur la rampe. La même manœuvre pour approcher frontalement un ponton n'est pas possible, ni même recommandable car le contact surviendrait à vitesse excessive. Autrement dit, si l'on réduit la vitesse, on ne pourrait plus contrebalancer la tendance du vent à tourner l'appareil et on arriverait au ponton non pas de front mais avec un certain angle voire même la queue en premier.

Si le vent est fort, la navigation vent arrière est très risquée comme on l'a vu au chapitre sur la navigation

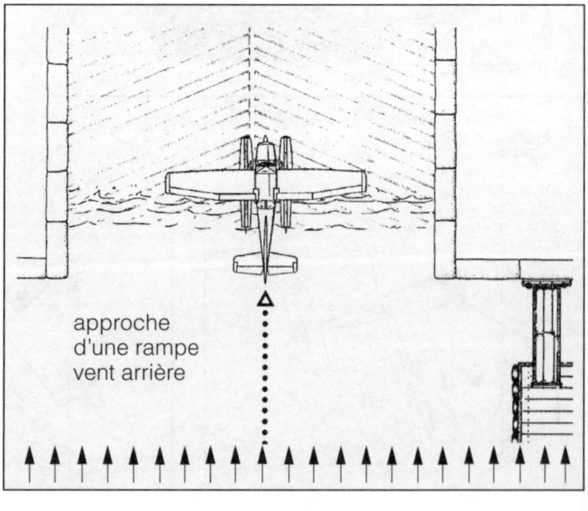

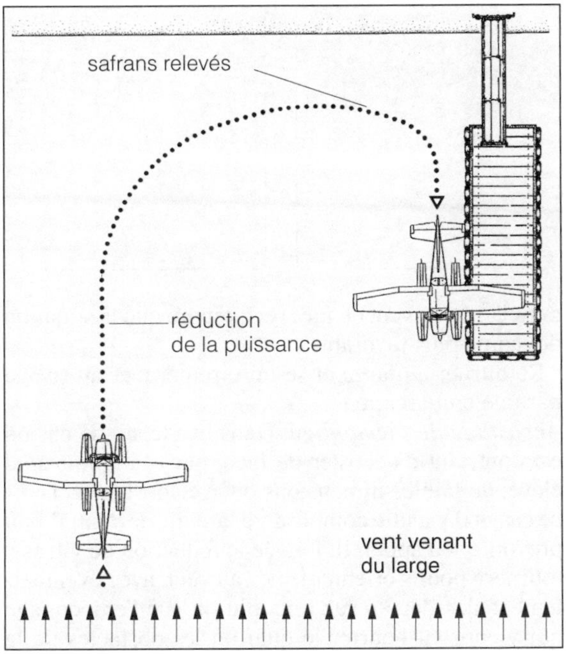

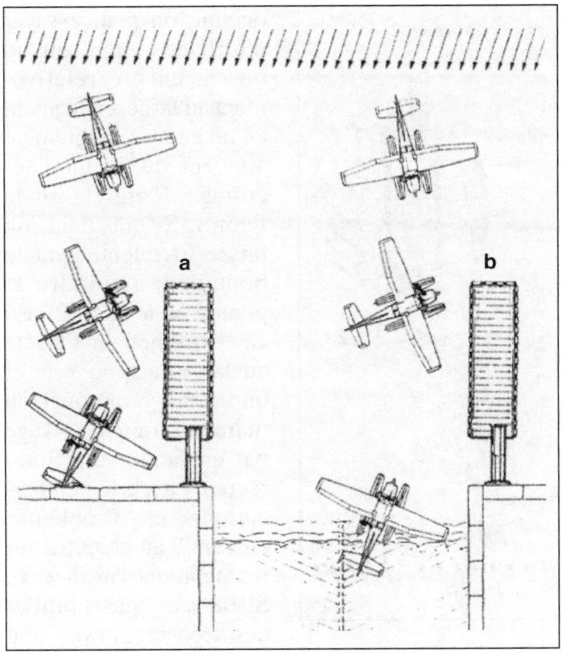

Quelque fois un petit choix peut marquer la différence. Sélectionner le ponton **a** *ou* **b** *peut paraître la même chose. Mais si le ponton* **a** *est manqué, le vent peut pousser l'appareil contre le mur. Dans le cas du ponton* **b** *s'il est manqué, le vent poussera l'appareil vers la rampe.*

jaugée. Si la rive doit toutefois être rejointe, il est possible d'utiliser la technique de déplacement "à la voile", la seule vraiment sûre, décrite au chapitre sur la navigation jaugée à basse vitesse. L'approche d'un ponton "à la voile" se fait de côté de façon à ne pas endommager les safrans. Si cela n'est pas possible et si on doit par force s'approcher en marche arrière on doit doser la puissance dans les derniers instants de façon que l'appareil soit immobile avec les queues des flotteurs à environ un mètre du ponton. Ensuite on descend, en laissant l'appareil s'approcher du ponton, poussé par le vent, et on l'attrape par la queue, pour le tourner avec les flotteurs parallèles au ponton. Si on a un assistant celui-ci peut facilement descendre pendant que le pilote maintient l'appareil immobile par rapport à la berge avec le moteur, à quelques décimètres du ponton. Une fois à terre, l'assistant prend l'appareil par la queue et le tourne avec les flotteurs parallèles à ce même ponton, tandis que le pilote coupe le moteur. La condition *sine qua non* pour cette opération est que la queue puisse passer au-dessus du ponton sans le toucher. Dans ce cas, il vaut toutefois mieux accoster non pas à un ponton, mais à une rampe de bois ou sur une rive sablonneuse. En cas d'accostage de dos obligé à un ponton avec des obstacles ou

Hydravions amarrés à un typique ponton pour bateaux, à Campione, enclave italienne sur le Lac de Lugano.

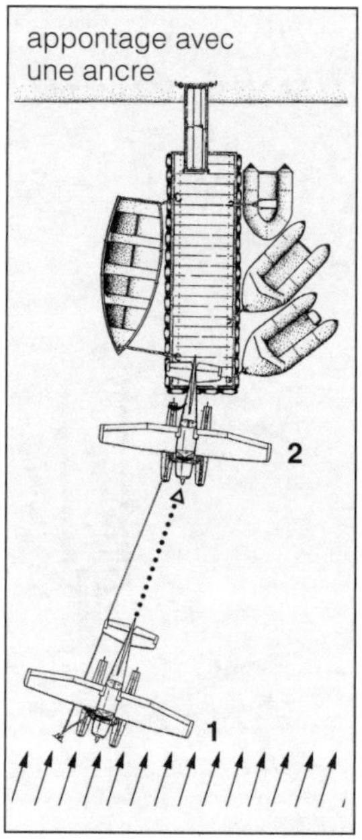

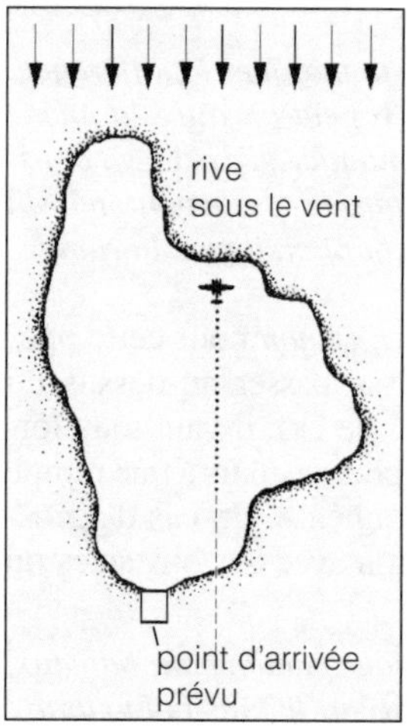

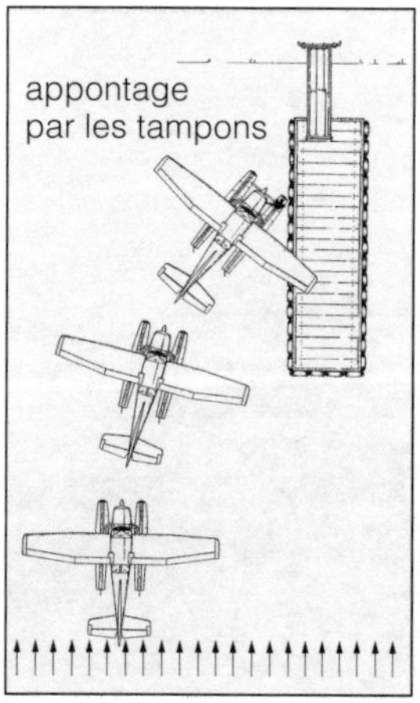

occupé on peut essayer d'utiliser l'ancre quand on est encore relativement au large, en la jetant en un endroit exactement au vent du point d'accostage désiré (1, sur la figure). Si elle tient, on laisse filer lentement le bout pour rejoindre le ponton ou le quai (2). En cas extrêmes on s'arrête au large face au vent et on se fait remorquer en marche arrière au rivage par un canot (voir “Interactions avec les embarcations” et “Problèmes de vent”, au chapitre sur les techniques avancées). Si on n'est pas familier des accostages avec vent ou avec les manœuvres avancées pour les affronter en sécurité, il peut être opportun, en cas extrêmes, de faire route de collision avec le ponton. Ce qui implique un choc et le risque de dommages légers, mais offre la certitude de rejoindre le ponton.

Avant de prendre la décision drastique décrite ci-dessus et dans tous les cas où l'on a de sérieux doutes sur l'issue de l'accostage vent arrière ou traversier il est bon d'évaluer les alternatives suivantes :

• Quitter la zone et accoster dans un site plus favorable. Par exemple, si on opère dans un bassin de petites dimensions, on peut se déplacer vers la zone au vent et s'approcher facilement de la rive avec le vent de face.

• Amarrer l'appareil à une bouée, au large (ce qui peut toujours se faire

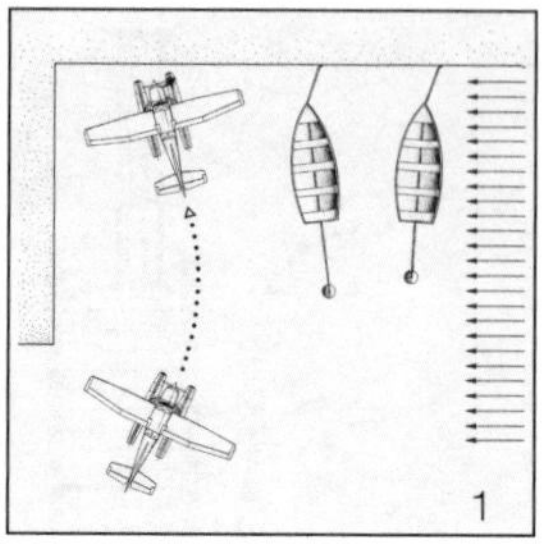

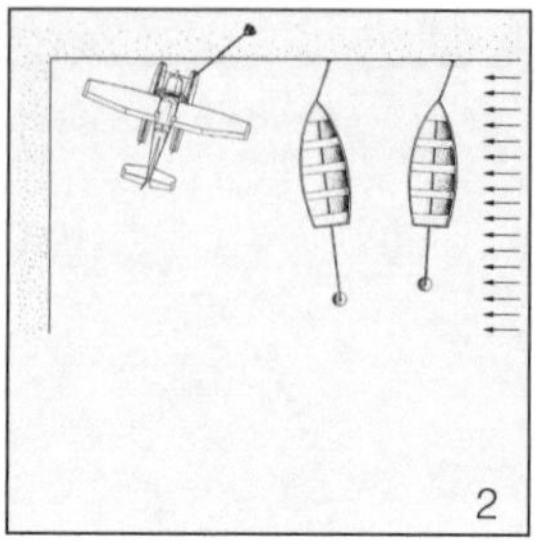

avec l'aide du vent de face) et attendre que la situation devienne plus favorable.

• Retourner au large et se faire remorquer au rivage par une embarcation.

Accostage de face obligé. Dans beaucoup de cas on est contraint d'accoster de face, par exemple : quai élevé, de faibles dimensions ou avec obstacles. Dans ce cas, s'il y a une composante latérale de vent, il faut prévoir que l'appareil, lors de la réduction de vitesse, tournera pour s'orienter le nez au vent, avec éventuellement des dégâts sur une aile ou sur l'empennage qui viendront heurter le quai ou les obstacles de la rive. La situation n'est pas des plus agréables, mais peut être affrontée avec succès, même s'il subsiste quelques risques. Avant tout on doit couper le moteur plutôt après le point habituel, de façon à conserver de la vitesse, même au prix d'un léger choc contre le quai. En outre on doit prévoir de faire toucher avec un peu d'anticipation le flotteur au vent et on doit se trouver sur ce flotteur au moment du contact. Dans l'exemple illustré ici, le pilote touche avec le flotteur droit (1) et doit donc occuper le siège de droite durant la navigation qui précède l'accostage. Un peu avant le contact, le pilote saute sur le quai pour atténuer le choc du flotteur, et assurer tout de suite le bout fixé sur le taquet du flotteur au vent. Un bout d'accostage permanent sur le flotteur facilite beaucoup la manœuvre.

Accostage dans le courant

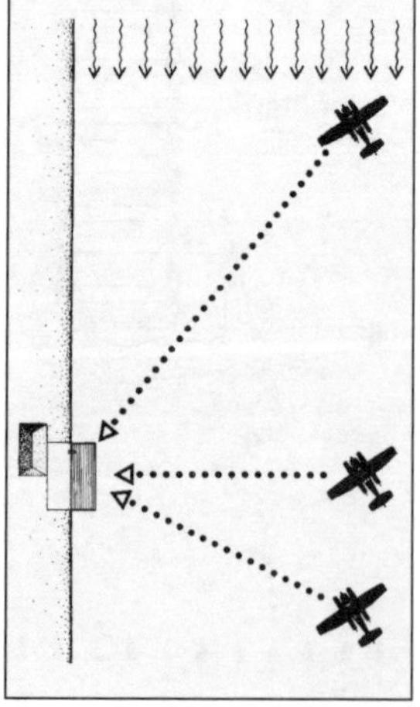

Avant tout on doit planifier l'approche de façon que la course d'amerrissage se termine légèrement en aval du point d'accostage désiré.

En présence de courant, on doit par principe naviguer à contre-courant (après avoir amerri – autant que possible – dans le sens du courant). On doit considérer qu'à contre-courant la vitesse de l'appareil par rapport au rivage peut être finement réglée même à des valeurs très basses voir nulles ou négatives, comme il l'a déjà été dit au chapitre sur la navigation jaugée à basse vitesse. Cela est très utile dans les accostages. En cas de fort vent à contre courant on se trouve dans une situation embarrassante : on doit naviguer contre le vent, mais en raison du courant, la vitesse est importante par rapport au fond ou au rivage. Dans ce cas il vaut mieux renoncer à l'accostage et chercher une zone abritée dans le voisinage. Ce problème est exposé en détail à la rubrique "Opérations en bassins étroits".

L'approche d'une rive dans le courant demande une assistance ou un saut sur la rive du copilote ou d'un passager avec en mains un bout déjà amarré à l'appareil. La manœuvre demande un entraînement adéquat, car elle doit être effectuée, si le courant est important, avec l'hélice en mouvement.

Dans tous les cas, en présence de courant, on doit tout faire à coup sûr. Une erreur peut faire échouer l'appareil contre un obstacle. Quand on opère dans le courant, on doit avoir l'ancre à portée de main et être prêt à la jeter immédiatement, donc avec le bout déjà amarré et lové avec soin.

Avant de tenter l'approche difficile d'une rive (en haut, opération près de bateaux ; en bas, la rive verticale d'un un village du lac de Côme) il est préférable d'envisager toutes les solutions alternatives, comme l'amarrage à une bouée ou à un bateau déjà à une bouée, ou l'encrage au large.

Gerolamo Gavazzi

Accostage avec l'aide d'une personne sur le flotteur. Opération risquée et a éviter, sauf que la personne ait une très bonne expérience, comme ce pilote d'Hydravion Aventure, Québec.

Hydravion Aventure Inc., Québec / Benjamin Ballande

Accostage d'un plan incliné en bois

L'accostage d'un plan incliné en bois est la manœuvre d'accostage la plus facile. Quelques mètres avant le contact on met du moteur, avec le manche en butée arrière, comme pour amorcer une phase de navigation avec puissance.

Faisant cela on obtient trois effets : on prend une assiette plus cabrée, adaptée au contact avec la rampe; on augmente légèrement la vitesse, facilitant ainsi la montée; on crée devant les flotteurs une vaguelette qui baigne la rampe, et la lubrifie.

Un peu avant le contact, on donne ensuite un coup de moteur. Si l'on n'est pas monté suffisamment haut on peut mettre la pleine puissance ou presque en déplaçant le manche alternativement d'avant en arrière, ce qui fait osciller l'appareil et peut le faire monter un peu plus haut.

Enfin on coupe tout et on assure l'appareil, avec des aussières, aux taquets avant et arrière, comme illustré sur la figure. S'il y a du vent on s'amarre aux points prévus. L'appareil peut être aussi disposé le dos à la rampe et donc déjà prêt pour le départ.

Le fait de le disposer de dos ou de face dépend surtout de la direction du vent. Comme il l'a déjà été dit, on agit de façon à ce que l'appareil se trouve avec le nez au vent.

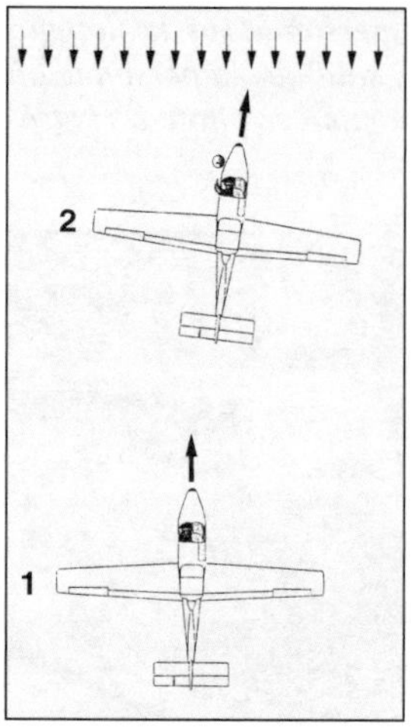

La prise de bouée avec un Lake est facile en passant le bout d'amarrage préparé à l'avance dans l'anneau de la bouée quand on passe à coté.

Arrivée à une bouée

L'arrivée à une bouée s'effectue en visant la bouée avec le vent rigoureusement de face. Si l'on n'a pas besoin de se servir du palonnier, cela veut dire qu'on se dirige vers la bouée face au vent. Si l'on met du pied d'un côté, la route correcte d'accostage se trouve de ce côté. Avoir le vent de face est très important, surtout avec les appareils à flotteurs. Car pour saisir la bouée on doit descendre sur un flotteur et donc relâcher le palonnier. Si l'on n'a pas exactement le vent de face, l'appareil vire et s'éloigne de la bouée.

Arrivé près de la bouée, on doit se préparer avec la portière ouverte, la ceinture détachée et avec en main un bout, dont l'extrémité est déjà amarrée à une partie de l'appareil. A la bonne distance, on coupe le moteur et les magnétos puis on se dirige vers la bouée de façon à ce qu'elle défile à vitesse extrêmement réduite le long du flotteur du côté du pilote ou de celui qui doit la saisir. Le pilote, assis sur l'avant du siège reculé à fond, a une jambe hors de l'appareil, sur le repose-pied, et l'autre à l'intérieur, sur le palonnier. On ne doit pas faire passer la bouée entre les flotteurs. La bouée rejointe, on la saisit et la maintient vers le milieu du flotteur, où abondent les points d'appuis pour se tenir. Une petite gaffe peut être précieuse. Si l'on a encore beaucoup d'élan, il est inutile d'essayer d'arrêter l'appareil en se tenant à la bouée. Il vaut mieux profiter du moment où elle est à portée de main pour passer le bout dans son anneau et, ensuite, le laisser filer. Cela fait, on a tout le temps et le loisir pour amener l'appareil à la bouée, en tirant sur les deux extrémités du bout, après s'être arrêté.

Les bouées de grande taille peuvent facilement endommager les ballonnets des hydravions à aile médiane ou basse.

L'opération est un peu plus simple si l'on est deux, mais seulement si l'assistant est expérimenté; dans le cas contraire il vaut mieux agir seul. L'assistant inexpérimenté peut être utilement laissé à bord pour appuyer sur la pédale de droite ou celle de gauche, selon les instructions du pilote, qui se trouve sur un flotteur.

Une bouée de grandes dimensions, qui pourrait interférer avec l'aile, doit être approchée comme un quai élevé et rigoureusement face au vent. Une fois la bouée rejointe et saisie, il faut amarrer l'appareil, comme décrit au chapitre sur les manœuvres à flots, en faisant attention au fait qu'en cas de surface agitée, une bouée haute peut osciller et cogner les parties hautes de l'appareil qui s'y trouve amarré ou à son voisinage.

Pour un stationnement temporaire dans une localité avec assistance, une embarcation peut

Arsenio Riseri

S'il n'y a pas de fuite, l'hydravion à la bouée se trouve dans une situation très sûre. Ici un Lake LA250 à la bouée.

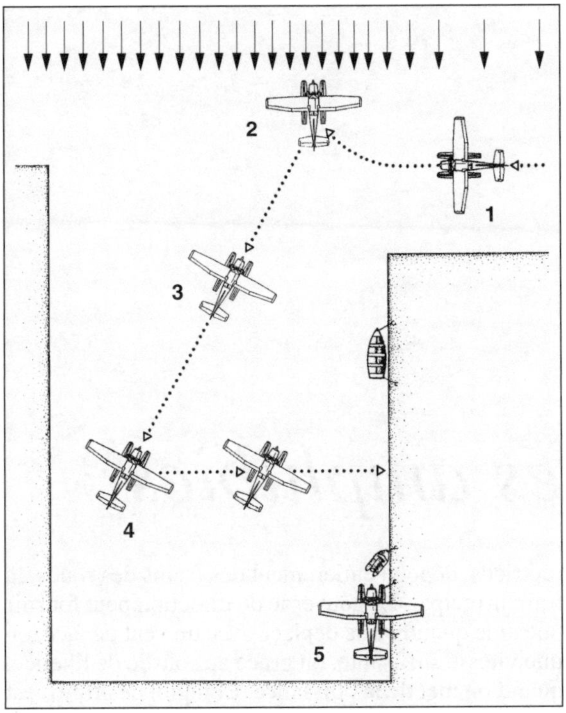

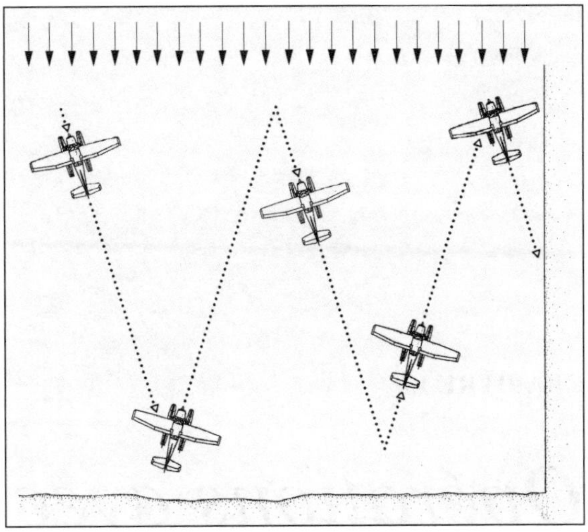

servir de bouée, en maintenant l'appareil au large. De la bouée, la rive peut être rejointe avec une embarcation d'assistance, un petit canot gonflable transporté par l'appareil ou, à la limite, à la nage.

Refroidissement du moteur. Dans n'importe quel type d'accostage on doit prendre garde de couper le moteur après l'avoir laissé refroidir en naviguant à basse vitesse quelques minutes. Cela ne vaut pas seulement pour les moteurs turbocompressés, pour lesquels le refroidissement est expressément prévu dans le manuel de vol, mais aussi pour les moteurs atmosphériques, pour lesquels, lors de l'arrêt, le phénomène d'auto-allumage est très dommageable pour le moteur.

Exemples de techniques combinées de navigation à flot et à la voile, en cas d'approche de la berge par vent fort. L'appareil est représenté en navigation à flot par vent de travers (1). L'augmentation de la vitesse du vent impose au pilote de se positionner face à celui-ci (2). Quand la puissance est réduite l'appareil recule (3).
En ajustant la puissance on obtient un déplacement latéral (4).
Dans les deux cas le but est d'éviter la circulation à flot par vent traversier ou arrière (les deux étant dangereuses en cas de vent fort).
Le problème peut devenir sérieux avec un appareil à flotteurs qui est moins stable sur l'eau par rapport à un appareil à coque.
En bas, à gauche, passant près d'une bouée, il est important de passer une amarre dans l'anneau depuis une position sur le flotteur aux environs du redan, où le pilote a un bon maintien pour pouvoir se pencher. A droite, le Savoia Marchetti S55 de Francesco de Pinedo à la bouée à Santos (Brésil), durant son vol transatlantique de 1927.

CHAPITRE 13

Opérations avec les amphibies

Il existe des amphibies à flotteurs, qui sont la conversion d'appareils terrestres, et des amphibies étudiés et construits comme tels, généralement à coque. Les amphibies à flotteurs ont un centre de gravité très élevé et sont donc très sensibles au vent et plutôt instables quand ils se trouvent sur terre. Les amphibies à coque n'ont pas ce problème et ont sur terre un comportement similaire à celui des appareils terrestres.

Parking

Au parking les hydravions à flotteurs doivent toujours êtres amarrés de façon adéquate. S'ils doivent êtres remisés dans un hangar, on doit veiller à ce que la queue ou d'autres parties ne touchent pas des obstacles. En fait, les amphibies à flotteurs sont très hauts. Ce problème ne se rencontre pas par contre avec les amphibies à coques, qui ont un centre de gravité bas et souvent un train à large voie.

Roulage

La possibilité de contrôler le cap et de virer au roulage, en absence de roues antérieures ou postérieures directrices, dépend entièrement des freins des roues du train principal. La gouverne de direction peut fournir une aide quand on se déplace avec un vent de face, ou une vitesse suffisante, ou grâce au souffle de l'hélice, quand on met de la puissance. L'emploi des freins est similaire à celui des avions terrestres sans roulette directrice. On part franchement en relâchant les freins, puis on se déplace à une certaine vitesse en utilisant le plus possible la gouverne de direction, on utilise les freins par petits coups brefs pas trop prononcés et, lors des longs roulages avec du vent de travers, on s'arrête périodiquement pour laisser le frein utilisé se refroidir. Lors de l'atterrissage, du moment du contact à celui de l'arrêt moteur, on touchera le moins pos-

A gauche, Cessna C185 amphibie. Il est évidant que ce type d'appareil est très haut sur le sol. Le pilote a un angle de vision semblable à celui d'un pilote d'un avion de ligne.
Dessous, Caudron J Marine, avion amphibie biplace d'observation. Masse totale: 730 kg. Vitesse: 95 km/h. Notez les patins en queue. René Caudron réussit le 8 mai 1914 a décoller d'une plate-forme en bois aménagée à l'avant du croiseur "La Foudre'.

Cessna C206 en vol train rentré. Les flotteurs amphibies sont plus lourds que les flotteurs simples et diminuent considérablement la charge utile, mais permettent les opérations sur le sol, ils font d'un avion une machine d'un emploi sans limites.

sible aux freins et autant que possible en n'appuyant jamais à fond sur les pédales. Une conduite indécise lors du roulage, avec des arrêts fréquents et à vitesse réduite durant le roulage, typique du débutant, demande beaucoup d'interventions avec les freins et provoque une usure importante, sans compter la nécessité de désagréables coups de moteur.

Dans les virages serrés à très basse vitesse on doit se rappeler que l'appareil amphibie tourne sur lui-même et la queue décrit un arc de grande ampleur, avec une vitesse angulaire importante, dans un secteur où la visibilité est réduite ou nulle. On doit en tenir compte quand on opère sur des espaces étroits ou en présence d'obstacles. Faire tourner l'appareil sur une roue bloquée n'est pas non plus conseillé car cela provoque une usure importante du pneu.

Roulage avec du vent

Lors du roulage avec du vent de travers il y a toujours une possibilité que l'appareil soit renversé par une rafale ou par un vent excessif. L'axe de rotation au sol d'un amphibie à flotteurs se trouve près du train principal devant lequel, pour beaucoup de modèles, la surface latérale en avant est plus grande que derrière, contrairement à ce qui se passe avec les appareils terrestres. La conséquence est que, en présence de vent, ce type d'appareil tend à présenter la queue au vent, alors que tous les autres types tendent à virer nez au vent.

Le shimmy

Un des problèmes des amphibies en roulage rapide, et donc au décollage et à l'atterrissage, est le *shimmy*, c'est-à-dire la vibration de la ou des roulettes auxiliaires, qui se transmettent à l'appareil entier. Le phénomène peut même provoquer des dégâts importants à la structure. On peut l'éviter par un gonflage approprié des pneumatiques et un réglage des éléments qui constituent le ou les trains auxiliaires. Quelquefois on

A gauche, une série d'hydravions à coque lors du rassemblement 1993 à Biscarrosse e Piper d'Aquitaine Aviation. Dessous, versatilité des amphibies.

Aquitaine Aviation

Bill Larkins - CC-SA 2.0

United States Navy

United States Navy

Descente de la rampe de Côme d'un Lake LA250 à train tricycle et d'un Grumman G44A Widgeon à train classique. La queue du premier glisse sur la rampe; la roulette de queue du Widgeon évite ce problème.

réussit à l'éviter en maintenant le plus possible le train auxiliaire soulevé et, après le contact, en le chargeant le plus possible, en maintenant le manche en avant ou en arrière selon le cas.

Dessous, Cessna L19 monté sur flotteurs amphibies EDO 2250.
A droite, petite roulette monté sur le Lake pour éviter le contact directe de la queue avec la rampe.

Edo Corporation

Descente sur une rampe

Avec les amphibies à flotteurs ou à coque équipés de train tricycle on peut risquer, pendant la descente, de frotter la queue sur une partie du trajet : cela se produit quand la pente de la rampe est supérieure à celle de la ligne qui passe par le point de contact du pneu avec la rampe et la partie la plus basse de la queue du flotteur. Le contact de la queue peut aussi survenir quand le niveau de l'eau est bas et que le train principal descend de la rampe, qui souvent se termine par une marche. Si l'on est dans un cas où les queues frottent, on doit avancer à vitesse très faible et, si cela se produit souvent, renforcer ou protéger les parties qui frottent. Les amphibies équipés d'un train classique et d'une roulette de queue (comme les Grumman, le Seabee ou le Thurston *Teal*) sont donc avantagés.

Dans certaines situations, la présence d'assistants prêts à éviter ou atténuer le contact avec d'éventuels obstacles est indispensable. En cas extrêmes, la solution la plus sûre est le remorquage au large de l'appareil, avec le moteur arrêté, au moyen d'une barque.

Pour la mise à l'eau à partir d'une rampe on ne doit procéder ni trop lentement ni trop rapidement. Une allure trop lente, en cas de contact des queues avec la rampe, peut faire dévier de l'axe au moment où l'on pénètre dans l'eau; ce qui présente quelques risques s'il y a des obstacles placés latéralement.

La présence de branches ou d'autres objets qui pourraient bloquer une roue et faire tourner l'appareil est un problème qui peut survenir lors de la descente. Un autre problème est la présence d'algues. Si on pénètre

dans l'eau en freinant, les roues glissent sur les algues. Si une roue glisse avant ou plus que l'autre, l'appareil peut même se mettre de travers.

Après l'entrée dans l'eau. Tout de suite après l'entrée dans l'eau, on abaisse les safrans et on rentre le train, si sur la surface il n'y a pas de détritus qui risquent d'empêcher son fonctionnement correct. L'opération doit être effectuée loin des obstacles, pour éviter les conséquences d'un virage dû à l'éventuelle rétraction asymétrique du train.

Luigi Fara

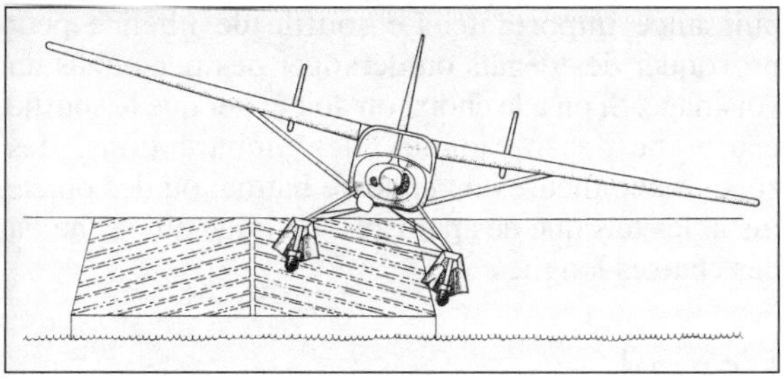

Amphibies à un meeting qui se déroulait sur l'aérodrome militaire à haute altitude d'Ambri (Suisse). Le Catalina effectue un passage bas devant les Lake de Côme parkés sur l'herbe. A l'arrière plan, le col de Gottard, un des plus réputé des Alpes.

Descente sur une rampe étroite. Si la rampe est étroite une roue risque de sortir de la rampe avant que l'appareil ne flotte. Cela peut endommager plus ou moins gravement la quille, qui finit sur la rampe, ainsi que des parties du train qui est sorti ou du disque de freins. Dans ce cas, durant la descente, on doit prendre un repère extérieur qui permette de suivre la direction désirée. Ceci est possible sur les petits bassins ou en présence d'ouvrages placés au large de la rampe. S'il n'y a pas de repères on peut utiliser le conservateur de cap.

En présence de courant. Avec les amphibies à train tricycle ou à flotteurs là où les roulettes antérieures quittent le fond dès que l'avant de la coque ou des flotteurs commence à flotter. S'il y a du courant l'appareil peut tourner rapidement le nez dans le courant et, si la rampe est étroite, il peut même sortir de la rampe. Pour éviter cet inconvénient il est conseillé d'exécuter la manœuvre de mise à l'eau avec une vitesse notable et de partir du point le plus en amont possible.

Avec du vent de travers. Ces mêmes types d'appareils tendent à tourner le nez face au vent dès que la ou les roulettes avant ne sont plus en contact avec la rampe. Dans ce cas, si la rampe est étroite, pour ne pas risquer de tomber de la rampe on doit partir d'un point sous le vent.

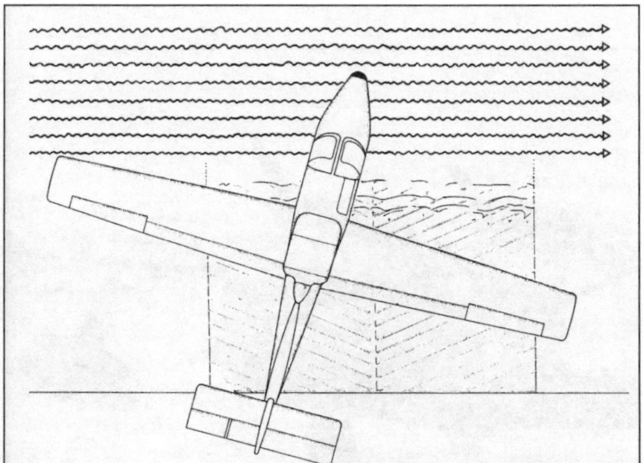

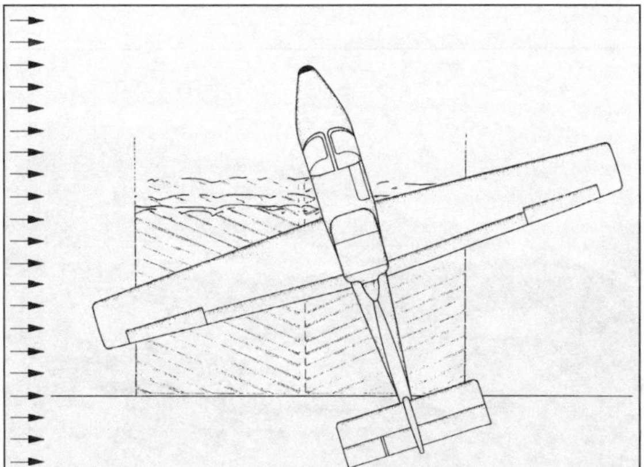

Caproni

Une photo des années trente d'un rare Caproni CA100 équipé de flotteurs amphibies. Notez les petits patins à la pointe arrière des flotteurs.
Dessous, un très particulière et excitante opération pour un amphibie: se poser sur une porte-avions. Un rêve pour tous les pilotes d'hydravion.

Montée sur la rampe

La montée sur la rampe s'effectue en mettant de la puissance juste avant le contact. La pleine puissance ou presque peut parfois être nécessaire. On doit toutefois être prêt à réduire la puissance dès que l'on a passé la zone de plus grande résistance, pour éviter une accélération excessive sur la rampe ou sur le tarmac. On a vu des amphibies mettre toute la puissance pour rouler sur une branche qui se trouvait sur la rampe puis accélérer de façon incontrôlable et finir contre des obstacles sur le parking.
Si au moment du contact avec la rampe on s'aperçoit que le train n'est pas sorti on réduit la puissance et on procède comme pour l'accostage d'une plage. Si la vitesse est la vitesse normale d'approche à la rampe il ne devrait pas y avoir de dégâts, sauf une légère éraflure sur la ou les quilles.
La technique d'accostage d'une rampe avec un fort vent de travers est décrite au chapitre sur les techniques avancées.
Souffle de l'hélice lors de la montée sur la rampe.
Lors de la montée on doit généralement mettre une puissance importante. Le souffle de l'hélice peut provoquer des dégâts ou déranger des personnes du voisinage. Si on a le choix, on doit éviter que le souffle n'atteigne des personnes, des embarcations, des zones sablonneuses ou en terre battue, ou des objets instables tels que des parasols, du linge qui sèche ou des chaises longues.

L'envol

Au moment où les roulettes antérieures quittent le sol, l'amphibie à flotteurs tend à cabrer par l'effet aérodynamique de l'air sur le fond des flotteurs. Il est donc conseillé de soulever le nez de l'appareil dès que la vitesse le permet, de contrôler finement l'assiette et attendre que l'appareil s'envole tout seul, en adoptant la technique classique de décollage d'un terrain mou.
Dans chaque cas on doit être prêt à corriger rapidement les assiettes trop cabrées tout de suite après la rotation et à dégrossir le réglage du trim si nécessaire.

Évolution du Seabee: l'original, le Twin Bee, le Seabee propulsé par Simulflight avec un moteur de 270 HP.
Le Seabee original avec un moteur Franklin de 215HP a toujours été considéré comme sous-motorisé.

Aero Club Como

Amphibie: de la nature sauvage au cœur de la civilisation en quelques minutes. C'est le Cessna 206 de Caraïbes Hydravions, travaillant à la Martinique.

Caraïbes Hydravions - Martinique

Approche et atterrissage

L'atterrissage avec les amphibies est presque toujours assisté, c'est-à-dire avec de la puissance. Ce qui assure un taux de descente peu élevé, une meilleure contrôlabilité de l'appareil et une bonne visibilité à travers le disque de l'hélice, si celle-ci est devant. La puissance sera maintenue jusqu'au moment du contact.
La vérification de la position du train est extrêmement importante (*voir* aussi "Vérifications", au chapitre sur les techniques avancées). Cela se vérifie depuis le poste de pilotage grâce aux voyants présents sur le tableau de bord, aux indicateurs mécaniques contenus dans les flotteurs et aux éventuels miroirs qui permettent d'observer le train ou ses témoins.
Au moment de la sortie du train, on doit être prêt à corriger la légère embardée que peut provoquer une sortie asymétrique du train.
Au moment du contact, on doit être préparé au fait qu'un des freins soit bloqué et donc être prêt à parer aux conséquences d'une brusque embardée.

Avec du vent de travers

En cas de vent traversier, on effectue l'approche avec l'aile au vent baissée et, durant la phase de contact de la roue au vent, de celle qui est sous le vent et des roues avant, on doit s'assurer qu'il n'y a pas une tendance excessive à l'embardée ou au soulèvement de l'aile au vent. Dans ce cas on doit remettre les gaz immédiatement sans attendre que la possibilité de contrôle aérodynamique de l'inclinaison diminue.

Le SIAI-Nardi "Riviera", appareil italien des années soixante dans ses trois configurations principales.
En vol, avec le train rentré et les ballonnets rétractés.
Au sol sur son train et les ballonnets rétractés.
En circulation jaugée avec le train rentré et les ballonnets sortis.
A l'arrière plan, dans l'image en bas, le Monte Rosa, un des plus haut sommet des Alpes. La plupart de ces avions ont été exportés aux États Unis.

Archivio Apostolo

En cas de vent traversier important il vaut donc mieux avoir une vitesse de contact légèrement supérieure et conserver pas mal de puissance. Cela permet de mieux contrôler l'appareil en cas de problèmes et de remettre les gaz plus facilement.
Par vent de travers, après le contact de toutes les roues, on pousse le manche à fond vers le vent.
En cas extrêmes, avec les amphibies à flotteurs, on peut essayer d'adopter à terre la "méthode Collins", décrite au chapitre sur les techniques avancées à la rubrique "Opérations en bassins étroits"

CHAPITRE 14

Le pilotage des multimoteurs

"Un moteur, un problème; deux moteurs, deux problèmes", dit un proverbe. Beaucoup de pilotes préfèrent la simplicité d'un monomoteur, surtout s'il possède des flotteurs, plutôt que la complexe sécurité d'un bimoteur. En effet, un pilote pas très expérimenté se sortira probablement mieux d'un atterrissage de fortune avec un monomoteur, suite à une panne, que du pilotage d'un bimoteur léger à pleine charge avec un des moteurs en panne.

Un traitement exhaustif des techniques générales du pilotage des bimoteurs et des multimoteurs sort du but de ce livre. Sont seulement exposées ci-dessous quelques considérations spécifiques aux multimoteurs opérant sur l'eau.

Bimoteurs

Les considérations qui suivent valent pour les appareils ayant des moteurs placés à une certaine distance du plan de symétrie, c'est-à-dire avec des moteurs latéraux.

Navigation à flot

Démarrage des moteurs à flot. Les hydravions n'ont pas de freins. Le pilote doit donc prévoir exactement les mouvements de l'appareil après la mise en route. La séquence de démarrage doit tenir compte du fait que tant qu'un seul moteur tourne l'appareil est contraint de se déplacer en rond, à moins que l'hélice puisse être mise en transparence. Cela crée un risque de collision avec d'éventuels obstacles. Les safrans, si l'appareil en est équipé, ne sont généralement pas en mesure de contrebalancer l'effet de la traction asymétrique, même si la puissance du moteur en fonctionnement est au minimum.

Navigation à basse vitesse. En donnant plus ou moins de puissance à l'un ou l'autre des deux moteurs, on peut régler finement les variations de cap, en s'aidant des safrans, si l'appareil en est équipé. Avec des hélices équipées de reverse, on a la possibilité de contrôler très facilement aussi bien la vitesse d'avancement ou de recul que la rotation; on peut par exemple faire tourner l'appareil sur lui-même en actionnant une hélice normalement et l'autre "en reverse". Toutes ces possibilités sont particulièrement précieuses pour les accostages.

Opérer sans assistance externe avec un bimoteur à flotteurs, comme le De Havilland DHC4 *Twin Otter*, peut être une situation à risques pour une personne éventuellement présente sur les flotteurs avec les hélices en mouvement. Les hélices de ces appareils se trouvent en fait dans une position beaucoup plus ar-

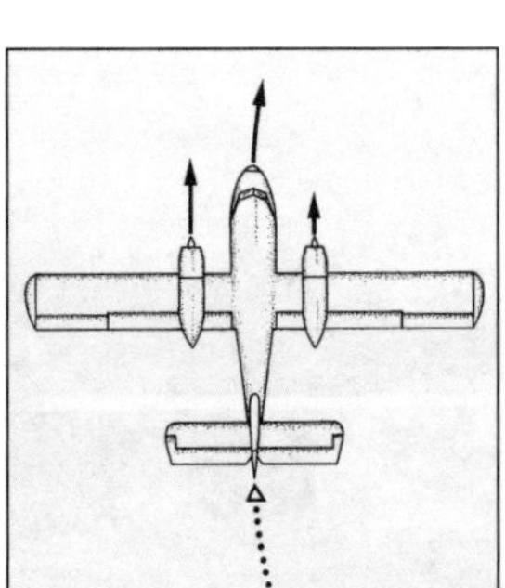

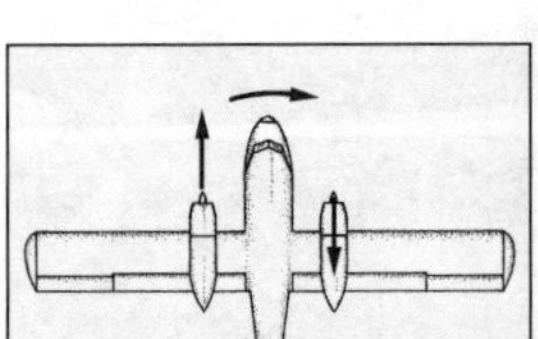

En régulant la puissance de chaque moteur et en utilisant la reverse (beta prop), tous les mouvements et rotations sont possibles. Sur beaucoup d'hydravions bimoteurs il n'y a pas de safran, considérés inutiles par les constructeurs.

Très belle vue d'un De Havilland Twin Otter.

Boeing of Canada - De Havilland Division

rière que celle d'un monomoteur; une personne habituée à marcher sur les flotteurs d'appareils différents pourrait donc, dans un moment particulier d'agitation, commettre l'erreur fatale d'entrer dans le champ de l'hélice. Quelques lignes rouges, tracées sur les flotteurs et sur le fuselage près du plan de rotation des hélices, sont des éléments de sécurité (un exemple de telles lignes est visible sur le *Twin Otter* représenté dans cette page).

Hydroplanage. Sur certains hydravions bimoteurs à coque, la transition entre la navigation à flots à basse vitesse et l'hydroplanage est compliquée par le fait que le couple des hélices tend à les faire tourner dans le sens antihoraire autour de l'axe longitudinal, ou bien induit un roulis à gauche. L'effet est un abaissement de l'aile gauche et un rapprochement de l'hélice gauche de la surface, avec des risques d'endommagement par les embruns. Il arrive que la durée de vie de l'hélice gauche soit beaucoup plus brève que celle de l'hélice droite.

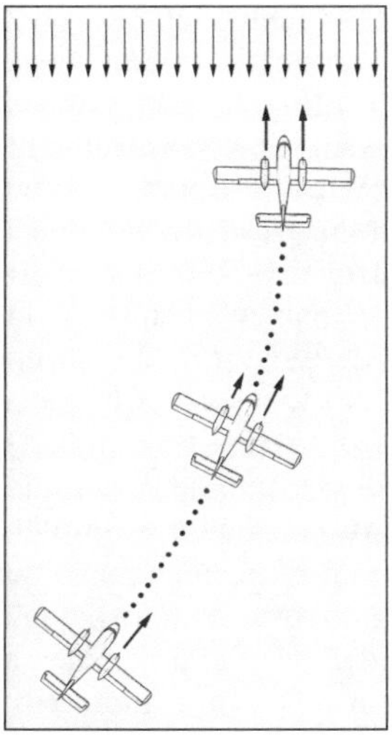

Le pilote expérimenté met de la puissance au moteur droit en premier, de façon à initier un lent virage à gauche, qui à son tour induit, par la force centrifuge, un roulis à droite. Le virage est opportunément maintenu même quand on met de la puissance au moteur gauche et aussi après, de façon à maintenir les ailes à plat. Quand les commandes aérodynamiques deviennent efficaces, on rectifie la trajectoire. Il est conseillé d'initier la course de décollage avec la proue à droite de la direction du vent. De cette façon le vent contribue à maintenir les ailes à plat et on a le vent de face quand on rectifie la trajectoire.

Lors de l'hydroplanage, pourrait surgir une situation de risque en cas de collision avec un obstacle submergé tel qu'une roche. Il est déjà arrivé qu'un morceau de l'hélice endommagée, suite au choc, ait pénétré en cabine, tuant les occupants.

Décollage

Décollage terrestre. La *vitesse minimale de contrôle en vol* (Vmca) est la vitesse minimale à laquelle un bimoteur peut être contrôlé avec les commandes aérodynamiques quand le moteur critique est en panne et l'autre au maximum. En dessous de cette vitesse la traction asymétrique rend l'appareil incontrôlable, ce qui implique que la puissance du moteur vif soit réduite ou non appliquée. La règle est de ne pas opérer à une vitesse inférieure à la Vmca. Dans le décollage terrestre, donc, on doit atteindre cette vitesse avant d'effectuer la rotation et l'envol.

Décollage de l'eau. Lors du décollage de l'eau, il n'est généralement pas possible d'atteindre la Vmca avant l'envol car l'hydroplanage à une telle vitesse, plutôt

Deux Grumann Widgeon européens à l'hydrobase de Biscarrosse Hourtiquet.

Pascal Parpaite

海上自衛隊 Government of Japan

SPA

Archivio Apostolo

Saunders-Roe

W. McCarrel via SPA

Luigi Fara

Multimoteurs géants du passé et du présent. Dessus, le japonais Shin Meiwa US-2. Il est doté d'une turbine supplementaire pour le contrôle de la couche-limite, assurant une vitesse de décollage et amerrissage très basse. A gauche, le Spruce Goose d'Howard Hugues, lors de son unique vol le 2 novembre 1947, piloté par lui même; le Blohm und Voss BV238 (Allemagne), 1941; le Saunders-Roe Princess (Angleterre) 1952; un Catalina Canso restauré; le bi-réacteur russe Beriev A40 Albatross.

élevée, est dangereux, surtout en présence de vagues. L'envol doit en fait advenir à une vitesse à peine supérieure à celle de décrochage. G.B. Hamilton, dans un écrit qui a inspiré quelques-unes des considérations exposées dans ce paragraphe, indique par exemple pour le Grumann G44 *Widgeon* une vitesse d'envol de 62 MPH et une Vmca de 81 MPH. Lors du décollage de l'eau, le bimoteur se trouve donc en vol bien au-dessous de la Vmca, situation qui rendrait très grave une panne de moteur. Juste après l'envol, on abaisse donc légèrement le nez de façon à atteindre le plus rapidement possible cette vitesse importante, puis la Vyse, dont on parle plus loin. En cas de panne en dessous de la Vmca, on doit être prêt à réduire en partie ou complètement la puissance du moteur vif, de façon que l'appareil reste – ou redevienne – contrôlable, pour effectuer tout de suite un amerrissage d'urgence.

La différence entre la Vmca et la vitesse de décrochage est directement proportionnelle à la puissance des moteurs et à la distance entre un moteur et le plan de symétrie de l'appareil, et inversement proportionnelle à la surface des plans verticaux de l'empennage. Tous ces facteurs sont décidés lors de la construction. Pour un certain appareil, la Vmca diminue – même jusqu'à devenir égale à la vitesse de décrochage – avec l'augmentation de l'altitude densité (si le moteur n'est pas turbocompressé), avec le déplacement en avant du centre de gravité, si l'hélice du moteur arrêté est en drapeau et si les volets et le train sont sortis. Une plus grande altitude densité implique en fait, pour un moteur non suralimenté, une moindre puissance et donc un moindre moment embardant. Le centre de gravité

Le chinois AVIC AG600, le plus gros hydravion en production à nos jours.

Archivio Apostolo

Le Caproni Transaereo (appareil détruit à cause d'un mauvais arrimage des lests lors d'un essai de centrage).

Bi-moteurs en tandem: le Savoia Marchetti S55 utilisé par Italo Balbo e Francesco De Pinedo pour leurs croisières atlantiques, le Dornier Seastar et le Dornier Wal (ici de la marine italienne, devant le rocher de Gibraltar, dans les années trente).

plus avancé implique une plus grande efficacité du plan vertical de l'empennage, tandis que l'hélice en drapeau implique une moindre traînée du moteur «en panne». Les volets et le train sortis rendent l'appareil plus stable.

En vol

Montée. Pour les bimoteurs, il existe une *vitesse de meilleure montée avec un moteur stoppé* (Vyse), repérée sur l'anémomètre par un trait bleu. Avec un petit bimoteur, si un moteur tombe en panne après le décollage à une vitesse comprise entre la Vmca et la Vyse, il est conseillé de le laisser descendre et d'amerrir ou atterrir. Essayer de rester en l'air ou de survoler des obstacles en tirant sur le manche peut être une réaction instinctive, mais le risque de descendre sous la Vmca est élevé et l'issue sera catastrophique. En cas de panne d'un moteur au-dessus de la Vyse, on exerce immédiatement une pression sur le palonnier du côté du moteur vif, pour contrôler l'embardée, et on incline l'appareil du même côté de 5°; puis on réduit légèrement l'inclinaison, pour l'amener à environ 2°, en maintenant la bille décentrée de moitié.

Bimoteurs avec moteurs en tandem

Les bimoteurs avec les moteurs dans le plan de symétrie de l'appareil ou en tandem, comme le Dornier *Seastar*, ne présentent pas les problèmes décrits dans ce chapitre. En cas de panne d'un moteur, ils se comportent en fait comme des monomoteurs. Ceux-ci par contre n'ont pas les possibilités de manœuvre sur l'eau typiques des bimoteurs avec moteurs latéraux.

Multimoteurs

Si l'un des moteurs externes tombe en panne, sa distance par rapport au plan de symétrie est importante, comme l'est l'embardée qui en résulte. Dans ce cas, il peut être nécessaire de réduire la puissance du moteur externe opposé.

CHAPITRE 15

Types d'hydravions

Au chapitre "Hydravions et amphibies", ces machines ont été brièvement présentées du point de vue des caractéristiques structurales et de la typologie. Dans cette partie du livre sont données les informations essentielles pour choisir un hydravion en tenant compte de ses caractéristiques d'emploi, que ce soit en vue d'une acquisition ou tout simplement d'une location. Aujourd'hui, les types d'hydravions et d'amphibies en service sont relativement peu nombreux et leur nombre se réduit, avec la disparition progressive des derniers exemplaires des types les plus anciens.
Heureusement, les appareils d'époque exercent un attrait soutenu et beaucoup de passionnés en restaurent quelques exemplaires. C'est le cas par exemple du C47 amphibie qui a été remis en état dans le Maine par Fulsham's Air Service ou du Caproncino CA 100, restauré par Gerolamo Gavazzi. Ainsi, les espèces se s'éteignent pas; mais dans beaucoup de cas, il n'en reste qu'un seul exemplaire au monde.

Biplan Waco.

Edo Corporation

Beaucoup d'appareils ont fait l'objet de livres qui illustrent l'histoire de leur étude, de leur fabrication, de leur commercialisation et de leurs emplois. Nous renvoyons à ces livres pour des informations détaillées.

Hydravion pur ou amphibie?

L'amphibie est l'appareil le plus polyvalent qui existe, mais toute chose a un prix. Un amphibie coûte beaucoup plus à l'achat, demande plus d'entretien et est très pénalisé au niveau de la charge utile. Par exemple, un Cessna 185 amphibie emporte presque 140 kg de moins que le même appareil en version hydro. Ce qui explique le faible nombre de petits amphibies utilisés par les sociétés de travail aérien.
Les performances au décollage seront également dégradées à cause des caissons de roues derrière le redan, ceux-ci occasionnent une moins bonne finesse hydrodynamique.
Le risque potentiel d'accident est aussi accru. Cela peut occasionner un surcoût pour les assurances, donc sur les frais fixes. Mais une version amphibie donnera l'avantage de pouvoir utiliser le meilleur des deux mondes, marin et aéronautique.
Dans certain pays, comme ceux d'Europe occidentale par exemple, l'avenir de l'hydraviation pourrait être dans des amphibies, qui seront d'abord des avions, utilisés comme des avions normales, mais qui auront la faculté de pouvoir aussi être utilisés sur l'eau comme hydravions. C'est à dire où l'utilisation principale de ces machines serait celle d'un avion « classique ».

Edo Corporation

Beech 18 et Douglas C47 amphibie.

Hydravions célèbres représentés sur des timbres poste: Boeing de 1919; hydro à coque survolant les îles Caïman; Martin 130 pour le vol transpacifique vers Manille de 1935; un autre hydravion de la Pan Am à Antigua; Grumman «Duck» (1935); Short Class «C»; Twin Otter.

Hydravion à aile haute ou à aile basse?

Si on doit acquérir un hydravion, il est peu probable qu'un doute surgisse, étant donné la rareté des hydravions à aile basse, mais il peut toujours arriver de se retrouver aux commandes de l'un d'eux, surtout en Amérique du Nord. L'appareil à aile haute offre une visibilité bien meilleure vers le bas et facilite les manœuvres près de la rive ou d'un ponton, ainsi que les opérations de chargement et déchargement.

Amphibie à coque centrale ou à flotteurs?

Dans les deux catégories il existe des appareils qui ont fait l'histoire du vol hydro; il est donc difficile de dire si un type est meilleur que l'autre. En effet, le choix dépend des emplois auxquels l'appareil est destiné. Les amphibies à coque centrale ont le plus souvent de meilleures performances, peuvent emporter une plus grande charge utile, offrent une meilleure visibilité, sont plus compacts et plus robustes et ont un centre de gravité très bas, ce qui diminue les risques de capotage et facilite les manœuvres à flot et sur piste, surtout avec du vent de travers. Ils présentent par contre quelques difficultés dans les opérations aux pontons et sur les rives non préparées, à cause de la présence des ballonnets, et ont souvent quelques problèmes de stabilité hydrodynamique, sujets qu'ils sont au phénomène de marsouinage. Le pilotage de ces appareils demande donc beaucoup d'expérience et d'entraînement.

A l'heure actuelle, les hydravions à coque sur le marché sont tous ou presque amphibies. Les coques couvriront toute la gamme du plus petit au plus gros. Les appareils à flotteurs quant à eux couvriront en général le milieu de gamme. Les amphibies à flotteurs capotent facilement, sont plus lents, plus lourds et plus fragiles, mais sont plus faciles à piloter et plus adaptés aux opérations en zones

Belle vue d'un De Havilland Turbo Beaver *de Kenmore Air en vol au dessus de Seattle. Dessous, Piper* Cherokee six.

sauvages. Un autre avantage de ces appareils est la facilité de conversion d'amphibie en hydravion, en avion à roues ou à skis. Ils offrent en outre une inégalable protection en cas d'accident : les flotteurs. En général, on peut dire que les appareils à flotteurs sont presque toujours une conversion d'appareils terrestres et sont donc, sous bien des aspects, des hybrides. Les appareils à coque centrale sont par contre étudiés pour voler sur l'eau, d'où leur supériorité dans les performances et la solidité. Les chocs que peuvent supporter un Lake ou un Grumman endommageraient plus d'un appareil à flotteurs. Il y a quelques exceptions, par exemple le *Beaver*, mais en réalité chaque élément de cet appareil a été dimensionné en tenant compte des plus sévères utilisations possibles comme avion terrestre, comme hydravion, comme amphibie ou sur la neige. Un hydravion à flotteurs sans roues ne sera alors, dans certaines régions, utilisable que de manière saisonnière.

Par rapport à un modèle de base sur flotteurs on considère que son équivalent amphibie doublera le coût de maintenance, ainsi que son utilisation en eau salée. Donc, en ce qui concerne la maintenance, une utilisation d'un appareil sur flotteurs amphibie, en mer, sera quatre fois plus coûteuse qu'une utilisation du même appareil sur flotteurs simples en eau douce.

Amphibie à train classique ou tricycle?

Les appareils à train tricycle sont plus faciles à piloter sur piste ou avec du vent de travers; ceux à train classique, avec une roulette de queue, sont beaucoup plus indiqués si on doit opérer sur des terrains inconnus ou sur des rives non préparées, car la montée sur la rive et la descente dans l'eau sont plus faciles.

L'achat d'un hydravion

Pascal Parpaite

Quel appareil choisir? Vous venez d'obtenir votre qualification hydravion, et l'envie d'acquérir votre propre appareil vous démange. Avant de casser la tirelire, vous allez devoir suivre certaines règles afin de ne pas avoir à regretter votre achat.

Un avion est toujours un compromis pour satisfaire un maximum de clients. L'hydravion le sera encore bien plus, parce que le nombre de modèles encore disponibles est relativement réduit. Ce sera donc, déjà, l'évaluation de l'utilisation de la machine que vous allez acquérir qui doit vous guider sur un type précis.

Vous allez devoir vous poser les questions suivantes:

- Quelle va en être l'utilisation? Privée, Commerciale, École, Voyage, ...
- Quel est le nombre de places nécessaire?
- Quel est l'environnement de la base principale où va être utilisé l'hydravion? (hangar, rampe, plage, ponton, aérodrome)

Les réponses à ces questions vont vous guider vers une architecture d'appareil: (mono ou bimoteur, coque ou flotteurs, amphibie ou non)

La définition alors retenue, il vous reste à chercher quels types d'appareils peuvent y répondre.

Ensuite les appareils étant connus, il ne reste plus qu'à se documenter sur ceux-ci.

- Connaître l'historique du type retenu, son évolution.
- Connaître les modifications qui ont pu être apportées.
- Connaître les différentes options disponibles ainsi que les équipements homologués.
- Définir une cotation de cet appareil: Avant de vous décider, essayez de voir en faisant quelques statistiques avec les petites annonces, quel est le prix moyen de l'appareil. Cela vous donnera une base de réflexion qui permettra de négocier et de définir votre mode de payement.

Ces éléments acquis, vous allez pouvoir définir si vous allez vous orienter vers un appareil neuf, d'occasion, voir même la réparation d'un appareil accidenté peu chère (vous pourrez alors dans ce cas le reconditionner exactement à votre goût, surtout si vous avez la possibilité d'effectuer une partie des travaux).Une autre voie sera la construction amateur où un certain nombre de machines existent.

Équipement et confort. Si vous voyagez beaucoup: quel est l'équipement à adopter? VFR de jour ou de nuit ou IFR. Recherchez-vous un hydravion confortable ou « sportif »?

Utilisation. Quelle sera votre zone d'utilisation principale? Si une utilisation locale est seulement envisagée, le choix d'un amphibie ou d'un avion super équipé n'est pas forcément intéressant, voire même peu adapté. Il est important de savoir que les coûts d'utilisation, en règle générale, évolueront très rapidement entre des appareils semblables selon qu'ils seront hydro pur ou amphibie, utilisés en eaux douces ou salées.

Conception de l'hydravion. Vous êtes déjà propriétaire d'un avion, et vous savez que vous pouvez monter des flotteurs. S'il n'est pas préparé, est ce faisable? Il vous faudra être très prudent, car si quelques appareils sont conçus pour être équipés dès l'origine soit de roues, soit de flotteurs,

Timbres poste avec hydravions. Canadair CL215; Grumman Goose *G-21A; Short* Sealand *SA-6; hydravion Russe E-59; Short* Sunderland*; Cant Z505; Fairey 111D; Dornier Do-X; Martin* Mariner *PBM-3.*

comme par exemple le DHC2 *Beaver*, ce n'est en fait qu'une exception. Veillez en premier lieu, à ce que la certification hydravion de votre appareil est possible, ce qui n'est malheureusement pas toujours le cas en fonction des pays.

Quelques machines légères ne requièrent que peu de modifications pour pouvoir y installer des flotteurs comme par exemple les Piper de la gamme classique. Pour d'autres, ces modifications seront très lourdes, comme par exemple celles du Cessna 172 ou du Cessna 180, où l'on doit rajouter beaucoup de renforts. Il sera donc dans bien des cas, préférable, et moins coûteux d'acquérir une machine préparée soit en chaîne de montage, soit ayant déjà été utilisée comme hydravion.

Performances souhaitées pour le choix de l'appareil. Conception générale: pour le choix, on privilégiera les appareils qui disposent de larges portes, pour faciliter les chargements, pour circuler facilement lors des prises de ponton et des manœuvres à flot.

Du fait de l'augmentation sensible de la masse à vide, on préférera les machines à charge utile importante. Pour la protection de l'appareil on préférera une aile haute à une aile basse. Une autonomie minimum de 4 à 5 heures de vol plus les réserves sera nécessaire. Une vitesse de décrochage faible favorisera les opérations en eaux agitées. Une stabilité de route et de bonne qualité en sortie de vrille seront importantes pour la sécurité. Dans certains cas l'adjonction de dérives supplémentaires sera nécessaire ainsi que la pose de système de conjugaison de commandes.

Pour les performances marines, il faudra une machine dont la manutention sera facile, principalement à flot pour les grutages et les mises sur ber. Les formes de coques ou de flotteurs, leurs installations, devront procurer le meilleur compromis entre les performances aériennes et marines. La manœuvrabilité à flot étant souvent médiocre, un appareil équipé d'hélice réversible sera préféré quand cela est possible.

La maintenance. Où et comment? La maintenance peut aussi influencer le choix et le coût d'utilisation de l'appareil plus qu'un autre. En effet celui-ci peut requérir un personnel spécialisé.

Quelquefois un «atelier» sera prêt à vanter ses connaissances dans ce domaine spécifique qu'est l'hydraviation, mais en fait il ne pourra vous donner qu'une prestation médiocre, qui débouchera sur des frais supplémentaires parfois très important à longs termes. C'est vrai, un hydravion est déjà un avion comme un autre, mais seulement une fois qu'auront été traitées, avec un œil marin, les spécificités, citées dans ce livre, propres à ce genre de machine. Il ne faut jamais perdre de vue qu'un hydravion évolue dans le milieu le plus hostile qui soit pour un avion. L'eau provoquera beaucoup plus d'efforts que la plus mauvaise piste terrestre.

N'oublions jamais qu'un entretien régulier sera le moins onéreux à long terme. Il ne faut jamais laisser traîner un problème, si petit soit-il, ce qui implique des déplacements ou des passages fréquents dans un atelier en fonction de l'utilisation de votre appareil. Les connaissances requises pour assurer l'entretien d'un hydravion ne sont pas toujours disponibles là où vous allez opérer, principalement là où l'hydraviation est peu développée, voire marginale, il ne faudra donc pas hésiter à chercher les informations auprès des constructeurs, d'ateliers réputés ou des associations représentatives.

En conclusion: Si vous désirez acheter un hydravion, un avion qui peut être transformé, ou un set flotteur, il vous faudra suivre ces quelques règles. L'achat d'un avion au hasard parce que vous en avez vu un sur flotteurs peut vous donner de très désagréables surprises. Les différences internes peuvent être très importantes. Seul le constructeur de l'avion, des flotteurs ou les autorités aéronautique du pays peuvent vous donner les renseignements nécessaires ainsi que les informations sur le coût d'une telle opération.

Ne vous fiez jamais aux conversations de comptoir « je pense que... donc cela doit être comme ça ».

Où et comment allez vous acheter? Donnez toujours la préférence à des vendeurs professionnels que vous connaissez et dans lesquels vous avez confiance.

Si vous achetez à la suite d'une petite annonce, vous devez lors du premier contact, poser quelques questions bien précises. Cela vous permettra de savoir si un déplacement pour voir la machine est intéressant ou non. Il faudra savoir si le vendeur peut se déplacer aussi dans le cas de grandes distances. Une conversation téléphonique sera toujours moins coûteuse qu'un déplacement inutile. Il vous faudra alors aborder ces quelques points:

• Quel est l'aspect général de l'appareil ?
• Quelles sont les heures totales de fonctionnement (moteur, cellule, hélice)?
• Quelles sont les heures de fonctionnement depuis la dernière révision ?
• De quelle révision s'agissait-il ? Où a-t-elle été effectuée ?
• Quel est l'historique de la machine ?
- Quelle a été son utilisation ? (privée, commerciale, école)
• A-t-il été accidenté ?
• Quel en est le prix demandé?

Une visite de recalage sera probablement demandée par les services officiels dans le cas d'un changement de pays d'immatriculation ou de programme d'entretien. Donc le coût à l'achat peut évoluer aussi en fonction de ces travaux nécessaires.

Si vous jugez alors qu'un déplacement est intéressant pour voir l'appareil, prenez rendez-vous en demandant de pouvoir consulter toute la documentation associée à l'appareil et en donnant la liste. Vous vous déplacerez de préférence avec quelqu'un qui connaît bien le type de machine; il pourra vous donner un avis critique. Si vous jugez alors que la machine est intéressante, faite un vol d'au moins une demie heure pour tester son comportement en vol, ainsi que ses performances.

En général, il ne faut pas se jeter sur la première occasion venue, l'achat d'un hydravion étant toujours un gros investissement. Une bonne évaluation de l'appareil sera importante, mais il faut aussi laisser un peu de place au coup de cœur qui est aussi important dans la décision finale.

Archivio Apostolo

La nacelle moteur du Savoia Marchetti S55. A droite, le Dornier Do X Umberto Maddalena *à Venise (Italie). Dessous, Boeing B1 de 1917, premier appareil à avoir transporté du courrier aux Etats Unis, et Savoia Marchetti S.80 (1933). En bas, hydravion Goodyear (1947) et Mac Kinnon Grumman* Goose *quadrimoteur. A la page à gauche, le biréacteur Saunders Roe A1.*

Monument à Lisbonne, commémorant le vol transatlantique de Sacadura Cabral et Gago Coutinho en 1922. L'appareil est un Fairey F3.

Archivio Apostolo

Archivio Apostolo

Archivio Apostolo

Quelques hydravions qui n'ont jamais atteint le stade de la production

Pour tous les avions ou hydravions que nous avons vus dans le ciel ou sur l'eau, il y en a beaucoup qui ne sont jamais arrivés jusqu'à la production. Cela est particulièrement vrais dans le cas des hydravions, ou beaucoup de difficultés techniques augmentées de problèmes budgétaires arrêtèrent énormément de projets.

Voici une présentation de quelques projets d'hydravions qui n'ont jamais vue le jour.

Saunders Roe

SPA

En Haut, étude allemande des années vingt d'un hydravion transocéanique entièrement métallique. Il était supposé pouvoir transporter 135 passagers et 35 membres d'équipage à 300 km/h sur 6.000 km.
A gauche, prototypes d'hydravions de chasse à réaction.
Le Saunders Roe A1 – premier hydravion à réaction du monde – à été abandonné à cause du faible intérêt développé, en dépit des bonnes performances de l'appareil.
En bas, le Convair XF2Y-1 Sea Dart, au décollage sur ses hydro-ski. Il devient le premier hydravion a passer le mur du son. Le projet a été abandonné après la destruction d'un des deux prototypes.

Le «AAA», Advanced Amphibious Aircraft, un projet européen conçu pour concurrencer le Canadair CL 415.

Dessous, projet allemands des années trente pour permettre à un avion de décoller de l'eau sans avoir les limitations dues aux impératifs de conception d'un hydravion.

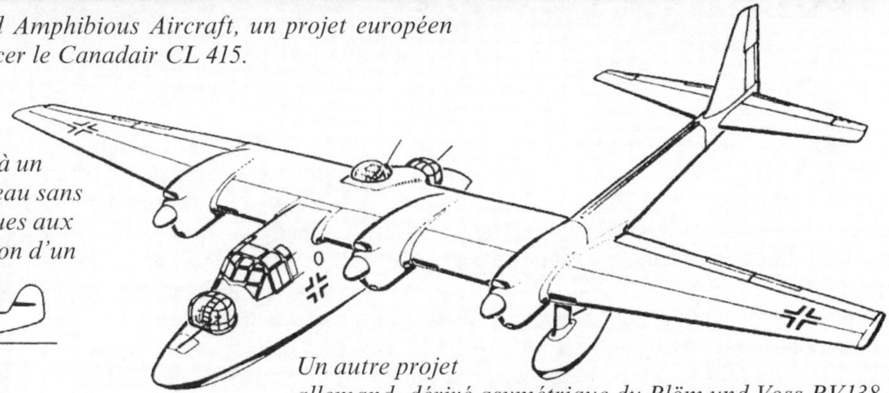

Un autre projet allemand, dérivé asymétrique du Blöm und Voss BV138.

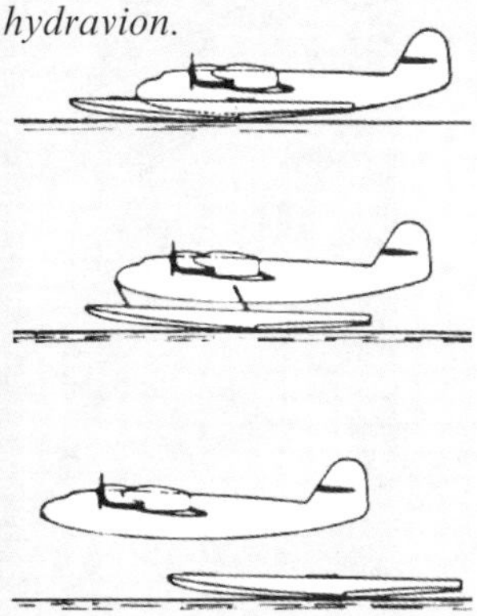

A droite, étude de la De Havilland pour un amphibie. Dessous, un projet canadien plus récent, le Airmaster Avalon 680. Certains projets abandonnés, comme celui du Pöschel P-400 Turbo Equator *(en bas, à droite), peuvent toutefois reprendre sous une autre forme. Seul l'avenir pourra dire s'ils auront pu avoir un développement.*

Boeing Canada

Pöschel

CHAPITRE 16

Masse et centrage

Le sujet du calcul des masses et centrages sortirait du but de ce livre car il est commun à tous les types d'appareils et devrait donc être familier au pilote. Il est cependant traité ici, surtout au travers d'exemples, soit parce que le problème est souvent sous-évalué dans les cours, soit pour permettre au pilote de se familiariser avec l'emploi du lest, souvent utilisé dans les hydravions et amphibies, mais aussi en considération des étranges emplois auxquels sont parfois affectés les hydravions.

Que l'on pense par exemple aux charges externes qui peuvent être appliquées aux flotteurs, ou aux opérations en brousse, qui impliquent le transport de grandes quantités de matériels. En outre, toute la documentation relative à la masse et au centrage de l'appareil est contenue seulement dans le manuel de vol, qui d'habitude est plutôt hermétique.

Dans ce chapitre, à la différence des autres, est donnée entre parenthèses la terminologie anglaise car le sujet reprend fondamentalement les informations contenues dans le manuel de vol, presque toujours écrit en anglais; ceci pour en faciliter la consultation.

Eau dans les flotteurs ou la coque. Pour les appareils qui volent sur l'eau, il y a un facteur de risque qui n'existe pas pour les appareils terrestres : l'eau dans les flotteurs ou la coque. Elle a un poids qui peut porter le poids total au-delà du maximum autorisé et, surtout, si elle se trouve éloignée du centre de gravité, peut faire varier énormément le centrage de l'appareil. Elle est en outre sujette à des déplacements dépendants des variations d'assiette de l'appareil. Les compartiments des flotteurs sont là aussi pour limiter les déplacements de l'eau éventuellement présente, mais quelques déplacements sont toujours possibles, surtout dans les appareils à coque. Pour éviter les risques, avant chaque vol, on doit s'assurer que les flotteurs ou la coque ne contiennent pas d'eau. Il ne suffit pas d'un contrôle visuel, basé sur l'impression générale de la façon dont l'appareil flotte sur l'eau, car l'eau pourrait être entrée dans plusieurs compartiments, et ne pas faire varier l'assiette. Un contrôle avec une pompe est toujours préférable.

Un lest improvisé, dans un sac plastique, pesé avec un peson à main. Dessous, lest permanent sur un Cessna C180.

Lest. Les amphibies à flotteurs ont souvent un problème de centre de gravité trop en avant, tandis que ceux à coque ont un problème de centre de gravité trop en arrière. Sur tout les types la disposition de la charge peut provoquer un important déplacement du centre de gravité. Cela implique, dans certain cas, l'installation de lest dans les logements prévus. Le lest est constitué de barrettes de plomb de poids prédéterminé, de façon que le poids total puisse être établi en comptant les barrettes. Celles qu'utilisent les plongeurs

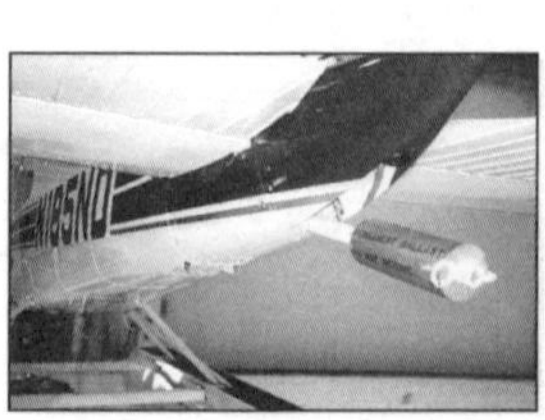

sous-marins conviennent parfaitement. En cas de besoin, on peut utiliser comme lest des morceaux de fer, des pierres, du sable ou d'autres matériaux de haute densité. Pour les peser on peut utiliser une petite balance dynamométrique légère.

Masse

Le poids de l'appareil ne doit pas être supérieur au poids maximum admis pour la phase de vol considérée. En d'autres termes l'appareil au décollage ne doit pas peser plus que le "poids maximum au décollage", et à l'atterrissage plus que le "poids maximum à l'atterrissage". Souvent, pour les petits appareils, il n'y a qu'une seule limitation de poids, valable pour toutes les phases du vol.

Dans certains cas le poids maximum peut être majoré, mais dans des conditions particulières. Par exemple, le Lake LA 4-200 *Buccaneer* a un poids maximum au décollage de 1180 kg, mais si l'on remplit les réservoirs supplémentaires des ballonnets, ce poids maximum monte à 1220 kg. Il est donc plus élevé de 40 kg, ce qui correspond au poids de l'essence transportée dans les réservoirs supplémentaires. Avec le Cessna 172, pour donner un autre exemple, le poids maximum au décollage est majoré quand les flotteurs sont installés. Une majoration de 200 livres est donné au Cessna 206 après l'installation de rallonges d'aile. Pour des vols particuliers, comme les vols de convoyage, on peut obtenir une autorisation pour opérer à un poids maximum supérieur à la limitation normale, généralement de l'ordre de 10 %. Un telle possibilité est exploitée pour pouvoir emmener une plus grande quantité de carburant. Quand un appareil terrestre est transformé en hydravion on a généralement une augmentation du poids maximum autorisé. Par exemple le Cessna 172N, qui en version terrestre a un poids maximum de 2300 livres, peut opérer comme hydravion, équipé de flotteurs EDO 2130, à un poids maximum de 2350 livres (2220 avec les flotteurs EDO 2000).

Pourquoi effectuer un calcul de masse et centrage?

1° Pour savoir comment est chargé l'appareil. Ou, comme le dit un vieux pilote de brousse, «pour savoir quelle est la charge à cacher dans le bois avant que les inspecteurs arrivent en cas d'accident». En effet, c'est pour permettre au pilote à prendre une décision en toutes connaissances de cause.

2° Pour savoir ou se situe le centre de gravité; ainsi le pilote peut déterminer comment l'appareil volera, comment il se contrôlera, quelles performances donnera l'appareil et s'il y aura un domaine de vol dangereux.

3° Pour savoir si la police d'assurance est correcte.

4° Pour savoir si le vol est légal.

Nous laisserons au lecteur le soin de déterminer si l'ordre et l'importance des éléments de la liste ci-dessus est correct.

Effets de la masse

Les graphiques de décollage et des autres performances de l'appareil, (excepté la distance maximum de plané sans moteur: finesse max), sont affectées approximativement par le carré du changement de masse. Le changement approximatif des performances peut être déterminée par:

$$[\text{masse actuelle / masse maximum au décollage}]^2 = \text{multiplicateur}$$

Par exemple un appareil chargé à 90% de sa masse de certification donnera:

$$[0{,}9]^2 = 8{,}1$$

La distance de décollage sera approximativement de 81% de ce qui est requis pour la masse maximum.

ATTENTION ! Cette méthode sera toujours plus inexacte quand l'appareil est chargé de plus en plus au-dessus de la masse maxi.

Terminologie

En ce qui concerne la terminologie on a: la "masse à vide" *(empty weight)*, la "masse standard à vide" *(standard empty weight)*, qui est la masse à vide à laquelle on ajoute la masse de l'huile moteur *(oil)* et du carburant inutilisable *(unusable fuel)*, la "masse de base à vide" *(basic empty weight)*, qui est la masse standard additionnée du poids des équipements optionnels. La "masse au décollage" est appelée en anglais *take off weight*, tandis que la "masse à l'atterrissage" est le *landing weight*. On parle souvent de la "masse maximum au décollage" ou "à l'atterrissage" *(maximum take off – ou landing – weight)* et de la "masse maximum au parking" *(maximum ramp weight)*; ce dernier est la masse maximum au décollage additionnée de la masse du carburant nécessaire pour la mise en route, le roulage et les essais moteur. Le *gross weight* est simplement la masse totale de l'appareil à un moment donné. L'éventuel lest présent à bord est appelé en anglais *ballast*.

Centrage

On rappelle que le centre de gravité *(Center of Gravity)* de l'appareil est le point où s'exerce le poids, dirigé verticalement vers le bas. L'appareil, suspendu par le centre de gravité, se trouve en équilibre quelle que soit sa position. La position du centre de gravité peut varier selon la disposition de la charge à bord, mais doit se trouver entre des limites précises appelées "limites de centrage" *(Center of Gravity Limits)*, indiquées par le manuel de vol, autrement l'appareil n'est plus ni stable ni contrôlable, autrement dit il n'est plus réglementairement pilotable.

Centrage avant. Si le centre de gravité est trop en avant les performances de l'appareil sont diminuées car au poids de l'appareil s'ajoute une plus grande déportance de la profondeur. En outre l'appareil a une plus grande stabilité longitudinale, et la pression requise sur les commandes pour obtenir une certaine variation d'assiette est supérieure. Dans ces conditions on peut se trouver dans une situation à risque durant le palier après l'arrondi. La vitesse est basse et l'efficacité de la profondeur est réduite, tandis que sa déportance pour maintenir l'assiette désirée devrait être élevée. Le résultat est qu'il devient difficile de contrôler l'assiette. La condition est moins critique si une vitesse d'approche supérieure à la normale est adoptée et si l'on garde du moteur jusqu'au toucher.

Centrage arrière. Si le centre de gravité est en arrière les performances de l'appareil sont améliorées. D'autre part l'appareil a une stabilité longitudinale réduite et les variations d'assiette s'obtiennent avec des pressions plus légères sur les commandes. Dans ces conditions on a une situation à risque en vol lent. Un décrochage pourrait facilement se transformer en une vrille à plat, sans possibilité d'en sortir. Il est donc bon d'éviter les basses vitesses et, étant donné que l'appareil est plus instable, on doit maintenir un contrôle plus constant et plus minutieux de l'assiette.

Plan de référence. Dans les manuels de vol, la position du centre de gravité est donnée sous la forme d'une distance à un plan vertical choisi arbitrairement par le constructeur pour simplifier les calculs et les mesures, par exemple la pointe du cône d'hélice ou l'attache de l'aile au fuselage. Ce plan est appelé "plan de référence" (en anglais *Reference Datum* ou simplement *Datum*). Par exemple sur le Cessna 172N le plan de référence coïncide avec la partie inférieure de la cloison pare feu. Toujours sur le même appareil, au poids de 2220 livres, le centre de gravité doit se trouver entre 39,8 et 45,5 pouces en arrière du plan de référence, comme indiqué brièvement au chapitre *Limitations* du manuel de vol et plus en détail au chapitre *Weight and Balance*.

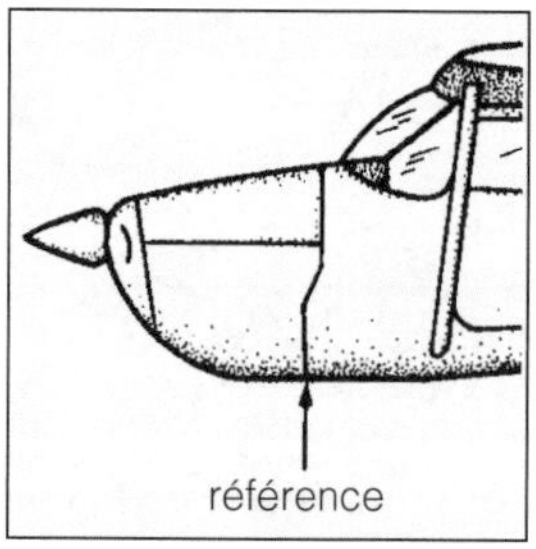

Le plan de référance sur le Cessna 172 est la partie inférieure de la cloison pare feu.

Calcul du centrage

Pour comprendre comment on procède au calcul du centrage considérons tout d'abord un système composé de

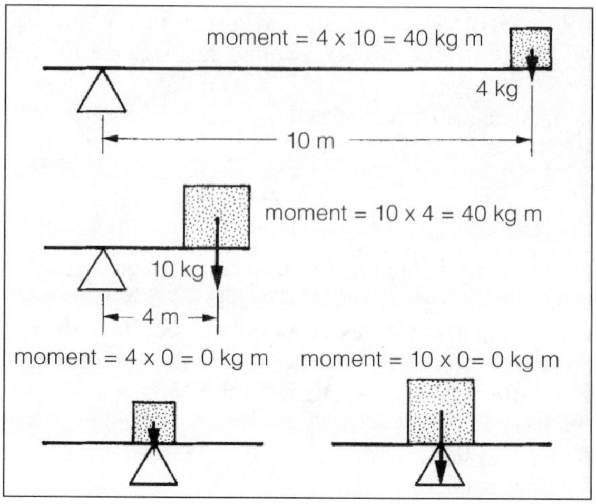

deux poids et d'un bras pouvant osciller autour d'un axe. Un certain poids placé près de l'axe peut être contrebalancé par un poids très inférieur, mais placé à une plus grande distance de l'axe, comme le sait bien qui a, étant enfant, joué sur une balançoire. La distance du poids à l'axe est appelée "bras de levier" (en anglais *Arm*). Ce qui exprime l'effet d'un certain poids placé à une certaine distance de l'axe est appelé "moment" *(Moment)*. En termes plus précis le moment est le produit du poids par le bras de levier. Dans les manuels de vol des appareils, le poids est souvent exprimé en livres et le bras de levier en pouces; d'autres utilisent les kilogrammes et les mètres. Pour chaque objet chargé à bord on doit calculer son moment, c'est-à-dire son poids multiplié par le bras de levier avec lequel ce poids agit. Le bras de levier n'est rien d'autre que la distance de l'objet (en termes rigoureux du centre de gravité de l'objet) au plan de référence. Par exemple un objet de 48 livres placé à 117 pouces du plan de référence a un moment de

48 x 117 = 5616 livres x pouces.

Si on connaît le moment et le poids on peut retrouver la distance au plan de référence par une simple division. Par exemple si le moment est de 4616 livres x pouces et le poids de 48 livres la distance au plan de référence est de

5616 : 48 = 117 pouces.

Considérations sur le C.G.

Ces concepts de base vus, voyons comment on procède en pratique pour calculer le centrage d'un appareil.

Tout d'abord, on considère le graphique des limites de centrage *(Center of Gravity Limits)*, qui figure au chapitre *Weight and Balance* du manuel de vol. A titre d'exemple est reproduit ici le graphique relatif au Cessna 172N hydro. On note que pour chaque poids

La fiche de pesée originale du Cessna 172. Les informations nécessaires au calcul de centrage sont données par les flèches: poids à vide et moment.

CESSNA AIRCRAFT COMPANY
WICHITA, KANSAS

Weight & Balance and Installed Equipment Data

CONTROL NUMBER	DATE	MODEL	REGISTRATION NUMBER	CESSNA SERIAL NUMBER
008301	01/23/80	SKYHAWK II	N5442J	17273797

ITEM		WEIGHT	ARM	MOMENT
STANDARD AIRPLANE (EMPTY,DRY)	COMPUTED	1354.4	39.5	53498.8
INCLUDING ALL REQUIRED AND STANDARD EQUIPMENT ITEMS				
UNUSABLE FUEL 3.0 GALLONS		18.0	46.0	828
FULL OIL 6.0 QUARTS		11.3	14.0-	158.2-
STANDARD EMPTY WEIGHT		1383.7	39.1	54168.6
OPTIONAL EQUIPMENT REPLACING OR IN ADDITION TO				
REQUIRED AND STANDARD EQUIPMENT ITEMS				
-F- 580F BENGAL YELLOW-MAJOR	NEGL.			
-K- 580K TOFFEE BROWN-ACCENT	NEGL.			
AF OPT-1 TAN VINYL W/TAN CORONA FAB INSERTS	NEGL.			
SHADOW GRAY UPPER INSTRUMENT PANEL	NEGL.			
BASIC AVIONICS KIT		7.0	52.8	369.7
300 N/C RT385A 720 COM 200 NAV VOR/LOC		8.3	11.9	98.7
DETECTORS, NAVIGATION LIGHTS	NEGL.			
FLIGHT CONTROLS, DUAL		4.9	12.4	60.8
HEATING SYSTEM, PITOT (EXCH.)		.6	24.4	14.6
INDICATOR, TRUE AIRSPEED (EXCH)		.1	16.9	1.7
LIGHT, BEACON,OMNI-FLASH		1.4	204.7	286.6
LIGHTS, COURTESY		.5	61.0	30.5
LOCATOR BEACON		3.5	116.5	407.7
STATIC SOURCE, ALTERNATE		.2	15.5	3.1
BATTERY, 24-VOLT, HEAVY DUTY (EXCH)		2.0	5.0-	10 -
FLOATPLANE KIT OPTION-A-(EDO ONLY)		23.8	45.7	1087.7
LIGHTS, STROBE		3.4	43.3	147.2
VALVE, OIL QUICK DRAIN	NEGL.			
PRIMING SYSTEM, ENGINE		.3	12.0-	3.6-
RECORDER, FLIGHT HOUR		.5	6.3	3.1
WINDOW, HINGED RH		2.3	47.0	108.1
BASIC EMPTY WEIGHT		1442.5	39.4	56775.0
USEFUL LOAD		864.5		
MAXIMUM RAMP WEIGHT		2307.0		
MAXIMUM TAKE-OFF WEIGHT 2300.0				

de l'appareil il existe une limite avant et une limite arrière du centre de gravité. Par exemple à 2000 livres le centre de gravité ne doit pas se trouver à moins de 37,9 pouces du plan de référence, tandis qu'à 2220 livres il ne doit pas être à moins de 39,8 pouces du plan de référence. Dans les deux cas le centre de gravité ne doit pas se trouver à plus de 45,5 pouces du plan de référence.

On note qu'au fur et à mesure que le poids augmente, les limites se rapprochent, jusqu'à coïncider, pour la plupart des appareils, pour un poids de 25% supérieur au maximum. On comprend donc combien peut être dramatique – car incontrôlable – le vol dans de telles conditions de surcharge.

Sur les graphiques sont parfois portées deux enveloppes (ainsi sont appelées les aires du graphique dans lesquelles doit se trouver le point représentant le centre de gravité): une pour la catégorie normale *(normal)* et une pour la catégorie *utility*. Opérant en catégorie normale, le pilote ne peut effectuer intentionnellement une vrille, tandis qu'en catégorie utility il peut l'effectuer. Les restrictions plus strictes sur le poids et la position du centre de gravité de la catégorie utility ont pour but d'assurer une sortie de vrille sûre.

Considérons maintenant le poids et le moment de l'appareil à vide telles que ces données sont reportées dans la dernière mise à jour de la fiche de pesée et centrage, c'est-à-dire après la dernière pesée. A titre d'exemple, il est reproduit ici une mise à jour relative au Cessna 172N numéro 73797. La nouvelle pesée fut due à l'installation des flotteurs EDO 2130 en remplacement du train, c'est-à-dire lors de la transformation d'avion en hydravion. A noter que l'appareil était déjà prévu lors de sa construction pour être transformé en hydravion. En d'autres termes, étaient déjà incorporés tous les renforts et modifications qui constituent la version hydravion. Pour cette raison, ces pièces n'ap-

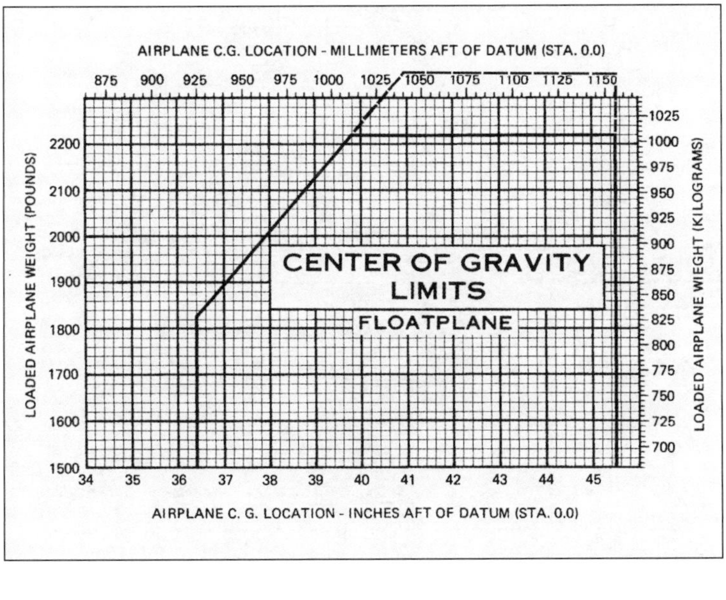

Graphique des limites de centrage du Cessna 172 équipé de flotteurs EDO 2000. Quand les flotteurs EDO 2130 sont installés sur cet appareil, la masse maxi au décollage est augmentée à 2350 lbs, comme il est spécifié dans le supplément au manuel de vol. Le graphique a été modifié avec une plage supplémentaire pour l'utilisation sur flotteurs EDO 2130.

FLIGHT MANUAL SUPPLEMENT NO. E-1

CESSNA MODEL 172N AND 172P FLOATPLANE

EQUIPPED WITH EDO-AIRE MODEL 689-2130 FLOATS

SECTION 2 (Continued)

LIMITATIONS

WEIGHT LIMITS:

Maximum Ramp (Dock) Weight: 2357 LB.
Maximum Takeoff Weight: 2350 LB.
Maximum Landing Weight: 2350 LB.
Maximum Weight in Baggage Compartment

CENTER OF GRAVITY LIMITS:

Center of Gravity Range:
(+40.9) (Fwd) to (+45.5) (Aft) at 2350 LB. Maximum gross weight

(+36.4) (Fwd) to (+45.5) (Aft) at 1825 LB. with straight line variation between points given.

WEIGHT AND BALANCE DATA
AND EQUIPMENT LIST REVISION

Cessna 172N
N5442J
S/N 17273797
March 19, 1981

Item	Weight	Arm	Moment
Airplane empty on wheels	1442.5	39.4	56775.0
Remove main gear	- 98.0	57.9	-5674.2
Remove nose wheel	- 33.0	- 6.8	224.4
Install Edo 689-2130 floats	259.0	35.0	9065.0
	1570.5		60390.2

Gross Weight 2350.0 lbs.
Empty Weight 1570.5 lbs.
Useful Load 779.5 lbs.
E. W. C. G. 38.45 ins.

Révision d'une fiche de pesée après l'installation de flotteurs, sur un Cessna 172 pour cet exemple.

Méthode simple de détermination de la position du centre de gravité d'un objet. Le centre de gravité est sur la ligne verticale passant par le point où l'objet reste en équilibre.

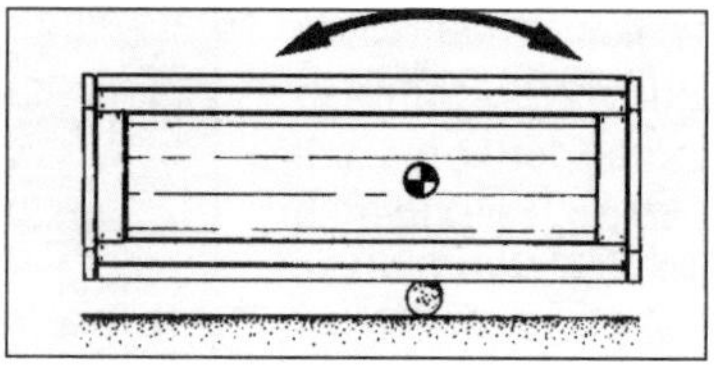

paraissent pas dans la mise à jour. Cette fiche donne un poids de base à vide de 1570,5 livres et un moment de 60390,2 livres x pouces. Ce sont les données de départ pour calculer le centrage.

A ce point, on calcule le moment de tout ce qui se trouve à bord, en multipliant le poids de chaque objet par sa distance au plan de référence. Pour les éléments les plus caractéristiques de la charge, la distance au plan de référence est fournie par le manuel de vol. Par exemple le carburant est à 48 pouces du plan de référence; les occupants des sièges avant peuvent se trouver entre 34 et 46 pouces du plan de référence, selon la position de ces mêmes sièges, mais en moyenne à 37 pouces du plan de référence. Pour chaque objet monté sur l'appareil et qui peut être démonté, le poids, la distance au plan de référence et le moment sont reportés sur l'*Equipment List*, qui fait partie intégrante du manuel de vol. Pour chaque autre élément de charge possible, on doit peser le matériel avec une balance, mesurer sa distance au plan de référence avec un mètre ou la déduire d'un dessin coté de la cabine, parfois reporté dans le manuel de vol. La distance à considérer est celle du centre de gravité de l'objet au plan de référence. Le centre de gravité d'un objet de formes régulières et de contenu homogène est facile à déterminer "à vue" car il correspond au centre géométrique de l'objet. Dans le cas d'objets de forme irrégulière ou de conteneurs à l'intérieur desquels sont disposés irrégulièrement des matériaux de caractéristiques diverses, le centre de gravité doit être déterminé. Ce qui peut se faire de façon approximative en posant l'objet pour qu'il se trouve en équilibre, comme illustré sur la figure. Pour le calcul du centrage le poids du carburant est considéré comme égal à 6 livres par gallon US, et celui de l'huile moteur à 7,5 livres par gallon US.

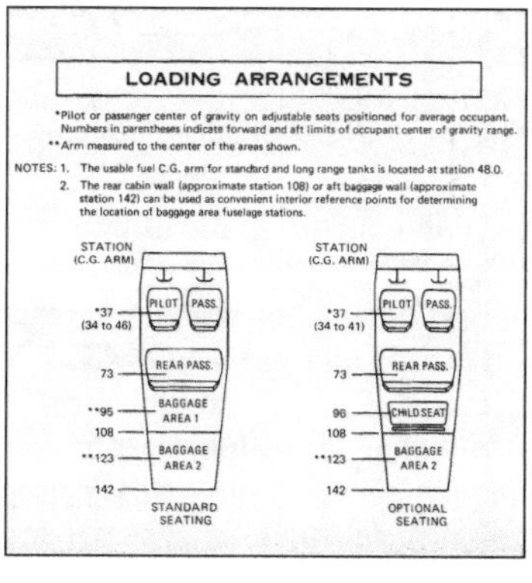

Prenons maintenant un exemple, toujours relatif au C172 hydro N5442J. Dans la première colonne sont indiqués les poids en livres (lbs), dans la deuxième les bras de levier, c'est-à-dire les distances au plan de référence en pouces(ins) et dans la troisième les moments en livres x pouces (lb ins).

	lbs	**ins**	**lb ins**
poids de base à vide	1570.5		60390.2
carburant (40 US gal)	240.0	48	11520.0
pilote	130.0	37	4810.0
passager avant	150.0	40	6000.0
sacs sur siège arrière	45.0	73	3285.0
valise aire bagage 1	65.0	95	6175.0
POIDS TOTAL	**2200.5**		**92180.2**

Schémas utilisés pour déterminer la position du chargement extrait du manuel de vol du Cessna 172N.

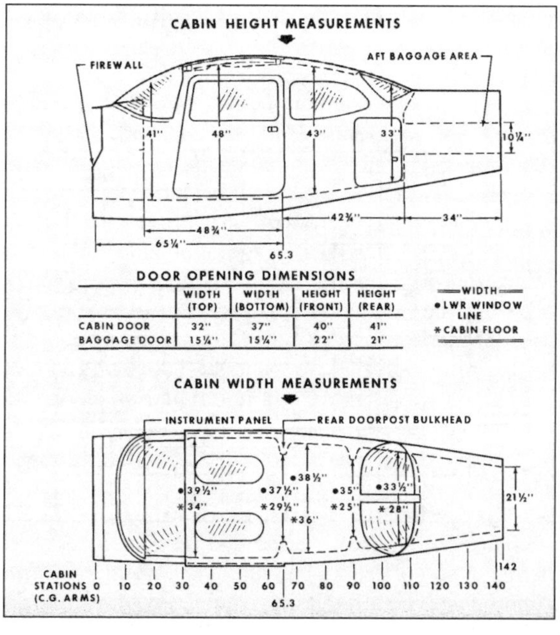

La somme de tous les poids donne le poids total de l'appareil, celle des moments donne le moment de l'appareil. Tout d'abord, nous constatons que le poids est inférieur au maximum admis. Divisons maintenant le moment de l'appareil par le poids, nous obtenons la distance du centre de gravité au plan de référence : 92180,2 : 2200,5 = 41,89 ce qui est parfaitement acceptable, étant donné qu'elle peut varier entre 39,8 et 45,5.
Pour compléter l'exercice voyons maintenant quelle est la situation à la fin du vol, pour lequel on prévoit de consommer 28 gallons de carburant, soit 168 livres; il en reste donc 72 livres.

	lbs	**ins**	**lb ins**
poids de base à vide	1570.5		60390.2
carburant (12 US gal)	72.0	48	3456.0
pilote	130.0	37	4810.0
passager avant (reculé)	150.0	40	6000.0
sacs sur siège arrière	45.0	73	3285.0
valise aire bagage 1	65.0	95	6175.0
POIDS TOTAL	**2032.5**		**84116.2**

Le poids est toujours acceptable, ayant diminué, de même que la position du centre de gravité, qui se trouve par rapport au plan de référence à
84116,2 : 2032,5 = 41,39 pouces
Avec certains appareils, il peut arriver que l'on se retrouve hors centrage après avoir consommé une certaine quantité de carburant. Quand on utilise ce type d'appareil, on doit toujours calculer le centrage pour le début et la fin du vol et éventuellement charger ou lester l'appareil de façon à ce que le centre de gravité reste entre les limites durant tout le vol.
Étudions maintenant un cas spécial. On veut installer sur la pointe d'un flotteur, grâce à un étrier adapté, un appareil photo contenu dans un caisson étanche, pour photographier l'appareil en vol. On veut être sûr de ne pas être hors centrage et éventuellement calculer le lest à installer sur l'hydravion. L'appareil photo et l'étrier pèsent 14 kg, soit 30,6 livres. Avec un mètre on mesure la distance de l'objet (pour la précision la distance du centre de gravité de l'ensemble appareil photo étrier) au plan de référence. Elle est de 165 cm, soit 65 pouces. L'objet se trouve en avant du plan de référence et donc la distance est négative : -65 pouces. A bord se trouvent le pilote, un passager sur le siège avant, et il y a 35 gallons de carburant.

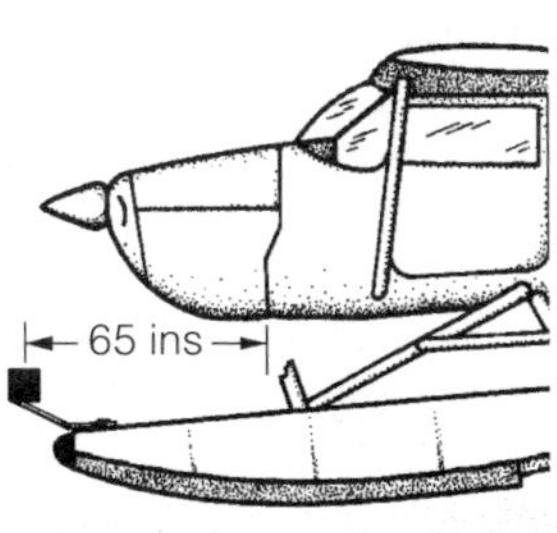

	lbs	**ins**	**lb ins**
poids de base à vide	1570.5		60390.2
carburant (35 US gal)	210.0	48	10080.0
pilote et passager	320.0	37	11840.0
appareil photo et étrier	30.6	-65	- 1989.0
POIDS TOTAL	**2131.1**		**80321.2**

Le centre de gravité de l'hydravion se trouve donc par rapport au plan de référence a
80321,2 : 2131,1 = 37,69 pouces.
La position est inacceptable, se trouvant en dehors de l'enveloppe et, plus précisément, trop en avant. Etant donné que le poids est nettement inférieur au maximum, il est inutile de penser à appliquer des barrettes de plomb en queue ou à d'autres solutions similaires, mais on peut commencer à envisager un lest d'une trentaine de livres dans la soute à bagages *(Baggage Area)* la plus en arrière, c'est-à-dire la 2. Voici la situation.

	lbs	**ins**	**lb ins**
poids de base à vide	1570.5		60390.2
carburant (35 US gal)	210.0	48	10080.0
pilote et passager	320.0	37	11840.0
appareil photo et étrier	30.6	-65	-1989.0
lest	30.0	123	3690.0
POIDS TOTAL	**2161.1**		**84011.2**

Divisons, comme pour le cas précédent, le moment par le poids: nos obtenons une distance du centre de gravité au plan de référence de 38,87. Nous nous sommes rapprochés de l'enveloppe, mais sommes encore au dehors. Essayons donc nettement plus: 80 livres de lest au lieu de 30.

	lbs	**ins**	**lb ins**
poids de base à vide	1570.5		60390.2
carburant (35 US gal)	210.0	48	10080.0
pilote et passager	320.0	37	11840.0
appareil photo et étrier	30.6	-65	-1989.0
lest	80.0	123	9840.0
POIDS TOTAL	**2211.1**		**90161.2**

Dans ce cas, la distance du centre de gravité au plan de référence est de 40,78 pouces, largement dans l'enveloppe. Il existe des méthodes pour arriver au résultat désiré à coup sûr, mais qui demandent quelques calculs. La méthode indiquée ci-dessus, par tâtonnements, est moins raffinée, mais c'est une pure application répétée plusieurs fois de ce qu'utilise déjà le pilote pour calculer le centrage.
Nous avons donc vu comment effectuer en sécurité une opération un peu spéciale et être certain d'opérer en conditions de pilotage normales.

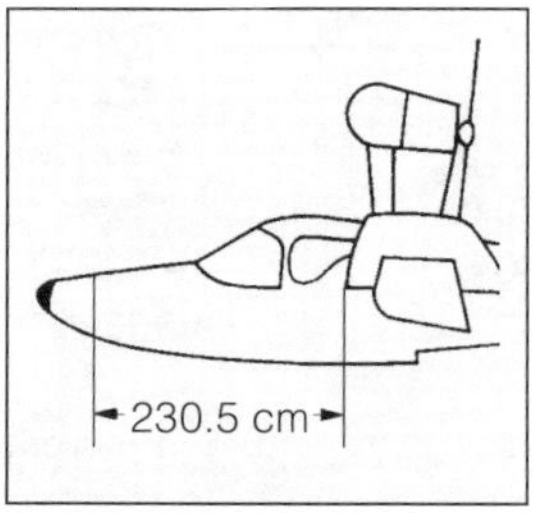

Plan de référence du Lake LA4-200 Buccaneer. *Dessous, lest installé dans son compartiment.*

Voyons maintenant un exemple de calcul du centrage relatif à un appareil qui prévoit l'emploi de lest, le Lake LA-4-200. Ce lest, sous forme de barrettes de plomb, doit être disposé dans un logement prévu à l'avant. Le graphique des limites du centre de gravité relatif à l'appareil est reporté ici. Le plan de référence se trouve à 230,5 cm en avant de l'attache de l'aile au fuselage. Si l'on doit effectuer souvent des mesures relatives au centrage, il convient de tracer une ligne verticale passant par le plan de référence sur le nez de l'appareil.
Considérons maintenant le cas d'un vol avec un pilote et un passager, pour un total de 150 kg, et le réservoir central (40 US gal) plein. Les poids sont en kilogrammes (kg), les distances au plan de référence sont en centimètres (cm) et les moment en kilogrammes centimètres (kg x cm). On note que pour cet appareil la donnée de base est le poids à vide, qui ne comprend pas l'huile moteur. Cette donnée et son moment se trouvent naturellement dans la dernière mise à jour de la fiche de pesée, attachée au manuel de vol.

	kg	**cm**	**kg cm**
poids de base à vide	748.5		214071.0
huile (8 qts)	6.8	297	2019.6
carburant (40 US gal)	109.0	299	32591.0
pilote et passager	150.0	155	23250.0
POIDS TOTAL	**1014.3**		**271931.6**

La distance du centre de gravité au plan de référence, obtenue comme précédemment en divisant le moment par le poids, est de 261,8 cm, amplement à l'intérieur de l'enveloppe. Voyons maintenant le cas d'un vol avec le pilote seul (75 kg) et toujours avec le réservoir central plein.

	kg	**cm**	**kg cm**
poids de base à vide	748.5		214071.0
huile (8 qts)	6.8	297	2019.6
carburant (40 US gal)	109.0	299	32591.0
pilote	75.0	155	11625.0
POIDS TOTAL	**939.3**		**260306.6**

La distance du centre de gravité au plan de référence qui en résulte est de 277,1 cm et donc très en dehors de l'enveloppe. Pour avancer le centre de gravité on doit utiliser le lest. Pour éviter des calculs ennuyeux on peut procéder par essais. Essayons avec 20 kg.

	kg	**cm**	**kg cm**
poids de base à vide	748.5		214071.0
huile (8 qts)	6.8	297	2019.6
carburant (40 US gal)	109.0	299	32591.0
pilote	75.0	155	11625.0
lest	20.0	25	500.0
POIDS TOTAL	**959.3**		**260806.6**

La distance du centre de gravité au plan de référence qui en résulte est de 271,9 cm. Elle est à l'intérieur de l'enveloppe.
Certains appareils prévoient la possibilité de mettre du lest aussi bien dans le nez que dans la queue. C'est le cas, par exemple, du Lake LA 250. Avec cet appareil, si on a quatre personnes à bord et peu de carburant, on doit lester l'arrière, tandis que si l'on voyage seul avec le plein de carburant on doit lester le nez de plusieurs dizaines de kilogrammes.

Raccourcis

La méthode exposée jusqu'à maintenant est la méthode de base générale de calcul du centrage de l'appareil. Les constructeurs, dans les manuels de vol, fournissent souvent des méthodes plus ou moins simplifiées pour le calcul du centrage, basé sur le fait qu'habituellement le nombre de variables est faible pour les petits appareils: passagers aux places avant, passagers aux places arrière, bagages dans la soute et carburant.
Pour le Cessna 172N par exemple, qui a été adopté jusqu'ici dans les démonstrations, le manuel de vol

Graphique de centrage du Lake LA4-200 Buccaneer.

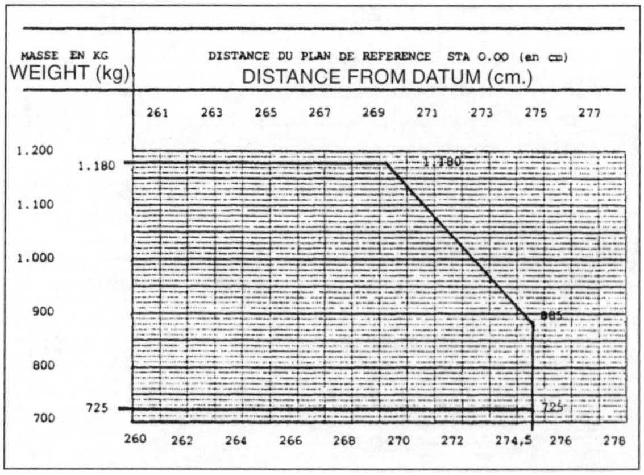

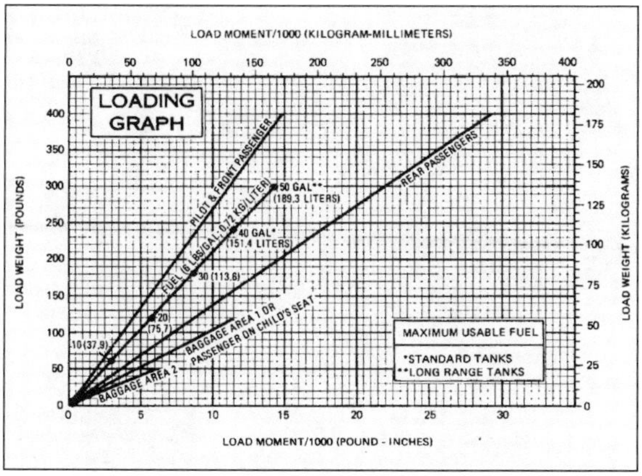

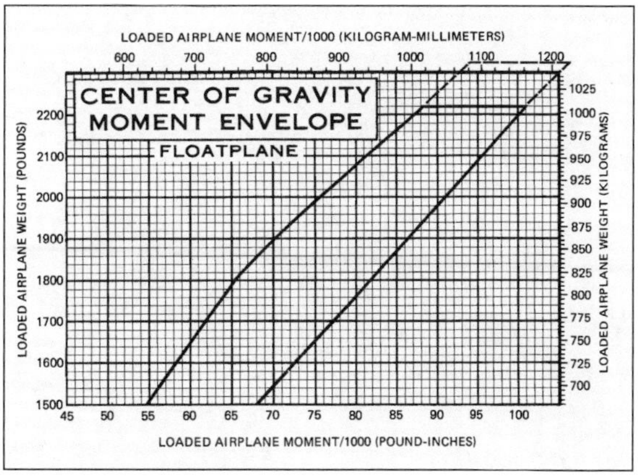

Graphique de calcul rapide du centrage du Cessna 172 N, extrait du manuel de vol. Notez sur le graphique donnant l'enveloppe de centrage, la plage supplémentaire pour l'augmentation de masse à 2350 lbs pour les appareils équipés des flotteurs EDO 2130.

fournit une méthode de calcul rapide des moments des charges fondamentales: le *Loading Graph*. Il évite d'effectuer les multiplications et fournit les moments, divisés par mille pour la commodité, quand on connaît le poids de l'élément considéré.
La condition essentielle est que la distance au plan de référence des éléments soit celle prévue. Le graphique n'est pas utilisable, par exemple, si le pilote de grande taille ne se trouve pas à 37 pouces en arrière du plan de référence, mais dans une position beaucoup plus en arrière.
L'utilisation du diagramme est intuitive. Par exemple si on transporte sur le siège arrière un passager de 125 livres on peut déterminer son moment en lisant la valeur en abscisse correspondant à celle en ordonnée de 125 livres, le long de la ligne relative aux places arrière *(Rear Passengers)*. Le moment dans ce cas est de 9250 livres x pouces, mais il est indiqué sur le graphique divisé par 1000, soit 9,25. Une fois que l'on a calculé le poids et le moment de tout l'appareil on peut utiliser un autre raccourci offert par le manuel de vol. Les deux valeurs citées peuvent se visualiser sur le graphique *Center of Gravity Moment Envelope*. Si le point de coordonnées égales aux deux valeurs tombe dans l'enveloppe le centrage est acceptable, tandis que s'il tombe en dehors le centrage est inacceptable. Ce raccourci rend superflu le calcul de la position du centre de gravité par rapport au plan de référence ainsi que la vérification du centrage sur le graphique des limites du centre de gravité.
Quelquefois les constructeurs fournissent pour un appareil donné des graphiques spéciaux ou une règle spéciale pour le calcul du centrage de l'appareil.

Charge habituelle

Lorsqu'on opère souvent avec un appareil, il est bon de décortiquer les problèmes de poids et centrage une fois pour toutes, et d'évaluer les cas relatifs aux opérations courantes.
Par exemple, avec les petits quadriplaces, on peut évaluer la situation avec une, deux, trois ou quatre personnes à bord avec différentes quantités de carburant. Par exemple, avec un certain appareil, on peut arriver à établir qu'avec deux personnes à bord il n'y a pas de limites de carburant embarquable; ou bien qu'avec plus de deux personnes à bord on ne doit jamais utiliser de lest, quel que soit le poids du carburant et des bagages transportés; ou encore qu'avec quatre personnes à bord on ne peut transporter plus de 35 gallons d'essence et que l'on doit retirer de plus le carburant correspondant à l'éventuelle surcharge des passagers par rapport aux 70 kg considérés.
En dehors de ces cas établis on doit toujours être prêt et entraîné à calculer le centrage pour chaque cas spécifique qui peut se présenter. A cet effet, il est bon d'avoir toujours avec soi, en plus du manuel de vol, une règle à calcul ou une calculette et éventuellement une balance dynamométrique et un mètre ruban, pour mesurer la distance au plan de référence. La position de ce dernier est indiquée dans le manuel de vol, mais il est opportun que le pilote la connaisse bien.

Charges imprévues

On doit prêter attention aux éléments imprévus ou difficilement évaluables, comme l'eau dans les flotteurs ou dans la coque, une lourde charge mise en position critique, un passager pesant plus que la moyenne et ainsi de suite.
Une situation à risque possible est la présence de lest oublié dans son logement lors du vol précédent. Dans ce cas, c'est un problème de visite pré-vol.

CHAPITRE 17

Techniques avancées, opérations spéciales, urgences

Dans ce chapitre et les deux qui suivent sont exposées les techniques avancées, les opérations spéciales, les situations à risques et les éventuelles urgences que l'on peut avoir à affronter avec un hydravion ou un amphibie et qui n'ont pas été traitées dans les chapitres précédents dédiés aux manœuvres fondamentales.

Opérations à terre en hydravion

Atterrissage d'urgence

Une panne moteur au-dessus de la terre, des conditions de vol impossibles à cause du mauvais temps ou l'arrivée de la nuit impliquent un atterrissage. Pour cela, on doit choisir un terrain plat et sans aspérités ainsi qu'une trajectoire d'approche sans obstacles. L'idéal serait un champ enneigé ou une prairie. Lors de l'atterrissage dans une prairie accidentée, on peut endommager les flotteurs et la partie du fuselage où ils sont fixés, mais on s'en tirera probablement avec des fonds bosselés. Si la prairie est bien compacte et sans aspérités, on peut très bien s'en sortir sans aucun dégât, comme cela est exposé plus loin. Si on ne rencontre pas de mur ou de fossé profond, on ne capote pas comme cela arrive aux appareils terrestres dont le train s'accroche aux plus petites aspérités. Si on survole une route ou une autoroute, l'atterrissage sur un tronçon sans voitures peut être tenté. S'il y a du trafic, il vaut mieux choisir une prairie.

Si on vole le long d'une côte et que la mer est agitée, il vaut mieux atterrir qu'amerrir. Le sable est peu adapté à l'atterrissage et provoque à coup sûr le capotage de l'appareil, à moins qu'il n'y ait un vent très fort qui réduise de beaucoup la vitesse par rapport au sol. Il vaut mieux atterrir sur l'estran. Si on ne peut éviter d'atterrir dans un bois ou une forêt, on doit

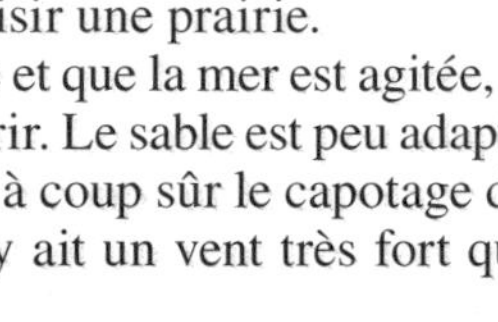

Jerry Marshall via SPA

Jerry Marshall via SPA

Atterrissage du Champion Citabria de Jerry Marshall sur une piste en herbe de Cottage Grove (USA). Cette opération est effectuée tous les soirs, pour mettre l'appareil dans un hangar. En haut, le chariot spécial conçu par Jerry Marshall, semblable à un skateboard; il est utilisé pour décoller d'une piste en herbe ou en dur.

Edo Corporation

choisir une zone avec des arbres bas et éviter de heurter un arbre avec le nez. L'idéal est de toucher les arbres avec les ailes, de façon à réduire le plus possible la vitesse lorsqu'on heurtera le sol ou un arbre avec le nez. Si l'appareil s'immobilise dans les arbres, à une certaine hauteur, on doit prêter la plus grande attention à la sortie et à la descente pour rejoindre le sol. Beaucoup d'accidents aériens ont eu des conséquences graves, uniquement parce que les occupants indemnes sont tombés de l'appareil lors d'une sortie précipitée de la cabine. Le choc avec un mur ou une construction doit être évité à tout prix.

Atterrissage de précaution. Si l'on doit effectuer un atterrissage de précaution, c'est à dire avec un appareil en parfait état de fonctionnement, à cause par exemple de conditions de vol devenues impossibles, de l'imminence d'une panne de carburant ou avec un amphibie en cas de panne de train, il vaut mieux choisir un aéroport. Un aéroport offre une piste splendide, une approche certainement sans obstacles et beaucoup d'assistance. Il est difficile d'imaginer quelque chose de mieux en cas d'urgence. Si on a le choix entre une piste en dur et une piste en herbe, la piste en herbe est toujours préférable.

Si l'on est surpris par la nuit et qu'il n'y a pas de plan d'eau accessible en sécurité (sur lequel un amerrissage dans l'obscurité soit possible) on doit se dérouter vers un aéroport disposant d'un balisage et atterrir sur la piste. Dans tous les cas d'atterrissage sur un aéroport, on doit demander de tenir prêt un tracteur et des câbles pour traîner l'appareil hors de la piste, de manière à bloquer l'activité de l'aéroport le moins longtemps possible. Les câbles de remorquage seront fixés aux attaches de la traverse antérieure. Les dégâts au fond des flotteurs sont généralement minimes, surtout si l'on prend soin de mouiller le passage où sera traîné l'appareil.

Assiette et vitesse. L'atterrissage sur une surface plate sera effectué à basse vitesse. Jerry Marshall, un expert des atterrissages en hydravion, suggère une vitesse de toucher de 1,1 à 1,2 fois la vitesse de décrochage. Dans la phase finale de l'approche on doit avoir un faible taux de descente. Le toucher doit se faire avec une assiette peu cabrée. Cela s'obtient en effectuant une approche moteur réduit au maximum avec les volets complètement sortis. Peu après le contact on doit être prêt à tirer rapidement le manche en arrière, pour vaincre le moment piqueur. Les composantes latérales de vitesse, dues par exemple à la dérive, doivent être absolument évitées. Si l'atterrissage se produit sur un sol qui laisse des doutes quand au comportement de l'appareil après le contact, on doit se rappeler d'effectuer toutes les vérifications prévues en cas d'atterrissage forcé et, en particulier, de couper les magnétos et le contact général et de fermer le robinet d'essence.

Atterrissage d'un Champion Citabria sur la piste en herbe de Reading, Pennsylvanie (USA) pendant un meeting aérien. Dessous, atterrissage réussi, moteur coupé de ce Cessna C180 dans un champ de céréales. Aucune blessure ni dégât n'ont été à déplorer. 20° de volets ont été utilisés pour améliorer l'efficacité de la gouverne de profondeur. L'appareil s'est arrêté en 68 mètres.

Dale De Remer

Décollage terrestre

Avec un hydravion, en cas d'urgence, il est possible de décoller d'une prairie, surtout si elle est en descente, pourvu que le sol herbeux soit en bon état. En réalité, à moins que le sol soit très glissant, seuls les appareils très puissants réussiront à se mouvoir sur le terrain. Avec les appareils peu puissants, la résistance avant l'envol peut être vaincue de diverses façons. La première, plutôt expéditive, consiste à faire tirer l'appareil par un engin motorisé sur quelques mètres grâce à un câble doté d'un système de décrochage automatique. Il y a problème si le câble ne se décroche pas, ce qui s'est déjà produit, avec une issue malheureuse.

Une autre méthode pour favoriser le mouvement initial consiste à disposer deux ou plusieurs planches de bois, soigneusement mouillées ou graissées, pour former deux rails rudimentaires d'une quinzaine de mètres de longueur. Ces méthodes ont été utilisées dans le passé, mais sont à déconseiller, sauf extrême nécessité.

Décollage à l'aide d'un chariot remorqué. L'appareil peut être disposé sur un chariot et remorqué par une voiture jusqu'à la vitesse du décollage.

Décollage à l'aide d'un chariot. Le décollage d'une piste ou d'une surface régulière avec un hydravion peut être facilement réalisé à l'aide d'un chariot spécialement construit. Sur les photos de ces pages on peut voir les différents types de chariots. Les types utilisés avec le *Beaver* et le Cessna ont la ou les roulettes antérieures libres en rotation et sont équipés de freins qui agissent après l'envol de l'appareil. Le type conçu et utilisé par Jerry Marshall est un genre de planche à roulettes à quatre roues, avec un logement pour la quille des flotteurs. Les freins, actionnés par un levier après l'envol, sont asymétriques. Cela fait suivre au chariot une trajectoire courbe qui le dirige hors de la piste. A basse vitesse, l'ensemble hydravion chariot n'est pas très gouvernable en direction et l'assistance d'une personne agissant sur la queue pour diriger l'appareil dans la direction voulue est pratiquement indispensable. Rappelons que c'était la méthode normale de décollage au début de l'aviation. Le décollage doit être entrepris avec le chariot bien aligné dans l'axe de décollage et sans vent de travers. Pendant le roulage, le manche sera maintenu

L'atterrissage sur une piste en herbe n'est pas toujours accompli avec une technique adapté.

Décollage d'un De Havilland Beaver et d'un Cessna C180 de chariot spécialisé.

Boeing Canada - De Havilland Division

Edo Corporation

J. J. Frey via SPA

vers l'avant pour être certain de maintenir un angle d'incidence qui n'allège pas trop l'appareil. De cette façon on est sûr que l'appareil appuie sur le chariot de tout son poids ou presque. On doit ensuite être sûr qu'après l'envol l'appareil ne touchera pas le sol. La rotation doit donc être effectuée à une vitesse de 5 à 10 nœuds supérieure à la normale.

Jerry Marshall, comme d'autres dans l'histoire du vol hydro, atterrit et décolle régulièrement sur une piste en herbe, celle de l'aéroport de Cottage Grove dans l'Oregon (USA), pour remiser son Champion *Citabria* dans un hangar. Une fois posé sur l'herbe, l'appareil est soulevé avec un chariot élévateur actionné à la main et traîné hors de la piste. Après des centaines de décollages et atterrissages, il ne semble pas que les flotteurs aient subi le moindre dommage. Jerry Marshall propose cette méthode comme alternative à l'acquisition de flotteurs amphibies coûteux et non disponibles pour beaucoup d'appareils, ou au risque de laisser l'appareil exposé au vent et aux intempéries sur l'eau.

Michael Langford

Décollage d'hydravion sur un chariot remorqué par une voiture jusqu'à la vitesse de décollage.

Opérations en zones froides, sur neige et glace

Préparation de l'appareil

Les constructeurs prévoient quelques opérations préparatoires particulières, lorsque l'appareil doit être utilisé dans un climat très froid. Le radiateur d'huile, par exemple, peut être partiellement couvert. Quelques parties de l'appareil, comme les capots moteurs, peuvent être remplacés par d'autres plus adaptées.

Préchauffage. Dans les bases équipées, des pré-chauffeurs à air chaud sont utilisés, mais dans les zones inhospitalières il faut se débrouiller. Une des possibilités consiste à démarrer le moteur à intervalles réguliers, par exemple toutes les heures, pour éviter que l'huile ne se refroidisse. Une autre, suggérée par le canadien Pierre Rivest, est de recouvrir complètement le moteur avec une épaisse couverture isolante de forme appropriée et de placer à l'intérieur de cette tente un réchaud à gaz allumé. Il faut alors

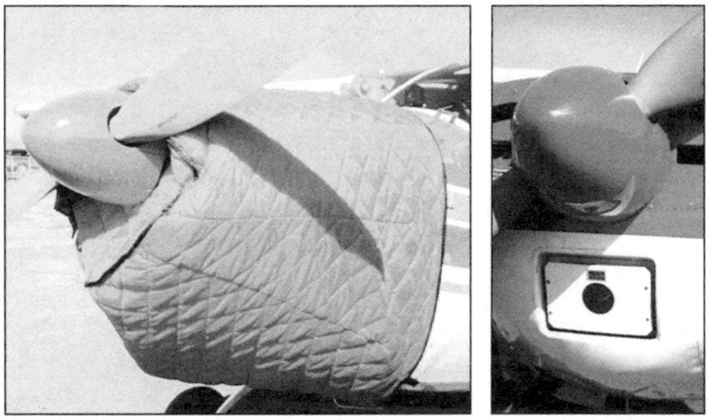

Dale De Remer

Kit hivernal monté sur le Cessna C180 de Dale De Remer, utilisé avec des températures de -53°C. On voit la couverture de pré-chauffage. Beaucoup d'appareils utilisés dans le grand nord emploient ces couvertures à chauffage électrique pendant toute la période hivernale.

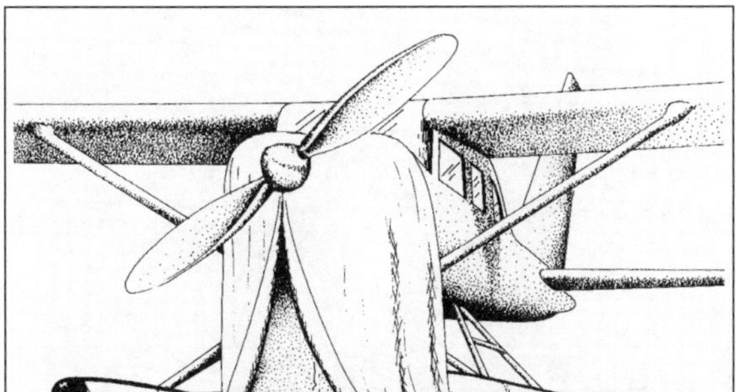

J. J. Frey

L'utilisation d'un lac gelé peut se faire avec un appareil amphibie le train sorti. Dessous, un Grumman Goose équipé de ski opérant sur une piste enneigée.

Edo Corporation

Hydravion Aventure Inc. / JM Urlacher

Couverture sur un De Havilland Beaver de la compagnie Hydravion Aventure, Québec.

Steve McCutcheon via SPA

Opérations sur surface gelée en Alaska.

veiller à ce que la flamme n'atteigne aucune partie du moteur et que l'huile ou l'essence ne goutte pas dessus. La durée du préchauffage dépend de la taille du moteur, de la température de l'air, de la puissance du réchaud, des qualités isolantes de la couverture et de l'éventuelle présence de vent. Elle peut aller d'une dizaine de minutes à quelques heures.

Avant démarrage. Avant de démarrer le moteur on doit brasser l'hélice plusieurs fois. Toutes les pièces mobiles (charnières, câbles, poulies, etc.) doivent être abondamment graissées et toutes les parties de l'appareil doivent être parfaitement déneigées ou dégivrées avant le vol, et si possible séchées. La neige sur les ailes peut être enlevée en faisant courir une cordelette sur l'extrados. L'aile peut aussi être aspergée de liquide décongelant.

D'une photo de R. Reinaker

Au-dessus, la glace et la neige peuvent être retirées des ailes avec de liquide de dégivrage comme on peut le voir sur ce dessin.

Démarrage. A température très basse, on doit essayer de démarrer le moteur du premier coup. S'il s'arrête après quelques tours, il peut se former sur les bougies de la glace qui empêche l'étincelle, ce qui implique de les démonter pour les nettoyer.

Neige sur les ailes d'un appareil amarré. Le poids de la neige peut faire couler un hydravion à flot, amarré à un ponton ou à une bouée. Si on ne peut pas

La neige peut faire couler un hydravion. Ici, solution proposée par Marin Faure: deux ou plusieurs sangles passées sous les flotteurs, maintenues entre deux pontons ou quais maintiennent l'appareil à flot.

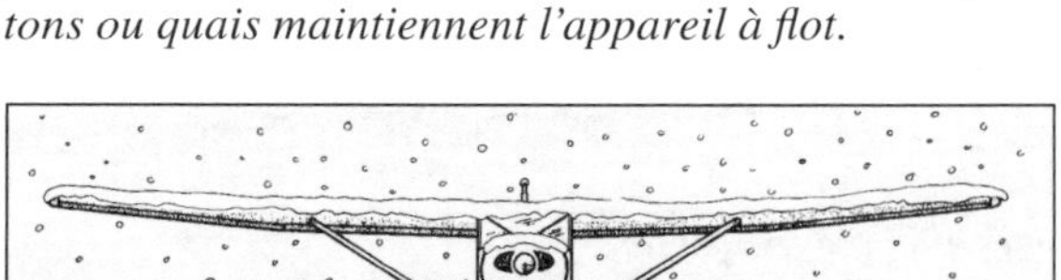

Kenmore Air Harbor via SPA

mettre l'appareil à l'abri ou le tirer au sec, on doit périodiquement enlever la neige. Une autre solution suggérée par Marin Faure consiste à faire un genre de berceau sous marin avec des aussières et des sangles.

Glace dans les flotteurs ou la coque. Pour éviter que l'eau éventuellement présente dans les fonds ne gèle, on peut mettre dans chaque compartiment une petite dose de liquide antigel.

Si on utilise un appareil à coque centrale où les câbles de commande passent dans la partie la plus basse de la coque, à une température inférieure à zéro on doit s'as-

Kenmore Air Harbor via SPA

Kenmore Air Harbor via SPA

Spectaculaire atterrissage et décollage de Bob Munro, fondateur de Kenmore Air. Opérations conduites depuis la base de Kenmore Air Harbor, près de Seattle, State of Washington.

Long B. Nguyen

Élégant atterrissage sur surface enneigée.

Au dessus, hydravion suédois participant aux recherches de Nobile dans l'océan artique en 1928. L'avion devait décoller dans des ouvertures de la banquise générées par un bateau qui se refermaient rapidement.
Le bateaux devait aller trouver une autre ouverture ou en produire une pour permettre l'amerrissage.
A droite, commencement du décollage de la banquise du Dornier Wal de Roald Amundsen, durant son expédition arctique de 1924-25. Notez les assistants qui maintiennent la queue de l'appareil dans la bonne direction durant la phase initiale du décollage.

surer qu'il n'y a pas d'eau dans la coque. Celle-ci peut très bien être liquide lorsqu'on est à flot et bloquer les commandes après le décollage lorsqu'on rejoint l'isotherme zéro.
Blocage des gouvernes au décollage. Un hydravion ou un amphibie peut se retrouver avec les gouvernes bloquées après un décollage long à basse température. Il peut arriver, surtout sur les grands bassins, que l'eau soit à une température supérieure à zéro, tandis que l'air et les surfaces des gouvernes peuvent être à une température très inférieure. L'eau qui asperge les gouvernes peut y geler et former des glaçons incrustés qui bloquent leur débattement. Le phénomène peut se produire même avec une température de l'air légèrement supérieure à zéro, car l'évaporation peut abaisser la température de l'eau qui asperge les gouvernes. Au moment de l'envol on doit donc vérifier, par de petits mouvements, que les commandes sont efficaces.
L'appareil au froid pour de longues périodes. Si l'on doit laisser l'appareil au froid pour la nuit ou pour une longue période, il est opportun de démonter la batterie et de vidanger l'huile du moteur avant qu'elle ne se refroidisse, afin de conserver le tout au chaud.

On peut aussi diluer l'huile avec de l'essence, pour abaisser le point de congélation, dans des proportions qui dépendent de la température et qui sont indiquées dans le manuel de vol. L'essence est ensuite vaporisée et rejetée par le moteur lors du réchauffage effectué d'une façon particulière toujours indiquée par le manuel de vol. Le tableau du De Havilland DHC3 *Otter* est reporté ici à titre d'exemple. On y trouve, en fonction de la température ambiante, le pourcentage d'essence, le temps nécessaire pour la dilution à 1200 tours/minute avec une température d'huile de 30-40°C, la quantité maximale d'huile qui peut se trouver dans le moteur avant la dilution, et le temps de réchauffage nécessaire pour vaporiser l'essence, avec l'huile à une température de 45-75°C et le moteur à 1600 tours/minute (ces détails sont donnés dans les instructions du manuel de vol).

Opérations sur surfaces gelées

Quelques pilotes et compagnies opèrent régulièrement avec des hydravions sur des lacs ou des fleuves gelés. Il s'agit d'opérations très avancées, qui demandent un entraînement adéquat ou l'habitude d'employer des avions équipés de skis. Pour le pilote hydro lambda ce sont des manœuvres d'urgence.
Types de glace. La caractéristique de la glace qui intéresse le pilote est la résistance mécanique. La glace ayant un aspect vitreux et limpide est la meilleure. Celle qui est blanchâtre ou contient des inclusions est moins résistante. La moins résistante dans l'absolu est la "pseudo glace" faite de neige compressée et gelée. La glace d'eau de mer est moins résistante que celle d'eau douce.
Épaisseur nécessaire pour opérer. On doit être sûr que l'épaisseur de la glace garantit la sécurité des opérations. Si l'on doit effectuer un atterrissage d'urgence, il vaut mieux probablement choisir la terre ferme. Il faut se méfier de la glace des fleuves, ou posée sur de l'eau en mouvement, car elle peut être d'épaisseur variable. R.G. Weber à décrit, dans la revue *Water Flying*, une méthode de calcul,

OIL TEMPERATURE 30 °C TO 40 °C FOR DILUTION					
Anticipated temperature		Dilution percent	Minutes to dilute at 1200 RPM	Maximum oil tank quantity	Minutes to boil-off oil temp 45 °C to 75 °C
°C	°F				
5 TO -10	41° TO 14°	8	1	4.8	4
-10 TO -20	14° TO -4°	15	2	4.8	17
-20 TO -30	-4° TO -22°	22	3	4.8	34
-30 TO -40	-22° TO -40°	30	4	4.2	44
-40 AND BELOW	-40 AND BELOW	35	5	4.2	50

Tableau de dilution de l'huile avec de l'essence (du manuel de vol du DHC3).

étudiée par le russe Moskatov, de l'épaisseur minimale de glace pour opérer avec un avion en fonction de son poids. La formule est la suivante:

$$\text{épaisseur} = f \times \sqrt{\text{poids de l'avion} / 1000}$$

où f est un facteur de multiplication qui dépend du type de glace, du fait qu'on opère avec un avion équipé de roues ou de skis et du fait que la glace se soit formée et maintenue à température inférieure ou supérieure à -9°C (16°F). Sur le tableau sont reportées les valeurs de f obtenues après modification, dans le sens de la prudence, des valeurs données par Moskatov pour un avion à skis (c'est-à-dire en les rendant plus proches de celle fournies pour un avion à roues). S'il est vrai que les flotteurs sont plus gros que les skis, il est vrai aussi que le contact avec la glace se fait uniquement avec les quilles, qui ont une surface très réduite. Les valeurs de la première colonne s'utilisent lorsque le poids est exprimé en livres, avec des résultats en pouces; celles de la deuxième s'utilisent pour le poids en kilogrammes, avec des résultats en centimètres. Le poids étant en livres, le résultat est en pouces.

Rayon d'influence. Le "rayon d'influence" du poids de l'appareil, c'est-à-dire la distance à laquelle on constate des déformations de la surface de la glace dues à la présence de l'appareil, dépend de l'épaisseur de cette même glace. En principe on devrait décoller et amerrir à une distance de la rive supérieure au rayon d'influence. Sans entrer dans des détails excessifs, il est déconseillé d'opérer à moins de 30-40 m de la rive et dans un bassin gelé de largeur inférieure à 120 m, si l'épaisseur de la glace est minimale.

Un Catalina de la marine US dans les eaux gelées de l'île Kodiak (Alaska) en 1942 utilisé pour les patrouilles en mer.

Épaisseur de la glace au cours de l'année. En automne, l'eau commence à geler près de la rive et, toujours près de la rive, elle commence à fondre au printemps. On doit donc opérer près de la rive en automne et au large au printemps.

valeurs de *f* pour la glace formé et manténue au déssous de -9 °C (16 °F)

	(poids en lbs épaisseur en ins)	*(poids en kg épaisseur en cm)*
Eau douce - lac	2.63	9.92
Eau douce - rivière	2.92	11.00
Eau de mer glacée ancienne	5.25	19.80
Eau de mer glacée récente	7.85	29.60

valeurs de f pour la glace formé et manténue au déssus de -9 °C (16 °F)

	(poids en lbs épaisseur en ins)	*(poids en kg épaisseur en cm)*
Eau douce - lac	3.29	12.40
Eau douce - rivière	3.65	13.75
Eau de mer glacée ancienne	6.56	24.75
Eau de mer glacée récente	9.81	37.00

Roulage. Le roulage sur des surfaces gelées (qui en réalité devrait s'appeler "glissade") est problématique à basse vitesse et demande la présence d'un assistant qui agit sur les queues des flotteurs pour diriger l'appareil, en adoptant la technique utilisée avec les vieux biplans du début du siècle. L'assistant peut opérer seulement si on est sûr que la glace ne cède pas et il ne doit jamais se trouver devant l'hélice. Après l'atterrissage la glace, si elle n'est pas très épaisse, peut tenir tant que l'appareil se déplace rapidement, mais rompre dès que la vitesse diminue ou que l'appareil s'immobilise. Il existe également une vitesse critique de roulage à laquelle se produit une onde de résonance qui

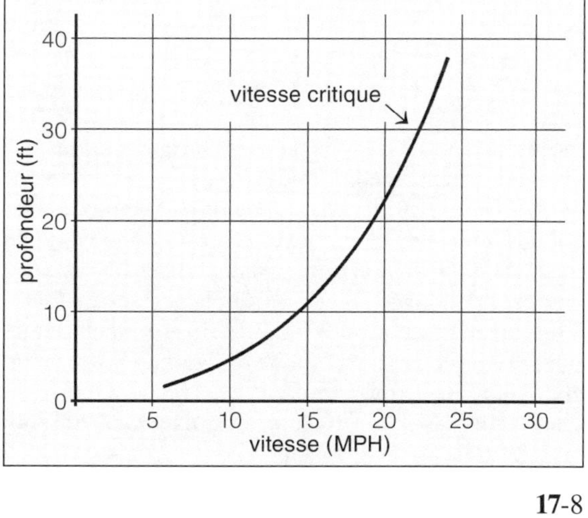

Garlate, Musée de la soie, réalisé dans l'ancienne filature Abegg.
Dessous, machine de filature

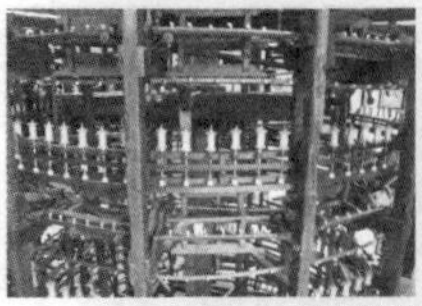

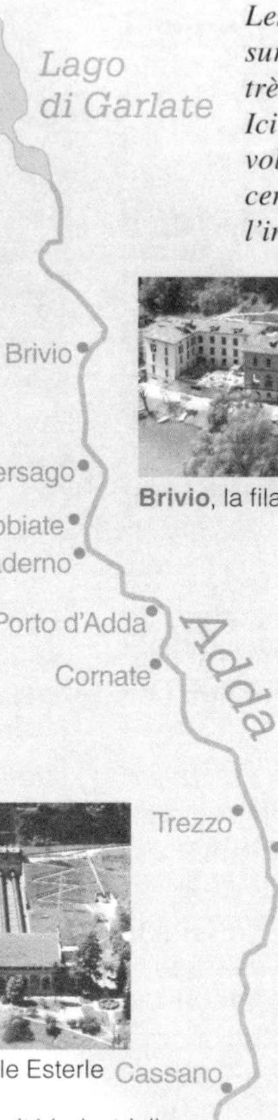

Les civilisations sont nées et se sont développées sur les rivières, survoler lesquelles est toujours une très intéressante expérience culturelle.
Ici, comme exemple, ce que l'on peut voir en survolant le moyen cours de la rivière Adda, avec ses centrales hydroélectriques qui raconte l'histoire de l'industrialisation de la Lombardie au 19me siècle.

Paderno, le pont en fer

Brivio, la filature Felolo Meiani

Robbiate, barrage, la centrale Semenza, canal latéral et édifice de prise du canal Edison

Porto d'Adda, la centrale Bertini

Cornate, la centrale Esterle

Trezzo, la centrale Taccani; au dessous du château médiéval.

Cassano, la centrale Rusca

Crespi d'Adda, la cité industrielle ou "cité idéale du travail", construite par la famille Crespi selon la conception de philosophie sociale qui inspira beaucoup d'entrepreneurs au 19me siècle. La première fut la Cité Ouvrière Menier, faite construire en France par Emile-Justin Menier dès 1861, sous la maîtrise d'ouvrage de son architecte Jules Saulnier.

se propage devant l'appareil et qui peut rompre la glace, si celle-ci est particulièrement mince. Cette vitesse critique dépend essentiellement de la profondeur, comme on peut le voir sur le graphique (comme beaucoup d'informations de ce paragraphe, d'après les écrits de Weber déjà cités). Si l'on opère à plusieurs appareils, il vaut mieux qu'ils soient espacés d'au moins 20-25 m, de façon à ne pas être concernés par l'onde de résonance des autres.

Décollage sur de la glace très mince. On peut décoller d'une surface recouverte d'une mince couche de glace mais on doit auparavant utiliser l'hydravion comme brise glace en parcourant la surface de façon à rompre la glace sur une bande suffisamment longue pour le décollage. La méthode fonctionne jusqu'à une épaisseur d'environ 1 cm, au delà, les morceaux de glace peuvent sérieusement endommager les flotteurs quand l'appareil hydroplane.

Opérations sur surfaces enneigées

On peut décoller sur des surfaces enneigées, mais seulement si la neige est sèche et la couche épaisse d'une quinzaine de centimètres au plus. Sur la neige, il est très difficile et déconseillé de virer. La course de décollage doit donc être effectuée en ligne droite, en positionnant l'appareil à la main dans la direction favorable avant d'appliquer la puissance.

Durant le décollage d'une surface enneigée, le contrôle de l'assiette longitudinale est déterminant, comme pour le décollage de l'eau. Le nez trop bas fait enfoncer les pointes, et le nez trop haut fait enfoncer les queues, l'un ou l'autre provoquant une grande augmentation de la résistance qui empêche d'atteindre la vitesse d'envol.

Les techniques spécifiques doivent être apprises auprès de pilotes très expérimentés, ou dans les écoles de vol en montagne.

Inspection courante avant l'amerrissage. Il est préférable aussi d'être certain du succès du redécollage avant de se poser; depuis la surface beaucoup de choses sont plus difficiles à apprécier, spécialement dans les courbes des rivières et seulement si une partie est visible. Les photos ont été prises sur le Po près de Turin (Italie). Opération exactement au même endroit de deux Cant 10ter en 1926, reliant plusieurs villes le long du court du Po: Turin, Pavie, Venise, Trieste, Portorose.

Archivio Apostolo

Opérations en bassins étroits

Profondeur de l'eau. Les opérations sur un fleuve ou un canal présument que l'on sache que la profondeur de l'eau est compatible avec le tirant d'eau de l'appareil. Cela peut se déduire de cartes spéciales du fleuve, ou se déterminer par une inspection préliminaire du tronçon où l'on désire opérer, au besoin depuis une barque. Le niveau de l'eau dans les fleuves est sujet à d'importantes variations. Il est donc conseillé de s'informer sur les conditions du moment, même pour un tronçon que l'on a utilisé plusieurs fois par le passé, car il pourrait très bien être à sec ou en crue. A l'intention des bateliers, on trouve le long des voies d'eau navigables des signaux qui indiquent le parcours à suivre pour éviter les hauts fonds et les obstacles. Le problème de la profondeur est toutefois moins grave que pour les bateaux, étant donné le faible tirant d'eau des

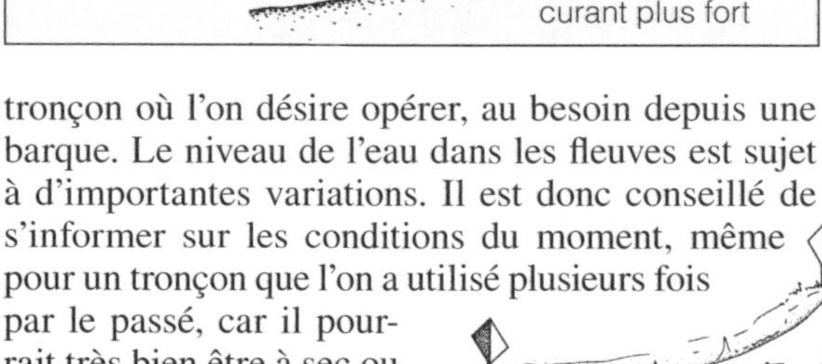

Système de signalisation et de balisage utilisé dans une partie de l'Europe. Le marquage des chenaux varie de façon considérable d'un endroit à l'autre du monde. Les pilotes doivent faire beaucoup d'efforts pour se familiariser à la signalisation utilisée dans la zone où ils volent. Attention les marquages des chenaux sont souvent déplacés par le courant, les vents forts ou des malveillances.

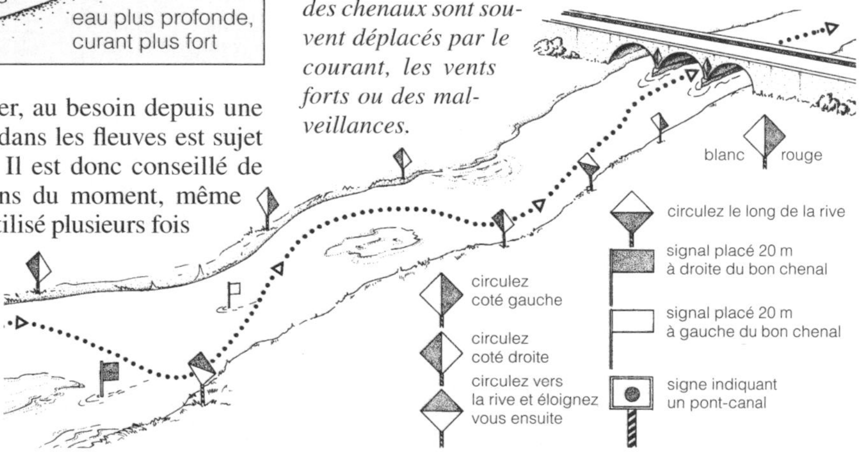

Approche de la rivière Adda (Italie). Notez que les arbres apparaissent bien comme des obstacles latéraux quand on est près de la surface.

hydravions et le fait qu'ils n'ont pas de protubérances vers le bas. On tiendra compte du fait que l'eau est plus profonde sur la rive externe d'une anse, où le courant est aussi plus fort, que sur la rive interne. Une méthode pour déterminer si la profondeur est suffisante est illustrée plus loin.

Matériaux flottants. On doit éviter d'opérer sur les fleuves pendant les périodes où ceux-ci charrient d'importantes quantités de détritus. Cela se produit généralement quand le niveau des eaux est en augmentation, après une période de pluie suivie d'une période de sécheresse, ou après de violents orages. Ceux-ci provoquent le déplacement de beaucoup de matériaux déposés dans les semaines ou les mois précédents sur les berges des fleuves et des affluents de type torrentiel.

Bande de décollage en courbe. Si le tronçon du fleuve choisi pour opérer est en courbe il n'y a pas de problèmes particuliers, du moment que la courbe n'est pas trop serrée, car on peut effectuer le décollage et l'amerrissage en virage. On doit toutefois être sûr qu'il n'y a pas d'embarcation ou autre obstacle éventuel sur la surface. Ceci est facile à déterminer avant l'amerrissage par une reconnaissance aérienne, mais demande une inspection à flot sur la totalité de la zone ou la présence d'un assistant pour le décollage. Celui-ci doit se placer au delà de la zone de décollage et arrêter éventuellement les embarcations pour le temps nécessaire à la manœuvre.

Lorsqu'on navigue sur un fleuve étroit pour rejoindre le point où l'on désire débuter le décollage, on n'a pas la perception exacte de la courbure de l'anse. En pratique, si l'on regarde uniquement devant soi on a la sensation que le fleuve est plus droit qu'en réalité. Il pourrait aussi arriver que l'on se mette dans une position à partir de laquelle le virage nécessaire serait trop serré. Pour avoir un tableau plus réaliste de la situation, on doit regarder souvent en arrière pendant la navigation jaugée en s'assurant à chaque point d'avoir devant soi une surface qui permette l'hydroplanage à la vitesse prévue pour le point en question.

D'autre part, si la course au décollage se situe le long d'un tronçon de fleuve en courbe, on peut avoir la sensation que l'espace n'est pas suffisant, car de chaque position on ne voit qu'un tronçon réduit du fleuve. La certitude que la bande de décollage est de forme adaptée et de longueur suffisante découle dans ce cas d'une reconnaissance minutieuse avant l'amerrissage, d'une inspection à flot ou de l'examen d'une carte détaillée de la zone.

Les ponts n'empêchent pas nécessairement les décollages et les amerrissages. Le Rhône à Vienne (France), vus en vol durant la reconnaissance puis à flot, après l'amerrissage. Notez l'amphithéâtre romain et la cathédrale médiévale au centre de la ville.

Une surface agitée peut aussi se rencontrer sur des bassins intérieurs, où il-y-a du trafic de bateaux. Ici un Lake devant la place Saint Marc à Venise (Italie). Une autre Lake survole le Rhône (France), où des vagues considérables sont produites par le fort vent de la région, le Mistral.

Opérations dans le courant avec du vent

Comme il a déjà été dit dans d'autres chapitres, sur les fleuves, les canaux et en général en présence de courant, on se déplace le long d'une route parallèle au courant ou presque, à moins que l'on doive virer carrément de 180° à basse vitesse. Dans ce cas la manœuvre doit être effectuée de façon franche, pour se trouver le moins longtemps possible en travers du courant et emporté vers l'aval.

Le décollage et l'amerrissage s'effectuent généralement dans le sens du courant, de façon à avoir la vitesse la plus basse par rapport à la surface et aux éventuels objets flottants. Décoller avec le courant implique aussi de pouvoir observer pendant quelques instants la surface en restant immobile par rapport à la rive en naviguant à contre courant. On peut ainsi être sûr qu'aucun objet flottant d'importantes dimensions ne se trouve en aval, c'est-à-dire sur la bande de décollage.

La vitesse du courant peut être estimée à vue en jetant un objet dans l'eau. Si on estime par exemple qu'il est de 4 m/s et que l'appareil décolle en 300 m, on sait que l'on doit observer la surface pendant 300/4 = 75 secondes, pour être certain qu'il n'y a pas de matériaux flottants sur la bande de décollage.

Sur les fleuves, on évite les reconnaissances à vitesse élevée pour éviter les risques de heurter des objets flottants ou d'éventuels obstacles affleurants.

A basse vitesse, on peut naviguer avec ou contre le courant, mais l'accostage doit toujours se faire à contre courant. Si le courant est fort, des tourbillons peuvent se former près de la rive, ce qui fait que l'eau peut s'écouler dans une direction difficilement prévisible, voire même à contre courant. En cas de vent à contre-courant – situation fréquente dans les vallées étroites durant la journée, quand souffle la brise de vallée – on décolle et amerrit face au vent et avec le courant. La situation est idéale pour décoller et amerrir, mais pas pour naviguer à flots ni surtout pour accoster, car on se retrouve avec un vent arrière défavorable lorsqu'on se déplace à contre courant. Pour avoir le vent de face on doit pourtant naviguer avec le courant, ce qui rend impossible l'accostage. Dans ce cas, si le vent est fort, on doit trouver une zone dans laquelle il n'y a pas de courant ou redécoller pour chercher une zone plus adaptée. Un vent qui souffle dans la même direction que le courant facilite la navigation jaugée et l'accostage, mais oblige à décoller et amerrir contre le courant. Si, pour une raison quelconque, le décollage contre le courant est inévitable, on

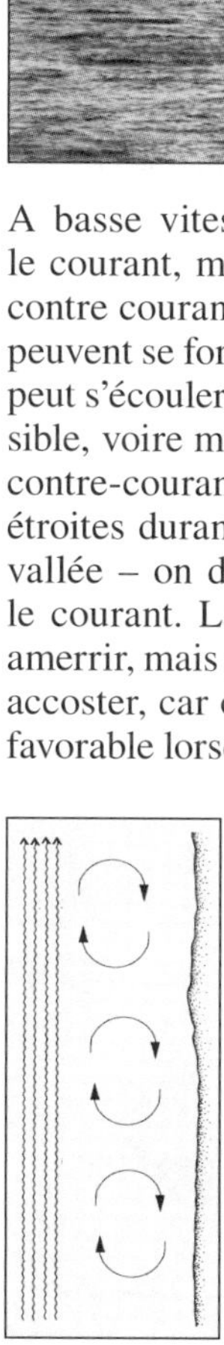

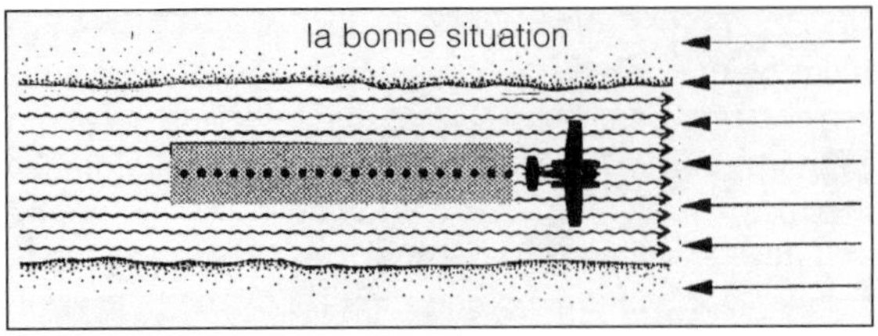

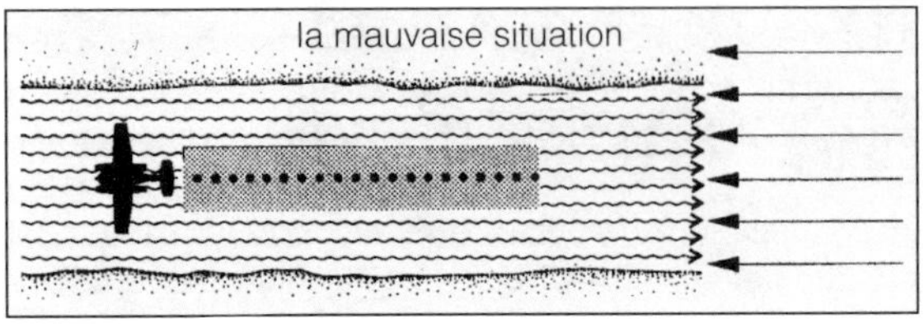

La meilleure situation: le décollage ou l'amerrissage avec le courant arrière et le vent de face. La situation la plus défavorable: décollage et amerrissage dans le courant et vent arrière.

ne peut exclure le risque de collision avec un objet flottant charrié par le courant. Pour être un peu plus tranquille on peut, avant le décollage, observer quelques instants la surface depuis le rivage pour évaluer la fréquence de passage des objets flottants. Une alternative valable mais qui implique un peu d'organisation et de logistique, consiste à placer un assistant avec une radio en amont de la bande de décollage qui signale l'arrivée des objets flottants.

On doit se rappeler aussi qu'en cas de vent contre courant la vitesse relative du vent par rapport à la surface est sensiblement plus forte que dans le cas du vent soufflant dans le sens du courant. La conséquence est que les vagues éventuelles sont plus hautes. C'est une raison de plus pour décoller ou amerrir dans la même direction que le courant, car ainsi la vitesse de l'appareil par rapport à la surface, donc par rapport aux vagues, est inférieure.

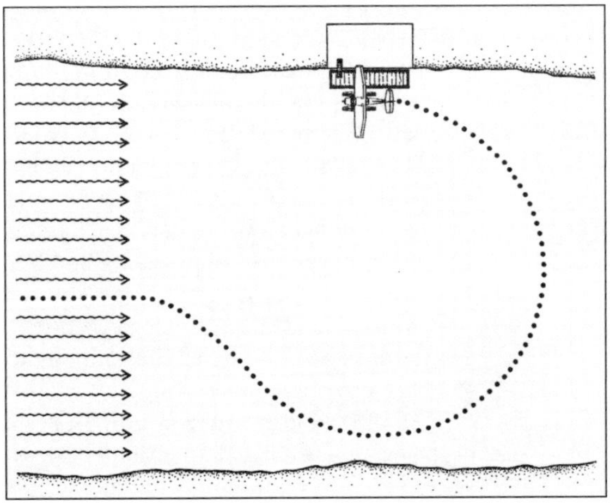

Choix de la zone d'amerrissage

Si l'on doit choisir une zone d'amerrissage à une certaine distance du point d'accostage, il vaut mieux la choisir en amont, pour réduire le temps de circulation à flots. Cela vaut seulement si la zone près du point d'accostage est suffisamment large pour effectuer le virage à 180° contre le courant avant d'accoster.
Si le fleuve est très étroit on doit amerrir en aval et rejoindre le point d'accostage en naviguant toujours à contre-courant.

Sur les grands fleuves, surtout s'il y a des anses, on peut trouver des zones protégées (anses et bras morts) où la vitesse du courant est faible ou nulle. Dans les anses, comme il a déjà été dit, le courant est plus fort le long de la rive externe où le fond est érodé et plus profond. Le long de la rive interne, la vitesse est plus faible, les alluvions se déposent et la profondeur est moindre.

Accostage d'une rive ou d'un ponton perpendiculaire au courant

L'accostage d'une rive perpendiculaire au courant ne pose pas de problèmes particuliers. Si la rive est en amont elle est probablement abritée du courant, tandis que si elle est en aval on peut accoster par l'arrière, au moteur, en réglant finement la vitesse. L'accostage d'un ponton perpendiculaire au courant est facile s'il se trouve en amont, car on l'approche contre le courant et on peut aisément régler la vitesse. Si le ponton se trouve en aval, l'accostage est possible seulement avec un courant très faible et nécessite de la présence d'un assistant lors du contact des queues.

Appareils à la bouée dans le courant

Les bouées doivent être placées en ligne perpendiculaire au courant, pour éviter qu'un appareil qui se détache finisse contre un autre.

Un amerrissage avec le courant arrière est préféré à un amerrissage courant de face seulement si la rivière est assez large pour effectuer un demi-tour pour rejoindre le point d'accostage prévus. Si la rivière est étroite un amerrissage face au courant doit être effectué de façon à arriver au point d'accostage courant de face.

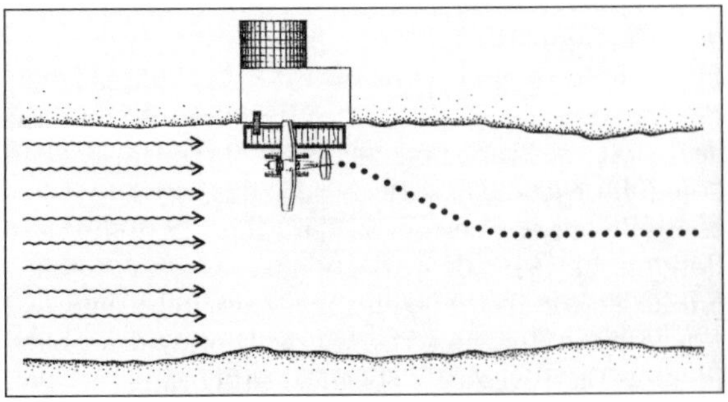

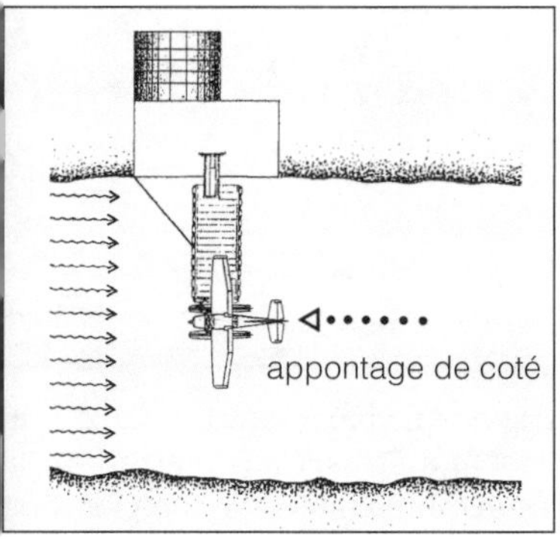

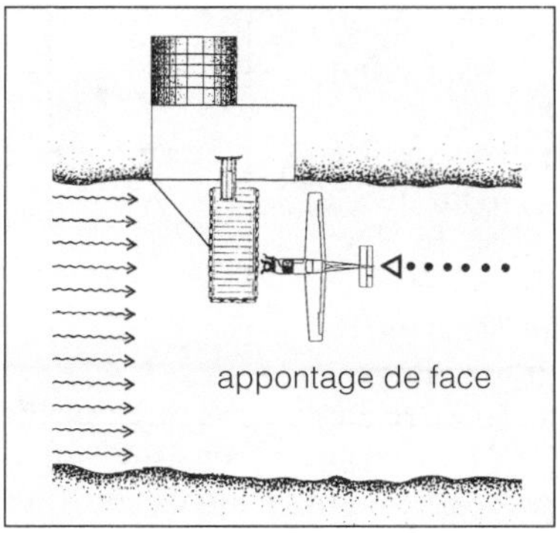

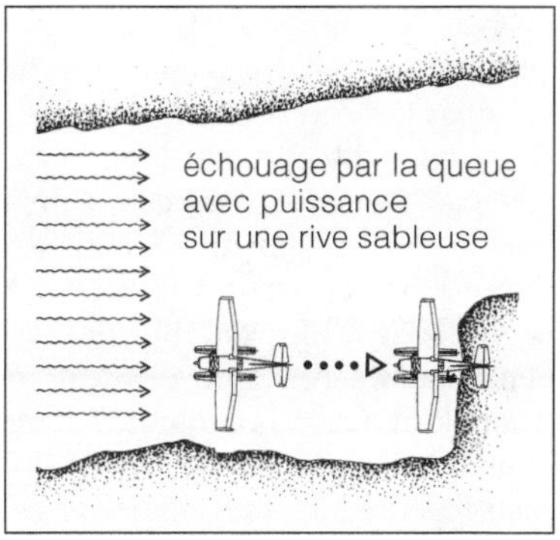

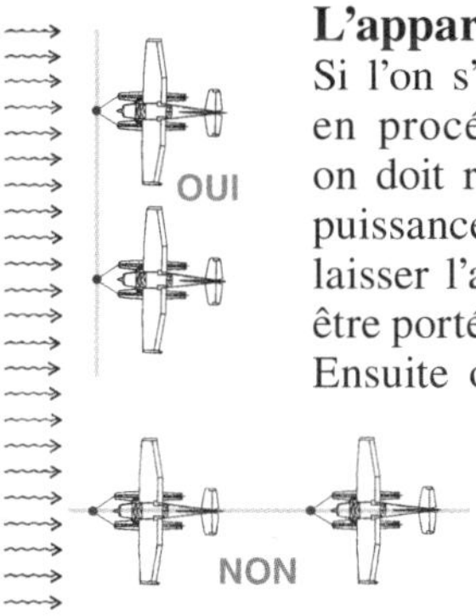

L'appareil échoué

Si l'on s'ensable sur un haut fond en procédant contre le courant, on doit réduire immédiatement la puissance ou arrêter le moteur et laisser l'appareil se désensabler et être porté vers l'aval par le courant. Ensuite on choisira un autre parcours. Si l'on s'ensable en avançant avec le courant la situation est plus critique : on doit

Il est facile d'apponter ou de s'échouer quand on est face au courant. Un accostage ou un échouage de coté peut être effectué avec un appareil qui a l'hélice devant.
Un hydravion à coque peut couramment apponter ou s'échouer le nez en avant, l'hélice se trouvant loin derrière. Sur une plage, il est possible de faire une approche face au courant. Avec de la puissance, la queue en premier, une approche très lente peut ainsi être réalisée. Notez la présence d'un assistant sur le flotteur, équipé d'une pagaie, près à intervenir en cas de nécessité. Dessous, amerrissage sur le Po (Italie), entre deux ponts, dans le centre de la ville de Turin.

Newspaper 'La Stampa' - Torino (Italy)

essayer de tourner l'appareil le nez à contre-courant en luttant contre ce même courant, qui tend à faire ensabler l'appareil ultérieurement.
Il est particulièrement dangereux que l'appareil ne soit pas fermement ensablé, donc bien immobile, mais dans une position où il pourrait se libérer à l'improviste et partir à la dérive. Dans ce cas, il est conseillé de le faire ensabler de façon ferme au moteur et d'aviser ensuite. Une des solutions immédiates est d'appeler un assistant qui doit fixer une aussière à un taquet de l'appareil et la lancer au canot d'assistance, pour ensuite se faire remorquer en amont. Une autre possibilité consiste à rejoindre rapidement la rive avec une aussière fixée à l'appareil et de l'assurer sur cette même rive. Il faut alors veiller à ce que l'appareil, ainsi allégé, ne se désensable pas lorsqu'on descend pour rejoindre la rive.
Une fois l'appareil assuré à la rive, on peut étudier calmement le meilleur moyen pour remorquer l'appareil vers l'amont, éventuellement en le rapprochant de la rive, pour repartir.

Décollage et amerrissage vent de travers

Lorsqu'on opère sur de grands bassins, on peut généralement choisir une bande de décollage et d'amerrissage de façon à avoir le vent de face. Sur des bassins étroits, tels que les fleuves, il n'est pas toujours possible de décoller et d'amerrir face au vent et donc d'éviter les composantes transversales. Il y a quelques exceptions: si le bassin étroit est un fleuve sinueux, on peut presque toujours trouver un tronçon où l'on peut opérer face au vent, comme illustré sur la figure. Si le vent n'est pas exactement de travers, on doit décoller ou amerrir dans la direction où l'on peut bénéficier d'une composante de face, même faible.

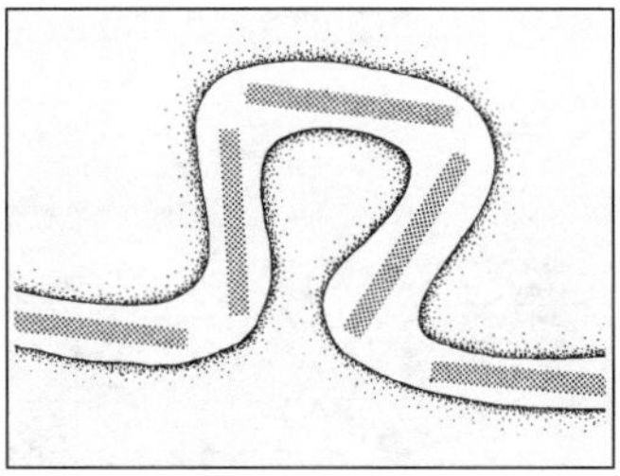

La méthode Collins. En cas de vent fort, on peut adopter une technique raffinée imaginée par un pilote inconnu de la marine des États-Unis et par

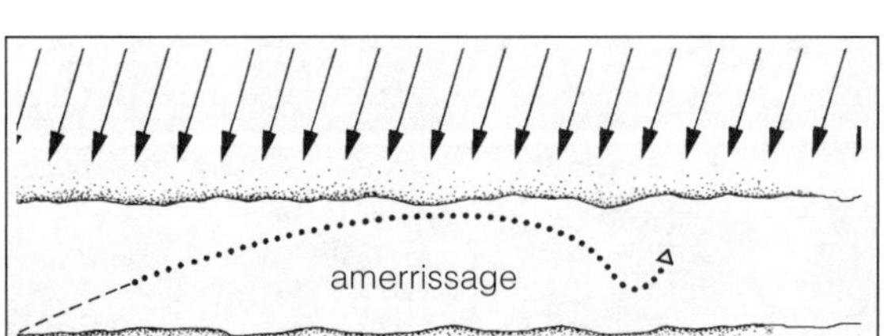

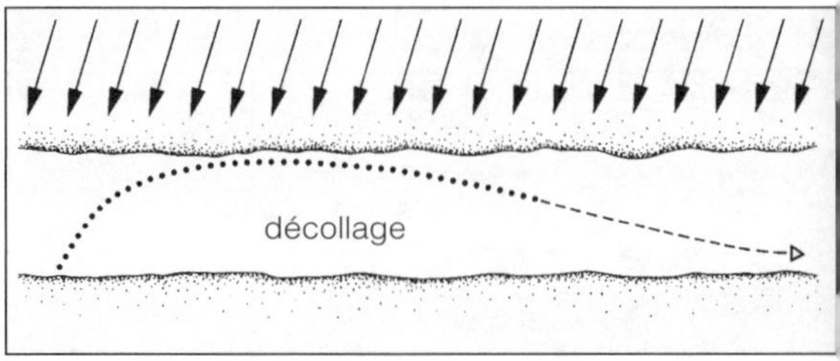

Leighton Collins, rapportée par Franklin Kurt. Elle consiste essentiellement à utiliser à son avantage la force centrifuge, pour contrebalancer la force du vent qui tend à faire retourner l'appareil. A l'amerrissage on cherche à toucher le plus près possible de la rive sous le vent et, sur la surface, on suit une trajectoire de courbure croissante, tangente à la rive au vent. L'augmentation progressive de la courbure fait que la force centrifuge reste d'intensité constante lors de la diminution de vitesse. A peine descendu du redan on tourne l'appareil face au vent et on adopte la meilleure stratégie de navigation à flots en fonction du courant et du vent. Au décollage on part de la rive sous le vent et l'on suit une trajectoire de courbure décroissante toujours tangente à la rive au vent. La technique décrite peut aussi être adoptée avec un amphibie dans le cas d'un atterrissage sur piste avec un fort vent de travers.

Obstacles pour l'appareil en vol

Les obstacles qui peuvent se trouver sur un fleuve sont particulièrement insidieux. Les pires sont les lignes

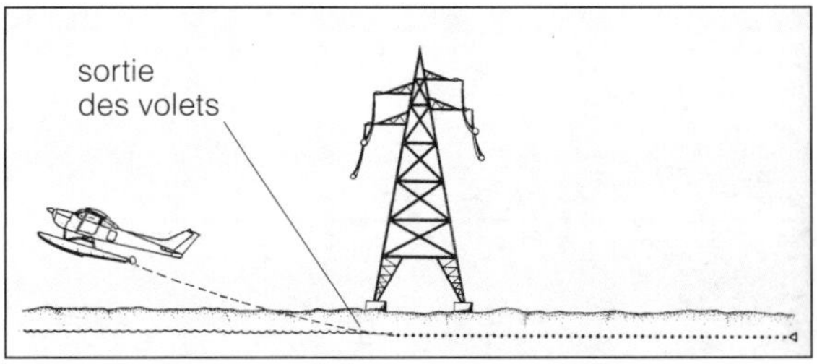

Il est possible, avec quelques précautions, de décoller en passant sous un pont, une ligne électrique ou tout autre obstacle, mais le pilote doit être sure que l'appareil ne décollera pas avant de l'avoir dépasser.

électriques. A l'amerrissage, l'inspection aérienne doit être particulièrement soignée. Au décollage, étant donné que l'on a le temps et la possibilité d'inspecter la zone depuis le rivage ou en barque, il est généralement possible d'étudier une stratégie affinée pour survoler l'obstacle. On doit également faire attention à ce qui peut dépasser de la rive, comme certains types de filets de pêche ou les frondaisons des arbres.

Le décollage sous des obstacles. Sur les bassins étroits, il arrive parfois d'avoir à disposition un tronçon rectiligne traversé par un pont, une ligne électrique ou par un autre obstacle qui ne peut pas être survolé, mais sous lequel l'appareil peut passer en restant sur la surface.

Dans ces cas, le décollage est possible, mais il convient de prendre quelques précautions. Avant tout, on doit rejoindre l'obstacle en navigant à flots pour vérifier que l'appareil passe effectivement dessous. On doit ensuite calculer la trajectoire de décollage de façon à ce que l'appareil passe sous l'obstacle à une vitesse nettement inférieure à celle d'envol. Il faut être sûr qu'une rafale de vent, un réglage du trim trop à cabrer ou une vague ne fasse décoller l'appareil à proximité de l'obstacle.

Si on s'aperçoit que l'on s'approche de l'obstacle à une vitesse proche de celle d'envol on doit réduire la puissance.

Il est conseillé de sortir les volets seulement après être passé sous l'obstacle.

Entraînement

Tout ce qui a été dit dans ce paragraphe, de façon nécessairement schématique, peut se présenter dans la réalité avec des nuances variées. Les combinaisons de vent, courant, vagues, largeur de bassin, type d'appareil, obstacles éventuels en travers du bassin et autres sont innombrables et, comme toujours, l'expérience est ce qui doit guider le pilote dans son choix.

Il est conseillé de s'entraîner sur des canaux et fleuves de difficulté croissante, mais sans accoster dans un premier temps. Au début, les accostages se tenteront sur des rives avec un quai bien délimité, sans obstacles en aval, dans un faible courant et avec un ou plusieurs assistants.

Opérations en bassins courts

Décollage d'un bassin court

Le décollage d'un bassin court est une des situations les plus contraignantes que le pilote ait à affronter, surtout si le bassin est en plus à une altitude élevée. Il demande que tout, depuis la préparation du vol jusqu'au pilotage de l'appareil, soit mené dans la perfection.

Les techniques fondamentales de décollage et quelques expédients pour surmonter les difficultés les plus courantes ont été décrites au chapitre sur le décollage. Ici nous examinerons quelques techniques spéciales pour abréger la course de décollage ou pour vérifier que le plan d'eau que l'on a devant l'appareil est suffisant ou pas pour décoller, en tenant compte des éventuels obstacles présents.

Vais je le faire ou pas ? Question classique que le pilote se pose à lui même avant et pendant le décollage d'un petit lac ou d'un bassin exigu. Il peut avoir la réponse définitive si les techniques décrites dans ce chapitre sont utilisées correctement. Point initiale du décollage et montée au-dessus d'un obstacle sur le lac de Pareloup dans les Cévennes (France). Dans ce cas le doute était justifié, la surface du lac étant à 2800 ft avec un Cessna C172 à pleine charge. Décollage enfin réussi.

Début de la course de décollage

La course de décollage sera débutée en tirant profit de chaque mètre disponible. Si le bassin court est délimité par des obstacles suspendus au-dessus du bassin lui même (lignes électriques, ponts, etc.) il est souvent possible de débuter le décollage avant les obstacles et de passer dessous, comme décrit à la rubrique "Opérations en bassins étroits".

Déplacement du centre de gravité durant la course de décollage

En conditions critiques l'appareil peine pour monter sur le redan. La manœuvre devient plus facile si le centrage est avant, mais la course de décollage est plus brève quand le centrage est arrière. Pour opti-

Opération sur le Lac de Lei, dans les Alpes italiennes. C'est un lac situé à 1930 m sur le niveau de la mer. L'altitude peut rendre "court" un lac assez long.

miser la manœuvre, on peut déplacer le chargement à l'intérieur de la cabine durant le décollage, de façon à avoir un centrage avant jusqu'à la montée sur le redan et arrière pour le reste de la course jusqu'à l'envol, puis le ramener en position intermédiaire durant le vol. Les déplacements du centre de gravité peuvent être obtenus, avant tout, en se déplaçant ou en faisant déplacer les personnes à bord; comme cela est par exemple décrit au paragraphe "Difficultés pour monter sur le redan", au chapitre sur l'hydroplanage. En outre, on peut placer sur le plancher ou prendre sur ses genoux quelques objets pesants que l'on a à bord (l'ancre, une sacoche, etc.), lorsqu'on veut avancer le centre de gravité, et jeter tout le matériel dans la soute à bagages ou vers l'arrière après la montée sur le redan.

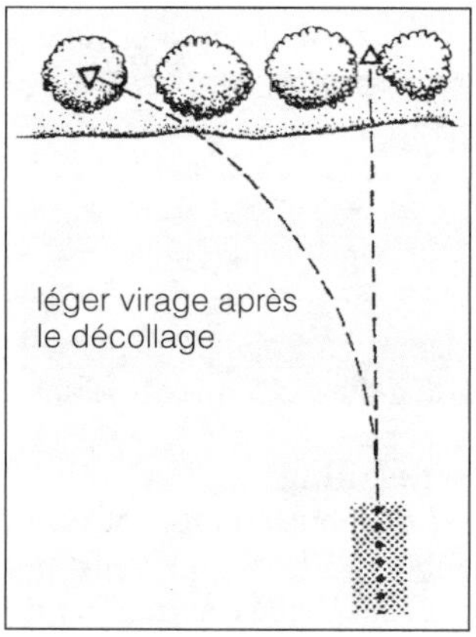

Après l'envol

Gain de vitesse en effet de sol. Peu après l'envol, surtout si on utilise un appareil à aile basse ou médiane, il peut être utile de maintenir l'appareil en effet de sol, de façon à accélérer plus rapidement. A la vitesse de montée à pente max, rejointe en effet de sol, on effectue la rotation pour commencer la montée, en maintenant cette vitesse jusqu'à ce que les obstacles soient survolés. Ensuite on peut continuer à la vitesse qui procure le meilleur taux de montée ou à la vitesse de montée en route.

La montée. On doit effectuer la montée de la façon la plus efficace possible. Un léger virage ne compromet pas les paramètres de montée, mais peut procurer une distance sensiblement majorée entre le point d'envol et les obstacles sur la rive, et par conséquent permettre de survoler les obstacles avec une hauteur légèrement supérieure à celle qui est disponible en ligne droite. Les obstacles survolés, on peut continuer par une montée de sécurité, comme cela est décrit au chapitre sur le décollage, de façon à conserver la possibilité de retourner sur le plan d'eau que l'on vient de quitter.

Obstacles qui se rapprochent. Il est important de ne pas réagir instinctivement à la présence d'obstacles qui se rapprochent rapidement. Tirer sur le manche entraîne une réduction de l'angle de montée, sinon le décrochage.

Si l'on s'est trompé dans les calculs et que l'on se dirige inévitablement contre les obstacles sans qu'un virage pour y échapper soit possible, on doit garder son calme. Il faut choisir soigneusement le point de collision et préparer l'appareil à l'impact.

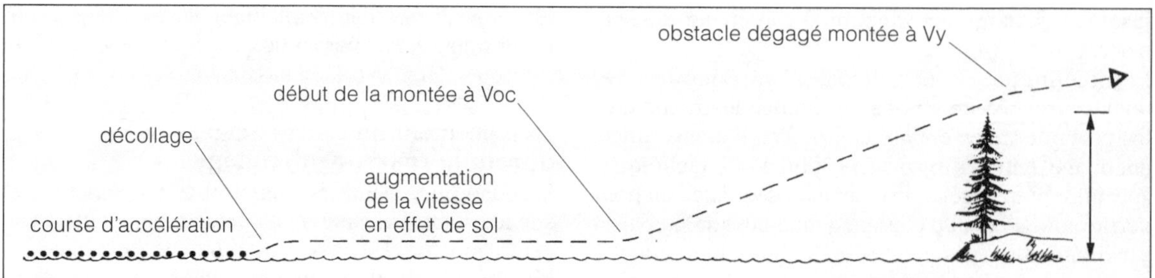

Décollage d'un lac court en altitude

La densité réduite de l'air diminue la puissance disponible, rends plus difficile monter sur le redan, prolonge la course de décollage et diminue le taux de montée. En plus la densité réduite fait que la vitesse par rapport à l'air (TAS) – et donc la vitesse d'envol et de contact – est plus élevée que celle qui est indiquée par le badin (IAS).

Si l'on sait que l'on devra effectuer un décollage en altitude sur un bassin court, on voudra savoir si les dimensions du bassin sont suffisantes pour le décollage. Cette évaluation peut se faire sur la base des calculs exposés au paragraphe "Longueur de la course de décollage". Autre solution: on peut faire un essai sur le bassin de départ, généralement plus grand et situé à une altitude plus basse. Pour simuler un décollage à haute altitude on doit décoller avec une puissante réduite. La pression d'admission doit être réduite de trois quart de pouces pour chaque tranche de 1000 pieds d'augmentation d'altitude. Par exemple, si le jour considéré au niveau de la mer on a la pleine puissance avec 28,5 pouces, pour simuler un décollage à 6000 pieds on doit régler la pression d'admission à:

28,5 - (0,75 x 6) =
= 28,5 - 4,5 = 24 pouces

altitude (ft)	pression admission (in_{Hg})
+1000	-0.75
+2000	-1.5
+3000	-2.25
+4000	-3
+5000	-3.75
+6000	-4.5
+7000	-5.25
+8000	-6
+9000	-6.75
+10000	-7.5

L'essai doit être effectué avec la charge présumée au moment du décollage réel à haute altitude. Après l'essai on doit évaluer la distance de décollage et la comparer avec la longueur du bassin en altitude. Pour mesurer la distance de décollage on doit identifier le point où l'on met les gaz et le point d'envol à l'aide de repères sur la rive ou en jetant un objet flottant à l'eau (ce qui est facile à la mise des gaz, beaucoup moins lors de l'envol). Revenu sur le plan d'eau, on parcourt la distance de décollage à basse vitesse avec un régime moteur constant et on note le temps total de navigation à flot. Une fois posé sur le bassin en altitude, on parcourt la bande de décollage à flot avec le même régime moteur et on peut ainsi évaluer si la distance disponible est suffisante pour décoller. La même mesure peut également s'effectuer en vol. Le taux de monté après décollage doit aussi être noté lorsqu'on fait l'essai à puissance réduite et à basse altitude. On doit ensuite vérifier que ce taux est suffisant pour survoler les obstacles présents autour du bassin à haute altitude.

Opérations en montagne. Lorsqu'on opère en montagne on doit prendre toutes les précautions relatives aux lignes électriques et aux câbles de téléphérique, en plus des risques de caractère météorologique tels que les rabattants, les rotors, le givrage éventuel et les changements de temps.

Le décollage "circulaire"

Une manœuvre traditionnelle très séduisante dans le monde hydro est la technique du décollage circulaire, recommandée lorsqu'on se trouve sur un bassin trop court pour le décollage, mais plutôt large. Elle consiste à effectuer la course en rond sur le petit bassin jusqu'au décollage. Notons que la trajectoire en courbe augmente la traînée hydrodynamique et par conséquent la longueur de la course de décollage. La course est encore allongée si le virage est fait à droite plutôt qu'à gauche.

Avec les appareils à flotteurs. La manœuvre est plutôt difficile avec les petits hydravions à flotteurs, car l'augmentation de la traînée hydrodynamique en virage demande une puissance souvent supérieure à celle qui est disponible, rendant l'envol impossible. En outre, l'appareil se trouve alors en virage sur l'eau à une vitesse proche de celle d'envol, ce qui n'est pas sans risque, comme cela est décrit aux chapitres sur l'hydroplanage et sur la mécanique du vol. Les virages sur le redan sont en fait normalement effectués à une

Un Piper PA18 inspecte et amerrit sur le Lac de Braies, dans les Dolomites. Altitude: 1450 m.

Felice Chiappa

Décollage circulaire d'un petit lac des Alpes avec un Lake Renegade. *L'appareil est sur le point de décoller. Le décollage circulaire, manœuvre qui nécessite de grands espaces avec un appareil à flotteurs, est effectuée avec un petit rayon par un appareil à coque.*

vitesse à peine plus élevée que celle de montée sur le redan. Le décollage circulaire peut donc être effectué seulement avec les appareils à flotteurs surpuissants et surtout si un rayon de virage très ample est possible.
Avec les appareils à coque. Le décollage circulaire est beaucoup moins problématique avec les appareils à coque qui ont une stabilité latérale sur l'eau très supérieure, qui peuvent être inclinés même à une vitesse plutôt basse, et qui rendent donc possibles, avec les techniques normales, des rayons de virage très petits.

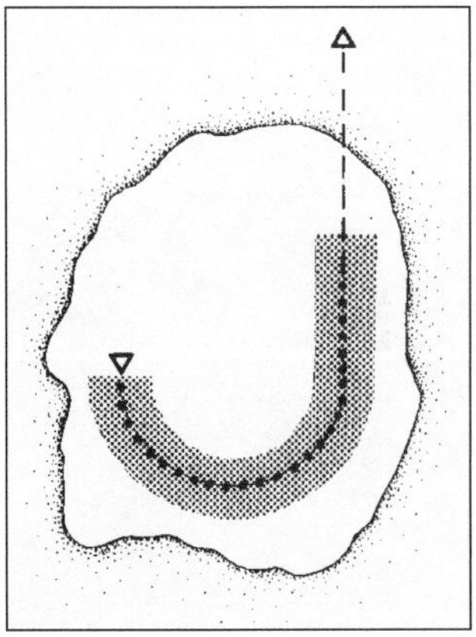

Une variante classique du décollage circulaire en utilisant une trajectoire en U. Le virage peut être effectué facilement et sans risques quand la vitesse est réduite et la force centrifuge est par conséquent moins importante.

La trajectoire. L'exécution d'un décollage circulaire implique une certaine capacité à prévoir le comportement de l'appareil. On doit éviter de parcourir une trajectoire qui s'approche trop de la rive, et de se trouver prêt à décoller lorsqu'on reçoit le vent sur l'arrière ou lorsqu'on se trouve face aux obstacles les plus élevés de la rive. On doit donc connaître, pour les conditions de charge et d'altitude densité courantes, la distance angulaire nécessaire à l'appareil pour accomplir sa course de décollage. Par exemple,

Le calcul de la distance de décollage peut être effectué avant l'amerrissage. Le lac Alserio, près de Côme (Italie), et souvent appelé par les pilotes "lac à Piper", considérant les capacités STOL du Piper PA18.

le Lake LA 250 décolle sur 240° environ après la mise en puissance. Pour d'autres appareils on peut parcourir des valeurs supérieures à 360°. Par exemple si le décollage s'effectue en un tour et demi, on dit qu'il s'accomplit le long d'un arc de 540°. La prévision de la trajectoire est d'une importance fondamentale pour décider du point et de la direction où l'on doit débuter la manœuvre. Si le bassin est plutôt grand, s'il n'y a pas de problèmes particulier d'obstacles et si le vent est calme, on a en chaque point de la trajectoire la possibilité d'effectuer quelques variations telles que resserrer le virage, l'élargir ou prolonger la course à volonté. Mais il arrive que le bassin soit de dimensions à peine suffisantes, qu'il y ait des obstacles sur la rive, et que le vent souffle (les vagues ne sont pas un problème même par vent fort, car il s'agit d'un petit bassin). Dans ces conditions, critiques à cause d'un ou plusieurs facteurs, la manœuvre ne peut pas être effectuée à la légère mais doit être conduite de façon optimale. Avant tout on doit l'exécuter du côté où les effets asymétriques favorisent le virage donc à gauche, pour la plupart des appareils. Cela est avantageux dans le cas où le pilote est assis à gauche car la visibilité est meilleure. Avec les appareils à flotteurs, on doit ensuite planifier une trajectoire pour laquelle la force centrifuge ne prenne jamais des valeurs dangereuses qui pourraient provoquer le chavirage de l'appareil. Malheureusement, on doit ici se baser sur une évaluation personnelle approximative, étant donné la difficulté de prévoir le moment où l'appareil est proche du chavirage. Pour s'assurer que la force centrifuge ne croît pas excessivement lorsque la vitesse augmente, on peut suivre une trajectoire en spirale dans laquelle on augmente le rayon de virage au fur à mesure que la vitesse croît. La phase où il est le plus facile de manœuvrer est lorsqu'on vient juste de monter sur le redan; c'est donc le bon moment pour corriger sensiblement la trajectoire si besoin est. Avec les appareils à coque il est facile de maintenir le rayon le plus serré possible sans crainte de chavirer en faisant affleurer l'eau au flotteur d'aile gauche (ou en tout cas le flotteur intérieur). S'il y a du vent on doit faire en sorte d'être prêt au décollage avec le vent de face ou, si on désire avoir un peu plus d'espace, on peut continuer la course encore sur un court tronçon, même si on finit par avoir une petite composante de vent traversier. Gordon Newstrom suggère à ceux qui emploient un appareil à flotteurs d'adopter la technique du décollage sur un flotteur et, s'il y a du vent, de ne pas lever l'aile sous le vent, ce qui en général est considéré comme le plus sûr, mais celle qui est au vent. Newstrom souligne les avantages de cette manœuvre, qui comporte une moindre traînée du flotteur immergé et qui donc offre quelques avantages en termes de distance de décollage, sans être, à son avis, aussi dangereuse qu'on le dit. Attention, dans le cas où le décollage circulaire fait plus de 360°, avec des appareils à coque, à ne pas repasser sur sa vague de sillage, car un décollage par effet de tremplin à une vitesse trop faible pour pouvoir rester en l'air, provoquera un contact avec l'eau avec une force tangentielle qui pourra arracher le ballonnet intérieur au virage.

L'augmentation du rayon de virage au fur et à mesure que la vitesse augmente est une façon de garder la danger de la force centrifuge sous contrôle.

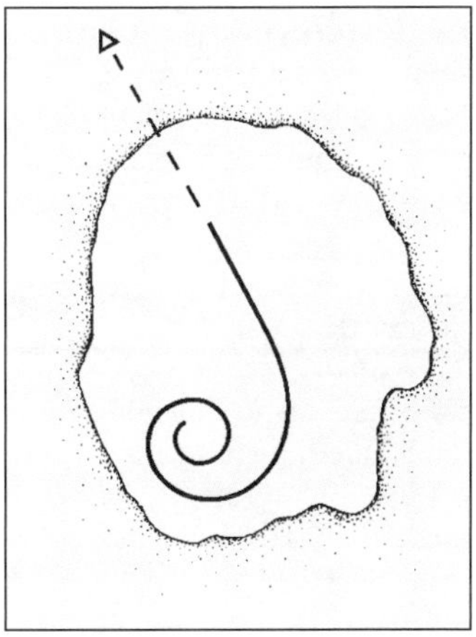

Interruption du décollage. En tout point de la course on doit être prêt à interrompre la tentative de décollage si quelque chose ne se passe pas comme prévu. Si par exemple on s'aperçoit que la trajectoire suivie déporte l'appareil vers la rive ou que, pour éviter que cela se produise, on doive serrer excessivement le virage alors que la vitesse est déjà élevée ou encore que le point d'envol prévu ne permet pas un survol des obstacles en sécurité, on doit interrompre le décollage ou bien réduire la vitesse et adopter une nouvelle trajectoire plus sûre.

Les opérations sur altiports sont moins difficiles que celle sur l'eau, mais méritent une attention particulière, à cause de la densité très réduite de l'aire.
Ici, approche avec un Lake Renegade à l'aéroport de Samedan (Suisse), le plus haut d'Europe (5700 pieds).

Le décollage d'un bassin court avec obstacles: la méthode De Remer

Dale De Remer a mis au point une méthode empirique pour évaluer la possibilité de décollage d'un petit bassin avec des obstacles sur la rive. La méthode, très raffinée, enlève au pilote le doute *"j'y arriverai ou j'y arriverai pas?"* et constitue un irremplaçable facteur de sécurité.

Avec obstacles de 50 pieds. La méthode De Remer est basée sur le fait que la longueur de la course de décollage constitue une fraction quasi constante de la distance totale de passage d'un obstacle d'une hauteur déterminée, indépendante de la charge, du vent, de l'altitude densité et d'autres facteurs. Dans les manuels de vol, on prend généralement en considération un obstacle de 50 pieds, ce qui équivaut à 15 m, correspondant à un arbre ou un immeuble type. Si par exemple la course de décollage est de 500 m et la distance de passage de l'obstacle de 50 pieds est de 770 m la fraction est de 500/770 = 0,65 ou 65%. En d'autres termes, la course de décollage représente 0,65 ou 65% de la distance totale du point où l'on met les gaz au point où l'obstacle est survolé. Cette donnée est valable, avec de petites variations, dans une vaste gamme de conditions et peut être facilement calculée sur la base des deux données mentionnées dans le manuel de vol de l'appareil (pour l'obstacle de 50 pieds; pour des obstacles de hauteur différente nous verrons plus loin). Si par exemple, dans une certaine situation, la course de décollage est de 1000 m, la distance totale pour survoler un obstacle de 50 pieds est de 1540 m; si la course de décollage est de 300 m, la distance totale est de 460 m. Dans tous les cas la course de décollage est de 65% de la distance de franchissement des 50 pieds. A titre d'exemple, on a reproduit une partie du tableau des distances de décollage du De Havilland Otter hydro, dans laquelle le rapport en question est égal, dans une vaste gamme de conditions, à environ 66%. On a également reproduit le tableau correspondant pour le Cessna 172N.

On suppose donc que l'on doive décoller d'un petit bassin avec un obstacle de 50 pieds placé sur la rive et avec un appareil pour lequel la fraction, pour continuer avec l'exemple précédent, est de 0,65. La longueur du bassin est le segment AB sur la figure. On doit tout d'abord naviguer à flot de A à B avec un régime moteur constant et chronométrer le temps passé (supposons 5 minutes, soit 300 secondes).

Tableaux de performance au décollage du Cessna 172 N et du DHC 3 Otter. Le Delta Ratio (rapport entre la longueur de la course de décollage et la distance totale au dessus d'un obstacle) est assez constant dans toute la gamme des différentes conditions, avec des déviations seulement dans les cas extrêmes. L'utilisation du Delta Ratio permet au pilote de prévoir avant le décollage, s'il y a un obstacle, si le décollage est possible. Cette méthode a été publiée par dale De Remer (1987 Water Flying Annual*; 1988* FAA Aviation News*).*

CONDITIONS:
Flaps 10°
Full Throttle
Zero Wind

NOTE:
Decrease distances 10% for each 9 knots headwind.

TAKEOFF DISTANCE

MAXIMUM PERFORMANCE

WEIGHT LBS	TAKEOFF SPEED KIAS		PRESS ALT FT	0°C		10°C		20°C		30°C		40°C	
	LIFT OFF	AT 50 FT		WATER RUN	TOTAL TO CLEAR 50 FT OBS	WATER RUN	TOTAL TO CLEAR 50 FT OBS	WATER RUN	TOTAL TO CLEAR 50 FT OBS	WATER RUN	TOTAL TO CLEAR 50 FT OBS	WATER RUN	TOTAL TO CLEAR 50 FT OBS
2220	47	53	S.L.	1185	1870	1325	2060	1480	2270	1660	2505	1870	2780
			1000	1380	2140	1550	2365	1750	2625	1975	2920	2245	3265
			2000	1625	2470	1840	2750	2095	3075	2395	3455	2750	3905
			3000	1945	2890	2225	3245	2555	3665	2960	4165	3460	4770
			4000	2365	3430	2735	3900	3195	4460	3775	5150	4520	6015

FLOATPLANE MODEL 172N

TAKEOFF DISTANCE - FEET

MODEL: U-1A
DATE: MARCH 1961
DATA BASIS: FLIGHT TEST

FLOATPLANE
FLAPS — TAKE-OFF CALM WATER

ENGINE (1): R1340-59 AND -61
FUEL GRADE: 115/145
FUEL DENSITY: 6.0 LB/GAL

GROSS WEIGHT POUNDS	TAKEOFF AND INITIAL CLIMB SPEED IAS-KN	PRESSURE ALTITUDE FEET	−5°C				+15°C				+35°C				+55°C			
			ZERO WIND		30-KNOT WIND		ZERO WIND		30-KNOT WIND		ZERO WIND		30-KNOT WIND		ZERO WIND		30-KNOT WIND	
			WATER RUN	CLEAR 50 FT	WATER RUN	CLEAR 50 FT	WATER RUN	CLEAR 50 FT	WATER RUN	CLEAR 50 FT	WATER RUN	CLEAR 50 FT	WATER RUN	CLEAR 50 FT	WATER RUN	CLEAR 50 FT	WATER RUN	CLEAR 50 FT
8000	63	SL	1390	2100	360	760	1700	2460	465	930	2090	2870	610	1100	2510	3460	780	1350
		1000	1480	2210	390	810	1790	2580	500	970	2190	3040	650	1170	2670	3620	840	1420
		2000	1570	2280	420	850	1925	2680	570	1020	2365	3290	715	1270	2850	3860	920	1515
		3000	1720	2460	470	920	2120	2950	620	1130	2670	3560	830	1400	3170	4270	1045	1690
		4000	1860	2650	520	1000	2400	3320	725	1290	3090	4140	1000	1640	3940	5380	1380	2160
		5000	2130	3070	625	1180	2790	3860	880	1520	3700	4960	1255	2000	4800	6600	1780	2680
7600	62	SL	1150	1770	290	630	1390	2070	380	755	1680	2410	475	900	2010	2870	595	1095
		1000	1220	1845	315	655	1460	2180	400	800	1750	2545	505	955	2120	2990	640	1145
		2000	1290	1920	340	690	1560	2280	430	845	1890	2680	[illegible]		[illegible]	3170		
		3000	1405	2070	380	755	1710	[illegible]		925	2120							
					415	830												

Au passage du repère, si l'appareil est toujours sur la surface nous savons que l'obstacle ne peut pas être passé et qu'il faut interrompre le décollage

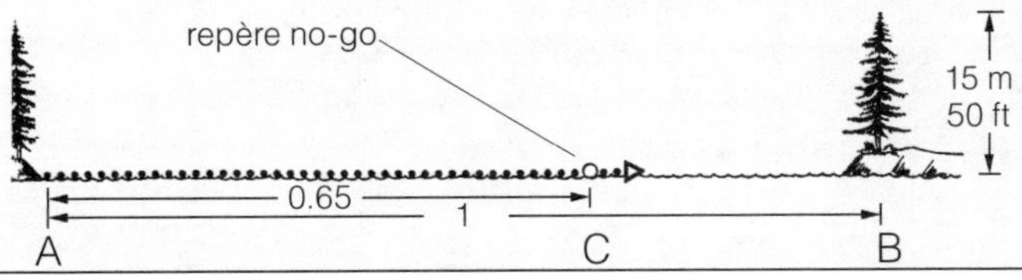

Décollage au repère: nous savons que l'obstacle peut être passé, mais si la montée est accomplie avec la même compétence que la course de décollage

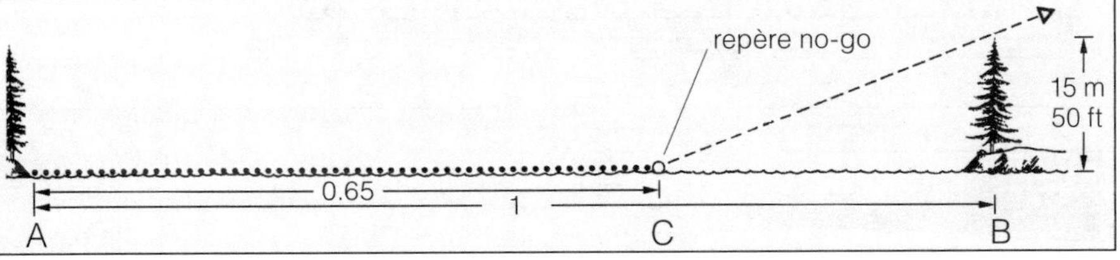

Décollage avant le repère: nous savons que nous passerons l'obstacle en sécurité, même si la technique de montée n'est pas optimum

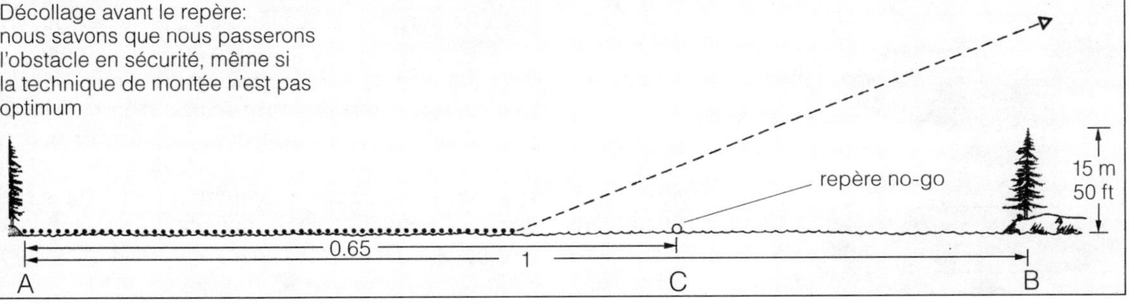

On retourne ensuite en A et l'on navigue pendant 300 x 0,65 = 195 secondes (ou bien on navigue de B vers A pour 300 x 0,35 = 105 secondes, ce qui revient au même), pour arriver au point C. C'est ici le point où l'appareil devra absolument être en l'air pour pouvoir survoler l'obstacle. Si, en ce point, l'appareil devait se trouver encore sur l'eau pendant le décollage, on est quasiment sûr de ne pas pouvoir passer au-dessus de l'obstacle. Il faut donc marquer par n'importe quel moyen ce très important "point de décision". De Remer suggère d'utiliser un ballonnet gonflable relié à un plomb de pêche par un fil de Nylon. Le ballonnet peut être gonflé au dernier moment et être jeté de l'appareil durant la navigation à flot. On peut en avoir une réserve à bord étant donné le peu de poids que cela représente.

Le point étant balisé, on se reporte pour la dernière fois au point A et l'on commence le décollage. Si, dans le travers du ballonnet on ne s'est pas encore envolé, on doit interrompre immédiatement le décollage et attendre un moment plus favorable ou alléger l'appareil pour essayer plus tard. Si par contre on a décollé on peut continuer la montée en confiance.

La méthode De Remer nécessite trois conditions. La première est que le ballonnet ne se déplace pas sur la surface. Le plomb le maintient généralement en place, au moins pour les quelques minutes nécessaires. Sur les fleuves, où le ballonnet est inutilisable à cause du courant, il est facile d'avoir (ou de placer) quelques repères sur la rive pour reconnaître le point fatidique de décision durant le décollage.

La seconde condition est que pour la montée après l'envol on utilise une technique de pilotage de niveau égal ou supérieur à celle utilisée lors de la course de décollage. Si par exemple on met l'appareil sur le redan de façon parfaite et qu'on hydroplane avec une traînée hydrodynamique minimale, mais qu'ensuite on monte avec la bille dans le coin ou avec une vitesse différente de celle de montée optimale, on peut finir contre l'obstacle même si on s'est arraché avant le ballonnet. Si par contre, pour donner un autre exemple, on a effectué une course de décollage de qualité médiocre, mais que travers le ballonnet on est en l'air, on sait que l'on passera au-dessus de l'obstacle même avec une technique de montée de qualité également médiocre. Nous disons tout cela pour confirmer que la fraction de la course de décollage par rapport à la distance totale est indépendante de la technique de pilotage, pourvu qu'elle soit de qualité constante. En réalité celui qui affronte en pratique ce problème est probablement en mesure d'effectuer une bonne course de décollage et une bonne montée initiale.

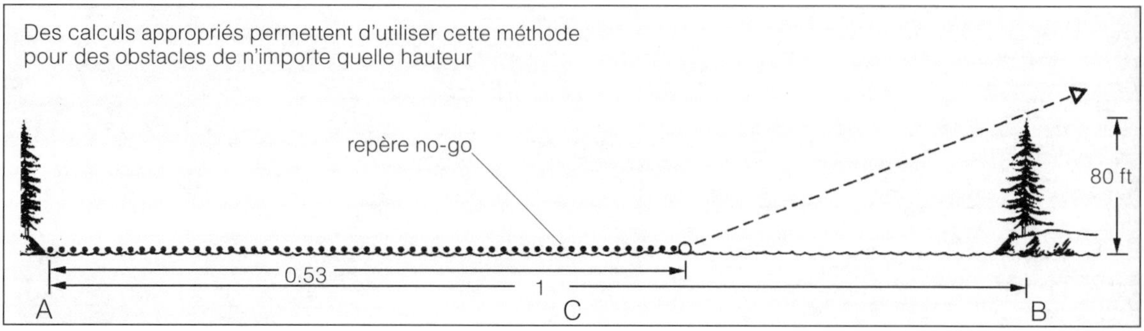

Dale De Remer

Dale De Remer, chahutant avec les ballons utilisés durant ses tests près de Fairbanks (Alaska).

La méthode De Remer comporte encore un troisième élément fondamental : si l'envol n'a pas eu lieu dans le travers du ballonnet il faut qu'il y ait avant la rive suffisamment d'espace pour s'arrêter. C'est le cas en pratique avec la majorité des petits hydravions, mais ce n'est pas acquis. Pour être sûr de pouvoir s'arrêter, on doit connaître auparavant la distance d'arrêt pour l'appareil utilisé et avec la technique appropriée. On doit ensuite pouvoir exprimer cette distance en termes de secondes de navigation (au régime standard habituellement utilisé pour toute ces mesures). Pour déterminer cette valeur on peut faire un essai près de la rive, de façon à avoir des références sur le travers à chaque instant, ou utiliser un ballonnet. Une fois réalisé, l'essai vaut pour toujours. Reprenons le problème: quand le point C est défini, on sait que le tronçon CB est suffisant pour un arrêt éventuel. Si par exemple, et en reprenant le cas décrit, l'arrêt avec l'appareil employé s'effectue sur une distance correspondant à 50 secondes de navigation à flot on sait que la distance correspondant aux 300 - 198 = 102 secondes est plus que suffisante pour l'arrêt. Si par contre l'arrêt nécessite une distance égale à 1 minute et 35 secondes de navigation à flot (soit 95 secondes) on sait que les 102 secondes qui se trouvent après le ballonnet sont à peine suffisantes pour l'arrêt. Dans ce cas, si l'appareil est sur le point de s'envoler au ballonnet, mais peut-être après, un moment d'hésitation dans la décision de décoller ou de s'arrêter peut être fatal et provoquer l'impact contre l'obstacle si on décolle, ou avec la rive si on ne décolle pas. C'est un cas limite, qui ne se rencontre pas habituellement avec les petits appareils, mais qui ne peut être exclus. La technique pour s'arrêter rapidement sur l'eau est décrite au chapitre sur l'hydroplanage au paragraphe "L'arrêt rapide".

Avec des obstacles de hauteur quelconque. La fraction qui représente la course de décollage considérée jusqu'à maintenant est celle que l'on extrait du manuel de vol et est valable pour l'obstacle de 50 pieds. Pour les obstacles de dimensions différentes on peut utiliser une des formules générales suivantes (qui impliquent de connaître les données pour l'obstacle de 50 pieds) :

$$f' = f / [f + (1 - f)(h_{ft} / 50)]$$

si la hauteur de l'obstacle (h_{ft}) est en pieds; ou bien

$$f' = f / [f + (1 - f)(h_m / 15)]$$

si la hauteur de l'obstacle (h_m) est en mètres, où f est la fraction valable pour l'obstacle de 50 pieds et f' est la fraction valable pour un obstacle de hauteur h. Reprenons l'exemple précédent, de l'appareil avec f = 0,65, et considérons un obstacle de 80 pieds on a :

$$f' = 0{,}65 / [0{,}65 + (1 - 0{,}65)(80 / 50)] =$$
$$= 0{,}65 / [0{,}65 + 0{,}56] =$$
$$= 0{,}65 / 1{,}21 =$$
$$= 0{,}53$$

Si le temps total de navigation de A vers B est de 300 secondes, le ballonnet sera placé en C, à un nombre de secondes égal à :

$$300 \times 0{,}53 = 163$$

Un obstacle de hauteur supérieure éloigne donc du dit obstacle le point où l'on doit avoir décollé et augmente la distance disponible pour l'arrêt avant la rive dans le cas où la tentative de décollage est abandonnée, à supposer que la chose pose problème.

Hauteur de l'obstacle. La hauteur de l'obstacle placé sur la rive par rapport à la surface peut être estimée ou établie par des mesures. L'estime peut être basée sur la connaissance de la hauteur caractéristique

de l'obstacle même ou de quelques objets situés au voisinage. Par exemple, dans les pays où les pylônes des lignes électriques ont des dimensions standard connues des pilotes, on peut estimer facilement la hauteur des arbres ou des constructions qui se trouvent dans les parages. Les immeubles aussi ont des dimensions qui peuvent être estimées en fonction du nombre d'étages.
Quand près de l'obstacle il n'y a pas d'objet de dimensions connues rien n'empêche d'en placer. Dale De Remer suggère de dérouler près de l'obstacle une

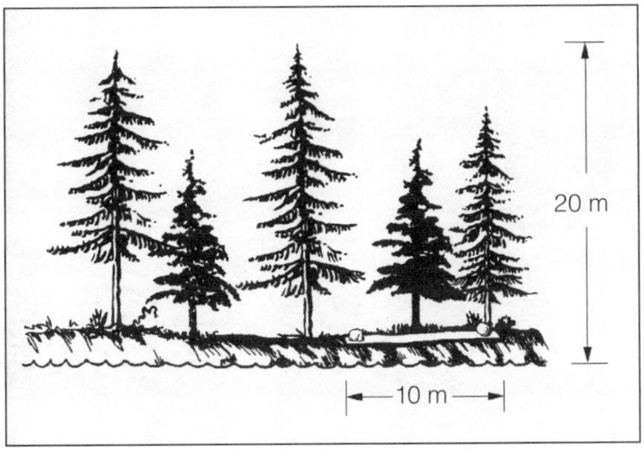

La hauteur d'un obstacle peut être déterminée à distance en la comparant à la longueur connue d'un objet placé à proximité par le pilote.

bande de papier hygiénique d'une certaine longueur que l'on note, de façon à pouvoir estimer la hauteur de l'obstacle, par comparaison, lorsqu'on recule à une certaine distance. Des méthodes pour mesurer les dimensions d'objets distance sont exposés dans le chapitre sur les instruments de calcul et mesure.

L'hydravion sur un petit lac d'altitude, où un jugement erroné de la course de décollage peut vite tourner au désastre. A Droite, une surface plate peut rendre difficile un décollage même dans un bassin assez large.

Amerrissage dans un bassin court

L'approche optimale d'un bassin court s'effectue en passant à une hauteur de sécurité au-dessus des obstacles de la rive. A ce moment, s'il n'y a pas de turbulence, on réduit la vitesse à 1,2 fois celle de décrochage, on sort tous les volets, on réduit le moteur au minimum et, si c'est permis, on met l'appareil en glissade jusqu'à un peu avant le contact. Le palier, étant donné la trajectoire très pentue, doit être parfait. Lors de l'arrondi, il convient de mettre un peu de moteur, ce qui améliore le contrôle de l'appareil et la visibilité au travers du disque de l'hélice, durant la délicate phase du vol précédant le contact et rend moins brusque la décélération. Dès que l'on touche l'eau, on adopte la technique de l'arrêt rapide, décrite au chapitre sur l'hydroplanage.

Amerrissage en miroir dans un bassin court

L'amerrissage en miroir demande de l'espace. Si l'espace est restreint, comme sur un petit lac, et s'il y a des obstacles sur la rive, comme c'est presque toujours le cas, la manœuvre peut s'avérer impossible. En général, on peut dire qu'il est dangereux d'amerrir en miroir sur un bassin de moins d'un nautique, mais cette dimension minimale peut être très supérieure pour un pilote débutant.

La méthode Christenson

Une méthode pour affronter la situation, utilisable exclusivement par les pilotes expérimentés, conseillée par Anders Christenson et rapportée par Dale De Remer, est la suivante: on conduit l'approche de façon à se trouver sur la rive à quelques mètres au-dessus des obstacles, avec un taux de descente de 300-400 pieds minute et une vitesse de 1,2 fois celle de décrochage. A ce point, on réduit le moteur pendant 3 secondes, en levant légèrement le nez pour diminuer la vitesse à 1,1 fois celle de décrochage. Après ces 3 secondes, on doit

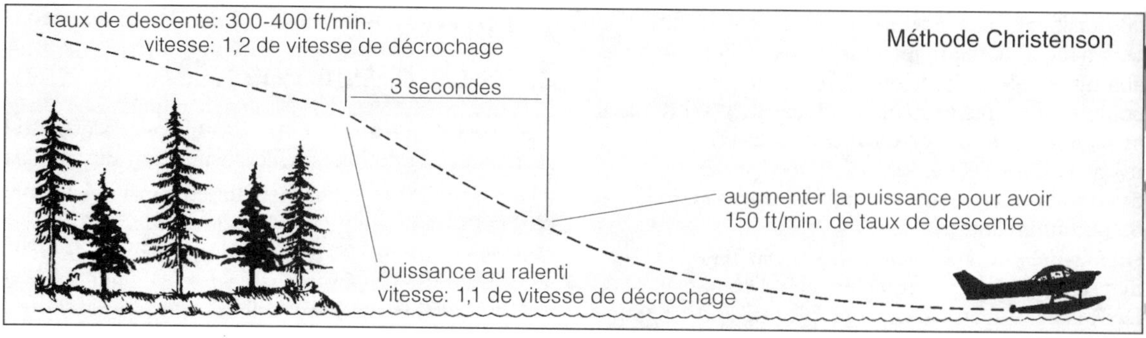

maintenir l'assiette et la vitesse en augmentant la puissance de façon à adopter le taux de descente standard pour le miroir: 150 pieds minute. Comme on se trouve désormais près de la surface, on peut même adopter un taux inférieur. Si on est trop long, même avec cette technique, et que l'on est contraint de remettre les gaz, il vaut probablement mieux ne pas réessayer et se diriger vers un autre bassin.

Opérations sur des bassins artificiels

En cas d'urgence, il est possible d'amerrir sur un petit bassin en haute montagne, mais il sera généralement impossible d'en redécoller. L'appareil devra alors être hélitreuillé dans la vallée, ou démonté.
Sur un bassin de dimensions suffisantes pour décoller il est par contre possible, avec l'autorisation du propriétaire ou de l'exploitant, d'opérer normalement en tenant compte de tous les facteurs de risque possibles.
Niveau des eaux. Un des problèmes réside dans l'importante variation du niveau de la surface, variation qui a un cycle saisonnier, mais qui dépend aussi d'autres facteurs non périodiques. La variation du niveau a souvent une grande influence sur l'extension et sur la forme même de la surface. Quand le bassin contient peu d'eau, sa longueur et sa largeur peuvent n'être qu'une petite fraction des dimensions habituelles.

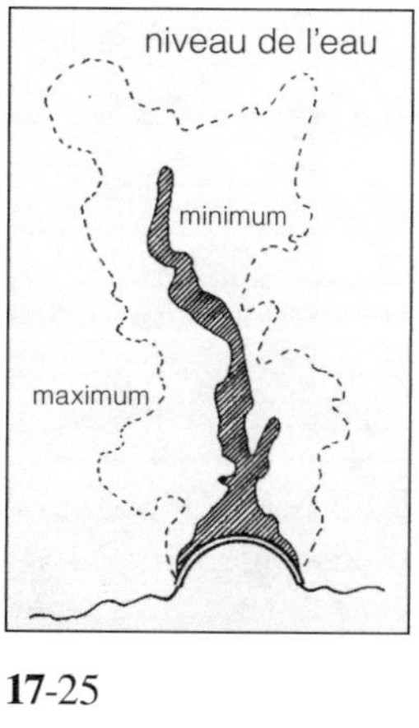

Inspection et informations préliminaires. Avant d'opérer pour la première fois sur un bassin artificiel, il est opportun d'effectuer une inspection du site par voie terrestre. Il est aussi conseillé d'établir un contact avec les usagers habituels du site, de façon à pouvoir obtenir par téléphone les informations de dernière minute au sujet du niveau des eaux, de la météo, et de la présence d'éventuels obstacles affleurants etc.
Restrictions. Sur les bassins artificiels, il est généralement interdit d'opérer près du barrage. En outre, il est interdit d'opérer quand le niveau des eaux atteint celui où l'eau en excédent s'écoule par les déversoirs.
Approche et amerrissage. Dans le cas de bassins en vallées étroites et très pentues en amont du bassin, l'amerrissage ne peut généralement être effectué que vers l'amont, en survolant le barrage en très courte finale. En présence de brise de vallée, comme cela

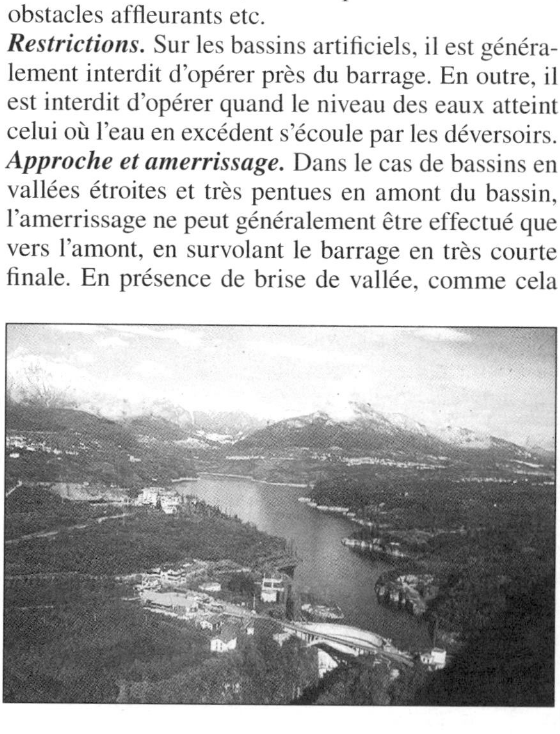

Dernier virage avant l'amerrissage sur le lac artificiel de Santa Giustina, près de Cles (Italie). Le barrage est l'un des plus haut d'Europe: 120 m.

arrive de jour, l'amerrissage doit être effectué avec le vent arrière, situation risquée en altitude. L'état de la surface, presque toujours plate, contribue cependant à rendre la manœuvre plus sûre, car elle peut être abordée à une vitesse plus élevée que la normale avec des risques réduits.

L'éventuelle possibilité de remise de gaz doit être évaluée en vol. Dans le cas d'un bassin dans une vallée étroite, cette possibilité n'existe pas le plus souvent. Tout doit alors être réussi du premier coup.

Le décollage. Le décollage, toujours dans le cas d'un bassin dans une vallée étroite, ne peut être effectué que vers l'aval. Dans ce cas, la brise de vallée apporte une aide, mais sur l'axe de décollage on rencontre un obstacle important: le barrage. La hauteur de cet obstacle varie avec le niveau des eaux, comme il a déjà été dit, et peut être évaluée d'en haut avant l'amerrissage ou demandée aux responsables de l'installation. Avec la diminution du niveau, le point d'envol recule progressivement, comme on peut le voir sur le dessin ci-contre.

En cas de doutes sur la distance de décollage, on applique la méthode De Remer décrite au chapitre sur les opérations en bassins courts. Si possible, avec un hydravion à coque, on peut utiliser la méthode du décollage circulaire. D'autres informations sont données au paragraphe "Décollage d'un bassin court à haute altitude", toujours au chapitre sur les opérations en bassins courts.

Approche sur le lac artificiel de Resia à 6000 ft, au cœur des Alpes, en Italie. L'hydravion circule autour du clocher de Curon Venosta, sur le lac Resia, un village submergé dans les années soixante, à la construction du barrage.

Dessous, un barrage est un obstacle de hauteur variable, déterminée par le niveau des eaux.

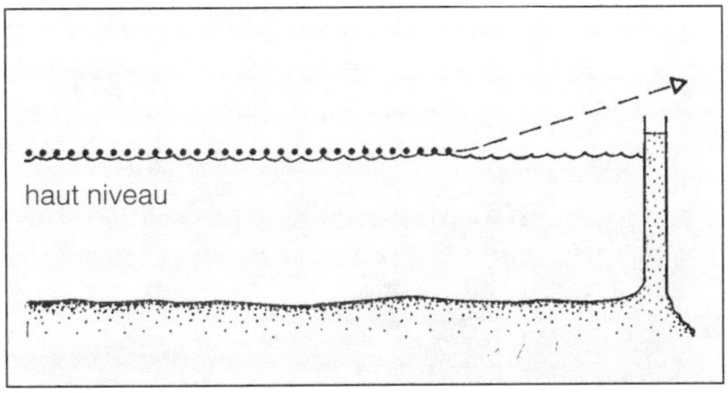

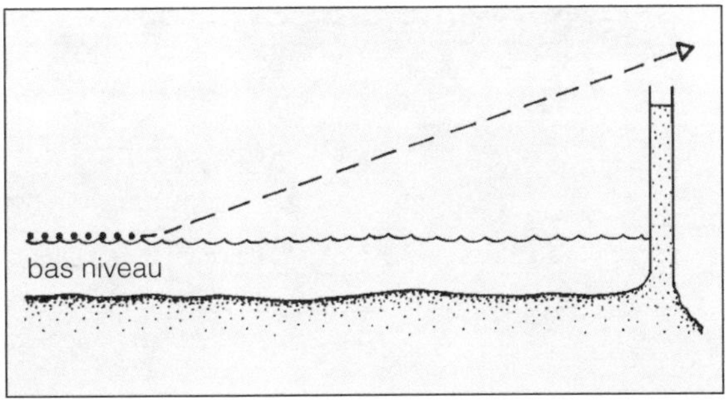

Opérations dans les ports

Les ports sont étudiés pour les bateaux et non pour les hydravions. Les grands ports sont en réalité parfaitement adaptés pour l'amerrissage et le décollage, mais posent généralement quelques problèmes pour l'accostage. Les quais sont presque toujours trop hauts et peuvent être approchés uniquement par les pointes. Au moment d'appareiller, il peut être difficile de tourner l'appareil. Les petits ports présentent des structures de dimensions plus adaptées aux opérations avec les hydravions, mais sont toujours encombrés. En outre les pontons fixes ou flottants, même s'ils sont bas, ont souvent des pieux ou des proéminences qui peuvent interférer avec les ailes.
Chaque port amerrissable doit toutefois être considéré comme une surface de dégagement, en cas de besoin. Si on veut amerrir dans un port, une reconnaissance minutieuse en vol est obligatoire.
Entrée et sortie. Durant l'entrée et la sortie d'un port, chaque embarcation doit tenir sa droite. Si l'ouverture ne permet pas le passage de deux embarcations, celle qui entre doit laisser la priorité à celle qui sort.

Dans les petits ports, il n'est pas toujours facile de trouver un ponton dégagé. L'arrivée de face ou la prise d'une bouée est souvent une alternative.
En haut, à l'encre dans le port militaire de La Spezia.
Au centre, Maule dans le port d'Ischia, près de Naples. En-dessous, Piper PA18 dans un port étroit.

Pour les hydravions non équipés d'hélice à pas réversible, l'entrée et la sortie d'un port à embouchure étroite présentent des risques. En général, les môles bouchent la vue et l'hydravion, à la différence des bateaux, ne peut pas s'arrêter ou faire marche arrière, sauf dans le rare cas où il est doté de "reverse". Près de l'embouchure du port, on risque alors de se trouver face à une embar-

Le SE200, un des plus gros hydravions français, dans le port de Marseille en 1947. À son époque, il était l'hydravion de transport le plus rapide au monde (390 km/h).

Au dessus, un Turbo Mallard dans le port de Miami. Ci-contre, un Cessna C-305, mieux connu avec sa dénomination militaire L-19, dans le port d'Antibes. Il est remorqué par un petit bateau, avec le moteur arrêté.

Francesco Pozzi

cation sans pouvoir l'éviter. Une des solutions est le moteur auxiliaire. Une autre est un assistant posté à terre sur un môle, ou sur une barque, avec une bonne vue sur l'embouchure, de façon à pouvoir signaler par radio ou par gestes prédéterminés si la voie est libre. Si on est sur le point d'amerrir on peut faire une reconnaissance aérienne et amerrir aussitôt après, près de l'embouchure, quand la voie est libre. Si l'on a pas d'assistant et que le trafic est important, au point qu'aucune reconnaissance n'offre la certitude que la voie est libre, on peut demander l'assistance d'une embarcation; celle-ci devra se placer de l'autre côté de l'embouchure et bloquer momentanément

Si l'entrée d'un port est étroite, comme c'est le cas de celui de Mantua (Italie), l'entrée et la sortie doivent être soigneusement préparée.

En-dessous à gauche, cela n'est pas une approche pour la piste de Gêne (Italie), mais pour le bassin du port à gauche. A droite, le Cessna C172 à un quai haut de face, après l'amerrissage dans le même port.
Les grands ports offrent une bonne protection contre les vagues et les bassins intérieurs procurant parfois des aires de décollage et d'amerrissage. Le parking ou d'autres utilisations peuvent être quelques fois difficiles à cause des grosses vagues occasionnées par les gros navires. Dans ce cas la prise de bouée est préférable à un amarrage à quai. Le bout des flotteurs du Cessna 172 à quai est protégé par des pneus. Comme dans le cas présenté ici, il est préférable de maintenir l'appareil éloigné du quai avec une ancre.

le trafic. Dans tous les cas, on doit suivre le parcours qui assure la meilleure visibilité. On doit donc éviter virages et manœuvres près de l'extrémité des môles et des jetées, et surveiller attentivement la plus grande zone possible. Toutes les opérations seront conduites à vitesse très réduite. Une corne de brume à air comprimé est un moyen sonore utile pour signaler sa présence.

Opérations en conditions limites de charge ou d'altitude densité

Difficultés pour monter sur le redan

Un hydravion devrait être étudié pour accélérer, monter sur le redan et décoller à pleine charge à une température ambiante de 15 °C au niveau de la mer. En réalité on n'arrive pas toujours à ce résultat; une moindre efficacité de l'hélice due à l'usure ou une surface parfaitement plate peuvent beaucoup abaisser ces limites.

En outre, pour tous les hydravions, il existe un poids ou une altitude densité à laquelle la puissance disponible n'est plus suffisante pour monter sur le redan et rend donc le décollage impossible, même avec un appareil en bon état et une technique parfaite.

Pour certains appareils faiblement motorisés, cette situation peut se rencontrer très souvent, même à basse altitude, surtout en été. Avec le Cessna 150, par exemple, doté de seulement 100 HP, dix litres d'essence, une mallette à bord, deux nœuds de vent arrière, 30 % d'humidité ou 5° de température en plus peut être le facteur déterminant qui empêche la montée sur le redan. Avec ces conditions limites, qui peuvent arriver avec n'importe quel appareil, la technique de pilotage est primordiale.

Oscillations pour monter sur le redan

Ci-dessous est illustrée une technique pour faire monter l'appareil sur le redan sur des surfaces plates, qui engendrent plus de traînée, et en conditions limites du point vue densimétrique. Lorsqu'on se trouve en circulation à flot le nez levé avec toute la puissance appliquée sans pouvoir monter sur le redan, on pousse plutôt brutalement le manche en avant. Cela fait enfoncer les pointes des flotteurs qui, par réaction, sont repoussées vers le haut même si le manche est en avant. A ce point on tire le manche en arrière et on recommence un nouveau cycle. Si l'on actionne le manche à la bonne cadence, on génère une série d'oscillations de plus en plus amples et une série de vagues qui favorisent la ventilation de la partie des flotteurs en arrière du redan. En diminuant la traînée, l'appareil accélère et commence à hydroplaner. Quand la vitesse augmente, on doit continuer à faire osciller l'appareil, mais sans trop faire enfoncer la partie antérieure des flotteurs dans l'eau, ce qui causerait une importante augmentation de la traînée. Le pilote apprend avec l'expérience à réguler le rythme des oscillations, de sorte que chacune amène l'appareil au plus près de la condition voulue, et aussi à réduire progressivement la durée de la phase de montée sur le redan.

Génération de vagues

Quand la difficulté de monter sur le redan est due à la surface plate, on doit se débrouiller pour générer des vagues. Si l'on est assisté par une embarcation, celle-ci doit remuer l'eau devant l'appareil et s'éloigner rapidement, pour lui permettre de débuter

Une surface calme peut rendre la montée sur le redan impossible. Dans ce cas le pilote doit rechercher les vagues générées par les bateaux ou se générer des vagues lui-même.

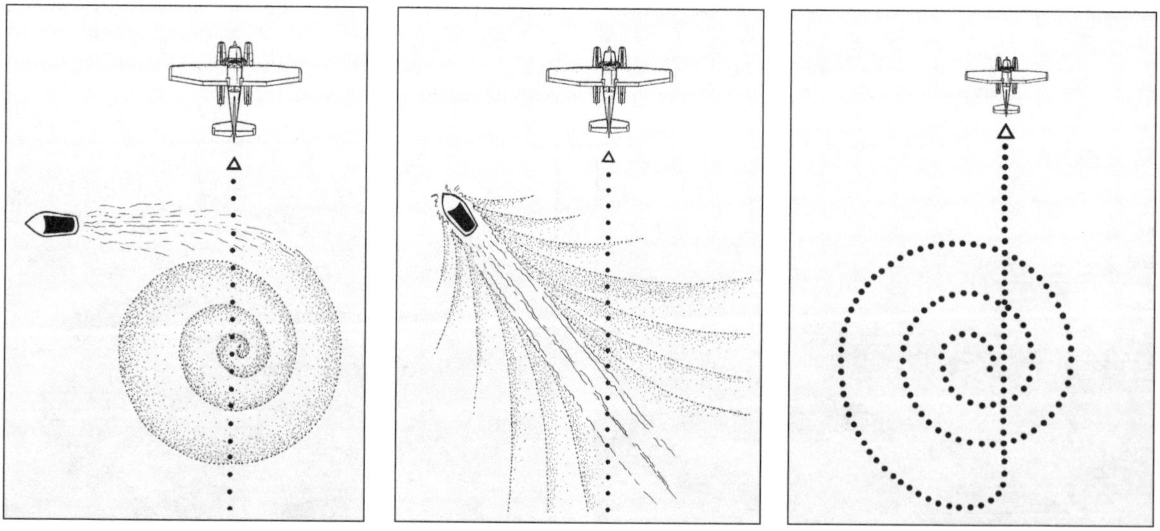

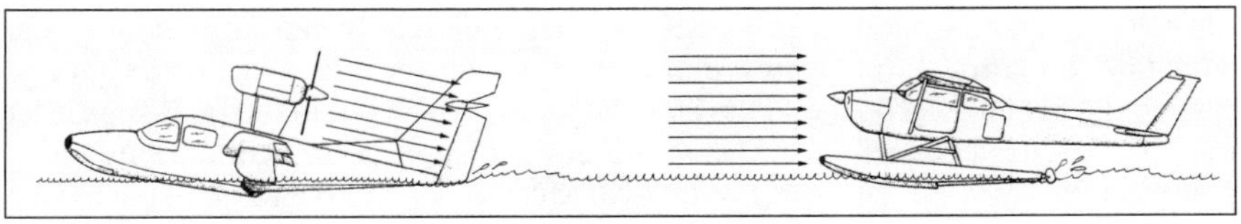

la course de décollage. On peut aussi demander à l'embarcation de procéder le long d'une route rectiligne le plus rapidement possible, mais sans hydroplaner, de façon à générer le maximum de vagues, et suivre la route illustrée sur le dessin. Si on ne dispose pas d'embarcation on peut essayer de générer des vagues avec l'appareil, en naviguant à flot le nez levé avec de la puissance le long d'une trajectoire du type de celle illustrée sur le dessin.

Avec deux appareils. Le souffle et les vagues générées par un autre appareil peut grandement aider les tentatives de décollage. Si l'on opère à deux appareils, celui en conditions les plus critiques (le plus chargé, le moins puissant, etc.) doit se mettre exactement derrière l'autre. A peine le premier met la puissance que le second doit mettre aussi la puissance. La montée sur le redan est favorisée par les vagues transversales et par les vagues divergentes ainsi que par le souffle de l'hélice généré par l'appareil qui le précède.

Si deux appareils opèrent dans les mêmes conditions critiques, celui qui est derrière est nettement avantagé et monte sur le redan en premier. Il doit donc doubler l'appareil qui est devant, profitant également de la vague divergente générée, mais doit éviter de trop accélérer, en laissant traîner les queues des flotteurs, de façon à générer des vagues consistantes. Il devra en outre adopter une route légèrement convergente par rapport à l'autre appareil. Ce dernier pourra alors bénéficier des vagues et du souffle de l'hélice de l'appareil qui vient de le doubler pour monter à son tour sur le redan.

Il est inutile de dire que la manœuvre demande une bonne coordination et que les deux pilotes doivent auparavant se mettre d'accord sur tous les détails. Le pilote du second appareil, en particulier, ne doit pas hésiter à réduire la puissance s'il a l'impression qu'il s'approche trop de l'appareil qui est devant.

Un décollage à deux appareils qui s'était mal terminé sur l'hydrobase de Biscarrosse peut être donné ici en exemple. Il s'agit du décollage de deux Dornier 24, au moment ou les troupes allemandes évacuaient la base. Lors d'une tentative de décollage de nuit, le premier appareil à partir n'a pas put déjauger et monter sur son redan, à cause d'un appareil en surcharge et une surface d'eau miroitante. Il a du alors faire demi-tour sur son axe, pour pouvoir agiter la surface. Mais au même moment le deuxième appareil avait commencé son décollage pensant pouvoir profiter des vagues du premier. L'enchaînement des circonstances a fait que, de nuit, en conditions de black-out, sans feux et sans radio, les deux appareils sont rentrés en collision. Une réparation rapide des appareils n'étant pas possible, ceux-ci ont été ramenés près de la base et ont été sabordés avec tout leur chargement. Retrouvés par une équipe de plongeurs lors d'une séance d'entraînement, ils ont été renfloués au début des années 80, en présence d'un des deux pilotes.

Le souffle et les vagues générées par un autre appareil peut grandement aider les tentatives de décollage.

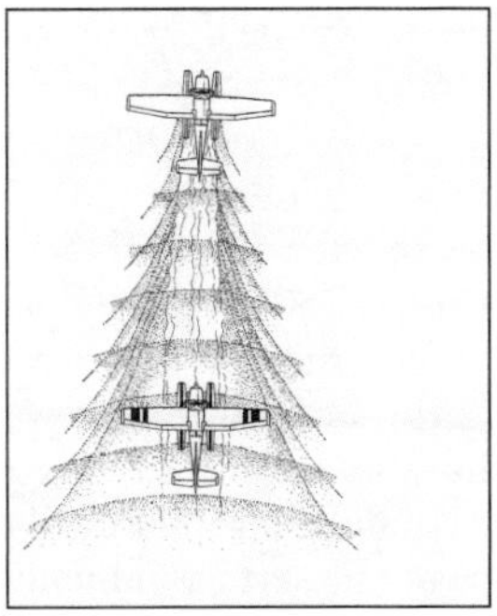

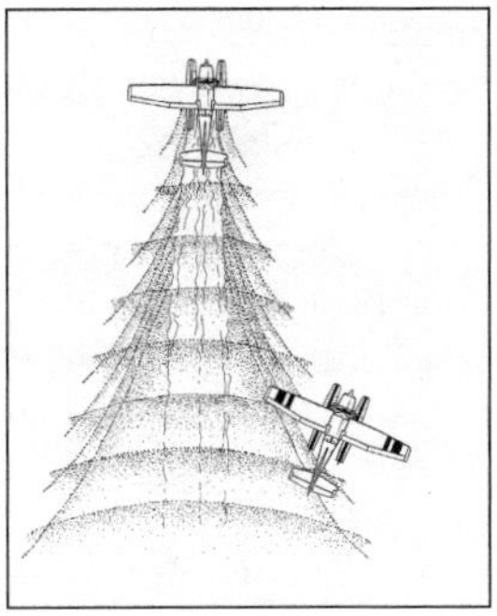

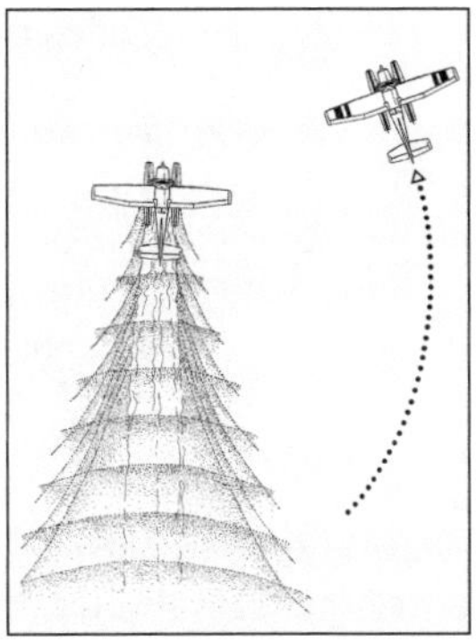

Difficultés pour s'arracher de la surface

Il n'est pas toujours dit, qu'une fois monté sur le redan, on réussisse ensuite à décoller. Parfois on peine pour atteindre la vitesse d'envol. On peut tenter alors les manœuvres de décollage "en décrochage", du "coup de volets" et du décollage sur un flotteur, décrites au chapitre sur le décollage.

Un exemple de situation limite

La montée sur le redan et le décollage en conditions limites n'est pas seulement une question de technique de pilotage, mais requiert un ensemble d'interventions depuis le moment de la planification du vol. A titre d'exemple, ce qui suit illustre ce que l'on doit considérer et faire pour avoir quelques chances de monter sur le redan lors d'une journée d'été en Cessna 150 avec deux personnes à bord. Tout d'abord on doit bien préparer le vol. Si on a le choix, on doit partir aux heures où température et/ou humidité sont les plus basses. La quantité d'essence doit être celle essentielle au vol. Puis il faut enlever de l'appareil tout ce qui ne sert pas, afin de l'alléger. Enfin, un peu avant la mise en route, on doit bien vider avec la pompe chaque compartiment des flotteurs. La navigation à flot doit être brève, pour éviter d'embarquer le peu d'eau qui s'infiltre par les jointures et les rivets des flotteurs. On doit néanmoins naviguer suffisamment pour agiter un peu la surface, si elle est plate, dans la zone on l'on tentera de monter sur le redan. Chaque souffle de vent, même d'un ou deux nœuds, est précieux et doit être soigneusement exploité de face. Si l'on est sur un lac et que le centre du bassin est calme on peut essayer près de la rive, espérant en quelques risées. Une bonne connaissance du microclimat de la zone est donc précieuse. Après avoir mis plein gaz et fait lever les pointes des flotteurs, avec le manche en butée arrière, on doit commencer à faire osciller l'appareil, avec des amplitudes progressives, comme décrit plus haut. Les commandes, dans cette phase, ne permettent pas une manœuvrabilité suffisante en ce qui concerne le tangage. Ainsi il est très difficile de faire prendre à l'appareil une assiette plus piquée que celle où débute la montée sur le redan. Le pilote et l'éventuel passager doivent donc se tenir très en avant, en s'aidant avec les mains accrochées au V placé au-dessus du tableau de bord. Le corps doit être arqué vers l'arrière de la seule valeur nécessaire au débattement de la commande de profondeur. Si la manœuvre réussit, on doit contrôler très finement l'assiette, sous peine de redescendre immédiatement du redan et de se retrouver à la case départ. Quand – et si – on est monté sur le redan, on peut s'installer sur les sièges comme si on se trouvait dans un appareil ordinaire. Même plus en arrière que la normale, de façon à bénéficier ensuite de l'augmentation des performances dues à un centrage plus arrière. Trois ou quatre nœuds avant la vitesse de décollage on sort 15° de volets et, s'il y a un problème, ou si l'appareil a du mal à accélérer jusqu'à la vitesse d'envol, on peut essayer de sortir 5-6° de volets en plus et tenter la technique du "décollage en décrochage", décrite au chapitre sur le décollage. La situation peut être compliquée par la présence de vagues importantes, par une surface extrêmement plate, ou par un bassin court, ce qui donne un frisson de plus, ou encore par les précipitations d'une averse qui dégrade l'aérodynamisme et réduit presque complètement la visibilité. Comme on le voit les paramètres sont si nombreux qu'un décollage qui est impossible en un certain point ou à un moment peut devenir possible un demi-nautique plus loin ou cinq minutes plus tard, ou encore avec une technique de pilotage légèrement différente. Le pilote chevronné sait évaluer par anticipation si les conditions permettent ou non le décollage.

Essayer et essayer encore pour mettre sur le redan un appareil surchargé est la façon la plus efficace pour dégrader une hélice et un moteur. Les pilotes expérimentés comprennent en quelques secondes si le décollage doit être interrompu.

Le débutant continue d'errer dans tous les sens sur le bassin, surchauffant le moteur, risquant d'abîmer l'hélice et l'appareil sur d'éventuelles vagues, en nuisant à la tranquillité des riverains.

Pour affronter avec succès des situations limites du type de celles décrites, on doit posséder une importante expérience de vol sur l'appareil utilisé. Néanmoins la description précédente peut servir en général à comprendre ce que l'on peut essayer de faire.

Puissance du moteur. Après ce qui vient d'être dit l'importance d'avoir quelques chevaux de plus sur les hydravions est claire. Cela explique la course des exploitants aux modifications qui consistent à monter sur les hydravions des moteurs plus puissants que ceux équipant les versions terrestres. On imagine, par exemple, la joie des exploitants quand fut réussi à faire accepter en Italie l'installation sur le Cessna 150, équipé normalement d'un Continental de 100 HP, du Lycoming de 150 HP. En Amérique du Nord presque tous les Cessna 180 sont équipés d'un moteur de 270 HP au lieu du 230 HP des versions terrestres. La Société Lake, pour donner un autre exemple, a progressé continuellement dans les puissances, portant rapidement de 180 à 200 HP la puissance du LA-4 et produisant ensuite le LA-250 avec 250 puis 270 HP. Le but est toujours le même : permettre à l'appareil de monter sur le redan plus facilement et avoir une course de décollage plus brève ou bien pouvoir emporter une charge supérieure.

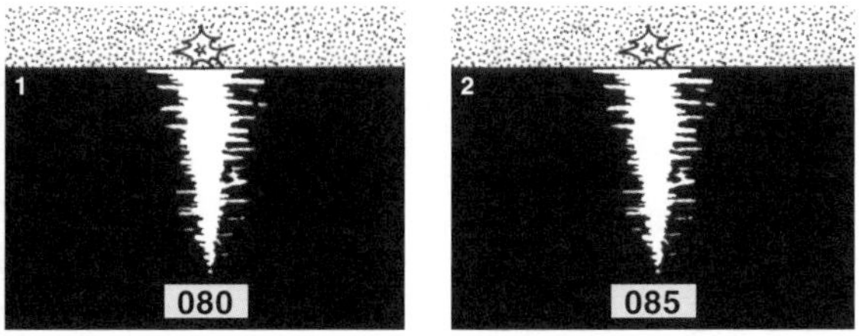

Si, pour suivre la déflexion d'une lumière, le cap varie avec le temps, l'appareil dérive à cause d'un vent latéral. Dans ce cas le vent vient de la droite.

Opérations nocturnes

Il n'y a pas de problèmes à opérer sur l'eau de nuit, mais certaines conditions sont à respecter. La première est que le pilote sache effectuer un parfait amerrissage en miroir (technique à utiliser dans l'obscurité), et sache maintenir l'assiette et l'inclinaison de l'appareil sans visibilité. La seconde est que le bassin d'amerrissage ait des rives entièrement illuminées ou soit délimité par des bouées lumineuses, ou encore que l'on opère avec la pleine lune et un ciel clair, et enfin que l'on soit absolument sûr qu'en dessous il n'y ait que de l'eau. La troisième est que l'éclairage du tableau de bord de l'appareil fonctionne et que l'on ait à bord une torche de secours, de préférence avec un filtre rouge, qui ne fait pas perdre aux yeux leur sensibilité nécessaire pour voir à l'extérieur. La quatrième condition est une certitude raisonnable qu'il n'y a pas d'obstacles sur la surface, chose qui ne peut jamais être totalement garantie. Ce qui vient d'être dit permet de comprendre que l'amerrissage nocturne comporte toujours quelques risques. Il doit être considéré comme une manœuvre d'urgence et peut être effectué uniquement par celui qui a une maîtrise complète de l'appareil et une connaissance approfondie de la zone. Néanmoins, l'amerrissage nocturne est une des situations les plus attrayantes que puisse rencontrer le pilote d'hydravion, surtout s'il opère près d'une ville dont les lumières délimitent parfaitement le bassin d'amerrissage. A la différence du vol aux instruments avec un appareil terrestre, dans lequel à la fin du vol on effectue l'atterrissage à vue sur une piste illuminée, l'amerrissage nocturne nous plonge dans l'obscurité jusqu'au moment du contact et même après. Une curiosité: dans les années trente, certains pilotes qui devaient effectuer un amerrissage nocturne avaient coutume de lancer par dessus bord un certain nombre de lampes qui s'allumaient au contact de l'eau. Le lancer s'effectuait lors d'un passage, de façon à former une file de bouées lumineuse qui étaient récupérées après l'amerrissage.

A l'époque de l'exploitation commerciale de l'hydrobase de Biscarrosse/Hourtiquets, des amerrissages de nuits étaient effectués couramment. Les rives du lac étaient pourvues d'un balisage lumineux, et l'axe d'amerrissage était quant à lui, matérialisé par une ligne de bouées lumineuses de plusieurs kilomètres. Elle était étendue par une vedette avant chaque amerrissage des Latécoère 631 par exemple. Ce dispositif était complété par des vedettes portant un balisage particulier à chaque extrémité de la ligne de bouées pour donner le sens d'amerrissage. L'approche et l'amerrissage ce faisant suivant des axes préétablis d'une balise radio-compas installée sur la rive nord du lac, à proximité de l'aérodrome actuel.

Trajectoire d'approche. S'il y a quelques lumières sur la rive, on peut pointer l'une d'elles et l'utiliser, avec son reflet lumineux dans l'eau, comme un phare indiquant l'axe d'approche. Cela sert aussi pour découvrir s'il existe une composante de vent latéral. S'il n'y a pas de vent, le cap ne change pas en suivant le reflet, tandis qu'il change s'il y a du vent latéral. Mais il faut être sûr qu'il s'agit d'une lumière sur la rive et non d'une lumière lointaine, située dans un autre plan, ou d'une étoile. Amerrir vers un reflet lumineux permet aussi de voir une éventuelle embarcation qui traverse ou un obstacle fixe sur l'eau et donc de l'éviter, même au dernier moment.

La méthode Hoffsommer. Alan Hoffsommer suggère une autre technique que celle de l'amerrissage en miroir, mais qui ne peut toutefois être utilisée qu'après divers essais avec l'appareil employé. Elle consiste à effectuer une descente normale, avec un taux de chute modéré. Lorsque l'on sait que l'on est près

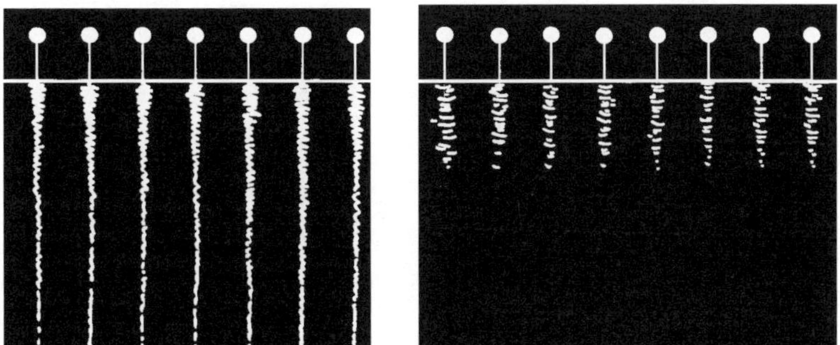

La nuit, les reflets longs et stables des lumières laissent supposer que le plan d'eau est calme. Des reflets courts et instables, indiquent une surface agitée.

de la surface, on regarde dehors fréquemment pour voir quand les feux des extrémités des ailes se reflètent dans l'eau. Quand cela se produit c'est le moment d'arrondir et d'effectuer le palier de décélération, chose qui se fait en aveugle, mais en sachant qu'on est désormais proche du contact.

Etat de la surface. L'état de la surface n'est pas facile à déterminer de nuit. Une possibilité consiste à se renseigner auprès d'un service d'information de la zone et d'essayer d'estimer, en fonction de la situation générale, ce que peut être la situation locale. Si les rayures lumineuses sur la surface, reflétées par les lumières du rivage, sont stables, longues, et minces on peut en déduire que la surface est calme. Si, par contre, les rayures sont courtes, fragmentées, ou mobiles, la surface est agitée. Heureusement, de nuit, les brises périodiques se calment, ainsi que le trafic des embarcations, et la surface est très souvent plate.

Phares d'atterrissage. En général, c'est une erreur d'allumer les phares d'atterrissage, car ils éblouissent et désorientent sans permettre de voir quoi que ce soit. Ils pourraient être d'une certaine utilité uniquement pour mettre en évidence une surface très agitée, avec des moutons d'écume blanche; mais dans ce cas l'état de la surface devrait déjà être connu d'une autre façon.

Navigation à flot. Une fois amerri, on ne doit pas sous-évaluer les risques lors des manœuvres à flot et veiller à ne pas heurter les bouées, les embarcations amarrées et autres obstacles.

Dans certains cas, il est nécessaire d'arrêter le moteur et de sortir de l'appareil pour se rendre bien compte de sa position, de celle de la rive et de celle d'éventuels obstacles. Sur une surface où l'on opère souvent, il est opportun d'identifier – ou de prédisposer – deux feux dont l'alignement matérialise une bonne trajectoire d'approche à flot. La même chose pourrait aussi être faite pour matérialiser la trajectoire de descente correcte avant le contact.

Un Sikorsky S38 d'Inter-Island Airways volant au-dessus du cratère Koto, sur l'île d'Oahu, Hawaii, en 1929.

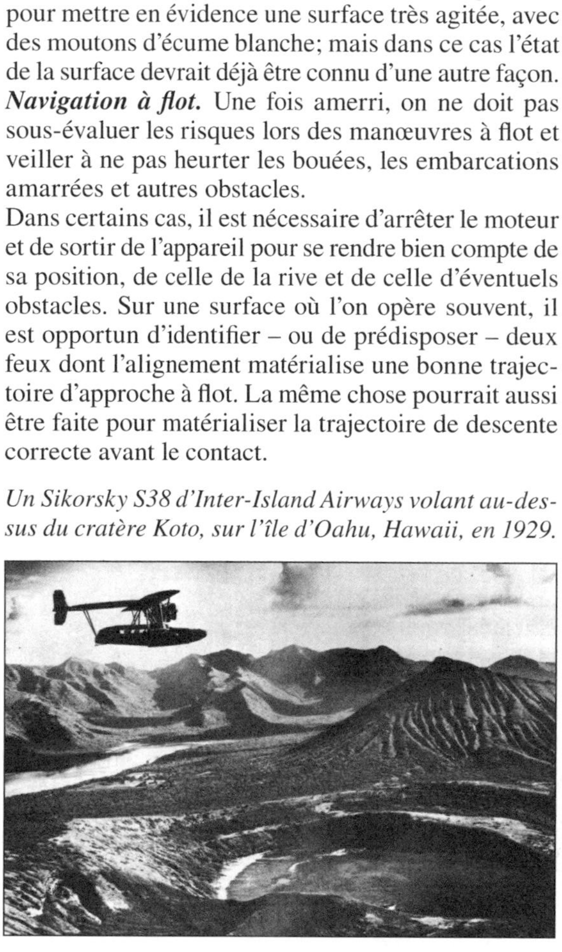

United States Air Force

Opérations à l'intérieur ou près d'un volcan

Le thème du vol en zones volcaniques ne concerne pas uniquement les hydravions, mais tous les aéronefs. Il est traité ici car beaucoup de volcans émergent directement de la mer ou sont situés près des côtes. Ainsi, le pilote d'hydravion se trouve souvent en vol près d'eux. Le thème est aussi traité par ce que les volcans exercent sur les personnes curieuses une grande attraction par leur forme particulière et les phénomènes grandioses et spectaculaires qui y ont lieu. Cette attirance est telle que beaucoup de personnes, même illustres comme Pline l'ancien, ont perdu la vie pour les observer de près. Le pilote d'un avion léger dispose d'un merveilleux moyen de découverte du territoire et résiste difficilement à la fascination d'un volcan si ce dernier se trouve le long de sa route ou dans la zone où il vole. Celui qui écrit ces lignes, par exemple, n'a pas pu résister à la tentation de voler à l'intérieur du cratère du Vésuve et de quelques autres volcans de l'Italie méridionale. Le thème est toutefois traité ici non pour encourager, mais pour mettre en lumière les risques possibles du vol à l'intérieur ou près des volcans.

Activité du volcan. Avant tout, on doit connaître le degré d'activité du volcan, et éviter les périodes d'activité notoire. On doit en outre savoir si le volcan en question peut avoir des éruptions de nature explosive, comme le Vésuve, ou donnant simplement lieu à des coulées de lave, comme l'Etna. Les éruptions explosives sont particulièrement dangereuses du fait qu'elles produisent des jets de matériaux capables d'endommager ou d'abattre un appareil même éloigné.

Gaz émis par le volcan. En premier par la quantité, on trouve la vapeur d'eau qui est inoffensive mais a un effet dangereux possible en se condensant, formant quelques instants après l'émission un nuage qui annule ou réduit la visibilité. En second lieu, il y a l'anhydride carbonique avec ses effets particulièrement dangereux à cause de sa détection difficile. Quand l'activité n'est pas évidente et en présence de bonnes conditions météorologique, par vent calme, l'anhydride carbonique, invisible, inodore et plus lourd que l'air, se dépose au fond du cratère, arrivant à le remplir. Voler trop près ou à l'intérieur du cratère fait risquer la panne moteur par absence de comburant, c'est-à-dire d'oxygène, et l'atterrissage forcé dans une atmosphère où la vie est impossible, avec des conséquences qui il est inutile de décrire. Le troisième gaz émis par les volcans, en quantité, est constitué de composés du soufre. Il n'empêche pas le fonctionnement du moteur, mais est hautement toxique pour les personnes. Son effet nocif

Dale De Remer

Le volcan Pacaya (Guatemala), survolé avec un Cessna C206 amphibie par De Remer et Aquiles Faillace. Cette reproduction ne donne pas une juste idée de la lave rouge rayonnante qui coule sur le côté de la montagne. Dessous, Cessna Caravan conduit par John S. Goulet sur un lac dans la caldeira d'un volcan indonésien, a 6.300 pieds d'altitude.

peut être ressenti même à une distance importante.

Effets d'une éruption sur la surface. L'éruption d'un volcan qui se trouve près de la mer peut également avoir un effet notable sur la surface de l'eau, ce qui peut intéresser de près le pilote hydro. Des îles entières sont nées ou ont été englouties en un bref laps de temps lors de phénomènes volcaniques, en générant des vagues hors normes imposantes. A propos de l'effet des volcans sur les eaux citons l'observation, peut-être la plus ancienne, reportée par le géographe grec Strabon, relative à une éruption survenue 126 ans avant notre ère et qui a provoqué une hausse du niveau de la mer, en quelques instants, de 50 mètres. En cas d'éruption, il est donc conseillé de décoller immédiatement et de s'éloigner de la zone.

Opérations sur des lacs volcaniques. Les opérations sur des lacs situés au fond de cratères de vieux volcans, comme le lac Albano sur le bord duquel se trouve Castel Gandolfo, présentent un attrait particulier. La présence de hautes parois implique une descente en spirale à l'arrivée, et une montée en spirale dans le cratère après le décollage, pour rejoindre une altitude qui permette d'en sortir. La manœuvre ne présente pas de problème particulier, sauf si le cratère est très étroit. Dans ce cas, on doit adopter les techniques décrites au chapitre sur les opérations en bassins étroits.

Opérations de recherche et de secours

Il peut arriver aux pilotes d'hydravions de devoir effectuer des opérations de recherche de naufragés en mer, ou de personnes disparues en zone inhospitalière.

En mer

Recherche. L'exploration peut avoir lieu le long de parcours variés, dont les plus typiques sont illustrés sur les figures. Choisir une route exactement dans la direction du soleil, ou à l'opposé, rend légèrement plus difficile l'observation mais augmente la probabilité d'apercevoir le reflet des objets présents sur la surface. La distance entre deux tronçons adjacents du parcours de recherche dépend de l'altitude de l'appareil, choisie en fonction de la visibilité en mer au moment de la recherche. Une fois le point localisé, on doit généralement en déterminer soigneusement la position. Ce qui peut être effectué avec un GPS ou en volant à la verticale et en notant les relèvements de toutes les aides radio reçues dans la zone. Une autre possibilité consiste à se faire relever par un radar secondaire ou, à défaut, primaire, toujours en volant à la verticale. Si l'on prévoit que les secours peuvent mettre beaucoup de temps pour rejoindre la zone, il peut être utile de rester à la verticale du point. En plus de déterminer la position du point, on doit recueillir tous les éléments sur la situation. Cela fait, la mission de recherche est terminée et toutes les informations doivent être communiquées au plus

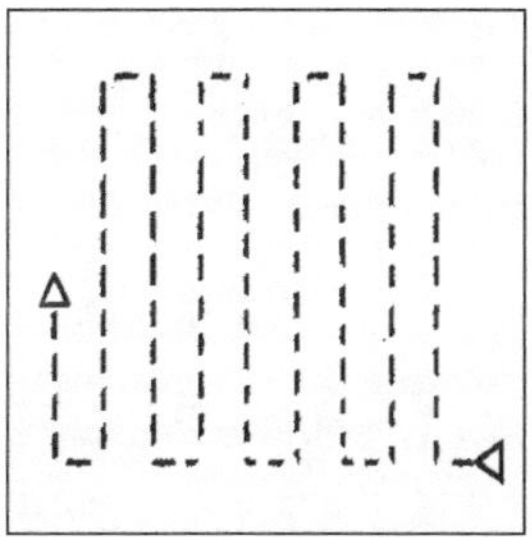

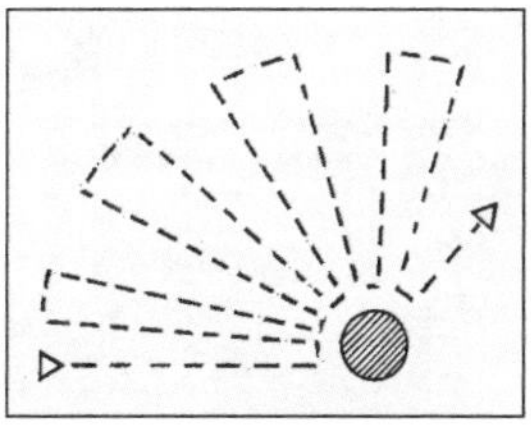

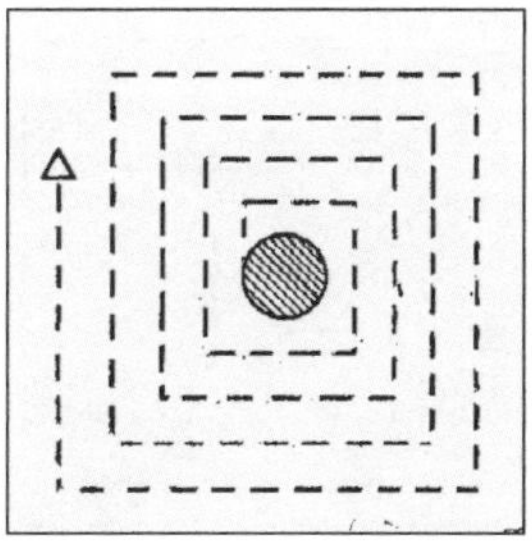

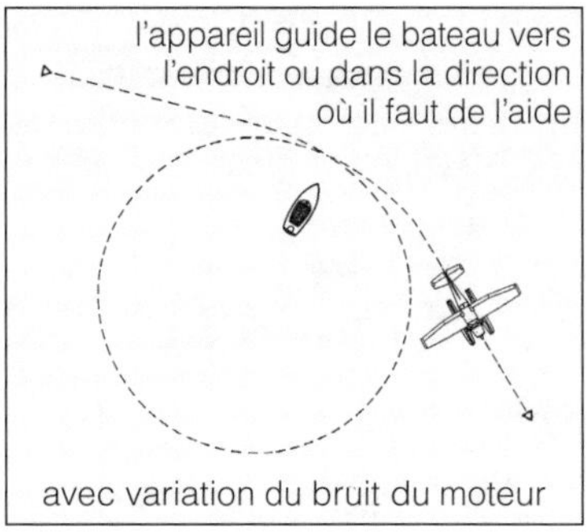

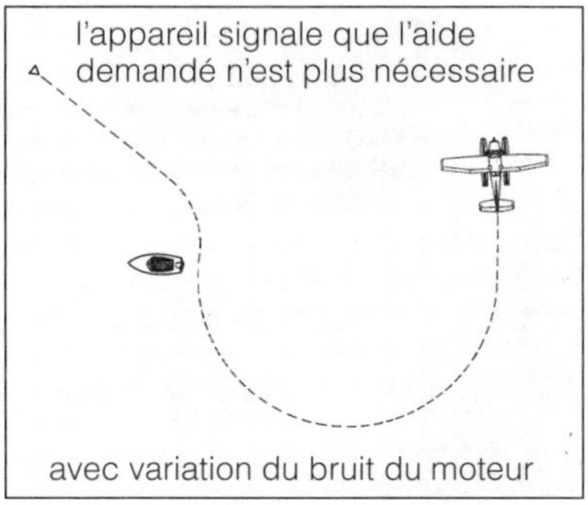

Pièce de monnaie des îles Marchall commémorant les opérations SAR des Catalina pendant la deuxième guerre mondiale.

Signaux internationaux réalisés avec des objets

Ces signaux peuvent être réalisés avec des pierres, des étoffes ou tout autre matériaux contrastés

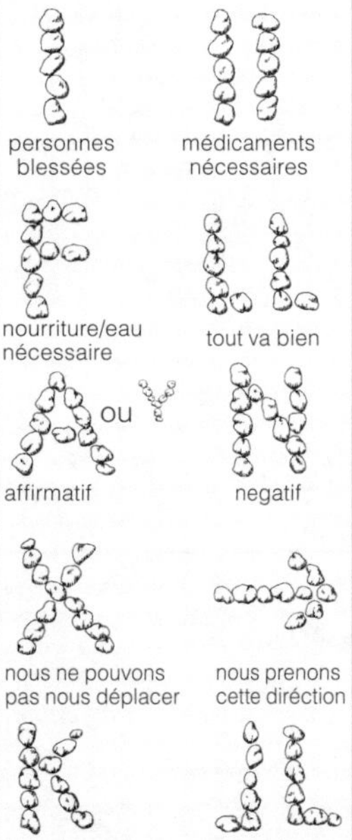

tôt par radio aux autorités concernées, pour qu'elles puissent envoyer des secours. Si le contact radio est impossible, on doit monter, activer le transpondeur avec le code préalablement fourni par le contrôle et appuyer sur *ident*.

Communications avec les embarcations. Lorsqu'on doit diriger une embarcation vers la zone où les secours sont demandés on manœuvre comme indiqué sur la figure de cette page.

Secours. Le secours que peut apporter un petit appareil n'est effectif que si la surface permet l'amerrissage et si le nombre de personnes à secourir est compatible avec la capacité de l'appareil. Il est également possible de jeter du matériel aux naufragés. Quelques appareils, comme le Lake *Seawolf*, sont dotés d'attaches sous les ailes pour le largage de matériel de secours. En cas de grave désastre, avec beaucoup de naufragés, l'amerrissage est déconseillé car il enlève à l'appareil sa fonction fondamentale: celle de signaler la position du point où les secours doivent être envoyés, et l'expose à des risques sans lui permettre d'aider sérieusement les opérations de secours. Il peut aussi arriver, dans une situation de panique, que l'appareil soit pris d'assaut par les naufragés, ce qui peut le faire couler.

Signaux internationaux avec le corps

En zone inhospitalière

Recherche. La recherche de personnes perdues en zone inhospitalière peut être effectuée très efficacement avec un petit appareil.

Sur un terrain montagneux, on peut adopter un schéma de recherche par courbes de niveau qui assure une meilleure couverture du territoire qu'un schéma géométrique.

Le pilote doit connaître les signaux que les disparus tracent sur le terrain, reportés à la page précédente, et prévoir de leur signaler qu'ils sont repérés.

Secours. Le secours peut consister à larguer du matériel ou à récupérer les égarés si dans la zone il y a un plan d'eau.

Le largage de matériel, pratique courante pour le ravitaillement à une époque où l'hélicoptère n'était pas répandu, s'effectue à basse altitude et à une vitesse de sécurité pas trop élevée.

Le but est de faire approcher le matériel largué sur le terrain le long d'une trajectoire la plus inclinée possible et à la vitesse la plus basse possible.

On doit choisir une zone sans obstacles, de façon que le matériel ne s'endommage pas au choc.

Les personnes à terre doivent se tenir à distance de la zone pendant le largage.

Opération de sauvetage en Méditerranée d'un Cant Z506S Airone à la fin des années quarante.
Ces appareils, conçus et produit dans les années trente, ont été utilisés jusqu'à 1960. Leur plus importante base était à Taranto, dans le sud de l'Italie.

UTILISATION D'UN HÉLIOGRAPHE

L'héliographe est une plaquette percée au centre qui réfléchie la lumière des deux cotés.

- Ce placer dans la direction du soleil.
- Viser l'appareil de recherche par le trou central.
- Bouger la plaque jusqu'à ce que le rayon de soleil observé sur la face interne (reflet du visage) coïncide avec l'avion visé vu par le trou central de la plaque (c'est la raison pour laquelle la face coté visage est aussi réfléchissante).
- Faire osciller la plaque lentement, afin qu'un signal intermittent soit transmis de façon sûr.

Une méthode plus difficile peut être utilisée au cas ou l'on dispose que de peu de temps, que l'appareil de recherche s'éloigne et que le miroir est pourvu ou non d'un trou.

- Positionner la plaque près de votre œil et regarder par le trou ou au-dessus de la plaque.
- Placer votre pouce le bras tendu entre l'appareil et la plaque, en gardant l'appareil juste au-dessus de celui-ci.
- Positionner le reflet de la plaque sur votre pouce, et faite la pivoter de bas en haut..
- Répéter constamment la manœuvre.

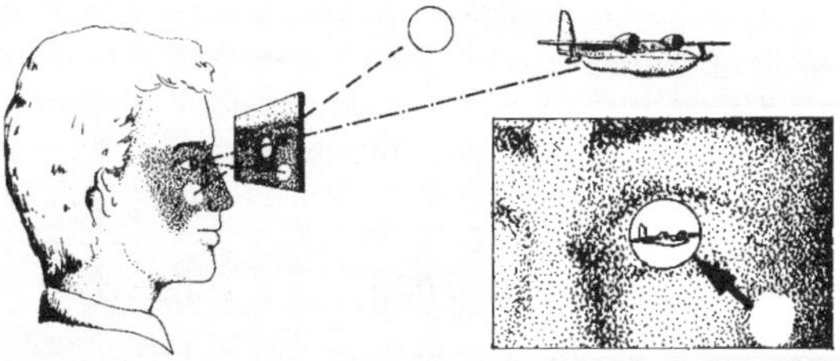

Stefano Bianchi

Opérations anti-incendie

Un traitement exhaustif du sujet sort du but de ce livre. Il est toutefois intéressant de savoir que les opérations anti-incendie ont été réalisées non seulement par les fameux Canadair CL 215 qui ont une capacité de 6000 l d'eau, les énormes Martin *Mars* modifiés qui ont une capacité de 24.000 l d'eau, les *Catalina* ou par les Shin Meiwa, mais aussi par des appareils plus petits tels que les De Havilland *Beaver* et *Otter*. Ce dernier, par exemple, peut être équipé de réservoirs à remplissage rapide. Les premiers modèles étaient placés à l'extérieur, un sur chaque flotteur, avec une capacité totale de 180 gallons, ils ont été ensuite remplacés par un unique réservoir placé sous le fuselage et enfin par un réservoir obtenu en modifiant les compartiments des flotteurs. Un autre appareil utilisé pour la lutte anti-incendie est le *Fire Boss*, qui peut écoper 3000 l d'eau en 10 secondes.
La technique d'emploi consiste à hydroplaner le temps nécessaire au remplissage des réservoirs et à larguer l'eau à très basse altitude, moins de quelques dizaines de mètres.
Il est important de prendre en compte l'importante variation de poids et éventuellement de centrage qui

Les plus gros bombardiers d'eau: le Canadair Cl 215 en vol près de l'île de San Giulio, sur le lac Orta (Italie); une démonstration de largage sur l'hydrobase de Côme; le Martin Mars, modifier en bombardier d'eau, le plus gros appareil de ce type; le Shin Meiwa PS1.

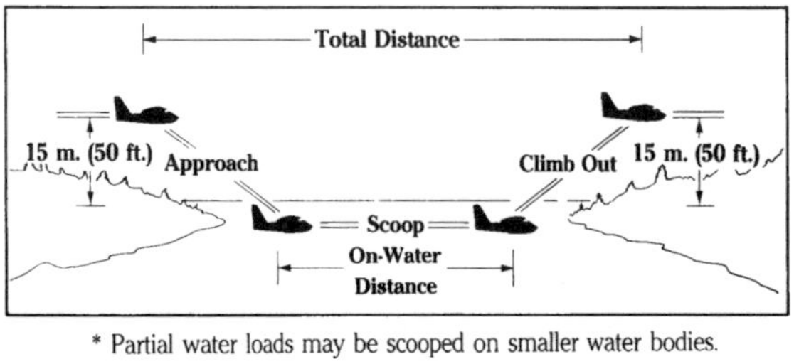

* Partial water loads may be scooped on smaller water bodies.

Tomaso Bai

Seaplane Pilots Association

Seaplane Pilots Association

Un De Havilland Beaver du service des forêts du Maine (USA), piloté par Charlie Coe en action sur une maison de Greenville. Les opérations au feu son souvent conduites en condition de vol aux instruments. Ci-contre, Turbo Beaver. En bas, Otter. Dessous, un Fire Boss en phase de décollage. Cet avion, fabriqué aux États Unies, est monté sur flotteurs Wipaire. Dans l'encadré, la prise d'eau au dessous du redan.

Seaplane Pilots Association

Fire Boss

Seaplane Pilots Association

interviennent en quelques secondes lors de l'écopage et du largage. L'appareil passe en quelques secondes d'une charge très faible à la pleine charge ou vice-versa, ce qui demande une attention particulière de la part du pilote.

Avant de commencer l'écopage, le pilote doit être sûr que le plan d'eau est suffisamment profond et long. La distance requise pour l'opération comprend la distance d'amerrissage avec d'éventuels obstacles, la distance d'écopage et la distance de décollage, également avec d'éventuels obstacles. Pour le Canadair CL 215T, par exemple, avec des obstacles de 15 m

Seaplane Pilots Association

Un lac pollué est bombardé avec des produits chimiques antipollution par un Catalina Canso utilisé pour le bombardement d'eau. En bas, une installation spéciale de quatre réservoirs de 140L d'eau pour 1200 alevins équipe ce Beaver pour assurer leur implantation.

et au niveau de la mer, la distance d'écopage est de 579 m et la distance totale de 1189 m, en atmosphère standard et en eau calme, avec un poids de 14.742 kg à l'amerrissage et de 20.865 kg au décollage. Si la distance est insuffisante ou si la surface est agitée, le remplissage des réservoirs peut être partiel.

Épandage de matières diverses

Quelquefois, les appareils sont employés pour répandre des substances diverses sur le sol ou la surface de bassins internes dans des buts spécifiques. Les hydravions se prêtent plutôt bien à ces opérations car ils peuvent évoluer en sécurité quelle que soit leur hauteur au dessus de l'eau et éventuellement s'y poser. Deux exemples sont illustrés sur les figures.

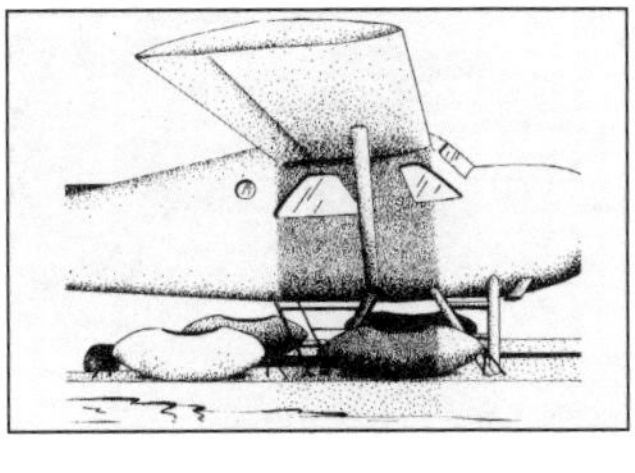

United States Navy

Voltige et vols de démonstration

Les manœuvres acrobatiques avec un hydravion sont généralement interdites et, en réalité, ce type d'appareil est le moins indiqué pour cette utilisation. A l'occasion de manifestations, l'hydravion est souvent un élément attractif, simplement à cause de sa relative rareté.

Les plus belles démonstrations qui peuvent être effectuées avec un hydravion, selon l'auteur, sont celle de son utilité et de sa sécurité, où l'on transporte des personnes dans des lieux inaccessibles à d'autres moyens aériens (le centre des villes traversé par un cours d'eau par exemple) et où l'on effectue des vols le long de plans d'eau qui permettent un amerrissage d'urgence à n'importe quel moment.

Il fut un temps où la voltige – et peut être aussi une certaine inconscience – était naturellement associée à l'image du pilote et il n'était pas rare de voir des appareils légers effectuer dans le ciel les manœuvres acrobatiques les plus variées. L'auteur se souvient que dans les années soixante presque toutes les figures classiques de voltige étaient réalisées avec les Caproni et les Macchi MB 308, puis ensuite égale-

Humberto Schrenk - Scalaria

Une utilisation inhabituelle d'un hydravion: la remorque de skieurs nautique. La photo en haut a été prise dans les années vingt aux Hawaii. C'est avec des hydravions que cette activité sportive a débuté, celle-ci demandant une vitesse sur l'eau que peu de bateau pouvait offrir. Dessus, ski nautique à Scalaria, sur le Wolfgangsee.

Dessous, le vol avec des personnes au bout des ailes, pour terminer par un plongeon. A gauche, vol en formation au-dessus du lac de Côme de plusieurs Caproni CA100, dans les années trente.

Aristide Cappelletti

Civica Raccolta A. Bertarelli - Milano

Archivio Apostolo

United States Air Force

Savoia Marchetti S64 achevant un looping. A coté, avion en vol renversé et vol démonstratif de deux amphibies.

Art Davis - AOPA

ment avec le Piper PA 18, mais quelques fois avec des résultats malheureux, au moins pour la structure des appareils. Il est conseillé en général de s'abstenir d'effectuer des manœuvres qui peuvent amener l'appareil hors des limites d'utilisation spécifiées dans le manuel de vol. Un autre type de vol qui est effectué à l'occasion de manifestations est le vol en formation serrée. Il demande une grande expérience et présente des risques bien plus grands que ne pourrait le penser un pilote inexpérimenté. Pour cette raison, il est interdit dans presque tous les pays et donc déconseillé.

Navigation sur la surface

Petits parcours en vue de la côte

On on n'a pas, généralement, à traverser de grands bras de mer en naviguant en surface mais il peut arriver que l'on doive parcourir des trajets plutôt longs, parfois en suivant avec précision une route sinueuse. Cela se produit particulièrement lorsqu'on doit éviter des obstacles submergés ou suivre un chenal navigable dans une zone portuaire ou sur un fleuve. La route à suivre sur la surface, si elle n'est pas indiquée par des bouées ou des balises, peut être déterminée grâce à des cartes de la zone, ou lors d'une reconnaissance en vol (comme cela est décrit au chapitre sur l'amerrissage), ou encore depuis la terre avant le décollage. Etant donné qu'il n'y a pas de repères sur la surface de l'eau, la définition du point où l'on se trouve et la certitude que l'on progresse le long de la route prévue découlent généralement de relèvements à vue d'éléments remarquables du paysage, identifiés auparavant sur la carte ou lors de la reconnaissance en vol. En pratique, quand on navigue sur l'eau et que des instruments sophistiqués ne sont pas disponibles, on adopte les techniques de navigation les plus simples basées sur l'emploi du compas et des relèvements visuels. Pour apprendre ces techniques et s'entraîner, on n'a pas besoin d'un hydravion, une simple barque suffit et quelques instruments de construction simple, comme ceux imprimés dans ce livre.

Avec deux repères. La situation la plus simple est celle où l'on doit parcourir un trajet rectiligne et où l'on dispose de repères, soit devant, soit derrière. Dans ce cas, il suffit d'avancer de façon à les garder toujours dans la même position. Le long de certains axes très fréquentés, par exemple ceux d'approche d'une base ou d'un port, au large desquels se trouvent des secs ou des écueils, les repères d'alignement peuvent être artificiels et placés dans ce but. Ils doivent être visibles au crépuscule ou dans l'obscurité et peuvent être constitués de deux phares. Divers alignements à suivre successivement peuvent être balisés par des couples de phares de différentes couleurs. La méthode fonctionne bien jusqu'à une distance d'environ 4-5 fois celle qui sépare les deux repères ou les deux phares.

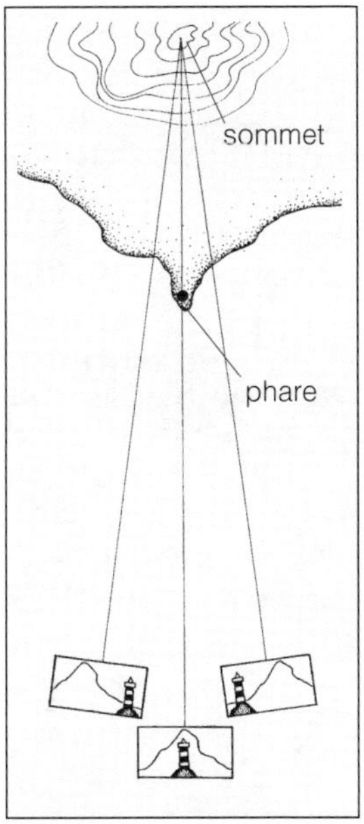

Avec un seul repère. Si on ne dispose que d'un repère, on doit s'assurer que son relèvement ne varie pas en procédant avec un cap constant et, dans le cas contraire, corriger le cap de façon à relever ce repère toujours sous le même angle. Le problème est identique à celui, bien connu du pilote, qui consiste à intercepter et suivre une route vers ou en provenance d'un radiophare non directionnel (NDB), à la seule différence que les relèvements sont visuels et non radio.

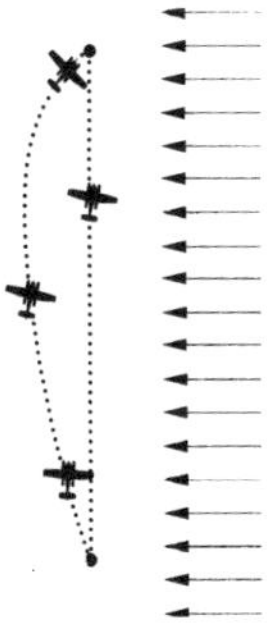

Le point. Il arrive souvent que l'on doive définir un point le long de la

route. Dans ce cas, on doit identifier un repère placé à une bonne distance angulaire du cap, le plus proche possible de 90°, et déterminer sur la carte son relèvement exact au point prévu. Par exemple, on doit procéder le long d'une route définie par l'alignement de deux repères R1 et R2 (figure ci-dessous), mais au point A on doit changer de route : on peut déterminer sur la carte que le repère B doit être relevé dans le 315 (-45°) lorsqu'on se trouve en A. En pratique, lorsqu'on avance le long de la route, on relève B plusieurs fois jusqu'à ce que la valeur soit de 315° (-45°).
Reste à définir une méthode pour mesurer le relèvement de B. Dans la cabine d'un aéronef il n'est pas facile d'utiliser les instruments employés en marine pour la mesure d'angles et en réalité, pour ces opérations, leur grande précision n'est pas nécessaire. On peut s'entraîner à estimer les angles à droite et à gauche de la proue, au moins de 10 en 10 degrés, de façon à pouvoir se passer d'instrument. Sur un appareil que l'on utilise souvent et dont le siège est toujours réglé de la même façon, on peu placer des petits morceaux de ruban adhésif sur la verrière, à hauteur des yeux, qui permettent de visualiser à 10, 20, 30… degrés de part et d'autre de la proue. Un petit rapporteur en matière plastique ou en carton permet d'effectuer des relèvements assez précis.
Une autre solution est le compas de relèvement, illustré ci-contre, qui peut fournir l'azimut par différence entre le relèvement de l'objet et le cap de l'appareil. Si par exemple le cap est de 120° et le relèvement de

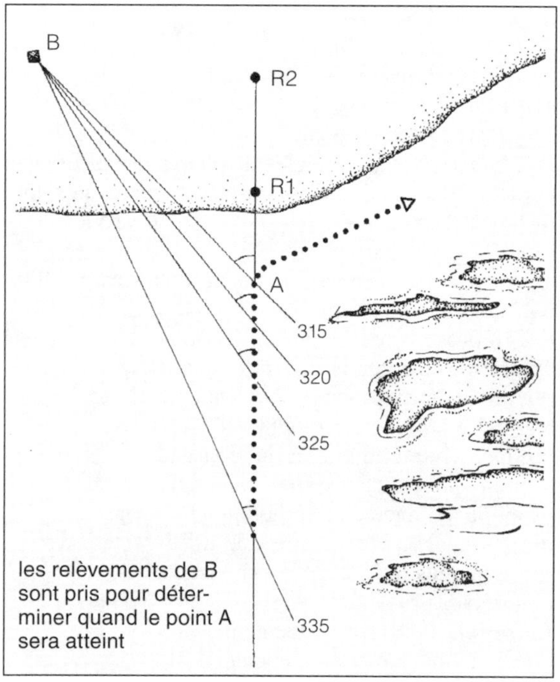

les relèvements de B sont pris pour déterminer quand le point A sera atteint

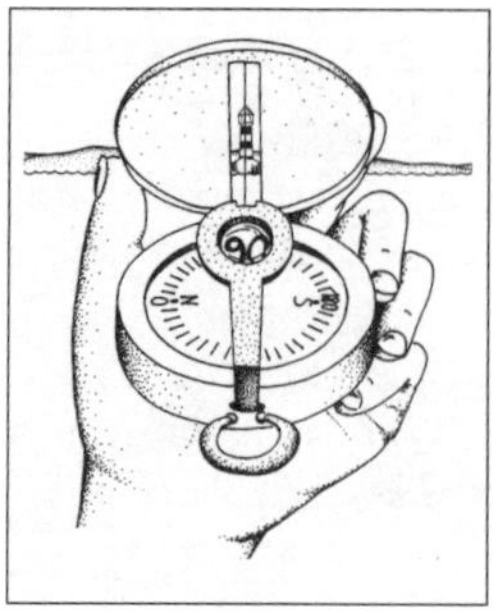

l'objet de 75°, l'azimut est de 75 - 120 = -45°.
Si on utilise un compas de relèvement, toutes ces opérations peuvent être effectuées avec les seuls relèvements magnétiques, sans passer par les relèvements géographiques.
Naviguant sur l'eau, s'il n'y a pas de dérive ou de dérapage, on peut maintenir la route en suivant le cap correspondant indiqué par le compas (de la même façon qu'en vol). On doit toutefois vérifier régulièrement que tout se passe comme prévu à l'aide de quelques relèvements à vue. Si on s'aperçoit que l'on est en dehors de la route, on devra prendre un cap pour retourner sur la route désirée puis, par tâtonnements, trouver un cap qui permette de naviguer en suivant la route désirée, c'est-à-dire un cap qui corrige l'effet de la dérive et du dérapage.
Parcours en zigzag. La situation la plus difficile est celle où l'on doit suivre un parcours en zigzag pour éviter des obstacles ou des secs repérés d'en haut avant l'amerrissage mais invisibles depuis la surface. Dans ce cas, la route à suivre doit être établie lors du survol de reconnaissance et, toujours durant le survol, on déterminera les relèvements visuels qui permettront les changements de route au bon endroit. Lors de la reconnaissance on doit également définir la route de sortie, à partir de divers points, si quelque chose devait aller de travers. Quelques exemples de ce genre de situation sont présentés au chapitre sur l'amerrissage.
Rapport entre vitesses de vol et la navigation à flot. En absence de repères remarquables on peut aussi déterminer la longueur des différents tronçons en mesurant le temps de survol en secondes, à vitesse constante. On doit pour cela bien connaître le rapport entre le temps en vol et le temps de navigation jaugée pour parcourir une certaine distance, ce qui demande quelques essais préliminaires et l'adoption de paramètres constants et bien vérifiés. Prenons un exemple. On doit définir une vitesse de survol (par exemple 90 nœuds, pour un petit hydravion) et un réglage de puissance pour la circulation à flot. On définit ensuite une longueur mesurée, par exemple de 400 m, et on mesure le temps passé pour la parcourir en navigant à flot, au régime moteur prévu pour la manœuvre, et en vol. Supposons que ces temps soient respectivement de 136 secondes et 8,5 secondes. Chaque seconde mesurée en vol à 90 nœuds, correspond donc à 136/8,5 = 16 secondes de navigation. Le même résultat, s'il est plus intuitif, peut être obtenu en divisant la vitesse de survol par celle de navigation c'est-à-dire, expri-

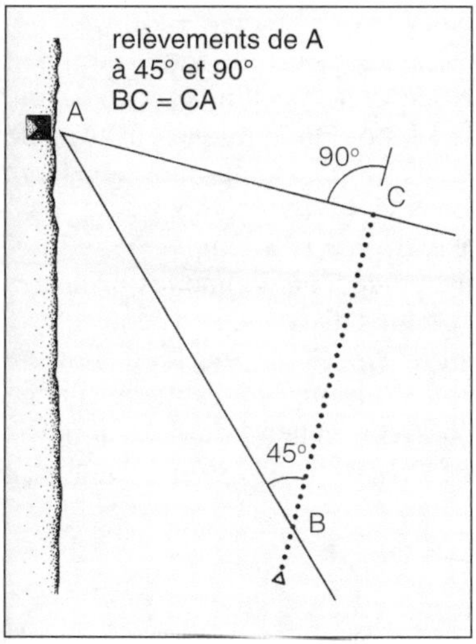

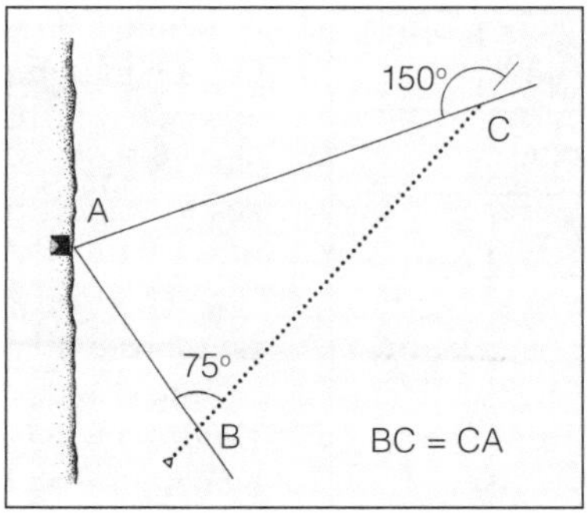

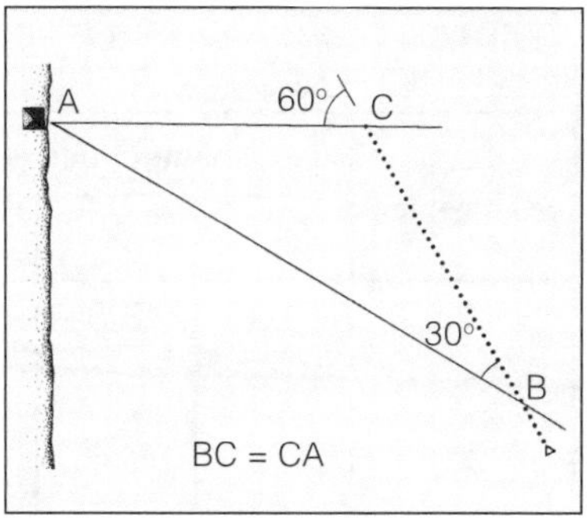

mée en m/s : 46,5/2,9 = 16. On peut effectuer les essais de navigation à flot sur la longueur mesurée avec différentes condition de charge, de surface de vent, et éventuellement dans la petite plage de réglage de puissance possible pour la navigation. On doit également tenir compte du vent dans la phase du vol et corriger la vitesse en fonction du vent estimé.

Distance de la rive

Il est souvent utile de connaître à quelle distance de la rive on se trouve. Voici quelques méthodes.

Avec des relèvements. Si l'on est en vol ou en circulation à flot le long d'une route non perpendiculaire à la rive, on doit identifier un point sur celle-ci (A) et mesurer le temps qui s'écoule entre le moment où on relève ce point à 45° (B) et le moment où on l'a par le travers, c'est-à-dire à 90° (C). En fonction du temps mesuré et de la vitesse sol de l'appareil, on peut déterminer la distance entre les deux relèvements, c'est-à-dire le tronçon BC. La distance de la rive est égale à celle qui est parcourue entre les deux relèvements, de même que le temps pour la rejoindre est égal à celui qui s'est écoulé entre les deux relèvements (en négligeant l'effet du vent et du courant, si on est en navigation jaugée).

Ce qui vient d'être exposé est en réalité un cas particulier d'une méthode plus générale pour déterminer la distance d'un objet. Elle consiste à mesurer la distance entre deux points pour lesquels le relèvement polaire d'un objet double en avançant le long d'une route rectiligne. Au point où le relèvement est double, la distance de l'objet est égale à la distance parcourue, de même que le temps nécessaire pour rejoindre l'objet est égal à celui qui s'est écoulé pour parcourir le tronçon entre les deux relèvements.

Avec l'écho. Si l'on se trouve près d'une rive avec des parois verticales qui restituent un écho, on peut

DISTANCE DE LA RIVE		
echo (secondes)	distance	
	NM	kms
1	0.09	0.17
2	0.18	0.34
3	0.27	0.51
4	0.36	0.68
5	0.45	0.85
6	0.54	1.02
7	0.63	1.19
8	0.72	1.36
9	0.81	1.53
10	0.9	1.7
11	0.99	1.87
12	1.08	2.04
13	1.17	2.21
14	1.26	2.38
15	1.35	2.55
16	1.44	2.72
17	1.53	2.89
18	1.62	3.06
19	1.71	3.23
20	1.8	3.4
30	2.7	5.1
40	3.6	6.8
50	4.5	8.5
60	5.4	10.2

DISTANCE A LA QUELLE UN OBJET PEUT ETRE VU A L' HORIZON (NM)				
altitude de l'objet (m)	hauteur des yeux (m)			
	2	3	4	5
0	2.9	3.5	4.1	4.6
1	4.9	5.6	6.1	6.6
2	5.8	6.4	7.0	7.4
3	6.4	7.1	7.6	8.1
4	7.0	7.6	8.2	8.6
5	7.4	8.1	8.6	9.1
6	7.9	8.5	9.1	9.6
7	8.3	8.9	9.5	10.0
8	8.6	9.3	9.8	10.3
9	9.0	9.6	10.2	10.7
10	9.3	10.0	10.5	11.0
15	10.8	11.4	12.0	12.5
20	12.0	12.6	13.2	13.7
30	14.0	14.7	15.2	15.7
40	15.8	16.4	17.0	17.5
50	17.3	17.9	18.5	19.0
60	18.7	19.3	19.9	20.4
70	19.9	20.6	21.1	21.6
80	21.1	21.8	22.3	22.8
90	22.2	22.9	23.4	23.9
100	23.3	23.9	24.5	25.0
120	25.2	25.9	26.4	26.9
140	27.0	27.7	28.2	28.7
160	28.7	29.3	29.9	30.4
180	30.2	30.9	31.4	31.9
200	31.7	32.4	32.9	33.4
250	35.1	35.8	36.3	36.8
300	38.2	38.9	39.4	39.9
350	40.9	41.6	42.1	42.6
400	43.7	44.3	44.9	45.4
500	48.5	49.1	49.7	50.2

déterminer la distance avec un sonar rudimentaire. On doit mesurer le temps qui s'écoule entre l'émission du son (corne de brume, choc métallique, coup de feu, etc.) et l'arrivée de l'écho. On applique ensuite une des formules suivantes (avec le temps en secondes) :

distance NM = 0,09 x temps

distance km = 0,17 x temps

Le tableau à la page précédente donne les distances en fonction des aux temps d'arrivée de l'écho.

En observant un objet sur l'horizon. La distance à laquelle on se trouve d'un objet de hauteur connue qui apparaît sur l'horizon dépend de l'élévation de l'objet et de celle de l'œil. On peut l'extraire du tableau ci-contre.

D'une façon plus générale la distance de l'horizon en fonction de l'élévation de l'œil de l'observateur est donnée par la formule suivante :

$$\textit{distance de l'horizon}_{NM} = 2{,}08\ \sqrt{\textit{élévation}}_{\,m}$$

Si l'œil est situé au niveau de la mer, la formule indique la distance à laquelle un objet d'une certaine élévation placé à une certaine distance devient visible.

Navigation sur la surface dans le brouillard

Dans certaines régions, le brouillard se forme exactement sur les côtes sans qu'il y en ait au large. Si la destination est sur la côte, il est possible d'amerrir au large et de s'approcher de la rive en circulant à flot, en suivant une route qui doit être étudiée sur la carte. Si on se perd dans le brouillard et qu'on ne peut utiliser les moyens de radionavigation, on peut arrêter le moteur, sortir de l'appareil et essayer d'identifier des bruits éventuels indiquant la direction de la côte. John Lowery suggère, dans le cas où un hydravion doit progresser dans le brouillard près d'une embarcation, de ne pas suivre l'embarcation, mais d'arrêter le moteur et de se faire remorquer. La désorientation

Dans le brouillard il est facile d'entrer en collision avec une autre embarcation, à cause de la distorsion due à une mauvaise perception des distances.

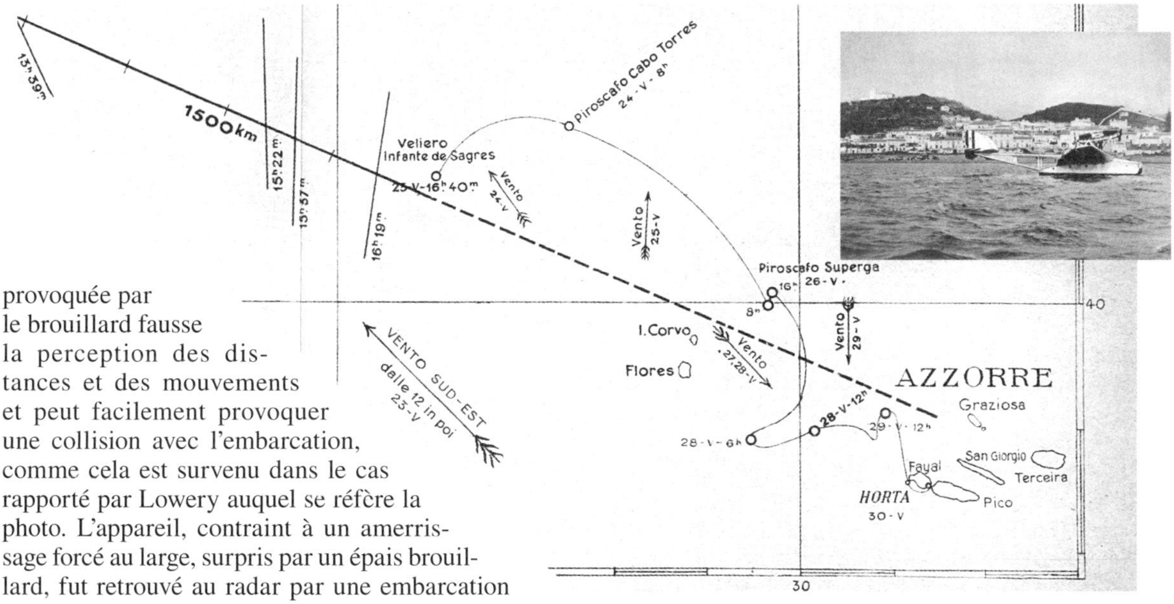

provoquée par le brouillard fausse la perception des distances et des mouvements et peut facilement provoquer une collision avec l'embarcation, comme cela est survenu dans le cas rapporté par Lowery auquel se réfère la photo. L'appareil, contraint à un amerrissage forcé au large, surpris par un épais brouillard, fut retrouvé au radar par une embarcation de sauvetage. Il ne fut pas remorqué immédiatement, mais l'appareil suivit tout simplement l'embarcation. A cause du brouillard, et aussi de l'obscurité, le pilote fut désorienté, comme cela se produit souvent en l'absence de références visuelles, sous-évalua sa vitesse par rapport à celle de l'embarcation qu'il suivait, et finalement la heurta. L'appareil fut ultérieurement remorqué jusqu'au port.

Voici un cas qui démontre combien il est facile d'endommager un appareil suite à une décision erronée. Un des facteurs de l'accident, heureusement sans conséquences pour les personnes, fut aussi probablement le relâchement dû à la sensation d'avoir échappé au danger. En réalité, chaque vol requiert l'attention maximale jusqu'au moment où l'appareil est remisé dans le hangar, sur le parking où dans une situation définitivement sûre.

Amerrissage forcé au large

De nos jours la panne moteur est un événement rare. Elle est néanmoins possible et cela doit conduire le pilote qui survole un bras de mer important à choisir la route la plus sûre, même si elle est un peu plus longue, et à se doter de tout l'équipement nécessaire en cas d'amerrissage forcé. En plus du matériel réglementaire pour la flottaison et la stabilité de l'appareil (rame, ancre flottante, équipement pour l'amarrage, pompe à main, écope, etc.), et celui qui est nécessaire à la survie des personnes (canot, gilets de sauvetage), il est nécessaire d'avoir à bord eau potable, vivres et moyens de signalisation. Une liste du matériel à emmener pour survoler la mer est donnée au chapitre "Organisation d'une expédition".

Un extrait de la carte de De Pinedo, utilisée pendant son vol d'Italie vers l'Amérique de 1927. Il y est indiqué le site de son amerrissage de précaution près du bateau à voiles «Infante de Sagres». Dans la photo, le Savoia Marchetti S55 à la remorque vers La Horta (Açores). Dessous, dessin de De Pinedo montrant la scène depuis le bateau remorqueur.

Amerrissage de précaution à proximité d'un bateau. Si la terre est inaccessible, par exemple à cause d'un manque de carburant, un amerrissage forcé est inévitable. Dans ce cas, plutôt que d'attendre des secours, pourquoi ne pas regarder par avance s'il n'y a pas un bateau? Une fois trouvé, si le contact radio ne peut pas être établi le pilote peut attirer l'attention en simulant un amerrissage pour que l'équipage du bateau puisse ralentir le navire et préparer le sauvetage. La chose importante avant un possible amerrissage d'urgence, est d'être sûre que les intentions du pilote ont été comprises. L'amerrissage peut alors se faire à coté du bateau mais jamais devant.

Un cas bien connus à ce sujet s'est produit durant le vol vers l'Amérique de Francesco De Pinedo, en 1927. Sur le trajet retour, entre Terre-Neuve et les Açores, son Sa-

Archivio Apostolo

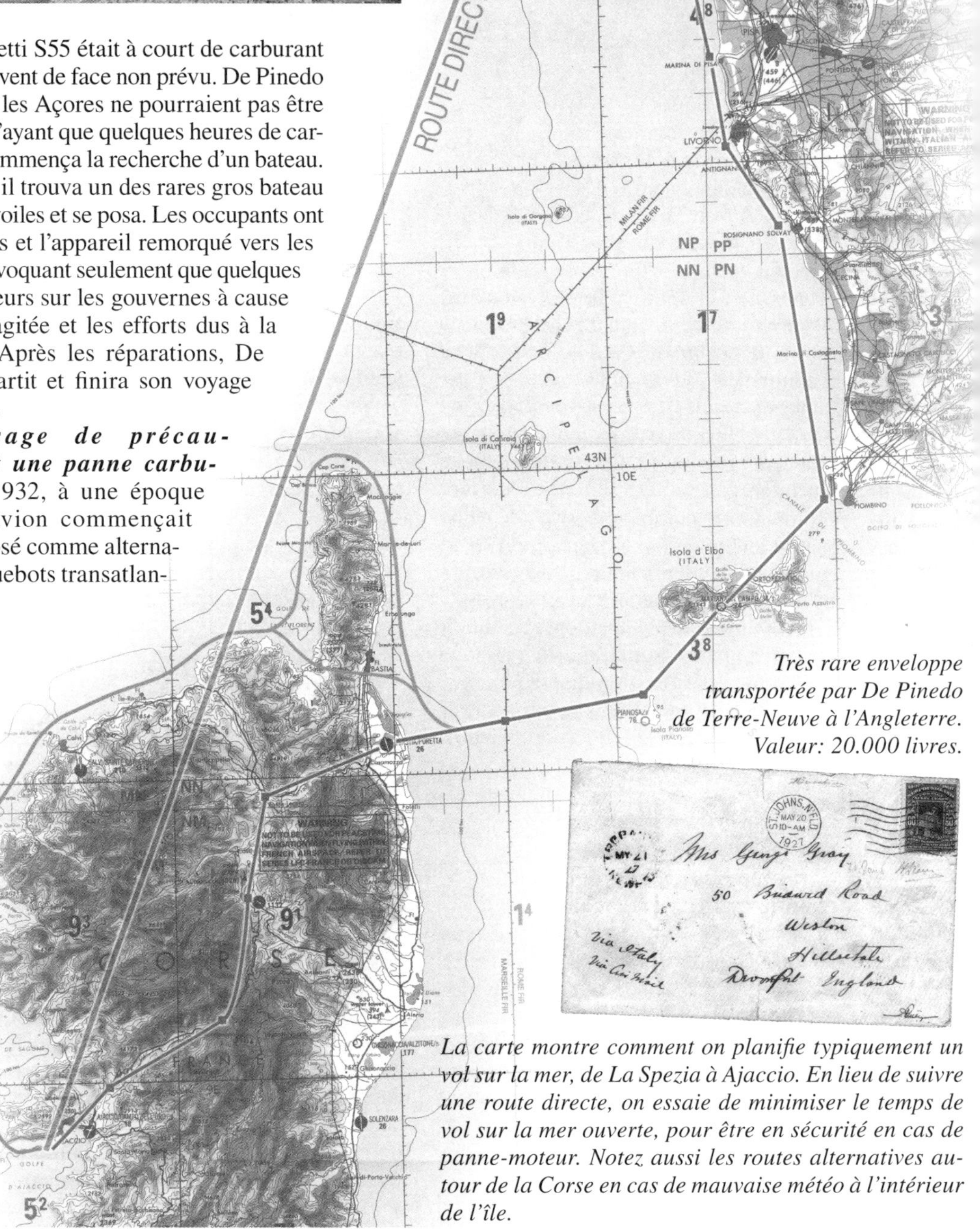

voia Marchetti S55 était à court de carburant dû à un fort vent de face non prévu. De Pinedo calcula que les Açores ne pourraient pas être rejointes. N'ayant que quelques heures de carburant, il commença la recherche d'un bateau. Finalement il trouva un des rares gros bateau de pêche à voiles et se posa. Les occupants ont été secourus et l'appareil remorqué vers les Açores, provoquant seulement que quelques dégâts mineurs sur les gouvernes à cause de la mer agitée et les efforts dus à la remorque. Après les réparations, De Pinedo repartit et finira son voyage vers l'Italie.

Amerrissage de précaution avant une panne carburant. En 1932, à une époque où l'hydravion commençait à être proposé comme alternative au paquebots transatlan-

Très rare enveloppe transportée par De Pinedo de Terre-Neuve à l'Angleterre. Valeur: 20.000 livres.

La carte montre comment on planifie typiquement un vol sur la mer, de La Spezia à Ajaccio. En lieu de suivre une route directe, on essaie de minimiser le temps de vol sur la mer ouverte, pour être en sécurité en cas de panne-moteur. Notez aussi les routes alternatives autour de la Corse en cas de mauvaise météo à l'intérieur de l'île.

UN INSTRUMENT PARFAIT POUR DÉCOUVRIR LE MONDE

Un hydravion legendaire: le "Wal"

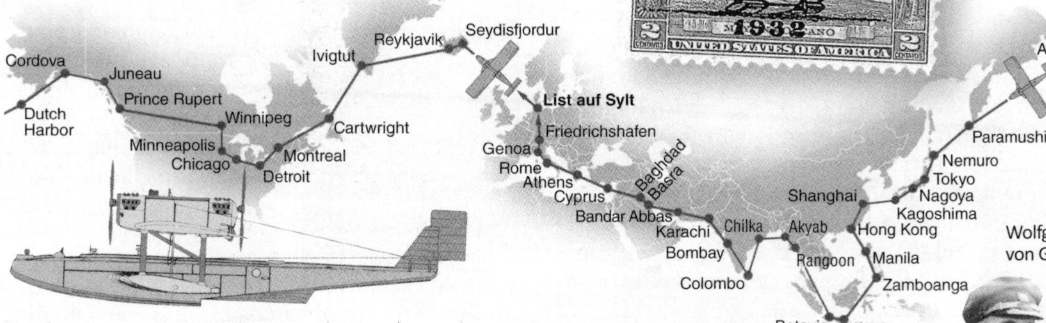

Wolfgang von Gronau

Bundesarchiv, Bild 102-10439 / CC-BY-SA 3.0

Roald Amundsen

National Library of Norway

Le Dornier "Wal" D-2053, utilisé par Wolfgang von Gronau (à droite) pour le tour du monde, en 1932.

Dornier Museum - Friedrichshafen

Le traité de Versailles signé en 1919, à la fin de la première guerre mondiale, interdit la construction d'aéronefs militaire à l'Allemagne. Les ingénieurs et concepteurs d'avions vont se concentrer sur des appareils de transport de passagers et de courrier. Un des plus grands succès fut le Dornier *Wal*, utilisé par de nombreuses compagnies aériennes commerciales et aussi dans le même temps dans des opérations spéciales et expéditions.

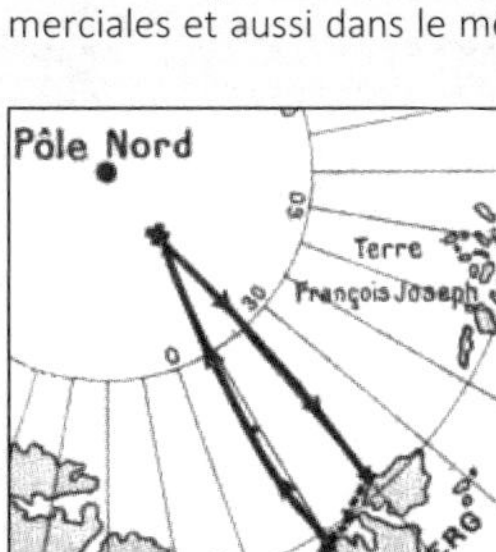

Roald Amundsen, l'explorateur polaire qui conquis le Pôle Sud en 1911-12, organisa en 1925 une expédition scientifique vers le Pôle Nord avec deux Dornier *Wal* les N24 et N25. Les hydravions à coque bimoteur furent forcés d'atterrir à 87°44' de latitude nord. Le N24, endommagé sera abandonné. L'autre était encore utilisable, mais Amundsen et son équipage durent travailler durement pendant trois semaines pour préparer une piste de fortune pour redécoller. 600 tonnes de glace furent déplacées à la pelle par six hommes qui n'avaient qu'une livre de nourriture chacun par jour.

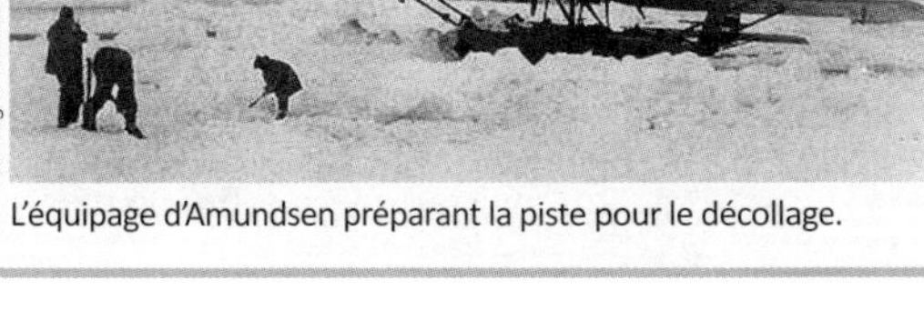

Anders Beer Wilse/ Norwegian Museum of Cultural History

L'équipage d'Amundsen préparant la piste pour le décollage.

Finalement, le pilote Hjalmar Riser-Larsen réussi, non sans difficultés, à décoller et à retourner vers les îles du Spitzberg avec tout son équipage qui étaient considérés comme perdu pour toujours.

Un des membres, connu comme sponsor de l'expédition était l'explorateur polaire Lincoln Ellsworth, qui un an plus tard en 1926, volera encore avec Amundsen et Umberto Nobile au-dessus du Pôle Nord avec le dirigeable « Norge »

Le *Wal* d'Amundsen, restauré et renommé D-1422 sera utilisé en 1930 par l'allemand Wolfgang von Gronau pour un vol transatlantique vers New York.

En 1932, von Gronau accomplie un tour du monde sur le *Grönland Wal* D-2053. Il parti de List, Sylt Island, dans le nord de l'Allemagne le 22 juillet et revient trois mois plus tard, en faisant escale à Friedrichshafen pour une visite à l'usine Dornier où l'hydravion a été construit.

En 1926, l'espagnol Ramon Franco traverse l'Atlantique avec le *Wal* "Plus Ultra" de Palos de Frontera en Espagne à Buenos Aires. Un voyage de 10 270 km réalisé en 59 heures 39 minutes avec cinq escales.

Dans les années trente, des *Wal* modifiés étaient catapultés du milieu de l'Atlantique depuis un navire exploité par la Lufthansa, le *Westfallen1* pour accélérer la livraison du courrier à destination de l'Amérique.

Une réplique du Dornier « Wal » d'Amundsen peut être vue au musée Dornier de Friedrichshafen en Allemagne.

Le Dornier Do X en navigation de surface.

tique, le Dornier Do-X immatriculé D-1929 effectuait le vol de retour de son voyage de promotion aux États Unis. Presque au terme du trajet entre les Açores et le Portugal, le colossal appareil se retrouva à court de carburant. Le commandant de bord décida alors d'amerrir en sécurité, tant que toute la puissance était encore disponible, et de rejoindre Lisbonne en naviguant à flot. La chose fut possible car les réserves de carburant, insuffisantes pour le vol, étaient manifestement suffisantes pour naviguer à flot. Le vol subit évidement un retard mais, de cette façon, un grave risque pour l'appareil et les personnes à bord fut évité.

Dans tous les cas où l'on prévoit d'aller au devant d'une situation à risques (technique, météo ou autres), il est bon d'effectuer un amerrissage en conditions contrôlées et éventuellement dans une situation où l'on peut obtenir de l'aide ou des secours.

State of Hawaii, Department of Transportation, Airports Division

L'hydravion biplan PB-9 de John Rodgers en vol. Dessous, trajet suivit par John Rodgers.

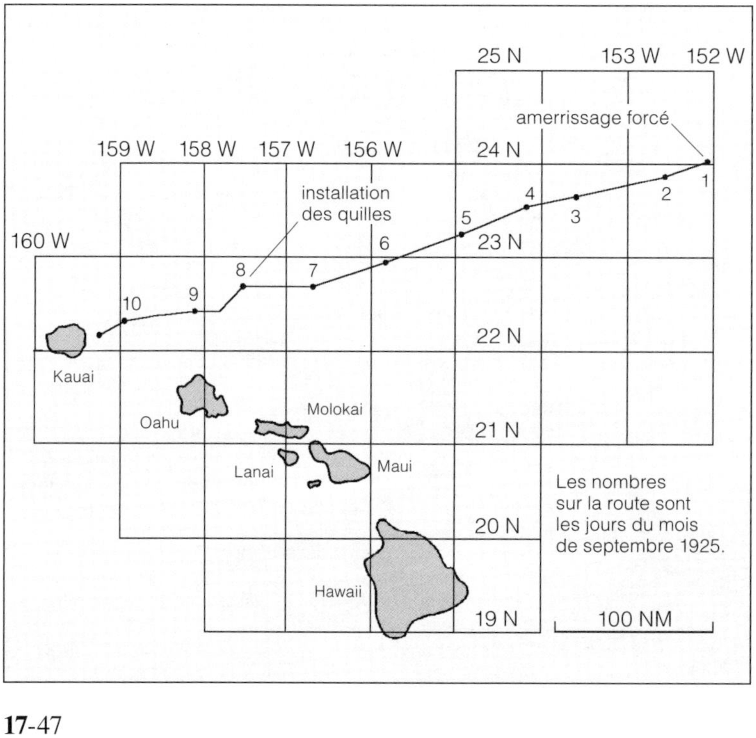

Navigation à flot sans moteur

Un épisode intéressant. C'est ce qu'a vécu John Rodgers avec le biplan PB-9 lors de la première tentative d'un vol direct entre le continent américain et Hawaii, en août 1925. Se trouvant à court de carburant, Rodgers décida d'amerrir près d'un des navires d'assistance placés le long de la route; mais quelques erreurs de relèvement gonio le conduisirent loin de celui-ci. L'appareil amerrit moteurs arrêtés, en plein océan, à environ 450 nautiques des îles d'Hawaï. Le vent soufflait à peu près dans leur direction et, pour accélérer l'allure, deux grandes voiles furent confectionnées avec la toile d'intrados des ailes inférieures. De cette façon, l'appareil avançait à environ deux nœuds, soit une cinquantaine de nautiques par jour, et était gouvernable aux commandes pour maintenir une route à quelques degrés de la direction du vent. A un certain point il fut évident que l'appareil serait passé à nord de l'île de Kauai et se serait perdu dans le Pacifique. Pour toucher terre, il était donc nécessaire de pouvoir améliorer la manœuvrabilité de l'appareil, ce qui pouvait s'obtenir par un effet de quille plus prononcé et donc en augmentant la surface immergée. Les panneaux qui constituaient les planchers furent démontés et transformés en quille rudimentaire qui permit de maintenir une route à environ 15° de la direction du vent. Cela permit à l'équipage, à bout de forces après neuf jours en mer, dont

Le PB-9 de John Rodgers à la voile vers Hawaii. Les voiles ont été confectionnées avec la toile d'intrados des ailes supérieures, les dérives latérales à l'aide d'éléments du plancher de l'appareil. Dessous, l'appareil à San Francisco, avant le départ. L'essence et l'huile nécessaire au vol sont exposés au sol devant celui-ci.

plusieurs sans eau ni nourriture, de rejoindre Kauai. Il fut calculé que sans l'ajout de la quille, l'appareil n'aurait pas été capable de rejoindre une île et l'équipage se serait certainement perdu dans l'océan. L'illustration ci-dessus du PB-9 est un dessin de Mary Laune Aitken, du *Departement of Transportation* d'Hawaii, réalisé d'après le récit de l'équipage.

Le cas décrit montre la sécurité de l'hydravion: si, par choix du pilote ou cas de force majeure, il doit se poser sur l'eau et y rester un temps indéterminé, il conserve la possibilité de naviguer même privé de moyens de propulsion.

Navigation "à la voile". Une fois posé sur la surface, on doit avant tout faire un plan précis de navigation. Si la terre est très éloignée, il peut être opportun d'essayer de rester le plus près possible du point d'amerrissage ou le long de la route de vol prévue, de façon à faciliter les recherches. Dans ce cas, il peut être utile d'utiliser une ancre flottante pour éviter la dérive due au vent.

Si par contre la terre est accessible, ou s'il n'y a pas d'espoir d'être retrouvé, on doit essayer de naviguer à "la voile" vers la terre ferme la plus proche, en tenant compte du vent et des courants et, éventuellement, improviser une voile avec des vêtements, chiffons ou panneaux de plancher ou en employant une voile du type décrit plus loin.

Quand le vent souffle vers une direction non désirée, on peut utiliser l'ancre flottante, tandis que la surface maximale de toile doit être gréée quand il souffle vers la terre ferme. Si on se trouve dans la bande où agissent les brises (une quinzaine de nautiques du

Le Rorbach Ro III, de 1924, avec ses voiles. Au cas ou le moteur tomberait en panne, la navigation avec des voiles était alors un moyen de progression. En prenant le vent il devenait un voilier.

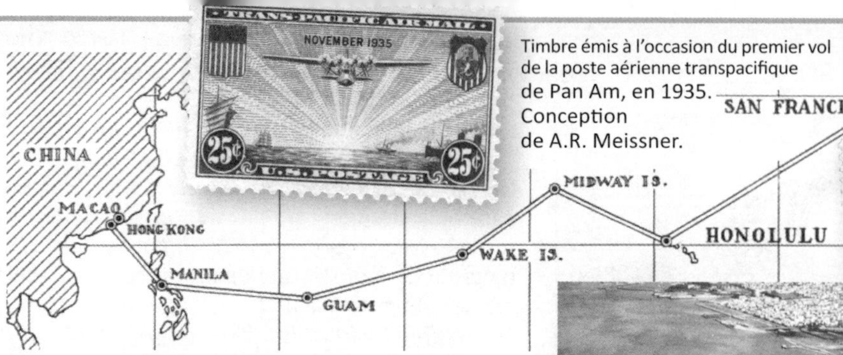

Timbre émis à l'occasion du premier vol de la poste aérienne transpacifique de Pan Am, en 1935. Conception de A.R. Meissner.

SDASM Archives - Public Domain

Florida Memory, State Library and Archives of Florida, Tallahassee, USA - Public Domain

Un Clipper ancien et le Clipper moderne, dans ce timbre de Hong Kong. A gauche, un Martin 130 survolant le Golden Gate bridge pas encore terminé, en direction des Hawaii. Dessous, la confortable cabine d'un Sikorsky S-42 de la Pan Am.

TRANSPORT AÉRIEN À TRAVERS LES OCÉANS

La saga Pan Am

www.panam.org

Juan Trippe avec Charles Lindbergh

La compagnie aérienne « Pan American Airways », est connue depuis 1950 comme la Pan American World Airways et plus populairement comme "Pan Am". Elle a été fondée en 1929 par Juan Trippe.

La compagnie a commencé ses opérations avec des hydravions, reliant les États-Unis avec les Caribes et l'Amérique du Sud. Trippe avait embauché dès le début avec lui et tout au long des années 30 Charles Lindbergh comme conseiller technique.

La Pan Am a donné une fascinante tradition maritime à son activité avec les hydravions appelés "Clippers", le pilote en uniforme blanc, casquettes, décors et meubles rappelant les navires de croisière de luxe.

L'entreprise est devenue une icône du XXe siècle et a établi les normes de l'industrie de la compagnie aérienne pour les décennies à venir.

A l'âge d'or des Clippers dans les années 30, les grands hydravions comme le Sikorsky S-42, le Martin 130 et le Boeing 314, traversèrent le ciel des océans Atlantique et Pacifique.

En 1935, le premier avion de transport aérien transpacifique a inauguré un service régulier entre San Francisco, Manille et Hong Kong. Le tarif de San Francisco à Manille ou Hong Kong en 1937 était de 950 $ pour un aller simple (soit 17.047 $ en 2019).

La route transatlantique Nord vers la Grande Bretagne a été lancée en 1939 via Shediac (New Brunswick), Botwood (Terre-Neuve) et Foynes (Irlande) jusqu'à Southampton.

Après la seconde guerre mondiale, les hydravions ont été abandonnés et Pan Am est devenu un chef de file du transport aérien, servant des destinations dans 86 pays. Finalement, la crise du pétrole de 1973, le désastre de Lockerbie en 1988 et une nouvelle montée en flèche du prix du carburant en raison de la guerre du golfe Persique en 1990 a mis la compagnie à la faillite.

Library of Congress, Prints & Photographs Division, FLA,13-MIAM,2-9 - Public Domain

Le terminal de Miami de la Pan American Airways.
Ci-dessous, affiches annonçant les services transpacifiques.

San Diego Air & Space Museum Archives - Public Domain

Un Boeing 747 de la Pan Am.

clipperarctic (CC-by-2.0)

Voiles spéciales pour hydravions à ailes hautes et à coque conçues par l'auteur. A gauche, mise en place de la voile fixée à l'anneau d'amarrage d'un Cessna C172.

Le Dornier Wal avec une voile, utilisée en cas de panne moteur.

rivage) on doit gréer la voile de jour et utiliser l'ancre flottante de nuit.

En ce qui concerne la direction d'avancement, on utilise les techniques de navigation à voile en arrière et latérale exposées au chapitre sur la navigation à basse vitesse, avec la possibilité supplémentaire d'augmenter ou de diminuer la surface de voile d'un côté ou de l'autre pour pouvoir orienter l'appareil dans une direction différente de celle du vent. Pour accentuer l'effet de quille et donc pouvoir faire suivre à l'appareil une direction différente de celle du vent, on doit essayer d'immerger des surfaces disposées parallèlement au plan de symétrie de l'appareil, comme dans le cas décrit, ci-dessus, du PB-9. La chose n'est pas très simple et implique le démontage de certaines parties de l'appareil et la disponibilité d'un certain outillage. Pour les amphibies, il y a la possibilité de sortir le train. Cela ralentit l'allure, mais accentue sensiblement l'effet quille.

Pendant la navigation, quelqu'un doit toujours être aux commandes et les maintenir dans la position adaptée au type de navigation à voile à effectuer.

Le ou les safrans seront relevés. Si l'on opère avec un appareil dont la queue est toujours partiellement immergée, les commandes doivent toujours être bloquées au neutre pour naviguer en arrière, tandis que si on doit naviguer latéralement on doit déplacer le chargement à bord de façon que la queue sorte le plus possible de l'eau, pour les motifs exposés aux chapitres décrivant la navigation à la voile. Le manche doit alors être bloqué en butée avant pour limiter l'enfoncement de la queue. Les volets, si on doit naviguer en arrière, seront complètement sortis pour augmenter la surface exposée au vent. La stabilité de l'appareil, surtout s'il est à ailes hautes, sera attentivement

L'étude d'un système de voiles pour un Lake Renegade. Une fine corde est tendue autour de la coque fixée aux points d'encrage du moteur et une autre assure la tension entre les points d'encrage du moteur et les anneaux d'amarrage situés au niveau des ballonnets.

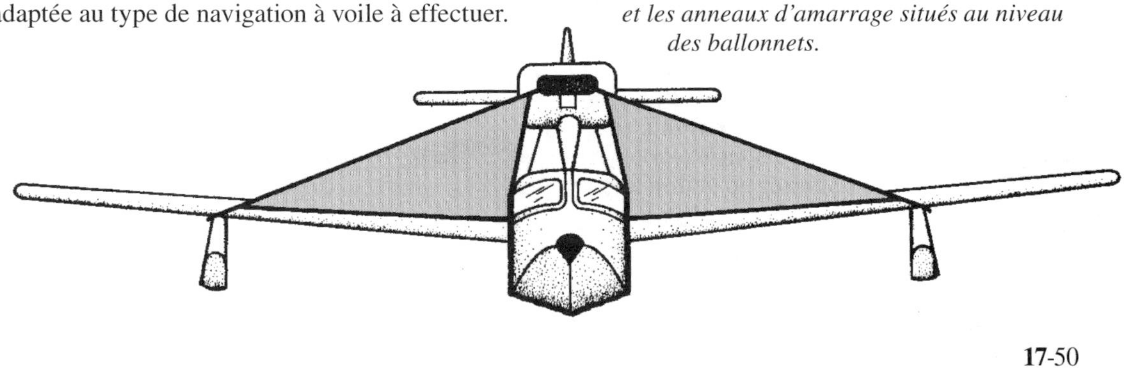

Chichester: seul au-dessus de la Mer de Tasmanie

Francis Chichester à bord de son de Havilland DH-60 "Gipsy Moth".

Il va être raconté ici l'une des navigations les plus intéressantes et difficiles de l'histoire de l'aviation. Le 15 décembre 1929 Francis Chichester qui était le pilote, quitte l'Angleterre sur un de Havilland "Gipsy Moth" nommé *Mme Elijah* et atteint l'Australie, un voyage de 14.561 miles. Il a ensuite fait expédier son avion en Nouvelle-Zélande. En 1931, il planifie un vol au travers de la périlleuse Mer de Tasmanie avec le même avion, monté sur flotteurs, sur une route passant par l'île Norfolk et l'île Lord Howe.

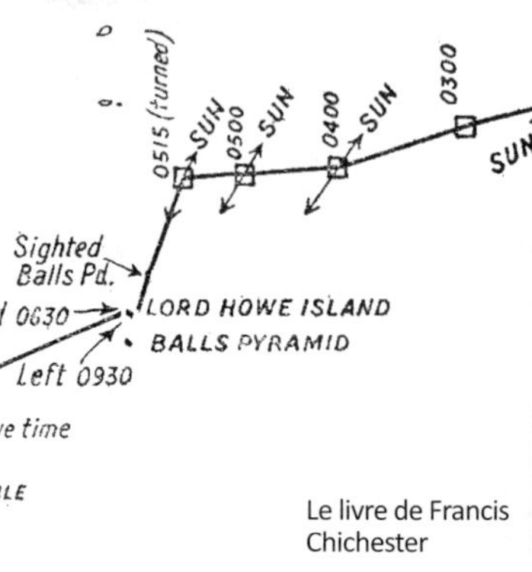

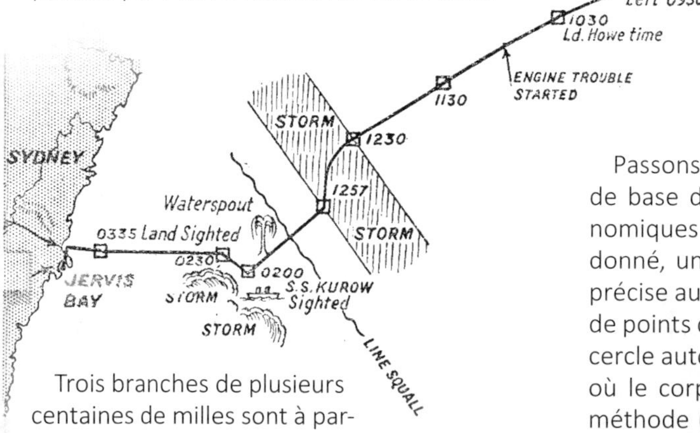

Le livre de Francis Chichester

Trois branches de plusieurs centaines de milles sont à parcourir. Pour les premières, il doit rechercher de minuscules morceaux de terre au milieu du Pacifique, seul à bord, avec la tâche de contrôler l'avion et de procéder à une navigation extrêmement exigeante en s'appuyant seulement sur une boussole, un chronomètre et un sextant.

Chaque corps céleste est au zénith de son sous-point (S1, S2) et est vu à la même altitude à un certain moment de tous les endroits le long d'un cercle, dont le centre est le sous-point. Ce cercle est le "cercle de hauteur" et une très petite portion de ce cercle est la "droite d'hauteur" tracée sur la carte (la courbure est tellement grande que la portion de cercle devient un droite).

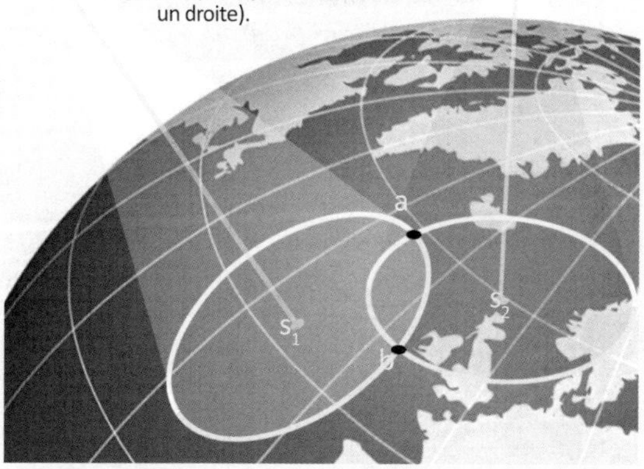

Passons maintenant en revue les principes de base des techniques de navigations astronomiques utilisées par Chichester. À un instant donné, un corps céleste est vu à une altitude précise au-dessus de l'horizon sur un ensemble de points de la surface de la terre, placés sur un cercle autour du sous-point (le point de la terre où le corps céleste est au Zénith). Il y a une méthode (ici non décrite) pour dessiner sur la carte une partie de ce cercle, appelé "cercle de hauteur", à partir d'une observation au sextant de l'altitude d'un corps céleste et de calculs effectués grâce à des tables spéciales.

La position d'un objet est établie par le croisement de deux lignes. Nous devons donc tracer des cercles de hauteur liées à deux corps célestes. On pourrait penser qu'un problème ambigu surgit, car deux cercles qui se chevauchent ont normalement deux intersections, mais ce n'est pas le cas, car les deux endroits sont normalement à des centaines ou des milliers de miles l'un de l'autre et ils pourraient difficilement être confondu.

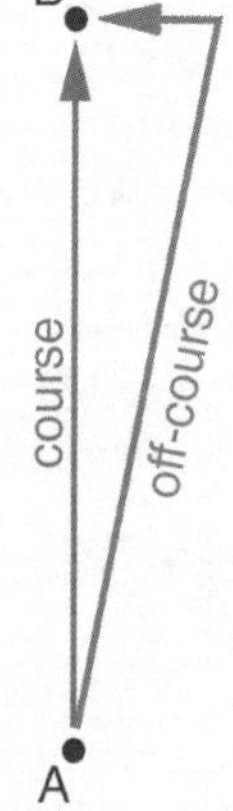

Comme Chichester a dû voler en journée, le seul corps céleste disponible était le soleil et une seule droite de hauteur pouvait donc être obtenue et tracée sur la carte.

Nous devons maintenant mentionner une autre technique, utilisée depuis les temps primitifs de

Ci-contre, la carte publiée dans le livre de Chichester «Seul sur la mer de Tasmanie» (*Alone over the Tasman Sea*).

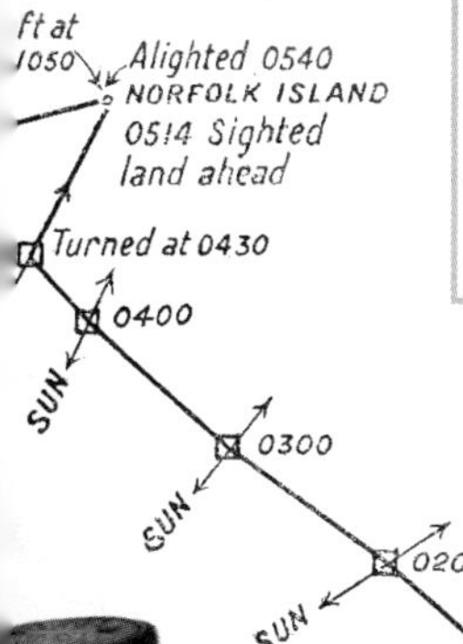

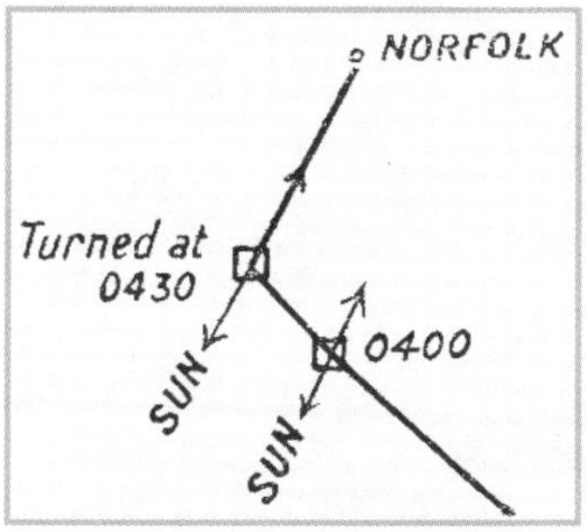

Sur cet agrandissement, les droites de hauteur tracées par Chichester sur sa carte. La droite tracée sur la mesure du soleil faite à 4:30 lui a dit qu'il devait virer vers Norfolk. Tous les segments fléchés sont un petit segment local d'un cercle de hauteur bien plus grand.

Ci-dessus, le Gipsy Moth ZK-AKK remorqué par un bateau à Lord Howe. A gauche, la règle de glissement de la ligne de position Bygrave.

la navigation, la navigation “par erreur systématique” (en anglais “off-course” ou “Landfall”). Si nous devons aller de A à B, en particulier sur terre inconnue ou sur la mer, procéder directement vers le point B n'est pas la bonne méthode. La raison est que nous ne serons pas en mesure de savoir s'il faut virer vers la droite ou vers la gauche si, lorsque l'on est censé être à proximité de B, B n'est pas en vue, comme c'est souvent le cas. Si au lieu de cela nous procédons, bien sûr délibérément, à s'écarter de la route, supposons à droite, nous serons en mesure lorsque le point B est dans le travers et sans aucun doute, de le trouver en virant vers la gauche.

C'est exactement la méthode utilisée par Chichester pour accomplir cette tâche très difficile. Il a utilisé la technique de calcul à l'estime des plus classique, combinée avec des vérifications de la hauteur du soleil, mesurées avec un sextant marin, lui permettant de tracer des droites de hauteur sur sa carte.

La droite de hauteur la plus utile est celle qui passe par le point d'arrivée. Cette ligne coïncide avec la route pour arriver à destination. À noter que le sextant permet au pilote de savoir que l'aéronef est bien sur une droite de hauteur, mais il ne dit pas sur quel point. Nous pouvons comprendre combien il est vital d'adopter la navigation par erreur systématique. Chichester a pris 10° d'erreur, jusqu'à un point à 90 milles à gauche de Norfolk afin d'être sûr du virage à faire pour atteindre la destination. Il reprit la même valeur d'erreur sur le chemin de Lord Howe, mais là elle était de 10° à droite.

Comme dans le petit cockpit ouvert du Gipsy Moth il était difficile de faire des calculs complexes et de prendre des notes, Chichester avait à sa disposition une série pré-calculée de lignes de positions valables pour un

À gauche, l'hydravion chaviré à Lord Howe. Ci-dessous, un moment des 9 semaines que durèrent les réparations de l'appareil. La légende humoristique de Chichester dit : "L'usine d'aviation de Palm Island ; Minnie coud le tissu sur une aile tandis que l'auteur pose une nouvelle nervure sur une autre. Le moteur et l'hélice sont visibles juste derrière la tête de Minnie. Minnie était l'une des insulaires bénévoles qui ont participé aux réparations ».

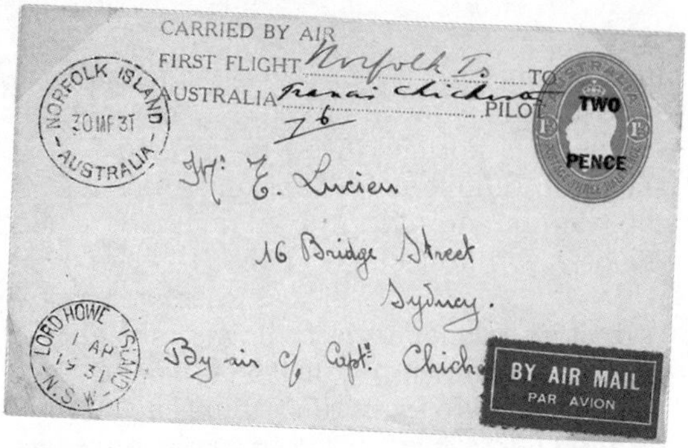

Lettre envoyée par avion de Norfolk à Sidney. Partit avec le Gipsy Moth de Chichester le 30 mars. Elle arrive à Lord Howe le 1er avril et y restera pendant un certain temps, en attendant les réparations de l'hydravion, retourné dans la lagune. Ci-dessous, une médaille pour célébrer le «Marin» Chichester.

certain temps et utilisé la déviation des mesures réelles pour calculer à quelle distance il était de la position voulue.

Tout cela semble simple, mais – tout d'abord – Norfolk est un objectif éloigné d'un demi-degré de la Nouvelle-Zélande. En étant au milieu de l'océan, sans référence, sous l'effet des vents, il est difficile d'estimer sa position pendant le vol.

En outre, des erreurs de mesure de l'altitude du soleil dans le calcul du tracé des lignes de position pouvaient s'additionner et amener l'avion assez loin de la route désirée.

Chichester a dû estimer visuellement la dérive due au vent et corriger son cap en conséquence afin de suivre l'itinéraire désiré. Mais il a dû aussi prendre soin du moteur, qui durant le voyage ne fonctionnait pas parfaitement, provoquant des vibrations à l'ensemble de la structure.

Il devait aussi gérer tous les événements d'un voyage difficile. Quand le ciel était nuageux, il a dû errer et percer la couche de nuages afin de voir le soleil avec le sextant. Dans certains cas, il avait dû recalculer des données liées à une ligne de position.

Une tâche rendue possible grâce à la *Règle Bygrave*, une règle de haute précision, cylindrique, dont l'échelle a une longueur de 11 m (tandis que l'échelle d'un commun calculateur de vol a une longueur de 36 cm). Cela explique bien les calculs de précision nécessaires dans la navigation astronomique.

Pour comprendre les problèmes rencontrés dans le voyage, il faut lire les notes de Chichester sur sa dernière étape. En seulement quelques heures, il a dû faire face à un dysfonctionnement du moteur, des averses de pluie, des tempêtes, une trombe d'eau, des lignes de bourrasques et il a également été distrait par un phénomène optique atmosphérique inhabituelle, sous la forme d'un objet étrange qui lui est apparu dans le ciel (cela a été interprété plus récemment comme l'observation d'un OVNI par les crédules partisans des extraterrestres visitant notre planète).

En outre, la radio était hors d'usage et beaucoup d'instruments sont devenus inopérants. Mais les problèmes n'étaient pas absents non plus, même avec l'avion au sol. À Lord Howe un coup de vent a renversé l'hydravion ancré dans le lagon. Chichester, qui n'était pas un type à abandonner, l'a reconstruit en 9 semaines avec l'aide des insulaires. Il finit par se poser à Jervis Bay, au sud de Sidney, le 10 juin.

Chichester a vécu des moments de désespoir profond. A maintes reprises, il a été confronté à des catastrophes presque certaines, ainsi que la joie incommensurable de la vision des terres quand il a finalement eu Norfolk et Lord Howe en vue. Dans la même année, Chichester est partit pour un voyage à travers le monde. Une entreprise se terminant au Japon où Mme Elijah a encore été gravement endommagé, comme si c'était en quelque sorte le pilote.

Il a dû attendre 35 ans pour accomplir son tour du monde en solo. Il l'a réalisé entre le 27 août 1966 et le 28 mai 1967 sur son voilier « Gipsy Moth IV », voyageant 29 600 miles en 226 jours. Les aventures incroyables de ce grand navigateur et brave homme sont racontés dans beaucoup de livres. L'histoire présentée ici est décrite en détail dans le livre autobiographique *Alone over the Tasman Sea* (Seul au-dessus de la mer de Tasmanie), que nous suggérons comme livre de référence pour tous les navigateurs.

De 1947 à 1948, les Latécoère 631 d'Air France traversaient l'Atlantique entre Port-Etienne (Nouadhibou) en Mauritanie et Fort de France en Martinique avec cette même méthode. Cette navigation était le challenge des navigateurs de l'époque car les 4.700 km de traversée maritime en 16 à 18 heures de vol en faisaient l'étape commerciale sans escale la plus longue de l'époque. Il est à noter aussi la superposition quasi parfaite des routes allers et retours quand on compare les deux voyages.

étudiée et sauvegardée, éventuellement en amarrant ou en déplaçant le chargement, ou en utilisant tout autre expédient. La même attention sera exercée pour garantir la flottabilité de l'appareil. Le contrôle de ou des cales et éventuellement leur vidange doivent être effectués à intervalles réguliers (par exemple toutes les 2 heures). Un peu d'eau dans les flotteurs rend toutefois l'appareil plus stable sur l'eau. On doit en outre noter le cap de l'appareil, la force du vent, la vitesse estimée et toute autre donnée permettant de connaître la route suivie. Pour avoir une idée de la vitesse de déplacement sur l'eau on peut utiliser un loch rudimentaire, comme celui qui est illustré plus loin dans ce chapitre.
A la vitesse de navigation avec quelques voiles additionnelles et avec les vents normaux existants en mer on parcourt plusieurs dizaines de nautiques par jour. Sur les mers fermées comme la Méditerranée ou la mer du Nord on arrive, à ces vitesses, relativement rapidement sur une rive.
Voiles pour hydravions. Dans le passé, quelques appareils ont été dotés de voiles en prévision d'un éventuel amerrissage forcé au large. C'est le cas de l'appareil allemand Dornier Wal.
Des voiles adaptées, à avoir à bord, à l'occasion de traversée de larges bras de mer, peuvent être préparées pour un appareil donné. Les voiles des photos de la page ci-contre ont été étudiées par l'auteur pour le Cessna 172. Les caractéristiques de ce projet simple sont: poids réduit, aucune modification de l'appareil, aucune pièce mécanique nécessaire sauf peut-être quelques bricoles, simplicité d'emploi, possibilité de montage sans se mouiller, et couleur bien visible. Chaque voile est fixée par des garcettes et des mousquetons à l'anneau d'amarrage du hauban, à l'anneau de levage antérieur et au marchepied.
Un projet analogue pour le Lake est présenté ici. Pour hisser les voiles sur cet appareil on doit faire passer un bout sous la coque, opération qui ne présente pas de difficultés, et fixer deux garcettes à l'anneau externe d'amarrage qui se trouve entre l'aile et le ballonnet. Si on peut se mettre à l'eau, il n'y a pas de problèmes; si par contre un bain, pour une raison ou une autre, est déconseillé, on peut accéder à l'anneau en rampant sur l'aile, mais un passager doit faire de même sur l'autre aile pour maintenir l'appareil avec les ailes à plat. En haut, les garcettes seront passées par les orifices avant du capot et fixées aux attaches du moteur.
Si le vent est notable, on peut réduire la voilure en utilisant seulement une partie du triangle que constitue chaque voile. Les anneaux présents le long du bord de la voile servent à cela. En alternative, on peut assurer la garcette de la voile en un point différent de celui prévu, de façon que la voile soit inclinée par rapport à la direction d'où vient le vent et donc moins portante.

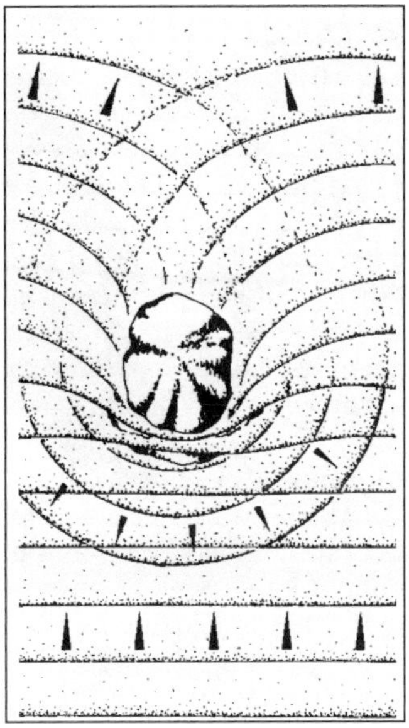

Présence et direction de la terre ferme

On rapporte ici, ne serait-ce qu'à titre de curiosité, quelques trucs des navigateurs polynésiens pour repérer la terre ferme. Quand un système de vagues rencontre une île, on a tout d'abord une réflexion, avec des trains de vagues réfléchies qui ont une allure semi-circulaire. Pour rejoindre l'île quand on rencontre de telles vagues, on doit simplement suivre une route perpendiculaire à celles-ci. Après avoir passé l'île, les vagues ont une allure plus complexe et se divisent essentiellement en deux systèmes qui interfèrent entre eux. En passant d'un nœud à l'autre, on réussit à atteindre l'île.
Une concentration de nuages cumuliformes sur la mer, dans un ciel serein, indique la présence d'une terre. Dans un ciel parcouru par des *cumulus humilis* qui se déplacent poussés par le vent, un *cumulus congestus* ou en général, un nuage immobile par rapport aux autres indique la présence d'une terre.
Des rayures verdâtres ou foncées sur la base des nuages peuvent être le reflet de ce qui se trouve sur la terre ferme.
La couleur des eaux qui passe du bleu au vert indique la présence du fond et donc dans beaucoup de cas le voisinage de la terre ferme.
Des végétaux à la dérive indiquent la présence d'une terre au vent de la direction de la dérive. Les insectes et l'odeur de brûlé sont aussi de bons indices.
Ceux qui connaissent les parcours des oiseaux durant les migrations ou lorsqu'ils se dirigent vers les bancs de poissons, à partir des îles où ils nichent habituellement, sont aussi un bon indicateur de la terre ferme.
Les méthodes décrites ci-dessus étaient utilisées par les polynésiens pour les navigations relativement courtes; pour le long cours ils utilisaient des méthodes astronomiques basées sur le point de l'horizon où des étoiles déterminées se lèvent et se couchent et sur la connaissance d'étoiles qui passent à la verticale des différentes îles.

Navigation en brousse

La navigation en brousse est un sujet qui concerne tous les aéronefs et nécessiterait un livre pour être traité intégralement. Sont seulement présentées ici quelques techniques d'intérêt particulier pour le pilote hydro, soit parce qu'elles permettent de résoudre des problèmes qui se présentent souvent en vol sur l'eau, soit parce que, pour ce qu'en sait l'auteur, elles sont utilisées uniquement par les pilotes hydro, du moins pendant les dernières décennies. Ce qui est exposé ici complète ce qui est dit au chapitre sur l'amerrissage.

Détermination en vol de la vitesse du vent

La méthode, étudiée par Massimo Molteni, permet de déterminer avec précision la vitesse du vent ou, plus exactement, la composante de vitesse du vent sur un route déterminée. Cette information est souvent d'une grande utilité. Par exemple, la décision d'amerrir dans un bassin court situé en haute altitude ou bien d'amerrir sur une surface agitée ne peut être prise qu'en présence d'un vent d'intensité suffisante. Avec un vent faible, dans les situations décrites, on pourrait ne plus réussir à décoller ou avec un vent fort endommager l'appareil sur les vagues.
La méthode consiste à survoler dans les deux sens, à vitesse propre (TAS) constante, la bande à laquelle on s'intéresse, et à noter les temps de survol. Une telle bande peut être la seule disponible si l'on opère dans un bassin étroit ou entre des obstacles, ou bien être celle que l'on a déjà choisie en fonction de la direction du vent, qui peut être facilement déterminée en vol. On a ainsi le temps pour l'aller *(ta)* et le temps pour le retour *(tr)*. On applique ensuite la formule :

vitesse du vent = TAS × (tr-ta) / (tr+ta)

où la TAS et la vitesse du vent seront exprimées avec la même unité.
Le résultat peut être de signe positif ou négatif. Si le résultat est positif, il indique que le vent était arrière à l'aller, s'il est négatif qu'il était de face. Etant donné que la direction du vent est certainement déjà connue, on peut tout simplement ignorer le signe. Les calculs peuvent s'effectuer en quelques secondes à l'aide d'une règle à calcul.

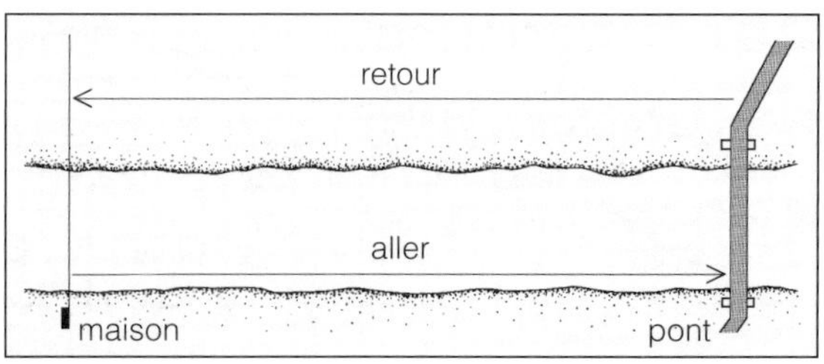

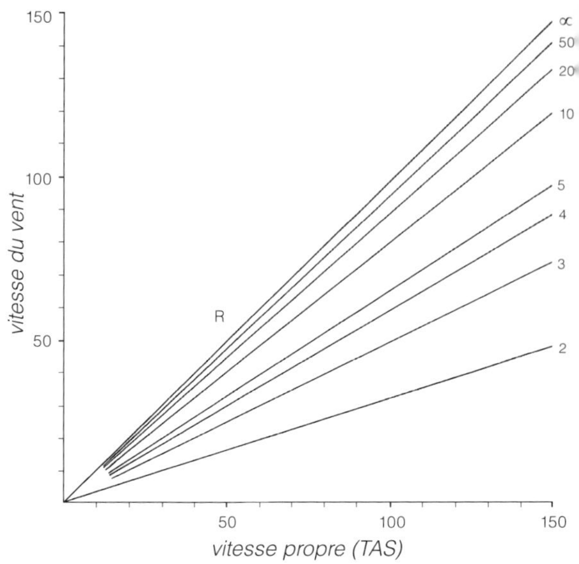

La formule donnée ci-dessus a une variante : on peut calculer le rapport R entre le temps de survol avec le vent de face (tp) et le temps de survol avec le vent arrière (tc) R= tp/tc. On applique ensuite la formule suivante :

vitesse du vent = *TAS* × (R-1) / (R+1)

Cette seconde formule n'a pas d'avantages particuliers par rapport à la première, mais elle permet d'utiliser le graphique ci-dessous, toujours préparé par Massimo Molteni, qui donne le résultat après avoir simplement déterminé R. On identifie la ligne représentant R et, sur l'abscisse du point égale à la TAS, on lit en ordonnée la vitesse du vent.
Il est aussi possible d'obtenir la solution du problème sans rien calculer, en utilisant la "Règle des survols" incluse dans ce livre. Son emploi est expliqué au chapitre "Instruments pour le pilote hydro".
On se souvient que cette méthode fournit la vitesse du vent à l'altitude de survol, le vent en surface pouvant être différent. Toutefois, rien n'empêche d'effectuer un survol à très basse hauteur, si la vitesse du vent en surface est celle qui nous intéresse. On se souvient également que la vitesse calculée est celle de la composante le long de la route survolée, qui est par ailleurs la route choisie par le pilote pour les opérations à effectuer.
Après avoir déterminé la vitesse du vent et connaissant la vitesse propre (TAS) on peut connaître la vitesse sol (GS).
Dale De Remer signale qu'il n'a pas connaissance de l'utilisation de cette méthode en mer. Et pourtant, lors d'un long survol océanique où connaître la vitesse du vent signifie savoir si l'on rejoindra la terre ou si

on amerrira sans essence en pleine mer, la méthode exposée ci-dessus pourrait être utilisée. On doit baliser un point de la surface, en jetant à la mer un objet visible ou un fumigène et, après un certain temps (par exemple 60 secondes), jeter un autre objet visible. On parcourt le même trajet en sens inverse, en notant le temps et en appliquant la formule exposée. De cette façon, il est de temps en temps possible de vérifier l'exactitude de sa propre navigation pour le modeste coût de deux minutes d'autonomie.

Détermination en vol de la longueur d'un tronçon survolé

En absence de vent, la vitesse propre (TAS) coïncide avec la vitesse sol (GS) et la longueur d'un tronçon survolé peut facilement être mesurée en procédant à vitesse constante, comme cela est exposé au chapitre sur l'amerrissage. S'il y a du vent, cette méthode élémentaire donne des résultats erronés. Un corollaire de la méthode exposée au paragraphe précédent permet toutefois de déterminer avec précision la longueur du tronçon survolé.

Dans ce cas on effectue également un survol aller et un survol au retour, en notant les temps (*ta* et *tr*). Puis on applique la formule suivante :

$$\text{longueur du tronçon survolé} = 2 \times TAS \times (ta \times tr) / (ta+tr)$$

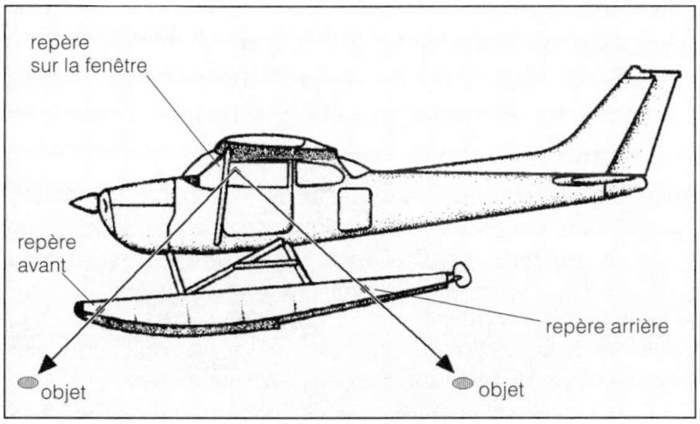

Détermination en vol de la vitesse sol (GS)

Dale de Remer suggère, pour déterminer la vitesse au sol GS, une méthode qui ne demande pas le survol dans les deux sens d'un tronçon de la surface, mais qui demande toutefois un élément identifiable sur la surface même. La méthode permet, par un simple calcul, d'établir la GS en fonction de sa hauteur au dessus de la surface et du temps écoulé entre deux relèvements d'un objet au sol.

De Remer suggère d'équiper l'appareil de trois repères, par exemple trois morceaux de ruban adhésif noir, un sur le hublot et deux sur un flotteur, de façon à pouvoir viser un objet dans des directions faisant un angle de 90°.

Quand l'objet passe devant le premier repère on déclenche le chronomètre. On note ensuite le temps écoulé jusqu'au passage de l'objet devant le second repère. On applique enfin la formule suivante :

$$GS_{KTS} = 118 \times hauteur_{ft} / temps_{sec.}$$

La hauteur, si on ne dispose pas d'un radar altimétrique, peut être déterminée par différence entre l'altitude de vol et le niveau de la surface. En alternative, si on désire une bonne précision, on peut effleurer la surface ou s'y poser et, après être monté en altitude, noter la différence. La "Règle des survols", incluse dans ce livre, permet d'obtenir la solution du problème sans calcul (en KTS ou MPH), même avec des repères disposés selon des angles différents de 90°. Tous les appareils ne permettent pas un relèvement facile à 90° d'écart, et l'on est amené à adopter un angle inférieur. Sur le même appareil on peut également installer plusieurs repères avec des angles différents. Les angles inférieurs sont utiles lorsqu'on vole assez haut pour avoir un temps pas trop long entre deux repères.

Détermination de l'angle de dérive sur la mer

Partant d'un point A (en mer on doit jeter un objet ou un fumigène) on parcourt un tronçon de la route à cap constant *C*. Après un certain temps (tel que le point A soit encore visible), on oriente le nez vers A, en notant immédiatement la valeur C_1 du cap lu. La dérive s'obtient avec la formule suivante :

$$dérive = C \pm 180 - C_1$$

Si le résultat est positif, le vent provient de la gauche sur le tronçon parcouru, s'il est négatif, il provient de la droite. Toutefois, le pilote n'a généralement pas de difficulté à réaliser de quel côté vient le vent et le signe du résultat peut être négligé.

Détermination précise de l'angle de dérive et de la route suivie

Dale De Remer décrit une méthode de navigation en brousse avec la précision d'un VOR. Cette méthode empirique évalue la dérive en vol, permettant au pilote de voler sur une route précise. Elle requière une sorte d'appareil, qui peut être préparé facilement avec un rapporteur à 360° et un curseur pivotant, comme celui donné dans ce livre. On peut aussi utiliser simplement deux aiguilles colorées plantées sur la casquette du tableau de bord devant le pilote, une exactement devant le pilote, une seconde près du pare-

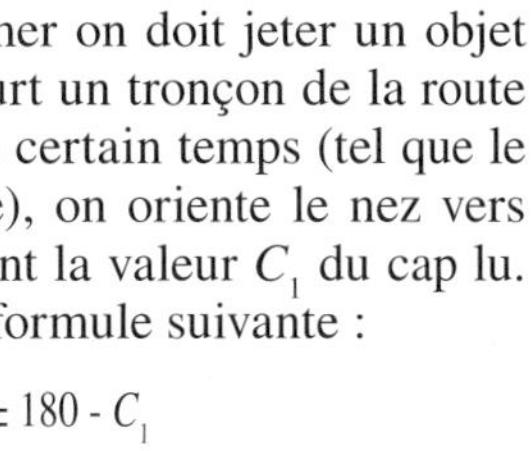

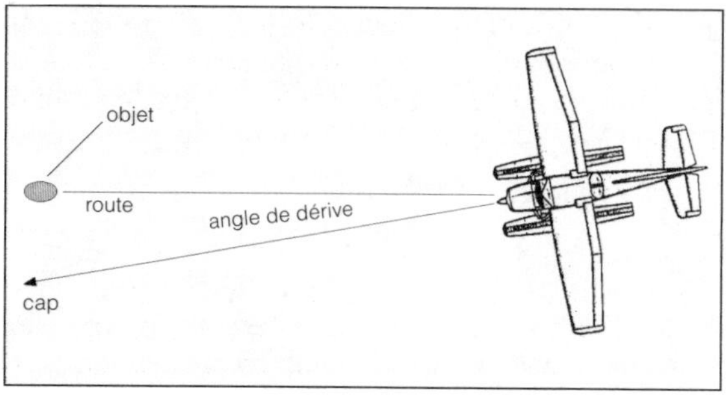

brise. L'alignement de ces deux aiguilles est parallèle à l'axe longitudinal de l'avion, ainsi en regardent le long de ces deux aiguilles vers un point à l'horizon, on a l'indication où le nez de l'appareil pointe.

La méthode consiste à voler avec un cap constant et identifier un repère au sol juste devant le pilote qui garde toujours le même angle relatif par rapport au nez de l'appareil, étant donné que le cap est gardé constamment avec précision. L'angle allant du nez vers le repère au sol est exactement le même que l'angle de correction de dérive, pendant que la direction vers le repère est la route actuellement suivie, ou la trajectoire.

Habituellement, cette méthode permet de suivre un cap en volant avec un bon degré de précision si le compas magnétique est correctement calibré. Il suffit de quelques minutes pour compenser les changements de direction et de force du vent, permettant ainsi une précision de navigation sans aide de navigation radioélectrique.

Navigation en zone désertique

La navigation le long de grandes étendues de terrain désertique requière une aptitude dans les techniques de détermination précise de la dérive et de la vitesse donnée précédemment. En plus, une bonne aptitude aux calculs mental et au pilotage sont requises. Le pilote apprend à suivre sa préparation de navigation (log de nav) complétée par la connaissance (écrite sur la carte) de l'heure de passage au-dessus du dernier point connu. La position actuelle peut être déterminée précisément depuis le moment ou l'on a été au-dessus d'un point identifié parce que:

D (distance parcourue) =
= temps passé depuis le passage sur le dernier point connu
× dernière vitesse au sol connue

Ce qui est passé derrière l'appareil est le dernier point connu, le plus précis sera le temps du log. Donc le pilote de brousse garde la dernière position connue derrière la queue de l'appareil. Dans la brousse, la dernière position connue est déterminée par le pilote par l'identification sur la carte de repère vue au sol, ou en pointant la position GPS sur la carte pas moins que toutes les 15 minutes, juste dans le cas ou le GPS tomberais en panne. En pilotage courant, le pilote de brousse apprend à se méfier des repères distinctifs que l'homme fabrique, préférant ceux qui sont naturels. La raison est qu'il faut 6 à 8 ans pour qu'une antenne radio soit portée sur les cartes aéronautiques. Les tours radio, les routes, les voies ferrées, les lignes à haute tension vont et viennent sur une période de

LE "PRÊTRE VOLANT"

Entre les navigateurs les plus experts du Grand Nord canadien du passé nous présentons un prêtre, Paul Schulte (1896-1975), un missionnaire qui fonda la MIVA ("Missionary International Vehicular Association"), encore existante de nos jours, pour fournir voitures, bateaux et avions à utiliser pour le service des missions dans le monde entier.

Paul Schulte devint pilote pendant la première guerre mondiale et en 1922 fut ordonné prêtre des Oblates de Marie Immaculée.

En 1936 il vola aux États Unis, incidemment sur le dirigeable Hindenburg, et fut assigné à une paroisse dans le nord du Québec. Là-haut, il utilisa pendant plusieurs années un hydravion Stinson "Reliant", en fournissant tout type de service à la population Eskimo locale et aux membres des missions éparpillées dans le territoire arctique.

Les histoires racontées dans son livre "The Flying Priest over the Arctic - A story of Everlasting Ice and of Everlasting Love" sont très émouvantes et révèlent une formidable compétence dans le vol en toutes conditions, même de nuit ou dans le brouillard, sur des centaines de milles de terres désolées et de mers glacées.

En 1938, le Père Schulte évacua d'Arctic Bay, la mission catholique la plus au nord du monde, le Père Julien Cochard, très malade, jusqu'à un hôpital à Chesterfield. Il vola 2000 miles au travers de tempêtes et de dense brouillard. Il reçut pour cette entreprise une bénédiction spéciale du Pape Pie XI.

Son livre raconte tout ce qui peut arriver à un pilote hydro, en incluant une quasi-collision avec une baleine qui a fait surface

Les pilotes d'hydravions suivent souvent des repères linéaires comme les côtes ou les rivières. Ici, un Dornier Wal suivant la côte ouest de l'Italie dans les années trente. Accessoirement, un atterrissage d'urgence sur une plage de sable est préférable à un amerrissage en mer comme celle que l'on peut voir sur cette photo.

six ans. Le pilote qui est un bon navigateur dans les zones civilisées est désavantagé dans bien des cas en navigation en brousse. Depuis que la civilisation produit beaucoup de repères distinctifs (différentes villes tous les 20-30 milles, grandes routes, ponts, etc) la technique reliant le pilotage à une excursion en route directe et la technique de choisir un point à plusieurs milles devant et voler vers lui (ce qui est inutile parce que les repères distinctifs à plusieurs milles devant n'existent pas en brousse), quand on tente le vol de brousse on doit seulement très bien travailler. Il est préférable de tracer une ligne sur une carte, la marquer de tirets tous les dix nautiques (lesquels deviennent 5 ou 6 minutes) selon la vitesse de l'avion, et voler en suivant ce tracé, prendre un top et calculer une estimée, ceci avec une bonne ou une mauvaise visibilité. C'est du travail de préparation pour le pilote mais cela rend la charge de travail en vol moins lourde avec un peu d'astuce et d'expérience.

devant l'hydravion pendant un décollage et une panne moteur après le décollage, avec un amerrissage d'urgence dans un petit étang, l'appareil étant après remorqué à la mer par une meute de chiens de traîneau.

En 1939 Père Schulte acheta un hydravion à coque Fokker, qu'il transforma en "église et ambulance volante".

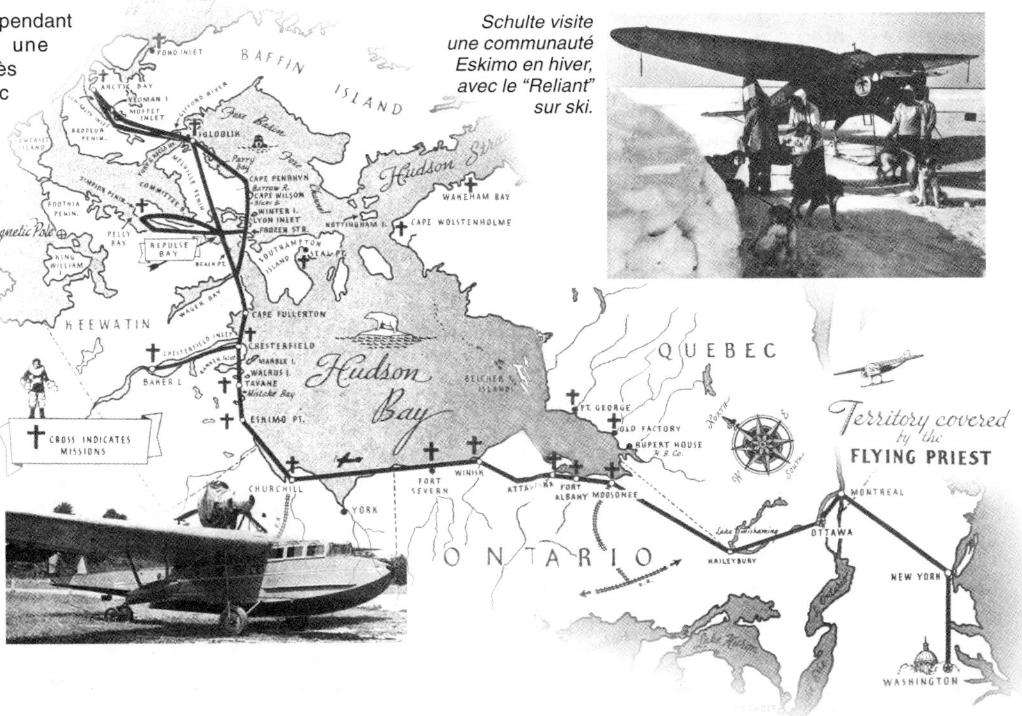

Schulte visite une communauté Eskimo en hiver, avec le "Reliant" sur ski.

Le Fokker acquis en 1939. Ci-contre, transport d'un malade qui nécessite des soins hospitaliers.

Float Air Picton - New Zeeland

Interactions avec des embarcations

Approche d'une embarcation

Si l'embarcation est arrêtée et d'une certaine distance, on doit l'approcher par les pointes comme s'il s'agissait d'un quai élevé. L'amarrage à une embarcation de grande taille, libre de s'orienter dans le lit du vent, présente des risques si le vent provient de directions variables. L'embarcation pourrait, en tournant, traîner ou pousser l'appareil violemment. L'appareil doit toujours être amarré de façon à ce que les pointes des flotteurs restent au contact de l'embarcation. Si l'appareil se trouvait à une certaine distance, l'aile pourrait heurter l'embarcation suite à une rotation due au vent. Si l'embarcation est petite et arrêtée, on peut l'approcher de côté comme un ponton flottant, en veillant à ce qu'il n'y ait pas de parties saillantes sur le côté ou vers le haut. On ne doit pas approcher d'embarcation en mouvement. Dans tous les cas on doit arrêter le moteur et couper les magnétos avant le contact.

Il arrive souvent que l'hydravion soit arrêté et qu'une petite embarcation doive s'approcher pour transborder des passagers, du matériel, ou pour d'autres motifs encore. Il est préférable que l'embarcation qui s'approche soit pneumatique, sans antennes ni autres structures saillantes. Les barreurs d'embarcations sont en général plutôt maladroits avec les hydravions et, même s'ils veillent à ne pas heurter et cabosser les flotteurs, ils s'aperçoivent rarement que d'autres parties de l'embarcation heurtent l'empennage, les haubans ou d'autres parties de l'appareil. Il est donc bon de faire arrêter l'embarcation à une certaine distance

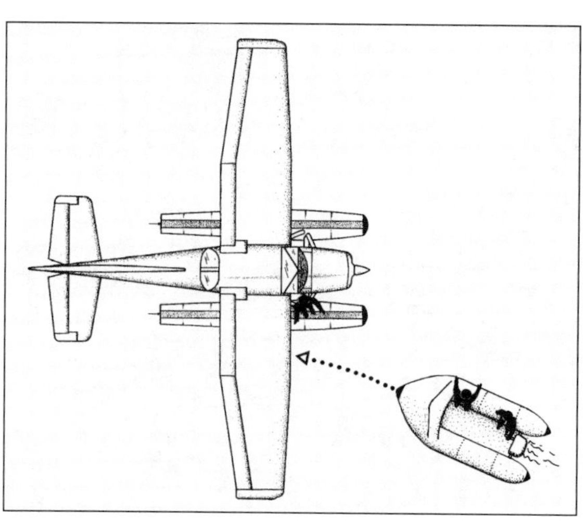

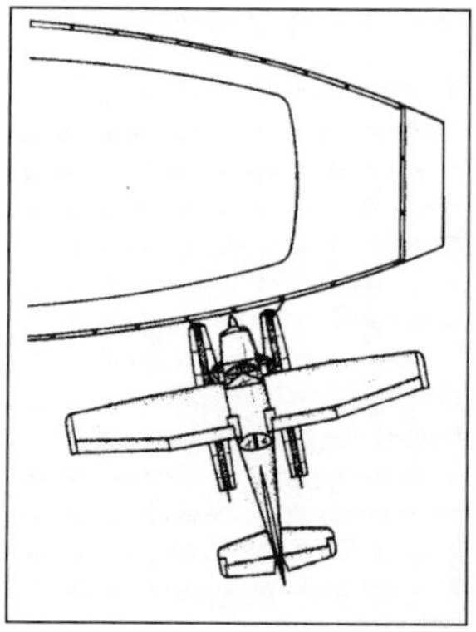

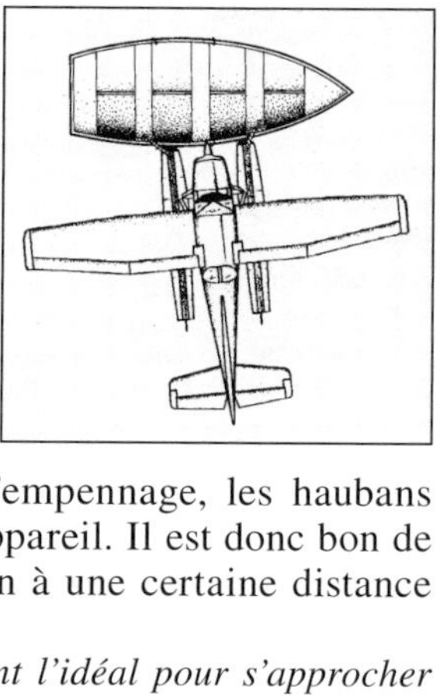

Les bateaux gonflables sont l'idéal pour s'approcher d'un hydravion.

Un cas particulier d'interaction hydravion-bateaux: hydravions sur le pont de yacht. Un treuil est utilisé pour enlever l'appareil de l'eau (dessous).

superyachts.com

et de donner au barreur des instructions précises pour l'accostage. Cela doit être fait du côté sous le vent, à vitesse très réduite, selon une route constante légèrement convergente, l'embarcation arrivant de l'avant, et avec le pilote ou un passager sur le flotteur, prêt à atténuer un heurt éventuel. Il faut se méfier des embarcations qui s'approchent avec

Richard Schulte
Cool San Diego Sights!

d'importantes variations de vitesse et de route, et les faire s'éloigner.

Quand l'embarcation est sous l'aile d'un hydravion, les oscillations provoquées par les vagues risquent de faire toucher l'aile sur une partie ou l'autre de l'embarcation. Il donc préférable, en présence de vagues, de placer l'embarcation avec son flanc contre les pointes des flotteurs et de l'amarrer fermement avec une aussière allant de la proue à la poupe de l'embarcation en passant par les taquets des flotteurs. Le but est de rendre le plus solidaire possible les deux éléments, de façon qu'ils ne se heurtent pas l'un contre l'autre, et d'établir le contact à l'endroit où l'appareil est le plus résistant.

En se déplaçant près de barques ancrées ou amarrées on doit veiller à ne pas heurter les aussières ou les chaînes d'ancrage.

Les hydravions doivent être maintenus à distance des autres navires, comme le Twin Bee sécurisé sans assistance, ou le Beaver de Float Air Picton.

A gauche, hydravion à flotteurs apponté sur le côté d'un navire, de face. Il s'agit d'un appareil du norvegien Lutzow, qui participa aux recherches de Nobile, dans l'océan arctique, en 1928.

En bas, embarquement d'un Caudron type J sur la "Foudre", en 1914.

Archivio Apostolo

L'accueil des appareils représente un risque majeur à la fin d'un raid annoncé. Ici l'arrivée de De Pinédo à La Havane en 1927 avec son Savoia Marchetti S55. La même scène dessinée par De Pinedo. Le pilote n'a pas pu maintenir à l'écart tous les bateaux.

Remorquage

Le besoin d'être remorqué peut se présenter dans beaucoup de cas, le plus typique étant celui de l'avarie. Un autre cas fréquent est celui où l'on doit quitter un môle ou une rive élevée dont on s'est approché par les pointes et près de laquelle on ne peut tourner l'appareil. Dans cette situation, les seules possibilités sont d'utiliser la pagaie ou d'être remorqué. Le remorquage est aussi utile quand on doit quitter une rive en devant effectuer un parcours tortueux entre les bateaux amarrés aux bouées. Dans les hydrobases très actives il arrive que l'on doive déplacer les hydravions entre les pontons et les bouées, pour un amarrage temporaire. Un autre cas fréquent de remorquage se rencontre sur les hydrobases où opèrent des écoles de pilotage. Si un pilote débutant, lors du retour, trouve un vent important vers la rive, il vaut mieux le faire amerrir vers le large, lui faire maintenir rigoureusement le nez au vent et envoyer une embarcation pour remorquer l'appareil jusqu'à la rive. Tout autre solution présente des risques plus ou moins importants.

Bout de remorquage. Le matériau idéal pour le bout de remorquage (remorque) est le Nylon, qui allie une grande résistance à une bonne élasticité, utile pour amortir les sollicitations excessives au point de fixation, surtout en présence de vagues. La longueur de la remorque ne doit pas être trop réduite, pour éviter des collisions possibles entre remorqueur et remorqué, mais pas trop longue non plus.

Lancer de la remorque. La remorque peut être lancée par celui qui est sur le remorqueur à celui qui est remorqué. L'opération sera conduite avec la certitude de l'absence de risques de collision entre remorqueur et remorqué. Cela est valable en particulier si le remorqueur est aussi un hydravion. Une autre solution consiste à laisser filer la remorque et à la faire courir autour de la proue de l'appareil à remorquer, où elle peut être saisie facilement.

Archivio Apostolo

Archivio Apostolo

Archivio Apostolo

Hydravions célèbres à la remorque. Le Fokker F-VII, avec Stulz, Gordon et Amelia Earhart remorqué dans le port de Southampton en 1927. Notez à l'arrière le deuxième canot qui fait office d'ancre flottante. Le Dornier Wal 'Numantia' de Ramon Franco, secouru après huit jours de dérive dans l'Atlantique nord, en 1929. Le S55 de De Pinedo remorqué sur la rivière Paraguay en 1927, pour trouver une ligne droite assez longue pour pouvoir décoller.

Caproni CA100 à la remorque sur l'hydrobase de Côme, dans les années trente.

Point d'attache de la remorque. En général on doit fixer la remorque à l'extrême avant de l'appareil remorqué ou en tout cas au point le plus proche possible du remorqueur.
Si on doit remorquer un hydravion à flotteurs, la remorque doit être fixée de préférence aux deux taquets, c'est-à-dire sur les deux flotteurs, et non pas à un seul.

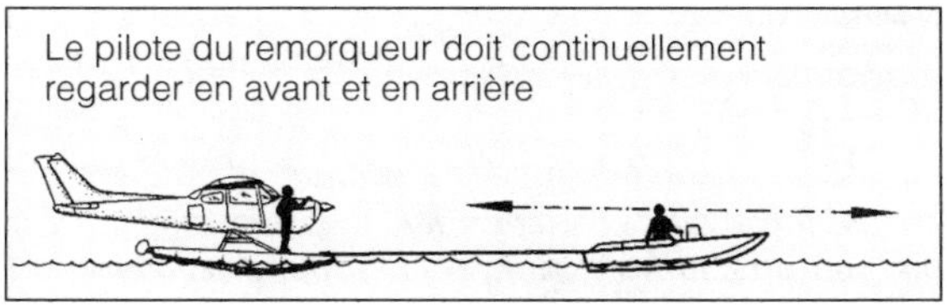

L'idéal est d'utiliser le câble en V présent à bord. Le point de fixation de la remorque sur le remorqueur est également important, surtout si celui-ci n'est pas très grand. Si la remorque est fixée à un point erroné, le remorqueur peut ne plus être gouvernable et zigzaguer sans but sur l'eau. Si l'appareil est remorqué par un autre hydravion à flotteurs, la remorque sera fixée aux bases de la traverse postérieure de l'appareil remorqueur. La remorque doit être placée aussi près que possible de la ligne de flottaison. La remorque de sécurité sera quand à elle fixée à un autre point solide de la mâture.

Remorque d'un hydravion sous le vent avec un vent léger et fort.

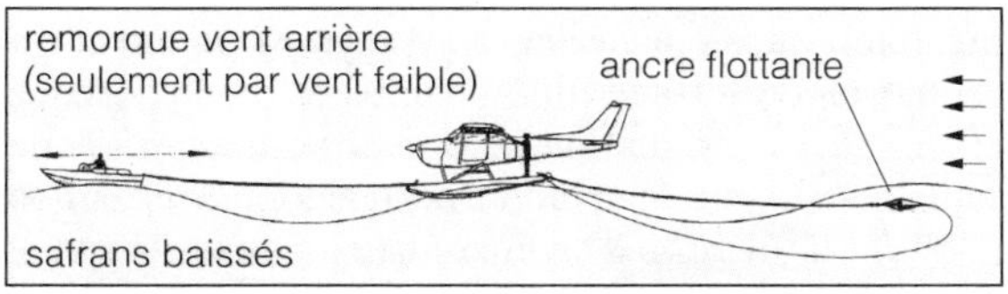

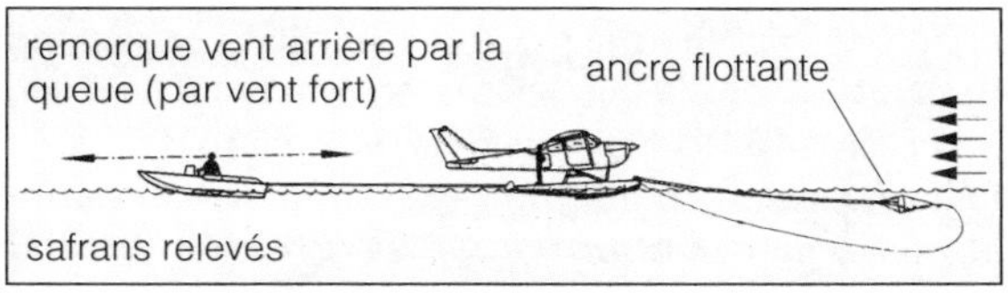

Remorquage avec vent. On a avantage à remorquer un appareil face au vent, comme cela est illustré au chapitre sur la mécanique du vol hydro. Cela se fait en fixant la remorque aux taquets antérieurs des flotteurs ou au taquet de proue d'un appareil à coque et en remorquant l'appareil en marche avant. Le remorquage sous le vent est plus problématique car le vent tend à faire tourner l'appareil. Cette tendance doit être compensée par une traction importante, qui peut néanmoins impliquer une vitesse de déplacement excessive sur la surface. Pour éviter cet inconvénient, on peut mouiller une ancre flottante sur l'arrière de l'appareil, ce qui permet de remorquer à vitesse réduite sans que l'appareil tourne. Le manche sera maintenu en avant pour limiter le risque que la queue soit soulevée par le vent. Une autre solution consiste à remorquer l'appareil en arrière de façon à ce qu'il reste le nez au vent, avec le manche bloqué en butée avant, ce qui évite l'immersion excessive des queues. Dans ce cas on peut aussi utiliser l'ancre flottante, fixée cette fois aux taquets avant pour réduire la vitesse.
Le point de fixation de la remorque doit tenir compte de la tendance du vent à faire varier de façon non désirée l'assiette longitudinale de l'appareil. Dans le cas du remorquage dans le sens du vent, les pointes des flotteurs (ou les queues, si l'appareil est remorqué en arrière) ont tendance à s'enfoncer dans l'eau. Il est donc préférable de fixer la remorque à un point bas de l'appareil et à un point élevé du remorqueur. Si par contre le remorquage se fait face au vent, l'appareil tend à se cabrer. Il peut donc être utile de fixer la re-

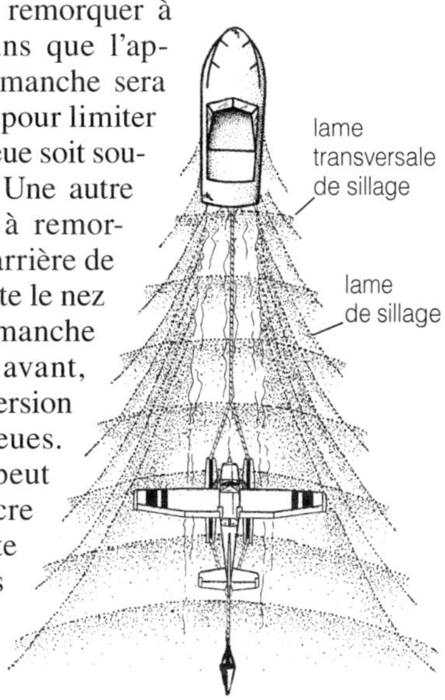

L'hydravion doit rester dans la zone calme du sillage du bateau.

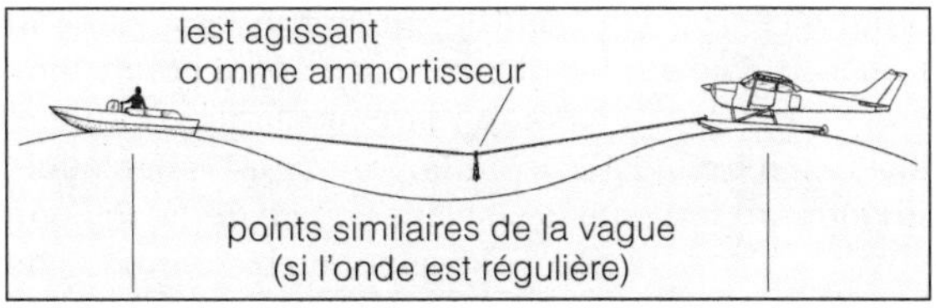

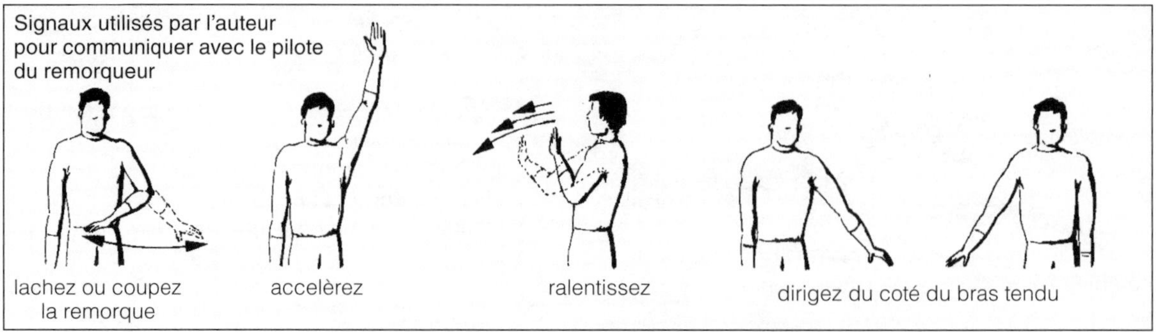

morque à un point élevé de l'appareil, tel que le moyeu de l'hélice, et à un point bas du remorqueur. Ce cas n'est toutefois pas aussi critique que le cas précédent. Il arrive que l'on soit obligé d'effectuer le remorquage en oblique par rapport au vent, ou bien encore que le vent soit de direction variable. Dans tous les cas où l'on a une composante latérale de vent, avec le risque que l'aile se soulève (risque accentué par la présence de vagues qui font osciller l'appareil), une personne doit rester sur le flotteur au vent pour faire contre-poids, éventuellement en s'accrochant au hauban de l'aile et en se penchant vers l'extérieur lors des rafales. En cas extrêmes de vent avec rafales et de directions très variables, on peut effectuer, avant de commencer le remorquage, l'amarrage en pleine eau décrit au chapitre "Problèmes de vent".

Remorquage avec vagues. La longueur de la remorque, en présence de vagues, devrait être telle qu'elle permette au remorqueur et au remorqué de se trouver en des points homologues de la vague. Un poids, par exemple l'ancre, fixé au milieu de la remorque fait fonction d'amortisseur.

Inertie. L'hydravion remorqué a une certaine inertie dont doit tenir compte le remorqueur. Les manœuvres doivent être effectuées avec anticipation et toujours à basse vitesse. Le barreur du remorqueur doit regarder alternativement devant et derrière pour garder le contrôle de la situation à tout moment.

A grande distance, il est facile d'avoir une impression de risque de collision, mais très souvent il ne s'agit que d'une illusion d'optique. Néanmoins, l'impression du publique doit être considérée comme un élément de l'impact de l'hydraviation sur l'environnement.

Communications. Un code de signes, même convenu peu avant le remorquage, doit permettre les communications avec celui qui se trouve sur le remorqueur. Les messages fondamentaux sont ceux que décrit la figure (les signes sont ceux qu'utilise l'auteur).

Sécurité. A coté de chaque installation de service (remorque et dérive arrière) doit exister une installation de sécurité. Il y aura donc une remorque de service et une remorque de sécurité, un cône ancre de service et un moyen de fortune prêt à le remplacer. Pendant le remorquage il est de toute nécessité de rafraîchir les portages de la remorque afin d'en éviter une usure trop rapide.

Situations où il y a risque de collision: quand un objet est maintenu à un même angle relatif (gisement constant; il reste au même endroit sur le pare brise tout en grossissant). Même s'il a la priorité, un pilote responsable va changer de cap pour évité une collision.

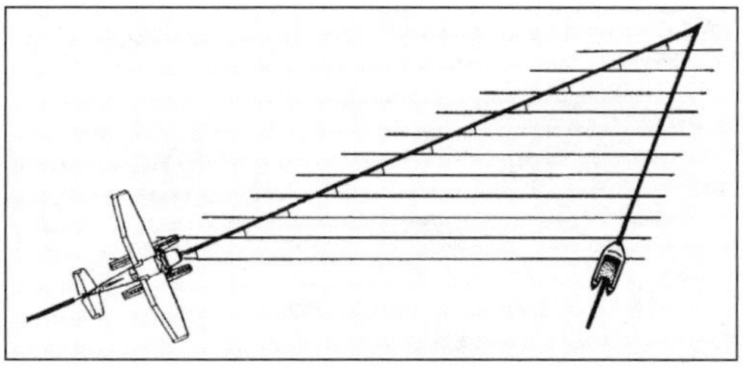

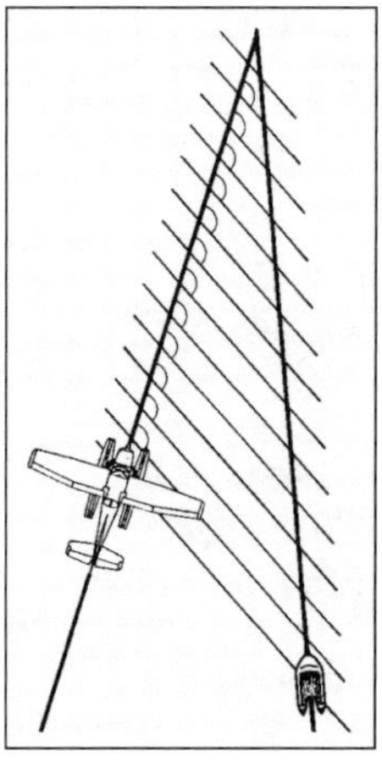

Collision avec des embarcations

En navigation jaugée. L'hydravion sur l'eau représente souvent une curieuse nouveauté et, si on opère sur une surface de façon occasionnelle ou pour la première fois, il est probable que beaucoup d'embarcations convergeront vers lui en se plaçant dangereusement à coté de l'appareil ou devant lui. La possibilité de collision en navigation jaugée n'est pas négligeable et on doit donc être attentif et faire comprendre aux barreurs des embarcations qu'un voisinage trop étroit n'est pas souhaité.

En hydroplanage. Les plus grands dangers se rencontrent lorsqu'on hydroplane. Souvent, les barques et les canots à moteur coupent la route sans même s'apercevoir qu'un hydravion s'approche. Les planches à voile, qui sont capables d'accélérer l'allure de façon notable et imprévue et d'inverser rapidement le sens de la marche, sont particulièrement sournoises.

Pour savoir si on suit une route aboutissant à une collision, on doit vérifier si l'autre navire est relevé sous un angle constant par rapport à la route de l'hydravion, au fur à mesure que l'on avance. Si on suit une route menant à une collision on doit immédiatement changer de cap ou interrompre la manœuvre. Si ce n'est pas le cas, on ne doit pas se relâcher pour autant. En fait, une petite variation de vitesse ou de cap de l'un ou des deux "navires" peut mettre ces derniers sur une route de collision.

Pendant la course de décollage on peut hésiter entre orienter le nez de l'appareil vers la proue ou la poupe d'une embarcation. Le *fair play*, les normes et la sécurité voudraient dans beaucoup de cas que l'on se dirige vers la poupe, mais cela n'est possible que si l'on considère que les vagues de sillage peuvent être affrontées en toute quiétude. Dans le cas contraire on doit se diriger vers la proue de l'embarcation, avec une marge de sécurité suffisante, ou attendre que la bande de décollage soit libre d'embarcations et de vagues.

Près d'un bateau de pêche. Si on passe sur la poupe d'un bateau de pêche, on doit tenir compte des filets qui peuvent s'étendre sur 150-200 m derrière lui. Une telle situation est normalement signalée par des repères visuels appropriés.

A l'amerrissage. Il est toujours dangereux de se poser à côté ou derrière un canot à moteur rapide, qui peut changer de trajectoire d'un moment à l'autre. Il vaut donc mieux amerrir devant.

Règles de manœuvres. Pour éviter les collisions on doit respecter la réglementation en vigueur pour les bateaux à moteur, décrite au chapitre sur le navigation à basse vitesse.

Collision inévitable. Si la collision est inévitable, on doit faire en sorte qu'elle se produise avec l'hélice au régime minimal et de façon à provoquer le minimum de dégâts aux personnes. Donc, si une correction quelconque est possible au dernier moment, on doit essayer d'agir sur la trajectoire pour minimiser les dégâts.

Les oiseaux perchés peuvent abîmer et corroder les appareils. Le problème peut être sérieux quand l'appareil est toujours parqué à l'extérieur.

Interactions avec plantes et animaux

Plantes et animaux sont utiles au pilote quand ils permettent de déterminer la direction du vent (comme cela est exposé ailleurs dans ce livre), ou la présence d'ascendances. Dans d'autres cas ils créent des problèmes plus ou moins sérieux.

Algues. Les minuscules algues qui tapissent les surfaces immergées rendent glissantes, et donc dangereuses, rampes, passerelles et toutes autres surfaces baignées périodiquement ou en permanence par l'eau. Les algues peuvent aussi attaquer les surfaces métalliques immergées, contribuant ou donnant naissance à leur corrosion. Un emploi continu de l'appareil contribue à éliminer les algues microscopiques, mais un nettoyage au jet d'eau à haute pression, surtout avant une pause dans l'activité, est souhaitable. Beaucoup de types d'algues sont difficiles à enlever lorsqu'elles sèchent. Le nettoyage est efficace s'il est fait tout de suite après la sortie de l'eau de l'appareil et non avant son utilisation, quand il a eu le temps de sécher.

Plantes aquatiques. Quand on pénètre dans l'eau avec un amphibie, on doit choisir minutieusement le moment pour rentrer le train. Les plantes aquatiques (ainsi que les sacs plastique, branches ou autres détritus) peuvent être recueillis et se coincer dans les logements du train. Les pires sont celles qui sont anguiformes, longues et très résistantes, et que l'on rencontre en masses compactes sur les lacs. Moins ennuyeuses sont les plantes filiformes d'aspect gluant, généralement plus isolées. Si on est en circulation à flot train sorti dans une zone où sont présentes des plantes aquatiques on doit rejoindre une zone dégagée, arrêter le moteur et attendre que les plantes ramassées pendant la circulation à flot se détachent lentement du train quand l'appareil est arrêté. On peut aussi utiliser la pagaie du bord, depuis un flotteur ou l'aile sur les appareils à coque en envoyant un passager sur l'autre pour faire contrepoids. Sur le Lake, on peut passer une latte de bois (la jauge à essence) par le compartiment du lest pour nettoyer le train avant. Dans des cas

Joseph Jackson III via SPA

UN PRÉCIEUX MOYEN DE COMMUNICATION

Pigeons et hydravions

Aujourd'hui, l'aviation dépend fortement des signaux radio, mais il n'a pas toujours été ainsi, comme nous pouvons en déduire de l'image de 1918 ci-dessous. En cas d'urgence, les hydravions communiquaient avec des pigeons messagers, comme par exemple la Société maritime de transports aériens, exploitant un service d'hydravion d'Antibes à Tunis via la Corse au début des années vingt.

Envoi d'un message ailé d'une machine ailée d'un aviateur Britannique qui a posé son hydravion sur les vagues libérant un de ses pigeons avec un message. L'aviateur en mission d'observation transporte au moins deux pigeons avec lui. Même le maître de la merveilleuse machine volante d'aujourd'hui trouve un ami commode dans l'oiseau que Noé employait.

Légende originale
de l'image de la page opposée

La Médaille Dickin

Les pigeons messagers ont été largement utilisés jusqu'à la seconde guerre mondiale sur les aéronefs traversant les vastes étendues d'eau ou de survol du territoire ennemi.

La « médaille Dickin » a été décernée le 2 décembre 1943 au pigeon messager NEHU.40.NS.1, nommé «Winkie». En voici la citation : «*Il a livré un message dans des conditions extrêmement difficiles et a contribué à secourir l'équipage d'un aéronef, alors qu'il servait dans la Royal Air Force en février 1942*».

Ci-dessous, Maria Dickin, fondatrice de l'organisme de bienfaisance vétérinaire PDA, décorant le pigeon Winky dans les mains du commandant de l'Escadre Lea Rayner.

La médaille Dickin est une médaille militaire instituée en 1943 au Royaume-Uni par Maria Dickin. Décernée à des animaux pour honorer leurs actions en temps de guerre, elle est la version animale de la « Victoria cross », portant l'inscription « Par chevalerie - nous servons aussi ». Elle a été décernée à 64 animaux vaillants : 32 pigeons, 28 chiens, 3 chevaux et 1 chat.

PDSA - The People's Dispensary for Sick Animals

Pigeons: mode d'emploi

Avant que l'aviateur ne lâche le pigeon, il s'assura que ses ailes étaient bien cachées près de son corps pour qu'il ne les ouvre pas avant qu'il ne se soit éloigné de l'avion. Quand le pigeon s'était redressé et qu'il a pris ses repères, il partit tout droit vers son pigeonnier.

The aviator in the bow of this seaplane has just hurled down a white pigeon—folding the pigeon's wings close to its body so that they would not open before the bird cleared the airplane

En dépit des inventions modernes, le pigeon messager n'a échoué dans aucune de ses missions. En fait, il est plus demandé que jamais. Il est utilisé par les gardes forestiers pour signaler les incendies.

Au cours de la guerre, les pigeons étaient dressés et entraînés près du front. Beaucoup de messages envoyés ont commencé avec un pigeon dans un panier sur le dos d'un porteur. Non seulement les soldats ont utilisé des pigeons, mais pratiquement tous les aviateurs ont fait en sorte qu'il y ait un pigeon caché dans leurs avions avant qu'ils ne s'envolent. Un récit saisissant d'un pigeon sauvant l'équipage d'un hydravion est raconté par le pilote d'un aéronef Britannique.

L'hydravion rentrant vers sa base après un voyage de longue distance est entré dans un banc de brouillard. Quelques minutes plus tard, leur moteur a eu des ratés, puis s'est arrêté complètement. Le pilote a été contraint d'amerrir dans une mer agitée. Il a écrit sa position approximative, a glissé le papier dans le tube attaché à la patte de son pigeon messager et l'a libéré. Il avait peu d'espoir de sauvetage à cause du brouillard aveuglant. Le pigeon a poursuivi son chemin vers son pigeonnier et l'équipage de l'avion a été sauvé.

Extrait du journal « Popular Science », d'avril 1920

Thomas Hamm

Le pilote, réalisant que une baleine était en train d'émerger devant l'appareil, réussit à la éviter d'un souffle. Image traite d'un vidéo réalisé à Angoon (Alaska) par Thomas Hamm.

extrêmes, on doit plonger pour nettoyer à la main les parties concernées. Plantes et détritus peuvent aussi se coincer dans la zone des safrans.

Plantes aquatiques à tiges longues. Si on circule sur une portion de surface d'où émergent de longues tiges de plantes aquatiques on risque d'abîmer l'hélice. Le câble d'acier tendu entre les deux taquets avant a pour utile fonction, dans ce cas, de plier les tiges en avant et d'éviter qu'elles n'aillent dans l'hélice.

Coquillages. Dans certaines régions, notamment aux Etats Unis, des lacs et des rivières sont infestés de coquillages et de moules qui investissent les coques des appareils qui séjournent de longues périodes à flots. Cette nuisance peut être très dommageable pour les appareils qui verront leurs performances dégradées, ainsi qu'un risque de corrosion accru. De plus la circulation des appareils contaminés, peut provoquer la pollution de plans d'eau encore sain.

Insectes. Les insectes peuvent souiller les verrières et les bord d'attaque des surfaces portantes ce qui implique un nettoyage fréquent. De graves accidents sont survenus bêtement à cause d'un insecte en cabine; dans ce cas, l'important est de garder son calme et penser que les conséquences d'une piqûre peuvent être moins graves que la perte du contrôle de l'appareil. Quelques accidents graves sont aussi survenus à cause d'un insecte dans le tube de Pitot, ce qui a bloqué l'anémomètre sur une valeur qui a induit le pilote en erreur. C'est là une autre raison de se méfier des indications trop constantes de cet instrument (surtout dans le cas d'une approche miroir).

Poissons volants. Un obstacle complètement imprévisible durant l'hydroplanage et la course de décollage est constitué par les poissons volants. Il y a aussi des poissons, même de taille importante, qui sautent hors de l'eau pour quelques instants. Alan Hoffsommer raconte l'histoire d'un poisson de deux mètres pesant une quarantaine de kilos qui a abîmé son hélice et enfoncé son pare-brise. D'autres poissons, généralement de petites dimensions, effectuent de véritables vols de quelques dizaines de mètres, soit isolés, soit en bancs. Dans tous les cas, les poissons débouchent à la surface de façon complètement imprévisible. On doit donc être préparé à affronter cet imprévu si on opère dans les zones où vivent ces poissons.

Requins. Les requins constituent un risque quand l'appareil coule en mer. Si l'on a un canot on ne doit rien laisser dépasser par dessus bord et on ne doit jeter à l'eau aucune substance organique. Les kits de survie en mer contiennent des substances répulsives qui devrait les tenir éloignés.

Grands mammifères marins. Alan Hoffsommer, qui semble avoir eu une forte prédisposition aux rencontres rapprochées avec les animaux, raconte avoir été touché à l'improviste par le jet d'eau et d'air émis par une baleine, juste après le décollage. L'incident n'a pas eu de conséquences, à part son émerveillement. Plus grave est certainement le risque de terminer la course de décollage contre cette même baleine ou contre quelque gros mammifère marin. Il est donc opportun de bien scruter la surface avant de décoller ou d'amerrir dans les zones où sont signalés ces animaux. Ils se déplacent souvent en bandes et, à la différence des poissons, plutôt près de la surface.

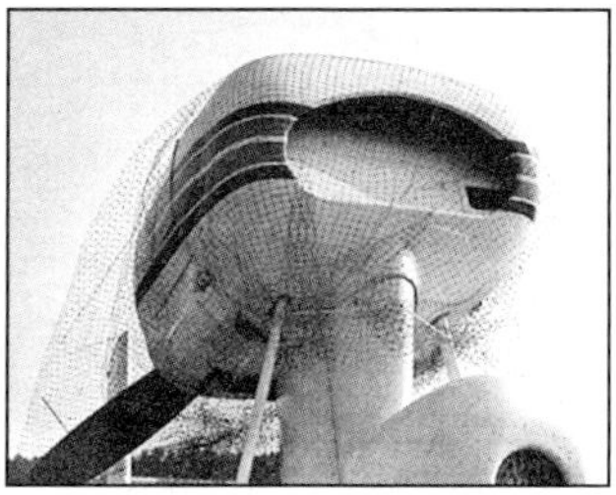

Wes Fitzpatrick via SPA

Pose d'un filet tout autour du capot moteur.
Tous les trous sont occultés par des bouchons.
Ces méthodes sont suggérées par Wes Fitzpatrick.

Crocodiles. Les crocodiles constituent un obstacle similaire aux endroits où ils vivent.

Dale De Remer se rappelle que pendant sa formation au pilotage des hydravions, à l'occasion d'un amerrissage de précision, le point d'aboutissement était trois alligators qui se trouvaient dans l'eau. Dale rapporte que l'amerrissage a été réalisé en évitant les crocodiles et de penser ce qui ce passerait en cas de renversement.

Ours et élans. Les ours et les élans sont aussi des obstacles occasionnels dans l'eau. Les ours sont très connus comme étant de bons nageurs et qui ne dévient pas de leur trajectoire quand ils nagent. S'il y a un bateau ou un autre obstacle devant eux, ils passeront directement par-dessus.

Oiseaux. Les oiseaux font souvent des nids dans les parties creuses des appareils laissés à l'abandon pendant un certain temps. Certains, de petite taille, sont capables de pénétrer dans une cavité qui a une ouverture très petite : de l'ordre d'un centimètre de diamètre. Pour éviter cet inconvénient, on doit fermer toutes les ouvertures avec des panneaux ou des matériaux d'obstruction, ou avec un filet de Nylon à mailles fines qu'il est bon d'avoir dans l'équipement de bord de l'aéronef. Des bouchons adaptés doivent être placés sur les tubes de drainage, surtout quand ils affleurent horizontalement, comme sur les Lake.

Les oiseaux aquatiques, comme les mouettes, qui se posent sur les appareils amarrés a une bouée ou à un ponton, les salissent avec leurs excréments désagréables pour la vue et très corrosifs. Une des solutions consiste à placer de faux animaux prédateurs en plastique, par exemple des serpents, sur l'appareil ou près de lui.

Le vrai risque est toutefois celui de la collision. La plus grande attention est requise au décollage, au cours duquel le bruit du moteur peut faire envoler des nuées d'oiseaux se trouvant au voisinage.

A la saison de la nidification, beaucoup d'espèces d'oiseaux défendent leur territoire de façon agressive. Il arrive que les aigles, par exemple, foncent sur les petits avions, se blessant mais endommageant également les aéronefs. On doit donc éviter les zones où l'on voit voler des rapaces ou celles où l'on a connaissance de leur présence. Le pilote conscient du risque évite également de voler dans les oasis ornithologiques et dans les zones où les oiseaux font escale lors des migrations.

Animaux féroces. Si l'on opère dans des zones habitées par des ours, des loups ou autres animaux féroces on doit être prêt à en repousser les attaques. Ces animaux, lorsqu'ils sont affamés, sont capables de déchirer le fuselage des appareils parqués pour chercher de la nourriture à l'intérieur.

Si l'on est suivi par un ours, les experts conseillent d'abandonner derrière soi un objet; souvent l'animal, extrêmement curieux, s'arrête pour examiner l'objet, et en oublie sa proie potentielle.

Serpents. L'australienne Judy Walton rapporte l'histoire étonnante d'un serpent qui lui est tombé sur les genoux, peu après le décollage. Evidemment monté à bord durant une escale avec l'appareil resté les portes ouvertes, le serpent s'était glissé entre le pare-soleil et le plafond, tombant ensuite à cause des mouvements de l'appareil.

Opérations sur plans d'eau inconnus et sur rives non préparées

Ce sont des opérations qui demandent toute l'expérience du pilote, surtout quand on arrive sur un tronçon de rivage pour la première fois. Aucun détail ne doit être pris à la légère, étant donné que le danger vous guette, même dans les situations apparemment les plus tranquilles. Quelques considérations utiles sur ce thème sont exposées aussi au chapitre "Organisation d'une expédition".

Opérations à deux appareils

Le risque général d'opérer sur des plans d'eau inconnus avec deux appareils ou plus, peut être réduit, si l'un des pilotes répète la même opération qui a été juste réussie précédemment par un autre. En d'autres mots, il est imprudent de faire certaines opérations en même temps à un autre endroit. Si par exemple, l'aire de décollage se révèle sûre pour l'appareil précèdent, on suivra le même chemin. Attendez que le décollage et la montée initiale de l'autre appareil soit terminée et imitez-le.

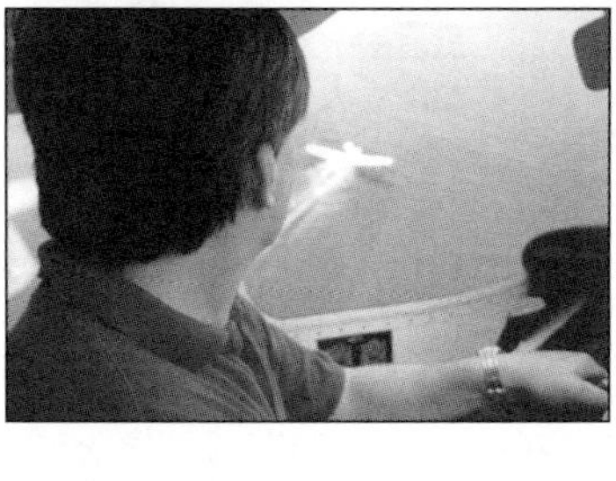

L'observation d'un autre pilote en opération devant nous peut éviter de répéter une erreur. Ici des appareils sur le lac de Biscarrosse (à gauche) et de Pareloup.

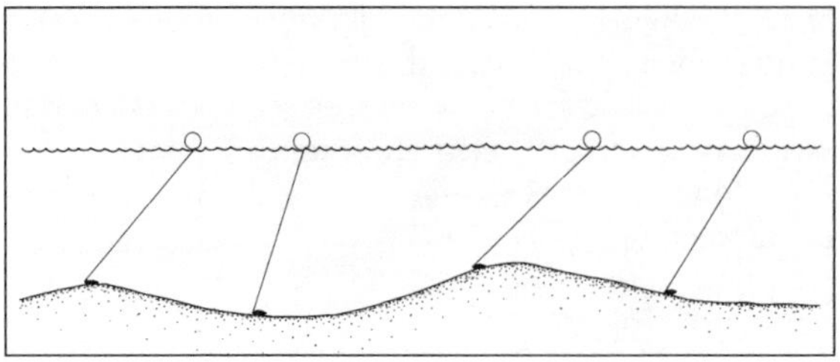

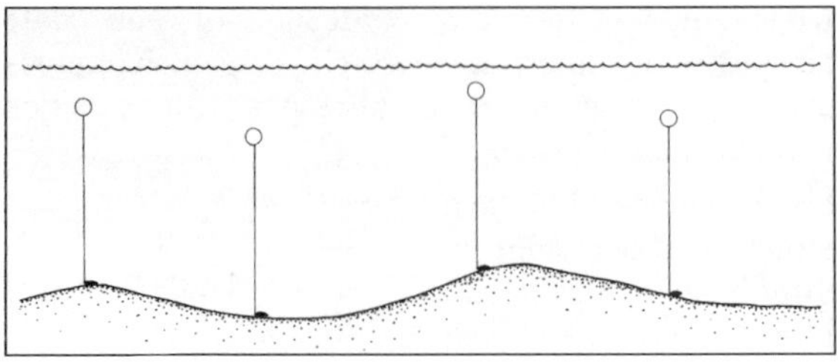

Les flotteurs sont visibles: le tirant d'eau est trop faible. Les flotteurs sont pas visibles: le tirant d'eau est suffisant pour les opérations.

Détermination de la profondeur

La mise en œuvre des petits hydravions ne requiert pas en général, une grande profondeur. Ceci est valable en particulier pour l'appareil en hydroplanage qui se déplace sur le redan, alors que l'hydravion à l'arrêt ou en circulation à flot a besoin d'un fond au moins égal à son tirant d'eau statique.
Cela dit, d'une part on ne doit jamais évoluer à grande vitesse si l'on a des doutes sur la profondeur. D'autre part, à basse vitesse, il peut arriver que l'on touche le fond, qu'on s'y frotte légèrement ou même que l'on s'y ensable sans dégâts pour la cellule.
Une méthode, imaginée par l'auteur, pour déterminer en vol si la profondeur d'un plan d'eau inconnu est suffisante pour y opérer est exposée ci-dessous. C'est une des opérations à effectuer avant l'amerrissage. Toutefois, elle est mentionnée dans ce chapitre car il s'agit d'une méthode peu ordinaire qui ne fait pas partie d'une inspection normale de la surface, telle que décrite au chapitre sur l'amerrissage.
Le problème est particulièrement grave quand l'eau est trouble et parfaitement immobile, de sorte que l'on ne dispose d'aucune indication utile directe ou indirecte quand à la profondeur. Il est toutefois bon de rappeler que même l'eau parfaitement limpide peut donner lieu à une évaluation à vue erronée.
On doit avant tout déterminer une profondeur minimale pour les opérations à flot basée sur le tirant d'eau de l'appareil employé, avec une marge de sécurité. Si, par exemple, le tirant d'eau est de 35 cm, on peut raisonnablement prendre 50 cm comme profondeur minimale.

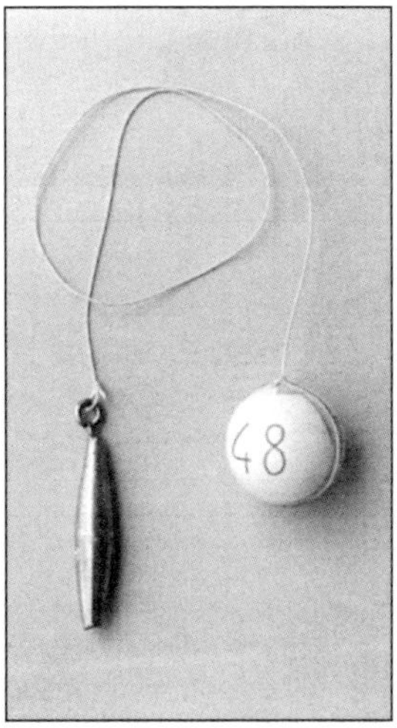

Sonde spéciale conçue par l'auteur, pour évaluer la hauteur des fonds avant de se poser.

On prépare ensuite un certain nombre de "sondes à flotteur" ou "sondes à lancer", constituées chacune d'un flotteur de couleur bien visible relié par une ligne à un objet très dense, par exemple un plomb. La poussée d'Archimède, c'est-à-dire vers le haut, du flotteur doit être inférieure au poids total du dispositif, pour qu'il puisse couler lorsqu'on le jette à l'eau.
Si durant un survol à faible hauteur on jette depuis l'aéronef un certain nombre de sondes, elles couleront dans l'eau fournissant immédiatement une indication de sa profondeur. Si les flotteurs sont visibles à la surface, on sait que la profondeur est insuffisante pour opérer, tandis que si aucun d'eux n'émerge, cela signifie que les sondes sont complètement immergées et que la profondeur permet d'opérer sur cette surface.
Le jet à intervalles réguliers dans l'axe d'un fleuve ou d'une bande d'amerrissage choisie demande une certaine pratique et est plus facile si on est deux à bord : un pilote, l'autre jette. La distance entre deux sondes dépend du rythme des lancers et de la vitesse de l'appareil. Elle est calculable avec la "Règle des survols" ou déductible du tableau présent au chapitre sur l'amerrissage, qui permettent de connaître la distance parcourue dans un laps de temps à vitesse constante.

Les sondes insérées dans un bloque de polystyrène. Elles peuvent ainsi être prises les unes après les autres pour être jetées à l'extérieur de l'appareil.

Il est inutile de dire que même un abondant lancer de sondes ne garantit pas avec une certitude absolue qu'il n'y a pas un écueil ou un haut fond entre deux sondes, mais la méthode réduit énormément le risque par rapport à une évaluation visuelle.

On doit aussi ajouter que dans certains pays le jet d'objets depuis l'aéronef est interdit et le pilote doit vérifier si cette méthode peut être utilisée dans le pays où il opère, ou bien l'adopter sous son entière responsabilité. Il est bien entendu que lors d'une reconnaissance précédant le lancer le pilote vérifie que le jet de sondes ne provoquera aucun dégât aux biens ou aux personnes.

Voyons les caractéristiques de fabrication des sondes; les solutions sont nombreuses. L'auteur utilise des balles de ping-pong comme flotteurs, des plombs d'un poids de 50 g comme poids et une ligne pas trop fine, pour éviter qu'elle ne s'emmêle lors du lancer, mais pas trop épaisse non plus afin qu'elle n'oppose pas trop de résistance au courant éventuel. La ligne est nouée et collée à la balle puis reliée au plomb, doté d'un anneau, par un nœud. Sur le flotteur est indiquée la longueur de la ligne en centimètres. Cela est important quand on opère avec différents appareils et que l'on dispose de plusieurs séries de sondes de différentes longueurs.

L'auteur enfonce les sondes dans un bloc de polystyrène expansé, avec la ligne enroulée sur son plomb qui est fixé dans une encoche du même bloc. De cette façon, il est facile de prendre les sondes l'une après l'autre rapidement et de les jeter par dessus bord sans s'embrouiller.

Ceux qui pensent que les balles de ping-pong ne sont pas assez visibles peuvent utiliser des flotteurs plus gros, mais devront y appliquer des poids supérieurs..

Les sondes sont généralement perdues. Si on amerrit elles sont au fond et donc difficilement récupérables, tandis que si elles restent en surface leur récupération serait possible mais pas l'amerrissage.

Situations et techniques particulières sur la surface

Poste de pilotage

Dans les aéronefs avec les sièges côte à côte, la place du pilote est traditionnellement à gauche, mais il existe des exceptions, comme le SIAI 260, où le pilote est en place droite de telle sorte qu'il puisse tenir le manche de la main droite et la manette des gaz de la main gauche, façon de faire considérée comme instinctive. Sur les petits avions il n'est pas imposé de place précise pour le pilote et n'importe quel pilote expérimenté peut piloter indifféremment à droite ou à gauche. Le mieux est de s'asseoir du côté le plus adapté au type de vol à effectuer. Si par exemple on doit survoler un long tronçon de côte qui se trouve du côté droit de l'appareil il vaut mieux s'asseoir à droite.

La même chose est valable si on doit suivre un long élément rectiligne que l'on doit maintenir, pour un motif quelconque, sur la droite.

Les manœuvres en hydravion où la place occupée est importante sont l'appareillage et surtout l'accostage. A flot, il arrive de devoir monter du côté droit ou, à l'arrivée, de descendre sur le flotteur droit, quand celui-ci touche la rive ou le ponton. Dans ce cas, le pilote doit être assis à droite. Cela est particulièrement important quand on opère en présence de vent ou de courant car un retard même léger, dans la descente sur le flotteur et ensuite sur la rive pourrait faire finir l'appareil contre un obstacle quelconque.

Parfois, pour donner un autre exemple, on peut s'approcher d'un ponton seulement par la droite, car c'est le seul côté du ponton disponible pour accoster. Etre assis du côté où on s'approche de la rive sert aussi à mieux voir les éventuels obs-

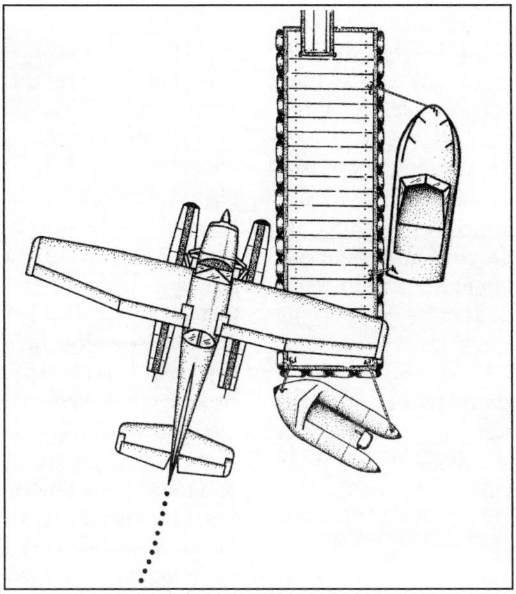

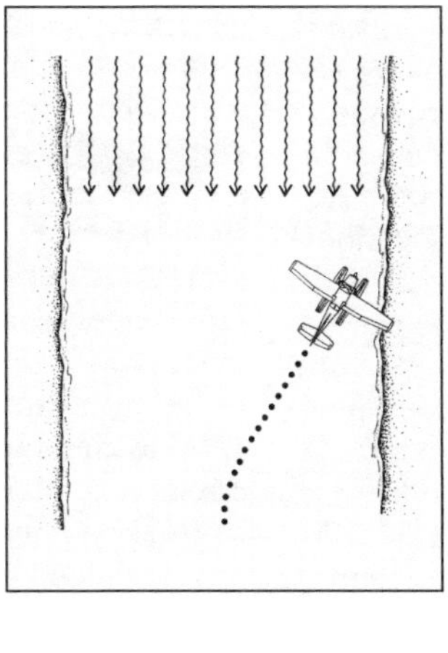

Approche d'un ponton occupé ou avec un courant de face vers la rive droite de la rivière. Ces exemples sont typique des situations où le pilote doit être assis sur le siège droit.

Passer d'un côté à l'autre sur le mât de liaison avant pour rejoindre le flotteur côté quai n'est pas facile sur un appareil à porte unique comme le Piper PA18. Le câble entre les deux flotteurs est largement préféré.

tacles submergés. La règle, avec les hydravions et les amphibies, est d'être assis du côté le plus favorable pour l'appareillage ou l'accostage à effectuer.

Changement de place. La place que l'on doit occuper au moment de l'accostage peut être prévue et donc choisie par le pilote lors de l'appareillage. D'autres fois, le besoin d'être assis sur l'autre siège surgit à l'improviste, ou encore on doit être sur un siège au départ et sur l'autre à l'arrivée. Dans ces cas, on doit changer de place. Si l'on a des passagers à bord, cela peut se réaliser en faisant descendre le passager sur le flotteur, au large, lors de la circulation à flot avant l'accostage, et le faire rentrer après avoir changé de place, ou bien le laisser attendre sur le flotteur, en arrière, et en vérifiant qu'il se tient au hauban ou à un autre élément solide. La situation ne permet pas toujours cette liberté d'action, et il peut parfois arriver que l'on doive jouer les contorsionnistes en cabine ou descendre au dernier moment du mauvais côté pour rejoindre rapidement l'autre flotteur, en passant sur la traverse antérieure, au dessus du capot moteur ou sur le câble tendu entre les deux taquets avants.

Place du pilote

Quel que soit l'appareil, le pilote doit être assis confortablement de façon que la manœuvre de n'importe quelle commande se fasse sans fatigue et sans gêne. On a souvent des problèmes pour actionner les pédales, ce qui, à la limite, peut fatiguer ou provoquer des crampes. Pour éviter tout cela il est conseillé d'adopter une position qui permette de maintenir les pédales appuyées à fond de course avec les jambes pliées. En d'autres termes, on ne doit jamais être contraint de garder une jambe tendue sur une pédale pendant un long moment. Le problème est traité dans ce livre car pour les hydravions il est beaucoup plus grave que pour les avions terrestres et se rencontre le plus souvent quand l'appareil est sur la surface. La présence de vent ou de vagues peut contraindre le pilote à actionner les commandes à fond de course pendant de longs moments, ce qui est impossible ou difficile si la position n'est pas correcte.

Ceintures de sécurité

Il est hautement souhaitable que les hydravions soient dotés, en plus des ceintures, de harnais d'épaule et que ceux-ci soient utilisés dans les phases de décollage et d'amerrissage. Beaucoup d'accidents ont eu un épilogue tragique uniquement parce que le pilote et/ou les passagers des sièges avant se sont blessés dans un capotage ou un impact et n'ont donc pas pu sortir de la cabine et ont empêché les passagers des sièges arrière de le faire.

Tous les passagers à bord doivent savoir comment détacher les ceintures de sécurité. Si on transporte des passagers inexpérimentés, on doit leur en faire essayer la manipulation avant le vol. Ils doivent en particulier apprendre à ajuster la partie libre de la ceinture de façon quelle ne gêne pas en cas d'ouverture, et à reconnaître au toucher que le levier d'ouverture est bien placé vers l'extérieur et non vers le corps.

La ceinture sera attachée en phase finale du circulation à flot, avant le décollage, et détachée après la descente du redan. En principe, elle doit être détachée quand on circule à basse vitesse et lorsqu'on est près de la rive ou d'obstacles. Il y a des cas où le pilote ou le passager doit descendre rapidement sur un flotteur, se déplacer en cabine ou abandonner l'appareil. Il vaut mieux dans ces cas là ne pas être gêné.

Sortie de la cabine

Ce n'est que dans quelques cas particuliers que le pilote, le copilote où un assistant peut descendre sur un flotteur ou aller sur la proue d'un appareil à coque pour effectuer les manœuvres d'accostage. En règle générale, la sortie de la cabine par ses occupants doit toujours se faire hélice arrêtée. Dans une situation d'urgence, il peut arriver, il est vrai, que l'on doive sortir rapidement de la cabine. Même dans ce cas il est essentiel de s'assurer que l'hélice est arrêtée et surtout de ne pas laisser sortir les passagers si l'hélice est encore en mouvement.

Les conséquences d'un geste inconsidéré sont illustrées par l'accident décrit ci-dessous survenu à un Lake Renegade utilisé en Allemagne. L'appareil, après avoir heurté violemment la surface suite à une erreur de pilotage, (une condition de miroir non identifiée), s'endommage et enfin s'arrête. La chose n'aurait pas été grave, mais malheureusement un passager nerveux qui se trouvait sur un siège arrière, voulant sortir le plus rapidement possible de la cabine, ouvre le portillon latéral et sort sur l'aile, ensuite il glisse vers le bord de fuite et se fait couper une jambe par l'hélice qui n'était pas encore arrêtée. Voilà l'exemple d'un banal incident qui se transforme en tragédie.

Abandon de l'appareil

Si on doit abandonner l'appareil il vaut mieux le faire du côté au vent, en sautant dans l'eau pieds joints, avec la bouche et les yeux fermés et éventuellement en se pinçant le nez. Si de l'huile ou de l'essence se trouve à la surface, on doit quitter la zone au plus vite, en nageant éventuellement sous l'eau.

Homme à la mer

La chute d'une personne à la mer est généralement moins grave que dans le cas d'une embarcation car on dispose d'un engin maniable capable de s'arrêter facilement, et surtout de survoler les lieux; c'est le moyen le plus adapté pour effectuer une recherche en mer.
Si on s'aperçoit tout de suite de la chute d'une personne à la mer, le mieux est d'arrêter le moteur et de lancer une bouée de sauvetage ou un bout au naufragé. Il est dangereux de virer et de chercher à se diriger vers le naufragé avec le moteur en marche. Si on ne s'en aperçoit pas tout de suite on peut jeter une bouée ou un autre objet flottant à la mer, pour baliser la position du moment. On décolle ensuite en tournant le dos au lieu de provenance pour éviter de heurter le naufragé pendant la course de décollage, et on effectue en vol une inspection de la zone. Celle ci sera effectuée à partir de l'objet flottant laissé en mer et en se dirigeant dans la direction opposée à celle qu'on a suivie avant de s'apercevoir de la chute du naufragé.

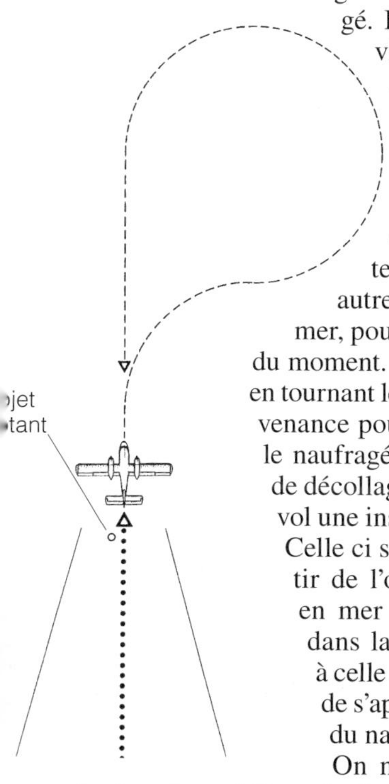

On ne doit pas ensuite sous-évaluer le problème de l'amerrissage près du naufragé après son repérage, surtout avec un appareil de dimensions notables, comme le savent bien ceux qui ont lu les récits des pilotes du SAR qui opéraient durant la deuxième guerre mondiale.

Personnes sur les flotteurs avec le moteur en marche

Cela semble impossible, mais c'est arrivé plusieurs fois dans l'histoire du vol sur l'eau qu'une personne en marchant sur un flotteur passe à travers le disque de l'hélice, et y perde la vie. Cela est survenu dans des moments où des manœuvres particulièrement difficiles absorbaient complètement l'attention. La règle est donc : ne permettre à personne d'être sur un flotteur avec l'hélice en marche devant le hauban de l'aile. On peut passer devant le hauban uniquement avec le moteur arrêté et les magnétos coupées. Un avertissement du genre *"Attention à l'hélice"* doit être répété même si un habitué se trouve sur le flotteur. Celui qui marche sur le flotteur, avant de rejoindre la zone de l'hélice, doit demander *"Magnétos ?"* et attendre la réponse *"Coupées"*. Le problème n'existe pas avec les appareils à coque centrale ou avec les bimoteurs sur leur nez desquels, loin de la ou des hélices, on peut se déplacer librement.

Appareil à la dérive

Le cas peut se produire quand un amarrage se défait, quand une vague plus haute que les autres fait flotter l'appareil que l'on avait tiré partiellement au sec, ou quand le niveau des eaux monte. Dans ces cas là on doit rejoindre immédiatement l'appareil et le remorquer vers le rivage. Si aucune barque n'est disponible, on doit le rejoindre à la nage, assurer un bout au taquet le plus proche, rejoindre la rive ou un point fixe, par exemple une bouée, le tirer a soi, et enfin assurer le bout.
Si l'appareil est à la dérive au large et que l'on est à bord, on peut utiliser une ancre flottante pour limiter son déplacement sous le vent.

Emploi de la pagaie

En l'absence ou presque de vent ou de courant, la pagaie permet de se déplacer sur l'eau et de rejoindre la rive à une vitesse très basse, à laquelle on peut déceler la présence d'obstacles et éventuellement les heurter sans conséquences. La pagaie permet en outre de s'éloigner de la rive en marche arrière, ce qui peut être utile dans de nombreuses situations.
Trois états doivent pourtant rester à l'esprit quand on utilise une pagaie
1 - La pagaie est vingt fois moins efficace comme rame que comme gaffe. Si possible utilisez-la pour pousser tant que le fond est proche pour bouger sur l'eau. La pagaie est vraiment efficace pour se prémunir, pour réduire sa vitesse d'arrivée sur une berge rocailleuse. Elle est, de toutes façon, très peu efficace pour amortir l'impact, quand une collision plus ou moins grave avec un rocher est imminente.

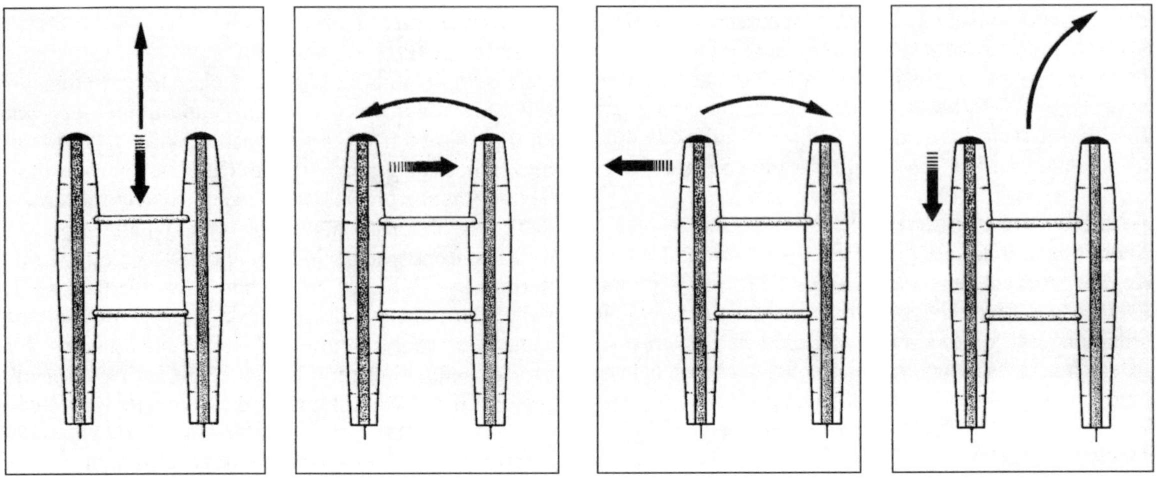

2 - La pagaie n'est pas un outil efficace s'il y a du vent ou du courant.
3 - Quand on utilise une pagaie comme gaffe ou comme protection, elle cassera avec beaucoup d'échardes, et il y aura un fort risque pour l'utilisateur de tomber sur le bout cassé et de se blesser.
Avec un appareil à flotteurs. L'appareil se déplace avec une résistance minimale dans la direction où sont dirigées les pointes des flotteurs. Pour avancer dans une certaine direction on doit donc orienter les flotteurs, c'est-à-dire la proue de l'appareil, dans cette direction. Cela se fait en ramant latéralement, et de préférence vers les flotteurs, d'un endroit aussi éloigné que possible du centre de résistance latérale, autour duquel tourne l'appareil. En pratique on se place sur la queue ou, mieux, sur la pointe d'un des deux flotteurs, agenouillé ou assis sur celui-ci.

Comment pagayer losque l'on est seul, pour avancer et pour faire tourner l'appareil.

Pour avancer on doit ramer dans le plan de symétrie de l'appareil, c'est-à-dire entre les flotteurs. De cette façon l'appareil est "tiré" par la pagaie comme s'il était remorqué. Une bonne position, qui permet un bon appui sans se mouiller, s'obtient un mettant un pied sur la traverse antérieure et l'autre sur le flotteur. L'action de la pagaie loin du plan de symétrie de l'appareil provoque des rotations non désirées, à moins que le pilote soit un rameur expérimenté et sache donner les effets opportuns pour maintenir l'appareil dans la direction voulue. On peut aussi ramer le plus

Comment pagayer avec deux équipiers. La coordination est importante.

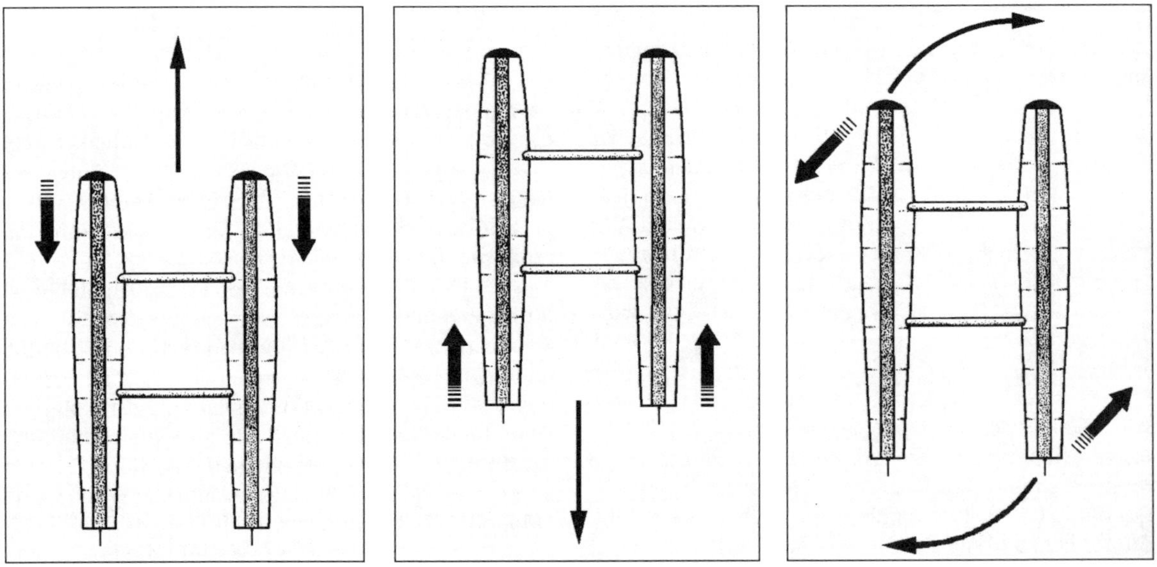

Avec les petits hydravions à coque il est facile de pagayer depuis le siège du pilote et aussi alternativement depuis le siège gauche ou droit. A droite, la position la plus confortable pour pagayer sur un PA18.

près possible du centre de résistance latérale, donc sur le flotteur au niveau de la cabine, en acceptant d'accomplir une trajectoire courbe, mais en donnant de temps en temps quelques coups de rame latéralement, après s'être déplacé loin du centre de résistance latérale, pour remettre la proue dans la direction voulue. Ce n'est certainement pas une méthode pour s'approcher du rivage le long d'une route constante, mais cela peut fonctionner. La situation s'améliore si quelqu'un à bord peut maintenir appuyée la pédale du côté où se trouve le rameur.

Tout cela est plus simple et finement contrôlable si l'on est deux et si l'on pagaie de deux endroits symétriques. A deux il est également plus facile de faire reculer l'appareil, ce qui est très utile pour éloigner l'appareil d'une rive près de laquelle il est impossible de le faire tourner.

Avec un appareil à coque. Si on opère avec un appareil à coque, on ne rame pas très loin du plan de symétrie et on ne provoque donc pas de rotations importantes de l'appareil. Avec ces appareils, lorsqu'ils sont de petites dimensions, il est également facile de ramer alternativement d'un côté et de l'autre, en se faisant aider par un passager ou, si l'on est seul à bord, en passant d'un siège à l'autre. De cette façon on suit une route légèrement sinueuse. Avec les hydravions à coque il est par contre un peu plus difficile de faire tourner rapidement l'appareil, si cela devient nécessaire.

Emploi de la perche (gaffe)

Sur des hauts fonds, une perche, du type utilisé naguère sur les chalands fluviaux est beaucoup plus efficace que la pagaie, surtout en présence de vent et de vagues. Une pagaie peut être transformée en perche de bonne longueur grâce à un élément auxiliaire emmanchable. Certains pilotes, quand ils doivent opérer en solitaire près de rivages difficiles ou en présence de vent, emportent une perche de longueur importante, fixée à l'extérieur de l'appareil sur un des flotteurs.

Emploi de l'ancre flottante

L'ancre flottante est un frein hydrodynamique de grande efficacité très utile dans beaucoup de situations. Son emploi est illustré sur la figure. La résistance exercée par l'ancre flottante – et donc la vitesse de l'appareil – peut varier selon la traction exercée sur l'orin de récupération. Pour la réduire au minimum on doit tirer l'orin jusqu'à retourner l'ancre.

Ancre flottante improvisée. Si l'on n'est pas équipé de cet accessoire et qu'on se trouve en situation de l'employer, on peut utiliser n'importe quel objet volumineux présent à bord en le fixant solidement avec un bout. Si l'objet ne flotte pas, on peut le relier à une masse flottante (par exemple un bidon vide en plastique) avec un bout de 1-2 m.

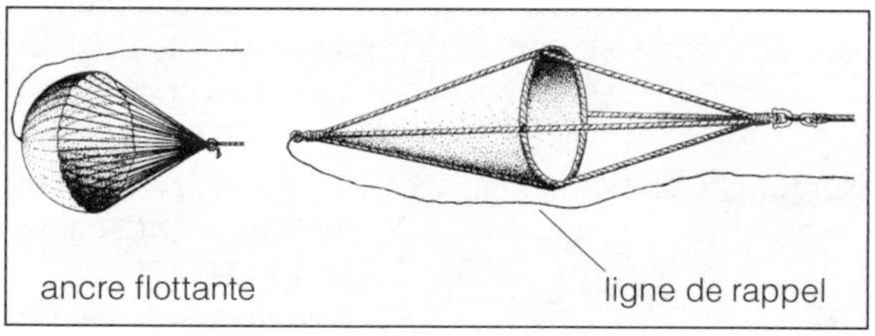

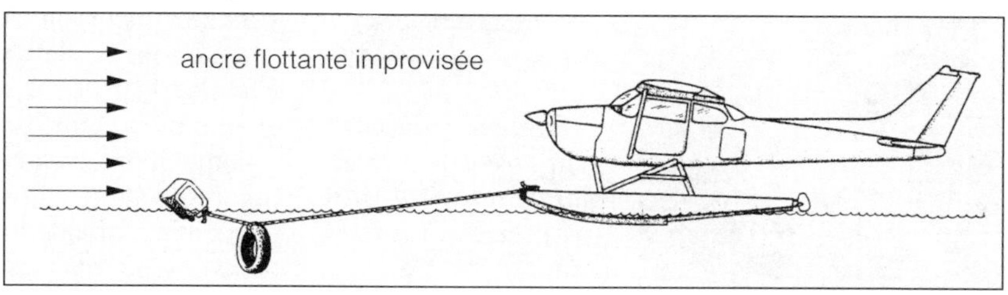

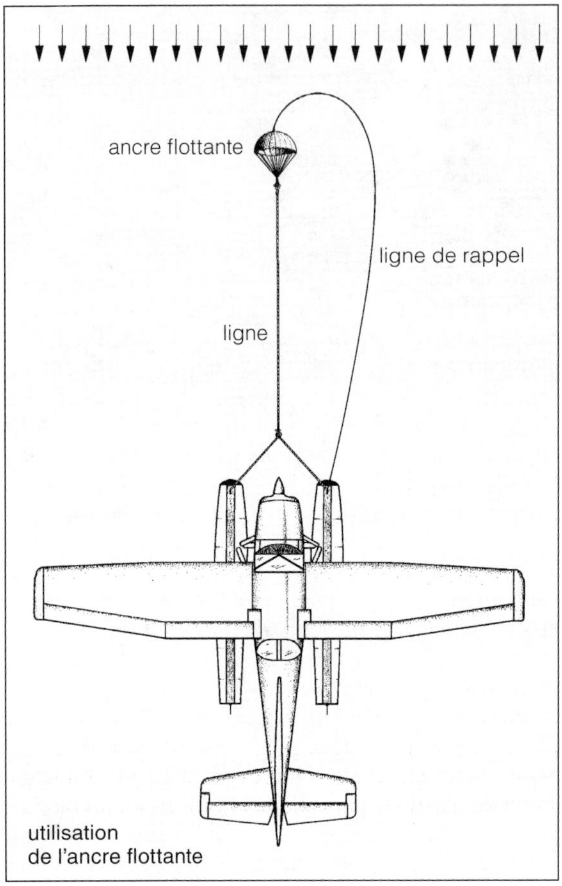

utilisation
de l'ancre flottante

Moteur auxiliaire

Certains pilotes, habitués à opérer par vent fort, dans le courant où dans des ports encombrés, emmènent toujours dans l'aéronef un petit moteur marin hors bord équipé d'une attache pour sa fixation rapide sur la traverse antérieure des flotteurs. Une fois posé, le pilote arrête le moteur et descend sur le flotteur avec le moteur auxiliaire, le fixe sur la traverse antérieure et le met en route. Celui qui dispose de beaucoup de place à bord peut emmener avec lui une traverse de bois de longueur voisine de l'écartement des flotteurs. Elle peut être utile de différentes façons, y compris pour constituer un plan de fixation du moteur. A cet effet, elle sera attachée aux montants antérieurs des flotteurs. Le moteur auxiliaire permet une bonne manœuvrabilité sur la surface, l'arrêt de l'appareil et même la marche arrière. Quand on utilise le moteur auxiliaire, on laisse les safrans relevés, mais s'il y a quelqu'un à bord qui peut actionner le palonnier sur instructions du pilote, il peut être utile de les laisser baissés.

Le moteur auxiliaire peut être fixé près du mât de liaison avant, avec un support adapté.

Profondeur

Pour mesurer la profondeur en eaux troubles on peut utiliser la pagaie du bord ou la perche, verticalement dans l'eau. On peut utiliser une simple sonde à main dont le poids peut être constitué d'un quelconque objet pesant ou d'un élément de l'éventuel lest présent à bord, et la ligne par un bout fin, avec un nœud tous les 50 cm ou tous les pieds. Cette dernière ne doit toutefois pas être trop longue, étant donné que le pilote hydro n'est généralement pas intéressé par les mesures des fonds de plus de quelques mètres. La profondeur se détermine en comptant les nœuds, l'appareil étant si possible proche de l'immobilité. Si l'appareil est en mouvement on lance la sonde sur l'avant, de sorte que le poids touche le fond lorsqu'on passe à la verticale. Pour vérifier que le poids est sur le fond on lève et on abaisse régulièrement la ligne. Quelques hydravions sont équipés d'un écho-sondeur, utile lorsqu'on opère fréquemment sur des rives inconnues.

Mesure de la vitesse. La vitesse par rapport à l'eau peut être mesurée avec un loch rudimentaire constitué d'une petite ancre flottante et d'une ligne comportant des nœuds (par exemple tous les mètres). En comptant les nœuds qui passent dans la main pendant un temps donné, on peut connaître approximativement la vitesse. Si par exemple en 20 secondes passent 15 nœuds (15 m) la vitesse est de :

$$15/20 = 0{,}75 \text{ m/s} = 2{,}7 \text{ km/h} = 1{,}46 \text{ KTS}$$

En réalité, comme la petite ancre flottante est légèrement entraînée, il faut ajouter 6-7% à la vitesse mesurée.

Opérations à plusieurs aéronefs

Quand on opère à plusieurs appareils dans des zones inconnues, chaque phase de l'arrivée (approche, amerrissage, circulation à flot, accostage) doit être accomplie par un appareil avant d'être effectuée par les autres. Si les manœuvres venaient à être effectuées simultanément, on n'aurait pas le temps de remédier à une erreur ou de changer de stratégie.

L'appareil qui opère en avant-garde est en général celui qui est piloté par le pilote le plus expérimenté; il pourrait par exemple identifier une ligne électrique non repérée précédemment, une surface trop agitée, une faible profondeur, des obstacles en surface ou près de la rive ou toute autre chose encore.

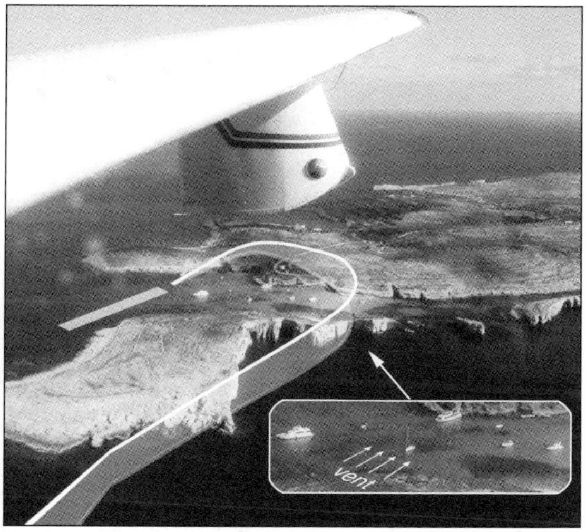

Approche de la "Lagune Bleu" à Malte. Établie la direction de l'amerrissage, indiquée par le bateaux à l'ancre, on choit une zone abritée des vagues et sans risques de collision avec obstacles ou bateaux en marche ou à la bouée. En opérant avec plusieurs appareils, la procédure doit être coordonnée par radio et suivie par tout le monde.

Tour de "piste" improvisé. Lorsqu'on opère à plusieurs appareils, il est toujours nécessaire d'instituer des procédures précises pour les manœuvres en vol et sur l'eau. Elles doivent être décidées à l'avance et connues de tous les pilotes. Toutefois, dans beaucoup de cas, on arrive à destination sans connaître à l'avance les conditions de vent et de surface, ni même la topographie des lieux, de sorte que la bande d'amerrissage et de décollage n'est pas encore définie. Dans ces cas là, après un examen de la situation, on fait un rapide briefing par radio entre les pilotes pour définir les procédures.

Communications

Souvent naît le besoin de communiquer ou faire un simple signal à celui qui se trouve sur la rive où dans une barque. Une paire de radiotéléphones opérant sur les fréquences de travail constitue souvent un accessoire précieux. A défaut de mieux, on peut utiliser aussi des radiotéléphones pour enfants, qui fonctionnent parfaitement à faible distance et qu'on peut se procurer chez un marchand de jouets même au dernier moment.

Parfois les méthodes classiques utilisées dans la marine peuvent être utiles, telles qu'une communication en morse avec une torche ou avec le phare d'amerrissage, avec un héliographe improvisé avec un miroir ou avec les bras selon la méthode du sémaphore. Les signaux d'un héliographe sont visibles à une distance d'une dizaine de nautiques. L'instrument peut être réalisé avec un miroir ou avec un morceau de métal brillant. Quand on prévoit d'avoir affaire à beaucoup de personnes sur des barques, il peut être utile d'avoir un mégaphone.

Une autre solution très efficace pour des signaux simples ou pour transmettre du morse, est la corne de brume à air comprimé, du type utilisé par les plaisanciers.

Si durant le vol on doit communiquer avec des personnes à terre, on peut jeter un message écrit sur un morceau de papier, éventuellement en insérant ce dernier dans un récipient léger, par exemple une petite bouteille en plastique vide. Dans certain pays, cette pratique est contraire aux règles de l'air et ne peut donc être utilisée qu'en cas d'absolue nécessité et sous l'entière responsabilité du pilote. Si une réponse de la part des personnes à terre est attendue, on doit indiquer clairement dans le message la façon de répondre, par gestes ou autres signaux.

En cas d'urgence, on peut tirer une fusée, mais seulement lorsqu'on est sûr qu'une embarcation se trouve dans les parages. Si on est perdu sur un grand bassin on peut essayer de brûler de l'essence, un vêtement ou un objet en plastique produisant de la fumée. Le matériau sera placé dans un récipient, par exemple un bidon de plastique partiellement ouvert, ou un radeau improvisé que l'on poussera loin de l'appareil, de façon à éviter le risque de propager l'incendie à l'hydravion.

Assistance

En ce qui concerne l'assistance, si on ne peut pas compter sur une personne experte, il vaut mieux s'en passer. Des mains inexpérimentées abîment l'appareil et finalement ne le manient pas comme le voudrait le pilote. De toute façon, Le pilote d'un hydravion léger peut tout faire seul, y compris l'appareillage et l'accostage, tant que les conditions de vent et de vagues ne sont pas dissuasives. Une aide de la part de passagers inexpérimentés peut être utile, mais seulement pour des actions simples et bien définies à exécuter sur ordre du pilote. Il est bon de s'entraîner à manœuvrer seul, même lorsqu'on opère sur des hydrobases avec l'assistance de personnel à terre. De cette façon, on est toujours préparé en cas de besoin.

L'accostage

L'accostage d'une rive non préparée doit être effectué avec beaucoup de circonspection car, dans ces situations, il est facile d'endommager les flotteurs ou d'autres parties de l'appareil. La partie la plus délicate est l'empennage qui peut subir de sérieux dégâts

Boeing Canada - De Havilland Division

suite à un petit choc. L'appareil en avarie sur une rive difficile d'accès créé de gros problèmes de logistique.

Approche de la rive

Au chapitre sur l'amerrissage on a dit qu'une bonne reconnaissance aérienne doit précéder l'amerrissage, car depuis l'appareil en circulation jaugée le fond et les caractéristiques de la rive sont beaucoup moins faciles à discerner.

Appareil arrivant à un ponton, sans assistance. Le copilote est sur le flotteur avec un bout en mains, prêt à sauter sur le ponton. La procédure appropriées est nécéssaire pour ne pas risquer que l'équipier tombe dans le disque de l'hélice. Sur cette photo prise en 1987, il y a une petite histoire. Elle s'est déroulée sur le lac de Orbetello, là où Italo Balbo partis pour Chicago avec ses 24 S55. Le Piper est le premier hydravion qui utilisa cet endroit historique depuis la seconde guerre mondiale.

L'approche d'une rive avec une petite infrastructure, mais pas étudiée pour les hydravions. Le pilote dirige l'appareil, avec un assistant sur le flotteur équipé d'une ligne d'amarrage, prêt à sécuriser l'hydravion (un De Havilland DHC 3 Otter).

Arrêt près de la côte. Si des doutes persistent sur la présence d'obstacles ou sur l'accostabilité de la rive, on doit arrêter l'appareil, fixer un bout à un taquet arrière et descendre dans l'eau. Dans ce cas, on doit retrousser son pantalon ou se mettre en maillot de bain (il est conseillé de mettre des bottes ou des sandales de plastique antidérapantes, à avoir à bord). Si tout semble correct, on tire ensuite l'appareil au rivage avec le bout. Si quelqu'un est sur la rive on peut lui lancer le bout et se faire tirer. Une autre possibilité est de s'arrêter avant et de rejoindre la rive à la rame. Lorsqu'il manque quelques mètres on peut lancer l'ancre sur le rivage et s'approcher lentement en tirant délicatement vers soi. Si on dispose à bord d'un canot pneumatique et d'un passager, on peut envoyer ce dernier en éclaireur avec le canot et se faire assister pour l'accostage.

Accostage de types de rive particuliers

Une paroi haute de plusieurs mètres, une rive d'où émergent des arbres ou d'autres obstacles vers l'eau, une rive parsemée d'écueils, marécageuse ou pleine de roseaux sont peu ou pas du tout adaptées à l'accostage. Les situations idéales sont: une plage de sable compact ou de gravier en pente douce, un quai ou un ponton bas, sans pieux, rembardes ni autres obstacles. Entre l'idéal et l'impossible il existe de nombreuses situations intermédiaires, qui doivent être évaluées en fonction de sa propre expérience. Les facteurs importants sont: la forme de la rive, sa pente, le type et la consistance du fond, l'existence d'obstacles immergés ou sur la rive, au delà de la zone de ressac. Les combinaisons de tous ces facteurs sont si nombreuses qu'il serait impossible de les analyser toutes une par une, surtout si l'on tient compte des autres variables impliquées dans un accostage, comme le vent, les vagues, le type d'hydravion employé et le nombre de personnes disponibles. Ci-dessous sont exposés quelques cas fondamentaux.

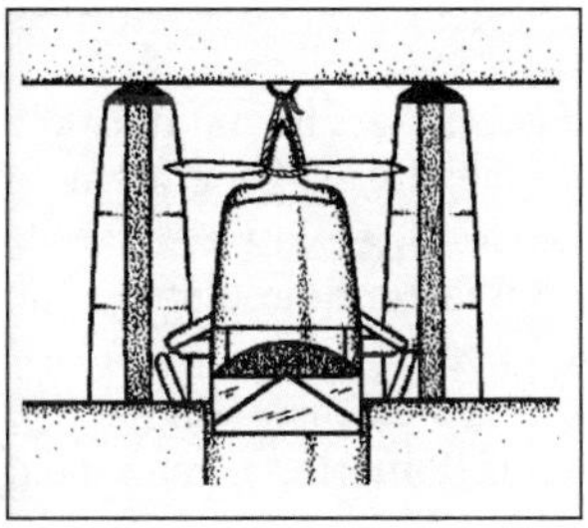

Rive verticale élevée. Si la rive est constituée d'une paroi rocheuse ou d'un mur vertical l'accostage est problématique. Si on opère avec un hydravion à flotteurs et en absence de vent latéral on peut effectuer une approche par les pointes après avoir identifié un point sur lequel on puisse s'agripper et y assurer immédiatement un bout. Celui-ci sera tout de suite assuré au moyeu de l'hélice ou au taquet du flotteur au vent, s'il y a du vent, et tendu de façon que l'appareil soit maintenu avec les pointes des flotteurs contre la paroi. Le risque est que l'appareil tourne quand il se trouve près de la rive et que l'aile heurte la paroi. Pour éviter cela, la vitesse d'approche ne doit pas être trop basse pour garder une certaine efficacité des safrans; on doit tout de même être prêt à descendre et à se porter sur la pointe des flotteurs pour atténuer le choc éventuel. L'approche de ce genre de rive peut s'effectuer seulement avec un appareil dont le nez est en arrière de la pointe des flotteurs. Avec des appareils équipés de flotteurs courts on toucherait la casserole d'hélice avant que les flotteurs ne soient au contact, à moins que la paroi laisse l'espace nécessaire.

Quelques appareils francais en approche sur des rives non préparées. Un Donnet Denhaut au Tréport en Normandie (France) dans les années vingt. En bas, un Breguet H-U3 pendant la course Monaco-San Remo en 1913.

Le vrai problème dans ces conditions est l'appareillage qui doit nécessairement s'effectuer en marche arrière. Si l'hélice n'est pas équipée de reverse, on doit utiliser la pagaie, remorquer l'appareil au large avec le canot du bord ou se faire remorquer par une barque. Si la profondeur le permet, on peut mouiller une ancre avant l'accostage et se déhaler au large pour appareiller. Le tout devient plus compliqué avec du vent, comme exposé ci-dessous.

L'accostage d'une paroi verticale avec un hydravion à coque n'est possible que si on a la possibilité de descendre immédiatement dans l'eau et qu'elle soit peu profonde, ou en prenant appui sur la paroi si c'est possible, pour assurer les deux aussières fondamentales pour l'amarrage, c'est-à-dire celles qui sont reliées aux ailes ou aux ballonnets, avant qu'une aile ne tape contre la paroi. Dans un deuxième temps on peut assurer un bout également sur la proue.

Rive verticale basse. Si la paroi est basse, c'est-à-dire plus basse que les ailes ou les haubans, ce qui vient d'être dit ci-dessus reste valable, avec l'avantage de pouvoir descendre et tourner l'appareil près de la rive. Les opérations sont alors analogues à celles que l'on effectue près d'un ponton.

Rive pentue ou escarpée. Sur une rive très pentue ou avec une marche correspondant à la zone de ressac les queues ne peuvent pas être tirées au sec, ou très peu, et les safrans risquent de s'endommager. Dans ce cas, on échoue l'appareil sur les pointes en le tirant

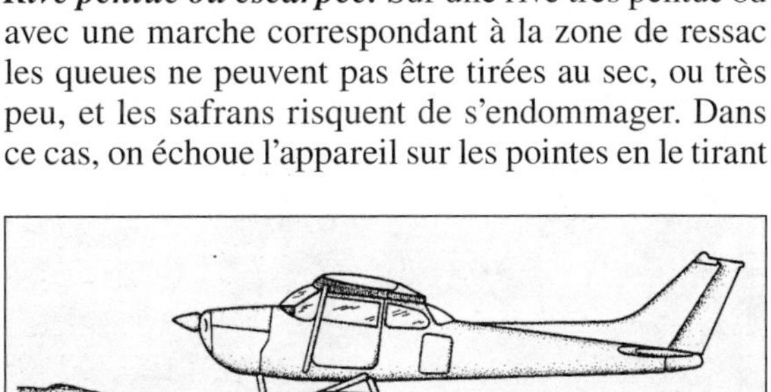

légèrement au sec et si possible en le faisant glisser sur deux traverses de bois, deux pneus ou des branches qu'on peut trouver sur la rive.
Rive de pente moyenne. Si la pente n'est pas trop prononcée, on tourne l'appareil et on le tire au sec en arrière. S'il souffle un vent notable de la rive, il peut être plus simple de l'échouer sur les pointes, toujours en essayant de faire reposer les quilles sur des traverses de bois.
Rive en pente très douce. Si la rive est en pente très douce, l'appareil touche le fond loin de la rive. Une

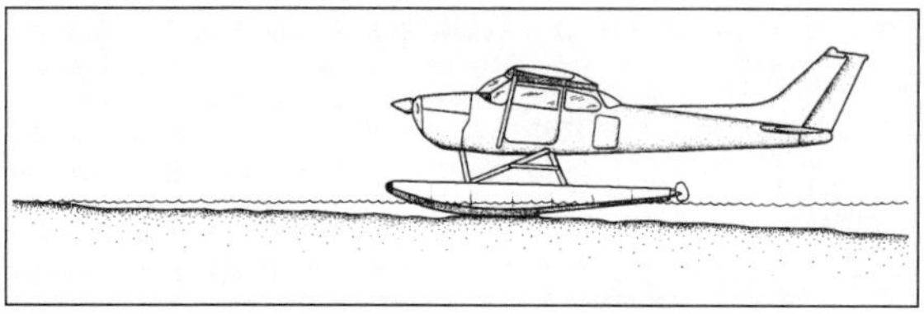

fois qu'on est descendu dans l'eau, l'appareil s'allège et il est généralement possible de l'approcher un peu plus de la rive, jusqu'à ce qu'il touche à nouveau le fond. L'appareil doit alors être amarré à l'aide de longues aussières à assurer sur la rive et éventuellement à une ancre qu'on aura mouillée avant, lors de la circulation à flot. Au moment de l'appareillage, l'appareil doit être repoussé un peu vers le large, pour éviter que le poids des passagers ou du chargement ne le fasse échouer.
Rive de graviers ou sablonneuse. Le sable ou les graviers fins permettent d'opérer facilement. On doit seulement veiller à ce que les fonds des flotteurs ne frottent ou n'oscillent pas trop, ce qui provoquerait l'abrasion des couches protectrices superficielles. Le risque de dégâts est faible si la rive est composée de

sable fin ou de graviers ronds, tandis qu'il est élevé sur du sable grossier ou des graviers pointus.
Rive caillouteuse. Sur un fond uniforme de petits cailloux ronds, les parties des flotteurs qui touchent sont les quilles et il n'y a pas de problèmes particuliers. Si les cailloux sont disposés de façon non uniforme ou s'ils sont de dimensions très diverses, il y a le risque qu'ils touchent les parties les plus délicates et déformables du fond des flotteurs, et qu'elles s'endommagent. Dans ce cas, on doit faire plusieurs tentatives de positionnement jusqu'à ce que l'on soit sûr que l'appareil appuie uniquement sur les quilles et n'est pas en équilibre instable.
Rive rocheuse. La rive rocheuse est celle qui présente les risques majeurs, à cause de la forme généralement découpée de la roche et, souvent, de la présence de rochers affleurants même à une certaine distance de la rive.
Rive boisée. La présence d'arbres juste sur la rive n'empêche pas l'accostage et l'amarrage, mais peut rendre difficile ou impossible la rotation des appareils. Dans ce cas, on procède comme dans le cas d'une rive verticale élevée.

Accostage avec vent

Avec vent du large. En cas de fort vent vers la rive, il est conseillé d'effectuer une approche "à la voile" en arrière, qui présente l'avantage de se faire le nez au vent, ce qui permet de régler finement au moteur la vitesse de recul, et d'augmenter la puissance pour retourner au large à tout moment si les choses tournaient mal. Une fois la rive rejointe, on arrête le moteur et on descend pour bien contrôler la phase du contact, en veillant à ce qu'il soit le plus doux possible. Si le vent n'est pas fort, mais toujours vers la rive, on peut approcher en avant. On arrête alors le moteur et l'appareil à quelques mètres; on relève les safrans de façon que l'appareil se tourne les queues vers la rive, on le laisse reculer lentement vers elle poussé par le

L'amarrage par le nez est la méthode la plus sûre en la présence d'obstacles.

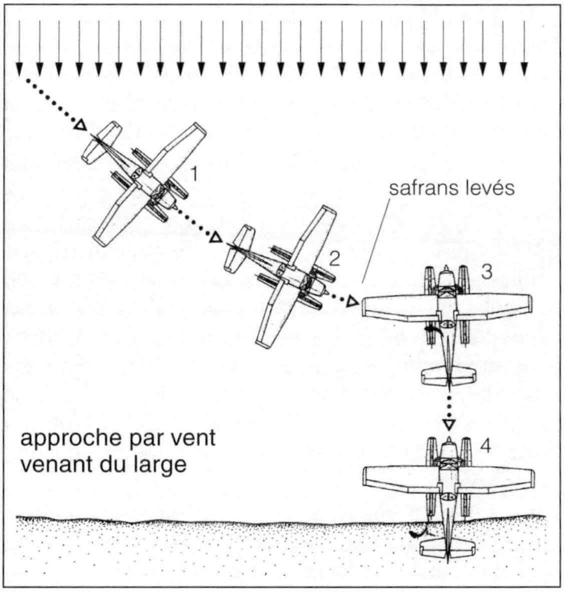

vent et, enfin, on descend sur le flotteur pour surveiller le contact. Si l'on opère à proximité d'obstacles et qu'on ne désire pas reculer à la voile, l'arrivée en avant est conseillée, en s'efforçant de maintenir le vent exactement sur l'arrière. Une ancre flottante est d'une grande utilité pour cette manœuvre.

Avec vent de terre. Avec le vent qui provient de la terre on peut s'approcher en avant, avec le vent de face. Si l'on pense qu'ensuite l'appareil sera difficile à tourner, on doit approcher la rive avec un angle de 45° et toucher avec le flotteur du côté où l'on est assis. On descend alors rapidement pour saisir l'aile de façon à pouvoir tourner l'appareil et mettre les queues des flotteurs sur la rive. Quand on rejoint la rive obliquement avec un fort vent de terre, on risque d'être emmené au large avant

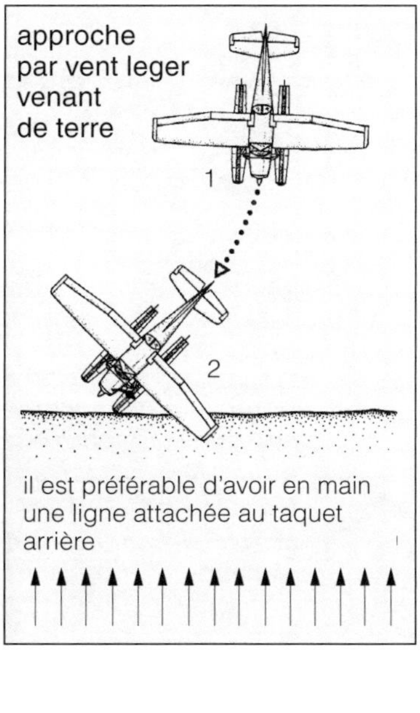

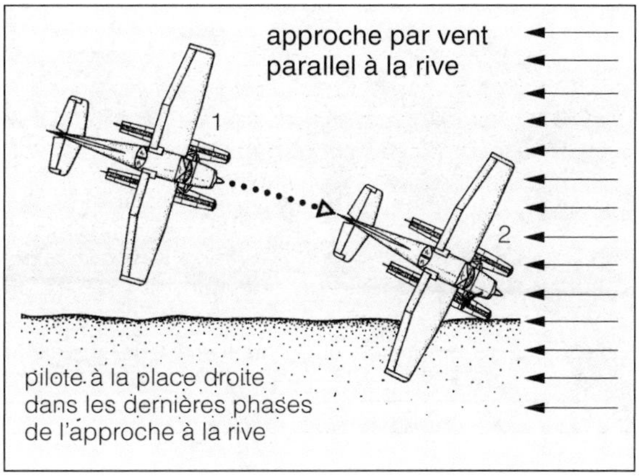

d'être descendu. Dans ce cas, après le contact du premier flotteur, on peut mettre du moteur pour faire toucher l'autre en faisant pivot sur le premier pour s'échouer par les pointes; ensuite on avisera.

Avec vent parallèle à la rive. Si le vent est parallèle à la rive, on approche face au vent le long d'une trajectoire qui forme un angle d'environ 30° avec la rive et touche avec le flotteur sous le vent. Le pilote doit être assis sur le siège du côté de la rive et prêt à descendre avant le contact. Une fois descendu à terre, l'appareil sera ensuite tourné avec les queues reposant sur la rive.

Accostage à un point précis de la rive avec vent traversier

Le vent de travers agissant sur l'empennage tend à faire tourner l'appareil vers le vent. Cette tendance peut être contrée en mettant du pied sous le vent. Le vent peut être d'une telle intensité que la pédale opposée doive être maintenue à fond de course. Si l'intensité du vent est encore supérieure, l'appareil ne peut plus être maintenu sur une trajectoire exactement perpendiculaire au vent, bien que la pédale opposée soit maintenue en butée.

Approche en biais. Dans ce cas on doit suivre depuis le début une trajectoire en biais en partant d'un point sous le vent par rapport à la trajectoire idéale

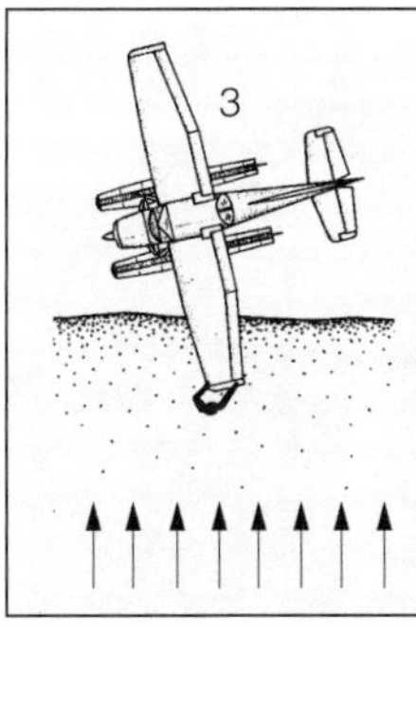

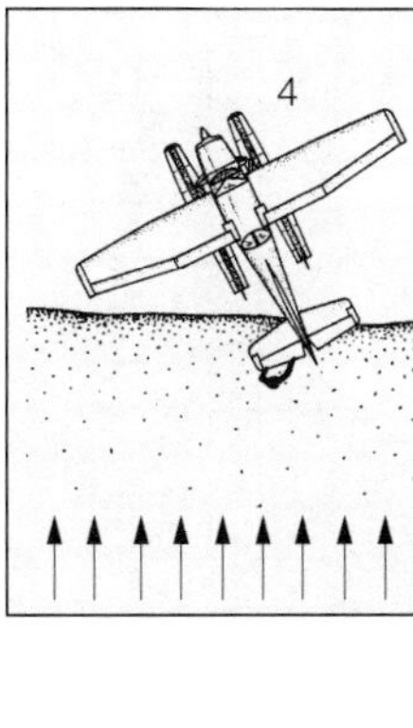

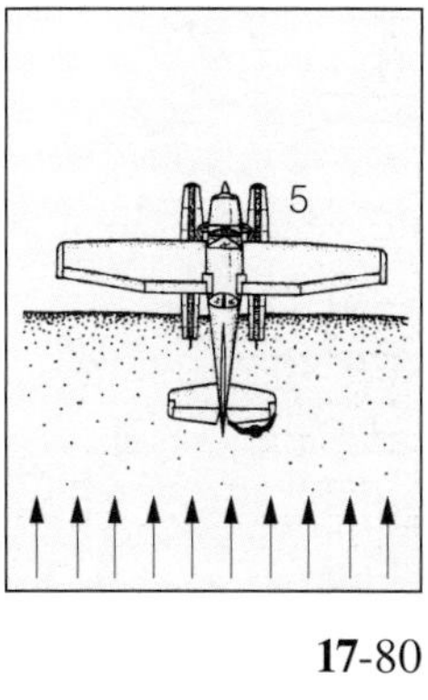

S. Morosini

Approche à la rampe avec un fort vent de travers. En haut, taxiage avec une personne sur l'aile pour contre balancer la force du vent. C'est un opération extrême et pas recommandée, présentant le risque de glisser vers le disque de l'hélice. L'approche d'un point spécifique de la rive nécessite que l'angle d'approche soit bien choisit. Les deux photos ont été prises à Biscarrosse.

perpendiculaire à la rive. En biais de combien? Si l'angle est exactement celui qui est imposé par le vent avec le pied opposé à fond, on court toujours le risque qu'une rafale déplace ultérieurement le nez au vent et l'éloigne de la direction voulue. On doit donc adopter une correction angulaire plus importante, de façon que la direction puisse être maintenue sans que la pédale opposée soit à fond. De cette façon on a toujours la possibilité de virer légèrement sous le vent pour corriger l'effet d'une rafale. A la limite, en se déplaçant parallèlement à la rive, il ne serait pas nécessaire de maintenir la pédale appuyée et on aurait la manœuvrabilité maximale, mais cela ne serait pas possible ou conseillé dans la plupart des cas, car cela exposerait l'appareil au risque de collision avec des obstacles ou impliquerait un accostage en un point non désiré.

Lors d'une approche en biais, surtout si le vent est variable en direction et en vitesse, il est bon de faire continuellement de légers virages à droite et à gauche pour avoir une sensation précise de la manœuvrabilité de l'appareil. Si celle-ci semble s'être réduite, il faut adopter une trajectoire plus en biais.

Le problème exposé ici peut se présenter aussi bien avec les hydravions qu'avec les amphibies, et en présence de tout type de rive ou d'infrastructure. Le cas le plus typique, illustré sur la figure, est celui de l'approche d'une rampe par un amphibie; le problème est particulièrement grave si la rampe est étroite et s'il y a des obstacles latéraux qui réduisent l'amplitude du secteur d'approche.

Sur la première (figure 1) on voit un appareil qui se dirige vers la rampe avec du vent de travers. Dans la

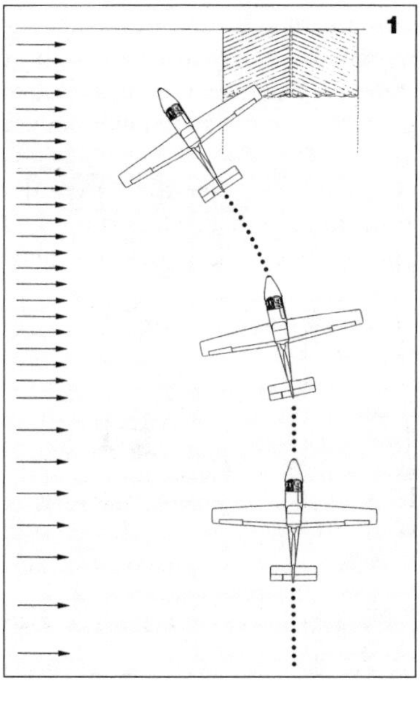

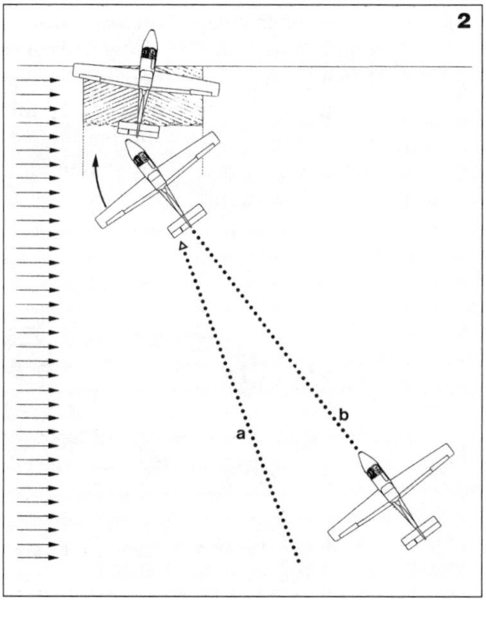

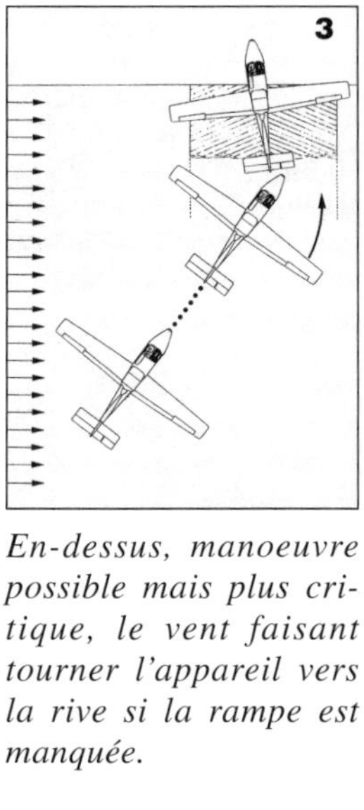

En-dessus, manoeuvre possible mais plus critique, le vent faisant tourner l'appareil vers la rive si la rampe est manquée.

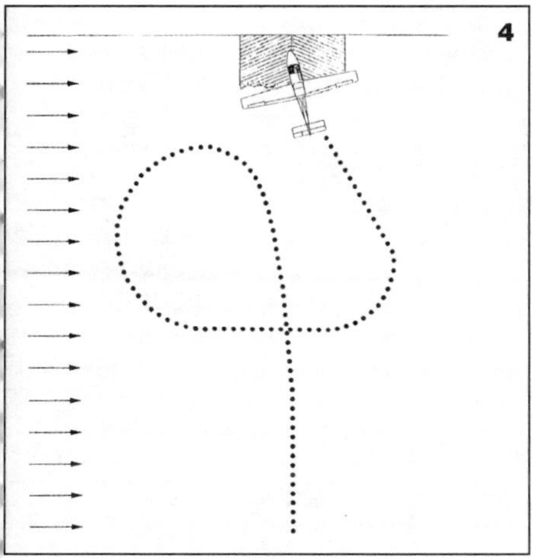

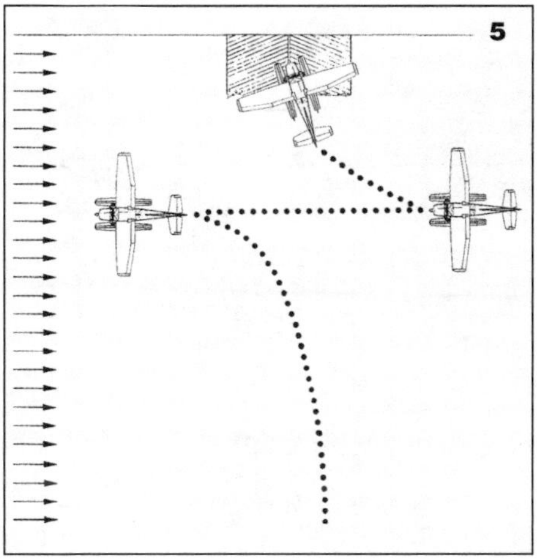

Actions possibles quand une approche perpendiculaire est impossible, avec un vent faible (à gauche) et par vent plus fort. Le cap doit toujours être au vent ou faire un faible angle avec le vent.

position initiale le pilote a déjà le pied droit appuyé à fond. Un renforcement du vent provoque inévitablement un virage à gauche, évidement non désiré, jusqu'à ce qu'une nouvelle situation d'équilibre soit atteinte, avec l'appareil qui se déplace plus ou moins vers la direction d'où vient le vent, selon la vitesse de ce dernier.
Sur la figure 2 on peut voir comment affronter le problème. Avec le vent présent, la trajectoire moins en biais "a" serait possible avec le pied droit à fond, mais on choisira "b" la trajectoire un peu plus en biais, qui permet de ne pas avoir le palonnier en butée et offre donc une possibilité de virer à droite si nécessaire.
Une trajectoire encore plus en biais offrirait une plus grande manœuvrabilité, mais poserait des problèmes dans la phase de contact avec la rampe.
Durant l'approche on doit essayer d'identifier exactement quel sera le point de contact de la roue avec la rampe, en fonction de la pente de la rampe et du tirant d'eau de la roue. On dirigera donc l'appareil de façon que le contact se produise au point voulu, tout en faisant les légers virages décrits plus haut pour contrôler la manœuvrabilité.
Dès que la roue droite touche, l'appareil tourne et se place parallèlement à la rampe dans la position indiquée pour y monter. Si la pente de la rampe n'est pas très prononcée il pourrait être nécessaire de freiner légèrement la roue qui a touché quelques instants après le contact.
Il est aussi possible dans certaines situations d'approcher la rampe du coté où on a du vent arrière (figure 3). Dans ce cas, dès que la roue gauche touche, le vent aligne l'appareil avec l'axe de la rampe.
Revenons au cas classique où, ayant initialement maintenu une route parfaitement alignée avec la rampe, on s'aperçoit, à l'approche de la rive, qu'on ne peut plus maintenir cette trajectoire. Qui y a t-il de mieux à faire ? Avant tout il est indispensable de renoncer immédiatement à l'approche pour ne pas endommager l'appareil contre la rive. Pour cela on vire franchement au vent (dans l'exemple de la figure 4, on met du pied à fond à gauche). Ensuite il y a deux possibilités. Si le vent n'est pas trop fort l'élan permet de faire un virage complet et de se placer en un point sous le vent de la rampe d'où elle peut être approchée en biais, comme sur la figure 2. C'est avec les appareils à coque, plus stables et plus manœuvrant sur la surface, que l'on peut exploiter au mieux cette possibilité, et ce en toute tranquillité.
Si le vent ne permet pas un virage complet ou bien si on utilise un appareil à flotteurs et qu'on ne veut pas prendre de risques, on peut simplement mettre le nez au vent et se laisser dériver jusqu'à ce qu'on atteigne un point d'où une approche en biais est possible, comme on le voit sur la figure 5.
Une dernière considération. Avec les appareils à flotteurs on peut contrer la tendance du vent traversier à faire tourner l'appareil en naviguant nez levé avec de la puissance. Cela améliore la manœuvrabilité, mais provoque une surchauffe du moteur et un risque sérieux d'endommager l'hélice à cause des embruns qui l'atteignent. La circulation nez levé ne peut donc être raisonnablement adopté que si une approche de la rive en biais n'est pas possible ou, lors d'une approche en biais, pour corriger momentanément l'effet d'une forte rafale, mais non comme une procédure normale.
Approche à la voile assistée au moteur. L'hydravion peut être propulsé à la voile avec l'assistance du moteur dans toutes les directions si le vent est suffisamment fort pour en limiter les mouvements vers l'avant avec un faible régime moteur. Les manœuvres à la voile avec le moteur sont toujours faites avec les safrans relevés parce que, à moins que l'appareil n'avance, les safrans s'opposent au mouvement latéral et gênent les mouvements vers l'arrière.

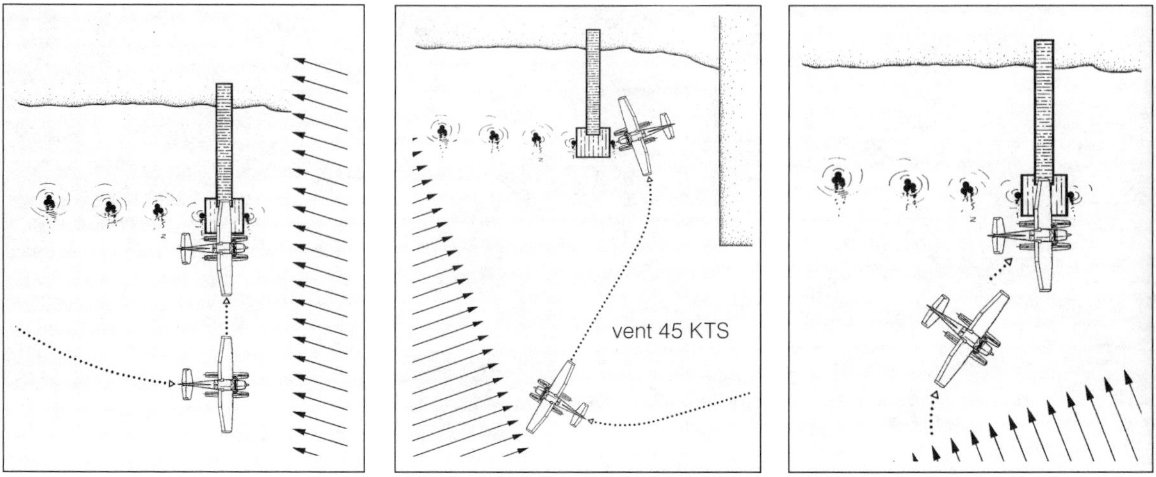

Trois situations difficiles décrites par Daniel J. Brimm.

Quand on cherche à aller vers la rive ou en circulation à la voile assistée, le flotteur sous le vent la touchera; ainsi le pilote doit faire l'approche en étant assis du côté sous le vent. Ce qui facilitera également la visibilité de l'approche.

Accostage entre des obstacles

L'accostage en présence d'obstacles est une des situations les plus stressantes pour le pilote qui peut voir l'appareil s'endommager en quelques instants, surtout s'il y a aussi du vent, du courant ou des vagues. Les quelques dessins ci-dessus, exécutés dans le style des autres dessins de ce livre, représentent un appareil actuel mais reproduisent exactement trois dessins du livre de Daniel J. Brimm cité en bibliographie. Les situations présentées par Brimm concernent l'accostage avec vent à un ponton typique de ceux où accostent bateaux et autres grosses embarcations, dotés de pieux beaucoup plus hauts que les ailes de l'hydravion. L'auteur n'a pas envie de recommander des manœuvres aussi extrêmes qui ne peuvent être conduites à terme sans danger que si le pilote bénéficie d'une très grande expérience et, probablement aussi, de pas mal de chance. Ces illustrations sont toutefois incluses pour leur valeur historique, car elles montrent combien était avancée la technique d'utilisation des hydravions il y a plus de 80 ans.

Accostage dans le courant

Ce qui a été dit au chapitre sur l'accostage pour l'approche d'un quai ou d'un ponton dans le courant est applicable. Si la rive n'est pas préparée, il y a toutefois des risques ultérieurs à considérer. Le sol de la rive, par exemple, peut être incohérent et l'on risque de s'y enfoncer lorsqu'on descend. Il peut arriver également de s'échouer avant d'atteindre la rive, puis de se dégager dans un deuxième temps avec un cap non souhaité qui porte l'appareil vers des obstacles. On comprend donc que la plus grande prudence est nécessaire. L'ancre doit toujours être prête à l'emploi et à portée de main, de même qu'un bout.
La plus grande attention sera portée aux mouvements des personnes hors de l'appareil quand l'hélice tourne, mouvements qui dans certaines phases de ce type d'accostage risquent d'être désordonnés.
Tout au long de la manœuvre, on doit avoir présent à l'esprit que l'intégrité de l'appareil ne vaut pas un gros risque couru par une personne.

Accostage avec vagues

Si l'on doit accoster sur une plage avec des vagues qui déferlent, on doit essayer de se maintenir sur la crête en ajustant la vitesse. C'est-à-dire que l'on doit avancer en surfant et éviter de dépasser la crête pour ne pas prendre une assiette trop piquée. Si on rejoint la rive en avant de la vague, celle-ci tend à faire lever la queue, pendant que la vague de retour freine l'avant, d'où un risque de capotage.
Si l'on doit accoster avec de grosses vagues déferlantes, on peut jeter de l'huile sur la mer. Si on de dispose pas d'huile organique conseillée à cette fin, comme en étaient dotés les Boeing 314 par exemple, on peut utiliser quelques bidons d'huile moteur, si on en possède à bord. Un litre d'huile se disperse sur une surface d'environ 20 m², limitant notablement le

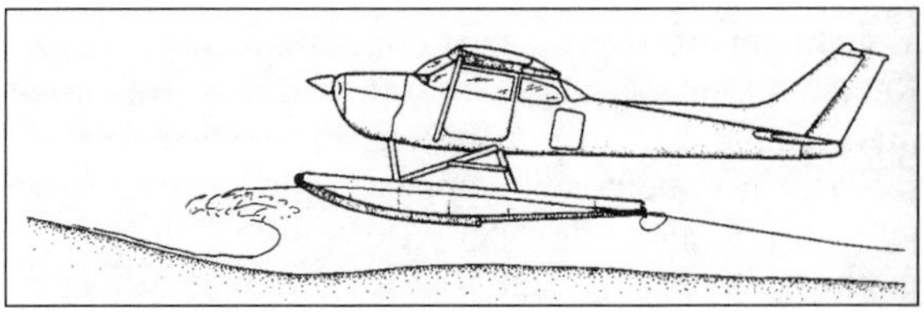

Deux cas d'approche d'une berge avec le train rentré, quand le roulage est impraticable ou seulement pas nécessaire.

Lake Aircraft Company

Un Lake avec le ballonnet posé sur la rive permet au passagers de débarquer à pieds sec.

déferlement des vagues. Cela ne modifie par contre d'aucune façon la forme de la vague. Il est inutile de jeter à l'eau une petite quantité d'huile, son effet se dissipant très rapidement. Cette technique est décrite dans un but documentaire, s'agissant d'une technique traditionnelle. Elle est en fait incompatible avec les sensibilités écologiques modernes.

Accostage avec les amphibies

Accostage train rentré. Avec les amphibies on accoste sur les rives non préparées ou inconnues comme avec les hydravions, c'est-à-dire sans le train. On descend ensuite en passant sur les flotteurs ou, si on utilise un appareil à coque, sur le nez.

Avec certains appareils à coque on peut s'approcher de la rive et, une fois descendu, on place une aile sur la rive en la faisant reposer sur son ballonnet. Les passagers peuvent descendre en marchant sur l'aile (sur la ligne de rivets du longeron) puis sauter sur la rive. L'opération ainsi conduite est particulièrement utile si le fond près de la rive présente des aspérités qui pourraient endommager l'appareil.

Si l'appareil doit être amarré pour un certain temps à la rive et que celle-ci a les caractéristiques requises, on peut placer l'appareil avec le nez et un ballonnet sur la rive (photo en haut).

Approche de la rive train sorti. Si des doutes sérieux existent quand à la présence d'objets qui pourraient endommager la coque on doit s'approcher à très basse vitesse avec le train sorti; il sert alors uniquement à détecter le fond ou d'éventuels obstacles, évitant ainsi d'endommager la coque. Il sera immédiatement rentré lors du contact.

Il y a un autre cas où le train sorti à quelques mètres de la rive est utile : celui où l'appareil risque de couler parce que la coque ou les ballonnets prennent l'eau. Si le fond est caillouteux ou compact, le train peut être ce qui garde l'appareil hors de l'eau en attendant de décider ce qu'on doit faire.

Montée sur la rive. Si la rive est en matériaux compacts et pas trop raide, on peut essayer de monter dessus avec le train sorti. Il faut renoncer immédiatement si on s'enlise ou si on se rend compte

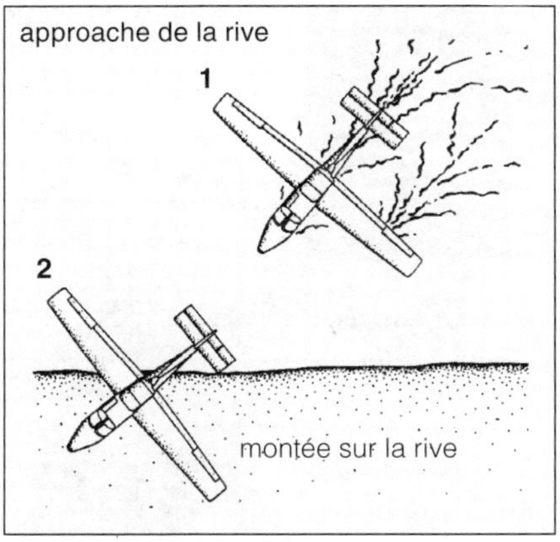

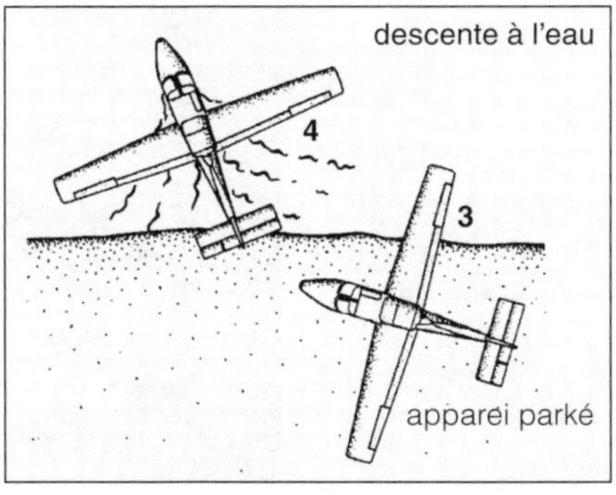

L'approche de la rive avec le train sorti doit être faite sous un angle de 45°. Quand l'appareil est juste sorti de l'eau le nez est tourné vers l'eau; le départ est ainsi facilité.

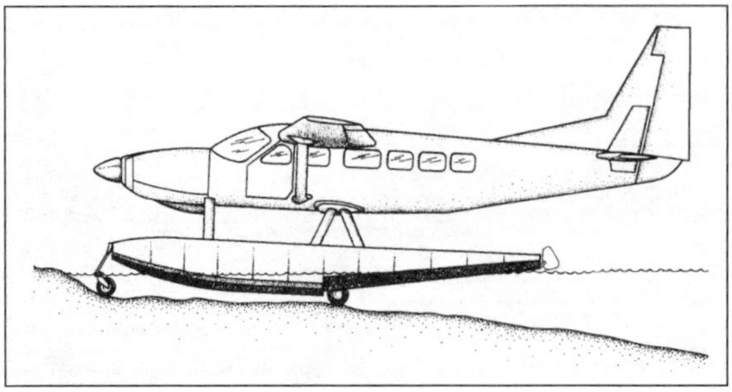

Si le fond est solide, on peut laisser l'appareil train sorti dans l'eau. Dessous, Lake trop près de l'eau; il est préférable que le ballonet soit au sec.

Exemple de technique avancée. L'appareil peut être sorti partiellement de l'eau entre les obstacles, sur une berge. Notez que la queue reste dans l'eau, quelquefois cela requiéra un contrôle prè-vol supplémentaire. La mise à l'eau dans ces conditions demande des manoeuvres complexes; il sera plus simple d'utiliser la remorque d'un bateau par la queue. L'opération s'est déroulée à Morcote, sur le lac de Lugano (Suisse).

que le sol est incohérent et que le train s'enfonce. Le ressac fait enfoncer l'appareil en enlevant peu à peu le sable sous les roues. Dans ce cas on coupe le moteur, on descend dans l'eau, on pousse l'appareil en arrière jusqu'à ce qu'il flotte, on rentre le train et, enfin, on tire l'appareil à terre à la main ou avec un bout.

Si l'appareil est échoué dans une position telle qu'il flotte partiellement ou qu'il flotterait sans le train, on peut rentrer le train pour le remettre à flot. La manœuvre ne doit pas être considérée comme une manœuvre courante, étant donné qu'elle peut provoquer des sollicitations anormales du circuit hydraulique. La sortie du train alors qu'il risque de toucher le fond avant d'être complètement sorti est beaucoup plus grave et doit donc être évitée.

Quand la rive n'est pas trop raide et que le fond permet aux roues de remplir leur rôle sans risquer d'endommager le train, on s'en approche avec un angle d'environ 45 degrés et on monte dessus. On place alors l'appareil parallèlement à la rive ou – mieux encore – avec le nez plus ou moins tourné vers l'eau, tout près de la limite entre l'eau et la rive. De cette façon, le train parcourt une faible distance sur terrain non préparé et tout l'appareil est hors de l'eau, en position pour être facilement remis à l'eau en utilisant le moteur. C'est la solution idéale.

Si la plage est sablonneuse et que les roues sont ensablées, on doit creuser avec la pagaie du bord utilisée comme une pelle, des petits canaux qui permettent aux roues d'avancer. Quelques planches de bois ou un filet métallique, de préférence à mailles fines, permettent de se déplacer facilement sur le sable.

Ce que l'on doit éviter, en général, est de trop pénétrer sur la rive et de s'y arrêter avec la proue vers l'intérieur des terres.

Comme avec tous les véhicules, on doit s'arrêter uniquement quand on est dans la position définitive souhaitée et ne pas rejoindre cette position avec des arrêts et départs répétés; on risque ainsi de s'arrêter dans une position où l'appareil reste bloqué et d'être ensuite contraint de solliciter excessivement le moteur pour se remettre en mouvement.

Montée difficile. Quand il est impossible de monter sur la rive, et qu'un accostage train rentré et déconseillé, dès que l'appareil touche on peut s'appuyer sur le train sorti, toutes les roues reposant sur le fond.

La photo apparemment idyllique (sur l'île d'Ischia, golfe de Naples, Italie) a été prise à la suite d'une situation d'urgence. L'appareil ne pouvait plus voler et a été hissé sur la plage juste au-dessus de la limite des hautes eaux pour une réparation de plusieurs jours. Finalement il a été démonté et transporté par barge.

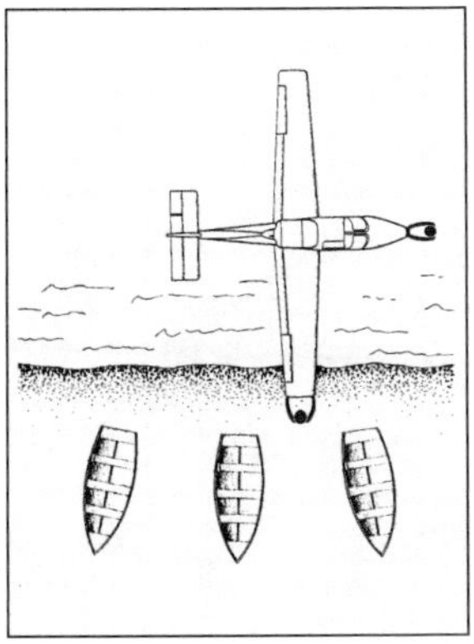

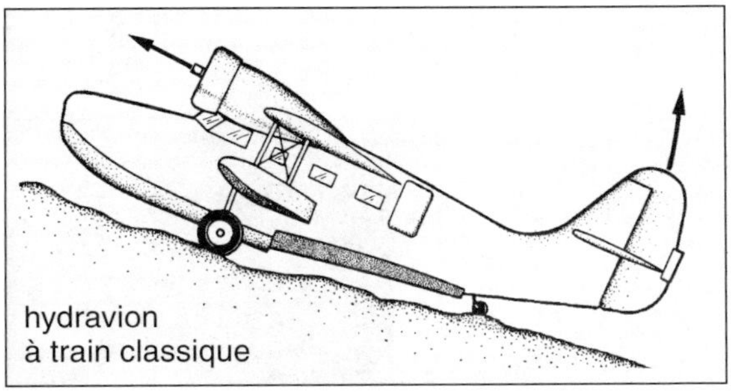

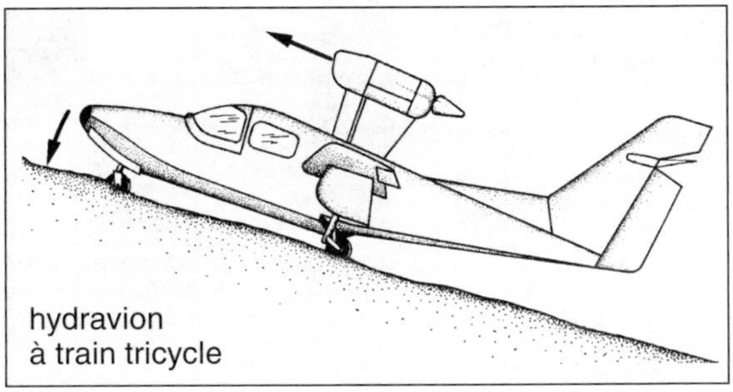

Monter sur une berge avec un appareil à train classique est plus facile qu'avec un train tricycle.
A droite, Lake Renegade sur une rive près du chateau de Bort-les-Orgues dans le massif central (France).

De cette façon, on ne risque pas d'endommager le train par une montée forcée sur un fond inadapté et on ne laisse pas non plus l'appareil ballotté par d'éventuelles vagues, ce qui se produirait après un accostage train rentré. Si la rive est relativement raide, on risque que la queue de l'appareil reste immergée et donc qu'elle embarque de l'eau.
Si l'appareil est chargé, il est bon de l'asseoir franchement sur le fond, décharger passagers et bagages et enfin monter sur la rive. On a déjà vu que avec certains avions, comme le Lake, on peut décharger les passagers avec l'avion à flot et un ballonnet sur la rive. Le passagers descendent en passant sur l'aile.

Pascal Parpaite

A gauche, s'il est difficile de monter sur une rive, il est préférable de stopper le moteur dès que le train principal touche le fond et de tourner l'appareil à la main. Dessus, appareil enlisé sur la rive sableuse, a Biscarrosse. Le pilote Helmuth Mayer doit travailler pour le libérer.

Accostage avec un appareil à train classique. L'accostage est facilité si l'appareil est à coque centrale avec un train classique (comme les *Grumman*). Ces appareils touchent la rive avec les deux roues du train principal en même temps, tandis que les appareils avec un train tricycle touchent avec la roulette avant et, s'il y a du vent ou du courant traversier, tournent rapidement en pivotant sur cette roulette avant que le train principal n'atteigne la rive. En outre, les roues du train principal classique se meuvent sur le sable et roulent sur les cailloux facilement, tandis que la roulette avant d'un train tricycle s'enfonce dans le sable. L'augmentation de puissance aggrave encore la situation, en la faisant enfoncer d'avantage. Dans ce cas on doit, si possible, faire descendre un assistant pour placer une ou deux planchettes de bois qui facilitent la montée de la roulette avant sur la rive.
Monter sur une berge avec un appareil à train classique est plus facile qu'avec un train tricycle.

Franco Panzeri

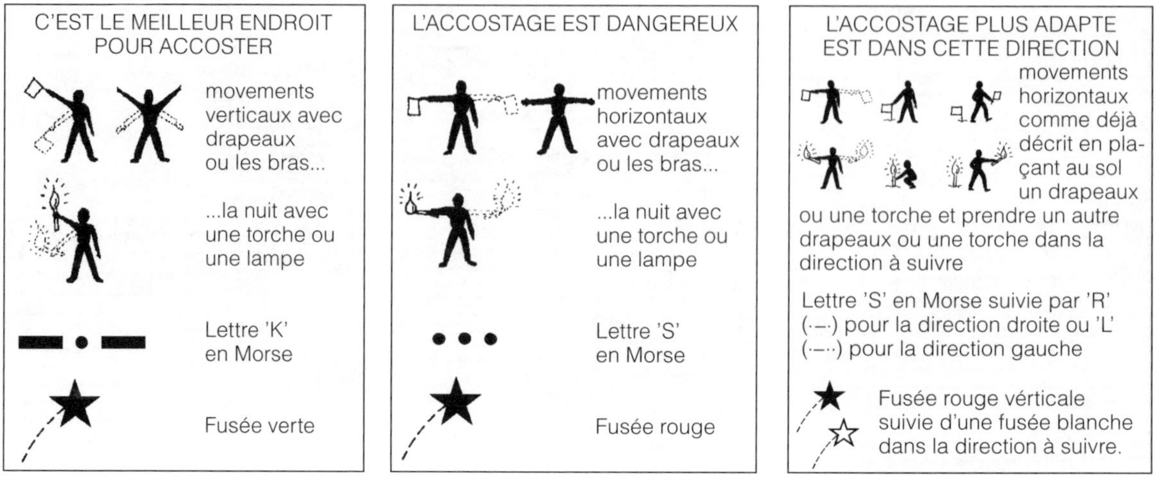

Signaux utilisés par les marins.

Signaux d'accostage

Les risques à l'accostage, surtout sur une rive inconnue, sont grandement réduits si on peut obtenir quelques indications des personnes à terre, pourvu qu'elles aient un minimum d'expérience. Le cas se présente souvent au cours d'opérations à plusieurs appareils, quand un pilote a déjà accosté et peut donner des indications aux autres. Les signaux d'accostage doivent avoir été établis antérieurement. Certains préfèrent utiliser une variante des signaux utilisés sur les aires de manœuvres des aéroports, d'autres préfèrent les signaux d'accostage utilisés dans la marine. Les deux sont valables, l'important étant de s'entendre.

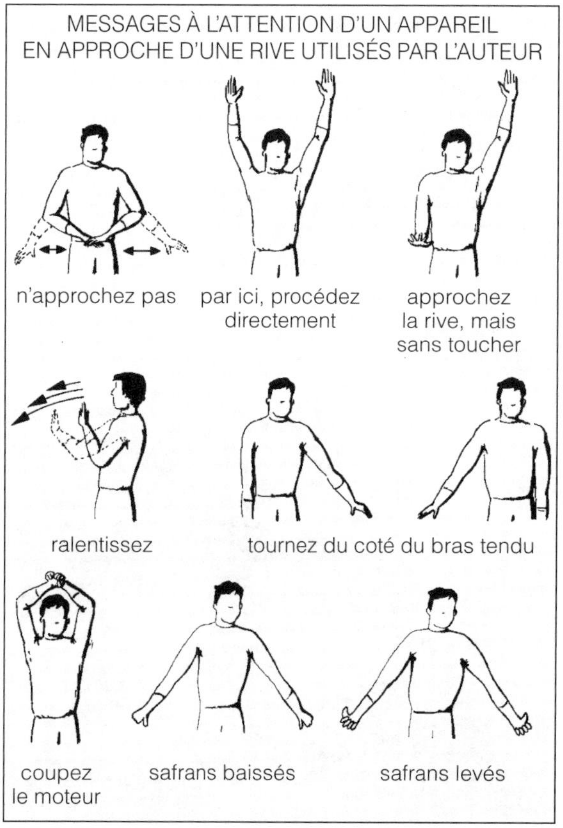

Hydravions à flotteurs échoués par l'arrière: De Havilland Beaver de Kenmore Air à Princess Louisa inlet (Colombie Britanique); Otter; Savoia Marchetti S87.
Dessous, un Lake sur la plage de Cavalaire.

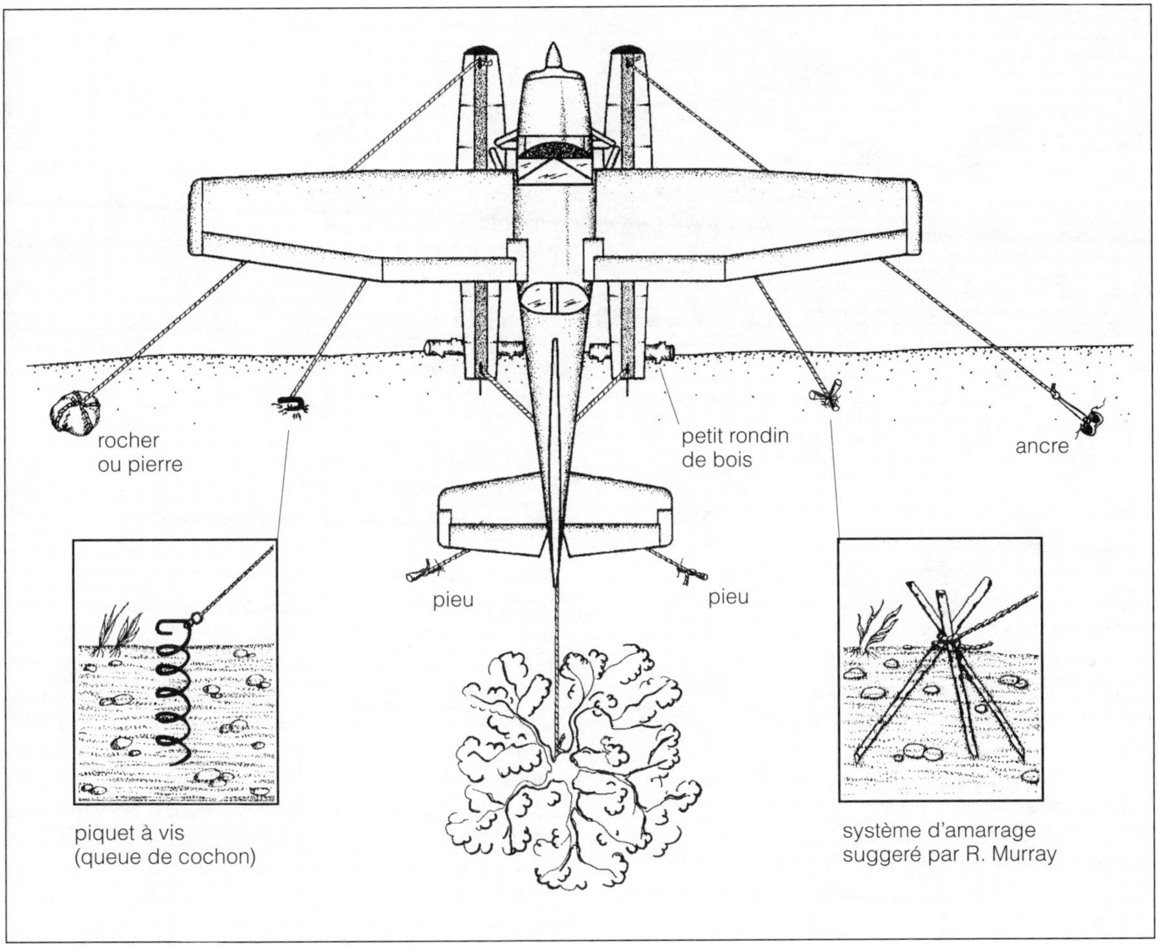

L'appareil sur la rive

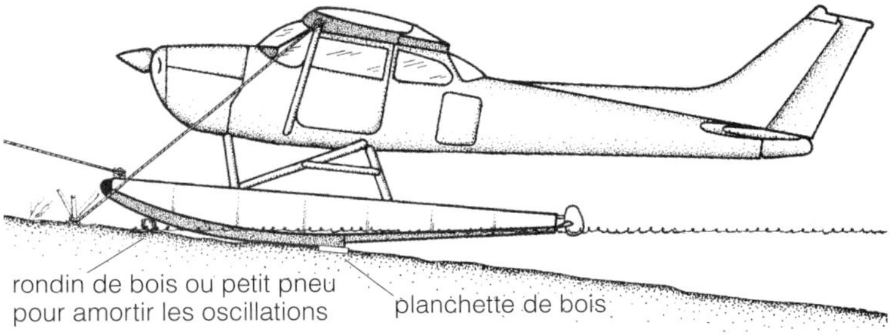

Appareil amarré sur une rive par l'arrière et par l'avant. Dans ce dernier cas l'appareil flotte très partialement, le poids étant surtout sur la rive.

Tous les mouvements de l'appareil près de la rive sont très facilités si l'appareil est équipé de cordelettes d'ailes. Elles sont indispensables si l'appareil a une aile très haute, comme dans le cas du Cessna 206 ou du *Beaver*, mais sont également utiles sur un petit Cessna 172.

Pendant le déchargement, l'appareil appuyé sur le fond de la rive s'allège et se soulève, se remettant à flotter. Il doit donc être surveillé et repositionné sur la rive, pour qu'il ne parte pas à la dérive. Comme il a déjà été dit, il est préférable que l'appareil ait les queues des flotteurs tirées au sec, avec les safrans relevés. De cette façon, l'appareil présente les ailes avec une faible incidence par rapport à l'éventuel vent du large et est déjà prêt à repartir. On a déjà vu que lorsque la rive est plutôt pentue, on ne peut tirer au sec les queues des flotteurs, mais seulement y faire reposer les pointes Cette disposition est également conseillée en cas de fort vent de terre, en évaluant alors les risques d'avoir l'aile face au vent avec une incidence élevée. La méthode pour tourner l'appareil et le placer queue sur la rive est illustrée sur les figures. Le matériau idéal pour faire reposer et glisser les

Un Lake Bucaneer sur la plage de Forte dei Marmi (Italie). La corde tendue de la rame autour de l'appareil n'empêche pas les jeunes de s'approcher, beaucoup d'entre eux n'ayant jamais vu un vrai avion.

flotteurs est le bois. C'est une bonne habitude, lorsqu'on tire l'appareil sur le rivage, de le faire reposer sur des planchettes de bois, sur des branchages ou des bûches trouvées sur la plage. Des pneus ou d'autres matériaux tendres peuvent également servir à cette fin. Cela évite l'abrasion des couches protectrices qui recouvrent les flotteurs par les cailloux ou les roches, mais aussi par le sable quand l'appareil est animé de petits mouvements sur la plage.
Si on pense que l'appareil risque de s'abîmer, on doit étudier un amarrage à une bouée ou entre des éléments de la rive, comme décrit plus loin.
Amarrage à terre. Une fois à terre, l'appareil doit être amarré avec des piquets droits ou hélicoïdaux ou encore en fixant des bouts à des grosses pierres disposées en des endroits opportuns. On peut aussi utiliser l'ancre, éventuellement en la rendant plus stable avec un caillou. R. Murray suggère la méthode illustrée sur la figure pour fixer une aussière sur une rive sablonneuse. Si un coup de vent est imminent, on doit procéder comme illustré plus loin, à la rubrique "Problèmes de vent".

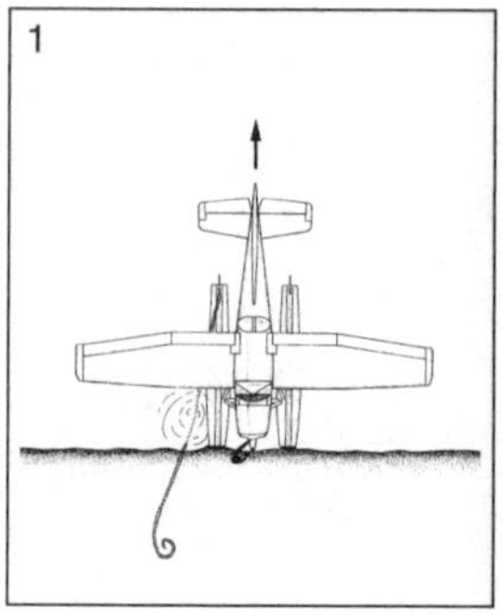

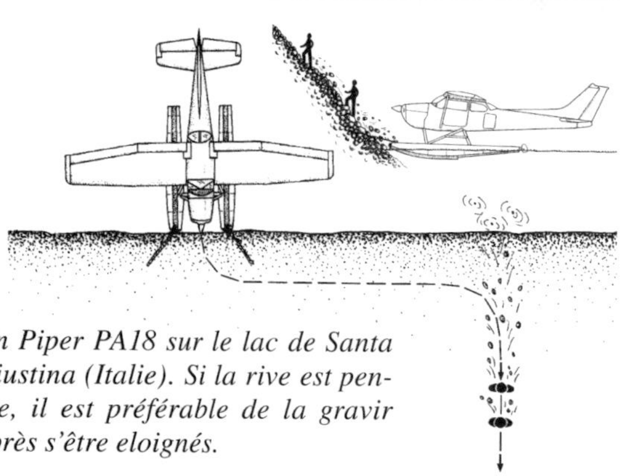

Un Piper PA18 sur le lac de Santa Giustina (Italie). Si la rive est pentue, il est préférable de la gravir après s'être eloignés.

Surveillance de l'appareil.

Si on doit s'éloigner, il est préférable que l'appareil soit en un lieu non accessible ou bien qu'il soit surveillé. Les gens sont curieux, touchent et abîment; les enfants ont tendance à chaparder ce qu'ils trouvent et à tester la consistance de toutes les parties saillantes, telles que les antennes ou le tube de Pitot; les adultes ne peuvent s'empêcher d'immortaliser famille et amis photographiés agrippés ou assis sur n'importe quelle partie de l'appareil. En outre, les gens ont du mal à admettre qu'un vrai avion puisse être fait de toile, ils sont incrédules et enfoncent les doigts, les ongles et autres objets pointus dans l'empennage, les ailes et le fuselage des appareils ainsi faits. Laisser l'appareil sans surveillance présente donc toujours un risque. Parfois, surtout sur les plages pleines de monde, quelques barrières psychologiques peuvent être utiles. On peut par exemple emmener avec soi quelques tubes légers en plastique longs d'environ 1 m et du ruban tel que celui qui est utilisé pour les travaux routiers. Celui-ci sera tendu entre les piquets plantés autour de l'appareil. Cette frêle barrière est beaucoup plus efficace qu'on ne pourrait l'imaginer.

Marées

Dans les régions où la marée se fait sentir on doit se procurer toute la documentation nécessaire sur les flux et reflux ou s'informer auprès des experts locaux. En Méditerranée, l'amplitude de la marée est très réduite mais suffisante en beaucoup d'endroits pour échouer un appareil qui se serait mis sur la rive lors de la pleine mer. Dans certaines mers les marées ont une amplitude de plusieurs mètres et donnent lieu à de puissants courants et à des vagues caractéristiques. On doit tenir compte de tout cela avant d'accoster et surtout avant de s'éloigner de l'appareil.
Dans une zone où la marée a une amplitude sensible, l'appareil échoué sur la rive doit être tenu à l'œil presque constamment; on doit en fait s'assurer qu'il ne

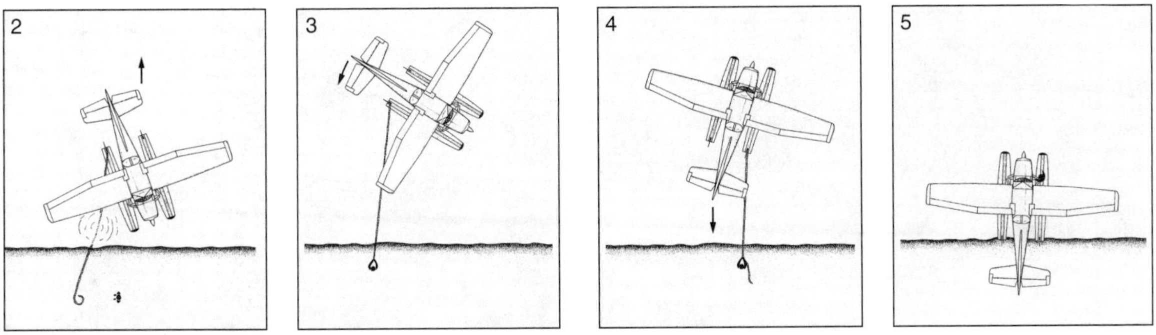

Une façon de tourner l'appareil en gardant les pieds au sec et sans le risque que l'appareil ne se éloigne vers le large. Dessous, plusieurs Macchi 18s sur le Tibre près de Rome dans les années vingt.

Archivio Apostolo

reste pas à sec, si la marée est descendante, et qu'il ne se remette pas à flotter, partant à la dérive, si la marée est montante. L'appareil doit donc être fréquemment repositionné. Dans un tel cas, il vaut mieux l'amarrer à une bouée, l'ancrer, ou l'amarrer entre des éléments de la rive de façon à permettre le repositionnement de l'appareil dont nous parlerons au prochain paragraphe.

Stationnement de l'appareil à flot

Il peut être impossible de rejoindre la rive avec l'appareil ou bien conseillé de le laisser à flot, du moins pour le charger et le décharger. Les cas où une telle nécessité est la plus urgente sont ceux où il y a une importante amplitude de marée, ou bien des vagues ou du ressac qui pourraient faire osciller l'appareil et provoquer l'endommagement des flotteurs. Les autres cas sont la présence d'obstacles ou une rive pleine de monde, avec le risque que les gens touchent l'appareil. Dans ces situations, l'appareil doit être amarré au large.

Il existe essentiellement trois possibilités : l'amarrage à une bouée, l'amarrage entre des éléments fixes de la rive et l'ancrage. Les opérations relatives aux bouées sont à considérer comme ordinaires et sont décrites aux chapitres sur les manœuvres fondamentales. Les opérations des deux autres types sont décrites dans ce chapitre car on les pratique en cas de besoin sur des rives non préparées.

L'amarrage à une bouée présente un avantage, celui de permettre à l'appareil de se placer le nez au vent ou dans le courant, s'ils existent.

Il sera toutefois préférable d'y adjoindre des guide-ropes pour absorber les rafales de vent.

Par contre l'amarrage entre des points de la rive, et souvent aussi l'ancrage, ne permettent pas à l'appareil de s'orienter librement étant donné qu'il est retenu dans une position déterminée par deux aussières. Ces deux méthodes pré-

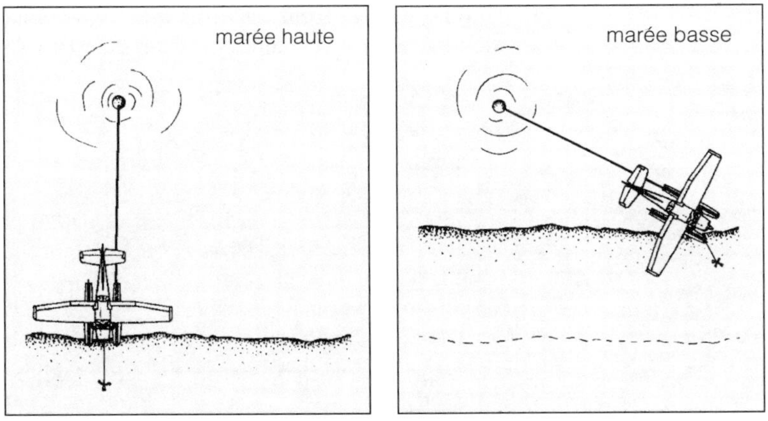

Dans des zones sujettes aux marées l'appareil doit être constamment repostioné pour pouvoir rester à flot, sans peine de se trouver échoué loin de l'eau.

Piaggio P136 ancré entre le hangar de Côme et un muret immergé sur la gauche. La photo a été prise lors d'une inondation. Le niveau de l'eau est plus haut que le sol du hangar.

sentent donc des risques en présence de vent ou de courant variable (le cas typique est celui du courant de marée, qui s'exerce alternativement dans deux directions opposées) ou si l'on oriente l'appareil de telle façon qu'il prenne le vent ou le courant par le travers. Dans des cas limites, l'appareil pourrait même se retourner dans l'eau, surtout si les vagues le font en plus osciller latéralement. Lorsqu'on adopte une des deux méthodes décrites ci-dessous on doit donc toujours être prêt à repositionner l'appareil si les conditions de vent ou courant venaient à changer.

Amarrage entre des éléments de la rive.

Cela consiste à laisser flotter l'appareil, retenu dans la position prédéterminée par deux aussières (ou une longue aussière) reliées à des éléments de la rive situés de part et d'autre de l'appareil. Un système de bouts similaire à celui qui est utilisé pour étendre du linge au soleil permet d'approcher ou d'éloigner l'appareil de la rive. Une telle opération s'effectue habituellement en déplaçant le point de fixation sur la rive d'un des deux bouts.

L'encrage entre des éléments de la rive après une approche de face d'un ponton élevé. Ce type de mouillage est utilisé quand il n'est pas possible ou qu'il n'est pas recommandé de laisser l'appareil à proximité du ponton, à cause des vagues ou parce que des gens peuvent toucher l'appareil. Quand on appareil, l'hydravion est maintenu éloigné du quai tant qu'il n'a pas été propulsé loin de celui-ci par un assistant.

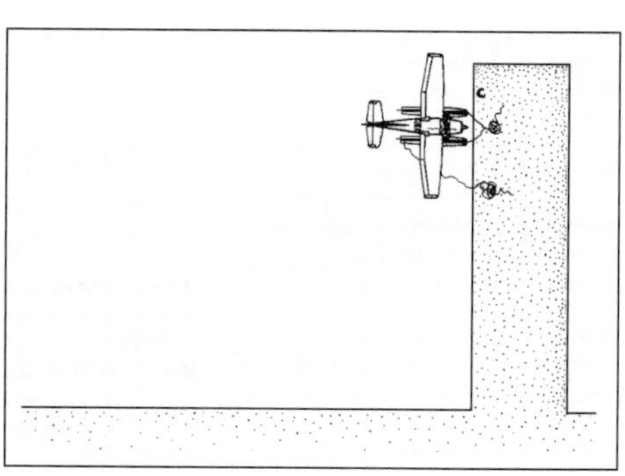

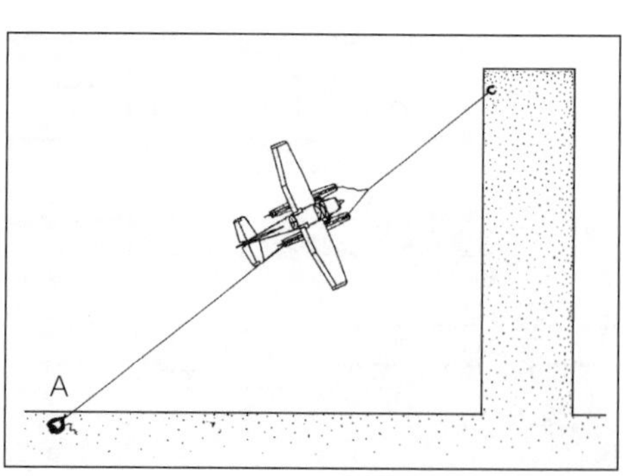

Ancrage

L'ancrage d'un hydravion doit être considéré comme une situation temporaire ou comme un expédient pour arrêter le mouvement non désiré de l'appareil poussé par le vent ou le courant. En cas de surface agitée, il est de toute façon plus sûr d'ancrer l'appareil au large, dans son élément, plutôt que de le laisser sur la rive à la merci des vagues qui le secouent sur la plage et qui frappent ses surfaces. Cela n'est pas valable s'il est possible de tirer l'appareil complètement au sec ou si le vent et les vagues sont de force notable. Dans ces derniers cas, l'appareil à l'ancre pourrait se renverser, il est donc préférable de bien l'assurer à la rive, même si celle-ci est battue par les vagues, de préférence sur des planchettes de bois.

Le prémisse d'un bon ancrage est un fond de profondeur modérée. Un léger courant ou une petite brise de direction constante, qui gardent le mouillage tendu sans que l'ancre ne ripe, sont d'un bon secours.

Un appareil ancré ne peut toutefois être abandonné à lui même et l'on doit toujours prévoir que l'ancre

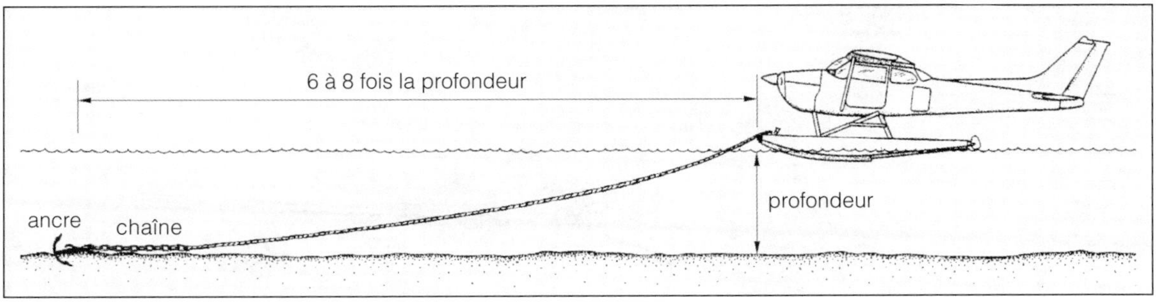

Le lestage d'une ancre permet à celle-ci de mieux tenir sur les fonds mous ou dans le cas où la ligne d'ancre est trop courte.

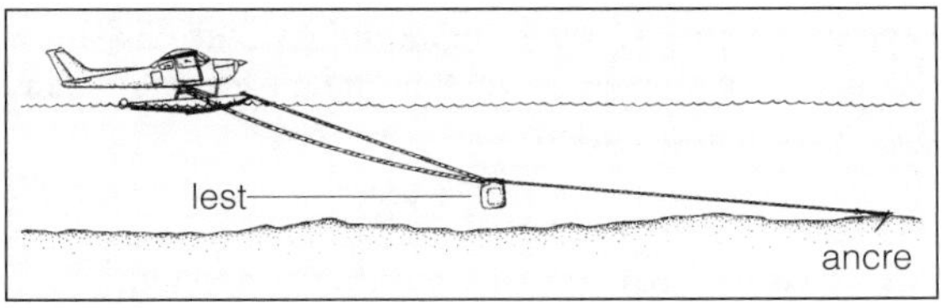

puisse ne plus tenir. Une surveillance particulière doit être effectuée juste après l'ancrage et quelques bonnes tractions sont utiles pour vérifier si l'ancre ripe ou tient. Pour ancrer l'appareil on fixe le mouillage aux deux taquets de proue des flotteurs ou bien on utilise le câble en V qui les équipe. Certains utilisent toujours un câble en V, mais pour le relier aux pales de l'hélice. La longueur du mouillage doit être égale à au moins six à huit fois la profondeur. S'il n'y a pas trop de courant, on peut mouiller l'ancre en comptant les brasses, jusqu'à ce qu'elle touche le fond, puis laisser filer 6-8 fois le nombre de brasses comptées.
Avant de mouiller l'ancre on doit assurer l'autre extrémité du mouillage à une partie quelconque de l'appareil.

Les ancres qui équipent le plus souvent les hydravions n'ont pas, d'origine, le court morceau de chaîne qui les maintient au fond dans la position appropriée. Si l'on n'a pas de problème de charge, il est bon d'ajouter 1 m de chaîne.
Il est toujours bon de vérifier si l'ancre tient ou ripe sur le fond. Cela peut se faire en filant un poids avec un orin et en observant son comportement. On ne fait ici que suggérer une méthode pour vérifier, depuis la rive ou depuis l'appareil même, si l'ancre ripe. Si l'ancre ripe sur le fond, on peut mouiller une seconde ancre ou lester la première, pour rendre la traction plus horizontale. Dans ce but, on peut faire courir un poids (un bidon plein de sable, une pierre, etc.) le long du mouillage à l'aide d'un deuxième bout. Il devra être descendu presque jusqu'au fond. Sur un fond sablonneux ou vaseux il vaut mieux utiliser une ancre prévue pour le sable, comme la Danforth. Une situation typique est l'ancrage de l'appareil près de la rive avec le vent provenant du large. Si on doit effectuer plusieurs vols, on peut fixer une petite bouée le long du mouillage qui va jusqu'à la rive, de sorte que ce mouillage soit récupérable près de la bouée à chaque arrivée. L'appareil peut être déplacé entre la bouée et la rive à l'aide d'un bout circulant, comme dans le système utilisé pour étendre le linge.

Ancre enraguée. Si l'ancre s'est enraguée, il existe plusieurs solutions. La première est de l'abandonner. Si on dispose d'un canot on peut procéder de la façon illustrée sur les figures. Pour éviter cet inconvénient on peut fixer un orin au diamant chaque fois qu'on utilise l'ancre; elle peut être ainsi hissée en tirant sur l'orin à la ver-

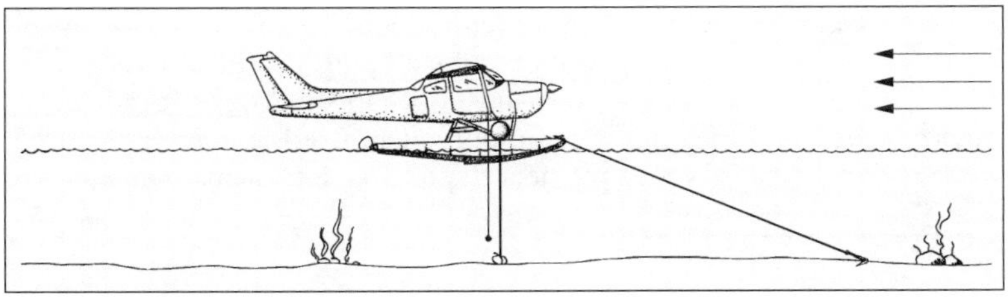

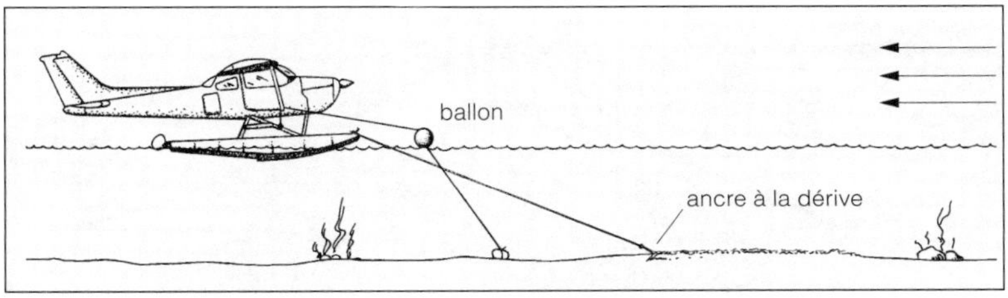

Méthode pour s'assurer que l'ancre ne glisse pas sur le fond.
Un ballon gonflable ou tout ce qui peut être à bord comme objet flottant peut être utilisé pour marquer un point fixe sur la surface.

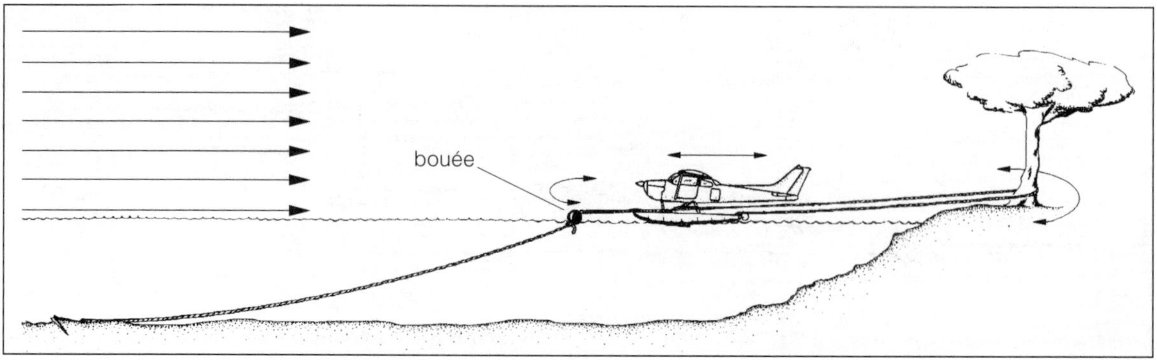

Bouée encrée et connectée à la rive avec une ligne circulaire. Cela permet d'éloigner ou de rapprocher l'appareil de la rive.

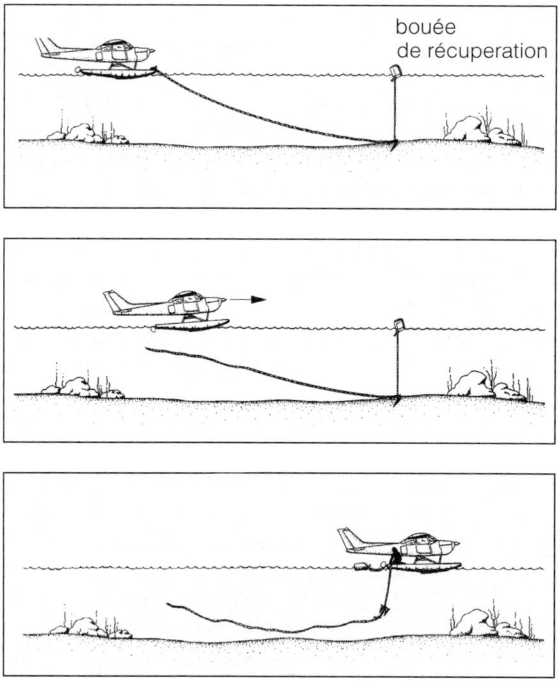

Deux méthodes de récupération d'une ancre enraguée. Cela est plus facile si l'on utilise une corde légère.

ticale ou en sens opposé à celui où tire le mouillage. L'opération peut être réalisée avec un canot ou avec l'appareil même. On lâche le mouillage puis on avance jusqu'à l'orin et on le tire en continuant à avancer dans la direction appropriée.

Noyage des flotteurs

Afin d'assurer un hydravion à flotteurs non amphibie, quand une sortie de l'eau ne peut pas être effectuée rapidement, qu'une tempête ou un orage violent s'approche, la solution qui s'impose est l'échouage et le noyage des flotteurs. Cette opération d'urgence permet d'éviter la perte de l'appareil.
Cependant, il sera nécessaire de prendre quelques précautions indispensables.
Avant d'échouer l'hydravion, il est impératif de s'assurer que le sol sur lequel sera échoué l'appareil ne comporte pas de roches, cailloux, ou autres corps qui pourraient endommager les flotteurs (l'idéal étant une plage de sable peu pentue). La masse d'eau qui va être ajoutée dans les flotteurs peut se comporter alors comme un emporte pièce.

Départ de la rive

Au moment d'appareiller, on défait les aussières, on ramasse tout ce qui est éparpillé sur la rive, sur les flotteurs ou suspendu à l'appareil, on fait monter les passagers et on tourne l'appareil le nez vers le large, s'il n'est pas déjà en position. Les queues des flotteurs

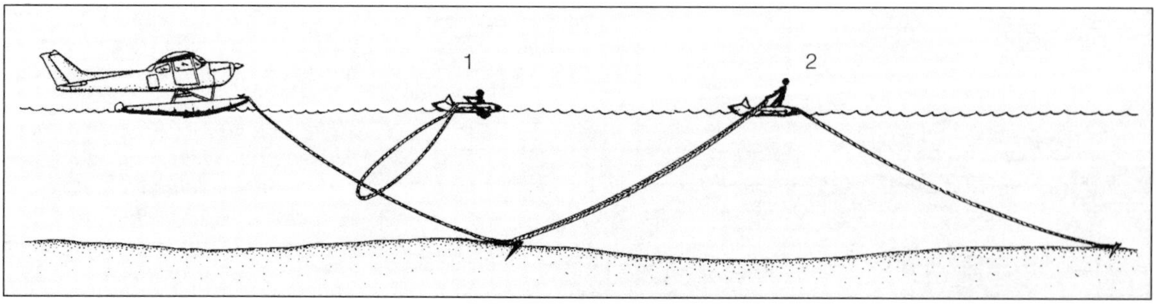

William Deletang

Archivio Apostolo

Méthode classique pour transférer les équipages au sec entre un appareil et la berge: le “portage”. Ici Schreck FBA 17He2 à Hourtin (France), école de pilotage de l’aéronavale. L’élève descendant portait celui qui lui succédait au vol suivant.
La même méthode utilisée pour le cas de Francesco Agello, juste après qu’il ait réalisé son record de vitesse, imbattu depuis 1934 avec le Macchi-Castoldi MC72.

seront à peine appuyées sur la rive, de façon qu’elles se soulèvent quand le pilote rejoint son poste et fait pencher un peu l’appareil vers l’avant.
Départ avec des obstacles latéraux. Si on appareille d’une rive avec des obstacles situés latéralement, c’est-à-dire si on doit procéder le long d’une bande

Le Dornier Do X, D-1929, à l’ancre dans le port de la Horta (Açores) en 1932.

de circulation étroite après avoir quitté la rive, on doit être sûr qu'aucune partie des flotteurs ne touche le fond durant l'appareillage. Une légère asymétrie dans la résistance exercée par le rivage sur les deux flotteurs peut faire tourner l'appareil et l'envoyer contre un obstacle.

Départ avec vent. Le seul type de vent qui peut vraiment gêner le pilote qui s'éloigne d'une rive est un fort vent traversier, surtout en présence d'obstacles latéraux. Dans ce cas on peut mettre la proue au vent juste après avoir quitté la rive et s'éloigner d'elle à peu près perpendiculairement en contrôlant la dérive latérale. Le cas le plus complexe pour quitter une rive avec une forte composante latérale de vent est celui d'une rive verticale élevée. Le vent peut faire tourner l'appareil et faire taper l'aile puis l'empennage contre la paroi. Pour éviter cela, on peut effectuer un remorquage avec une embarcation pour éloigner rapidement l'appareil de quelques mètres de la rive. Au début de la manœuvre le pilote ou un assistant se place en proue et tient, à l'aide d'un bout qui peut filer, l'appareil avec les flotteurs bien au contact de la rive jusqu'à ce que soit établie une traction franche de la part du remorqueur.

Si l'on est seul et qu'on dispose d'un petit canot de bord à rames, on peut tout d'abord assurer un bout au taquet au vent et le passer dans un élément sur la rive qui lui permette de filer, puis en fixer l'extrémité au taquet de poupe du côté où opère le canot, en principe celui au vent. A ce moment, on défait les amarres et on place le canot de sorte qu'il soit prêt au remorquage. Une fois monté à bord du canot, le pilote défait le bout du taquet arrière et rame fermement pour éloigner l'appareil de la rive avant que le vent ne le fasse tourner.

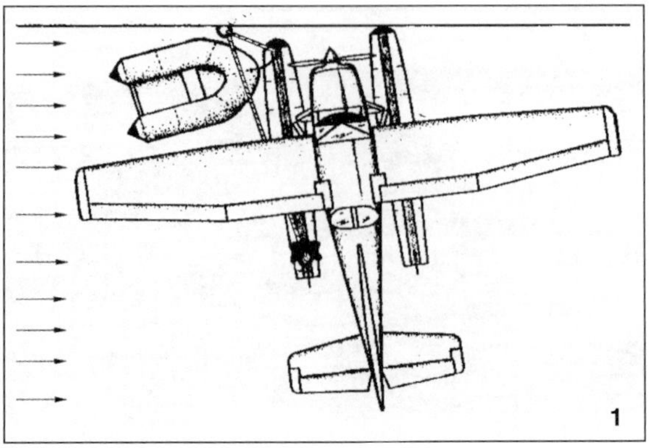

Une méthode de départ depuis un mur élevé, avec un vent latéral et sans assistance.

Accostage dans un lieu humainement hostile

Dans les zones industrialisées du monde occidental il est rare de rencontrer de l'hostilité envers les hydravions, qui sont plutôt regardés avec sympathie. Il peut toutefois arriver au pilote hydro d'accoster près de populations qui n'ont pas un sens élevé du droit, tel que nous l'entendons, ou bien dans des endroits éloignés où des individus mal intentionnés peuvent espérer que reste impunie une agression ou rapine éventuelle. Si on doute des conditions de sécurité de l'appareil et des personnes on doit savoir évaluer froidement la situation, en veillant uniquement à la sauvegarde et à la sécurité des personnes. On doit éviter à tout prix un affrontement direct, qui serait certainement perdant pour qui est habitué à un style de vie raffiné et endommagerait probablement l'appareil. On ne doit pas hésiter à sacrifier les biens matériels si cela garantit la sécurité des personnes.

Pour décrire ce que le pilote peut faire dans une ambiance plus ou moins hostile, il est difficile de trouver de meilleurs mots que ceux écrits par Georges Blanchet, en 1907, dans *Le vade mecum de l'aéronaute* : un traité complet du vol aérostatique. Ce type de vol présente beaucoup d'analogies avec celui qui se pratique en hydravion. Là où Blanchet parle de "ballon" il suffit de penser simplement "hydravion".

> Il se peut que l'aérostat opère sa descente parmi certaines populations "brouillonnes" avoisinant les grandes villes, et ait à subir les façons peu correctes, les procédés vexatoires et aussi les exigences d'une foule quelque peu mélangée.
>
> Dans ce cas, il lui faudra faire preuve de sang-froid et éviter à tout prix tout mouvement d'humeur, car se serait pour nombre d'individus, toujours en quête de mauvais coups à exécuter, l'occasion de déprédation sur le matériel qui pourrait aller jusqu'à la destruction et l'incendie du ballon.
>
> Au contraire, et beaucoup trouveront peut-être cette théorie plutôt osée, le voyageur aérien doit se faire de ces peu intéressants personnages des collaborateurs, d'autant plus dévoués, qu'on aura su mieux les choisir et s'assurer momentanément leurs services.
>
> Avisant le quidam paraissant le plus disposé à tout détériorer, c'est en général la plus "forte tête", le grand causeur, le plus voyou, capable d'entraîner tous les autres, il faut immédiatement l'élever au rôle de policier et lui confier le service de garde autour du ballon.
>
> Quatre-vingt-dix-neuf fois sur cent, cet homme, très honoré de la confiance de l'aéronaute et prévoyant un juste profit, fera merveille et protégera

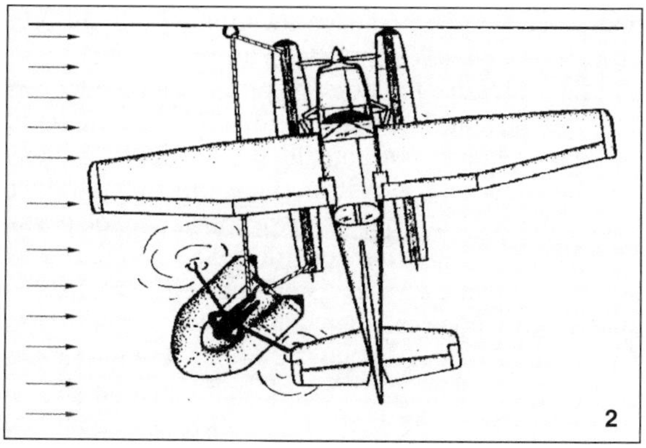

2

efficacement le matériel descendu au milieu d'une population interlope.
Pour éviter des dégâts considérables, il ne faut pas hésiter à lui adjoindre un ou deux acolytes.
Bien que cela puisse coûter, il faut se montrer familier avec ces gens, il faut goûter leurs équivoques propos, et trouver spirituelles leurs lourdes plaisanteries.
Grâce à ces peu réjouissants palabres, et en opérant le plus rapidement possible, on préserve le ballon de toute déprédation.

Dans le monde de la communication, l'importance et la fonction de la radio sont reconnues même dans les zones les plus reculées. Un signe tangible du lien entre le pilote et la civilisation technologique qui est son soutien, représenté par exemple par un appel radio dans un jargon incompréhensible, peu importe s'il est vrai ou faux, a des chances de dissuader de l'agression de ces êtres naïfs.

Opérations dans des endroits écologiquement dégradés

L'appareillage ou l'accostage demandent souvent une attention telle que cela risque de faire passer en second plan les caractéristiques physiques, chimiques et en général écologiques de l'endroit où l'on opère. Aller pieds nus dans l'eau, par exemple, peut comporter des risques.
L'eau peut être polluée et on peut avoir des petites coupures dont on ne s'est pas aperçu. Sur l'estran ou sur la rive, on peut se blesser avec des objets coupants et se contaminer avec des substances toxiques. Souvent, près de la rive, il y a des restes semi-submergés et rouillés de vieilles structures métalliques qui peuvent endommager l'appareil durant les manœuvres d'appareillage et d'accostage, mais qui peuvent aussi blesser les personnes. Au cours des dernières années,

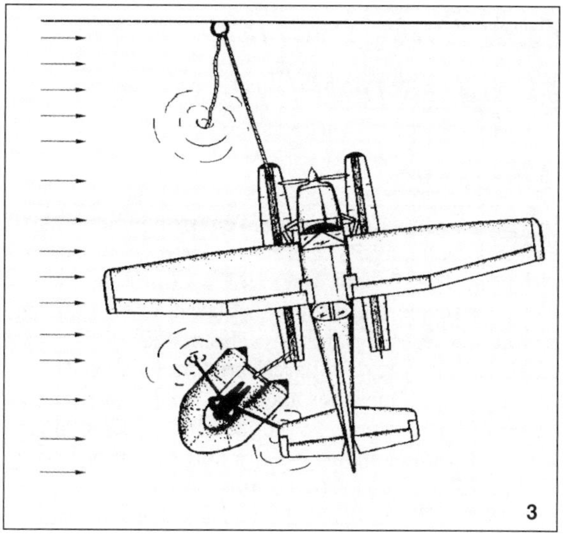

3

le risque de se blesser avec des seringues abandonnées inconsciemment par des toxicomanes a aussi augmenté.
S'arrêter sur un plan d'eau, ouvrir les portières et se jeter à l'eau par une chaude journée d'été est très agréable, mais on doit être sûr que les caractéristiques de l'eau permettent la baignade. Il vaut donc mieux s'arrêter au milieu d'un bassin que près de la rive, dans un grand bassin que dans un petit, dans un bassin qui a un déversoir que dans un bassin fermé, dans un bassin où les rives sont peu urbanisées ou industrialisées. Dans tous ces cas, le risque que soient présentes dans l'eau des substances toxiques ou dangereuses est plus réduit.

Piper Pa 18 en circulation à flot parmi des débris. Après une période de mauvais temps et de fortes pluies, beaucoup de déchets sont transportés par les rivières; parmi eux, des animaux morts et des substances polluantes qui étaient accumulées sur les berges depuis des semaines ou des mois. Il est dangereux d'entrer en contact avec ces matériaux.

Accidents, avaries et autres problèmes

Accidents

Les hydravions, à cause de l'environnement particulier dans lequel ils opèrent et des missions caractéristiques qu'ils sont amenés à accomplir, ont plus d'accidents que les avions terrestres. C'est pour ces raisons que dans certains pays, les primes d'assurance casse de ce type d'appareil sont majorées. Il faut toutefois noter que si les accidents sont supérieurs en nombre, il s'agit dans la plupart des cas d'accidents avec endommagement de l'appareil et peu ou pas de conséquence pour les personnes.

"S'il doit t'arriver un accident aérien, souhaite que ça t'arrive avec un hydravion !", dit un proverbe. En effet, pour ce qui est de la sécurité lors d'un atterrissage ou amerrissage forcé, l'hydravion ne ressemble à aucun type d'appareil. Si un concours était organisé pour doter un appareil de structures capables d'absorber les chocs et de protéger l'intégrité des passagers il suffirait, pour gagner le premier prix, de présenter un hydravion. Les flotteurs semblent en fait étudiés spécialement dans ce but. On a vu des personnes sortir indemnes d'un hydravion tombé en vrille dans un bois, sur l'eau ou sur la terre ferme à des vitesses et des assiettes qui, sur un appareil terrestre, auraient provoqué la mort instantanée de toutes les personnes à bord. Qui a vécu ou vu des expériences de ce genre ne parle plus de la lenteur des hydravions ou de leur inertie, mais bénit cette assurance vie que sont les flotteurs et éprouve un vague malaise quand il n'en a pas sous la carlingue.

Les appareils à coque centrale n'ont pas de flotteurs, mais leur coque est d'une solidité très supérieure à celle de la cellule d'un appareil ordinaire et ils sont donc capables de résister à des sollicitations bien supérieures (on considère qu'à la vitesse d'amerrissage l'eau n'est pas moins dure que le béton armé). Ce qui vient d'être énoncé explique pourquoi beaucoup de pilotes considèrent comme plus sûr un hydravion monomoteur qu'un bimoteur terrestre.

On pourrait s'étendre d'avantage sur les accidents, mais seules ces considérations générales sont valables: les accidents arrivent presque toujours parce qu'on les cherche et ils pourraient souvent être évités par la prévention. Beaucoup de pilotes ont l'intime conviction d'être immunisés contre les risques d'accidents et souvent "ils baissent la garde". Cela se produit dans certaines phases de la carrière aéronautique d'un individu et en particulier quand on atteint un bon niveau de compétence technique dans un bref laps de temps. C'est pourtant un principe de base que de s'attendre toujours au pire et de décider par anticipation une ligne directrice en cas d'imprévu. Une autre règle importante dit: dans le doute abstiens toi ! Il est pénible de voir un pilote qui se fait traîner par les événements, qui se laisse convaincre de partir par ses passagers, et qui accorde de la valeur aux avis non compétents. Les décisions doivent êtres prises avec l'esprit complètement libre, avec le maximum de calme et dans l'autonomie la plus complète. On doit toujours avoir présent à l'esprit que l'envie inconsciente de partir ou de rentrer chez soi a coûté un nombre important de vies humaines.

La "loi de Murphy". A l'occasion des accidents aéronautiques en entend souvent citer la prétendue "loi de Murphy". Ce nom ronflant fait référence à une règle empirique simpliste du monde de la technique qui dit que "si quelque chose peut arriver, cela arrivera tôt ou tard" (elle est souvent citée en anglais par ceux qui opèrent dans l'aéronautique ou le nucléaire : *If something may happen, it will*). En d'autres termes: "si quelque chose peut être imaginé, projeté, construit, utilisé ou mené de façon erronée, tôt ou tard il le sera". Le train rentrant, par exemple, est une splendide invention, mais il peut être en position rentré quand il devrait être sorti et il arrive qu'on oublie de le sortir pour l'atterrissage, en parfait accord avec la loi de Murphy. La seule solution pour être sûr d'éviter cet inconvénient est le train fixe, toujours sorti. Une calculette à pile, pour donner un autre exemple, peut se trouver à court d'énergie au moment où l'on doit

L'appareil du major Harold M. Clark à la fin de sa première traversée entre les îles Hawaii. Parti de l'île de Maui, Clark entra dans les nuages près des côtes d'Hawaii, et perdit le contrôle de son appareil. Le pilote et son mécanicien ne furent pas blessés et, arrosés d'essence, ils errèrent pendant plusieurs jours dans la forêt, jusqu'à ce qu'ils aient été secourus.

Aristide Cappelletti

A gauche, Cessna C172XP crashé sur une rive. L'avion a décroché et est entré en vrille à basse altitude après le décollage, avec un vent de 40 KTS. A droite, Cessna C150 tombé dans un bois sur une montagne. Le pilote volait dans une petite vallée qui commençait à être de plus en plus haute et étroite, jusqu'à ce que l'appareil décroche. Les six personnes occupant ces deux appareils n'ont eu aucune blessure, merci à la présence des flotteurs. Dans les deux cas, les flotteurs ont absorbé la majorité de l'énergie des crash.

effectuer un calcul et tôt ou tard cela se produira. Une règle à calcul, qui fonctionne sans piles, est la solution au problème.

Dans la réalité on accepte de nombreuses situations qui défient la loi de Murphy, mais pour lesquelles le risque est extrêmement bas. On accepte, par exemple, que dans quelques cas le pilote atterrisse sans le train, mais que dans la majorité des vols on puisse obtenir une diminution de la traînée grâce au train rentrant. Tous les pilotes volent volontiers même s'il existe une probabilité minime qu'il se produise un accident et, en réalité, les risques en vol sont plus faibles que dans le déroulement de beaucoup d'activités normales, comme circuler en ville, à vélo ou repasser une chemise avec un vieux fer à repasser.

La loi de Murphy, dont l'énoncé est bien banal, a toutefois le mérite de mettre en évidence qu'une part de risque accompagne n'importe quelle activité, décision ou action et qu'en conséquence, pour autant qu'on en ait la faculté, on doit réduire au minimum toutes les causes de risque possibles. En d'autres termes : étant donné qu'une part de risque ne peut être éliminée, on doit éviter de l'aggraver par légèreté.

Les risques inutiles. Parfois les accidents se produisent parce que l'on court des risques inutiles. Par exemple on appareille d'un ponton avec du vent et sans assistance, sans s'être assuré à lui avec un bout, uniquement parce qu'on ne veut pas abandonner ce même bout après le démarrage du moteur. Ou bien on arrive sur une rive sans avoir la certitude qu'il n'y a pas d'obstacles submergés uniquement parce qu'on ne veut pas mouiller ses chaussures ou son pantalon en laissant l'appareil quelques mètres au large. Pour donner un autre exemple, il peut arriver qu'on ait oublié l'ancre et qu'on ne s'en procure pas une au cours du voyage, pensant pouvoir s'en passer. Si par hasard le besoin s'en présentait, on se trouverait privé d'un équipement essentiel.

La sécurité n'est pas toujours une questions de matériel mais d'organisation. Si par exemple on doit débarquer ou embarquer quelqu'un sur une rive inconnue, on peut décider d'aller à l'aventure en considérant que de toute façon on accostera, comme on l'a fait de nombreuses fois auparavant. On peut au contraire minimiser les risques en appelant le centre nautique le plus proche, ou un opérateur professionnel, pour obtenir toutes les informations concernant la rive de la zone en question et, en cas de doute, demander une barque pour effectuer le transbordement. Une fois sur place, la mission accomplie grâce à la barque d'assistance, on peut étudier tranquillement les possibilités d'accostage, ainsi la prochaine fois on pourra y aller à coup sûr.

On pourrait continuer avec une infinité d'exemples, mais la règle générale suivante s'impose : on n'économise pas l'argent et l'énergie quand sont en jeu l'intégrité de l'appareil ou la sécurité des personnes, en considérant que souvent la limitation des risques peut coûter un infime effort logistique ou un investissement égal à un deux cent millième de la valeur de l'appareil utilisé.

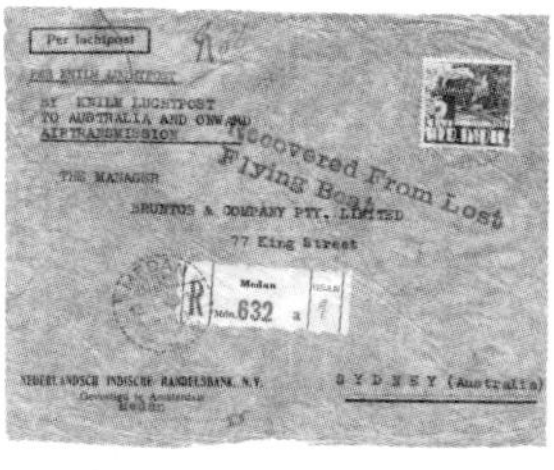

Enveloppe récupéré d'un hydravion accidenté, en 1940, appartenant à la compagnie néerlandaise KNILM, volant de Medan (Indes orientales néerlandaises) à l'Australie.

C172 - F

Quelques informations au sujet de la sécurité des passagers

L'hydravion est la machine volante la plus sûre

Dans le cas d'une panne moteur ou tout autre situation d'urgence quand on survole l'eau, l'hydravion peut se poser en toute sécurité, comme s'il s'agissait d'une opération normale.

Dans le cas d'une panne moteur ou tout autre situation d'urgence quand on survole la terre, l'hydravion peut atterrir en toute sécurité sur n'importe quel surface en terre, gazonnée ou revêtue sans aucun problème.

Dans le cas d'un impact avec l'eau ou le sol, l'hydravion offre beaucoup plus de protections aux passagers qu'un avion terrestre.

Hélice.
- Ne jamais toucher à l'hélice. Restez loin d'une hélice en rotation.

Déplacements sur les flotteurs et les échelles.
- Entrez et sortez d'un appareil avec précautions pour ne pas glisser, en particulier sur les surfaces mouillées.

Issues.
- L'appareil a deux portes d'accès et une plus petite pour le compartiment à bagages.
- Observez la position des poignées d'ouverture et pratiquez l'ouverture et la fermeture de celles-ci.
- Soyez préparés à casser les vitres avec les pieds.
- Ne pas sortir de la cabine si l'appareil est en mouvement.

Ceintures.
- Les ceintures doivent être bouclées pendant les manœuvres de décollage et d'amerrissage, mais il est préférable de les maintenir bouclées durant tout le vol. Après l'amerrissage, pendant la navigation jaugée, débouclez les ceintures. Les ceintures ne doivent être ni trop lâches, ni trop serrées. Utilisez le harnais d'épaules.
- Le levier d'ouverture de la boucle doit être sur le ventre et vers l'extérieur, de façon à être facile à ouvrir.
- Bouclez et débouclez votre ceinture plusieurs fois pour vous familiariser à son fonctionnement.

Gilet de sauvetage.
- Le gilet de sauvetage se gonfle en tirant sur les deux embouts rouges.
- Vous pouvez les gonfler également en soufflant directement dans la pipette. Ne jamais gonfler le gilet à l'intérieur de l'appareil. Faite-le seulement à l'extérieur.

Commandes.
- Ne toucher pas, pour quelques raisons que se soit, les commandes sans y être autorisé par le pilote.
- Si vous êtes assis sur un siège avant, faite attention de ne pas toucher de boutons, pédales ou leviers.
- Ne prenez pas avec vous d'objets volumineux, pouvant gêner le débattement des manches ou des volants.

Décollage, approche et amerrissage.
Durant le décollage, l'approche et l'amerrissage, vous ne devez pas:
- déranger le pilote;
- vous déplacer (un déplacement de votre corps
- change le centrage de l'appareil).

Il est interdit de fumer dans l'avion

Extincteur.
- L'extincteur est situé sous le siège avant gauche.

Information au pilote.
Vous devez informer le pilote immédiatement pour:
- tout ce qui vous parait anormale;
- la présence d'autres avions dans les environs
- que l'on présume que le pilote n'a pas vu.

Accident.
En cas d'accident quittez l'appareil aussitôt que possible et restez-en éloigné.
- Une balise de détresse (ELT, une petite boite jaune ou orange avec une antenne) est présente à bord. Pour l'activer, tournez le bouton sur la position «ON».

Capotage.
Dans des cas très rares l'appareil peut capoter. Si on reste calmes les conséquences peuvent être limitées à un bain indésirable.
Quand l'appareil est immobilisé, réorientez vous (pensez où se trouve la sortie de la cabine).
- Ne gonflez pas votre gilet pour le moment.
- Ouvrez la porte ou une fenêtre (un effort est nécessaire à cause de la pression extérieure de l'eau)

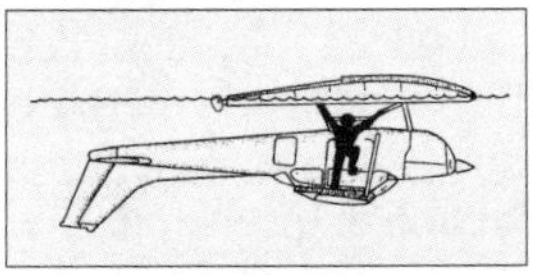

- Débouclez votre ceinture et aidez autres personnes à le faire
- Sortez de la cabine, nagez vers la surface en gardant une main au dessus de la tête pour se protéger du contact avec la mâture ou le pont d'un flotteur.

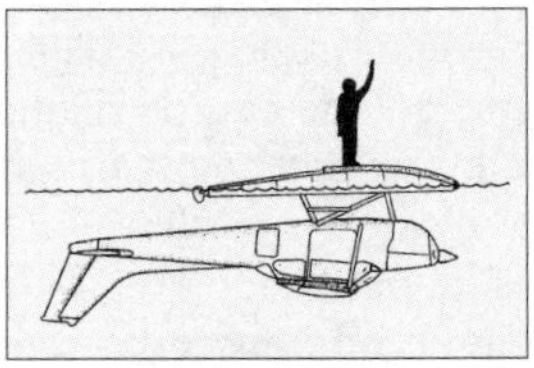

- Une fois à la surface, montez sur un flotteur et établissez une communication avec les autres en criant.

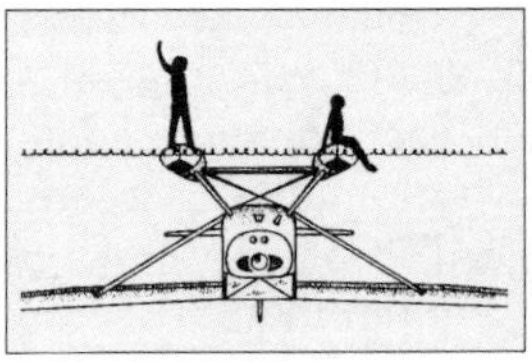

- Vous pouvez maintenant gonfler votre gilet.
- Placez vous sur les flotteurs (l'appareil restera à flot pour longtemps).
- Faite des signaux pour demander de l'aide.

Informations

Le pilote sera heureux de vous informer sur tous les aspects de votre vol et de votre sécurité.

AERO CLUB COMO - Como (Italie) - Tel. +39 031 574495 - www.aeroclubcomo.com - VHF 121.005

Briefing aux passagers

Beaucoup d'accidents n'ont pas eu de conséquences pour le pilote, mais en ont eu, parfois tragiques, pour les passagers. Ces derniers, à la différence du pilote, se trouvent dans un environnement inconnu. Si quelque chose va de travers, comme dans le cas d'un capotage, un passager peut facilement paniquer ou, même s'il reste calme, peut être complètement désorienté. Par exemple il peut ne pas se rendre compte que sa ceinture est attachée ou ne pas savoir la détacher, ne pas reconnaître où sont le haut et le bas, ne pas trouver la porte de sortie ou la poignée pour l'ouvrir ou ne pas savoir l'actionner. Dans sa précipitation il peut gonfler son gilet avant d'être sorti de la cabine ou bien se précipiter hors de l'appareil vers l'hélice encore en mouvement. Quelques situations typiques à risques pour les passagers sont décrites à la rubrique "Capotage", dans d'autres parties de ce livre.
Ce qui est sûr, c'est que pour opérer en sécurité on devrait faire un briefing approfondi aux passagers qui montent pour la première fois en hydravion, comme pour n'importe quel autre aéronef.

Le pilote ou l'exploitant de l'appareil décourage parfois le passager s'il lui fait un briefing trop soigné. En effet, on doit trouver un juste milieu entre la nécessité de fournir les informations essentielles et ne pas effrayer inutilement le passager. L'auteur a préparé des plaquettes pour les avions de l'Aéro Club de Côme, qui sont remises aux passagers. Elles contiennent toutes les informations qu'il est bon que le passager connaisse, mais en cherchent aussi à renforcer la confiance en ce qui est en fait l'aéronef le plus sûr.

On a présenté ici une idée de ce qui doit être donné comme informations aux passagers avant le vol au sujet de la sécurité. Ceci n'est pas une obligation réglementaire, mais est considéré comme une nécessité par les pilotes responsables.

C'est également nécessaire dans notre société litigieuse. Imaginez, un instant, ce qu'un juge vous dira au cas ou un de vos passagers périsse à la suite d'un accident parce qu'il n'aura pas pût évacuer l'appareil! Sachez que cette notion apparaît dans des rapports d'accidents du Bureau de la Sécurité des Transports Canadien.

Deux possibilités d'atterrissage en haute montagne, où les appareils ne subiront pas de dégât, mais devront être récupérés par hélicoptère. Dessus, un petit lac artificiel près de Saint Moritz (Suisse), à 11.000 ft. En bas, un altiport sur un col alpin, à 8500 ft, normalement utilisé par des Piper PA18 sur skis.

Panne moteur

Il est recommandé que le lecteur revoie la section traitant du décollage et de la montée en sécurité à la fin du chapitre 9.

Au décollage. C'est l'éventualité la plus grave avec un avion terrestre, mais c'est presque toujours un incident mineur avec un hydravion, au point de constituer un exercice normal dans les cours de pilotage. En fait, si on vole au dessus de l'eau, la situation se résout avec un amerrissage normal. Si le moteur s'arrête dans cette phase du vol où on est à basse vitesse, on doit être prêt à mettre du manche en avant très rapidement et à prendre à coup sûr l'assiette correcte de descente. Un léger retard peut provoquer un décrochage, une assiette incorrecte peut également provoquer le décrochage ou le retour sur la surface avec un taux de descente élevé ou une assiette incorrecte.

La panne moteur au décollage n'est vraiment critique que lorsqu'on décolle vers la rive et que l'on passe la côte juste après l'envol ou lorsqu'on décolle d'un fleuve entre deux ponts ou plus généralement, chaque fois qu'on ne se trouve plus au-dessus de l'eau mais de la terre. Pour cette raison, il est toujours préférable d'avoir de l'espace sur le plan d'eau devant soi et pas uniquement celui nécessaire au décollage. L'unique

problème de la panne moteur au décollage en hydravion, si on est au dessus de l'eau, est de nature psychologique. Si on ne s'y attend pas, on peut mal réagir, effectuer incorrectement l'amerrissage inévitable et endommager l'appareil. Il faut donc être prêt à la panne moteur après chaque décollage, pour ne pas être pris à l'improviste.
En croisière. Les problèmes sont les mêmes que pour les autres types d'aéronef, avec deux avantages. Le premier est que s'il y a un plan d'eau que l'on peut rejoindre en vol plané la situation se solde par un amerrissage normal. Pour cette raison, les routes adoptées par les pilotes d'hydravion suivent souvent les côtes, les fleuves, les canaux et autres plans d'eau, comme indiqué au chapitre sur le vol et la navigation. Le second avantage est que si l'on doit atterrir, c'est-à-dire se poser dans un pré ou sur la terre, on risque beaucoup moins qu'avec un avion terrestre (voir "L'atterrissage"). Si le moteur s'arrête au-dessus de l'eau, surtout en pleine mer, on doit essayer d'amerrir près d'une embarcation. Si la mer est agitée et qu'un champ est accessible, il vaut probablement mieux atterrir qu'amerrir.
A l'amerrissage. La panne moteur dans cette phase du vol est souvent due à une erreur du pilote: givrage carburateur pour avoir oublié le réchauffage, gestion erronée des réservoirs, avarie due à un refroidissement excessif après une descente prolongée, ou encore bourde comme tirer la manette de mélange au lieu de tirer le réchauffage carburateur ou la manette des gaz, erreurs qui ne sont pas aussi rares qu'on pourrait le penser. Si l'on se trouve déjà en approche, il suffit de continuer et d'effectuer un amerrissage normal sans moteur.
Pour éviter les conséquences dramatiques d'une panne au-dessus de la terre on ne doit pas effectuer d'approches "basses" lorsqu'on amerrit vers le large, dans le but de toucher près de la rive et d'avoir peu de distance à parcourir en circulation à flot. L'unique manœuvre sûre est de rejoindre en altitude et en croisière la verticale de l'aire d'amerrissage, de spiraler en descente et d'effectuer un circuit pour l'amerrissage qui donne toujours la possibilité de rejoindre l'eau, même avec le moteur en panne. Pour résumer, il est toujours bon d'éviter de survoler les zones habitées à basse altitude avant l'amerrissage.
Sur une surface en miroir. La panne moteur sur une surface en miroir est critique, car on ne peut pas utiliser la technique appropriée et on est contraint à l'impact sur la surface avec un taux de descente ou une vitesse nettement supérieurs à la normale ou avec une assiette incorrecte. La situation est particulièrement dramatique si on se trouve au milieu d'un grand bassin. Dans ce cas, on doit jeter par dessus bord tout ce qui est jetable pour agiter l'eau et pour avoir quelques objets flottants qui matérialisent la surface. Les choses se passent mieux si on opère sur un fleuve étroit ou si on peut amerrir parallèlement et très près d'une berge, en espérant que celle-ci, au dernier moment, fournira une indication de la présence de la surface. En conditions de miroir extrême, dans lesquelles à la surface plate s'ajoute une atmosphère qui donne lieu à l'effet de *white out*, il vaut certainement mieux opter, si possible, pour un atterrissage de fortune.

Moteur qui ne démarre pas

Le moteur qui ne démarre pas pose problème si on utilise un avion terrestre, mais peut impliquer de sérieuses difficultés avec un hydravion. Un appareil qui se trouve sur l'eau est sujet aux mouvement non désirés provoqués par le vent ou le courant, spécialement au moment du départ où les amarres ont probablement été larguées. Pour le pilote hydro, la mise en route du moteur est souvent un facteur d'appréhension.
La règle fondamentale est la suivante: garder toujours la possibilité de ré-accoster le ponton, la rive, la bouée ou n'importe quel autre point fixe tant que le moteur n'est pas démarré. En d'autres termes, si le moteur n'est pas encore démarré, l'éventuel assistant au ponton ne doit pas laisser l'appareil livré à lui même, le pilote doit toujours être prêt à sauter sur la rive, à lancer un bout à quelqu'un ou à utiliser la gaffe. S'il y a du vent ou du courant, on doit tenir l'appareil amarré à la rive avec un bout que l'on abandonnera ou qu'on récupérera rapidement une fois le moteur démarré.
L'imprévu est toutefois aux aguets et tout pilote ayant un peu d'expérience se souvient certainement de situations dramatiques dues au démarrage manqué du moteur. L'auteur, par exemple, se rappelle s'être jeté à l'eau tout habillé, sous un climat pas vraiment tropical, pour rejoindre la rive et bloquer l'appareil qui allait finir la queue contre les obstacles, poussé par un vent d'une quinzaine de nœuds. Dale De Remer suggère d'avoir toujours une ancre à portée de main, par exemple sous son siège, fixée sur un bout d'une vingtaine de mètres. Dans un cas comme celui qu'on vient de décrire, elle constitue la dernière, mais très importante, option qui s'offre au pilote.
Démarrage des moteurs à injection. Certains pilotes d'hydravion n'aiment pas les moteurs à injection car ils sont plus difficiles à démarrer à chaud. Si la cause du démarrage manqué est la présence de vapeurs d'essence, on peut tirer complètement la commande de mélange et actionner la pompe à essence électrique pendant une trentaine de secondes. De cette façon, l'essence surchauffée contenant de la vapeur est éliminée et remplacée par de l'essence plus froide, qui

reste liquide. Dès qu'on arrête la pompe électrique, on tente à nouveau un démarrage.

Une autre méthode, suggérée par Murray Randall, valable pour les appareils équipés d'un débitmètre, consiste à déterminer une fois pour toutes le temps qui s'écoule entre le passage de l'essence au capteur du débitmètre, c'est-à-dire entre le moment où le débitmètre donne une indication et l'arrivée de l'essence au distributeur de carburant aux injecteurs, évidemment avec la pompe électrique en action. Quand on veut démarrer le moteur, on actionne la pompe électrique jusqu'à ce que le débitmètre donne une indication puis pour le temps déterminé précédemment. A titre d'exemple, Randall suggère pour le Lake LA-4-200 équipé d'un débitmètre Hoskins un temps de 2 secondes. Avec cette méthode on est sûr que l'essence est présente, mais que le moteur n'est pas noyé. Le temps dont on a parlé dépend du point du circuit d'alimentation où est installé le capteur du débitmètre et peut varier selon les modèles. Toutefois – il est bon de le répéter – la mesure une fois effectuée est toujours valable pour cet appareil. Ce génial expédient se base sur le fait que le débitmètre fournit une indication immédiate du passage du carburant, mais ne réagit pas au passage de la vapeur.

Démarrage du moteur à la main

Quand le moteur ne part pas pour des raisons électriques, il est possible de le démarrer à la main, mais seulement si on utilise un petit hydravion équipé d'un moteur à carburateur et de magnétos à déclic. Il est inutile de dire que l'opération présente certains risques, surtout quand elle est effectuée occasionnellement, mais peut être utile en cas d'avarie de l'installation électrique. L'hélice sera brassée de l'arrière, en étant sur le flotteur droit et en se tenant fermement au hauban, à une poignée ou à un bout opportunément placé. L'important est d'être sûr de ne pas tomber en avant après l'impulsion donnée à l'hélice. L'impulsion sera donnée de façon franche en appuyant la main, de préférence avec un gant, à 10-15 cm de l'extrémité de l'hélice et en se laissant tomber vers le bas, de façon à profiter de tout le poids du corps et pas seulement de la force du bras. Si l'appareil n'est pas assuré avec un ou plusieurs bouts au ponton (éventuellement uniquement au taquet arrière) on doit éviter le risque qu'il puisse s'échapper et aller à la dérive avec le moteur en marche et sans pilote à bord, ce qui est survenu de nombreuses fois sur les avions terrestres avec de dramatiques conséquences. Pour éviter cela, on effectue le démarrage manuel avec le robinet d'essence fermé. Quand le pilote monte à bord, il peut le rouvrir en toute tranquillité; si l'appareil venait à partir seul, il s'arrêterait rapidement.

Luigi Fara

Un Lake de retour à la base par hélicoptère, après un atterrissage sur une piste trop courte pour pouvoir en redécoller. Notez les spoilers en bois sur les ailes pour casser la portance des ailes pendant le vol de transfère. Le train est resté sorti.

Luigi Fara

Moteur qui ne veut pas s'arrêter

Le moteur s'arrête normalement en tirant à fond de course – c'est-à-dire en position "plein pauvre" – la manette de réglage du mélange. Si la vanne de mélange est défectueuse, on a une alimentation même en position "plein pauvre" et le moteur ne s'arrête pas. Le cas est plutôt grave car il n'y a pas moyen d'arrêter un appareil qui se déplace sur l'eau. En outre, cela survient généralement quand on est très près de la rive, avec des possibilités restreintes de changer de route et souvent avec des personnes sur cette même rive.

Dans un cas semblable, on doit garder son sang froid et agir simultanément pour obtenir les résultats suivants :

- arrêter le moteur;
- diriger l'appareil dans une direction telle qu'elle minimise le risque pour les personnes éventuellement présentes sur la rive et l'endommagement de l'appareil.

Pour arrêter le moteur, on peut avant tout fermer le robinet d'essence, mais l'effet désiré se produit trop

longtemps après l'action. Plus immédiate est la mise à la masse des magnétos qui, en elle même, ne garantit pas l'arrêt du moteur. La procédure classique consiste à couper les magnétos et tirer la manette des gaz complètement en arrière, ce qui produit un mélange air essence incombustible parce que trop pauvre. Dans tous les cas, il est prudent de fermer aussi le robinet d'essence.
En ce qui concerne la trajectoire de l'appareil, on doit essayer, si possible, de virer vers le large, pour ensuite se rapprocher de la rive à la pagaie, moteur arrêté. Si la rive est en pente ou s'il y a une rampe, on peut se diriger vers elle pour s'échouer doucement. On peut aussi se diriger vers le quai ou le ponton en prenant le risque d'un choc léger. On ne doit jamais se diriger vers des personnes, même au prix de dégâts pour l'appareil.
Les assistants éventuels ou autres personnes à terre doivent s'éloigner de l'hélice en mouvement qui s'approche, en se jetant à l'eau s'il le faut. L'assistant à terre peut éventuellement pousser l'appareil pour favoriser son virage vers le large, une rive ou une rampe, mais uniquement sur des parties éloignées de l'hélice, par exemple en poussant l'extrémité de l'aile ou une partie de l'empennage.

Avarie en brousse

Se retrouver sur une rive avec une partie de l'appareil endommagée, un flotteur troué ou la batterie à plat n'est pas une situation dangereuse, mais très ennuyeuse, et dans laquelle il y a fort à faire. Si la réparation est possible sur place, on doit faire venir le spécialiste avec l'équipement nécessaire; mais la chose est souvent impossible dans l'immédiat. Il faut alors tout mettre en place pour faire passer la nuit dehors à l'appareil: amarrage, surveillance, etc. Dans le cas où la réparation n'est pas possible et si l'appareil le permet, on doit le déplacer à flot, ou le remorquer avec une barque jusqu'à un endroit doté de l'infrastructure nécessaire ou jusqu'à la base de départ. Dans certains cas il est nécessaire de démonter l'appareil et de le ramener à la base en camion.
Une solution spectaculaire est le transport en hélicoptère: méthode très rapide et efficace, même si elle est coûteuse.
Pour éviter toutes ces éventualités, il vaut mieux les prévenir. Il est par exemple préférable de bien évaluer la situation et l'état de la batterie avant de couper le moteur au milieu d'un plan d'eau, surtout si on ne voit pas d'embarcation qui, en cas d'impossibilité de redémarrer, pourrait apporter de l'aide. Beaucoup de petits – et grands – problèmes peuvent être résolus si on pense à emmener avec soi un peu d'outillage et quelques accessoires. Dans les chapitres sur l'organisation d'une expédition et de la maintenance sont donnés la liste de tout le matériel qui peut servir dans différentes situations, liste dans laquelle on peut choisir ce dont il est opportun de se doter pour le vol prévu.

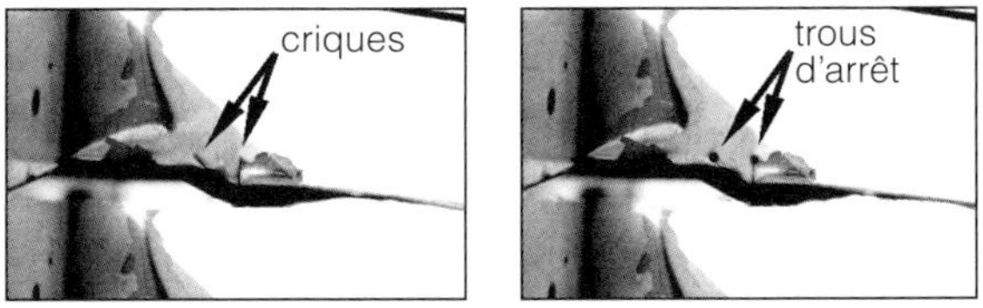

Le pilote de brousse doit faire attention à tous défauts lors de toutes visites pré-vol, mais aussi capable d'effectuer de petites réparations. Par exemple, les criques sont le genre de problèmes qui peuvent être limités par un petit trou d'arrêt, en attendant qu'une réparation définitive puisse être effectuée.

Une planche posée sur l'avant des flotteurs facilite les opérations de dépannage à flot.

Il est également utile de savoir effectuer toute la maintenance quotidienne de l'appareil et les petites réparations relatives aux flotteurs et à l'entoilage, tandis qu'il faut bien se garder de toucher à ce qui demande une formation spécifique. Les petites avaries peuvent être brillamment réparées avec un minimum d'imagination. L'unique vrai danger d'une avarie ou d'une rupture, quand on se trouve au sol, est celui de la sous-évaluer et de repartir sans trop y penser. Si par exemple on a une gouverne arrière endommagée, mais qui fonctionne, on peut être tenté de reprendre le vol. C'est un choix hasardeux si l'on n'a pas minutieusement vérifié les charnières et les parties concernées, éventuellement avec un liquide pénétrant ou par d'autres méthodes. Une charnière qui peut sembler en bon état à première vue peut céder après quelques minutes de vol, avec des conséquences désastreuses. Dans tous les cas, une réparation de fortune doit impérativement être revue par un spécialiste. Elle ne doit servir qu'à rapatrier l'appareil sur la base la plus proche.

Levage de l'appareil

Quand on se trouve loin de la base, il peut arriver que l'on doive lever l'appareil qui se trouve sur le terrain, par exemple pour effectuer une petite réparation sur le dessous d'un flotteur. L'opération peut être conduite grâce à un certain nombre de planchettes de bois de 2 x 15 x 30 cm ou similaires. Elles seront empilées une par une sous les flotteurs levés alternativement par la pointe et la queue, comme illustré sur la figure. Les deux piles doivent se trouver près du centre de gravité, ou bien dans la zone du redan et pas beaucoup plus en avant, de façon à minimiser les efforts pour incliner l'appareil en avant et en arrière. Il est préférable que les piles soient en correspondance avec des cloisons des flotteurs. Une fois l'appareil soulevé, il est bon de disposer une bûche de bois sous les extrémités des flotteurs, pour rendre l'appareil stable. Avec cette méthode on peut soulever un hydravion léger de 10 à 20 cm en quelques minutes. Elle peut aussi être adoptée pour mettre un appareil au sol sur un chariot de halage.

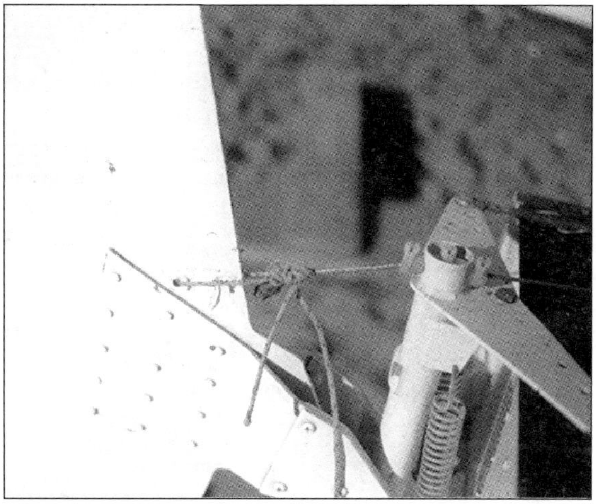

Exemple de réparation simple pour résoudre un problème. Ici le câble de relevage d'un safran s'est cassé juste après l'amerrissage. Le pilote réfléchissait au problème quand un vieux pêcheur trouvât un bout de corde sur le sol et en quelques secondes reconnectant le safran de façon à pouvoir rentrer à la base.

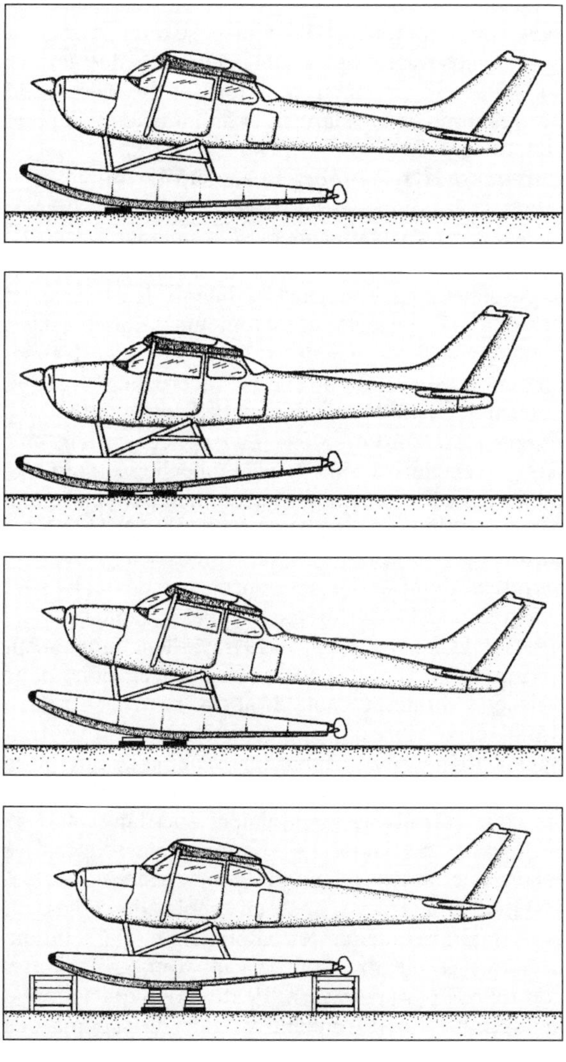

Une façon de lever un appareil sans aucune infrastructure.

Avarie des commandes

Les avaries de commandes de vol sont rarissimes et demandent une grande expérience pour être affrontées efficacement. On mentionne ci-dessous seulement trois avaries légères et relativement fréquentes.

Manette de gaz

Le dispositif de serrage de la manette des gaz est souvent usé et celle-ci ne tient pas bien en place. Il arrive ainsi qu'au décollage, à cause des vibrations, la manette revienne lentement en arrière, provoquant une réduction progressive de la puissance à laquelle le pilote inexpérimenté ne sait pas réagir. Il est donc conseillé de garder la main sur la manette au moins jusqu'à ce qu'on se trouve en montée stabilisée.

Trim

La commande du trim avec transmission par câble peut ne pas actionner le tab. Si cela se produit parce que le câble est détendu, on peut tenter la procédure suivante: on adopte une vitesse très basse et on actionne le trim dans le sens désiré, en essayant de deviner la position correcte. On reprend ensuite la vitesse et l'assiette désirée, en évaluant si le trim à bougé et de combien. S'il a bougé, on arrive en général après quelques ajustements au réglage correct. Cette procédure fonctionne quand la réduction de vitesse diminue de beaucoup les forces agissant sur le tab et donc la résistance de celui-ci au déplacement.

Safrans

Câble rompu. Le câble qui actionne les safrans peut se rompre et cela se produit habituellement près de la poignée. Dans ce cas, on peut en enrouler un morceau sur un objet et demander à un passager de le maintenir tiré – c'est-à-dire de garder les safrans levés – pendant la course de décollage et d'amerrissage, et les laisser abaissés en vol. Si le câble est rompu près d'un safran, on peut effectuer une réparation de fortune avec une garcette de Nylon, comme illustré sur la photo. Si on est en circulation à flot et que les safrans sont détériorés ou inopérants et qu'on dispose d'un passager à bord disposé à se mouiller, on peut envoyer ce dernier sur la queue d'un flotteur et lui faire utiliser la rame du bord comme gouvernail, en la fixant éventuellement au taquet arrière.

La porte peut être maintenue fermée de cette façon, si le système de verrouillage est cassé (un couteau était à porté de main en cas de nécessité). Incidemment, à l'arrière plan on peut voir Helmut Meyer, qui a fait un vol autour du monde avec son Lake Renegade en 1993 et l'auteur.

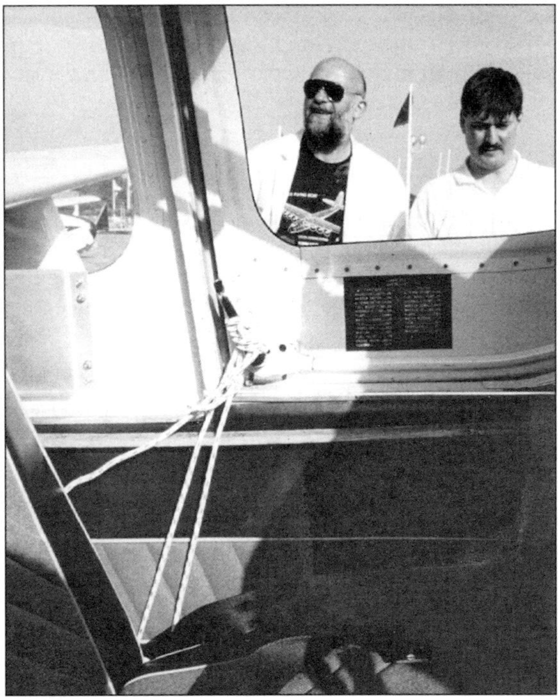

Pascal Parpaite

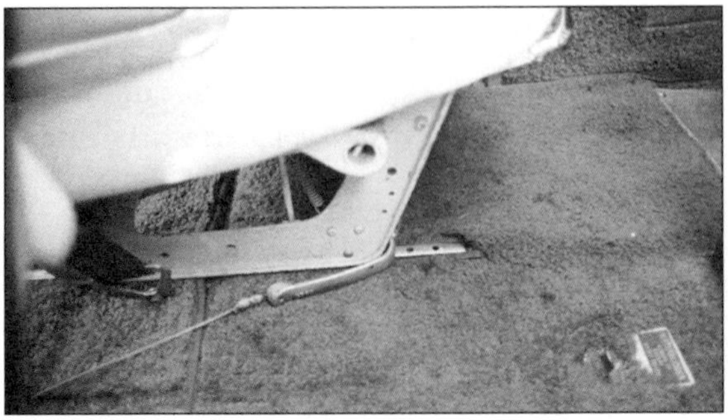

Le pilote relâche la poignée de relevage des safrans, mais celle-ci peut se coincer dans un rail de siège. L'appareil est un Cessna C172. Ce problème peut être évité en accompagnant la poignée jusqu'à la fin de sa course.

Poignée qui se coince. Beaucoup de pilotes décrochent la poignée des safrans et la laissent filer en arrière sans l'accompagner. Si la poignée est en L, comme c'est le cas sur certains appareils, elle peut s'accrocher sous le siège et maintenir des safrans en position presque haute. Il est toujours préférable d'accompagner la poignée des safrans à fond de course, on peut ainsi vérifier qu'elle ne s'accroche pas et que la tension du câble est toujours celle qu'on attend.

Poignée qui bloque le siège. La poignée peut s'insérer dans le mécanisme du siège et empêcher son mouvement. Un autre raison pour accompagner la poignée des safrans à fond de course.

Câble de commande cassé. Toutes les gouvernes aérodynamiques sont actionnées par des câbles, il y a trois câbles de direction appelés câble gauche, droit, et de balance. Ces câbles travaillent uniquement à la traction, ils ne peuvent pas pousser, donc pour tourner à droite, le câble droit tire un des safrans à droite, et le câble de balance actionne l'autre safran dans le même sens. Un basique schéma du circuit de commande aide à comprendre que si un câble casse, les deux safrans ne fonctionnent que dans un sens. Si le câble de balance s'est rompu, un seul safran fonctionne mais les deux directions restent possible. Habituellement il y a deux ensembles de câbles, un qui est commandé par les palonniers et qui actionne la gouverne de direction de l'appareil, et un autre, commandé par la gouverne de direction qui actionne les safrans. En raisonnant à l'aide du schéma des deux circuits de commande, la conclusion en est que la description précédente est correcte à l'exception que, si le câble de balance de la gouverne de direction casse, les deux safrans seront libres de tourner, mais seulement dans une direction. L'effet visible est que, si un câble casse dans la chaîne de commande, celle-ci en sera obligatoirement affectée.

Safran qui se bloque. Sur les appareils où le safran entre et sort de la gouverne de direction, tel que le Lake, une déformation peut empêcher la sortie de celui-ci une fois qu'il a été rentré. Dans ce cas, le levier de commande peut être placé en position sorti, mais le câble est mou et le safran reste en position haute. Dans les cas les moins graves, on règle le problème en actionnant la commande par à coups et en donnant quelques coups de palonnier.

Cessna 172 détruit par un incendie à la suite d'un foudroiement.

Si on sait qu'il y a des problèmes de safran et qu'il faudra accoster entre des obstacles avec un vent de travers éventuel, il est peut être préférable de laisser le safran sorti avant le décollage. Il peut s'endommager ultérieurement, mais on est au moins sûr d'en disposer pour le prochain accostage.

Incendie

L'incendie est l'un des plus graves incidents qui puissent se produire. S'il se produit en vol, on l'affronte en appliquant les procédures spécifiées dans le manuel de vol, similaires pour tous les appareils. L'incendie au sol demande une intervention immédiate avec des extincteurs, du sable ou des couvertures mouillées. L'incendie à flot est peu réjouissant: il implique l'abandon de l'appareil. L'éventuelle présence de carburant qui brûle sur la surface contraint à quitter la zone en nageant sous l'eau.

Phénomènes de résonance

Les appareils à flotteurs sont souvent des avions terrestres convertis en hydravion. Ils ont une structure plutôt complexe qui relie le fuselage aux flotteurs, en outre, ils opèrent sur une surface aux caractéristiques très variables. Il peut donc arriver, si l'appareil n'est pas en très bon état, qu'une sollicitation périodique de la surface, par exemple une certaine ondulation

Le Savoia Marchetti S55 de De Pinedo incendié complètement en quelques minutes sur le lac Roosevelt (USA), en 1927. Le feu a pris à cause d'une cigarette jetée aux abords de l'appareil en cours d'avitaillement par un jeune aide. De Pinedo poursuivit son voyage de retour vers l'Italie avec un autre S55, acheminé d'Italie par bateau.

Kent Purpura - J. J. Frey via SPA

Projection d'embruns dans les hélices d'un Grumman turbine Goose.

de la surface, fasse entrer en résonance des parties de la structure. Le phénomène peut être constaté visuellement, s'il est important et concerne une partie visible, ou bien peut être perçu comme une vibration d'intensité croissante.
Les phénomènes de résonance sont rares (en théorie il ne devrait jamais y en avoir), mais lorsqu'ils apparaissent ils peuvent provoquer le démantèlement de la structure concernée en quelques secondes. Si le phénomène apparaît, on doit intervenir immédiatement en changeant la situation, de n'importe quelle façon, pour changer la période des sollicitations sur l'appareil. Si par exemple on hydroplane sur les vagues, on doit tout de suite réduire la puissance, changer d'assiette et infléchir la trajectoire par rapport aux vagues par une embardée. La chose sera ensuite signalée au mécanicien.
Il est arrivé à l'auteur un fait de ce genre avec un Cessna 185 amphibie. Une ondulation régulière de la surface à commencé à faire vibrer le renfort en V au-dessus du tableau de bord à une fréquence de 2 ou 3 cycles par seconde, conséquence d'un phénomène plus général qui concernait les ailes et peut être d'autres parties de la structure de l'appareil. En 3 ou 4 secondes le phénomène s'est développé au point de faire vibrer tout l'appareil. Il cessa dès que la trajectoire fut modifiée.

Joints qui ne tiennent pas

Un des petits problèmes que l'on rencontre sur les amphibies à coque centrale est l'infiltration possible d'eau en cabine durant la navigation à flot. Les appareils sujets à cet inconvénient sont ceux de petite taille qui ont des ouvertures, portières et verrières à l'avant de la cabine. Si ces ouvertures ne sont pas fermées ou si les joints ne tiennent pas bien, il peut arriver que de l'eau pénètre. Par exemple avec le Lake, quand une vague submerge l'appareil en circulation jaugée ou en descendant du redan, l'eau peut entrer et ruisseler sur tout le tableau de bord, "rinçant" tous les instruments et les radios. Il est donc bon de vérifier les joints et ne pas opérer verrières ouvertes en présence de vagues. Il est aussi conseillé d'avoir toujours à portée de main quelques chiffons pour endiguer l'eau qui rentre et essuyer les parties mouillées.
Il peut s'ajouter encore à ce problème un risque de formation de buée sur le pare brise. Pour les Lake, il existe en option de petits déflecteurs en forme de cornières qui se montent devant le pare-brise sur le fuselage. Ces cornières devient les embruns lors de la montée sur le redan et limitent les infiltrations d'eau.

Corrosion

La corrosion est le grand ennemi de tout ce qui se trouve dans l'eau, surtout si celle-ci est salée. Pour cette raison, les constructeurs prévoient un revêtement "anticorrosion" sur toutes les parties métalliques des hydravions. Il est très efficace, au point qu'aujourd'hui volent encore, et sans problèmes, des appareils qui ont été utilisés pendant 40 ans en mer.
Quelques précautions sont néanmoins nécessaires, surtout lorsqu'on opère en mer: lavages fréquents tant à l'extérieur qu'à l'intérieur des flotteurs ou de la coque, graissage de toutes les parties mobiles, traitement avec un anticorrosif nébulisé à l'intérieur des flotteurs, du fuselage, des ailes et de la coque.
La cale contient toujours un peu d'eau et il peut être

utile de mettre dans chaque compartiment un peu d'anticorrosif, pour qu'il agisse dans tous les recoins. Sur certains types d'appareil avec un fuselage en tubes soudés, chaque segment de tube est régulièrement rempli d'huile puis vidangé grâce à des orifices prévus à cet effet et obturés par des bouchons filetés. Lorsqu'on opère en mer, l'appareil doit être lavé à fond à l'eau douce tous les soirs. Pour être sûr d'enlever le sel de chaque interstice, le lavage est fait avec un jet d'eau à haute pression. C'est l'unique méthode efficace.
Certains conseillent, à titre d'expédient momentané, lorsqu'on rentre après avoir opéré en mer, d'amerrir sur le bassin d'eau douce le plus proche, en faisant "barboter" l'appareil sur le redan et à flot et, avec les amphibies, en sortant le train. Si on rentre sous la pluie on peut sortir le train pendant un moment.
Les problèmes de prévention et de traitement sont développés plus en détail au chapitre maintenance.

Détérioration de l'hélice

L'efficacité de l'hélice, qui est d'environ 80% quand elle est neuve, diminue dans le temps à cause de l'usure. Les embruns qui heurtent le bord d'attaque de l'hélice pendant la circulation à flot, mais surtout dans les phases initiales du décollage, ont un effet destructeur.
Dix minutes d'opérations non appropriées sur l'eau peuvent détruire complètement une hélice en parfait état. Les embruns seront donc évités à tout prix.
Le bord d'attaque de l'hélice sera toujours surveillé et, quand il présente des aspérités, on doit intervenir tout de suite car chaque petite amorce tend à s'agrandir rapidement. Un bord rugueux ou porteur de traces d'impacts ne doit pas être lissé avec un cylindre ou un tourne vis, car des criques peuvent être masquées. Il sera bon de connaître les normes de retouches préconisées par le constructeur de votre hélice et de s'y conformer.
Les techniques courantes utilisées sont développées au chapitre maintenance.

Affaissements structuraux

Les affaissements structuraux qui peuvent concerner un hydravion sont ceux qui surviennent suite à l'impact avec la surface, en particulier quand celle-ci est agitée. Sur les hydrobases proches des ports et donc concernées par les vagues d'embarcations, l'affaissement du bâti moteur est assez fréquent.
Dans le cas illustré la flexion de la potence du moteur du LA4-200 a provoqué le contact de l'hélice avec le fuselage.

Archivio Apostolo

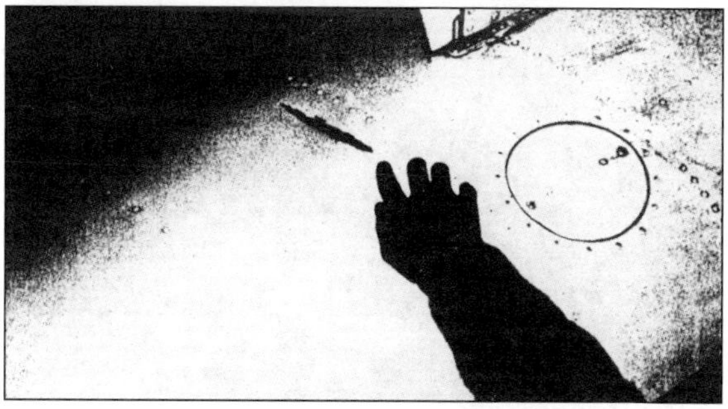

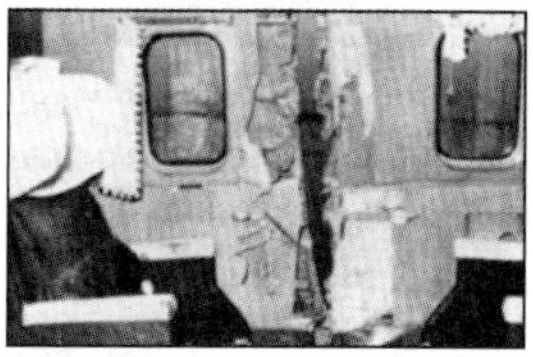

Musée Historique de l'Hydraviation

Quelques pilotes ont perdu leurs jambes après la rupture de la mâture de leur Cant Z501. L'élasticité des supports moteur du Lake LA4 permet un découpage du dessus de coque à l'occasion d'un amerrissage dur. Apparemment l'appareil n'a pas subit d'autre dégât. En bas, la rupture d'une pale d'hélice sur le prototype du Laté 631 tua deux passagers en traversant leur cabine lors d'un vol de promotion de l'appareil en 1945.

Problèmes avec le train

Panne de train

Les appareils amphibies sont dotés d'un système hydraulique pour rentrer et sortir le train. Le circuit hydraulique est relié à une pompe électrique et à une pompe à main, à utiliser en cas de panne de la pompe électrique ou d'épuisement de la batterie. Les installations plus petites (comme celles des flotteurs amphibies EDO 2250) sont seulement équipées d'une pompe à main. Le circuit hydraulique et les équipements annexes ont beaucoup de raisons de mal fonctionner ou d'être en panne. Si le problème est une fuite et que l'on est à terre, on peut essayer de remplir à ras bord le réservoir de liquide hydraulique, en espérant que le liquide suffira pour au moins un

Olav Hånde

Séquence obtenue par Olaf Hånde, qui démontre une extrême présence d'esprit, où l'on peut voir les conséquences de l'oubli dans les contrôles: le train. L'appareil est un De Havilland Beaver amphibie. L'accident est survenu dans l'extrême nord de la Norvège.

cycle de fonctionnement, de façon à pouvoir rejoindre la base pour réparer.

A flot. Si une jambe de train reste bloquée en position sortie lorsqu'on est à l'eau après la descente de la rampe, on peut essayer de lui donner quelques coups avec la rame du bord. Si cela ne suffit pas il peut être nécessaire de se "baigner" pour tenter de la faire bouger à la main, dans ce cas on doit éviter d'avoir le bras au milieu du mécanisme au moment où il pourrait se débloquer et rentrer.

Au moindre doute sur le fonctionnement correct du train, il faut impérativement sécuriser l'appareil sur une berge, afin de pouvoir prendre le temps décider quelle sera la meilleure méthode pour dépanner l'appareil. Une sortie prématurée sur terre ou un décollage peut se terminer de manière catastrophique ou par des dégâts importants suite à une sortie accidentelle d'un train à l'eau ou d'un effacement de celui-ci sur terre. Le verrouillage d'un train à flots peut s'avérer incertain et difficile à cause de la flottabilité des roues.

En vol. Une avarie de train en vol est certainement plus critique. Si le train reste bloqué sorti, on peut atterrir sur un aéroport, tandis que s'il reste bloqué rentré on doit amerrir et procéder aux réparations. Si l'amerrissage n'est pas possible on peut atterrir sans le train. Le seul problème vraiment sérieux se pose si le train reste partiellement sorti et s'il n'est pas possible de rentrer la partie qui est dehors ou de sortir la partie récalcitrante. Dans ce cas on peut tenter un passage bas (à vitesse plutôt soutenue, pour un bon contrôle de l'assiette), avec un léger toucher sur la piste pour ébranler la partie bloquée. Si cette tentative ne donne pas non plus de résultat, il ne reste plus qu'à se poser dans l'état. L'appareil s'endommage moins sur une piste, où il va glisser, plutôt que sur l'eau, où la jambe sortie va se planter dans l'eau, faisant rebondir ou endommageant gravement l'appareil.

La photo du Cessna 185 à la page 16.2, montre un Cessna 185 amphibie posé sur ses flotteurs à la suite d'un blocage de la roue principale droite en position intermédiaire malgré plusieurs sollicitations. Il a été posé par Dale De Remer et ses élèves sur une surface de secours en herbe sur le côté droit d'une piste revêtue, avec seulement quelques rayures sur la peinture de la quille du flotteur droit. Le contrôle de direction a été maintenu par le pilote aussi facilement que si tous les trains étaient sortis parce que le frein gauche était disponible pour compenser la traînée du flotteur droit.

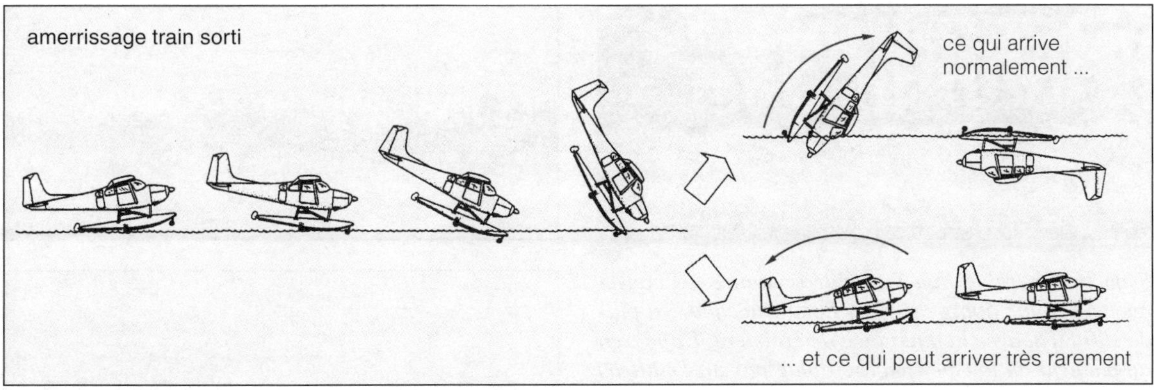

Amerrissage avec le train sorti

L'importance du contrôle du train avant l'amerrissage est souligné en de nombreux endroits de ce livre. Un oubli peut provoquer la situation illustrée dans ces pages. Cet accident s'est produit au terme d'une série de vols entre un petit lac norvégien et une piste, distants l'un de l'autre de quelques nautiques. La répétition de cette opération et la brièveté du vol ont certainement été des facteurs décisifs.
Avec certains amphibies à coque centrale, l'amerrissage avec le train sorti a des conséquences dramatiques. Avec les Lake, par exemple, au contact du train principal, le nez pique violemment dans l'eau, la roulette avant fait éclater la coque et l'appareil coule directement et rapidement.
Avec les amphibies à flotteurs la situation est également dramatique; l'appareil est certainement perdu, il capote, mais les blessures des personnes sont généralement limitées ou nulles. Dans ce cas aussi, tout de suite après le contact du train principal, le train avant se plante dans l'eau, l'appareil bascule et capote.
Un concours exceptionnel de circonstances favorables peut éviter le capotage de l'appareil qui, après s'être trouvé en position verticale le nez vers le bas, retombe sur ses flotteurs, sans dommages. C'est arrivé à l'auteur avec un Cessna 185 amphibie quand le copilote, habitué à voler sur des avions terrestres, a instinctivement sorti le train en courte finale, après que toutes les vérifications aient été faites et sans que personne ne s'aperçoive de son geste. Le capotage manqué fut dû à un concours exceptionnel de circonstances favorables: une approche avec trois crans de volets, l'absorption de toute la vitesse dans le palier de décélération, avec un contact à quelques nœuds au-dessus de la vitesse de décrochage, et le choix d'une trajectoire d'approche avec un vent (de 7 à 8 nœuds) exactement de face. Si l'approche avait été conduite un peu moins minutieusement, comme cela était possible, étant donné les excellentes conditions générales et de surface, l'appareil aurait certainement capoté. Voila un cas qui enseigne que l'on doit toujours faire les choses au mieux, même en conditions apparentes de tout repos, et que deux vérifications de la position du train valent mieux qu'une.
Il existe un système avertisseur de position du train qui annonce celle-ci en fonction de la configuration de l'appareil (puissance, braquage des volets et vitesse). L'élaboration de chek-list de couleurs différentes peut donner un plus pour la sécurité, feuille verte pour les opérations terrestres, feuilles bleue pour les opérations marines, couleurs qui correspondent à celles des voyants indicateurs de position du train.

Capotage

Une situation de miroir non identifiée, un amerrissage avec une assiette trop piquée ou à une vitesse trop élevée, un amerrissage avec le train sorti sur un amphibie ou, en circulation à basse vitesse, une forte rafale sur l'arrière ou le côté peuvent faire capoter un hydravion. La même chose peut se produire, toujours en circulation à basse vitesse, lors d'un virage sous le vent commencé avec le vent de face, ou bien en hydroplanage, dans un virage au vent.
Comme toujours, mieux vaut prévenir que guérir. On doit donc éviter d'amerrir par vent très fort et, une fois sur l'eau, il faut maintenir le nez rigoureusement face au vent.
S'il y a peu de visibilité sur des surfaces plates on ne doit pas hésiter à appliquer la procédure d'amerrissage en miroir.
Enfin, si on opère avec un amphibie, on doit effectuer scrupuleusement, et plusieurs fois, le contrôle du train.

Actions du pilote

Le capotage est toujours une expérience bouleversante par sa soudaineté. En réalité, il n'y a pas de dangers particuliers pour les personnes, mais une réaction violente de la part d'un passager, surtout s'il ne sait pas nager, peut avoir de fâcheuses conséquences.

Séquence extraite d'un film vidéo, montre les conséquences d'une approche d'un Lake Buccaneer à plus de 100 KTS, avec la puissance de croisière. L'appareil au moment du touché (photographié par un amateur) chavire violemment et perd une partie du fond de la coque. Les trois occupants sont sortis sans blessure, comme on peut le voir sur la photo 7.

La mission fondamentale du pilote, pendant et tout de suite après le capotage, est de tranquilliser les passagers, faire détacher les ceintures, ouvrir les portières et faire sortir les personnes calmement, avec les gilets de sauvetage capelés et prêts à être gonflés, puis il doit leur faire rejoindre la rive, si elle est proche, ou les faire rester accrochés à la structure de l'appareil et monter sur les flotteurs. Le tout doit être fait sans précipitation, sans s'opposer au flux d'eau qui rentre, sans crier.
L'hydravion, à la différence des avions terrestres, ne coule pas. Une fois capoté il peut rester retourné et flotter indéfiniment ou pendant un temps assez long, "suspendu" aux flotteurs qui continuent à flotter même retournés. Donc, après la sortie de la cabine, on monte sur les flotteurs, où l'on peut rester assis ou debout, en attendant les secours.

Mesures préventives

Pour que les choses se passent de la façon décrite, des contrôles et actions préventives dont, malheureusement peu de pilotes ont l'habitude, sont indispensables. Il est avant tout nécessaire que les occupants des sièges avant ne se blessent pas à la tête et il faut donc que non seulement les ceintures mais aussi les harnais soient attachés. La perte de mobilité des passagers avant, sur beaucoup de petits appareils, empêche la sortie des occupants des places arrière.
De plus, tous les occupants doivent savoir défaire leur ceinture et connaître la façon de sortir de l'appareil. Cela semble être évident, mais en fait ne l'est pas. Certaines personnes indemnes après un capotage sans gravité se sont noyées parce qu'elles n'ont pas réussi à défaire leur ceinture ou ne savaient pas sortir de l'appareil ou parce qu'elles n'étaient pas attachées au moment de l'accident et ont été assommées à l'impact.

7

8

L'appareil est renfloué après l'accident, Le nez de l'appareil est littéralement cassé en deux. Les ailes et la queue n'ont que peu souffert.

Gilets de sauvetage

Il y a ensuite le problème des gilets, mais l'exposé serait long et complexe, car chaque type de gilet a sa contre-indication. On se limitera prudemment aux considérations suivantes: les meilleurs gilets sont ceux qui sont gonflables au moyen de cartouches de gaz comprimé, pourvu que celles-ci soient en état de fonctionner et que les gilets aient déjà été revêtus au moment de l'accident, et surtout qu'ils ne soient pas gonflés avant la sortie de la cabine.
Il existe maintenant des gilets gonflables qui se portent à la ceinture, ils peuvent donc donner une meilleure garantie de fonctionnement correcte après la sortie de la cabine. Ceux-ci ne risquant pas d'être détériorés au cours de leur utilisation, déchirés ou percés au moment ou l'on évacue la cabine.
Si toutes ces conditions ne sont pas réunies, il est préférable d'avoir des bouées de sauvetage ou des coussins flottants non endossables.

Sortie de la cabine

Un des problèmes principaux est la désorientation des passagers; ceux-ci, dans l'appareil retourné et coulé, ont du mal à comprendre où est le haut et le bas et ce qui est en train de se passer.
Les passagers, généralement, ne savent pas comment sortir de l'appareil si on ne leur a pas montré comment le faire. En outre, ils sont capables de penser que la seule porte de sortie est celle par laquelle ils sont entrés.
Une portière s'ouvre seulement quand il y a de l'eau de chaque côté, il est donc inutile d'essayer désespérément de l'ouvrir avant. Il est tout aussi inutile d'essayer de sortir quand l'eau envahit la cabine à travers un pare-brise cassé. Dans de telles situations on doit simplement attendre pour sortir qu'il n'y ait plus de circulation d'eau entre l'extérieur et l'intérieur de la cabine.
Dans cette attente, en général brève, on doit retenir sa respiration, ou bien profiter de la bulle d'air qui se forme généralement dans la partie postérieure de la cabine qui est en train de couler. Pour cette raison, il est déconseillé d'ouvrir les portières ou les verrières arrière, ce qui fait sortir tout l'air d'un seul coup sans offrir pour autant une sortie garantie.
Parfois les portières ne peuvent plus être ouvertes après l'accident et la seule possibilité pour sortir est de casser les verrières, avec les pieds pour une meilleure efficacité.
Si l'appareil n'est pas endommagé la meilleure issue est normalement constituée par les portières; elles se trouvent généralement, sur les petits appareils, en correspondance avec l'aile qui devient alors un excellent plan pour s'appuyer, marcher, aider les autres à sortir et regagner la surface.
Après la sortie de la cabine on doit aller sur les flotteurs, pour attendre de l'aide.
En général, l'appareil capoté reste à flot longtemps.
Ce qui vient d'être dit donne un idée du briefing que l'on doit faire aux passagers, avant de voler, pour opérer en toute sécurité.

Fotoagenzia Bernasconi

Avec les appareils à coque

Les appareils à coque centrale ont un centre de gravité bas et normalement ne capotent pas. Il y a un cas, toutefois, où même un appareil à coque peut capoter comme un hydravion à flotteurs. C'est le cas où, à vitesse élevée, il touche l'eau avec l'avant de la coque. C'est ce qui s'est produit dans le cas illustré sur les photos de la page précédente, où le pilote, lors d'un passage bas à la vitesse de croisière, a effleuré l'eau. Tout l'avant de l'appareil a été emporté par le frottement de l'eau, mais les trois personnes à bord s'en sont sorties sans trop de problèmes.

Les opérations préliminaires après un chavirage

Après un chavirage, à la suite d'un accident, ou à cause d'une tempête, il sera nécessaire avant d'organiser les opérations de renflouage, de sécuriser l'hydravion dans sa position.

Protection d'une épave après un chavirage.

Lorsqu'un hydravion chavire, il coule rarement, le plus souvent les flotteurs le maintiennent à la surface, la tête en bas. Il sera donc important de maintenir l'épave sur sa position si cela est possible, ou de la remorquer dans un endroit sûre. Dans ce cas, attention de garder une allure très lente, de remorquer par l'avant.

Lorsque l'épave se trouvera dans une zone protégée, on mouillera alors un corps mort, ou des ancres, pour empêcher celle-ci de dériver. On prendra soin également de renforcer la flottabilité de l'appareil si cela est possible, et de le baliser pour prévenir un abordage éventuel.

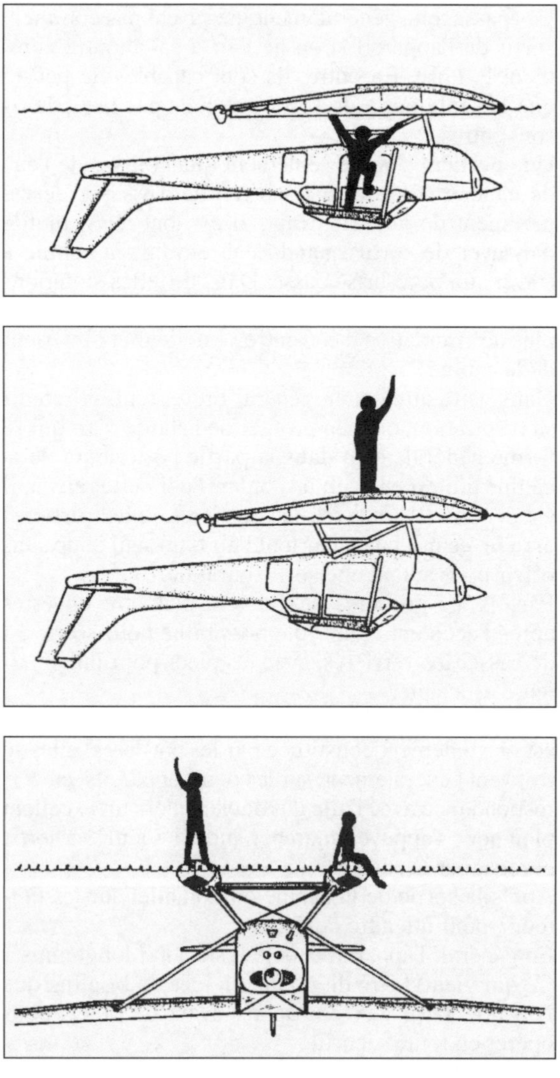

Évacuation d'un appareil capoté.

3

Séquence d'images montrant les différentes étapes d'une récupération d'un appareil. L'appareil est remorqué près d'une berge avec l'assistance d'un plongeur, qui vérifie qu'aucune partie de l'appareil ne touche le fond. Il est ensuite levé avec des sangles fixées aux points d'attache des mâts de liaison. Il est ensuite relevé très lentement pour permettre à l'eau de s'écouler du fuselage, des ailes et des gouvernes. Quelques trous peuvent être percés pour faciliter cet écoulement. Une seconde grue peut alors retourner l'appareil en l'air et le poser au sol dans la bonne position. Le volet droit a été endommagé, comme on peut l'observer sur la dernière photo, parce-qu'il a été utilisé comme marche pied par les occupants, pour sortir vers la surface. C'est le seul dégât occasionné à l'appareil.

4

Récupération de l'appareil capoté

Le facteur le plus important lors du renflouage d'un hydravion en eau de mer ou en eau douce, est la promptitude des actions entreprises. La préparation du renflouage est donc primordiale et conditionne celui-ci. Ce sera alors une course contre la montre.

Remorquage. On doit tout d'abord remorquer l'appareil, à une vitesse extrêmement réduite, près d'un quai ou d'un ponton où la profondeur est suffisante pour que l'empennage et les autres parties de l'appareil ne touchent pas le fond. Si on ne connaît pas la profondeur et si l'eau est trouble, on peut se faire assister par un plongeur; celui-ci doit suivre le remorquage sous l'eau et signaler la présence du fond et des obstacles. On peut aussi contrôler la profondeur en permanence, au cours du remorquage, avec une sonde à main, même improvisée.

Sortie de l'eau avec une grue. Pour sortir l'appareil de l'eau, l'idéal est de disposer d'une grue (du type utilisé pour soulever les grosses barques), dont la flèche peut arriver au-dessus de l'appareil. Si on ne dispose pas de grue ou que la rive ne permet pas l'emploi d'une grue mobile, on peut faire venir sur les lieux

5

6

Luigi Fara

Dans ce cas l'appareil était levé par l'hélice (il subit quelques déformations), et après son drainage, il pouvait encore flotter dans la bonne position. Une ligne a été connecté aux taquets arrière pour retenir la queue au moment où la grue a posé l'appareil au sol.

un ponton équipé d'une grue. Il existe diverses techniques légèrement différentes pour conduire l'opération. On peut fixer des câbles pour le levage à la traverse antérieure, mais il vaut mieux les attacher à l'hélice, près du moyeu. L'appareil sera soulevé très lentement, pour permettre à l'eau de s'écouler sans endommager le revêtement, surtout s'il est en toile. Les parties qui ne se vident pas peuvent être percées avec précaution à l'aide d'un tournevis. L'appareil est ensuite posé sur le sol ou sur un chariot dans sa position normale. Cela se fait à l'aide de câbles fixés à différentes parties de l'appareil, comme la traverse antérieure.

Si l'appareil est doté d'anneaux de levage et si l'on dispose d'une deuxième grue, on peut fixer les élingues à ces anneaux quand l'appareil se trouve le nez vers le haut. Les câbles entre l'hélice et la première grue peuvent ensuite être défaits et enlevés.

Sortie de l'eau sans grue. J. J. Frey suggère une méthode pour récupérer un appareil capoté quand aucun système de levage n'est disponible. Il faut au préalable que soit au moins disponible un moyen de traction ou un treuil sur la rive. On doit amener l'appareil près de la rive en veillant, comme on l'a déjà dit, à ce qu'aucune partie de l'appareil ne touche le fond. On le place ensuite avec le nez vers la rive et on fixe un câble en un point de bonne tenue dans la zone de la queue (par exemple à l'anneau d'amarrage ou à un élément du fuselage rendu accessible en enlevant une partie de l'entoilage). A ce moment, on perce deux petits trous dans les compartiments avant des flotteurs pour que l'eau y rentre peu à peu, faisant ainsi couler lentement l'appareil qui se place verticalement le nez vers le bas. L'introduction d'une tuyauterie de mise à l'air des caissons par les orifices de purge peut éviter

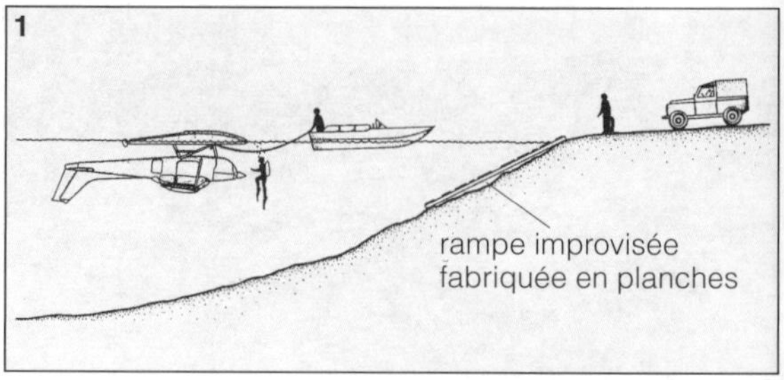

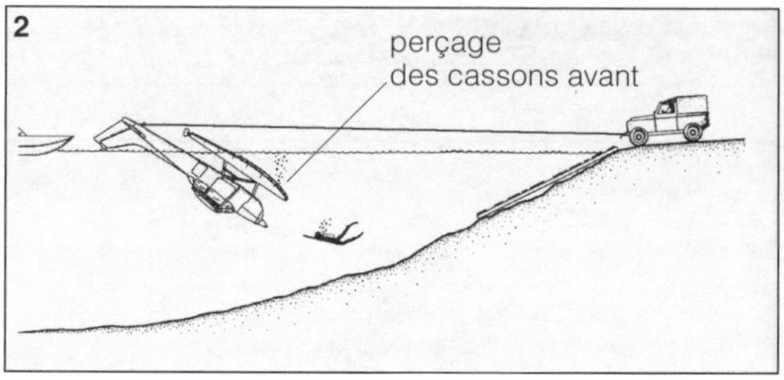

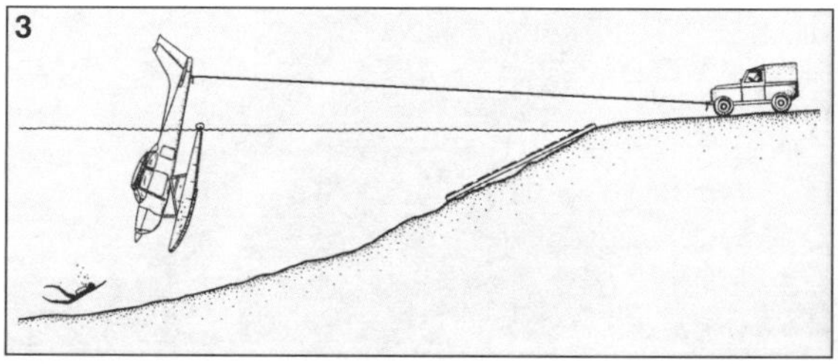

4
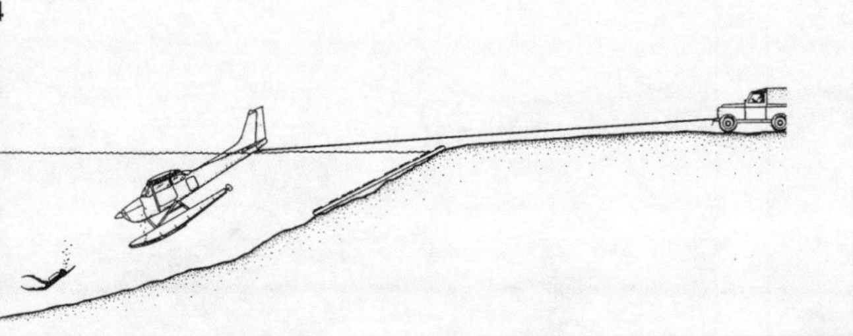

5

6
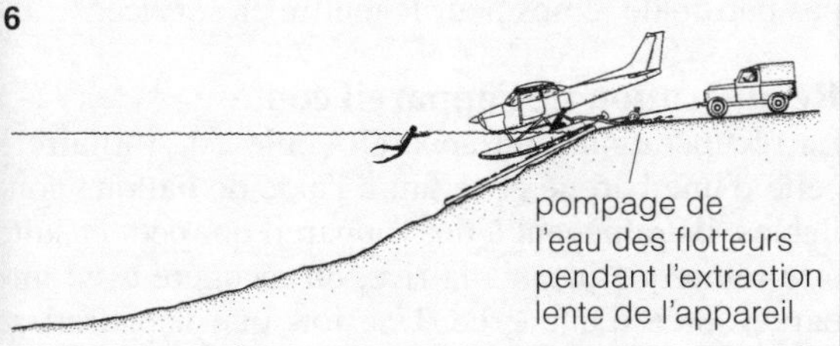

de percer le font des flotteurs, donc des réparations supplémentaires Le treuil ou le véhicule peut alors tirer sur le câble pour rapprocher l'appareil de la rive en position correcte et lui faire toucher le fond avec les flotteurs. On doit approcher l'appareil de la rive assez rapidement, pour éviter qu'il coule quand il est encore relativement au large. L'air ne sort pas des flotteurs renversés, ou alors très lentement, mais sort rapidement par les ouvertures supérieures quand les flotteurs sont en position normale. Pour la sortie finale de l'appareil posé sur le fond près de la rive, on peut utiliser différentes techniques selon le type de fond. On peut par exemple tirer l'appareil au sec en le faisant glisser sur une rampe improvisée avec des traverses de bois, comme représenté sur la figure, ou sur un lit de défenses, comme décrit au chapitre "Problèmes de flottaison", ci-dessous. Dans tous les cas on doit évacuer l'eau hors de toutes les parties de l'appareil au fur à mesure qu'il sort de l'eau, en effectuant donc l'opération avec la lenteur nécessaire.

Si les fonds en bordure ne permettent pas une manœuvre de retournement facile, celle-ci peut se faire au large avec un bateau. Mais une précaution sera à prendre, pour éviter que l'appareil ne pivote sur lui même, une deuxième embarcation le maintiendra par une traction légère par l'aile pour empêcher ce phénomène.

Décontamination. Sont concernés par la décontamination tous les composants qui ont été immergés. Voir le chapitre sur la maintenance.

Le méthode Frey appliqué au large, avec deux embarcations. L'avion est retourné et remorqué à la rive, où il est levé avec une grue. Le drainage des flotteurs on le fait avec une pompe. Cette opération a été dirigé par Pascal Parpaite.

3
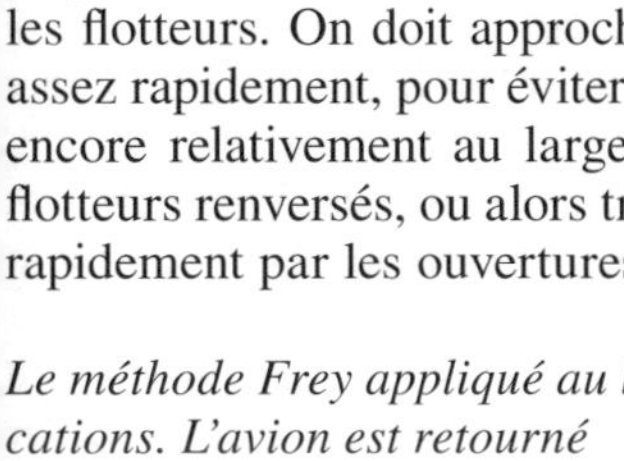

4
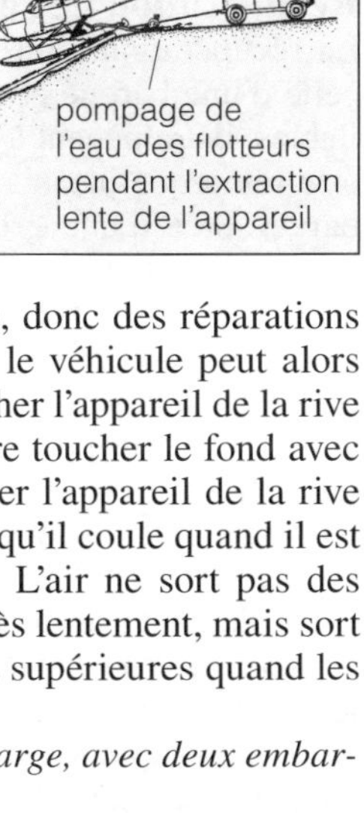

Pascal Parpaite

Problèmes de flottaison

Flotteurs noyés

Lors de la navigation à flot il peut arriver d'embarquer beaucoup d'eau. Une indication est fournie par la difficulté de monter sur le redan, par une course de décollage trop longue ou par l'immersion excessive des flotteurs dont la partie supérieure est souvent recouverte par les vagues. Dans ce cas, quelques bouchons manquants ou des trappes qui ne joignent pas font que l'eau entre aussi par le dessus, aggravant

Le Latécoère Laté 521 'Lieutenant de vaisseau Paris retourné à Pensacola (USA) en 1936. Une tornade a soulevé cet appareil de 37.000 kg. Il a levé le nez vers le ciel et il est retombé dans l'eau, en se détruisant.

Musée Historique de l'Hydraviation - Biscarrosse

Séquence montrant la récupération du Cessna C206 cité dans le texte. Il était échoué prés de la rive. La photo a été prise sur l'île d'Ischia près de Naples (Italie).

ainsi la situation. Sur les appareils à coque, une cause assez courante d'embarquement d'eau est l'absence des bouchons filetés de drainage, due à un oubli. Des efforts excessifs sur le fond, dus aux impacts avec les vagues, avec des objets flottants ou affleurants, ou bien avec la rive, peuvent faire sauter quelques rivets ou ouvrir une crique.

Si on embarque de l'eau en quantité notable, on doit mettre l'appareil au sec au plus vite ou monter sur le redan et décoller immédiatement. On fera ensuite en sorte d'amerrir très près d'une rive et de la rejoindre immédiatement, de façon à laisser l'appareil a flot le moins longtemps possible. Si avec un amphibie à moitié "noyé" on réussit à décoller on se dirige alors vers un aérodrome.

L'atterrissage est la meilleure solution, même avec un hydravion, si on pense que l'appareil peut couler après l'amerrissage ou si le plan d'eau ne permet pas d'accoster immédiatement.

Dans tous les cas où on se retrouve en vol avec une importante quantité d'eau à bord on doit effectuer avec précaution quelques essais de stabilité tout de suite après le décollage, de façon à s'assurer que l'appareil est contrôlable. En outre, pendant tout le vol, on ne doit pas effectuer de manœuvres accentuées. Ce sont ces opérations qui comportent des risques. Lors de la prise de décision sur la façon de faire, il doit toujours être très clair à l'esprit du pilote qu'il vaut mieux laisser couler l'appareil que de redécoller et, durant le vol, partir en vrille à plat après que l'appareil soit devenu incontrôlable.

Abandon de l'appareil. Lorsqu'on s'aperçoit que l'on embarque de l'eau au point de ne pas pouvoir rejoindre la rive, on doit effectuer tous les préparatifs pour abandonner l'appareil. Arrêter le moteur et tout couper, capeler les gilets de sauvetage, faire mettre à l'eau les passagers avant que l'appareil ne coule complètement et tirer une fusée de détresse, si on en possède à bord. Si une barque se trouve près de l'appareil, on peut avoir le temps de transborder les bagages et les objets de valeur, y compris les radios. Si on dispose à bord d'un canot gonflable on ne doit pas perdre de temps pour le mettre en service.

Récupération de l'appareil coulé

La récupération d'un appareil coulé est similaire à celle d'une barque et se fait à l'aide de ballons gonflables, ils ramènent à flot l'appareil qui peut ensuite être remorqué jusqu'à la rive, ou récupéré avec une barge dotée d'une grue. Une fois que l'appareil se trouve près de la surface on procède de façon similaire à ce qui est décrit au chapitre "Capotage". Dans ce cas, il n'est pas dit que l'appareil coulé ait capoté, et par conséquent le levage avec des câbles fixés aux anneaux prévus peut être possible.

On doit aussi être conscient du fait que, dans le cas d'un appareil coulé, à la différence de celui qui a capoté, les flotteurs ne sont pas vides ou presque, mais pleins d'eau et donc très lourds. La sortie des flotteurs de l'eau doit donc être effectuée extrêmement lentement, en laissant sortir l'eau ou en la pompant des compartiments au fur à mesure que l'on soulève l'appareil. Si on ne dispose pas de moyens pour vider les flotteurs et que l'on dispose d'un moyen de levage, le mieux est de séparer l'appareil des flotteurs et de commencer à récupérer l'appareil, pour procéder dans un second temps à la récupération des flotteurs, moins critique.

Si l'appareil va coulé et si l'on a de la chance, comme cela est arrivé à l'auteur, on peut réussir à rejoindre la rive avec l'appareil plus ou moins à flot. La situation n'est toutefois pas très réjouissante. Si la rive est très raide ou bien verticale, l'appareil est de toute façon destiné à couler complètement. Les choses vont mieux si on trouve une rampe ou si la rive est une plage en pente douce. Les flotteurs très immergés font toute-

fois toucher à une distance supérieure à la normale et très rapidement ils se remplissent complètement d'eau, pour se poser finalement sur le fond. L'appareil se retrouve donc, éventuellement à moitié immergé, très près de la zone ou les vagues déferlent, avec des dégâts possibles à l'empennage ou à d'autres éléments.
Si l'appareil est un amphibie se pose la question, avant le contact, de sortir le train ou non. La décision dépend de beaucoup de facteurs. Si le fond est dur il vaut mieux sortir le train, de façon à ce que l'appareil reste hors de l'eau. Si le fond est sablonneux ou meuble, il est préférable de laisser le train rentré car sa pénétration sur le fond rendrait difficiles les déplacements ultérieurs de l'appareil autres que le levage.
La récupération d'un appareil coulé près de la rive avec les flotteurs pleins d'eau n'est pas simple et demande des infrastructures similaires à celles que l'on trouve dans les ports. Il s'agit d'une course contre la montre, étant donné que les vagues, la marée ou d'autres facteurs peuvent endommager irrémédiablement l'appareil. Si la plage est accessible, on doit immédiatement faire venir une grue et sortir l'appareil de l'eau, avec les précautions décrites.
Si la plage est inaccessible par la terre l'appareil doit toutefois être tiré au sec. Si c'est possible, on peut procéder à une réparation provisoire permettant au moins le décollage, l'amerrissage et un bref hydroplanage jusqu'à une base équipée. Si la réparation est impossible, il ne reste plus qu'à transporter l'appareil à la base avec un hélicoptère ou encore à le démonter et à le transporter par la route ou par bateau.
Un exemple de récupération. A titre d'exemple est illustrée la récupération d'un Cessna 206 amphibie qui a atteint la rive, encore à moitié à flot, après avoir embarqué quelques centaines de litres d'eau en seulement 6 ou 7 minutes de navigation à flot.
Après le contact avec la rive le remplissage complet des flotteurs, et donc leur enfoncement définitif, s'est conclu en 7 ou 8 autres minutes. Dans ce cas la plage était accessible uniquement par la mer. Parmi les diverses possibilités de mettre l'appareil au sec, il fut choisi de le tirer sur la plage à l'aide d'un treuil, opération longue, mais économique.
Sur la première photo on voit l'appareil posé sur le fond, mais par bonheur hors de l'eau. Tout d'abord un bout fut fixé entre la traverse avant et un rocher sur la plage, pour empêcher l'appareil de glisser en arrière. Le bout fut remplacé dans un deuxième temps par le câble d'un treuil, relié à la base des montants des flotteurs et tendu. La tentative de tirer au sec l'appareil uniquement au treuil aurait complètement détruit le fond des flotteurs, ne serait-ce qu'à cause de la présence de pierres affleurant le fond sablonneux. Avec un cric à large base (que l'on peut voir sur la plage sur l'avant-dernière photo) et dont on entrevoit, sur la deuxième photo, la tête reposant sur une planchette de bois, l'appareil à été soulevé d'un côté puis de l'autre, en nettoyant le fond des cailloux et en plaçant un certain nombre de gros pare-battage pour embarcations le long des quilles (troisième photo).
Le treuil à ainsi permis de sortir lentement de l'eau l'appareil, qui roulait sur un double lit de pare-battage. Au fur à mesure que l'appareil sortait de l'eau, les compartiments étaient vidés avec une pompe à moteur (avant dernière photo). Sur la dernière photo on voit l'appareil tiré au sec et reposant sur les pare-battage et, en queue, sur des pneus.
La nuit venue, l'appareil fut amarré et un service de surveillance organisé. Le jour suivant, la plage, normalement fréquentée par des baigneurs, s'est transformée en atelier: l'appareil a été démonté, chargé sur une barge, protégé par des cales improvisées, en bois, caoutchouc et polystyrène expansé, et amené au port le plus proche d'où, enfin, un camion l'a ramené à sa base de départ.
La méthode du levier. Jonathan G. Blattmachr suggère une méthode pour récupérer un appareil coulé sur un fond de faible profondeur, avec les flotteurs pleins d'eau mais qui flottent si on les vide. Le cas peut se produire lorsque l'appareil est resté un cer-

Renflouage d'un appareil avec seulement l'utilisation de leviers, comme il est suggéré par G. Blattmachr.

tain temps ballotté par les vagues qui font entrer de l'eau par les ouvertures supérieures, non étanches, des flotteurs. Le système fonctionne facilement si le fond est consistant et de faible profondeur. Il consiste essentiellement à improviser un levier pour soulever les flotteurs un par un, en les vidant au fur à mesure qu'ils émergent. Le levier appuie sur une structure placée sur le côté du flotteur à soulever et qui, dans le cas de la récupération décrite par Blattmachr était constituée d'un assemblage de planches clouées, amené sur place par un autre appareil et attaché aux flotteurs. Un assemblage efficace et le levier lui même peuvent également être constitués d'un ensemble de tubes pour échafaudages, si on peut en récupérer dans le secteur, ou les amener sur place.

Réparation des flotteurs

Vidange de l'eau. Si la situation n'est pas aussi grave que celle qui est décrite au paragraphe précédent et si l'on n'a que quelques petites fuites, comme cela arrive normalement, le pilote qui rejoint une rive sans assistance peut intervenir facilement.
On doit tout d'abord enlever l'eau qui s'est accumulée dans les flotteurs. On peut pour cela utiliser la pompe à main que l'on doit avoir à bord. Sur les amphibies à coque centrale, on doit dévisser la série de bouchons situés sous la coque et laisser l'eau s'écouler. Si la pompe n'est pas disponible ou s'il n'est pas possible de monter complètement sur la rive, on peut utiliser une pompe aspirante, à main ou à moteur, que l'on peut se procurer dans un chantier naval. Si l'appareil est sur la rive, on peut utiliser la méthode du siphon. On doit se procurer pour cela un morceau de tuyau de longueur suffisante pour atteindre le fond des flotteurs ou de la coque, l'autre extrémité à l'extérieur devant être placée en dessous du niveau de l'eau. Le tuyau est plongé dans l'eau, pour qu'il se remplisse, et obturé avec un doigt; il sera ensuite placé comme décrit précédemment (cela pour éviter d'aspirer selon la technique des voleurs d'essence).

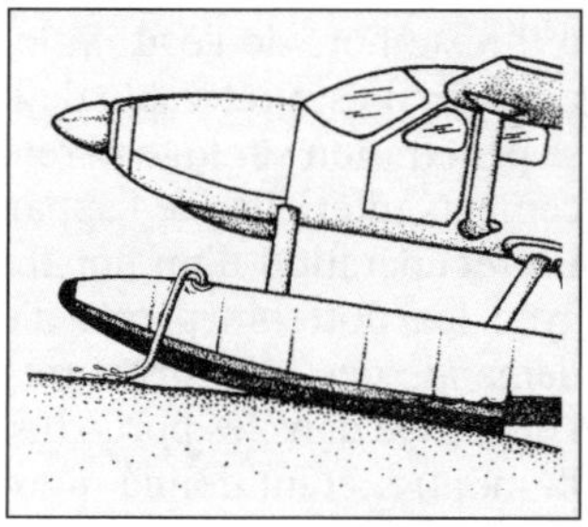

Le siphon, il est bon de le rappeler, fonctionne uniquement quand le niveau de l'eau à évacuer est plus haut que l'orifice de sortie du tuyau. Il peut donc être utilisé pour vider l'eau d'un appareil échoué sur la rive, mais pas d'un appareil à flot.
Drainage d'un ballonnet à flot. Un ballonnet d'un appareil à coque peut être drainé même quand l'appareil est à flot. Si l'on dispose d'une embarcation légère on peut s'en servir pour aller sous le ballonnet. Si l'on ne dispose pas d'embarcation on peut disposer le chargement de façon que le ballonnet noyé se trouve hors de l'eau, et ensuite aller dessous à la nage et le vider. Pour éviter de perdre le bouchon fileté il est bon de maintenir en dessous un objet flottant, tel qu'un coussin ou un petit seau, sur lequel il peut tomber s'il s'échappe des mains.

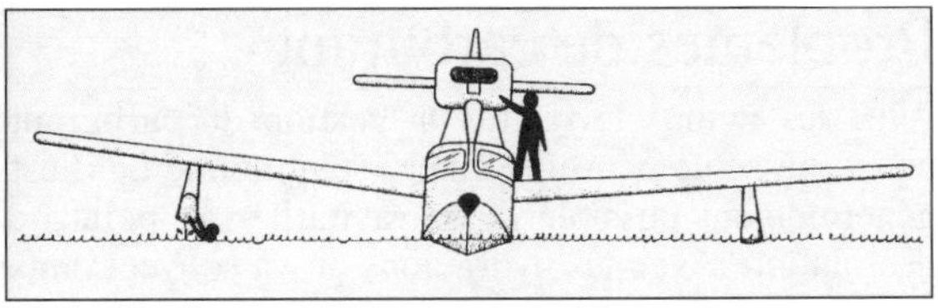

Exemple de drainage de ballonnet à flot. Dessous, ballon gonflable de secours conçus par Greg Reeser et son associé Terry Wolgamot. Gonflés dans un compartiment il en chasse l'eau.

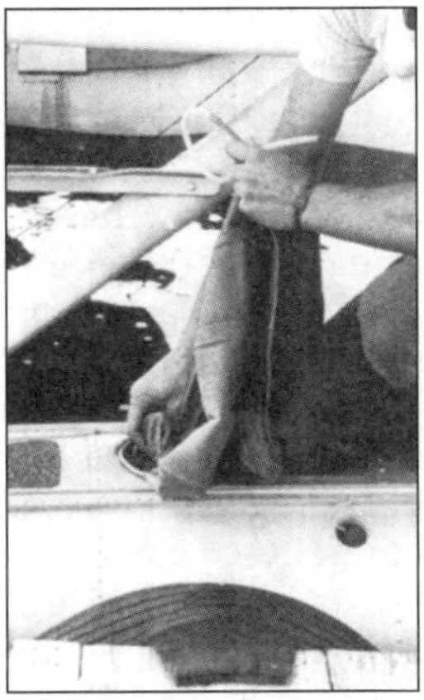

Réparation des flotteurs. Une fois que l'eau est vidée, si l'on n'est pas sur une base équipée, on doit procéder à une réparation de fortune des flotteurs. Celle ci ne doit servir qu'à effectuer un bref hydroplanage pour le décollage et l'amerrissage sur une hydrobase où la réparation définitive sera effectuée. Si la brèche est petite, on peut utiliser du silicone, du mastic, du plâtre, de la résine ou tout autre produit utilisé dans les bases nautiques. Si la brèche est grande, on doit fixer une vraie pièce, selon les techniques décrites au chapitre maintenance et avec des matériaux disponibles dans un chantier naval ou que l'on aura emportés avec soi dans l'appareil. Si la réparation doit seulement tenir pendant un temps très bref, c'est-à-dire le temps du décollage et de l'amerrissage, le ruban adhésif toilé peut suffire. Un accessoire utile pour une réparation provisoire, mais qui fonctionne seulement sur des parties relativement plates ou légèrement courbes, est la double ventouse qui peut être serrée sur le pourtour de la brèche à obturer.

Perte ou "noyade" d'un ballonnet

C'est un cas extrêmement grave qui concerne les appareils à coque centrale. Un ballonnet peut être perdu suite à une manœuvre brusque sur l'eau ou au choc contre un obstacle. Dans ce cas, les choses ne vont pas trop mal, car le poids du ballonnet restant maintient l'aile sans ballonnet soulevée au-dessus de l'eau. En outre, l'appareil est alors généralement sur le redan et l'inclinaison est donc encore maîtrisable avec les ailerons. Cela permet de décider calmement ce que l'on doit faire et, éventuellement avec l'aide des passagers, de déplacer le chargement à bord de la façon la plus opportune pour le circulation à basse vitesse. La situation est beaucoup plus grave lorsqu'un des deux ballonnets se remplit d'eau suite à un choc qui y crée une brèche sans provoquer sa perte, ou bien quand on laisse un appareil à ailes basses sur la plage avec une aile partiellement immergée et que le ballonnet n'est pas étanche. Dans ce cas, le ballonnet plein d'eau, et donc plus lourd, fait enfoncer l'aile de l'appareil en navigation à flot. Qu'il y ait un ballonnet ou pas, quand l'aile s'enfonce dans l'eau l'appareil se retourne complètement, entraînant de graves dégâts. Si cela est sur le point de se produire, on doit effectuer une manœuvre éclair : le pilote, ou un passager, doit sortir immédiatement de l'appareil du côté opposé au ballonnet inefficace, ou encore déplacer le chargement à l'intérieur de l'appareil de façon à lui faire prendre fermement appui sur le ballonnet efficace. Dans le même temps on vire, toujours du côté du ballonnet manquant ou inopérant, pour que la force centrifuge aide à maintenir l'aile levée. On circule ensuite jusqu'à amener l'appareil au sec, en restant

Si l'aile sans ballonnet ou avec le ballonnet rempli d'eau commence à couler, l'appareil va se retourner et a se stabiliser dans sa position d'équilibre. Cela peut s'éviter dans beaucoup de cas comme décrit dans le texte. Mais quelques fois le pilote ne peut pas réagir assez vite.

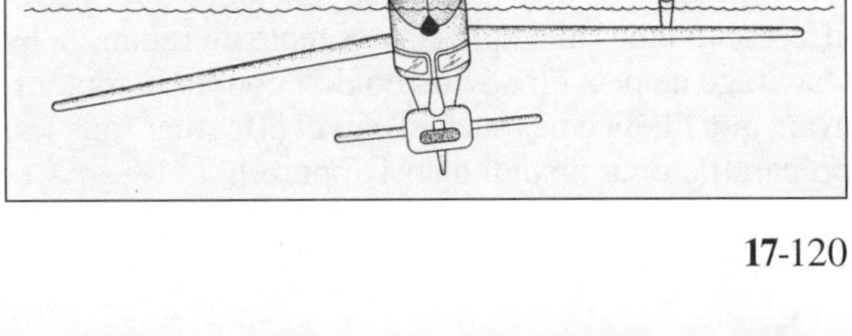

Dessin de 1940, montrant un Short «Empire» qui a perdu son ballonnet. L'équipage est installé sur l'aile en contrepoids. Cet événement s'est produit à la fin d'un vol transatlantique de l'Angleterre vers le Canada. L'appareil à été réparé par la société De Havilland Canada, l'usine ne se trouvant pas très loin du lieu de l'accident.

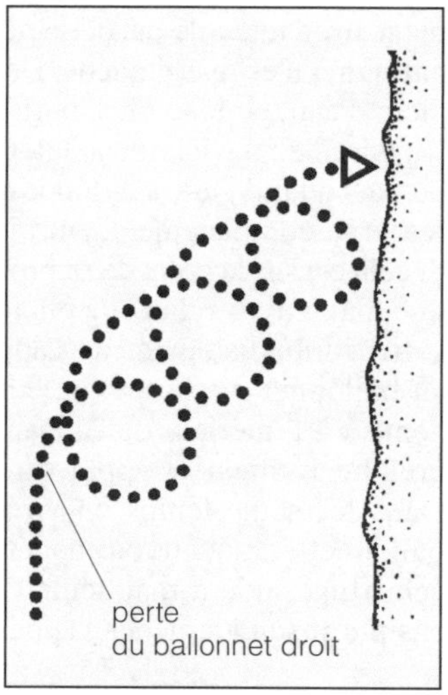

éventuellement en virage. Si on est seul à bord, on peut arrêter le moteur et aller ensuite sur l'aile pour attendre de l'aide. On peut aussi amarrer une partie du chargement sur l'aile et rentrer en cabine pour rejoindre la rive.
Une possibilité de résoudre la situation en cas de ballonnet noyé consiste à mettre toute la puissance provoquant ainsi, avec l'augmentation de vitesse, une poussée hydrodynamique sur le ballonnet inopérant. Sur les appareils qui tendent à enfoncer le ballonnet droit quand on met la puissance, comme les Lake, l'application de la puissance a plus de probabilité de résoudre la situation si le ballonnet noyé est le gauche, et de l'aggraver s'il s'agit du droit. On décolle ensuite pour aller sur un aéroport, en faisant quelques essais de manœuvrabilité à basse altitude tout de suite après le décollage, pour vérifier que le ballonnet plein ne rend pas l'appareil trop lourd d'un côté. S'il en est ainsi, et si l'on a déjà de gros problèmes en hydroplanage ou à l'envol, on doit rester sur la surface et continuer à hydroplaner jusqu'à une rive propice à un accostage d'urgence qui devra être effectué tout de suite après la descente du redan. Si le chavirage ne peut être évité, on doit couper le moteur avant que l'hélice ne touche l'eau et effectuer tous les préparatifs pour abandonner l'appareil.

Problèmes de carburant

Avec les avions terrestres la gestion du carburant concerne seulement une étape, étant donné qu'il est généralement possible de se ravitailler au point de destination. Avec les hydravions on va souvent dans des zones sans infrastructure et, dans beaucoup de cas, on y va pour continuer l'activité, ce qui implique, entre autres, ravitaillement en l'absence de structures spécifiques. Ci-dessous sont examinés les principaux problèmes relatifs à la gestion du carburant, avec une attention particulière pour les problèmes spécifiques du pilote d'hydravion.

Avitaillement

Le ravitaillement d'un hydravion peut présenter des aspects complètement nouveaux pour celui qui est habitué à opérer sur des aéroports ou sur des hydrobases équipées. Les problèmes majeurs se rencontrent avec les appareils qui ont les bouchons de réservoirs sur le dos de l'aile. Dans les bases équipées, les bouchons sont accessibles au moyen d'échelles placées près de l'appareil ou sur le flotteur. Ces dernières sont dotées d'une partie revêtue de gomme qui s'adapte au bord d'attaque de l'aile. Si on ne dispose pas de l'échelle spécialement conçue pour l'appareil à ravitailler, on peut en utiliser une d'un autre type, mais on doit protéger le bord d'attaque avec une épaisse couche de mousse, un gilet de sauvetage ou tout autre matériau mou. S'il pleut, on doit abriter l'orifice du réservoir ouvert avec un parapluie ou une toile imperméable.
En zones non équipées, si l'on n'a pas d'échelle, on doit grimper sur l'appareil avec le risque de l'endommager, comme le savent bien ceux qui utilisent un Piper PA 18 par exemple. Certains exploitants modifient cet appareil de façon à permettre de poser les

Il est facile d'avitailler quand on est sur le site d'une hydrobase à proximité d'un aéroport. Ici un Cessna C172 de l'Aéro club de Côme se ravitaillant à Marseille Marignane (France).

Franco Panzeri

Hydravion Aventure Inc., Québec / JM Urlacher

Avitaillement d'un Lake Renegade sur terre et d'un Cessna C180 sur un lac au Québec, dans les deux cas avec un entonnoir et une peau de chamois. En bas, si une échelle adaptée n'est pas disponible, voici une façon d'accéder à un réservoir auxiliaire d'un Maule M7 amphibie au sol.

L'avitaillement des hydravions et des amphibies est une opération spécialisée et effectuée habituellement par les pilotes eux même.
A droite, avitaillement au ponton à Côme. Le bidon et l'entonnoir sont protégés par du caoutchouc, mais ils sont reliés à la terre par une chaîne métallique.
Avitaillement d'un Piper PA18 en brousse (le panneau où sont posés les pieds est du type renforcé; l'original se défoncerait sous le poids du pilote).
En bas, chargement de fûts de carburant d'un Maule M7 à Whitehorse, Yukon, a fin d'assurer l'approvisionnement de réserves en brousse.

Philippe Maeder

pieds sur la bande de revêtement qui se trouve juste devant le pare brise. D'origine, celle-ci est très fragile et s'enfonce facilement, et on la remplace par une bande d'épaisseur nettement supérieure. En général, on doit prendre appui sur l'appareil avec la surface maximale possible, et pas seulement avec les pieds, les genoux, les coudes ou les mains. En pratique, il arrive que l'on doive s'allonger sur l'appareil, ramper et rouler sur lui avec des mouvements dignes de ceux d'un danseur. En outre, si on opère avec un appareil au revêtement léger et si le ravitaillement est effectué avec des bidons, il est bon que ceux-ci ne soient pas remplis de plus de 10-12 litres (environ 3 gallons). Avec des bidons plus lourds, on risque de cabosser certaines parties de l'appareil durant l'opération.
Le ravitaillement d'un amphibie est généralement effectué par le pilote, qui sait comment se déplacer sur l'appareil, même au sol. Les problèmes les plus importants se rencontrent avec les amphibies à flotteurs dotés de réservoirs aux extrémités des ailes, comme le Maule M7. Souvent, sur les aéroports, il n'y a pas d'échelle qui permette d'en atteindre les bouchons. L'auteur a dû adopter la méthode décrite ci-dessous. On fait approcher le camion d'essence ou un camion de pompiers de sorte que la cabine du camion soit à côté de l'aile; puis, allongé sur le toit de la cabine du

Dale De Remer

camion, on se penche et on effectue l'avitaillement sans appuyer sur l'aile, ou alors très légèrement.
Les orifices sur l'extrados de l'aile rendent en outre l'avitaillement très pénible quand il pleut, surtout si on opère en zones inhospitalières. De plus, avec un appareil mouillé, on court le risque de glisser et de se faire mal. Après ce qui vient d'être dit, on comprend pourquoi les pilotes apprécient un appareil comme le De Havilland DHC2 Beaver qui a été étudié avec les réservoirs dans la partie basse du fuselage, sous l'aile, pour faciliter l'avitaillement et empêcher l'entrée d'eau dans les réservoirs en cas de pluie.

Électricité statique

Un des risques majeurs lors du ravitaillement est l'électricité statique, qui provoque des étincelles. Si l'étincelle se produit dans un mélange d'air et de vapeurs d'essence, l'incendie peut se déclarer. En plus de pourvoir aux mises à la terre normales, on doit toucher l'appareil avec les parties intéressées (bidon, entonnoir, pistolet de ravitaillement) avant d'ouvrir les bouchons de réservoir. Durant l'avitaillement on doit tenir le pistolet ou le bidon au contact de l'appareil ou de l'entonnoir, de préférence métallique, pour que toutes les parties soient au même potentiel électrique.
Une attention particulière est requise si l'on ne peut éviter d'utiliser des bidons en plastique, particulièrement dangereux si l'air est sec et s'il y a du vent. Le remplissage doit absolument être effectué sur le sol et non sur une structure de bois ou isolée, tel qu'un véhicule à pneus. Juste avant de porter le bidon sur l'appareil, il faut lui faire toucher le sol et, avant de l'ouvrir, lui faire toucher l'appareil. On doit aussi faire très attention aux pompes à main en plastique, car le débit à l'intérieur de la pompe peut donner lieu à une augmentation notable de la charge électrique.
Quand on opère en zones non équipées, on doit redoubler de précautions. La solution suivante est relativement commode à mettre en pratique. Un ou plusieurs câbles électriques, de section assez importante, dénudés sur une certaine longueur à une extrémité, sont reliés à la terre et aux divers éléments employés lors du ravitaillement: appareil, entonnoir et bidon. La liaison avec la terre peut être réalisée en plantant un piquet sur la rive ou en laissant simplement le câble immergé dans l'eau. On doit seulement éviter que les parties du câble qui doivent faire contact ne soient pas trop vieilles ou oxydées, au point d'être électriquement isolées. Un grattage au dernier moment, avec un couteau ou sur un bord métallique, peut revitaliser un vieux câble et en faire un bon conducteur. Toutes ces précautions ne peuvent sembler excessives que pour qui n'a jamais lu de rapports d'accidents provoqués par l'électricité statique.

Il est important, quand on opère en brousse, de mettre à la masse tous les équipements que l'on utilise pour avitailler l'hydravion: l'entonnoir, le bidon et tous les accessoires possible.

Drainage

Avant chaque vol, on doit effectuer le drainage du circuit carburant, surtout si on opère à basse température.
Une analyse complète du contenu du bocal de purge consiste à vérifier qu'il n'y a pas de traces d'eau au fond, à y ajouter quelques gouttes d'eau pour s'assurer que le liquide homogène du bocal n'est pas de l'eau, et à renifler, pour s'assurer qu'il ne s'agit pas de kérosène, dans le cas où on se trouve dans un endroit où ce type de carburant est distribué et où le ravitaillement se fait à la suite d'un autre. Ce dernier contrôle, avec les appareils fonctionnant au kérosène, se fait pour vérifier que le liquide n'est pas de l'essence.
Les purges. Penser à purger le circuit carburant est un sentiment couramment absent de l'esprit ou de l'entraînement pour la plus par des pilotes. Cette règle, qui veut que les purges soit faites, est très importante. Les purges des réservoirs et du circuit carburant doivent toujours être faites en premier, avant même de bouger l'appareil. Celle-ci sera faite dans le même ordre que le cheminement du carburant dans le circuit. On commence par les réservoirs, pour finir par le moteur. S'il y a de l'eau dans les réservoirs, purgez au décanteur ou tout autre point sans suivre le cheminement du carburant rendra difficile sa décontamination. Le pilote doit s'assurer lui même qu'il n'y a pas d'eau dans les réservoirs avant d'aller vers d'autre point de purge sur l'appareil sur lequel il va voler. Il est vital qu'il connaisse parfaitement le nombre de point de purge de son appareil.
Qu'ils ont bien tous été contrôlés, et dans l'ordre correct. Il est aussi impératif de purger en utilisant un récipient transparent, pour pouvoir constater l'absence d'eau dans le carburant purgé. S'il y a présence d'eau, il faudra la purger jusqu'à ce qu'il n'en reste aucune trace.
Relevez également la quantité d'eau prélevée, et enregistrez la, aux vols suivants si une présence d'eau dans le carburant se renouvelle cela laissera présager un défaut d'étanchéité du bouchon de réservoir, plutôt qu'un problème de condensation.

Le Dornier Wal de Wolfgang von Gronau est avitaillé à Scoresbysund (Groenland), durant son voyage vers l'Amérique en 1930.

Équipement relatif au carburant

Si l'on doit effectuer autre chose qu'un simple vol local et que des ravitaillements sont prévus dans des zones éloignées des hydrobases, il est bon d'avoir à bord un entonnoir avec une peau de chamois ou un autre filtre à essence, le bocal de purge et un bidon avec un bout de tuyau ou une pompe pour d'éventuels transvasements. L'extincteur que l'on peut emporter dans l'appareil est toujours sous-dimensionné par rapport aux besoins, mais il en vaut mieux un que rien et on doit toujours l'avoir à portée de main.

Transport de carburant en cabine. Les pilotes qui opèrent en brousse sont habitués à transporter des bidons de carburant en cabine. Parfois le carburant est disposé en quelques points stratégiques du parcours et utilisé lors du vol de retour ou pour les vols suivants. D'autres fois, il est amené aux points stratégiques par des assistants à terre. Ce sont des problèmes qui se présentent au cours de missions avancées. En général, le transport de carburant en cabine peut présenter quelques risques et sera donc, si possible, évité.

Quand on transporte du carburant en cabine, on doit prêter le maximum d'attention à ne pas laisser des vapeurs d'essence se répandre en cabine. Le mélange d'air et de vapeurs d'essence est très explosif.

La présence de telles vapeurs a été la cause de beaucoup d'accidents durant des vols de convoyage avec des réservoirs supplémentaires en cabine. Le plus tristement célèbre fut celui où, le 11 janvier 1938, disparut le Sikorsky S42 *Samoan Clipper*, qui volait de Pago Pago vers la Nouvelle Zélande, piloté par Edwin Musick, le légendaire chef pilote de la Pan Am.

Transport de carburant dans les flotteurs

Les flotteurs équipés avec des compartiments sont souvent utilisés pour transporter du carburant, habituellement dans des bidons de 5 à 10 litres ou régulièrement dans des jerrycans.

Il est recommandé que le compartiment du flotteur, utilisé à cet effet, soit ventilé avec de l'air forcé par les puits de purge pour éviter l'accumulation de vapeurs à l'intérieur. Le carburant transporté dans les compartiments des flotteurs doit être pris en compte dans le calcul de centrage et de chargement de l'appareil, donc le bras de levier des caissons doit être connu.

Les bidons de carburant ainsi que tous les objets lourds ne doivent pas être en contact direct avec le fond du flotteur, mais seulement avec le plancher installé à cet effet sur le dessus des quilles. Autrement, amerrir en eaux agitées ou tout autre amerrissage dur provoquerait des dégâts sur la structure du fond de la coque, occasionnant des pertes de rivets ou de toute façon cela occasionnerait un risque important de fuites.

Évaluation de la quantité de carburant

Il n'y a que deux méthodes pratiques pour évaluer avec fiabilité la quantité de carburant réellement présente dans les réservoirs: le calcul et la baguette graduée. Les jauges électriques fournissent aussi des indications sur la quantité de carburant, mais il faut s'en méfier.

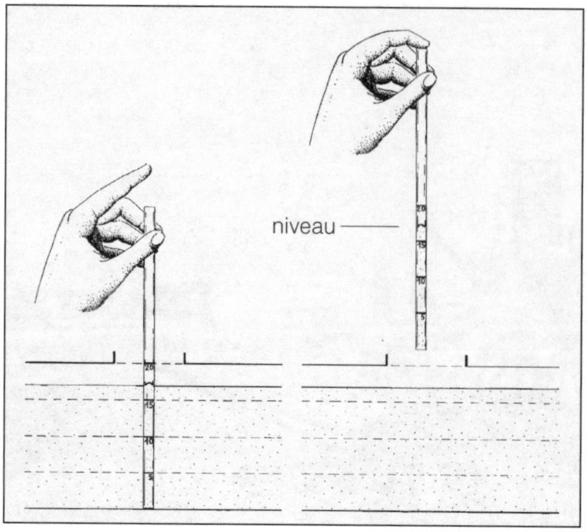

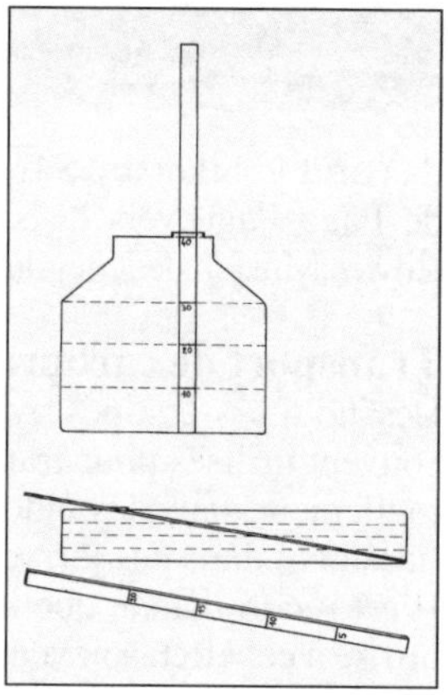

Mesure de la quantité de carburant avec une jauge graduée. Pour les réservoirs plats la jauge peut être graduée pour une insertion inclinée (elle doit toujours être utilisée de la même façon). Une jauge transparente graduée peut aussi être utilisée.

Par le calcul. La méthode consiste à connaître la quantité de carburant existante au moment du départ et à calculer la quantité consommée pendant le vol effectué, sur la base de la consommation horaire de l'appareil. A ce propos, il est bon de préciser qu'on ne peut pas se baser, pour ce calcul, sur les consommations fournies par le manuel de vol; on doit tenir compte de la consommation réelle pour les conditions de vol et avec les paramètres utilisés; ceci demande donc un contrôle continu et minutieux des consommations lors des vols précédents avec l'appareil utilisé. En bref, on doit bien connaître le comportement de l'appareil avant d'effectuer un calcul dont dépendront des décisions importantes, comme la longueur maximale du trajet que l'on peut parcourir. Le calcul décrit donne des résultats très fiables lorsqu'on est en croisière ou si l'on ne fait que peu d'étapes. Les résultats deviennent moins fiables quand sont prévus de nombreux décollages et amerrissages ou une activité fragmentaire, durant laquelle les réglages de puissance varient continuellement et surtout lorsqu'il n'est pas facile de comptabiliser exactement les temps de vol. Dans ce cas on a des occasions de ne plus se trouver en vol, mais sur la surface, et on peut donc utiliser l'autre méthode fiable, celle de la jauge à main, décrite ci-dessous.

Un malencontreux accident d'un Cessna 172 en vol de Winnipeg vers Thompson, dans le Manitoba, démontre ce point de vue. L'appareil a été loué mais le pilote n'était pas familiarisé avec celui-ci. Bien que le pilote ait fait ses calculs correctement et de façon académique, il s'écrasa et flamba à environ 2 Nm avant sa destination d'arrivée après un vol de 402 Nm. Les investigations du bureau de la sécurité des transports du Canada montrèrent que le compte tour du moteur avait une erreur d'indication de plus de 200 tours, causant ainsi une erreur dans le calcul de la consommation ce qui impliqua que la réserve de carburant légale de 45 min était consommée. Heureusement, il n'y eut que quelques blessures légères.

Avec une jauge à main. Elle consiste à mesurer le niveau du carburant avec une baguette de bois graduée. Si cet accessoire utile ne fait pas partie de l'équipement de bord, on doit le fabriquer en remplissant progressivement les réservoirs avec une quantité mesurée de carburant et en traçant les graduations correspondantes. On doit ensuite vérifier, pour chaque niveau principal indiqué, l'effet sur la mesure d'une insertion incorrecte de la jauge dans le réservoir et d'une assiette anormale de l'appareil, longitudinale ou transversale. Cela permettra d'effectuer des mesures précises, même en situations de fortune, où l'appareil peut se trouver dans des positions bizarres. Pour éviter de prendre en compte trop de paramètres, on peut effectuer tous ces étalonnages et mesures pour la seule assiette de flottaison moteur arrêté (mais aussi en tenant compte du chargement qui peut faire varier l'assiette). La baguette de bois peut être remplacée par un tube de matière plastique rigide et transparente; on l'enfile dans le réservoir, on bouche l'extrémité supérieure avec un doigt et on le sort, en observant le niveau grâce à des graduations tracées auparavant, comme dans le cas de la baguette.

Avec les jauges électriques. Il est hasardeux de faire dépendre une décision de l'indication des jauges électriques du tableau de bord, parfois peu fiables, voire en panne. On peut être un peu plus tranquille si on connaît, millimètre par millimètre, le comportement de l'aiguille et si l'on a surveillé attentivement l'instrument lors des derniers vols, en comparant la cohérence des indications de l'instrument avec les consommations effectives. En général, on est surtout intéressé par les indications quand l'aiguille est proche du zéro. Ces quelques millimètres sont une zone de l'instrument que le pilote doit très bien connaître. Quelques essais au sol, effectués en remplissant progressivement les réservoirs avec des assiettes lé-

gèrement différentes, peuvent être utiles.

Vases communicants. Le dispositif à vases communicants qui permet de voir depuis la cabine le niveau du carburant dans les réservoirs, comme celui qui est monté sur beaucoup de Piper PA18, est l'indicateur du niveau de carburant le plus fiable. Il est toutefois sujet à deux erreurs de lecture. Tout d'abord si l'appareil était à l'origine à train classique, il peut indiquer des valeurs erronées dans sa nouvelle configuration d'hydravion à flot ou reposant sur son chariot. Ensuite, si le réservoir est plein ou vide le niveau n'est pas visible dans la partie transparente, ainsi un réservoir vide peut être confondu avec un réservoir plein. L'auteur a vu un Piper PA18 en panne moteur au décollage pour cette dernière raison.

Carburant sans surveillance

Quand on laisse des bidons ou des fûts de carburant sans surveillance dans un endroit, pour les utiliser plus tard, on doit prendre quelques précautions. On doit veiller avant tout à ce que le carburant soit rangé de façon qu'il ne puisse pas provoquer de dégâts, ou

Déchargement de fûts de carburant et remorquage jusqu'à la berge avec un canot gonflable. Cette opération est suggérée par Pierre Rivest pour les cas où la berge n'est pas accessible par l'hydravion.

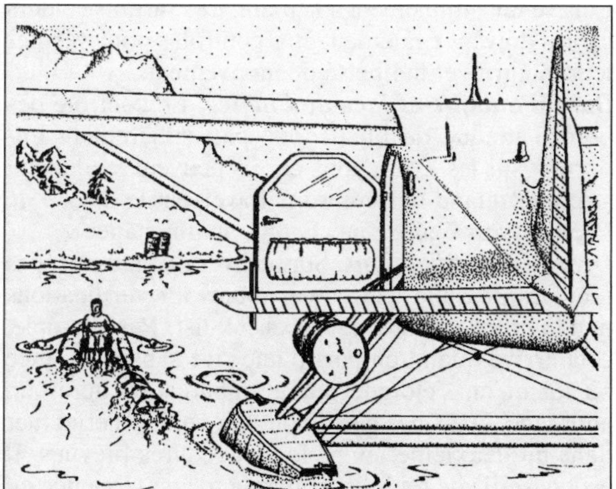

être utilisé improprement, ou être contaminé. En cas de doute, on peut faire une marque "anti-sabotage", en marquant le bouchon du récipient avec un pinceau, ou en le scellant d'une façon qui rende évidente une ouverture ou une dégradation éventuelle. Pierre Rivest suggère de laisser les bidons légèrement inclinés, avec le bouchon dans la partie haute et avec au voisinage un repère qui permette de les retrouver même sous la neige (sur la figure, ce repère est le piquet).

Emploi d'essence auto

Certains moteurs d'avion sont modifiables pour l'emploi d'essence auto. Cela permet le ravitaillement en zones non équipées et augmente notablement les possibilités de l'appareil. Si on utilise de l'essence auto avec un moteur qui normalement ne prévoit pas cette possibilité, par exemple en cas d'urgence, on prend des risques et quelques précautions sont nécessaires. Si on dispose de deux ou plusieurs réservoirs sélectionnables indépendamment les uns des autres, on doit transvaser l'essence avion restante de façon à réserver un réservoir pour l'essence auto. De cette façon on pourra décoller et monter avec l'essence avion et utiliser l'autre uniquement en croisière. On peut aussi améliorer l'essence auto avec un peu d'essence avion, si elle est disponible. L'important est d'éviter d'utiliser l'essence auto à des puissances élevées. Le risque, dû à son faible pouvoir antidétonant, est en fait celui d'une détonation destructive. On doit en outre rester à basse altitude, car l'essence auto est plus volatile et d'éventuelles bulles de vapeur d'essence peuvent empêcher la circulation du liquide. Il est également bon d'arrêter le moteur en brûlant de l'essence avion ou, si ce n'est pas possible, en fermant le robinet d'essence au lieu d'utiliser la commande de mélange.

Ces opérations, si elles sont effectuées avec des appareils non adaptés, comportent toujours quelques risques et impliquent que l'appareil soit arrêté dès que possible pour une vérification. On ne peut en aucun cas utiliser de l'essence auto avec les moteurs turbocompressés. Attention, l'emploi des carburants verts (sans plomb) est interdit pour les moteurs d'avion.

Exemple de gestion de carburant

La gestion du carburant requiert une grande attention et aussi un peu d'imagination. Les cas possibles sont innombrables, car ils dépendent de beaucoup de paramètres : situation opérationnelle, système de réservoirs, possibilité d'utiliser l'essence auto, etc.

Un seul exemple simple peut aider à comprendre comment on peut affronter les problèmes typiques de gestion de carburant. Supposons que l'on doive aller de la base vers un autre lac, pratiquer une activité en effectuant le plus grand nombre possible de vols courts et rentrer à la base. L'appareil a deux réservoirs séparés, sélectionnables indépendamment l'un de l'autre, et pleins au départ. On doit emporter avec soi un bidon vide et un tuyau. L'aller se fait en utilisant un seul réservoir. Une fois la localité de destination atteinte, on vide une partie du réservoir plein dans le bidon et on remplit celui qui est partiellement vide. On peut de cette façon connaître la quantité exacte de carburant utilisée à l'aller. Cette donnée peut aussi être simplement calculée, si le calcul est fiable. On extrait ensuite du réservoir plein la quantité de carburant nécessaire pour le retour, augmentée d'une réserve, et on conserve le tout dans le bidon. On vole ensuite jusqu'à "l'assèchement" d'un réservoir. On met alors le contenu du bidon dans ce réservoir vide et on continue à voler en utilisant l'autre réservoir jusqu'à l'assécher. A ce moment, on sélectionne évidemment le réservoir contenant du carburant, on interrompt immédiatement les vols locaux et on retourne à la base. Tout autre solution ne permet pas de faire tous les vols possibles ou bien ne garantit pas le retour à la base.

Carburant dans les ballonnets

Sur les appareils à coque centrale dotés de réservoirs dans les ballonnets, des procédures d'utilisation particulières sont prévues. Il est généralement interdit de transférer le carburant des ballonnets suite à des opérations à flot, à moins qu'un drainage ne soit effectué. Après un décollage de l'eau, un atterrissage (suivi d'un drainage) est indispensable avant d'effectuer le transfert. Un amphibie qui a par exemple, 8 heures d'autonomie en décollant d'une piste peut n'en avoir que 6 en décollant de l'eau.

"Quandoque dormitat Homaerus"(Parfois le divin Homère même sommeille...) disaient les ancien Latins. Charles Lindbergh oublia au moins une fois dans sa vie les safrans baissés. Ici il est en route pour l'Europe sur son Lockheed Sirius en 1933. Mais il l'a peut être fait pour améliorer la stabilité directionnelle de l'avion.

Vérifications

Quiconque est familier avec les rapports d'accidents sait que l'omission de vérifications, même minimes, peut provoquer de graves désastres. Pour celui qui est habitué à "sauter dans l'appareil et partir" les choses, en général, se passent bien de nombreuses fois, parfois même pendant des décennies, au point que la check-list finit par être considérée comme une tracasserie techno-bureaucratique. Mais quand on défie le sort trop souvent, le "pépin" peut survenir; il est presque toujours causé par une imprévisible et improbable suite de coïncidences, dont au moins une aurait était évitée si la check-list avait été effectuée.

Visite pré-vol

Assiette de l'appareil à flot. On doit savoir reconnaître d'un coup d'œil l'assiette que l'appareil doit avoir à flot. Une assiette différente – par conséquent anormale – est l'indice de présence d'eau dans les flotteurs ou d'un chargement mal disposé à bord.

Vérifications extérieures. Il est généralement beaucoup plus difficile d'effectuer les vérifications extérieures sur les hydravions que sur un avion terrestre. Avec ce dernier il suffit en fait de faire le tour de l'avion, tandis que l'hydravion est sur l'eau, avec des parties difficilement ou pas du tout accessibles du ponton ou de la rive. En outre, il n'est pas toujours possible ni conseillé de tourner l'appareil près de la rive de façon à pouvoir effectuer les vérifications sur le côté inaccessible. Quand c'est possible, il vaut mieux effectuer toutes les vérifications extérieures tant que l'appareil est à terre.

Inspection des flotteurs et de la coque. Les flotteurs ou la coque doivent être minutieusement inspectés, surtout dans la zone du redan qui est la plus sollicitée. Les tirants placés entre les flotteurs doivent être contrôlés, avant chaque vol, pour vérifier leur tension. Cela se fait simplement à la main. Les safrans et leurs câbles doivent également être contrôlés pour vérifier leur intégrité et la liberté de mouvement.

Bord d'attaque et face de l'hélice. Le contrôle des bord d'attaque de l'hélice est particulièrement important sur les hydravions car ils peuvent facilement s'abîmer quand des embruns traversent le disque de l'hélice (voir l'hélice au chapitre maintenance).

Ordre des vérifications. Sur un hydravion, il n'est pas toujours possible d'effectuer toutes les vérifications dans l'ordre indiqué sur la check-list. Par exemple, cela arrive quand on part d'une rive sans assistance où lorsqu'on s'éloigne d'une embarcation après un abordage. Dans ces cas là, on doit veiller à effectuer dans un deuxième temps les procédures prévues. Il est conseillé de toujours suivre la même séquence ou

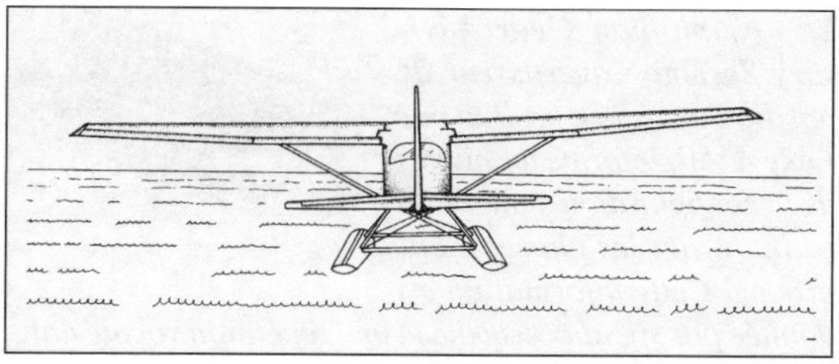

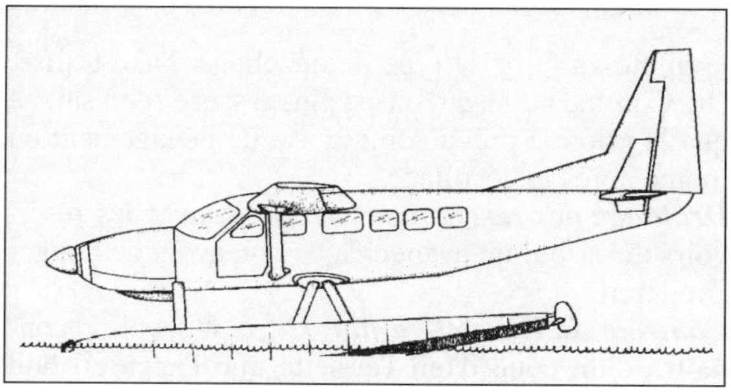

L'attitude de l'hydravion à flot indique si un caisson a été mal purgé ou si le chargement est mal centré.

des séquences différentes en fonction de la situation, mais définies de façon à être certain de ne rien oublier.

Eau dans les flotteurs ou dans la coque. Un déplacement du centre de gravité de l'appareil hors de l'enveloppe prévue peut avoir des conséquences tragiques. Sur les avions terrestres cet inconvénient se produit habituellement suite à un déplacement inopiné de la charge mal arrimée. Sur les hydravions s'ajoute la possibilité qu'il y ait, à l'insu du pilote, de l'eau dans les flotteurs ou la coque, dont le fond n'est jamais parfaitement étanche et qui occasionnellement peuvent se percer. Pour cette raison, ces appareils sont dotés de pompe à main, de pompe de cale automatique et d'orifices pour vider l'eau. On peut donc comprendre combien il est important de s'assurer, avant le départ, que la coque ou les compartiments des flotteurs ne contiennent pas d'eau.

La présence d'eau rend plus difficiles toutes les phases du vol, mais peut aussi ne pas être décelée lors d'un vol normal. L'appareil pourrait pourtant devenir irrécupérable après un décrochage ou après avoir pris une assiette inusuelle. Lorsque, lors de la circulation à flot et pendant la course de décollage, des efforts particuliers ou des réglages de trim anormaux sont nécessaire pour maintenir la bonne assiette, ou si l'appareil semble "lourd", quelque part doit retentir une alarme qui amène à interrompre la manœuvre et à effectuer les vérifications nécessaires.

Sur les appareils à flotteurs, le contrôle se fait tout simplement avec la pompe à main, et l'on procède en même temps à leur vidange, s'il y a de l'eau. Mais on doit être certain que les tuyaux de plastique qui relient l'ouverture aux fonds des compartiments sont effectivement à leur place et qu'ils sont en bon état. Dans le cas contraire, la pompe n'extrait pas d'eau, alors que le compartiment peut être partiellement ou totalement plein. Il faut surtout se méfier quand un compartiment semble toujours être vide.

Une méthode de vérification consiste à enfiler une petite tuyauterie rigide et transparente dans les puits de purge jusqu'au contact du fond du flotteur. Il suffira ensuite de souffler dedans, S'il y a présence d'eau, on entendra le bruit de bulles d'air. Il suffira alors de boucher l'extrémité du tuyau, de le sortir pour voir qu'elle est la hauteur d'eau dans le caisson.

Sur les appareils à coque la cale est difficilement contrôlable, mais on peut mettre en marche la pompe de cale et vider l'eau. Il peut toutefois arriver que la batterie ne soit pas suffisamment chargée, ou qu'on ne veuille pas l'utiliser pour cet usage, ou que la pompe de cale soit en panne, ou encore que la tuyauterie soit bouchée. Dans tout ces cas il suffit de monter sur la rive et de dévisser les bouchons filetés de la coque, pour constater l'éventuelle présence d'eau et la vider. Si l'on ne peut se mettre au sec, il faut démonter quelques panneaux permettant d'inspecter la cale et vider l'eau éventuellement présente à l'aide d'une pompe aspirante. Sur certains modèles on peut aussi percer des trous dans le plancher, en un ou plusieurs points, afin de permettre l'introduction d'une sonde pour vérifier le niveau d'eau dans la cale. Cette sonde peut être constituée d'un tuyau en plastique rigide transparent comme cité précédemment, éventuellement le tuyau déjà utilisé pour vérifier l'essence.

Lest. Si l'appareil nécessite l'emploi de lest, on doit s'assurer qu'il se trouve à bord en quantité voulue et qu'il n'a pas été oublié en cabine ou dans son compartiment spécial. Sinon, on risque de voler avec un appareil hors centrage qui constitue un risque grave.

Matériel à bord. Avant le vol on doit vérifier que l'on a à bord tout le matériel nécessaire pour les opérations que l'on doit accomplir.

Blocage hydraulique. Si le moteur est radial, on doit vérifier qu'il n'y a pas d'huile dans les chambres de combustion des cylindres inférieurs, car elle peut provoquer un dangereux blocage hydraulique liquid lock ou hydraulic lock. S'il en est ainsi, il faut enlever une bougie de chaque cylindre inférieur et drainer l'huile en brassant l'hélice. Dans tous les cas où l'on est amené à brasser l'hélice, on doit veiller à ne pas se placer dans son plan de rotation et opérer avec beaucoup de circonspection. Une magnéto pourrait être opérante même avec l'interrupteur sur la position "off". Tourner l'hélice dans le sens contraire de la rotation normale diminue les risques.

Vérification de la fixation des sièges. Le développement mondial de l'industrie aéronautique légère a été profondément affecté par le rail usé du siège d'un avion de tourisme, mais l'histoire est trop longue pour être racontée dans ces pages. Que l'on sache seulement que le système de fixation du siège sur les rails est un élément qui doit être considéré avec attention. Quand on règle le siège, pendant la pré-vol, on doit veiller à ce que l'axe ou les axes de fixation ne soient pas usés et rentrent complètement dans leurs logements. Les trous ne doivent être ni ovalisés ni émoussés, dans le cas contraire le siège pourrait glisser en arrière à l'improviste peu après l'envol ou en montée. Si le pilote n'a pas la présence d'esprit de lâcher immédiatement le manche ou le volant pour le reprendre dans un deuxième temps, l'issue de la situation est le décrochage à basse altitude suivi d'un impact en piqué sur l'eau ou le sol.
Vérification des commandes de vol. Les hydravions, plus que les avions, ont besoin de tout le débattement des commandes. La vérification des commandes avant le décollage doit permettre de vérifier que le débattement du manche est complet et va bien de butée en butée. Ceci pour deux raisons:
1 - Être sûre de la liberté et du débattement correcte de la gouverne de profondeur et des ailerons.
2 - Quelle interaction peut avoir le pilote avec sa position et le plain débattement des commandes, dans l'appareil qu'il utilise. Donc, un léger mouvement laconique du manche est à la fois un contrôle insuffisant et non professionnel.
Vérification de l'installation des passagers. Avant de débuter les manœuvres de décollage, l'installation des passagers doit être contrôlés visuellement et l'on doit s'assurer à voix haute qu'ils ont bien été informés des procédures de sécurité et qu'ils sont près pour le vol. Il est préférable de les informer soit même, avant que l'appareil ne se déplace, plutôt que pendant le décollage. Le premier décollage, pour un passager, procure des sensations étranges, et ne correspond à aucune de ses expériences personnelles. Ce sera plus confortable pour eux s'ils ont une idée de ce qui va se passer. Les passagers les plus accoutumés et les autres pilotes apprécient un briefing du type CRM (crew resource management) ainsi, ils sauront ce que

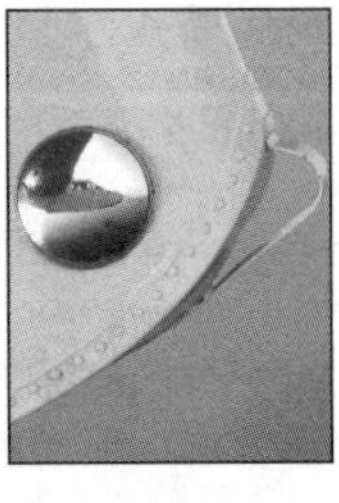

Adolfo Veggetti

Sur beaucoup de types d'amphibies la position du train est indiquée par des marques visuelles ou peuvent être vérifiées en vol grâce à un ou plusieurs miroirs.
Ici un miroir installé sur un ballonnet d'un Lake.

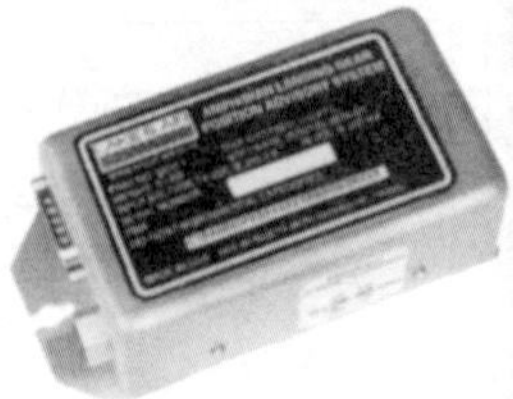

Le «Amphibian Gear Advisory System» (avertisseur de position de train), produit par Lake & Air, informe les pilotes de la configuration actuelle du train durant les phases d'approche. Cette information est donnée par signaux visuelle et une répétition vocale dans l'interphone.

le pilote va faire, le type de décollage, l'axe utilisé, etc. Comme passager, on est plus rassuré si on sait ce que le pilote a prévu comme axe de dégagement en monté après le décollage.
Drainage des réservoirs. On doit drainer les réservoirs de carburant avant chaque vol, avant de bouger l'appareil.
Contrôle de l'assiette à flot. On doit savoir reconnaître d'un coup d'œil l'assiette que l'appareil doit avoir à flot. Une assiette différente – par conséquent anormale – est l'indice de présence d'eau dans les flotteurs ou d'un chargement mal disposé à bord
Des bandes graduées peintes, à l'avant et à l'arrière des flotteurs ou de la coque, correspondant à l'assiette de l'appareil en centrage maximum avant et arrière, pourront permettre de définir si l'hydravion est correctement chargé, ou à vide, s'il y a de l'eau dans certain caisson.

Vérification en vol et pendant la circulation à flot

Contrôle de la position du train. L'incident le plus grave qui puisse se produire avec un amphibie est l'amerrissage avec le train sorti. La chose se produit de temps en temps, étant donné que le pilote d'amphibie doit parfois le sortir et parfois pas, à la différence du pilote terrestre qui doit toujours le sortir.
Une analyse des accidents survenus au cours des dernières décennies indique que le mauvais positionnement du train survient souvent si le pilote est en léger état de stress, c'est-à-dire au terme d'un vol long et difficile, ou durant des opérations continues et rapides entre pistes et plans d'eau.
Il est arrivé plusieurs fois à l'auteur de voir un pilote effectuer minutieusement ses vérifications et, à la rubrique "train", de sortir le train avant l'amerrissage. D'autres fois, on a vu des pilotes habitués à voler au-dessus de la terre sortir instinctivement le train, toujours à l'amerrissage, sans se rendre compte de leur geste.
Le contrôle de la position du train sur un amphibie doit être effectué plusieurs fois lors de l'approche et doit être accompagné de la phrase " je me pose sur la terre: le train est sorti ", si on doit atterrir, ou " je me

pose sur l'eau: le train est rentré " si on doit amerrir. Si on ne prononce pas cette phrase à haute voix, on risque un jour de bien effectuer ce contrôle, mais d'actionner la commande de façon erronée.

Une fois le train sorti ou rentré, on doit s'assurer que chaque jambe de train est effectivement dans la position prévue, à l'aide des voyants lumineux, des témoins mécaniques et des éventuels miroirs placés à cet effet à l'extérieur de la cabine.

Contrôle de la position des volets au décollage. Les hydravions et les amphibies, sur des surfaces agitées, opèrent souvent aux limites de leurs possibilités. "Volets en position décollage", voilà une vérification dont l'oubli peut être la cause d'ennuis très sérieux. Le problème ne concerne pas les appareils aux caractéristiques STOL ou qui peuvent décoller même sans volets, comme le Piper PA 18, mais il est déterminant pour les appareils pour lesquels le décollage est expressément prévu avec les volets sortis, comme le Lake. L'apparition du marsouinage avant le décollage peut se conclure par un décollage "en ricochets", mais sans conséquences si les volets sont sortis. Avec les volets rentrés le marsouinage risque par contre de se dérouler de façon anormale, à cause de la vitesse d'envol nettement supérieure, et de provoquer la destruction de l'appareil.

Contrôle de l'efficacité du circuit hydraulique. La manœuvre d'une commande hydraulique, par exemple celle du train ou des volets, ne donne l'effet prévu que si le circuit est en pression. Il peut donc arriver que, dans un moment de précipitation, le pilote actionne la commande, certain d'avoir fait la vérification correspondante, mais qu'en réalité il ne se passe rien, parce que le circuit n'est pas en pression.

La chose a des chances de se produire quand on agit avec précipitation et, par exemple, si l'on part avec l'interrupteur général ou celui de la pompe hydraulique sur OFF, ou avec tout les interrupteurs sur ON, mais le breaker de la pompe non enclenché. Pour s'assurer que le circuit est en pression on doit observer l'instrument correspondant, si l'appareil en est équipé.

Dans aucun cas on ne doit se contenter d'actionner la commande, et l'on doit toujours vérifier que l'effet désiré est obtenu, en effectuant un contrôle visuel ou en vérifiant que les voyants, s'ils existent, sont allumés comme ils doivent l'être.

Si l'opération que l'on est en train d'accomplir est critique au point de ne pas pouvoir détourner le regard de l'extérieur, même un instant, le contrôle de la mise en pression du circuit hydraulique peut être effectué rapidement en actionnant la pompe manuelle de secours. Si la commande est dure, le circuit est en pression; si elle cède sous la main, le circuit n'est pas en pression.

Archivio Apostolo

Avec du vent la manutention d'un hydravion peut devenir très difficile. Ici l'équipage lutte avec le Curtiss R3C-2 participant à la coupe Schneider de 1925.

Problèmes de vent

Avec les hydravions on se retrouve souvent à voler en montagne, où les conditions météo sont très particulières. Des courants descendants, tourbillonnaires ou ascendants peuvent donner lieu à des pertes d'altitude très importantes, des turbulences ou d'autres phénomènes très dangereux pour l'appareil, qu'il soit en vol ou sur la surface.

Au sol. Si on est au sol ou sur une hydrobase équipée, on doit sortir immédiatement les appareils de l'eau et, une fois qu'ils sont au sec, les mettre à l'abri dans le hangar ou les amarrer dans les règles de l'art. En cas de besoin, on peut remplir d'eau quelques compartiments des flotteurs pour les alourdir. Le nez de l'appareil doit absolument être orienté face au vent et, si possible, légèrement penché vers le bas, de façon à ne pas faire prendre à l'aile une incidence trop porteuse. Le manche doit être maintenu en butée avant, de façon à ce que le vent tende éventuellement à faire lever légèrement la queue et donc à diminuer l'angle d'incidence de l'aile. Dans certains cas, il peut être utile de fixer quelques baguettes de bois sur l'extrados et l'intrados de l'aile, un peu en arrière du bord d'attaque, de façon à rendre l'aile non porteuse. Le système de blocage des commandes peut ne pas être suffisant et des blocages extérieurs, agissant sur les surfaces mobiles, peuvent être nécessaires.

Contreventement de l'avion à la bouée réalisés avec des jerrycans remplies d'eau faisant fonction de guiderope.

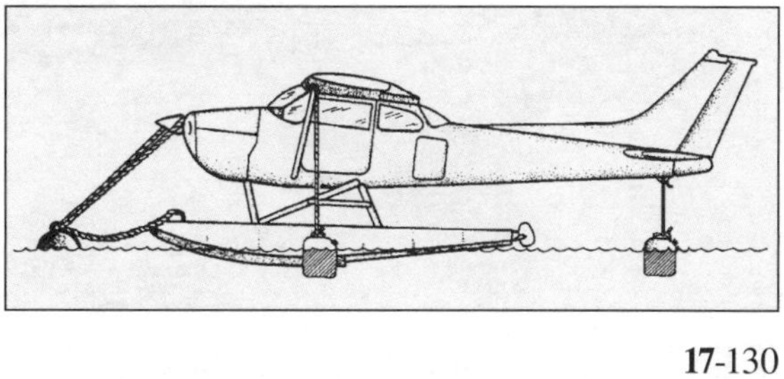

Archivio Apostolo

Un Cant Z501 retourné par un vent fort, photo des années trente. Le vent peut avoir une force qui dépasse l'imagination. Cela est parfaitement démontré par ce qui est arrivé à ce Short Sunderland qui a été échoué sur une plage par une tempête. Cette photo a été prise sur la côte écossaise à la fin des années quarante.

Crown Copyright

A flot. Si l'appareil est amarré à une bouée ou au ponton la situation n'est pas rose. Si on a le temps on peut adopter la technique d'amarrage en pleine eau développée précédemment (guiderope). La même technique est utilisée lorsqu'on remorque l'appareil par vent fort. Le manche doit alors être bloqué en butée avant.

Si l'on n'a pas le temps, le noyage des flotteurs sera peut être nécessaire, à condition de respecter les règles citées précédemment.

En circulation jaugée. Si l'on s'attend à l'arrivée d'un coup de vent lorsqu'on est en circulation à flot on doit tout de suite rejoindre la rive, éventuellement en reculant "à la voile", ou bien décoller face au vent sur la partie du bassin encore praticable et s'éloigner de la zone vers des lieux plus tranquilles.

En l'air. En cas de forts vents ou turbulences on est probablement plus en sécurité en l'air que sur la surface. Pour cette raison, si on est en vol, on doit évaluer avec soin s'il vaut mieux se poser ou abandonner rapidement la zone. Les phénomènes les plus intenses sont localisés et de courte durée. Si une zone ne convient pas, on peut raisonnablement espérer en trouver une qui convienne mieux pas trop loin ou encore que les conditions changent dans la demi-heure. Lors des journées d'été, on doit prêter la plus grande attention aux formations nuageuses à fort développement vertical. Celles-ci peuvent être à l'origine de rafales de très forte intensité, capables de provoquer des déformations de la structure de l'appareil, même en vol, ou de le renverser comme un fétu de paille s'il est sur l'eau. Le ciel qui s'assombrit, une humidité relative élevée ou une température proche du point de rosée sont des indices à considérer avec attention.

Orages. Les vents, en rafales très irrégulières, en lignes, associés avec des pluies torrentielles et des éclairs ne sont pas à associer avec un hydravion, qu'il soit en vol ou à flot. Si l'orage est isolé, pas trop étendu, il peut être contourné. S'il y a une série de ces orages en ligne ou en grand nombre dans un secteur, la meilleure action sera probablement d'amerrir sur un petit plan d'eau, s'échouer, s'amarrer et attendre que l'orage se déplace ou perde de l'intensité.

Boeing Canada - De Havilland Division

Boeing Canada - De Havilland Division

Déchargement d'un De Havilland Beaver sur un lac Canadien.
Dans la page ci-contre, chargement d'un De Havilland Twin Otter. Pour le rendre plus facile une planche est placée entre le quai et le plancher de l'appareil.
Dessous, transport d'un fuselage d'un Cessna monomoteur avec un Beaver.
La partie la plus large et plate est placée face au vent, les ailes sont sur l'autre flotteur. La variété de objets transportés sur des hydravions est incroyable.

Chargement de l'appareil

Le chargement sera disposé de façon à ce que chaque objet qui peut être utile en vol soit accessible. Parfois, même l'ordre de chargement est important. Par exemple, les vêtements chauds éventuellement utiles à haute altitude doivent être accessibles avant le canot gonflable qui sert après l'amerrissage. Quelques équipements essentiels en cas d'urgence, comme l'extincteur, les gilets de sauvetage si on ne les a pas endossés, un bout, la pagaie ou l'ancre si on opère en présence de courant, doivent être toujours disponibles immédiatement. Il en est de même pour les objets servant à certains contrôles avant le vol, même si le manuel de vol n'en fait pas mention. Les objets lourds doivent être rassemblés dans un conteneur, ou être rangés de sorte qu'ils ne puissent se déplacer librement. Les objets salissants, comme le moteur de l'annexe ou un vélo pliant, doivent être enfermés dans des conteneurs étanches. Quelques sacs poubelle peuvent résoudre beaucoup de ces problèmes.
Les charges lourdes ou encombrantes peuvent être chargées à bord en disposant l'appareil parallèlement au ponton ou à la rive et en improvisant une rampe à l'aide d'une ou deux traverses de bois. Une paire de gants de manutention peut être utile à bord pour ne pas se salir ou se blesser. Au terme des opérations de chargement, on doit s'assurer que le poids et le centrage se trouvent entre les limites.

Charges extérieures

Aux États Unis et au Canada, le transport de charges externes est sujet à une réglementation et peut uniquement être effectué avec des appareils qui prévoient

Seaplane Pilots Association

Moyens de transport chargés dans un Turbo Mallard en transit à l'hydrobase de Côme.

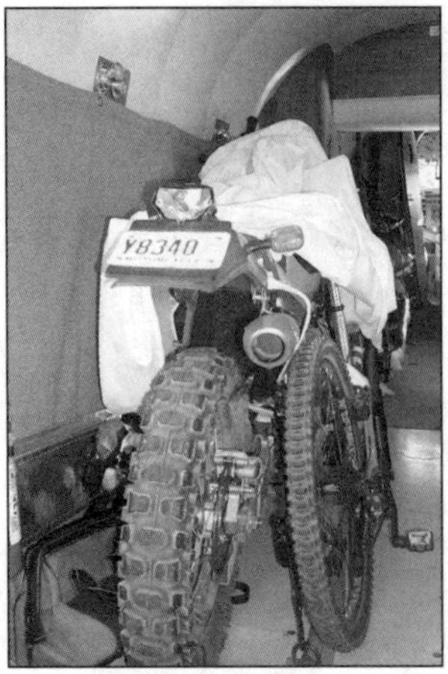

expressément cette possibilité. Même le type de charge, souvent un canoë, un vélo ou du matériel de camping, est réglementé en ce qui concerne les dimensions et la forme. Le risque est de masquer aérodynamiquement l'empennage dans certaines conditions de vol. En dehors de la réglementation, il est conseillé de suivre des procédures déjà largement éprouvées par d'autres.
Le cas le plus typique de charge externe est le canoë. Il doit être appuyé aux montants de l'appareil ou à un support approprié, s'il est installé, et solidement fixé. L'éventuelle partie plate, ou plus volumineuse, doit être tournée vers l'avant.

Hydravion Aventure Inc., Québec / JM Urlacher

Avec des charges externes, on doit effectuer les manœuvres à une vitesse supérieure d'au moins 5 nœuds à la normale. Une attention particulière doit être réservée à la bille.

Problèmes physiologiques

Survie

Si on voyage dans un milieu naturel vaste et inhabité, le problème de la survie en cas d'accident se pose. Les secours risquent de n'arriver qu'après plusieurs jours, voire jamais. Dans ce cas, on doit être – ou essayer d'être – capable de se déplacer et de rejoindre une zone habitée, avec la possibilité de conserver sa condition physique, de s'alimenter et dormir sans se geler ou être mangé par les animaux sauvages. Survivre dans un milieu hostile demande une préparation physique, une forte volonté et un ensemble de connaissances. Il est donc conseillé de toujours se maintenir psychologiquement préparé à affronter l'urgence et de se documenter sur les techniques spécifiques relatives aux lieux où l'on opère.
La survie peut aussi dépendre de la possession d'un matériel peu nombreux, mais très important. Le kit que l'on doit avoir avec soi est très différent selon que l'on opère dans les forêts boréales, en haute montagne, dans le désert ou en pleine mer. Le matériel doit être choisi, selon la situation, parmi les éléments énoncés au chapitre sur l'organisation d'une expédition. Une description complète de l'emploi du matériel décrit sort du cadre de ce livre. Cela donne toutefois une idée de ce qu'on pourrait un jour ou l'autre être amené à affronter.

Boeing Canada - De Havilland Division

Canoë fixé sur les mâts d'un De Havilland Beaver et d'un Otter.

Mal de l'air et mal de mer

Aux passagers qui souffrent du mal de l'air l'hydravion offre une contrainte supplémentaire: le mal de mer durant les longues circulation sur la surface. Il doit toujours y avoir en cabine et à portée de main des sacs vomitoires. Quand on se trouve sur la surface, on doit toujours être prêt à ouvrir la portière ou une verrière, pour permettre a un passager de vomir dans l'eau plutôt qu'à l'intérieur de la cabine.

Hypothermie

Avec les appareils à flotteurs, on peut capoter et se retrouver dans l'eau, mais on peut toujours remonter sur un des flotteurs, qui restent à flot, en attendant de l'aide. Les appareils à coque centrale ne capotent pas et ne coulent que suite à de graves dégâts à la coque. En général donc, il reste toujours quelque chose à quoi s'agripper et qui permet de se tenir hors de l'eau. Cette possibilité n'existe pas avec les petits avions terrestres, qui coulent tout de suite après le contact avec la surface. Dans quelques rares cas, par exemple si les flotteurs ne tiennent pas et se remplissent rapidement, il pourrait arriver même au pilote ou au passager hydro de se retrouver à l'eau. Dans ce cas, il faut souhaiter que la température permette de survivre jusqu'à l'arrivée des secours. Les temps moyens de survie en fonction de la température sont donnés sur le graphique, adapté de celui qui est publié par le National Hyperbaric Centre d'Aberdeen en Écosse. Toutefois, cela peut varier en fonction des caractéristiques de l'individu et des conditions ambiantes. Pour augmenter la possibilité de résister, on doit rester immobile dans l'eau et, si l'on est à plusieurs, se tenir attachés les uns aux autres. Il est bon de rester habillé, même chaudement, et de resserrer avec du ruban adhésif ou de la ficelle les ouvertures des manches et pantalons, ainsi que la taille.

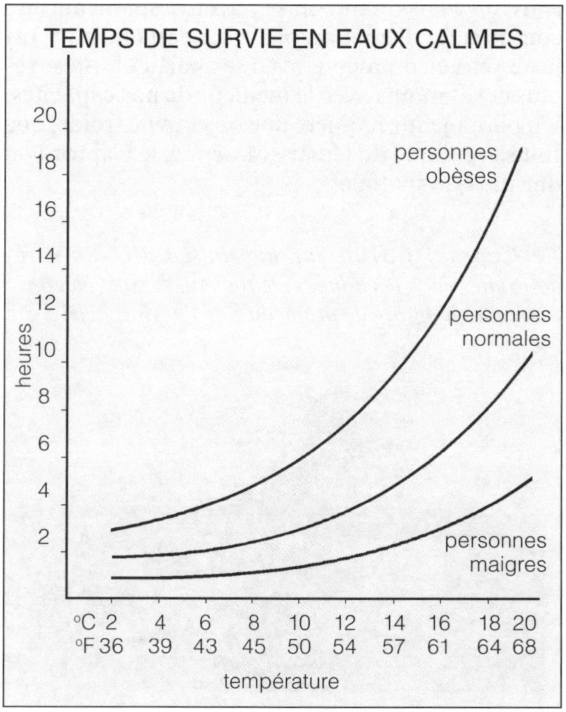

Le traitement d'une personne amenée sur la rive en état d'hypothermie doit être effectué par du personnel spécialisé. Avant tout on doit considérer que l'absence de mouvement ou de respiration ne sont pas des indices de mort, car le corps humain en état d'hypothermie avancée se trouve dans une sorte d'hibernation, qui n'empêche pas une réanimation. En aucun cas on ne doit frictionner le corps avec de l'eau, ni le masser, sinon avec une grande délicatesse, pour ne pas endommager les tissus. On ne doit pas administrer de boissons alcoolisées, mais des boissons chaudes sucrées. L'intervention des secouristes doit se limiter à enrouler le corps avec des couvertures préchauffées de préférence, en évitant un brusque réchauffement de la victime ou de son environnement. Les parties dégelées doivent être légèrement maintenues en mouvement. On doit de toute façon pourvoir au transport de la personne dans un hôpital équipé.

Stress

Le stress, c'est-à-dire l'état de grande fatigue, est un des principaux facteurs de danger pour le pilote et en particulier pour le pilote hydro, qui opère souvent en conditions difficiles et imprévues, sans aucune assistance et loin d'une quelconque infrastructure aéronautique. Les symptômes classiques sont la nonchalance, le manque de concentration, la négligence dans l'accomplissement des fonctions qui lui incombent, et le fait de commettre des erreurs idiotes dignes d'un débutant. L'état de stress amène souvent à des décisions irréfléchies.

Quand on se rend compte que l'on est dans l'état décrit on doit, si possible, sortir de cette situation, au moins quelques minutes, en se mettant dans une situation "facile" qui ne demande pas de décisions. Si l'on est à flot, par exemple, on peut arrêter le moteur quelques minutes ou faire quelques tours au large. Si l'on est en vol, on peut faire quelques 360, en essayant de se relaxer et de penser à autre chose.

Dans tous les cas, on ne doit pas prendre des décisions ou effectuer des manœuvres précipitées. Répéter à haute voix la séquence des opérations à effectuer peut être utile. On doit s'imposer en outre d'effectuer les vérifications minutieusement et complètement, en suivant à la lettre les check-lists. Il ne faut jamais être pressé quand on est stressé.

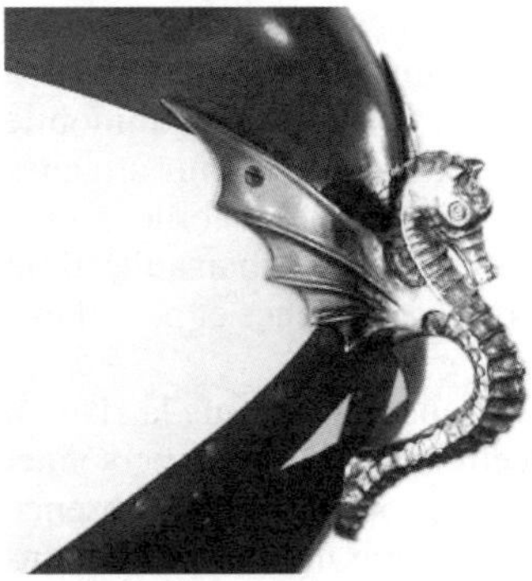

CHAPITRE 18

Le vol sur hydravions anciens

L'opportunité de faire un vol sur un hydravion ancien est quelque chose de rare et de très émouvant. L'auteur a eu la chance de voler sur deux appareils des années trente, l'hydravion à coque Savoia Marchetti S-56 et le Caproni CA 100 à flotteurs, ainsi que sur une variété d'hydravions plus récents comme le Republic *Seebee* et le Cessna L-19 *Birddog*, deux hydravions de la flotte de l'Aero Club Como.
Il est reproduit dans ce chapitre un article de l'auteur publié dans la revue *Water flying* qui explique comment on vole avec le Caproni de 1935 basé à l'hydrobase de Côme. L'introduction est du directeur de *Water flying* Mark Twombly.

Je rejoins Gerolamo Gavazzi a Milan en Italie, passionné d'avions et d'automobiles anciennes. Il lui a fallût plus de 10.000 heures de travail, 6 ans et une incalculable somme de Lires pour restaurer en conditions de vol son hydravion biplan à flotteurs Caproni Ca100 d'avant-guerre.
L'hydravion I-ABOU est l'un des plus vieux hydravions en état de vol au monde et le seul survivant encore volant de ce type.
Il est basé à l'Aéro Club de Côme, la plus ancienne structures opérant avec des hydravions, sur une des hydrobases les plus anciennes, les premières opérations remontant à 1913.
Pourquoi aimer voler sur un tel hydravion ancien? Cesare Baj, un des quelques pilotes autorisés à voler sur le Caproncino - *Le petit Caproni – comme on l'appelle, nous l'explique.*

Mark Twombly

Le Caproni Ca100 : Mode d'emploi

Il n'est pas facile de décrire l'émotion que procure un vol sur le Caproni Ca100 de 1935 comme pilote aux commandes. C'est comme un violoniste qui joue sur un Stradivarius ou s'installer dans son propre fauteuil et feuilleter le codex *Leicester* de De Vinci (un plaisir réservé à Bill Gates qui a acheté le livre). Mais quand on se retrouve soi même aux commandes, l'émotion passe soudainement. C'est juste piloter un avion, avec ses particularités, ses plus et ses moins avec le meilleur de nos capacités. Un pilotage sûr requière une objectivité froide, que soit sa réplique du Curtiss *America*, le Caproni ou une navette spatiale.

Le Caproni Ca100 sur une berge d'Ostia, près de Rome, dans les années trente. Au-dessus, élégance italienne: la figure de proue du Savoia Marchetti S 80.

Photos of these pages: Aero Club Como Archive

Le seul espoir quand on aborde un tel appareil étrange et rare est un vol sans problème. Tous nos efforts doivent être fait dans ce sens bien que l'ego puisse nous pousser à démontrer comment notre intelligence pourrait nous permettre d'exploiter tout ce que la machine peut donner.

La visite pré-vol implique les vérifications typiques de tous les avions, incluant les vérifications extérieures de l'intégrité et de la fonctionnalité de tous les éléments. Le niveau du carburant est vérifié en utilisant une jauge en bois et un système pneumatique. Un levier du côté droit est actionné d'avant en arrière jusqu'à ce qu'il se bloque sur la valeur du carburant présent dans le réservoir. Avant le vol les protections des pipes d'échappement doivent être retirées et une vérification du bon graissage des culbuteurs doit être réalisée.

Après avoir vérifié que les contacts magnétos sont bien coupé, l'hélice est actionnée sur plusieurs tours dans le sens horaire, vu de la place pilote.

Gerolamo Gavazzi décolle avec son Caproni I-ABOU. En-dessous, des Caproni de l'hydrobase de Côme dans les années trente.

Dans tous les cas, la prudence doit conduire à utiliser la technique de vol sur prototype. S'il y a un passager, il ou elle devras s'installer sur le siège avant avec le harnais attaché. Le pilote et le passager portent un casque de cuir et des lunettes.
Le moment du démarrage du vieux moteur italien Colombo arrive finalement et c'est une opération assez exigeante. La plupart des Ca100 avait un démarreur à manivelle, alors que le I-ABOU est équipé d'un démarreur électrique de 24 volts qui est placé sur le plancher de l'habitacle à l'avant entre les pieds du passager. L'avion n'est pas équipé de batterie, donc une batterie externe est connectée avec une couple de gros connecteurs qui rentrent dans une prise sur le côté droit du fuselage. Au signal du pilote, un assistant connecte la batterie externe et le moteur commence à tourner. Cette opération est beaucoup plus facile avec l'avion sur le chariot que dans l'eau, sur le quai. Dans ce dernier cas, l'avion se met en mouvement immédiatement et l'assistant doit sortir les connecteurs très rapidement et puis éviter d'être touché par l'empennage horizontal.
Regardons la procédure émouvante du départ du point de vue du pilote. La séquence est: Robinet carburant ouvert; Robinet du primer ouvert; Actionnement de la pompe manuelle du primer; Robinet du primer fermé; Contact magnétos; Réglage de la commande d'avance à l'allumage ; très rapidement tourner la petite manivelle de la magnéto d'appoint qui améliore le courant généré par les magnétos. Tout en tournant la manivelle, la commande de "Contact" est donnée à l'assistant, qui activera l'énergie électrique d'appoint de la batterie pour le démarreur.
La manivelle de la petite magnéto est faite de métal avec une petite poignée en bois. La poignée est actionnée avec deux doigts, mais vous ne pouvez pas éviter de toucher la partie métallique de la manivelle. Quand vous le faites, un courant à haute tension traverse le corps, une expérience sans danger mais désagréable. Pour cette raison, un gant isolant doit être porté.
Si les choses évoluent normalement, quelques cylindres s'allument et les autres suivent bientôt. Le "Von Karajan" mécanique cachée dans le moteur Colombo se met à jouer son harmonie très spéciale à la grande satisfaction de tous les passionnés d'aviation qui sont à l'écoute. En fait, beaucoup de gens à Como veulent être informés chaque fois le Caproni s'aventure hors du hangar pour voir la machine et entendre cette symphonie.
Le 6 cylindres en ligne de 8,6 litres de cylindrée tourne maintenant régulièrement, sans les vibrations d'un moteur "Volkswagen" à cylindres opposés à plat, plus familier en aviation générale.

A. Brioschi

Sur l'eau, le Caproni peu être piloté facilement à basse vitesse. Mais c'est plus difficile quand il y a du vent à cause de ses nombreuses surfaces verticales, de ses ailes et la petite taille de ses safrans qui ne se relèvent pas et qui sont toujours immergés.
La navigation à flot est effectuée avec le moteur à 700 tr/min et, comme nous le faisons avec tous les hydravions à flotteurs, avec le manche en butée arrière. Dans des eaux agitées, l'hélice est facilement atteinte par des projections violentes d'eau. Pour cette raison, le bord d'attaque de l'hélice est recouvert d'un blindage métallique. Les décollages en eaux agitées sont dans tous les cas à éviter.
Manœuvrer l'hydravion sur l'eau à haute vitesse demande une certaine expérience due à la forme de ses flotteurs en bois. Ils ont un redan de faible dimension et un faible amortissement qui rende les phases de déplacements sur le redan délicates. Si l'appareil est maintenu à plat, il glisse bien sur la surface, mais l'angle d'incidence des ailes est loin d'être le plus approprié pour le décollage. Pour atteindre un angle d'incidence plus adapté il faut lever le nez, mais l'extrémité arrière des flotteurs touche l'eau, ce qui entraîne une augmentation de la résistance hydrodynamique compromettant l'accélération.

Donc, pendant le décollage, nous accélérons à une vitesse un peu plus élevée que nécessaire pour décoller et puis brusquement, on tire sur le manche. Cela provoque une immersion de la queue des flotteurs, mais l'augmentation de portance simultanée aide l'hydravion à quitter l'eau et à accélérer.
Il est possible que l'hydravion retouche légèrement l'eau de l'arrière, mais il vaut mieux ne pas essayer de l'éviter mais plutôt maintenir la bonne assiette à cabrer pour le décollage définitif.
Une autre technique de décollage est utilisée dans la dernière phase de la course d'accélération. On doit rapidement tirer sur le manche vers l'arrière et immédiatement après la libération de la surface repousser le manche. Les queues se plongent dans l'eau, mais dans les secondes qui suivent les ailes génèrent assez de portance pour sortir l'appareil de l'eau et accélérer. Après deux ou trois de ces manœuvres la vieille dame, plus légère, prend enfin son envol. La technique de décollage sur un flotteur peut aussi être utilisée, mais seulement sur des surfaces d'eaux calmes. Depuis le siège du pilote, la visibilité vers l'avant est très limitée, tant pendant la circulation au sol qu'en vol. Il faut effectuer de légers virages en permanence pour s'assurer que l'on ne vole pas vers un obstacle.
En vol, le *Caproncino* est le plus facile de tous les aéronefs. Docile, réactif, il ne semble même pas être un hydravion. Un virage à 180 degrés est réalisé rien que le fait d'y penser.
Il réagit aux commandes comme un papillon, léger, tours et rouleaux néerlandais peuvent être facilement réalisés avec de petits efforts sur le manche et les palonniers. La grande hélice solide génère des effets asymétriques qui font tourner à gauche plus facilement qu'a droite. Les décrochages se produisent d'une manière amicale, et le rétablissement est une technique standard facile. Pour mémoire, jusqu'aux années 1960, les Caproni ont été utilisé pour effectuer toutes les manœuvres de voltige base, mais aujourd'hui, à l'âge de 80 ans les éléments de l' ABOU sont traitées avec un respect particulier.
Visualiser l'écoulement de paysage depuis le cockpit ouvert, avec le vent tourbillonnant sur notre

Affiche promotionnelle des années trente.

visage, est passionnant. La structure solide des quatre ailes, faite d'un ensemble de mâts et de haubans, apparaît dans sa complexité quand on lève le nez vers le ciel pour faire une légère chandelle.
La vitesse de croisière, avec le moteur à 1500-1600 tr/min, est environ de 70 nœuds, soit environ 130 km/h sur l'indicateur de vitesse. Le Caproni n'est

A gauche, marchepied intégré donnant accès au cockpit et prise de branchement de la batterie d'appoint pour le démarrage.
Au centre, un des petits safrans non rétractables.
A droite point d'encrage des flotteurs.

Mark Twombly

Gerolamo Gavazzi

pas un grand grimpeur, surtout quand il est chargé, mais il montera à 300 pieds par minute même durant la saison chaude. La température du moteur doit être souvent vérifiée lors de la montée et, si elle est trop élevée, il est conseillé de faire quelques paliers intermédiaires pour un bon refroidissement. L'indicateur de pression d'huile a besoin lui aussi de contrôles réguliers. L'avion est équipé d'un compensateur, actionné par un levier, mais normalement il n'y a pas besoin de beaucoup l'utiliser. Un contrôle de la mixture, étiqueté "ALTA QUOTA" (haute altitude) est disponible mais le vieux moteur presque centenaire ne demande pas de faire des essais de réglage et la commande est généralement laissée en position "plein riche".
Pendant le vol, le moteur nécessite une attention particulière. L'instrument plus important à utiliser pour savoir comment il fonctionne sont les oreilles du pilote.
L'amerrissage est réalisé avec la même attitude à cabrer et sécuritaire commune pour tous les hydravions, laissant le redan et l'extrémité de la poupe toucher l'eau en même temps. Mais cette attitude est plate pour le Caproni, il est donc préférable de toucher avec le nez un peu cabré, la poupe touchant l'eau en premier.
La technique classique – un bon arrondit sans rebond se traduit par un posé de l'hydravion avec très peu de vitesse verticale – cela fonctionne bien avec le Caproni. Un peu de puissance permet un amerrissage plus facile, mais il n'y a aucun problème pour amerrir sans puissance.

Mark Twombly

En haut, le tableau de bord. Le seul instrument moderne est l'indicateur de température de culasse.
A gauche, l'intérieur du flotteur en bois gauche du Caproni.
A droite, les renforts en bois, finition classique du pont des flotteurs. Ci-contre, le I-ABOU dans les années cinquante.

Les amerrissages sur plan d'eau miroitant se font facilement, mais sur cet appareil nous ne pouvons pas compter sur l'utilisation précises et très réactive des instruments de bord modernes, donc la manœuvre doit être menée "à la sensation" – en adoptant l'assiette qui semble être le plus appropriée, en évaluant la réponse des commandes de vol et en régulant la puissance pour un taux de descente très faible. Cela est basé sur l'expérience acquise à une altitude de sécurité.

Aero Club Como Archive

Aero Club Como Archive

Après s'être posé, l'hydravion fait quelques oscillations et ralentit. Dès le touché, le manche doit être tenu en arrière jusqu'à ce que l'hydravion s'enfonce dans l'eau et ralentisse et circule à flot. Avant d'arriver à un ponton ou sur une rive, le levier de sélection magnéto est mis en position arrêt et le moteur s'arrête. Avant cela, en étant encore éloigné de la rive, une rapide vérification des magnétos "coupées" est faite pour confirmer que les contacts et le moteur seront arrêtés au moment souhaité. Quand vous volez avec un avion ancien, vous devez à tous moments être prêts à faire face à une situation d'urgence. Les options en cas de panne moteur ou autres mésaventures doivent constamment être envisagées.
En cas d'incendie, le Caproni est équipé de la soi-disant "diavoletto" (petit diable), système de détection de température qui comprend un piston rouge qui apparait au tableau de bord. Une poignée sur la droite actionne le système d'extinction dans la zone du moteur. Il mérite d'être noté que le feu, alimenté par un courant d'air de 70 nœuds, n'est pas particulièrement souhaitable sur avion en bois et toile à cockpit ouvert.
La situation d'urgence la plus fréquente consiste à une surface agitée, comme un vent soudain qui rend la surface trop agitée pour un amerrissage en toute sécurité. Le pilote doit toujours prendre une distance raisonnable de voyages et avoir à l'esprit des zones d'amerrissage de secours convenable.
Dans le cas d'un atterrissage dans des eaux agitées, c'est mieux d'appeler une assistance et d'avoir l'avion remorqué vers la rive ou un ponton, plutôt que de ruiner l'hélice en bois en essayant de faire un tour sous le vent et circuler à flot avec les vagues et un vent arrière.
Après le vol, le travail n'est pas fini. Les trappes de visite des flotteurs sont ouvertes pour aérer l'intérieur des flotteurs. L'eau est retirée des compartiments à l'aide d'une éponge. L'huile qui a suinté sur le fuselage est nettoyée. La batterie externe et la batterie radio sont rechargées. Les housses en tissu sont installées sur le capot moteur, la section centrale du fuselage et sur les pales de l'hélice. Enfin, les sorties d'échappement sont obturées
Après chaque vol, ou chaque fois que le l'on voit le Caproni réaliser ses douces manœuvres dans le ciel, nous avons un sentiment de gratitude pour Gerolamo Gavazzi, dont les efforts ont permis de conserver un véritable joyau au profit et à la satisfaction de la communauté aéronautique du monde entier.

Photos: Aero Club Como Archive

Le Savoia Marchetti S.56

Buzz Kaplan, propriétaire de ce splendide hydravion ancien, avait décidé de l'emmener, en Italie, vers le site où il a été construit, à Vergiate près de Varèse. Buzz démonta son appareil pour le convoyer des Etats Unis vers l'Italie dans un 747 cargo et il l'a ensuite remonté à l'arrivée. Il débarque à l'hydrobase de Côme et l'auteur a eu la chance de voler avec Buzz de Côme à Vergiate. Une expérience à remonter le temps sur un hydravion amphibie historique très facile et agréable à piloter. Le moteur est démarré grâce à une bouteille d'air comprimé mise sous pression par un compresseur au cours de la visite pré-vol. L'atterrissage n'était possible que sur une piste d'herbe, car l'avion n'est équipé que d'un patin de queue.

Macchi MB-308, le petit dernier de la glorieuse famille des MC-72

Dans les périodes d'après-guerre, le problème des industries de l'aviation européenne, habitués à produire des avions à un rythme d'un toutes les quelques heures. Republic, après la construction de 15 000 P-47 *Thunderbolt*, a su construire plus de 1.000 Seabee en un an.
En Italie la SIAI produit le SIAI-Nardi FN-333 *Riviera* et Piaggio le P136, exportés ou assemblés aux USA durant les années cinquante et soixante.
La Macchi, dont le personnel a construit le merveilleux MC-72, conçu par l'ingénieur Castoldi, qui garde le record de vitesse de 1934 de 709,202 km/h (382.938 KTS), a utilisé son savoir-faire dans la conception d'un petit hydravion à flotteurs de deux places, le MB-308. Conçu par l'ingénieur Bazzocchi, l'avion en bois avec une aile cantilever, appelé *Macchino*, était équipé d'un moteur de 85 HP. Il était en mesure d'exécuter la plus grande partie des manœuvres acrobatiques (durant cette période, ils étaient souvent dans les mains d'anciens pilotes de chasse de la seconde guerre mondiale).
L'auteur se souvient du passage qu'il fit en 1970 du Cessna 150 au Macchino: une heure et demie de voltige, comprenant vrilles, tonneaux et loopings, avec la cathédrale de Côme apparaissant au cours des nombreuses rotations de 360 degrés, suivi immédiatement après d'un vol en solo. L'hydravion est alors dans les mains d'un pilote jeune et enthousiaste avec une expérience totale de 25 heures, dont moins de deux heures sur le type.

Comme pour tous les appareils de faible puissance, c'est un formidable entraînement, enseignant aux pilotes la gestion de chaque fraction de degré d'assiette afin de gagner la vitesse nécessaire au décollage ; ou la façon d'utiliser tous les expédients pour décoller d'une surface miroitante ou encore d'une surface agitée. Chaque configuration ayant ses propres particularités.
L'équipe qui a conçu le MC-72, avait aussi conçu les flotteurs et les ailes du MB-308. Celles-ci avaient un profil bien plus approprié pour briser les records de vitesse que pour un aéronef STOL, comme tous bons hydravions doivent l'être. Les conséquences étaient que l'avion en vol étaient un formidable entraîneur, mais les déjaugeages et les touchers se produisaient à une vitesse élevée et inconfortable.
Les flotteurs étaient courts, rendant la machine pas très stable sur l'eau à haute vitesse et pas très tolérant au touché avec une assiette imparfaite.

Le Macchi MB-308 I-CARE e le I-AIAI sur le slip de l'hydrobase de Como.

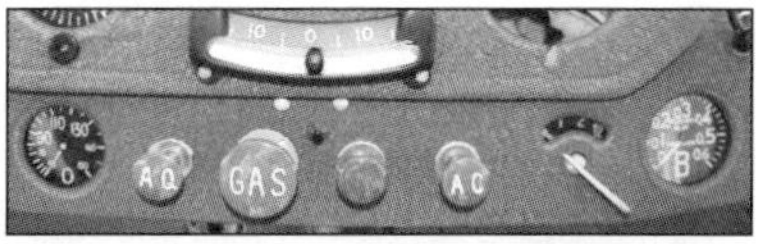

Ci-dessus, l'habitacle spartiate mais très élégant du petit Macchi MB-308.
A droite, les commandes moteur: AQ (Alta Quota) est pour le mélange; les gaz est la manette des gaz; AC (Aria Calda) pour l'air chaud vers le carburateur. L'inscription sur le fuselage rappelle les poids à vide (P. a V. - Peso a vuoto) et la charge utile (C. U. - Carico Utile).

Photos : Water Flying Magazine

Voler sur les hydravions du père de l'hydraviation américaine

Nous présentons ici un rapport sur les essais en vol des trois répliques d'hydravions conçus par Glenn Curtiss, le "Père de l'hydraviation américaine" (ci-dessous, avec le gilet de sauvetage, sur un A-1). Ceci a été rendu possible grâce aux sympathiques personnes contactées au musée Curtiss, d'Hammondsport, USA, ainsi qu'au magazine *Water Flying* où ces articles ont été publiés.

Viennent en premier les articles sur le Curtiss A-1 et le Model E. *Flying the Firsts – What it's like to take to the air – and water – in two early Curtiss seaplanes* a été écrit par Rob Kinyounand et publiés dans le numéro n° 194 de *Water Flying.* L'article sur l'*America, The first of the great flying boats flies again – A brand-new 1914 Curtiss America graces the waters, and skies, of Keuka Lake, in Hammondsport, New York* a été écrit par Jim Poel et Lee Sackett et publié dans le n°170 de *Water Flying.* Tous ces aéronefs sont des répliques, mais elles sont tous équipés de moteurs Curtiss originaux, restaurés et en parfait état de fonctionnement.

Glenn H. Curtiss Museum - Hammondsport

Le A-1

Le Curtiss A-1 a été le premier appareil de l'US Navy. Il a été conçu avant la mise en place de la configuration actuelle des commandes de vol. Les ailerons sont commandés par l'intermédiaire de la structure du siège en se penchant sur le côté, la gouverne de direction est contrôlée avec le volant ; la commande de profondeur est classique. Le A-1 possède une pédale pour la commande des gaz. La structure est réalisée en bambou, provenant de la même société où Glenn Curtiss s'était fourni en 1911. Le moteur est un OX-5 d'origine. Cette réplique du A-1 a été achevée en 2004 et a volé plusieurs saisons avec mon prédécesseur Jim Poel, bien connue des pilotes d'hydravions. J'ai volé moi-même avec le A-1 en 2010 et 2011.

Le démarrage

Robinet carburant ouvert, amorcer avec trois ou quatre coups de pompes, la manette des gaz fermée, contacts coupés. Actionnez plusieurs fois la manette des gaz. Contact, manette des gaz sur réduit, étouffer si nécessaire. Utilisez la manette des gaz pour maintenir le régime. Réchauffer le moteur au ralenti pour éviter son encrassement, gardez 1000 tr/min. Quand la température de l'eau est à 120 degrés, ne pas la laisser monter plus haut.

Circulation à flot

La circulation à flot est difficile. Mettre le manche en butée arrière. Il n'y a pas d'effet girouette comme avec les hydravions modernes. Ainsi, si

Sur cette page, des images de la réplique du Curtiss A-1 pendant ses vols d'essais.

vous circulez sous le vent pour le décollage, il est difficile de le remettre face au vent. Des coups de gaz conjugués avec la gouverne de direction et les ailerons sont nécessaires. Vous pouvez aussi apprendre à tourner en prenant appuis sur le flotteur de l'aile intérieur. L'hydroplanage est plus facile à gérer. Pour les virages plus larges, ou pour aller tout droit, il facile de garder hydravion à plat sans lui faire toucher les flotteurs d'ailes. L'avion prend bien les vagues et se révèle un bon bateau, considérant qu'il a un flotteur à fond plat.

Le décollage

La main gauche sur le volant, la droite tenant l'armature du siège devant les instruments est utile pour améliorer l'efficacité sur les ailerons. C'est aussi la même chose pour s'aider à manœuvrer les ailerons.

Au départ, le manche est maintenu en butée arrière puis ramené progressivement au neutre. Lorsque le moteur est en pleine puissance, les performances au décollage sont étonnamment bonnes, même sous le vent. Il volera à une vitesse de 40 mph avec une légère traction sur le manche. Il faut être prêt à le ramener au neutre quand le flotteur est plein cabré. Accélérer à 55-60 mph au minimum en cas de panne moteur.

La montée et la croisière

J'ai trouvé la gamme de vitesse très étroite ; Elle commence à 50 mph, et en approchant les 65 l'appareil devient très instable en tangage. Rester entre 55 – 60 mph a donc été mon objectif. Maintenant que le problème de tangage a été réglé, j'ai pu commencer à apprendre à gérer le système de contrôle de vol latéral avec une série de vol de plus en plus longs (1/4 mile, puis peu à peu 8 miles). Les corrections de trajectoire mineures sont assez faciles ; elles débutent avec le gouvernail de direction, mais il est nécessaire d'aider avec le corps pour actionner les ailerons.

Le problème de toute action rapide – par exemple, une rafale de vent, nécessite une correction – elle

est difficile pour deux raisons : la faible réactivité inhérente de l'appareil et la tendance instinctive à utiliser une surface de contrôle incorrecte. J'en ai eu l'expérience. En virant à droite, jusqu'à être sous le vent, l'aile gauche s'est enfoncée rapidement à cause d'une rafale. J'ai répondu avec la mauvaise commande – le volant. Par réaction, j'ai eu l'aile droite vers le bas, le nez à gauche jusqu'à ce que la vitesse baisse. Penser par la suite à cette récupération m'a fait comprendre comment le pilotage du A-1 est contre intuitif. Je recommande de voler par vents très calmes pour la pratique des virages, pour éliminer les effets indésirables des forces extérieures.

U.S. NAVY FLYING BOAT, FLYING OVER KEUKA LAKE, HAMMONDSPORT, N. Y.

L'amerrissage

Comme pour la plupart des opérations hydravions, il y a peu de raison d'avoir du vent de travers. Je préfère l'éviter autant que possible.
Recherchez une vitesse de 50 à 55 mph. En dessous de 50, l'appareil commence à décrocher et vous perdez l'efficacité des ailerons que vous aviez. Si vous décrochez, vous pouvez toucher simultanément sur un flotteur d'aile et du flotteur principal. Volez avec de la puissance à 50 mph, augmentez-là et hydroplanez vers la zone d'accostage. Après l'arrêt, restez sur le flotteur devant le manche. L'appareil est très lourd sur l'eau et la queue s'enfonce dans l'eau.

Le Model E

Le Curtiss modèle E de 1912 était un des premiers hydravion à coque au monde (le tout premier étant celui de François Denhaut). Cette reproduction fidèle a été construite par le musée de Glenn Curtiss à Hammondsport (New York), achevée en 1999. À l'époque, elle était pilotée par Carl Erikson et après une révision effectuée en 2012, par moi. Il est propulsé par un moteur Curtiss OXX-6 original. Les notes suivantes sont basées sur mes vols réalisés en 2012 à Hammondsport, son port d'attache.

11 septembre 2012

Vents calmes

L'appareil flotte bien ; la circulation à flot n'est pas difficile comme sur le A-1. Cependant, il ne tourne pas facilement en déplacement jaugé et les virages serrés doivent être évités.
Les décollages sont longs avec des conditions calmes ou de vent arrière ; La coque ne déjauge pas facilement tant que les flotteurs de bout d'aile touchent l'eau. L'angle de dégagement en arrière du redan de cet appareil ne permet pas de rotation; la queue retouche et engendre un début de marsouinage. Je pense qu'il est préférable d'accélérer et de le laisser décoller tout seul.
Les commandes de vol opèrent en douceur, avec une sorte de mous, elles semblent lâches. L'hydravion était trimé, avec une pression constante à droite sur le gouvernail. Pression bien que moins importante que sur le A-1, la sensation de hauteur avec le cockpit ouvert est notable en vol.
Pour ce vol, l'indicateur de vitesse sur cet appareil était un indicateur original monté sur l'aile (une palette à ressort taré avec de gros chiffres – 3, 4, 5, 6 – représentant 30, 40, 50 et 60 mph) et d'un indicateur moderne ajouté sur le capot. Celui-ci n'a pas fonctionné. J'ai volé à 55-60 mph sur l'anémomètre de l'aile ; le bateau suiveur rapportait 68 mph.
Quatre ou cinq amerrissages ont été réalisés, à 50-55 mph avec du moteur, et encore une fois une assiette plate semblait la mieux fonctionner. Entre la vision et la position du siège très basse par rapport à l'eau, vous devez vous-même évaluer cette attitude plate. J'ai senti que j'ai développé une technique d'amerrissage donnant de bons résultats.
Deux tours de 180 degrés ont été faits par vents calmes. Pour le lac de Keuka, afin de maintenir la sécurité, tu dois visualiser la rive avant le virage. Les virages sont assez sûrs, mais c'est toujours un événement.

15 septembre

Des vents d'ouest, sud-ouest-nord-ouest variable 5 à 10 nœuds. Rafales en action sur Bully Hill.

Deux vols courts, presque identiques. Le virage à 180 degrés dans des conditions quelque peu irrégulière a demandé beaucoup de concentration. Je ne me sentais pas suffisamment à l'aise dans ces conditions pour faire des tours près de la ville. Les amerrissages avec cette intensité de vent étaient tout à fait différents de ceux des vols précédant.

Tenter d'utiliser la même technique d'assiette plate sur le premier palier, un rebond au touché, a engendré une série de rebonds que j'ai essayé de rattraper avec de la puissance et repartir. Aucun de ces rebonds secouaient, mais ce n'était pas joli. Le deuxième amerrissage était meilleur et une fois sur l'eau, j'ai réduit la puissance pour hydroplaner. Toutefois, lors de l'hydroplanage vers la plage, l'hydravion a redécollé brièvement. Évidemment ce n'est pas idéal, mais je suis heureux qu'il l'ait fait parce que j'ai pu voir à cette occasion que cela s'est produit à seulement 30 à 35 mph (l'indicateur de vitesse moderne était bien sûr remplacé pour ce vol).

Ma conclusion est que l'hydravion se comporte bien avec des conditions de vent arrière calme ou léger. L'appareil peut apparemment voler à une vitesse très faible ; Méfiez-vous de çà, en particulier dans toutes sortes de vent.

La prochaine série de vols devrait mettre l'accent sur :

1. Corrélation entre les diverses indications de vitesse.
2. Déterminer l'approche définitive, le touché et la vitesse de décrochage.
3. Déterminer s'il y a un problème d'instabilité à grande vitesse. Cela s'est produit à seulement 70 km/h avec le A-1.

Vents maxi recommandé: 10 nœuds réguliers.

La réplique du Curtiss modèle E sur le lac Keuka, Hammondsport.

Le Model H *America*

Il a fallu 90 jours pour sortir le Curtiss Model H *America*, premier hydravion multimoteurs du monde. Avec une envergure de son l'aile supérieure de 72 pieds et d'un poids au décollage de plus de 5000 livres, c'est de loin l'avion le plus gros que Curtiss a construit à ce moment. Il y a aussi introduit les caractéristiques de conception qui sont restées en usage tout au long de sa production d'hydravion : la coque à redan ventilés, les flotteurs d'aile, les nageoires, les dispositions pour la maintenance en vol, et un habitacle fermé comprenant même une zone de repos pour l'équipage. L'avion était propulsé par deux moteurs de OX-5 V-8 de 90 chevaux et il a été conçu pour une vitesse de croisière de 55 à 60 mph.

Le tableau de bord se composait d'une planche qui traversait le cockpit de l'hydravion sous le pare-brise du poste de pilotage. Sur ce tableau de bord était installé un indicateur de vitesse, un compas spécial qui a été construit juste pour l'occasion et un altimètre.

Sous le pare-brise, il y avait un tube de verre incurvé avec une bulle qui agit comme un indicateur de dérapage. Prévu pour traverser l'Atlantique, cette navigation devait être accomplie au compas et assisté de destroyers Britanniques et Américain postés tous les 100 miles. Ils pouvaient aussi servir pour le sauvetage en mer.

Le destin interviendra cependant deux semaines avant le déclenchement de la première guerre mondiale qui allait stopper ce vol transatlantique. Depuis, les deux pays ont dû rappeler leurs navires, le vol a été reporté et finalement annulée. Au lieu de parvenir à la gloire d'être le premier avion à survoler l'océan Atlantique, l'*America* servira au développement de l'aviation d'une autre manière. Il sera le premier d'une longue lignée d'hydravions à coque multimoteurs.

Library of Congress, Prints and Photographs Division, Washington, D.C. 20540 USA - Public Domain

Dans l'Intérêt de la sécurité, quelques libertés ont été prises avec l'exactitude historique. Par exemple, la toile de revêtement de l'appareil avec un matériau résistant au feu, a remplacé la toile en soie ; une colle époxy à deux composant a été utilisée au lieu de la colle d'origine animale et des compensateurs ont été ajoutés pour soulager les efforts sur les gouvernes (les compensateurs et l'équilibrage des gouvernes n'avait pas encore été inventé).

Les tendeurs de câble ont été la grande invention des avions Curtiss pour régler les haubans. Sur les avions précédents des rayons de vélos étaient liés dans les câbles. Ils permettaient de régler l'avion avec une clé de rayons de bicyclette. Quand l'hydravion a été assemblé, il a été déplacé hors de la salle de restauration de l'étage principal. L'observation les travaux sur l'énorme avion est devenu une attraction pour les visiteurs du musée. Le poids final est sorti à 4100 livres. Ce qui donne à cet avion une charge alaire très similaire à celle d'un Piper J3 Cub.

Plus gros, plus rapide, plus complexe

Le premier *America* et les exemplaires suivant – de conception identique – ont été expédiées vers l'Angleterre (sur le Mauritania) et utilisés pour la formation au pilotage et la surveillance de la mer du Nord. Plus de soixante exemplaires ont été construits, mais ils étaient plus grand et avaient des moteurs plus puissants. Depuis le début de la conception d'hydravion à coque, d'autres appareils encore plus grand, plus rapide et plus complexe sont apparus, mais tous utilisaient la base des innovations que Glenn Curtiss a conçu en 1914.

Les bénévoles du musée Glenn H. Curtiss, à Hammondsport, ont construit une reproduction de l'*America* sur une période de trois ans. Seulement quelques plans originaux étaient disponibles dont certains sur les sections d'ailes, les commandes de vol, les stabilisateurs, les haubans et quelques accessoires. Cependant, de nombreuses photographies de la construction originales, des dessins et même des brevets étaient disponibles. Les photographies ont été agrandies, ce qui a permis de déterminer des dimensions précises.

Étudier les photographies anciennes du département des aéronefs de l'usine Curtiss est devenu un rituel quotidien. Des détails étonnants ont été découverts de cette manière. Chaque fois qu'une photo a été étudiée, quelques nouveaux détails étaient remarqués. Une seule photo a été vue des dizaines de fois avant que quelqu'un ne repère un trou de fixation de câble électrique dans le poste.

La construction a été réalisée avec les mêmes techniques que Curtiss a utilisées telles que les rivets en cuivre et les vis en laiton à tête fendue (l'empreinte cruciforme Phillips ne sera inventée qu'au moins 15 ans plus tard).

Remplacement des moteurs et des hélices

Vers la fin de l'été 2007, il est devenu évident que nos moteurs, qui ont été envoyés en révision, ne serait pas prêt pour le baptême et le premier vol prévu en septembre. En seulement quelques semaines, les deux moteurs Curtiss OX-5 de 90 chevaux tournent normalement, les hélices ont été montées. Il faut noter ici que l'*America* original avait des hélices contrarotatives. Ces hélices tournaient dans le sens contraire des hélices contrarotatives des bimoteurs modernes. Les hélices de l'*America* avaient la pale descendante qui s'écartait de la coque alors que la montante s'en approchait. Ce était pour éliminer le couple mais aussi pour donner au stabilisateur horizontale une portance positive.

L'appareil a été démontée et a quitté le musée vers les rives du lac Keuka, où il a été remonté et préparé pour les essais à flot.

Les moteurs OX-5 n'étaient pas assez puissant pour mettre l'hydravion sur le redan, mais seraient suffisant pour les essais à flot et des démonstrations. C'est donc en 2007 que l'*America* a été officiellement baptisé et des manœuvres à flot ont eu lieu à cette occasion. 2008, serait une autre his-

*Page précédente, l'*America *original.*
A droite, sa réplique à Hammondsport.

toire. Avec deux Curtiss contrarotatif OXX-6V-8 originaux de 100 chevaux nouvellement restaurés et des hélices adaptées l'*America* était une nouvelle fois démonté et transporté vers le lac Keuka.
Le 7 septembre 2008, les premiers essais à flot de la saison commencent. Les moteurs sont démarrés et réchauffés. L'appareil est tourné face vent et les manettes des gaz à la pleine puissance pour la première étape des tests d'hydroplanage. Les moteurs sont-ils assez puissants pour mettre l'hydravion sur le redan ? La réponse est venue rapidement. Onze secondes après la mise en puissance, l'*America* s'est élevé vivement sur la surface du lac Keuka. Sans changement d'assiette, l'hydravion s'élève directement par son déplacement.
Contrairement à la plupart des hydravions qui, une fois sur le redan, ont besoin de temps pour accélérer vers la vitesse de décollage, l'*America*, avec sa basse vitesse de décrochage (38 mph), l'aile inférieure de 46 pieds d'envergure qui génère un effet de sol, s'est mis à voler dès qu'il était sur le redan.
Sans compensateur, il a fallu toute notre force en tenant la pression vers l'avant sur le manche pour ramener l'hydravion sur l'eau en toute sécurité. Nous circulons sur l'eau, jaugé, pour le retour à la base et l'*America* est repris pour une inspection détaillée.
Après ce vol non intentionnel, nous savons que l'*America* peut voler, mais est-il stable et contrôlable ? les prochains jours nous ferons les premiers vols d'essais, quatre en tout. Chacun d'entre nous obtiendront, après un certain nombre d'amerrissages, beaucoup d'informations sur les caractéristiques de pilotage.

Gros et lourd

Tout d'abord, les ailerons étaient très durs et à peine sensible, donc les virages ont été évités. Puisque chaque aileron est long de 17 pieds, nous nous attendions à quelques résistances, mais pas autant. Plus tard, nous avons réparé une poulie bloquée qui était la cause de ce problème. La gouverne de direction a également été extrêmement dure. Il a fallu toute notre force pour la braquer légèrement.
La traction différentielle des moteurs et le compensateur de direction avait beaucoup plus d'effets. La profondeur était un peu lourde, mais elle était très maniable avec le compensateur.
Lorsque nous avons stabilisé le palier sur le premier vol, sans réduire la puissance, nous nous sommes rapidement retrouvés à 80 mph, nous avons tous les deux convenus que c'était trop rapide. Nous trouvons qu'il faut peu de puissance en croisière pour maintenir 60 à 65 mph, la plage que nous avons utilisé pour notre vitesse de croisière pour tous les vols ultérieurs. Les approches ont été faites de 50 à 55 mph avec les moteurs réduit juste au-dessus du ralenti.

La foule applaudie

Le 13 septembre 2008 à la réunion annuelle d'hydravion d'Hammondsport, moteurs mis en route, l'*America* a circulé sur le lac Keuka. Après la mise en température des moteurs, nous avons appliqué précautionneusement la puissance et la foule applaudissait quand l'*America* a décollé du lac. C'étaient sur ces mêmes eaux que Glenn Curtiss a fait voler l'*America* original 94 ans plus tôt. Nous avons stabilisé à environ 200 pieds (l'avion a un altimètre peu sensible) et on s'est dirigé vers la rive est du lac. Après environ deux miles, nous avons incliné l'aile gauche et l'*America* tourna pour la première fois. Nous avons fait un grand virage pour faire demi-tour vers le sud, vers la foule, où nous avons répété la manœuvre. Nous avons tourné une troisième fois avec Hammondsport dans le dos le temps de commencer l'approche d'amerrissage. C'était une longue approche pilotée à 55 mph. Juste au-dessus de la surface, nous avons retardé la réduction des gaz et l'*America* glissa avec élégance sur une eau peu profonde.
C'est ce jour-là que le public d'Hammondsport a regardé et écouté les deux moteurs jumelés OX qui survolaient leurs têtes, répétant un événement qui s'est passé il y a presque un siècle. Pour nous c'est un véritable honneur et le plaisir d'une vie que de voler sur le même type d'avion que celui avec lequel s'est envolé Glenn Curtiss et au même endroit – un avion qui lançait une nouvelle ère du développement de l'hydravion.

Photos by Roger Currier

Cet article a été écrit par Roger Currier et publié dans le magazine Water Flying *(No. 139).*

Un Cessna 195 gagne sa place sur l'eau

Tous les avions anciens ont une histoire et parfois ils acquièrent une seconde vie dans les mains de personnes passionnées qui les récupèrent et les restaurent. Cette deuxième vie peut être gratifiante, à l'instar du Cessna 195 de Roger Currier, utilisé pendant des années pour des opérations commerciales.

Après avoir passé plus de quatre ans aux États-Unis comme mécanicien avions dans l'Air Force, Roger Currier c'est intéressé au vol de brousse. Cet intérêt l'a conduit à fonder une petite société familiale, la Currier's Flying Service sur le lac Moosehead dans le Maine.

Roger Currier.

Alors que la plupart des vols pourvoient au ravitaillement de touristes, ces vingt dernières années, Currier a donné beaucoup pour sauvegarder la nature du Maine et sa faune sauvage.

Au cours de ces années, Currier a accumulé une grande connaissance des opérations de brousse, du vol en hydravion ou sur ski et sur les questions de maintenance associées, surtout sur un appareil ancien, expérience qu'il est heureux de partager avec quiconque le demande.

Le printemps 1985 a été temps des décisions pour la Currier's Flying Service. Depuis 1982, alors que l'entreprise avait débuté son activité avec un Cessna 180, nous avons dû ajouter à la flotte un Piper PA-12 et un autre Cessna 180. Les demandes de vols des pêcheurs et des chasseurs vers les lacs éloignés, mais aussi de mener des vols touristiques, sont devenus des opérations écrasantes pour nos trois appareils. La nécessité d'un hydravion plus gros – un De Havilland Beaver – est apparue évidente, mais à ce moment nous ne pouvions pas le justifier. Le choix d'un Cessna 206 semblait idéal. Cependant, mon expérience de mécanicien avion depuis 1967 m'avait fait le partisan de la simplicité du carburateur. En opérant dans cette région reculée, je préfère autant que possible ne pas avoir de moteurs à injection.

Puis j'ai appris qu'un de mes amis cherchait à vendre le Cessna 195 qu'il avait restauré cinq ans plus tôt. J'étais familiarisé avec cette ancienne relique. Il l'avait sauvé d'une hydrobase commerciale dans le sud du Maine.

À cette époque, il était sur flotteurs. Les flotteurs qui fuyaient pas mal, l'hydravion devaient être sortis de l'eau immédiatement après chaque vol. Lors de la préparation pour un vol, il devait être remis à l'eau et le pilote ne pouvait pas circuler à flot plus que nécessaire de peur que l'hydravion soit en surcharge avec de l'eau dans les flotteurs et qu'il ne puisse plus décoller. Pour toutes ces raisons, personne ne voulait voler avec !

Mon ami a déposé les flotteurs et les a reconstruits ainsi que l'avion, mais ils ne seront jamais ré-assemblés. Certaines recherches ont donné que dans notre région, il y avait peu d'expertise sur les Cessna 195 S. La plupart des pilotes ne savaient pas comment remonter les flotteurs. Quelques-uns seraient OK, alors qu'un couple d'"experts" affirmait qu'ils n'ont jamais étaient bons sur flotteurs ! Comment Herb Helms a fait le travail pour lui dans l'état de New York il y un an, c'est un mystère, mais après avoir examiné la question pendant un court instant, j'ai décidé d'acheter la bête et de lui faire faire un essai. Après tout, il est environ de la taille d'un C 206, il a la même charge utile théorique et c'est une fraction du coût moyen d'un C 206.

J'ai acheté le 195 de mon ami. Il a admis après qu'il s'est mis à rire sur tout le chemin de la banque. Il a pensé que j'étais un peu fou. Maintenant, un an plus tard, il dit qu'il est désolé de l'avoir vendu si bon marché. Eh bien, avec le recul ...

Dès que la glace avait libéré les lacs, nous avons mis le 195 sur flotteurs. Pour notre plus grand plaisir, il s'est avéré être docile.

Une transition facile

Après avoir accumulé des milliers d'heures en Cessna 180 S sur flotteurs, le 195 était d'une transition facile. Tout a changé une fois que nous avons commencé à voler avec des charges lourdes dans des conditions météorologiques difficiles et de vents contraires. La célèbre visibilité limitée vers l'avant du 195 était acceptable, mais suivre les rivières à faible hauteur dans le mauvais temps est un excellent exercice de concentration !

Un autre facteur que le pilote doit prendre en considération est que le 195 devient lent à manœuvrer quand il est utilisé à la masse maximum. (Bien sûr, nous ne l'utilisons jamais au-dessus !) Ce comportement bizarre requière de l'anticipation, surtout pendant la phase de vol lent et de l'atterrissage.

Au fil des années et de milliers d'heures de vol en 195 S, (Oui, nous exploitons maintenant deux d'entre eux) nous avons appris comment bien faire fonctionner ces grandes bêtes. Premièrement, ils sont motorisés correctement, avec un moteur Jacobs de 275 ou 300 hp entraînant une hélice spéciale hydravion, l'appareil s'envolera avec tout ce que vous pouvez mettre dedans ou dessus.

En raison de la conception médiocre des volets, nous n'utilisons pas les volets au décollage. (La vitesse de décrochage est sensiblement la même avec les volets ou sans). La course au décollage est longue les jours chauds et apprends la patience au pilote. Après avoir mis doucement la manette des gaz vers l'avant pour le décollage, le pilote avait un mile pour se détendre et rêver éventuellement à commencer à voler.

Le 195 n'avait pas vraiment de grosses surprises ou de mauvais comportements à montrer au pilote au cours des circulations à flot. Le refroidissement du moteur est assez bon, il ne peut donc pas surchauffer facilement. Lorsque l'aire de décollage est parsemée de bateaux et de jet skis, il faut être très attentif en raison du grand disque du moteur installé devant vous.

Le challenge de l'appontement

Le premier 195 que nous avons acheté a percuté un bateau au début de sa vie et a également donné à ses passagers un échouage sur un banc de sable ; un événement qui apparemment est peut-être passé inaperçu au pilote complaisant. Étant donné que les 195 n'a qu'une seule porte et qu'elle est située sur la droite entre les sièges avant et arrière, la prise de ponton peut être un challenge si le pilote n'a rien prévu avant, spécialement si des passagers occupent le siège arrière.

Au cours des années, beaucoup de touristes ont apprécié les vols dans ce grand avion classique ancien. Après des années d'utilisation, le Cessna 195 et nos autres avions, plus petits, nous trouvons que nous avions besoin d'un De Havilland Beaver. Nous avons ajouté un Beaver à la flotte pour s'apercevoir que quel que soit la taille de l'avion que nous offrons à nos clients, ils seraient encore tentés de le surcharger. Malgré tout le matériel de camping et les engins de pêche laissés à quai à cause du manque d'espace.

Il y a plusieurs années, nous avons ajouté un deuxième 195 à la flotte. Il s'agissait d'un avion "flying project", nous avons acheté le premier 195 de la compagnie à quai une journée d'été froide et pluvieuse.

Il nous est venu du Canada et il était équipé d'une hélice d'avion à atterrissage court. Ce 195 arborait une peinture blanche et orange fluo, peinte à la main ! C'était surprenant pour l'œil avant que nous le repeignions.

Jusqu'à ce que nous ayons installé une hélice d'hydravion, il ne serait pas plus chargé qu'un Cessna 180 (800 livres). Maintenant, c'est un bon élément avec une charge utile de 1 200 livres. Ces chevaux de trait sont capables de porter plus de 1500 livres. Plusieurs fois nous avons aussi transporté un canot sur le côté gauche. Ce faisant, la vitesse tombe de 125 mph à environ 90 mph, ce qui entraîne une attitude cabrée excessive avec le nez haut qui peut amener le pilote à percuter une montagne inaperçue s'il n'y prête pas attention. L'avion ne semble pas avoir conscience de chose comme ça.

Aujourd'hui la flotte aux quais de Currier comprend deux Cessna 195 S de 1948, deux Cessna 180 S (un 1964 et un 1953) et un De Havilland Beaver de 1954 qui attendent de montrer les paysages spectaculaires du lac de Moosehead. Tous ces avions anciens sont sur flotteurs pendant les mois d'été. L'hiver est le temps du repos pour certains d'entre eux, tandis que d'autres utilisent des skis et continuent à naviguer dans le ciel de Moosehead, faisant chanter leur moteur en étoile.

Photos by Jim Oltersdorf

Cet article, écrit par Jim Oltersdorf a été publié dans le magazine Water Flying en 2008. Il dit peu de choses sur les techniques de vol, mais il est inclus pour montrer qu'un hydravion âgé de près d'un siècle peut encore voler commercialement. Il est toujours utilisé par Kachemak Bay Flying Service à Homer, Alaska.

Un *Travel Air* de 1929 qui gagne encore sa vie

Les vieux avions ne semblent pas avoir de chance. La corrosion, le mauvais entretien et les accidents sont les pièges auxquels les oiseaux anciens peuvent s'attendre. Même s'ils survivent à ces défis au cours des années, les vielles appareils peuvent perdre leur utilité et leur valeur nostalgique et succomber au cancer insidieux de l'indifférence. C'est particulièrement vrai des hydravions anciens et c'est dommage. Aux États-Unis cependant, un appareil ancien est un appareil comme les autres. Le seul hydravion à flotteurs avec un moteur radial, ironie du sort, vole dans l'un des plus grands challenges de la nation, l'Alaska sauvage. C'est incroyable que ce Travel Air 6000B de 1929 est vivant et vole. En fait, c'est le plus ancien appareil de commerce certifié du pays ! Il vole tous les jours sur la base de Homer (Alaska) pendant les mois d'été.

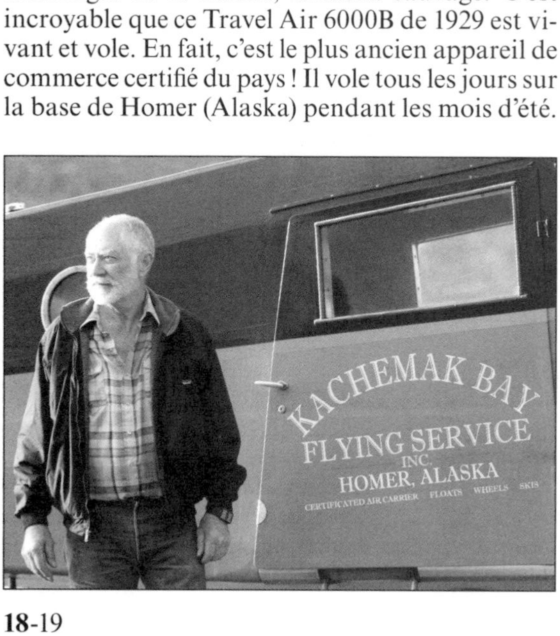

On ne sait plus

Possédé et piloté par Bill de Creeft (ci-dessous), cet *ole gal* (vieille fille) montre ses "nouveaux" flotteurs Edo de 1934 pour les opérations sur l'eau. En hiver pour remplacer les flotteurs, de Creeft utilise des skis en bois pour explorer les contrées sauvages enneigées s'il le souhaite, mais en ce moment il entrepose l'avion jusqu'au retour du temps chaud.

Avec plus de 35 000 heures consignées, peu de pilotes ont appris plus sur le vol que De Creeft et personne n'en sait plus sur le vol du Travel Air.

Construit seulement deux ans après le vol de New York à Paris de Charles Lindbergh, De Creeft vole sur la dame noire et bleue tous les jours au-dessus des magnifiques fjords éparpillés du parc national du Kenai. La zone est jonchée de fjords profonds, de permafrost et de glaciers bleus de plusieurs miles de longueur qui offrent des vues spectaculaires pour ceux qui souhaitent connaitre une expérience de toute une vie.

Bill De Creeft a acheté le Travel Air à Missoula (Montana), en août 1969 et l'apporta à Homer, où le monoplan de six places, surnommé "La Limousine du ciel" dans les brochures de ventes originales, maintenant commande le ciel. Seulement quatre autres Travel Air sont encore en état de vol, mais

aucun n'est aussi utilisé que celui de de Creeft.
Le Travel Air commence sa journée avec le son caractéristique de la mise en route de son moteur en étoile Curtiss-Wright de 420 ch sur le lac Beluga, juste à l'extérieur de Homer. En dépit de sa rareté et de son âge, de Creeft l'utilise encore comme il le doit, transporteur de fret, bête de somme et plateforme de tourisme.
Pour un jour "normal" de vol (s'il y a une telle chose en Alaska), un coup d'œil à l'intérieur de la cabine peut révéler des bois de sciage, des charges de carburant, du matériel de camping, des cannes à pêche et toutes sortes de choses. Trappeurs, chasseurs d'élans, touristes et un chien de traîneau peuvent être à l'occasion à bord, sans limite de destinations ou impatient de voler dans une région sauvage et spectaculaire. Même s'ils savent qu'ils sont dans un avion plus âgé qu'eux, ils ne montrent aucune inquiétude.

Vérification de l'huile

Avant que de Creeft ne l'acquière, le Travel Air parachutait des pompiers dans les forêts de la région de Missoula dans les années 1940 et il était utilisé pour une foule d'autres activités inattendues et non conventionnelles, comme des tentatives de vols de record du monde d'endurance. En septembre 1930, il est resté en vol en continu 13 jours et nuits. Une photo prise au cours la tentative montre l'un des membres d'équipage vérifier le niveau d'huile en plein vol.
Bill de Creeft a également volé sur un de Havilland *Otter* ancien sur flotteurs qu'il appela "Big Red", mais il le vendit quelques années plus tard pour concentrer ses opérations avec le Travel Air sur le lac Beluga. Les pilotes de brousse d'Alaska ont une relation spéciale avec leur avion et des centaines d'histoires à raconter. Ils portent toujours un chiffon à la main pour enlever n'importe quelle saleté accrochée à l'extérieur et prennent la même attention pour l'entretenir.
En plus de 35 années qu'il le possède, il a effectué deux restaurations majeures du Travel Air, la dernière en date étant il y a quatre ans. Il connaît chaque écrou, boulon et éléments de l'avion.
Quand on fait un vol sur le Travel Air et avec l'expérience des panoramas fantastiques de l'immense Alaska sauvage, il devient rapidement évident que de Creeft aime son travail. Lui et le Travel Air ont connu de grandes et nombreuses aventures ensemble, sauvé des vies de personnes qui s'étaient perdues dans régions extrêmement isolées, transporté des chargements de poisson et de courrier de ou vers des petits villages de l'Alaska. Pour posséder et piloter un tel avion, surtout en service commercial, est le moyen d'appréhender tout l'esprit de cette l'aviation.

Incarnant le meilleur

Bill de Creeft et son Travel Air incarnent tout ce que signifie l'exploitation d'une entreprise qui permet aux autres de se faire une expérience du vol dans un paysage sauvage et magnifique. Les client descendent du Travel Air avec un grand sourire sur leur visage. Ils ont tendance à s'agglomérer autour du grand oiseau pour l'examiner avec intérêt. Les caméras sont constamment en marche quand il s'approche ou quand il quitte le quai ou encore quand il vole au-dessus de leur tête.
Il devient évident pour les gens, qu'ils ont vu ce morceau d'histoire qui a été respectueusement et merveilleusement conservé, et qui gagne sa propre subsistance.

CHAPITRE 19

L'organisation d'une expédition

L'organisation d'une expédition avec un ou plusieurs hydravions est une activité des plus intéressantes et apporte beaucoup de satisfactions au pilote hydro. Quand on doit se rendre dans un endroit pour la première fois, une certaine préparation est habituellement nécessaire, soit en ce qui concerne l'accessibilité du lieu et la possibilité d'y opérer avec les appareils, soit pour établir des rapports avec les gens du lieu. Les choses deviennent ensuite plus simples. Si l'on n'a pas la nécessité absolue d'accoster, comme cela arrive souvent lorsqu'on se promène pour le plaisir, on peut aussi aller "à l'aventure"; c'est-à-dire se poser près d'une rive inconnue en évaluant ensuite minutieusement la possibilité d'accostage. On finit toujours par trouver une solution, surtout si l'on est bien équipé avec le matériel listé dans ce chapitre. En cas de doute, on peut toujours redécoller pour d'autres lieux. Ci-dessous sont brièvement examinées les diverses phases de l'organisation d'une expédition.

Étude de faisabilité

Elle sert à vérifier si l'expédition est en principe réalisable, compte tenu de la longueur des étapes et de la disponibilité d'escales intermédiaires, si besoin est. Il est inutile de mettre en marche la machine de l'organisation logistique si une seule branche est au delà des possibilités de l'appareil.

Documentation. L'acquisition de la documentation est un aspect très important de l'étude de faisabilité d'une expédition. En plus de la documentation aéronautique, on doit disposer des cartes nautiques relatives aux zones d'amerrissage et des fiches des ports, si des opérations y sont prévues.

Des cartes très détaillées donnant une description complète des services et des infrastructures qui se trouvent sur les rives sont éditées pour de nombreuses

Cartes à grande échelle (de 1:10.000 à 1: 50.000) utilisée par les pilotes d'hydravions.

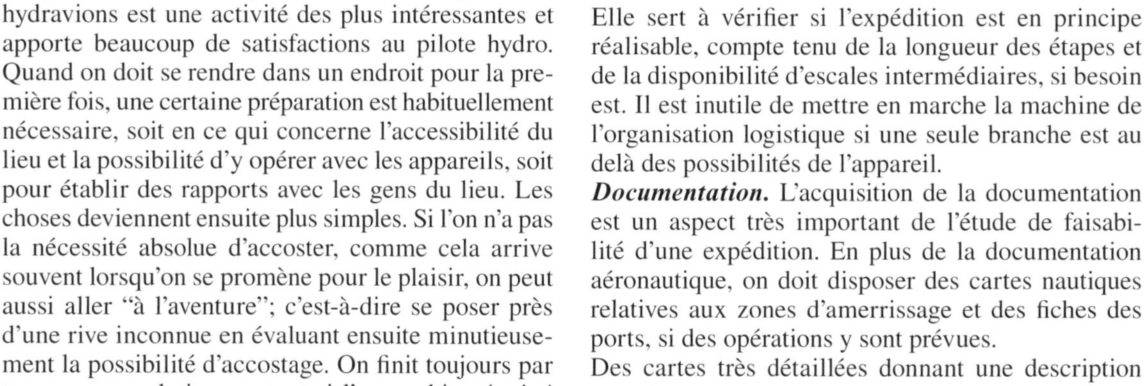

Archivio Apostolo

Amerrissage sur le Tibre à Rome de Francesco De Pinedo, à la fin de son raid de 55.000 km, le 20 avril 1925, avec son Savoia Marchetti S16 ter. De Pinedo démontra que les longs voyages avec un hydravion étaient possibles sans l'aide d'une assistance logistique, ce qui n'était pas possible avec un avion.

catégories d'activités sportives, que ce soit pour les côtes marines ou pour les lacs ou les fleuves. Avant de se diriger vers des rivages inconnus, surtout s'ils sont le siège d'un trafic d'embarcations intense, il est bon de se procurer ces informations.

Obtention de l'autorisation. On doit souvent composer avec des personnes qui n'ont jamais vu un hydravion et qui n'aiment pas qu'il se produise quelque chose d'inhabituel dans les territoires ou les secteurs dont ils sont responsables. Donc, dans les milieux bureaucratiques, on ne demandera jamais brutalement une "autorisation" ou une "permission", mais on commencera par envoyer une simple "information" ou "déclaration", pour faire "prendre conscience" des intentions aux autorités compétentes, si possible en faisant référence à quelques autorisations précédentes bien documentées.

On doit souvent se muer en expert en relations publiques et administratives.

Lieutenant de Vaisseau BERNARD — Premier-maître Mécanicien Principal BOUGAULT

Raid France-Madagascar de 27.000 km accompli en 1927 par Marc Bernard (1899-1960) et son mécanicien Georges Bougault. L'hydravion est un Lioré et Olivier LeO H-194.

Planification du vol

Après avoir vérifié la faisabilité et résolu – ou au moins affronté – le problème des autorisations, on peut passer à la planification minutieuse du vol.

Si des ravitaillements intermédiaires sont nécessaires, on doit bien étudier chaque tronçon et évaluer les imprévus possibles.

Chaque plan d'eau plus ou moins proche de la route doit être considéré comme une escale possible. Chaque fleuve ou canal "posable" doit être suivi le plus longtemps possible, même si cela rallonge un peu la route.

Étude de l'aire d'amerrissage

Qu'il s'agisse d'un lac naturel ou artificiel, d'un tronçon de fleuve, d'un port ou de la pleine mer, on doit tout connaître du lieu d'amerrissage. Une carte à grande échelle, par exemple au 1/25.000, est indispensable. Il est également bon d'avoir quelques photos de la zone. On doit aussi connaître le niveau des eaux au moment prévu pour l'amerrissage si, comme cela arrive souvent, le niveau est variable.

On doit ensuite évaluer la présence d'obstacles sur la trajectoire d'approche et sur la surface. Enfin, on établira les caractéristiques des infrastructures pour l'accostage, existantes ou à préparer. Tout cela vaut pour toutes les escales, intermédiaires ou finales.

Il est toujours conseillé de faire effectuer une inspection par quelqu'un. Si ce n'est pas possible, il est bon d'obtenir le maximum d'informations par les riverains, en téléphonant à la municipalité, à l'aéro-club

Hydravion Aventure Inc. Québec / C. Sheunemann

Images d'une excursion dans le nord du Québec avec des hydravions d'Hydravion Aventure.

ÉQUIPEMENTS

Note: Cette liste n'indique pas tout ce qu'on doit avoir à bord. C'est un liste-memorandum de matériels entre lesquels on décidera pour chaque voyage ce qu'il convient d'avoir avec soi.

Outillage: tournevis plat et cruciforme Phillips, pinces, supports de pompe de cale ou attache réglable, clé à bougies, marteau, petite perceuse à mains et jeu de forets, vis autotaraudeuses des modèles utilisés en aéronautique, fil à freiner, assortiment de vis écrous et rondelles.

Consommables: huile moteur, huile pour circuit hydraulique, bombe de produit anticorrosion, graisse, pâte à joint, lubrifiant silicone détergent avion, savon à mains, ruban adhésif, ruban adhésif aluminium, chiffons tissus et papier, ruban adhésif métallique et plastique.

Hache, scie, couteau de survie, canif.

kit pour réparations pièces métalliques et fiberglass, pièces de tôle, vessies gonflables, pinceaux, spatule.

Pompe pour flotteurs et pompe de secours,

2 bobines de 30 m de corde de nylon de 1 cm de diamètre, une ancre avec une corde de 30 m de 1 cm de diamètre et 3 bobines de corde de 12 m de 1 cm de diamètre.

Piquets à vis d'amarrage

Sacs gonflables en plastique ou en caoutchouc pour remplir un compartiment inondé. Des coussins ou des objets gonflables peuvent également être utilisés.

Bidon de fuel.

Casseroles pour chauffer de l'eau.

Flotteur plastique ou bouteille

Extincteur supplémentaire, utile lors des transfères d'essence, un parapluie pour protéger les ouvertures de réservoir sous la pluie.

Câble électrique et un pic de métal pour mettre l'appareil et entonnoir à la masse pendant l'avitaillement.

Entonnoir pour l'huile moteur, entonnoir et filtre à essence, tuyau pour les vidanges ou le transfert de carburant

Échelle pour atteindre le dessus des ailes ou se trouve en général le point de remplissage des réservoirs; il en existe en aluminium légère et démontable.

Échelle de corde pour descendre dans l'eau ou pour en sortir.

Pare battages; il en existe des spécialement conçus pour les hydravions constitués d'un tube en plastique épais avec une corde de fixation. Des pare battage à bateau classiques peuvent aussi être utilisés.

Pneus de scooter, au mois deux pour reposer les flotteurs sur la plage. Planches de bois 2 ou 3 petites et 1 grande pour faciliter la montée d'une rive sableuse d'un amphibie ou pour poser l'appareil sur la berge.

Voiles, pour hydravions pour naviguer à la surface de l'eau en cas de panne moteur ou de vent fort.

Ancre marine de type champignon légère et pliable. Ligne de sondage avec un nœud tous les mètres et un lest en bout. Sondes de type ballon pour évaluer la profondeur d'un site en vol (décrite dans le chapitre des techniques avancées). Loc à fil avec des nœuds tous les mètres, connecté à une ancre flottante. Une petite bouée plastique peut s'avérer utile pour les stationnements à flot loin d'une berge inaccessible, le corps mort sera trouvé sur place.

Manche à air, de petites dimensions à utiliser lorsque l'on opère pour un moment au

Hydravion Aventure Inc., Québec / JM Urlacher

voisin, à un club nautique, aux gendarmes ou, au pire, à un bar.

En cas de temps incertain, un coup de fil à quelqu'un qui se trouve sur le lieu de destination est toujours utile avant le départ pour connaître la situation météo et l'état réel de la surface. Si l'on a affaire à des interlocuteurs non spécialisés, on doit poser les questions appropriées. Il est inutile, par exemple, de demander la hauteur des vagues, la vitesse du vent ou la visibilité en kilomètres. Il vaut mieux demander s'il y a des moutons sur la mer, si les mâts des bateaux amarrés aux bouées oscillent beaucoup, si les drapeaux claquent au vent ou si les collines proches sont visibles.

La reconnaissance aérienne, une fois la destination atteinte, doit être particulièrement minutieuse et effectuée de la façon indiquée au chapitre sur l'amerrissage.

même endroit. On peut la remplacer par des bandes de tissus de couleurs.

Barrières portable, pics plastiques de jardin d'environ 80 cm avec une extrémité pointue et de la rubalise rouge et blanche pour barrières psychologique.

Filets nylon, filets fins, légers pour couvrir les ouvertures de l'appareil pendant le stationnement, pour empêcher les oiseaux et autres animaux de rentrer dans l'appareil, rideaux à vitres (moustiquaire).

Masque et tuba pour inspecter la partie immergée de l'appareil.

Bottes caoutchouc; les meilleures sont celles de type cuissardes, cependant certains pilotes préférant celles de taille normale.

Chaussures plastique pour marcher sur les cailloux et les récifs. Gants de cuir. Imperméable ciré.

Sacs poubelles de tailles et d'épaisseurs diverses, toujours utile pour transporter les déchets à travers la nature sauvage.

Matelas pneumatique utile en tant que canot improvisé ou comme matelas pour dormir et comme pare battage de secours.

Canot de sauvetage gonflable avec rames. Les canots en vinyle sont les plus légers et les moins chères mais se percent facilement. Ceux en lin sont plus lourds et plus encombrant mais plus solides.

Moteur auxiliaire. Petit moteur à placer sur le mât de liaison avant pour naviguer à flot avec précision ou pour utiliser sur des bateaux en brousse.

Lampe torche. Avec piles de secours, filtre de couleur rouge et un bouton pour signaux.

Cartes pour le voyage, instruments de calculs, de mesures et optique, compas de poche, gonio, mètre ruban, jumelles.

Appareil photo ou téléphone portable, pour prendre des clichés en vol des zones ou l'on va ensuite évoluer à flot.

Moyens de communication et de signalisation: radio E/R VHF et UHF portable, téléphone satellitaire, fusées éclairantes et pistolet, corne de brume à air comprimé, sifflet, mégaphone.

Vélo ou scooter pliable emballé dans un sac plastique pour protéger l'intérieur de l'avion.

Équipement de camping, tente, duvet, couvertures réchaud, combustible, provisions.

Matériel pour allumer du feu, allumette dans un emballage étanche, miroir ou loupe.

Nourriture: aliments en poudre kit de survie, rations d'eau.

Équipement pour eau potable: filtres, purificateur chimique.

Armes de survie, équipement de chasse et pêche.

Trousse de premier secours.

Matériel anti-moustiques: filet de tête liquide spray anti-moustiques.

Papiers: tous les documents légaux de l'appareil; documents émis par des autorités cértifiantes la possibilité d'opérer avec l'hydravion.

Clefs de secour de l'avion cachées mais facilement accessibles.

Inventaire du matériel emporté, utile pour la préparation et la vérification avant le départ.

Boites étanches: le matériel doit être conservé dans des boites avec une bonne répartition.

Le matériel d'urgence doit toujours se trouver à portée de mains.

On doit toujours avoir du matériel de survie en bon état à bord.

Coll. privée M. Yves Durette, Archives de la Corp. Lire la Mer, Matane

Ci-contre, le Shrek FBA-17 G-CAFO du pionnier de l'aviation française et canadienne Jacques de Lesseps (1883-1927), au Lac Matapédia de Val-Brillant, en 1927.
Dessous, l'hydravion dans le bassin de Gaspé. À droite, au loin, la fumée d'une usine de transformation du bois. La Compagnie Aérienne Franco-Canadienne est à l'origine du premier projet de photographie aérienne au Québec. Jacques était fils de Ferdinand de Lesseps, génial créateur du canal de Suez. A droite, son brevet de pilote.

Musée de la Gaspésie Collection Jacques De Lesseps - Public Domain

Logistique

Le carburant représente le principal aspect logistique d'une expédition. Il est nécessaire à destination et aux autres éventuelles escales intermédiaires, ce qui demande en général un important effort d'organisation. Le carburant doit être prélevé dans un aéroport et transporté sur le lieu de l'amerrissage par le pilote ou par d'éventuels assistants. Il est bon de disposer d'un extincteur durant le ravitaillement.

En cas de grave nécessité on peut utiliser de l'essence auto, plus facile à se procurer, mais peu adaptée aux moteurs d'avions. Dans ce cas, on doit prendre les précautions décrites au chapitre sur les techniques spéciales, à la rubrique "Problèmes de carburant".

Sur le bassin où l'on doit opérer, il est bon de disposer d'une embarcation d'assistance; elle sera utile pour les transbordements et pour d'éventuelles opérations de secours. Un petit canot gonflable à rames peut être transporté par l'appareil pour être opérationnel à destination.

Les autres aspects de la logistique sont: la nourriture, l'hébergement et la disponibilité de moyens pour assurer la mobilité sur le lieu de destination. Beaucoup de pilotes emportent avec eux de petits cyclomoteurs ou des vélos pliants qui permettent d'être complètement indépendants.

Rapports avec les riverains. Il est inévitable qu'un hydravion attire l'attention et que les gens demandent à faire un petit tour pour voir d'en haut la zone où il vivent. Les opérateurs touristiques et les responsables locaux sont intéressés par les possibilités d'emploi de l'hydravion pour de manifestations. Il est inutile de dire que ces opportunités sont toujours intéressantes pour les exploitants d'hydravions, qu'il s'agisse d'un aéro-club qui a ainsi la possibilité d'accomplir un de ses devoirs – la propagande du vol – ou d'une société de travail aérien. Offrir un vol aux autorités et aux responsables locaux ouvre souvent bien de portes et facilite beaucoup les choses, y compris la possibilité de revenir dan le futur sans trop de formalités.

Le pilote qui utilise une infrastructure qui ne lui appartient pas sans demander l'autorisation ni s'excuser, qui se vante e qui se sert de l'hydravion pour comme un moyen pour affirmer une prétendue "supériorité" discrédite l'ensemble des pilotes d'hydravion et hypothèque la possibilité de revenir par la suite sur le plan d'eau. La courtoisie avec tous et la sobriété du comportement sont donc de mise.

Matériel et équipement. Lorsqu'on opère loin d'une base, on doit avoir avec soi les accessoires et le matériel permettant de résoudre tous les problèmes pratiques relatifs à l'utilisation et au stationnement de l'appareil et d'effectuer les éventuelles petites réparations nécessaires. Une liste du matériel et de l'équipement utiles se trouve dans ces pages. Le matériel est choisi selon les exigences du moment et en fonction de la zone où l'on voyage. Par exemple, le matériel que l'on emmène avec soi en hiver est très différent de celui que l'on emmène en été, de même que celui que l'on emmène pour survoler une zone montagneuse est différent de celui qui est nécessaire pour survoler la mer. D'autres accessoires non listés peuvent être nécessaires dans des situations particulières. Ils doivent être ajoutés à ceux qui équipent normalement l'appareil.

Exemple d'organisation d'expéditions

On pourrait écrire une encyclopédie monumentale sur les expéditions réalisées en hydravion, et pas seulement dans un passé lointain: on peut par exemple évoquer le tour du monde effectué en 1990 avec un Cessna 206 par Tom Casey, qui établit ainsi un nouveau record, .

De Como à Biscarrosse à travers des Alpes

Ci-dessous, à titre d'exemple, est décrite l'organisation de l'expédition d'un Cessna 172 et d'un Piper PA18 hydro, de l'hydrobase de Côme à celle de Biscarrosse. Il s'agit d'un voyage d'une certaine importance, pour deux hydravions purs, mais réalisable par des appareils légers courants, sans que des réservoirs supplémentaires soient nécessaires.

L'expédition décrite dans ces pages a été effectivement réalisée en Octobre 1991 (avec comme pilote l'auteur et Bruno Confalonieri sur le Cessna 172 I-BISB et Gerolamo et Paolo Gavazzi sur le Piper PA18 I-CGAN). C'est à elle que se rapportent les photographies qui accompagnent ce récit.

Motif de l'expédition. A Biscarrosse se trouve un musée, riche et splendidement organisé, sur l'histoire de l'hydraviation, crée par une femme exceptionnelle, Marie-Paule Vié-Klaze. Dans le passé ont en fait existé sur les bords du lac deux bases hydro: celle de Latécoère, l'usine de construction d'hydravions française la plus connue, et celle des Hourtiquets, grande base civile d'où partaient les vols transatlantiques des "Laté" 631. L'endroit est donc littéralement imprégné de l'histoire du vol sur l'eau. Comme c'est le cas pour Côme, l'hydrobase de Biscarrosse a survécu, mais malheureusement sans connaître de mouvements d'hydravions pendant de nombreuses décennies. Le plaisir d'effectuer un beau et grand voyage se doublait donc de la satisfaction de faire revivre un peu de son passé à un lieu d'importance historique. Ce préambule est là pour rappeler qu'une motivation fréquente des expéditions est ce que tout pilote d'hydro devrait considérer comme un impératif éthique : l'ouverture (ou la réouverture) et la conservation des plans d'eau à l'usage des hydravions.

Choix des appareils. L'importance historique du lieu de destination suggéra l'emploi non pas d'appareils amphibies mais d'hydravions purs, même si ce choix devait impliquer un engagement logistique – mais aussi un amusement – bien plus important.

La faisabilité. Le Cessna 172, avec ses réservoirs "long range" (50 US gallons, soit 190 l) a une autonomie horaire qui va de 6 heures à 7 heures 30 en fonction du réglage de puissance. Six heures et demie à 75 KTS procurent une distance franchissable de 487 milles nautiques, soit 903 km. Pour le Piper PA18, les mêmes calculs donnent une autonomie de 5 heures et une distance franchissable de 380 milles nautiques, soit 703 km.

Le choix des divers tronçons du parcours devait prendre en compte l'autonomie de l'appareil qui en avait le moins, c'est à dire le Piper, la possibilité d'obtenir du carburant à l'étape, la nécessité de partir d'Italie et de toucher la France dans une escale douanière (non plus nécessaire aujourd'hui), et celle, pour un voyage relativement long conduit en partie en régions montagneuses, de disposer du plus grand nombre possible de plans d'eau de secours en cas de besoin. Enfin, il fallait prendre en compte

Piper PA18 utilisé pour l'expédition vers Biscarrosse photographié au-dessus de la couche de nuage à l'approche des Alpes.

L'arrivée au col de Montgenèvre. Il est plaisant d'avoir la confirmation visuelle que la situation météo sur l'autre versant est bonne, comme l'a prévu le prévisionniste.

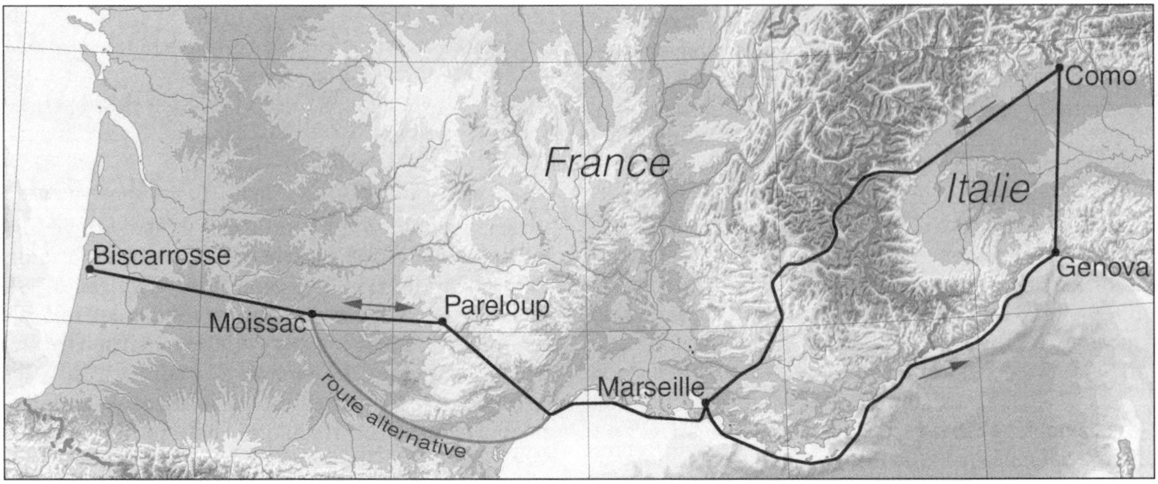

le désir de suivre la route la plus intéressante au plan des paysages survolés et celui d'ouvrir le plus grand nombre possible de plans d'eau, pour le bénéfice des utilisateurs futurs.

Il y avait essentiellement deux possibilités pour la première étape : Côme-Marseille (toutes deux hydrobases douanières) en traversant les Alpes, ou alors, au cas où le temps sur les Alpes serait incertain ou mauvais, en rejoignant la Riviera du Ponant entre Gênes et Savone pour suivre ensuite la côte méditerranéenne jusqu'à destination.

La première solution représentait une de étape de 430 km, parfaitement dans les cordes du Piper. La seconde ne posait pas de problèmes pour le Cessna mais était à la limite des possibilités du Piper. Il fallut donc envisager une escale à Gênes, ce qui impliquait d'ouvrir une hydrosurface dans le port maritime et de faire les pleins et les formalités de douane sur l'aéroport contigu.

Les préparatifs furent accomplis pour l'une et l'autre possibilité, en se réservant de décider au dernier moment en fonction des conditions météorologiques.

Le Piper PA18 photographié depuis le Cessna en vol dans les Alpes.

L'étape Marseille-Biscarrosse était possible pour le Cessna mais pas pour le Piper, pour lequel il fallut trouver une escale de ravitaillement. La recherche s'orienta vers un des lacs des Cévennes ou un tronçon de rivière pas trop éloigné d'un aéroport et si possible également utilisés par les Canadairs du service de lutte contre les incendies, ce qui donnerait l'assurance d'une profondeur suffisante. Le choix se porta sur le lac de Pareloup, entre Millau et Rodez, bien qu'il se trouve situé à une altitude – considérable du point de vue densimétrique – d'environ 3.000 pieds. A cette altitude, avec une température modérément basse et un vent calme, le Cessna à pleine charge risquait d'avoir quelques problèmes pour passer sur le redan ou d'avoir une distance de décollage supérieure à la longueur du lac. On décida d'utiliser de toute façon le lac pour le ravitaillement du Piper, en se réservant de ne se poser avec le Cessna que si les conditions étaient telles que son redécollage soit garanti. Le lac de Pareloup avait de plus l'avantage d'être utilisé occasionnellement par un membre de l'association française des pilotes d'hydravions et donc d'être déjà ouvert – avec quelques limitations il est vrai – à la circulation aérienne.

Au cas où, sur le Massif Central et les Cévennes, le temps serait devenu mauvais, il fallait disposer d'une escale en plaine. Une enquête préliminaire fit apparaître comme idoine le plan d'eau de Moissac, sur la Garonne. Une recherche plus approfondie nous apprit qu'il était de plus utilisé par les Canadairs.

Il était possible de le rejoindre depuis Marseille soit en ligne droite soit en prenant une route de précaution qui suivait la côte méditerranéenne, le Canal du Midi et la Garonne, toujours à basse altitude et au dessus de plans d'eau "amerrissables".

Les appareils sur l'hydrobase de Marseille Marignane Berre.

Le tronçon final, du lac de Pareloup ou bien de Moissac à Biscarrosse ne posait de problèmes d'autonomie à aucun des appareils.

Les autorisations. L'hydrobase Marignane-Berre est ouverte à la circulation publique et ne nécessite aucune autorisation. Celle de Biscarrosse est par contre une hydrobase à usage réglementé et on ne peut y opérer que sur préavis d'une semaine. L'une et l'autre sont situées près d'aéroports dotés de toutes infrastructures utiles.

En France, l'utilisation d'hydrosurfaces est sujette à autorisation, délivrée par la Préfecture de Police de Paris dans un délai de quelques mois après la demande. En outre, l'ouverture d'un plan d'eau déterminé aux opérations d'hydravions doit faire l'objet d'un arrêté préfectoral. On comprend donc que l'organisation d'une expédition qui nécessite l'utilisation d'hydrosurfaces ne peut être improvisée. Il faut cependant dire que, dans ce cas précis, aucune autorité n'a fait la moindre difficulté pour accorder les autorisations demandées. Toutes les surfaces de la France méridionale utilisées par les Canadairs furent même mises à notre disposition en cas d'urgence.

La planification du vol. Planifier un vol consiste essentiellement à établir la route optimale du point de vue de la sécurité. Une telle route s'écarte en général sensiblement du plus court chemin entre deux points. En pratique, il faut identifier le plus grand nombre possible de plans d'eau de secours et adapter la route en fonction de leur répartition sur le territoire. Sur l'étape Côme-Marignane-Berre avec traversée des Alpes, la route fut étudiée pour passer au dessus ou à proximité des plans d'eau suivants : lac de Varèse, lac Majeur, lac d'Orta, lac de Viverone, le Pô en divers endroits, lac d'Avigliana, lac de Moncenisio, lac de Serre-Ponçon et divers endroits sur la Durance, canaux et bassins artificiels adjacents (sur la carte jointe, cette route est indiquée schématiquement). Sur la même étape avec escale à Gênes étaient seulement disponibles un tronçon du Tessin, un tronçon du Pô et la mer entre Gênes et Marseille. A propos de la mer, il faut noter qu'elle est généralement impropre à l'amerrissage et que, en cas de nécessité, il faut trouver des surfaces adjacentes protégées, comme indiqué dans le chapitre sur le vol et la navigation.

L'expédition est très intéressante aussi du point de vue historique. Ici la cité médiévale d'Aigues Mortes, fondée à son origine par les Romains. Les lacs et les lagunes de Camargue (sud de la France) procurent de bonnes possibilités d'amerrissage en cas d'urgence.

Quatre vues de l'escale au lac de Pareloup, dans les Cévennes. Les marques de variation du niveau des eaux sont ici très visibles. L'information d'une activité d'hydravion dans la presse locale n'est pas de la vanité, mais elle contribue à maintenir l'idée que l'utilisation d'un hydravion sur un plan d'eau est normale.

Les premiers hydravions de tourisme à Pareloup

Partis du lac de Côme, et attendus à Biscarosse, deux hydravions de tourisme ont fait escale hier sur le lac de Pareloup

Sur l'étape de Marignane-Berre à Biscarrosse s'offrait la possibilité de survoler un exceptionnel plan d'eau de secours continu constitué par les lacs et les lagunes côtières de la Camargue, le Canal du Midi et la Garonne, et en cas de nécessité, par la Gironde et les lacs et bassins du sud de Bordeaux, y compris celui de notre destination.
Par beau temps, donc avec escale à Pareloup, les plans d'eau de secours étaient nettement plus rares, du fait que le parcours Montpellier-Pareloup-Moissac se situe principalement en zones montagneuses.
Cartes. En plus des cartes aéronautiques normales au 1/500.000 et des fiches d'approche, on s'est procuré les cartes routières au 1/200 000, indispensables pour une reconnaissance précise du terrain en cas de mauvais temps et de navigation forcée à très basse altitude. Nous ont également été fournies des cartes d'approche des surfaces utilisées par les Canadairs.
Problèmes possibles. En ce qui concerne la météo, les pièges étaient classiquement ceux du vol en montagne, auxquels s'ajoutait la probabilité de rencontrer, dans la zone de Marseille et du Golfe du Lion un fort Mistral, un vent qui peut dépasser les 50 KTS. Cette éventualité est toutefois généralement prévue par les services météo français.
Dans la seconde partie du voyage existait la possibilité de brouillards matinaux, de plafonds très bas en cas de mauvais temps, et, près de l'Atlantique, de forts vents d'ouest.
En cas de vent fort, l'amarrage le plus sûr, à condition d'être sur des eaux abritées, est l'amarrage à la bouée. Il fallait donc s'équiper de bouts d'amarrage, d'une gaffe et de deux bidons vides pour l'amarrage à flot. De toute façon, un amarrage à la bouée était prévu à Marseille et cela exigeait que l'on soit sûr que les flotteurs ne prendraient pas l'eau. On décida donc de faire une première "tournée de drainage" après l'amarrage. Le résultat, en l'occurrence, nous conduisit à ne pas en faire d'autres avant le lendemain matin.
L'amarrage à la bouée rend de plus nécessaire un moyen de transport entre l'appareil et le rivage.

Biscarrosse, le but de notre aventure qui n'apparaît pas très particulier sur cette photo, mais qui se trouve être très attirant pour un pilote d'hydravions à la fin d'un long voyage.

Intéressants vols locaux au départ de Biscarrosse: survol de la Dune du Pilat, la plus haute d'Europe, et de l'estran océanique, vers Arcachon.

Ne sachant pas s'il en existerait de disponible à destination, nous nous dotâmes d'un canot-jouet de vinyle pour deux personnes, certes un peu fragile, mais de poids et de coût légers. La fragilité de cet accessoire impose que l'on se munisse d'un kit de réparation en cas de crevaison; une petite bombe d'air comprimé pour le gonflage rapide n'est pas indispensable mais appréciable à la suite d'un long vol.
Un autre inconvénient que l'on risque de rencontrer au cours d'un long voyage est l'amerrissage forcé sur une surface inconnue, vraisemblablement rivière ou canal, pour cause de mauvais temps. Il était donc nécessaire de se munir d'une ancre et de sondes à main pour déterminer la profondeur des fonds.
Ne connaissant pas exactement les caractéristiques des rives sur lesquelles nous allions accoster, nous devions enfin nous munir de matériel de protection pour éviter d'abîmer les flotteurs au contact des fonds caillouteux ou des appontements : petits pneus de scooter et tasseaux de bois.
Déroulement de l'expédition. Le temps nous permit de traverser les alpes au voyage aller, mais imposa la route Marseille-Gênes-Côme au retour, ce qui constitua une agréable diversion et permit l'ouverture de l'hydrosurface de Gênes.
Aucuns problèmes n'ont été rencontrés durant une semaine de voyage, si non une petite réparation faite par Pascal Parpaite a Biscarrosse. Au retour nous avons volé dans une zone calme entre deux fronts.
Nous avons effectué quelques escales sur des hydrosurfaces ouvertes pour l'occasion, juste pour donner l'occasion aux riverains de voir quelques hydravions sur leur plan d'eau, et établir un contact avec les autorités. L'escale du lac Pareloup, exploitée habituellement par des ULM, c'est faite avec des journalistes qui nous attendaient. Ils nous ont consacrés une demi-page de leur journal le lendemain. Nos vols à Biscarrosse, où les hydravions étaient absents depuis les années cinquante, ont été complétés par la visite du musée municipal de l'hydraviation, but de l'expédition.

Nous avons retenu de cette expérience que si nous nous limitons nous-même à des vols de 40 milles autour de notre base, nous resterons des débutants et bientôt ou plus tard nous arrêterons de voler, alors que si nous somme plus exigent avec nous même, la pratique de notre activité deviendra encore plus existante avec des vols de longue durée. De plus vous aiderez la petite communauté de pilotes d'hydravion à ouvrir pour cette activité de nouveau plans d'eau.
L'auteur a effectué ce voyage trois fois avec le Cessna 172. Dans un voyage successif il a eu la surprise d'un Mistral de 45 nœuds à Berre, avec des vagues sur l'étang de plus d'un mètre d'hauteur. Une diversion dans une partie abrité de l'étang devint ainsi nécessaire. L'amerrissage se déroula sous la surveillance d'un hélicoptère du SAR prêt à intervenir, décollé sur signalement d'un pilote d'un Canadair en vol sur le même étang, qui était sur que nous allions nous renverser. Heureusement on a choisi un endroit loin du point prévu, mais avec des vagues de quelque dizaine de centimètres, ainsi qu'on n'a pas eu besoin d'être sauvés. Ça c'est pour souligné que l'imprévu est toujours au coin de la rue.

De la gauche, Gerolamo Gavazzi, Cesare Baj, Marie-Paule Vié-Klaze, Bruno Confalonieri, Pascal Parpaite, Paolo Gavazzi.

Les deux voyages présentés dans les prochaines pages ont été fait dans la même région, le nord du Québec, et on pourrait penser qu'il s'agit d'une duplication, certaines étapes étant communes. Au contraire, on a ici une démonstration que chaque voyage, surtout s'il se déroule dans une région sauvage comme le Québec-du-Nord, est une expérience unique. L'immensité du territoire, le moment de la saison, la météo, l'expérience du pilote, le type d'avion utilisé, la préparation, le parcours, le but du voyage, les relations auxquelles on est intéressés avec d'autres équipages, avec les populations locales et avec les animaux, la culture et les attentes de l'équipage et des passagers sont des éléments qui rendent chaque voyage différent de l'autre.
Et de chaque expérience, vécue par soi-même ou à travers les autres, on peut tirer des précieux enseignements.

Un vol de brousse dans le grand nord

Gilles Jean - Président d' Aviteurs.Québec

Nous pouvons sentir la fébrilité à la veille de notre départ. Tout l'hiver nous en avons rêvé : notre destination : Rapid Lake Lodge dans le Nunavik. Le Nunavik, situé dans le nord du Québec au-delà du 55ième parallèle, couvre un territoire d'une superficie d'environ 507 000 km carré, accessible seulement par bateau et avion puisqu'il n'y a aucune route. Territoire sauvage couvert de lacs, de toundra et de forêt boréale, habité par 13 000 habitants, principalement des Inuits, le Nunavik est bordé à l'ouest par la Baie James, au nord par la Baie d'Ungava et à l'est par les Monts Torngat. Cette région, véritable paradis de la pêche, qui abrite ombles rouges de l'Ungava, ombles chevalier et truites mouchetées, offre des paysages à couper le souffle.
Rapid Lake Lodge se trouve à près de 1500 km de Montréal à vol d'oiseau et n'est accessible que par avion. Le temps de vol entre Montréal et Rapid Lake avec un hydravion de type Cessna 180 est approximativement de huit heures. Il va nous falloir trois escales et deux jours pour s'y rendre.

La préparation

La principale caractéristique du vol de brousse dans le grand nord Québécois, c'est qu'une fois passé le dernier poste de ravitaillement, nous serons livrés à nous-mêmes. Les secours peuvent prendre plusieurs heures, voire plusieurs jours. La préparation passe inévitablement par un plan de survie en forêt.
Donc, le matériel nécessaire pour survivre plusieurs jours en forêt fait partie des essentiels. Il faut, entre autre, de quoi se faire un feu. À ces latitudes, même début juillet et fin août le mercure peut descendre sous zéro. Une petite sciotte peut paraître superflue mais essayez de faire un feu en forêt après plusieurs jours de pluie; et surtout, un feu qui dure plus que quelques minutes et vous comprendrez! Dans ces conditions, il faut se choisir un arbre mort mais qui est encore debout. Tout ce qui est tombé sur le sol sera humide et brûlera difficilement.
La protection contre les moustiques constitue le deuxième élément de la survie en forêt. En été, les mouches noires et les maringouins vous mangeront vivant! Le chasse moustique liquide dans un format qui se met dans la poche est recommandé car, si un pépin survient, il ne faut pas prendre pour acquis qu'on pourra facilement aller le chercher dans l'avion. La casquette ou la veste moustiquaire sont aussi fortement recommandées et de préférence, portées durant le vol.

Le Maule M5-235 utilisé pour le voyage.

LES ESSENTIELS

- Briquets : minimum deux portés par des personnes différentes
- Une petite sciotte
- Petite hache
- Couverture de survie
- Sac de couchage
- Nourriture séchée pour deux jours
- Ligne à pêche
- Tente ou toile pour abris
- Chasse moustique ou équipement de protection approprié
- Téléphone satellite et équipement de repérage
- Trousse médicale

De quoi se faire un abri fait aussi partie des essentiels. Une tente est de mise mais il faut aussi prévoir une petite couverte de survie qui peut protéger contre l'hypothermie et vous servir d'abri. Un bon sac de couchage fait aussi partie des objets que vous ne voulez pas oublier.

L'autre caractéristique unique du grand nord c'est l'absence de moyens de communication autre que par satellite. Un téléphone satellite est donc primordial. Le téléphone devrait idéalement être sécurisé sur une personne en tout temps afin d'éviter de devoir le chercher si une situation d'urgence se présente. Un équipement de repérage satellite tel que le SPOT complétera les équipements de communication nécessaires.

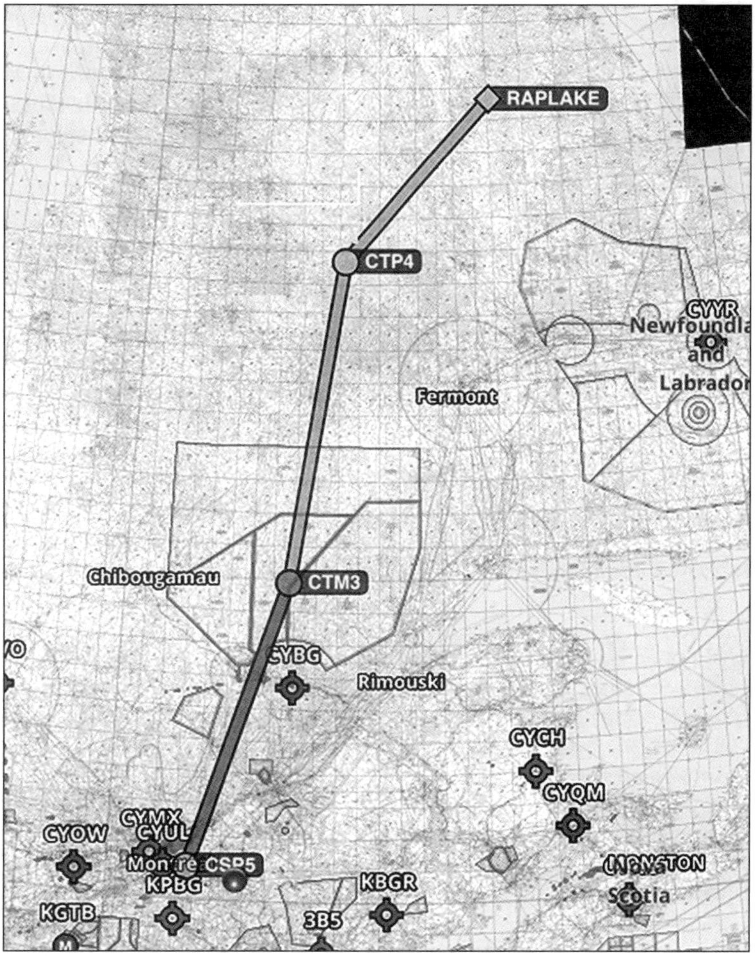

La planification de vol

Le très petit nombre de postes de ravitaillement et la météo changeante sont deux des principales caractéristiques du vol de brousse. Il n'y a que trois routes possibles pour se rendre à Rapid Lake. Soit par le lac Saint-Jean et la Baie James, soit par le Lac Saint-Jean et Wabush au Labrador ou soit pas la côte nord jusqu'à Sept-Îles et Wabush. Nous avons choisi de passer par la Baie James au lac Pau sur la rivière Caniapiscau. Le vol se fera à partir de l'hydrobase de St-Mathias (CSP5). Le premier segment durera environ deux heures trente de vol jusqu'à l'hydrobase d'Air Saguenay du lac Margane (CTM3) au nord de Chicoutimi; un vol de 425 km. Le deuxième segment, un vol de 550 km, prendra environ deux heures cinquante et nous amènera à l'hydrobase du lac Pau (CTP4). Le dernier segment nous amènera à notre destination à Rapid Lake assez tôt pour mouiller nos lignes à pêche. Ce segment n'est que de 370 km et durera deux heures.

Les deux premiers segments au total nécessiteront cinq heures de vol en croisière. En incluant les amerrissages, décollages, temps de ravitaillement, etc., il nous faudra plus de huit heures pour se rendre au lac Pau. C'est donc là que se terminera la première journée de notre aventure.

Notre vol se fera sur un Maule M5-235. Le Maule est un avion de brousse exceptionnel. Il a une capacité de 250 litres, consomme entre 45 et 50 litres à l'heure à une vitesse de croisière d'environ 200 km/h, ce qui donne une autonomie maximale de 5h. Mais dans le grand nord, il faut se garder une marge de manœuvre

beaucoup plus élevée que pour des vols en région urbaine. Et avec une météo imprévisible et changeante, il faut toujours une option de rechange à notre plan de vol. Il est donc essentiel d'avoir de bonnes cartes et de bons instruments de navigation et de connaître tous les postes de ravitaillement accessible sur notre route.

La météo

Une bonne compréhension des schémas climatiques locaux et régionaux est essentielle à la planification d'un vol sécuritaire dans ces régions éloignées. Plusieurs options s'offrent au pilote pour s'informer. NAV CANADA offre un service d'exposé météorologique aux pilotes qui planifient un vol. Plusieurs centre d'information de vol sont accessibles 24h par jour par téléphone. Ce service, qui est de loin la meilleure option, comprend l'interprétation des conditions météorologiques variables et complexes et une consultation sur les problèmes météorologiques particuliers d'une région donnée.

Le site Web de la météorologie à l'aviation (AWWS) de NAV CANADA permet aussi d'accéder à l'information météorologique pour l'aviation canadienne (www.flightplanning.navcanada.ca). On peut aussi y déposer des plans de vol et y trouver les NOTAM canadiens. L'AWWS permet de consulter :

- les observations météorologiques de surface (METAR et SPECI) codées ou en langage clair;
- les prévisions d'aérodrome (TAF);
- les comptes rendus météorologiques de pilote (PIREP);
- des données alphanumériques pour des routes particulières;
- des cartes météorologiques;
- des images satellitaires et radars composites;
- des cartes des vents et des températures;
- les NOTAM;
- des images de caméras météo;
- des portées visuelles de piste (RVR) en temps réel;
- de l'information supplémentaire ou de référence.

Le climat dans la région de la baie d'Ungava est très particulier. La glace dans cette région commence à fondre en juin. Le début de l'été est propice au brouillard et aux plafonds bas. Si la visibilité ne s'est pas améliorée entre 10 heures et 14 heures, les pilotes ne décollent généralement pas car les plafonds se remettent à descendre vers 15 heures. Si la température en altitude est inférieure au point de congélation, il y a un fort danger d'intense givrage. Il est donc important pour les pilotes voyageant dans cette région d'être constamment à l'affût des possibilités de givrage qui sont fréquentes.

Le terrain dans la région de la baie d'Ungava est généralement plat mais s'élève rapidement lorsqu'on approche les monts Torngat. Quand ils partent de Kangiqsualujjuaq ou du camp Barnoin sur la rivière Barnoin, les pilotes observent parfois des nuages lenticulaires au-dessus des montagnes. Quand ces nuages sont présents, les pilotes ne traversent pas les Torngat car il y a toujours de la forte turbulence et des courants ascendants et descendants qui peuvent facilement provoquer une descente de 500 pieds en l'espace de quelques secondes.

Les monts Torngat

À l'occasion, on peut voir des nuages de tourbillon d'aval, notamment près du sommet des montagnes. Ces courants descendants peuvent être fatals. Plusieurs pilotes qui ont fait l'erreur de s'y aventurer et y ont laissé leur vie. Les pilotes doivent être bien conscients des vents prévalents et de préférence, s'informer des pilotes locaux qui connaissent bien la région. Rapid Lake Lodge compte parmi les pilotes les plus expérimentés de la région pour nous guider.

En dépit d'une préparation minutieuse, le grand nord Québécois est réputé pour ses microclimats et une météo qui peut changer extrêmement rapidement. La prise de décision devient alors cruciale. Il faut être prêt à s'amerrir dans des délais assez courts si la météo se corse; et être prêt à y passer quelques jours

si nécessaire. La perte des conditions de vol à vue est la plus grande cause d'accidents dans le nord. Si vous faites régulièrement des vols de brousse dans le grand nord, la question n'est pas "si" mais plutôt "quand" est-ce que ça vous arrivera. Et là, vous serez heureux d'avoir sous la main vos essentiels!

Le séjour et les vols locaux

Sur place, le ravitaillement des avions se fait à partir de barils avec une pompe à main. Ces pompes sont équipées d'un système de filtrage de l'eau car la condensation est souvent un problème. Chaque visiteur doit avoir informé plusieurs mois d'avance du nombre de barils désirés car ces barils sont livrés par motoneige durant la saison morte.
Les vols dans l'Ungava offrent des paysages à couper le souffle.

Les fjords du Labrador

Une fois sur place plusieurs options d'activités s'offrent aux pilotes : excursion pour survoler les banquises; visite de magnifiques fjords du Labrador; safari aux ours polaires du Nunavik; trek au cœur de la Cordillères Arctique et évidemment, la pêche à l'ombre chevalier et à l'ombre rouge de l'Ungava.
Survoler une banquise ou côtoyer un ours polaire sont des expériences dont le pilote se souviendra longtemps.

Pour les passionnés d'aventure, l'hydravion n'a pas son pareil, spécialement pour des vols dans des régions sauvages comme le nord du Québec. C'est le genre de voyage que tout pilote d'hydravion devrait s'offrir au moins une fois dans sa vie.

Voyage au Nunavik et Labrador

Philippe Gélinas - Dorval Aviation - Dorval (Québec)

En juillet 2010, mon ami François Aird et moi-même, Philippe Gélinas, avons effectué un voyage de plus de deux mille milles nautiques depuis Montréal jusque dans la région du Nunavik, près de la baie d'Ungava au Québec, ainsi que dans les monts Torngat et la côte du Labrador, à bord notre Cessna 172.
La destination était la pourvoirie Rapid Lake Lodge. Les pourvoiries sont des auberges rudimentaires situés dans des territoires isolés, dans lesquels on peu trouver des services d'hébergement, nourriture, embarcations pour la pêche, etc. Le propriétaire de la pourvoirie organise une fois par an des séjours pour pilotes d'hydravions, avions de brousse ou hélicoptères. Pendant ce séjour les pilotes peuvent pêcher, chasser, et explorer les environs.

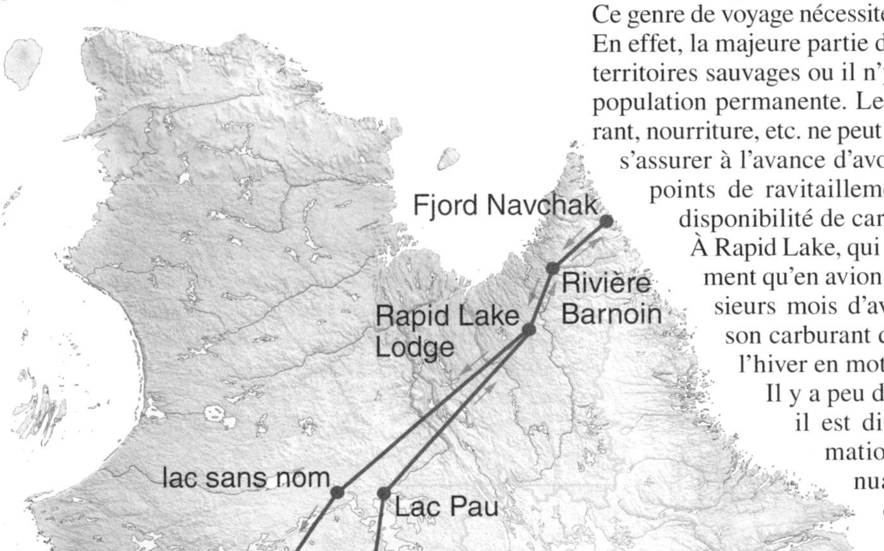

Ce genre de voyage nécessite une préparation soignée. En effet, la majeure partie du trajet s'effectue sur des territoires sauvages ou il n'y a peu ou pas du tout de population permanente. Le ravitaillement en carburant, nourriture, etc. ne peut pas être improvisé. Il faut s'assurer à l'avance d'avoir contacté les différents points de ravitaillement pour s'assurer de la disponibilité de carburant.
À Rapid Lake, qui n'est pas accessible autrement qu'en avion l'été, il faut s'assurer plusieurs mois d'avance d'avoir commandé son carburant qui est acheminé pendant l'hiver en motoneige depuis Kuujjuaq.
Il y a peu de stations météo au sol et il est difficile d'avoir de l'information sur les conditions de nuages et visibilité. Étant donné la grande distance il est probable que l'on retrouvera des conditions météo assez variables pendant tout le trajet. La météo nous a posé des limites pendant la majeure partie du voyage.
La première journée, nous avons quitté Montréal le matin, à partir de l'hydrobase Boisvert & Fils qui est notre port d'attache. Le plan était de se rendre à Rapid Lake en une seule journée
Nous avions enlevé le siège arrière du 172 pour faire plus de places aux bagages. En plus de nos effets personnels, nous avions une tente, des équipements complets de pêche, de la nourriture déshydratée, un ré-

Toutes les photos de ce voyage: Philippe Gélinas - Dorval Aviation

Le camp rivière Barnoin de la pourvoirie Rapid Lake. A gauche, ravitaillement à partir de fûts de 205 litres.

chaud de camping, une carabine de chasse, un filtre pour purifier l'eau, deux bidons supplémentaires de 25l de carburant, de l'huile moteur, et une balise de repérage SPOT. Ainsi nous savions que si la météo nous obligeait à nous arrêter dans un lieu inhabité nous ne serions pas en détresse.
Notre premier arrêt a été la pourvoirie Escapade, qui n'est pas très loin de Montréal à 180nm et deux heures de vol. Après avoir fait le plein nous avons continué vers la pourvoirie Mirage, sur le lac Polaris.

Pendant notre trajet, le plafond est descendu graduellement jusqu'à une couverture presque complète variant entre 1000 et 500 pieds AGL. Il y avait des averses occasionnelles mais elles était dispersées et faciles à contourner. Sous les nuages, la visibilité restait bonne et on voyait toujours du temps clair sous l'horizon, ce qui nous indiquait que la météo était stable. On a donc continué le vol en grattant les nuages, et zigzaguant un peu pour suivre la ligne de relief le plus bas. Après 3.9 heures de vol pour 325nm, nous sommes arrivés à la pourvoirie Mirage.

Il était maintenant environ 16h, et nous ne voulions pas risquer de continuer dans cette météo sans avoir de nouveaux renseignements sur l'évolution du système ou d'être forcés à camper en route. Après le plein de l'avion fait, le préposé au carburant nous a donc ramené en camionnette jusqu'à la pourvoirie Mirage où nous avons dîné et passé la nuit.
Le lendemain, la météo semblait essentiellement la même que la veille. Avec l'accès internet de la pourvoirie nous avons pu avoir des mises à jour des cartes de prévision météo mais elles indiquaient peu de changement à court terme mais une tendance à l'amélioration. Après avoir hésité pendant quelques heures nous avons décidé de poursuivre le trajet vers midi.
En partant d'abord vers le nord et ensuite vers le nord-est, nous pouvions suivre le réseau de lacs qui forment le complexe de réservoirs, donc nous avions toujours une ligne de terrain plus plate dans le relief légèrement vallonné. La météo était similaire à la veille, à l'occasion des averses nous bloquaient la route en faisant chuter le plafond presque au sol. Après 1.7 heures et seulement 90nm, nous

La plage de la pourvoirie Rapid Lake.

Cascade d'un affluent de la rivière Barnoin. Dessous, poteau indicateur de distances à la pourvoirie Rapid Lake. A droite, le long de la rivière Navchak. Les sommets sont à 1400m, il reste de la neige en juillet.

avons choisi par précaution de nous poser sur un grand lac comprenant plusieurs îles dont les berges étaient de sable. Nous en avons profité pour vider nos bidons de 25l dans les réservoirs de l'avion et manger un peu Après environ une heure, le plafond nous semblait avoir levé un peu et nous pouvions voir quelques légères éclaircies. Nous avons décidé de poursuivre le trajet vers Rapid Lake. Effectivement le dégagement sous les nuages était meilleur, et nous pouvions généralement être à plus de 500 pieds AGL sans avoir a trop zigzaguer pour éviter les collines basses. Le paysage graduellement changeait de la taïga à la toundra – moins de petits conifères, plus de buissons et de lichens, des lacs aux berges plus rocheuses que sablonneuses. Nous sommes finalement arrivés à la pourvoirie Rapid Lake vers 18h à la fin du deuxième jour de voyage, après 11.1h de vol et 825nm de distance parcourue.

A droite, météo typique: plafonds 600 pieds, pluie. On suit la ligne des rivières.

Philippe Gélinas / Dorval Aviation

Plage du lac Komaktorvik dans les monts Torngat.
A droite, camp sur un élargissement de la rivière Barnoin, avec des panaches de caribous (rennes arctiques).

Deux autres hydravions, un Cessna 180 et un 185, ainsi que le Robinson 44 y était arrivés deux jours avant nous. Il y avait également le Cessna 180 du pourvoyeur et guide Alain Lagacé.
Nous avions prévu dans les jours suivants de faire un parcours dans les monts Torngat et la côte du Labrador, mais la météo nous compliquait encore la vie – elle était un peu mieux que la veille, mais pas suffisante pour franchir les Torngat, qui culminent à 5000 pieds près de la mer. Nous avons fait sur les deux jours suivants des plus petits vols d'environ 1.5 heures aller-retour depuis la pourvoirie vers des sites de pêche sur la rivière Qurlutuq.
Le matin du quatrième jour, la météo était meilleure et le guide Alain était d'accord pour nous emmener en visite dans les Torngats. Notre groupe de 4 hydravions s'est rendu au camp de la rivière Barnoin à 1 heure de vol, puis dans le fjord Navchak, et ensuite au lac Komaktorvik ou nous avons amerri pour manger.
Nous avons ensuite survolé la côte du Labrador vers le nord jusqu'à Ryan's Bay, en survolant quelques petits icebergs, et revenu vers l'ouest par Ryan's Bay jusqu'à la rivière George, avec un autre arrêt de ravitaillement au camp Barnoin avant de rentrer à Rapid Lake. Un trajet de 4.7 heures et 315nm.
Comme la météo ne semblait pas vouloir tourner au beau fixe, nous avons choisi de repartir vers Montréal Le cinquième jour. Un premier arrêt à l'hydrobase de Caniapiscau – Lac Pau, qui est le point le plus au nord qui soit accessible par la route, et ensuite vers l'hydrobase du Lac Margane, qui était notre dernier arrêt avant Montréal. Le trajet de retour a pris 9.5 heures, en une seule journée.
Au total nous avons parcouru plus de 2000 milles nautiques et vu des paysages magnifiques dans des régions qui ne sont accessibles qu'en hydravion. A part les petits soucis de météo nous n'avons pas eu de problèmes dans cette belle aventure.

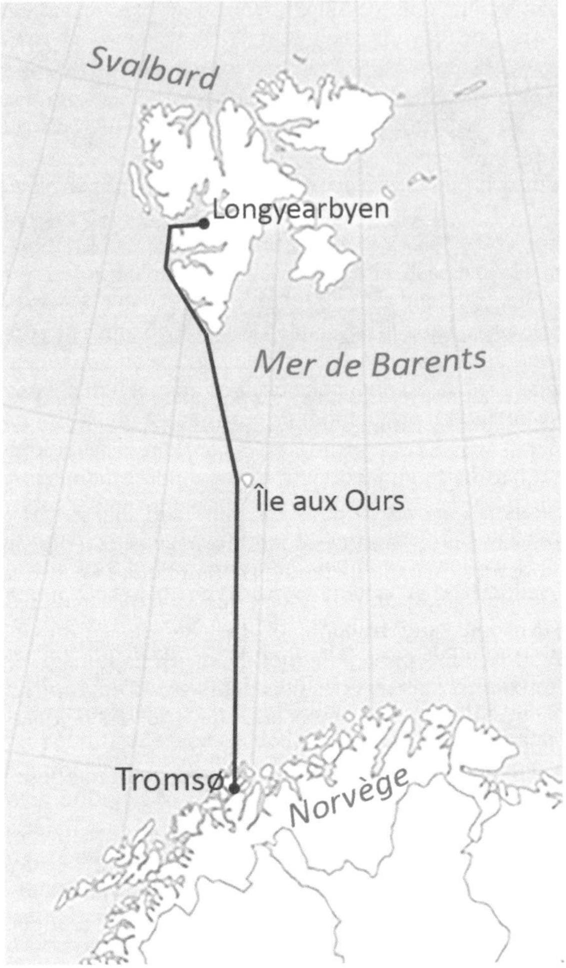

Un Cessna 206 sur la Mer de Barents

En hydravion à l'archipel des Svalbard - 78 degré de latitude nord

Martin Picard

Début 2010, en volant sur "Smix", l'hydravion Cessna 206 N206MX, du Minnesota, Etats Unis, vers Barcelone, Espagne (avec pas mal d'aide de la part du copilote/pilote James Creamer), j'eus l'occasion d'admirer les magnifiques fjords norvégiens et les imposants sommets qui se trouvaient bien au-dessous des flotteurs. Malheureusement, vu que le copilote avait un programme très serré, on n'eut pas le temps de s'arrêter. Pour cette raison, une visite de contrôle de l'Arctique de près allait s'imposer !

Donc, quelques mois après, nous voilà. Marga Garcia, ma belle et audacieuse femme et moi, remplir le Cessna 206H avec toute sorte de matériel – des tentes et des bicyclettes, des pièces d'échange et de l'épicerie sèche, des masques à la plongée et de l'équipement de pèche, même des tables et des chaises. Pour couronner le tout, un plein de 116 gallons d'essence au plomb 100LL, malheureusement toujours largement répandue dans l'aviation générale.

L'appli "Poids et équilibre" nous informa d'être bien dans les limites des 3600 lb maximum de poids au décollage et avec mon régime de la semaine avant le départ, nous devions être prêts à partir.

Bref, en été nous avions visité 20 pays, volé plus de 200 heures et parcouru environ 20.000 milles marins, presque 40.000 km. Les milliers de photos de Marga, photographe professionnelle, resteront gravées dans ma mémoire pour toujours, même si je suis encore en attente de l'album de photos qu'elle m'a promis – je suis sûr qu'il sera magnifique ! Le voyage était en quelque sorte une ode à la liberté et à l'absence d'attaches : peu après nous nous sommes retrouvés avec 2 enfants ! C'est la vie - on est audacieux jusqu'à ce qu'on devient … maman et papa et comme conséquence averse au risque.

A propos de risque… l'étape de notre voyage qui nous « excitait » de plus était sans doute le trajet entre l'extrême nord de la Norvège et le Svalbard – un archipel arctique composé d'îles qui n'appartiennent à aucun pays mais qui sont pris en charge par la Norvège d'une manière attentive et efficace.

Je tiens à remercier Frank Johansen, de la tour de contrôle des îles Lofoten, en Norvège, qui a ouvert le passage vers le Svalbard pour Smix, Marga et moi.

Nous étions ravis de recevoir un message de Frank, pilote de Cessna et contrôleur aérien, qui nous informait qu'un autre équipage d'avion qui avait organisé un voyage plusieurs années à l'avance, dût annuler et que par conséquent 4 barils de kérosène qu'ils avaient commandé, étaient à notre disposition au Svalbard. Par hasard nous étions l'avion le plus proche pouvant ainsi profiter de cette chance inattendue. En général, il faut commander l'essence pour l'aller/retour des 550 milles marins bien en avance.

Comment est-ce qu'on se prépare pour un voyage de presque 600 milles nautiques au milieu de la Mer de

Barents et pratiquement hors de portée d'assistance, recherche et secours ? Je pense que la meilleure chose à faire c'est de a) faire comme si on vivait une grande aventure et être fermement convaincu que rien de grave puisse se passer. Sinon, impossible de s'amuser ! b) faire des préparatifs minutieux pour mettre l'avion dans la meilleure condition possible, autant sur le plan mécanique qu'au sujet de poids et équilibre, et équipement d'urgence. Dans notre cas, on avait déjà effectué presque 100 heures de vol depuis Barcelone, durant lesquelles l'avion s'était comporté magnifiquement – pour cette raison, nous étions sûrs de ses (et nôtres) capacités pour rejoindre le but qui se trouvait à une distance de 5 heures avec 2 heures de réserve. D'ailleurs il s'agissait d'un voyage à sens unique : soit on trouvait l'île, soit on ne le trouvait pas. Nous n'avions pas assez d'essence pour joindre un aéroport alternatif, mais étions bien heureux du fait que Smix était un hydravion. Le Svalbard est plein de fjords et je savais que ses eaux seraient calmes et profondes, idéales en cas d'amerrissage d'urgence ayant un appareil amphibie. En plus, nous avions planifié de voler près du Bjørnøya, l'Île aux Ours, qui se trouve plus au moins à mi-chemin. Dans le pire des cas, nous étions proches d'une ou deux baies où se poser.

Smix vole aisément à une vitesse de 110 nœuds (en réalité même davantage, mais je préfère avoir un peu de marge dans la gestion du vol). L'avion est composé de 4 réservoirs – deux se trouvent dans les ailes et je dois activer les pompes pour pouvoir transférer l'essence dans les réservoirs principaux. Au total nous portions 116 de gallons US – beaucoup moins qu'au moment de la traversée de l'Atlantique, pour laquelle on avait un réservoir supplémentaire de 60 gallons en cabine ainsi qu'un certificat spécial de vol de convoyage émis par la FAA.

J'avais calculé qu'en absence de vent on aurait eu besoin de 5 heures pour arriver à l'aéroport de Longyear, au Svalbard. Smix est muni d'injecteurs Gami, qui assurent un débit de carburant équilibré vers les six cylindres en préservant une température constante. Les injecteurs et la sonde EGT/CHT nous permettaient de régler le mélange au "lean of peak" (c'est à dire : d'appauvrir jusqu'au pic d'EGT) et par conséquent de diminuer le débit de carburant et d'augmenter notre autonomie. Je ne suis pas un spécialiste et je ne voudrais pas vous donner une « expertise », mais en ce qui concerne le combustible, appauvrir le mélange implique que quand on réduit le débit de carburant, la température baisse au lieu d'augmenter comme normalement quand vous êtes à pleine puissance. Cela veut dire qu'on peut refroidir le moteur avez moins au lieu de plus d'essence. Une légère perte de puissance mais un gain d'autonomie énorme, ce qui nous donnait une heure de plus de fonctionnement du moteur. Ayant trois heures de réserve et la possibilité de se poser dans quelconque fjord ou baie sympathiques, semblait d'augmenter nettement nos chances de réussite.

Malgré toutes les précautions prises, notre voyage fut assez mouvementé : la prochaine fois, veuillez me rappeler de ne pas éteindre accidentellement l'interrupteur

Avionics Master pendant un vol aux instruments dans les nuages. Tout allait pour le mieux, l'Île aux Ours nous apparaissait derrière un épais banc de nuages, en allongeant le bras vers un autre bouton et sans me rendre compte, j'ai tout éteint. Et cela volant à une altitude de 7.500 pieds dans des nuages impénétrables sur un océan glacial…

Je vous assure que ça fait un drôle d'effet de se trouver dans une cabine de pilotage tout noir sans la moindre idée de que l'avion est en train de faire, puisqu'on vole dans les nuages avec visibilité zéro et sans instruments… Je me suis tourné vers Marga et j'ai dit : «Pas de soucis, je l'ai fait exprès – procédure standard », dans l'attente terrifiante que les gyros reprennent à tourner et que l'avion devienne à nouveau contrôlable. Il fallut moins d'une minute pour les gyroscopes de récupérer – grâce aussi à l'indicateur de virage et au fait que l'autopilote tenait l'avion dans

Drømmeferie i eget sjøfly

une position plus au moins stable. Je décidai de ne rien faire pendant l'attente, préférant que l'inertie et le compensateur fassent leur travail jusqu'à tout revienne normal. Lorsque je suis passé à une commande manuelle, l'avion avait perdu seulement 50 pieds et s'il se trouvait dans une spirale descendante assez lente. Faisons comme si … c'était un excellent exercice d'entraînement :-)

L'absence de visibilité et le fait de se trouver au-dessus des nuages, me firent décider pour une approche du fjord du côté de la mer et volant autour de l'île. De loin, les hauts pics de Svalbard perçaient les nuages de manière menaçante. Nous nous préparâmes à la descente dans les nuages.

Une fois commencé notre descente, la visibilité restait quasi zéro. J'avais préparé et étudié la seule approche aux instruments fournie par l'aéroport et mémorisé l'approche ILS de la piste 10 dans mon fidèle Garmin 430. Cela ne servait à rien de regarder dehors puisqu'on se trouvait dans des nuages épais. Je suis donc resté dans la pente de descente et priais d'apercevoir au plus tôt le balisage lumineux de la piste. Il faut absolument voir la piste au moment où on atteint l'altitude d'approche ratée. En cas contraire, si on ne voit pas le tarmac ni les feux de seuil de la piste, on est obligé de remettre les gaz, exécuter une approche ratée et essayer de nouveau – pas vraiment idéal dans un lieu arctique avec une très mauvaise visibilité, peu d'essence et une passagère inquiète (Bon, j'admets que j'étais inquiet moi aussi !).

Mais heureusement, voilà la piste et le balisage dans l'exact endroit où ils devaient être ce qui nous permettait de nous poser sains et saufs, vent dans le dos. La vue des feux de seuil de piste dans le brouillard était magnifique.

Notre réussite fût récompensée avec un logement luxueux au camping du Svalbard – parfait pour notre tente d'été. A moins qu'on dorme en doudoune dans 3 sacs à couchage par personne!

Cliquez sur le lien pour voir un vidéo du voyage: https://www.youtube.com/watch?v=KouTI2mFmOI or cherchez dans YouToube "N206MX Svalbard".

CHAPITRE 20

Mécanique du vol hydro

La mécanique du mouvement de l'appareil dans l'air est un sujet certainement déjà connu du pilote, il est traité ici uniquement pour rappeler quelques définitions fondamentales et pour décrire ce qui différencie l'hydravion de l'avion terrestre. Par contre, est examiné plus en détail ce qui concerne le mouvement de l'appareil sur l'eau. Certains sujets traités dans ce chapitre sont développés également ailleurs dans ce livre et surtout dans les pages qui traitent de la circulation à flot, spécialement du point de vue de la technique de pilotage.

Il existe différentes façons de concevoir et d'expliquer la mécanique du mouvement d'un objet. Dans ce livre qui n'est pas un traité de physique, il a été choisi de traiter le sujet de façon à ce qu'il soit le plus compréhensible possible pour le pilote, en s'attachant exclusivement à la sécurité du vol. Par exemple, on considérera ici comme réelle la force centrifuge, qui en réalité est apparente, car c'est un concept qui explique très bien le comportement de l'appareil et qui permet au pilote d'adopter les mesures correctives en situations dangereuses. L'inertie, pour donner un autre exemple, est prise en considération uniquement quand il est utile de mettre en évidence la tendance de l'appareil à rester dans son état de mouvement et non quand cette force agit pour tendre à maintenir l'appareil dans son état de repos. Pour approfondir le sujet, un traité de physique ou de mécanique du vol est recommandé.

Les efforts sur une coque ou sur les flotteurs peuvent être imaginés sur ces deux photos: le Dornier Sea Star *en hydroplanage et un Cessna montant sur le redan. On voit pourquoi un hydravion a une structure à haute résistance.*

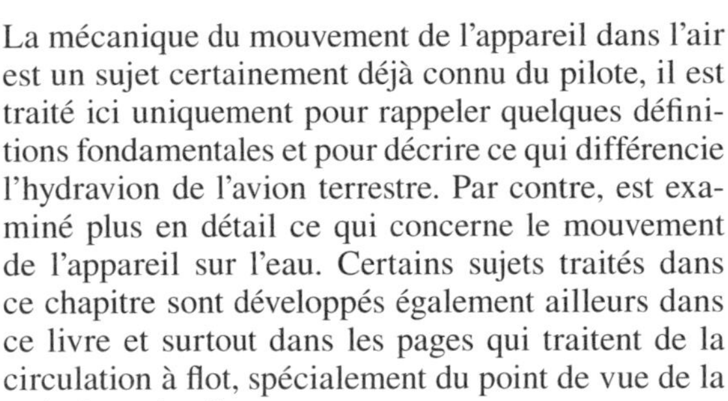

Claudius Dornier Seastar

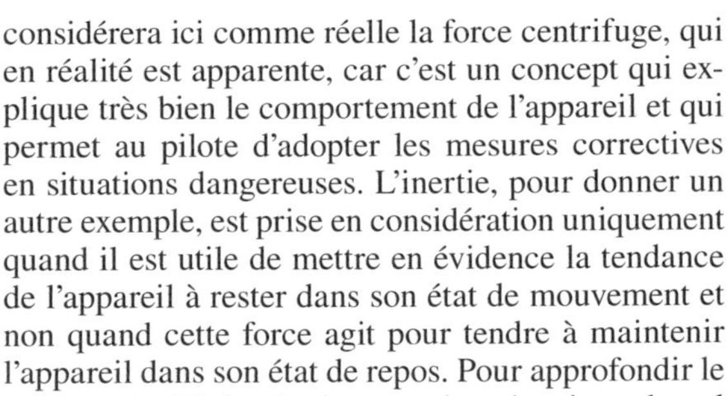

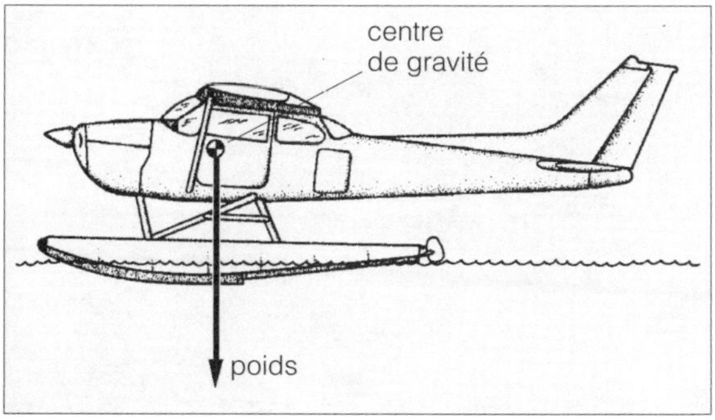

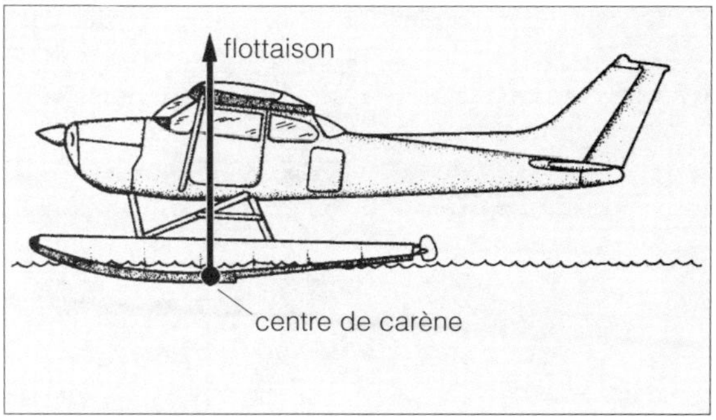

Forces agissant sur l'appareil

Le poids

Les hydravions sont pénalisés dans leur charge utile par le poids des flotteurs, des parties annexes et des renforts appliqués au fuselage durant la conversion de l'appareil terrestre en hydro. Cette pénalisation est encore plus importante si l'avion est équipé de flotteurs

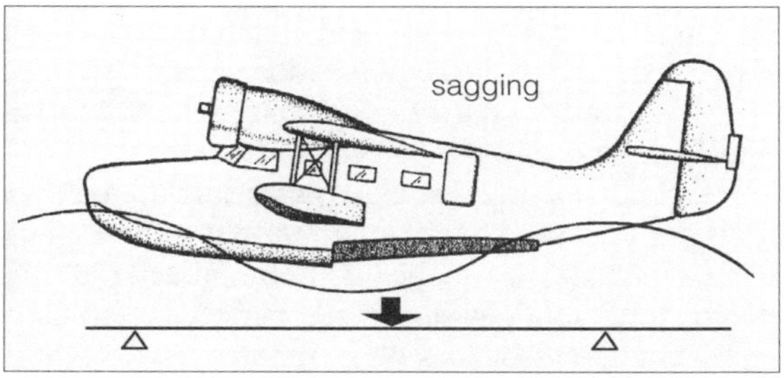

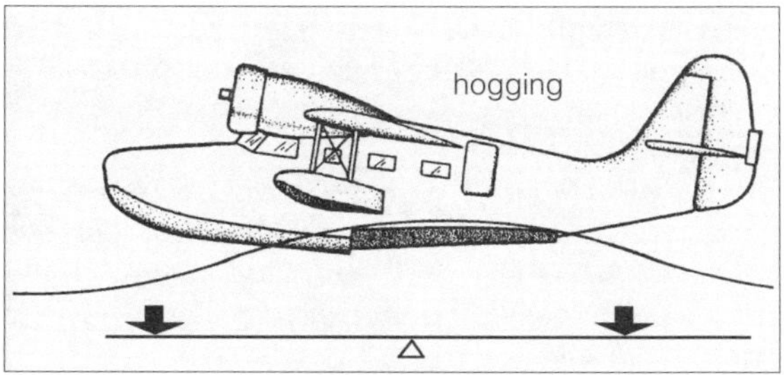

amphibies. Souvent, un amphibie à flotteurs ne peut pas emmener autant de passagers qu'il y a de places à bord, même avec très peu d'essence. Les appareils à coque n'ont pas de flotteurs, mais sont construits de façon à être extrêmement robustes, surtout au niveau de la coque. Cela implique un poids sensiblement supérieur à celui d'un avion terrestre de dimensions égales. Le poids agit de la même façon sur l'appareil en l'air et à flot. Il est dirigé verticalement vers le bas et a son point d'application au centre de gravité de l'appareil. La position du centre de gravité peut varier selon la disposition du chargement à bord et l'éventuelle présence d'eau dans la coque ou les flotteurs.

Les hydravions de grandes dimensions peuvent se trouver dans la condition, définie par le terme anglais *hogging*, où ils sont soutenus par une vague dans leur partie centrale, ou bien dans celle, définie par le terme anglais *sagging*, où les parties extrêmes sont soutenues par deux vagues. Dans ces conditions l'appareil subit les efforts classiques de flexion auxquels est soumise une poutre reposant sur un support en son centre ou bien sur deux supports à ses extrémités. Ce phénomène implique que les appareils qui volent sur l'eau nécessite une grande résistance structurale pour résister à ces efforts en plus des chocs dus aux impacts sur la surface.

La poussée hydrostatique

L'eau exerce une force de pression sur chaque point de la surface immergée d'un objet, mais généralement on ne considère que la résultante de toutes ces forces, dite *poussée hydrostatique*. Elle agit dans le sens vertical, vers le haut et, comme l'avait établi Archimède, a une intensité égale au poids de l'eau déplacée. Ce poids est égal au poids total de l'objet flottant. Le poids du volume d'eau équivalent au volume non immergé de l'objet est la réserve de poussée.

Le point d'application de la poussée hydrostatique est le *centre de poussée ou de carène*, qui peut être défini comme le centre de gravité du volume d'eau déplacé (ou de la partie immergée de l'appareil, ce qui revient au même). Si l'on pousse l'appareil vers le bas le long de la verticale qui passe par le centre de poussée, il s'enfonce dans l'eau sans changer d'assiette. Le centre de poussée prend diverses positions en fonction de la forme de la partie immergée.

La traction

La traction ou poussée est la force, fournie par le groupe moto propulseur ou, en plané, par la composante du poids agissant le long de la trajectoire, qui sert à vaincre la traînée et qui agit en sens opposé. Le point d'application de la traction est très haut par rapport à la ligne de flottaison et par rapport aux axes autour desquels tourne l'appareil à flot et en

Archivio Apostolo

Etrange forme de cet appareil de Gabardini de 1913, certainement due à la nécessité d'avoir une forte composante verticale de la traction de l'hélice pour le déjauger (les flotteurs étant dépourvus de redan et compenser le moment piqueur des premières phases de décollage. L'hydravion Gabardini, dérivé de la version terrestre, fut utilisé en décembre 1913 pour un raid de Sesto Calende, sur le Lac Majeur, à Rome.

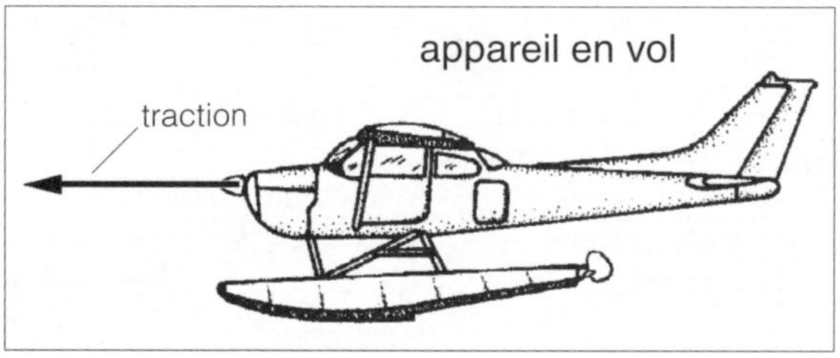

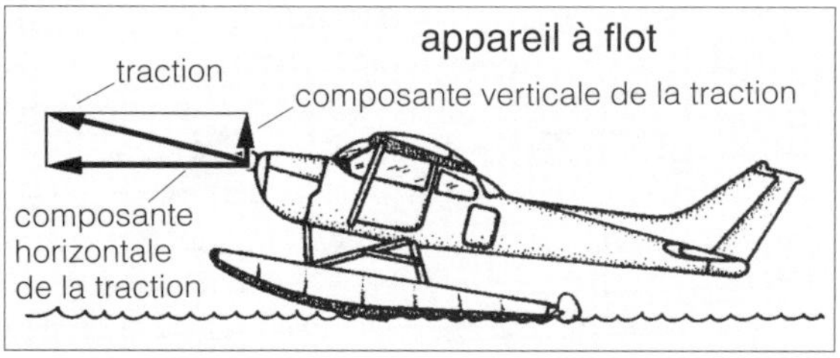

US Coast Guard

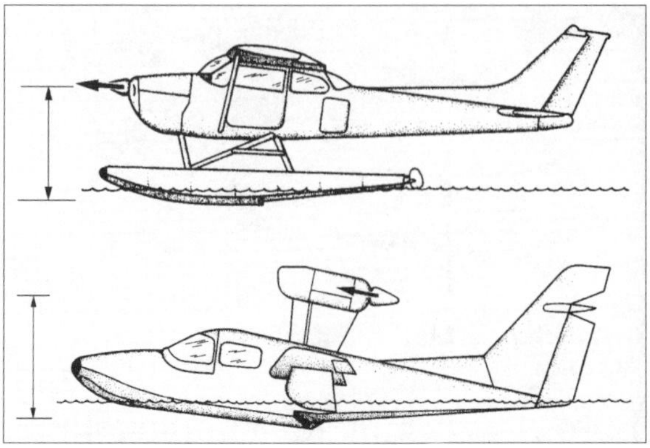

l'air, que ce soit dans le cas des appareils à flotteurs ou dans celui des appareils à coque, ceci pour garder l'hélice loin des embruns. Cela à pour conséquence d'importants moments cabreurs et piqueurs lors des variations de puissance.

La traction dépend de la puissance du moteur, de l'efficacité de l'hélice et de la vitesse de déplacement de l'appareil. Elle est maximale quand l'appareil est arrêté et décroît avec l'augmentation de la vitesse. Les hydravions à hélice à pas fixe sont souvent équipés d'une hélice différente de celle des avions terrestres correspondants. Elle est d'un plus grand diamètre et a un pas plus petit de façon à être plus efficace aux basses vitesses, auxquelles doit être vaincue la traînée hydrodynamique durant la course de décollage, et particulièrement lors de la montée sur le redan. Cela implique plus de bruit et une moindre efficacité aux vitesses plus élevées. La vitesse de croisière est donc plus basse que pour les appareils terrestres correspondants.

A gauche, décollage assisté de fusées JATO d'un Catalina. Dessous, le Blohm und Voss Ha139 prêt au catapultage du bateau "Schwabenland". Dans les deux cas une poussée supplémentaire pour quelques moments permet le décollage.

L'efficacité de l'hélice se dégrade quand le bord d'attaque s'abîme en travaillant dans les embruns. Le pilote doit donc éviter que ceux-ci n'aillent dans le disque de l'hélice durant la navigation à flot et surtout durant la course de décollage, où le régime de rotation est maximal. En outre, on doit veiller à maintenir le bord d'attaque lisse.
Les appareils sont étudiés de façon qu'à la vitesse de croisière la traction agisse parallèlement à la direction du mouvement. En d'autres termes, à cette vitesse l'axe de l'hélice se trouve aligné avec la trajectoire suivie par l'appareil. Dans certaines conditions de vol, principalement durant la montée, ce n'est pas le cas car l'axe de l'hélice forme un certain angle avec la trajectoire. L'appareil se trouve dans des conditions similaires à celles de la montée quand il se déplace sur l'eau. Dans tous les cas où la direction de la traction est différente de celle du mouvement, la traction peut être décomposée en une force parallèle et une force perpendiculaire à la direction du mouvement. Quand le mouvement de l'appareil se fait le long d'une trajectoire horizontale, la composante de la traction perpendiculaire au sens du mouvement est dirigée vers le haut, dans une direction exactement opposée à celle du poids.

Le Dornier 212, construit en Suisse en 1942. L'arbre d'hélice était relevé au décollage, pour préserver celle-ci des embruns et rebaissé ensuite pour le vol.

Si à cause de la charge ou des conditions ambiantes la traction ne permet pas le décollage, on peut utiliser certains moyens pour augmenter temporairement la traction. En général, ces moyens consistent en des fusées appelées JATO *(Jet Assisted Take Off)* et fixées en des points appropriés du fuselage, de façon à éviter des mouvements de rotation non désirés durant leur fonctionnement, qui est en général limité à quelques secondes.

Le premier bombardier torpédo du monde, construit en Italie par Pateras-Pescara, en 1913. Des hydrofoils étudiés par l'ingénieur Guidoni étaient installés sous les flotteurs. A noter la curieuse position des deux hélices face à face.

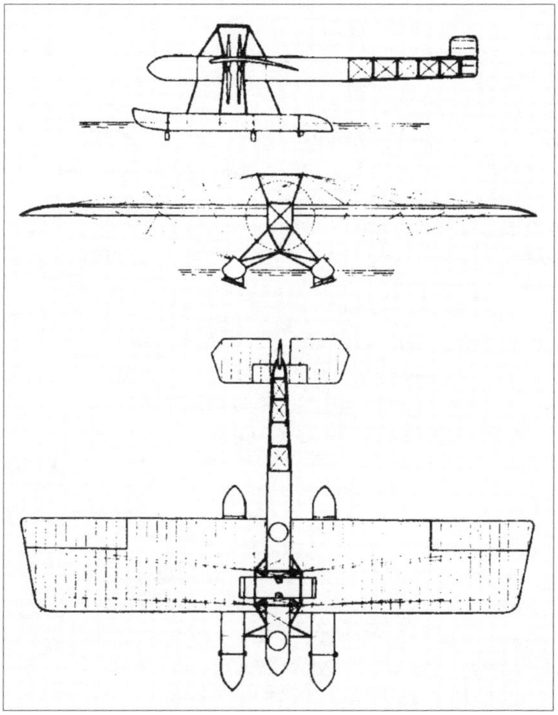

Archivio Apostolo

Archivio Apostolo

Archivio Apostolo

Le Cant Z511, le plus gros hydravion à flotteurs jamais construit (masse max de 34.000 kg). Des passages étaient aménagés pour accéder aux moteurs en vol ainsi qu'aux compartiments cargo aménagés dans les flotteurs, au travers des mâts avant.

La catapulte est un autre moyen pour suppléer à la carence de traction dans les cas où une course de décollage particulièrement brève est nécessaire. Utilisée généralement sur les navires, elle assure une accélération qui amène rapidement l'appareil à une vitesse permettant le vol.
Le sujet, d'un grand intérêt technique, sort des buts de ce livre. On retiendra seulement qu'un appareil catapultable doit être étudié avec beaucoup de précautions, que ce soit au niveau de la résistance structurale ou à celui des sièges de l'équipage, qui doivent garantir que l'importante accélération horizontale puisse être supportée sans dommages physiques.

Forces hydrodynamiques

Les coques hydroplanantes ont une forme étudiée de façon à générer une force dirigée, approximativement vers le haut quand elles se meuvent à grande vitesse sur l'eau. Une telle force est d'intensité notable même si seule une petite partie de la coque est immergée. Cette force, similaire à la force aérodynamique engendrée par l'aile, a son point d'application au *centre de pression hydrodynamique* et est dirigée légèrement vers l'arrière. Elle peut être décomposée en une composante parallèle au sens du mouvement et dirigée dans le sens opposé, la *résistance hydrodynamique*, qui s'ajoute aux autres types de résistance dus à l'écoulement de l'eau sur la partie immergée, et en une composante perpendiculaire au sens mouvement, la *portance hydrodynamique*. Cette composante s'oppose au poids et contribue à assurer la sustentation de l'appareil sur l'eau. Pour faire en sorte qu'à grande vitesse la surface en contact avec l'eau génératrice de résistance soit limitée au strict minimum, la coque et les flotteurs sont dotés d'un redan; celui-ci provoque le détachement de la veine fluide de la surface, de façon à garder émergée toute la partie postérieure de la coque ou des flotteurs.

Pellicule pour réduire la traînée. Pour réduire la traînée hydrodynamique on peut appliquer sur le fond des flotteurs des pellicules auto-adhésives produites par 3M. Il s'agit de matière plastique présentant un grand nombre de sillons, qui doivent se trouver parallèles à l'écoulement de l'eau. Pour chaque vitesse il existe une pellicule optimale, avec des sillons aux caractéristiques déterminées. En pratique, il existe quelques types de pellicule, chacun d'eux étant adapté à une certaine plage de vitesse. A l'arrière du redan on

Forces hydrodynamiques et forces aérodynamiques.

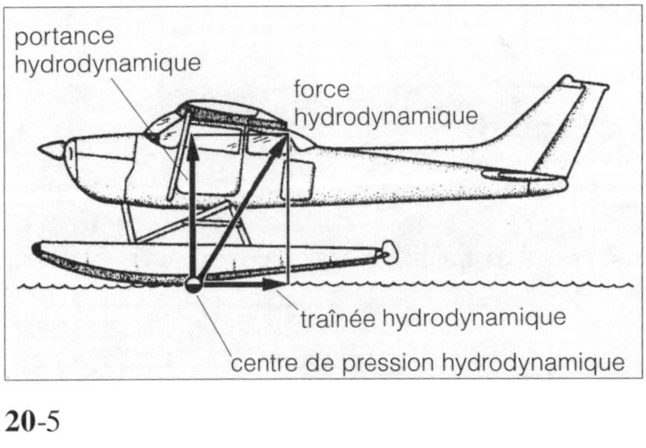

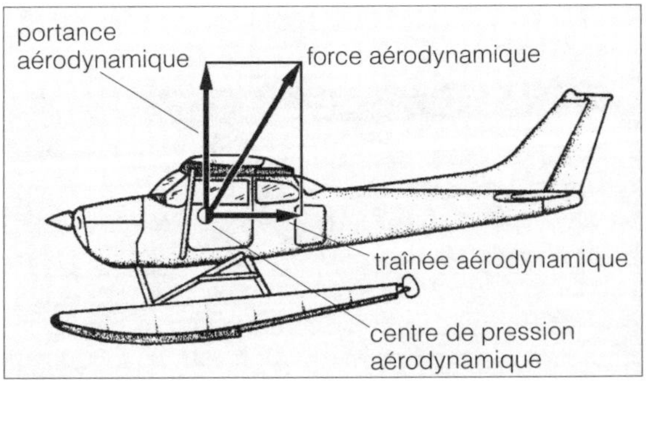

applique la pellicule valable pour la vitesse de montée sur le redan, et à l'avant la pellicule qui convient pour la vitesse d'envol.

Forces aérodynamiques

Au fur à mesure que l'appareil prend de la vitesse, les forces aérodynamiques commencent à agir de plus en plus intensément. En d'autres termes, avec l'augmentation de vitesse l'appareil se transforme peu à peu de navire en aéronef.
La résultante de toutes les forces aérodynamiques qui sollicitent les surfaces des ailes et de l'appareil agit au *centre de pression aérodynamique*, comme tout pilote le sait déjà. Elle se décompose en une *traînée aérodynamique*, parallèle à la direction du déplacement, et en une *portance aérodynamique*, perpendiculaire à cette direction. Quand l'appareil est en mouvement sur l'eau, la portance aérodynamique est dirigée dans le sens opposé au poids.
Une petite contribution à la portance, pour l'appareil en vol avec une assiette cabrée, est donnée par le fond des flotteurs. Cet effort se manifeste tout de suite après la rotation, phase dans laquelle il est amplifié par l'effet de sol, et en montée. Cela permet aux hydravions de se sustenter à une vitesse un peu plus basse que les avions terrestres correspondants, surtout près de la surface.

Effets asymétriques à flot

Les effets asymétriques agissent sur l'hydravion comme sur un avion terrestre mais leur résultat est plus marqué sur un hydravion; celui-ci, quand il se déplace sur l'eau à basse vitesse, se trouve sur une surface qui oppose très peu de résistance aux déplacements non désirés et est doté de très peu de moyens pour contrer ces déplacements, tandis que l'avion terrestre repose sur une surface dure avec des roues qui peuvent opposer, à l'initiative du pilote, une résistance notable à ces déplacements. Ci-dessous sont décrits les effets asymétriques dans le cas où l'appareil est équipé d'une hélice tractive qui tourne dans le sens horaire vue de l'arrière, comme dans la plupart des cas. Les effets sont opposés en cas d'hélice propulsive actionnée par un moteur normal où dans le cas, rare aujourd'hui, d'une hélice tractive qui tourne dans le sens antihoraire.
Couple de l'hélice. Si l'hélice tourne dans le sens horaire, l'appareil tend, par réaction, à tourner dans le sens antihoraire. L'effet est corrigé aérodynamiquement pour la vitesse de croisière, en augmentant la portance d'une aile par rapport à l'autre. Aux vitesses de navigation à flot, le couple n'est pas neutralisé et tend à faire enfoncer le flotteur gauche qui génère

Archivio Apostolo

Faible traînée et grande puissance sont les caractéristiques principales des avions de hautes performances. Cela peut atteindre des extrêmes comme on peut le voir sur ces appareils de la coupe Schneider, le Savoia Marchetti S.65.
Dessous, le Macchi Castoldi MC72, qui a obtenu le record de vitesse pour les hydravions à hélice à 709.209 km/h, le 23 octobre 1934. Il avait deux hélices contrarotatives et des radiateurs de refroidissement pour l'huile et le moteur implantés sur les flotteurs, les mâts, le fuselage et les ailes.

Archivio Apostolo

Archivio Apostolo

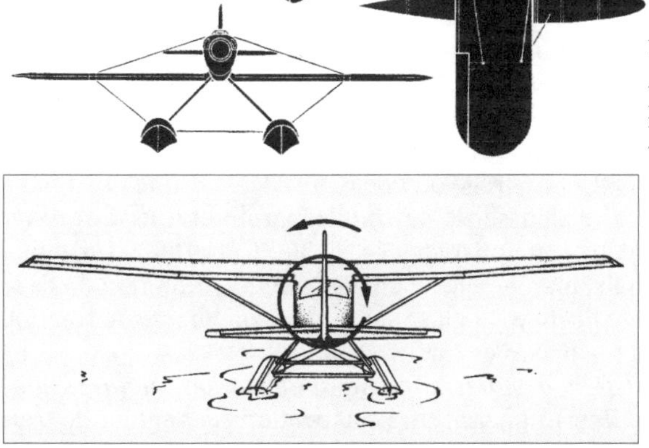

ainsi plus de résistance. On a ainsi une tendance à embarder et donc à virer sur l'eau à gauche.

Souffle de l'hélice. Le souffle généré par l'hélice agit sur les surfaces latérales de l'appareil de façon asymétrique, c'est-à-dire plus d'un côté que de l'autre. L'effet est corrigé pour la vitesse de croisière en disposant asymétriquement le plan fixe vertical de l'empennage. Aux vitesses de circulation, il n'est pas corrigé et tend à faire embarder l'appareil et donc à le faire virer à gauche, s'ajoutant à l'effet du couple.

Traction asymétrique de l'hélice. Cet effet se manifeste quand le plan de rotation de l'hélice n'est pas perpendiculaire à la direction du déplacement et donc du vent relatif. En pratique, quand l'appareil se trouve nez levé, l'hélice a une plus grande incidence et exerce donc une traction plus importante dans

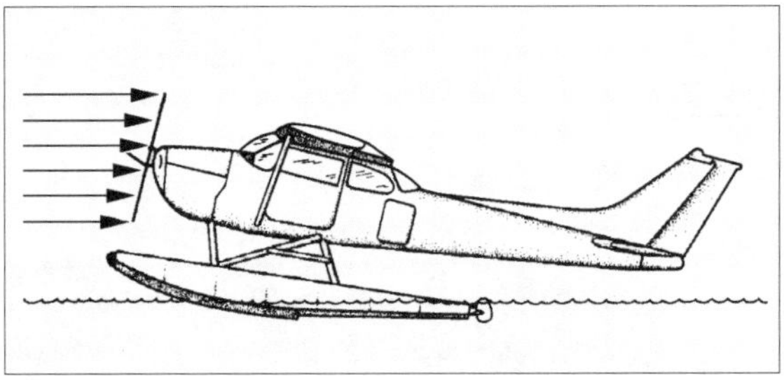

la moitié du disque où elle est descendante. La conséquence, dans ce cas aussi, est une tendance à embarder à gauche dans les phases de circulation à flot où l'appareil a une forte assiette à cabrer et particulièrement durant les déplacements nez levé. Dans cette phase, l'effet n'est toutefois pas très évident à cause de la plus grande manœuvrabilité de l'appareil par rapport à la navigation jaugée normale. Quoi qu'il en soit, le virage nez levé est plus facile à gauche qu'à droite.

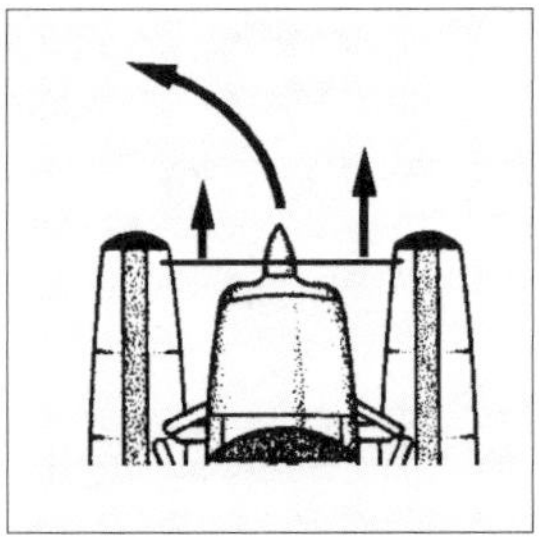

Précession gyroscopique. Elle agit durant les déplacements de l'axe de rotation de l'hélice. Dans les phases ascendantes du tangage elle tend à faire embarder à droite, et à gauche dans les phases descendantes. Dans un virage ou une embardée à droite elle tend à faire abaisser le nez de l'appareil, et à le faire lever dans les embardées à gauche. Cet effet est d'autant plus marqué que le changement de direction de l'axe de l'hélice est plus rapide et que la vitesse de rotation et la masse de l'hélice sont plus élevées.

Effets asymétriques du vent sur les surfaces mobiles. L'appareil sur l'eau peut tourner autour de trois axes, même sous l'action de forces minimes. L'une d'entre elles est la force du vent auquel l'appareil expose une grande surface, surtout s'il s'agit d'un appareil à flotteurs, et que le pilote a la possibilité, dans certains cas, d'utiliser à son avantage. En particulier, en agissant opportunément sur les commandes, on peut faire en sorte que l'appareil génère des forces asymétriques qui limitent les rotations non désirées. En beaucoup de points de ce livre, et également plus loin dans ce chapitre, sont données des indications de la teneur suivante: "on doit mettre le manche sous le vent en navigant à flot avec du vent arrière et une composante transversale"; "on doit mettre le manche en avant en navigant à flot avec un fort vent arrière". Dans le premier cas, on fait en sorte que l'aile au vent soit poussée vers le bas et celle sous le vent vers le haut pour contrebalancer la tendance du vent traversier à faire basculer l'appareil latéralement; dans le second, on obtient une force vers le bas au voisinage de l'empennage qui permet de maintenir le nez de l'appareil légèrement plus haut et qui contrebalance la tendance du vent arrière à faire capoter l'appareil. Sans reprendre ici le sujet en entier, notons que dans tous les cas on exploite la force du vent sur les gouvernes pour générer des forces qui s'opposent aux rotations indésirables, comme illustré sur les figures. Celles-ci représentent un plan fixe et un plan mobile, qui peut être un aileron, la profondeur ou le gouvernail de direction.

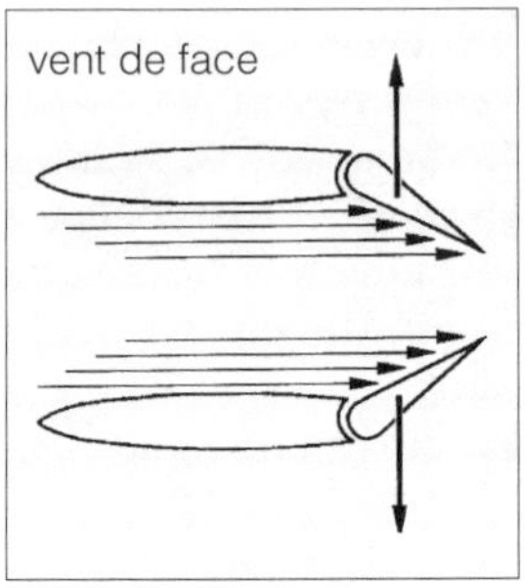

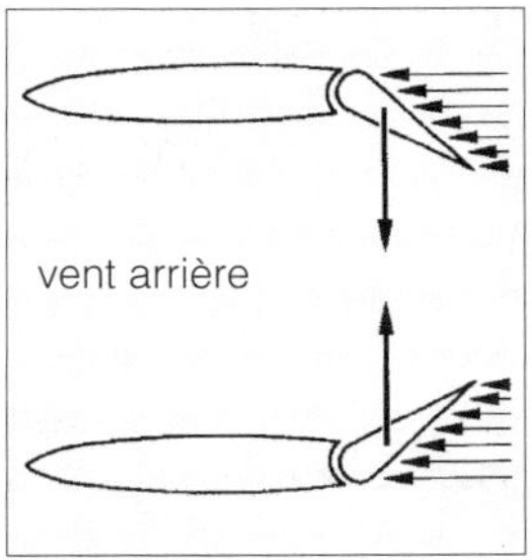

Assiettes et mouvements de l'appareil

Un appareil qui vole sur l'eau est le protagoniste d'une séquence d'événements successifs extrêmement complexes: hydrostatiques, hydrodynamiques et aérodynamiques.

Sont décrites ci-dessous, de façon inévitablement simplifiée et fragmentaire, les principales situations où se trouve un appareil sur l'eau et en l'air. Une vision plus

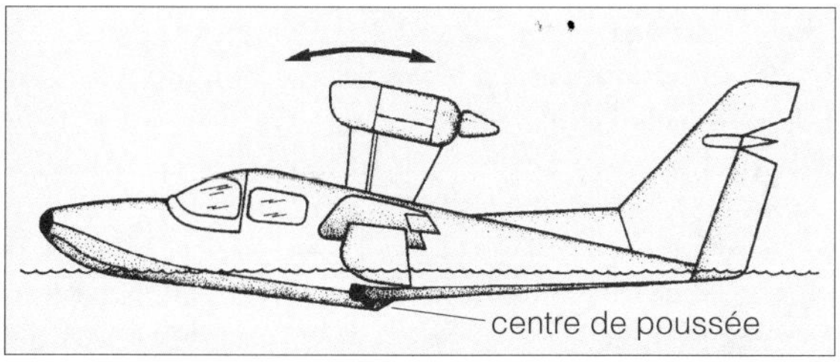

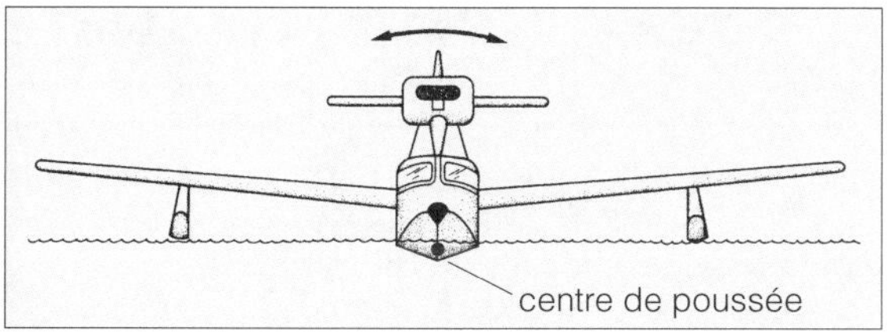

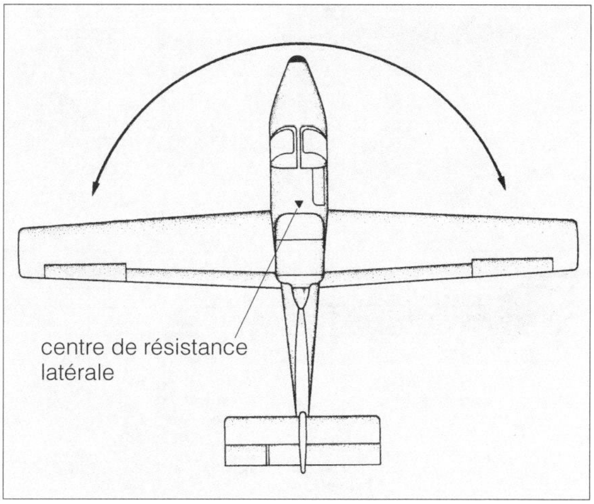

générale du phénomène est fournie grâce à quelques graphiques, décrites dans le prochain paragraphe.

L'appareil immobile sur l'eau

Flottaison. L'appareil immobile sur l'eau flotte exclusivement grâce à la poussée hydrostatique.

Assiette. L'appareil, soumis aux forces hydrostatiques et à son poids, se place de façon à ce que le centre de gravité et le centre de poussée se trouvent sur la même ligne verticale, comme illustré à page 20-15.

Rotations. En ce qui concerne les rotations, l'appareil à flot peut tourner autour d'un axe transversal et d'un axe longitudinal, comme en vol, à cette différence près que les axes de rotation ne passent pas par le centre de gravité, mais par le centre de poussée. L'appareil peut en outre tourner autour d'un axe vertical, qui passe par le *centre de résistance latérale.* Ce point important est le centre géométrique de la partie immergée de la coque, projeté sur un plan horizontal. Si on pousse latéralement l'appareil au centre de résistance latérale, il se déplace sur l'eau sans tourner. Si on le pousse en avant ou en arrière du centre de résistance latérale, il tourne sur lui même dans un sens ou dans l'autre.

Le centre de résistance latérale peut prendre différentes positions plus ou moins avancées le long de la coque selon la partie immergée du moment. Sur un appareil arrêté, ou qui se déplace lentement, il est en avant du centre de poussée et du centre de gravité de l'appareil.

L'appareil immobile par rapport à l'eau n'est pas manœuvrable au moyen des safrans, qui ne sont soumis à aucun écoulement d'eau. S'il y a du vent, l'appareil se comporte comme une girouette, il s'oriente le nez face au vent et recule.

L'appareil à flot à basse vitesse

Flottaison. L'appareil qui se déplace à basse vitesse sur l'eau flotte surtout grâce à la poussée hydrostatique et, dans une moindre mesure, à la portance hydrodynamique.

Assiette. L'assiette de l'appareil qui se déplace à basse vitesse est déterminée par les facteurs examinés pour l'appareil immobile, auxquels s'ajoutent un moment piqueur dû à la traction et un moment cabreur dû à la force hydrodynamique. Le moment piqueur dû à la traction est directement proportionnel à la puissance appliquée. Initialement, il fait légèrement s'enfoncer les pointes des flotteurs ou de la coque jusqu'à ce que le déplacement en avant du centre de poussée, et l'augmentation de la portance hydrodynamique due à l'augmentation de vitesse, génèrent un moment

S'il y a du vent, l'appareil se comporte comme une girouette et se place de lui même nez dans le vent et recule.

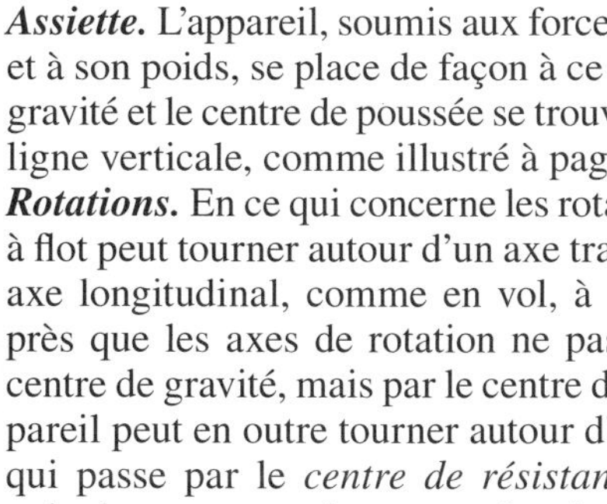

Archivio Apostolo

Une expérimentation curieuse, le Piaggio-Pegna PC7, de 1928. La course de décollage commençait avec une hélice marine pour déjauger l'appareil sur ses hydrofoils, ensuite un système d'embrayage engageait l'hélice aérienne. Ici l'appareil à flot avant le départ.

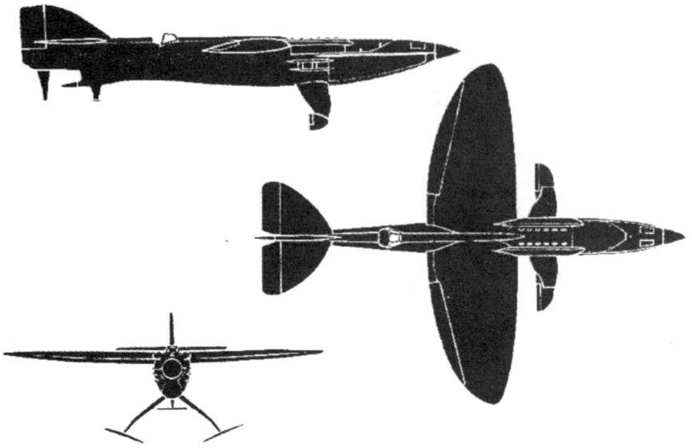

Archivio Apostolo

cabreur qui s'y oppose. La portance hydrodynamique augmente notablement avec la vitesse, déterminant un moment cabreur d'intensité croissante, bien qu'elle agisse en des points de plus en plus reculés de la coque ou des flotteurs et donc avec un bras de levier de longueur décroissante.

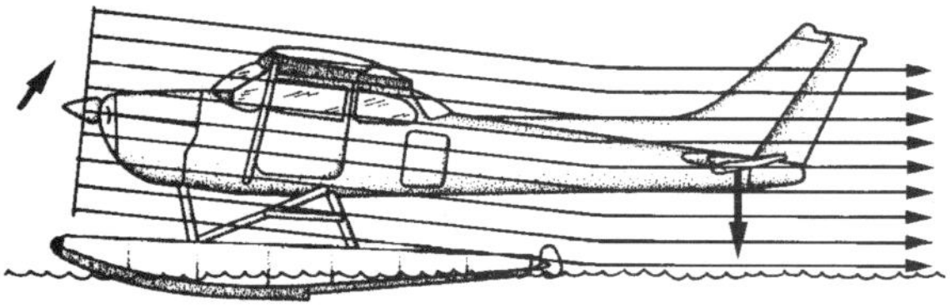

La gouverne de profondeur à cabrer pendant la circulation à flot en condition de vent calme ou de face maintien le nez relevé. L'efficacité des safrans est réduite par vent arrière.

La gouverne de profondeur n'est pas très efficace pour contrôler le tangage a basse vitesse; toutefois elle est soufflée par l'hélice et par le vent relatif, auquel s'ajoute éventuellement le vent qui souffle sur le plan d'eau, ce qui permet un contrôle approximatif de l'assiette et en particulier le maintient du nez de l'appareil légèrement plus cabré. A cet effet, en circulation normale à basse vitesse, la gouverne de profondeur sera maintenue en butée arrière.

Rotations. Les rotations de l'appareil en circulation à basse vitesse se produisent de la même façon que pour l'appareil immobile, à ceci près que le pilote a plus de possibilités pour contrôler les rotations autour de l'axe vertical; ces possibilités sont fournies par les safrans sollicités par l'écoulement de l'eau, et par la gouverne de direction qui subit l'action du courant d'air. Ce courant d'air est la somme du vent relatif dû au déplacement de l'appareil, du souffle de l'hélice, et éventuellement du vent présent sur le plan d'eau.

Si on se déplace face au vent, les corrections effectuées au palonnier sont très efficaces. Les safrans dans l'eau, et la gouverne de direction soufflée par le vent agissent dans la même direction. Si par contre on se déplace avec le vent sur l'arrière, l'effet correctif du palonnier est moins efficace; la gouverne de direction agit à l'opposé des safrans. L'action de ces derniers est en général prédominante, pourvu que l'appareil ait une certaine vitesse sur l'eau et que le vent arrière soit modéré.

Vitesse. La vitesse que l'on adopte en circulation à basse vitesse est très faible, et s'obtient sur presque tous les appareils avec des réglages de puissance aux alentours de 700-1000 tours par minute. Une telle vitesse est constante quand la traction est égale à la résistance hydrodynamique à laquelle est sujette la partie immergée (additionnée de la traînée aérodynamique, qui est d'ailleurs très faible à basse vitesse). Si la vitesse augmente, on a une augmentation notable de la résistance hydrodynamique.

Virages. Dans les virages à basse vitesse, la force centrifuge est généralement de faible intensité et n'a pas d'effets sensibles, sinon celui de faire immerger légèrement plus le flotteur externe. Le vent peut par

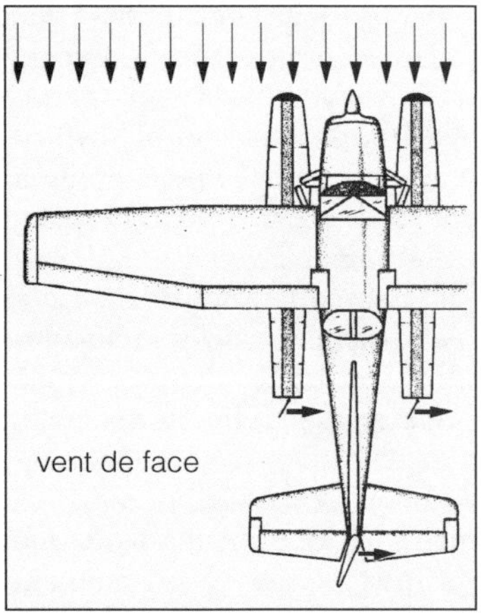

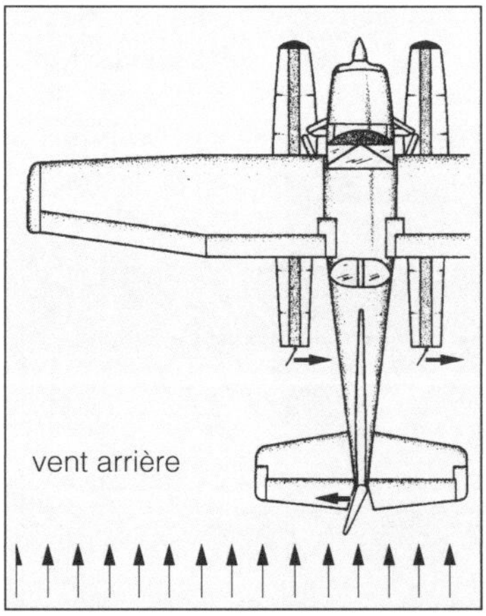

contre retourner l'appareil, surtout si ce dernier oscille transversalement à cause des vagues.

Effets asymétriques. L'appareil est soumis aux effets, très légers, du couple et du souffle de l'hélice. En conséquence, si l'on n'agit pas sur le palonnier, un appareil normal équipé d'une hélice tractive effectuera un virage à gauche, léger mais continu.

Dérapage. Quand il y a une composante de vent latéral, c'est-à-dire quand la direction du mouvement ne coïncide pas exactement avec celui du vent, l'appareil dérape, comme nous le verrons en détail dans le cas du déplacement "à la voile" dans la mesure où, en plus du déplacement longitudinal, il subit aussi une poussée latérale due au vent. L'effet de quille, c'est-à-dire la résistance de la quille aux déplacements transversaux, s'oppose au dérapage qui peut ne pas être évident mais toutefois existe, et on doit en tenir compte, en particulier si on opère à proximité d'obstacles situés sous le vent ou dans des chenaux étroits.

Dérive. La dérive est un mouvement dû au fait que l'appareil se déplace sur une surface qui peut être elle même en mouvement. Le cas le plus typique est le courant d'un fleuve ou celui de la marée. Il en résulte que le mouvement par rapport au fond ou à la rive est la somme de celui de l'appareil et de celui de la masse d'eau sur laquelle l'appareil se déplace. Dérive et dérapage agissent indépendamment, mais dans certain cas en même temps, ce qui fait que la route de l'appareil sur l'eau est différente du cap.

Déplacements à la voile

Marche arrière "à la voile. Si l'hélice est arrêtée ou en drapeau, l'appareil s'oriente dans le lit du vent avec l'axe longitudinal et les flotteurs alignés avec la trajectoire. C'est la forme la plus simple de déplacement à la voile, elle est appelée *culage*. Se déplacer vers l'arrière est utile dans bien des cas, par exemple quand le vent est tel qu'il est déconseillé d'orienter l'appareil sur l'eau autrement que dans le lit du vent et que le point vers lequel on se dirige se trouve sur l'arrière.

Dérive contrôlée. Dans la plupart des cas, on a besoin que l'appareil se déplace non seulement vers l'arrière mais aussi, dans une moindre mesure, vers la droite ou vers la gauche. La chose est possible et dépend de la possibilité d'orienter l'appareil dans une direction différente de celle du vent, en contrant sa tendance à se comporter comme une girouette. Cela se fait en augmentant la traînée d'un côté ou de l'autre de l'appareil et donc essentiellement en mettant le manche d'un côté et le pied de l'autre.

Considérons maintenant la force exercée par le vent sur l'appareil moteur arrêté et orienté obliquement par rapport à la direction du vent (sur les exemples qui suivent on considère toujours l'appareil avec le nez placé à gauche du lit du vent). Cette force peut être décomposée en une composante longitudinale, parallèle aux flotteurs, et en une composante transversale, perpendiculaire aux flotteurs.

La première pousse l'appareil en arrière, tandis que la seconde le pousse sur le côté. L'appareil, poussé par le vent, se déplace donc à vitesse croissante en arrière et sur le côté jusqu'à ce que s'établissent les conditions d'équilibre illustrées sur la figure ci-dessous à droite, où les forces produites par le vent sont contrebalancées par la résistance hydrodynamique générée par le déplacement en arrière et de côté (la résistance est, elle aussi, une force unique opposée à celle du vent, mais il convient de la décomposer en deux composantes, l'une longitudinale, l'autre transversale par rapport aux flotteurs). La situation

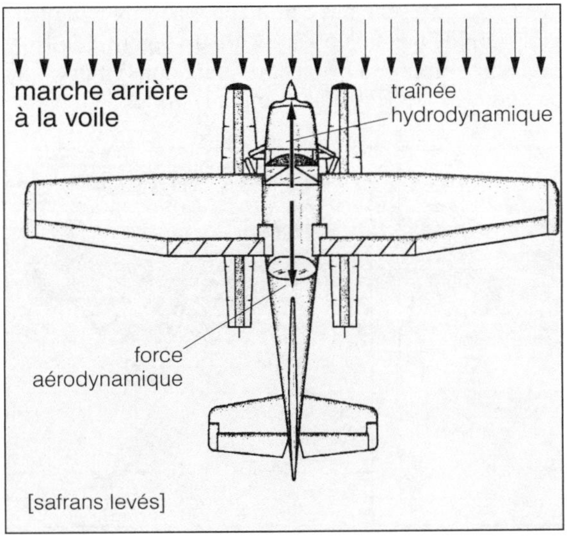

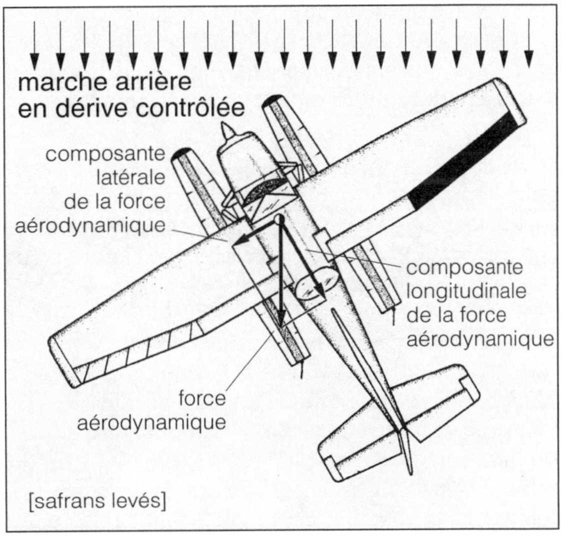

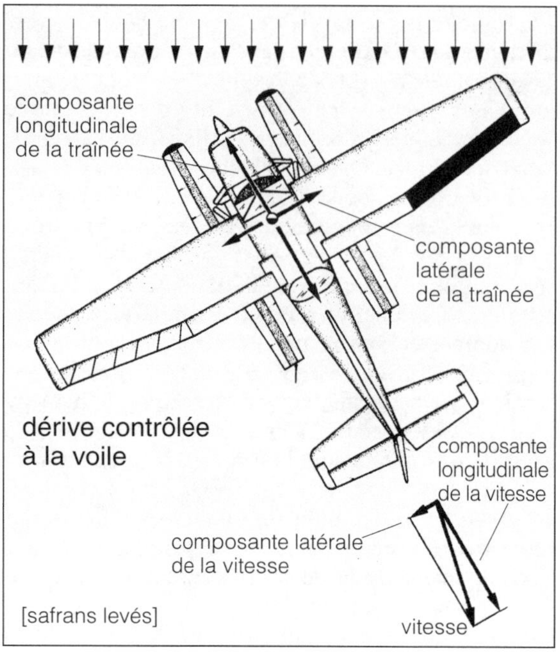

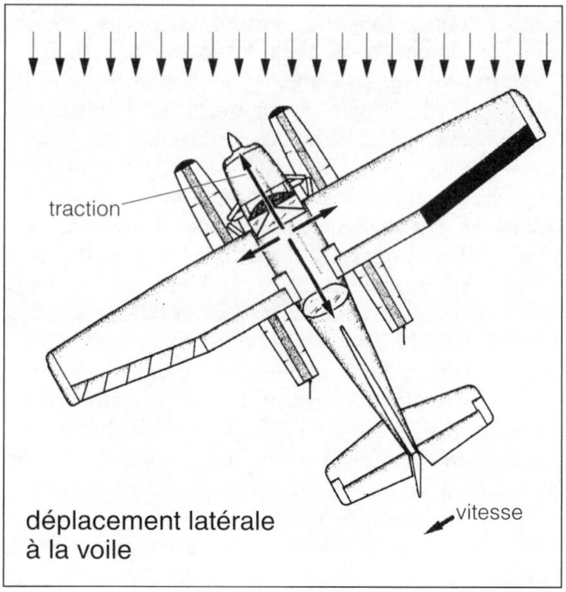

d'équilibre décrite ainsi atteinte, l'appareil se déplace en arrière et latéralement à vitesse constante.

Voyons maintenant à quelle vitesse, en arrière et latéralement, se réalise l'équilibre des forces. La composante longitudinale de la résistance hydrodynamique est égale à la composante longitudinale du vent pour une vitesse vers l'arrière relativement élevée, car les flotteurs sont dessinés pour se déplacer dans cette direction.

Par contre, la composante transversale de la résistance est égale à la composante transversale du vent pour une vitesse traversière très basse, car les flotteurs opposent une grande résistance aux déplacements latéraux. Ce phénomène est appelé *effet de quille*.

Pour se rendre compte de la différence entre les résistances que rencontre l'appareil selon qu'il se déplace dans l'axe des quilles ou latéralement, on peut faire des essais en le déplaçant latéralement quand il est au ponton, en le tenant par les haubans, puis en le tirant en arrière (à l'aide d'un bout, après l'avoir poussé au large). C'est une bonne façon de matérialiser physiquement l'effet de quille.

Il est donc établi que l'appareil, moteur arrêté et orienté obliquement par rapport au vent, se déplace principalement vers l'arrière et aussi un peu sur le côté.

Cette manœuvre, basée sur l'effet de quille, est appelée *dérive contrôlée à la voile*, tandis que la composante latérale du mouvement est appelée *dérapage*.

Pour ce type de déplacement "à la voile", les safrans doivent être relevés car l'eau agirait en sens exactement opposé à celui des commandes aérodynamiques, réduisant de beaucoup l'angle de divergence de l'appareil par rapport au vent et rendant donc impossible ou peu efficace le déplacement à la voile.

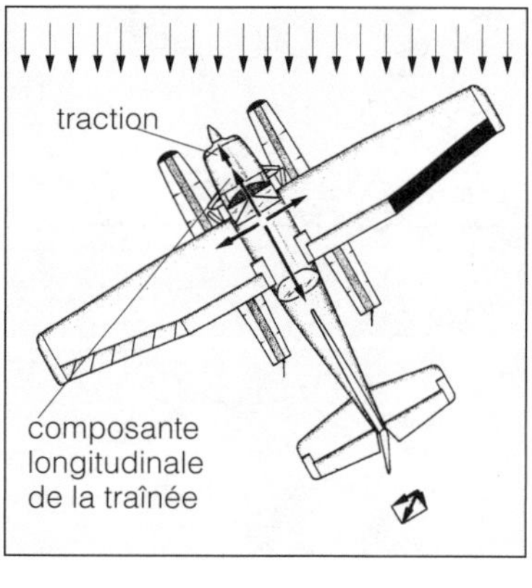

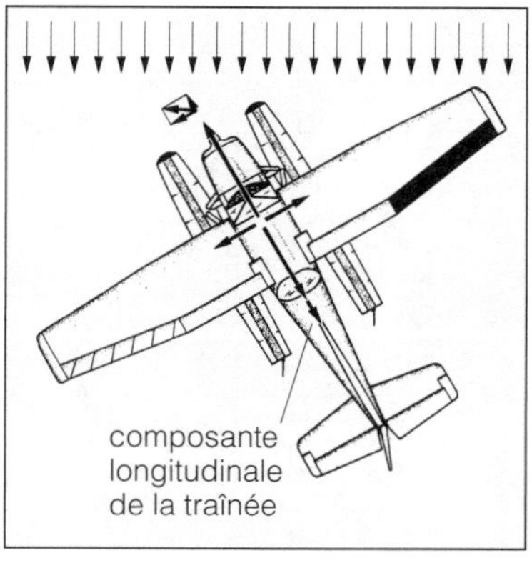

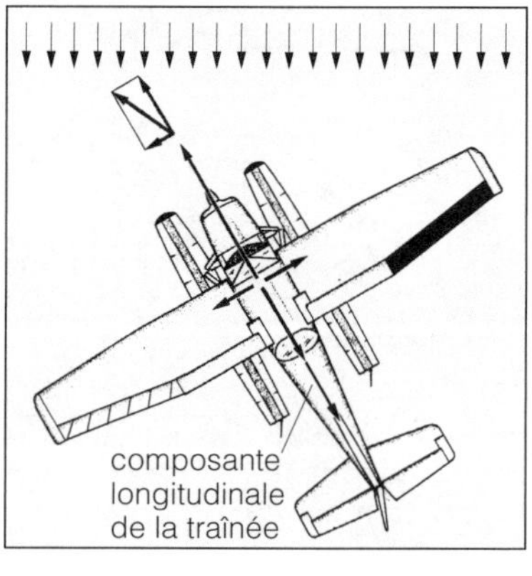

Le comportement exact de l'appareil en dérive contrôlée à la voile doit être expérimenté dans la pratique avec des conditions de vent d'intensités diverses. En pratique, pour différents appareils et avec différentes intensités de vent, le rapport entre la vitesse transversale et la vitesse longitudinale peut varier considérablement et faire suivre des trajectoires par rapport au vent très différentes.
Dans certaines situations et pour un type d'appareil donné, la vitesse latérale peut égaler voire même dépasser la vitesse vers l'arrière, déterminant un comportement bien différent de la dérive contrôlée à la voile classique décrite plus haut. Les principaux facteurs qui déterminent le comportement d'un appareil sont: la surface de la partie exposée au vent, la surface, le tirant d'eau, la forme de la partie immergée, et l'intensité du vent. Le pilote, à travers son expérience, doit connaître le comportement de l'appareil qu'il utilise.

Déplacement latéral à la voile

Dans bien des situations on voudrait se déplacer uniquement sur le côté et non en arrière. Cela peut être réalisé en mettant de la puissance de façon à produire une traction d'intensité égale à la composante longitudinale du vent. Cela implique que la condition d'équilibre puisse s'établir à une vitesse de recul égale à zéro, qui est ce que l'on désire. La composante transversale peut, par contre, continuer à agir comme dans le cas examiné précédemment, et faire déraper – c'est-à-dire déplacer latéralement – l'appareil à la vitesse à laquelle les composantes transversales du vent et de la résistance ont la même valeur.
L'appareil se déplace donc uniquement sur le côté, même si la vitesse permise par l'effet de quille est très basse. Cette manœuvre est appelée *déplacement latéral à la voile*.
Autres cas de déplacement à la voile. Que se passe-t-il si, l'appareil étant en dérive contrôlée à la voile, on augmente la traction (en mettant de la puissance), mais sans égaler la composante longitudinale du vent? L'appareil se trouve alors rapidement dans la situation d'équilibre illustrée en bas à gauche, où la composante du vent est contrebalancée en partie par la traction et pour ce qui reste par la composante longitudinale de la résistance hydrodynamique. Mais une telle condition d'équilibre s'établit avec une vitesse de recul plus faible que dans le cas où le moteur est arrêté. L'appareil se déplace donc peu de côté, mais aussi peu ou très peu en arrière.
Que se passe-t-il, par contre, si la traction vient à augmenter de sorte qu'elle soit d'intensité supérieure à celle de la composante longitudinale du vent? Dans ce cas l'équilibre est atteint avec une composante longitudinale de la résistance hydrodynamique qui s'ajoute à la composante longitudinale du vent, ce qui se produit à une vitesse déterminée, non plus vers l'arrière, mais vers l'avant. L'appareil se déplace donc de côté et en avant, le long d'une trajectoire et à une vitesse qui dépendent de la puissance utilisée. Les figures illustrent deux cas: avec peu de puissance, ce qui donne une vitesse en avant réduite (au centre); avec plus de puissance, ce qui fait que l'équilibre est atteint à une vitesse supérieure (à droite).
Si l'on considère que l'on peut utiliser plus ou moins de puissance et qu'il est possible d'orienter l'appareil par rapport au vent non seulement avec l'angle maximal possible, comme il a été dit jusqu'à maintenant, mais aussi avec un angle intermédiaire, que ce soit en se déplaçant en avant ou en arrière, on s'aperçoit qu'on peut prendre toutes les trajectoires possibles par rapport au vent en orientant toujours le nez de l'appareil dans des directions proches de celle du vent.
Cela vaut la peine de rappeler encore une fois que pour se déplacer "à la voile" on génère et on utilise des forces qui sont parfois de très faible intensité, de sorte que la vitesse d'exécution de la manœuvre peut être très basse et demande donc une grande patience. La technique du déplacement à la voile est toutefois l'unique possibilité qui s'offre au pilote pour résoudre sans risques certaines situations extrêmes ou certains accostages difficiles.
Avertissement. Dans l'exposé précédent, les différentes situations ont été présentées légèrement simplifiées, pour qu'elles soient claires. Nous n'avons pas tenu compte du fait que la force du vent et la force hydrodynamique agissent en des points différents et tendent à faire tourner l'appareil.

Appareil en circulation nez levé

Flottaison. L'appareil flotte essentiellement grâce à la poussée hydrostatique. Toutefois, la portance hydrodynamique commence à apporter une contribution destinée, la vitesse augmentant, à devenir importante.
Assiette. L'assiette, dans ces conditions, est essentiellement déterminée par la pression de l'eau sur la partie antérieure des flotteurs ou de la coque, qui provoque un important moment cabreur et, pour une petite partie, par la gouverne de profondeur qui est généralement maintenue tout à cabrer.
Rotations. La manœuvrabilité de l'appareil, en cas de vent de travers, est supérieure à celle dont on dispose en circulation à flot normale à basse vitesse. Cela est dû au déplacement notable vers l'arrière du centre de résistance latérale, autour duquel tourne l'appareil. Dans cette situation, la surface latérale de l'appareil qui se trouve devant l'axe de rotation

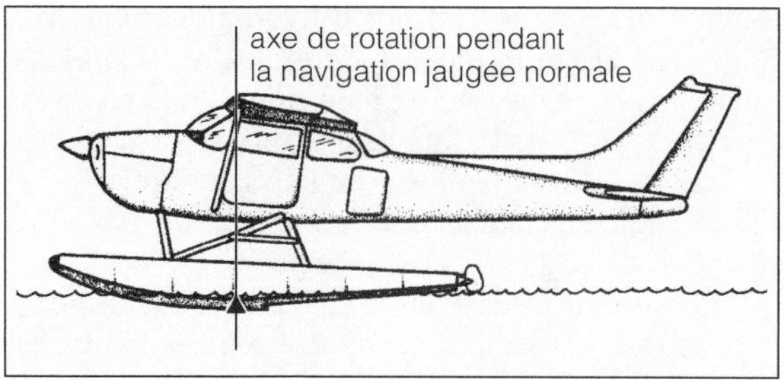

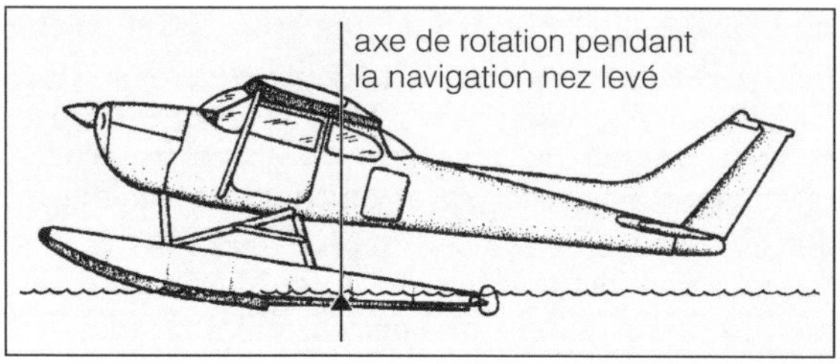

augmente sensiblement par rapport à la condition de circulation jaugée normale, au point d'égaler, sur beaucoup d'appareils, celle qui se trouve en arrière. L'effet de "girouette", qui tend normalement à orienter le nez de l'appareil au vent, est donc beaucoup moins prononcé, voire annulé. Des forces très réduites, c'est-à-dire de légères pressions sur le palonnier, sont donc suffisantes pour faire tourner l'appareil. La manœuvrabilité est aussi accentuée par le souffle de l'hélice qui agit sur l'empennage, à cause du régime de rotation soutenu du moteur.
Vitesse. La vitesse est généralement supérieure, mais pas de beaucoup, à celle de la circulation normale à basse vitesse. Elle s'obtient en augmentant notablement la puissance, temporairement jusqu'au maximum, de façon que le nez soit le plus levé possible et donc qu'une quantité minimale d'embruns atteigne le disque de l'hélice. L'appareil ne peut pas monter sur le redan car le manche est maintenu en butée arrière. ***Virages.*** La navigation nez levé se pratique entre autres pour virer plus facilement par vent de travers et en particulier pour virer de face au vent à vent arrière. Un tel virage se fait à gauche, pour bénéficier des effets asymétriques.
Effets asymétriques. C'est la condition où se manifestent le plus les effets asymétriques. Au couple et au souffle de l'hélice s'ajoute une traction asymétrique du disque de l'hélice non négligeable. Sur les monomoteurs, la précession tend, pendant les quelques instants où elle agit, à faire légèrement embarder à droite lorsqu'on qu'on lève le nez de l'appareil, mais en pratique elle diminue simplement la tendance à embarder à gauche.

Montée sur le redan

Assiettes. Lorsque l'on met toute la puissance pour monter sur le redan l'appareil accélère. L'augmentation de l'intensité de la force hydrodynamique et le rapide déplacement en arrière de son point d'application donnent lieu à une ou plusieurs oscillations et soulèvent la partie antérieure de la coque ou des flotteurs. Ceux-ci, en outre, produisent des vagues transversales importantes, sur lesquelles l'appareil passe ensuite en sautillant. Tous ces phénomènes font que, pour quelques instants, il se créé des zones "ventilées", c'est-à-dire des zones dans lesquelles il n'y a pas d'eau mais de l'air ou un mélange d'eau et de bulles d'air, qui exerce une résistance très inférieure par rapport à celle de l'eau seule. La réduction de la résistance fait accélérer l'appareil, qui se soulève ensuite grâce à l'accroissement de la portance hydrodynamique, avec une ventilation ultérieure de la zone en arrière du redan, qui provoque une nouvelle accélération, et ainsi de suite jusqu'à ce que les queues soient complètement hors de l'eau et qu'une petite partie seulement des flotteurs, devant le redan, soit immergée.
Sur une surface très lisse, la traînée est plus importante que sur une surface légèrement agitée et, en conditions critiques de poids ou d'altitude densité, la montée sur le redan peut se révéler impossible. Dans ce cas, le pilote peut essayer de créer des vagues transversales susceptibles de favoriser la montée sur le redan en faisant osciller l'appareil d'avant en arrière. Si, durant la montée sur le redan, le manche est maintenu trop en arrière, les queues restent enfoncées

Un De Havilland Beaver dans la phase de transition entre la navigation jaugée et l'hydroplanage.

Boeing Canada - De Havilland Division

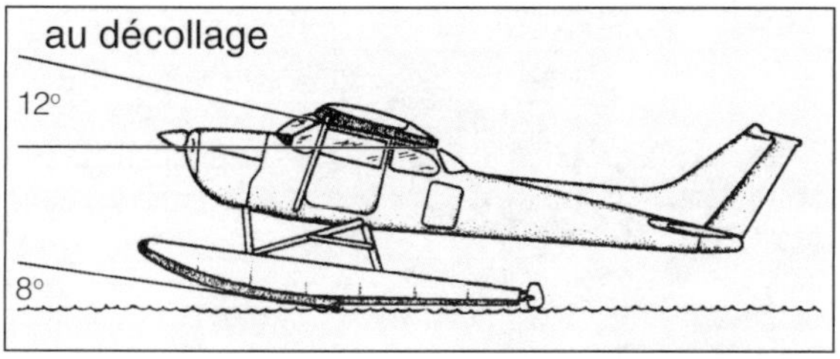

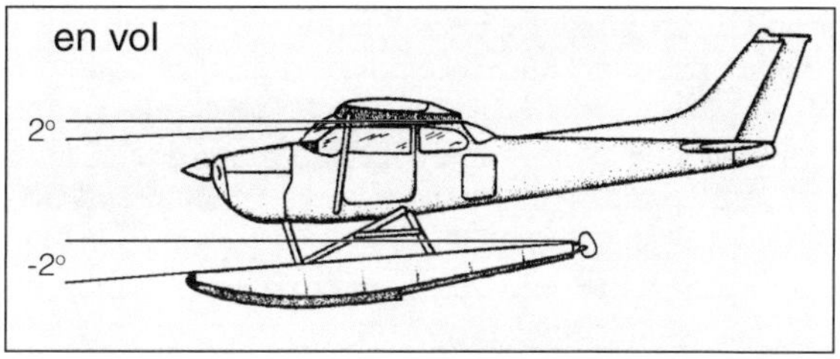

dans l'eau et la ventilation derrière le redan est compromise, ce qui empêche la montée sur le redan. Si le manche est maintenu trop en avant, on peut avoir pendant quelques instants une bonne ventilation derrière le redan, mais on augmente la traînée sur l'avant des flotteurs, d'où une diminution de la vitesse et le retour des queues de flotteurs dans l'eau.

Effets asymétriques. Les effets asymétriques, surtout la traction asymétrique du disque de l'hélice et la précession, agissent conjointement et demandent, avec un appareil à hélice tractive, d'agir à fond ou presque sur le palonnier avec le pied droit.

Position du centre de gravité. Un centrage trop arrière peut empêcher la montée sur le redan. Cela se produit en particulier sur une surface plate, sur laquelle l'appareil ne réussit pas à atteindre la vitesse à laquelle se forment les vagues transversales qui le font sautiller et donc facilitent l'amorçage de la montée sur le redan.

L'appareil en hydroplanage

Flottaison. L'appareil flotte essentiellement grâce à la portance hydrodynamique.

Assiettes. L'assiette de l'appareil en hydroplanage est le fruit de l'équilibre des forces aérodynamiques et hydrodynamiques qui agissent sur lui. Juste après la montée sur le redan l'appareil est sujet à un fort moment cabreur que le pilote contrôle en mettant du manche en avant. Ce moment diminue avec l'augmentation de la vitesse, le manche est donc ramené progressivement en arrière, vers le neutre. Quand le point d'application de la force hydrodynamique passe derrière la verticale passant par le centre de gravité, le moment de cette force devient piqueur et, dans les phases précédant l'envol, le manche doit donc être fermement maintenu en position à cabrer. A la vitesse prévue pour l'hydroplanage, l'assiette peut de toute façon être finement réglée par le pilote à l'aide du manche. Un demi degré de différence en plus ou en moins par rapport à l'assiette optimale a un effet sensible sur les traînées hydrodynamiques et aérodynamiques et donc sur la longueur et la durée de la course de décollage.

Les coques normales en V dotées d'un redan ont un angle d'hydroplanage optimal de 8° environ, tandis qu'une aile normale dotée de volets a un angle d'incidence, à la vitesse minimale, de 12°. Les concepteurs disposent donc les surfaces de telle façon que, dans la phase la plus critique du vol, elles aient des angles optimaux par rapport aux flux d'eau et d'air qui les frappent. En pratique, la corde de profil forme avec la ligne de quille de la coque ou des flotteurs un angle de 4°. Cela implique aussi qu'en vol à la vitesse de croisière, pour laquelle l'aile a une incidence de 2° ou moins, les flotteurs "regardent vers le bas". Cela est encore plus évident pour les appareils qui ne sont pas dotés de volets, où l'aile a un angle d'incidence à la vitesse minimale de 16°, ce qui fait que les flotteurs forment avec la corde de profil de l'aile un angle de 8°. Sur certain appareil, comme ceux qui ont participé à la coupe Schneider, l'angle entre les flotteurs et la corde de l'aile était réduit au minimum pour ne pas pénaliser la vitesse de vol. Mais ce réglage entraînait

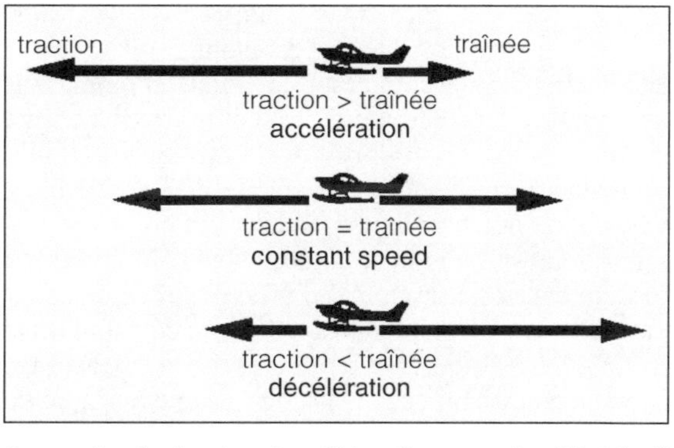

La version hydravion du célèbre Supermarine "Spitfire" en hydroplanage.

Archivio Apostolo

L'élégant Dornier Do 24 juste après son décollage.

des performances au décollage très médiocres et imposait des courses de décollage longues et des vitesses sur l'eau importantes, en provoquant parfois des frayeurs aux pilotes de ces machines.

Rotations. L'appareil en hydroplanage, c'est à dire sur le redan, tourne autour d'un axe transversal passant par l'étroite zone de contact entre l'eau et la coque ou les flotteurs, donc situé un peu en avant du redan. Le maintien de l'assiette voulue s'obtient grâce à la gouverne de profondeur. L'appareil, toujours sur le redan, tourne en outre autour d'un axe vertical passant par la même zone. Les rotations sont contrôlées à l'aide de la gouverne de direction (jamais avec les safrans, qui doivent être relevés en hydroplanage).

Les hydravions à coque sur le redan appuient sur une surface très réduite et se comportent comme s'ils étaient montés sur pivot. Cela explique pourquoi de petites forces, comme le couple de l'hélice, provoquent de notables variations d'assiette. Les importantes rotations possibles autour de l'axe longitudinal deviennent très utiles lors des virages sur l'eau; ceux-ci s'effectuent en inclinant l'appareil du côté du virage jusqu'à faire affleurer le ballonnet sur la surface. De cette façon on bénéficie de la composante horizontale de la portance qui s'oppose à la force centrifuge.

Vitesse. L'hydroplanage permet de réduire énormément la résistance hydrodynamique et par conséquent d'atteindre, à traction égale, des vitesses très supérieures à l'allure normale à flot. Dans une course normale de décollage la traction est toujours supérieure à la somme de la résistance hydrodynamique et de la traînée aérodynamique, mais de façon variable, comme on peut le déduire du graphique des traînées de cette page. L'appareil accélère donc, plus ou moins franchement, jusqu'à ce qu'il quitte la surface. La charge et l'altitude pression peuvent toutefois être telles que l'appareil se trouve en équilibre à une vitesse inférieure à la vitesse d'envol. Dans ce cas, l'appareil n'accélère plus et avance indéfiniment sur la surface à la vitesse où traction et traînée s'équilibrent, au moins tant que le pilote ne décide pas d'interrompre la manœuvre. Une réduction de puissance, pour que la traction et la traînée restent en équilibre à une vitesse plus basse que la vitesse d'envol doit par contre être effectuée par le pilote qui veut hydroplaner sans décoller.

Virages. L'appareil en virage sur le redan est sujet à la force centrifuge à laquelle s'ajoute l'éventuelle

Sur cette séquence apparaissent les forces agissantes sur un hydravion à partir du moment où l'appareil est à flot jusqu'à son décollage.

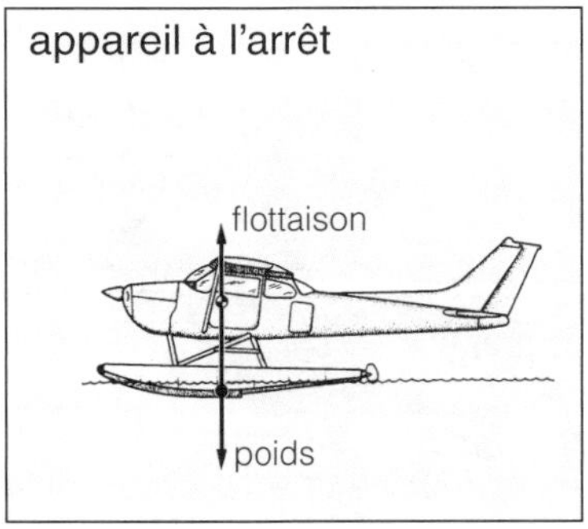

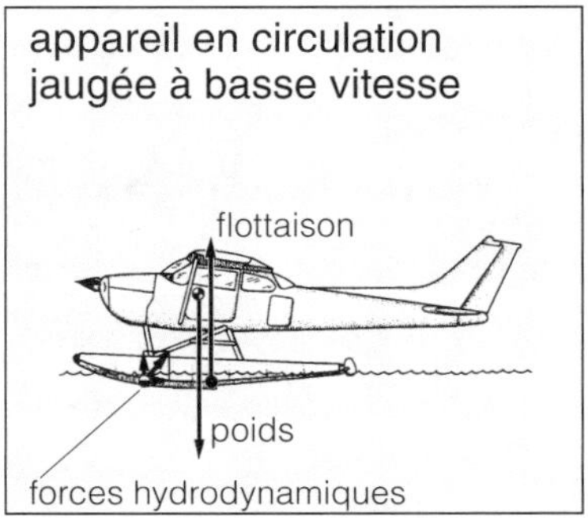

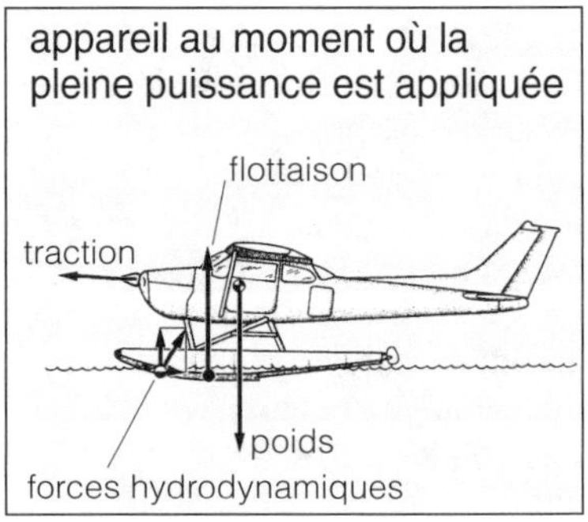

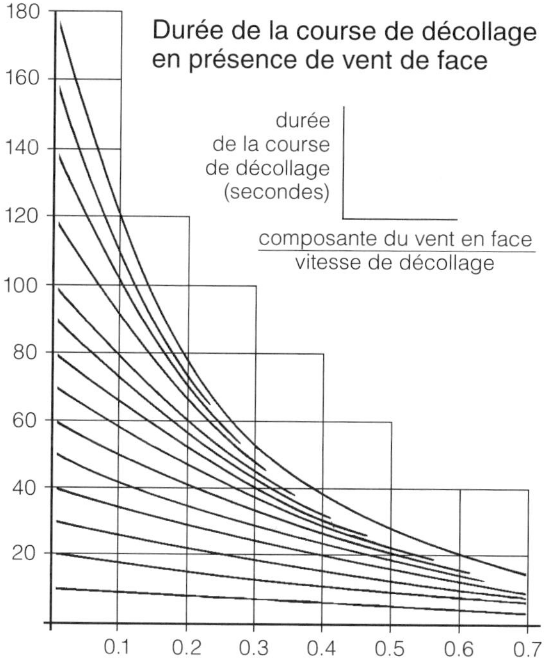

poussée latérale du vent et, après que l'appareil s'est incliné, la composante horizontale de la portance, comme cela est illustré plus loin dans ce chapitre.

Position du centre de gravité. L'effet de la position du centre de gravité sur les performances de l'appareil en hydroplanage et en particulier sur la longueur de la course de décollage n'est indiqué dans aucun manuel de vol. Pour avoir une indication précise, on a dû attendre la série des minutieuses expériences conduites par Dale De Remer, avec un Cessna 180 hydro. Ces expériences ont montré qu'un centre de gravité en position extrême arrière réduit d'environ 30% la course de décollage par rapport à celle que l'on a avec un centre de gravité avancé au maximum. Cela peut être très utile pour les décollages de bassins courts. De Remer rappelle que cela est valable pour la partie de la course de décollage où l'aile génère de la portance et qu'un centre de gravité trop en arrière peut empêcher l'appareil de monter sur le redan.

Effets asymétriques. Au fur et à mesure que la vitesse augmente, les gouvernes aérodynamiques deviennent de plus en plus efficaces et permettent de mieux contrebalancer les effets asymétriques.

Longueur et durée de la course de décollage

Dans le chapitre où l'on traite de cette manœuvre sont décrits les facteurs qui déterminent la longueur de la course de décollage et sont données quelques formules empiriques pour la calculer dans la pratique. Ci-dessous sont données quelques formules et graphiques qui mettent en relation longueur et durée de la course de décollage. Il s'agit de formules empiriques qui découlent de l'expérience, et pour lesquelles la transposition à tous les appareils ou dans toutes les situations n'est pas garantie.

Le graphique reproduit ici permet de déterminer la durée de la course de décollage en présence de vent de face. On doit tout d'abord déterminer le rapport entre la composante frontale du vent et la vitesse d'envol. Si par exemple l'envol se produit à 60 KTS et la composante frontale du vent est de 12 KTS le rapport est de 12/60 = 0,2.

Suivons maintenant la ligne représentant les durées de la course de décollage en absence de vent jusqu'au point où l'on rencontre la ligne verticale correspondant au rapport déterminé précédemment. La durée de la course de décollage avec vent est indiquée sur l'axe des ordonnées par l'horizontale passant par ce point. Si par exemple on a la situation décrite ci-dessus, dans laquelle le rapport est de 0,2 et que la durée de la course de décollage est de 100 secondes le graphique permet de déterminer que la durée de la course avec 15 KTS de vent de face sera de 60 secondes.

La longueur de la course de décollage peut être déterminée grâce à la formule suivante donnée par Walter S. Dihel :

$$\text{course de décollage avec vent} = \text{course de décollage en air calme} \times \left\{ \frac{\text{durée de la course avec vent}}{\text{durée de la course en air calme}} \right\}^2$$

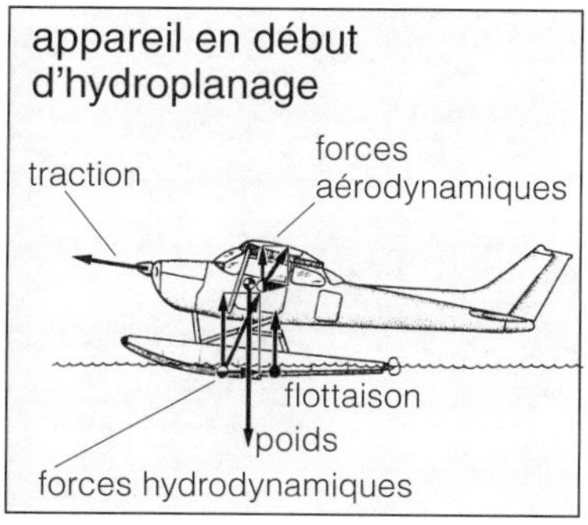

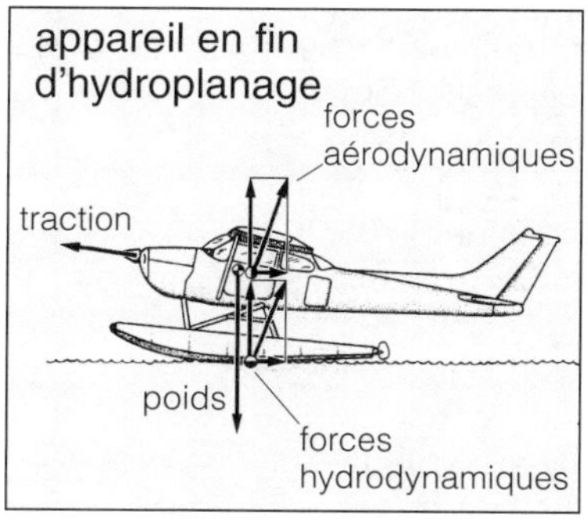

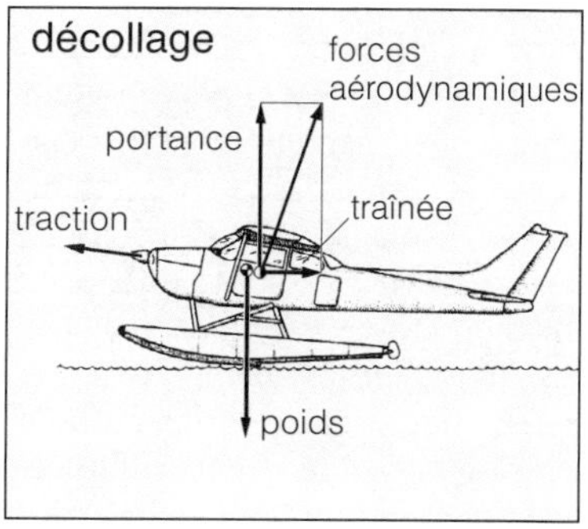

Archivio Apostolo

Le Dornier Do X en pleine charge ne pouvait voler qu'en effet de sol sur quelques milliers de milles. L'énorme hydravion allemand est vu ici au cours d'une traversée de l'Atlantique en Juin 1931 doublant le paquebot français Lutétia, d'où la photo est prise.

Continuons avec l'exemple précédent: avec une durée de la course de 100 secondes en air calme et de 60 secondes avec vent, et avec une course de décollage en air calme de 1450 m on a:

$$\text{course de décollage} = 1450 \times (60/100)^2 = 522 \text{ m}$$

L'envol

Dans un décollage effectué avec un appareil moderne bien étudié, l'envol se produit quasiment sans rotation car l'appareil, dans les phases ultimes de l'hydroplanage, a l'assiette idéale au point de vue hydrodynamique et aérodynamique. Cela signifie aussi que l'envol se produit à une vitesse proche de celle du décrochage. Vouloir maintenir l'appareil sur la surface jusqu'à une vitesse supérieure impliquerait des risques pour la structure en cas d'impact avec les vagues, et une assiette à piquer propice au risque de capotage, comme cela est indiqué plus loin dans ce chapitre. D'autre part, l'envol au voisinage de la vitesse de décrochage rend plus critique la première phase du vol dans laquelle l'appareil, surtout s'il est à aile médiane ou basse, se sustente partiellement grâce à l'effet de sol. Dans cette phase, l'appareil est très vulnérable car il peut facilement décrocher, et il est très peu manœuvrable. En l'absence de problème de vagues, on laisse l'appareil sur la surface jusqu'à une vitesse égale à 1,05-1,1 fois la vitesse minimale d'envol; cette vitesse atteinte, on effectue une rotation finement dosée.

La situation immédiatement après l'envol est particulièrement critique pour les bimoteurs qui se trouvent alors en vol à une vitesse inférieure à la vitesse minimale de contrôle, à laquelle une panne d'un moteur rendrait l'appareil incontrôlable. Une charge notable ou une altitude densité élevée allongent cette première phase critique du vol. En conditions normales de vol, cette phase critique ne dure que quelques secondes.

L'appareil en vol

L'appareil en vol se déplace dans les trois dimensions de l'espace et tourne autour de ses trois axes. Les trois commandes aérodynamiques et le réglage de la puissance agissent sur tous ces mouvements de façon plutôt complexe bien connue du pilote. Rappelons seulement que les rotations autour de l'axe transversal constituent le tangage, celles qui ont lieu autour de l'axe longitudinal le roulis et celles qui ont lieu autour de l'axe vertical le lacet. Les trois axes se rejoignent au centre de gravité de l'appareil.

Vitesse. On a vu que la nécessité d'avoir une hélice efficace à basse vitesse réduit les performances de l'appareil à des vitesses plus élevées, sauf si l'hélice

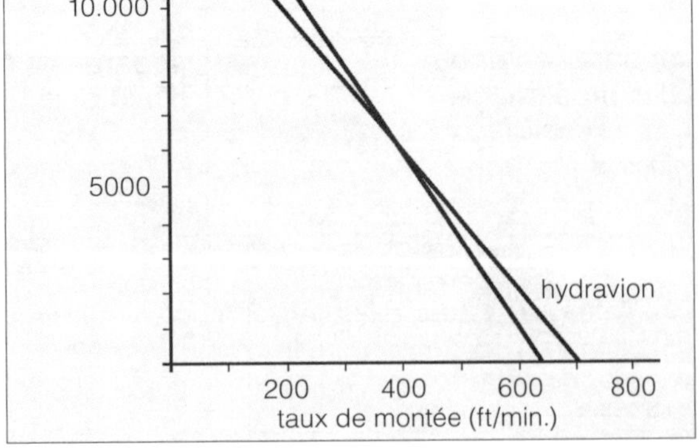

est à pas variable. Cela implique une vitesse de croisière moindre que pour les appareils terrestres du même type.

Taux de montée. Le taux de montée de beaucoup d'hydravions à hélice à pas fixe est par contre, curieusement, plus élevé que sur leurs homologues terrestres. Cela dépend encore du type d'hélice employé qui a son efficacité maximale à basse vitesse, tandis que l'hélice adaptée aux avions terrestres a son efficacité maximale à vitesse plus élevée. La meilleure efficacité à la vitesse de montée contrebalance l'augmentation de traînée due aux flotteurs. Cela n'est valable en réalité que dans les basses couches, jusqu'à quelques milliers de pieds. A une certaine altitude, les deux types d'appareils ont le même taux de montée et, à des altitudes supérieures l'avion terrestre monte avec un taux supérieur.

CESSNA
MODEL 172N

SECTION 5
PERFORMANCE

STALL SPEEDS

CONDITIONS:
Power Off

NOTES:
1. Maximum altitude loss during a stall recovery may be as much as 180 feet.
2. KIAS values are approximate.

MOST REARWARD CENTER OF GRAVITY

WEIGHT LBS	FLAP DEFLECTION	ANGLE OF BANK							
		0°		30°		45°		60°	
		KIAS	KCAS	KIAS	KCAS	KIAS	KCAS	KIAS	KCAS
2300	UP	39	50	42	54	47	59	56	71
	10°	38	47	40	51	45	56	54	66
	40°	31	44	33	47	37	52	45	62

MOST FORWARD CENTER OF GRAVITY

WEIGHT LBS	FLAP DEFLECTION	ANGLE OF BANK							
		0°		30°		45°		60°	
		KIAS	KCAS	KIAS	KCAS	KIAS	KCAS	KIAS	KCAS
2300	UP	44	53	47	57	52	63	62	75
	10°	44	51	47	55	52	61	62	72
	40°	33	47	35	51	39	56	47	66

Figure 5-3. Stall Speeds

1 July 1979 5-11

1
FLOATPLANE
MODEL 172N

PILOT'S OPERATING HANDBOOK
SUPPLEMENT

STALL SPEEDS

CONDITIONS:
Power Off

NOTES:
1. Altitude loss during a stall recovery may be as much as 200 feet.
2. KIAS values are approximate.

MOST REARWARD CENTER OF GRAVITY

WEIGHT LBS	FLAP DEFLECTION	ANGLE OF BANK							
		0°		30°		45°		60°	
		KIAS	KCAS	KIAS	KCAS	KIAS	KCAS	KIAS	KCAS
2220	UP	38	48	41	52	46	57	55	68
	10°	35	46	38	49	42	55	50	65
	30°	36	44	39	47	44	52	53	62

MOST FORWARD CENTER OF GRAVITY

WEIGHT LBS	FLAP DEFLECTION	ANGLE OF BANK							
		0°		30°		45°		60°	
		KIAS	KCAS	KIAS	KCAS	KIAS	KCAS	KIAS	KCAS
2220	UP	41	50	44	54	49	59	58	71
	10°	37	47	40	51	45	56	54	66
	30°	36	44	39	47	44	52	53	62

Figure 5. Stall Speeds

22 1 July 1979

Vitesse de décrochage. Un appareil à flotteurs décroche à une vitesse légèrement inférieure par rapport à son homologue terrestre, à cause de la portance générée par le fond des flotteurs quand ils ont un angle d'incidence élevé. Ci-dessus est illustré le cas du Cessna 172N en version terrestre (à gauche) et en version hydro.

Les déplacements du centre de gravité ont une influence sur la vitesse de décrochage, comme cela est indiqué dans les manuels de vol.

Habituellement l'appareil décroche à une vitesse plus basse quand il est centré arrière. Cela est dû à l'amélioration générale des performances favorisées par un centrage arrière, la force produite par la profondeur, dirigée vers le bas, étant alors moins importante. Le centrage arrière, par contre, rend l'appareil plus instable longitudinalement et, s'il est hors des limites prévues, peut faire que l'appareil ait tendance à se mettre en vrille à plat à la suite d'un décrochage.

Un centrage avant pénalise légèrement l'appareil dans toutes ses performances, excepté celle du plané sans moteur, et augmente la vitesse de décrochage, mais rend aussi l'appareil plus stable. Les hydravions devraient être étudiés pour avoir un décrochage doux et sans variations excessives d'assiette. En effet, la pratique de l'amerrissage en complet décrochage, s'il se produisait brutalement, avec une abattée importante du nez ou de l'aile, n'irait pas sans risques de dégâts.

La descente. La présence des flotteurs crée une traînée importante et donc une dégradation de la finesse par rapport à un avion terrestre. Par conséquent, à vitesse égale, on a une trajectoire de descente plus

Le Graf Zeppelin survolant un Dornier Super Wal *de la SANA, compagnie aérienne italienne, dans les années trente. A cette époque la seule possibilité de transporter des charges lourdes sur de longues distances était le dirigeable ou l'hydravion.*

Lufthansa

Une solution adoptée dans le passé pour augmenter le rayon d'action: l'appareil porteur. Dessus, le composite Short Mayo. L'appareil porté effectua un raid sans escale de Londres à la rivière Orange en Afrique du Sud en 1938.
A droite, une autre solution pour augmenter le rayon d'action d'un appareil qui débuta pour les hydravions est qui est toujours utilisée aujourd'hui: le ravitaillement en vol. Ici, un Short Empire *est ravitaillé par un Armstrong Whitworth A.W. 23 modifié.*

pentue. Une trajectoire pentue rend l'arrondi et le palier de décélération beaucoup plus difficiles. Pour cette raison, en conditions normales, on évite de sortir complètement les volets et on effectue souvent des approches assistées au moteur.

Autonomie. La plus grande traînée de l'appareil à flotteurs réduit l'autonomie. Dans le passé, des solutions très intéressantes ont été adoptées pour augmenter l'autonomie des hydravions, surtout pour les vols transocéaniques.

Une de ces solutions est l'appareil composite. La figure illustre l'exemple du Short Mayo Composite de 1937. Les deux appareils mettaient la puissance pour le décollage, puis le petit *Mercury* arrêtait ses moteurs et était transporté sur une certaine distance par le *Maia*; le *Mercury* remettait ensuite ses moteurs en marche et se séparait, volant alors vers sa destination finale, tandis que le *Maia* retournait à sa base de départ. C'est ainsi que fût réalisé un vol sans escale de 6045 nautiques de Dundee, en Écosse, au fleuve Orange, en Afrique du Sud; un record de distance inégalé en catégorie hydravion.

Rayon d'action et autonomie; ici celui de Cessna 172N.

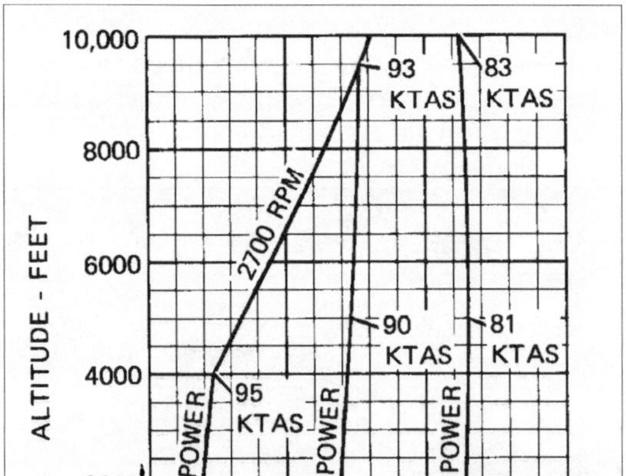

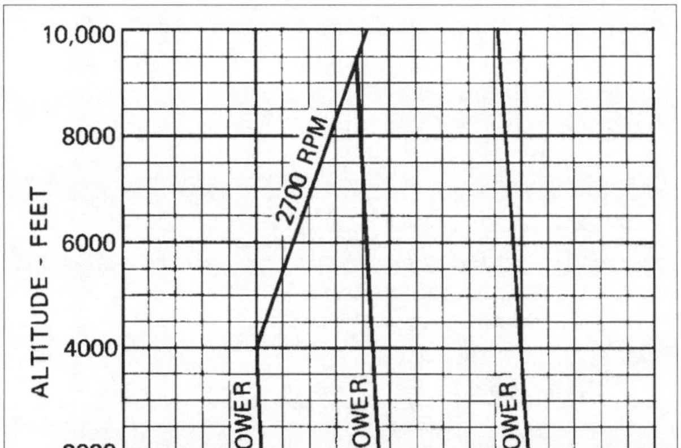

Une autre solution est le ravitaillement en vol. La figure illustre l'exemple de ravitaillement en vol d'un Short *Empire* entre Southampton et Montréal.
De nos jours, avec les petits hydravions, on peut augmenter l'autonomie par un choix judicieux de la vitesse de vol. Le pilote doit donc connaître la vitesse d'autonomie kilométrique maximale pour l'appareil utilisé. Elle est souvent égale à environ 1,5-1,6 fois la vitesse de décrochage en lisse. Il est aussi utile de connaître la vitesse d'autonomie horaire maximale, utile par exemple en attente. Elle est, pour beaucoup de petits appareils, d'environ 1,2-1,3 fois la vitesse de décrochage en lisse. La possibilité de régler finement le mélange air essence, par exemple à l'aide d'un indicateur de température des gaz d'échappement (EGT, *exaust gas temperature*), est précieuse. Cet instrument devrait être présent sur tous les avions avec lesquels on effectue de longs voyages.
Enfin, un conseil qui découle de l'expérience: au départ on ne doit jamais sous-évaluer le problème de l'autonomie, et même si on pense avoir de l'essence en abondance, il faut toujours bien faire le plein des réservoirs, pour autant que la charge le permette.

L'amerrissage

Assiette et vitesse. Il est possible de toucher l'eau dans une large plage d'assiettes et de vitesses, qui vont du complet décrochage le nez très levé au contact à vitesse élevée avec une assiette plate. Toutes les assiettes possibles ne sont pas pour autant conseillées et certaines peuvent être très dangereuses. L'assiette la plus sûre est celle où le redan et l'extrémité postérieure des flotteurs touchent la surface en même temps. Les amerrissages les plus doux, presque imperceptibles, ceux dit "parfaits" par les passagers, sont effectués avec une assiette légèrement plus piquée. Ils peuvent présenter quelques risques en conditions non optimales mais être effectués en toute sécurité sur des surfaces plates. Certains pilotes adoptent une assiette légèrement plus piquée que la normale sur des vagues courtes, même hautes, car elle permet une décélération moins violente, comme cela est décrit au chapitre sur les manœuvres fondamentales.
Course de décélération. Pendant la course de décélération on doit contrebalancer au manche le moment d'abord piqueur, après le contact, et tout de suite après cabreur, d'intensité variable jusqu'à la descente du redan. Si le manche n'est pas mis immédiatement légèrement en arrière et ensuite progressivement en avant l'appareil, après le contact, tend à baisser le nez et tout de suite après à le lever progressivement.
Après l'arrêt du moteur. Dès que le moteur est arrêté, l'appareil ralentit à cause de la résistance de l'eau et l'on passe d'une situation relativement contrôlée, grâce à l'écoulement de l'eau sur les safrans et à celui de l'air sur l'empennage, à une situation complètement incontrôlée quand l'appareil est arrêté.

A terre

Rotations. L'amphibie à terre tourne autour d'un axe transversal passant par les roues du train principal. Cette rotation est contrôlée à l'aide de la gouverne de profondeur. L'appareil tourne en outre autour d'un axe vertical passant par un point situé entre les roues du train principal. Cette rotation est contrôlée à l'aide de la gouverne de direction, aux vitesses où elle est efficace, et avec les freins qui agissent indépendamment sur les roues du train principal. L'axe de rotation de l'appareil à terre est beaucoup plus en arrière que l'axe de rotation du même appareil sur l'eau. Ce qui fait que la surface qui se trouve en arrière de cet axe est presque égale à celle qui se trouve devant. L'appareil n'a donc plus un comportement caractéristique de girouette comme quand il se trouve sur l'eau et il est donc beaucoup plus contrôlable même avec du vent de travers. Sur beaucoup d'appareils de ce type, la surface latérale qui se trouve devant l'axe vertical de rotation est supérieure à celle qui se trouve en arrière. En conséquence, c'est la partie antérieure de l'appareil, et non la queue comme sur les autres appareils, qui se comporte comme une girouette. Ces appareils, en présence de vent, s'orientent la queue au vent.
Les mouvements de roulis ne sont pas censés affecter l'appareil à terre, mais un vent fort peut facilement faire renverser latéralement un amphibie à flotteurs qui a un centre de gravité élevé et une grande surface exposée. Pour ces appareils, un amarrage adéquat est donc essentiel.

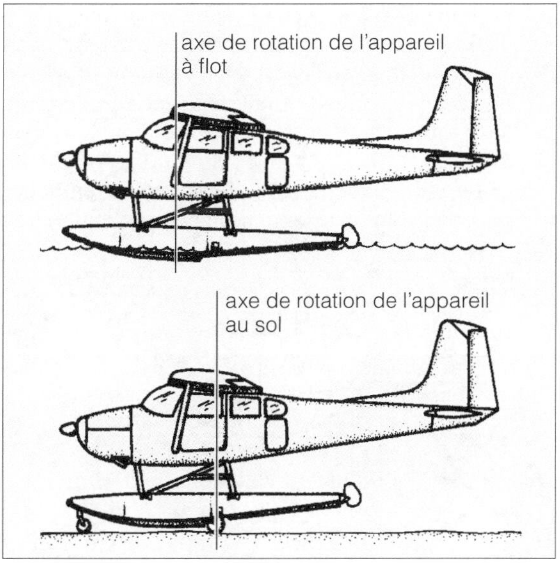

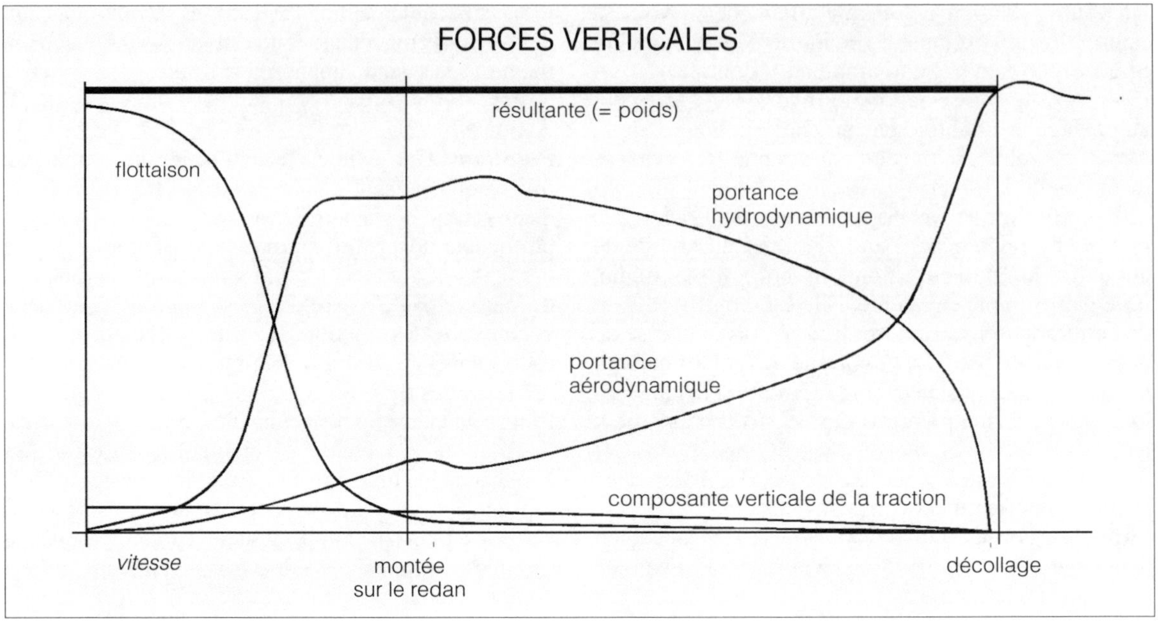

Une vue d'ensemble

Les courbes qui illustrent ces pages synthétisent élégamment les exposés de ce chapitre et d'autres de ce livre. Elles permettent d'avoir une vue d'ensemble des phénomènes qui intéressent l'appareil sur l'eau et dans les premières phases du vol, phénomènes décrits jusqu'à maintenant "par phases" et par conséquent de façon inévitablement fragmentaire.

Forces agissant verticalement

Quand l'appareil ne subit pas d'accélération verticale, c'est-à-dire dans presque toutes les conditions de vol et de circulation à flot, la composante du poids qui agit vers le bas est contrebalancée par une force agissant dans le sens opposé et d'égale intensité. Pour l'appareil en vol, comme le pilote le sait déjà, cette force est la portance, ou sa composante verticale dans le cas où elle est dirigée dans une autre direction, comme en virage ou en montée, à laquelle s'ajoute éventuellement la composante de la traction perpendiculaire au sens du déplacement. Quand l'appareil se trouve sur la surface, la force dirigée vers le haut est la somme de quatre forces : la poussée hydrostatique, la portance hydrodynamique, la portance aérodynamique et la composante verticale de la traction. Elles sont d'intensité variable selon les différentes vitesses, même si leur somme est toujours constante et égale au poids, comme cela est mis en évidence sur la figure. On voit tout d'abord que la résultante des forces dirigées vers le haut est représentée par un segment de droite horizontal, car elle a une valeur que l'on peut considérer comme constante. On voit aussi que la force vers le haut pour l'appareil à l'arrêt est uniquement constituée par la poussée hydrostatique. On remarque ensuite l'important changement de comportement quand l'appareil monte sur le redan et en particulier le fait que la portance hydrodynamique aux alentours de cette vitesse a une valeur maximale, et que la poussée hydrostatique ne contribue presque plus à la sustentation de l'appareil qui est de plus en plus assurée par la portance aérodynamique et hydrodynamique. Un

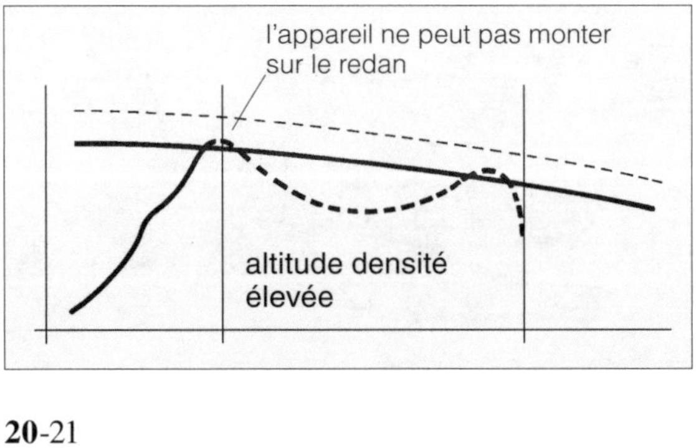

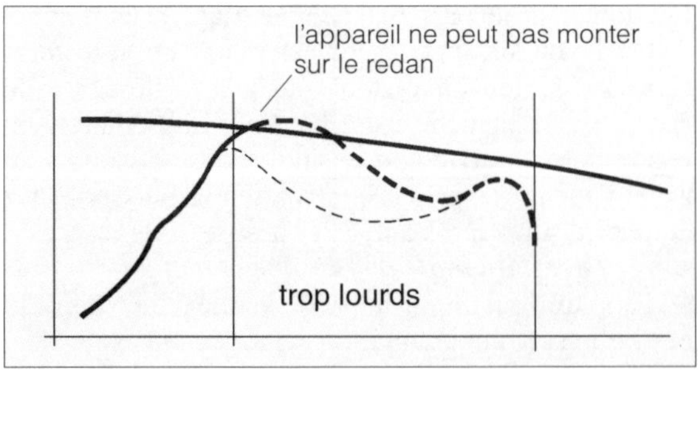

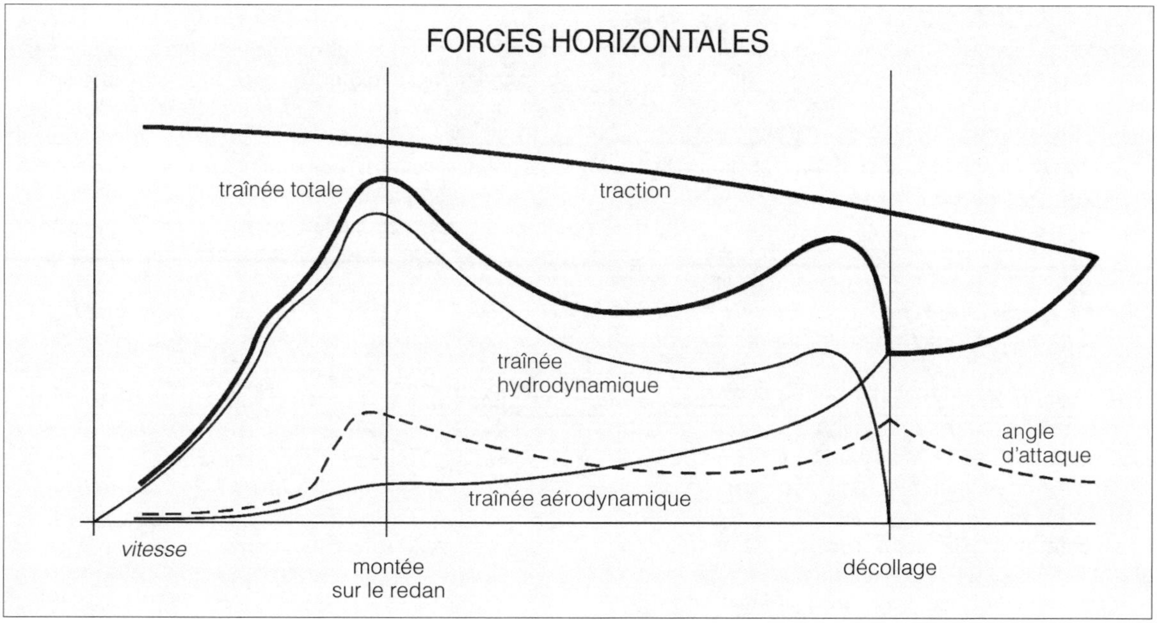

autre point particulier est la vitesse d'envol, à laquelle la force dirigée vers le haut est représentée uniquement par la portance aérodynamique, avec une petite contribution de la composante verticale de la traction.

Forces agissant horizontalement

La courbe de la variation de la traînée d'un hydravion en fonction de la vitesse est très différente de celle d'un avion terrestre: elle est représentée, pour un hydravion typique, sur la figure. La courbe montre les variations de la résistance hydrodynamique et de la traînée aérodynamique (et aussi, pour être complet, de l'angle d'incidence) et explique très bien le comportement de l'appareil dans les différentes phases de navigation à basse et haute vitesse. Cette courbe est souvent présentée en même temps que celle de la traction car, pour chaque vitesse, l'écart entre les deux courbes exprime la force disponible pour faire accélérer l'appareil. Lorsque l'écart est important l'accélération est importante, lorsqu'il est faible l'accélération est réduite. En observant la courbe on remarque la grande augmentation de la résistance avant la montée sur le redan et sa brusque diminution après. On remarque aussi une nouvelle augmentation de la résistance quand on se rapproche de la vitesse de décollage. Cette augmentation rend très délicate la phase qui précède immédiatement le décollage, dans laquelle on peut avoir du mal à gagner les quelques nœuds manquants et où l'appareil peut être soumis à d'importants efforts par les vagues éventuelles.

Normalement, la traction est toujours supérieure à la résistance ce qui permet à l'appareil d'accélérer, plus ou moins bien, et finalement de décoller. Sur les graphiques est illustré ce qui se produit quand l'altitude densité augmente et lorsqu'une charge supérieure demande plus de portance hydrodynamique, ce qui engendre également une plus grande résistance. Quand la traction est égale à la résistance, il n'y a plus d'accélération et le décollage est impossible. Quand la traction devient inférieure à la résistance, on a carrément une décélération jusqu'à une vitesse inférieure où les deux forces sont à nouveau égales. Cela risque

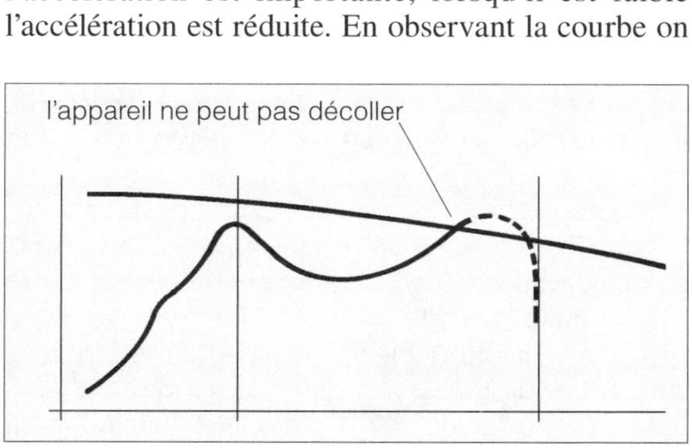

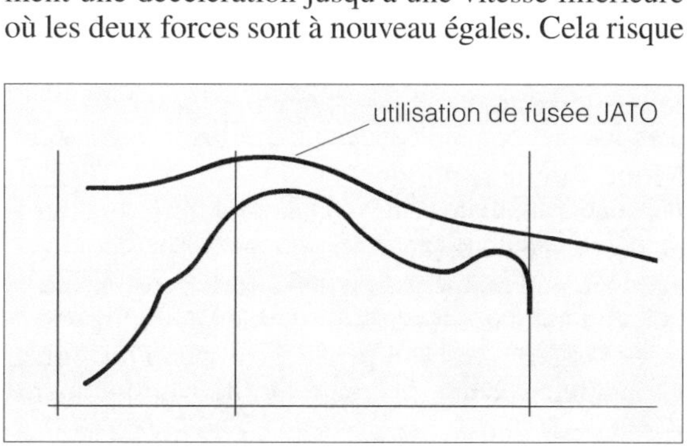

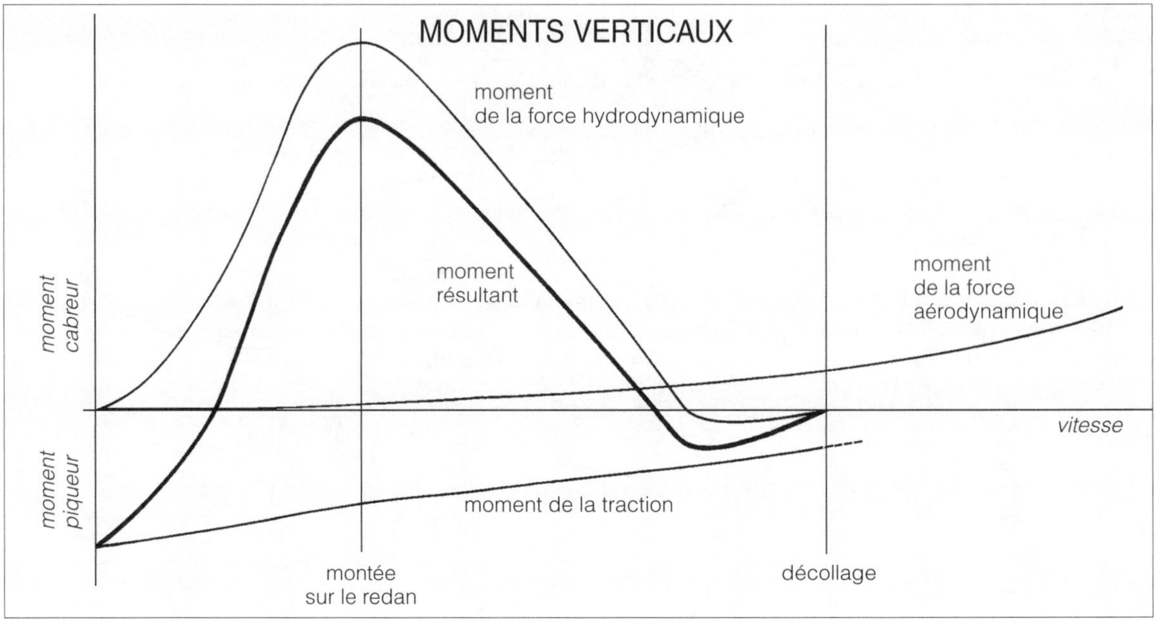

de se produire facilement dans les deux zones de vitesse habituellement critiques: avant de monter sur le redan et avant l'envol. Généralement, c'est pendant la phase qui précède la montée sur le redan que les deux courbes sont le plus rapprochées. Cela signifie que si l'on est monté sur le redan, on peut considérer que l'on réussira à décoller pourvu que le plan d'eau soit suffisamment long. Les paramètres sont toutefois si nombreux que cela ne peut être une règle générale. Par exemple, avec des appareils où l'envol se produit à une vitesse relativement élevée, il peut arriver que la courbe de la traction coupe celle de la traînée pendant la phase précédant immédiatement le décollage. Dans ce cas, l'appareil monte sur le redan et la course de décollage se stabilise à une vitesse élevée mais insuffisante pour l'envol, situation particulièrement dangereuse. L'emploi de moyens pour augmenter temporairement la traction comme les fusées JATO *(Jet Assisted Take Off)*, permet d'écarter les deux courbes et de garantir que la traction sera toujours supérieure à la résistance. Après l'envol, la courbe de la résistance, réduite à la seule traînée aérodynamique, prend sa forme normale.

Moments de tangage

L'appareil, dans les différentes phases de la course de décollage ou de décélération après l'amerrissage, est sujet à un moment d'intensité et de sens variables qui tend à le faire tourner autour de l'axe transversal ou de tangage, c'est-à-dire à le faire cabrer ou piquer. Ce moment découle de la superposition des moments décrit ci-dessous.

Moment de la traction. La traction générée par l'hélice détermine un moment piqueur d'intensité proportionnelle à la distance entre l'axe de rotation à flot et à cette même traction. Elle est donc, à puissance égale développée par le moteur, d'intensité maximale lorsque l'appareil est à l'arrêt et légèrement décroissante lorsque la vitesse augmente.

Moment de la force aérodynamique. La force aérodynamique donne lieu à un moment cabreur dont l'intensité dépend de beaucoup de facteurs. Ce moment est nul pour l'appareil arrêté et croît avec le carré de la vitesse. Le moment de la force aérodynamique devient égal en intensité à celui de la traction à la vitesse d'envol, mais agit dans le sens opposé.

Moment de la force hydrodynamique. La force hydrodynamique agit en un point très avancé vers la proue à basse vitesse, qui se déplace progressivement vers l'arrière lorsque la vitesse augmente. Elle donne lieu à un moment nul quand l'appareil est arrêté, et ensuite cabreur. Son intensité croît jusqu'à la vitesse de montée sur le redan, puis décroît progressivement. Quand le point d'application de la poussée passe derrière la verticale passant par le centre de gravité, le moment devient piqueur pour redevenir nul à la vitesse d'envol.

Moment résultant. Le moment résultant est représenté sur la figure. Il tend à provoquer divers mouvements de tangage et est généralement contrebalancé grâce aux commandes aérodynamiques. La courbe explique très bien le comportement de l'appareil et les actions correctives du pilote tels qu'ils se produisent dans la réalité. Lorsqu'on met la puissance pour initier la course de décollage, on crée un important moment piqueur que l'on contre partiellement en tirant le manche en butée arrière de façon à générer un moment cabreur grâce à l'action du souffle de l'hélice sur l'empennage. Après une légère augmentation de la vitesse, le moment piqueur est d'abord annulé par le moment cabreur de la poussée hydrostatique et de la portance hydrodynamique. Cette dernière domine ensuite nettement, le moment résultant devient ainsi cabreur. Pour mettre l'appareil sur le redan, on doit donc pousser le manche en avant et générer ainsi un moment piqueur. Ensuite, durant l'accélération sur le redan, la pression en avant sur le manche doit être diminuée progressivement jusqu'à être nulle et ensuite devenir une traction dans les phases précédant l'envol. Dans ces phases, l'appareil repose sur l'eau par une surface minime et est donc très sensible au moments piqueurs/cabreurs et à l'action du gouvernail de profondeur. Lors de l'envol, le moment dû à la portance hydrodynamique s'annule et les deux moments restants sont bien contrôlables par le gouvernail de profondeur.

Lors de l'accélération, après l'envol, le moment de la force aérodynamique devient progressivement plus fort que le moment de la traction. Par conséquent, l'appareil est soumis à un moment de plus en plus cabreur qui doit être contré en poussant sur le manche ou, ce qui revient au même, en trimant l'appareil à piquer.

A l'amerrissage tout ce qui vient d'être décrit se déroule dans l'ordre inverse avec une seule différence: il n'y a pas de moment piqueur dû à la traction, la puissance étant généralement faible ou réduite au minimum. Le moment résultant n'est pas fondamentalement différent de celui de l'appareil au décollage, mais le moment piqueur, pour une vitesse à peine inférieure à celle du contact, est plus faible, ce qui est appréciable car cela rend moins problématique le contrôle de l'assiette dans cette phase délicate du vol. On doit toutefois veiller à ce que le moment piqueur, même s'il est faible, soit contrebalancé par une traction appropriée sur le manche peu après le contact. Au cours de la décélération rapide qui suit, le moment cabreur se manifeste et devient particulièrement évident un peu avant la vitesse de descente du redan à laquelle l'appareil cabre, même avec le manche en butée avant. Le manche a un effet correctif minime à cause de la vitesse réduite et de l'absence d'un souffle d'hélice consistant. Le point le plus critique, surtout en présence de vagues et avec un hydravion à coque, se rencontre dans les premières phases de la course de décélération pendant lesquelles le moment cabreur se manifeste fortement alors que la vitesse est encore élevée. Si le pilote ne corrige pas le moment cabreur en poussant sur le manche, l'appareil prend une assiette trop cabrée dangereuse à grande vitesse car cela peut initier le marsouinage ou des impacts destructifs avec les vagues.

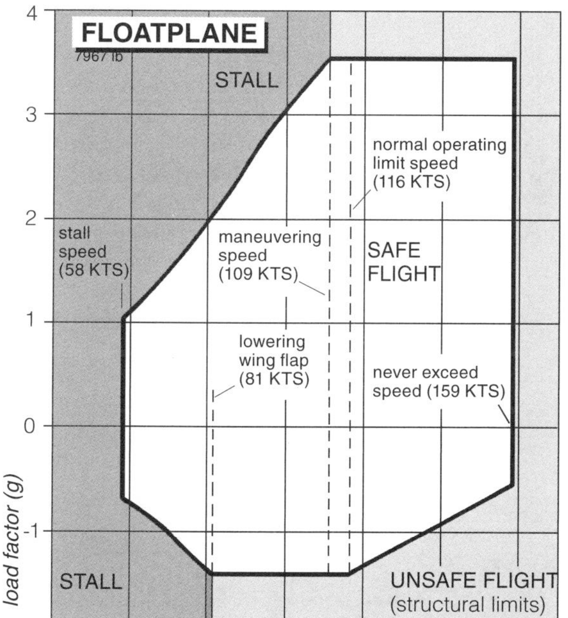

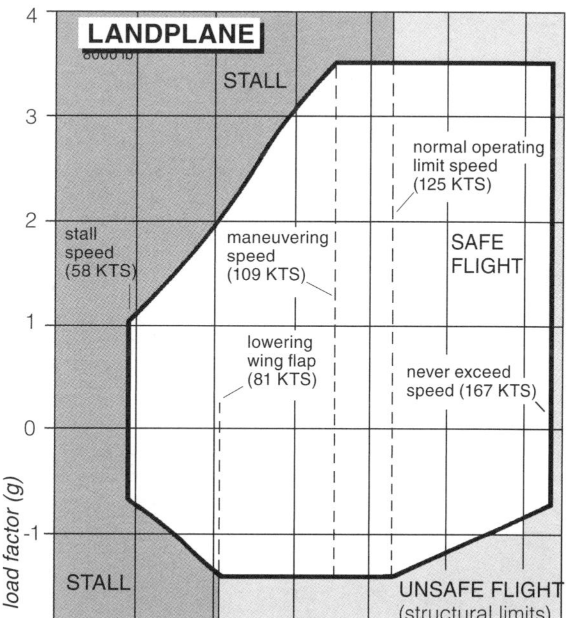

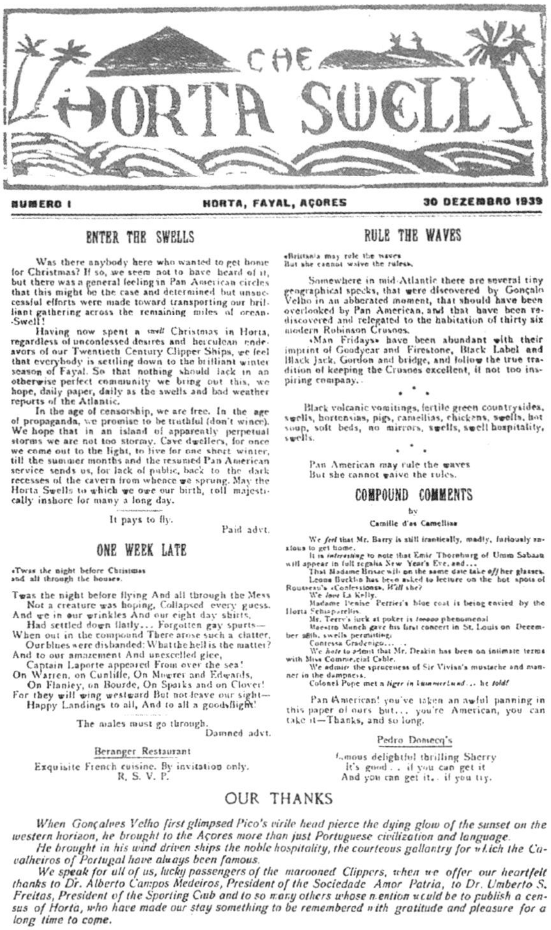

THE HORTA SWELL

NUMERO I   HORTA, FAYAL, AÇORES   30 DEZEMBRO 1939

ENTER THE SWELLS

Was there anybody here who wanted to get home for Christmas? If so, we seem not to have heard of it, but there was a general feeling in Pan American circles that this might be the case and determined but unsuccessful efforts were made toward transporting our brilliant gathering across the remaining miles of ocean. -Swell!

Having now spent a *swell* Christmas in Horta, regardless of unconfessed desires and herculean endeavors of our Twentieth Century Clipper Ships, we feel that everybody is settling down to the brilliant winter season of Fayal. So that nothing should lack in an otherwise perfect community we bring out this, we hope, daily paper, daily as the swells and bad weather reports of the Atlantic.

In the age of censorship, we are free. In the age of propaganda, we promise to be truthful (don't wince). We hope that in an island of apparently perpetual storms we are not too stormy. Cave dwellers, for once we come out to the light, to live for one short winter, till the summer months and the resumed Pan American service sends us, for lack of public, back to the dark recesses of the cavern from whence we sprung. May the Horta Swells to which we owe our birth, roll majestically inshore for many a long day.

It pays to fly.

Paid advt.

ONE WEEK LATE

«Twas the night before Christmas
and all through the house».

Twas the night before flying And all through the Mess
Not a creature was hoping, Collapsed every guess.
And we in our wrinkles And our eight day shirts,
Had settled down flatly... Forgotten gay spurts—
When out in the compound There arose such a clatter,
Our blues were disbanded: What the hell is the matter?
And to our amazement And unexcelled glee,
Captain Laporte appeared From over the sea!
On Warren, on Cunliffe, On Mowrer and Edwards,
On Flanley, on Bourde, On Sparks and on Clover!
For they will wing westward But not leave our sight—
Happy Landings to all, And to all a goodsflight!

The males must go through.

Damned advt.

Beranger Restaurant

Exquisite French cuisine. By invitation only.
R. S. V. P.

RULE THE WAVES

«Brittania may rule the waves
But she cannot waive the *rules*».

Somewhere in mid-Atlantic there are several tiny geographical specks, that were discovered by Gonçalo Velho in an abberated moment, that should have been overlooked by Pan American, and that have been rediscovered and relegated to the habitation of thirty six modern Robinson Crusoes.

«Man Fridays» have been abundant with their imprint of Goodyear and Firestone, Black Label and Black Jack, Gordon and bridge, and follow the true tradition of keeping the Crusoes excellent, if not too inspiring company.

* * *

Black volcanic vomitings, fertile green countrysides, swells, hortensias, pigs, camellias, chickens, swells, hot soup, soft beds, no mirrors, swells, swell hospitality, swells.

* * *

Pan American may rule the waves
But she cannot waive the rules.

COMPOUND COMMENTS

by

Camille d'as Camellias

We *feel* that Mr. Barry is still frantically, madly, furiously anxious to get home.

It is *interesting* to note that Emir Thornburg of Umm Sabaan will appear in full regalia New Year's Eve, and...

That Madame Brisac will on the same date take *off* her glasses.

Leona Bucklin has been asked to lecture on the hot spots of Rousseau's «Confessions». *Will* she?

We *love* La Kelly.

Madame Denise Perrier's blue coat is being envied by the Horta Schiaparellis.

Mr. Terry's luck at poker is *tooooo* phenomenal

Maestro Munch gave his first concert in St. Louis on December 28th, swells permitting.

Contessa Gradenigo... .

We *hate* to admit that Mr. Deakin has been on intimate terms with Miss Commercial Cable.

We admire the spruceness of Sir Vivian's mustache and manner in the dampness.

Colonel Pope met a *tiger in Summerland*... he *told!*

Pan American! you've taken an awful panning in this paper of ours but... you're American, you can take it—Thanks, and so long.

Pedro Domecq's

famous delightful thrilling Sherry
It's good .. if you can get it
And you can get it.. if you try.

OUR THANKS

When Gonçalves Velho first glimpsed Pico's virile head pierce the dying glow of the sunset on the western horizon, he brought to the Açores more than just Portuguese civilization and language.

He brought in his wind driven ships the noble hospitality, the courteous gallantry for which the Cavalheiros of Portugal have always been famous.

We speak for all of us, lucky passengers of the marooned Clippers, when we offer our heartfelt thanks to Dr. Alberto Campos Medeiros, President of the Sociedade Amor Patria, to Dr. Umberto S. Freitas, President of the Sporting Cub and to so many others whose mention would be to publish a census of Horta, who have made our stay something to be remembered with gratitude and pleasure for a long time to come.

*Le «*Horta Swell*», le premier et le seul journal publié par les passagers d'un vol commercial. En décembre 1939 un Boeing 314 de la Pam American, volant des Etats Unis vers l'Europe a dût attendre dans le port de La Horta (Açores) une semaine entière que les conditions de surface puissent permettre l'envol. Pendant cette période les passagers, pour tuer le temps, ont rédigé ce journal, d'où ce nom de "Horta Swell" (La houle de La Horta). L'état de surface est la limitation la plus importante pour l'utilisation des hydravions.*

Limitations

Limites d'emploi en vol

Comme tous les appareils, les hydravions ont des limites d'emploi en qui concerne le facteur de charge. Ces limites sont souvent présentées sur un diagramme comme celui qui est donné à la page précédente, relatif au De Havilland DHC3 *Otter*. L'abscisse représente la vitesse, en ordonnée le facteur de charge est exprimé en "g". La zone située à l'intérieur des lignes représente les conditions où le vol est sûr. La zone gris clair correspond au décrochage, et la zone gris foncé est celle des conditions où le vol n'est pas sûr et peut provoquer des déformations ou des ruptures structurales.

En comparant les limites d'emploi d'un hydravion et celles de son homologue terrestre on remarque la vitesse à ne jamais dépasser (Vne) plus faible pour l'hydravion. Toujours avec l'hydravion, la vitesse de manœuvre est en général à peine inférieure à la vitesse normale de croisière.

Limites d'emploi sur l'eau

Très souvent, on entend poser la question: "Quelle est la hauteur maximale des vagues avec laquelle cet appareil peut opérer ?" ou bien, plus généralement: "Quelles sont les conditions limites pour cet appareil ?". La réponse est tout sauf simple car elle dépend de beaucoup de paramètres et avant tout d'un facteur variable et peu définissable: l'expérience du pilote. Les paramètres fondamentaux quantifiables sont les suivants :

- hauteur des vagues;
- longueur des vagues;
- trajectoire de l'appareil par rapport aux vagues;
- intensité du vent;
- trajectoire de l'appareil par rapport au vent;
- charge et centrage de l'appareil.

Les combinaisons de ces paramètres fondamentaux, qui ne sont pas liés entre eux, sont nombreuses et il est impossible de conduire une expérimentation qui fournisse des indications précises pour toutes, ou même seulement un grand nombre de situations

une idée des limites opérationnelles

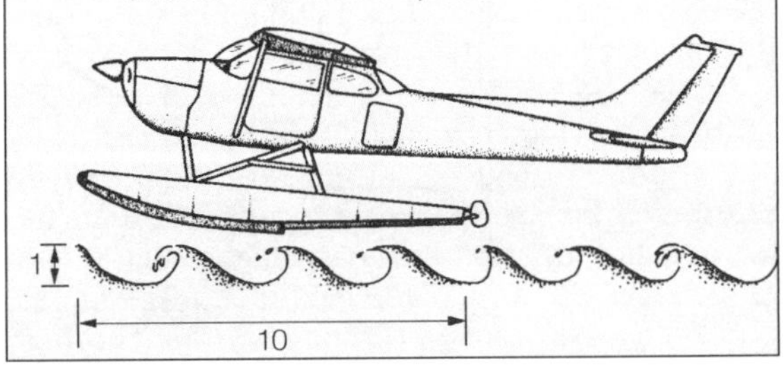

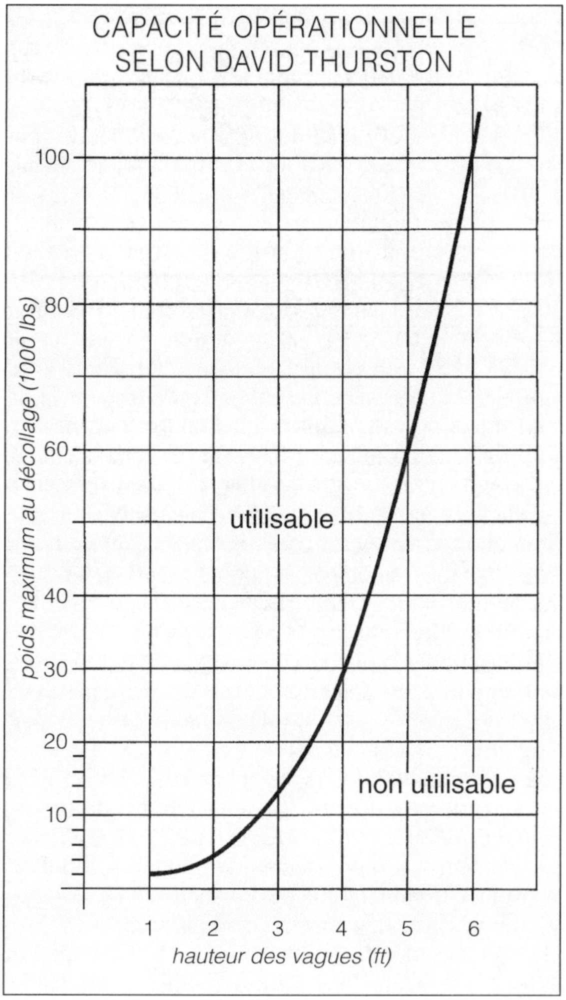

Capacitées opérationnelles selon différentes sources.

spécifiques. De ce fait on trouve dans les manuels de vol des hydravions des considérations qui peuvent être résumées par la formule suivante: "le pilote doit évaluer les paramètres de l'amerrissage sur la base de sa propre expérience". Des situations sont quelques fois décrites, et l'on indique simplement que l'appareil les a pratiquées. Pour le Lake LA-4-200 par exemple, le manuel de vol indique "une hauteur maximale démontrée" des vagues de 30 cm. En réalité, cet appareil est capable d'opérer sur des vagues beaucoup plus hautes, pourvu qu'elles ne soient pas de longueur critique.
Quelques tentatives pour mieux quantifier la possibilité d'opérer en conditions déterminées de surface et de vent on été faites. Une petite règle dit que la limite entre la sécurité et l'insécurité est représentée par une hauteur des vagues égale à un dixième de la longueur de la coque ou des flotteurs. Daniel J. Brimm Jr., moins restrictif, dit que la vague limite pour opérer en sécurité a une hauteur égale à un cinquième de la longueur de la coque ou des flotteurs.
David Thurston rapporte des données, déduites de l'expérience, sur la hauteur des vagues que l'on peut affronter avec des appareils de différents tonnages. Ces données sont synthétisées sur la courbe. Elles doivent être considérées comme indicatives, étant donné qu'elles ne prennent en compte qu'un paramètre, mais montrent très bien la croissance exponentielle de la difficulté avec la hauteur des vagues et donc le besoin d'appareils de plus en plus gros pour affronter des vagues à peine plus hautes.
Le canadien Pierre Rivest propose deux échelles: une pour les monomoteurs et une pour les bimoteurs (reportées ici dans une version réalisée pour ce livre, avec quelques petites simplifications). Elles définissent les conditions de "très facile" à "dangereuse" en fonction de l'intensité du vent et du poids maximal

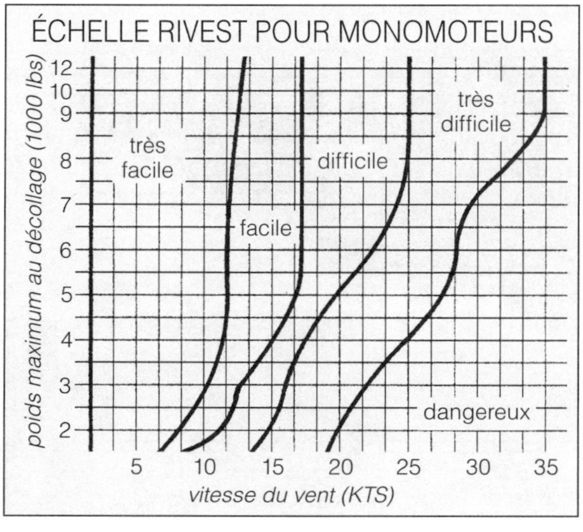

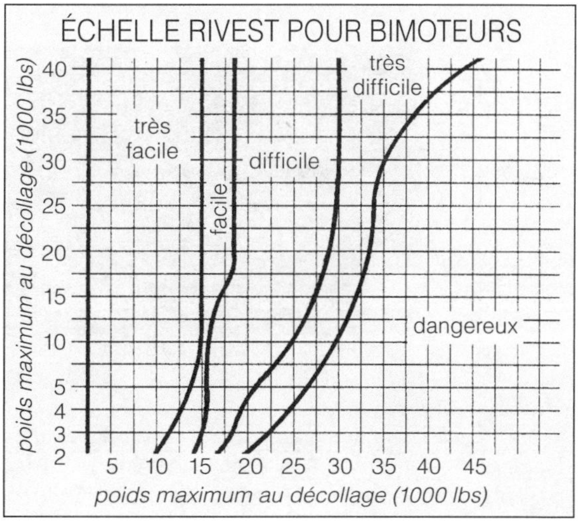

Gianni Artioli

Impressions de l'instructeur-artiste Gianni Artioli du décollage sur les vagues et de l'effet produit sur la structure de l'hydravion.

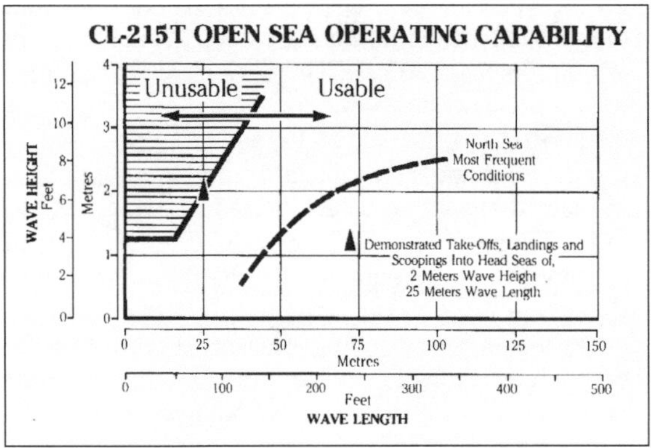

au décollage de l'appareil. Les échelles Rivest peuvent fournir une indication générale valable sur les difficultés que l'on peut rencontrer, mais ne prennent pas en compte – et elles ne pourraient le faire – tous les facteurs. Par exemple, elles ne tiennent pas compte de la variabilité de la hauteur et de la longueur des vagues ou encore de la trajectoire de l'appareil par rapport à elles, ce qui peut rendre "facile" une condition qui est "difficile" sur l'échelle et inversement. Les échelles Rivest sont toutefois de bon conseil et les pilotes peuvent certainement tirer de grands avantages de leur consultation.

La société Canadair fournit pour le CL 215T un graphique qui indique en abscisse la longueur de la vague et en ordonnée la hauteur. Une ligne sépare le domaine "utilisable" du domaine "inutilisable". On voit par exemple que jusqu'à une longueur de 18 m la hauteur maximale d'une vague avec laquelle on peut opérer est de 1,25 m. Sur des vagues progressivement plus longues on peut opérer avec des hauteurs supérieures. Un graphique de ce genre, qui ne prend en considération que deux paramètres, suppose inévitablement une série d'hypothèse relatives à la technique adoptée par les pilotes, à la charge, au vent et à la trajectoire par rapport au vent et aux vagues. A condition de préciser ces hypothèses, un graphique de ce genre peut être utile et il serait agréable d'en trouver un dans les manuels de vols de tous les appareils.

Aux graphiques décrits s'en ajoute un, similaire a celui du *Canadair*, mais qui est le fruit d'une évaluation par l'auteur du comportement du Lake LA 250. Pour souligner la subjectivité des données, le graphique a été appelé "Peur inspirée à l'auteur par des vagues de hauteur et longueur déterminées dans l'emploi du Lake LA 250 *Renegade*". Les hypothèses sont : poids

maximal; trajectoire perpendiculaire aux vagues et au vent; vent d'intensité capable de générer les vagues caractéristiques de la hauteur considérée, pour les vagues les plus courtes, supposées "de mer vive", et de moins en moins intense pour les vagues les plus longues, que l'on suppose être des vagues "de mer longue", sans relation avec l'éventuel vent local.
Les considérations énoncées jusqu'ici peuvent essentiellement servir à évaluer le risque d'un décollage où d'un amerrissage, en prenant en compte les importantes sollicitations auxquelles sont soumises les structures durant ces manœuvres. Une évaluation globale du risque basée sur les conditions de vent et l'état de la surface doit néanmoins tenir compte de toutes les manœuvres qui doivent s'effectuer depuis le moment où l'appareil est arrêté – dans le hangar, sur le terre-plein, au ponton ou à la bouée – jusqu'au moment où l'appareil se retrouve de nouveau dans une de ces situations après utilisation. Parfois l'amerrissage est si difficile que l'on tend à sous-évaluer le risque d'une circulation à flot avec le vent autrement que de face ou d'un renversement possible de l'appareil amarré au ponton, s'il y a de fortes rafales.
En France, à la base aéronavale de St Raphael (sur les bords de la Méditerranée), qui était notamment spécialisée pour les essais de certification des hydravions, une épreuve dite du mètre de creux y était réalisée pour la certification de tous les appareils de croisière ou à vocation de traversée maritime.

Equilibre et stabilité

Le vol consiste à faire passer l'appareil, à travers des variations bien contrôlées, d'une situation d'équilibre à une autre situation d'équilibre. En termes techniques, une situation d'équilibre est celle où la somme des forces et la somme des moments sont égales à zéro. En termes plus communs, on peut dire que c'est la situation où l'appareil ne tend à accélérer dans aucune direction et n'a aucune tendance à tourner. L'appareil est en équilibre quand il est arrêté ou dans une quelconque situation dite "stabilisée". Toutefois, il ne suffit pas que l'appareil puisse être mis dans une des situations d'équilibre désirées; en fait, sollicité par une force externe, il pourrait s'en éloigner irrémédiablement, avec de graves conséquences. Il est donc nécessaire que l'appareil, éloigné de la condition d'équilibre, tende à y retourner même sans intervention du pilote sur les commandes. Quand c'est le cas, on dit que l'équilibre est *stable*; dans le cas contraire on dit que l'équilibre est *instable*. Il y a aussi le cas particulier où l'appareil, éloigné de la situation d'équilibre, ne manifeste pas de tendance à y retourner ou à s'en éloigner ultérieurement; dans ce cas l'équilibre est dit *indifférent*. Pour illustrer les trois cas on utilise l'exemple de la bille libre de se mouvoir sur une surface concave, plane ou convexe. La *stabilité de l'équilibre*, dite simplement *stabilité*, est une caractéristique fondamentale de l'appareil et est considérée par référence aux mouvements que l'appareil accomplit autour des axes de rotation.

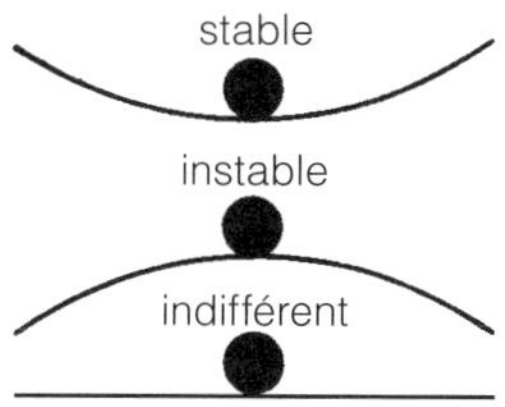

La condition d'équilibre désirée pour un hydravion est celle du vol stabilisé ou, sur l'eau, celle où l'appareil, arrêté ou en mouvement, repose sur ses flotteurs ou sur sa coque. L'appareil est stable quand, sans intervention du pilote, il retourne à une des conditions d'équilibre décrites après qu'une force l'en a éloigné. Une stabilité excessive s'obtient au détriment de la maniabilité, c'est-à-dire de la possibilité pour le pilote d'effectuer des variations d'assiette avec une cadence acceptable ou bien de contrer rapidement des variations d'assiette indésirables. L'étude d'un hydravion ou d'un amphibie est très complexe, étant donné que de tels appareils doivent être contrôlables, mais aussi stables au point de vue aérodynamique, c'est-à-dire en vol, au point de vue hydrodynamique, c'est-à-dire quand ils hydroplanent, et d'un point de vue hydrostatique quand ils flottent sur l'eau. Si chaque aéronef est un compromis entre différentes exigences, un hydravion l'est de façon très particulière.
Ci-dessous sont examinés les principaux facteurs d'instabilité que l'on rencontre dans la pratique et ce que doit faire le pilote pour éviter les inconvénients qui en découlent.

Stabilité en vol de l'hydravion à flotteurs

La présence des flotteurs rend l'appareil en vol plus instable autour des trois axes.
Stabilité longitudinale. La stabilité longitudinale des hydravions à flotteurs est dégradée, mais presque

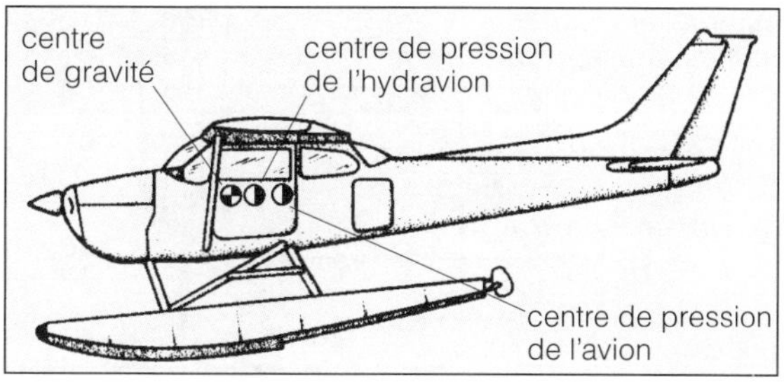

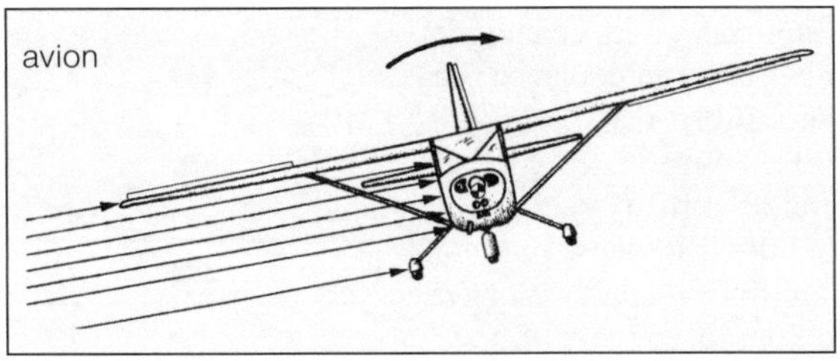

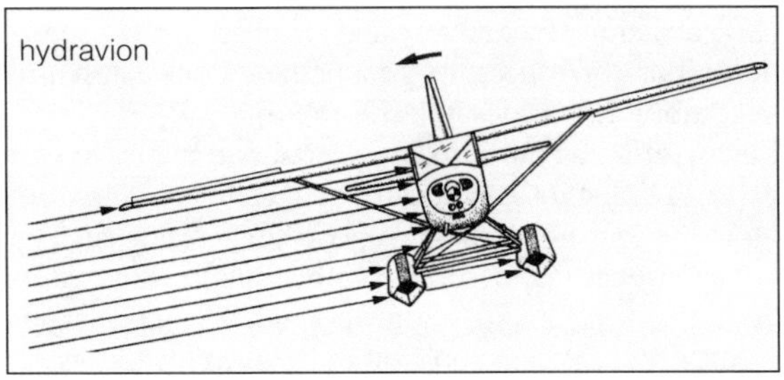

imperceptiblement, à cause du faible déplacement du centre de pression aérodynamique vers le centre de gravité.

Stabilité latérale. La stabilité latérale est par contre plus compromise. Quand un avion terrestre s'incline dans une glissade, un important moment redresseur est tout de suite créé, par le flux d'air latéral, qui baigne le haut du fuselage et l'aile. La grande surface des flotteurs, qui se trouvent à une distance notable du centre de gravité, donne lieu à un moment opposé qui peut même être supérieur au moment redresseur. Il en résulte que l'hydravion en glissade tend à maintenir l'angle d'inclinaison latérale atteint, voir à l'accentuer. Pour éviter partiellement cet inconvénient, beaucoup d'hydravions sont dotés d'un système d'interconnexion à ressorts entre le palonnier et les ailerons, illustré pour le Cessna 172N. Ils actionnent les ailerons de façon à favoriser la tendance au redressement de la glissade.

Stabilité directionnelle. La stabilité directionnelle est la plus compromise par la présence des flotteurs. La grande surface de ces derniers, qui se trouvent en position très avancée, déplace notablement en avant le centre de pression et rend l'hydravion moins "girouette" que les avions terrestres. Il en résulte une instabilité, c'est-à-dire la tendance de l'appareil à se maintenir en position d'embardée, si, pour une raison quelconque, il s'y trouve placé. Pour augmenter la stabilité directionnelle, les constructeurs dotent généralement l'appareil d'une quille ventrale unique ou de plusieurs dérives additionnelles placées sur le stabilisateur.

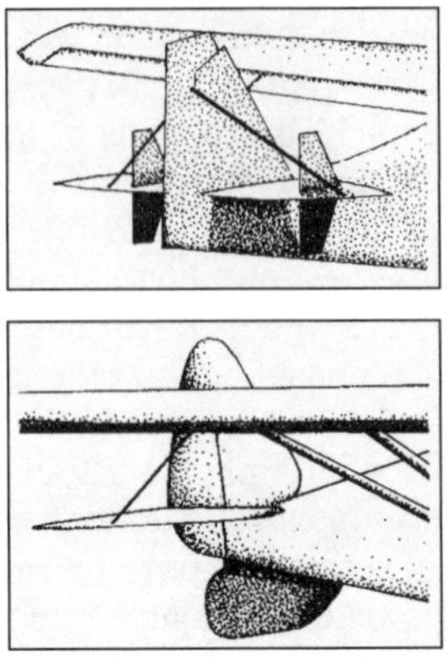

La quille ventrale ou les ailerons supplémentaires sont souvent installés sur les avions terrestres convertis en hydravion, pour compenser l'accroissement de surface latérale en avant du centre de rotation dû aux flotteurs.

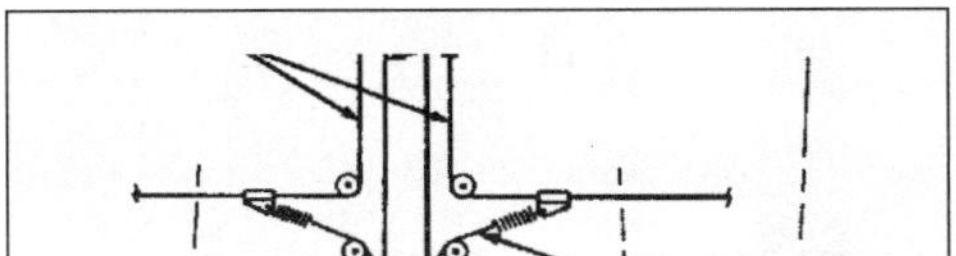

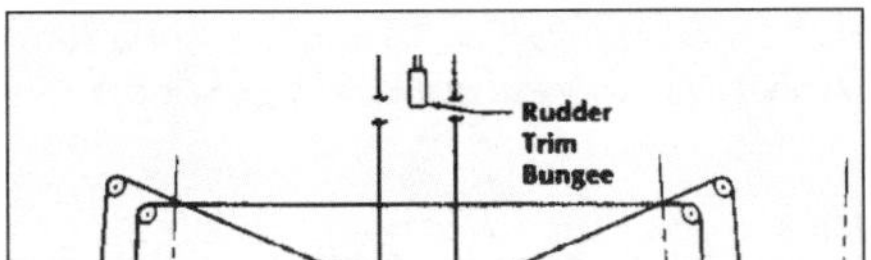

Le système d'interconnexion entre les ailerons et la direction pour augmenter la stabilité latérale sur les Cessna 172. A droite, les ressorts aident la gouverne de direction à revenir au neutre sur le Cessna 185.

Celles ci dégradent toutefois la contrôlabilité de l'appareil sur l'eau avec du vent de travers. Les dérives additionnelles, en outre, sont moins efficaces aux basses vitesses auxquelles l'hydravion doit toujours être considéré comme instable en direction et donc sujet à se mettre en vrille suite à un décrochage.
L'instabilité directionnelle permet d'orienter l'axe longitudinal de l'hydravion à des angles plus prononcés par rapport à la trajectoire; ce qui signifie qu'on peut effectuer des glissades beaucoup plus prononcées qu'avec les appareils terrestres, surtout à basse vitesse.
Avec les hydravions, toujours à cause de leur instabilité directionnelle, on peut aussi arriver au blocage de la gouverne de direction à fond de course, à cause du décollement complet du flux d'air de la surface. Pour éviter cet inconvénient, beaucoup d'hydravions sont modifiés par l'ajout de ressorts qui tendent à remettre au neutre la gouverne de direction, évitant ainsi le blocage.

Stabilité de l'appareil sur l'eau

Dans cette partie est examinée la stabilité de l'appareil sur l'eau d'abord au point de vue statique, puis au point de vue dynamique. Le propos concerne surtout les appareils à flotteurs, mais beaucoup de considérations sont également valables pour les hydravions à coque. Les particularités de ces derniers sont traitées au dernier paragraphe.

Stabilité statique

L'état le plus stable d'un hydravion sur l'eau est celui qui est illustré sur la figure, où le centre de gravité se trouve en dessous du centre de poussée. Comme on peut le comprendre, ce n'est pas ce qui se fait de mieux. Si le pilote laisse agir librement les forces sur l'appareil, sans les contrôler, l'appareil finit tôt ou tard (parfois rapidement) dans cette situation. Cette situation est comparable à celle d'un corps suspendu où le centre de gravité se trouve en dessous du point de suspension, par exemple un cadre accroché à un mur.

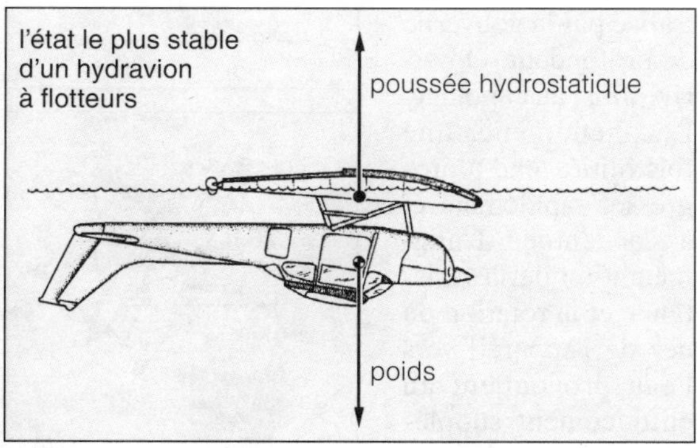

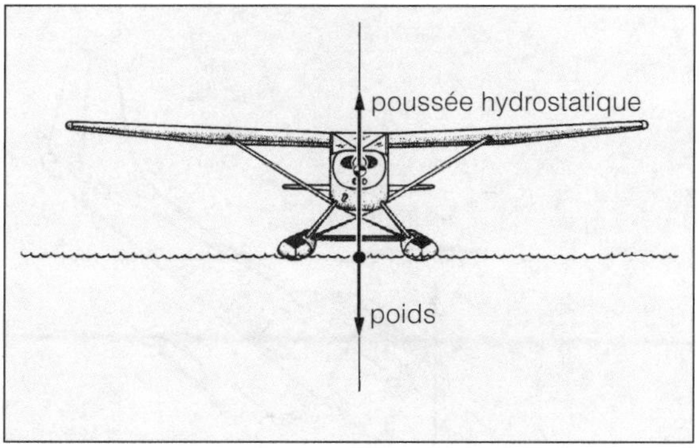

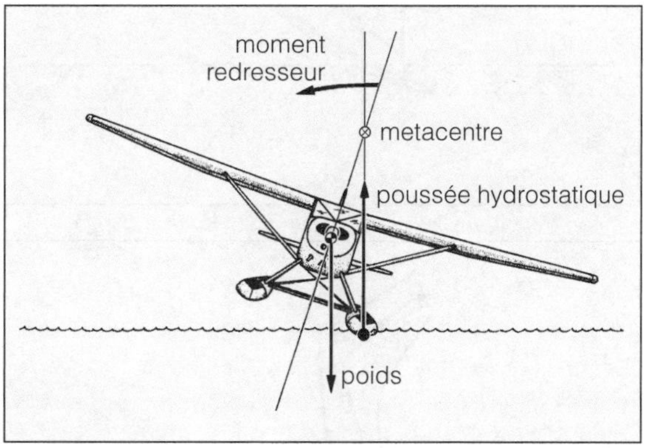

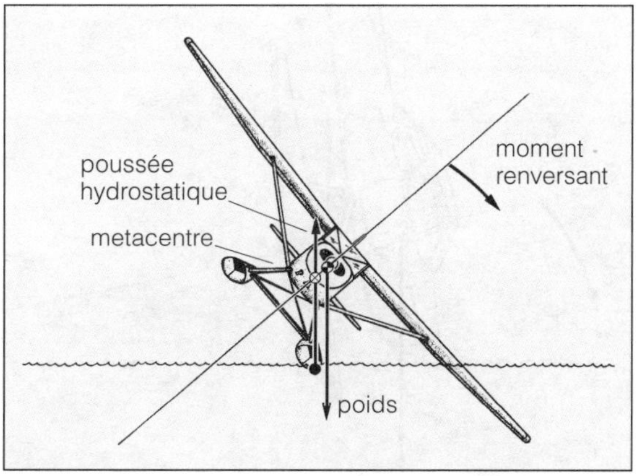

Stabilité statique transversale. Quand l'appareil est immobile sur l'eau, le centre de gravité se trouve très au-dessus de la surface de flottaison. L'appareil reste immobile quand le centre de gravité se trouve exactement sur la verticale du centre de poussée et quand la poussée hydrostatique est égale au poids. Quand une sollicitation fait incliner l'appareil, le centre de gravité ne change pas de position par rapport à l'appareil, mais le centre de poussée se déplace vers le côté où l'appareil s'incline, vers le flotteur immergé si l'autre se soulève. Un moment redresseur est gé-

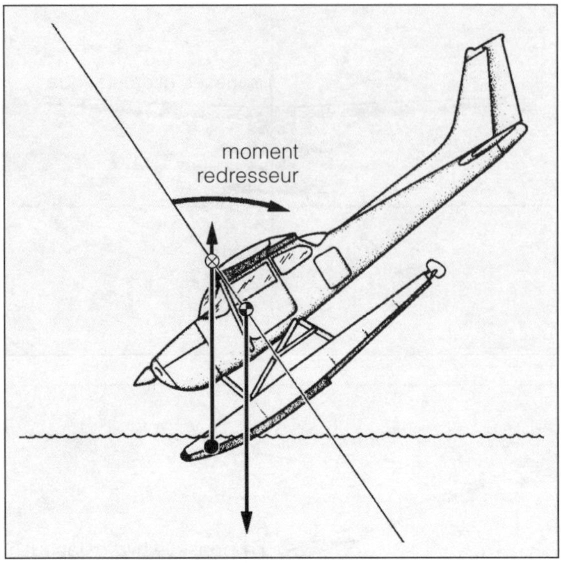

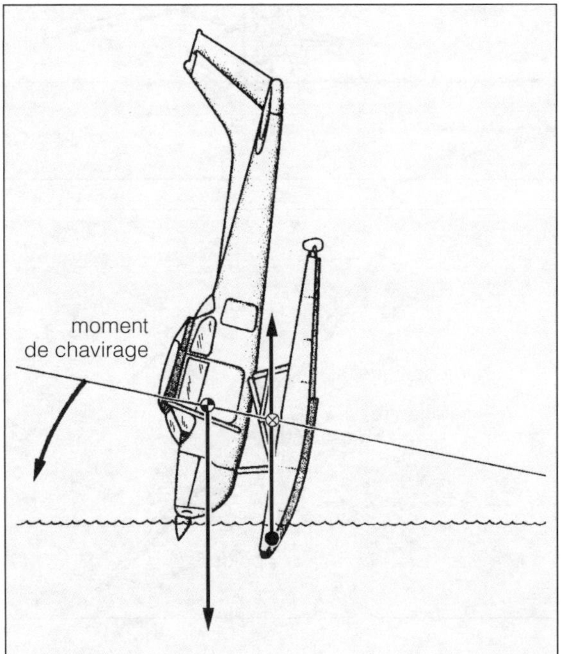

néré qui tend à remettre l'appareil dans la condition d'équilibre originelle. L'appareil est donc stable, mais il y a une limite. Considérons en effet le point où la verticale passant par le centre de poussée rencontre le plan de symétrie de l'appareil. Ce point s'appelle le *métacentre*. Si l'inclinaison latérale atteint une amplitude telle que le centre de gravité se trouve au-dessus du métacentre, un moment renverseur est créé et l'appareil tend à rejoindre l'état le plus stable décrit au début du paragraphe. Il est donc important d'avoir un métacentre le plus haut possible et le centre de gravité le plus bas possible, afin que l'appareil soit stable sur l'eau.

Stabilité statique longitudinale. Toutes les considérations faites jusqu'à présent, relatives à la stabilité statique transversale, qui est la plus critique, sont aussi valables pour la stabilité statique longitudinale. Celle-ci est moins critique car la coque ou les flotteurs sont généralement longs, avec pour conséquence un métacentre longitudinal plus élevé que le métacentre transversal. Néanmoins, une vague ou une rafale de forte intensité sur la queue peuvent faire piquer l'appareil et le faire capoter.

Stabilité dynamique

Les causes les plus préoccupantes d'instabilité, en hydravion, ne sont pas statiques, mais dynamiques, c'est-à-dire liées au mouvement de l'appareil. L'instabilité est traitée ci-dessous par rapport aux trois axes autour desquels elle peut se manifester.

Stabilité dynamique longitudinale

Lors d'un amerrissage normal on a, après le contact, un léger moment piqueur, déjà évoqué dans ce chapitre, et qui peut être facilement contrebalancé avec la gouverne de profondeur. Mais si le contact avec la surface se fait avec une partie plus étendue ou plus avancée des flotteurs ou encore à une vitesse supérieure, la résistance hydrodynamique est plus forte et le moment piqueur peut ne plus être neutralisé par la gouverne de profondeur. On arrive ainsi au capotage. Le phénomène, une fois initié, tend à progresser rapidement et à s'accentuer. L'augmentation de la résistance et la rotation du nez de l'appareil vers l'eau provoquent un enfoncement supplé-

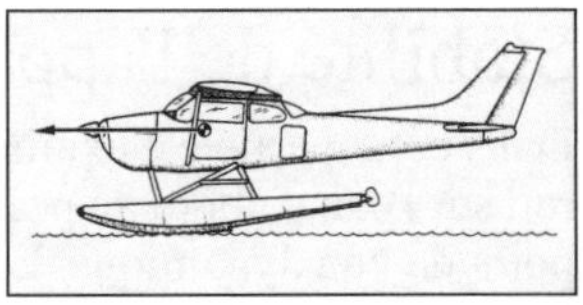

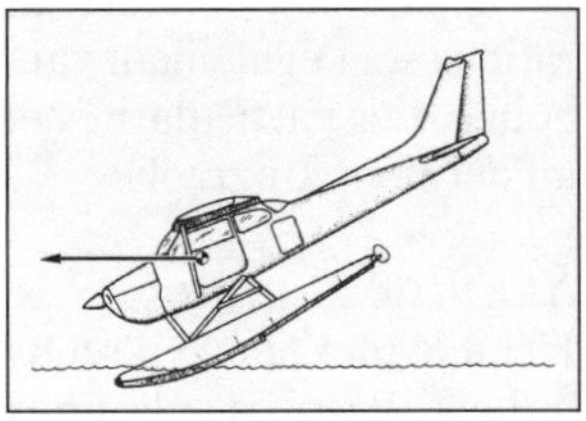

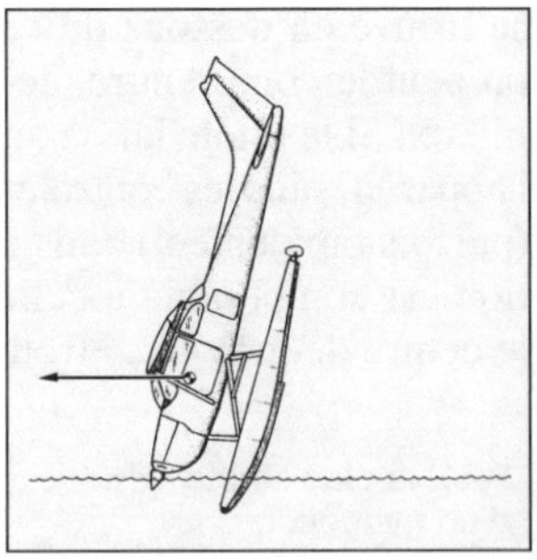

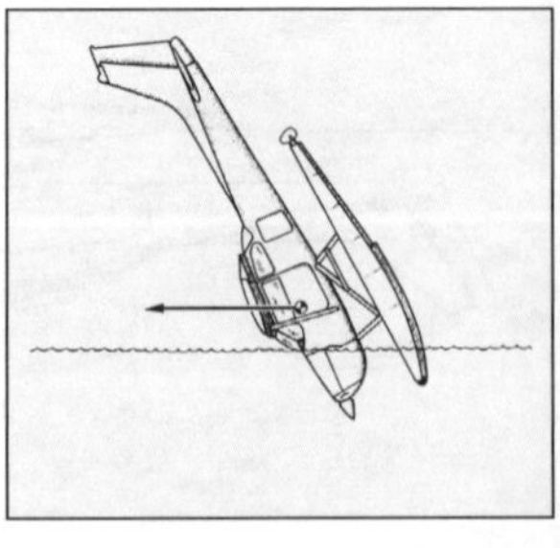

mentaire des pointes des flotteurs et donc une augmentation de la résistance et ainsi de suite jusqu'au capotage probable. Pour éviter cet inconvénient on doit donc toucher la surface et hydroplaner avec la bonne assiette, plutôt cabrée, et à la vitesse prévue.

Marsouinage. Le marsouinage est un phénomène d'instabilité hydrodynamique longitudinal qui consiste en une série d'oscillations qui tendent généralement à s'amplifier et qui amènent à des impacts sur la surface avec des assiettes de plus en plus piquées. Le résultat est souvent un endommagement grave ou la perte de l'appareil. Le phénomène est particulièrement marqué et dangereux pour les appareils à coque. Le marsouinage se présente en deux phases nettement distinctes de la navigation à flot. La première, inoffensive, est celle qui succède immédiatement à la montée sur le redan ou juste avant la descente de celui-ci, à très basse vitesse. Le phénomène est très observable de l'extérieur dans les moments qui précédent à peine la descente du redan, on peut alors voir l'appareil effectuer une ou deux oscillations franches. Lorsque la vitesse augmente l'appareil entre dans une phase de relative stabilité hydrodynamique qui ne favorise pas le déclenchement ou le développement du phénomène. La seconde phase où peut se manifester le marsouinage, beaucoup plus critique, est celle qui précède immédiatement l'envol. La vitesse est élevée et les structures sont donc soumises à de fortes sollicitations. En outre l'efficacité encore faible des commandes aérodynamiques rend difficile la correction des attitudes indésirables.

Le phénomène débute quand l'assiette de l'appareil par rapport à la surface est trop forte ou trop faible, comme on le voit sur le graphique. Sur des surfaces plates, cette assiette peut être facilement contrôlée et le phénomène apparaît seulement à la suite d'une erreur du pilote. Sur des surfaces agitées, l'appareil est par contre bousculé par les vagues et amené à des assiettes (fortes ou faibles) auxquelles le marsouinage apparaît. Des vagues de longueur appropriée peuvent donner lieu à ce phénomène, même si elles sont très basses. On note qu'une vague agissant sur l'extrémité de l'appareil, c'est-à-dire près du nez ou de la queue, agit très loin de l'axe autour duquel tourne l'appareil. A une telle distance il suffit d'une très petite force pour provoquer une importante rotation de l'appareil. Les constructeurs essayent d'améliorer la contrôlabilité à basse vitesse des hydravions en les dotant de surfaces de queue horizontales surdimensionnées par rapport aux avions terrestres de même catégorie, mais cela ne suffit pas toujours.

Une augmentation de la charge et de l'altitude densité remonte la limite inférieure du marsouinage; le phénomène débute donc plus tôt en ce qui concerne

L'appareil italien Calderara de 1913. Notez la disposition des flotteurs: un flotteur central, un sous chaque aile, un à la queue, fréquente configuration à cette époque.

la limite inférieure, ou bien à des assiettes plus importantes. La même chose se produit avec un centrage avant. Un centrage arrière abaisse la limite inférieure et élève aussi la limite supérieure, rendant ainsi la marge de sécurité plus large.

Quelques considérations pratiques sur ce que peut faire le pilote en cas de marsouinage sont exposées au chapitre sur l'hydroplanage.

L'occlusion du redan. Le contact avec la surface à un taux de descente trop fort ou sur une vague, surtout si l'appareil est très chargé, peut provoquer l'immersion imprévue de toute la zone du redan et d'une bonne partie de la surface en arrière de celui-ci. De cette façon se créé une importante dépression qui aspire l'appareil dans l'eau, et qui ensuite, par réaction, le fait rebondir en l'air, même si la vitesse est insuffisante pour assurer la sustentation aérodynamique. Ce phénomène, favorisé par une assiette trop cabrée lors du contact, est plus fréquent avec les appareils à coque.

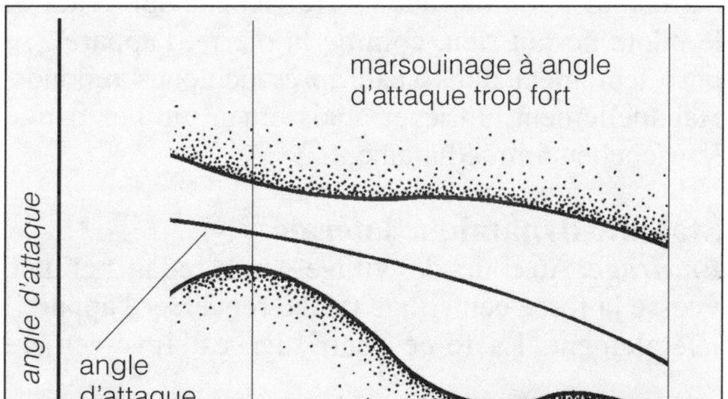

Luigi Fara

Expérimentation à l'aide d'une maquette qui aide à comprendre les phénomènes hydro et aérodynamique. Ici la maquette qui suit son original grandeur d'un Piper PA18 amphibie. Photo prise lors d'un meeting d'hydravions à Morcote (Suisse).

Il peut être confondu par erreur avec le marsouinage, mais il se produit différemment. Il comporte des variations d'assiette uniquement de faible ampleur, ce qui fait rebondir l'appareil en l'air presque parallèlement à lui-même. Le risque majeur pour le pilote inexpérimenté, est celui d'agiter le manche inutilement ou excessivement, provoquant de dangereuses variations d'assiette, avec une apparition possible du marsouinage. Les constructeurs, pour éviter le phénomène, utilisent différents expédients : redan plus profond, V plus prononcé, forme incurvée de la coque derrière le redan, prises d'air près du redan; ces dernières communiquent avec des ouvertures situées dans un endroit élevé, ce qui provoque la ventilation forcée de la coque occluse derrière le redan.

Ricochet. C'est une forme mois violente de sautillements que l'on trouve sur les hydravions à flotteurs ou à coque, quand l'appareil arrive au contact de l'eau, à une vitesse à laquelle il est toujours en vol à un faible angle avec le nez haut. Il en résulte une série de rebonds, comme une pierre ricoche sur l'eau. Si le pilote ne fait rien, comme la pierre, l'appareil se pose lentement dans l'eau après quelques rebonds. Habituellement, un léger abaissement du nez arrête les ricochets immédiatement.

Stabilité dynamique latérale

En virage. Au cours des virages sur le redan à grande vitesse la force centrifuge tend à renverser l'appareil latéralement. La force centrifuge est inversement proportionnelle au rayon de virage et proportionnelle au carré de la vitesse. Dans un virage de 200 m de rayon, par exemple, elle est deux fois plus forte que dans un virage de 400 m de rayon. Dans un virage à 45 nœuds, pour donner un autre exemple, elle est nettement plus forte que dans un virage à 30 nœuds; elle est précisément $(45/30)^2 = 1{,}5^2 = 2{,}25$ fois supérieure. Dans le tableau la force centrifuge est donnée pour les vitesses caractéristiques d'hydroplanage, en prenant égale à 1 la force centrifuge à la vitesse minimale d'hydroplanage qui, pour beaucoup de petits appareils, est considérée comme égale à 20 nœuds.

vitesse	force centrifuge
20	1
25	1.56
30	2.25
35	3.06
40	4
45	5.06
50	6.25
55	7.56
60	9
65	10.56
70	12.25

On comprend donc pourquoi les virages sur le redan doivent être exécutés à des vitesses plutôt basses. Le virage avec le vent provenant de l'intérieur est très dangereux, car la force aérodynamique du vent s'ajoute à la force centrifuge et favorise le renversement. A cause de cela, le virage au vent sur le redan est risqué et déconseillé, tandis que le virage sous le vent ne présente que des risques réduits. Si on ne peut éviter de virer au vent

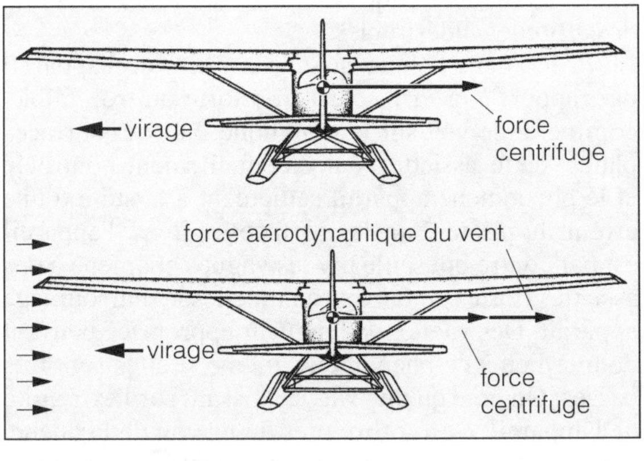

Marsouinage d'un Lake. L'avion fait typiquement trois sautes, chaque fois touchant l'eau en assiette plus piqué. La manoeuvre non désirée a toujours des conséquences.

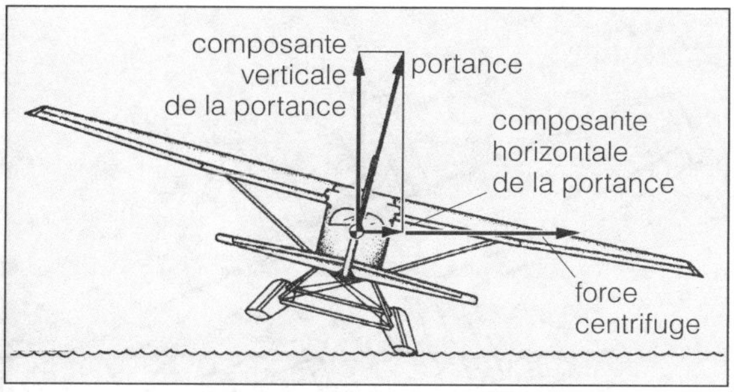

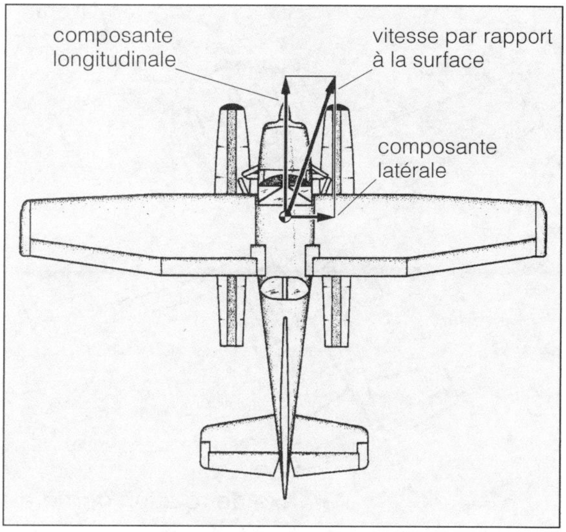

en hydroplanage avec du vent arrière ou traversier on doit descendre du redan, laisser réduire la vitesse au minimum puis virer.

Dès que l'appareil commence à s'incliner, la composante horizontale de la portance, qui agit dans le même sens que la force centrifuge, accélère le processus de renversement. En général, les ailerons ne suffisent pas à contrer ces forces, à moins qu'elles ne soient combattues dès leur apparition. La recette pour éviter des ennuis est une vitesse basse, c'est-à-dire à peine supérieure à celle de montée sur le redan, et un large rayon de virage.

Contact en crabe. Une cause d'instabilité transversale particulièrement insidieuse est le contact avec la surface quand l'appareil a une composante de vitesse transversale ou, en d'autres termes, quand les flotteurs se sont pas alignés avec la trajectoire. Cela se produit souvent quand on amerrit vent de travers et que l'appareil est soumis à un mouvement de dérive. Au moment du contact, l'appareil tend à se renverser en pivotant sur le flotteur sous le vent. Durant l'approche, la dérive doit donc être corrigée. Avec les appareils à flotteurs, on la corrige le plus souvent par la méthode de la glissade, c'est-à-dire en abaissant l'aile au vent. Par contre, avec les appareils à coque, on utilise la méthode de la correction de dérive.

Le phénomène doit être sérieusement pris en considération car il est trompeur et peut survenir de façon inattendue au terme d'une approche sans problème. Si le vent est constant, le pilote ne peut s'apercevoir de la dérive qu'en la prévoyant, en interprétant les indices fournis par la surface et par l'environnement, ou encore en examinant attentivement la surface devant l'appareil en phase terminale d'approche. Cette dernière méthode ne peut être appliquée que si la surface présente des vagues ou d'autres éléments reconnaissables et si l'appareil se trouve dans une situation parfaitement stabilisée en ce qui concerne le cap. Voila un autre motif pour ne pas arriver près de la surface avec précipitation, n'importe comment ou avec des variations de cap.

Contact avec la bille décentrée. Le contact sur la surface avec une composante de vitesse transversale peut se produire même sans dérive quand la bille n'est pas centrée, cas fréquent aux vitesses réduites adoptées pour l'amerrissage. Dans cette phase du vol, la bille doit donc être soigneusement contrôlée, surtout quand elle tend à aller du côté opposé à la provenance du vent, car dans ce cas les effets de la dérive et de la bille décentrée s'ajoutent.

En général, la bille tend à aller à droite dans les phases finales de l'approche et on doit donc être vigilant en présence d'une composante de vent venant de la gauche.

Stabilité dynamique directionnelle

Cheval de bois. Nous avons vu qu'un appareil qui se déplace sur l'eau à grande vitesse tourne autour d'un axe vertical passant par un point qui se trouve dans la zone de contact entre les flotteurs et la surface. Si l'axe de rotation est en arrière du centre de gravité, comme c'est le cas en hydroplanage avec l'assiette correcte, l'hydravion est stable sur l'eau, comme illustré sur la figure en bas à gauche, à la page suivante. La situa-

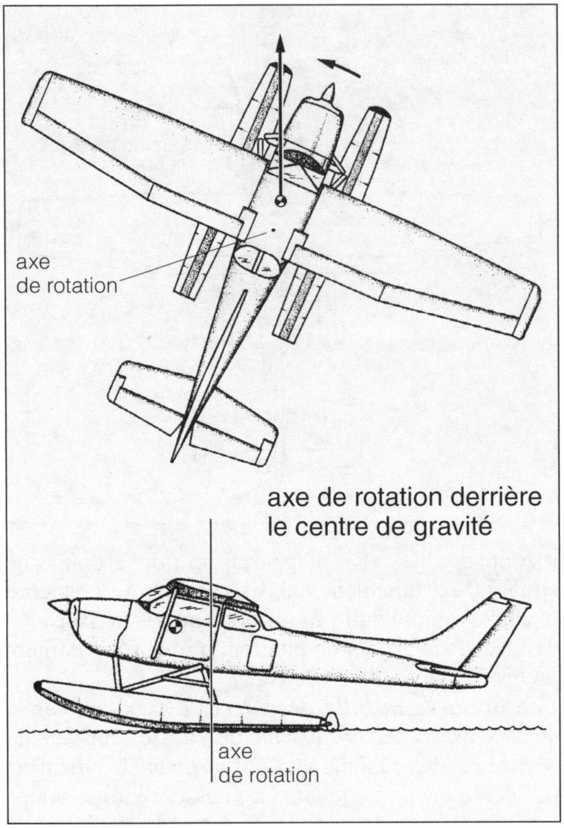

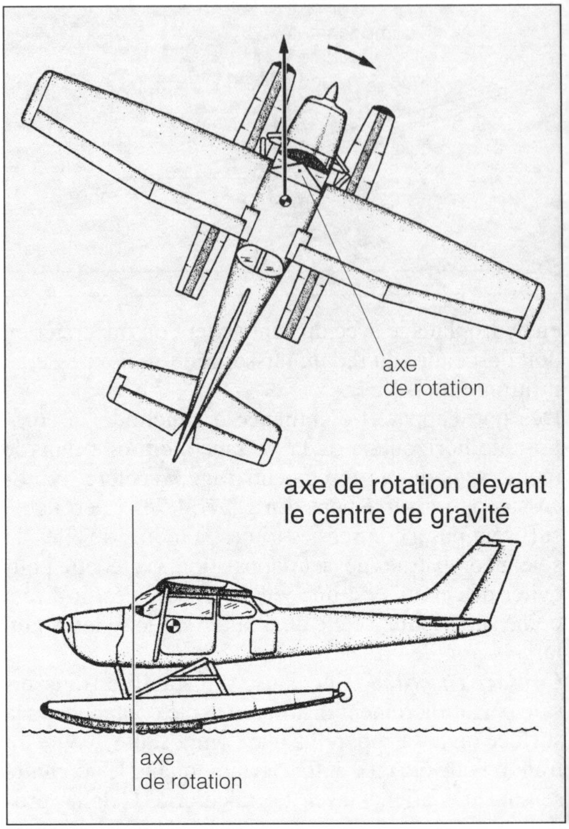

tion est semblable à celle d'une carriole tractée, son centre de gravité étant avancé par rapport à son axe de rotation, qui est le point de contact de la roue avec le sol. Par contre, si l'axe de rotation est en avant du centre de gravité (à droite), l'appareil est instable, tend à embarquer, à s'incliner et enfin à se renverser. La situation est analogue à celle d'une carriole poussée qui, après une légère déviation de la trajectoire, tend à tourner, à s'incliner et à se renverser.
Cette situation d'instabilité, tout à fait analogue à celle où se trouvent à l'atterrissage les avions à train classique, peut se rencontrer quand on hydroplane avec une assiette trop à piquer ou quand on amerrit avec une assiette plate. Dans les deux cas, la zone de contact des flotteurs avec l'eau – par conséquent l'axe de rotation – est très avancée. Dans cette situation il suffit de la moindre embardée pour déclencher la séquence: embardée–inclinaison latérale–renversement. Une correction immédiate avec le pied opposé au sens de l'embardée et la reprise de l'assiette correcte (manche en arrière) peuvent résoudre la situation, s'il n'est pas trop tard.
Pour éviter ces inconvénients, on doit effectuer une bonne approche et toucher avec la bonne assiette à la vitesse requise, en évitant le vent de travers.

Stabilité des hydravions à coque

En vol. Sur les hydravions à coque, comme nous l'avons vu au début du chapitre, la traction agit avec un bras de levier non négligeable. Ceci est dû au fait que l'hélice se trouve fortement déportée en hauteur par rapport au centre de gravité, pour éviter les effets destructifs des embruns. Cela implique d'importants moments cabreurs et piqueurs quand on réduit ou augmente la puissance. L'empennage de ces appareils est donc doté de surfaces horizontales plus importantes que celles d'un avion terrestre de même catégorie, de façon à assurer une bonne contrôlabilité. Le trim, également surdimensionné, joue un rôle particulièrement important dans le contrôle des assiettes et est très utilisé sur ce type d'appareil. Lors d'un changement d'assiette, on dégrossit souvent au trim pour réduire les efforts sur le manche ce qui permet un contrôle plus fin. Cela demande, évidemment, une bonne connaissance du comportement de l'appareil.
En pratique, lorsqu'on réduit la puissance l'appareil cabre, tandis que lorsqu'on l'augmente il pique. Plus la variation de puissance est brusque et plus la rotation autour de l'axe de tangage est prononcée. Ce phénomène ne pose généralement pas de pro-

Archivio Apostolo

Archivio Apostolo

Hydravions à coque des années trente: Macchi Castoldi MC94 et hexamoteur Short S-14.

blèmes, sinon dans les phases délicates précédant le contact, durant lesquelles l'assiette doit être finement contrôlée, sous peine de rebondir avec des assiettes anormales, éventuellement en présence de vagues. En général, il vaut mieux augmenter et réduire la puissance progressivement, si la situation le permet. Par contre, une variation de puissance brutale peut être le seul moyen de faire varier l'assiette de l'appareil quand les commandes sont déjà à fond de course ou inefficaces à basse vitesse. Par exemple, dans le cas du marsouinage, il peut arriver qu'une réduction brutale de la puissance soit utile alors que l'on est sur le point de retoucher du nez avec le manche déjà en butée arrière. Pour le même motif, si durant un

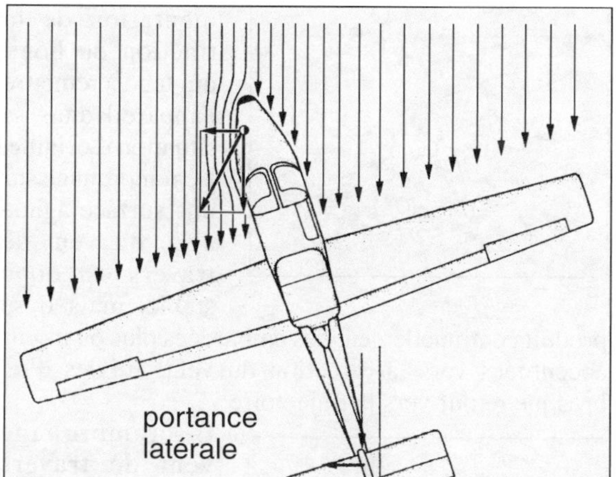

marsouinage on décide de réduire la puissance, on la réduit dans la phase descendante du "saut" et non dans la phase ascendante.

En ce qui concerne la stabilité directionnelle en vol des appareils à coque, on doit prendre en compte un phénomène particulier dû à la forme caractéristique très bombée de la partie antérieure. Suite à une embardée, elle se comporte comme une aile, générant une force de portance latérale, qui tend à maintenir l'embardée de l'appareil et, par conséquent, réduit l'effet stabilisateur de la dérive.

Sur l'eau. Les hydravions à coque ont un centre de gravité plus bas que les hydravions à flotteurs, c'est-à-dire beaucoup plus proche de la surface de flottaison. Celui-ci ne peut quasiment jamais se trouver au-dessus du métacentre, et ces appareils ignorent donc l'instabilité statique déjà décrite dans ce chapitre pour les appareils à flotteurs. Cela est également une conséquence du fait que les hydravions à coque sont dotés de ballonnets qui font de l'appareil un trimaran, c'est-à-dire un engin doté d'une surface de flottaison très large. On comprend donc que ce type d'appareil soit beaucoup plus stable sur l'eau qu'un hydravion à flotteurs, au point de vue statique et dynamique. Il peut donc, par exemple, effectuer des virages beaucoup plus serrés qu'un appareil à flotteurs et être beaucoup plus "malmené" sur la surface. On doit seulement veiller à ne pas effectuer de manœuvres brusques à des vitesses trop élevées, auxquelles le marsouinage pourrait se déclencher.

Stabilité de l'appareil remorqué

Sur l'appareil remorqué agissent les forces suivantes: la force exercée par le bout de remorquage, au point où celui-ci est relié à l'appareil, la force hydrostatique, qui ne nous intéresse pas pour ce qui suit, la traînée aérodynamique, appliquée au centre de pression aérodynamique et la résistance hydrodynamique appliquée au centre de pression hydrodynamique.

Durant le remorquage, on désire que l'axe longitudinal de l'appareil reste le plus possible aligné avec la trajectoire et que l'appareil garde une bonne stabilité directionnelle. Si une force extérieure quelconque pro-

Archivio Apostolo

Autre appareil construit par Calderara en 1903. Il s'agit de l'un des premier planeur marin du monde. A cette époque, on remorquait ces planeurs avec des canots automobiles. Cette technique utilisée dans de nombreux pays permis d'étudier les phénomènes aérodynamiques sur de longues distances, ce qui n'était pas possible sur terre.

voque un changement de cap, on désire que l'appareil reprenne sa trajectoire d'origine. Un examen complet du remorquage en présence de vent et de courant et tenant compte des divers points d'attache du bout sur l'appareil et des diverses positions des centres de pression aérodynamique et hydrodynamique est très complexe. Ci-dessous sont examinés quelques cas fondamentaux, en considérant toujours que le point de fixation du bout de remorquage est situé à l'avant où en tout cas en un point situé très en avant de l'appareil, et que le centre de pression hydrodynamique est toujours plus en avant que le centre aérodynamique, comme c'est normalement le cas.

Remorquage face au vent. Le remorquage face au vent est toujours stable car la résistance hydrodynamique et la traînée aérodynamique tendent à ré-aligner l'axe de l'appareil avec la trajectoire.

En présence de vagues ou de fortes variations de l'intensité du vent, on a des variations continuelles de la traction exercée sur le bout ou de l'intensité de la force aérodynamique, mais la situation est toujours stable.

Remorquage avec du vent de travers. Quand l'appareil est remorqué avec du vent de travers, il s'établit une condition stable dans laquelle l'appareil avance avec son axe longitudinal incliné par rapport au sens de la marche, et le bout de remorquage qui fait également un angle avec la trajectoire.

En cas de remorquage avec du vent de travers sur une surface agitée on a périodiquement une diminution de la traction sur le bout, à l'occasion de laquelle le nez de l'appareil s'écarte de la trajectoire en s'orientant vers le vent, comme on peut facilement le deviner en observant les directions dans lesquelles agissent les forces. L'accentuation de l'écart angulaire provoque toutefois une augmentation de la traction du bout, qui tend à remettre l'appareil dans sa situation d'origine. Le remorquage sur une surface agitée avec du vent de travers est donc stable, mais il se produit continuellement des embardées plus ou moins accentuées vers la direction du vent, suivies d'un brusque retour vers la trajectoire.

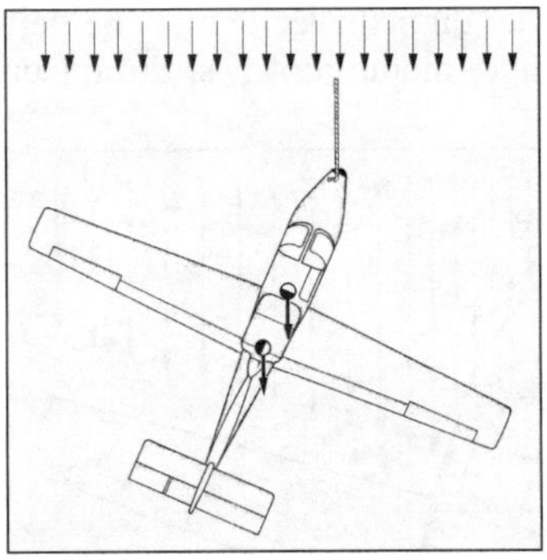

Le remorquage vent de travers peut comporter aussi des problèmes de stabilité latérale, car le vent risque de faire capoter l'appareil.

Remorquage sous le vent. Le remorquage sous le vent est stable quand la

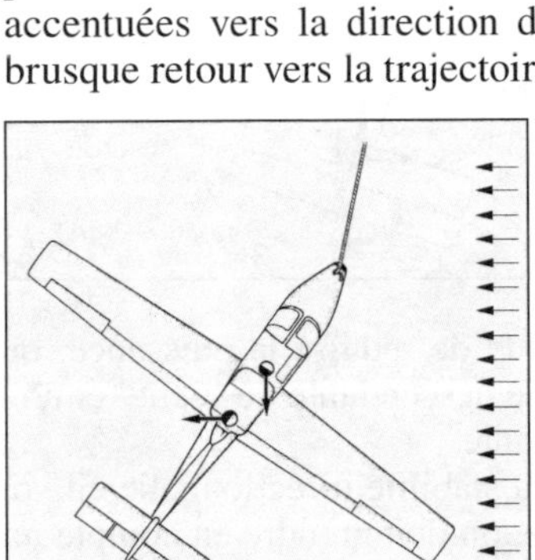

traction du bout est supérieure à la tendance de la résultante aérodynamique à faire tourner l'appareil face au vent. On obtient un tel équilibre quand l'appareil avance avec son axe longitudinal plus ou moins incliné par rapport au sens de la marche, en fonction de l'intensité des diverses forces en jeu. L'équilibre peut parfois n'être atteint qu'en augmentant sensiblement l'intensité de la résistance hydrodynamique, comme on peut le constater en observant la figure. En d'autres termes, l'équilibre n'est atteint qu'en remorquant à vive allure. En présence de vagues, cela peut être impraticable ou déconseillé. En outre, les vagues font varier continuellement la traction sur le bout de remorquage, et l'appareil embarde chaque fois que la traction diminue. Le remorquage dans ces conditions est donc toujours critique et ne vas pas sans problèmes que lorsque le vent est faible et si la surface n'est pas trop agitée.

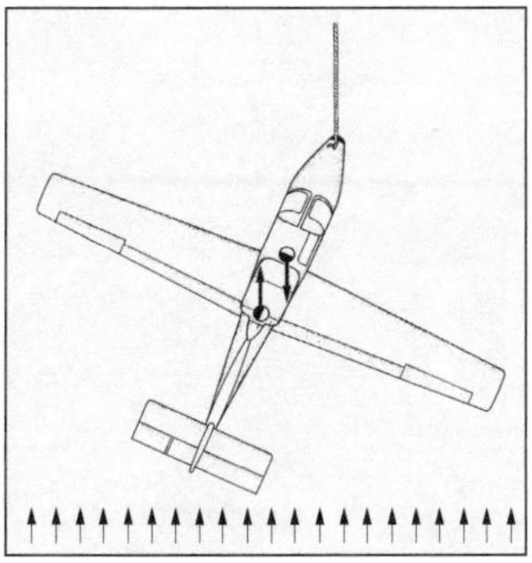

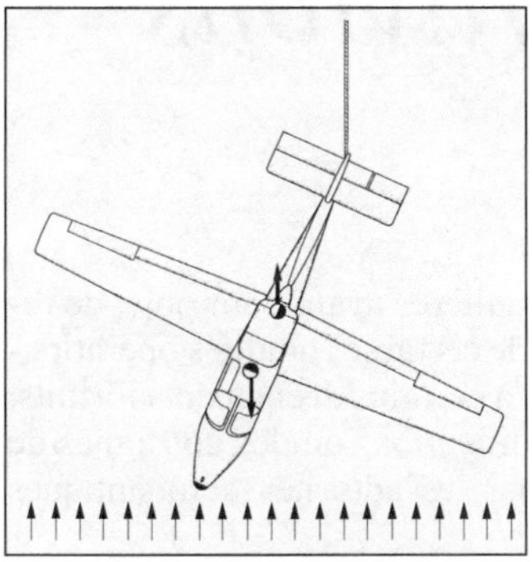

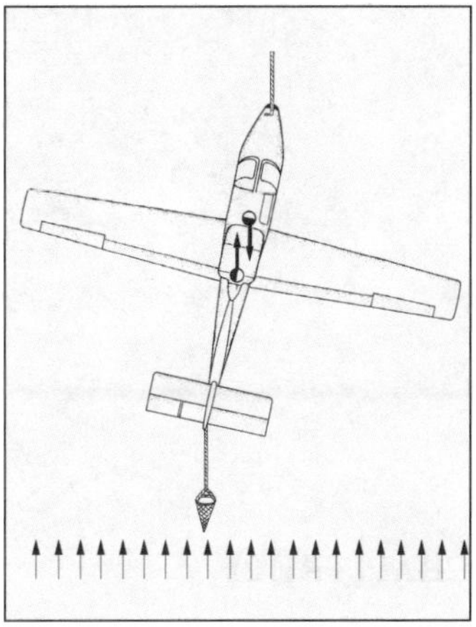

Un remède possible, dans certains cas difficiles, peut être fourni par le remorquage de l'appareil par la queue, ce qui permet à toutes les forces agissant sur l'appareil d'être stabilisantes, c'est-à-dire ayant tendance à remettre l'appareil dans sa condition originale.

Mais le meilleur expédient dans ces conditions consiste à employer l'ancre flottante; cette dernière, reliée à la queue de l'appareil, a un effet stabilisateur notable et permet le remorquage sous le vent à vitesse modérée.

Caproni CA100 devant le hangar de Côme dans les années cinquante. Le Piaggio Vespa à l'arrière plan a été conçu par le même ingénieur D'Ascanio, qui conçut de nombreux avions et hydravions Piaggio.

Archivio Apostolo

CHAPITRE 21

La maintenance des hydravions

Pascal Parpaite

L'entretien a une vocation préventive pour tous les composants participant à l'état de navigabilité. Il est constitué de l'ensemble des opérations qui contribuent à maintenir l'appareil à un niveau de sécurité satisfaisant. Il comporte d'une manière générale :
- Des inspections : Examens de niveaux divers ayant pour but de reconnaître objectivement l'état d'un composant.
- Des actions ponctuelles, prédéterminées ou non : Interventions à effet de conservation, ainsi qu'aux actions correctives issues des inspections.
- Des remplacements de composants à échéance déterminée (potentiel).
- Des opérations particulières ayant pour objet de reconnaître le maintien de certaines qualités opérationnelles ou consécutives à certains événements fortuits.
- L'application de modifications ou des consignes de navigabilité éditées par les autorités aéronautiques de tutelle.

Dans cette optique, le manuel d'entretien est un document qui décrit le programme des opérations nécessaires pour maintenir l'aptitude d'un aéronef à être exploité, notamment en matière d'aptitude au vol, d'entretien des équipements ainsi que des moyens

Opérations de visite pré-vol sur un Catalina.

Pascal Parpaite

de radio communication / navigation. Il s'appliquera à des appareils utilisés en conditions normales.
L'entretien d'un hydravion à coque ou à flotteurs est le même que celui d'un avion. Un entretien, permanent, régulier, assurera un haut niveau de fiabilité et de sécurité durant toute l'exploitation de l'appareil. La maintenance d'un hydravion pourra être effectuée sur le terrain, avec relativement peu de moyens, mais on devra disposer au moins de l'énergie électrique et de l'énergie pneumatique pour permettre la mise en œuvre de certains outillages.
On notera cependant, quelques différences concernant l'emploi de certains matériaux ou ingrédients pour renforcer les qualités anticorrosion, ennemi principal de ce type de machine.
Il faudra toujours garder à l'esprit, qu'un hydravion et une machine qui s'utilise dans un milieu qui lui est hostile, dans des conditions qui peuvent être rudes et éprouvantes pour la machine et les hommes.
On devra donc être attentif et prévoyant, pour déceler les problèmes avant qu'ils ne prennent des proportions qui peuvent, vite, devenir dangereuses.

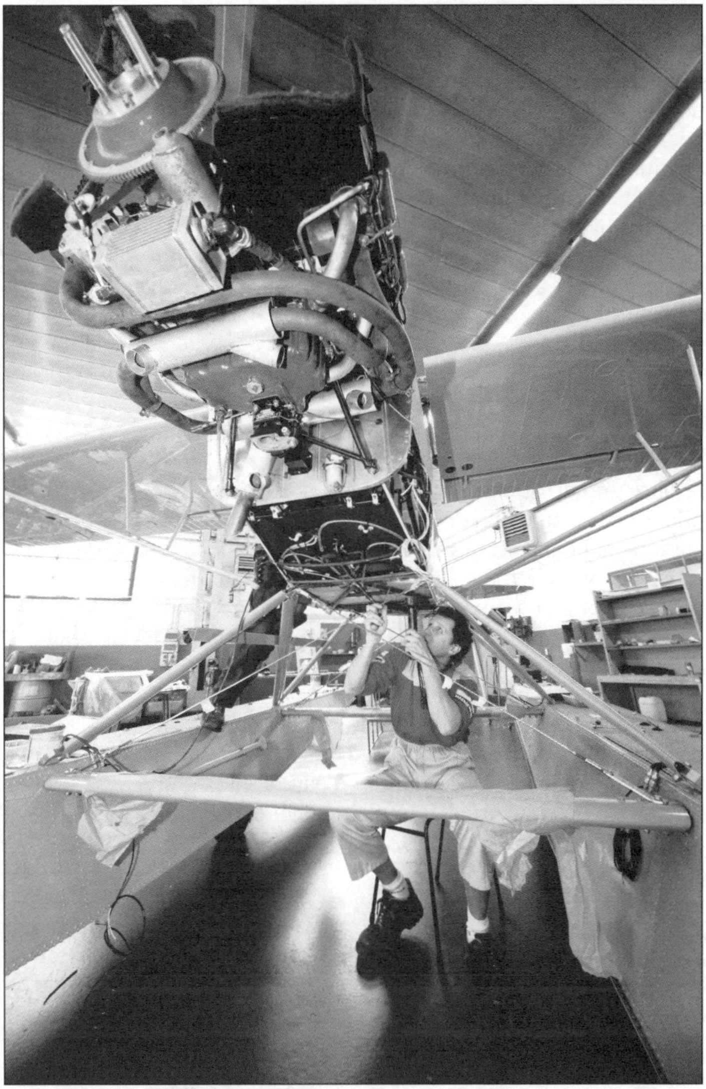

Spécialiste au travail sur un Piper PA-18.

La certification

Les hydravions à coque ou à flotteurs utilisés de nos jours sont presque tous de fabrication Nord Américaine. De ce fait, la norme qui est utilisée pour la certification est la FAR part 23 ou 25 de la Fédéral Aviation Administration (FAA).
En terme général, un flotteur, devra avoir un minimum de quatre compartiments étanches, et devra conserver une flottabilité avec deux caissons noyés. Les coques ou les amphibies, devront conserver une flottabilité avec un caisson noyé, pour les appareils de 680 kg à 2270 kg; avec deux caissons noyés pour ceux de plus de 2270 kg. Les appareils d'un poids maximum de 680 kg ne sont pas obligatoirement compartimentés.
L'ensemble flotteur devra avoir au moins, un volume capable de supporter 180% du poids total de l'appareil, le supplément constituera une réserve de flottabilité.
L'appareil devra être capable de résister à des efforts traversiers entraînés par une composante de vent d'au moins égal à 0,2 de vs0 pour un vent à 90° de la trajectoire, il devra également être capable de rester stable à flots. Pour les hydravions à coque ou mono flotteur, les flotteurs auxiliaires devront être disposés de façon qu'en étant complètement immergés, ils donnent un moment redresseur au moins égal à 1,5 fois le moment de renversement.
La structure des hydravions doit être calculée de façon à résister aux charges à flots du décollage et de l'amerrissage.
Toutes ces données sont calculées pour une utilisation en eau douce.
Et enfin la garde des hélices sera d'un minimum de 460 mm par rapport à la ligne de flottaison de l'appareil jaugé.

Visites et inspections

Ce paragraphe ne peut pas être exhaustif, mais donnera les inspections et leurs fréquences les plus courantes. On devra donc de toute façon, se référer aux indications des constructeurs ou éventuellement selon le cas, au programme d'entretien agrée par les services officiels de tutelle.
Ne seront traitées ici, que les opérations qui ont un rapport direct avec l'utilisation sur l'eau. Celles-ci s'ajouteront donc aux actions habituelles d'un avion terrestre.

Visite pré-vol ou journalière

La visite pré-vol est la première phase importante du vol en hydravion. La coque ou les flotteurs requièrent la plus grande attention lors de leurs contrôles. Le pilote, opérateur de fin de chaîne est donc responsable aussi de la bonne réalisation de ces opérations.
- Vérifier visuellement l'état de tous les mâts, haubans, câbles de commandes ainsi que de toutes leurs fixations.
- Pour les parties mobiles vérifier leur libre débattement (safrans et gouvernes).
- Vérifier visuellement en ouvrant les portes de visite ou par pompage, la présence d'eau dans chaque compartiment étanche. (Une quantité d'eau de plus d'un litre laisse présumer un défaut d'étanchéité, il faudra alors en rechercher l'origine).

La purge des flotteurs pour détecter des fuites éventuelles et un examen minutieux de l'hélice sont des opérations essentielles de la préparation d'un hydravion.

Pascal Parpaite

- Vérifier l'état de l'hélice (recherche d'impact ou tout autre défaut).

Visite de 25 heures ou hebdomadaire

- A la suite des opérations de la visite journalière, reprendre les graissages des parties mobiles exposées.
- Contrôler l'état des protections anticorrosion.
- Pulvériser des produits inhibiteurs de corrosion sur toutes les ferrures et le moteur.
- Passer un chiffon imbibé d'huile sur les pales de l'hélice.
- Pour les amphibies : Contrôle des trains en cas d'utilisation en eau salée (voir opérations de 50H).

Visite de 50 heures ou mensuelle

Tampon

- Contrôler l'état des tampons.
- Rechercher les déformations éventuelles de la cloison support.

Pont

- Contrôler l'état des revêtements du pont et des lisses.
- Contrôler l'état du revêtement antidérapant.
- Après la dépose de toutes les portes de visite : vérifier l'état de leurs joints et que leurs mise à l'air libre ne soit pas obstruées.
- Contrôler l'état des bouchons de purge et de leurs réceptacles.

Vérifier que le tube plongeur est bien en position au point bas du caisson.

Bordées intérieure et extérieure

- Contrôler visuellement l'état des revêtements :

Rechercher les déformations, les rivets ébranlés, les impacts.
- Contrôler les bouchons de purge comme précédemment.
- Contrôler les quilles d'angle : rechercher les déformations, les traces d'impact, la corrosion, les rivets ébranlés.
- Vérifier l'état des lèvres si installées.
- Vérifier l'état des fixations des pagaies, leur fonctionnement.

Fond de coque et redan

- Contrôler visuellement les revêtements et les quilles; rechercher les déformations, les impacts, les rivets ébranlés, la corrosion.
- Inspection détaillée de la zone en avant et en arrière du redan.

Recherche de fuite générale

- Voir méthode décrite dans le chapitre opérations particulière.

Pour les flotteurs amphibies

- Contrôler l'état des pneus et des freins.
- Rechercher les fuites hydrauliques sur tout le circuit État des vérins (fuite, piqûre).

- Vérification du circuit de commande et de contrôle.
- Si installés : vérifier l'état et la propreté des miroirs.
- Appareil levé : vérifier le fonctionnement du train et de ses alarmes.

Montage : fixations sur les flotteurs

- Mâts : contrôler le serrage des axes et leur freinage. Rechercher les criques et la corrosion.
- Haubans horizontaux : contrôler le serrage des axes de chape et leur freinage.
- Vérifier la tension des haubans, y rechercher toutes traces d'impact.

Montage : fixations sur l'avion

- Contrôler le serrage des axes de fixation et leur freinage sur les mâts et les ferrures.
- Inspecter les ferrures : y rechercher les criques et la corrosion.
- Inspecter les mâts : y rechercher les criques et la corrosion.
- Contrôler la tension des haubans croisillons.
-Vérifier le serrage et le freinage des chapes de hauban, y rechercher les traces d'impact.

Marchepied

- Contrôler leurs fixations.
- Contrôler l'état des revêtements antidérapant.
- Rechercher les traces de corrosion et les criques.

Commandes

- Safran : contrôler les réglages (débattements et tension).
- Vérifier, si installée, le bon fonctionnement de la conjugaison aileron / direction.
- Vérifier l'état des liaisons gouverne de direction avion / safrans.
- Contrôler l'état des câbles de conjugaison et de relevage y rechercher toutes traces de corrosion ou d'usure.
- Vérifier l'état des butées caoutchouc si installées
- Vérifier les réglages

Sur l'avion si installé à l'extérieur

- Contrôler l'état des quilles additionnelles : fixations, corrosion.
- Contrôler l'état des cordes de manœuvre d'aile.
- Contrôler l'état et la fixation de câble traversier à l'avant des flotteurs.
- Contrôler l'état des fixations des organes d'amarrage (taquets, anneaux)
- Recherche générale des traces de corrosion

À l'intérieur

- Vérifier la présence et la lisibilité des plaquettes indicatrices.
- Contrôler l'état des renforts de structure.

Accastillage

- Vérifier le bon fonctionnement de la pompe de cale ou de la pompe à main.
- Contrôler l'état des bouts, ancre, corne de brume.
- Contrôler l'état et la validité des gilets, canot, fusées et matériel de survie.

Graissage et lubrification

- Graissage général de toutes les articulations et renvois de commande à l'huile, de la graisse ou avec du Par-Al-Kétone suivant le cas.
- Restaurer les protections anticorrosion si nécessaire.

Visite de 100 heures ou annuelle

On reprendra toutes les opérations effectuées lors des opérations de 50h ou mensuelles, il est en plus conseillé par certaines sociétés de déposer l'ensemble flotteurs tous les ans pour vérifier l'état de tous les axes et fixations. Cette dépose n'excédera pas un intervalle de plus de 5 ans.

Amerrissage dur

Après un amerrissage dur, il faut vérifier scrupuleusement toutes les parties du montage flotteur.
On vérifiera les mâts, leurs ancrages, on recherchera s'il n'y a pas de criques aux points d'attache ou de déformation.
On vérifiera la tension des haubans, qui ont pu s'étirer à l'impact. On contrôlera spécialement les filetages d'extrémité pour s'assurer qu'ils ne sont pas allongés ou déformés.
On contrôlera enfin les flotteurs proprement dit, on y recherchera des déformations, des cloquages du revêtement, des ébranlements de rivets, des fuites.
On pourra trouver dans le manuel de maintenance, au chapitre opérations spéciales, des procédures spécifiques.
Une mise au sec sera donc nécessaire afin d'effectuer des contrôles satisfaisants. On veillera lors de cette sortie, que de l'eau ne s'écoule pas des flotteurs. Si c'est le cas, on prendra soin de bien en repérer l'origine, et d'inspecter ces zones attentivement.

En plus d'une détection de déformations ou de fuites, les haubans peuvent être sollicités gravement lors d'un amerrissage dur.

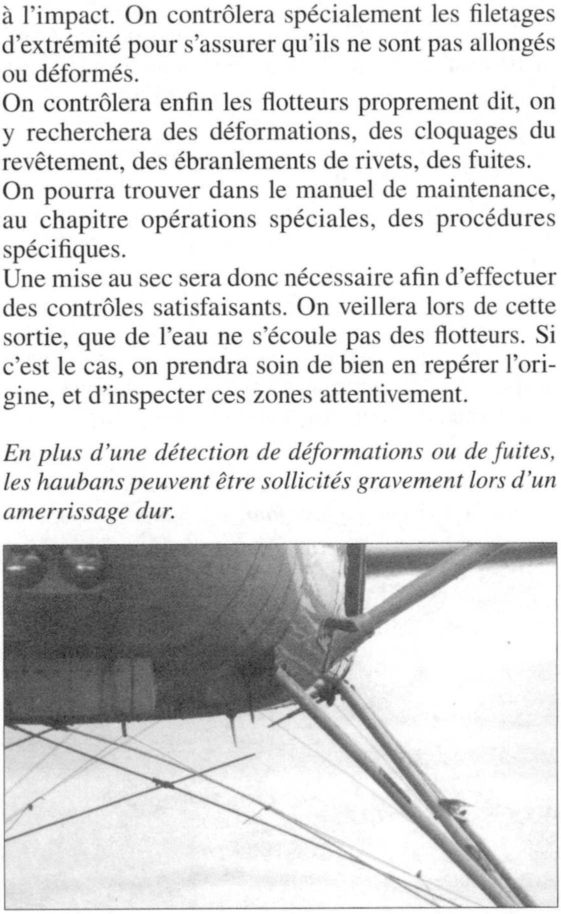

Pascal Parpaite

Lavage, graissage et lubrification

Après une utilisation en milieu salin, un rinçage complet à l'eau douce de l'appareil est indispensable. Les parties difficilement accessibles, les angles et les raccordements de revêtement nécessiteront un soin tout particulier. Si des infiltrations d'eau sont constatées dans les caissons, ceux-ci devront être rincés et séchés. La recherche de l'origine de ces infiltrations sera conduite méticuleusement, afin quelles soient traitées le plus rapidement possible.
Si un rinçage n'est pas possible, il sera alors intéressant d'effectuer quelques amerrissages sur un plan d'eau douce voisin. Pour un amphibie, de lui sortir le train dans l'eau, et de le rentrer avant de repartir vers sa base. Cette méthode n'est pas entièrement satisfaisante, mais c'est mieux que de ne rien faire.
Lors du lavage de l'hydravion, on prendra soin de protéger toutes les parties sensibles de la machine, par exemple : les prises statique et dynamique, de fermer toutes les ouvertures comme les fenêtres et les aérateurs.
Le lavage doit s'effectuer soit à l'eau douce, éventuellement en y ajoutant un détergent neutre pour l'aluminium. Dans tous les cas, il sera nécessaire de refaire tous les graissages des parties mobiles. On évitera d'utiliser de la graisse pour lubrifier les zones où le sable peut s'agglomérer, ce qui transformerait le tout en une pâte abrasive qui aurait pour conséquence de provoquer une usure accélérée. Il sera donc préférable pour ces zones, d'utiliser une huile fluide (SAE 40) pour assurer une bonne pénétration, mais ces graissages devront être effectués plus fréquemment.
En règle générale un appareil qui sera maintenu propre, aura la garantie d'une vie plus longue, et à long terme, un coût d'exploitation plus faible.

Préparation d'un Piper PA 12. L'appareil doit rester suspendu jusqu'au réglage final des haubans.

Pascal Parpaite

Les produits les plus couramment utilisés pour les traitements préventifs sont : le Par-Al-Kétone utilisé pour protéger toutes les pièces statiques (câbles, embouts de haubans, boulonnerie, etc); et les inhibiteurs de corrosion comme par exemple le WD40, ACF50, Ardrox 396, LPS 1; 2; 3 ou équivalent.

Installation des flotteurs

Dans un premier temps, il est nécessaire de préparer l'avion à sa nouvelle utilisation. Si celui-ci n'a pas, comme s'est souvent le cas, reçu de traitement anticorrosion, il sera indispensable d'effectuer un traitement à toutes les parties accessibles (voir le chapitre sur la corrosion).
Dans bien des cas, l'appareil sera soumis à des modifications et à la pose de différents renforts et équipements spécifiques aux hydravions comme par exemple : des anneaux de levage, des marchepieds, des dérives additionnelles. Il peut aussi y avoir des modifications de réglages des débattements des gouvernes. Un inventaire sera fait pour s'assurer qu'il ne manque pas de pièce avant de commencer le travail.
Dans un deuxième temps, on préparera la partie flotteur, en assemblant les flotteurs et leur mâture, avec un maximum d'éléments, afin de pouvoir limiter le temps de levage de l'avion au minimum.
Les flotteurs seront assemblés avec leurs mâts de liaison. Si des haubans sont prévus, ils seront installés également. On positionnera ensuite les mâts de liaison avec l'avion, en prenant soin de ne pas serrer les axes de fixation. Les mâts seront maintenus couchés sur le pont. Les safrans, leurs câbles de commande pourront aussi être installés. Toutes les pièces seront assemblées avec de la pâte au chromate de zinc, pour assurer leurs protection à la corrosion. Les boulons seront protégés avec du Par-Al-Kétone.
Dans le cas de changements d'atterrisseurs saisonnier, tous ces équipements peuvent rester en place.
Le sens de toutes les pièces est toujours identifié ainsi que leurs positions.

Pascal Parpaite

Lever ensuite l'avion, et le maintenir suspendu à la hauteur nécessaire, puis l'immobiliser pour qu'il ne tourne pas sur lui même.
Déposer les trains d'atterrissage. Les axes de fixation serviront ensuite au montage des éléments de liaison qui reçoivent les chapes d'assemblage.
Présenter ensuite les flotteurs sous l'avion, en les alignant dans l'axe de celui-ci. S'y prendre en plusieurs fois si nécessaire.
Pour les appareils à trains tricycle, commencer à monter les mâts en débutant par les mâts avant, puis les diagonales, et les mâts arrière pour finir. Pour les appareils à trains classique, on commencera par les mâts arrières.
Seront installés ensuite les croisillons de haubans.
Connecter les commandes de safran
Remplacer l'hélice si cela est prévu.
Adopter les nouveaux réglages et les nouveaux débattements des gouvernes et des volets si nécessaire (voir la documentation du constructeur)
Dans tous les cas, pour chaque avion, il existe une documentation sous forme de plans ou de livrets de montage, qui donne toutes les spécificités relatives à chaque appareil. Le constructeur de l'avion fournit la documentation et les pièces nécessaires à l'installation, ainsi que le supplément au manuel de vol.
Il faudra ensuite mentionner le montage des flotteurs dans la documentation de l'avion, (voir la réglementation en vigueur).
Plusieurs contrôles seront ensuite effectués lors des premiers vols.

Les haubans

Ils sont réalisés selon les normes MIL-T-5684. On peut les trouver sous formes cylindriques ou sous formes fuselées. Les embouts filetés sont forgés afin de leurs procurer une résistance mécanique suffisante.

Installation

Il est important de se procurer les plans de montage et de vérifier la compatibilité du matériel. Avant de commencer l'installation, il est important aussi d'inspecter l'état de ceux ci, notamment au niveau des filetages (criques, corrosion, déformations). Vérifier également l'état des embouts et des axes de fixation. S'assurer que les trous de sécurité des chapes ne sont pas bouchés. Contrôler qu'il n'y a pas de traces d'usure (passage des câbles de safrans et croisements). Puis répéter toutes ces vérifications au début de chaque saison.

Réglages

La procédure est facile et en général la même pour tous les appareils.

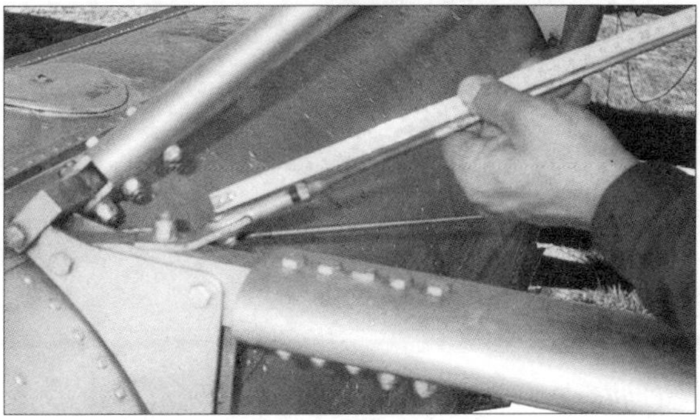

Pascal Parpaite

Prise de référence et de mesures

- Lever l'hydravion pour que les flotteurs ne soient plus en contact avec le sol.
- Pour les haubans ronds le réglage demande à avoir des cotes d'entraxe égales, pour les haubans fuselés il faux avoir une égalité de cote entre deux points de structure et dans les deux cas pour chaque croisillon. Ceci permet d'aligner parfaitement les flotteurs au fuselage de l'appareil.
- Positionner les haubans, soit de façon à avoir les chapes filetées à droite du côté droit, soit du côté du fuselage de façon à mémoriser le sens de rotation pour le réglage.
- Pré-régler les haubans de façon à ce qu'ils ne puissent pas être déformés.
- Tendre les haubans en gardant l'alignement flotteurs / fuselage, en tournant d'un nombre de tours égal pour chaque paire de haubans.
- Revérifier la symétrie.
- Puis tendre d'un tour supplémentaire chaque hauban.
- Vérifier l'enfoncement de chaque chape (trou de sécurité).
- Installer les goupilles sur les axes et serrer les contres écrous sur les chapes.
- Appliquer un trait de peinture pour visualiser facilement des desserrages éventuels.
- Revérifier que rien ne gêne dans le montage et que toutes les sécurités ont bien été installées.
- Après les premiers vols, contrôler le montage pour s'assurer que rien n'a bougé. La tension sera contrôlée particulièrement sur les haubans qui raidissent le montage entre les flotteurs. Cette opération sera ensuite répétée à la fin des cinq prochains vols.
- Enduire de Par-Al-Kétone tous les filetages et les chapes.

Réparations

Dans le cas d'une faible usure, on peut éventuellement employer la méthode appliquée pour la retouche des hélices. On limitera ces réparations à seulement 5% de la largeur du hauban.

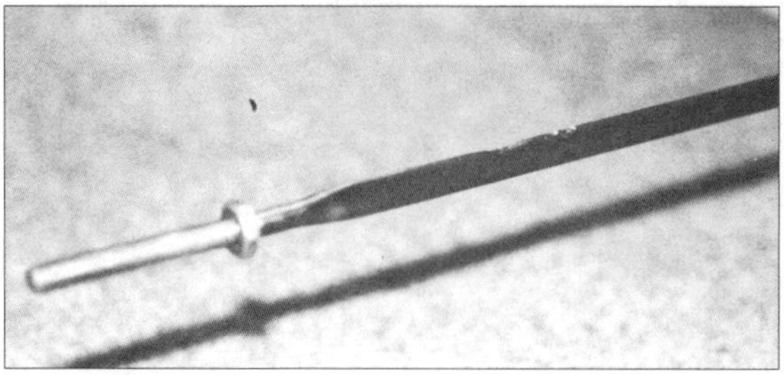

Pascal Parpaite

Exemple de dégradation et de retouche.

Contrôle et réglage des safrans

Contrôle et inspection des câbles

Contrôler l'usure des câbles aux passages des poulies, soit en les pliant légèrement s'ils ne sont pas montés, soit en faisant débattre les safrans. Vérifier que les torons et les poulies ne sont pas usés, qu'il n'y ait pas de fils coupés. Ceci peut être effectué en utilisant un chiffon, celui-ci vous évitera de vous blesser et facilitera le contrôle (des particules de chiffon restent attachées au câble si des fils sont coupés).

Il est important lors de la visite près vol de s'assurer que toutes les poulies tournent librement, un grippage entraînera un durcissement des commandes et une usure accélérée des câbles et des poulies.

Veillez à une bonne lubrification du système, et à la protection anticorrosion. En évitant les amas de graisse qui se transformerait en patte abrasive avec le sable. Les câbles pourront être enduits de Par-Alkétone pour leurs protection.

Réglages des câbles de commande

Vous devez dans un premier temps immobiliser la gouverne de direction de l'avion au neutre.

Les safrans seront immobilisés au neutre par rapport au flotteur sur lequel il sont montés.

Prérégler les câbles de liaison safran / gouverne à la même longueur, ainsi que le câble intermédiaire.

Placer une carte de crédit ou de téléphone dans une spire d'un des ressorts de liaison (câble / gouverne).

Tendre l'ensemble des câbles en vérifiant les alignements, jusqu'à ce que la carte tombe, ou autre méthode, tendre jusqu'à obtenir un allongement de 6 à 7 mm des ressorts de liaison.

Freiner ensuite toutes les connections.

Pascal Parpaite

Ensemble des câbles de commande de safrans: conjugaison intermédiaire et relevage.

Réglage du câble de relevage

Le régler de façon à ce que les safrans, une fois relevés, ne soient pas en contact avec la butée caoutchouc. Laissez un à deux centimètres de jeux maximum.

A gauche, le safran en action. Dessous, connexion élastique des safrans sur un Cessna 172.

Pascal Parpaite

Pascal Parpaite

Contrôle des réglages

S'assurer du libre débattement de tout l'ensemble en effectuant un déplacement de la gouverne de butée à butée.

Vérifier qu'à débattement maximum de la gouverne, corresponde bien un débattement maximum des safrans. La même vérification devra être effectuée à flot en circulant au ralenti (6 à 700 rpm).

Le débattement obtenu devra être de l'ordre de 40° +/- 5.

Réparations

Selon l'importance de la fuite ou de la perforation, les méthodes de réparation vont évoluer.

-S'il s'agit d'infiltrations, celles-ci pourront être étanchées à l'aide de mastics que l'on trouvera dans le commerce. Ils seront appliqués par l'intérieur, et devront être utilisables en milieu humide.

-Si la fuite est plus importante, et qu'elle nécessite une réparation, celle-ci devra toujours être vérifiée par un spécialiste le plus rapidement possible. Le montage d'une plaque avec des boulons ou des vis auto-taraudeuses et d'un joint, permettra de rentrer à sa base, et d'effectuer une réparation définitive dans de bonnes conditions.

-Si les dégâts sont très importants, et que la flottabilité de la machine est compromise, il faut remplir le caisson endommagé par des matériaux insubmersibles, (polystyrène, gilets de sauvetage gonflés, etc.). Dans ce cas, il sera intéressant de faire des photos des dégâts, et de les envoyer au constructeur afin qu'il puisse étudier une solution de réparation.

Une bombe de mousse expansive, percutée dans un sac poubelle, qui aura été introduit dans le caisson, gonflera celui-ci et redonnera de la flottabilité. Cet équipement peut faire partie du lot de bord, il est léger, peut encombrant, et peu coûteux. Mais dans ce cas, une réparation sur le terrain est compromise.

Si une réparation n'est pas possible sur le terrain, un démontage de l'hydravion devra être fait sur place. Si les dégâts ont été occasionnés à la suite d'un accident, la présence d'un enquêteur des services officiels sera peut être demandée.

Les réparations définitives, quant à elles, seront par exemple, effectuées selon les méthodes décrites dans le fascicule AC 43-13 de la FAA.

La construction classique des coques ou des flotteurs permet en général des réparations de fortune sur le terrain, avec un outillage de base. Les matériaux utilisés seront de préférence, ceux qui sont utilisés pour la construction, en général : Pour les tôles, ce sera de l'Alclad 2024 t3 ou 6061 t6, pour les rivets, se sera des MS 20470 ou MS 20430 AD.

Sur une coque ou un flotteur, les dommages sont toujours occasionnés généralement par des impacts avec des objets flottants, ou lors de collisions avec des bateaux ou des installations portuaires. Les amerrissages durs peuvent également occasionner des avaries graves. On recherchera dans ce cas, plutôt des déformations, des craquelures de peintures, des rivets ébranlés, qui indiqueront des déformations du revêtement suite à un effort violent. On veillera également sur les fixations des atterrisseurs pour les amphibies et sur les fixations des accessoires d'amarrage qui peuvent être le siège de criques compromettant la sécurité de l'appareil.

Comme nous l'avons déjà vu, deux cas de figure vont se présenter :

1°- Une petite avarie qui pourra être réparée sur place, réparation de fortune pour assurer un retour en sécurité vers la base.

Exemples de dégâts que subissent les flotteurs ou les coques. Ici dégâts causés par des chocs avec des objets flottants.

Pascal Parpaite

Pascal Parpaite

2°- Une grosse avarie nécessitant l'intervention de spécialistes, ou un démontage de l'appareil.

Réparations temporaires

Comme leur nom l'indique, ces réparations, ne seront que provisoires pour pouvoir acheminer l'hydravion vers une base où pourront être effectuées les réparations définitives, suivies de tests d'étanchéité nécessaires. On admettra, pour une réparation de fortune, une étanchéité médiocre, car l'utilisation à flots de l'appareil sera alors réduite au strict minimum. Si toutefois une escale s'impose, il faudra alors obligatoirement vérifier l'intégrité et la bonne tenue de cette réparation.

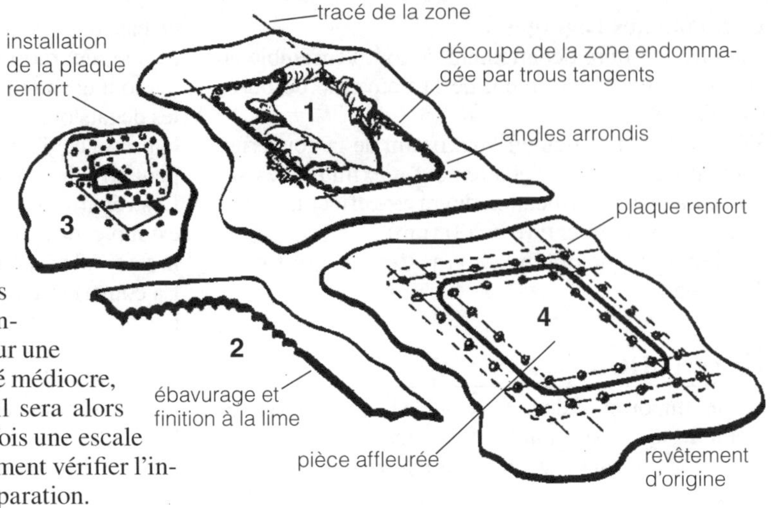

Pascal Parpaite

Pose d'une plaque de renfort. Sur une perforation, on commencera toujours par éliminer toute la partie endommagée. Généralement, ce travail consiste à découper la tôle autour du trou pour ne garder que la partie saine du revêtement. On prendra soin de ne pas avoir d'angle vif et de bien ébavurer le bord de la tôle pour éviter des départs ou une propagation de criques. La découpe du revêtement endommagé se fera, après le tracé de la zone, par un perçage de petits trous bord à bord, sur celui-ci. On égalisera ensuite la découpe avec une lime douce, puis on pourra préparer le renfort. Cette méthode de découpe est préférable à l'emploi d'une cisaille et est parfois plus facile. Comme dit précédemment, pour réparer, on utilisera de préférence les mêmes matériaux qu'à la construction. Mais si cela n'est pas possible on peut se contenter, du fait du caractère temporaire de ces réparations, de tout autre matière (de préférence métallique). On prendra seulement soin de bien isoler la réparation de la structure par un joint ou vernis d'étanchéité. Bien entendu il sera difficile de trouver, dans certaines régions, de la tôle d'aluminium, des rivets ainsi que l'outillage nécessaire à leur installation. On peut leur substituer, soit des rivets tirés étanches ou, ce qui est préférable, un montage par vis / écrous. Celui-ci permettra un démontage plus facile, donc une réparation définitive plus rapide. On prendra soin de percer les tôles à un diamètre légèrement inférieur au diamètre de la vis (celle-ci doit devoir être vissée légèrement pour être montée). Cela donne une meilleure étanchéité à la réparation.

Criques. S'il s'agit de petites criques, de l'ordre de un à deux centimètres, on peut se contenter de coller celle-ci, après avoir percer ses extrémités avec un petit foret d'un millimètre de diamètre. Au delà, il sera indispensable, à intervalles réguliers, de maintenir par un serrage de petites vis avec des rondelles, pour ensuite pouvoir étancher avec de la colle ou du mastic.

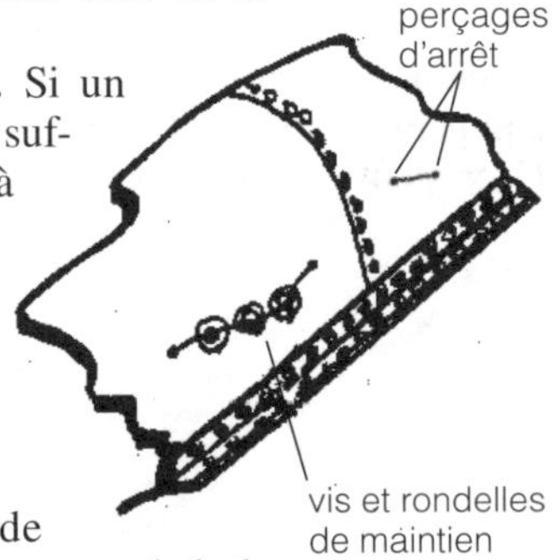

Suintement de rivet. Si un rematage du rivet ne suffit pas, on l'enduira à l'intérieur de mastic ou de colle. Il existe dans le commerce spécialisé, des kits de réparation, qui peuvent être utilisés dans ces deux cas de figure. Ils se présentent, en général sous la forme de pâte adhérente, que l'on plaque sur l'avarie, ou des kits de résine que l'on peut enduire sur le défaut. Si la réparation définitive ne peut pas être effectuée dans un temps assez court il est préférable, si l'appareil est immobilisé à sa base ou dans un atelier, de démonter la réparation. Surtout si celle-ci a été effectuée avec des matériaux non conformes, afin d'éviter des problèmes de départ de corrosion.

Réparation sur coques stratifiées ou bois. Si l'on intervient sur ce type de structure, du fait des conditions d'utilisations assez rigoureuses de ces produits, il sera préférable d'utiliser les mêmes méthodes de réparation que celles employées pour les structures métalliques citées précédemment.
NOTA : Si les dégâts affectent une zone de résistance structurale comme par exemple les quilles, les cloisons, le redan, etc, une réparation de fortune ne sera probablement pas envisageable. Cela nécessitera alors probablement l'avis du constructeur et l'intervention d'un spécialiste. Le démontage de l'appareil et son transport vers un atelier sera peut être alors indispensable.

Méthodes de réparations définitives.

Dans ce cas les méthodes de réparation seront conformes aux règles prévues dans les certifications ou par le constructeur (voir le manuel d'entretien). Deux règles cependant devront être respectées pour la réparation des flotteurs. Leur emploi est définis en fonction de la situation de l'avarie par rapport à la ligne de flottaison.
1 - La réparation est effectuée au-dessus de la ligne de flottaison
La plaque de renfort sera installée à l'intérieur du caisson. Une simple ligne de rivets peut suffire à sa fixation. Une pièce affleurante rivée sur ce renfort reconstituera la continuité de la surface du revêtement.
2 - La réparation est effectuée en dessous de la ligne de flottaison
On emploiera la même méthode, mais les lignes de rivets seront alors doublées et décalées en quinconce pour améliorer l'étanchéité. Si la pose du renfort n'est pas possible à l'intérieur, celui-ci peut être mis à l'extérieur, mais cette réparation sera moins esthétique.

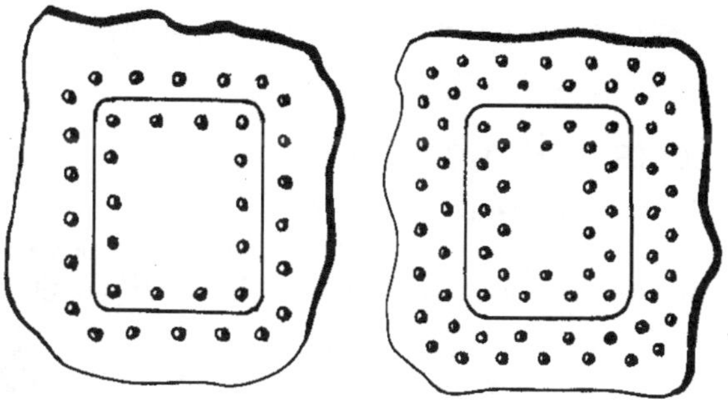

Pour l'espacement des rivets (le pas), on utilisera de préférence les espacements qui sont utilisés sur le flotteur. Pour les réparations impliquant une quille, celle-ci sera renforcée de chaque coté.

TROUSSE DE DÉPANNAGE

La trousse de réparations, sera en premier lieu une caisse légère où l'on trouvera tout le matériel nécessaire à la réalisation de petites réparations provisoires. N'oublions pas que seul un mécanicien agrée sera en mesure d'effectuer des réparations définitives. Cette trousse devra être cachetée, ce qui permettra un contrôle facile de sa composition lors de la préparation de vos vols. Un inventaire complet de sa composition devra rester à demeure dans cette trousse pour pouvoir la contrôler. En cas d'ouverture, ou après une intervention. Cela vous donnera l'assurance de ne pas avoir oublié un outil ou une pièce dans un endroit dangereux. Identifiez-la, indiquez son poids.

Nous allons y trouver au minimum les éléments suivants, pour ce qui va concerner les petites réparations sur une coque.

En outillage

- Petite perceuse à manivelle
- Série de forets avec un support de Ø 1, 1.5, 2, 2.8, 3, 3.2, 3.5, 4, 4.8, 5
- Lime douce demie ronde
- Monture de scie avec une série de lames différentes
- Pointeau, un petit burin
- Marteau, un maillet de bois dur
- Pince universelle, coupante, à freiner
- Série de tournevis plats et cruciformes
- Tas de section carrée et un de section ronde biseauté à une extrémité
- Série d'agrafes à tôle
- Boite à cliquet, et ses accessoires

En matière

- Sachet de 50 rivets de Ø 3.2 et 4
- Sachet de vis, écrous, rondelles de Ø 3 et 4
- Cartouche ou une boite de mastic d'étanchéité
- Kit de colle résine à deux composants neuf
- Kit de colmatage du commerce
- Bombe de mousse expansive avec un sac poubelle
- Boite de fil à freiner, une bobine de ficelle

En dehors de la caisse, à plat sur les planchers, un jeu de tôles de différentes épaisseurs, de préférence les épaisseurs utilisées pour la construction des flotteurs et autant que ce que vous pouvez emporter.

Cette liste n'est en aucun cas limitative, et pourra donc être complétée ou adaptée suivant vos besoins.

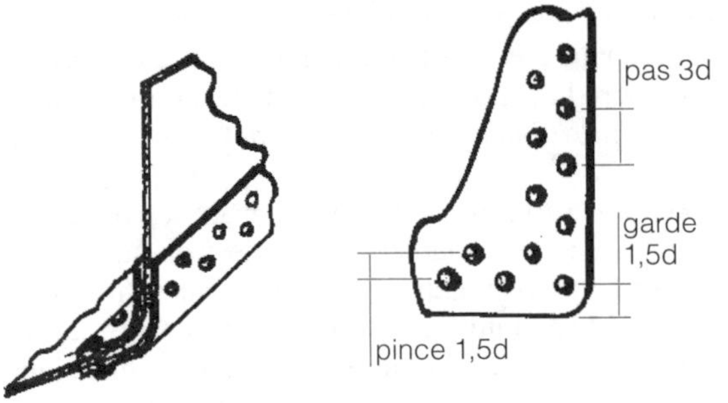

Espacement mini des rivets en fonction de leur diamètre (d).

Tests d'étanchéité

Contrôle de routine

Avant la sortie de l'hydravion de l'eau, on ouvrira les portes de visite des caissons. On y vérifiera qu'il n'y a pas une présence excessive d'eau (environ un litre). Si c'est le cas : on regardera si l'on peut voir l'eau pénétrer, sinon, on observera les flotteurs dès leur sortie de l'eau, pour rechercher les écoulements. Si on ne peut rien constater de flagrant, on emploiera d'autres méthodes.

Pascal Parpaite

Réparation avec double ligne de rivets sous la ligne de flottaison.

Il en existe deux qui permettent de tester l'étanchéité des flotteurs. L'une est utilisable sur le terrain, l'autre nécessite un démontage.

Méthode sans démontage

1 - Sécuriser l'appareil en le posant sur un sol plat, de façon que la quille à l'avant du redan soit soutenue sur la plus grande longueur possible, puis étayer la partie arrière en donnant un point d'appui un cadre sur deux. Ceci permettra d'éviter au flotteur de se déformer sous la charge de l'eau durant le test.

2 - Remplir un caisson sur deux, puis rechercher les fuites éventuelles à l'extérieur et à l'intérieur par les caissons vides (étanchéité interne).

3 - Répéter cette opération pour les autres caissons en ayant pris soin de bien sécher les compartiments qui viennent d'être testés.

4 - Repérer les fuites avec un marqueur.

5 - Effectuer les réparations appropriées.

Méthode avec démontage

Cette méthode consiste à immerger le flotteur dans un bassin à une profondeur équivalente à deux fois son déplacement d'eau, et d'observer les fuites éventuelles. Cette méthode est plus performante car elle reconstitue l'utilisation du flotteur, mais nécessite une installation lourde et, est employée surtout par les constructeurs comme test de réception à la fabrication.

En utilisation

On considérera que si l'on extrait plus d'un litre d'eau d'un caisson, on devra rechercher l'origine de cette fuite.

Cette eau pourra être extraite du caisson de plusieurs manières : Avec la pompe de pont, la pompe de cale, avec une éponge en ouvrant les trappes d'accès, ou par les purgeurs pour les appareils à coque. Noter que pour les coques on tolérera une quantité d'eau plus importante.

Pour évaluer la quantité, et la présence d'eau dans un caisson de flotteur, on peut utiliser un petit tuyau plastique, que l'on introduira dans le puits de purge, et en soufflant, la présence d'eau sera révélée par le bruit des bulles d'air.

On bouchera alors l'extrémité du tuyau avant de le ressortir, la hauteur d'eau dans le tube donnera une idée du niveau qui se trouve à l'intérieur du caisson.

Une observation des suintements d'eau sera effectuée à la sortie de l'hydravion. On la complétera, pour rechercher les fuites, par un jet d'eau pulvérisé en pression sur tous les joints et raccordements de tôles, les rivets, etc.

On insistera notamment au niveau des quilles et du redan. Une observation interne par les portes de visites complétera ce test.

Celui-ci du fait de sa simplicité, devra être effectué à l'occasion de chaque lavage de l'appareil.

En cas de doute sur une étanchéité, on emploiera alors une des deux autres méthodes citées précédemment.

Contrôle des performances

Les performances officielles se trouvent dans la *data sheet* ou fiche de navigabilité ou tout autres documents édités par les services officiels du pays ou

est enregistré l'appareil. Se sont elles qui servent de référence a tous résultats.
Les performances critiques pour un hydravion seront celles du décollage et, en particulier sa durée. La diminution de celle-ci permettra de réduire la course sur l'eau, ce qui sera important en cas d'évolution en eaux agitées, là où les efforts sur la structure sont les plus importants.
Il est admis que la durée moyenne d'un décollage sur l'eau, quel que soit l'appareil, ne doit pas excéder 30 secondes, d'où la nécessité d'une puissance installée parfois importante.
La procédure de calcul de performances au décollage est relativement complexe et requiert des connaissances en hydrodynamique importantes, notamment en ce qui concerne l'évolution des résistances durant toute la phase de décollage.
En substitution, il existe quelques formules empiriques qui peuvent aider à dégrossir le problème.
On prendra en considération les paramètres suivants :

- La masse de l'appareil	W	lbs
- La puissance au décollage	HP	hp
- La surface alaire	S	ft^2
- La flottabilité totale immergée	B	lbs
- Un coefficient pour l'hélice	K	

(K=1 pour pas fixe; K=0,93 pour vitesse constante)

En premier lieu on calcul un indice de performance :

$$IP = \frac{W}{HP} \times \frac{W}{S}$$

Si IP est supérieur à 55 le temps de décollage est considéré comme trop important.
On calcul ensuite le temps estimé du décollage TOT (take-off time) en secondes :

$$TOT = K \times \frac{W^{1/3}}{B} \times \frac{IP^5}{25}$$

Vérification de la puissance du moteur

Si le moteur ou l'hélice d'un hydravion ne donne pas la puissance nominale prévue au décollage, les performances pourront être plus sérieusement affectées que sur un avion terrestre. La traînée hydrodynamique des flotteurs ou de la coque étant beaucoup plus importante que la résistance des roues sur une piste, le décollage sera dans certains cas difficile voire impossible.
Pendant la phase de déjaugeage de l'appareil, la puissance disponible pour l'accélération n'est que d'environ 10%; le reste est absorbé par les traînées hydrodynamiques,.
Dans certaine conditions, le décollage sera très délicat comme par exemple sur des plans d'eau en altitude, sur un plan d'eau en miroir, si l'appareil est trop chargé ou si l'hélice est en mauvais état.
Il sera donc primordial de s'assurer que l'on dispose bien de toute sa puissance. Une erreur courante qui concerne ce contrôle, est de penser que, si le moteur donne son régime maximum au sol, c'est qu'il délivre toute sa puissance.
C'est vrai, bien sûr, si l'on utilise toujours la même hélice à pas fixe, mais pas dans le cas d'une transformation avion / hydravion, ou lors d'un changement d'hélice (notamment celle en bois). On devra dans ce cas, comparer les performances avec celles d'un appareil semblable.
Dans le cas d'une hélice à vitesse constante, on contrôlera les performances en comparant la pression admission à la pression atmosphérique du jour. La différence ne devra pas excéder une certaine valeur limite indiquée dans la documentation du moteur.
Un autre facteur important influant sur les performances au décollage sera l'hélice. Un hydravion est en général toujours moins rapide qu'un avion semblable à cause de la traînée engendrée par les flotteurs ou par le moteur en pylône pour les hydravions à coque mono moteur.
Une hélice identique ne donnera pas les mêmes performances sur une version terrestre que sur une version hydravion.

Opérations en milieu salé

«Prenez soin de votre avion, il prendra soin de vous!»
Le plus important sera de préserver, et d'entretenir l'intégrité des protections anticorrosion. Qu'elles soient d'origine, ou qu'elles aient été effectuées lors de la transformation d'un avion en hydravion (voir le paragraphe sur la corrosion).
C'est en milieu salé, mer ou en lagune, que l'ensemble de l'hydravion sera le plus éprouvé. C'est dans ce cas, que le risque de corrosion sera le plus important. De ce fait, ce type d'utilisation augmentera, voire doublera le coût d'utilisation. C'est pourquoi, beaucoup de pilotes préfèrent éviter ce type d'emploi. On peut souvent constater dans les petites annonces la mention «utilisation uniquement en eau douce», ce qui donne une plus-value à l'appareil, ou au moins la garantie de le vendre plus facilement.
Mais si un minimum de précautions sont prises, d'actions préventives effectuées systématiquement, l'utilisation en eau salée est alors aussi durable que celle en eau douce. Ces actions devront devenir une routine et bien sûr, le temps à consacrer à sa machine sera plus important.

Prévention

Il est primordial, lors de chaque utilisation, ou après le dernier vol de la journée, de rincer l'ensemble de l'appareil à l'eau douce, (voir rubrique lavage), pour enlever tous les dépôts de sel qui pourraient se former.
Une attention particulière sera donnée à la surveillance de l'état des revêtements, et des peintures. Tous les éclats de peinture, ou toutes les rayures sont des points de départ pour la corrosion. Et il faudra donc y remédier le plus rapidement possible.
Une recherche de fuites externes et internes sera effectuée fréquemment, afin d'éviter une propagation de corrosion par l'intérieur.
Après chaque rinçage, on devra reprendre les graissages des parties mobiles, les chapes des haubans pourront être enduites de Par-Al-Kétone ou d'une graisse hydrofuge et ensuite enveloppées dans un sachet pour y maintenir la protection.
De ce fait, l'utilisation en milieu salin, donne un travail plus important après les vols, mais celui-ci conditionne la longévité de l'appareil, et influe de manière considérable sur le coût de l'entretien. Il ne faut pas oublier qu'une pièce corrodée ne sera pas réparable et devra être remplacée.
Attention : en eau douce, si une pollution, ou une acidité de l'eau existe, des problèmes de corrosion peuvent aussi se manifester et induiront les mêmes problèmes que le sel. Il sera donc intéressant de connaître l'acidité des plans d'eau que l'on utilise le plus fréquemment.

Hélices

Choix de l'hélice

Hélices à pas fixe. Dans la plupart des cas on sera contraint de diminuer le pas de l'hélice pour donner au moteur le régime maximum au décollage qui est défini par sa certification. On ne pourra le vérifier qu'en effectuant un vol en palier, à basse altitude, quand le régime sera stabilisé, à pleine puissance, après un vol de quelques kilomètres.
Une hélice métallique ne pourra être retouchée que dans un atelier spécialisé. Une hélice en bois quant à elle, n'étant pas retouchables, devra être remplacée par une autre plus adaptée. Il est à noter dans ce cas que deux hélices en bois, de même facture, ne donneront pas forcément les mêmes performances. Cela est dû aux différences de flexion et de torsion qui existent entre elles.
Ce changement de pas augmentera considérablement les performances au décollage, mais ne suffit pas forcément.
En complément on devra probablement augmenter aussi le diamètre de celle-ci. Cela permet notamment de gagner en vitesse de croisière. L'augmentation de surface du disque de l'hélice augmente aussi la traction disponible à basse vitesse, donc au décollage. Tout ceci explique pourquoi l'on doit le plus souvent changer d'hélice lors d'une transformation avion / hydravion.
Deux ou trois pales. Traditionnellement les avions étaient munis d'hélice bipale car la technologie utilisée pour la construction des hélices jusque dans les années 80 ne permettait pas de fabrication légère. Cela imposait aussi généralement le remplacement ou le renfort des attaches moteur. Maintenant, on dispose d'hélices tripales qui ne sont pas beaucoup plus lourdes qu'une bipale équivalente. Ce qui permet maintenant de reconsidérer la question compte tenu des avantages qu'elles procurent. Comparée à une hélice bipale, l'hélice tripale interchangeable donne de meilleures performances, une diminution du bruit (par diminution de la vitesse circonférentielle des bouts de pale), une diminution de l'usure due aux projections d'eau. Du fait qu'elles procurent plus de poussée à basse vitesse, elles donnent également plus de freinage à moteur réduit, l'hydravion planera moins longtemps, pourra se poser plus court.
L'inconvénient étant toujours une légère augmentation du poids sur l'avant.

Entretien

Le bon état des pales d'hélice est primordial pour conserver les performances de l'hydravion.
Donc beaucoup de facteurs entreront en jeu. En plus de la garde de l'hélice, imposée par les normes de certification, la position des flotteurs en écartement et en hauteur, sera étudiée de façon à limiter les projections d'eau vers le haut. La vitesse d'impact des gouttes d'eau qui traversent le disque de l'hélice est de l'ordre de 900 à 1000 km/h. De ce fait, des

Examen des pales.

Pascal Parpaite

Pour déterminer la valeur de la retouche, utiliser la formule suivante :
- pour le bord d'attaque et le bord de fuite : profondeur de l'impact X 10.
- pour l'extrados et l'intrados : profondeur de l'impact X 20

Note: c'est seulement après les retouches que l'on peu déterminer si la pale est toujours dans les tolérances d'utilisation ou pas.

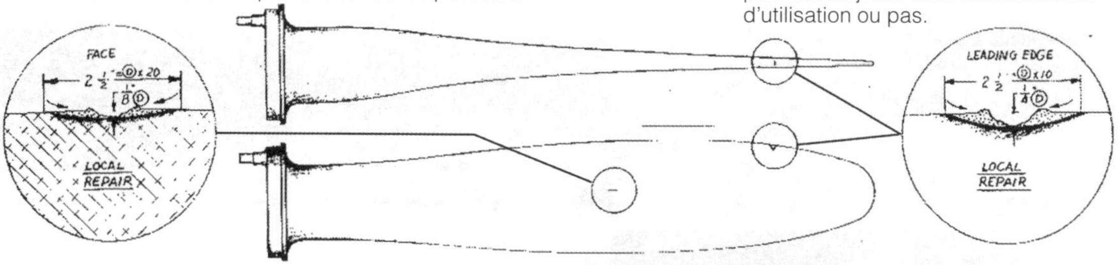

accessoires ou dispositifs pour limiter la projection d'embruns seront installés. Ils seront principalement, soit rapportés comme les lèvres (spray-rail), ou de construction de par la forme des quilles d'angle qui renvoient les projections d'eau vers le bas.
Les hélices en bois seront quand à elles protégées par un blindage beaucoup plus important que pour une hélice terrestre. Ce blindage aura également des petits trous à l'extrémité des pales, pour évacuer l'eau par la force centrifuge. En plus du suivi des potentiels, on devra apporter à l'hélice un soin tout particulier à la recherche de corrosion et des criques.
Si la corrosion peut être facilement maîtrisée, (à condition d'effectuer régulièrement les traitements de protection adaptés), la recherche de criques sera plus difficile. Il est aussi difficile de bien évaluer les dégâts quand on n'en a pas l'habitude. Il faut savoir qu'une goutte d'eau qui passe dans le disque de l'hélice d'un hydravion provoque des impacts beaucoup plus important que les gravillons pour un avion terrestre. On cherchera donc à déceler toutes les traces d'impact. Pour ne pas se blesser, on passera un chiffon sur le bord d'attaque des pales, et si celui-ci raccroche, on aura à retoucher l'hélice. Au touché, l'hélice devra paraître lisse et exempte de traces noires sur le bord d'attaque.
Enfin pour protéger l'hélice de la corrosion, on passera un chiffon imbibé d'huile ou de produit inhibiteur de corrosion.

Réparations

Si sur le terrain, on vous conseille, pour ne pas déséquilibrer l'hélice, de repousser le métal avec un cylindre (tournevis rond par exemple), sachez que cette méthode n'est pas approuvée par les fabricants d'hélice. Car la moindre petite crique peut occasionner des ruptures dues à la fatigue du métal. Donc si ces criques sont recouvertes avec un rouleau, elles seront dissimulées et pourront alors progresser en toute discrétion.
On devra donc en général éliminer toutes les bavures, même minimes, en utilisant une lime douce ronde (toujours parallèlement à l'axe des pales), puis on restaurera le profil de la pale. On devra ensuite avec du papier abrasif très fin, lisser le métal. Enfin on reprendra la protection anticorrosion sur la retouche.
Attention : chaque constructeur donne, pour ces retouches, des tolérances à respecter; il faudra donc consulter la documentation appropriée.
Il faut savoir enfin que la zone la plus critique, pour les impacts sur les pales d'une hélice, est celle qui se trouve à l'extérieur d'un cercle de 18" de diamètre. Cette zone de bout de pales, est celle où ce trouvent les plus fortes vibrations.
Si la réparation qui est faite, arrive ou dépasse les limites requises par le constructeur, l'hélice devra être contrôlée dans un atelier spécialisé.
La première précaution à prendre pour augmenter la durée de vie d'une hélice d'un hydravion, sera la douceur du pilote lors des mises en puissance du moteur. Mais de toute façon, une hélice montée sur un hydravion, ne fera que rarement son potentiel entre deux révisions.

Pascal Parpaite

Exemple de réparation avec quelques défauts. L'étalement de la retouche est trop court en rapport à la norme.

La corrosion

La corrosion est un phénomène propre à tous les métaux et à leurs alliages, qu'ils soient ferreux ou non.

EMBRUNS

Une forte remontée d'embrun peu provoquer en quelques secondes ce type de dégradations.

Deux façons d'éviter les embruns dans le disque de l'hélice: coque avec lèvres ou fond de coque amortis. A droite, le principe utilisé sur le Shin-Meiwa US1. On récupère une partie de l'énergie dissipée dans les embruns pour favoriser le déjaugeage.

Exemple d'installation de lèvres sur flotteurs (Piper PA 18) et sur coque Republic Seabee).

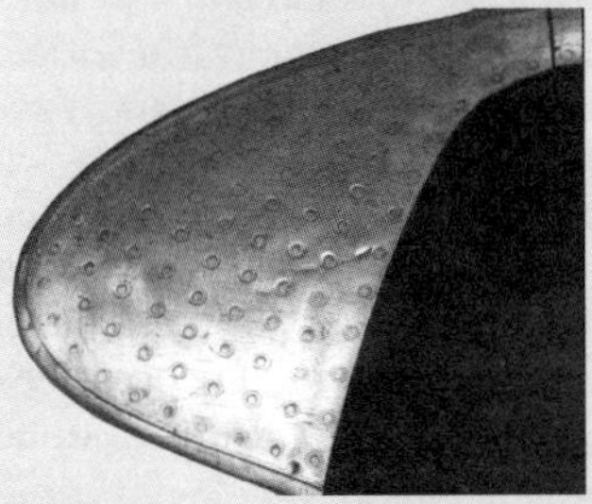

Blindage d'une hélice en bois d'un Latécoère 298, au Musée de l'Hydraviation de Biscarrosse. Notez sur le bout de pale les trous pour évacuer l'eau.

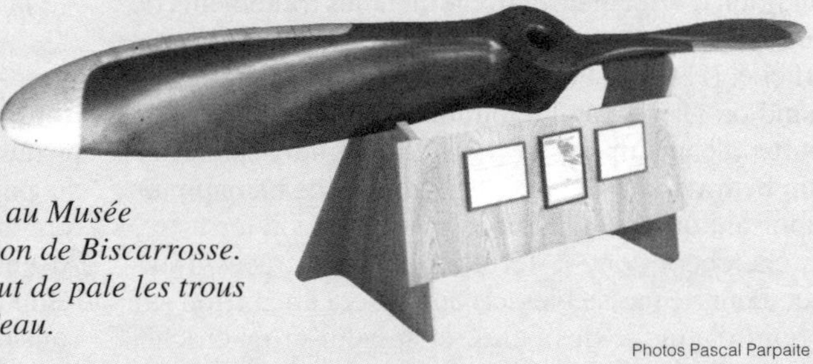

Photos Pascal Parpaite

Elle peut être définie comme le résultat de l'action de l'environnement sur les métaux qui ont toujours tendance à retourner à leur état naturel, ceci par une action chimique ou électrolytique. Elle progresse rapidement et a généralement, pour conséquence, une diminution des caractéristiques mécaniques des pièces attaquées. La gravité de l'attaque varie, en premier lieu, suivant le milieu dans lequel la pièce est exposée, et les conditions d'emploi de l'appareil.
La lutte contre la corrosion est primordiale, c'est un véritable combat contre elle, qui commence dès la conception de l'appareil et qui doit se poursuivre tout au long de son exploitation. Une corrosion généralisée dévaluera la valeur de l'appareil et compromettra gravement la sécurité.
Plus la corrosion sera décelée tôt, plus elle sera facile à corriger.

Comment se manifeste telle ? Il y a plusieurs formes de corrosion, plus ou moins facile à traiter, plus ou moins graves.
La corrosion directe de surface. Elle est due à la réaction de l'air sur la surface du métal. Cette attaque corrosive peut être accélérée par le milieu d'utilisation, et l'environnement (air marin, les gaz d'échappement, les émanations d'électrolyte des batteries). Elle se présente sous la forme d'un dépôt blanchâtre ou gris, une rugosité du métal apparaît.
La corrosion par piqûre. C'est une forme aggravée de la corrosion de surface. L'attaque est plus profonde

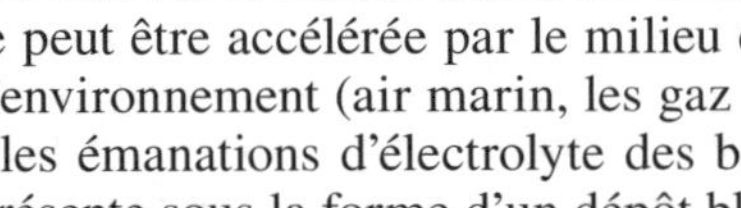

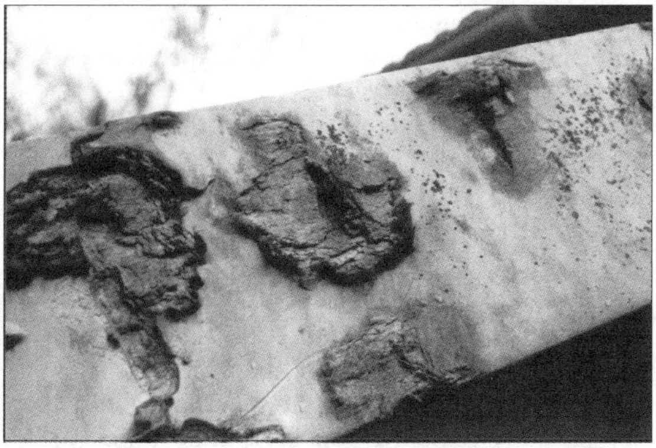

Pascal Parpaite

Stade ultime de corrosion sur une hélice de Laté 631 (Musée de l'Hydraviation de Biscarrosse).

Pascal Parpaite

Pièce criquée à la suite d'une corrosion.

et anarchique. Elle se présente sous la forme de poudre blanchâtre en surface, mais après un nettoyage il persiste des petites cavités plus ou moins profondes, isolées ou non. Elle se rencontre par exemple sur les extrados des ailes autour des orifices de remplissage des réservoirs, là ou ont été formés des rayures dues au maniement du matériel d'avitaillement, ou en général partout où le revêtement de protection aura été altéré.

La corrosion inter granulaire. C'est une forme développée de la précédente très dangereuse. Elle est générée après l'apparition de piqûres qui n'ont pas été traitées, et a progressé au cœur du métal. Elle aura pour effet de délaminer celui-ci à la façon d'une feuille d'ardoise. La mise sous contrainte de la pièce au cours des vols va accélérer le phénomène. Elle ne peut être décelée en surface qu'à la loupe, mais très vite, il apparait des gonflements sous la couche de

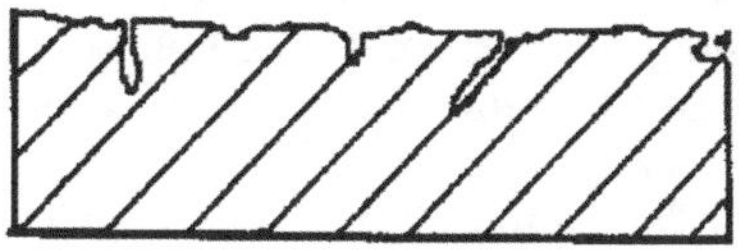

peinture. Il est alors déjà trop tard pour agir. Cela implique un remplacement de la pièce qui peut être coûteuse. Les jonctions par rivets peuvent être touchées, les têtes de rivets se décollent, la liaison mécanique est alors gravement endommagée.

La corrosion galvanique. Elle résulte du contact de deux métaux de nature différente en présence d'un électrolyte (humidité).

Elle se manifeste par la présence de sels à la jonction des deux métaux.

La corrosion par micro-organismes. L'apparition de ce phénomène est liée à la présence de bactéries

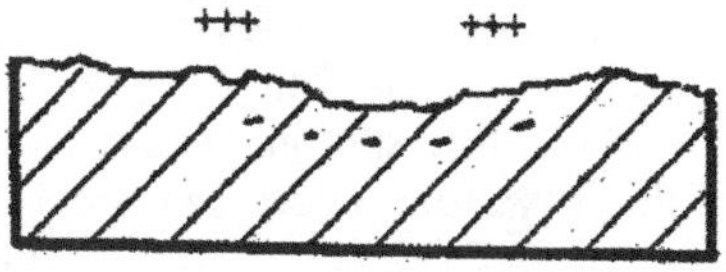

et d'eau dans les réservoirs d'essence, elles se nourrissent d'impuretés minérales et organiques présentes dans ce milieu. Cette action conduit à la détérioration des projections des réservoirs, elle peut entraîner un colmatage des filtres.

Les agents aggravants propres à l'appareil. Connaître et chercher leurs effets là où ils sont localisés échappement, aération des bacs à batteries, les courants électrique vagabonds dus à une mauvaise métallisation, le milieu environnant (humidité, air salin, climat tropical), les vents de sable (abrasion des protections), la pollution. Toutes ces actions combinées ou isolées provoquent et accélèrent le processus corrosif.

Les moyens de lutte

A la conception, puis à la construction : choix des matériaux et réalisation de traitements préventifs. On recherchera toujours à éviter la formation d'effet de piles par la mise en place de couches auto-protectrices entre les différentes pièces. On assurera une bonne ventilation et un drainage efficace des caissons étanche. On s'assurera de la réalisation d'une bonne métallisation entre les divers éléments mobiles. Un traitement de surface de tous les éléments avant leur montage ou assemblage, sera effectué par un traitement électrochimique (anodisation), puis un primaire au chromate de zinc, et une peinture de finition (époxy ou polyuréthane).

En utilisation. Après un nettoyage, il faut rechercher les défauts : écaillage de la peinture, rayures des revêtements, décollement des placages.

On recherchera également les piqûres, toutes les traces visibles des différentes manifestations de la corrosion vues précédemment, afin de pouvoir les traiter le plus rapidement possible. Ceci permettra de bloquer toute évolution future.

Traitements préventifs

- Le rinçage à l'eau douce après toute utilisation en eau salée ou acide.
- Le renouvellement fréquent de tous les graissages des pièces en mouvement.
- La vaporisation d'un inhibiteur de corrosion de type LPS 3, WD 40, corrosion X ou équivalent.
- Un drainage régulier des caissons étanches, surtout quand l'appareil ne vole pas.
- Un stockage au sec et à l'abri restera toujours le moyen le plus efficace, il sera encore plus sûre, en ouvrant les portes de visites des caissons pour leur assurer une meilleure ventilation.

Si on décèle une manifestation de corrosion, un traitement rapide s'impose. Un décapage local de la peinture est nécessaire, puis il faut retirer mécaniquement tous les produits de corrosion et toutes les couches de métal délaminées visibles (dérochage).

Il sera alors possible d'évaluer correctement les dégâts. Une inspection à la loupe et un ressuage permet un bon diagnostic.

Attention : ne jamais utiliser une brosse métallique pour nettoyer les surfaces endommagées, au risque d'introduire des particules ferreuses qui provoqueraient une corrosion galvanique.

Une fois la pièce nettoyée, il faut, si les dégâts ne sont pas importants, restaurer les traitements anticorrosion. On commencera par passiver la zone touchée avec de l'acide phosphorique pour les alliages d'aluminium, ou chromique pour les alliages de magnésium.

Puis on rince à l'eau claire; ensuite, on reprend les couches de protection normales : alodine, primaire au chromate de zinc, peinture époxyde ou polyuréthanne, puis Par-Al-Kétone.

Pour ce qui concerne la protection des appareils terrestres convertis en hydravion qui n'ont pas reçu de protection spécifique à leur construction, cas le plus courant, il faut au minimum :

- Traiter toutes les ferrures et fixation exposées aux projections d'eau (primaire au chromate de zinc, 2 couches).
- Apposition de Par-Al-Kétone ou de graisse non soluble à l'eau.
- Recouvrir tous les câbles de Par-Al-Kétone ou de graisse, les remplacer par des câbles en acier inoxydable à la première occasion.
- Il est recommandé d'ajouter des portes de visites supplémentaires pour faciliter les inspections futures (voir avec le constructeur).
- Il faut incorporer de nouveaux drainages (pour les avions entoilés il existe des pastilles à dépression spéciales).
- Pour les structures tubulaires acier, il faut introduire de l'huile de lin chaude dans les tubes. Les inspecter attentivement pour déceler des départs de corrosion avant la mise en service sur flotteurs, notamment aux passages de vis, aux soudures, etc.
- Pulvériser à l'intérieur du fuselage et des ailes des produits anticorrosion adhérents (cire, Par-Al-Kétone).

Décontamination en cas de chavirage

Sont concernés par la décontamination, tous les composants qui auront été immergés tels que le moteur, les parties touchées de la cellule, les surfaces travaillantes, les circuits d'huile et de carburant, les équipements radio électrique.

Du fait du nombre important d'opérations à effectuer lors d'un renflouage, il est primordial d'avoir du temps. Ne jamais commencer un tel travail en fin de journée. Un renflouage va durer plusieurs heures, et il ne faut pas négliger la décontamination qui doit suivre.

Se munir de la documentation d'entretien de l'appareil, ainsi que de l'outillage nécessaire à la dépose de nombreux éléments.

Après les opérations de renflouage, et après avoir sécurisé l'appareil, déposer toutes les garnitures intérieures. Ouvrir toutes les portes de visite. Percer éventuellement des trous de drainage dans les parties basses pour faciliter l'évacuation de l'eau afin de sécher l'appareil. Le pulvériser de produit inhibiteur de corrosion.

Déposer tous les instruments de bord ainsi que tous les équipements radio électrique, les ré-immerger aussitôt dans des bacs remplis de la même eau que celle qui a contaminé l'hydravion. La décontamination des équipements pourra ainsi être différée, et laissera le temps d'avertir un atelier spécialisé de leur envoi pour révision.

Pour le moteur, le vidanger de l'huile contaminée, de l'eau qui a pu s'y introduire. Déposer les bougies. Refaire le plein d'huile ou de gas-oil et brasser le moteur avec l'hélice pour chasser toutes les traces d'humidité qui pourraient se trouver dans le circuit de graissage. Répéter cette opération plusieurs fois si nécessaire. Terminer par un rinçage avec de l'huile. La méthode idéale est malgré tout l'application de la procédure de stockage à long terme préconisée par le motoriste avant l'envoi dans un atelier de révision.

Pour les surfaces externes vaporiser de produits inhibiteurs.
En résumé, après l'immersion d'un appareil, il est nécessaire d'envoyer tous les accessoires, le moteur, et les équipements en révision. Un contrôle général de tout l'appareil est indispensable pour vérifier les déformations éventuelles et la corrosion.
La décontamination après un renflouage est juste une série d'opérations destinées à protéger l'appareil de la corrosion en attendant l'intervention de spécialistes.
Éventuellement, si l'on n'a pas la possibilité de transporter les éléments dans des caissons étanches, ceux-ci devront être séchés au plus tôt dans un four à 65° maximum ou au sèche cheveux. Puis on y vaporisera des inhibiteurs de corrosion quand ils seront revenus à la température ambiante.

Pascal Parpaite

Corrosion de surface déclenchée à la suite d'un chavirage quelques heures après un renflouage.

PRODUITS

Par-Al-Kétone Ardrox 3140 MIL-C-16173	Protecteur de corrosion qui s'utilise sur les surfaces extérieures et les pièces qui sont sujettes à des expositions sévères
LPS 1	S'utilise sur les tableaux de commandes électriques, caisson de roues, pale de compresseurs et surfaces de raccordement Pénétrant; il assure un dégrippage des attaches rapides.
LPS 2	Forme un film d'huile qui protège tous les métaux de la corrosion, à l'intérieur, comme à l'extérieur Inhibiteur de corrosion, élimine les dépôts blancs sur les revêtements.
LPS 3	Forme un film qui gonfle et qui protège tous les métaux de la corrosion, dans de sévères conditions abrasives, corrosives, en atmosphère humide, salin ou chimique.
WD 40	Faible viscosité, lubrifiant compatible avec tous les produits pétroliers. Empêche l'humidité sur toutes les surfaces métalliques, y préserve de la corrosion. S'utilise sur les tableaux de bord, les pales d'hélices, les poulies de commandes, tous les revêtements.
ACF 50	Idem WD 40
Corrosion X	Anticorrosion

PEINTURES, PRIMERS, PROTECTIONS ANTICORROSION

Alodine ou Iridite	
MIL-C-5541-E	
Primer	chromate de zinc
MIL-P-8585	
MIL-P-15328	coat primer
MIL-P-23377	primer jaune epoxy
Pigment aluminium	
MIL-P-320	
MIL-TT-L-32	

CHAPITRE 22

Apprendre à piloter les hydravions

En partant de zéro

Celui qui veut passer son brevet de pilote et qui ne vit pas trop loin d'une école de vol hydro a la splendide opportunité de pouvoir apprendre à voler directement sur hydravion. Pourquoi splendide ? L'avis de l'auteur de ce livre est qu'un cours de pilotage sur hydravion est plus complet et plus formateur qu'un cours sur avion terrestre.

Tout d'abord, avec les avions terrestres, on opère sur des aéroports et par conséquent le débutant se trouve d'un seul coup immergé dans un milieu complexe et sous bien des aspects incompréhensible. Aux problèmes de contrôle de l'appareil s'ajoutent les problèmes de procédures et de communications qui ne peuvent être affrontés par l'élève que dans une phase ultérieure de l'instruction. Avec les hydravions, on évolue presque toujours – ou on peut les atteindre rapidement – dans des zones non contrôlées a faible trafic. En outre, dans beaucoup de cas, le pilote qui apprend à voler au dessus de la terre se retrouve après le décollage volant dans un paysage uniforme peu familier. L'hydravion évolue en général sur des bassins qui ne posent aucun problème d'orientation et de navigation, la base de départ se trouvant sur un élément linéaire – la rive – qui reste toujours en vue ou qui est facilement retrouvable. En réalité, on pourrait dire que le fait de se retrouver d'un seul coup dans l'ambiance aéroportuaire dans tous ses aspects et dans l'élément qu'est l'air, avec les problèmes relatifs à la navigation, peut aussi être instructif même si l'élève n'est pas encore capable de gérer la situation. Cela peut avoir un fond de vérité, mais on veut souligner ici l'avantage de l'hydravion qui permet de choisir librement le niveau de perturbations externes et le nombre d'éléments qui doivent retenir l'attention. Si, par exemple, dans certaines phases de l'instruction il est utile que l'élève s'exerce aux communications radio, dans d'autres phases il est bon d'opérer sur un plan d'eau loin de l'hydrobase et des aéroports et sans aucune procédure à suivre, pour pouvoir consacrer toute son attention uniquement à la manœuvre.

L'élève hydro, dans la phase la plus délicate de l'instruction, celle où l'on apprend à amerrir, a un gros avantage sur l'élève terrestre. Ce dernier opère sur un aéroport et est donc contraint d'effectuer un circuit complet avant l'atterrissage pour s'insérer dans le trafic de l'aéroport. Le pilote hydro a par contre la possibilité de bénéficier d'aires illimitées et donc d'effectuer des décollages et des amerrissage "à la

Aero Club Como

Jeunes gents à l'école de pilotage de Côme (Italie) dans les années trente.

chaîne”, montant à faible hauteur pour redescendre immédiatement. De cette façon la dizaine de décollages et d’atterrissages que le pilote terrestre fait en une heure, le pilote hydro la fait en 10 ou 15 minutes. Cela permet un apprentissage beaucoup plus rapide et complet, car on peut refaire un essai dans les conditions de l’amerrissage précédent seulement quelques dizaines de secondes plus tard.

Une autre particularité du vol hydro, qui permet de s’affiner jusqu’à la fin des premières phases de l’apprentissage, est la très grande importance qu’a le contrôle de l’assiette. Avec un appareil terrestre on peut effectuer la rotation plus ou moins bien et l’appareil décollera de toute façon. Bien plus raffinée est la technique du décollage de l’eau, où un demi degré en plus ou en moins par rapport à l’assiette optimale peut rendre impossible le décollage. L’assiette est aussi très importante à l’amerrissage, et peut avoir de graves conséquences si elle n’est pas correcte. L’assiette – et en général une bonne coordination – est d’importance vitale pour l’amerrissage en miroir, une technique de vol aux instruments conduite à une vitesse à peine supérieure à celle de décrochage et que l’élève doit dominer après une quinzaine d’heures de vol.

L’élève hydro opère ensuite non pas dans un seul élément naturel – l’air – mais dans deux, c’est-à-dire aussi sur l’eau. Un cours de pilotage sérieux est donc également un cours de culture et de technique marine. Deux grandioses univers, celui de l’aviation et celui de la marine, avec leurs techniques, leurs traditions et leurs longues histoires, se rejoignent donc dans le pilote hydro et dans quelques rares autres cas professionnels, tels que celui du pilote embarqué de l’aéronavale.

Ces images extraites de manuels de vol des années trente montrent que les techniques de pilotage des hydravions étaient déjà bien développées.

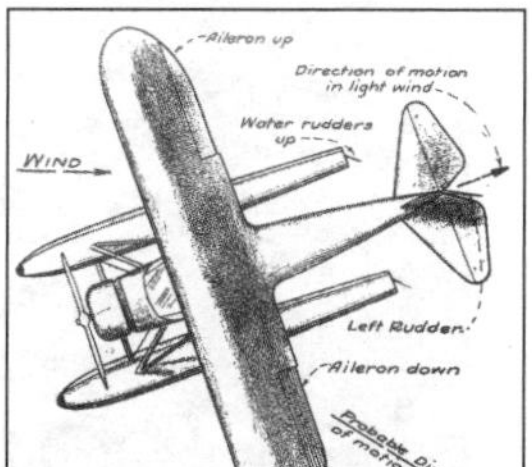

Sailing a seaplane—power off.

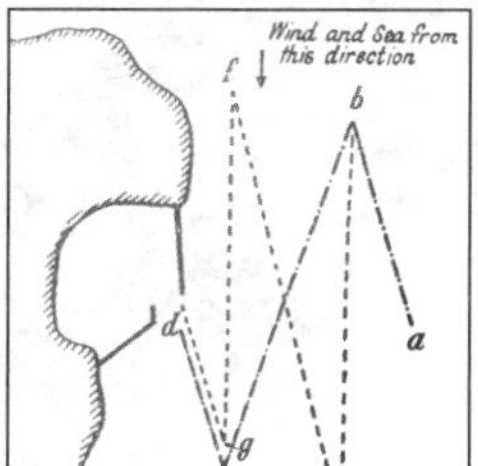

“Tacking” across a Rough Sea

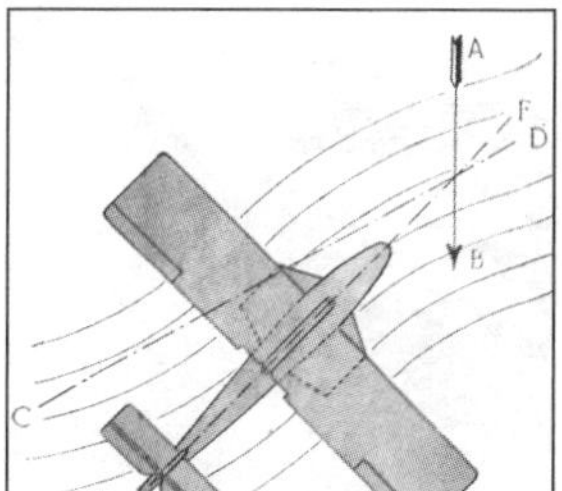

Un Canadair CL215 à l'entraînement au largage sur l'hydrobase de Marseille Marignane (France), avec un hydravion Piper PA18 au premier plan.

Il faut aussi dire qu'un apprentissage complet du vol hydro est aussi, inévitablement, une école de ce qu'on nomme *bush flying* dans l'Amérique du Nord anglophone, c'est-à-dire de vol en brousse, où le pilote doit affronter les éléments naturels et un milieu hostile, sans aucune assistance ni infrastructure. Le pilote hydro qui apprend à utiliser l'hydravion dans toutes ses possibilités acquiert donc une mentalité qui le prédispose à affronter inconvénients et urgences.

La qualification "Hydravion" – SEP SEA en Europe – est normalement suivie par un "cours avancé" ou par des expériences de vol avec pilotes expérimentés, pour apprendre à opérer sur des surfaces et des rives non préparées ou inconnues. Ici, amerrissage sur une rivière et arrivée à une rive sans aucune infrastructure ni assistance.

Pour conclure la liste des délices qui attendent l'élève hydro, beaucoup aiment se consacrer à une activité rare dans le paysage aéronautique, raffinée d'un point de vue technique et avec des traditions de grande valeur, mais dans un milieu formé de relativement peu de personnes qui se connaissent bien entre elles, même si elles sont dispersées sur plusieurs continents. D'autre part, la route du pilote hydro est certainement longue et difficile, comparable à celle de celui qui veut faire sérieusement du vol à voile, de la voltige ou du vol en montagne sur skis. Le vol hydro n'est pas pour celui qui veut brûler les étapes. C'est une activité basée sur une expérience qui doit être acquise à petits pas. L'expérience est si importante, que dans les manuels de vol de la majeure partie des hydravions, elle est indiquée comme le principal limite aux opérations sur l'eau.
Cette dernière considération ne doit pas décourager les débutants, mais plutôt faire prendre conscience du grand patrimoine technique et professionnel qui peut être acquis en apprenant à piloter les hydravions.

Apprendre à piloter un hydravion est une expérience très enrichissante pour toute sorte de pilote. A droite, André Turcat, pilote d'essai du Concorde*, à l'hydrobase de Côme, dans les années '70.*

Si vous êtes déjà pilote

Qui est déjà pilote pourra enrichir son expérience d'une façon nouvelle et différente de voler, mais surtout savourer la fantastique liberté du vol sur l'eau: pas de procédure, pas d'attente, pas d'horaire, pas ou peu de communications radio, pas de taxe, pas de formalités ni de papiers à remplir mais des milliers de kilomètres de côtes à disposition.

L'unique vrai problème pour un pilote terrestre qui veut passer sa qualification hydro est de se doter de la patience nécessaire et d'accepter l'idée de redevenir pour quelques temps un élève. Mille ou deux mille heures de vol sur des avions terrestres ne sont pas une aide pour évaluer le danger de certaines surfaces ou pour

En cas d'opérations pendent plusieurs jours ou à des endroits où il n'existe pas d'infrastructure spécifique, il faut toujours savoir exactement que faire de l'hydravion, pour assurer son intégrité et sa sécurité. C'est un thème typique d'un cours avancé. Ici, un Cessna L-19 tiré au sec par une grue dans le port d'Antibes.

déterminer la meilleure stratégie d'accostage d'une rive. Cela peut même donner l'impression d'une certaine sécurité qui en réalité est fausse, à cause du manque d'expérience spécifique.

De plus, beaucoup de pilotes terrestres tendent à considérer la qualification acquise avec le vol solo qui conclut quelques heures de double commande, c'est-à-dire après une activité qui s'est généralement déroulée près d'une hydrobase et dans les conditions où opère l'école, c'est-à-dire en conditions faciles. Ces pilotes, trop peu prudents ou trop enthousiastes, finissent rapidement par se mettre dans des situations sur l'eau qu'ils ne sont pas encore capables de gérer. De cela découle le nombre relativement élevé d'accidents qui arrivent aux pilotes terrestres pendant la période initiale d'utilisation d'un hydravion.

Le conseil est donc le suivant: considérer la qualification à peine acquise comme une "qualification limitée" aux seules conditions faciles et continuer à prendre périodiquement des leçons en conditions de difficultés croissantes.

Il est aussi possible de se faire une expérience complètement seul, mais la chose dure des années et on s'expose au risque de dépasser les limites de sa propre capacité sans le savoir. Comme nous l'avons déjà dit, la qualité essentielle de l'élève hydro est la patience. Mais plus la route est longue, plus la satisfaction est grande: *via aspera meta excelsa* disait-on jadis.

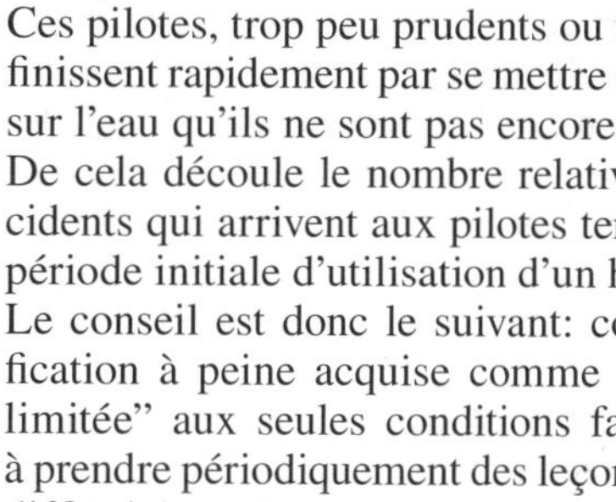

Le Cessna 172 amphibie de l'école de pilotage d'Aéro Loisirs, à La Macaza, Québec.
Le Canada, avec sa majestueuse tradition, est un paradis pour le vol sur l'eau.

CHAPITRE 23

Aventures en hydravion dans le monde

La majeure partie des hydravions du monde sont employés par des petites sociétés de travail aérien qui assurent le transport de marchandises et de personnes dans des zones difficilement accessibles avec d'autres moyens. Un bon nombre d'appareils appartient à des privés, parmi lesquels la plus grande partie des petits amphibies qui sont peu adaptés au travail aérien à cause de leur faible charge utile, tandis que très peu d'entre eux entrent dans la composition de la flotte des écoles de pilotage.
Les pilotes hydro ne sont pas très nombreux dans le monde; il est donc probable que, quels que soient le pays où l'on se trouve et la structure à laquelle on s'adresse, on jouira du meilleur accueil. En général, les seules vraies limites à la possibilité de voler sont celles qui sont imposées par les compagnies d'assurances qui, dans beaucoup de pays, traitent les hydravions différemment des autres aéronefs. Voyons brièvement quelles sont les possibilités de voler en hydravion dans le monde pour un pilote privé.

En Europe

En Europe, si l'on exclut quelques hydravions privés éparpillés ici ou là, les hydravions et les amphibies sont concentrés dans deux zones nettement distinctes : Côme en Italie et la Scandinavie.
A Côme, se trouve la principale école de vol hydro du continent et la plus ancienne du monde, gérée par l'Aero Club Como, association sans but lucratif affiliée à l'Aero Club d'Italia. Fondé en 1930, l'Aero Club Como a formé des générations de pilotes d'hydravion et reste l'unique minuscule survivance de la grande tradition hydro italienne. A Côme il est possible

Décollage sur un flotteur du premier hydravion de la compagnie Caraïbes Hydravion, à la Martinique. A droite, un De Havilland Twin Otter *utilisé pour le transport de touristes aux Maldives.*

Quotidien France-Antilles - Martinique, Guadeloupe

Maldives Tourist Office

Gillfoto - CC-SA 3.0 Unported

Un hydravion De Havilland DHC-2 Beaver *dans le "seaplane pond" ou bassin pour hydravion de l'aéroport de Juneau, Alaska.*

d'obtenir le brevet de pilote privé, de passer des qualifications sur diverses machines et de les louer pour des vols locaux ou pour se rendre sur d'autres plans d'eau. Les endroits les plus intéressants au départ de Côme sont les rives des lacs et des fleuves de la zone préalpine et diverses localités sur les côtes maritimes italiennes.

Parmi les appareils qui ont été utilisés ces 25 dernières années il y a le Caproni CA 100, le fameux *Caproncino*, le Macchi MB 308 (appelé *Macchino*), le Piper PA 18, les Cessna 150, 172, 172XP, 180, 185 et 206, les Lake LA 4-200 et LA 250, le Maule M7 amphibie et un republic *Sea Bee*. Un bimoteur Piaggio P136 a aussi opéré à Côme.

En Scandinavie, les hydravions et les amphibies appartiennent à des privés ou à des sociétés de travail aérien; quelques unes d'entre elles fournissent occasionnellement des cours de pilotages et louent des appareils. Les dizaines de milliers de lacs finlandais et les côtes norvégiennes, avec de nombreux fjords, offrent la possibilité de vivre d'intéressantes expériences, que ce soit pour les paysages grandioses ou pour le pilotage qui se déroule presque toujours en zones hostiles et dans le mauvais temps.

En France, après les efforts de quelques pionniers et les diverses vicissitudes de l'Hydro-Club de Corse, Aquitaine Hydravions opère à Biscarrosse avec plusieurs Piper PA 18 amphibies et un Republic *Seabee*.

En Belgique la Belgian Seaplane Association a lancé une activité avec un Lake LA4-200 sur le Lac de l'Eau d'Heure.

En Suisse, Allemagne, et Angleterre opèrent des hydravions privés qui sont principalement amphibies. C'est à la suite du voyage Côme-Biscarrosse cité au chapitre 21, qu'est né le rassemblement international de Biscarrosse qui est devenu le rendez-vous habituel de beaucoup de pilotes d'hydravions européens.

Biscarrosse est aussi devenu le lieu d'entraînement privilégié pour les pilotes du Catalina de "Plane sailing and display"

Au total c'est un peut plus d'une centaine d'hydravions allant du Catalina au petit Piper J3 qui opèrent en Europe. La protection antiincendie étant très représentée avec l'exploitation de Canadair CL-215 e CL-415 en France, Espagne, Italie et Grèce.

Le mouvement ULM est quant à lui très présent aussi

Un De Havilland DHC-2 Beaver de la Tasman Air Adventures.

voir plus au point de vue du nombre de machines. Et il a sa manifestation phare en Italie avec une reprise de la coupe Schneider.

En Amérique

Au royaume de l'hydravion, États-Unis et Canada, il n'est pas aussi facile de voler en hydravion que l'on pourrait le penser. Les coûts des assurances casse sont très élevés pour les hydravions. En conséquence, beaucoup d'opérateurs commerciaux et d'écoles de pilotage ne permettent pas le vol solo. Dans ce cas, on doit toujours voler avec un pilote de la société à côté de soi, mais son coût horaire est moins élevé qu'en Europe. Quelques rares écoles peuvent se permettre ces coûts d'assurance et acceptent que leurs élèves ou des pilotes expérimentés volent en solo. Les appareils sont en général loués pour des vols qui ne dépassent pas la journée. Le coût de la location est en général supérieur à celui d'un avion terrestre.

Pour louer un hydravion pour une promenade de plusieurs jours sans pilote accompagnateur il existe deux possibilités. La première est de prendre une assurance casse nominative pour un montant à définir avec le loueur, de l'ordre de la valeur même de l'appareil. La seconde, légèrement plus laborieuse, est de prendre en exploitation un hydravion pour la période désirée auprès d'un revendeur. Il n'y a pas de problèmes, par contre, en ce qui concerne la licence qui est établie sur simple présentation d'une licence OACI. Au Canada, il faut en plus passer un examen théorique.

Les zones les plus intéressantes, où est concentré le gros de la flotte mondiale des hydravions, sont l'Alaska et les côtes de la Colombie Britannique et de l'état de Washington, sur le Pacifique, et les provinces centre-orientales du Canada – Québec et Ontario –, avec des concentrations dans la zone entre Montréal et Toronto.

Nombreux hydravions se trouvent aussi en Californie, au Minnesota, en Floride, dans l'état de New York et en Nouvelle Angleterre, surtout dans le Maine.

En dehors des États Unis et du Canada, les hydravions se trouvent dans la zone des Caraïbes pour des transports touristiques, et en Amérique du Sud pour du travail aérien.

Une liste à jour des écoles d'hydravion des États Unis et du Canada se trouve dans chaque numéro annuel de la revue *Water Flying.*

Hydravion de Boreal Air Lines stationné à un lac dans les environs de Saint-Félicien (région administrative de Saguenay-Lac-Saint-Jean, Canada).

Mission Aviation Friendship, Nampa, USA

Sur les autres continents

Si l'on exclut l'Amérique et l'Europe, les hydravions se trouvent dans l'Océan Indien, aux Maldives, et en Océanie.

En Australie, plusieurs exploitants effectuent des transports le long des côtes sud-est, principalement dans la zone de la barrière de corail, et dans la merveilleuse Tasmanie.

Un certain nombre d'hydravions opèrent également en Nouvelle Zélande, reliant les villes de la côte avec les lacs des zones montagneuses de l'intérieur.

Des services de transport existent sur divers archipels du Pacifique, comme les Fiji, où les hydravions relient les aéroports principaux avec des hôtels éparpillés sur les îles et îlots environnants.

La communauté mondiale des pilotes d'hydravions

Les pilotes d'hydravions sont rares et ont souvent des histoires personnelles intéressantes. Également rares sont les écoles de vol sur l'eau et les opérations commerciales de transport avec hydravions. Tout ça contribue à faire de l'ensemble des pilotes d'hydravion une sorte de grande famille. Si vous appartenez a cette catégorie, attendez-vous d'être accueilli chaleureusement n'importe où un hydravion est présent.

Le fait que les sites où les hydravions opèrent sont le plus souvent les plus beaux du monde encourage un intense échange de visites. Informez-vous sur l'existence d'un opérateur commercial ou de propriétaires privés d'hydravions dans la zone où vous vous dirigez et essayez de le contacter. Une nouvelle amitié pourrait naître.

En plus, en qualité de collègue-pilote, vous pourriez utiliser un hydravion dans beaucoup de situations avec des conditions bien plus favorables que celle offertes au publique.

Hydravions dans le monde... pas seulement utilisés pour des vols de plaisir.

En haut, un Cessna C208 utilisé par la Mission Aviation Fellowship *au Bangladesh. Mission méritoire qui utilise des avions et des hydravions ainsi que d'autres moyens technologiques pour apporter aide et espoir à des populations les plus pauvres du monde.*

En bas, un hydravion de la Samaritan Aviation qui opère en Papouasie Nouvelle Guinée tout le long des 700 km de la rivière Sepik. Cette organisation chrétienne s'occupe d'une population de 500.000 personnes qui n'ont pas d'autre possibilité pour accéder à l'unique hôpital de la région, de livraisons de médicaments et de programmes de surveillance médicale des populations.

Samaritan Aviation, Montrose, Co, USA
Wewak, Papuan New Guinea

CHAPITRE 24

Petit dictionnaire d'hydraviation

anglais / français

A

abeam, par le travers.
AD (Aircraft Directive), consigne de navigabilité éditée par la FAA, imposant un contrôle ou une modification sur un appareil.
afloat, à flot.
aft, à l'arrière.
afterbody, partie de la coque qui se trouve derrière le redan. *warped afterbody*, partie postérieure de la coque de forme concave.
air, air. ***air-cooled***, refroidi à l'air. *air pump*, pompe à air pour le gonflage.
airstream, courant d'air.
airboat, canot spécial pour marécage à fond plat, avec moteur et hélice d'avion; hydroglisseur, appelé aussi *swamp boat.*
airborne, en vol, après le décollage.
airworthiness, navigabilité.
alloy, alliage.
alongside, le long, sur le côté.
along the crest, le long de la crête des vagues, parallèlement aux vagues.
aluminium, aluminium. *aluminium alloy*, alliage d'aluminium.
amphibian, amphibie, hydravion amphibie; *light amphibian*, amphibie léger.
amphibious, amphibie; *amphibious floats*, flotteurs amphibies.
anchor, ancre
anchorage, ancrage, mouillage
angle, angle. *angle of deadrise*, angle de quille. *hull trim angle*, angle d'assiette de la coque. ***planing*** *angle*, angle d'assiette d'hydroplanage. *trim angle*, angle d'assiette.
anti-skid, antidérapant; revêtement appliqué sur les parties où l'on marche susceptibles d'être mouillées.
approach **1**. approche d'un plan d'eau ou d'un aéroport. *power-off approach*, approche sans moteur. *power-on approach*, apparoche au moteur. **2**. approche d'une rive, d'un ponton ou d'une autre structure à terre.
Approved Type Certificate, certificat d'homologation de type.
apron, aire de stationnement, aire de manœuvre
aquaplane, aquaplane, ski nautique.
aqueduct, aqueduc.
archipelago, archipel.
arm, bras de levier. *center of gravity arm*, distance entre le plan de référence et le centre de gravité de l'aéronef.
ashore, au rivage. *to bring ashore*, tirer au sec.

assemble, monter, assembler.
asymmetric, asymétrique.
at an angle, obliquement, selon une direction non perpendiculaire ou non parallèle à une certaine ligne; *to approach the seashore (the dock) at an angle*, s'approcher de la rive (du ponton) obliquement.
atoll, atoll
attachment gear ou ***fitting***, ensemble des éléments structuraux qui relient les flotteurs à la cellule de l'aéronef.
athwartship, transversalement à la coque.
autumn, automne.
auxiliary planing surface, surface planante auxiliaire, telle qu'une ailette hydrodynamique.
away from the wind, loin de la direction d'où vient le vent.
awash, submergé; *awash rock*, roche submergée.
axis, axe. *axis of rotation*, axe de rotation.

B

backwards, arrière, en arrière, vers la partie postérieure.
baggage, bagage, *baggage door*, portillon de la soute à bagages. *baggage hatch*, soute à bagages aménagé dans un compartiment d'un flotteur, *baggage hatch cover*, panneau de la soute à bagages.
balance, centrage.
***ball* 1**, balle de caoutchouc utilisée comme bouchon pour les ouvertures de drainage des flotteurs. **2**, bille.
ballast, lest.
balloon, rebondir en l'air après le contact à cause d'une vitesse excessive ou d'un choc sur une vague.
***bank* 1**, rive d'un fleuve ou d'un canal; *left (right) bank*, rive gauche (droite, en regardant vers l'aval. **2**, inclinaison de l'aéronef en vol.
bare, affleurant; *bare rocks*, rochers affleurant.
barge, barge.
***base* 1**, (ou base leg), étape de base. **2**, base; *floating base*, base flottante, *seaplane base (SPB)*, base d'hydravions, hydrobase.
basin, bassin. *enclosed basin*, bassin fermé pour essais hydrodynamique des coques; bassin de carène.
bat wing, écran triangulaire de carenage entre le bord de fuite de l'aile et le fuselage. Option installée par exemple sur le Lake LA4.
bay, baie.
beach, plage. *state beach*, plage domaniale. *beach scarp*, escarpement d'une plage dû à l'érosion marine. Verbe : échouer l'appareil sur la plage.
beaching gear, chariot de halage; peut être utilisé sur les types d'hydravions non amphibies pour les opérations sur la rampe ou à terre.
beacon ou ***lighthouse***, phare maritime.
bear, ours.
beaver, castor.
Beaufort scale ou ***Beaufort Scale of Wind Forces***, échelle de la vitesse du vent de l'amiral Beaufort.
***belay* 1**, *belay a line* assurer un bout à une bitte où à une autre partie saillante mais sans nœud. **2**, dans sa forme impérative (belay !) signifie : "arrête", "stop".
belly, "ventre", partie inférieure du fuselage.
bend, coude, nœud à boucle, comme le nœud coulant. Verbe : plier, fléchir. *bending moment*, moment fléchissant.
bending shakle, ridoir.
bight, baie
bilge, cale, partie la plus basse de la coque ou des flotteurs.
bilge pump, pompe de cale.
bilge water, eau de la cale
bilge pump opening, ouverture sur le dessus du flotteur, sur laquelle on applique la pompe à main pour drainer l'eau.
bird, oiseau.
bitter end, extrémité libre d'un câble ou d'un bout.
blade, pale d'hélice
bluff, escarpement, falaise
boat, bateau; *sail boat*, voilier; *river boat*, bateau fluvial.
boat hook, gaffe
boat type amphibian, amphibie à coque centrale.
boat wake, sillage d'embarcation.
body of water, bassin.
bog, marais, prairie.
boots, bottes; *waterproof boots*, bottes imperméables.
boots drain, soufflets caoutchouc montés sur les bielles de commande aux passage des cloisons étanches.
***bottom*, 1**, fond. *bottom ice* ou *ground ice* ou *anchor ice*, glace se formant sur le fond ou sur les objets submergés. **2**, partie inférieure d'un récipient, d'un flotteur ou d'une coque.
bow, partie antérieure du flotteur ou de la coque. Proue. *bow door*, portillon d'accès à la cabine d'un appareil à coque centrale, placé de front. *bow wave*, vague d'étrave. *bow line*, bout fixé ou à fixer sur le taquet avant.
brace wire ou ***bracing wire***, hauban, tirant des flotteurs ou des ailes de biplan, généralement métallique.
brake, frein. *disk brake*, frein à disque.
breakwater, brise lames.
breeze, brise. *lake breeze*, brise de lac. *land breeze*, brise de terre. *sea breeze,* brise de mer.
bridge, pont. *bridge abutement*, culée d'un pont.
bridle, bout en forme de Y pour relier le mouillage aux pales de l'hélice ou aux taquets des flotteurs.
brook, ruisseau.
built-up area, zone urbaine, bâtie.

bulkhead, **1**. cloison qui divise le flotteur en compartiments. *longitudinal bulkhead,* cloison longitudinale. **2**. couple d'une coque. **3**. cloison pare-feu qui sépare le moteur de la cabine.
bumper **1**. ou ***nose bumper***, pare-chocs en caoutchouc fixé à l'avant des flotteurs ou de la coque. **2**. défense.
bumpy air, vent en rafales.
buoy, bouée. *lighted buoy,* bouée lumineuse. *flashing buoy,* bouée lumineuse à éclats. *marker buoy,* bouée de signalisation. *mooring buoy,* bouée d'ancrage. *river buoy,* bouée fluviale. *signal buoy,* bouée de signalisation.
buoyancy, poussée hydrostatique. *center of buoyancy,* centre de poussée. *reserve buoyancy,* réserve de flottabilité. *excess reserve buoyancy,* excédant de réserve de flottabilité.
bush, brousse. *bush flying,* vol en brousse. *bush pilot,* pilote de brouse. *bushplane,* avion adapté aux opérations en brousse.

C

cabin door, portière de cabine.
cable, câble. *stainless steel cable,* câble en acier inoxydable. *water rudder cable,* câble des safrans. *cable fairlead,* tube où passe le câble les safrans.
caliper, calibre.
calm, calme, tranquille, plat. *calm water,* eau calme. *calm water condition,* conditions de surface calme. *wind calm,* vent calme.
camber of beam convexité du pont.
canoe, canoë. *canoe rack,* équipement pour fixer un canoë ou une autre embarcation à l'extérieur de l'appareil.
canopy, porte pare-brise, ouverture type Lake.
cape, cap, pointe.
capsize, capoter, se renverser, se retourner.
care, précaution, attention. *care-free,* qui demande peu d'attention ou de maintenance.
cargo, chargement. *external cargo,* chargement extérieur. *cargo door,* porte cargo.
cast off (a line), dénouer (un bout). Larguer (les amarres).
cataract, cataracte.
causeway, route surélevée traversant un marécage ou une zone sablonneuse. Levée.
cavitation, cavitation, formation de bulles d'air à l'intérieur d'une masse liquide.
cays, écueil, série d'îlots ou d'écueils.
center, centre. *centerig cam,* dispositif pour centrer les safrans quand ils sont relevés.
center of buoyancy, centre de poussée.
center of gravity, centre de gravité. *center of gravity arm,* distance au centre de gravité. *center of gravity limits,* limites du centre de gravité.
centre of pressure, foyer.
center of lateral resistance, centre de résistance latérale.
center of rotation, centre de rotation.
centrifugal force, force centrifuge.
centripetal force, force centripète.
chamois skin, peau de chamois.
channel, canal, détroit, bras de mer entre deux côtes.
chart, carte.
charter, vol à la demande, activité typique pour les hydravions et les amphibies.
check, contrôle. *pre-flight check,* visite pré-vol. *check out,* test en vol.
chine, bouchain, arête, angle, généralement renforcé séparant la partie inférieure de la partie latérale d'un flotteur ou d'une coque.
chock, cale, utilisée pour immobiliser un appareil équipé de roues.
choppy, agité. *choppy water,* eau agitée. *choppy sea,* mer agitée.
circling take-off, décollage circulaire.
clear, limpide, transparent. *clear water,* eau limpide.
cleat, taquet. ***bow cleat***, taquet de proue. *stern cleat,* taquet de poupe.
cliff, falaise.
climb, monter. *climb out,* descendre sur un flotteur.
climb onto the step, monter sur le redan.
"clothesline" mooring, littéralement "amarrage en corde à linge", méthode d'amarrage à une bouée ou à une ancre qui permet d'approcher l'appareil de la rive ou de l'en éloigner en tirant une extrémité ou l'autre d'un bout fermé en anneau.
cloud, nuage. *high clouds,* nuages élevés. *low clouds,* nuages bas.
coast, côte. *coastguard,* garde côtière. *coastline,* ligne de côte, surtout quand elle est vue de la mer. *coastal,* côtier. *coastal patrol,* patrouille côtière, activité typique où ont été employés des hydravions et des amphibies.
cockpit, cabine. Poste de pilotage.
coil, lover un bout sans que les boucles se chevauchent.
compartment, compartiment.
compass, compas. *gyrocompass,* compas gyroscopique.
component, composante.
concrete, béton. *concrete ramp,* rampe en béton.
control, commande. gouverne. *control wheel,* volant. *dual flight control.* double commande.
controllability, manoeuvrabilité.
cool, froid, frais. *air-cooled engine,* moteur refroidi à l'air. *liquid-cooled engine,* moteur refroidi à l'eau ou par un autre liquide.
corrode, se corroder.

corrosion, corrosion. *corrosion proof,* anticorrosion, traité ou protégé contre la corrosion.
coulee, lit d'un fleuve.
course, route.
cove, anse, cale.
cowl flap, volet de capot.
crab, crabe. *crab angle,* angle de correction de dérive.
crabbing, dérive, dérapage, mouvement latéral de l'appareil à la surface de l'eau.
cranberry bog, étang recouvert d'airelles.
crane, grue.
crash accident qui comporte un impact de l'appareil sur la surface. *crash landing,* amerrissage ou atterrissage destructif. *crash locator beacon,* balise de détresse se déclenchant à l'impact.
crater, cratère.
creek, ruisseau.
crest ou ***wave crest***, crête, partie la plus haute d'une vague, surtout quand elle est en forme de pointe.
crew, équipage.
crossover wire, câble tendu entre les taquets avants des flotteurs, pour faciliter le passage de l'un à l'autre.
crosswind, vent de travers. *crosswind component,* composante traversière du vent. *crosswind heading,* cap pour lequel le vent est de travers. *crosswind taxiing,* flottage vent de travers. *crosswind landing,* amerrissage vent de travers. *crosswind take off,* décollage vent de travers. *crosswind technique,* technique de contrôle de l'aéronef avec du vent de travers.
current, courant, marin ou fluvial. *current chart,* carte des courants. *current rips,* petites vagues générées par la rencontre de courants différents.
customs, douane.

D

dam, digue, barrage. *hydroelectric dam,* barrage hydroélectrique.
damage, dégât.
datum, voir reference datum.
deadheads, matériau flottant.
deadman, corps mort.
dead rise, angle de quille.
dead-stick landing, amerrissage avec le moteur arrêté ou tournant au minimum.
debris ou ***floating debris,*** détritus, généralement flottants sur la surface.
deceleration, décélération.
decision, décision. *decision point,* point de décision.
deck, pont, partie supérieure du flotteur. *deck rail,* rail de fargue. *flat deck,* partie plate supérieure du flotteur.
deep, profond. *deep sea,* pleine mer. *deep water,* eau profonde.
delta, delta, embouchure en delta.
demonstration flight ou ***demo flight***, vol de démonstration.
density altitude, altitude densité.
deplane, quitter l'appareil.
depression, dépression.
depth, profondeur. *depth finder* ou *sonic depth finder,* echo-sondeur.
derrick, grue utilisée pour le halage des embarcations et des hydravions.
desert, désert.
differential braking, freinage différentiel, méthode pour virer à terre avec les aéronefs non équipés de roue directrice.
dig in, *into the water,* s'immerger, s'enfoncer dans l'eau, en particulier avec les pointes des flotteurs.
dike, digue.
dinghy, canot. *inflatable dinghy,* canot gonflable.
dipstick, baguette, parfois graduée, pour vérifier le niveau d'essence dans le réservoir.
directional, directionnel. *directional stability (instability),* stabilité (instabilité) directionnelle.
displacement, déplacement. *displacement taxi,* circulation jaugée sans effet hydrodynamique.
ditch, fossé. Au pluriel, *ditches* ou *irrigation ditches,* réseau de petits canaux d'irrigation.
divert, se dérouter.
dock, bassin, darse, plan d'eau abrité, à l'intérieur d'un port, délimité par un quai. *floating dock,* ponton flottant. *low (high) dock,* ponton bas (haut). *dock line,* aussière d'amarrage au ponton ou au môle.
docking, accostage à un quai ou un ponton.
dockyard, chantier naval.
doldrums, calmes équatoriaux.
dolly, chariot. petit chariot utilisé pour le décollage occasionnel d'un hydravion à terre. *dolly take off,* décollage sur un chariot.
double, double. *double curvature,* double courbure.
door, porte. *cabin door,* porte de cabine. *cargo door,* porte cargo.
down, en bas, vers le bas.
downdraft, descendance.
downhill, en descente, descendant, en aval. *downhill part of a swell,* partie de la vague descendante qui se trouve de l'autre côté de la crête pour celui qui s'en approche.
downstream, dans le sens du courant d'un cours d'eau, avec le courant.
downswell, dans le sens de propagation des vagues.
downwind, vent arrière. *downwind float,* flotteur sous le vent. *downwind heading,* cap sous le vent. *downwind landing,* amerrissage vent arrière. *downwind shore,* rive sous le vent. *downwind take off,* décollage vent arrière. *downwind taxiing,* circulation

jaugée vent arrière. *downwind turn,* virage sous le vent. *downwind wing,* aile sous le vent.
draft, tirant d'eau. courant d'air. *ascending (descending) draft,* courant ascendant (descendant).
drag, résistance. *hydrodynamic (aerodynamic) drag,* traînée hydrodynamique (aérodynamique).
drain, caniveau. robinet de purge. drainage. drainer.
drain water, eau de drainage.
draught, voir draft.
drawing, dessin. *line drawings,* plans de construction d'un aéronef ou d'une coque.
dredge, drague.
dredging, dragage.
drift, dérive due à l'action du vent ou du courant. *drift angle,* angle entre l'axe longitudinal de l'appareil et la trajectoire. *to drift backward,* culer, reculer sous l'action du vent ou du courant.
drink, boire. *drinking water,* eau potable.
drizzle, bruine.
drogue, ancre flottante.
drop, goutte. chute, descente d'une valeur. *drop in pressure,* chute de pression. *drop off the step,* descendre du redan.
dropping, déjection d'animal, en particulier d'oiseau.
drum ou ***oil drum***, bidon métallique.
dry, sec. *dry lake,* lac à sec. *dry land,* terrain, terre, terre ferme. *dryplane,* terme désignant un avion terrestre. *dry storage,* remisage, garer au sec. v. sécher.
dual, double. *dual flight* ou simplement *dual,* vol en double commande. *dual wheels,* roues jumelées; équipent quelques flotteurs amphibies.
duck, canard. v. baisser brusquement la tête, esquiver.
duct, conduite. *ventilating duct,* conduite de ventilation.
duralumin, duralumin.
dyke, digue.

E

ebb, courant de reflux de la marée.
eddy, tourbillon.
efficiency, efficacité. *efficient,* efficace.
elevator, monte charge.
ELT (*Emergency Locator Transmitter*), balise de détresse.
endurance, autonomie horaire.
engine, moteur. *engine trouble,* problème de moteur. *jet engine,* réacteur. *multi-engine,* multimoteur. *remanufactured engine,* moteur remanufacturé. *radial engine,* moteur en étoile. *single engine,* monomoteur. *tandem engine,* moteurs en tandem. *twin engine,* bimoteur. *re-engine,* remotoriser.
EPIRB (Emergency Personal Indicator Radio Beacon), nom donné en marine à la balise de détresse (ELT).
entrance, entrée.
equipment, équipement.
erosion, érosion, en particulier de l'hélice à cause des embruns.
escarpment, escarpement, falaise.
estuary, estuaire.
evaporation, évaporation.
exit, sortie. *emergency exit,* sortie de secours.
external, externe. *external load,* charge extérieure, se dit d'objets fixés à l'extérieur de l'aéronef. *external plug,* prise externe pour l'alimentation électrique.
eye, œil, anneau au bout d'un câble. *buoy eye,* anneau d'une bouée.

F

failure, avarie, rupture. *engine failure,* panne de moteur.
fall, automne. marée descendante.
fare, tarif.
fathom, brasse, unité de mesure de longueur, utilisée généralement comme mesure de profondeur et de longueur des câbles. Symbole : f. 1 fathom = 6 pieds = 1,8288 m.
feet, voir foot.
fender, défense, pare-battage.
ferry flight, vol de convoyage.
fetch ou ***generating area***, fetch, longueur le long de laquelle le vent agit sur un plan d'eau, générant des vagues.
fiberglass, fibre de verre. *fiberglass float,* flotteur en fibre de verre. *fiberglass hull,* coque en fibre de verre.
field, champ.
file, lime.
fin, quille, surface verticale placée vers la queue de l'appareil pour augmenter la stabilité directionnelle. *shark fin,* quille en forme d'aileron de requin. *stabilizer fin,* quille de stabilisation. *ventral fin,* quille située sous le fuselage.
final, finale. dernière branche du circuit de piste.
fire, feu. *fire estinguisher,* extincteur. *fire fighting,* lutte contre les incendies, une des activités typiques où sont employés les hydravions et les amphibies; pour cela ils sont équipés de réservoirs qui se remplissent en hydroplanage.
firewall, cloison pare feu.
firm, compact; se dit d'un terrain, du sable ou d'une plage.
first aid, premier secours.
fish, poisson. *fish net,* filet de pêche. *fish net buoy,* bouée pour filet de pêche. *fish pond,* étang pour la pisciculture. *flying fish,* poisson volant. *fishing,* pêche. *fishing seat,* siège pour pêcher qui se fixe à des attaches sur le flotteur. *fishing village,* village de pêcheurs.

fjord, fjord.
flag, drapeau.
flap, volet. *flap setting,* réglage des volets. *flap angle,* angle de braquage des volets.
flare, palier, arrondi, phase finale du vol juste avant le contact de la surface. fusée de signalisation.
flashlight, torche électrique.
flat, plaine, plat. *flat approch,* approche plate. *flat attitude,* assiette plate, lors du contact ou peu avant. *flat surface,* surface plate.
float, flotteur. *float bottom,* surface inférieure du flotteur. *amphibious float,* flotteur amphibie. *central float,* flotteur central, sur les aéronefs équipés d'un seul. *retractable float,* flotteur rétractable. *side float,* petit flotteur placé près de la coque. *straight float,* flotteur uniquement hydro. *float tip,* pointe du flotteur. synonyme de floating dock, ponton flottant. *bow-retaining float,* ponton (ou embarcation) doté d'un logement pour la partie antérieure d'un aéronef où il s'insère. *float side,* côté du flotteur. *float with ramped end,* rampe flottante ou ponton avec rampe. *floating aid,* bouée d'aide à la navigation. *floating crane,* grue flottante (sur barge). *floating keychain,* porte-clefs flottant. *floating leaf,* feuille flottante de plante aquatique, généralement de grande taille.
float kit,ensemble des pièces de renfort, d'attache et traitements pour préparer un avion terrestre à recevoir des flotteurs.
floatplane, hydravion, aéronef équipé de flotteurs.
floatplane base, hydrobase.
floatplane facility, base où est effectuée la maintenance, le stationnement et le ravitaillement des hydravions.
floatplane pilot, pilote d'hydravion.
floatplane rating, qualification hydravion.
floatplane season, saison où on peut utiliser les hydravions soit parce qu'il y a de la demande ou que les surfaces permettent d'opérer.
flood, **1**. Inondation. *flood dam,* digue de crue. *flood gate,* vanne de décharge (d'écluse). *flood plain,* plaine alluvionnaire. *flood stream,* courant de marée. *flood wall,* digue. courant de flot de la marée. **2**. Se remplir d'eau. *flooded float (compartment)*, flotteur (compartiment) inondé. **3**. Noyer un moteur ou un carburateur.
floor, plancher. *cabin floor,* plancher de la cabine.
flow, flux, écoulement, débit.
fluctuating shoreline, ligne de côte mobile.
fluid, fluide. *hydraulic fluid,* liquide hydraulique.
flume, étroit canal artificiel, pont canal.
flush, mouiller, rincer. de niveau, affleurant.
fly, voler.
fly-in, rassemblement, manifestation aéronautique.
flying boat, hydravion à coque.
flying fish, poisson volant.
foam, écume qui de forme sur la crête d'une vague qui déferle.
foot (pluriel *feet*), pied, unité de mesure de longueur égale à 12 pouces. Symbole ft. 1 ft = 0,3048 m. 1 m = 3,2808 ft.
foot-hold inset, niche servant de marche sur un flotteur.
forced, forcé. *forced landing,* amerrissage ou atterrissage forcé.
forebody, partie de la coque en avant du redan.
foreland, promontoire.
foreshore float, partie du rivage découverte à marée basse.
fork, fourche, bifurcation.
forklift ou ***fork truck***, chariot élévateur.
formation, formation.
forward, avant, en avant, vers la partie antérieure.
forward visibility, visibilité vers l'avant.
frame, couple de la coque.
free board, franc bord.
free-castoring, folle, *free-castoring wheel,* roulette antérieure non directrice.
freeze, congeler, geler. *frozen lake (surface),* lac gelé (surface gelée).
fresh water, eau douce.
fuel, carburant. ***fuel can***, bidon pour le carburant. *unusable fuel,* carburant non utilisable. *usable fuel,* carburant utilisable.
funnel, entonnoir. *filter funnel,* entonnoir avec filtre.

G

gale, fort vent, coup de vent.
gallon, gallon, unité de mesure de capacité. Symbole : gal. Aux États Unis : 1 gal = 3,7853 l. 1 l = 0,2642 gal. En Grande Bretagne (imperial gallon) :
1 gal = 4,546 l. 1 l = 0,2199 gal.
gangway, passerelle qui relie un ponton flottant à la rive.
gauge, instrument de mesure, indicateur.
gear ou ***landing gear***), train d'atterrissage. *gear actuation cable,* câble manœuvrant le train avant. *gear actuation cylinder,* cylindre manœuvrant le train. *gear position indicator,* indicateur de la position du train, *mechanical gear position indicator,* indicateur mécanique de la position du train.
generating area, zone où agit le vent et se forment les vagues.
get on the step, monter sur le redan.
glacier, glacier.
glassy, en miroir, surface parfaitement plate. *glassy water,* surface en miroir. *glassy water landing,* amerrissage en miroir.
glide path, trajectoire d'approche dans le plan vertical.

gloves, gants.
goose, oie.
grab-line, cordelette d'aile.
grass, herbe, pré. *grass landing,* atterrissage sur l'herbe.
gravel, gravier.
grease, graisse.
ground, sol. *ground effect* ou *ground cushion,* effet de sol. *ground swell,* vague sur un haut fond, vague due à la présence d'un fond de profondeur décroissante.
groyne (aux États Unis ***groin***), brise lames.
gulf, golfe.

H

hail, grêle. *hail stone,* grêlon.
hammer, marteau.
handhole, ouverture circulaire située sur le dessus de certains flotteurs. *handhole cover,* couvercle qui obture une telle ouverture.
handle, poignée. *assist handle,* poignée équipant certains appareils pour faciliter l'accés à la partie supérieure. *water rudder handle,* poignée de commande des safrans.
handling, maniabilité. *water handling,* maniabilité à flot.
handrail, balustrade.
hangar, hangar. *service hangar,* hangar pour la maintenance. *storage hangar,* hangar pour le remisage.
harbour (aux États Unis *harbor*), port, zone abritée.
hatch, écoutille, puits, soute à bagages réalisée dans le flotteur. *escape hatch,* portière de la sortie de secours, généralement située sur le toit de la cabine. *mooring hatch,* écoutille permettant d'effectuer les manœuvres d'amarrage.
hatchery, vivier, élevage de poissons.
hazard, risque.
haze, brume.
headland, promontoire.
heading, cap.
head net ou ***mosquito head net***, moustiquaire.
head wind, vent de face. *headwind component,* composante du vent de face.
heat, chaleur.
heating, chauffage.
heave, mouvement alterné d'une embarcation dans le sens vertical, sans tangage. lancer un bout en tenant une extrémité. tirer un bout à soit.
heel, partie postérieure d'un flotteur. *heel up,* disposer l'aéronef avec les queues des flotteurs au sec sur la rive.
height, hauteur. height of tide, hauteur de la marée.
height of wave, hauteur de la vague.
help, aide.
high, haut. *high seas,* eaux internationales. *high tension line,* ligne à haute tension. *high tide* ou *high water,* marée haute. *high wing aircraft,* aéronef à aile haute.
hill, colline.
hinge, charnière.
hogging, situation où une coque repose sur la crête d'une seule vague (voir aussi *sagging*).
hoisting rings, anneaux de levage de l'appareil.
hold, conserver, maintenir. *holding ground,* fond qui maintient le mouillage. *holding position,* point d'attente.
homebuilt, fabriqué maison ou construction amateur.
hook, crochet. *stowage hook,* crochet de fixation de la poignée de commande des safrans**.** pointe de terre.
honing, lissage du bord d'attaque de l'hélice avec le corps d'un tournevis ou un autre outil.
horizon, horizon. *artificial horizon,* horizon artificiel.
horn, corne. désigne aussi les petites parties de l'hélice abîmées par les embruns qui dépassent du bord d'attaque.
horsepower (symbole HP), cheval, unité de mesure de la puissance. 1 HP = 0,745 kW. 1 kW = 1,343 HP.
horseshoe dock, ponton en fer à cheval où l'arrière d'un appareil peut se loger; il peut être relié à la rive ou flottant.
hose ou ***siphon hose***, tuyau pour le transvasement des liquides. tubulure flexible où circule de l'huile sous pression.
hot, chaud. *hot day,* chaude journée avec des températures nettement supérieures à la moyenne. *hot weather,* temps avec de hautes températures.
hull, coque, carène. *hull insurance,* assurance du corps d'aéronef. *hull strake,* un des éléments longitudinaux fixé sur le fond de la coque et à l'extérieur pour augmenter la stabilité directionnelle lors de l'hydroplanage. *hull trim angle,* angle d'assiette longitudinale de la coque.
hull plug, bouchon des purges de caisson.
hummock, petite zone boisée légèrement surélevée par rapport à un marécage environnant.
hump, littéralement tas, amas, monceau, renflement; le terme est surtout utilisé dans les locutions *hump phase* et *hump taxi* pour indiquer la phase de circulation à flot avec puissance avant la montée sur le redan, où l'eau forme un renflement devant les flotteurs. La vitesse et l'angle d'assiette auxquels advient le phénomène sont la *hump speed* et le *hump angle.*
hydraulic, hydraulique. hydraulic actuator, actionneur hydraulique. *hydraulic circuit,* circuit hydraulique. *hydraulic fluid,* liquide hydraulique. *hydraulic line,* tube généralement métallique du circuit hydraulique. *hydraulic lock,* blocage à l'arrêt d'un moteur en étoile dû au remplissage d'huile des cylindres inférieurs.

hydraulic pump, pompe hydraulique.
hydraulic reservoir, réservoir de l'installation hydraulique.
hydro airplane, synonyme de *seaplane.*
hydrofoil, ailette hydrodynamique. *hydrofoil boat,* hydroglisseur. *retractable hydrofoil,* ailette hydrodynamique rétractable; a équipé quelques prototypes d'amphibies.
hydroplane, aéroglisseur. Parfois le terme est improprement utilisé comme synonyme de *seaplane.*
hydroski, ailette installée sur certains hydravions pour sustenter l'appareil en hydroplanage.

I

ice, glace. *ice accretion,* accroissement de la glace. *ice chart,* carte des glaces. *ice day,* journée où la température est toujours sous zéro. *ice field,* banquise, champ de glace. *ice free,* dégelé, libre de glace. *ice stream,* courant de glace. *ice tongue,* langue de glace. *ice thickness,* épaisseur de la glace.
iceberg, iceberg.
idle, ralenti avec la puissance au minimum. *idle taxiing,* circulation à flot avec la puissance au minimum.
impact, impact avec la surface. *impact point,* point d'impact.
inch, pouce. unité de mesure de longueur. Symbole : in. 1 in = 2,54 cm. 1 cm = 0,3937 in.
inch of mercury, pouce de mercure. unité de mesure de pression. 1 in_{Hg} = 33,86 hpa. 1013,25 hpa = 29,92 in_{Hg}.
inflate, gonfler. *inflating cartridges,* cartouches pour le gonflage. *inflatable raft,* canot gonflable.
inland, qui se trouve à l'intérieur des terres, interne.
inland waters, eaux internes.
inlet, canal naturel, passage entre deux côtes qui amène à un bassin abrité.
inside, à l'intérieur, interne, qui est à l'intérieur. *inside bank,* rive interne de l'anse d'un fleuve ou d'un canal. *inside float,* flotteur interne dans un virage. flotteur près du ponton, d'un appareil amarré. *inside wing,* aile interne dans un virage.
inspect, inspecter.
inspection, inspection. *aerial inspection,* reconnaissance aérienne de la zone d'amerrissage, de circulation à flot et d'accostage. *100 hours inspection,* visite des 100 heures. *inspection plates,* couvercles des ouvertures des flotteurs.
instability, instabilité.
insurance, assurance.
intermittent, intermittent, temporaire.
into the wind, dans le vent, vers la direction d'où vient le vent.
inundation, inondation.
inverted, capoté, se dit d'un appareil qui est renversé dans l'eau.
island, île.
islet, îlot, petite île.
isthmus, isthme.

J

jettison, jeter hors de l'aéronef, abandonner.
jetty, jetée.
jumping fish, poisson qui saute hors de l'eau à l'improviste.
jungle, jungle.

K

keel, quille, élément longitudinal de la structure de la coque sur son axe de symétrie. *keel effect,* effet de quille. *keel line,* ligne de la quille.
keelson, carlingue, élément longitudinal de la structure de la coque ou d'un flotteur. *sister keelsons,* deux carlingues symétriques par rapport à la quille devant le redan.
key, clef.
keys, série d'écueils ou d'îlots.
knot, nœud. unité de mesure de vitesse égale à 1 nautique à l'heure. procédé pour fixer un bout à un autre ou à un objet.

L

ladder, echelle, marchepied. *boarding ladder,* échelle pour accéder à la cabine de l'aéronef.
lagoon, lagune.
lake, lac. *lake breeze,* brise de lac. *dry lake,* lac à sec. *intermittent lake,* lac périodique. *mountain lake,* lac de montagne.
lamp, lampe, phare. *landing lamp,* phare d'amerrissage. *taxi lamp,* phare de circulation à flot.
land, terrain, terre.
landing, atterrissage, amerrissage. *landing area,* aire d'amerrissage. *landing lane,* bande d'amerrissage. *landing path,* trajectoire d'amerrissage. *forced landing,* amerrissage ou atterrissage forcé. *full stall landing,* amerrissage en complet décrochage. *glassy water landing,* amerrissage en miroir. *hard landing,* amerrissage dur. *inbound landing,* amerrissage vers la rive. *minimum speed landing,* amerrissage à la vitesse minimale. *outbound landing,* amerrissage vers le large. *power-off landing,* amerrissage sans puissance ou avec le moteur tournant au minimum. *power-on landing,* amerrissage avec puissance. *tail landing,* amerrissage où on touche l'eau avec la queue. *full stall landing,* amerrissage en complet décrochage. *water landing,* amerrissage.
lateral, latéral. *lateral visibility,* visibilité latérale.
lateral stability, stabilité latérale.

launch, haler, mettre à l'eau.
leading light, phare d'alignement.
leak, perdre, fuir; se dit d'un flotteur ou d'une coque non étanche.
leeward, sous le vent.
leeway, dérapage dans le sens du vent.
length, longueur. *length over all,* longueur hors tout.
level, niveau. *fuel level,* niveau du carburant. *water level,* niveau de l'eau.
life jacket ou ***life preserver***, gilet de sauvetage.
lift, portance. *lifting rings,* anneaux pour le levage de l'appareil. lift-off, rotation, envol.
light, lumière. *mooring light,* feux d'amarrage. *navigation lights,* feux de navigation. *strobe light,* feu stroboscopique.
lighthouse, phare.
line, bout. morceau de câble ou de cordage. *grab line,* cordelette d'aile fixée en permanence à l'attache des haubans pour faciliter les déplacements de l'appareil près de la rive. *mooring line,* bout d'ancrage fixé en permanence le long de chaque flotteur.
liquid, liquide. *liquid lock,* synonyme de *hydraulic lock.*
load, charge. *load factor,* facteur de charge. *external load,* chargement extérieur. *bottom loading,* charge sur le fond de la coque. *full-loaded,* à pleine charge. *overloaded,* surchargé. *payload,* charge payante. *useful load,* charge utile.
lock, écluse.
log, tronc. *floating log,* tronc flottant.
longitudinal, longitudinal. élément longitudinal de la coque parallèle à la quille.
low, bas. *low drag tape,* ruban adhésif que l'on applique sur le fond des flotteurs pour réduire la résistance à l'avancement. *low flying,* vol à basse hauteur. *low tide* ou *low water,* marée basse. *low wing,* aile basse.
lower, abaisser. *to lower the water rudders,* abaisser les safrans.
lubrication, lubrification, graissage.

M

magneto, magnéto.
mags, abbrévation de *magnetos.*
mainland, continent. Est généralement opposé à "île".
maintenance, maintenance.
main wheel, roue du train principal d'un amphibie.
mangrove, mangrove, forêt de mangroves.
man made shoreline, rive artificielle.
marina, marina.
marine, marin. *marine climat,* climat maritique, *marine forecast,* prévision de l'état de la mer. *marine light,* phare pour la navigation maritime. *marine navigation,* navigation maritime. *marine radio beacon,* radiophare maritime. *marine railway,* chariot de halage sur rails. *marine rainbow,* arc en ciel marin. *marine swamp,* marécage marin. *marine terminal,* terminal maritime. *marine traffic,* trafic maritime.
marker buoy, bouée de signalisation.
marsh, marécage. *salt marsh,* marécage salé.
meadow, pré.
mean sea level, niveau moyen de la mer.
mechanic, mécanicien.
mechanical gear position indicator, témoin mécanique de la position du train.
metacentre (aux États Unis : *metacenter*), métacentre. *longitudinal metacentre,* métacentre longitudinal. *transverse metacentre,* métacentre transversal. *metacentric height,* hauteur métacentrique.
metal, métal. *all-metal,* entièrement construit en métal.
midwing, à aile médiane. Se dit d'un appareil avec les ailes en position intermédiaire entre haute et basse.
mile, mille. Unité de mesure de distance. *nautical mile,* (parfois seulement *nautical*), mille nautique ou marin. Symbole NM. 1 NM = 1852 m. 1 km = 0,5399 NM. *statute mile,* statute mile, symbole SM ou MPH. 1 SM = 1609 m. 1 km = 0,6215 SM.
mirror, miroir. *mirror surface,* surface en miroir.
mist, brume.
model, modèle. *model test,* essai hydrodynamique effectué sur une modèle de coque à échelle réduite.
moist, humide. *moist air,* air humide. *moist climate,* climat humide.
moisture, humidité.
moulded beam, largeur hors tout.
mole, digue foraine, brise-lames.
moment, moment, produit du poids d'un objet par son bras de levier.
monohull, monocoque.
moor, amarrer. *mooring anchor,* ancre additionnelle pour maintenir une embarcation immobile quand elle est amarrée. *mooring buoy,* bouée d'amarrage. *mooring eye,* œil d'amarrage réalisé dans une partie de l'appareil. *mooring line,* aussière. *mooring winch,* treuil d'amarrage.
mountain, montagne. *mountain lake,* lac de montagne.
mouth (ou *river mouth*), embouchure.
mud, boue. *muddy,* boueux.
multi-engine, multimoteur.
murky, trouble.
mushrom-type anchor, ancre champignon.

N

neck, isthme.
net, filet. *fishing net,* filet de pêche.
night, nuit. *night flight,* vol de nuit. *night landing,* amerrissage de nuit.

noise, bruit. *noise abatement procedure,* procédure antibruit. *noise sensitive area,* zone sensible au bruit.
non-perennial, temporaire. Se dit d'un lac ou d'un torrent.
non-skid, antidérapant.
nose, partie antérieure, proue, "nez" de l'appareil. *nose-down,* le nez baissé. *nose-down moment,* moment piqueur. *nose up,* le nez levé. *nose-up moment,* moment cabreur. *nose first,* le nez en premier. *nose wheel,* roue du train avant. *nose wheel bay,* logement du train avant. ***nose wheel door***, trappe du train avant.

O

over, capoter, culbuter.
nozzle, "gicleur" du distributeur de carburant, ajutage.
oasis, oasis.
obstacle, obstacle. *50 ft obstacle,* obstacle des 50 pieds (15 m), celui qui est pris en compte lors des essais de décollage et d'amerrissage (ou d'atterrissage).
obstruction, obstacle fixe émergeant de l'eau, affleurant ou submergé.
ocean, océan. ocean current, courant océanique. *ocean weather station,* station météo océanique.
one-float take off, décollage sur un flotteur.
on the step, sur le redan.
open sea, en pleine mer, au large.
opening, ouverture. *inward opening,* ouverture vers l'intérieur. *outward opening,* ouverture vers l'extérieur.
oscillation, oscillation.
otter, loutre.
outlet, embouchure.
outside, externe, à l'extérieur. *outside bank,* rive externe de l'anse d'un fleuve ou d'un canal. *outside float,* flotteur extérieur dans un virage. flotteur loin du ponton. *outside wing,* aile extérieure dans un virage.
overfloated, se dit des appareils dotés d'un excès de réserve de poussée hydrostatique.
overhaul, révision.
overheat, surchauffer, se surchauffer. *overheated engine,* moteur surchauffé.

P

paddle, pagaie.
paddy field, rizière.
panel, panneau. *inspection panel,* trappe de visite. ***access-panel***, panneau d'accès.
pass, passe.
passenger, passager.
patch, généralement utilisé au pluriel (*patches*), indique des taches sur la surface de l'eau ayant des couleurs ou des caractéristiques différentes de la zone environnante. rustine, réparation effectuée sur une surface, par exemple d'un flotteur.
path, trajectoire. *take off path,* trajectoire de décollage.
patrol, patrouille, une des taches traditionnellement accomplies par les hydravions et les amphibies le long des côtes ou en zone boisée, pour relever la présence d'incendies.
paved, revêtu, asphalté.
payload, charge payante.
pay out a line, laisser filer un bout lentement en le passant d'une main à l'autre.
peak, pic.
peat, tourbe. *peat bog,* tourbière.
peninsula, péninsule.
perennial, perpétuel. Se dit d'un lac ou d'un torrent.
performance, performance.
permeability, perméabilité. En particulier, pourcentage du volume d'un compartiment, qui n'est plus étanche et qui se remplit d'eau.
personal flotation device, gilet de sauvetage.
pier, ponton, quai d'amarrage.
piling, pieux planté au fond et généralement émergeant à la surface.
pilot, pilote. *seaplane pilot,* pilote d'hydravion. ***co-pilot***, copilote.
pilot boat, bateau pilote.
pilot induced oscillation (PIO), oscillations induites par le pilote.
pipe, tubulure.
pitch, tangage, rotation autour de l'axe transversal.
pitch angle, angle d'assiette longitudinale. *pitch stability,* stabilité longitudinale. *pitch-down (up) moment,* moment piqueur (cabreur). pas de l'hélice. *fixed pitch,* à pas fixe. *reversible pitch,* à pas réversible. *pitch down,* piquer. *pitch over,* capoter, culbuter. *pitch up,* cabrer.
pivot, tourner autour de l'axe de rotation.
placard, étiquette ou plaque indiquant des prescriptions ou des limitations.
plan, plan de construction de l'appareil. *body plan,* plan qui montre les sections perpendiculaires à l'axe longitudinal (vue de l'avant. *half-breadth plan,* plan qui montre les sections parallèles au plan de flottaison (vue de dessus). *sheer plan,* plan qui montre les sections verticales parallèles à l'axe longitudinal (vue de côté).
plane, plan, rabot. *planing position,* position de l'appareil en vol plané. *planing angle,* angle d'assiette de l'appareil en vol plané.
pliers, pince.
plop down, amerrir, descendre.
plow, labourer. *plowing taxiing* ou *plow taxiing,* circulation nez levé ou avec puissance où les queues des flotteurs semblent "labourer" la surface en laissant de profonds sillons. *plowing turn* ou *plow turn*, virage

en circulation nez levé ou avec puissance. *plowing position,* position de l'appareil en circulation nez levé.
plug, bouchon, bonde. *screw plug,* bouchon fileté pour le drainage situé au fond de la coque.
plunge (*into the water*), immerger ou s'immerger dans l'eau. *plunging breaker* ou *spilling breaker* ou *surging breaker* vague déferlente.
plywood, contre-plaqué. *marine plywood,* contre-plaqué marine.
POH (Pilot Operating Handbook), manuel de vol d'un appareil.
pole, **1**, poteau ou pylône de ligne électrique. **2**, perche.
pond, étang, petit lac. *seaplane* ou *floatplane pond,* bassin généralement de forme allongée réalisé pour le décollage et l'amerrissage des hydravions.
ponded stream, cours d'eau avec de l'eau stagnante.
pontoon (synonyme de *float*), flotteur. *pontoon bridge,* pont flottant.
porpoise, marsouiner, osciller sur l'eau avec des mouvements répétitifs de tangage. *porpoising,* marsouinage.
port, babord, partie gauche de l'appareil.
pound, livre. Unité de mesure du poids. Symbole : lb. 1 lb = 0,4536 kg. 1 kg = 2,2046 lb.
power, puissance. *power house,* centrale hydroélectrique. *power line,* ligne électrique ou câble de cette même ligne. *power loading,* rapport poids/portance. *under powered,* sous-motorisé. *power-off,* sans puissance. *power-on,* avec puissance. *partial power,* avec une partie de la puissance.
preflight inspection, visite prévol.
pressure altitude, altitude pression.
primary swells, système de vagues primaires.
prior permission, autorisation préalable. *prior permission only,* sur autorisation préalable seulement. *prior permission requisted,* autorisation préalable exigée.
private, privé.
promontory, promontoire.
propeller (ou *prop*), hélice. *seaplane propeller,* hélice d'hydravion, souvent différente de celle qui est montée sur avion (*landplane propeller*). *two (three, four…) blade propeller,* hélice à deux (trois, quatre…) pales.
psi (ou PSI), livre par pouce carré, unité de mesure de pression. 1 psi = 0,068 atmosphère. 1 atmosphère = 14 psi.
pulley, poulie; en particulier, réa autour duquel passe un câble de commande.
pull up, remettre les gaz.
pump socket, ouverture pour le drainage du flotteur, dans laquelle on insère la pompe.
puncture, trou, dans la coque ou un flotteur. *puntured float,* flotteur troué.
pusher, appareil doté d'une hélice propulsive.
pylon, pylône, élément rigide qui supporte ou relie entre elles les parties de l'appareil; support moteur d'un monomoteur à coque.

Q

quart, unité de mesure de capacité, égale à un quart de gallon ou 32 onces de fluide. Symbole : qt. 1 qt = 0,9463 l. 1 l = 1,0567 qt.
quay, quai.

R

radius of turn, rayon de virage.
raft, radeau, canot. *rafted ice,* glace flottante.
rail, rail. *railcar,* chariot de halage circulant sur des rails. *railroad* ou *railway,* voie ferrée. *railway station,* gare ferroviaire. *hand rail,* main courante. *spray rail,* ailette pare-embruns (lèvre).
rain, pluie. *raindrop,* goutte de pluie. *rainfall,* chute de pluie. *rain forest,* forêt pluviale. *rainy climate,* climat pluvieux. *rainy season,* saison des pluies. *heavy rain,* forte pluie.
ramp, rampe de mise à l'eau. *ramp slope,* pente de la rampe. *ramping,* montée sur la rampe.
range, chaîne montagneuse. distance franchissable.
rapids, rapides.
rasp, râpe.
ratio, ratio. *weight-to-power ratio,* rapport poids/puissance.
ravine, ravin.
reef, récif. *coral reef,* barrière de corail.
reference datum, plan de référence par rapport auquel est mesurée la distance d'un objet aux fins de calcul du centrage de l'appareil.
refuel, ravitailler. *refueling,* ravitaillement.
reliable, fiable.
remanufactured, remanufacturé. *factory remanufactured* ou *rebuilt*, remanufacturé en usine.
remote, loin "à distance". *remote area,* zone éloignée, généralement accessible uniquement par voie aérienne.
rescue, secours.
reservoir, bassin artificiel délimité par un barrage.
retraction, rétraction. *retraction cable,* câble pour relever et baisser les safrans. *retraction handle,* poignée pour relever les safrans. *retractable float,* flotteur rétractable. *retractable gear,* train rentrant.
reverse, pas d'hélice réversible.
rice field, rizière.
ridge, terrain relevé par rapport au terrain environnant, dorsale.
righting moment, moment redresseur.
right of way, priorité.

rigidity, rigidité (de la structure d'un appareil).
ring, anneau. *hoisting rings,* anneaux pour le levage de l'appareil. *tie-down rings,* anneaux pour amarrer l'appareil.
ripple, ondulation. *ripples,* ondulation de la surface, série de vaguelettes.
rise, augmentation, marée montante. *rise of temperature,* augmentation de la température.
river, fleuve, rivière. *riverbed,* lit du fleuve. river bassin, bassin fluvial. *river boat,* embarcation fluviale. *river buoy,* bouée fluviale. *river tide,* marée fluviale.
rivet, rivet. *rivet head,* tête de rivet.
rock, roche, écueil. *rocky,* rocheux. *rocky reef,* barrière d'écueils rocheux.
roll, roulis, rotation autour de l'axe longitudinal. *roll stability,* stalité latérale.
roller, généralement au pluriel *(rollers)*, vague longue.
rope, câble, bout ou chaîne d'ancrage.
rot, pourrir.
rotation, rotation.
rough, agité. *rough sea,* mer agitée. *rough surface,* surface agitée. *rough water,* eau agitée.
roundout, arrondi, ressource.
round plug, balle, bouchon d'une ouverture pour le drainage des flotteurs. Appelé aussi *rubber ball.*
route, route.
RPM *(revolutions per minute)*, tours par minute.
rules of the road, règles de route, réglementation sur les règles de priorité et les autres aspects de la navigation.
run, course. *take off run,* course de décollage. *landing run,* course d'amerrissage ou d'atterrissage.
runout, palier.
rust, rouille.

S

saddle, col (de montagne).
safe, sûr.
safety, sécurité.
sagging, situation où une coque repose sur deux crêtes de vagues.
sail, voile. *sailboat,* voilier. *sailing,* navigation à la voile.
salt, sel. *salt evaporator,* marais salant. *salt flat,* saline. *salt haze,* brouillard salin. *salt lake,* lac salé. *salt marsh,* étang saumâtre. *salt pan,* saline. *salt water,* eau salée.
sand, sable. *sandbank* ou *sand deposit,* banc de sable. *sandbar,* cordon littoral. *sand dune,* dune de sable. *sandpaper,* papier de verre. ***sand ridge***, relief de sable. *sandspit,* langue de sable. *sandstorm,* tempête de sable.
saw, scie.
scarp, escarpement.
scope, longueur d'un mouillage ou d'un bout de remorquage. Plus techniquement, rapport entre la longueur du mouillage et la profondeur.
screwdriver, tournevis.
sea, mer. *deep sea* ou *open sea,* haute mer. *sea anchor* ou *drogue,* ancre flottante. *sea bank,* brise lames. *sea beach,* plage marine. *seabird,* oiseau marin. *seaboard,* littoral. *sea breeze,* brise de mer. *sea cliff,* falaise côtière. *seacoast,* côte marine. *seadrome* (synonyme de *water aérodrome*), hydrobase; aussi: aéroport flottant, plate-forme pour le décollage et l'atterrissage des appareils terrestres. *sea fog,* brouillard marin. *seagoing tug,* remorqueur de haute mer. *seagull,* mouette. *sea ice,* glace de mer. *sea lane,* passage réservé à un navire. *sea level,* niveau de la mer. *seamanship,* art naval. *seamark,* signal maritime. *sea-mount,* montagne sous-marine. *seaport,* port maritime. *seaquake,* tremblement de terre sous-marin. *sea salt,* sel de mer. *seascape,* aspect de la mer. *sea scarp,* escarpement sous-marin. *seashore,* côte marine. *seashore lake,* lac côtier. *seasickness,* mal de mer. *sea state,* état de la mer. *sea-state capability,* capacité d'affronter une surface plus ou moins agitée pour une coque ou un appareil. *sea urchin,* oursin. *seawall,* brise-lames. *seaward,* vers la mer. *seawater,* eau de mer. *seaweed,* algue marine. *sea way,* route de navigation, voie maritime. *sea wing,* nageoire, élément dépassant de chaque côté de la coque pour assurer la stabilité latérale en flottage.
seal, phoque.
sealing, scellement.
sealer, mastic d'étanchéité.
seaplane, appareil capable de décoller et amerrir sur l'eau. *seaplane fitting* (synonyme de *floatplane kit* ou *float kit*), ensemble des parties ajoutées ou modifiées sur un appareil terrestre pour le transformer en hydravion. *Seaplane Pilot Association,* association des pilotes d'hydravion dont le siège est aux États Unis. *seaplane rating,* qualification hydro. *seaplane slipway,* zone protégée pour parquer les hydravions. *seaplane tender,* embarcation avec un logement où peut s'insérer l'avant d'un hydravion.
season, saison.
seasonal, saisonnier. *seasonal current,* courant saisonnier. *seasonal stream,* cours d'eau saisonnier.
seat, siège, place à bord. *seat belt* ou *safety belt,* ceinture de sécurité. *fishing seat,* siège appliqué à un flotteur utilisé par un pecheur. *foldaway seat,* siège pliant.
section, section. *step section,* coupe transversale de la coque au niveau du redan.
secondary swell, système de vagues secondaire, généralement superposé à un système de vagues primaire (*primary swell*).

secure, lier.
service (ou *sevicing*), service, assistance. *service area,* zone d'une base destinée à l'assistance ou à l'entretien des appareils.
set off the step, descendre du redan.
shackle, manille. *shackle bolt,* manillon. *water-towing shackle,* anneau pour le remorquage à flot.
shallow, bas, peu profond. *shallow water,* eaux peu profondes.
shelter, abri.
ship, navire, aéronef. *shiphead,* proue. *shipway,* canal navigable.
shipyard, chantier naval.
scissors, ciseaux.
shoal, bas fond, zone peu profonde avec d'éventuels écueils ou des bancs de sable.
shore, rive. *shore current,* courant côtier, généralement parallèle à la côte. *shore facility,* point d'assistance sur la côte. *shoreline,* le long de la côte, aussière d'amarrage disposée à peu près perpendiculairement à la côte. *shoreside,* du côté de la rive. *downwind shore,* rive sous le vent. *seashore,* rive de la mer. *upwind shore,* rive au vent. *winward shore,* rive au vent. *offshore,* loin de la côte. *on shore,* sur la côte.
short, court. *short final,* courte finale. *short lake,* lac court. *short landing,* amerrissage court. *short take off,* décollage court.
shut off, fermer. *shut-off valve,* robinet général du carburant.
side, côté. *sidewards,* vers le côté, de côté. *sidewind,* vent de travers.
signal, signal. *signal mirror,* miroir de signalisation.
single, simple. *single engine,* monomoteur. *single-float,* monoflotteur.
sink, couler.
skeg (dit aussi ***skid***), partie de la quille renforcée qui s'étend sur un court tronçon à l'extérieur du flotteur ou de la coque, derrière le redan. Permet de reculer un appareil sans que le redan talonne.
skin, revêtement. *hull skin,* revêtement de la coque.
skipping, mouvement de l'appareil dans le sens vertical après le contact avec l'eau, dû à l'occlusion du redan.
sleeping bag, sac de couchage.
sleet, grésil.
slip, rampe de mise à l'eau. *slip resistant,* antidérapant.
slippery, glissant.
slough, bourbier, fondrière
smoke, fumée.
smooth, lisse. *smooth water,* eau calme, lisse.
snow, neige. *snowfield,* névé.
soggy, souple, incohérent. Se dit d'un terrain, d'une plage ou du sable.
solo, seul. *solo flight,* vol solo.
sound, détroit, goulet, bras de mer.
spacious, spacieux.
span, largeur hors tout de l'appareil, envergure. *spanner wrench,* clef. *double-ended spanner,* clef double fixe. *adjustable spanner,* clef à molette. *box spanner,* clef à tube.
sparsely settled area, zone peu habitée.
SPB, abbrévation de *seaplane base,* hydrobase.
speed, vitesse. *landing speed,* vitesse d'amerrissage. *take off speed,* vitesse de décollage. *taxiing speed,* vitesse de circulation à flot.
spilling, vague déferlante.
spit, langue de terre.
splash, toucher, arriver sur la surface de l'eau. *splash-in,* terme familier pour désigner un rassemblement d'hydravions et amphibies.
sponson, nageoire, synonyme de *sea-wing*, ballonnet.
spray, embrun. *spray rail* ou *spray suppressor* ou *spray strip,* ailette pare-embruns fixée à la partie interne de l'avant des flotteurs ou le long du bouchain de la coque, pour éviter les projections d'embruns vers l'hélice. *spray plate,* ailette pare-embruns de grande taille, dont sont dotés les gros hydravions à coque.
spreader bar, traverse des flotteurs. *front (rear) spreader bar,* traverse antérieure (postérieure).
spring, printemps, source, ressort. *interconnect springs,* ressorts d'interconnexion entre la commande de la direction et les ailerons.
spring line, pour un hydravion amarré de côté, aussière fixée au taquet avant et dirigée vers l'arrière, ou fixée au taquet arrière et dirigée vers l'avant pour empêcher le mouvement vers l'avant ou vers l'arrière de l'appareil. aussière à peu près parallèle à la côte et reliée généralement aux points d'amarrage situés sous les ailes.
squall, grain. *squall line,* ligne de grains.
stability, stabilité. *longitudinal (lateral, directional) stability,* satabilité longitudinale (latérale, directionnelle).
standard air, air standard.
stand off, se tenir à distance de la rive ou du ponton, tout en lui étant relié.
starboard, tribord, côté droit de l'appareil en regardant de l'intérieur vers l'avant.
station, station, point placé à une distance déterminée du plan de référence.
steer, diriger, orienter. *steering cables,* câbles reliés au palonnier pour orienter les safrans.
step, redan. *step landing,* amerrissage sur le redan; c'est l'amerrissage normal où l'on touche l'eau dans la zone du redan. *step taxiing,* hydroplanage. *step turn,* virage sur le redan. *on the step,* sur le redan. *climb onto step,* monter sur le redan. marche où l'on peut poser le pied. *fueling step,* marche pour poser le

pied et faciliter l'avitaillement des appareils dont les bouchons des réservoirs sont situés sur le dos de l'aile. *no step,* étiquette qui indique de ne pas poser le pied.
stern, poupe, queue, partie postérieure du flotteur ou de la coque. *stern line,* bout relié ou à relier au taquet de proue.
stick, manche.
storm, tempête.
straight, droit. *straight float,* flotteur hydro pur.
strait, détroit.
stream, cours d'eau. *stream anchor,* ancre de courant. *stream channel,* chenal fluvial. *stream current,* courant de cours d'eau. *streamlined,* fuselé.
strut, mât. *diagonal strut,* mât en diagonale. *float strut,* montant du flotteur. *wing strut,* mât d'aile.
stump, souche, tronc d'arbre ou objet émergeant de l'eau. *submerged stump,* tronc d'arbre ou pieu submergé et affleurant.
submerge, submerger.
summer, été.
supplement, additif au manuel de vol qui décrit l'emploi des aéronefs quand des options sont installées, par exemple les flotteurs.
surf, déferlante.
surface, surface.
summit, sommet.
surge, vagues basses.
survival, survie. *survival kit* ou *gear,* kit de survie.
swamp, marécage. *swamp boat,* bateau pour marécage.
swell, houle de grande taille typique de la mer, généralement en provenance de très loin et donc sans rapport avec le vent local. *swell direction,* direction de provenance de la vague. *swell face,* côté de la vague qui s'approche. *swell forecast,* prévision de la hauteur des vagues océaniques. *swell pattern,* configuration du système de vagues. *swell period,* période de la vague, ou temps écoulé entre le passage au même endroit de deux point homologues de la même vague. *swell top,* crête, point le plus élevé de la vague. *swell velocity,* vitesse de déplacement de la vague.
swimmer, nageur, baigneur.

T

tackle, palan.
taiga, taïga.
tail, queue de l'appareil. *tail first,* la queue en premier. *tail landing* (synonyme de *full stall landing*), amerrissage en décrochage, où la queue touche l'eau en premier. *tail wind,* vent provenant de l'arrière. *tail wind* component, composante arrière du vent.
take off, décollage. *take-off distance,* distance de décollage. *take off lane,* bande de décollage. *take-off path,* trajectoire de décollage. *take-off run,* course de décollage. *full-load take off,* décollage à pleine charge. *one-float take off,* décollage sur un flotteur.
tank, réservoir. *external tank,* réservoir externe. *left (right) tank,* réservoir gauche (droit). *main tank,* réservoir principal. *wing tank,* réservoir d'ailc.
taxi, circuler, rouler. *taxiing,* circulation jaugée, roulage. *taxi channel,* chenal de circulation reliant la rive à l'aire de décollage et d'amerrissage. *displacement taxiing,* circulation jaugée. *high speed taxiing,* hydroplanage. *idle taxiing,* circulation à flot avec la puissance réduite au minimum. *plowing taxiing,* circulation à flot nez levé ou avec puissance. *slow taxiing,* circulation jaugée. *step taxiing,* hydroplanage (être sur le redan). *water taxiing,* circulation à flot.
temperature, température. *air temperature,* température de l'air. *standard temperature,* température standard. *water temperature,* température de l'eau.
tent, tente.
test, essai. *full-scale test,* essai hydrodynamique d'une coque en grandeur nature. *model test,* essai hydrodynamique d'une coque sur un modèle à échelle réduite.
test flight, vol d'essai. *test pilot,* pilote d'essai.
thickness, épaisseur. *ice thickness,* épaisseur de la glace.
thimble, cosse, œil métallique autour duquel passe un bout ou un câble.
throttle, manette des gaz. *throttle back,* manette en arrière. *throttle forward,* manette en avant. *full throttle,* pleine puissance.
thrust, traction, poussée. *thrust line,* ligne le long de laquelle agit la traction ou la poussée.
tide, marée. *high tide,* marée haute. *low tide,* marée basse. *nip tide,* marée de quadrature (mortes eaux). *spring tide,* marée de syzygie (ou de vives eaux). *range of tide,* amplitude de la marée. *tidal current,* courant de marée. *tidal current chart,* carte des courants de marée. *tidal current tables,* tables des courants de marée. *tidal excursion,* excursion de la marée. *tidal fréquency,* fréquence de la marée. *tidal wave,* vague anormalement grande et destructive, raz de marée, lame de fond.
tie, lier. *tiedown,* attaches présentes en divers points de l'appareil pour fixer les bouts d'amarrage. *tie down area,* aire où les appareils sont parqués (et amarrés). *tie rail,* barre métallique fixée autour d'un ponton ou d'une bouée pour fixer les bouts d'amarrage.
tip, pointe, extrémité. *wing tip,* extrémité de l'aile.
wing-tip float, ballonnet. *float tip,* extrémité antérieure du flotteur.
tire, pneu.
tongue, langue. ***ice tongue***, langue de glace.
top, cime. *montain top,* sommet d'une montagne. *treetop,* cime d'un arbre. *flat top,* partie supérieure plate du flotteur.

torque, couple.
touch down, contact avec la surface.
tow, remorquer. *towbar,* barre de remorquage reliant le moyen de remorquage à l'appareil ou au chariot sur lequel il est posé. *towboat,* remorqueur. *towing line,* câble de remorquage.
tower, tour. *control tower,* tour de contrôle. *water tower,* château d'eau.
towing test tank, bassin de carène
track, parcours.
tractor, tracteur, appareil équipé d'une hélice tractive.
trade winds, alizés.
transom, tableau de poupe, partie terminale plate d'un flotteur placée verticalement.
tree, arbre. *treetop,* cime d'un arbre.
trim, compensateur. *trim tab,* ailette du compensateur. *fixed trim,* avec un angle d'assiette prédéterminé. *free to trim,* libre d'effectuer des mouvements de tangage.
trough, gorge, creux de la vague.
truck, camion. *fork truck,* chariot élévateur.
tsunami, vague énorme aux effets destructifs.
tundra, toundra. *tundra tire,* pneu de toundra, pour terrain mou.
turboprop, turbopropulseur.
turbulence, turbulence.
turn, virage. *turn diameter,* diamètre de virage. *turn radius,* rayon de virage. *coordinated turn,* virage coordonné avec la bille au milieu. *turn over,* capoter, renverser. *turning basin,* aire pour les manœuvres à flot.
turntable, plate-forme tournante, utilisée dans le passé pour tourner les gros hydravions.
twilight, crépuscule.
twin engine, bimoteur.
twin hulled, à double coque.

U

underwater, sous l'eau, submergé, sous la ligne de flottaison. *underwater body,* œuvre vive.
unload, décharger.
unpaved, non revêtu de matériau dur. *unpaved runway,* piste en herbe ou en terre battue.
untie, délier.
up, haut, en haut, vers le haut.
uphill, en montée. *uphill part of swell* (synonyme de *swell face*), partie d'une vague dirigée vers le sens de déplacement.
up-sea, perpendiculairement à la vague.
upset, renversement, capotage de l'appareil sur l'eau.
upside down, "la tête en bas". Se dit d'un appareil qui a capoté.
upswell, vers la direction d'où proviennent les vagues.
upwind, au vent, contre le vent, du côté d'où vient le vent.

V

valley, vallée.
vapour (aux USA *vapor*), vapeur.
V, forme du fond d'un flotteur ou d'une coque. *V-bottom,* fond en V. *V-shaped,* en V.
V brace, renfort structural en forme de V, placé à l'intérieur de la cabine, installé sur beaucoup d'appareils pour les convertir en hydravions.
vertigo, vertige.
vessel, embarcation, navire.
visual, visuel, à vue. *visual air mark,* marques de signalisation d'hydrobase.
volcano, volcan. *volcanic ashes* cendres volcaniques. *volcanic lake,* lac volcanique.

W

wadi, oued
wake, sillage. *boat wake,* sillage d'embarcation.
walk, passerelle. *walkway,* ensemble des parties superficielles de l'appareil sur lesquelles on peut marcher.
walkie-talkie, émetteur récepteur portable.
wash, vague produite par les embarcations.
water, eau. *water aerodrome,* hydrobase. *water bird,* oiseau aquatique. *water bloom,* masse d'algues d'eau douce. *water bomber,* appareil servant à éteindre les incendies. *waterborne,* flotteur qui se déplace sur la surface de l'eau. *water condensation,* eau de condensation. *water-cooled,* refroidi à l'eau. *watercourse,* cours d'eau. *water drag,* résistance de l'eau. *water-dropping tank,* réservoir contenant l'eau pour éteindre les incendies. *waterfall,* cascade. *water flying,* vol sur l'eau, vol hydro. *Water Flying,* revue éditée par la Seaplane pilot Association. *waterfront,* le long d'un lac, le long de la mer, aire adjacente à l'eau. *watergate,* écluse. *water landing,* amerrissage. *Water Landing Directory,* publication de la *Seaplane pilot Association* qui recense les hydrobases des États Unis. *water lane,* bande pour le décollage et l'amerrissage. *water line,* ligne de flottaison. *water loop,* embardée très prononcée ou rotation complète de l'appareil lors du hydroplanage, similaire au *ground loop* des appreils à train classique à terre (cheval de bois). *water opening,* brisure de la glace, à travers laquelle on voit la surface de l'eau. *water mill,* moulin à eau. *water plane,* plan de flottaison. *water power plant,* centrale hydroélectrique. *waterproof,* étanche. *water rudder,* gouvernail marin. *water run,* course de décollage sur l'eau. *watershed,* bassin hydrographique. *water ski,* ski nautique, ailette qui pourvoit à la sustentation hydrodynamique de l'appareil. *water skier,* skieur nautique. *water snake,* serpent aquatique. *water snow,* neige fondue ou contenant beaucoup d'eau. *water spout,* trombe marine. *water suction,* aspiration vers

le bas des flotteurs durant l'hydroplanage sur une surface lisse. *Water Supplement,* supplément aux AIP canadiens recensant les hydrosurfaces. *watertight,* imperméable, hermétique. *water tower,* château d'eau, repère souvent utilisé par les pilotes d'hydravion. *water vapour,* vapeur d'eau. *waterway,* fleuve ou canal navigable. *water wettable,* hydrophile.
wave, vague, vague générée localement par le vent agissant sur la surface ou par d'autres éléments. *wave amplitude,* amplitude de la vague, égale à la moitié de sa hauteur. *wave basin,* bassin d'absorbtion des vagues. *wave crest,* crête de la vague. *wave forecasting,* prévision des vagues. *wave form,* forme de la vague. wave front, front de vague. *wave group,* groupe de vagues, de direction, longueur et hauteur similaires. *wave height,* hauteur de la vague, distance entre la crêtre et le creux de la vague. *wavelenght,* longueur de la vague, distance entre deux points homologues de la vague. *wavelet,* vaguelette, petite vague. *wave shape,* forme de la vague. *wave train,* train de vagues. *wavy,* qui présente des vagues. *ground wave* ou *surface wave,* vague sur des hauts fonds, vague de surface. *hurricane wave,* vague d'ouragan. *Kelvin wave,* vague de Kelvin, système de vagues où celles qui sont sur la droite par rapport au sens de propagation (dans l'hémisphère nord), qui sont plus hautes à cause de la force de Coriolis. *seismic wave,* vague marine d'origine sismique. *signifiant wave,* vague principale. *wind wave,* vague due au vent.
wax, cire.
weather, temps météorologique. *weather forecast,* prévision météo. *weather map,* carte météo.
weathervane ou ***weathercock***, se placer, s'aligner dans le sens du vent. C'est le cas d'une girouette ou d'un hydravion arrêté sur l'eau.
weed, herbe, algue, flottante ou sur le fond.
weep holes, ouverture pour le drainage située à la partie inférieure de la coque.
weight, poids. *basic empty weight,* poids de base à vide. *empty weight,* poids à vide. *gross weight,* poids au décollage. *landing weight,* poids à l'atterrissage. *maximum weight,* poids maximum. *ramp weight,* poids au parking. *standard empty weight,* poids à vide standard. *take-off weight,* poids au décollage.
weld, souder. *welding,* soudure.
well, puits.
wet, mouillé. *wet climate,* climat humide. *wetted surface,* surface mouillée.
wharf, môle. *bulkhead wharf,* quai adossé à un mur.
wheel, roue, volant. *wheel well,* logement d'une roue de train dans un flotteur amphibie.
whitecap, mouton (d'écume), vague dont la crête écume.
whiteout, phénomène d'éblouissement et de désorientation que rencontrent les pilotes qui volent sur la neige ou sur l'eau, surtout après le décollage.
wilderness, zone sauvage ou peu habitée.
winch, treuil.
wind, vent. windbreak, brise-vent. *wind chill,* refroidissement dû au vent. *wind cone,* manche à air. *wind direction,* direction d'origine du vent. *wind-rode,* se dit d'un appareil ancré qui s'oriente dans le vent. *windrose,* rose des vents. *wind-shift line,* ligne ou aire restreinte où le vent change nettement de direction. *windscreen* ou *windshield*, pare-brise. *wind sleeve,* manche à air. *windspeed,* vitesse du vent. *wind sock,* manche à air. *windstreak,* mince bande d'eau allongée apparemment lisse sur une surface agitée. *windsurf,* planche à voile. *wind T,* T d'atterrissage. *wind triangle,* triangle du vent. *wind vane,* girouette. *wind velocity,* vitesse du vent. *windward,* au vent, face au vent, du côté d'où vient le vent. *wind wave,* vague générée par le vent. *windy,* venteux.
window, fenêtre. *cabin window,* fenêtre de cabine. *blister window,* fenêtre bombée vers l'extérieur, pour faciliter la vue.
wing, aile. *wing dam,* brise-lames. *wing float,* ballonnet. *wing loading,* charge alaire. *wing tip,* extrémité de l'aile. *wing-tip float,* ballonnet.
winter, hiver. *winterization,* intervention sur l'appareil pour le préparer à l'emploi aux basses températures.
wipers, essuie-glace.
wire, fil, câble. *wire cutters,* cisaille.
wood, bois. *woods,* bois, forêt. *wooden,* boisé, en bois.
wooden ramp, rampe en bois.
workhorse (littéralement 'cheval de trait'), appareil adapté au travail, particulièrement solide et fiable.
wreck, épave.
wrench, clef. *allen wrench,* clef allen.

Y

yard, **1**, chantier. **2**, yard, unité de mesure de longueur égale à 3 pieds ou 36 pouces. Symbole yd.
1 yd = 0,9144 m, 1 m = 1,0936 yd
yaw, embardée, rotation autour de l'axe vertical. *yaw stability,* stabilité directionnelle.
yoke, synonyme de *bridle.*

CHAPITRE 25

L'art et la collection sur l'hydraviation

La préservation de toutes les objets et les documents qui concernent l'hydraviation pour les générations futures sont un plus pour tous les pilotes ou fana d'hydravions. Plutôt que de disperser une collection, il est préférable de la donner à un Musée.

Quelques exemples, la plupart de la collection de l'auteur, vont être montrés dans ces quelques pages.

Publicité du Macchi 100 et pièces relatant l'expédition de Balbo en 1933.

Civica Raccolta di Stampe A. Bertarelli

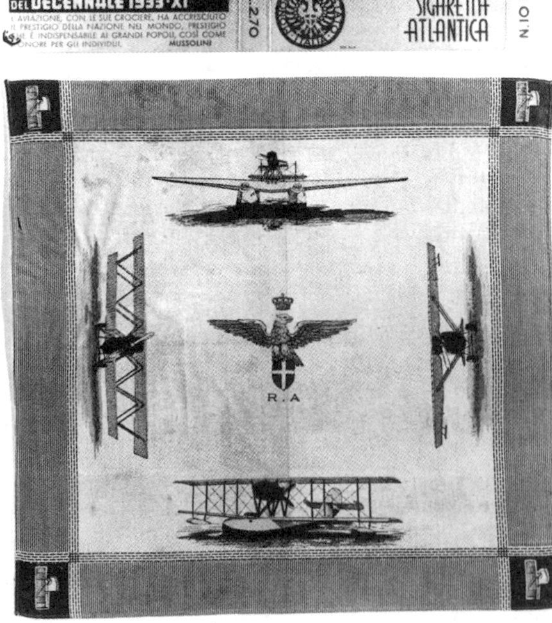

Civica Raccolta di Stampe A. Bertarelli - Milano

Archivio Apostolo

Archivio Apostolo

Publicité d'un hydravion Caproni et du producteur d'essence Stanavo.

Affiches publicitaires. La SISA, la première compagnie commerciale italienne, transportait des passagers le long du Po de Turin vers Venise et Triest et le long des côtes de la péninsule Italienne.
Une autre de la Société Anonyme Aero Espresso Italiana.
A droite, carte postale commémorant le voyage de Francesco De Pinedo aux Amériques.
En-dessous, des cartes postales sur le voyage de Balbo.

La squadra atlantica in volo sulla gran baia di Rio de Janeiro.

L'histoire de l'hydraviation est très riche; il est donc facile de trouver des souvenirs ou des pièces de collection. Un des hauts lieux historiques est La Horta aux Açores, où des centaines de pilotes ont fait des escales techniques, comme aujourd'hui les marins qui traversent l'Atlantique à la voile. En haut, le NC4 de l'US Navy, piloté par Albert Read en 1919, lors de son escale à l'occasion de sa traversée de l'Atlantique.
Au-dessus, le Lockheed Sirius *de Charles Lindbergh, à La Horta en 1933, accompagné de sa femme Anne Morrow, lors de son voyage vers la Chine. Ce vol était une préparation des vols transatlantiques de la Pan Am.*
En Haut, commémoration des catapultages des Dornier de la Lufthansa.
Dessus et dessous, enveloppe évoquant les vols de la Pan Am avec des Boeing 314.

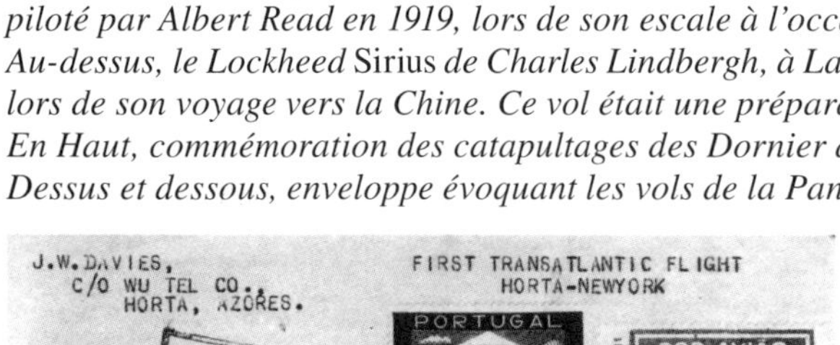

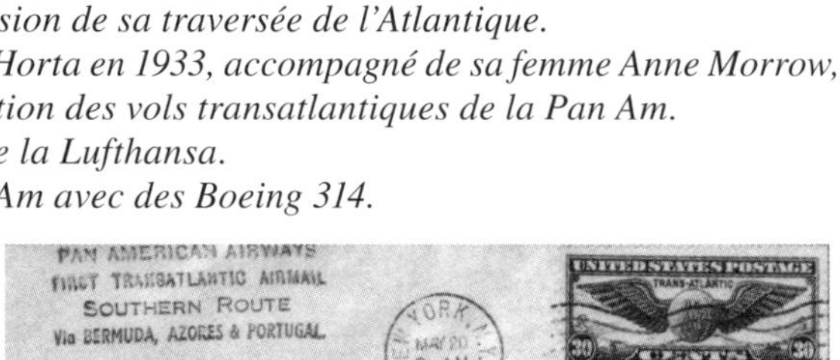

VIA SAN FRANCISCO GATEWAY

TABLE 12 **U.S.A.-HAWAII-GUAM-PHILIPPINES**

Daily	3:00	Lv. BOSTON, Mass., U.S.A. (AMA)...E.S.T. Ar.	11:48	Daily
"	5:00	Lv. NEW YORK, N. Y., U.S.A. (UAL) " Ar.	9:00	"
"	4:45	Lv. WASHING'N, D. C., U.S.A. (PAL) " Ar.	10:45	"
"	9:30	Lv. CHICAGO, Ill., U.S.A. (UAL).....C.S.T. Ar.	3:29	"
"	9:15	Ar. SAN FRANCISCO, U.S.A. (UAL) ..P.S.T. Lv.	1:15	"
Orient Express(x)		Pan American Airways Co. (PAAP)	Orient Express(x)	
Wed.	3:00	Lv. SAN FRANCISCO (Alameda), U.S.A.P.S.T. Ar.	10:30	Tues.
Thur.	8:30	Ar. HONOLULU (Pearl Harbor), H.I....H.L.T. Lv.	12:00N	Mon.
Fri.	6:30	Lv. HONOLULU (Pearl Harbor), H.I....H.L.T. Ar.	5:30	Sun.
"	3:00	Ar. MIDWAY ISLAND..............M.L.T. Lv.	6:00	"
Sat.	6:00	Lv. MIDWAY ISLAND..............M.L.T. Ar.	5:00	Sat.
		(International Date Line)		
Sun.	3:00	Ar. WAKE ISLANDS..................165° Lv.	6:00	Sun.
Mon.	6:00	Lv. WAKE ISLANDS.................. " Ar.	7:00	Sat.
"	5:00	Ar. GUAM ISLAND...................150° Lv.	6:00	"
Tue.	6:00	Lv. GUAM ISLAND.................. " Ar.	8:30	Fri.
"	5:00	Ar. MANILA (Cavite), P.I...........120° Lv.	4:00*	"

*Departures from Manila subject to advancement to previous afternoon as occasion demands.

All times are approximate other than at San Francisco Westbound and at Honolulu Eastbound.

Light Face Type - A. M.— Bold Face - P. M.

U. S. Cy. PASSENGER TARIFF

Fares quoted below are One Way fares. Round Trip fares are twice one-way less 10%

TABLE 12	San Francisco Cal., U.S.A.	Honolulu H. I.	Midway Isl.	Wake Isls.	Guam Isl.	Manila P. I.
San Francisco, Cal., U.S.A.	....	$360	$445	$587	$704	$799
Honolulu, H. I.	$360	....	157	299	480	614
Midway Isl.	445	157	....	142	323	514
Wake Isls.	587	299	142	....	181	372
Guam Isl.	704	480	323	181	....	191
Manila, P. I.	799	614	514	372	191	....

Articles et documents relatant le "Système Pan American" dans les années trente. Toutes ces images concernent les vols transpacifique des Martin 130 sauf deux qui concernent des vols de Sikorsky S42. Notez les aménagement luxueux des intérieurs et la table des tarifs. La coupure de presse décrit la première traversée du pacifique, de San Francisco à Manille, en 1935. Les mêmes lignes seront plus tard desservies par des Boeing 314.

PAN AMERICAN AIRWAYS: MAIN AISLE, "CLIPPER" CLASS FLYING-BOAT

PAN AMERICAN AIRWAYS: GLENN MARTIN 130 FLYING-BOAT "CHINA CLIPPER"

OFF TO WEST INDIES AND SOUTH AMERICA FROM MIAMI

Musée Historique de l'Hydraviation

Amelia Earhart, la première femme qui a traversé l'Atlantique. En-dessous, Amelia avec le Lockheed Electra *avec lequel tenta de faire le tour du monde.*

Buste en terre cuite de Jean Mermoz.

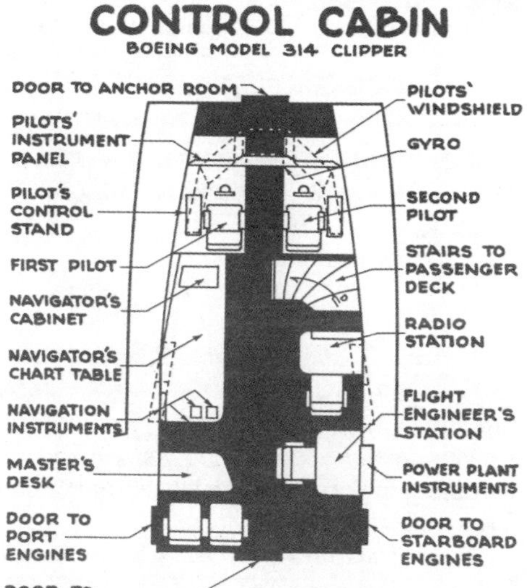

Hydravions sur le Lac de Côme. Dessus, un Savoia Marchetti S-79. A droite, le Dornier DO X qui fit visite en 1929. Au-dessous, compétition d'hydravions en 1913; le vainqueur fut Roland Garros avec son Morane. L'enveloppe en haut fut transportée à l' occasion du premier vol postal entre Napoli et Palermo. Le timbre émis pour l'occasion fut le premier de poste aérienne du monde.

Carte postale transportée entre Côme et Bellagio à l'occasion de vols postaux expérimentaux en 1925.
En bas, courrier transporté par l'auteur de Rome à Paris en 1987, du Tibre à la Seine, en occasion des célébrations du centenaire de la Révolution française.

Le Macchi Castoldi MC72 du record de vitesse de 1934; carte postale dédicacée par le pilote Francesco Agello. Dessous, un Cessna finlandais. En bas, une représentation ludique d'un hydravion à l'occasion de la 64ème fête du citron, à Menton (France); l'hydravion est constitué de citrons et d'oranges. En-dessous, hydravion de l'US Navy catapulté d'un navire.

Étiquettes pour les bagages de compagnies aériennes opérant avec hydravions. A droite, hydravion en carton à découper et monter.

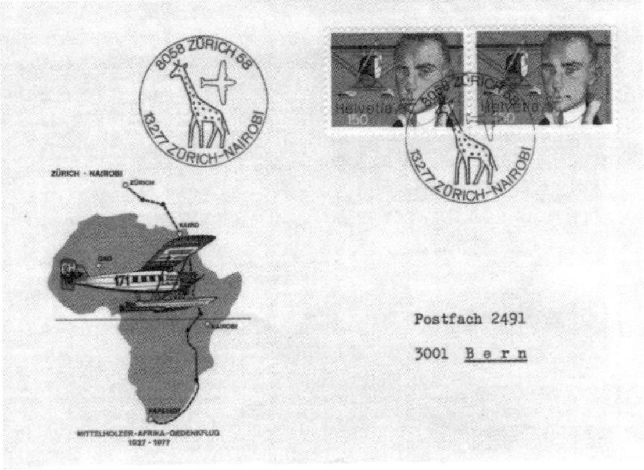

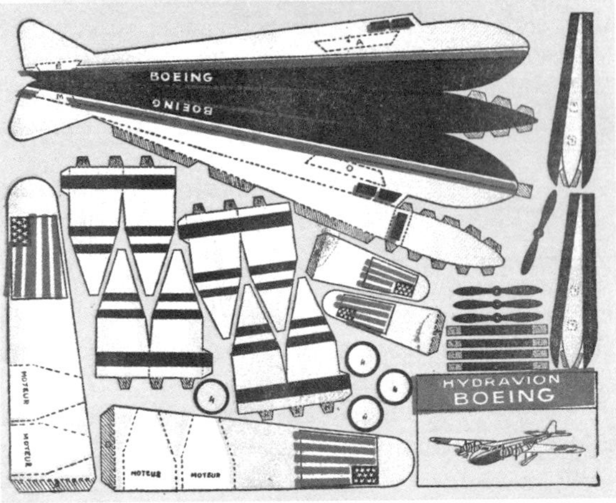

Enveloppe émise pour célébrer le voyage de Mittelholzer de Zurich à Cape Town en 1927.
Une rare photo aérienne du concours de Monaco de 1912. A droite, Caudron sur flotteurs Fabre et Paulhan Curtiss Triad *(conversion hydravion du Curtiss biplan).*

Exposition de modèles réduits en suisse. Ce type d'activité au sein du modélisme est en plein essor.
Dans les journaux anciens, quelques opérations de sauvetage avec des hydravions.

LA TRIBUNA ILLUSTRATA

Supplemento illustrato de "La Tribuna"

Proprietà letteraria e artistica riservata secondo le leggi

ANNO XXXVI. — N. 27 | 1° Luglio 1928. — VI | Cent. 30 il numero

Carte postale montrant le premier hydravion à coque, l'hydroaéroplane de François Denhaut de 1912.

En-dessous, opération sur la Méditerranée à Santa Margherita, Punta Pagana, très près de Portofino.

Le très joli Savoia Marchetti S58. A gauche, deux désastres illustrés dans des hebdomadaires des années trente. En-dessous, un des Dornier Do-X construit en Italie dans le port de La Spezia (Italie) et en bas quelques FBA sur l'hydrobase de Sanremo, près du fort de Santa Tecla.

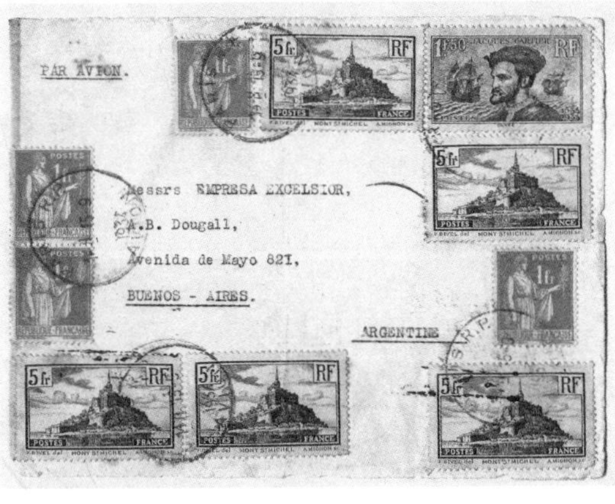

Dans ces pages, quelques enveloppes transportées par hydravion.

Enveloppe transportée par hydravion.

Deux enveloppes récupérées après un accident.

Affiches annonçant des manifestations avec des hydravions.

Sur les pages suivantes, petite compilation de cartes postales illustrées avec des hydravions. La plus part d'entre elles illustre bien la proximité de l'hydravion avec le public.

48 DINARD. — Porte d'Emeraude et la Cale. — LL

122 AIX-LES-BAINS. — Aérophane sur le Lac du Bourget. — LL.

Les hydro-aéroplanes à Tamise
Water-vliegtuigen te Temsche

452 SAINT-MALO. — Plage de Bon-Secours et les Remparts. — LL.

Marseille (B.-du-R.). — Hydravion géant dans le Vieux Port

MARIGNANE - Préparatif de départ d'un Hydro
I-RONY

1 - BISCARROSSE (Landes) — Le « Lieutenant de Vaisseau Paris » devant la Base Latécoère

TOURISME AÉRIEN MAICON & Cie
(Nice, Cannes, Beaulieu, Monaco, Monte-Carlo, Villefranche)
HYDRO G-4 en rade de Villefranche

LA CHARITÉ-sur-LOIRE — Escale d'Hydravions

J. Moretti 1438. - BASTIA (Corse)

50. - BIZERTE. - Aviation Maritime - La mise à l'eau d'un hydravion

1707. SAINT-RAPHAEL
Le Port-Aviation

Edition Plage Hôtel
La Plage d'HYÈRES (Var). - Les Hydravions devant Plage Hôtel

279. - LAFFREY. — Essai d'Hydravion sur le Lac - Le Grand Serre

T. G., Tabac, 80, rue Carnot   352. - BERCK-PLAGE. - Arrivée d'un Hydravion sur la Plage

265 LE TRÉPORT. – *Arrivée d'un hydravion sur la Plage. – LL*

118 JUAN-les-PINS - Hydravion

23 **CHATELAILLON - Hydravion amerri le 18 juillet 1927** *Photo de la Joupa Chatelaillon*

Musée Historique de l'Hydraviation

HYDRAVION
84

CONCOURS
D'HYDRAVIONS DE TRANSPORT
1-2-3-4 Septembre 1925
St RAPHAËL
F-AECF
Subventionné par le Sous-Secrétariat d'Etat de l'Aéronautique
Organisé par l'Aéro-Club de France

AVIATION
Hydravion
SÉRIE IV
FÉLIX POTIN
N° 3

LE GRUYÈRE FRANÇAIS - LYON
SÉRIE A
"LATECOERE"

LE GRUYÈRE FRANÇAIS - LYON

ÉDITION DU
CHOCOLAT DE MARLIEU
AVIONS MODERNES
N° 139. - Hydravion à flotteurs

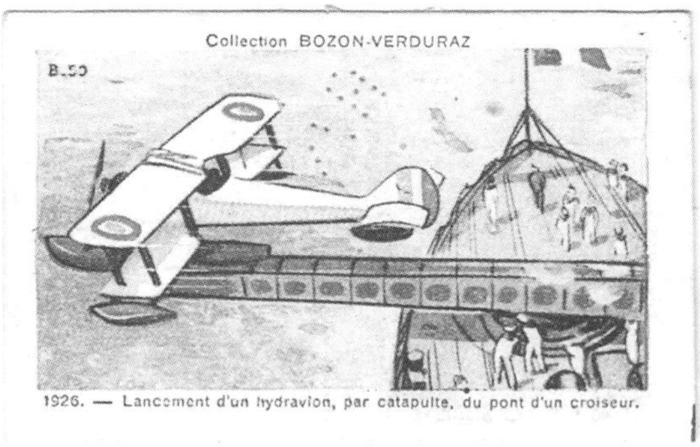
Collection BOZON-VERDURAZ
B.50
1926. — Lancement d'un hydravion, par catapulte, du pont d'un croiseur.

L'Hydravion LIEUT^T de VAISSEAU PARIS
1935
SÉRIE XXI
CAFÉS GILBERT
N° 10

MARINE NATIONALE
BREVET DE PILOTE D'HYDRAVION
RF

Une des 1482 lettres récupérées en mer après l'accident d'un Latécoère 28 de la Compagnie Générale Aéropostale, le 10 mai 1935. En suivant, collection d'erinnophiles d'origines diverses.

CHAPITRE 25

Instruments de calcul et mesure pour le pilote d'hydravions

Règles à calcul du pilote hydro

Le pilote d'hydravion est habitué à survolé la surface sur laquelle il doit se poser, pour l'inspecter minutieusement, pour en évaluer, entre le reste, la longueur et le vent.

Longueur d'un tronçon survolé sans vent

On fait correspondre la vitesse (en KTS ou en MPH) avec le temps de survol en secondes ou en minutes. La longueur du tronçon survolé est indiquée, en mètres ou en pieds, sur l'échelle externe, par la flèche "longueur".

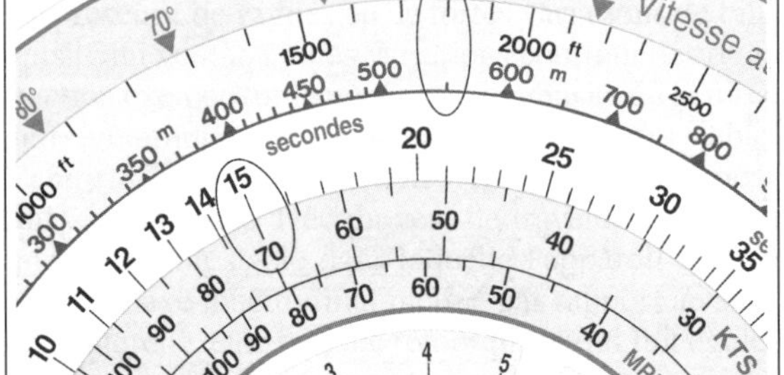

Exemple: 15 secondes à 70 KTS; longueur du tronçon (arrondie): 1800 ft, soit 550 m.

Calcul de la vitesse du vent

La méthode est expliquée dans le chapitre sur les techniques avancées, au paragraphe «Navigation en brousse». La règle permet connaissant R, soit le rapport entre le temps de survol face au vent et celui vent arrière, de trouver la vitesse du vent le longue de la route parcourue à l'altitude du survol.

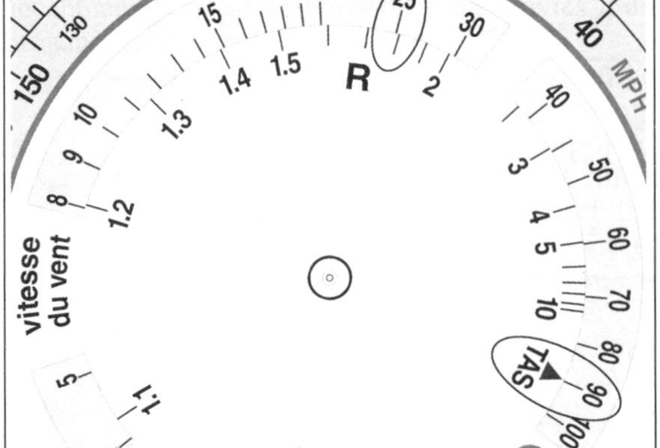

En faisant correspondre la flèche “TAS” avec la vitesse vraie par rapport à la masse d’air, on peut lire la vitesse du vent en face de la valeur R.
Exemple: TAS = 90 KTS et R =1.8; la vitesse du vent (arrondie) est de 25 KTS.

Calcul de la vitesse sol

La méthode est celle suggérée par De Remer, dans le chapitre sur les techniques avancées, au paragraphe “Navigation en zones sauvages”.
La méthode permet d’établir la vitesse sol en fonction de sa hauteur au dessus de la surface et du temps écoulé entre deux relèvements d’un objet au sol, grâce à des repères présents sur l’avion.

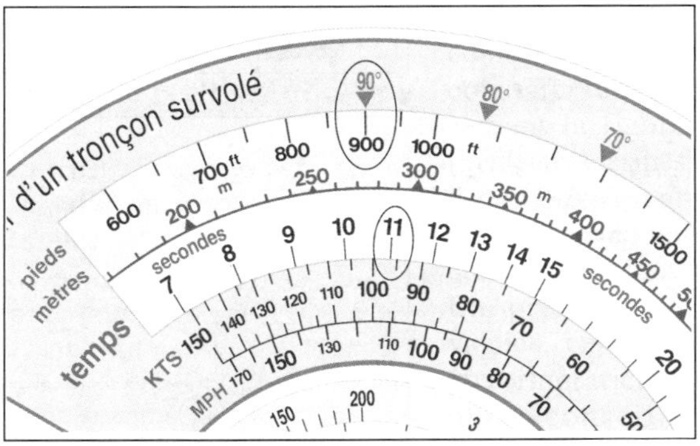

Si les repères sont relevés à 90°, on fait correspondre la flèche “90°” avec la hauteur par rapport au sol, en mètres ou en pieds, sur l’échelle externe. La vitesse sol se lit en face des du temps de survol en secondes. Si les repères sont relevés sous un angle différent de 90° on utilise les flèches correspondantes.
Exemple 1: la hauteur est de 900 pieds et les relèvements à 90° du repère se font en 11 secondes, la vitesse sol est de 96 KTS.
Exemple 2: la hauteur est de 2800 pieds et les relèvements à 60° du repère se font en 22 secondes, la vitesse sol est de 105 KTS.

Vagues

La règle du pilote hydro permet de connaître un des éléments d’une vague – longueur, vitesse, période – connaissant les deux autres.
L’emploi est intuitif.
Exemple: une vagues longue de 24 m, soit un peu moins de 80 ft, qui se déplace à la vitesse de 12 KTS à une période de 4 secondes.

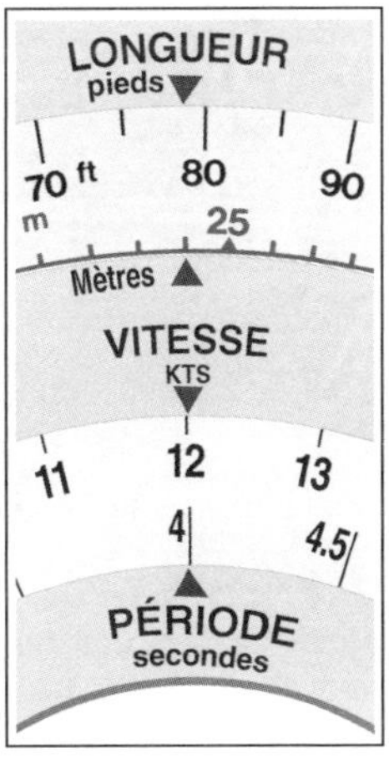

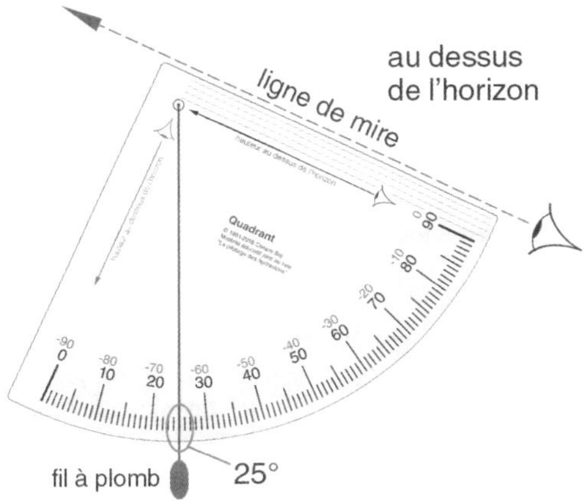

Instruments de mesure des angles

Quadrant

Le quadrant permet de mesurer des angles jusqu’à 90°, c’est à dire jusqu’au zénith en utilisation verticale. Son emploi est intuitif; on vise à l’aide du côté rectiligne où est dessiné un œil, le point dont on veut mesurer la hauteur angulaire.
L’angle se lit sur l’échelle; il est indiqué par le fil à plomb.
Quand on est sur l’avion on peut mesurer des angles au dessous de l’horizon.
Dans ce cas on utilise l’échelle intérieure de 0 à -90°.

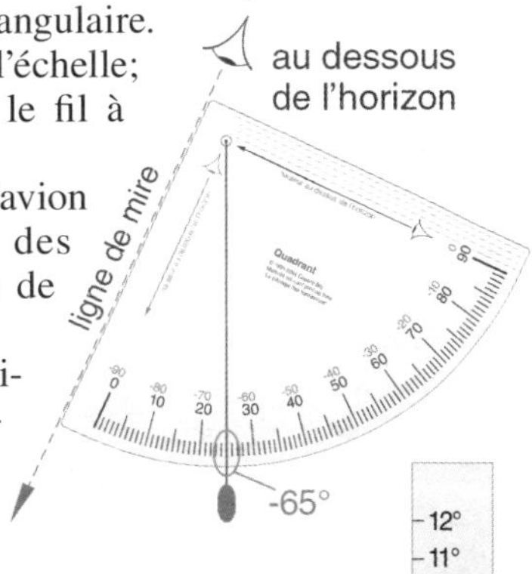

Mire

La mesure des petits angles peut être effectuée à l’aide de la mire, qu’on peut réaliser avec un petite barre en bois ou une ficelle et les deux pièces imprimées plus avant. L’échelle est étalonnée pour une distance œil-mire de 50 cm. L’important est de la tenir toujours bien verticale, avec l’œil placé au niveau du bord supérieur de la pièce plus petite et e de l’encoche de la plus grande. Dans l’exemple on mesure la hauteur angulaire du pin (8°) au dessus de l’horizon.

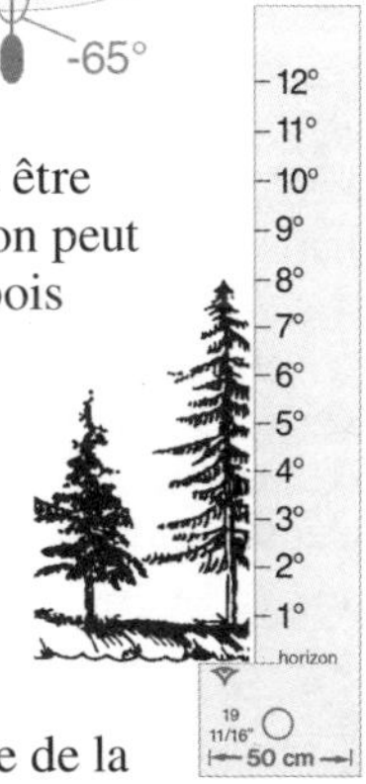

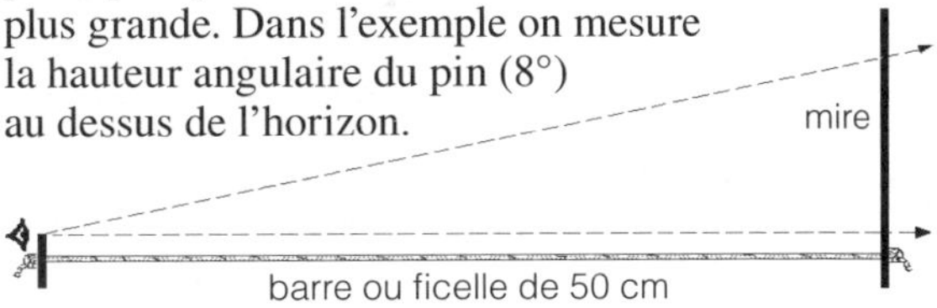

Graphomètre

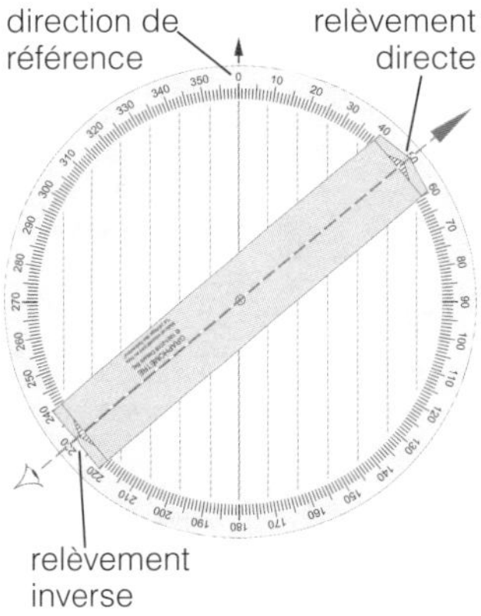

Consiste en une rose des vents dotée d'un curseur. Sur le curseur se trouvent deux éléments à plier en position verticale pour viser.

La donnée fournie dépend du sens d'orientation de la ligne zéro. Si elle est dirigée vers l'avant de l'aéronef le graphomètre indique le relèvement polaire de l'objet visé; si le zéro est dirigée vers le nord magnétique on obtient le relèvement magnétique. Le relèvement inverse (direction dans laquelle l'observateur est relevé de la position de l'objet visé) est indiqué par la queue du curseur.

Pour donner un autre exemple, si on dispose d'un instrument qui mesure l'azimut du soleil, comme l'astrolabe, on peut utiliser le graphomètre comme compas solaire, on doit simplement orienter la valeur de l'échelle correspondant à l'azimut du soleil vers le soleil.

Règle des angles

Permet, connaissant deux éléments d'un triangle rectangle, de déterminer le troisième. Le problème se pose souvent au pilote d'hydravion. Les problèmes de ce type sont facilement résolus en effectuant une mesure angulaire avec les instruments ci-dessus décrits et les calculs effectués avec la règle trigonométrique.

Calcul de la hauteur d'un obstacle. Par exemple pour connaître la hauteur de la cime d'un pin on procède de la sorte :

- on détermine une base et on note sa longueur, par exemple 72 m;
- on mesure la hauteur angulaire du pin avec le quadrant ou le viseur pour petits objets, par exemple 11°;
- on fait correspondre la flèche **a** avec 72 m; en correspondance de 11° on lit la hauteur du pin: 14 m.

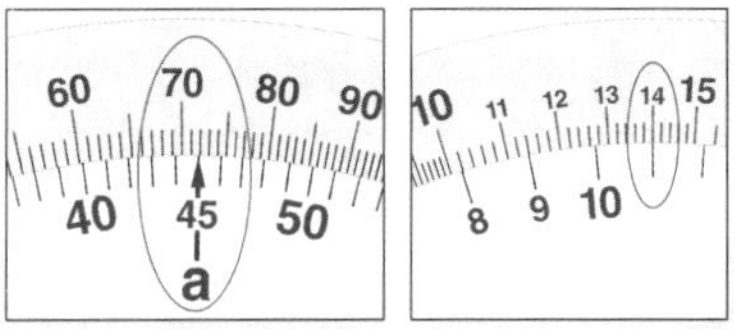

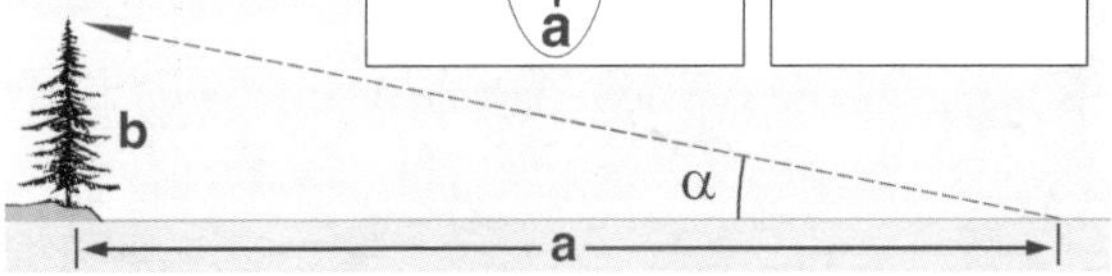

Calcul de la hauteur d'un objet par comparaison. Dans l'exemple qui suit, on évalue la hauteur du pin, en disposant d'un objet de comparaison de dimension connue.

- On estime la hauteur de la cabane: 8 m;
- on mesure la valeur angulaire de la hauteur de la cabane et du pin: respectivement 5° et 13°;
- on place la valeur 5 en face de 8 sur l'échelle externe
- on lit la hauteur du pin en face de 13°: 26 m.

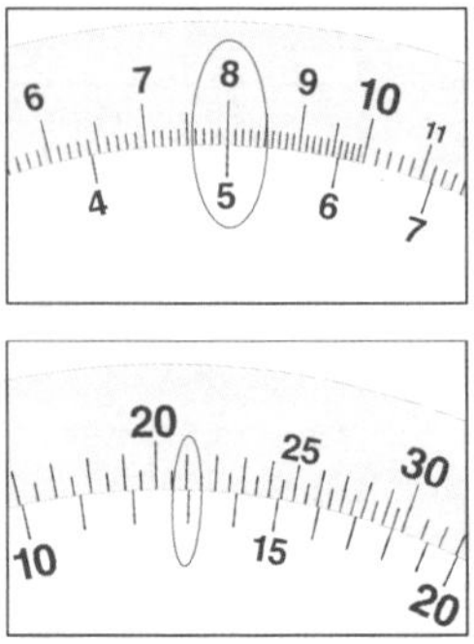

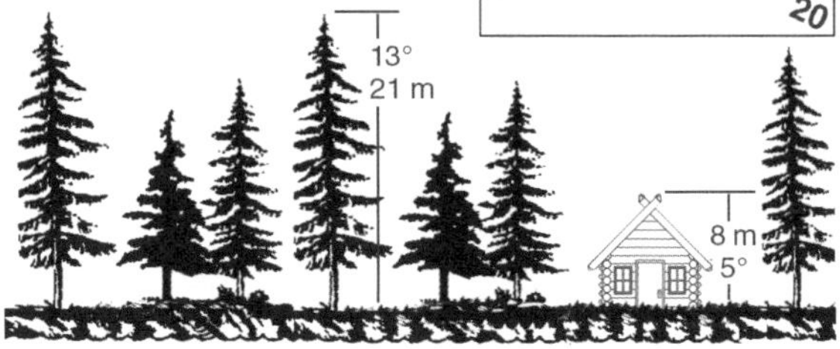

Calcul de la distance d'un objet par comparaison. Connaissant la taille d'un objet sur le rivage (pin, poteau électrique, bande de papier) on peut déterminer la distance par rapport à cet objet. Par exemple, le poteau a une hauteur de 28 m. L'angle mesuré avec le quadrant est de 6°. Placer la valeur 6 en face de 28 sur l'échelle; la distance indiqué par la flèche **a** est de 265 m.

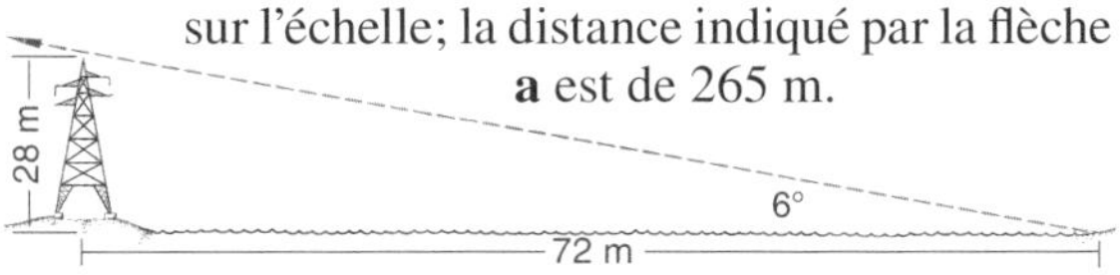

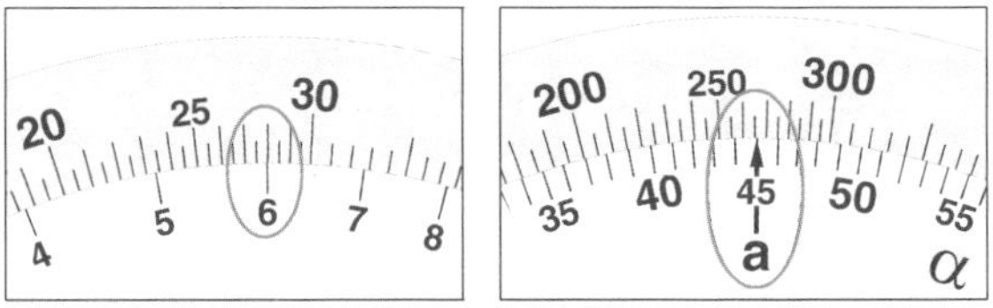

Calcul de la distance d'un objet avec le graphomètre. Le graphomètre permet de faire des mesures dans le plan horizontal. Étant donné un objet du quel on veut connaitre la distance, il faut établir une base **a** de longueur déterminée, perpendiculaire à la direction de l'objet. De l'extrémité on mesure l'angle α et, avec la règle, on calcule la distance **b**.

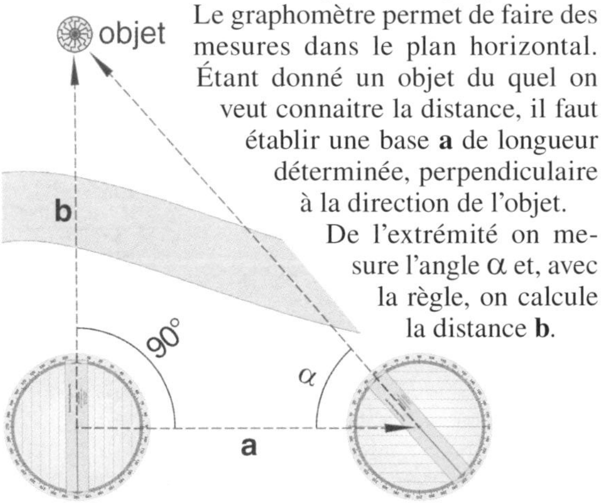

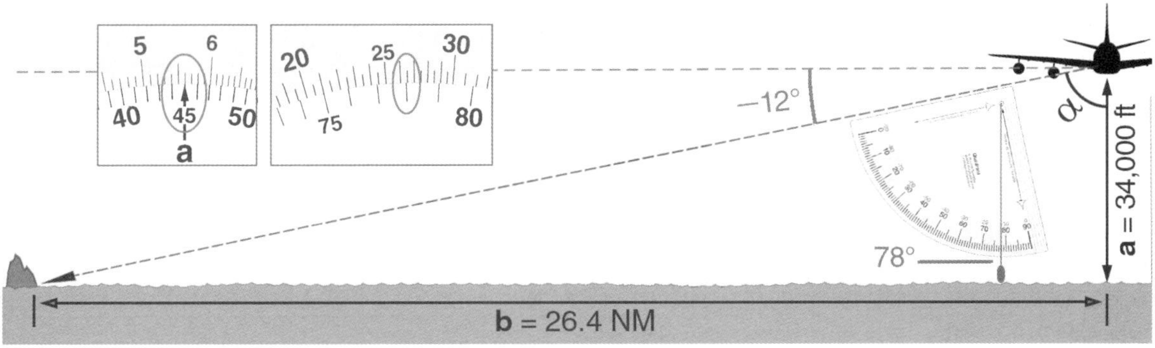

Calcul de la distance d'un objet en vol. Il faut connaitre son altitude et on utilise le Quadrant, comme on le voit dans l'exemple qui suit.

En croisière sur la mer dans un jet de ligne à 34.000 pieds d'altitude, nous voulons savoir la distance en milles nautiques d'une île que nous voyons de la fenêtre.

Avec le Quadrant, on vise l'île et on établi l'angle au dessous de l'horizon de -12°. La figure montre le triangle à résoudre, duquel on connait l'angle α (90 - 12 = 78°) et la distance **a** (34.000 pieds = 10.363 m = 5,6 NM, une conversion qu'on peut faire avec la normale règle à calcul).

Donc nous devons déterminer **b**. On met **a** en face de 5,6 et on lit la distance de l'île au dessus de 78: 26,4 nautiques.

Un exemple de calcul dans une situation réelle. Notre hydravion doit décoller d'un tranquille lac d'haute montagne contourné de forêts. Nous voulons savoir quelle est la longueur du lac et la hauteur de l'obstacle que nous devrions survoler après le décollage.

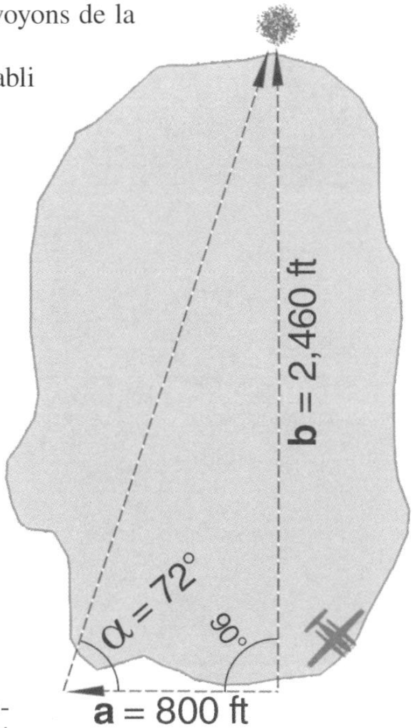

La première chose à faire est de calculer la distance de l'obstacle, c'est à dire la longueur du lac. En connaissant la distance de l'obstacle, on pourra calculer sa hauteur.

Nous établons une base de 400 pas, correspondent à 800 ft, perpendiculaire à la direction de l'obstacle.

Après, avec le graphomètre, on mesure l'angle α = 72°.
 On met la flèche **a** en face de 800, la règle dit que la distance **b** est de 2460 ft.

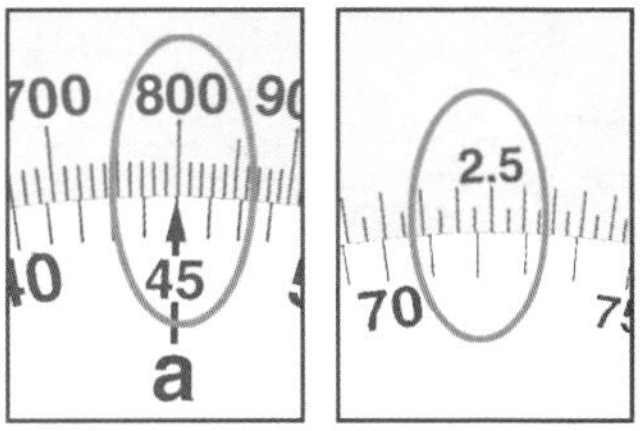

Passons maintenant à la figure représentante la situation en section verticale, où la distance est indiqué comme **a'**. Après qu'on a mesuré avec le quadrant l'angle α = 5°, on met les donnés dans la règle: flèche a en face de 2460; au dessus de 5° on lit la hauteur de l'obstacle b' de 215 ft.

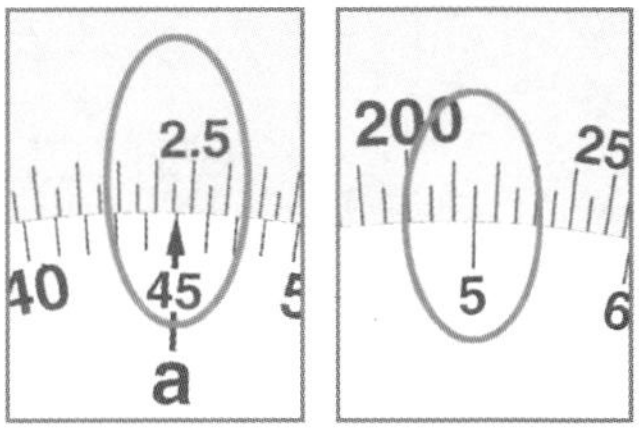

Ce paramètre, avec des autres informations, comme l'altitude-densité ou le poids de l'avion, permettent au pilote de décider la viabilité d'un décollage en toute sécurité.

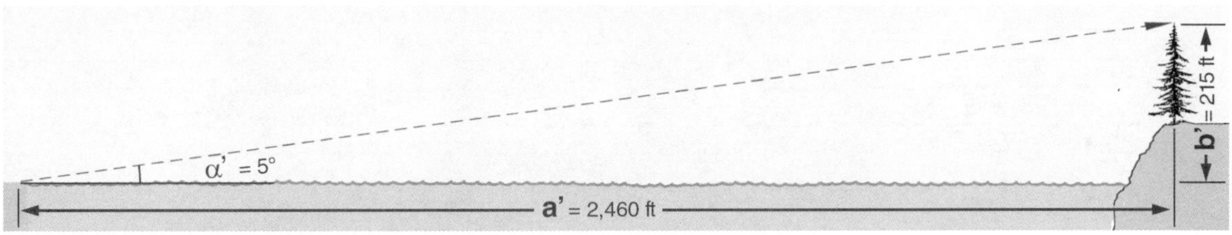

Préparation des instruments

Les pages du livre peuvent être photocopiées sur carton et coupées.

On peut également faire une copie sur carte, couper les pièces et les coller sur des supports rigides (par exemple de plastique légère), ayant la forme de la pièce à coller.

Pour le pivot des instruments circulaires on peut utiliser un rivet ou une agrafe parisienne.

Le quadrant nécessite d'un fil a plomb. Pour le poids, un de ceux utilisés par les pécheurs est adapté.

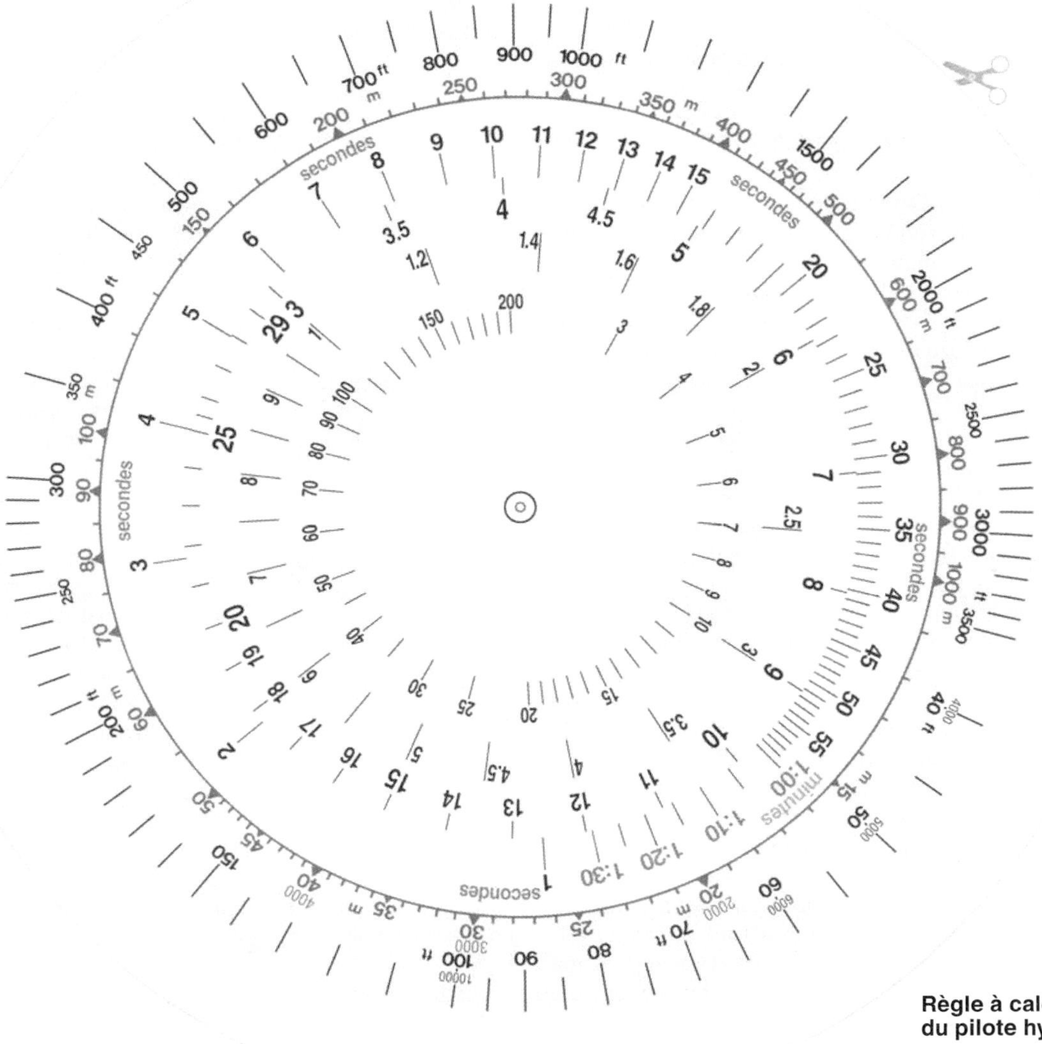

Règle à calcul du pilote hydro

disque de base

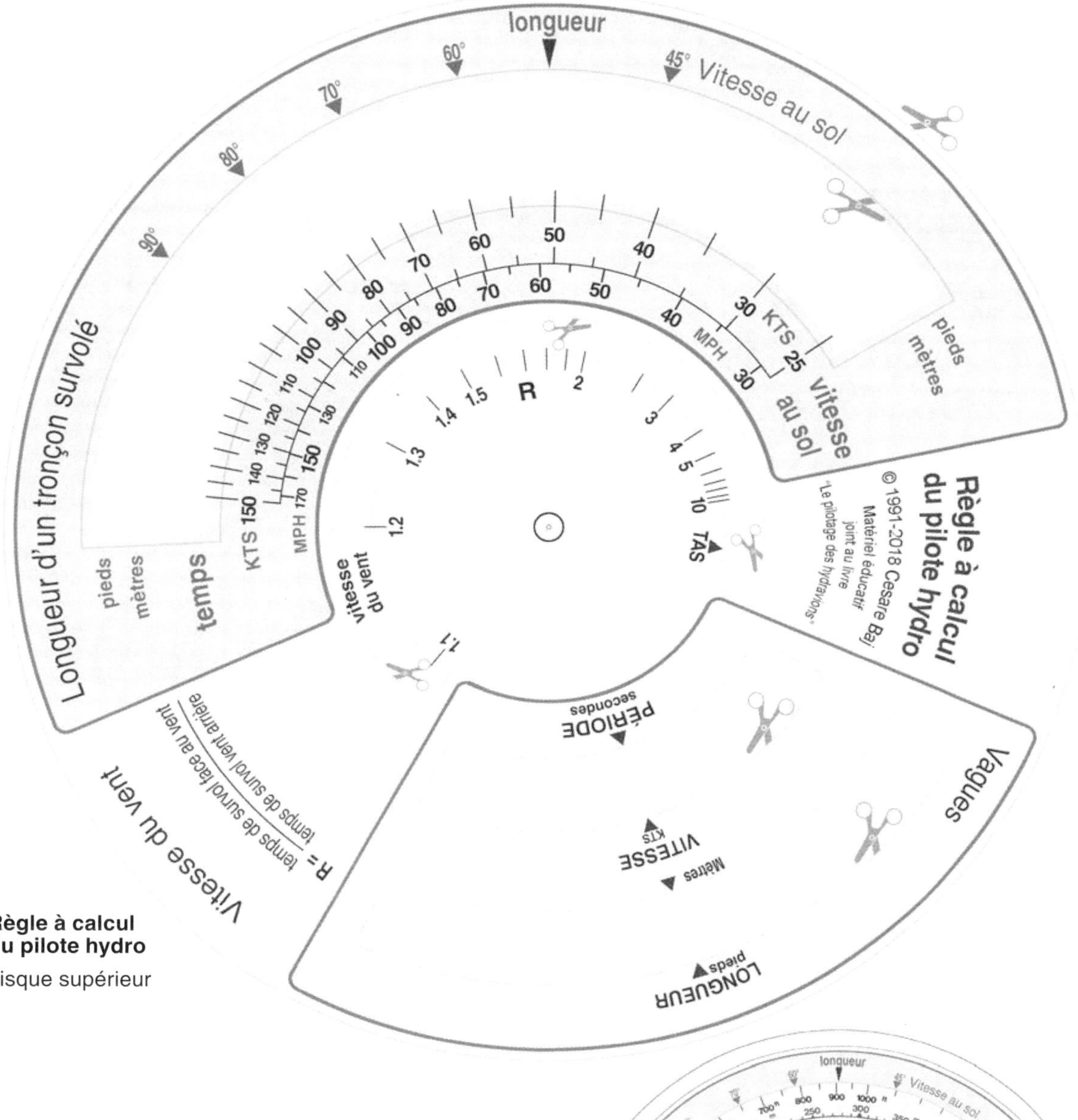

Règle à calcul du pilote hydro

disque supérieur

Découper les deux disques et les monter comme on le voit dans la fi gure, utilisant un rivet ou une agrafe parisienne.

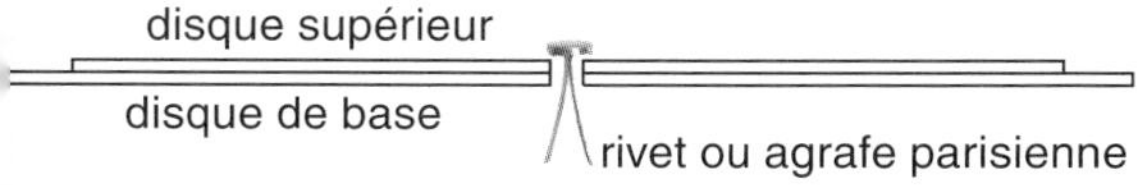

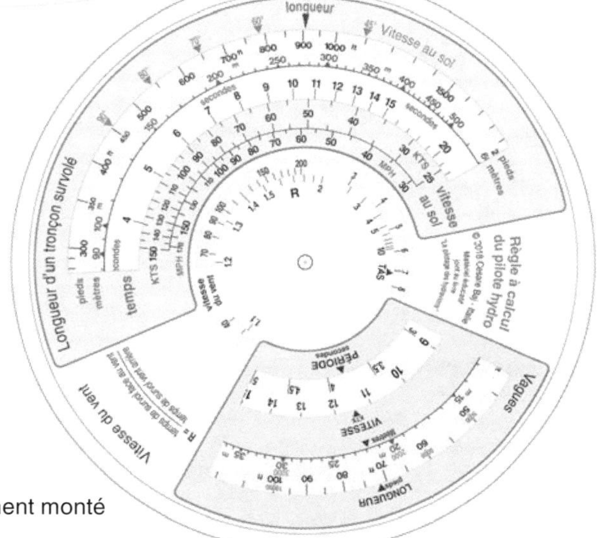

l'instrument monté

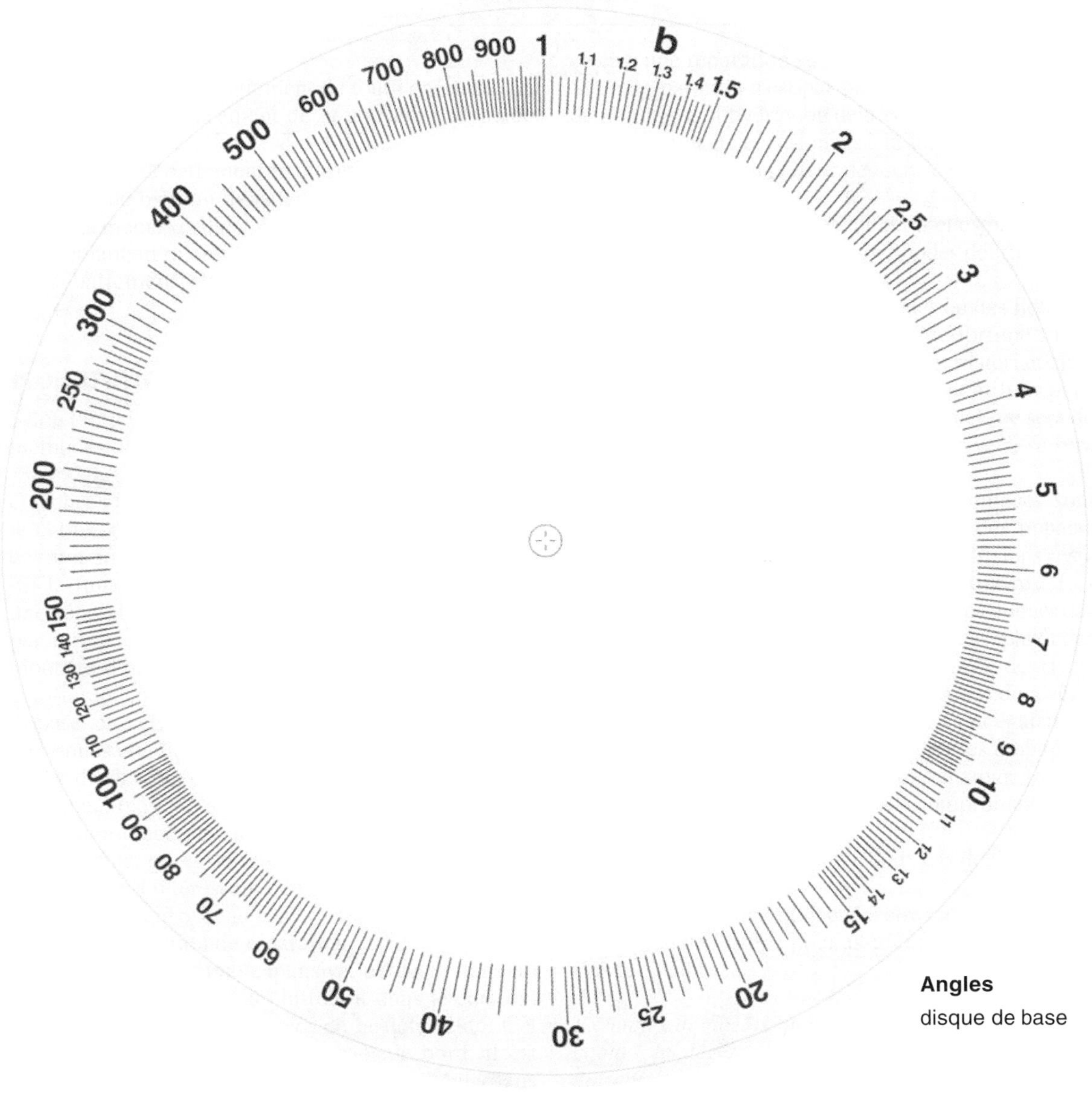

Angles
disque de base

Angles

Découper les deux disques et les monter, utilisant un rivet ou une agrafe parisienne.

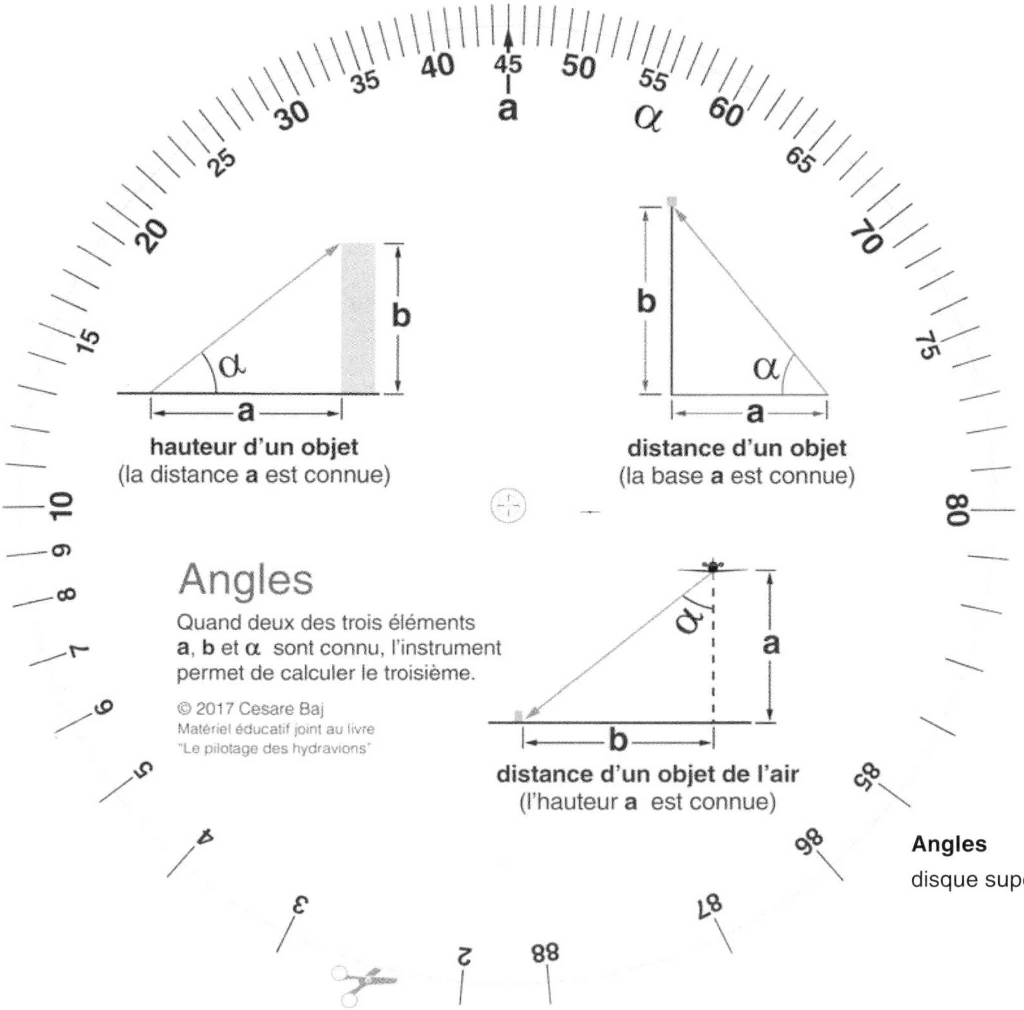

Angles

disque supérieur

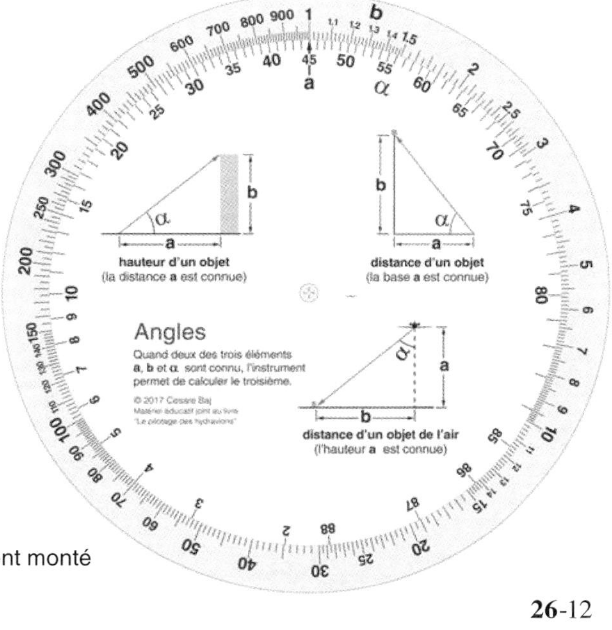

l'instrument monté

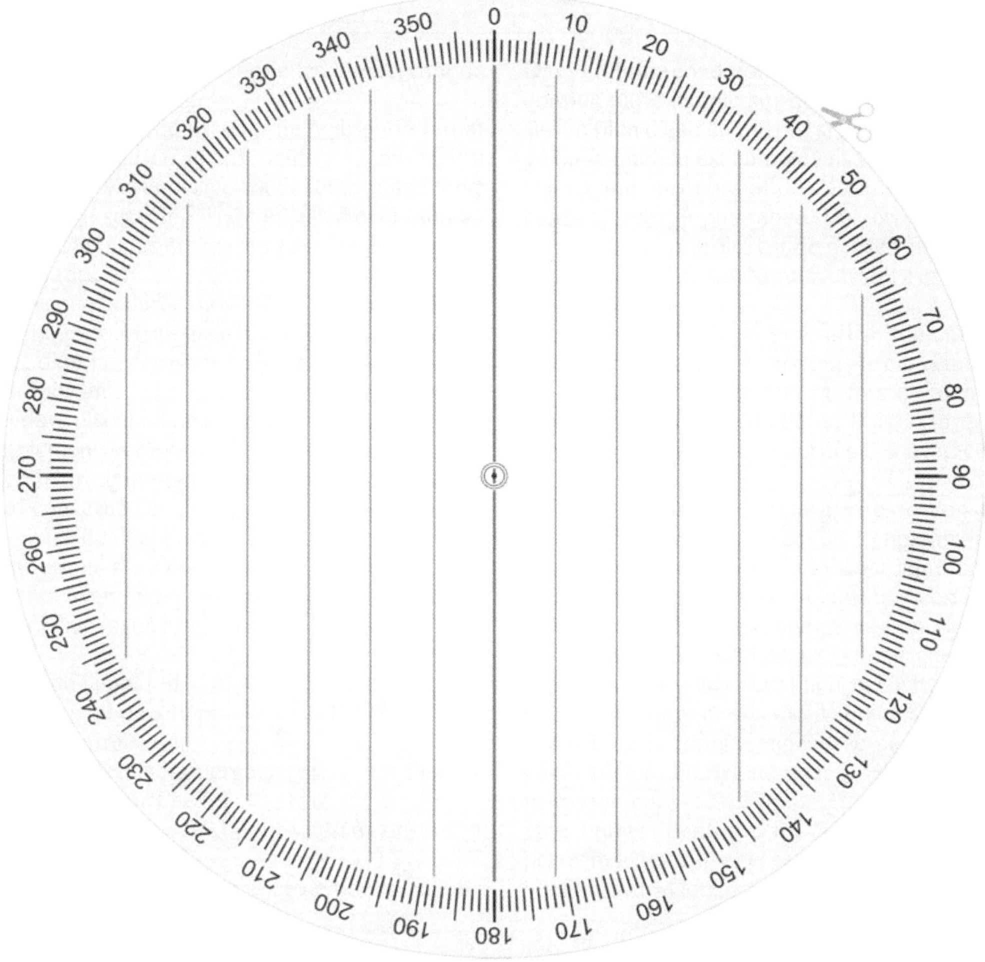

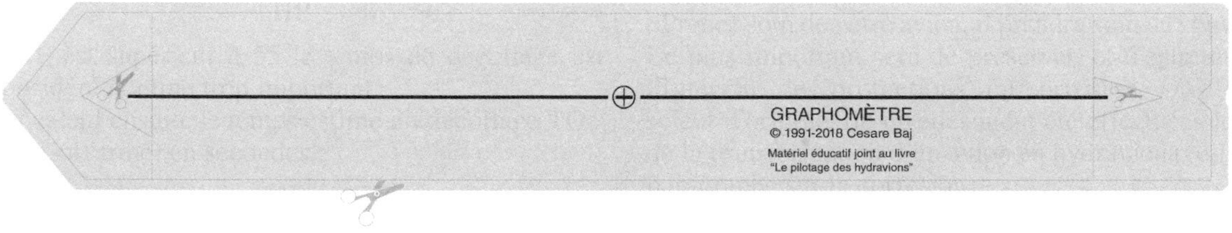

Graphomètre

Découper le disque et le curseur et les monter comme on le voit dans la figure, utilisant un rivet ou une agrafe parisienne.

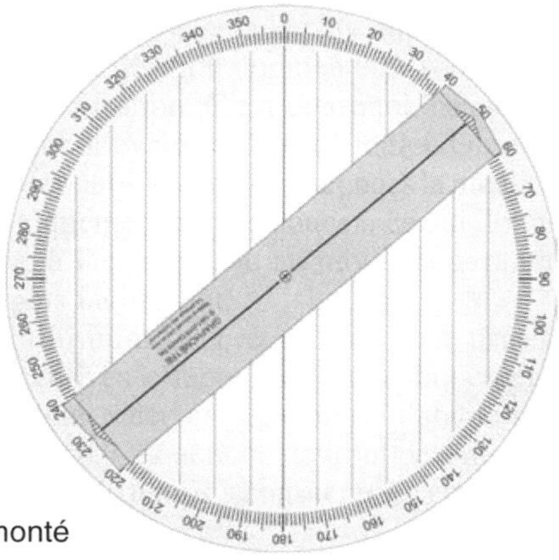

l'instrument monté

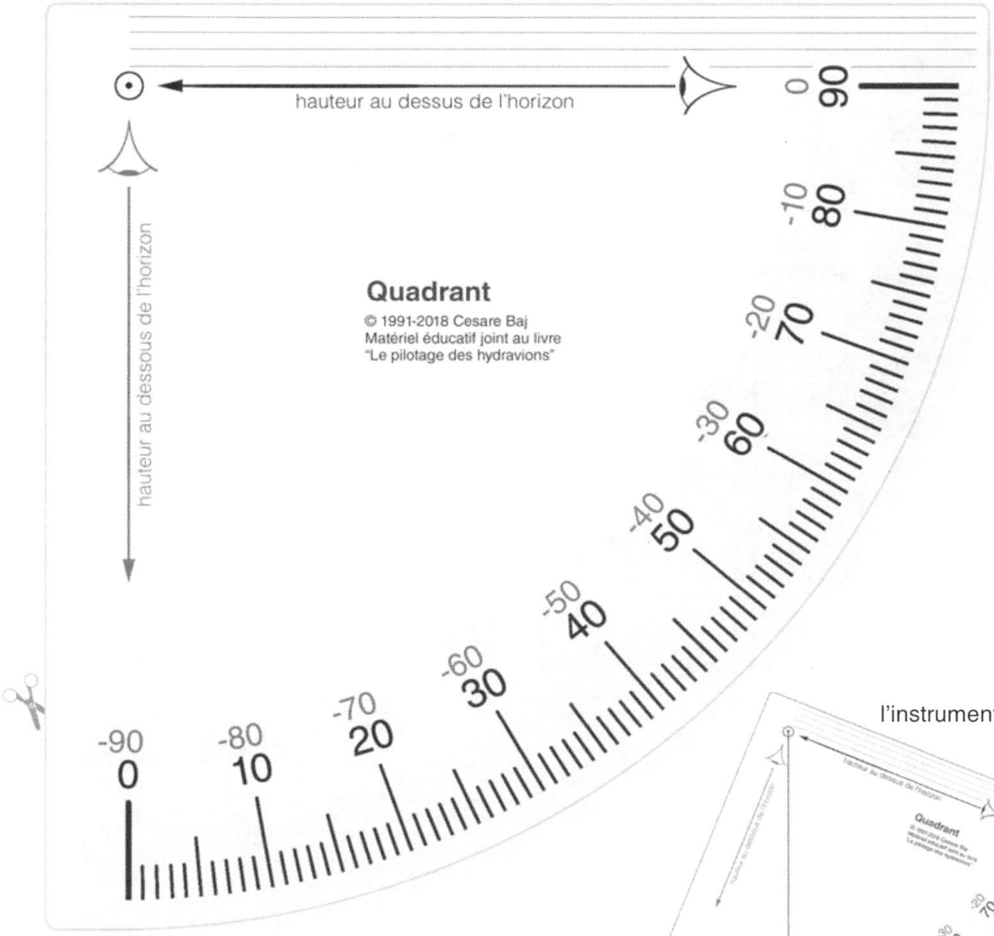

l'instrument monté

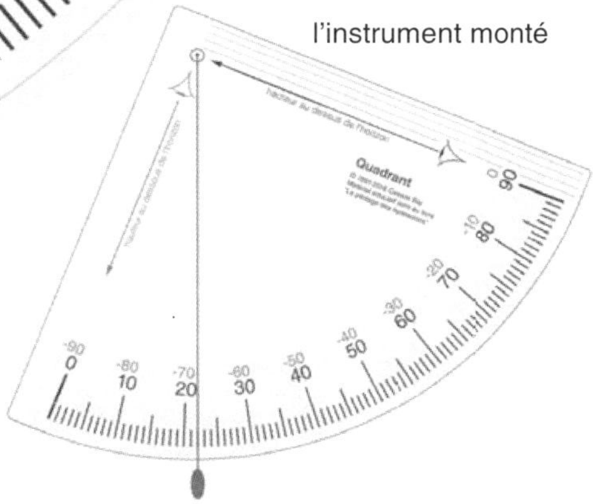

Découper le quadrant et appliqué le fi l à plomb comme on le voit dans la fi gure.

Découper les deux pièces et les coller à une barre en bois, comme on le voit dans la fi gure, en sort que les deux pièces se trouvent à 50 cm l'une de l'autre et que le deux bords de mire se trouvent au même niveau, celui de l'horizon.

On peut aussi connecter les deux pièces avec une fi celle (plus pratique, mais plus diffi cile à utiliser).

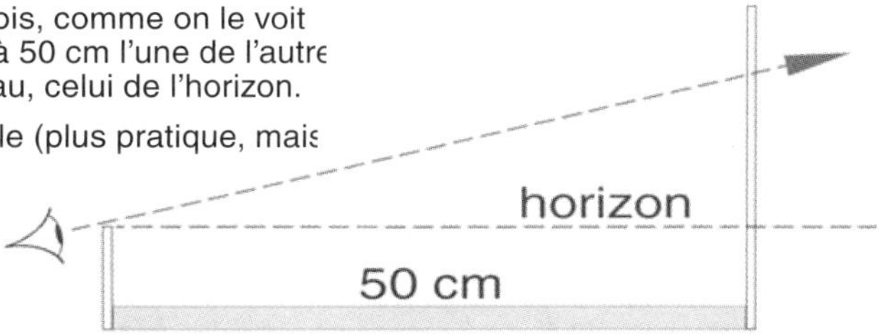

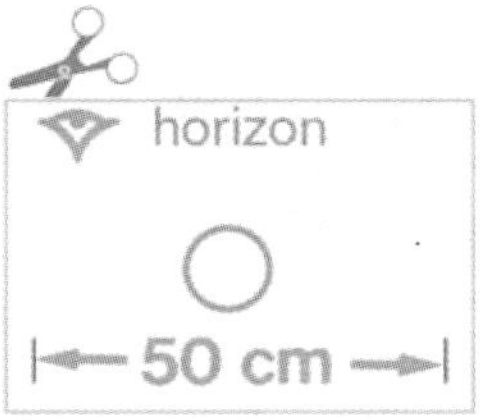

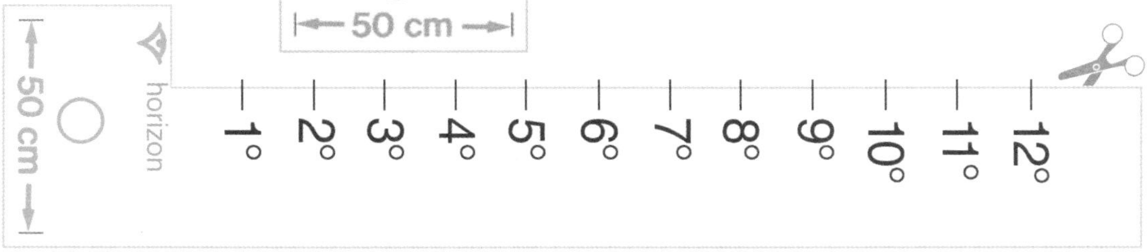

AVIATEURS.QUEBEC

MISSION

« Regrouper et représenter les aviateurs
du Québec afin de promouvoir l'aviation
récréative et le vol de brousse,
protéger le droit de voler,
favoriser l'accessibilité et la sécurité du vol,
faciliter l'échange entre les membres
et donner accès à des ressources d'aide,
de formation et d'information »

AVIATEURS.QUEBEC
CP 89022, CSP Malec, Montréal, Qc H9C 2Z3
info@aviateurs.quebec
Téléphone : 514-255-9998 - Sans frais : 1-877-317-2727